Peter Matzen, Marcus Deschauer, Malte Kornhuber, Ulf Nestler (Hrsg.)

Neuroorthopädie

Peter Matzen, Marcus Deschauer,
Malte Kornhuber, Ulf Nestler (Hrsg.)

Neuroorthopädie

DE GRUYTER

Herausgeber

Prof. Dr. med. Peter Matzen
Marpergerstr. 21, 04229 Leipzig

Prof. Dr. med. Marcus Deschauer
Technische Universität München
Klinikum rechts der Isar
Klinik und Poliklinik für Neurologie
Ismaninger Str. 22, 81675 München

Prof. Dr. med. Malte Kornhuber
HELIOS Klinik Sangerhausen
Am Beinschuh 2a, 06526 Sangerhausen

Priv.-Doz. Dr. med. Ulf Nestler
Universitätsklinikum Leipzig
Klinik und Poliklinik für Neurochirurgie
Liebigstr. 20, 04103 Leipzig

Das Buch enthält 214 Abbildungen und 29 Tabellen.

ISBN 978-3-11-035242-9
e-ISBN (PDF) 978-3-11-035247-4
e-ISBN (EPUB) 978-3-11-038776-6

Library of Congress Cataloging-in-Publication Data
A CIP catalog record for this book has been applied for at the Library of Congress.

Bibliografische Information der Deutschen Nationalbibliothek
Die Deutsche Nationalbibliothek verzeichnet diese Publikation in der Deutschen Nationalbibliografie; detaillierte bibliografische Daten sind im Internet über http://dnb.dnb.de abrufbar.

Umschlaggestaltung: Living Art Enterprises/Science Source/Gettyimages
Satz: le-tex publishing services GmbH, Leipzig
Druck und Bindung: Hubert & Co. GmbH & Co. KG, Göttingen
♾ Gedruckt auf säurefreiem Papier
Printed in Germany

www.degruyter.com

Vorwort

Der Gedanke, ein Lehrbuch zum Thema Neuroorthopädie zu schreiben, ergab sich etwa 1986 aus der engen Zusammenarbeit von Prof. J. Lößner, bis 1996 stellvertretender und eine Zeit lang kommissarischer Direktor der Leipziger Universitätsklinik für Neurologie, und mir, Oberarzt und später ebenfalls stellvertretender und vorübergehend kommissarischer Direktor an der Leipziger Universitätsklinik und Poliklinik für Orthopädie. Sehr umfangreichen Arbeiten am Text folgte eine lange Pause, weil nach der Veränderung der politischen Verhältnisse zunächst anderes vordringlich zu erledigen war und unser Vorhaben in den Hintergrund trat. Da auch sonst niemand im wiedervereinigten Deutschland an einem derartigen Projekt arbeitete, erinnerte Prof. Lößner einige Monate vor seinem Tod Ende 2012 noch einmal daran. Ich konnte in dem Bestreben, sein wissenschaftliches Vermächtnis zu erfüllen, die Kollegen Prof. Deschauer und Prof. Kornhuber, damals an der Universitätsklinik und Poliklinik für Neurologie in Halle/S. tätig, als Mitherausgeber und Autoren gewinnen. Zu unserer großen Freude nahm der Verlag De Gruyter unter Leitung von Herrn Dr. Meinert unser Projekt in sein Programm auf. Im Laufe des Jahres 2014 schlossen wir die vorbereitenden Abstimmungen mit den Autoren ab, und das Herausgebergremium war mit dem Beitritt des Kollegen PD Dr. med. Nestler aus der Leipziger Universitätsklinik und Poliklinik für Neurochirurgie komplett.

Unser Ziel bestand in der Darstellung von orthopädischen Krankheitsbildern einschließlich ihrer Diagnostik und Therapie mit möglichen neurologischen Konsequenzen und von neurologischen Erkrankungen mit Auswirkungen auf das Haltungs- und Bewegungssystem. Als Zielgruppe hatten wir außer Orthopäden, Neurologen und Neurochirurgen vor allem auch Traumatologen, Physiotherapeuten, Pädiater und nicht zuletzt Allgemeinmediziner und Internisten im Auge.

Zu danken ist neben Herrn Dr. Meinert „unserer“ Lektorin Frau Dr. Britta Nagl, der Herstellerin Frau Katja Brockmann sowie dem wissenschaftlichen Zeichner Herrn Dr. M. Lay für ihre sorgfältige Arbeit und die ansprechende Ausstattung des Buches, den Autoren für ihre fundierten Beiträge. Mit Bildmaterial unterstützten uns Frau Dr. P. Kalischewski, niedergelassene Fachärztin für Neurologie in Leipzig, und Frau Dr. E. Luft, Klinikum Altenburger Land, Klinik für Radiologie, Interventionsradiologie und Neuroradiologie.

Wir haben uns bemüht, Berührungspunkte zwischen operativen und konservativen Disziplinen herauszuarbeiten und gemeinsame therapeutische Strategien – von mitunter sehr ähnlichen Symptomen unterschiedlicher Entitäten – darzustellen, und hoffen, dass unser Buch zur ärztlichen Weiterbildung und zur Bereicherung der wissenschaftlichen Diskussion gleichermaßen beitragen wird.

Leipzig, 03.05.2017 P. Matzen im Namen der Herausgeber

DOI 10.1515/9783110352474-201

Inhalt

Verzeichnis der Autoren

Kapitel 1

Priv.-Doz. Dr. med. Frank Hanisch
MEDIAN Saale Klinik Bad Kösen II
Elly-Kutscher-Straße 14, 06628 Naumburg

Kapitel 2

Dr. med. Torsten Kraya
Martin-Luther-Universität Halle-Wittenberg
Klinik und Poliklinik für Neurologie
Ernst-Grube-Straße 40, 06097 Halle/Saale

Kapitel 3

Dr. med. Petra Baum
Universitätsklinikum Leipzig
Klinik und Polikilinik für Neurologie
Liebigstraße 20, 04103 Leipzig

Dr. med. Astrid Bertsche
Universitätsklinikum Leipzig
Klinik und Polikilinik für Neurologie
Liebigstraße 20, 04103 Leipzig

Prof. Dr. med. Peter Matzen (Hrsg.)

Kapitel 4

Kapitel 4.1

Dr. med. Wolfgang Deppe
Rehabilitationszentrum für Kinder, Jugendliche und junge Erwachsene Klinik Bavaria gGmbH
Zscheckwitz 1–3, 01731 Kreischa

Prof. Dr. med. Karl-Titus Hoffmann
Universitätsklinikum Leipzig
Klinik und Polikilinik für Diagnostische und Interventionelle Radiologie
Liebigstraße 20, 04103 Leipzig

Kapitel 4.2 und 4.3

Dr. med. Matthias Preuß
Universitätsklinikum Leipzig
Klinik und Polikilinik für Neurochirurgie
Liebigstraße 20, 04103 Leipzig

Kapitel 4.4

Dr. med. Christos Trantakis
Sana-Kliniken Leipziger Land
Rudolf-Virchow-Straße 2, 04552 Borna

Kapitel 4.5 und 4.6

Prof. Dr. med. Andreas Merkenschlager
Universitätsklinikum Leipzig
Klinik und Polikilinik für Neurologie
Liebigstraße 20, 04103 Leipzig

Prof. Dr. med. Peter Matzen (Hrsg.)

Kapitel 4.5.2.1.4.2

Dr. med. Wolfgang Deppe

Kapitel 5

Prof. Dr. med. Malte Kornhuber (Hrsg.)

Kapitel 5.3.13.11

Prof. Dr. med. Peter Matzen (Hrsg.)

Kapitel 6

PD Dr. med. Ulf Nestler (Hrsg.)

Prof. Dr. med. Peter Matzen (Hrsg.)

Prof. Dr. med. Karl-Titus Hoffmann

Kapitel 7

PD Dr. med. Ulf Nestler (Hrsg.)

Prof. Dr. med. Peter Matzen (Hrsg.)

Kapitel 8

Prof. Dr. med. Malte Kornhuber (Hrsg.)

Kapitel 9

Prof. Dr. med. Marcus Deschauer (Hrsg.)

Kapitel 10

PD Dr. med. Ulf Nestler (Hrsg.)

Prof. Dr. med. Peter Matzen (Hrsg.)

Prof. Dr. med. Karl-Titus Hoffmann

Frank Hanisch

1 Neurologische Syndrome

1.1 Störungen des Pyramidenbahnsystems

1.1.1 Zentrale oder spastische Lähmung

1.1.1.1 Anatomische Grundlagen

Der zentrale Anteil des für Willkürbewegungen zuständigen motorischen Systems besteht aus dem primären motorischen Kortex (Gyrus praecentralis, Area 4 nach Brodmann) sowie den angrenzenden Kortexarealen (insbesondere der prämotorischen Rinde, Area 6) und den daraus hervorgehenden kortikobulbären und kortikospinalen Bahnen. Die motorischen Areale werden in der Area 4 als „kopfstehender Homunkulus" im Sinne einer Somatotopie repräsentiert, wobei im Areal der Fissura interhemispherica und der Mantelkante die untere Extremität repräsentiert ist und sich nach lateral Rumpf, obere Extremität und Gesicht anschließen. Da die kortikalen Repräsentationsareale von Gesicht und Hand im Gefäßterritorium der Arteria cerebri media liegen, treten bei Ischämie in diesem Territorium häufig brachiofazial betonte Hemiparesen auf. Die motorischen Zellen der Area 4 kontrollieren die fein abgestufte Willkürmotorik, d. h. auch die einzelnen Muskeln der kontralateralen Körperhälfte. Reizungen im prämotorischen Kortex haben hingegen ausgedehntere Bewegungen zur Folge, z. B. eines ganzen Arms oder Beins. Die Willkürmotorik ist außerdem glättenden Einflüssen des Zerebellums unterworfen.

Unter dem Begriff *Motoneuron* (oder motorisches Neuron) werden die efferenten Nervenzellen zusammengefasst, die die Muskulatur des Körpers innervieren und somit Grundlage aktiver Kontraktionen sind. Man unterscheidet das obere (engl. *upper motoneuron*, UMN, oder *1. Motoneuron*) und das untere Motoneuron (engl. *lower motoneuron*, LMN, oder *2. Motoneuron*).

Das obere Motoneuron ist für die bewusste Auslösung von Bewegungen zuständig (Willkürmotorik) und steuert die Körperhaltung. Seine Zellkörper, die Betz'schen Riesenzellen, liegen in der motorischen Rinde im Gehirn. Die Axone bilden die Pyramidenbahn und ziehen zum unteren Motoneuron.

Der *Tractus corticospinalis (Pyramidenbahn)* verläuft von der motorischen Rinde durch die weiße Substanz (Corona radiata), drängt sich zusammen mit den kortikonukleären Bahnen durch die Capsula interna und zieht über den Hirnschenkel (Pedunculus cerebri) und den Pons zur Basis der Medulla oblongata, wo in der Decussatio pyramidum 80 bis 85 % der Fasern auf die Gegenseite wechseln (*Tractus corticospinalis lateralis*). Die restlichen verlaufen als *Tractus corticospinalis anterior* neben der Kommissur und kreuzen überwiegend nicht. Dies ist der Grund für eine bilaterale Innervation im Bereich der Stirn-, Nacken-, Oberarm- und Rumpfmuskulatur und für

DOI 10.1515/9783110352474-001

motorische bzw. absteigende Bahnen (links, rot)

1 Pyramidenbahn
1a Tractus corticospinalis lateralis
1b Tractus corticospinalis anterior

2 extrapyramidale Bahnen
2a Tractus rubrospinalis
2b Tractus reticulospinalis
2c Tractus vestibulospinalis
2d Tractus olivospinalis

sensible bzw. aufsteigende Bahnen (rechts, grün)

3 Hinterstrangbahnen
3a Fasciculus gracilis
3b Fasciculus cuneatus

4 Kleinhirnseitenstrangbahnen
4a Tractus spinocerebellaris posterior
4b Tractus spinocerebellaris anterior

5 sensible Vorderseitenstrangbahnen
5a Tractus spinothalamicus lateralis
5b Tractus spinothalamicus anterior

6 Tractus spinoolivaris

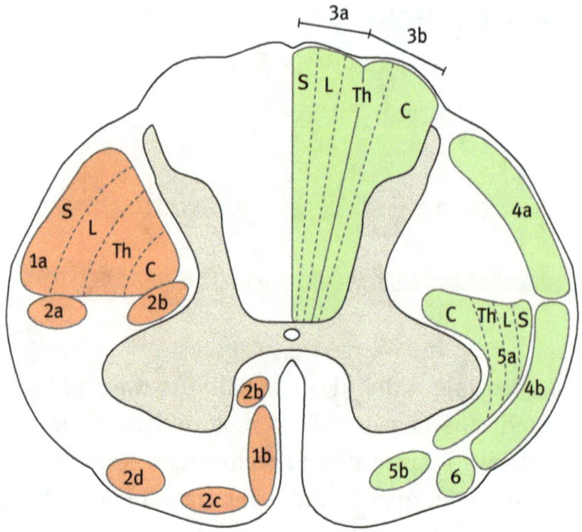

somatotopische Gliederung
Fasern aus: Sakralmark (S), Lumbalmark (L), Thorakalmark (Th), Zervikalmark (C)

Abb. 1.1: Querschnitt durch das zervikale Rückenmark mit Darstellung der Lage und der somatotopen Verteilung motorischer, deszendierender Bahnen (rot, linke Bildhälfte) und sensibler, aszendierender Bahnen (grün, rechte Bildhälfte) [nach Sitzer u. Steinmetz 2011].

die proximalen Massenbewegungen. Bei sehr früh auftretenden hemisphärischen Läsionen kann die ipsilaterale Innervation derart stark ausgeprägt sein, dass selbst im Bereich der Hand und der Finger kaum eine Parese vorliegt [Fiori et al. 2015]. Die Axone des oberen Motoneurons enden an den α-Motoneuronen (unteres Motoneuron) im spinalen Vorderhorn. Auf Rückenmarksebene ist das laterale System (überwiegend Tractus corticospinalis lateralis) für die Willkürbewegung der distalen Extremitäten, insbesondere die differenzierte Feinmotorik im Bereich der Hände, zuständig. Das mediale System besteht aus Retikulospinaltrakt, Vestibulospinaltrakt und Tektospinaltrakt und ist für die Innervation der Rumpf- und Beinmuskeln zuständig (Rumpf- und Standmotorik). Darin kann die Ursache für geringere Erfolge der Ergotherapie bei der Rehabilitation der Hand liegen (Abb. 1.1 und 1.2).

Einfluss auf die spinale Motorik besitzen noch weitere Bahnen. Dazu gehören kortiko-ponto-zerebelläre Bahnen und Verbindungen zu den Basalganglien. Über die Formatio reticularis können der supplementärmotorische und der prämotorische Kortex auf die Rumpf- und proximale Extremitätenmuskulatur einwirken (extrapyramidalmotorische Bahnen). Die kortikale Steuerung der Okulomotorik erfolgt überwiegend über das zentrale Augenfeld (Brodmann-Area 8).

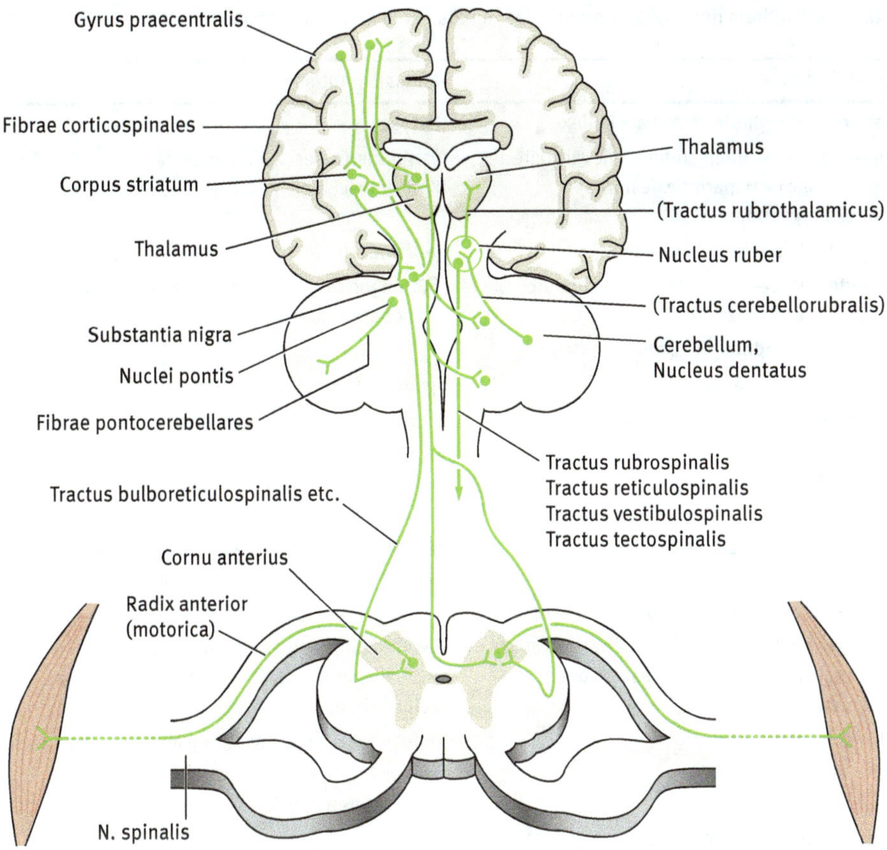

Abb. 1.2: Motorisches System mit Verlauf der motorischen Bahnen vom Gyrus praecentralis durch die Capsula interna (innere Kapsel) und die Decussatio pyramidum (Pyramidenbahnkreuzung) zum Rückenmark und weiter zur Skelettmuskulatur [nach Sitzer u. Steinmetz 2011].

1.1.1.2 Symptomatik

Beim *Syndrom des oberen Motoneurons* unterscheidet man Plus- und Minus-Symptome (Tab. 1.1). Zu den Plus-Symptomen zählen u. a. ein spastisch erhöhter Muskeltonus, Widerstand gegen passive Dehnung, gesteigerte Muskeleigenreflexe und (reversible) Kontrakturen. Zu den Minus-Symptomen gehören Paresen, eingeschränkte Koordination und Geschicklichkeit, reduzierte Beweglichkeit von Gelenken und Verlust der viskoelastischen Eigenschaften von Muskeln und Bindegewebsstrukturen mit Fehlstellungen und strukturellen (neurogenen) Kontrakturen, die hier in der Regel leicht von muskulären und arthrogenen sowie zikatriziellen Kontrakturen abgrenzbar sind.

Tab. 1.1: Syndrom des oberen Motoneurons mit Plus- und Minus-Symptomen.

Plus-Symptome	**Minus-Symptome**
afferent: disinhibierte spinale Reflexe	Parese
gesteigerte Dehnungsreflexe mit verbreiterter Reflexzone (= Hyperreflexie der Muskeleigenreflexe)	verminderte Geschwindigkeit der Kraftentwicklung
Kloni (Patellarklonus, Fußklonus)	verminderte Dekontraktionsgeschwindigkeit
Wiederauftreten pathologischer Fremdreflexe (Pyramidenbahnzeichen)	Störungen der Feinmotorik (*dexterity*) – auch der nicht betroffenen Hand
spastisch erhöhter Muskeltonus	
Klappmesserphänomen	gestörte Bewegungskoordination
Enthemmung vestibulospinaler Aktivität	verminderte reziproke Hemmung (Dekontraktion der Antagonisten)
Flexor-Reflexe	*motor impersistance* (vermindertes Aufrechterhalten der Kontraktionskraft)
mit Spastik assoziierte Schmerzen	verminderte oder aufgehobene Fremdreflexe (z. B. Bauchdeckenreflex, Kremasterreflex)
efferent: veränderter supraspinaler Output	
Massentendenz mit aufgehobener selektiver Beweglichkeit einzelner Muskeln oder Extremitätenabschnitte	Beeinträchtigung physiologischer Mitbewegungen (z. B. Mitschwingen der Arme beim Gehen)
Ko-Kontraktionen	reduzierte Beweglichkeit von Muskeln und Gelenken
Synkinesien	Kontrakturen und Fehlstellungen
Spiegelbewegungen (*mirror movements*)	Fatigue

1.1.1.2.1 Plus-Symptome

Das Hauptmerkmal des Syndroms des oberen Motoneurons (UMNS) ist die Muskeltonuserhöhung, d. h. der erhöhte muskuläre Widerstand gegen eine passive Bewegung. Eine spastische Bewegungsstörung ist gekennzeichnet durch langsame und kleinräumige Willkürbewegungen mit einer sogenannten *Massentendenz*, d. h. einer überschießenden synergistischen Aktivierung und einer vermehrten *Ko-Kontraktion*. So kann sich beispielsweise beim Versuch der passiven Dorsalflexion des Fußes eine gleichzeitige Beugung von Hüft- und Kniegelenk sowie eine Aktivierung der Flexoren von Ellenbogen und Handgelenk einstellen. Bei manchen Patienten mit halbseitiger Spastik beobachtet man spiegelbildartige identische Mitbewegungen der paretischen Extremität bei Bewegungen der gesunden (Spiegelbewegungen, *mirror movements*). Sie treten gehäuft nach Pyramidenbahnläsionen auf und setzen die Beteiligung ipsilateraler und kontralateraler kortikospinaler Bahnen voraus [Ohtsuka et al. 2015].

Wernicke-Mann-Gangbild: Das mit einer spastischen Hemiparese einhergehende Gangbild ist charakterisiert durch die Adduktion des Schultergelenks, die Beugung von Ellenbogen- und Handgelenk und die Pronation des Unterarms. Die Fingergelenke sind gebeugt, der Daumen in die Hand eingeschlagen. Das Kniegelenk ist extendiert, der Fuß plantarflektiert. Das Gehen ist nur unter Zirkumduktion des Beins möglich (Kap. 4.1.6). Der *Scherengang* beruht auf einem erhöhten Tonus der Adduktoren auf beiden Seiten (Kap. 4.1.6). Die Beine werden in den Hüftgelenken einwärts gedreht und adduziert, sodass sich die Kniegelenke berühren.

Eine Reflexsteigerung, d. h. eine pathologisch verstärkte Reflexantwort mit verbreiterter Reflexzone, beruht auf einer Unterbrechung der zentralen Efferenzen des *Tractus corticospinalis*, die am *α*-Motoneuron einwirken. Dabei kann es zur Verbreiterung der Reflexzone kommen und auch zur Reflexirradiation auf entfernte Muskelgruppen. Der monosynaptische Reflexerfolg nach Bahnung mithilfe des *Jendrassik'schen Handgriffs* ist auf die zentrale Aktivierung des α-Motoneurons zurückzuführen. Die Hyperreflexie stellt die Folge einer Enthemmung monosynaptischer Eigenreflexe dar. Gleichzeitig fallen zentral stimulierende Einflüsse auf die polysynaptischen Fremdreflexe aus, sodass diese schwächer werden oder erlöschen.

Als *Kloni* bezeichnet man rhythmische unwillkürliche Muskelkontraktionen in erschöpflicher oder unerschöpflicher Form, die häufig nach Auslösung eines Muskelreflexes vor allem an der unteren Extremität auftreten. Erschöpfliche Kloni sind nicht pathognomonisch für ein Syndrom des oberen Motoneurons, sondern können auch Ausdruck eines physiologisch lebhaften Reflexniveaus sein. Häufige Formen sind der Patellarklonus, der bei ruckartiger passiver Bewegung der Patella nach distal auftritt (M. quadriceps femoris), und der Fußklonus bei forcierter Dorsalflexion des Fußes (M. triceps surae). Unerschöpfliche Kloni besitzen in aller Regel Krankheitswert.

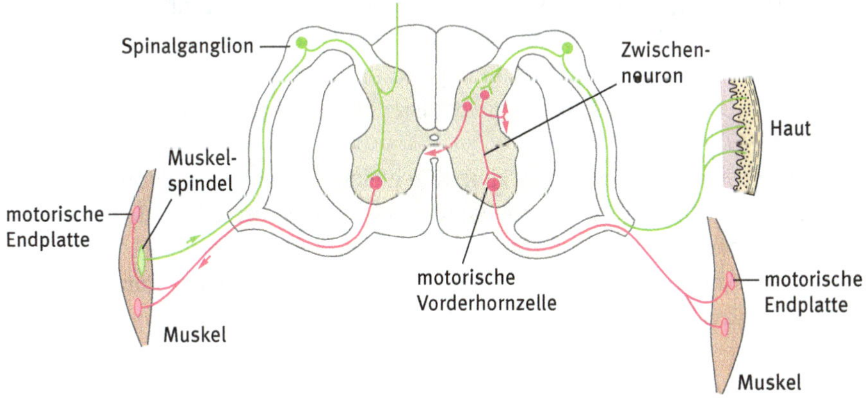

Abb. 1.3: Linke Bildseite monosynaptischer Reflex, rechte Bildseite polysynaptischer Reflex [nach Putz u. Pabst 2000].

Eine Läsion des oberen Motoneurons führt zum Wiederauftreten der am Lebensanfang physiologischen Reflexantworten, den Pyramidenbahnzeichen, bzw. zu pathologischen (Fremd-)Reflexen (Tab. 1.2 und Abb. 1.3). Als *Fremdreflex*, auch *polysynaptischer Reflex* genannt, bezeichnet man einen Reflex, bei dem die Reflexantwort nicht im reizwahrnehmenden Organ erfolgt. Der Reflexbogen verläuft hierbei über mehrere Synapsen, d. h. polysynaptisch. Physiologische Fremdreflexe sind Bauchhautreflex, Analreflex, Kremasterreflex (Bestreichen des medialen Oberschenkels führt zur Hebung des gleichseitigen Hodens) und Bulbokavernosusreflex (Zusammendrücken der Glans penis führt zum Zusammenziehen des Anus).

Spastik wird definiert als gesteigerter geschwindigkeitsabhängiger Dehnungswiderstand der Skelettmuskulatur, der als Folge einer Läsion deszendierender motorischer Bahnen auftritt und in der Regel mit den beschriebenen Plus- und Minus-Symptomen einhergeht. In der Spastik-Definition von Lance [1980] wurde der gesteigerte Muskeltonus noch überwiegend auf eine Übererregbarkeit der spinalen tonischen und phasischen Dehnungsreflexe im Rahmen einer Schädigung des oberen Motoneurons zurückgeführt. Mit der modernen beschreibenden Definition gelingt jedoch eine Abgrenzung gegenüber anderen klinischen Symptomen, die mit unwillkürlich erhöhter Muskelspannung einhergehen, insbesondere Rigor und Dystonie.

Klappmesserphänomen: Ein tonischer Extensorenspasmus führt dazu, dass bei einer zunehmenden Flexion z. B. des Kniegelenks die Spastik plötzlich nachlässt, „als würde ein Taschenmesser geschlossen". Das Klappmesserphänomen wird bei der spastischen zerebralen Hemiparese durch abrupte Ellenbogenbewegungen ausgelöst, häufiger aber bei Tetraparesen oder Paraparesen nach Hirnstamm- und Rückenmarksläsionen beobachtet.

Eine therapierelevante Klassifikation der Spastik orientiert sich am räumlichen Verteilungsmuster und unterscheidet zwischen einer fokalen, multifokalen (benachbarte Segmente, z. B. spastische Faust und Handgelenksbeugung), segmentalen (mehrere Bewegungssegmente, z. B. Klumpstellung des Fußes mit Beugung von Hüft- und Kniegelenk oder Paraspastik), generalisierten Spastik (Tetraspastik) und einer Hemispastik (S. 24).

Die spastische Tonuserhöhung kann durch eine Vielzahl von Faktoren verstärkt werden: Bahnung durch Muskelaktivität in nicht von der Parese betroffenen Körperregionen (Körperhaltefunktion im Sitzen oder Stehen und bei Bewegung), Schmerzen, emotionale Anspannung, Stuhl- oder Harndrang, Infekte, Entzündungen, Frakturen, Thrombosen, einschnürende Kleidung und enges Schuhwerk und sogar eingewachsene Nägel. Aus diesem Grund sind vor der Evaluation der Spastik verstärkende Faktoren auszuschließen oder zumindest in Betracht zu ziehen. Um eine Verstärkung der Spastik über Bahnungseffekte im Zusammenhang mit der Körperhaltungsaktivität zu vermeiden, wird beispielsweise der Patient im Liegen untersucht. Anders ausgedrückt: Erst unter Aktivierung nimmt eine Spastik zu und führt dann oft zu einer deutlichen Beeinträchtigung alltagsrelevanter Fähigkeiten. Ihr Ausmaß

Tab. 1.2: Pathologische Fremdreflexe (Pyramidenbahnzeichen) und ihre Lokalisation.

Lokalisation	Auslöser	Effekt	Anmerkung
obere Extremität			
Wartenberg-Zeichen	aktive Beugung des 2. bis 4. Fingers gegen Widerstand	Beugung des Daumens Adduktion des Daumens	
Mayer- („Fingergrund-Gelenk"-) Reflex	passive Flexion der Finger 4 und 5	tonische Adduktion des Daumens	
Léri-Vorderarm-Zeichen	passive Handgelenks- und Fingerbeugung	Mitbewegung des Ellenbogens	Mitbewegung des Ellenbogens ist physiologisch; einseitige Abschwächung ist pathologisch
untere Extremität			
Babinski-Zeichen	kräftiges Bestreichen des Außenrandes der Fußsohle von der Ferse zum kleinen Zeh hin	Dorsalflexion der Großzehe und Spreizung der Zehen 2 bis 5	hebt sich nur die Großzehe, wird dies als „suspekt" oder „fraglich" vermerkt
Gordon-Zeichen	Zusammendrücken der Wadenmuskulatur	wie Babinski-Reflex	
Oppenheim-Zeichen	kräftiges Bestreichen der Schienbeinvorderkante von der Tuberositas tibiae nach distal	wie Babinski-Reflex	
Strümpell-Zeichen, Clauß-Zeichen (Tibialis-Phänomen)	Beugung des Kniegelenks gegen Widerstand	wie Babinski-Reflex und Supination des Fußes	
Marie-Foix-Zeichen	passive Beugung der Zehen	Beugesynergie im Knie- und Hüftgelenk	

lässt sich anhand des Dehnungswiderstandes nach der modifizierten Ashworth-Skala (MAS) quantifizieren (Kap. 4.5.2.1.1).

1.1.1.2.1.1 Pathogenese

Sofort nach einer Schädigung des Tractus corticospinalis werden die Dehnungsreflexe unterdrückt, die Muskulatur ist zunächst schlaff gelähmt. Erst nach Tagen oder Wochen kehren die Dehnungsreflexe zurück. Die Muskelspindeln (insbesondere der Armbeuger und Beinstrecker) reagieren auf Dehnungsreflexe empfindlicher, da die die

Muskelspindeln erregenden α-Motoneurone infolge der Schädigung deszendierender Bahnen von dämpfenden zentralen Impulsen abgekoppelt sind (*Hyperaktivität der α-Motoneurone*). Die intrafusalen, d. h. innerhalb der Muskelspindel gelegenen, Skelettmuskelfasern sind aus diesem Grund permanent aktiviert bzw. vorgedehnt und reagieren empfindlicher und schneller auf eine Dehnung des Muskelgewebes. Dadurch ist der Regelkreis für die Muskellänge gestört, denn die Beuger des Arms und die Strecker des Beins sind auf eine besonders kurze Länge eingestellt. Zusätzlich treffen polysegmentale Afferenzen von Haut und Gelenken nicht inhibiert ein.

Die Pathophysiologie der Spastik ist unzureichend verstanden. Die Muskelspindeln (insbesondere der Armbeuger und Beinstrecker) reagieren auf Dehnungsreflexe nicht abnorm, und es sind auch keine klaren Hinweise für eine Hyperaktivität der α-Motoneurone gefunden worden. Aus diesem Mangel an Belegen für eine zentral ausgelöste Muskeltonuserhöhung ergab sich zuletzt der Gedanke, dass Spastik im Muskel selbst entstehen könnte [Dietz und Sinkjaer 2012].

Die spastische Muskeltonuserhöhung ist nur zu einem geringen Grad auf die gesteigerten Muskeldehnungsreflexe zurückzuführen. Auch für die Verlangsamung von Willkürbewegungen spielen weder gesteigerte Muskeleigenreflexe noch tonische Dehnungsreflexe eine wesentliche Rolle. So sind Medikamente, die eine Reduktion der Reflexaktivität und des spastischen Muskeltonus herbeiführen, nicht unbedingt geeignet, die funktionelle Behinderung zu vermindern. Spastik entsteht als Adaptation an eine Läsion kortikaler deszendierender motorischer Bahnen. Extrapyramidale Bahnen (Tractus vestibulospinalis, Tractus rubrospinalis, Tractus reticulospinalis) tragen ebenfalls zu ihrer Entstehung bei.

1.1.1.2.1.2 Muskuloskelettale Veränderungen

Auf dem Boden einer Spastik entwickeln sich rasch Kontrakturen der Muskulatur, Fehlstellungen und vor allem bei Kindern und Jugendlichen Fehlformen der Gelenke. Gewöhnlich entsteht eine Osteoporose, und manchmal beobachtet man *heterotope Ossifikationen*. Als intrinsische Veränderungen des Skelettmuskels wurden eine Änderung der Muskelfasertypen (Atrophie der Typ-II-Muskelfasern, Prädominanz der Typ-I-Muskelfasern), ein Sarkomerverlust, ein bindegewebiger Umbau, eine Verkürzung der Muskel-Sehneneinheit und eine Elastizitätsänderung der Muskelfaszie beschrieben. Daraus resultiert eine Verstärkung der (elektromyografisch stillen) tonischen Aktivierung des spastischen Muskels.

1.1.1.2.2 Minus-Symptome

Die *Minus-Symptome* sind in Tabelle 1.1 aufgeführt. Die Geschwindigkeit der Kraftentwicklung ist vermindert, die Fähigkeit, die Kontraktionskraft über einen längeren Zeitraum konstant zu halten, gestört (*motor impersistence*). Ein assoziiertes Phänomen stellt die verminderte reziproke Hemmung dar, d. h. die gestörte gleichzeitige Dekontraktion des jeweiligen Antagonisten. Auffallend sind ein verzögerter Bewegungsbeginn und eine schlechte räumliche und zeitliche Organisation des Bewegungsablaufes. Selektive Fingerbewegungen sind beeinträchtigt, schnell alternierende Bewegungen weniger gut ausführbar. Neurophysiologisch handelt es sich um einen verminderten exzitatorischen Antrieb auf den spinalen α-Motoneuronen-Pool.

1.1.2 Periphere oder schlaffe Lähmung

1.1.2.1 Peripherer Anteil des motorischen Systems – anatomische Vorbemerkungen

Der periphere Anteil des motorischen Systems setzt sich aus den motorischen Hirnnervenkernen im Hirnstamm, den motorischen Vorderhornzellen im Rückenmark, den Vorderwurzeln, den peripheren Nerven und der motorischen Endplatte im Bereich der Muskulatur zusammen. Allgemein werden in der Untersuchung der Motorik der Muskeltonus, die Auslösbarkeit von Muskeleigenreflexen und das Vorkommen von Paresen, Atrophien, Faszikulationen und unwillkürlichen Bewegungen beurteilt.

Unteres Motoneuron: Die Zellkörper der unteren Motoneurone liegen im Vorderhorn des Rückenmarks, für die quergestreifte Muskulatur des Kopfes in den motorischen Kernen der Hirnnerven (Abb. 1.1). Die Fasern der Pyramidenbahn wie auch der verschiedenen nicht pyramidalen Bahnen sowie afferente Fasern aus den Hinterwurzeln enden an den Zellkörpern oder Dendriten der großen und kleinen Motoneurone im Vorderhorn. Im Bereich der Vorderhörner lässt sich ebenfalls eine somatotope Gliederung erkennen: Lateral finden sich die Motoneurone für Arme und Hände (zervikale Segmente) bzw. Beine und Füße (lumbosakrale Segmente), medial für die Rumpfmuskulatur. Die α-Motoneurone des Vorderhorns gehen spinal direkt oder über Assoziations- und Kommissuren-Neurone teils hemmende, teils erregende Kontakte zu den kleineren dünnen und nicht myelinisierten Neuronen ein (Abb. 1.2). Von den Axonen der großen α-Motoneurone im Vorderhorn zweigen zudem Kollateralen ab, die synaptisch an Renshaw-Zellen enden. Ihre Axone laufen wiederum zu den Vorderhornzellen zurück, auf die sie hemmend einwirken (spinale Rückwärtsinhibition, *Renshaw Hemmung*). Das untere Motoneuron ist der efferente (ausführende) Schenkel aller Bewegungen und Reflexe. Seine Nervenfasern lassen 2 Typen unterscheiden: Die besonders dicken, d. h. markhaltigen und deshalb schnell leitenden, Aα-Fasern ziehen direkt zur extrafusalen Skelettmuskulatur und enden vielfach aufgesplittet im Bereich der *motorischen Endplatte*. Die Vorderhornzelle mit ihren Neuriten und den von ihr innervierten Muskelfasern bezeichnet man als *motorische Einheit*. Muskeln mit besonders fein differenziertem Bewegungsspiel werden von vielen Vorderhornzellen versorgt, von denen jede einzelne nur wenige Muskelfasern innerviert (5 bis 20, kleine motorische Einheiten, z. B. äußere Augenmuskeln). Bei weniger differenzierten Muskeln, z. B. der Skelett- und der Gefäßmuskulatur, innervieren relativ wenige Vorderhornzellen sehr viele Muskelfasern (100 bis 500, große motorische Einheiten).

Tab. 1.3: Syndrom des unteren Motoneurons (Syndrom der schlaffen Lähmung).

- Herabsetzung der groben Kraft (Parese, Plegie = vollständige Parese)
- Hypotonie der Muskulatur
- Hypo- oder Areflexie (Unterbrechung der monosynaptischen Dehnungsreflexe)
- Muskelatrophie
- fakultativ: Faszikulationen

Tab. 1.4: Skala des Medical Research Council (MRC) zur Graduierung der Muskelkraft bei zentralen oder peripheren Paresen.

0	keine Kontraktion
1	tastbare Zuckung
2	aktive Bewegung möglich nach Aufhebung der Schwerkraft
3	aktive Bewegung möglich gegen die Schwerkraft
4	aktive Bewegung möglich gegen Widerstand
5	normale Kraft

Die dünneren und langsamer leitenden Aγ-Fasern innervieren die intrafusale Skelettmuskulatur und regulieren die Empfindlichkeit der Längenrezeptoren. Die intrafusalen Skelettmuskelfasern sind Bestandteil der Muskelspindeln (Kap. 1.4).

In jedem Rückenmarkssegment verlassen Axone der Motoneurone über den jeweiligen Spinalnerven ventral das Rückenmark und schließen sich zu Vorderwurzeln zusammen. Die Vorderwurzel (Radix ventralis) vereinigt sich distal vom Ganglion spinale mit der Hinterwurzel (Radix dorsalis) und bildet zusammen mit ihr den Spinalnerven, der durch das Foramen intervertebrale aus dem Wirbelkanal austritt. Zu jedem Körpersegment gehört ein Spinalnervenpaar, das afferente sensible, efferente motorische und afferente und efferente vegetative Fasern enthält.

Der motorische Nerv zieht, sich in mehrere Äste teilend, zu den Endplatten der Muskeln seines Versorgungsgebiets (neuroanatomisch: Myotom = Muskelsegment). Läsionen des 2. Motoneurons haben in allen Bereichen eine schlaffe Lähmung und abgeschwächte oder erloschene Muskeleigenreflexe zur Folge (Tab. 1.3 und 1.4): Eine schlaffe Lähmung ist somit Ausdruck einer Unterbrechung der motorischen Einheit an irgendeiner Stelle. Da der monosynaptische Dehnungsreflex unterbrochen ist, kommt es zur Hypotonie und Hyporeflexie im Bereich der betroffenen Muskulatur. Nach einigen Wochen beginnt sie wegen der Denervierung zu atrophieren, es folgt eine fettige Degeneration. Klinisch und elektrophysiologisch sind Faszikulationen und Fibrillationen nachweisbar.

Beispiele für Unterbrechungen der motorischen Einheit:
- Vorderhorn: amyotrophe Lateralsklerose, spinobulbäre Muskelatrophie Typ Kennedy, spinale Muskelatrophie, Arteria-spinalis-anterior-Syndrom
- Vorderwurzel: Bandscheibenvorfall
- peripherer Nerv: Neuropathien
- motorische Endplatte: Myasthenia gravis, Lambert-Eaton-Myasthenie-Syndrom

1.1.2.2 Symptomatik

Monosynaptischer Eigenreflex (Muskeleigenreflex): Von der Muskelspindel kommende myelinisierte afferente Muskelfasern enden direkt am α-Motoneuron im Vorderhorn, dessen efferente Neuriten im peripheren Nerven zum Skelettmuskel ziehen und ihn zur Kontraktion bringen. Ausgangs- und Endpunkt ist im selben Muskel lokalisiert, deshalb spricht man auch von Muskeleigenreflex. Es existiert jedoch eine polysynaptische Komponente, die über Zwischenneuronen im Rückenmark dafür sorgt, dass die antagonistische Muskulatur entspannt wird (Abb. 1.3).

Sind außer einer schlaffen Lähmung nicht Dermatom-bezogene sensible oder vegetative Ausfälle nachweisbar, ist von einer Läsion distal der Nervenwurzeln, also von einer Plexusläsion oder einer Neuropathie auszugehen. Eine Radikulopathie ist differenzialdiagnostisch anhand der unterschiedlichen Leitmuskeln klinisch und elektrophysiologisch abgrenzbar (Kap. 6), die Neurografie sensibler Nerven zeigt hier einen Normalbefund und einen pathologischen Befund bei einer (Poly-) Neuropathie.

Die Spinalnerven sind zervikal im Plexus cervicobrachialis (Wurzeln C 5 bis Th 1; oberer Armplexus C 5 bis C 6, unterer Armplexus C 8 bis Th 1), lumbosakral im Plexus lumbosacralis (L 1 bis S 3; Plexus lumbalis L 1 bis L 4, Plexus sacralis L 4 bis S 3) organisiert (Kap. 7). Wegen der Plexusbildung der Spinalnerven wird fast jeder Gliedmaßenmuskel von mehreren Spinalnerven innerviert (plurisegmentale Innervation). Der Ausfall einer Spinalnervenwurzel führt deswegen nicht zum Totalausfall des Myotoms, sondern es tritt nur eine unvollständige Lähmung (Parese) und ein Ausfall der betreffenden Reflexe ein. Sind mehrere Segmente betroffen oder ist ein Plexusnerv geschädigt, kommt es zu einer schlaffen (vollständigen) Lähmung (Paralyse). Anhand der Untersuchung von Leitmuskeln (Kennmuskeln) lässt sich differenzieren, ob die vordere Wurzel, der Plexus oder der periphere Nerv geschädigt ist (Kap. 6). Die Untersuchung ausgewählter Muskeln und ihrer Innervation ist in Abb. 1.4 dargestellt.

Klinische Untersuchung des Muskeltonus: Untersucht wird der Muskeltonus der Strecker und Beuger des Handgelenks (Dorsalextension und Palmarflexion aus der Nullstellung heraus), der Strecker und Beuger des Ellenbogengelenks (Extension und Flexion aus einer Beugung um 90° heraus, mittlere Drehung des Unterarms) und der

Strecker und Beuger des Kniegelenks (Extension und Flexion des um 90° flektierten Gelenks). Die Gelenke werden mit unterschiedlichen Geschwindigkeiten und Winkelgraden bewegt. Beim *Schulter-Schütteltest* legt der Untersucher seine Hände auf die Schultern des Patienten, schüttelt die Seiten alternierend schnell nach vorn und hinten und beobachtet die reziproken Bewegungen der Arme. Für die Untersuchung der Pendelbewegung der Beine sitzt der Patient am Rand der Untersuchungsliege, der Untersucher lässt das im Kniegelenk gestreckte Bein fallen und beobachtet seine Schwingungen.

1.1.2.2.1 Psychogene (dissoziative) Lähmung

Dabei handelt es sich um Lähmungen, bei denen die objektiv normale Funktionstüchtigkeit der motorischen Einheit (neurologische und elektrophysiologische Untersuchung) einer ungenügenden Willküraktivität widerspricht. Die Diagnose „psychogene Lähmung" ist schwierig zu stellen, wenn eine Schmerz-bedingte Minderinnervation ausgeschlossen werden muss.

Auf eine dissoziative Lähmung weisen hin:

- demonstratives Reichen der gesunden (linken) Hand
- komplett fehlender Händedruck (für die Innervation der Hand sind drei Nerven verantwortlich)
- unter Ablenkung (z. B. Rechnen während des Armhalteversuchs) verschwindet die Lähmung (das Absinken des Arms)
- Diskrepanzen zwischen der isolierten Untersuchung und komplexen Bewegungsabläufen (z. B. im Wartezimmer, in unbeobachteten Situationen außerhalb der Einrichtung)
- Bei einer organisch bedingten Parese, bei der nicht genügend Muskelmasse zum Kraftaufbau herangezogen werden kann, lässt die Kraftentfaltung annähernd stufenlos nach. Bei funktionellen Störungen kommt es dagegen zu einem sakkadischen (stufenweisen) Nachlassen der Kraftentfaltung. Der Arm sinkt auch im Halteversuch oft stufenweise herab. Wird von dem Patienten der gesamte Arm als geschwächt bezeichnet, ist ein Absinken des Arms ohne Pronationsbewegung der Hand als Hinweis auf eine psychogene Lähmung zu werten. Bei infratentoriellen Läsionen kann dies allerdings auch auf organischer Grundlage vorkommen.
- Wird der Patient im Stehen rasch um seine eigene Körperachse gedreht, drückt er im Falle einer psychogenen Lähmung seinen Arm an den Körper und hindert ihn aktiv am Herumbaumeln.
- Lässt man einen passiv hochgehaltenen tatsächlich gelähmten Arm los, fällt er neben dem Körper auf die Unterlage.
- Bringt man einen angehobenen tatsächlich gelähmten Arm hinter die Achse des Schultergelenks, fällt er neben oder auf den Kopf des Patienten. Bei psychogenen Pseudoparesen fällt der Arm meist neben den Rumpf.
- Bei palpatorischer Kontrolle der zu prüfenden Muskeln während eines Behandlungsauftrags können z. B. die Agonisten keine, die Antagonisten dagegen eine Anspannung zeigen.
- Fordert man den Patienten auf, im Liegen sein tatsächlich gelähmtes Bein gestreckt anzuheben, presst er stattdessen das kontralaterale, gesunde Bein auf die Unterlage. Fehlt dieser Druck auf der nicht paretischen Seite, spricht dies für eine funktionelle Parese (Hoover-Zeichen).

1.1.3 Myasthenische Lähmung

1.1.3.1 Motorische Endplatte und elektromechanische Kopplung

Jede Skelettmuskelfaser wird von einer einzelnen motorischen Endplatte versorgt. Bei der Depolarisation der Nervenendigung durch ein Aktionspotenzial öffnen sich Kalziumkanäle, durch die Kalzium in die Nervenendigung einströmt. Dieser Kalziumeinstrom bewirkt die Exozytose von Acetylcholinvesikeln in den synaptischen Spalt. Das aus der Nervenendigung freigesetzte Acetylcholin bindet am nikotinischen Acetylcholin-Rezeptor (nAChR) und bewirkt eine Öffnung des porenförmigen aus fünf Untereinheiten bestehenden Kanals.

Mit den durch die Pore des offenen Acetylcholin-Rezeptors einströmenden Kationen depolarisiert der postsynaptische Bereich. Ist diese postsynaptische Depolarisation, das synaptische Potenzial, ausreichend groß, kommt es durch die Öffnung von spannungsgesteuerten Natriumkanälen zu einem muskulären Aktionspotenzial, das über die Muskelfaser weitergeleitet wird und zur Muskelkontraktion führt (elektromechanische Kopplung, Abb. 1.4).

1.1.3.2 Symptomatik (Tab. 1.5)

Botulismus/Botulinumtoxin: Das zur Therapie von Spastik und Dystonie lokal eingesetzte Botulinumtoxin A spaltet ein Protein der präsynaptischen Membran, an das die Acetylcholin-Vesikel andocken, und bewirkt damit eine reversible Parese. Analog ist der Mechanismus beim Botulismus.

Myasthenia gravis pseudoparalytica: Ursache der autoimmunen Myasthenia gravis (MG) ist ein Verlust von funktionsfähigen Acetylcholin-Rezeptoren (AChR) an der motorischen Endplatte durch verschiedene Autoantikörper (AK). Bei ungefähr 50 % der Patienten mit okulärer Myasthenie und bei etwa 85 bis 90 % der Patienten mit generalisierter Myasthenie liegen Auto-Antikörper gegen den Acetylcholin-Rezeptor vor. Zum Teil handelt es sich dabei um „Low-affinity"-Antikörper, die mit herkömmlichen Testverfahren nicht detektiert werden können. Außer zu einer funktionellen Blockade des Rezeptors oder seiner Internalisation kann es über eine Aktivierung der Komplementkaskade zu einer Zerstörung der Endplattenarchitektur kommen. Anti-AChR-Antikörper finden sich bei nahezu allen Patienten mit paraneoplastischer Myasthenie mit Thymom. Titin-Antikörper sind bei Patienten unter 60 Jahren häufig mit einem Thymom assoziiert (s. u.).

In absteigender Häufigkeit lassen sich weitere Antikörper finden, die die Formierung der neuromuskulären Endplatte und die Bindung des Acetylcholins an seinen Rezeptor behindern und bei AChR-AK-negativer Myasthenie bestimmt werden können:

- anti-Musk-AK (Autoantikörper gegen muskelspezifische Rezeptor-Tyrosinkinase)
- anti-LRP4-Antikörper (Autoantikörper gegen *LDL-Receptor related protein 4*)
- anti-Agrin-Antikörper.

Tab. 1.5: Quantitativer Myasthenie-Score (modifizierter Besinger-Score).

Ausprägung	ohne	gering	mäßig	stark
Scorewert	0	1	2	3
Arme 90° vorhalten, sitzend [s]	>180″	60″ bis 180″	10″ bis 60″	<10″
Beine 45° gestreckt vorhalten, liegend [s]	>45″	30″ bis 45″	5″ bis 30″	<5″
Kopf 45° angehoben, liegend [s]	>90″	30″ bis 90″	5″ bis 30″	<5″
Vitalkapazität [l]	m > 4,0 w > 3,0	m 2,5 bis 4,0 w 2,0 bis 3,0	m 1,5 bis 2,5 w 1,2 bis 2,0	m <1,5 w <1,2
Kauen/Schlucken	normal	Erschöpfung bei festen Speisen	nur weiche Speisen	Magensonde
mimische Muskulatur	normal	leichte Schwäche beim Lidschluss	*Signe des cils*	keine Mimik
Simpson-Test: Doppeltsehen beim Aufwärtsblick [s]	>60″	10″ bis 60″	0″ bis 10″	spontane Doppelbilder
Ptosis beim Aufwärtsblick [s]	>60″	10″ bis 60″	0″ bis 10″	spontane Ptosis

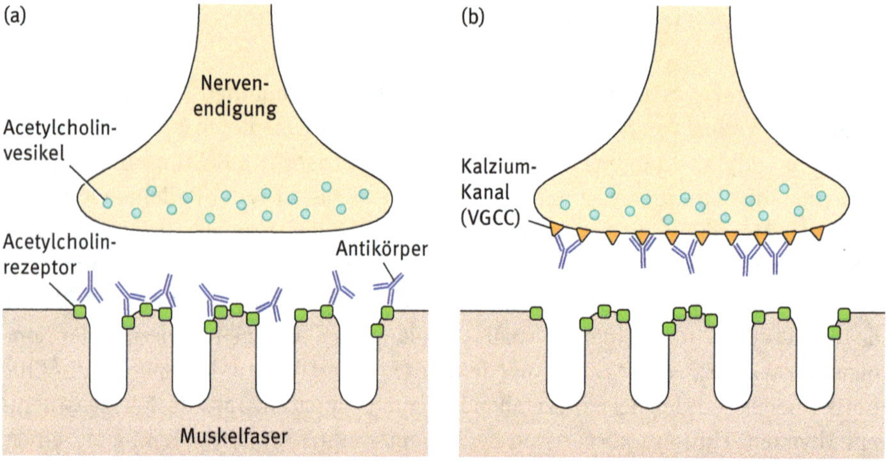

Abb. 1.4: (a) Myasthenia gravis. Autoantikörper gegen den Acetylcholin-Rezeptor führen zur Verringerung der Rezeptorzahl, so dass das in den synaptischen Spalt der neuromuskulären Endplatte ausgeschüttete Acetylcholin keinen ausreichenden Effekt mehr bewirken kann.
(b) Lambert-Eaton-Syndrom. Autoantikörper gegen den *Voltage Gated Calcium Channel* (VGCC) führen zur Verringerung der spannungsgesteuerten Kalziumkanäle, so dass präsynaptisch eingehende Aktionspotentiale keinen ausreichenden Kalzium-Einstrom bewirken können, der für eine angemessene Acetylcholinausschüttung benötigt wird.

Der Autoantikörperstatus dient der Klassifikation, besitzt aber keinen grundsätzlichen Einfluss auf die Therapieprinzipien. Nicht selten finden sich Autoantikörper mit Spezifität gegen Epitope anderer Organe, die auch klinisch im Sinne von Overlap-Syndromen betroffen sein können.

Bis zu 70 % der juvenilen Patienten mit einer Myasthenia gravis zeigen eine Thymitis (lymphofollikuläre Hyperplasie) mit Keimzentren als Ausdruck eines aktiven immunologischen Prozesses. Bei 10 bis 15 % tritt die Myasthenia gravis (unabhängig von der klinischen Ausprägung) als paraneoplastisches Syndrom bei einem Thymom auf. Unter den Thymom-assoziierten paraneoplastischen Syndromen ist sie mit 60 % am häufigsten zu beobachten.

Elektrophysiologisch zeigt sich in der 3/sec-Serienstimulation ein Amplitudendekrement und/oder Flächendekrement.

Klinisch steht die im Tagesverlauf belastungsabhängige und bei Infektionen (Uthoff-Phänomen) zunehmende Muskelschwäche im Vordergrund. Bei etwa 50 % der Betroffenen macht sich die Myasthenie an den äußeren Augenmuskeln mit einer Ptosis oder mit Doppelbildern bemerkbar, die im Simpson-Test provoziert werden können (60 s lang Blick nach oben). Okuläre Symptome stellen oft Erstsymptome dar. Kommt es zur Generalisierung, tritt eine Schwäche der Gesichtsmuskulatur, Kau- und Schluckschwäche, Kopf-, Arm- und Beinhalteschwäche hinzu.

Lambert-Eaton-Myasthenie-Syndrom: Beim Lambert-Eaton-Syndrom ist die Transmitterfreisetzung von cholinergen Synapsen des motorischen und autonomen Nervensystems gestört. Ursache sind in 85 bis 90 % der Fälle Antikörper gegen präsynaptische Kalziumkanäle (Anti-VGCC-AK = Auto-AK gegen Kalziumkanäle vom P/Q-Typ, *voltage-gated calcium channels*, VGCC), selten auch Antikörper gegen SOX 1. Entsprechend kommt es pro Aktionspotenzial zu einem verminderten Kalziumeinstrom in die Nervenendigung, was die Acetylcholin-Ausschüttung reduziert. Durch therapeutisch eingesetzte Kaliumionenkanal-Blocker wird die Repolarisation blockiert, und es kommt zu einer Verlängerung des Aktionspotenzials und damit zu einem vermehrten Kalziumeinstrom in die Nervenendigung. Bei etwa 60 % der Patienten handelt es sich um eine Paraneoplasie im Rahmen eines kleinzelligen Bronchialkarzinoms.

Elektrophysiologisch zeigt sich in der 3/sec-Serienstimulation ein Dekrement mit niedriger Ausgangsamplitude bzw. -fläche vor Arbeit und ein Inkrement typischerweise über 100 % nach Arbeit.

Auch beim Lambert-Eaton-Syndrom findet man eine belastungsabhängige Schwäche, wobei die okuläre und faziale Muskulatur weniger häufig und weniger prominent betroffen ist. Hinzu kommen autonome Symptome (Mundtrockenheit, Obstipation, orthostatische Dysregulation, verminderte Schweißsekretion).

Neuromyotonie (Isaac-Syndrom): Bei der Neuromyotonie ist immunologisch die Funktion von präsynaptischen Kaliumkanälen gestört, bei rund 40 % der Erkrankten lassen sich Autoantikörper gegen spannungsabhängige Kaliumkanäle nachweisen.

Folge ist eine vermehrte Transmitterausschüttung. Klinisch findet sich eine gesteigerte muskuläre Aktivität, erkennbar an tonischen Muskelverkrampfungen, Faszikulationen, Muskelwogen (Myokymien) und typischen komplex-repetitiven Entladungen (Duplets, Triplets) sowie vermehrter Schweißproduktion.

1.1.4 Myogene Symptome und Myotonien (Tab. 1.6)

Eine differenziertere Übersicht über verschiedene Muskelerkrankungen findet sich in Kap. 9, sodass sich dieses Kapitel auf die Beschreibung typischer mit Myopathien assoziierter Symptome beschränkt. Endplattenerkrankungen werden in Kap. 1.1.3 und 9 besprochen.

Ätiologisch lassen sich die Myopathien grob in folgende Gruppen unterteilen: Muskeldystrophien (einschließlich Muskeldystrophie Typ Duchenne und Becker, fazioskapulohumerale Muskeldystrophie (FSHD), Gliedergürteldystrophien), kongenitale Myopathien, metabolische Myopathien (einschließlich Mitochondriopathien, Glykogenosen), Ionenkanalerkrankungen (dystrophische und nicht dystrophische Myotonien), Myositiden, toxische Myopathien.

Muskelschwächen, Paresen: Das Kardinal-Symptom von Muskelerkrankungen ist eine oft progrediente Schwäche. Beginnt die Erkrankung im Säuglingsalter, fallen ein schlaffer Tonus (*floppy infant*) und eine Trinkschwäche auf. Setzt sie im Kindesalter ein, werden die entwicklungsphysiologischen Etappen (die „motorischen Meilensteine") oft nicht oder nur verzögert erreicht. Bei späterem Beginn ist die sportliche Leistungsfähigkeit gewöhnlich geringer als die von gleichaltrigen Gesunden (Kap. 4.1.6).

Gliedergürtel-Syndrom: Es handelt sich um eine proximal betonte, symmetrische Schwäche der Extremitäten ohne Sensibilitätsstörungen. Die proximale Muskulatur ist bei den meisten Muskelerkrankungen häufig frühzeitig und besonders bevorzugt betroffen. Das Aufrichten aus der Hocke, das Treppensteigen (M. quadriceps femoris) und das Aufrichten aus der Rückenlage sind zunehmend erschwert. Die Schwäche der Hüftgelenksabduktoren äußert sich im *Trendelenburg-Zeichen* (Abb. 7.24), die Schwäche der Streckmuskulatur von Hüft- und Kniegelenken im *Gowers-Zeichen* (Abb. 9.1).

Seltene Phänotypen: Seltener kommen bei Muskelerkrankungen auch okuläre (chronisch progrediente externe Ophthalmoplegie, CPEO), okulopharyngeale (okulopharyngeale Muskeldystrophie, OPMD) oder distale Phänotypen (Dysferlinopathie, myotone Dystrophie Typ 1 Curschmann-Steinert, myofibrilläre Myopathien, Emery-Dreifuss-Muskeldystrophie) vor. Insbesondere letztere müssen von neurogenen Erkrankungen abgegrenzt werden.

Tab. 1.6: Dualistisches Konzept von Bewegungsstörungen [Ceballos-Baumann u. Conrad 2005].

Hypokinesien (Minus-Symptom)	Hyperkinesien (Plus-Symptom)
Akinesie, Bradykinesie, Hypokinesie	Chorea
Rigor	Ballismus/Hemiballismus
Spastik	Ruhe-, Halte-, Intentions-, Aktionstremor
	Tics/Tourette-Syndrom
	Dyskinesien
	Akathisie
	Stereotypien
	Myoklonus/Asterixis
	Restless-Legs-Syndrom
	Ataxie
	Dystonie (fokal, segmental, generalisiert)
	Athetose
	Faszikulationen/Myokymien
	Spastik
	Startle-Syndrom
	Synkinesien
	Spiegelbewegungen (*mirror movements*)

Facies myopathica: Ein ausdrucksloses Gesicht kann aus einer Schwäche der mimischen Muskulatur resultieren. Eine Schwäche des M. orbicularis oculi ist erkennbar an einem Sichtbarbleiben des Bulbus auch bei kräftigem Augenschluss (Bell'sches Phänomen) oder daran, dass die Wimpern beim Zukneifen der Augen auf der schwächeren Seite weiter herausragen (Wimpernzeichen, *Signe des cils*).

Scapula alata: Aufgrund einer Schwäche des M. serratus anterior steht das Schulterblatt von der Thoraxwand ab. Am deutlichsten zeigt sich das bei Druck der nach vorn ausgestreckten Arme gegen eine Wand (Abb. 7.5).

Symmetrische Manifestation: Die meisten Myopathien bzw. Erkrankungen der motorischen Einheit zeigen eine symmetrische Verteilung der Symptome Schwäche und Atrophie. Wichtige Ausnahmen, zumindest zu Beginn der Erkrankung, stellen die fazioskapulohumerale Muskeldystrophie (FSHD) und die sporadische Einschlusskörperchen-Myositis (sIBM) dar.

Hypotonie: Im Rahmen der Erkrankung kommt es zu einer schlaffen Parese. Als *floppy infant* bezeichnet man einen Säugling mit auffallend schwachem Tonus der Rumpf-, Extremitäten- und Gesichtsmuskulatur.

Atrophie und Pseudohypertrophie: Oft besteht scheinbar keine Korrelation zwischen der Ausprägung der Muskelatrophie und dem Grad der Muskelschwäche. Bei Dystrophinopathien (Duchenne und Becker) und einigen Gliedergürtel-Syndromen kann infolge eines lipomatösen Umbaus der Muskulatur eine sogenannte Pseudohypertrophie entstehen, typischerweise im Wadenbereich (Waden-Pseudohypertrophie, „Gnomenwaden", Abb. 9.1). Nur bei wenigen hereditären Formen und selten gewordenen unbehandelten langjährigen schweren Verläufen des myasthenen Syndroms trifft man auf eine Atrophie. Immobilisationen führen durch eine Atrophie der Typ-II-Fasern auch zu einer Atrophie, ohne dass die Funktion der neuromuskulären Einheit gestört wäre.

Kamptokormie: Unter Kamptokormie versteht man eine unwillkürliche Beugung des Rumpfes nach vorn. Sie kann Folge einer dystonen Anspannung der Rumpfbeugemuskulatur sein, die sich bei aufrechter Körperhaltung verstärkt, und ist zu finden beim idiopathischen Parkinson-Syndrom. Differenzialdiagnostisch sind Myopathien mit axialer Manifestation (fazioskapulohumerale Muskeldystrophie, myotone Dystrophie Typ 1 und 2) und die amyotrophe Lateralsklerose (in diesem Fall oft mit früher und schwerer Beteiligung der Atemmuskulatur) in Erwägung zu ziehen.

Kontraktur: Die persistierende muskuläre Kontraktur kommt gewöhnlich durch mesenchymale Proliferation im degenerativ geschädigten Muskelparenchym zustande und begleitet beispielsweise weit vorangeschrittene Duchenne-Muskeldystrophien oder ausgeprägte Sarkoglykanopathien. Kontrakturen, oft des M. triceps surae, der Beuger des Ellbogengelenks oder der Beuger und Adduktoren des Hüftgelenks, können jedoch auch prominentes Symptom einer Myopathie (X-chromosomal rezessive und autosomal-dominante Emery-Dreifuss-Muskeldystrophie) oder Folge einer Spastik sein (frühkindlicher Hirnschaden, Traumen des Rückenmarks). Eine Einschränkung von Kopfbeugung und Wirbelsäulenbeweglichkeit wird als *rigid spine* bezeichnet.

Myalgien: Es ist anamnestisch sinnvoll, zwischen belastungsabhängigen und druckschmerzhaften Myalgien zu unterscheiden. Belastungsabhängige muskelkaterartige Myalgien sind häufig kombiniert mit einer Muskelschwäche und kommen bei vielen metabolischen Myopathien (Mb. McArdle, Mb. Pompe), aber auch bei der fazioskapulohumeralen Myopathie, bei der proximalen myotonen Myopathie (PROMM, myotone Dystrophie Typ 2, DM 2) und bei myofibrillären Myopathien vor. Druckschmerzhafte Myalgien begleiten typischerweise unter anderem entzündliche Muskelerkrankungen.

Krampi: Darunter versteht man abrupt auftretende, unwillkürliche und schmerzhafte Kontraktionen von Muskeln, die Sekunden bis Minuten anhalten und spontan bzw. mit Dehnung des betroffenen Muskels wieder abklingen. Muskelkrämpfe werden durch eine exzessive Aktivität spinaler Motoneuronen verursacht und können Zeichen einer Schädigung des zweiten Motoneurons (amyotrophe Lateralsklerose,

Postpolio-Syndrom) oder seines Axons im Verlauf sein (Radikulopathie, Plexopathie, Neuropathie, Krampus-Faszikulations-Syndrom, Neuromyotonie). Sie treten auch häufiger bei manchen metabolischen Myopathien (McArdle-Glykogenose) und gelegentlich während Muskelarbeit im anaeroben Bereich auf. Ursächlich kommen auch hormonelle oder metabolische Veränderungen (Urämie, Hypothyreose, Schwangerschaft) oder Medikamente in Betracht.

Die nachfolgenden Symptome (Faszikulationen und Myokymien inkl. Neuromyotonie, Tetanie sowie partiell auch die vorher beschriebenen Krampi) sind nicht primär muskulären Ursprungs und können auch als Symptome des unteren motorischen Neurons bzw. des motorischen Axons angesehen werden.

Faszikulationen und Fibrillationen: Als Faszikulation wird die spontane Einzelentladung einer motorischen Einheit mit daraus resultierender Kontraktion der versorgten Muskelfasern verstanden. Klinisch sind Faszikulationen als kurze Bewegung der darüber liegenden Haut zu erkennen und zu palpieren. Sie stellen sich auch im EMG dar. Faszikulationen gehen abgesehen von der Handbinnenmuskulatur nicht mit Bewegungseffekten einher. Als Fibrillationen bezeichnet man das Undulieren der Zungenoberfläche bei Bulbärparalyse im Rahmen der amyotrophen Lateralsklerose. Ursache ist eine Störung des zweiten Motoneurons in seinem Verlauf. Fibrillationen zeigen sich auch beim Faszikulations-Krampus-Syndrom oder Isaac-Syndrom (Neuromyotonie) und treten in geringer Frequenz als benigne Faszikulationen beim Gesunden auf.

Myokymien („Muskelwogen"): Myokymien sind unwillkürlich gruppierte oder repetitive Entladungen motorischer Einheiten, die an der Haut mit sichtbaren Bewegungseffekten einhergehen. Klinisch sind sie kaum von Faszikulationen zu differenzieren. Es bedarf zum Nachweis der EMG-Untersuchung (S. 24).

Myotonie: Klinisch kommt es zu einer verzögerten Muskelerschlaffung, es ist z. B. schwierig, ein Objekt rasch wieder loszulassen. Diese verzögerte Muskelerschlaffung wird vom Patienten als Steifigkeit wahrgenommen. Während der Untersuchung lässt sich durch Perkussion eines Muskels mit dem Reflexhammer (Thenar, M. opponens pollicis) oder Spatel (Lingua) die verzögerte Entspannung des Muskels darstellen (Perkussionsmyotonie). Das Öffnen der Augen nach kräftigem Lidschluss oder der fest geschlossenen Faust ist verzögert. Als EMG-Korrelat erscheinen myotone Serienentladungen. Klinisch gehört das Phänomen zu den nicht dystrophen kongenitalen Myotonien (Myotonia congenita Becker und Thomsen) und zur dystrophen Myotonia Curschmann-Steinert. Es findet sich geringer ausgeprägt bei der proximalen myotonen Myopathie und einigen anderen Myopathien wie etwa der Matrin-3-Myopathie.

Rippling ist ein klinisches Zeichen einer erhöhten mechanischen Muskelerregbarkeit und charakterisiert durch elektrisch stille perkussionsinduzierte rasche Muskelkontraktionen (engl. *percussion-induced rapid muscle contractions*, PIRC), Muskelkräuseln (*rippling*) und Wulstbildung (*mounding*). Eine Rippling-Myopathie ist durch Mutationen im Caveolin-Gen bedingt.

Als *Neuromyotonie* bezeichnet man ein durch Hyperexzitabilität peripherer Nerven verursachtes Syndrom spontan auftretender Muskelaktivität. Sie verursacht sichtbare generalisierte Faszikulationen (im EMG Myokymien und neuromyotone Serienentladungen motorischer Einheiten) und Krampi.

Tetanie: Diese neuromuskuläre Übererregbarkeit macht sich, meist infolge einer Hypokalziämie und Alkalose im Rahmen einer Hyperventilationstetanie paroxysmal, besonders an Extremitätenmuskeln und perioral bemerkbar: Karpopedalspasmen, Chvostek-Zeichen (Kontraktionen der Gesichtsmuskulatur durch Beklopfen des N.-facialis-Stammes vor dem Ohr).

1.2 Störungen der Stammganglienmotorik

1.2.1 Anatomische Grundlagen

Die subkortikal gelegenen Basalganglien gehören zum motorischen System. Hauptkerngebiete sind der Nucleus caudatus, das Putamen sowie der Globus pallidus. Durch ihre Einbindung in komplexe neuronale Schaltkreise beeinflussen sie den motorischen Kortex erregend oder hemmend und sind auf diese Weise an Bewegungsinitiation, Bewegungsmodulation und Regulierung des Muskeltonus beteiligt. Läsionen der Basalganglien bzw. der mit ihnen funktionell assoziierten Kerngebiete (z. B. Substantia nigra im Mesenzephalon oder Nucleus subthalamicus im Dienzephalon) äußern sich entsprechend durch einen Überschuss oder einen Mangel an Bewegungsimpulsen und/oder Veränderungen im Muskeltonus. Putamen und Globus pallidus werden auch als Nucleus lentiformis (Linsenkern) bezeichnet. Nucleus caudatus und Putamen fasst man wegen der zahlreichen streifenförmigen verbindenden Zellbrücken als Corpus striatum (Streifenkörper) zusammen.

Das Corpus striatum erhält die meisten Afferenzen aus der Substantia nigra (dopaminerg), den motorischen Feldern im Frontallappen (Area 4 und 6; glutamaterg) und aus dem Thalamus (Afferenzen aus dem Zerebellum und der Formatio reticularis). Das Hauptkontingent efferenter Fasern aus dem Globus pallidus zieht zum Thalamus, von dem aus eine Rückkopplung zur Hirnrinde besteht, während die Hauptefferenz des Corpus striatum zum Globus pallidus und zur Substantia nigra verläuft (GABA-erg).

1.2.2 Tiefe Hirnstimulation

Über Stimulationselektroden in subkortikalen Kerngebieten werden kontinuierlich hochfrequente elektrische Impulse appliziert. Geeignete Kerngebiete sind der Nc. subthalamicus und der Globus pallidus internus bei Patienten mit schwerem Levodopa-Langzeitsyndrom sowie der Nc. ventralis intermedius (VIM) thalami bei medikamentös nicht zu beherrschendem Tremor.

1.2.3 Hypokinetische und hyperkinetische Syndrome

Es gibt Bewegungsstörungen, die mit einer Verminderung/Verarmung der Spontan- und Willkürmotorik einhergehen (Hypokinesen = Minus-Symptome), und solche, die durch einen Überschuss an unwillkürlichen Bewegungen gekennzeichnet sind (Hyperkinesen = Plus-Symptome, Tab. 1.6). Die meisten Bewegungsstörungen (insbesondere Hyperkinesen) werden durch affektive und emotionale Faktoren gesteigert, durch Entspannung und affektive Ausgeglichenheit vermindert und sistieren im Schlaf.

1.2.3.1 Hyperkinetische Syndrome

Chorea: Unter choreatischen Hyperkinesen sind rasche, wechselnd ausgeprägte arrhythmische Bewegungen zu verstehen, die in Ruhe oder bei Willkürbewegungen eintreten. Die Bewegungsunruhe steigert sich unter psychischen und körperlichen Belastungen (Bahnung) und sistiert im Schlaf. Die Muskulatur ist in Ruhe hypoton.

Chorea Huntington: Psychische und kognitive Veränderungen können den Hyperkinesen vorausgehen. In der Frühphase dieser autosomal-dominanten Erkrankung findet man neben den distal betonten raschen choreatischen Hyperkinesen und den Hyperkinesen der Gesichtsmuskulatur (z. B. Grimassieren, bei dem die Zunge weit herausgestreckt und sofort wieder zurückgezogen wird – „Chamäleonzunge") und einem impersistenten Muskeltonus mit raschem Wechsel aus Muskelhypertonie und Muskelhypotonie eine Beeinträchtigung von Stand und Gang (tänzelnder Gang = choreatische Gangstörung, erschwerter Tandem- und Seiltänzergang) sowie okulomotorische Störungen mit vermehrter Sakkadierung und gestörter Konvergenzbewegung. Eine „motorische Impersistenz" zeigt sich, indem die Zunge nicht 10 Sekunden lang herausgestreckt gehalten werden kann. Im Luria-Test, der vom Untersucher vorgeführt wird, hat der Patient Schwierigkeiten, fortlaufend nacheinander mit Faust, Handkante und flacher Hand auf Tischplatte oder Oberschenkel zu klopfen. Beim Gordon'schen Kniephänomen sinkt der Unterschenkel nach Auslösen des Quadrizepsreflexes nur langsam ab. Später können auch andere extrapyramidale Störungen wie Athetose, Ballismus, Dystonie, Tremor und Parkinsonismus folgen.

Ballismus tritt bei einer Läsion im Nucleus subthalamicus auf. Er ist gekennzeichnet durch weit ausfahrende (großamplitudige) schleudernde Bewegungen vorwiegend der proximalen Extremitäten, die überwiegend einseitig als Hemiballismus in

Erscheinung treten. Oft ist der Ballismus mit choreatischen Bewegungen gekoppelt oder choreatiforme Bewegungsmuster stehen ganz im Vordergrund.

Der *Tremor* kann eingeteilt werden nach Amplitude (großamplitudig = grobschlägig, kleinamplitudig = feinschlägig), nach Frequenz (mittelfrequent, 4 bis 7 Hz) und nach Auslösesituation (Ruhetremor, Halte- oder Aktionstremor, Intentionstremor bei Ausführen einer Zielbewegung, Aufgaben-bezogen beispielsweise als Schreibtremor). Für die Zuordnung kann eine Tremoranalyse von Agonisten und Antagonisten mittels Oberflächen-EMG helfen.

Beim *Parkinson-Tremor* handelt es sich um ein hyperkinetisches Syndrom, das als Kernsymptom des idiopathischen Parkinson-Syndroms auftritt, gelegentlich auch initial vorherrschend (Tremor-dominantes Parkinson-Syndrom). Der typische Parkinson-Tremor ist ein (oft einseitig betonter) Antagonisten-Ruhetremor mit einer Frequenz von 4 bis 7/s und mittlerer Amplitude. Der Ruhetremor betrifft meist die Arme (Sonderform: Kinntremor = Rabbit-Phänomen, Tremor zwischen Daumen und Zeigefinger = Pillendreher-Phänomen). Ein *Dual Tasking* kann den Tremor verstärken (Ausführung von Rechenaufgaben beim Gehen). Oft kommt es zu Beginn willkürlicher Bewegungen, etwa beim Vorhalten der Hände, zu einer kurzen Blockade des Tremors, bevor er in gleicher oder höherer Frequenz als Haltetremor wieder auftritt.

Ein *essenzieller Tremor* tritt symmetrisch auf, ist mittelfrequent, oft etwas höher frequent als der Parkinson-Tremor, und überwiegend ein Haltetremor (nicht selten verbunden mit Intentionstremor). Die Hände sind am häufigsten betroffen, seltener Kopf und Stimme. Unter Alkoholeinfluss und Sedativa bessert sich der Tremor, unter psychischer Belastung nimmt er zu.

Von weiterer Bedeutung im Alltag sind der verstärkte physiologische Tremor (hochfrequent, Haltetremor, Medikamenten-induziert, Hyperthyreose), der orthostatische Tremor (hochfrequent, meist 16/s, beim Stehen, Standunsicherheit mit Fallneigung), der dystone und der psychogene Tremor (variantenreich, inkonsistent, verschwindet unter Ablenkung, fühlbare muskuläre Vorspannung der Extremitäten [Ko-Kontraktionszeichen des psychogenen Tremors]). Weniger bekannt ist der paretische Tremor. Dieser entsteht einerseits durch Muskelfatigue bei längerer Muskelanspannung und andererseits durch Verlust motorischer Einheiten etwa im Rahmen motorischer Neuropathien oder spinaler Muskelatrophien.

Tic und Tourette-Syndrom: Als Tics bezeichnet man kurze abrupte nicht zweckgerichtete periodisch auftretende unwillkürliche Bewegungen (motorische Tics) oder Lautäußerungen (vokale Tics). Charakteristisch ist der innere Zwang zur Ausführung bestimmter Bewegungen. Ihr Vollzug induziert eine innere Entspannung. Das Tourette-Syndrom stellt die komplexe Maximalvariante einer Tic-Störung dar. Die Patienten erfahren ein vorausgehendes Spannungsgefühl und können das Auslösen des Tics eine kurze Zeit lang willkürlich supprimieren. Nach der Adoleszenz geht die Tic-Symptomatik häufig verloren, oder sie persistiert in geringerer Ausprägung im Erwachsenenalter.

Dyskinesien: Dieser Begriff ist heutzutage Bewegungsstörungen vorbehalten, die Medikamenten-induziert auftreten. Hauptformen sind die durch Neuroleptika induzierte tardive Dyskinesie und die L-Dopa-induzierte Dyskinesie. Bei der L-Dopa-Therapie unterscheidet man Dyskinesien in Abhängigkeit von der L-Dopa-Maximalkonzentration (Peak-Dose-Dyskinesie) bzw. vom Abfluten von L-Dopa (End-of-dose-Dyskinesie).

Akathisie: Diese Bewegungsstörung tritt überwiegend Medikamenten-induziert auf (Neuroleptika). Sie äußert sich in einem Gefühl der inneren Unruhe und im Drang, sich bewegen zu müssen. Die Bewegungsmuster sind vielfältig: repetitive Wisch- und Reibebewegungen, Kreuzen und Entkreuzen der Arme und Beine, Verlagerung des Körpergewichts beim Sitzen oder Gehen auf der Stelle. Formen, bei denen die Patienten nach einer mehr oder weniger langen Latenz auf die Einnahme von Neuroleptika mit Akathisie reagieren, werden als tardive Akathisie bezeichnet.

Stereotypien sind abnorme Bewegungselemente, die als unterdrückbare koordinierte Bewegungen beschrieben werden und sich kontinuierlich und in gleicher Form wiederholen (Schizophrenie, mentale Retardierung).

Myoklonien: Unwillkürliche plötzliche kurze reflexartige Kontraktionen einzelner oder mehrerer Muskeln mit sichtbarem Bewegungseffekt bezeichnet man als Myoklonien. Ursache ist eine zentralmotorische Störung, die zu einer synchronen Erregung einer größeren Zahl von Motoneuronen führt. Myoklonien können im Unterschied zu Tics nicht willkürlich unterdrückt werden. Sie treten spontan auf, werden durch Willkürbewegungen getriggert (Aktionsmyoklonus) oder begleiten anfallsartig bestimmte Epilepsie-Syndrome. Neben physiologischen Einschlafmyoklonien und dem Singultus (Zwerchfellmyoklonien) begegnet man im klinischen Alltag am häufigsten der Asterixis (s. u.) und posthypoxischen Aktionsmyoklonien (Lance-Adams-Syndrom).

Asterixis: Sie wird auch als „negativer" Myoklonus bezeichnet und ist oft bei hepatischen Enzephalopathien zu beobachten. Insbesondere bei einer Halteinnervation (stärker ausgeprägt in den Armen als in den Beinen) kommt es zu einer abrupten Verminderung der Muskelaktivität gleichzeitig in Agonisten und Antagonisten und zu kurzen ruckartigen oder Tremor-ähnlichen Bewegungen. Infolge der wiederholten irregulären Innervationspausen sinken z. B. im Armhalteversuch mit pronierten Händen und ausgestreckten Fingern Hand oder Finger oder auch der ganze Arm kurz dauernd ab. Nach Ende der Innervationspause wird die vorherige Position wieder eingenommen (*flapping tremor*).

Ein *Restless-Legs-Syndrom* ist oft bei einer Polyneuropathie, bei Eisenmangel, Urämie und Schwangerschaft, aber auch bei Angsterkrankungen zu beobachten. Die Patienten empfinden eine innere Spannung, sich bewegen zu müssen, verbunden mit sensiblen Missempfindungen. Die Symptomatik tritt ausschließlich in Ruhe und Entspannung auf, meist im Liegen oder im Sitzen sowie am Abend und in der Nacht und führt zu Schlafstörungen (zirkadiane Rhythmik). Bewegung (Umherlaufen) lindert die

Beschwerden. Dabei lassen sich somnografisch periodische Beinbewegungen nachweisen (*periodic movements of sleep*).

Ataxie: Unter dem Oberbegriff Ataxie wird eine Gruppe von Störungen der Koordination von Bewegungsabläufen zusammengefasst. Dabei müssen im Wesentlichen extrapyramidale, zerebelläre sowie sensible polyneuropathische bzw. spinale Ataxien voneinander abgegrenzt werden. Die als Ataxie bezeichneten Koordinationsstörungen lassen sich weiter differenzieren als Dyssynergie, Asynergie, Dysmetrie (Hypermetrie, Hypometrie), Bradydiadochokinese, Dysdiadochokinese, Gangataxie, Rumpfataxie, Extremitätenataxie und Dysarthrie (Kap. 1.3).

Bei den *Dystonien* handelt es sich um unwillkürliche lang anhaltende Muskelkontraktionen mit teils bizarren Bewegungen und Verdrehung einzelner Körperpartien. Ursache ist eine zentralnervöse Fehlfunktion der Haltungs- und Bewegungskontrolle. Wie Spastik und Rigor geht die Dystonie mit einem erhöhten Muskeltonus einher. Die dystonen Symptome verstärken sich bei Aufmerksamkeit oder emotionaler Belastung. In Ruhe oder noch deutlicher im Schlaf lassen sie nach. In Intervallen ohne Dystonie ist der Muskeltonus der betroffenen Körperpartie eher vermindert. Die Patienten kennen oft sensorische Tricks (*gestes antagonistiques*), mit deren Hilfe sie die dystone Störung verringern. Dystonien können fokal, segmental oder generalisiert auftreten. Blepharospasmus, Meige-Syndrom (oromandibuläre Dystonie und Blepharospasmus), Hemispasmus facialis und Torticollis spasmodicus sind fokale Formen. Nach ihrem Auslösemechanismus spricht man beispielsweise auch von einer Aktionsdystonie (Schreibkrampf, Musikerdystonie, Golferdystonie). Eine sekundäre Dystonie kann Symptom einer Reihe von Erkrankungen sein und beispielsweise auftreten nach perinatalen Hirnschädigungen, nach Hirninfarkt, nach Enzephalitis, tardiv nach Arzneitherapie, bei Mb. Wilson und weiteren neurodegenerativen Erkrankungen. Eine Dystonie kommt auch bei Parkinson-Patienten vor, ist meist Folge der Therapie und kann auf eine Multi-System-Atrophie (MSA) oder eine kortikobasale Degeneration hindeuten.

Bei der *Athetose* handelt es sich um eine Unterform langsam dystoner Bewegungen, die distal ausgeprägt sind, mit Nähe zur choreatischen Bewegungsstörung.

Unter *Myokymie* (Muskelwogen) werden tetanische Kontraktionen in wechselnden Gruppen von Muskelfasern verstanden, die an der Hautoberfläche sichtbar werden und nicht zu einem Bewegungseffekt führen müssen. Ätiologisch liegt eine motorisch-axonale Übererregbarkeit vor, unter anderem bei Schädigung eines α-Motoneurons oder des motorischen Kerngebiets eines Hirnnervens (Multiple Sklerose, Hirnstammtumoren) sowie bei Vorliegen von Kaliumkanal-Antikörpern (Isaac-Syndrom, s. o.).

Spastik: Als Spastik bezeichnet man eine nicht willkürlich herbeigeführte starke andauernde Kontraktion einzelner Muskeln oder Muskelgruppen, die mit Schmerzen verbunden sein kann. Anders als beim Rigor ist die Erhöhung des Muskeltonus abhängig von der Geschwindigkeit, mit der passive Bewegungen ausgeführt werden.

Von der andauernden Muskelkontraktion bei Spastik wird der schmerzhafte oder schmerzlose Spasmus abgegrenzt. Der Begriff wird vor allem für Crampi der glatten Muskulatur verwendet, beispielsweise für oesophageale Spasmen bei der Refluxkrankheit. Er wird aber auch benutzt, um Phänomene zu beschreiben, die sich von einem Krampus unterscheiden. Geläufig sind z. B. Karpopedalspasmen als Symptom einer Tetanie bei Hypokalzämie. Nicht ganz selten ist der „Spasmus hemifacialis", der vermutlich auf eine ephaptische Erregungsausbreitung bei Kompression des N. facialis zurückgeht. Auch bei der Steifigkeit der Nacken- und der Rückenmuskulatur im Rahmen des *Stiff-person*-Syndroms spricht man gewöhnlich von Spasmen. Die meist genetisch bedingte *Startle-Erkrankung* (Hyperekplexie) ist gekennzeichnet durch eine abnorme plötzliche Zunahme des Tonus meist bilateraler proximaler Muskeln, ausgelöst durch unerwartete sensorische, gewöhnlich akustische Stimuli. Die Tonuszunahme kann zu Stürzen führen, geht aber nicht mit Bewusstseinsstörungen einher.

Synkinesien: Werden bei Willkürbewegungen Muskelgruppen, die normalerweise nicht an dieser Bewegung beteiligt sind, mitinnerviert, spricht man von Synkinesien (z. B. Folge der Reinnervation nach peripherer Fazialisparese). Unwillkürliche Mitbewegungen, die symmetrisch die kontralaterale Extremität einbeziehen, heißen Spiegelbewegungen (*mirror-movements*, Kap. 1.1.1).

1.2.3.2 Hypokinetische Symptome

Akinetisch-rigides Syndrom: Diese Symptomkonstellation ist häufig beim Parkinson-Syndrom anzutreffen und charakterisiert durch Bewegungsverlangsamung (*Bradykinesie*), Bewegungsarmut bzw. Hemmung und Verzögerung des Bewegungsstarts (*Akinesie*) und verminderte Bewegungsamplituden (*Hypokinesie*). Diese Begriffe werden häufig synonym gebraucht. Zur Symptomkonstellation gehören fast regelmäßig ein erhöhter Muskeltonus (*Rigor*) und ein gestörtes Gleichgewicht mit *posturaler Instabilität* (Verlust posturaler Reflexe, d. h. Stellreflexe), wobei die Haltungsinstabilität nicht durch visuelle, propriozeptive, zerebelläre oder vestibuläre Störungen bedingt sein darf. Die bekannteste Ursache ist der Morbus Parkinson (Syn. idiopathisches Parkinson-Syndrom), dem Parkinson-Plus-Syndrome gegenübergestellt werden, die zusätzliche assoziierte neurologische Auffälligkeiten aufweisen (z. B. Störungen der Augenbewegung).

Mit dem Begriff *Rigor* bezeichnet man einen erhöhten Muskeltonus mit gleichbleibend wächsernem Dehnungswiderstand der Beuger und Strecker bei passiver Bewegung, der im Gegensatz zur Spastik nicht von der Beschleunigung der passiven Bewegung abhängt und wie der Tremor im Schlaf verschwindet. Ein kurzfristiges ruckartiges Nachlassen des Muskeltonus wird als *Zahnradphänomen* bezeichnet. Das Ausmaß des Rigors kann durch Willkürbewegungen der kontralateralen Extremität, z. B. durch Faustschluss (Froment-Manöver) oder Anheben des Arms, gesteigert werden. Er findet sich an der axialen Muskulatur ebenso wie an der der Extremitäten. Folge ist eine gebundene Haltung mit Nackenrigor (psychisches Kopfkissen) und Extremitätenrigor. Ein einseitiger Befall ist frühzeitig am verminderten Mitschwingen eines Armes beim Gehen zu erkennen.

Bradykinesie, Hypokinesie und *Akinesie* sind durch den Verlust der Automatie physiologischer Bewegungsabläufe charakterisiert. Die Mimik ist verarmt, der Lidschlag vermindert (Hypomimie), die Stimme wird heiser und monoton (Hypophonie). Eine Hypersalivation (Sialorrhoe) entsteht durch Hypokinese der Schluckmotorik. Eigentlich schnelle Wechselbewegungen der Hände sind nur verlangsamt (Bradydiadochokinese) und unkoordiniert ausführbar (Dysdiadochokinese). Die Schrift wird zunehmend kleiner und unleserlich (Mikrografie). Das typische *Parkinson-Gangbild* ist kleinschrittig-gebunden, der Körper vornübergebeugt (Kamptokormie), das Mitschwingen der Arme vermindert, zum Wenden werden mehrere Zwischenschritte benötigt. In fortgeschrittenen Stadien kommt es zu Startschwierigkeiten nach dem Aufstehen aus dem Sitzen und beim Loslaufen, zu Schwierigkeiten bei der Passage von Hindernissen und beim Drehen im Bett (motorische Blockaden, *freezing*). Unter *Festination* versteht man die Beschleunigung des Sprechens im Verlauf eines Satzes, diese kann aber auch als unwillkürliche Gangbeschleunigung auftreten (Sturzgefahr!).

Im Verlauf der Erkrankung erlangen nichtmotorische Symptome eine immer größere Bedeutung. Dazu zählen neben neuropsychiatrischen Auffälligkeiten (Demenz, Depression, Halluzinationen) chronische Schmerzen, REM-Schlafstörungen, vegetative Störungen (Miktionsstörungen, Darmmotilitätsstörungen mit Obstipation, sexuelle Dysfunktion, orthostatische Dysregulation), kardiovaskuläre Symptome (fehlender Blutdruckabfall in der Nacht), Riechstörungen und zumeist medikamentös bedingte Störungen der Impulskontrolle. – Ein weiteres wichtiges hypokinetisches Symptom ist die Spastik, gekennzeichnet durch einen erhöhten geschwindigkeitsabhängigen Dehnungswiderstand (Kap. 1.1.1, S. 1).

1.3 Zerebelläre Störungen

1.3.1 Anatomische Vorbemerkungen

Das Kleinhirn liegt in der hinteren Schädelgrube und wird vom Tentorium cerebelli überdacht, einer Duraduplikatur, die es vom Großhirn trennt (Abb. 1.5). 2 Längsfurchen grenzen den mittleren Teil, den Vermis (lat. Wurm), von den beiden Kleinhirnhemisphären ab. Das Kleinhirn dient der Planung, Koordination und Feinabstimmung von Bewegungen. Überschießende „Grobmotorik“ soll gehemmt werden. Es spielt auch eine Schlüsselrolle beim impliziten Lernen und besitzt damit Bedeutung für das prozedurale Gedächtnis. Das bedeutet, dass gut trainierte automatisierte Bewegungsabläufe, für die also kein Nachdenken mehr erforderlich ist, im Kleinhirn gespeichert werden. Beispiele dafür sind die Koordination der Gesichtsmuskulatur beim Sprechen, die Bewegung der Finger beim Klavierspielen, aber auch die Koordination aller Teile des Körpers wie beim Skifahren oder Tanzen.

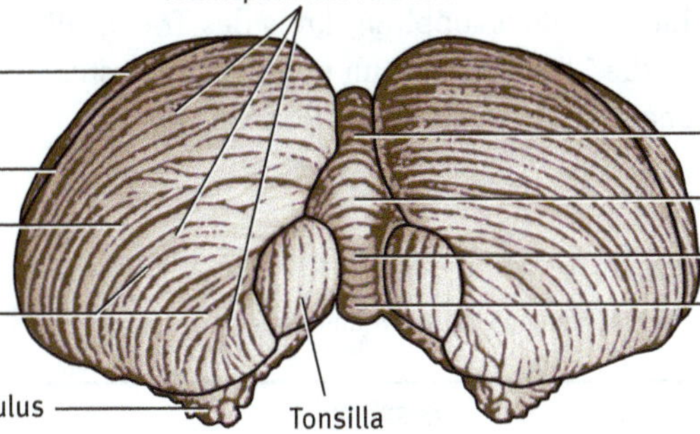

Abb. 1.5: Kleinhirn von kaudal [nach Putz u. Pabst 2000].

Nach funktionellen Gesichtspunkten gliedert man das Kleinhirn in die Abschnitte Vestibulozerebellum, Spinozerebellum und Zerebrozerebellum.

Das *Vestibulozerebellum* besteht aus Nodulus und Flocculus und ist eng mit dem Vestibularapparat verbunden. Dieser Kleinhirnteil erhält aus dem Gleichgewichtsorgan über den Tractus vestibulocerebellaris Informationen über Kopflage und Kopfbewegungen sowie über Beschleunigungen. Er nutzt sie zur Steuerung der Halte- und Stützmotorik und ist verantwortlich für die Feinabstimmung fast aller Augenbewegungen, die von den verschiedenen okulomotorischen Zentren im Hirnstamm generiert werden.

Das *Spinozerebellum* erhält seine Afferenzen vorwiegend aus dem Spinalmark über den *Tractus spinocerebellaris anterior und posterior*, die Informationen über die Stellung von Gelenken und Muskeln aus Muskelspindeln, Gelenkrezeptoren und Golgi-Sehnenorganen weitergeben (Abb. 1.8). Es besteht hauptsächlich aus dem Hauptteil des Kleinhirnwurms und der angrenzenden paravermalen Zone. Der Vermis selbst ist vor allem für die Stand-, Gang- und Stützmotorik verantwortlich. Die benachbarten paravermalen Hemisphärenanteile sind entscheidend an der Zielmotorik und der Ordnung von Bewegungen beteiligt. Diese Anteile sorgen dafür, dass eine Bewegung wie geplant abläuft, ihr Ziel exakt trifft, und sie sorgen für einen Abgleich von Efferenzen und Afferenzen, also dafür, dass die gesendeten Kommandos der tatsächlichen augenblicklichen Lage der Extremitäten entsprechen und ständig an die neue Lage angepasst werden. Hierzu gehört auch die für das Sprechen notwendige außerordentlich feine Abstimmung der beteiligten mimischen Muskeln und der Kehlkopfmuskulatur.

Das *Zerebrozerebellum* (auch Neozerebellum oder Pontozerebellum) wird von den beiden Kleinhirnhemisphären gebildet. Es steht in enger Beziehung zur Großhirnrinde, die über die pontinen Kerne ins Zerebrozerebellum projiziert. Es empfängt vor allem aus dem prämotorischen und supplementärmotorischen Kortex Signale (*Tractus corticopontocerebellaris*), die zur Planung einer genau abgestimmten Bewegung dienen. Hierbei hilft der Rückkopplungskreis des Tracus olivocerebellaris über den Nucleus ruber und die Olive zurück zum Kleinhirn. – Bestimmte Schädigungsmuster kann man einer anatomischen Struktur zuordnen (Tab. 1.7).

Tab. 1.7: Zerebelläre Schädigungen und Symptommuster.

Syndrom	Symptom
1. Kleinhirnhemisphären-Syndrom	zerebelläre Dysarthrie und Dysprosodie Extremitätenataxie (armbetont) Asynergie Dysdiadochokinesie Dysmetrie Intentionstremor Rebound-Phänomen Hypotonie
2. Kleinhirnwurm-Syndrom	
Oberwurm(Lobus-anterior-Syndrom)	Rumpf-, Stand-, Gangataxie (Dysmetrie der Schrittlänge), besonders in der a. p. Ebene
dorsaler Wurm	Sakkadenhypometrie zur Läsionsseite Sakkadenhypermetrie zur Gegenseite verlangsamte Blickfolgebewegungen zur Läsionsseite: bei einseitiger Läsion der Kleinhirnkerne jeweils seitenverkehrt; bei bilateraler Läsion Sakkadenhypermetrie beidseits und unauffällige Blickfolgebewegungen
3. Flocculus-Nodulus-Syndrom	Rumpf-, Stand-, Gangataxie mit Stürzen (bis Abasie und Astasie) Störungen der Augenbewegungen mit verlangsamter Blickfolgebewegung und inkompletter visueller Unterdrückung des vestibulo-okulären Reflexes Blickrichtungsnystagmus bei bilateraler Schädigung Down-Beat-Nystagmus

1.3.2 Zerebelläre Syndrome

Ataxie dient als Oberbegriff für verschiedene Störungen der Bewegungskoordination. Eine Ataxie kann auch auftreten, wenn keine Lähmung (Parese) vorliegt, also bei normaler Muskelkraft.

Eine Ataxie bei Zielbewegungen (auch afferente Ataxie genannt) führt zu Bewegungen falschen Ausmaßes mit Daneben-Zeigen bzw. Verfehlen des Ziels (Dysmetrie), zu über das Ziel hinausschießenden oft ausfahrenden Bewegungen (Hypermetrie) oder zu unflüssig-verwackelten Bewegungen (Asynergie) und damit zur Unfähigkeit, eine rasche Folge antagonistischer Bewegungen auszuführen (Dysdiadochokinesie, Test: rasch alternierend-rhythmische Pronations- und Supinationsbewegungen der Hand). Oft geht die Annäherung an das Ziel mit einem zunehmenden Zittern einher (Intentionstremor). Auch das Aufsetzen einer Brille und das Einschenken von Wasser in ein Glas kann einen Tremor auslösen (Aktionstremor). Die Frequenz eines zerebellären Tremors liegt bei 4 bis 5 Hz.

Die *Extremitätenataxie* wird mit dem *Finger-Nase-Versuch*, dem *Barany-Zeigeversuch* und dem *Knie-Hacke-Versuch* getestet. Im Finger-Nase-Versuch wird der zu Untersuchende aufgefordert, mit geschlossenen Augen den ausgestreckten Zeigefinger langsam im Bogen an die Nasenspitze zu führen. Alternativ kann er auch versuchen, beide Zeigefingerspitzen im Bogen vor der Brust zusammenzuführen. Im Barany-Zeigeversuch zielt der Proband zunächst mit offenen, anschließend mit geschlossenen Augen von oben mit dem Zeigefinger auf den vorgehaltenen Finger des Untersuchers. Zeigt er konstant daneben, ist eine ipsilaterale Vestibularis- oder Kleinhirnläsion anzunehmen. Im Knie-Hacke-Versuch, der im Liegen ausgeführt wird, setzt er bei geschlossenen Augen die Ferse in bogenförmiger Bewegung auf die Kniescheibe des anderen Beins und fährt damit das Schienbein hinunter. Bei einer Ataxie der oberen oder der unteren Extremitäten sind Dysmetrie, Hypermetrie und ein Intentionstremor zu beobachten. Bei ungestörter Ausführung ist die Bewegung als eumetrisch zu bezeichnen.

Mit dem *Rebound-Phänomen* (Rückprallphänomen) wird das gestörte Zusammenspiel von Agonisten und Antagonisten erfasst. Der Patient wird aufgefordert, den ausgestreckten Arm gegen den Widerstand des Untersuchers nach oben zu drücken oder das Ellenbogengelenk zu beugen. Fällt der Widerstand weg, folgt normalerweise eine leicht federnde Bewegung zurück in die Halteposition. Die mangelhafte Abbremsung einer Bewegung infolge ungenügender oder verspäteter Innervation der Antagonisten beurteilt man als pathologisches Rebound-Phänomen.

Die Feinmotorik der Finger prüft man durch rasch aufeinanderfolgendes Tippen der Finger einer Hand auf den gleichseitigen Daumen (*Finger-Tapping*).

Als *Rumpfataxie* bezeichnet man die Unfähigkeit, gerade zu sitzen. Die Patienten weichen zur Seite der zerebellären Läsion ab.

Zur Unterscheidung einer spinalen von einer zerebellären Ataxie dient der *Romberg-Stehversuch* (*Standataxie*). Zur Prüfung steht der Patient mit geschlossenen Augen, geschlossenen Füßen und ausgestreckten Armen. Schwankt er jetzt bis zur Fallneigung, liegt eine spinale Ataxie vor (Romberg-Zeichen positiv bzw. +). Eine gerichtete Fallneigung auch bei geöffneten Augen weist auf eine ipsilaterale vestibuläre oder zerebelläre Läsion hin.

Im *Unterberger-Tretversuch* wird der Patient aufgefordert, mit geschlossenen Augen und ausgestreckten Armen ungefähr fünfzigmal auf der Stelle zu treten, ohne dass er sich an akustischen Außenreizen orientieren kann. Eine reproduzierbare seitenkonstante Körperdrehung > 45° weist auf eine ipsilaterale vestibuläre oder zerebelläre Schädigung hin (Unterberger-Tretversuch +).

Menschen mit einer Gangataxie laufen breitbeinig und breitbasig unsicher. Die Unfähigkeit, zu stehen und zu gehen, heißt *Astasie* bzw. *Abasie*.

Äquivalent der Ataxie ist im Bereich des Sprechens die *zerebelläre Dysarthrie*. Das Sprechen wirkt skandierend, explosiv oder auch verwaschen, die Sprachmelodie und die lautliche Struktur der Sprache (Betonung, Modulation, Rhythmus und Intonation) sind beeinträchtigt (*Dysprosodie*).

1.4 Störungen der Körpersensibilität

1.4.1 Anatomische Grundlagen

1.4.1.1 Periphere Anteile des sensiblen Systems

Über exterozeptive, d. h. von außerhalb des Organismus kommende Reize werden Qualitäten der Oberflächensensibilität (Berührungs-, Schmerz- und Temperaturempfinden) und über propriozeptive Reize Qualitäten der Tiefensensibilität wie Bewegungs-, Lage- und Vibrationsempfindung aufgenommen.

Nach der Art ihrer Aufgaben bezeichnet man die Rezeptoren in der Haut als Exterozeptoren. Sie liefern Informationen über Lokalisation und Feinabstimmung von Berührungen: Freie Nervenendigungen vermitteln protopathische Qualitäten (Schmerz- und Temperaturreize bzw. -unterschiede), eingekapselte differenzierte Endkörperchen nehmen überwiegend epikritische Qualitäten auf (Berührung, Diskrimination, Vibration, Druck). Beispiele sind die Vater-Pacini-Lamellenkörperchen in Kutis und Subkutis für Druckempfindungen und die Meissner-Tastkörperchen an unbehaarten Hautstellen (Füße, Hände, Lippen, Genitalorgane) für Berührungs- und Tastreize. Die Rezeptororgane der Haut können zudem in *Mechanorezeptoren* (Berührung, Druck), *Thermorezeptoren* (Kälte, Wärme) und *Nozizeptoren* (Schmerz, noxische Reize) unterteilt werden.

Eine zweite Gruppe von Rezeptororganen liegt in tieferen Strukturen des Körpers, in Muskeln, Sehnen, Faszien und Gelenken. Zu diesen Propriozeptoren gehören unter anderem Muskelspindeln und die Golgi-Sehnenorgane, die Informationen über die Stellung der Muskeln aufnehmen und weitergeben. Sowohl die Muskelspindeln als

Tab. 1.8: Anatomische Charakteristika und Funktionen sensorischer und motorischer Nervenfasern [Erlanger u. Gasser 1937]. Die Afferenzen der Aβ-Fasern werden zentral über den Hinterstrang geleitet, die Afferenzen der Aδ- und C-Fasern über den Tractus spinothalamicus.

Gruppe	Leitungsgeschwindigkeit (m/s)	Durchmesser der Myelinscheide [µm]	Beispiele
Aα	60 bis 120	10 bis 20	α-Motoneurone zu extrafusalen Skelettmuskelfasern (motorisch), primäre Muskelspindelafferenz (sensibel)
Aβ	40 bis 90	5 bis 12	Mechanosensoren der Haut (Berührung, Druck, Lagesinn, Vibration; sensibel)
Aγ	15 bis 30	4 bis 8	γ-Motoneurone zu intrafusalen Skelettmuskelfasern (motorisch)
Aδ[1]	5 bis 25	2 bis 5	Afferenzen für Temperatur (Wärme, Kälte) und Nozizeption (sensibel)
B	3 bis 15	1 bis 3	sympathische präganglionäre Fasern (vegetativ) postganglionäre Fasern des Ggl. ciliare (vegetativ)
C	0,5 bis 2,0	<1.0 („unmyelinisiert“)	sympathische postganglionäre Fasern (vegetativ), Afferenzen für Nozizeption (dumpfer Schmerz, sensibel)

[1] Aδ-Fasern vermitteln den afferenten Schenkel des Fluchtreflexes.

auch die Golgi-Sehnenorgane am Muskel-Sehnen-Übergang sprechen auf Dehnung und Vibrationsreize an, letztere besitzen eine höhere Reizschwelle.

Als protopathische Sensibilität werden die Körperempfindungen zusammengefasst, die eine Bedrohung der Vitalsphäre signalisieren („Grobwahrnehmung“). Dazu gehören die Schmerzwahrnehmung (Nozizeption), die Temperaturwahrnehmung und die grobe Mechanorezeption. Epikritische Sensibilität nennt man die Körperempfindungen, die der diskriminatorischen Wahrnehmung von Druck, Berührung und Vibration („Feinwahrnehmung“) und der Propriozeption dienen. Unter Propriozeption ist die Wahrnehmung von Körperbewegung und Körperlage im Raum bzw. von Lage und Stellung einzelner Körperteile zueinander zu verstehen.

Im peripheren Nerven befinden sich Axone, die unterschiedlich stark myelinisiert sind, deshalb unterschiedliche Leitgeschwindigkeiten aufweisen und unterschiedliche afferente Informationen transportieren (Tab. 1.8). Viszerale Nerven enthalten fast nur dünne markhaltige Fasern.

Die Nervenzellkörper (Perikaryon) des ersten sensiblen Neurons liegen in den Spinalganglien. Die dorsale Wurzel weist kurz vor der Vereinigung mit der vorderen Wurzel eine Anschwellung auf, das Spinalganglion, in dem sich die pseudounipolaren ersten sensiblen Neurone mit quasi T-förmigen Axonen befinden. Der längere peripher aufgefaserte Fortsatz nimmt die Afferenzen aus den Rezeptororganen auf, der zentrale kurze Fortsatz tritt über die Hinterwurzel in das Hinterhorn ein.

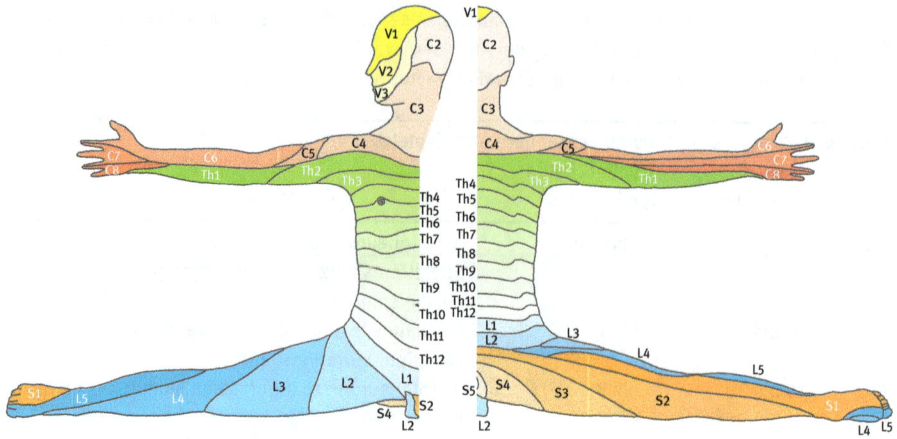

Abb. 1.6: Dermatome (Innervationsgebiete der Nervenwurzeln). Die Dermatome von zwei benachbarten Segmenten können sich an den Randzonen überlappen, sodass bei Schädigung des Rückenmarkssegments eine wenn auch stark eingeschränkte Restsensibilität erhalten bleiben kann.

Nach Durchtrennung eines peripheren Nerven fallen alle sensiblen Qualitäten im Versorgungsbereich aus. Das analgetische Areal ist jedoch kleiner als das anästhetische. Die Überlappung der Innervationsgebiete benachbarter peripherer Nerven ist weniger ausgeprägt als die von Nervenwurzeln, sodass die Sensibilitätsstörung deutlicher abgrenzbar ist. In einem peripheren Nerven verlaufen sensible Fasern zu mehreren Nervenwurzeln. Kurz vor Eintritt in das Rückenmark bilden die afferenten sensiblen Fasern mit den efferenten motorischen Fasern aus dem Vorderhorn eine Nervenwurzel, die Fasern einer Wurzel versorgen einen bestimmten segmentalen Hautbereich (*Dermatom*, Abb. 1.6). Die Dermatome der Berührungsempfindung überlappen sich mehr als die der Schmerzempfindung, sodass bei einer Radikulopathie eher eine Beeinträchtigung der Schmerz- und Temperaturempfindung nachweisbar ist als eine Beeinträchtigung der Berührungsempfindung.

Head-Zonen und *übertragener Schmerz:* Als Head-Zonen, benannt nach dem Neurologen Sir Henry Head, bezeichnet man Bereiche der Haut, deren Dermatome aus demselben Rückenmarksegment versorgt werden wie (erkrankte) innere Organe. So können Schmerzempfindungen, die von ihnen ausgehen (viszeroafferente Informationen), aufgrund der Verschaltung im Rückenmark auf die entsprechenden Hautareale projiziert werden (übertragener Schmerz, engl. *referred pain*, Head-Zonen, Abb. 1.7). Head-Zonen erstrecken sich über mehrere Dermatome und weisen einen Maximalbereich mit dem am stärksten ausgeprägten viszerokutanen Reflex auf. Ursache ist die ursprünglich streng segmentale Anordnung der Enterotome und Dermatome (Eingeweide- bzw. Hautbereiche), die durch dasselbe Rückenmarkssegment versorgt werden. Im Verlauf der Individualentwicklung verschieben sich diese Bereiche.

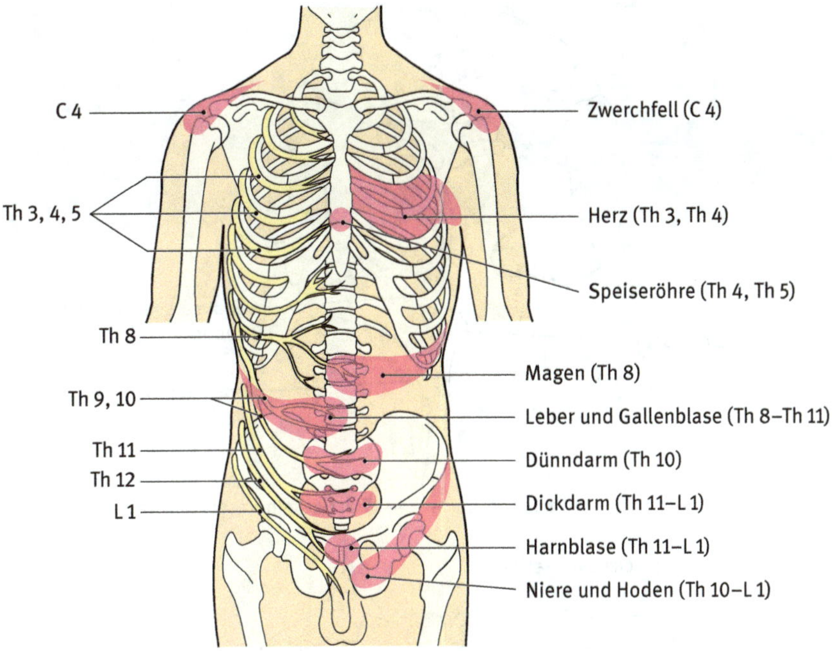

Abb. 1.7: Head-Zonen. Projektion von Schmerzen, die von inneren Organen ausgehen, an die Körperoberfläche.

1.4.1.2 Zentrale Anteile des sensiblen Systems

Alle afferenten sensiblen Fasern treten von dorsolateral in das Hinterhorn des Rückenmarks ein.

Tractus spinocerebellaris anterior et posterior: Ein Teil der afferenten Impulse aus tiefer gelegenen Körperschichten (Muskulatur, Sehnen, Gelenke) gelangt über die spinozerebellären Bahnen, den sogenannten *Kleinhirnseitenstrang*, zum Zerebellum. Die schnell leitenden Iα-Fasern von Muskelspindeln, Sehnenorganen und Gelenkkapseln ziehen einerseits direkt zu den großen α-Motoneuronen im Vorderhorn, mit denen sie den monosynaptischen Reflexbogen bilden. Die anderen enden an einer Kernsäule, die sich über die Segmente C 8 bis L 2 (Nucleus thoracicus, Clarke-Säule) erstreckt, wo sie auf das zweite sensible Neuron umschalten, von dem der *Tractus spinocerebellaris posterior* (Flechsig-Bündel) seinen Ausgang nimmt und ipsilateral, d. h. ohne zu kreuzen, über den Kleinhirnstiel zum Spinozerebellum zieht (Abb. 1.8). Afferente Iα-Fasern, die im unteren Lumbalbereich umgeschaltet haben, verlaufen ipsilateral und kontralateral im *Tractus spinocerebellaris anterior* (Gowers'sches Bündel) zum Kleinhirnwurm.

Diese beiden Stränge vermitteln die unbewusste Tiefensensibilität (Propriozeption). Das Zerebellum wird über die Afferenzen der Tiefensensibilität unterrichtet und

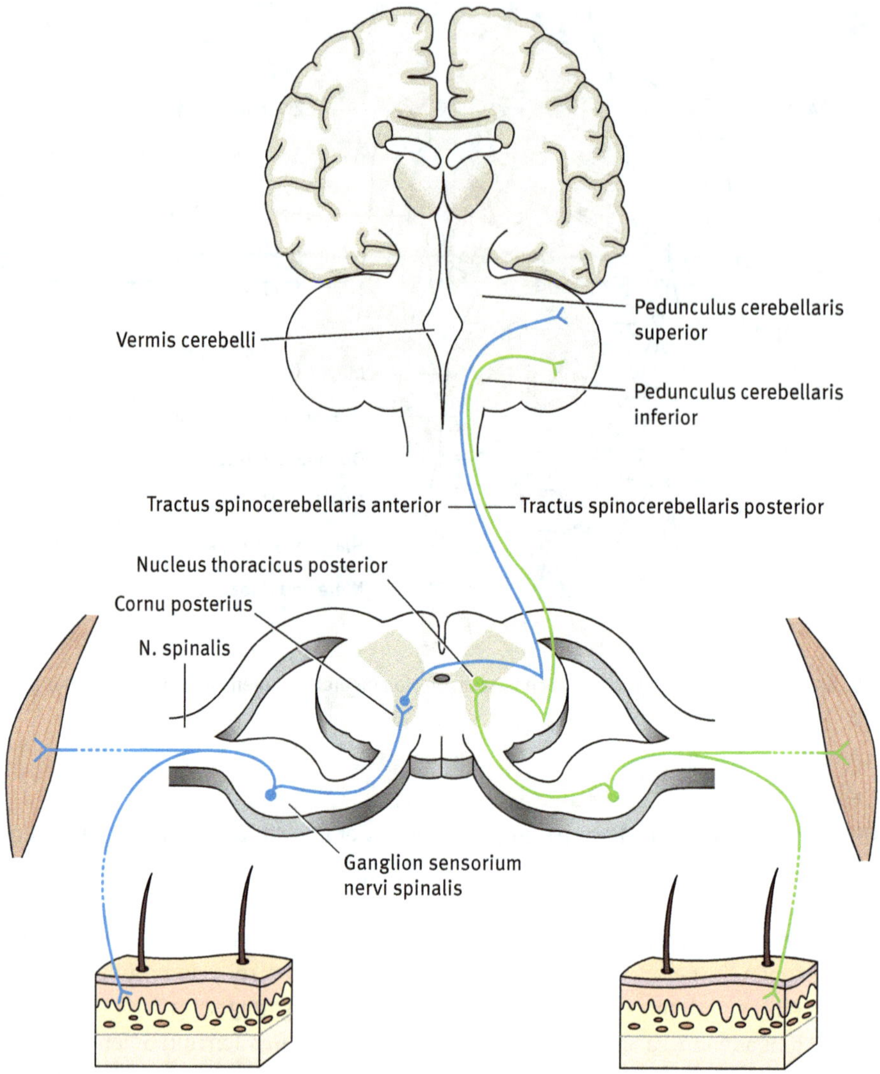

Abb. 1.8: Verlauf des Tractus spinocerebellaris anterior und posterior (Kleinhirnseitenstrang) im Rückenmark.

kann seinerseits über polysynaptische Efferenzen Einfluss auf den Muskeltonus und das Zusammenspiel synergistischer Muskeln – Agonisten und Antagonisten – nehmen.

Funiculus posterior: Über den Hinterstrang (*Funiculus posterior*) werden die propriozeptiven Empfindungen weitergeleitet, die ins Bewusstsein gelangen. Die Afferenzen stammen aus den Rezeptoren in Muskeln, Sehnen, Faszien, Gelenkkapseln und im

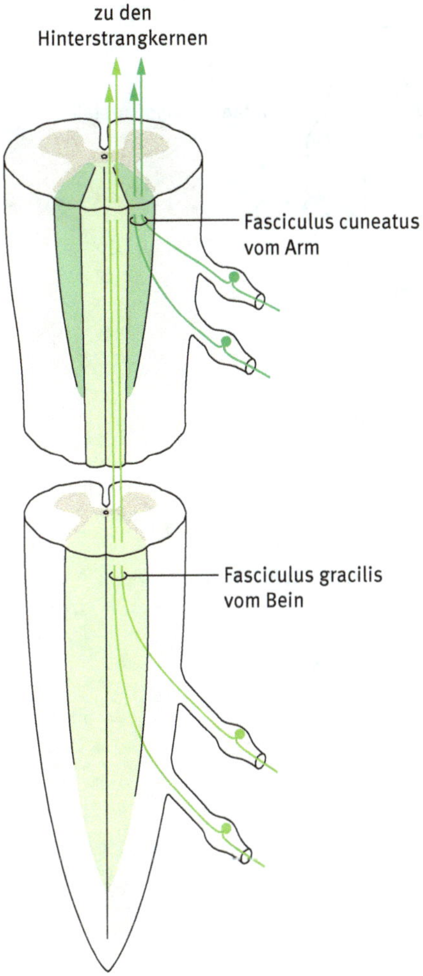

Abb. 1.9: Fasciculus gracilis und Fasciculus cuneatus.

Bindegewebe (Vater-Pacini- und Golgi-Körperchen). Der Hinterstrang besteht anfangs nur aus dem medial gelegenen *Fasciculus gracilis*, in dem die Afferenzen vom Bein weitergeleitet werden. Die in den zervikalen Segmenten eintreffenden Afferenzen vom Arm lagern sich lateral an und bilden den *Fasciculus cuneatus* (Abb. 1.9). Auf Höhe der dorsalen Medulla oblongata erfolgt im Nc. gracilis und im Nc. cuneatus die synaptische Umschaltung auf das zweite sensible Neuron, dessen Axone noch in der Medulla oblongata vollständig zur Gegenseite kreuzen (Lemniscus medialis) und als Tractus bulbothalamicus zum Thalamus ziehen (Abb. 1.10).

Vermittelt werden über den Hinterstrang Lageempfindung, Vibration, Druck, Diskrimination (2-Punkt-Diskrimination) und Tastsinn. Nach einer Hinterstrangschädigung kann der Betroffene die Position seiner Gliedmaßen nicht mehr genau bestimmen, und er ist nicht fähig, mit geschlossenen Augen Gegenstände durch Betasten zu

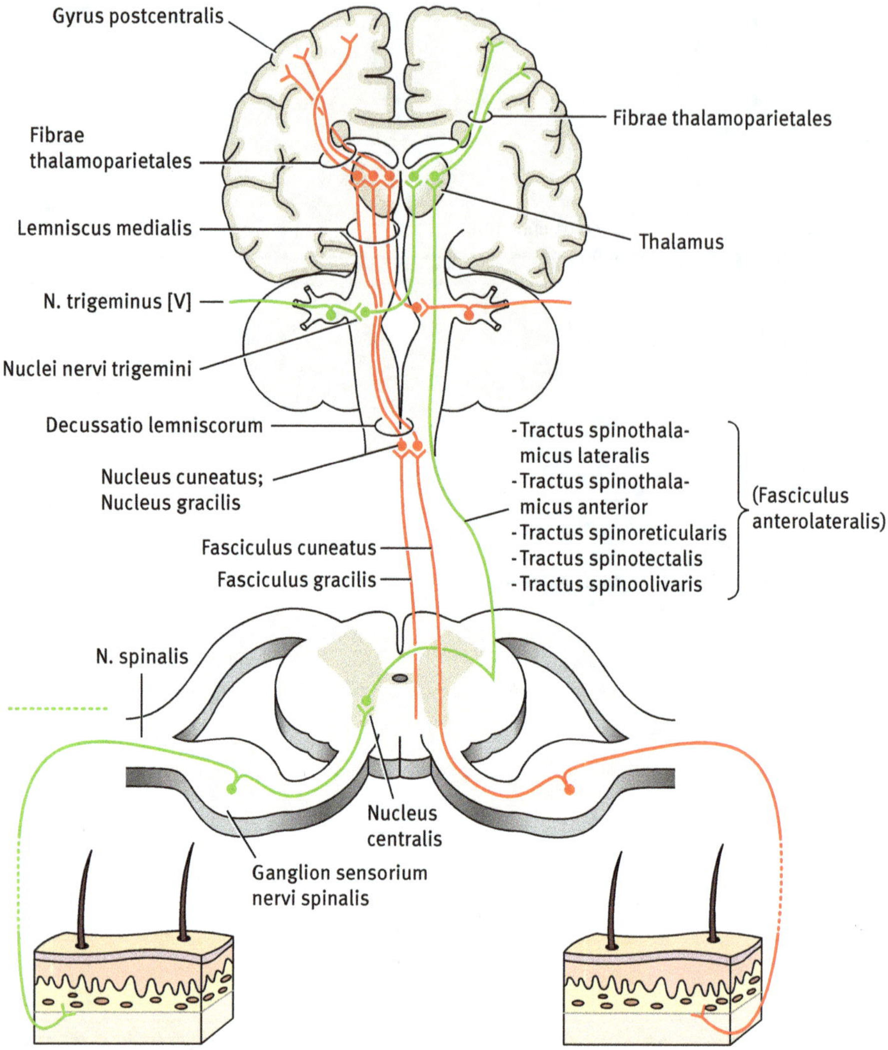

Abb. 1.10: Verlauf der sensiblen Bahnen im Rückenmark und in der Medulla oblongata: Funiculus posterior, Tractus spinothalamicus anterior, Tractus spinothalamicus posterior.

erkennen, auf die Haut geschriebene Zahlen oder Buchstaben zu identifizieren und zwei gleichzeitig an verschiedenen Körperstellen gesetzte Reize räumlich zu unterscheiden. Da auch das Druckgefühl gestört ist, spürt er den Boden unter den Füßen nicht mehr, sodass das Stehen und Gehen unsicher und ataktisch wird, insbesondere bei Dunkelheit oder bei Augenschluss (Tab. 1.9).

Tractus spinothalamicus anterior et lateralis: Die Fasern des *Tractus spinothalamicus anterior* (Vorderseitenstrang) stammen von Hautrezeptoren, kreuzen nach Umschal-

Tab. 1.9: Klinische Zeichen einer Schädigung des Hinterstrangs.

Aufhebung des Lage- und Bewegungssinnes (Kinästhesie)	
Astereognosis	Bei geschlossenen Augen können Gegenstände durch Betasten nicht in Form und Substanz erkannt und beschrieben werden.
Aufhebung der 2-Punkte-Diskrimination	
Aufhebung des Vibrationssinnes	Vibration einer auf Knochenvorsprünge aufgesetzten schwingenden Stimmgabel wird nicht wahrgenommen (malleolär, patellar, Processus spinosus, Spina iliaca ant. sup.).
Romberg-Zeichen	Bei Augenschluss Fallneigung und unsicheres Stehen. Öffnet der Patient die Augen, kann der Verlust der Tiefensensibilität über die visuelle Kontrolle wieder ausgeglichen werden.

[1] Aδ-Fasern vermitteln den afferenten Schenkel des Wegziehens der Extremität bei Schmerz.

tung im Hinterhorn auf Segmentebene [Hodge und Apkarian 1990] in der vorderen Kommissur des Rückenmarks und ziehen kontralateral als Tractus spinothalamicus anterior aufwärts und schließlich gemeinsam mit dem Tractus spinothalamicus lateralis und dem Lemniscus medialis zum Thalamus, wo sie auf das 3. Neuron umgeschaltet werden (Abb. 1.10).

Der Tractus spinothalamicus anterior leitet die protopathischen Reize für grobe Berührung und Druck (undifferenzierte Mechanosensibilität) weiter. Der *Tractus spinothalamicus lateralis* übermittelt die Afferenzen für Schmerz, Temperatur, aber auch die Empfindungen beim Kitzeln und Jucken sowie sexuelle Empfindungen. Sie alle werden über freie Nervenendigungen in der Haut vermittelt. Die Fasern münden im Hinterhorn, werden dort in der Substantia gelatinosa auf das zweite sensible Neuron umgeschaltet, kreuzen innerhalb von ein bis 2 Segmenten in der vorderen Kommissur und aszendieren als *Tractus spinothalamicus lateralis*. Afferenzen aus der unteren Körperhälfte verlaufen im Tractus lateral, die aus der oberen Körperhälfte medial. Bei einer Läsion kommt es kontralateral ein bis 2 Segmente tiefer zu einer Aufhebung der Schmerz- und Temperaturempfindung bei erhaltenem Berührungsempfinden (*dissoziierte Empfindungsstörung*).

Als Ursache für eine dissoziierte Empfindungsstörung kommt im Bereich des peripheren Nervens die Lepra infrage, spinal kann der Tractus spinothalamicus gestört sein. Die Schädigung kann aber auch im Bereich des Hirnstamms im Rahmen eines Wallenberg-Syndroms eintreten (dorsolaterale Medulla oblongata). Im Rahmen eines Brown-Séquard-Syndroms (halbseitige Rückenmarksschädigung) stellt sich 2 bis 3 Etagen unterhalb der Läsion kontralateral eine dissoziierte Empfindungsstörung ein. Beim zentromedullären Syndrom werden ebenfalls die kreuzenden Fasern des Tractus spinothalamicus geschädigt, hier aber unter anderem durch Höhlenbil-

Tab. 1.10: Funktion der verschiedenen sensiblen Bahnen im Rückenmark. Ein Ausfall des Tractus spinothalamicus lateralis führt zur dissoziierten Empfindungsstörung.

Struktur	Funktion
Tractus spinocerebellaris anterior	unbewusste Tiefensensibilität
Tractus spinocerebellaris posterior	unbewusste Tiefensensibilität
Funiculus posterior	– Lageempfindung – Vibration – Druck – 2-Punkte-Diskrimination – Tastsinn
Tractus spinothalamicus anterior	– grobe Berührungs- und Tasteindrücke – wenig abgestufte Druckempfindungen
Tractus spinothalamicus lateralis	– Schmerz – Temperatur – (Jucken, Kitzeln, sexuelle Empfindung)

dung bei der Syringomyelie, durch einen Herd bei multipler Sklerose, als Teil eines Arteria-spinalis-anterior-Syndroms oder aufgrund anderer Ursachen.

Im Thalamus erfolgt die Umschaltung vom *Lemniscus medialis* und vom *Tractus spinothalamicus* auf das dritte Neuron, das durch den dorsalen Anteil der Capsula interna in den Gyrus postcentralis im Parietalhirn projiziert. Eine somatotope Gliederung der Bahnen ist bereits im Rückenmark gegeben und bleibt im ganzen Verlauf bis zur Hirnrinde erhalten. Die somatotope Projektion (d. h. räumlich getrennte Verarbeitung) im Bereich der hinteren Zentralwindung entspricht analog dem motorischen Kortex dem kopfstehenden Homunkulus (lateral Kopfareale, medial Fußareale). Werden Areale in parietalen sensorischen Assoziationsgebieten geschädigt, kommt es zur *Astereognosie* (Gegenstände können durch Betasten nicht erkannt werden). Darüber hinaus gelangt Schmerz- und andere sensible Information in die Inselrinde und den zingulären Kortex. In diesen Hirnarealen erfolgt unter anderem die Integration von Signalen, die für die Intaktheit des Körpers Bedeutung besitzen.

Die Hauptsymptome einer Schädigung der einzelnen sensiblen Bahnen im Rückenmark sind in Tab. 1.10 zusammengestellt.

1.4.2 Ausfallserscheinungen

Klinisch werden die einzelnen Empfindungsqualitäten untersucht, und zwar immer korrespondierende Areale im Seitenvergleich. Der Patient sollte dabei sitzen oder liegen und die Augen geschlossen halten. Man prüft zunächst im gesunden, dann im vermutlich gestörten Bereich.

Berührungsempfindung (Ästhesie): Eine Herabsetzung oder ein Fehlen der Berührungsempfindung (Hypästhesie, Anästhesie) lässt sich mit der Fingerkuppe oder einem Wattebausch prüfen.

Dermolexie: Mit der Fingerkuppe werden Zahlen auf Körperpartien (Ober- und Unterschenkel, Fußrücken) geschrieben, die erkannt und benannt werden sollen.

2-Punkte-Diskrimination: Werden mit einem Tastzirkel gleichzeitig 2 Berührungsreize nebeneinandergesetzt, sind sie vom Gesunden qualitativ und lokalisatorisch differenzierbar. Bei gestörter 2-Punkte-Diskrimination wird nur ein Reiz wahrgenommen.

Thermästhesie: Der Patient soll warm und kalt unterscheiden können (Thermhypästhesie, Thermanästhesie). Die Berührung der Haut erfolgt mit kalten (10 °C) oder warmen (45 °C) Gegenständen (Tiptherm®, Wasserglas, Metall).

Schmerzempfindung (Algesie, Hypalgesie, Analgesie): Die Spitz-Stumpf-Diskrimination ist durch wechselnden Einsatz spitzer (Zahnstocher) und stumpfer Stimuli (Watteträger) zu prüfen, wobei der Untersuchte angibt, ob er „spitz" oder „stumpf" wahrnimmt.

Vibrationsempfinden (Pallästhesie): Wenn die Vibration einer auf Knochenvorsprüngen (Malleolus internus, Caput ossis metatarsalis I, Patella, Processus spinosus, Spina iliaca anterior superior, Condylus ulnaris humeri, Caput radii) aufgesetzten schwingenden Stimmgabel nicht wahrgenommen wird, liegt eine Pallhypästhesie oder Pallanästhesie vor. Die Amplitude der Schwingung, die der Patient nicht mehr empfindet, kann entsprechend der Stimmgabelskala angegeben werden (Stimmgabel c128 Hz nach Rydel-Seiffer zur semiquantitativen Messung der Pallästhesie).

Bewegungsempfindung (Kinästhesie): Kinästhesie ist untrennbar an das Lageempfinden gekoppelt. Man fasst Finger und Zehen jeweils von den Seiten am Mittelgelenk und beugt und streckt sie passiv im Grundgelenk. Der Patient gibt die Bewegungsrichtung an. Eine Störung heißt Hypokinästhesie.

Lageempfindung: Der Patient imitiert ohne visuelle Kontrolle unterschiedliche Stellungen einer Extremität mit der kontralateralen.

Anamnese und Sensibilitätsprüfung können dadurch erschwert sein, dass vom Patienten eine Sensibilitätsstörung („Gefühlslähmung") mit einer motorischen Schwäche („Lähmungsgefühl") verwechselt wird.

Spinale Ataxie: Positives Romberg-Zeichen – bei geschlossenen Augen Fallneigung und unsicheres Stehen. Öffnet der Patient die Augen, kann der Verlust der Tiefensensibilität über die visuelle Kontrolle wieder ausgeglichen werden. Wegen der Störung des Lage- und Bewegungssinns sind Bewegungsabläufe (wie z. B. der Gang) ataktisch beeinträchtigt. Bei ungestörter Kleinhirnfunktion kompensiert die visuelle Wahrnehmung die Behinderung teilweise, die Untersuchung des N. vestibulocochlearis und des Zerebellums muss hierbei also auch erfolgen.

Stereognosie: Bei geschlossenen Augen werden unterschiedlich strukturierte Gegenstände (z. B. Münze, Schlüssel, Papier, Stoff) durch Betasten in ihrer Form und Substanz erkannt und beschrieben. Dabei handelt es sich um eine komplexe sensible Leistung, mit deren Hilfe sich eine Schwellenlabilität nachweisen lässt, selbst wenn einzelne Empfindungsqualitäten bei isolierter Prüfung intakt sein sollten. Ihr Ausfall heißt Astereognosie.

Taktile Agnosie: Trotz ungestörter Berührungsempfindung ist der Patient nicht in der Lage, einen Gegenstand mit geschlossenen Augen zu erfassen, er kann ihn aber erkennen und benennen, wenn er die Augen öffnet. Diese Störung höherer kortikaler Funktionen bzw. Hirnareale kann jedoch nur diagnostiziert werden, wenn nicht gleichzeitig eine aphasische Benennungsstörung vorliegt.

Das Nachlassen oder der Ausfall der sensorischen Fähigkeiten ist häufig Grund für schwere Behinderungen (Stürze) und Komplikationen (Dekubitus, Ulzera, Verbrennungen). Schmerzen verursachen die Ausfälle per se nicht. Eine medikamentöse Therapie fehlt. Dies muss dem Patienten ausdrücklich vermittelt werden. Im Vordergrund steht die Prophylaxe (Alkoholkarenz, Diabeteseinstellung, Substitution von Vitamin B12) und das Vermeiden weiterer Schädigungen (regelmäßige Fußpflege, angepasstes Schuhwerk).

Abzugrenzen sind *dissoziative oder somatiforme Sensibilitätsstörungen.* Dabei handelt es sich um fehlende bzw. stark verminderte Berührungsempfindungen, die nach laienhaften Vorstellungen streng an der Mittellinie des Körpers orientiert sind. Die Begrenzung ist an den Extremitäten handschuh- bzw. sockenförmig, weiter proximal ringförmig. Oft wird auch die gesamte Extremität als betroffen angegeben, die subjektive Verteilung entspricht dann der Begrenzung durch Bekleidungsstücke. Das Fehlen jeglichen Schmerzempfindens kann sehr eindrucksvoll sein und steht im Widerspruch zu der bei Alltagsaktivitäten geringen Behinderung.

1.4.3 Reizerscheinungen und Schmerzanalyse

Allein die positiven sensorischen Symptome sind einer spezifischen Therapie überhaupt zugänglich. Folgende Formen der positiven sensorischen Symptome, d. h. der Reizerscheinungen, lassen sich unterscheiden (Tab. 1.11):

Alloästhesie (*Allästhesie*): Ein sensibler Stimulus wird an einer anderen als der Reizstelle empfunden.

Allodynie: Ein normalerweise nicht oder leicht schmerzhafter Reiz (thermisch oder mechanisch, statisch oder dynamisch) auf der Haut löst einen inadäquat starken Schmerz aus.

Dysästhesie: Abnorme unangenehme bis schmerzhafte Empfindung nach Berührung.
Einschießende Schmerzen werden als elektrisierende Schocks von Sekunden-Dauer wahrgenommen.

Hyperalgesie: Erhöhte Schmerzempfindung.

Hyperpathie: Verstärkte und zeitlich den Reiz überdauernde Schmerzempfindung.

Kausalgie (complex regional pain syndrome II, CRPS II, nach Trauma mit Nervenverletzung): Die Kausalgie ist durch dumpfe unscharf begrenzte brennende Schmerzen charakterisiert, die wellenförmig langsam anschwellen oder abklingen und durch sensible oder affektive Reize ausgelöst beziehungsweise verstärkt werden.

Parästhesie: nicht schmerzhafte anhaltende kribbelnde Empfindung (Ameisenlaufen).

Die *Reizschwelle* charakterisiert, ab wann ein Reiz als solcher wahrgenommen wird, die *Schmerzschwelle*, ab wann ein Reiz als schmerzhaft empfunden wird, und die *Schmerztoleranz* die Reizstärke, ab der er nicht mehr toleriert wird.

Die Unterscheidung von neuropathischem Schmerz, Nozizeptorschmerz und einem Kombinationsschmerz (*mixed pain*) ist aus diagnostischen und therapeutischen Gründen von großer Bedeutung.

Als *neuropathisch* bezeichnet man Schmerzen, die nach einer Schädigung peripherer oder zentraler afferenter Systeme entstehen (peripherer oder zentraler neuropathischer Schmerz). Nach der 2008 von der International Association for the Study of Pain (IASPO) erarbeiteten Definition treten sie als „direkte Konsequenz einer Läsion oder Erkrankung des somatosensiblen Systems" auf und werden durch exogene Schädigung oder intrinsisch im Rahmen einer Grunderkrankung ausgelöst. Anhand der Etagendiagnostik sind zu nennen: *peripher* (Mono- oder Polyneuropathien inklusive der Hirnnerven, Plexusläsionen, komplexes regionales Schmerzsyndrom), *radikulär* (auch postherpetische Neuralgie), *spinal*, *zerebral* (Phantomschmerz, Schmerz nach Schlaganfall – z. B. Thalamusinfarkt – und bei multipler Sklerose).

Unter *Nozizeptorenschmerzen* werden Schmerzen nach Gewebstraumen verstanden, bei denen die peripheren und zentralen Nervenstrukturen der Nozizeption intakt sind. Beispiele für Nozizeptorenschmerzen sind Ischämieschmerzen (periphere

Tab. 1.11: Definition und Untersuchung negativer und positiver sensorischer Symptome bei neuropathischen Schmerzen [Arning u. Baron 2008].

	Symptom	Definition	Untersuchung Bedside-Test	Erwartete Antwort
Negativ-Symptome				
	Hypästhesie	reduzierte Empfindung nicht schmerzhafter Reize	Bestreichen der Haut mit Pinsel oder Watteträger	reduzierte Empfindung, Taubheitsgefühl
	Pallanästhesie Pallhypästhesie	fehlende oder reduzierte Empfindung eines Vibrationsreizes	Applikation der Stimmgabel an Knochenvorsprüngen	reduzierte Empfindung
	Analgesie Hypalgesie	fehlende oder reduzierte Empfindung schmerzhafter Reize	Berühren der Haut mit *Pinprick*	reduzierte Empfindung
	Thermanästhesie Thermhypästhesie	fehlende oder reduzierte Empfindung eines Warm- oder Kaltreizes	Berührung der Haut mit kalten(10°C) oder warmen (45°C) Gegenständen (Tiptherm®, Wasserglas, Metall)	reduzierte Empfindung (erhöhte Temperaturschwelle). Cave: bei Schädigung der Kaltfasern auch paradoxe Hitzeempfindung
Positiv-Symptome				
spontane Empfindung, Spontanschmerz	Parästhesie	nicht schmerzhafte anhaltende kribbelnde Empfindung (Ameisenlaufen)	Frage nach Intensität (VAS 0 bis 10), Größe der Fläche in cm^2	–
	einschießende Schmerzattacke	elektrisierende Schocks von Sekunden-Dauer	Frage nach Anzahl pro Zeit und Intensität (VAS 0 bis 10), Größe der Fläche in cm^2	–
evozierter Schmerz	mechanisch-dynamische Allodynie	normalerweise nicht schmerzhafter leichter dynamischer Reiz auf der Haut löst Schmerz aus	Bestreichen der Haut mit Pinsel oder Watteträger	– brennender, stechender Schmerz in der primär betroffenen Zone und darüber hinaus (sekundäre Zone)

Tab. 1.11 (fortgesetzt): Definition und Untersuchung negativer und positiver sensorischer Symptome bei neuropathischen Schmerzen [Arning u. Baron 2008].

Symptom	Definition	Untersuchung Bedside-Test	Erwartete Antwort
mechanisch-statische Allodynie	normalerweise nicht schmerzhafter leichter statischer Druck auf der Haut löst Schmerz aus	leichter Fingerdruck auf der Haut	dumpfer Schmerz in der primär betroffenen Zone
mechanische *Pinprick*-Allodynie (Hyperalgesie)	normalerweise leicht stechender, nicht oder leicht schmerzhafter Reiz auf der Haut löst einen stärkeren Schmerz aus	Berühren der Haut mit *Pinprick*, scharfem Zahnstocher oder von-Frey-Haar	stechender Schmerz in der primär betroffenen Zone und darüber hinaus (sekundäre Zone)
Kälte-Allodynie (Hyperalgesie)	normalerweise nicht oder leicht schmerzhafter Reiz auf der Haut löst einen stärkeren Schmerz aus	Berührung der Haut mit kalten (10°C) Gegenständen (Tiptherm®, Wasserglas, Metall)	schmerzhaft-brennende Temperaturempfindung in der primär betroffenen Zone
Wärme-Allodynie (Hyperalgesie)	normalerweise nicht oder leicht schmerzhafter Reiz auf der Haut löst einen stärkeren Schmerz aus	Berührung der Haut mit warmen (45°C) Gegenständen (Tiptherm®, Wasserglas, Metall)	schmerzhaft-brennende Temperaturempfindung in der primär betroffenen Zone
Hyperpathie	verstärkte und zeitlich den Reiz überdauernde Schmerzempfindung		
Alloästhesie	ein sensibler Stimulus wird an einer anderen Stelle als der Reizstelle empfunden		
Dysästhesie	abnorme, unangenehme bis schmerzhafte Empfindung nach Berührung		

arterielle Verschlusskrankheit, paVK), Tumorschmerzen (sofern keine Nerven verletzt sind), Kopfschmerzen, Schmerzen bei chronischen Entzündungen (z. B. „Rheuma"), viszerale Schmerzen, Schmerzen bei Arthrosen und Arthritiden sowie Schmerzen in tief-somatischen Geweben (Band- und Bewegungsapparat).

Mixed pain wird eine Kombination aus einer neuropathischen und einer nozizeptiven Komponente genannt. Man findet sie oft bei Tumoren (Infiltration von neuronalen Strukturen), degenerativen Erkrankungen der Wirbelsäule (Lumboischialgien) und CRPS I (nach Trauma ohne Nervenverletzung).

Anhand von Anamnese und klinischer Untersuchung ist zunächst prinzipiell zu klären, ob das Schmerzsyndrom eine für eine Schädigung des peripheren oder zentralen somatosensorischen Nervensystems plausible Topologie aufweist und ob ein zeitlicher und räumlicher kausaler Zusammenhang zwischen der Läsion bzw. Erkrankung des somatosensorischen Systems und dem Schmerzsyndrom zu erkennen ist. Zudem muss die neurologische Untersuchung Negativzeichen (Hypästhesie, Hypalgesie) und/oder Positivzeichen (Hyperalgesie, Allodynie) nachweisen, die topografisch mit dem Schmerzsyndrom korrespondieren. Der klinische Befund kann gegebenenfalls durch weitere technische Untersuchungen untermauert werden (somatosensibel evozierte Potenziale, Untersuchung unmyelinisierter intraepithelialer Nervenendigungen mittels Hautstanzbiopsie, quantitative sensorische Testung, laserevozierte Potenziale).

Diagnostische Hinweise: Für die Diagnostik sind folgende Prinzipien wichtig: Es ist ausschließlich eine Analyse der myelinisierten afferenten sensiblen und motorischen Nervenfasern des Aα- und Aβ-Spektrums mittels Neurografie möglich, die nur 10 bis 20 % der Fasern im peripheren Nerven ausmachen. Eine isolierte Schädigung der kleinen dünn-myelinisierten Aδ-Fasern und der unmyelinisierten C-Fasern, die typischerweise mit brennenden Schmerzen und Fehlern bei der Temperaturempfindung einhergehen und zu einer sogenannten *smallfibre neuropathy* führen, entgeht der Diagnostik mittels Neurografie vollständig. In einer standardisiert durchgeführten Hautstanzbiopsie (distaler Biopsieort 10 cm proximal des Malleolus lateralis, proximaler Biopsieort 20 cm distal der Spina iliaca anterior superior) kann die Dichte der intraepidermalen unmyelinisierten Nervenfasern bestimmt und mit geschlechts- und altersbezogenen Kontrollwerten verglichen werden. Eine Objektivierung ist aber nur möglich mit dem quantitativen Thermotest (*quantitative somatosensory thermotest*, QST), einem psychophysikalischen Testverfahren, mit dem die Temperatur- und Schmerzschwelle in verschiedenen Hautarealen gemessen wird, und mithilfe von Laserschmerz-evozierten Potenzialen (LEP).

Mittels sensibel evozierter Potenziale (SEP) kann nur eine Aussage zur Funktion der Hinterstränge und des lemniskalen Systems, nicht aber der Seitenstränge getroffen werden.

Periphere Pathomechanismen: Im Rahmen einer peripheren Nervenläsion werden aus dem geschädigten Gewebe zahlreiche immunologische Mediatoren und Neurotransmitter (z. B. Stickoxid, proinflammatorische Zytokine, Prostaglandin E2, Bradykinin) freigesetzt, die die Empfindlichkeit nozizeptiver Neurone steigern. Als nozizeptives Neuron bezeichnet man ein peripheres oder zentrales Neuron, das die Information noxischer (gewebeschädigender) Stimuli kodieren kann.

Sensibilisierung des Nozizeptors: Durch Sensibilisierung des Nozizeptors kann ein bislang unterschwelliger Reiz vom Nozizeptor in ein Rezeptorpotenzial umgewandelt bzw. ein nozizeptiver Reiz in seiner Intensität verstärkt abgebildet werden. Sensibilisierte Nozizeptoren sind also gekennzeichnet durch eine Erniedrigung der Reizschwelle sowie durch Signalamplifikation (erhöhte Aktionspotenzialrate entlang des Axons). Dies kann sich klinisch im Phänomen der erhöhten Schmerzempfindlichkeit – der Hyperalgesie – äußern.

Injured-afferent-Hypothesis: Es wird angenommen, dass der neuropathische Spontanschmerz durch ektope Entladungen hervorgerufen wird, die sowohl am Ort des axonalen Schadens als auch distal im zugehörigen Spinalganglion auftreten können. Den ektop generierten Aktionspotenzialen liegen als molekulares Substrat vermutlich pathologisch veränderte Expressionsmuster von Rezeptorproteinen und Ionenkanälen zugrunde, die z. B. in Neuromgewebe und Spinalganglien nachgewiesen wurden. Spannungsabhängige Natriumkanäle spielen durch ihre zentrale Funktion für die zelluläre Erregbarkeit eine herausragende Rolle und werden auch als therapeutische Zielstruktur verwendet. Eine veränderte Expression von Ionenkanälen bleibt jedoch nicht auf bereits geschädigte Axone beschränkt, sondern es werden auch benachbarte intakte Axone und intakte sensorische Ganglienzellen einbezogen. In diesem Rahmen können benachbarte Afferenzen für mechanische und thermische Reize sensibilisiert werden.

Windup-Phänomen: Physiologisch zeigt sich bei wiederholter Reizung eine verminderte Antwort der Aα-Fasern. Wenn der Einstrom von Schmerzsignalen über C-Fasern anhält, stellt sich im Rahmen einer Sensibilisierung eine erhöhte Depolarisationsfrequenz dieser Neurone ein, wodurch auch nicht schmerzhafte Reize als Schmerz empfunden werden können (Allodynie). Die erhöhte Erregbarkeit der Hinterhornneurone wird über exzitatorische glutamaterge NMDA-Rezeptoren vermittelt und führt zu einer Ausbreitung hyperalgetischer Symptome, verbunden mit einer Vergrößerung rezeptiver Felder in der Peripherie.

Gate Control Theory (Kontrollschranken-Theorie): Die Modulation nozizeptiver Informationseingänge erfolgt auf spinaler Ebene in der Substantia gelatinosa im Hinterhorn. Nicht nozizeptive Aβ-Fasern können hemmende Effekte auf Aδ- und C-Fasern haben. Werden überwiegend Mechanorezeptoren (Aβ-Nervenfasern) erregt, kommt es zum Schließen des „Tors" für nozizeptive Afferenzen, da die Aβ-Afferenzen die inhibitorischen Interneurone in der Substantia gelatinosa aktivieren. Überwiegen hingegen Erregungen der Nozizeptoren, werden exzitatorische Interneurone aktiviert und die inhibitorischen Interneurone gehemmt. Nozizeptive Afferenzen werden ungehindert weitergeleitet.

Wide-Dynamic-Range-Neurone (WDR): Die primär afferenten nozizeptiven Aδ- und C-Faserneurone bilden mit Hinterhornneuronen synaptische Verbindungen. Auf *Wide-Dynamic-Range-*(WDR-)Neurone konvergieren nozizeptive Aδ- und C-Fasern und nicht nozizeptive A-Fasern. Die zentripetale Fortleitung in Richtung Thalamus und Kortex erfolgt in 2 entwicklungsgeschichtlich unterschiedlichen Bahnsystemen. Das laterale Schmerzsystem (primär sensibles Kortexareal S1, sensibler Assoziationskortex S2, Inselrinde) ist in sensorisch-diskriminative Aspekte von Schmerz involviert. Das mediale System (z. B. anteriores Zingulum = ACC, Amygdala) sorgt für die affektive Tönung der Schmerzwahrnehmung.

Zentrale Sensibilisierungsvorgänge: Das deszendierende schmerzfazilitierende System hat seinen Ursprung in der ventralen Medulla oblongata. Im Rahmen zentraler Sensibilisierungsvorgänge kommt es zu einer Disinhibition des deszendierenden inhibitorischen Systems und einer Verstärkung des deszendierenden fazilitierenden Systems.

1.5 Literatur

Arning K, Baron R (2008) Neues zur Diagnostik neuropathischer Schmerzen. Akt Neurol 35:519–525.

Bähr M, Frotscher M (2014) Neurologisch-topische Diagnostik: Anatomie – Funktion – Klinik. Georg-Thieme-Verlag Stuttgart.

Bischoff Chr, Dengler R (Hrsg, 2008) EMG, NLG: Elektromyografie – Nervenleitungsuntersuchungen. Georg-Thieme-Verlag Stuttgart.

Bischoff Chr, Schulte-Mattler W (2011) Das EMG-Buch: EMG und periphere Neurologie in Frage und Antwort. Georg-Thieme-Verlag Stuttgart.

Ceballos-Baumann C, Conrad B (Hrsg, 2005) Bewegungsstörungen, Georg-Thieme-Verlag Stuttgart.

Deuschl G, Oertel WH, Poewe W (Hrsg, 2011) Parkinson-Syndrome und andere Bewegungsstörungen. Georg-Thieme-Verlag Stuttgart.

Diener H-Chr (Hrsg) Leitlinien für Diagnostik und Therapie in der Neurologie: Herausgegeben von der Kommission „Leitlinien" der DGN, Georg-Thieme-Verlag Stuttgart.

Dietz V, Sinkjaer T (2012) Spasticity. Handb Clin Neurol 109:197–211.

Fiori S et al. (2015) Is one motor cortex enough for two hands? Dev Med Child Neurol 57:977–980.

Frommelt P, Lösslein H (Hrsg, 2010) Neuro-Rehabilitation: Ein Praxisbuch für interdisziplinäre Teams. Springer-Verlag Berlin.

Gallacchi G, Pilger B (2005) Schmerzkompendium: Schmerzen verstehen und behandeln. Georg-Thieme-Verlag Stuttgart.

Hodge CJ Jr, Apkarian AV (1990) The spinothalamic tract. Crit Rev Neurobiol 5:363–397.

Kornhuber ME, Zierz S (Hrsg, 2005) Die neurologische Untersuchung. Steinkopff-Verlag Darmstadt.

Masuhr KF, Masuhr F, Neumann M (2013) Duale Reihe Neurologie. Georg-Thieme-Verlag Stuttgart.

Mattle H, Mumenthaler M (2012) Neurologie. Georg-Thieme-Verlag Stuttgart.

Mehrholz J (Hrsg, 2011) Uro-Reha nach Schlaganfall, Georg-Thieme-Verlag Stuttgart.

Ohtsuka H et al. (2015) Longitudinal follow-Up of mirror movements after stroke: A case study. Case Rep Neurol Med 2015:354134.

Sitzer M, Steinmetz H (Hrsg, 2011) Lehrbuch Neurologie. Verlag Elsevier Urban & Fischer München.

Urban PP (Hrsg, 2012) Klinisch-neurologische Untersuchungstechniken. Georg-Thieme-Verlag Stuttgart.

Zierz S (Hrsg, 2014) Muskelerkrankungen. Georg-Thieme-Verlag Stuttgart.

Torsten Kraya

2 Kopfschmerzen und andere Leitsymptome

2.1 Kopf- und Gesichtsschmerzen

2.1.1 Internationale Kopfschmerzklassifikation der IHS 2013

Im Jahr 2013 wurde die 3. Version der Kopfschmerzklassifikation der Internationalen Kopfschmerzgesellschaft (*International Headache Society*, IHS) als *β*-Version veröffentlicht [*The International Classification of Headache Disorders* ICHD 3*β*]. Sie unterscheidet folgende Hauptgruppen:

- primäre Kopfschmerzen
- sekundäre Kopfschmerzen
- schmerzhafte kraniale Neuropathien, andere Gesichtsschmerzen und andere Kopfschmerzen (und enthält noch einen Anhang sowie ein Glossar).

Kopfschmerzen gehören zu den häufigsten Gründen für einen Arztbesuch [Diener et al. 2008]. *Die primären Kopfschmerzen*, ca. 90 % aller Kopfschmerzen, umfassen die Migräne, den Kopfschmerz vom Spannungstyp, die trigemino-autonomen Kopfschmerzen und andere seltene primäre Kopfschmerzen (Kap. 2.1.3). Der Kopfschmerz stellt die eigentliche Erkrankung dar. Für mehr als 90 % aller Kopfschmerzen lässt sich keine Ursache finden [Evers et al. 2006, Mayer].

Sekundäre Kopfschmerzerkrankungen sind dadurch gekennzeichnet, dass sie als Symptom einer anderen Erkrankung auftreten (Kap. 2.1.3.4). Bei ihnen sind die diagnostischen Kriterien der IHS für die primären Kopfschmerzerkrankungen nicht erfüllt. Sie beginnen häufig akut und erfordern eine weiterreichende Diagnostik. Wegweisend sind in diesem Zusammenhang die strukturierte Anamnese sowie der ausführliche neurologische Befund (Tab. 2.1).

Schmerzhafte kraniale Neuropathien, andere Gesichtsschmerzen und andere Kopfschmerzen (Kap. 2.1.3.5).

2.1.2 Kopfschmerzdiagnostik

Bei jedem Patienten mit Kopfschmerzen sollte im Rahmen der Basisuntersuchung nach Erhebung einer ausführlichen Kopfschmerzanamnese eine körperliche Untersuchung inklusive einer neurologischen Befundung erfolgen, um primäre von sekundären Kopfschmerzen zu unterscheiden. Wie bereits ausgeführt, sind sekundäre Kopfschmerzen ein Symptom einer anderen Erkrankung, was insbesondere apparative Zusatzuntersuchungen und eine andere Therapie notwendig macht. Aus ver-

DOI 10.1515/9783110352474-002

Tab. 2.1: Sekundäre Kopfschmerzen (ICHD 3β).

Kopfschmerz in Zusammenhang mit einem Trauma oder einer Verletzung des Kopfes und/oder des Nackens
Kopfschmerz in Zusammenhang mit einer kranialen oder zervikalen Gefäßerkrankung
Kopfschmerz in Zusammenhang mit einer nicht vaskulären intrakraniellen Erkrankung
Kopfschmerz in Zusammenhang mit einer Substanz oder ihrem Entzug
Kopfschmerz zurückzuführen auf eine Infektion
Kopfschmerz zurückzuführen auf eine Erkrankung der Homöostase
Kopfschmerz oder Gesichtsschmerz in Zusammenhang mit einer Erkrankung des Kopfes oder des Nackens, der Augen und Ohren, der Nase, der Sinus, der Zähne, des Mundes oder einer anderen Gesichts- oder zervikalen Struktur
Kopfschmerz in Zusammenhang mit einer psychiatrischen Erkrankung

Tab. 2.2: Red Flags bei sekundären Kopfschmerzen [nach Holle u. Obermann 2013].

Auffälligkeiten im neurologischen Befund
neuer Kopfschmerz bei älteren Patienten
Zunahme von Frequenz und Intensität der Kopfschmerzen
Kopfschmerzen mit sehr starker, bisher nicht bekannter Intensität
plötzliches Auftreten von Kopfschmerzen
Kopfschmerzen bei Patienten mit einem Risiko für HIV oder eine Tumorerkrankung
Kopfschmerzen mit Zeichen einer systemischen Erkrankung (Fieber, Nackensteife, Ausschlag)
Papillenödem
Kopfschmerz nach Trauma
Schwindel und Koordinationsstörung im Zusammenhang mit Kopfschmerzen
zunehmender starker Kopfschmerz
Kopfschmerz in Zusammenhang mit einem Valsalva-Manöver

schiedenen Studien haben sich sogenannte *Red Flags* ergeben, besonders auffällige Symptome, die häufig bei einer sekundären Kopfschmerzerkrankung zu beobachten sind (Tab. 2.2).

Die Notwendigkeit apparativer Zusatzuntersuchungen ist häufig Gegenstand der Diskussion. Da die Diagnose einer primären Kopfschmerzerkrankung, insbesondere der Migräne und des Kopfschmerzes vom Spannungstyp, nach Kriterien der Internationalen Kopfschmerzgesellschaft gestellt wird und die Hauptkriterien dabei die vom Patienten berichteten Beschwerden sowie die Begleitsymptome und die Zeitcharakteristika der Kopfschmerzen sind, ist bei normalem neurologischem Befund keine weitere Diagnostik notwendig [Detsky et al. 2006, Diener u. Weimar 2012]. Besonders wichtig ist in diesem Zusammenhang, auf Ausnahmen unter den primären Kopfschmerzerkrankungen hinzuweisen: Bei trigemino-autonomen Kopfschmerzen und seltenen primären Kopfschmerzerkrankungen (primärer Donnerschlagkopfschmerz,

Tab. 2.3: Wann ist eine kranielle Bildgebung notwendig? [Diener u. Weimar 2012, Leitlinien der DGN].

Erstmanifestation einer Kopfschmerzerkrankung mit untypischem Charakter
– atypischer klinischer Verlauf
– zunehmende Schmerzintensität, plötzlicher Beginn oder sich ändernder Schmerzcharakter bei bekanntem Kopfschmerzsyndrom
– zusätzliches Auftreten neurologischer Symptome
– Angst des Patienten vor schwerwiegenden Erkrankungen wie z. B. Tumoren
– starker, bisher unbekannter Kopfschmerz, der neu und schlagartig aufgetreten ist
– chronischer täglicher Kopfschmerz
– Kopfschmerz, der nicht auf eine der bekannten Therapien anspricht
– Alter des Patienten > 40 Jahre bei Einsetzen der Kopfschmerzen
– Fieber, Nackensteife, Vigilanzminderung
– epileptische Anfälle oder Wesensveränderung
– Trauma in der Vorgeschichte
– Kopfschmerz bei körperlicher Aktivität
– Kopfschmerz bei Patienten mit Risiko für HIV oder Tumor

Sexualkopfschmerz, primärer Hustenkopfschmerz) sollte unbedingt eine apparative Zusatzuntersuchung mittels Bildgebung erfolgen, da es sich ziemlich wahrscheinlich um einen sekundären Kopfschmerz handelt [Cittadini u. Matharu 2009]. Die Deutsche Gesellschaft für Neurologie (DGN) hat Kriterien etabliert, die eine kraniale Bildgebung indizieren, wobei die Wertigkeit des MRT über der des cCT liegt [Holle und Obermann 2013, Tab. 2.3]. Im Einzelfall können auch andere apparative Untersuchungen wie Röntgen, digitale Subtraktionsangiografie (DSA), EEG oder Liquordiagnostik bei speziellen Fragestellungen notwendig sein [de Carlo et al. 1999].

Kopfschmerzkalender: Wichtiges diagnostisches Instrument ist ein Kopfschmerzkalender. Es empfiehlt sich, diesen wenigstens drei Monate von dem Patienten führen zu lassen. Damit kann sowohl die Diagnose einer primären Kopfschmerzerkrankung überprüft als auch die Wirkung einer Therapie beurteilt werden. Am besten ist der von der Deutschen Migräne- und Kopfschmerzgesellschaft Herausgegebene geeignet (http://www.dmkg.de).

2.1.3 Primäre Kopfschmerzen

2.1.3.1 Migräne

Die Prävalenz der Migräne liegt zwischen 10 und 15 %, in Deutschland sind etwa acht Millionen Menschen betroffen, Frauen deutlich häufiger als Männer. Vor der Pubertät ist das Zahlenverhältnis von Jungen und Mädchen gleich [Obermann u. Katsarava 2008]. Die volkswirtschaftliche Bedeutung der Migräne ist groß, die Ätiologie der Er-

Tab. 2.4: Diagnostische Kriterien der Migräne ohne Aura [ICHD 3β].

A	mindestens fünf Attacken, die die Kriterien B bis D erfüllen
B	Kopfschmerz dauert 4 bis 72 Stunden an (unbehandelt oder insuffizient behandelt)
C	Kopfschmerz erfüllt mindestens zwei der folgenden Kriterien: einseitige Lokalisation pulsierender Charakter mittelschwere oder hohe Schmerzintensität Verstärkung durch körperliche Aktivität (zum Beispiel Treppensteigen) oder Vermeidung körperlicher Aktivität
D	während der Kopfschmerzen mindestens eins der folgenden Begleitsymptome: Übelkeit und/oder Erbrechen Licht- und Lärmempfindlichkeit
E	Ausschluss einer anderen Kopfschmerzursache

Tab. 2.5: Diagnostische Kriterien der Migräne mit Aura [ICHD 3β].

A	mindestens zwei Attacken, die die Kriterien B und C erfüllen
B	eins oder mehrere der folgenden reversiblen Aurasymptome: visuelle Störungen, Flimmerskotome sensible Störungen Sprachstörungen motorische Störungen Hirnstammsymptome
C	mindestens zwei der folgenden Charakteristika: Wenigstens eins der Aurasymptome entwickelt sich langsam über ≥ 5 Minuten, und/oder zwei oder mehr sukzessive Symptome treten auf. Individuelle Aurasymptome dauern 5 bis 60 Minuten. Mindestens eins der Aurasymptome ist einseitig. Während der Aura oder innerhalb von 60 Minuten danach treten Kopfschmerzen auf.
D	Ausschluss anderer Ursachen, Ausschluss einer transitorischen ischämischen Attacke

krankung unklar [Diener et al. 2007]. Sie ist durch attackenartige, häufig einseitige pulsierende oder pochende Kopfschmerzen mit einer Zunahme bei körperlicher Aktivität gekennzeichnet. Über holokranielle Kopfschmerzen berichten 30 % der Patienten. Begleitsymptome bestehen sehr häufig in Form von Appetitlosigkeit, Übelkeit, Erbrechen, Lichtscheu, Lärmempfindlichkeit sowie Überempfindlichkeit gegenüber Gerüchen (Tab. 2.4 und 2.5). Die Kopfschmerzen können die Seite wechseln, auch innerhalb der Attacke. Ihre Intensität variiert häufig. Die Attackendauer beträgt entsprechend der Klassifikation zwischen 4 und 72 Stunden. [Diener u. Weimar 2012, Leitlinien für Diagnostik und Therapie in der Neurologie, Therapie der Migräne].

Beim Ablauf der Migräneattacke können verschiedene Phasen beobachtet werden. Die Prodromalphase setzt ein paar Stunden bis 2 Tage vor den Kopfschmerzen mit unterschiedlichen Symptomen ein: Müdigkeit, Konzentrationsstörungen, aber auch vermehrtes Gähnen, Hyperaktivität, Heißhunger. Bei 15 bis 20 % der Migränepatienten tritt eine Migräneaura auf. Die neurologischen Ausfälle entwickeln sich in einem Zeitraum von 5 bis 20 Minuten und bilden sich gewöhnlich innerhalb von 60 Minuten zurück. Meistens berichten die Patienten über visuelle Störungen, gefolgt von sensiblen Störungen und Sprachstörungen. Selten bestehen auch Lähmungen. Anschließend stellen sich der Migränekopfschmerz und diverse vegetative Begleitsymptome ein. Typisch für den Migränekopfschmerz ist seine Einseitigkeit und Intensität, die als mittelstark bis stark beschrieben wird und bei körperlicher Aktivität weiter zunimmt. An vegetativen Begleitsymptomen bestehen Übelkeit, Erbrechen, Licht-, Lärm- und Geruchsempfindlichkeit. Nach Abklingen der Schmerzen tritt eine Erholungsphase mit Müdigkeit und kognitiven Störungen ein, die bis zu 48 Stunden anhalten kann.

Chronische Migräne: Die Prävalenz chronischer Kopfschmerzen liegt bei 3 bis 5 %: Migräne 0,4 %, Kopfschmerzen vom Spannungstyp 1,3 %, Medikamentenübergebrauch 1 %. Frauen sind knapp 5-mal häufiger betroffen als Männer [Straube et al. 2007].

Für die Diagnose der seltenen chronischen Migräne werden Kopfschmerzen an 15 oder mehr Tagen im Monat über einen Zeitraum von 3 Monaten und mehr gefordert [Scheer et al. 2008]. Die Kopfschmerzen müssen an wenigstens 8 Tagen einer Migräne entsprechen. Bei 2 Dritteln der Patienten mit chronischer Migräne liegt begleitend ein durch Medikamentenabusus induzierter Kopfschmerz vor.

Familiäre hemiplegische Migräne (FHM): Treten bei Patienten im Rahmen der Migräneattacke motorische Schwächen und Aurasymptome auf und ist dies bei wenigstens einem Verwandten 1. oder 2. Grades auch der Fall, kann eine familiäre hemiplegische Migräne vorliegen. Man unterscheidet drei Mutationen [FHM 1: CACNA1A-Gen, FHM 2: ATP1A2-Gen, FHM 3: SCN1A-Gen, Thomsen et al. 2007]. Die Erkrankung wird autosomal-dominant vererbt. Daneben existiert eine gleich häufige sporadische Form. Die Gesamtprävalenz liegt bei 10 : 100.000. Die Krankheit setzt früher ein als die typische Migräne, oft schon im ersten oder zweiten Lebensjahrzehnt. Die Frequenz der Attacken sinkt im Laufe des Lebens. Die Aura schließt Sehstörungen, sensible Störungen im Gesicht oder an einer Extremität und Sprachstörungen ein. Zusammen mit der Aura setzt die Hemiparese ein. Die neurologischen Defizite halten einige Stunden oder Tage an und überdauern den Kopfschmerz. In 40 bis 50 % der betroffenen Familien findet man zerebelläre Symptome zwischen Nystagmus und einer milden Late-onset-Ataxie [Jen 2001, Rost u. Mayer 2015]. Pelzer et al. [2014] berichteten über den erfolgreichen prophylaktischen Einsatz von Valproat und Lamotrigin.

Status migraenosus: Bestehen länger als 72 Stunden Migränekopfschmerzen, spricht man von einem Status migraenosus. Die von den Patienten erfolgreich eingesetzte Attackenmedikation ist unwirksam und eine weitere nicht hilfreich. Stattdessen sollten Sumatriptan s. c. oder Analgetika (ASS 1 g) und Antiemetika (Metoclopramid 20 mg) i. v. verabreicht werden.

2.1.3.1.1 Medikamentöse Akuttherapie

Analgetika und *nicht steroidale Antirheumatika* sind zur Behandlung der Migräneattacke wirksam. Viele Patienten behandeln ihre Kopfschmerzen selbstständig mit Analgetika, die rezeptfrei in einer Apotheke erworben werden können (OtC = *Over the Counter*). Die besten Daten existieren für Acetylsalicylsäure (ASS) und Ibuprofen. Besser wirksam sind nur Kombinationspräparate (ASS + Paracetamol) mit dem Zusatz von Koffein. *Antiemetika* werden vor allem zur Behandlung von Übelkeit und Erbrechen eingesetzt.

Metoclopramid lindert gering auch die Schmerzen. Als Nebenwirkungen können Frühdyskinesien und Unruhe auftreten. Kontraindikationen sind u. a. ein Alter unter 14 Jahren (Domperidon < 10 Jahre), Hyperkinesen und Epilepsie. Bei den *Triptanen* handelt es sich um Serotonin-5-$HT_{1B/1D}$-Rezeptor-Agonisten. Sie stellen die Therapie der Wahl bei Patienten mit mittelschweren und schweren Migräneattacken dar, bei denen Analgetika und nicht steroidale Antirheumatika nicht ausreichend wirksam sind. Ihre Wirksamkeit wurde in großen placebokontrollierten Studien nachgewiesen. Als Nebenwirkungen aller Triptane sind ein Engegefühl in der Brust und im Hals, Parästhesien an den Extremitäten und ein Kältegefühl zu erwarten. Kontraindikationen sind u. a. koronare Herzkrankheit, Hirninfarkt und Myokardinfarkt in der Vorgeschichte sowie Schwangerschaft. Die Auswahl der Triptane erfolgt individuell. Sie unterscheiden sich u. a. im Wirkungseintritt. Sumatriptan s. c. zeigt bereits nach 10 Minuten eine Wirksamkeit, andere Präparate wie Sumatriptan, Almotriptan und Zolmitriptan oral erst nach 45 bis 60 Minuten. Schneller wirken Rizatriptan und Eletriptan oral, nämlich bereits nach 30 Minuten. Für Patienten, bei denen sich Attacken nur sehr langsam entwickeln und dafür lange anhalten, sind Naratriptan und Frovatriptan besser geeignet. Sie benötigen bis zu 4 Stunden bis zum Wirkungseintritt, sind aber länger wirksam.

- Die frühzeitige Einnahme von Triptanen führt zu einer besseren Wirksamkeit.
- Bei nicht ausreichender Wirksamkeit kann das Triptan mit einem lang wirksamen nicht steroidalen Antirheumatikum kombiniert werden.
- Bei Patienten mit begleitender Übelkeit ist zusätzlich ein Antiemetikum einzusetzen.

2.1.3.1.2 Migräneprophylaxe

An nicht medikamentösen Verfahren ist Akupunktur wirksam, zudem kann Ausdauersport (regelmäßig 2-mal wöchentlich 60 min) empfohlen werden, weiterhin Entspannungsverfahren (progressive Muskelrelaxation nach Jacobson, autogenes Training

u. a.), Biofeedback-Training, kognitive Verhaltenstherapie bzw. Stressmanagement in Kombination mit medizinischen und verhaltenstherapeutischen Maßnahmen.

Eine *medikamentöse Migräneprophylaxe* ist indiziert, wenn es durch die Migräneattacken zu einer starken Einschränkung der Lebensqualität kommt und ein erhöhter Leidensdruck besteht. Weitere Indikationen:

Zusätzliche Indikationen für eine medikamentöse Migräneprophylaxe:
- 3 und mehr Migräneattacken pro Monat, die die Lebensqualität beeinträchtigen
- Migräneattacken, die regelmäßig länger als 72 Stunden anhalten
- Attacken, die auf eine Therapie (inklusive Triptane) nicht ansprechen
- Kontraindikationen gegen die Einnahme von Triptanen
- nicht tolerierte Nebenwirkungen der Akuttherapie
- Zunahme der Attacken und Einnahme von Schmerz- und Migränemitteln an mehr als 10 Tagen im Monat,
- komplizierte Migräneattacken mit beeinträchtigenden (z. B. hemiplegischen) und/oder lang anhaltenden Auren
- vorausgegangener migränöser Infarkt nach Ausschluss anderer Infarktursachen

Das Ziel der medikamentösen Migräneprophylaxe besteht in einer Reduktion der Häufigkeit von Attacken um mindestens 50 % sowie ihrer Schwere und Dauer. Die Prophylaxe sollte 3 bis 6 Monate dauern und ein Kopfschmerzkalender geführt werden. Aus diesem kann die Reduktion der Anfallsfrequenz abgelesen werden. Zur Prophylaxe der Migräneaura kann Lamotrigin oder Flunarizin eingesetzt werden. Zur Prophylaxe der menstruellen Migräne empfiehlt sich eine Gabe von 2-mal 500 mg Naproxen über 5 Tage während der Periode oder 2-mal täglich 1 mg Naratriptan, 2-mal 25 mg Sumatriptan oder 1- bzw. 2-mal 2,5 mg Frovatriptan über 5 Tage. Für Kinder gibt es gesicherte Daten zum Einsatz von Flunarizin (5 mg pro Tag) sowie für Topiramat in einer Dosis von 15 bis 100 mg täglich. Während der Schwangerschaft berichten mehr als 50 % der Patientinnen über eine spontane Reduktion der Attackenfrequenz. Einzig vertretbar ist in dieser Zeit die Einnahme von Metoprolol. Es sollten aber in erster Linie nicht medikamentöse Methoden wie Entspannungsverfahren, Biofeedback oder Akupunktur eingesetzt werden.

Neuromodulation: Man unterscheidet invasive von nicht invasiven Neuromodulations-Verfahren. Invasive kommen nur bei Patienten mit einer chronisch therapieresistenten Migräne und ausschließlich in Studien und an Zentren in Betracht [Martelletti et al. 2013].

Neuromodulation
- nicht invasiv: repetitive transkranielle Magnetstimulation, transkutane elektrische Nervenstimulation, transkranielle Magnetstimulation
- invasiv: periphere Nervenstimulation – N. ocipitalis major, N. vagus, zervikale Rückenmarksstimulation, hypothalamische tiefe Hirnstimulation [Jürgens et al. 2011].

Tab. 2.6: Frequenter episodischer Kopfschmerz vom Spannungstyp [ICHD 3β].

A	mindestens zehn Kopfschmerzepisoden, die an einem bis zu 14 Tage im Monat über einen Zeitraum von mehr als drei Monaten (≥ 12 und < 180 Tage im Jahr) bestehen und die Kriterien B bis D erfüllen
B	Der Kopfschmerz hält zwischen 30 Minuten und 7 Tagen an.
C	Der Kopfschmerz erfüllt zwei der folgenden Charakteristika: bilaterale Lokalisation drückende oder brennende Schmerzqualität, nicht pulsierend milde oder moderate Schmerzintensität keine Verstärkung durch Routinetätigkeiten wie zum Beispiel Laufen oder Treppensteigen
D	und beide folgenden Kriterien: keine Übelkeit, kein Erbrechen Es tritt entweder eine Photophobie oder eine Phonophobie auf.
E	Er ist nicht besser durch eine andere ICHD-3-Diagnose erklärbar.

2.1.3.2 Kopfschmerzen vom Spannungstyp

Der Kopfschmerz vom Spannungstyp wird ebenfalls zu den primären Kopfschmerzen gezählt und stellt die häufigste aller Kopfschmerzformen dar. Epidemiologische Studien ergaben, dass 24 bis 37 % der Bevölkerung mehrmals in der Woche eine Kopfschmerzattacke erleiden, 10 % einmal wöchentlich. Die Prävalenz liegt zwischen 2 und 3 %. Frauen sind häufiger betroffen als Männer, der Erkrankungsbeginn liegt zwischen dem 25. und dem 30. Lebensjahr, der Häufigkeitsgipfel im vierten Lebensjahrzehnt. Risikofaktoren für die Entwicklung eines Kopfschmerzes vom Spannungstyp sind Stress, Schlaflosigkeit und Depressionen [Barbanti et al. 2014].

Der Spannungskopfschmerz ist anders als die Migräne durch leichte bis moderate Intensität mit nur geringen Begleitsymptomen gekennzeichnet. Auch die bei der Migräne typische Zunahme während körperlicher Aktivität fehlt. Die Kopfschmerzen sind holozephal lokalisiert, besitzen einen dumpf-drückenden Charakter und halten von 30 Minuten bis zu mehreren Tagen an. Die aktuelle Kopfschmerzklassifikation (ICHD 3β) unterscheidet den sporadisch und den häufig auftretenden, den chronischen und den möglichen Kopfschmerz vom Spannungstyp mit und ohne perikraniale Schmerzempfindlichkeit (Tab. 2.6).

Die *Diagnostik* entspricht der Diagnostik bei allen primären Kopfschmerzerkrankungen. Bei normalem neurologischem Befund und typischen Kriterien braucht keine weitere Diagnostik zu erfolgen. Eine Sonderform ist der *chronische Kopfschmerz vom Spannungstyp*, der durch ein Auftreten von Attacken an mehr als 15 Tagen im Monat über einen Zeitraum von 3 Monaten oder an mehr als 180 Tagen im Jahr gekennzeichnet ist. Bei den meisten Patienten entwickelt sich der chronische Kopfschmerz vom Spannungstyp aus der episodischen Form.

Frei verkäufliche Analgetika oder nicht steroidale Antirheumatika stellen die *Therapie* der ersten Wahl dar. Empfehlungen existieren für Ibuprofen 200 bis 800 mg, Ketoprofen 25 mg, Aspirin 500 bis 1000 mg, Naproxen 500 mg, Diclofenac 12,5 bis 100 mg und Paracetamol 1000 mg. Dabei sind in Studien die nicht steroidalen Antirheumatika in ihrer Wirksamkeit Paracetamol überlegen. Weiterhin existieren Daten, dass Kombinationspräparate (ASS, Paracetamol und Koffein) wirksamer sind als Monopräparate.

Eine *Prophylaxe* ist empfehlenswert, wenn eine sehr hohe Attackenfrequenz vorliegt, wenn es zu Beeinträchtigungen im Arbeitsleben oder in den Aktivitäten des täglichen Lebens kommt und wenn ein Risiko für eine Chronifizierung besteht. Sinnvoll ist eine Kombination aus medikamentösen und nicht medikamentösen Verfahren. Die Patienten sind darauf hinzuweisen, dass sowohl die nicht medikamentösen als auch die medikamentösen Verfahren wenigstens über einen Zeitraum von mehreren Monaten erprobt werden müssen, um einen Therapieeffekt sicher abschätzen zu können. Auch hier bietet sich das Führen eines Kopfschmerzkalenders an. Gute Ergebnisse zeigen Physiotherapie und manuelle Therapie. Auch für Biofeedback-Therapie und Akupunktur liegen Studien vor, die für die einzelnen Formen eine hohe Wirksamkeit zeigen. Am sinnvollsten sind multidisziplinäre Behandlungsprogramme, wobei neben einer kognitiven Verhaltenstherapie und Ausdauersport auch Medikamente zum Einsatz kommen.

2.1.3.3 Trigemino-autonome Kopfschmerzen

Die trigemino-autonomen Kopfschmerzen [Goadsby u. Lipton 1997] werden zu den primären Kopfschmerzerkrankungen gezählt. Zu ihnen gehören der Cluster-Kopfschmerz, die paroxysmale Hemikranie und die Hemicrania continua sowie das SUNCT-/SUNA-Syndrom. Klinisch sind diese Syndrome durch unilaterale Kopfschmerzen und ipsilateral trigemino-autonome Symptome gekennzeichnet, nämlich konjunktivale Injektion, Lakrimation, nasale Kongestion, Lidödem, Schwitzen im Bereich der Stirn und des Gesichts, Rötung im Bereich der Stirn, Völlegefühl im Ohr sowie Miosis oder Ptosis [Gaul et al. 2013, May 2013, Jürgens 2014]. Die Unterscheidung der einzelnen Formen erfolgt anhand der Attackenfrequenz sowie der Zeitdauer der Attacken. Da sie alle sehr selten beobachtet werden und es sich häufig um sekundäre Formen handelt, muss zwingend eine Bildgebung mittels MRT und MR-Angiografie erfolgen.

2.1.3.3.1 Cluster-Kopfschmerz

Der Cluster-Kopfschmerz weist eine Lebenszeitprävalenz von 0,1 bis 0,3 % auf. Man rechnet in Deutschland mit 120.000 Betroffenen [Evers et al. 2007]. Die Ätiologie ist unklar. Das Verhältnis Männer zu Frauen liegt bei 3–4 : 1. Bei 80 % beginnt die episodische Variante in der 3. Lebensdekade, sie stellt auch die häufigste Verlaufsform dar (ca. 90 %). Es handelt sich um einen streng einseitigen Kopfschmerz mit stärkster Intensität. Er hält 15 bis 180 Minuten an. Die Frequenz liegt bei zwischen weniger als einer und 8 Attacken pro Tag. Begleitend treten die oben genannten trigemino-autonomen Begleitsymptome ipsilateral auf, eine Bewegungsunruhe äußert sich als

Tab. 2.7: Kriterien des Cluster-Kopfschmerzes [ICHD 3β].

A	wenigstens 5 Attacken, die folgende Kriterien erfüllen:
B	starke bis sehr starke einseitige orbitale, suborbitale oder temporale Schmerzen, Dauer unbehandelt 15 bis 180 Minuten
C	Eins oder beide der folgenden Kriterien sind erfüllt: Mindestens eins der folgenden Symptome tritt ipsilateral zur Kopfschmerzseite auf: 1. konjunktivale Injektion und/oder Lakrimation – nasale Kongestion und/oder Rhinorrhoe – Lidödem – Schwitzen im Bereich der Stirn oder des Gesichts – anfallsartiges Erröten im Bereich der Stirn oder des Gesichts – Völlegefühl im Ohr – Miosis und/oder Ptosis 2. körperliche Unruhe oder Agitiertheit
D	Attackenfrequenz zwischen einer Attacke alle 2 Tage bis 8 Attacken pro Tag
E	nicht besser durch eine andere ICHD-3-Diagnose erklärbar

Umhergehen (*Pacing around*) oder Schaukeln mit dem Oberkörper. Bei vielen Patienten besteht eine zirkadiane Rhythmik, das heißt eine Häufung der Attacken in den späten Abend- und frühen Morgenstunden, aber auch eine zirkannuale Rhythmik mit Auftreten vor allem im Frühjahr und im Herbst. Schließlich können auch vegetative Begleitsymptome und bei 10 % der Patienten eine visuelle Aura auftreten. (Tab. 2.7).

Für die *Akuttherapie* sind aufgrund der klinischen Besonderheiten des Cluster-Kopfschmerzes Medikamente mit einer schnellen Bioverfügbarkeit notwendig. Dies gilt insbesondere für Präparate mit subkutaner oder nasaler Applikation. Medikamente der ersten Wahl sind daher Triptane, insbesondere Sumatriptan s. c. 6 mg, Zolmitriptan 5 mg oder Sumatriptan 20 mg nasal. Kardiovaskuläre Vorerkrankungen oder ein therapierefraktärer Hypertonus stellen Kontraindikationen dar. Infrage kommt weiterhin die Inhalation von reinem Sauerstoff (O_2 100 %) mit einer Flussrate von 8 bis 15 Liter pro Minute über eine Dauer von mindestens 10 bis 20 Minuten. Es bietet sich an, eine Atemmaske mit Rückatembeutel zu verwenden, um höhere Konzentrationen von Sauerstoff in der Einatemluft zu erreichen. Wenn das nicht ausreicht, kann alternativ Lidocain 1 ml 4 bis 10 % intranasal appliziert werden, allerdings bedarf die korrekte Anwendung einiger Übung.

Eine *Prophylaxe* des Cluster-Kopfschmerzes ist notwendig, wenn häufige und schwere Attacken bestehen. Angestrebt wird eine Reduktion der Attackenzahl sowie eine Verkürzung der Cluster-Episoden und damit auch des Triptanverbrauchs. Der Einsatz von Medikamenten richtet sich nach Kontraindikationen, Begleiterkrankungen und Erfahrungen des Behandlers. Es empfiehlt sich, mit einer Monotherapie zu beginnen und bei Erfordernis das Präparat zu wechseln. Sollte die Maximaldosis eines Präparats nicht ausreichen oder Nebenwirkungen auftreten, sind Kombinationen erforderlich.

Prophylaktikum der ersten Wahl ist Verapamil, welches schrittweise je nach Wirkung und Verträglichkeit bis auf 560 mg unter EKG-Kontrolle verabreicht werden kann. Im Einzelfall darf auch höher dosiert werden. Als Nebenwirkungen ist außer mit einer Obstipation mit Beinödemen und bradykarden Herzrhythmusstörungen zu rechnen. Bei der Therapie mit Lithium ist die Dosis langsam und je nach Spiegel zu steigern (Zielbereich 0,4 bis 1,0 mmol/l). Tremor, Übelkeit und Gewichtszunahme stellen unerwünschte Nebenwirkungen dar. Dem Patienten ist eine ausreichende Flüssigkeitsaufnahme zu empfehlen. Falls die Wirksamkeit nicht ausreicht oder sogar ausbleibt, kommt Topiramat zum Einsatz mit Dosierungen von bis zu 200 mg täglich. Als unerwünschte Nebenwirkungen stellen sich kognitive Defizite, Parästhesien, Gewichtsabnahme ein. Zu denken ist auch an Valproinsäure mit bis zu 900 mg täglich oder an Gabapentin mit bis zu 3600 mg täglich.

In der *Kurzzeitprophylaxe* sind Kortikoide bei Patienten einzusetzen, die über nur sehr kurze Episoden klagen, oder als Überbrückung für andere prophylaktische Präparate bis zum Einsetzen der Wirkung. Sie sind auch wirksam bei Patienten mit einer Exazerbation: 60 bis 100 mg pro Tag für 5 Tage mit einem Ausschleichen über 2 bis 3 Wochen, alternativ 250 bis 500 mg täglich i. v.

Möglich ist auch eine Kurzzeitprophylaxe mit lang wirksamen Triptanen wie Frovatriptan (2,5 bis 5 mg täglich). In diesem Zusammenhang ist auf die Entstehung von Kopfschmerzen durch Triptanübergebrauch zu achten. Eine weitere Alternative zur Behandlung einer Exazerbation kann die Blockade des N. occipitalis major (ONB) mit einer Kombination aus einem Kortisonpräparat und einem Lokalanästhetikum sein. Für therapierefraktäre chronische Cluster-Patienten wurde in den letzten Jahren die Neuromodulation als Therapiealternative in Zentren etabliert. Infrage kommt die andauernde elektrische Stimulation des N. occipitalis major, die Stimulation des Ganglion sphenopalatinum oder die nichtinvasive Stimulation des N. vagus.

2.1.3.3.2 Paroxysmale Hemikranie

Die paroxysmale Hemikranie ist deutlich seltener als der Cluster-Kopfschmerz. Gemeinsamkeiten mit dem Cluster-Kopfschmerz bestehen in der Lokalisation der Schmerzen sowie in den trigemino-autonomen Begleitsymptomen. Die paroxysmale Hemikranie lässt sich aber gut vom Cluster-Kopfschmerz durch die kürzere Attackendauer (2 bis 30 Minuten), das Auftreten mindestens 5- bis 15-mal am Tag, die fehlende zirkadiane Rhythmik sowie durch die Bevorzugung des weiblichen Geschlechts (Verhältnis Mann zu Frau 1 : 3) unterscheiden. Sie existiert auch als sekundäre Form. Anders als beim Cluster-Kopfschmerz ist Indometacin „absolut zuverlässig“ wirksam [Göbel et al. 2011]. Die chronische Verlaufsform dominiert.

Die kurze Attackendauer und die Chronizität machen eine *prophylaktische Medikation* notwendig. Indometacin ist prophylaktisch und therapeutisch gut wirksam und sollte initial in einer Dosis von 150 mg täglich für mehrere Tage eingesetzt werden. Sein Effekt kann nach 24 bis 48 Stunden abgeschätzt und die Menge bis zu einer

Erhaltungsdosis reduziert werden. Therapiebegrenzend wirken gastrointestinale Beschwerden bis hin zu gastrointestinalen Blutungen. Alternativ können andere NSAR (ASS, Naproxen, Cyclooxygenase-2-Hemmer) oder für längere Anwendung auch das Antiepileptikum Topiramat Verwendung finden.

2.1.3.3.3 Hemicrania continua

Die Hemicrania continua, eine ebenfalls seltene Kopfschmerzerkrankung, ist durch einen kontinuierlich bestehenden einseitigen Kopfschmerz mit aufgesetzten Attacken gekennzeichnet. Begleitend treten trigemino-autonome Symptome auf. In der Mehrzahl der Fälle (85 %) handelt es sich um eine chronische Form. Die Internationale Kopfschmerzklassifikation fordert zur Diagnosestellung ein vollständig erfolgreiches Ansprechen auf die Therapie mit Indometacin.

2.1.3.3.4 SUNCT-/SUNA-Syndrom

Das SUNCT-Syndrom ist sehr selten. Beim Namen handelt es sich um das Akronym für *Short-lasting unilateral neuralgiform headache with conjunctival injection and tearing.* Für die Patienten, bei denen keine Lakrimation oder konjunktivale Injektion besteht, wurde der allgemeinere Begriff SUNA-Syndrom (with cranial autonomic features) etabliert. Typisch für das SUNCT-/SUNA-Syndrom sind starke nadelstichartige einseitig periorbital und orbital lokalisierte Kopfschmerzen mit einer Frequenz von 3 bis 200 pro Tag mit einer Attackendauer von einer Sekunde bis zu zehn Minuten, begleitet von trigemino-autonomen Symptomen. In der Mehrzahl der Fälle (90 %) handelt es sich um eine chronische Form.

Das SUNCT-Syndrom lässt sich insbesondere von der Trigeminusneuralgie des ersten Astes dadurch unterscheiden, dass beim SUNCT-Syndrom keine Refraktärperiode zwischen den Attacken besteht. Therapeutisches Mittel der ersten Wahl ist Lamotrigin, zum Teil mit Dosen von bis zu 400 mg am Tag. Zu denken ist außerdem an eine Okzipitalis-Blockade, bei Therapieresistenz an Gabapentin (bis 3600 mg/d) oder Topiramat (bis 400 mg/d).

2.1.3.3.5 Weitere seltene primäre Kopfschmerzen

Zu dieser Gruppe der primären Kopfschmerzen werden unter anderem der primär stechende Kopfschmerz, der primäre Hustenkopfschmerz, der primäre Kopfschmerz bei körperlicher Anstrengung oder bei sexueller Aktivität gezählt.

2.1.3.4 Sekundäre Kopfschmerzen

Hier tritt der Kopfschmerz als Folge einer anderen Erkrankung auf. Von der Internationalen Kopfschmerzklassifikation (ICDH) wird für die Diagnose verlangt, dass zwischen der Erkrankung und dem Auftreten der Kopfschmerzen ein unmittelbarer zeitlicher Zusammenhang besteht oder dass sich eine primäre Kopfschmerzerkrankung deutlich verschlechtert hat (Tab. 2.1). Länger als 3 Monate anhaltende Kopfschmerzen werden als chronisch klassifiziert.

Erkrankungen des Schädels kommen als Ursache von Kopfschmerzen nur in Betracht, wenn sie das Periost einbeziehen, wenn es sich also um entzündliche Prozesse, tumoröse Destruktionen oder Traumafolgen handelt. Die Existenz von vertebragenen, auf degenerativen Veränderungen der Halswirbelsäule beruhenden Kopfschmerzen wird im Allgemeinen nicht anerkannt, weil bandscheibenbedingte Erkrankungen der Halswirbelsäule typischerweise zu weit kaudal lokalisiert sind, um die schmerzempfindlichen Strukturen des Kopfhalsübergangs und der oberen Halswirbelsäule zu irritieren, von denen aus der Schmerz weitergeleitet werden müsste. Als schmerzauslösend kommen andere krankhafte Veränderungen zwischen Hinterhaupt und HWK 4 infrage: Fehlbildungen, sekundäre Formfehler, entzündliche Prozesse, Traumafolgen, Tumoren [Göbel 2012]. Möglich ist nämlich eine Schmerzprojektion über den N. occipitalis major (C2), der die Haut des Nackens und des Hinterkopfes bis zum Scheitel versorgt und über Verbindungen zum N. trigeminus bis in die Stirn reicht (N. ophthalmicus). Zudem erstreckt sich das spinale Kerngebiet des N. trigeminus bis in die Höhe von HWK 2 (bis 4) nach kaudal. Eine geringere Rolle spielen der überwiegend motorische N. suboccipitalis (C1), der N. occipitalis minor für die Haut am lateralen Hinterhaupt (C2 und C3) sowie die Nn. auricularis magnus et occipitalis tertius für die Region hinter dem Ohr und den Nacken (C3).

2.1.3.4.1 Kopfschmerz durch Medikamentenübergebrauch (Medication Overuse Headache – MOH)

Der Kopfschmerz bei Medikamentenübergebrauch beruht auf der regelmäßigen Einnahme von Schmerzmedikamenten (Analgetika, Triptane) durch Patienten mit einer primären Kopfschmerzerkrankung. Für die Entwicklung ist nicht die Dosis entscheidend, sondern die Einnahmehäufigkeit (Einnahmetage pro Monat). Die Internationale Kopfschmerzklassifikation verlangt Kopfschmerzen an monatlich mehr als 15 Tagen in 3 Monaten. Die geforderte Einnahmefrequenz unterscheidet sich je nach eingesetzten Substanzen. So liegt sie bei Analgetika bei 15 Tagen im Monat, während bei Triptanen, Opiaten und Mischpräparaten 10 Tage monatlich für die Diagnose ausreichen. Grundvoraussetzung für die Feststellung ist eine primäre Kopfschmerzerkrankung, eine deutliche Verschlechterung der Symptomatik während des Übergebrauchs und die Remission oder die Rückkehr zum früheren Kopfschmerzmuster nach Absetzen der Substanz. Als Risikofaktoren fungieren insbesondere Depression, Angststörung, Übergewicht und die Einnahme von Tranquilizern. Am häufigsten besteht ein Übergebrauch von Analgetika als Monosubstanz, gefolgt von Triptanen und Opioiden.

Die *klinische Symptomatik* zeigt abhängig vom Präparat eine sehr große Bandbreite. So kann bei Analgetika und Opioiden ein holozephaler dumpf-drückender Kopfschmerz ohne vegetative Begleitsymptome beobachtet werden, bei Triptanen eher ein chronischer migräne-ähnlicher Kopfschmerz, wobei sich anfangs häufig eine Zunahme der Attackenfrequenz zeigt. Um die Diagnose sicher stellen zu können, ist eine Kopfschmerzanamnese und das Führen eines Kopfschmerzkalenders über mindestens 3 Monate notwendig. Wichtige *Differenzialdiagnosen* sind die chronische Migräne und der chronische Kopfschmerz vom Spannungstyp, die ebenfalls durch eine Attackenfrequenz von mehr als 15 monatlichen Kopfschmerztagen gekennzeichnet sind.

Therapie der Wahl ist die Medikamentenpause, die auch als solche bezeichnet werden muss, um dem Patienten klarzumachen, dass später die Akutmedikation wieder eingenommen werden kann. Eine ambulante Medikamentenpause kommt bei motivierten und kooperativen Patienten ohne ausgeprägte psychiatrische Komorbiditäten und bei einem Übergebrauch von Triptanen oder Analgetika infrage. Der Medikamentenübergebrauch sollte nicht länger als 2 Jahre gedauert haben, und es sollte Unterstützung durch das soziale Umfeld erfolgen. Eine stationäre Medikamentenpause ist notwendig, wenn ambulante Versuche keinen Erfolg hatten, wenn psychiatrische Komorbiditäten (Depressionen, Angst) bestehen oder wenn zusätzlich Sedativa, Barbiturate oder Opioide eingenommen werden. In der Medikamentenpause treten anfangs vermehrt und verstärkt Kopfschmerzen auf, die häufig als sehr unangenehm empfunden werden, zudem Müdigkeit, Unwohlsein, Schwindel und Erbrechen. Es ist besonders wichtig, die Kopfschmerzmedikamente abrupt abzusetzen, während Opioide und Tranquilizer ausschleichend reduziert werden. Gegen Übelkeit und Erbrechen können Metoclopramid oder Domperidon verordnet werden, gegen Kopfschmerzen Prednisolon (täglich 100 mg 5 Tage lang). Eindeutige Studien gibt es dazu aber nicht [Diener 2012]. Es empfiehlt sich, den Zeitraum der Medikamentenpause zu nutzen, um mit einer neuen medikamentösen Prophylaxe zu beginnen. Im Anschluss daran sollten regelmäßige Konsultationen erfolgen. Bei einem Großteil der Patienten wird dieses Vorgehen von Erfolg gekrönt, allerdings liegt die Rückfallquote zwischen 40 und 60 % innerhalb der nächsten Jahre. Sie ist am kleinsten bei Patienten mit Migräne und Übergebrauch von Triptanen. Untersuchungen zeigten auch, dass bei manchen Patienten mit chronischer Migräne die prophylaktische Medikation von Topiramat oder Botulinumtoxin ohne Medikamentenpause die Zahl der Kopfschmerztage reduziert [Leitlinie Therapie der Migräne, Diener 2012].

2.1.3.5 Kraniale Neuralgien und andere Gesichtsschmerzen

In der neuen Kopfschmerzklassifikation (ICHD 3β) werden diese Erkrankungen in die Gruppe der schmerzhaften kranialen Neuropathien und anderer fazialer Schmerzen eingeordnet. Außer der Trigeminusneuralgie – klassische Trigeminusneuralgie und schmerzhafte trigeminale Neuropathie – gehören hierher auch andere Neuralgien, zum Beispiel die Glossopharyngeusneuralgie, die Nervus-intermedius-Neuralgie oder die Okzipitalisneuralgie sowie das Tolosa-Hunt-Syndrom, das Burning-Mouth-Syndrom und der zentrale neuropathische Schmerz.

Am Anfang der *klinischen Diagnostik* sind Art, Charakter und Ablauf der Schmerzen zu klären, darauf eventuelle Begleitsymptome, Auslöser und Triggerfaktoren. Zu berücksichtigen sind Hirnnervenausfälle, Operationen, psychiatrische und andere Vorerkrankungen. Zur klinischen Untersuchung gehören unbedingt ein neurologischer Status, der auch die Hirnnerven einbezieht, und eine Beurteilung der Kiefergelenke einschl. Palpation der Kaumuskulatur sowie eine Prüfung der Okklusion, der Mundöffnung und der Seitbeweglichkeit des Unterkiefers. Augenmerk gilt den Zähnen, dem Zahnfleisch, den Nervenaustrittspunkten und nicht zuletzt der A. carotis, die ebenfalls palpiert wird.

2.1.3.5.1 Klassische Trigeminusneuralgie

Die Patienten berichten über intensive andauernde stechende, zum Teil elektrisierende Schmerzattacken, die eine bis 120 Sekunden anhalten. Sie treten stereotyp in einem oder in mehreren Ästen des N. trigeminus ein- bis mehrere hundertmal am Tag auf, spontan oder durch Triggerfaktoren (Berührung im Gesicht, Essen, kalter Wind, Reden) ausgelöst. Bei fast jedem zweiten Patienten besteht ein Dauerschmerz, bei fast jedem dritten trigemino-autonome Symptome sowie Sensibilitätsstörungen. Der Erkrankungsbeginn liegt typischerweise um das 50. Lebensjahr (Tab. 2.8). Zwischen den Symptomen der Trigeminusneuralgie und denen des SUNCT-/SUNA-Syndroms besteht große Ähnlichkeit [Lambru u. Matharu 2014]. Als Unterscheidungskriterium gilt eine Refraktärzeit zwischen den Attacken der Trigeminusneuralgie. Die klinische Diagnostik wird ergänzt durch ein Schädel-MRT zum Ausschluss oder Nachweis eines Gefäß-Nerven-Kontaktes oder eines Tumors. Besteht Verdacht auf eine entzündliche Genese, kommen laborchemische Untersuchungen, die Lumbalpunktion und ggf. elektrophysiologische Verfahren (Trigeminus-SEP) in Betracht [Maarbjerg et al. 2014].

Ziel der *medikamentösen Therapie* ist die Reduktion der Attackenfrequenz und der Schmerzintensität. Da die Wirksamkeit der medikamentösen Therapie im Verlauf abnimmt und es sich bei der klassischen Trigeminusneuralgie um eine fortschreitende Erkrankung handelt, sollten von Anfang an auch invasive Therapiemaßnahmen mit dem Patienten besprochen werden. Zur medikamentösen Therapie ist Carbamazepin das Medikament der ersten Wahl (600 bis 1200 mg, maximal 2400 mg täglich). An unerwünschten Nebenwirkungen können Vigilanzstörungen, Blutbildveränderungen, Erhöhungen der Leberwerte und Elektrolytstörungen auftreten. Alternativ steht Oxcarbazepin (600 bis 2400 mg pro Tag) zur Verfügung. Die Nebenwirkungen sind geringer, allerdings tritt häufiger eine Hyponatriämie auf. Medikamente der zweiten Wahl sind Gabapentin und Pregabalin. Ihr Vorteil besteht in der raschen Aufsättigung und nur wenigen Nebenwirkungen, nachteilig ist die schlechtere Wirksamkeit. Zu denken ist auch an Phenytoin, Lamotrigin oder Levetiracetam. Phenytoin und Levetiracetam sind für eine schnelle Aufsättigung i. v. applizierbar.

Es empfiehlt sich, mit einer Monotherapie zu beginnen und die Aufdosierung bis zur Schmerzfreiheit oder bis zum Auftreten von Nebenwirkungen fortzusetzen und danach 2 Substanzen zu kombinieren. Wenn keine ausreichende Symptomkontrolle erreicht wird, kommen invasive Verfahren zur Anwendung, beispielsweise die mikro-

Tab. 2.8: Kriterien der klassischen Trigeminusneuralgie [ICHD 3β].

A	wenigstens 3 Attacken mit einseitigen Gesichtsschmerzen, die die Kriterien B und C erfüllen
B	Auftreten in einem oder mehreren Ästen des N. trigeminus
C	Der Schmerz erfüllt 3 der folgenden 4 Kriterien: wiederkehrende, paroxysmale Attacken von einer Sekunde bis zu 2 Minuten Dauer starke Intensität elektrisch, einschießend, stechend oder scharf in der Qualität Auslösung durch harmlose Reize auf der betroffenen Seite
D	klinisch kein neurologisches Defizit nachweisbar
E	nicht besser durch eine andere ICHD-3-Diagnose erklärbar

vaskuläre Dekompression nach Jannetta, die eine sehr gute initiale Schmerzlinderung und eine geringe Rezidivquote zeigt [Sachs et al. 2012, Kothbauer 2014]. An operativen Eingriffen am Ganglion Gasseri stehen die Thermokoagulation, die Glyzerin-Rhizotomie und die Ballonkompression zur Verfügung. Insbesondere die Ballonkompression zeigt gute Ergebnisse. Nach stereotaktischer Radiochirurgie (γ-Knife) des N. trigeminus im Bereich der Austrittszone aus dem Hirnstamm tritt die Wirkung zwar erst ein bis drei Monate später ein, die Komplikationsrate ist aber geringer als bei den anderen destruierenden Verfahren, die Rezidivrate allerdings höher.

2.1.3.5.2 Anhaltender idiopathischer Gesichtsschmerz

Dieser seltene Gesichtsschmerz tritt täglich auf, persistiert den ganzen Tag und wird nicht von einem sensiblen Defizit begleitet. Diagnostische Untersuchungen ergeben keinen krankhaften Befund. Häufig beginnt der Schmerz in einem klar umgrenzten Areal und breitet sich dann schrittweise aus. Die Schmerzen können durch eine Operation der Zähne und des Zahnfleisches ausgelöst werden und dann ohne nachweisbare Ursache anhalten. Frauen sind häufiger betroffen als Männer. Die Schmerzen werden von den Patienten diffus in der Tiefe lokalisiert, sind auf eine Mund- oder Gesichtsregion beschränkt, besitzen eine fluktuierende Intensität und folgen keinen anatomischen Grenzen. Häufig finden sich assoziierte psychiatrische Erkrankungen (Depression, Persönlichkeitsstörung, Psychose), stets aber ein unauffälliger Hirnnervenbefund (Tab. 2.9).

Vor Beginn einer *Therapie* müssen die Patienten ausführlich über ihre Erkrankung aufgeklärt werden. Sie benötigen einen festen Ansprechpartner, gegebenenfalls muss eine begleitende psychologische Mitbetreuung erfolgen. Eine operative Behandlung ist nicht indiziert, weil sie häufig zu einer Zunahme der Symptomatik führt. Medikamente der ersten Wahl sind trizyklische Antidepressiva (Amitriptylin), Medikamente der zweiten Wahl Carbamazepin, Doxepin, Gabapentin oder Venlafaxin.

Tab. 2.9: Diagnostische Kriterien des anhaltenden idiopathischen Gesichtsschmerzes [ICHD 3β].

A	Gesichtsschmerzen und/oder Schmerzen im Bereich des Mundes, welche die Kriterien B und C erfüllen
B	Der Schmerz hält jeweils mehr als 2 Stunden in einem Zeitraum von mehr als 3 Monaten an.
C	Der Schmerz weist folgende Charakteristika auf: Er ist schwer zu lokalisieren und folgt nicht dem Verlauf eines peripheren Nerven. Er ist dumpf-bedrückend und quälend.
D	Die klinisch-neurologische Untersuchung ergibt einen Normalbefund.
E	Eine dentale Ursache wurde ausgeschlossen.

2.2 Rückenschmerzen

Die Lebenszeitprävalenz von Rückenschmerzen wird mit 80 % angegeben, die Ein-Jahres-Prävalenz mit ca. 70 %. Ihre Häufigkeit nimmt mit steigendem Lebensalter zu. Volkswirtschaftlich relevant sind vor allem Erkrankungen der berufstätigen Bevölkerung. 25 % der Patienten beklagen rezidivierende und im Verlauf chronische Beschwerden. Bestehen Rückenschmerzen weniger als 4 Wochen, werden sie als akut bezeichnet, halten sie bis zu 3 Monate an, als subakut, später als chronisch. Sie können vertebragen entstehen, können aber auch Ausdruck von Myopathien und Tendopathien sein und auf entzündliche Prozesse, traumatische und nicht traumatische Frakturen, primäre und häufiger sekundäre Tumoren der Wirbelsäule sowie auf Erkrankungen des Brust- und Bauchraums bzw. retroperitonealer Organe hinweisen. Komorbid bestehen oft psychische Erkrankungen und soziale Belastungsfaktoren: schmerzbezogene Kognitionen (Katastrophisieren, Hoffnungslosigkeit), Depressionen und Angststörungen, passives Schmerzverhalten, aber auch berufliche Unzufriedenheit, länger bestehende Arbeitsunfähigkeit, zu geringe Qualifikation und Angst vor dem Verlust des Arbeitsplatzes [Anderson 1999]. Eine wichtige Rolle spielt nicht zuletzt die familiäre Situation. Die Beschwerden können sich auf den Rücken beschränken, aber auch mit pseudoradikulären und radikulären Symptomen oder mit Gehstörungen kombiniert auftreten, die nicht selten sogar im Vordergrund stehen.

Differenzialdiagnostisch ist bei akuten und subakuten Rückenschmerzen vor allem zu denken an: Angina pectoris, Myokardinfarkt, Aneurysma der Aorta, Erkrankungen der Lunge und der Bronchien (Pneumonie, Lungenembolie, Tumor), Erkrankungen der Gallenblase (Cholezystitis, Cholezystolithiasis), des Magens (Ulcus ventriculi), des Pankreas (Pankreatitis) und des Darms (Karzinom, Abszess, Morbus Crohn), Erkrankungen der Nieren und des harnableitenden Systems (Pyelonephritis, Urolithiasis, Tumor).

Die *orthopädisch-klinische Untersuchung* besteht aus Inspektion, Palpation und Messung der Beweglichkeit von Kopf, Hals und Rumpf mithilfe der Neutral-Null-Methode (Kap. 3). Dazu gehört die Bestimmung des Abstands zwischen Kinnspitze und Jugulum (KJA), des Abstands zwischen Hinterhaupt und Wand, das Schober'sche und das Ott'sche Maß, die Messung des kleinsten Abstands zwischen Fingerspitzen und Boden sowie das Mennell-Zeichen.

Wichtig ist die Identifizierung von Symptomen, die einer bestimmten Nervenwurzel zugeordnet werden können („radikuläre Symptomatik"), da hier gegebenenfalls operative Maßnahmen zur Dekompression indiziert werden müssen (Tab. 6.1 bis 6.3). Prinzipiell sind darüber hinaus in jedem Fall Störungen der Blasen- und der Mastdarmfunktion im Sinne eines Kauda-Syndroms auszuschließen.

2.3 Abdominelle Schmerzen

Man unterscheidet viszerale Schmerzen (dumpf-drückend, schlecht lokalisierbar) von somatischen Schmerzen (scharf, genauer lokalisierbar, kontinuierlich) und dem übertragenen Schmerz (gemeinsame spinale Verschaltung von Organen des Abdomens mit anderen Körperregionen). Zudem existiert noch das dyspeptische Syndrom mit epigastrischen oder periumbilikalen Schmerzen, Druckgefühl, Aufstoßen, Übelkeit und Sodbrennen. Die Ursache ist unklar (Tab. 2.10).

Tab. 2.10: Ursachen abdomineller Schmerzen [Yamamoto 1997].

- Refluxkrankheit
- Magen-Darm-Ulzera
- funktionelle Dyspepsie
- Entleerungsstörungen des Magens (z. B. Obstruktion, Gastroparese)
- chronisch-entzündliche Darmerkrankungen (Mb. Crohn, Colitis ulcerosa)
- Darmischämie (Angina abdominalis)
- Intoxikationen (z. B. auch Urämie)
- Porphyrie
- Gallenwegserkrankungen (Steine, Entzündungen)
- Malignome (Magen, Galle, Pankreas, Leber, Metastasen, Peritonealkarzinose)
- C-1-Esterase-Inhibitormangel
- Laktoseintoleranz
- Divertikelkrankheit
- chronische Pankreatitis
- Reizdarmsyndrom
- Nierensteine
- intestinale Pseudoobstruktion
- gynäkologische Erkrankungen
- koronare Herzkrankheit
- basale Pleuritis

2.4 Schulter- und Armschmerzen, Erkrankungen von Schulter und Arm

Von pseudoradikulären und radikulären, d. h. vertebragenen, Beschwerden unterscheiden:
- Impingement-Syndrom der Schulter, primäre Schultersteife
- neuralgische Schulteramyotrophie
- Nerven-Kompressions-Syndrome: Plexus brachialis, N. medianus, N. ulnaris und (selten) N. radialis (Kap. 7.3)
- Pseudoparalysen: Bizepssehnenrupturen, Sehnenrupturen an Unterarm und Hand des Rheumatikers
- Polyneuropathien (Kap. 8), Myopathien (Kap. 9).

Außerdem beispielsweise:
- aseptische Osteonekrosen: beim Wachsenden an fast allen Epiphysen und Apophysen, beim Erwachsenen am Os lunatum und am Caput humeri
- Tendopathien: Epicondylitis humeri radialis und Epicondylitis humeri ulnaris, Tendovaginitis, Paratenonitis
- Erkrankungen der Sehnenscheiden und der Bursen
- rheumatische Erkrankungen
- bakteriell-entzündliche Erkrankungen
- Fehlbildungen: angeborene Luxationen, radioulnare Synostose
- Madelung'sche Deformität, federnde Elle, Kamptodaktylie
- Klinodaktylie
- degenerative Erkrankungen der Gelenke; oft befallen: Interphalangealgelenke, Daumensattelgelenk
- Traumen und Traumafolgen: (subperiostales) Hämatom bis Fehlstellungen, Pseudarthrosen, Infektionen, Volkmann'sche Kontraktur, komplexes regionales Schmerzsyndrom
- Tumoren einschl. Gelenkchondromatose und Ganglion

2.5 Becken- und Beinschmerzen

2.5.1 Beckenschmerzen

- Erkrankungen der Harn- und Geschlechtsorgane
- Erkrankungen des Skeletts
- Traumen und Traumafolgen
- retroperitoneale Raumforderungen, zu enge Kleidung: Kompression der Nn. iliohypogastricus et ilioinguinalis

2.5.2 Beinschmerzen

Nicht selten liegen – nicht nur an den unteren Extremitäten – zwei oder noch mehr Erkrankungen gleichzeitig vor, z. B. ein zervikales Pseudoradikulär-Syndrom und ein Impingement-Syndrom, ein enger lumbaler Spinalkanal und eine Koxarthrose oder eine Koxarthrose und eine Gonarthrose.

Bei pseudoradikulären und radikulären, d. h. vertebragenen, Beschwerden unterscheidet man:
- Engpass-Syndrome: N. cutaneus femoris lateralis (Meralgia paraesthetica), N. fibularis communis (am Durchtritt durch den M. fibularis longus), N. tibialis (Morton'sche Neuralgie, hinteres Tarsaltunnel-Syndrom), N. fibularis profundus (vorderes Tarsaltunnel-Syndrom)
- Pseudoparalysen: Achillessehnenruptur
- Polyneuropathien (Kap. 8), Myopathien (Kap. 9).

Außerdem beispielsweise:
- Formfehler, Stellungsfehler: O- und X-Bein, Genu recurvatum, Spitzfuß, Klumpfuß
- Fehlbildungen: Luxationshüftgelenk, angeborene Unterschenkelpseudarthrose, Klumpfuß, Plattfuß
- Fußdeformitäten einschl. entzündlicher Plattfuß
- Binnenschäden des Kniegelenks: Meniskusverletzungen, Bandverletzungen, Knorpelschäden
- Binnenschäden des Fußgelenks: Bandverletzungen, Knorpelschäden
- Tendopathien: Achillodynie, plantarer Fersensporn
- Erkrankungen der Bursen: Bursitis trochanterica
- aseptische Nekrosen: beim Wachsenden und beim Erwachsenen einschl. Osteochondrosis dissecans
- Arthrosen: Hüft- und Kniegelenk einschl. Femoropatellargelenk, Fußgelenk, Fuß- und Zehengelenke
- Traumen und Traumafolgen
- rheumatische Erkrankungen
- bakteriell-entzündliche Erkrankungen
- Tumoren.

2.6 Schwindel und unsicherer Gang

2.6.1 Differenzialdiagnosen des Schwindels

Entscheidend für die richtige Diagnose und Therapie sind eine gezielte Anamnese und die Basisdiagnostik. Die Anamnese unterscheidet zwischen systematischem (Dreh-,

Schwank- oder Liftschwindel) und unsystemischem Schwindel (Benommenheitsgefühl). Zudem müssen Zeitdauer (Sekunden, Minuten, Dauerschwindel), Auslöser und Verstärker (Bewegung, Kopfdrehung, Husten, Stress), Begleitsymptome (Oszillopsien, neurologische Symptome) und Vorerkrankungen (Stroke) berücksichtigt werden. Die Basisdiagnostik umfasst eine neuroophthalmologische Untersuchung (einschl. Frenzelbrille), Lagerungsmanöver, Halmagyi-Kopfimpuls-Test, Gang- und Standproben (Romberg, Unterberger) und die Suche nach Symptomen, die für eine zentrale Genese sprechen (Hirnstamminfarkt).

Ursache des *benignen paroxysmalen Lagerungsschwindels* ist eine Kanalolithiasis. Er zeigt sich meist in akuten Drehschwindelattacken, die Sekunden bis max. eine Minute dauern, mit Übelkeit und Erbrechen, wird typischerweise durch Kopf- oder Lageänderungen ausgelöst und in Lagerungsproben provoziert. Zudem kann ein Nystagmus zum unten liegenden Ohr ausgelöst werden. Die Diagnostik erfordert auch die Untersuchung mit der Frenzel-Brille. Die Therapie erfolgt in Form von „Befreiungsmanövern", bei denen der Patient ählich wie bei der Diagnostik gelagert wird.

Der *Morbus Menière* tritt vor allem ab dem 40. Lebensjahr auf mit akuten Drehschwindelattacken für Stunden bis Tage mit Tinnitus, Druckgefühl und Hypakusis auf dem betroffenen Ohr. Zudem zeigt sich ein ausgeprägter horizontaler Nystagmus zur nicht betroffenen Seite.

Drehschwindelattacken, die Stunden bis Tage anhalten, mit horizontalem rotierendem Nystagmus, Übelkeit, Erbrechen und Fallneigung zur betroffenen Seite sprechen für eine *Neuritis vestibularis*. Im Elektronystagmogramm zeigt sich eine Minder- oder Unerregbarkeit des horizontalen Bogengangs.

Die *vestibuläre Migräne* manifestiert sich in Form von spontanen rezidivierenden Attacken von Dreh- und Schwankschwindel mit begleitenden Kopfschmerzen im Sinne einer Migräne. Im Anfall können auch ein Spontan- oder Lagerungsnystagmus sowie geringe zentrale Okulomotorikstörungen auftreten.

Darüber hinaus spielen in der Differenzialdiagnose kurzdauernder (bis zu einer Minute) unprovozierter Schwindelattacken mit bzw. ohne Drehschwindelsensationen die *Vestibularisparoxysmien* eine Rolle. Diese entstehen durch Gefäß-Nervenkontakt und reagieren meist auf die Therapie von Carbamazepin.

Rezidivierende Schwankschwindelattacken mit Gang- und ggf. Standunsicherheit in bestimmten Situationen (Brücken, leere Plätze), mit vegetativen Begleitsymptomen und zunehmendem Vermeidungsverhalten bezeichnet man als *phobischen Schwankschwindel.*

2.6.2 Unsicherer Gang

Sein endgültiges, normalerweise flüssiges Gangbild erreicht der Heranwachsende nach dem zweiten Gestaltwandel in der Präpubertät (Kap. 4.5.1). Es weist große individuelle Unterschiede auf und ändert sich im Laufe des Lebens kaum, allerdings verringert sich die gewohnheitsmäßige Geschwindigkeit. Abweichungen von der Norm bezeichnet man als Gangstörungen. Wenn ihre Ursache im Bereich des Haltungs- und Bewegungssystems liegt, spricht man von Hinken. Als Ursachen kommen in Betracht:

- Schmerzen
- mechanische Störungen: Einschränkungen der Gelenkbeweglichkeit, Beinlängendifferenzen, Achsenfehler der Beine, Fußdeformitäten
- Durchblutungsstörungen: Claudicatio intermittens
- Störungen und Erkrankungen der Muskulatur bzw. des Nervensystems:
  - Lähmung oder muskuläre Insuffizienz: pelvitrochantere Muskulatur, Lähmung oder Annäherung von Ursprung und Ansatz – Trendelenburg-Hinken; M. rectus femoris – Behinderung treppauf und treppab, Unsicherheit auf unebenem Boden, Überstreckung des Kniegelenks; M. triceps surae – Lähmungshackenfuß; Fußheber – Steppergang, Hahnentritt; Pronatoren – Umknicken des Fußes in die Supination
  - enger lumbaler Spinalkanal – Claudicatio spinalis; infantile Zerebralparese, vaskuläre und entzündliche Läsionen der Pyramidenbahn – spastisch-paretische Gangstörung; spastische Hemiparese – Zirkumduktion eines Beins, Wernicke-Mann-Typ, beispielsweise nach Hirninfarkt; Erkrankungen des Kleinhirns bzw. der Tiefensensibilität (Hinterstränge oder Peripherie) – Ataxie; Erkrankungen der Basalganglien – kleinschrittiger Gang, Kamptokormie; Erkrankungen des Frontalhirns, frontale Gangapraxie – breitspuriger, kleinschrittiger, trippelnder Gang; Normaldruckhydrozephalus – „magnetischer" Gang
- psychische Störungen.

2.7 Literatur

Andersson GB (1999) Epidemiological features of chronic low-back pain. Lancet 354(9178):581–585.

Barbanti et al. (2013) A case-control study on excessive daytime sleepness in chronic migraine. Sleep Med 14:278–281.

de Carlo L et al. (1999) EEG evaluation in children and adolescents with chronic headaches. Eur J Pediatr 158:247–248.

Cittadini E, Matharu MS (2009) Symptomatic trigeminal autonomic cephalgias. Neurolog 15:305–312.

Detsky ME et al. (2006) Does this patient with headache have a migraine or need neuroimaging? J Am Med Ass 296:1274–1283.

Diener H-C, Braun W, Feldhaus C (2007) Kopfschmerzen am Arbeitsplatz. Mitt. des Verbandes Deutscher Betriebs- und Werksärzte e. V. http://www.dgn.org.

Diener H-C, Gendolla A, Katsarava Z (2008) Diagnose und Therapie von Kopf- und Gesichtsschmerzen. Internist 49:1343–1350.

Diener H-C (2012) Kopfschmerz bei Übergebrauch von Schmerz- und Migränemitteln. Deutsche Gesellschaft für Neurologie (Hrsg) Leitlinien für Diagnostik und Therapie in der Neurologie.

Diener H-C, Weimar C et al. (2012, Hrsg) Deutsche Gesellschaft für Neurologie (Hrsg) Leitlinien für Diagnostik und Therapie in der Neurologie.

Evers St et al. (2006) Differenzialdiagnose von Kopfschmerzen. Dtsch. Ärztebl. 103:3040–3048.

Evers St et al. (2007) zit. nach Straube und Gaul 2015.

Gaul C, Holle D, May A (2013) Neues zu trigeminoautonomen Kopfschmerzen. Nervenarzt 84:1451–1459.

Goadsby PJ, Lipton RB (1997) A review of paroxysmal hemicranias, SUNCT syndrome and other short-lasting headaches with autonomic feature, including new cases. Brain 120:193–209.

Göbel H, Göbel C, Heinze A (2011) Paroxysmale Hemikranie und SUNCT. Schmerz 25:689–701.

Göbel H (2012) Die Kopfschmerzen. Ursachen, Mechanismen, Diagnostik, Therapie. ISBN: 978-3-642-20694-8 (Print) 978-3-642-20695-5 (Online).

Headache Classification Committee (2013) The International Classification of Headache Disorders, 3rd edn (β Version). Cephalgia 33:629–808.

Holle D, Obermann M (2013) The role of neuroimaging in the diagnosis of headache disorders. The Adv Neurol Disord 6:369–374.

Jen JC (2001) Familial hemiplegic migraine. In: Pagon RA et al. (Hrsg) Gene Reviews (Internet). Seattle (WA): University of Washington, Seattle, 1993–2015.

Jürgens T et al. (2011) Einsatz neuromodulierender Verfahren bei primären Kopfschmerzen. Nervenheilk 1–2:47–58.

Jürgens TP (2014) Therapie des trigemonoautonomen Kopfschmerzes. Bundesgesundheitsbl 57:983–995.

Kothbauer KF (2014) Gesichtsschmerzen. Rev Med Suisse 10:281–282.

Lambru G, Matharu MS (2014] Sunct, Suna and trigeminal neuralgia: different disorders or variants of the same disorder? Curr Opin Neurol 27:325–331.

Maarbjerg S et al. (2014) Trigeminal neuralgia–a prospective systematic study of clinical characteristics in 158 patients. Headache 54:1574–1582.

Martelletti P et al. (2013) Neuromodulation of chronic headaches: position statement from the European Headache Federation. J Headache Pain 86:1–16. doi: 10.1186/1129-2377-14-86.

May A (2013) Diagnosis and clinical features of trigemino-autonomic headaches. Headache 53:1470–1478.

Mayer KC (undatiert) Chronische Kopfschmerzen. http://www.neuro24.de/chron_kopfschmerzen.htm.

Neubauer G, Ujlaky R (2002) Migräne – eine Volkskrankheit und ihre Kosten. Pharm. in unserer Zeit 31:494–497.

Obermann M, Katsarava Z (2008) Epidemiology of unilateral headaches. Expert Rev Neurother 8:1313–1320.

Pelzer N et al. (2014) Familial hemiplegic migraine treated by sodium valproate and lamotrigine. Cephalgia 34:708–711.

Rost I, Mayer K (2015) Migräne, familiäre hemiplegische (FHM). http://mvz-martinsried.de/index.php?id=15866.

Sachs A, Mendelowitsch S, Mendelowitsch A (2012) Die neurochirurgische Therapie der Trigeminusneuralgie. Praxis 102:769–773.

Straube A et al. (2007) Therapie chronischer Kopfschmerzen. Deutsche Migräne- und Kopfschmerzgesellschaft. Schattauer-Verlag München.

Straube A et al. (2012) Therapie und Versorgung bei chronischer Migräne. Nervenarzt 83:1600–1608.

Straube A, Gaul C (2015) Kopfschmerz. Aktueller Stand der Forschung. Schmerz 29:510–515.

Thomsen LL et al. (2007) The genetic spectrum of a population-based sample of familial hemiplegic migraine. Brain 130:346–356.

Yamamoto W et al. (1997) The relationship between abdominal pain regions and specific diseases: an epidemiologic approach to clinical practice. J Epidemiol 7:27–32.

Petra Baum, Astrid Bertsche, Peter Matzen

3 Grundzüge der Diagnostik

3.1 Anamnese

Viele Erkrankungen des Haltungs- und Bewegungsapparats gehen auch mit neurologischen Symptomen – nicht nur Störungen der Sensibilität bzw. der Motorik – einher, und eine Reihe von „neurologischen" Erkrankungen äußert sich auch in Form von Funktionsstörungen der Muskulatur und der Gelenke und in Deformierungen des Skeletts. Eine subtile Untersuchung des Haltungs- und Bewegungsapparats ist daher durch eine orientierende neurologische Untersuchung zu ergänzen, der eine fachneurologische Untersuchung folgt, wenn die Erhebung der Anamnese oder die Untersuchung bestimmte Auffälligkeiten ergeben haben. Beachtung erfordert schließlich auch der Zustand des peripheren Gefäßsystems.

Ein Großteil der ambulanten „orthopädischen" Patienten stellt sich wegen schmerzhafter Erkrankungen der Wirbelsäule – des „Rückens" – oder der Gelenke vor, die sich spontan oder allmählich und gelegentlich als Folge von Verletzungen eingestellt haben. Verletzungen, auch im Rahmen von Bagatellunfällen, werden vom Patienten allerdings oft fälschlich für seine Beschwerden verantwortlich gemacht, eine zunächst „harmlos" erscheinende Verletzung kann andererseits auch eine Verschlimmerung oder die Manifestation eines bestehenden Leidens herbeigeführt haben. Neben Schmerzsyndromen spielen Störungen der Sensibilität bzw. der Motorik und nicht zuletzt entzündliche, tumoröse und angeborene Erkrankungen sowie nach Wachstumsabschluss noch zunehmende Deformierungen eine wichtige Rolle.

Schmerzangaben des Patienten müssen durch gezieltes Nachfragen konkretisiert werden. 6 „W-Fragen" haben sich bewährt: „Wo?", „wie?", „wann?", „wie oft?", „womit einhergehend?", „wodurch verstärkt"? Zunächst werden die Dauer, die Lokalisation und die Schmerzstärke (am besten auf einer numerischen Analogskala von 0 bis 10) erfragt. Wegweisend sind außerdem die Schmerzausstrahlung (z. B. entlang der Dermatome), der Schmerzcharakter (dumpf, bohrend, stechend, elektrisierend, pulsierend, drückend, einschießend), die Schmerzbeeinflussung, z. B. durch Provokation, und mögliche funktionelle Behinderungen. Auch die Art und Weise, wie der Patient seine Beschwerden schildert, ist manchmal aufschlussreich. Insbesondere ist auf Inkohärenz zwischen der Beschreibung von Beschwerden und dem Verhalten zu achten. So passen Klagen über stärkste Schmerzen (numerische Analogskala 10) und entspannter Gesichtsausdruck mit einem Lächeln nicht zusammen. Erfolgen Schilderungen auf diese Art und Weise, werden zusätzliche Überlegungen angestellt, z. B. bezüglich psychosomatischer Belastungssituationen. Angegebene Funktionseinbußen müssen durch den klinischen Befund belegbar sein. Beispielsweise gehören

DOI 10.1515/9783110352474-003

massiv verschwielte Handflächen nicht zu einem Dasein in erzwungener Untätigkeit. Gefragt wird weiterhin nach *Sensibilitätsstörungen* („Kribbeln", Taubheitsgefühl, gestörte Differenzierung von Temperaturunterschieden) und Lähmungen (Schwäche bei bestimmten Tätigkeiten oder vorzeitige Ermüdung).

Neben der aktuellen Anamnese ist die Eigenanamnese mit der Frage nach Vorerkrankungen, Operationen, Unfällen und der Einnahme von Medikamenten und dem Umgang mit Drogen, Alkohol und Nikotin von Bedeutung. Ist der Patient den Anforderungen des täglichen Lebens gewachsen, oder braucht er eine Hilfsperson? Kann er öffentliche Verkehrsmittel benutzen und Fahrrad oder Auto fahren? Musste er orthopädietechnisch versorgt werden? Weil viele Erkrankungen des Haltungs- und Bewegungsapparats familiär gehäuft auftreten, spielt auch die Familienanamnese eine wichtige Rolle. Die *Sozialanamnese* gibt Auskunft über die aktuelle Arbeitssituation (bei Arbeitslosigkeit auch immer an Rentenbegehren denken), über Freizeitbetätigungen und die familiären Verhältnisse (sekundärer Krankheitsgewinn oder dissoziative Störungen bei Partnerschaftskonflikten oder familiärer Überforderung). Vor der Behandlung von Kindern fragt man die Eltern nach Besonderheiten während Schwangerschaft, Entbindung, Neugeborenen- und Säuglingsperiode, nach dem Zeitpunkt des Sitzen-, Laufen-, Sprechen-Lernens, nach Erkrankungen während des Kindes- und Jugendalters, nach Ernährungsschwierigkeiten, nach der Leistungsfähigkeit im Schulunterricht und ggf. während der Anfänge der Berufsausbildung.

3.2 Orthopädische Untersuchung

Zur ersten Untersuchung sollte der Patient weitgehend entkleidet sein, es sei denn, es ist ein eng lokalisierter Befund zu erwarten, und selbstverständlich wird bei jeder Wiedervorstellung nicht die gesamte Anamnese erneut erfragt und nicht der gesamte „Status" erneuert. Man muss sich aber ständig über Änderungen der gesundheitlichen, beruflichen und sozialen Verhältnisse des Patienten informieren.

Gewöhnlich ist der erste Eindruck, den der Patient vermittelt, mit einer Beurteilung seines Ganges verknüpft. Für *Gangstörungen*, deren Ursache im Haltungs- und Bewegungssystem liegt, hat sich der Begriff „Hinken" eingebürgert.

Besonders auffällig ist das Trendelenburg-Hinken, das auf einer Insuffizienz der pelvitrochanteren Muskulatur beruht (Abb. 7.24). Für neurologisch bedingte Gangstörungen kommen außerdem infrage (Kap. 2.6.2):

- Insuffizienz oder Lähmung anderer Muskeln bzw. Muskelgruppen an den unteren Extremitäten, etwa bei Myopathie, myasthenen Syndromen oder (Poly-)Neuropathien inkl. Guillain-Barré-Syndrom
- Läsionen peripherer Nerven (z. B. Peroneusläsion mit Fußheberschwäche)
- Durchblutungsstörungen der unteren Extremitäten
- Erkrankungen des Kleinhirns bzw. der Leitungsbahnen der Tiefensensibilität (Ataxie)

- spastische Hemiparese
- Störungen im Bereich des Frontalhirns
- Basalganglienerkrankungen (Parkinson, Dystonien)
- psychische Störungen.

Die *Inspektion* gibt Auskunft über die Körperkonstitution, über Abweichungen von der normalen Körperform und Körperhaltung, über die Durchblutung der Haut und der Schleimhäute, über Anschwellungen und Ödeme, über Atrophien und Hypertrophien sowie Narben, Behaarung, Nagelzustand und ggf. Raumforderungen. Sie erlaubt die Beurteilung der Wirbelsäulenform und des Beckenstandes, lässt Achsabweichungen der Wirbelsäule und der Extremitäten erkennen und „Gebrauchsspuren" an Händen, Füßen und Schuhen beurteilen.

Kann der Patient die Arme in die Vertikale heben, ist der Nacken- oder der Schürzengriff behindert oder gar unmöglich? Steht das Becken horizontal („gerade")? Braucht der Patient Gehhilfen, trägt er Einlagen, Kompressionsstrümpfe, orthopädische Schuhe, eine Orthese oder sogar eine Prothese? Kann er auf einem Bein, auf den Zehenspitzen oder auf den Fersen stehen bzw. gehen und auf einem Bein mit normaler Abfederung hüpfen? Kann er in die Hocke gehen und sich ohne Hilfe der Hände wieder erheben? Kann er Treppen oder auf einen Stuhl steigen? Wie hebt er beim Gehen die Füße ab, wie setzt er sie wieder auf? Kann er sich aus dem flachen Liegen ohne Hilfe der Arme zum Sitzen aufrichten?

Auch die *Untersuchung lokaler Veränderungen* beginnt mit der Inspektion, ergänzt durch die *Palpation*. Man misst die Atembreite (Abb. 3.1–3.5), vergleicht Länge, Umfang, Form und Wärme der Extremitäten, die Gelenkkonturen, den Muskeltonus und das Muskelrelief, lässt sich Schmerzpunkte und Schmerzareale zeigen und prüft die Kraft (Kap. 3.4.3.5). Kraftminderungen können schmerzbedingt auftreten und mechanische, myogene oder neurogene Ursachen besitzen.

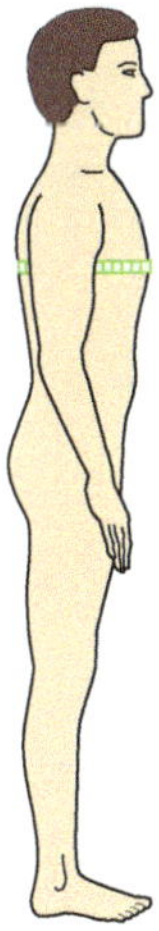

Abb. 3.1: Messung des Brustumfangs und der Atembreite.

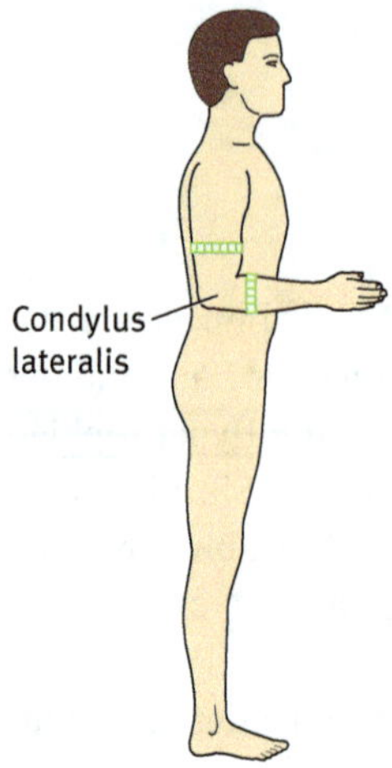

Abb. 3.2: Umfangsmessungen an der oberen Extremität.

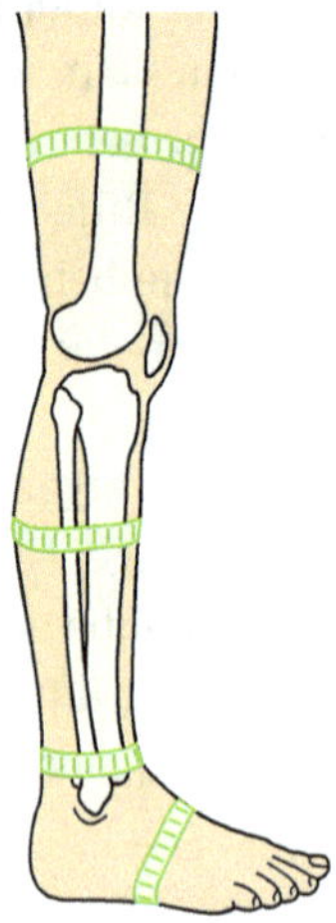

Abb. 3.3: Umfangsmessungen an der unteren Extremität.

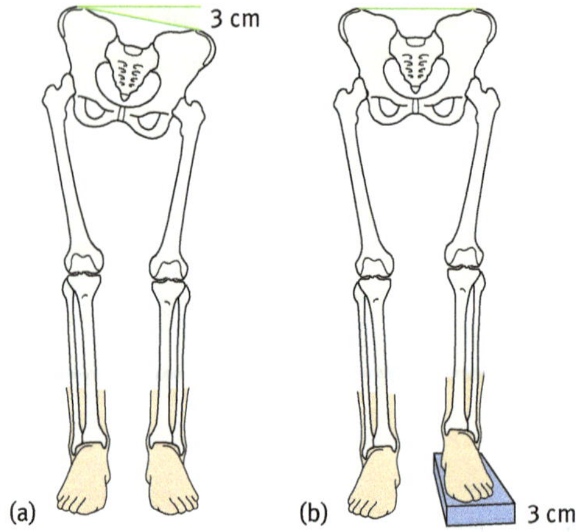

Abb. 3.4: Absolute Beinlängendifferenz. (a) Mit Beckenschiefstand. (b) Nach Ausgleich Beckengeradstand.

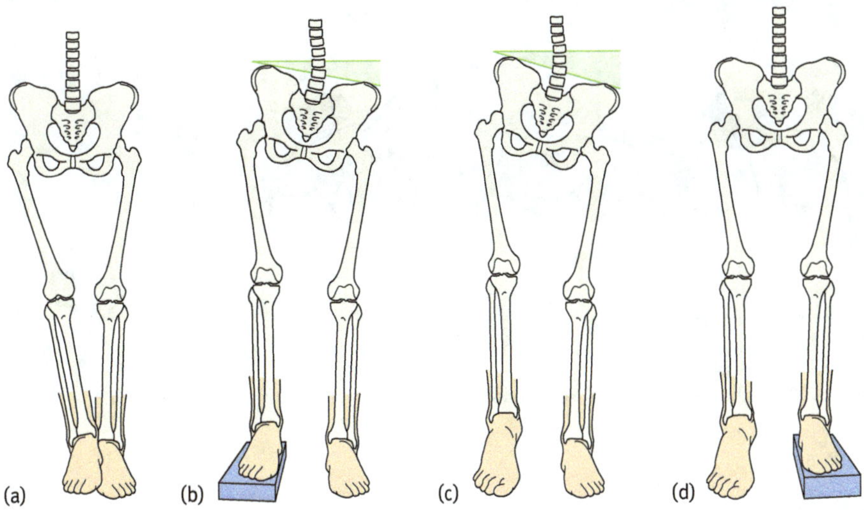

Abb. 3.5: Funktionelle Beinlängendifferenz. (a) Funktionelle Beinverkürzung rechts wegen Adduktionskontraktur des rechten Hüftgelenks. (b) Nach Ausgleich Beckenschiefstand und skoliotische Einstellung der Lendenwirbelsäule. (c) Funktionelle Verlängerung des rechten Beins durch Spitzfuß. (d) Beckengeradstand nach „Verlängerung" des linken Beins.

Ursachen für Kraftminderungen der Muskulatur:
- Schmerzen – Pseudoparalyse
- mechanische Störungen – beispielsweise Insuffizienz der pelvitrochanteren Muskulatur beim Trochanterhochstand
- Veränderungen, Verletzungen und Erkrankungen der Muskulatur beispielsweise Atrophien nach Ruhigstellung, myogene Lähmungen
- Veränderungen, Verletzungen und Erkrankungen des ZNS bzw. peripherer Nerven.

Zur Einteilung verwendet man die Abstufungen des Medical Research Council (MRC, Tab. 1.4). Janda und später Noreau haben die Skala modifiziert. Janda hat den Bewegungsumfang hinzugenommen (er ist hier nicht aufgeführt), und Noreau hat halbe Punkte beigefügt [Übersicht bei Pfeffer 2007].

Die aktive *Gelenkbeweglichkeit* wird nach der Neutral-Null-Durchgangsmethode mithilfe eines Winkelmessers gemessen (Abb. 3.6–3.15), d. h. aus einer definierten Neutral- oder Nullstellung heraus: aufrechter Stand mit gestreckt herabhängenden Armen und nach vorn gehaltenen Daumen, geschlossenen und parallel gestellten Füßen und nach vorn gerichtetem Blick [Matzen 2002]. Die Beweglichkeit des Hüftgelenks wird auch bei rechtwinkliger Beugung, die des Schultergelenks auch bei rechtwinkliger Abduktion bestimmt. Vor der Prüfung der aktiven Beweglichkeit nimmt man eine orientierende passive Prüfung vor, um Kontrakturen auszuschließen. Sind Bewegun-

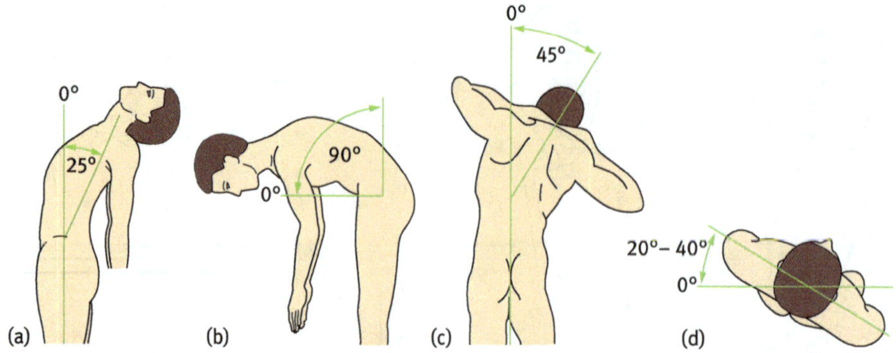

Abb. 3.6: Rumpfbeweglichkeit. (a) Reklination. (b) Inklination. (c) Seitneigen. (d) Drehen.

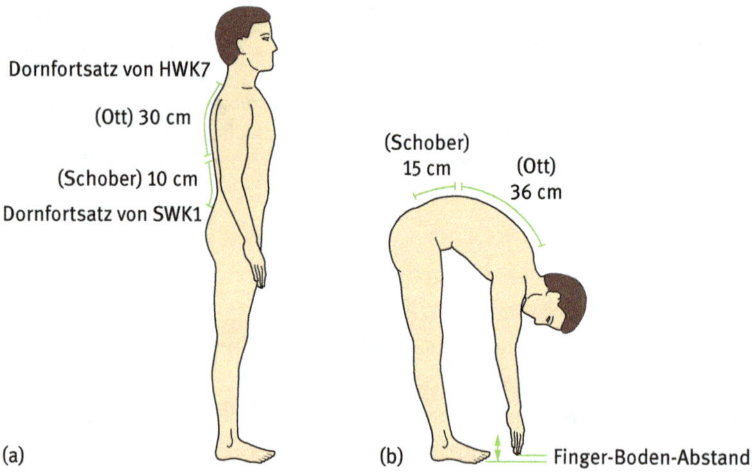

Abb. 3.7: Rumpfbeweglichkeit. (a) Ott'sches Zeichen. Messstrecke im Stand 30 cm vom Dornfortsatz des HWK 7 nach kaudal. Vergrößerung bei Inklination auf 32 bis 36 cm, Verkürzung bei Reklination auf 28 bis 29 cm. Schober'sches Zeichen. Messstrecke 10 cm vom Dornfortsatz des SWK 1 nach kranial. (b) Bei Inklination mit gestreckten Kniegelenken Vergrößerung auf 15 bis 16 cm, bei Reklination Verkürzung auf 7 bis 8 cm. Angabe auch des geringstmöglichen Abstands der Fingerspitzen vom Fußboden (Fingerspitzen-Boden-Abstand, FBA).

gen nur passiv möglich, muss dies besonders vermerkt werden. Die Eigenschwere der Gliedmaße fördert oder hemmt Bewegungen lagerungsabhängig. Ein Ausfall des M. triceps brachii und damit der Streckfähigkeit des Ellenbogengelenks beispielsweise wird leicht übersehen, solange der Arm herabhängt, und erst bei „gehaltener" Abduktion im Schultergelenk erkennbar.

An der Hand sind außer der Messung von einzelnen Gelenkbeweglichkeiten Angaben über die Fähigkeit gebräuchlich, die Finger zu strecken und zu spreizen, die Faust zu schließen (Abstand zwischen Fingerspitzen und Hohlhand), über den Spitz-

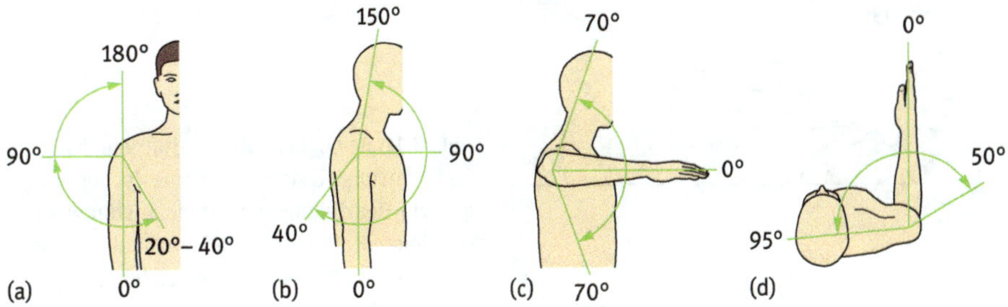

Abb. 3.8: Beweglichkeit des Schultergelenks. (a) Abduktion/Adduktion. (b) Elevation/Relevation. (c) Rotation bei Abduktion um 90° und rechtwinklig gebeugtem Ellenbogengelenk. (d) Rotation aus der Neutral-Null-Stellung.

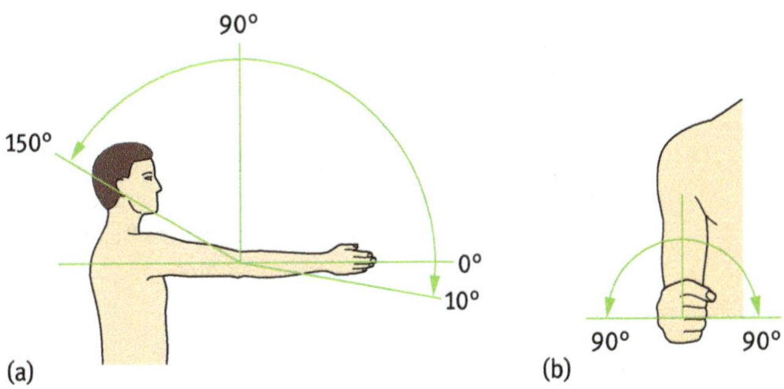

Abb. 3.9: Beweglichkeit des Ellenbogengelenks. (a) Extension/Flexion. (b) Pronation/Supination des Unterarms.

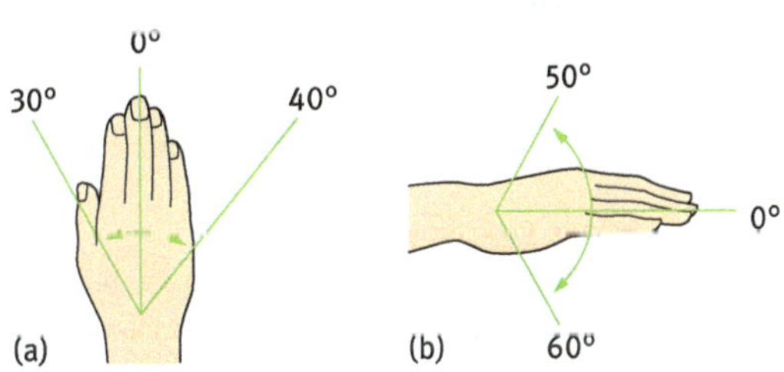

Abb. 3.10: Beweglichkeit des Handgelenks. (a) Radialabduktion/Ulnarabduktion. (b) Extension/Flexion.

und den Seitgriff und die Weite der Spanne. Für Kontrakturen der Großzehengelenke verwendet man vorrangig Begriffe wie Hallux valgus, Hallux malleus, Hallux rigidus, an den Zehen II bis V ist die Beschreibung vor allem als Hammerzehen und Krallenzehen gewöhnlich ausreichend. Krankheitstypische Befunde werden durch globale Beschreibungen wie „Krallenhand", „Schwurhand", „Spitzfuß" und „Hängefuß" wiedergegeben. Die Beweglichkeit der Wirbelsäule wird in Winkelgraden oder durch den Abstand bestimmter Knochenpunkte von der Wand dahinter dokumentiert.

Die Angabe der Gelenkbeweglichkeit besteht aus drei Zahlen, davon mindestens eine Null. Ihre Position kennzeichnet die Relation des Bewegungsausschlags

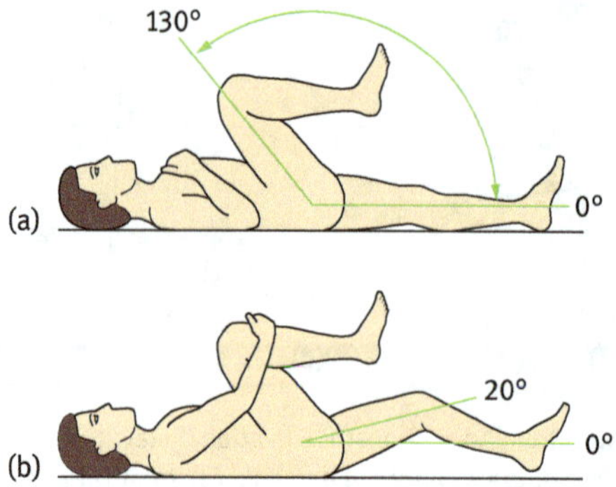

Abb. 3.11: Beweglichkeit des Hüftgelenks. (a) Extension/Flexion. (b) Thomas'scher Handgriff zur Beurteilung der Extensionsfähigkeit des linken Hüftgelenks. Bei maximaler Flexion des rechten Hüftgelenks hebt sich hier der linke Oberschenkel von der Unterlage ab, und das linke Kniegelenk wird gebeugt: Beugekontraktur des linken Hüftgelenks von 20°.

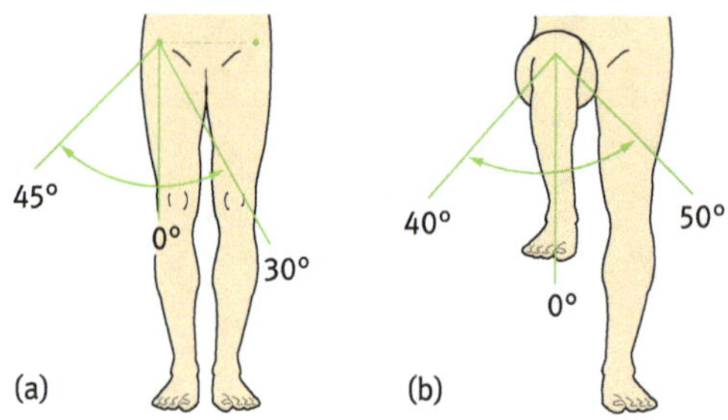

Abb. 3.12: Beweglichkeit des Hüftgelenks. (a) Neutralstellung, Abduktion/Adduktion. (b) Rechtwinklige Beugung, Außenrotation/Innenrotation.

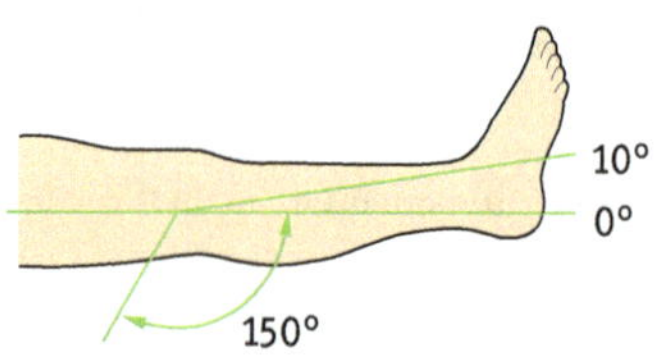

Abb. 3.13: Beweglichkeit des Kniegelenks. Extension/Flexion. Prüfung entweder in Seitenlage oder bei rechtwinklig gebeugtem Hüftgelenk.

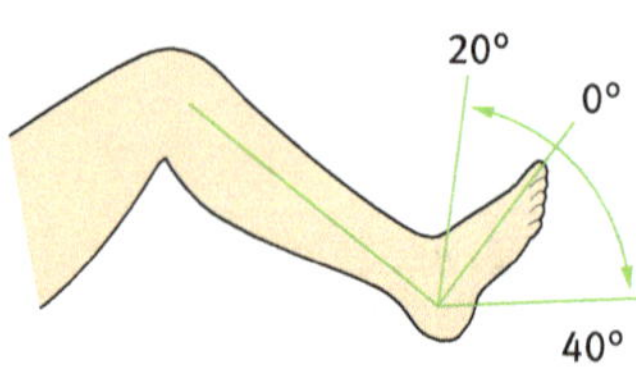

Abb. 3.14: Beweglichkeit des Fußgelenks. Dorsalextension/Plantarflexion.

zur Null-Stellung: Steht sie in der Mitte, wird die Null-Stellung durchlaufen. Z. B. bedeutet Strecken/Beugen 10/0/150, dass das Gelenk 10° überstreckt und 150° gebeugt werden kann. Der Bewegungsumfang beträgt 160°. Die Gradangabe wird gewöhnlich weggelassen. Wenn die Null vorn steht, ist die erstgenannte Bewegungsrichtung gesperrt, wenn sie hinten steht, die letztgenannte. Z. B. bedeutet Abduktion/Adduktion 0/10/30, dass das Gelenk nicht abduziert und aus der Adduktionsstellung von 10° um weitere 20° adduziert werden kann. Umgekehrt bedeutet Abduktion/Adduktion 30/10/0, dass das Gelenk aus einer Abduktion von 30° in eine Abduktion von nur 10° übergeführt werden kann. Die völlige Aufhebung der Beweglichkeit bei Neutral-

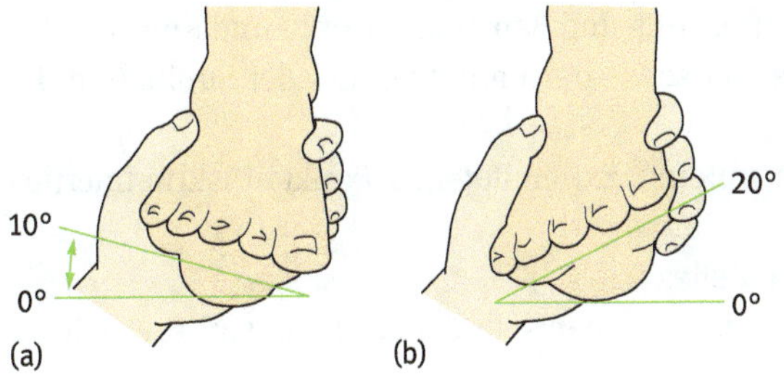

Abb. 3.15: Beweglichkeit des Fußes. (a) Pronation des Fußes. (b) Supination des Fußes.

stellung des Gelenks wird durch die Angabe 0/0/0 dokumentiert. Ein in Fehlstellung unbewegliches Gelenk beschreibt man mit zwei gleichen Zahlen und einer Null: z. B. Abduktion/Adduktion 20/20/0, also eine kontrakte Abduktionsstellung von 20°. Eine Beweglichkeit aus der Null-Stellung heraus in nur eine Richtung wird durch zwei Nullen wiedergegeben: z. B. Abduktion/Adduktion 0/0/30 – es kann nicht abduziert, aber 30° adduziert werden.

Apparative Diagnostik: Zum Einsatz kommen Röntgen, Sonografie, MRT, CT, PET, Szintigrafie je nach Fragestellung, auch miteinander kombiniert oder nacheinander.

Labordiagnostik: CRP, Rheumaserologie, Ca, P, alkalische Phosphatase. Die ambulant behandelten Erkrankungen des Haltungs- und Bewegungssystems erfordern gewöhnlich keine Labordiagnostik, und pathologische Laborwerte allein führen noch nicht zu einer Diagnose.

Eine ergänzende, lediglich orientierende neurologische Untersuchung ist unter folgenden Voraussetzungen erlaubt:
- keine neurologischen Erkrankungen in der Anamnese
- psychisch unauffälliger Patient
- keine Kopf- oder Gesichtsschmerzen
- keine Seh-, Hör-, Sprach-, Sprech-, Schluckstörungen
- keine sensiblen Störungen
- keine Abschwächungen der Muskelfunktion, keine Lähmungen
- Funktion von Blase und Darm intakt.

Geprüft wird außerdem:
- Beweglichkeit des Kopfes (Nackensteife)
- Motorik der Augen und der Pupillen
- Spitz- und Seitgriff
- Strecken, Spreizen, Adduzieren der Finger
- 2-Punkte-Diskriminierung der Finger
- Bizeps-, Trizeps- und Brachioradialisreflex

- Kraft des Faustschlusses, der Streckung und Beugung der Hüft- und Kniegelenke, der Dorsal-und der Plantarflexion sowie der Pronation und der Supination der Füße
- Vibrationsempfinden an den unteren Extremitäten, 2-Punkte-Diskriminierung der Zehen
- Quadrizeps- und Trizeps-surae-Reflex
- Trendelenburg-Zeichen, soweit nicht mechanische Gründe dafür vorliegen (Hochstand des Trochanter major)
- ein- und zweibeiniger Zehen- und Fersenstand.

Wenn diese Untersuchungen einen auffälligen Befund ergeben, schließt sich eine fachneurologische Untersuchung an.

3.3 Klinisch-neurologische Untersuchung

3.3.1 Aufbau der Diagnose

Anamnese, klinischer Untersuchungsbefund sowie paraklinische Untersuchungsergebnisse müssen zur Diagnosestellung gemeinsam beurteilt werden. Zunächst sollte die Diagnose auf der Basis von Anamnese und klinischem Befund auf Syndromebene gestellt werden. Anhand des Syndroms ist eine Aussage zum Läsionsort möglich. Dies lässt eine gezielte Auswahl von paraklinischen Untersuchungen zur Abklärung der Genese zu. Auch der zeitliche Verlauf gibt bereits Hinweise zur Pathogenese. Die paraklinischen Untersuchungsergebnisse ergänzen schließlich die Syndromdiagnose. So kann die eigentliche Diagnose gestellt werden.

3.3.2 Klinischer Untersuchungsbefund und Syndrome

Die klinisch-neurologische Untersuchung des entkleideten Patienten erfolgt mithilfe von Untersuchungsbesteck wie Taschenlampe, Reflexhammer, Holzstäbchen, Wattestäbchen, Stimmgabel und ggf. mithilfe von mit kaltem oder warmem Wasser gefüllten Reagenzgläsern (alternativ: metallischer Reflexhammer [Kältereiz] und warme eigene Hand). Dabei sollte man systematisch vorgehen. In der Regel steht am Anfang die Beurteilung von Vigilanz, Bewusstsein und Neuropsychologie, unter anderem mit dem Vorteil, das Kurzzeitgedächtnis prüfen zu können: Man gibt Wörter zum Merken auf und fragt sie am Ende der Untersuchung ab.

Empfohlen wird ein Untersuchungsablauf in folgender Reihenfolge (Tab. 3.1):

- Untersuchung von Kopf/Hals und Hirnnerven
- Untersuchung von Motorik und Reflexen
- Untersuchung der Sensibilität

Tab. 3.1: Klinisch-neurologische Untersuchung.

	Neurologische Untersuchung	Pathologischer Befund
Kopf/Hals	Form, Größe, Narben, knöcherne Defekte, Beweglichkeit und Haltung, Klopfempfindlichkeit, Druckempfindlichkeit der Nervenaustrittspunkte (trigeminal, okzipital)	Narben, Impressionen, Meningismus, schmerzhafte Nervenaustrittspunkte
Hirnnerven		
I	Geruchsvermögen	Hyposmie, Anosmie
II	Sehvermögen, Gesichtsfeld (orientierend)	Visusminderung, Hemianopsie
III, IV, VI	Lidspaltenweite, Augenstellung und Augenbewegungen, Form, Weite und Reaktion der Pupille auf Licht und bei Konvergenz	Augenmuskel- oder Blickparese, Nystagmus, Anisokorie, Horner-Syndrom
V	Sensibilität 1. bis 3. Ast, Motorik und Trophik der Kaumuskulatur Kornealreflex, Masseterreflex	Hypästhesie im Gesichtsbereich
VII	Motorik der Gesichtsmuskulatur	Fazialisparese (peripher, zentral, nur Mundast)
VIII	Hörvermögen, Nystagmus (spontan oder provoziert)	Hypakusis, Hyperakusis, Nystagmus
IX, X	Rachenhinterwand, Würgereflex	Kulissenphänomen, Dysphagie
XI	Motorik und Trophik M. sternocleidomastoideus und M. trapezius	Tortikollis, Scapula alata
XII	Motorik und Trophik der Zunge	Zungenlähmung, Zungenatrophie
Motorik an oberen und unteren Extremitäten	Trophik, Tonus und Kraftentfaltung im Seitenvergleich, Halteversuch, Feinmotorik	Atrophien, Hypotonus, Spastik, Rigor, Paresen
Reflexe	Bizeps-, Trizeps-, Brachioradialis-Reflex, Trömner-Zeichen, Quadrizeps-Reflex, Trizeps-surae-Reflex, Babinski-Zeichen	Areflexie, Reflexdifferenzen, Babinski-Zeichen
Sensibilität	Oberflächensensibilität (Berührung, Schmerz, Temperatur) Tiefensensibilität (Vibration, Lageempfinden) Nervendehnungs-Empfindlichkeit	Hypästhesie, Hypalgesie, Thermhypästhesie, Pallhypästhesie, Lasègue'sches Zeichen
vegetative Funktion	Schweißbildung, Behaarung der Haut, Blasen-, Mastdarm- und Genitalfunktion	Hyperhidrosis, Anhidrosis, Miktionsstörungen, Defäkationsstörungen, Erektionsstörungen
Koordination	Diadochokinese, Finger-Nase-Versuch, Knie-Hacke-Versuch, Romberg-Stehversuch, Gang, Seiltänzergang	Dysdiadochokinese, Ataxie, Romberg-Vers./Seiltänzergang unsicher mit Fallneigung
Sprache/neuropsychologische Funktionen	Spontansprache, Benennen, Nachsprechen, Sprachverständnis, Rechts-Links-Unterscheidung, Handlungsabfolgen	Aphasie, Agnosie, Apraxie

- Untersuchung der Koordination
- Untersuchung vegetativer Funktionen
- Untersuchung von Bewusstsein und Neuropsychologie

3.3.3 Zusammenfassung der Untersuchungsbefunde

Pathologische Befunde werden zunächst gesammelt und als deskriptiver Symptomkomplex bzw. als Syndrom zusammengefasst (Syndromebene). Aus dem Syndrom ist eine topische Zuordnung zu treffen. Überlegungen zur Ätiologie und Differenzialdiagnose schließen sich an. Am Ende folgt die Planung der paraklinischen Zusatzdiagnostik (Tab. 3.2).

Tab. 3.2: Schritte zur Zusammenfassung und Bewertung des klinischen Untersuchungsbefundes.

	Beispiel
1. pathologische Befunde als Syndrom zusammenfassen	Abschwächung oder Ausfall von Großzehen- bzw. Zehenstreckung, Fußhebung (Supination), Abduktion des Hüftgelenks. Sensibilitätsstörung im Generalstreifen bis zum Interdigitalraum 1/2: L5-Syndrom
2. Syndrome topisch zuordnen	topische Diagnose: Wurzel L5
3. Überlegungen zur Ätiologie und Differenzialdiagnose	Bandscheibenvorfall, foraminale Enge anderer Genese, Borrelienradikulitis u. a. Differenzialdiagnose: Fibularisparese (Hüftgelenksabduktoren und Supinatoren des Fußes nicht betroffen!)
4. Planung der Zusatzdiagnostik	Labordiagnostik: Blutuntersuchungen (CRP), bildgebende Verfahren, Elektrophysiologie

3.4 Paraklinische Untersuchungsmethoden

Die paraklinischen Untersuchungsmethoden helfen, die eigentliche neurologische Diagnose zu stellen. Folgende Untersuchungsmethoden kommen dabei neben der Labordiagnostik aus Blut und Urin in Betracht:

- Bildgebung mittels Röntgen, CT oder MRT (Neuroradiologie), Liquordiagnostik, neurophysiologische Diagnostik einschließlich Dynamometrie und Biopsien (Hautbiopsie – Small-Fiber-Polyneuropathie, Muskelbiopsie, Nervenbiopsie).

3.4.1 Neuroradiologie

Bildgebende Verfahren des Zentralnervensystems kommen unter anderem bei Verdacht auf Tumoren oder Blutungen, auf Fehlbildungen oder einen Bandscheibenprolaps zum Einsatz. Auch beim Verdacht auf Systemerkrankungen wie multiple Sklerose stellen sie einen essenziellen Teil der Diagnostik dar. Sie liefern außerdem Hinweise auf traumatische, toxische, entzündliche, hypoxische oder andere Schädigungen. Für die Diagnostik des Zentralnervensystems kommen die Computertomografie (CT) und die Magnetresonanztomografie (MRT) zum Einsatz. CT-Geräte sind weiter verbreitet und im Notfall häufig schneller verfügbar. Die Untersuchungszeit ist kürzer, was sich beispielsweise beim Polytrauma, das schnelle Interventionen verlangt, günstig auswirken kann. Problematisch ist die hohe Strahlenbelastung, insbesondere bei jungen Patienten, da hier aufgrund der längeren potenziell verbleibenden Lebenszeit das Risiko von durch die Strahlenbelastung induzierten Tumoren höher ist. Beim MRT ist neben der geringeren Verfügbarkeit die längere Untersuchungszeit nachteilig. Um auswertbare Bilder zu bekommen, muss der Patient einige Zeit unbeweglich liegen bleiben. Untersuchungen von jüngeren Kindern erfordern daher regelmäßig eine tiefe Sedierung und die Begleitung durch einen Anästhesisten oder einen intensivmedizinisch Erfahrenen. Vorteilhaft ist der bessere Weichteilkontrast, weshalb bei planbaren Untersuchungen des Zentralnervensystems dem MRT der Vorzug gegeben wird. Zunehmend kommt auch der Ultraschall gerade bei Verdacht auf periphere Nervenschädigungen zum Einsatz, z. B. bei Plexusaffektionen oder Nervenkompressions-Syndromen.

3.4.2 Liquordiagnostik

Die Untersuchung des Liquors ist indiziert unter anderem bei Verdacht auf entzündliche ZNS-Erkrankungen, aber auch zum Nachweis oder Ausschluss von Autoimmunerkrankungen und anderen Systemkrankheiten mit Beteiligung des Nervensystems. Die Punktion kann außerdem der Bestimmung des Liquordrucks und dem Nachweis einer Subarachnoidalblutung dienen. Sie erfolgt meistens lumbal im Liegen oder im Sitzen zwischen dem 3. und dem 4. oder zwischen dem 4. und dem 5. Dornfortsatz. Oberhalb von LWK 2/LWK 3 sollte nicht punktiert werden, da der Conus medullaris gewöhnlich bis LWK 1/LWK 2 reicht. Möchte man den Liquordruck messen, punktiert man im Liegen. Eine Kyphosierung der Wirbelsäule erleichtert die Punktion oder macht sie erst möglich (AWMF-Leitlinie diagnostische Liquorpunktion). Bei der Wahl konventioneller Nadeln ist in der Regel ein mittlerer Durchmesser zu bevorzugen [Carson und Serpell 1996]. Bei größerem Durchmesser steigt das Risiko postpunktioneller Kopfschmerzen, bei kleinerem Durchmesser verlängert sich die Untersuchungszeit, und der Wert des Liquordrucks wird beeinflusst, weil die Fließgeschwindigkeit sinkt. Die Punktion mit einer atraumatischen Nadel ist seltener mit postpunktionellen Beschwerden verbunden [Lavi et al. 2006]. Der Wert strenger Bettruhe nach einer Punktion ließ sich nicht sichern [Ebinger et al. 2004].

Bei erhöhtem Hirndruck besteht nach der lumbalen Druckentlastung die Gefahr einer unteren Einklemmung (der Kleinhirntonsillen im Foramen magnum mit Druck auf die Medulla oblongata). Daher muss bei Verdacht auf erhöhten Hirndruck im Vorfeld eine entsprechende Diagnostik mit cCT oder cMRT durchgeführt werden. Die vielfach übliche Untersuchung des Augenhintergrundes besitzt nur eingeschränkte Aussagekraft, weil sich ein Papillenödem zum einen oft erst verzögert entwickelt und es zum anderen bei einem Pseudotumor cerebri keine Kontraindikation gegen eine Lumbalpunktion gibt. Eine relevante Gerinnungsstörung ist vorher auszuschließen. Die Bestimmung von Zellzahl und Liquorchemie muss spätestens ein bis 2 Stunden nach der Entnahme erfolgen, der Quickwert wenigstens 50 % betragen, die INR unter 1,7 liegen. Thrombozytenzahlen unter 50.000/µl gelten als relative, unter 20.000/µl als absolute Kontraindikation, ebenso die Einnahme von Antikoagulanzien. Die Punktionsstelle soll frei sein von entzündlichen oder anderen krankhaften Veränderungen.

Folgende Parameter können beurteilt werden:

Dreigläserprobe: Bei akzidenteller Blutbeimengung wegen der Verletzung eines Gefäßes nimmt die Blutbeimengung ab, d. h., im ersten Röhrchen ist der Liquor deutlich blutiger gefärbt als im dritten. Bei einer Subarachnoidalblutung bleibt die Blutbeimengung gleich, also ist der Liquor in allen drei Röhrchen gleich blutig. Einige Stunden nach einer Subarachnoidalblutung oder bei deutlicher Eiweißerhöhung zeigt sich eine Xanthochromie.

Zellzahl, Liquorzytologie: Eine Erhöhung der Zellzahl (Pleozytose) spricht für einen entzündlichen Prozess. Pathologisch sind 5 oder mehr Zellen/µl. Manchmal findet man noch die Angabe der Zellzahl in Drittelzellen, da die Fuchs-Rosenthal-Kammer, in der die Zellen gezählt werden, ein Volumen von 3,2 µl aufweist. Ein Wert von bis zu 12/3 Zellen ist also physiologisch. Aus der Art der Zellen kann auf die wahrscheinliche Ätiologie der Pleozytose geschlossen werden. Eine mäßige lymphozytäre Erhöhung spricht neben einer autoimmunen Pathogenese wie etwa bei multipler Sklerose eher für eine Virusmeningitis oder eine Neuroborreliose, während man bei einer ausgeprägten granulozytären Erhöhung an eine bakterielle Infektion denken muss. Eine Pleozytose mit einer Mehrzahl an Monozyten und Makrophagen, evtl. mit Lipophagozytose, spricht für eine Degeneration im Bereich des ZNS oder von Hirnnerven oder Nervenwurzeln und wird daher, z. B. nach Hirninfarkt, idiopathischer Fazialisparese oder Diskusprolaps mit Nervenwurzelkompression, regelmäßig beobachtet. Eine zurückliegende intrathekale Blutung lässt sich nachweisen, wenn Makrophagen Erythrozyten phagozytiert haben (Erythrophagen, Siderophagen). Die Liquorzytologie ist darüber hinaus unverzichtbar bei der Diagnose einer leptomeningealen Metastasierung i. S. einer Meningeosis neoplastica.

Eiweiß: Mittels des sogenannten Reiberschemas können Aussagen über eine Störung der Bluthirnschranke und die intrathekale Immunglobulinsynthese getroffen werden. Sowohl im Liquor als auch im Serum werden Albumin, IgG, IgA und IgM bestimmt. Eine relative Albuminerhöhung spricht für eine Schrankenstörung, während eine Immunglobulinerhöhung im Liquor ohne Albuminerhöhung auf eine Produktion der Immunglobuline innerhalb des Nervensystems hindeutet [Reiber 1980]. Leichte Schrankenstörungen mit einem Albuminquotienten (Q_{alb}; Liquoralbumin/Serumalbumin) zwischen 7,5 und 10 $\times 10^{-3}$ sind häufig zu beobachten und meist ohne Bedeutung. Mäßige Schrankenstörungen mit einem Q_{alb} bis zu 20 $\times 10^{-3}$ können unter anderem bei entzündlichen und bei raumfordernden Prozessen beobachtet werden, gelegentlich auch bei ausgeprägter Blutung. Schwere Schrankenstörungen mit Q_{alb}-Werten oberhalb von 20 $\times 10^{-3}$ kommen unter anderem bei Neuroborreliose, Meningitis tuberculosa, bakterieller Meningitis, Meningeosis neoplastica und bei ausgeprägten Liquorzirkulationsstörungen („Stopp-Liquor“) vor. Oligoklonale Banden von IgG zeigen sich in der sogenannten isoelektrischen Fokussierung. Sie finden sich im Liquor bei chronisch entzündlichen Erkrankungen und Autoimmunerkrankungen wie multipler Sklerose. Sogenannte Spiegelbanden mit Nachweis eines identischen Bandenmusters in Liquor und Serum kommen bei entzündlichen Erkrankungen in der Peripherie vor. Darüber hinaus lassen sich mit isoelektrischer Fokussierung sehr sensitiv Paraproteine beim multiplen Myelom nachweisen.

Glukose: Gemessen wird der Quotient aus dem Glukosespiegel im Liquor und dem Glukosespiegel im Serum. Der Glukosespiegeldes Serums muss vor der Punktion bestimmt werden, weil er wegen des Stresses der Untersuchung ansteigt. Selbstverständlich erfolgt die Untersuchung am nüchternen Patienten, und es werden keine glukosehaltigen Infusionen verabreicht. Während akuter bakterieller Infektionen (z. B. Tbc – Meningitis tuberculosa) sinkt der Zuckergehalt des Liquors ab. Auch bei einer Meningeosis neoplastica ist die Glukose im Liquor vermindert. Bei therapieschwierigen Epilepsien und Bewegungsstörungen insbesondere im Kindesalter kann ein verringerter Liquor-/Serumquotient der Glukose Hinweise auf einen genetisch bedingten Defekt des Glukose-Transporters GLUT 1 geben [Klepper 2012]. Ferner ist zu beachten, dass sich die Liquor-Glukosekonzentration deutlich langsamer verändert als die Serum-Glukosekonzentration, wenn Schlüsse aus dem Liquor-Serum-Glukosequotienten gezogen werden sollen.

Laktat: Der Laktatwert kann bei akuten Entzündungen erhöht sein. Ein erhöhter Laktatwert kann aber auch auf eine Systemerkrankung wie eine Mitochondriopathie oder auf eine Meningeosis neoplastica hinweisen. Leichte Erhöhungen werden ferner häufig nach Krampfanfällen beobachtet.

Mikrobiologische und virologische Diagnostik: Durch mikrobiologische und virologische Untersuchung des Liquors kann die Genese einer entzündlichen Erkrankung des ZNS gewöhnlich erkannt werden. Neben Direktpräparat und Kultur kommen unter anderem Antigenschnelltests, Antikörperbestimmungen und die PCR infrage. Anhand des Antikörperindex Liquor/Serum lässt sich klären, ob bei positiven Serumbefunden eine Beteiligung des Zentralnervensystems besteht, z. B. eine Neuroborreliose bei Nachweis von Serumantikörpern gegen Borrelien.

Weitere Diagnostik: Bei Verdacht auf eine Alzheimer-Erkrankung können die Biomarker Tau und Phosphotau bestimmt werden [Engelborghs 2013]. Die Spezifität und Sensitivität ist nicht hoch, jedoch besitzen die Biomarker einen Stellenwert bei der Abgrenzung von Pseudodemenzen. Ein positiver 14-3-3-Immunoblot aus Liquor unterstützt die Diagnose einer Creutzfeld-Jacob-Erkrankung [Hsich et al. 1996]. Vor allem bei Kindern mit therapieschwierigen Epilepsien oder schweren Bewegungsstörungen ist im Rahmen der Abklärung die Bestimmung der Neurotransmitter hilfreich [Assmann et al. 2003]. Stoffwechselerkrankungen sind durch die Messung der Aminosäurewerte im Liquor weiter differenzierbar (Interpretation nur im Zusammenhang mit den entsprechenden Aminosäurewerten im Serum).

Die Bestimmung von β-trace-Protein (Prostaglandin-H-2-D-Isomerase) kann zur Diagnostik postoperativer Wundheilungsstörungen beitragen oder zum Ausschluss einer Rhinoliquorrhoe nach Schädel-Hirn-Trauma dienen. Im Liquor ist das β-trace-Protein (β-TP) mehr als 30-mal höher konzentriert als im Serum. Liegen die Proteinwerte für das β-trace-Protein im Wund- oder Nasensekret mehr als dreifach so hoch wie im Serum, muss eine Liquorfistel als Ursache der Sekretion angenommen werden.

Liquordruck: Ein erhöhter Druck zusammen mit Papillenödem, *„empty“ Sella*, Optikusscheidenhydrops und Verengung des Sinus transversus spricht für einen sogenannten Pseudotumor cerebri. Ein erniedrigter Liquordruck wird im Rahmen eines Liquorunterdruck-Syndroms beobachtet. Dabei können lageabhängige Kopfschmerzen entstehen, die in Orthostase zunehmen und bei flachem Liegen sistieren oder wenigstens deutlich zurückgehen.

3.4.3 Neurophysiologie

Neurophysiologische Untersuchungen sind ein wichtiger Bestandteil der Diagnostik von neurologischen Erkrankungen. Damit lassen sich pathologische Veränderungen der Nervenbahnen, der Nervenwurzeln, der peripheren Nerven und der Muskeln in vivo nachweisen und eine differenzialdiagnostische Abgrenzung herbeiführen (Tab. 3.3).

Wichtige Ziele:

- Nachweis und Objektivierung von Schädigungen
- Erfassung von subklinischen Störungen oder eine Objektivierung bei klinisch nur eingeschränkt untersuchbaren Patienten

Tab. 3.3: Elektrophysiologische Untersuchungsmethoden, die z. T. auch routinemäßig zur Verfügung stehen.

Untersuchungsmethode		Abkürzung
Elektroenzephalografie		EEG
Elektromyografie		EMG
Elektroneurografie (motorisch und sensibel)		ENG
Quantitative sensorische Testung		QST
Dynamometrie (Kraftmessung)		Biodex®
evozierte Potenziale (EP)	Visuell evozierte motorische Potenziale	VEP
	Somatosensibel evozierte Potenziale	SSEP
	Magnetisch evozierte motorische Potenziale	MEP
	Akustisch evozierte Potenziale	AEP
vegetative Diagnostik	Herzfrequenzvariabilität	HFV
	Sympathische Hautreaktion	SSR
	Pupillografie	

- Bestimmung der Lokalisation und der Verteilung einer Störung (umschrieben oder generalisiert)
- Bestimmung des Schädigungstyps (demyelinisierende Schädigung oder axonale Schädigung?)
- objektivierbare Verlaufsuntersuchungen zur Therapiekontrolle.

3.4.3.1 Elektroenzephalografie (EEG)

Bei der Elektroenzephalografie (EEG) erfolgt die Aufzeichnung von Feldpotenzialen, also synaptisch generierten Potenzialen aus dem Bereich der Hirnrinde mittels Oberflächenelektroden auf dem Kopf (Abb. 3.16a und b). Sie stellt die älteste und am weitesten verbreitete elektrophysiologische Messmethode dar und fußt auf Arbeiten von H. Berger um 1930 [Wöhrle 2013]. Über einen Verstärker wird die Potenzialdifferenz zwischen zwei Elektroden gemessen und im Zeitverlauf aufgezeichnet. Durch die Anordnung der EEG-Elektroden auf dem Kopf lassen sich Abweichungen verschiedenen Hirnregionen zuordnen. Die wichtigste Indikation für das EEG ist die Zusatzdiagnostik bei Bewusstseinsstörungen einschließlich Epilepsien. Dabei sucht man neben diffuser oder fokaler Verlangsamung insbesondere epilepsietypische Grafoelemente nachzuweisen. Diese können fokal oder generalisiert auftreten und damit wichtige Hinweise zur Einordnung und Behandlung geben. Weiterhin ist das EEG bei der Abgrenzung epileptischer von nicht epileptischen Anfällen hilfreich. Bei bewusstseinsgestörten Patienten liefert es einen wichtigen Beitrag zum Nachweis eines sogenannten nonkonvulsiven Status epilepticus. Man leitet es in Ruhe und mit verschiedenen Provokationsmethoden wie Hyperventilation, Fotostimulation oder nach Schlafentzug ab.

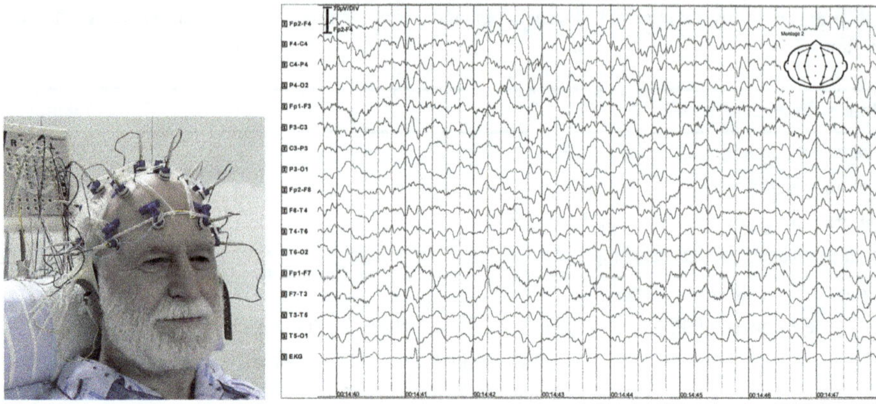

(a) (b)

Abb. 3.16: (a) EEG-Ableitung. (b) 22 Jahre, männlich, fokale Epilepsie seit dem 6. Lebensjahr. EEG unmittelbar nach einem psychomotorischen Anfall: leicht verlangsamter Grundrhythmus, kontinuierliche Herdstörung frontozentrotemporal links, eingelagerte *Sharpwaves* (Beob. P. Kalischewski).

Bei simultanem Video-EEG-Monitoring über längere Zeit, oft Tage, besteht das Ziel darin, Anfälle aufzuzeichnen und sie hinsichtlich ihrer Genese und ihrer Lokalisation zu analysieren.

3.4.3.2 Elektromyografie (EMG)

Das Prinzip besteht in der Ableitung elektrischer Phänomene, die im Muskel in Ruhe und bei Willkürinnervation auftreten, mit konzentrischen Nadelelektroden, die in einzelne Muskeln eingestochen werden (Abb. 3.17). Diese hatte der Berliner Emil du Bois-Reymond in der Mitte des 19. Jahrhunderts erstmalig nachgewiesen. Er gilt als Begründer der Elektrophysiologie. Seit den 60er-Jahren des 20. Jahrhunderts wird das Verfahren routinemäßig verwendet [Ludin 1997]. Für die Untersuchung müssen sowohl Gerinnungsstörungen (Hämophilie) und die Einnahme von gerinnungshemmenden Medikamenten (Antikoagulanzien) – vorher immer die aktuellen Gerinnungswerte bestimmen – als auch die Compliance des Patienten (cave: Kinder) berücksichtigt werden.

3.4.3.2.1 Ableitung in Ruhe

Beim entspannten gesunden Muskel findet sich lediglich Einstichaktivität (kurze Entladungen beim Einstich der Nadel). Sowohl der Untergang von Muskelfasern (z. B. bei Myopathien) als auch der Ausfall von motorischen Nervenfasern und damit der Ausfall von motorischen Einheiten (bei Schädigung im peripheren Nervenabschnitt oder im Vorderhorn) kann zu pathologischer Spontanaktivität führen. Diese findet sich in

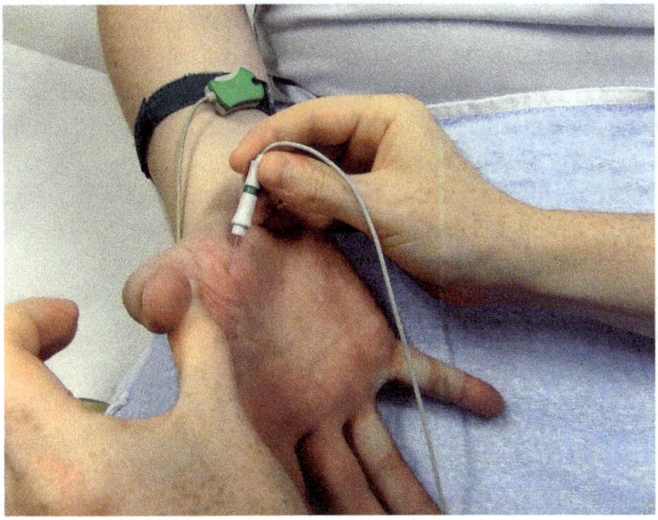

Abb. 3.17: EMG-Ableitung.

Form von Fibrillationen oder positiven scharfen Wellen jedoch erst 10 bis 14 Tage nach einer akuten Nervenläsion. Andere Formen von pathologischer Spontanaktivität sind Faszikulationen z. B. bei Vorderhornschädigungen oder myotone Entladungen bei Muskelmembranerkrankungen (Myotonien).

3.4.3.2.2 Ableitung bei leichter Muskelkontraktion

Bei leichter Muskelanspannung lassen sich im EMG Potenzialschwankungen einzelner motorischer Einheiten in Form von Einzelpotenzialen direkt ableiten. Beurteilt werden Amplitude, Dauer und Form (Anzahl der Phasen). Bei Myopathien finden sich Einzelpotenziale mit kurzer Dauer, niedriger Amplitude und oft erhöhter Polyphasierate (mehr Nullliniendurchgänge). Bei der Erkrankung peripherer Nerven (Endäste, Plexus, Wurzeln, Vorderhornzellen) fallen hingegen motorische Einheiten aus.

Nach einer partiellen Axonotmesis oder Neurotmesis kommt es nach einigen Wochen zur kollateralen Reinnervation denervierter Muskelfasern, nach totaler Axonotmesis zur axonalen Neuaussprossung (Neuaussprossung 1 mm/Tag). Im EMG finden sich dafür typische Veränderungen der Einzelpotenziale. Sie werden größer (mit verbreiterter Dauer und erhöhter Amplitude) und zeigen ebenfalls eine erhöhte Polyphasierate.

3.4.3.2.3 Ableitung bei zunehmender bis möglichst maximaler Muskelanspannung

Bei zunehmender Muskelkontraktion und mit zunehmender Kraftentfaltung werden immer mehr motorische Einheiten rekrutiert, bis ein dichtes Interferenzmuster abzuleiten ist. Bei Myopathien findet sich eine schnelle Rekrutierung von motorischen Einheiten, d. h., dass das Muster schnell und bereits bei geringer Kraftentfaltung dicht wird. Bei Erkrankungen peripherer Nerven bleibt das Muster trotz Aufforderung zur maximalen Kraftentfaltung wegen des Ausfalls von motorischen Einheiten gelichtet. Die verbliebenen Einheiten entladen mit einer erhöhten Frequenz. Diese Veränderung ist direkt nach Nervenläsionen zu beobachten.

- Das EMG erlaubt also eine Differenzierung zwischen myogener und neurogener Störung. Bei normalen Befunden kommt für eine Lähmung sowohl eine psychische als auch eine zentrale Ursache infrage.
- Das EMG ermöglicht den Nachweis des Kontinuitätserhalts eines Nerven und einer zeitgerecht ablaufenden Reinnervation.
- Bei Erkrankungen der peripheren Nerven ist mittels EMG ein axonaler Schädigungstyp zu belegen (pathologische Spontanaktivität, Veränderung von Einzelpotenzialen).
- Indirekt lässt sich außerdem die Störung näher lokalisieren. Zum Beispiel kann bei einer Fußheberschwäche eine Differenzierung zwischen einer Schädigung des N. fibularis (EMG-Veränderungen nur in den davon innervierten Mm. tibialis anterior, extensor hallucis longus und fibularis longus) und einer Schädigung der Wurzel L5 erfolgen (EMG-Veränderungen in den von der Wurzel L5 innervierten Mm. tibialis anterior, extensor hallucis longus sowie in den Mm. gluteus medius et tibialis posterior).
- Auch die paravertebrale Ableitung der monosegmentalen Mm. multifidi kann bei guter Mitarbeit des Patienten (maximale Entspannung zur Aufzeichnung von pathologischer Spontanaktivität erforderlich) zu einer Differenzierung zwischen radikulärer Schädigung und Schädigung im peripheren Nervenabschnitt beitragen.

3.4.3.3 Elektroneurografie (ENG)

Mithilfe der Elektroneurografie können sowohl motorische Nerven (motorische ENG) als auch sensible Nerven (sensible ENG) untersucht werden (Abb. 3.18a und b).

3.4.3.3.1 Motorische Neurografie

Bei dieser Methode wird ein motorischer oder gemischter Nerv an geeigneter Stelle supramaximal stimuliert und die Reizantwort als Muskelsummenaktionspotenzial (MSAP) mit Oberflächenelektroden vom innervierten Muskel abgeleitet. Das MSAP stellt ein semiquantitatives Maß für die Zahl der erregten Nerven- bzw. Muskelfasern dar [Bischoff 2008]. Für die Berechnung der Nervenleitgeschwindigkeit (NLG) muss an mindestens zwei Stellen im Verlauf gereizt werden und die Distanz zwischen beiden Reizorten bekannt sein. Aus der Differenz der Latenzen und der Größe der Distanz wird die NLG berechnet. Reizt man nur an einer Stelle mit vordefinierter Distanz zwischen Reiz- und Ableitort, bestimmt man die distale motorische Latenz (DML). In der DML ist neben der NLG auch die Zeit für die neuromuskuläre Transmission und die intramuskuläre Erregungsausbreitung enthalten.

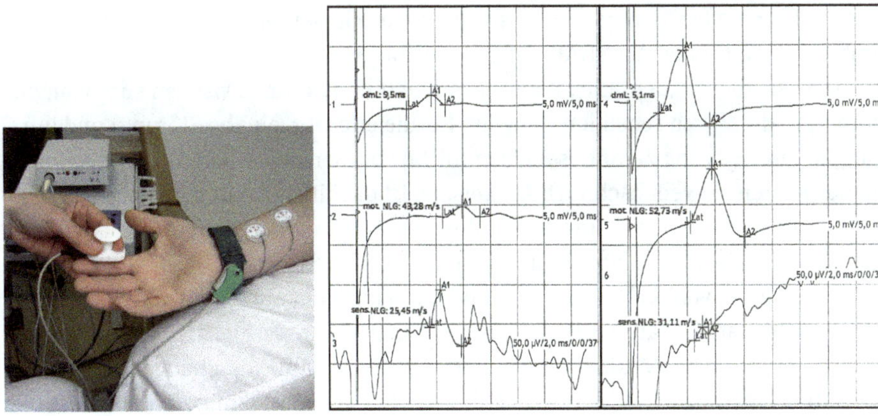

(a) (b)

Abb. 3.18: (a) ENG-Ableitung. (b) 77 Jahre, weiblich, diabetische Polyneuropathie und klinisch manifestes Karpaltunnel-Syndrom rechts. Motorische und (antidrome) sensible Elektroneurografie des N. medianus bds. rechts – motorisch: DML 9,5 ms (normal 4,2 ms), NLG 43 m/s (normal 50 m/s), Ampl. 1,3 mV (normal 5,0 mV) sensibel: NLG 25 m/s (normal 46,9 m/s), Ampl. 7 µV (normal 6,9 µV) links – motorisch: DML 5,1 ms (normal 4,2 ms), NLG 53 m/s (normal 50 m/s), Ampl. 8,6 mV (normal 5,0 mV) sensibel: NLG 31 m/s (normal 46,9 m/s), Ampl. 9 µV (normal 6,9 µV; Beob. P. Kalischewski).

Wesentliche Informationen erhält man durch die Beurteilung von Amplitude, Dauer und Form der MSAP sowie aus der NLG. Art der Störung (Aussagen über die Myelinscheide), ihre Verteilung (Mononeuropathie oder Polyneuropathie) und ihre Lokalisation (z. B. bei Engpass-Syndromen) lassen sich differenzieren. So weist ein Leitungsblock (mindestens 50%ige Minderung der Fläche des MSAP bei proximaler im Vergleich zu weiter distal vorgenommener Nervenstimulation) auf eine umschriebene Nervenläsion hin. Während infolge einer akuten Schädigung zunächst keine Differenzierung zwischen Neurapraxie (Schädigung der Myelinscheide) und Axonotmesis (Schädigung des Axons) möglich ist, kann nach 10 bis 20 Tagen durch Veränderung des MSAP auch bei distaler Stimulation zwischen beiden Läsionsarten elektroneurografisch unterschieden werden.

3.4.3.3.2 Sensible Neurografie

Die sensible Neurografie kann orthodrom (entsprechend der physiologischen Leitungsrichtung – also afferent) oder antidrom (entgegen der physiologischen Leitungsrichtung) durchgeführt werden (*orthos* grch. richtig, *dromos* grch. Lauf). Bei der orthodromen Messung erfolgt die Reizung der Haut im Versorgungsgebiet eines Nerven und die proximale Ableitung des sensiblen Nervenaktionspotenzials (SNAP) über dem zugehörigen gemischten oder sensiblen Nerven meist mit Oberflächenelektroden. Die antidrome Technik basiert auf der elektrischen Reizung des Nerven in seinem proximalen Abschnitt und der Ableitung der SNAP im distalen Nervenabschnitt oder von dem versorgten Hautareal. Erfasst und beurteilt werden in der sensiblen Neurografie die Amplituden der SNAP und die sensible NLG.

Die sensible Neurografie ist insbesondere hilfreich, um zwischen supraganglionärer (proximal vom sensiblen Ganglion lokalisierte wurzelnahe Störung) und infraganglionärer Störung zu unterscheiden (distal vom sensiblen Ganglion, weiter distal im peripheren Nervenabschnitt). Als Beispiel ist die differenzialdiagnostische Abklärung einer Sensibilitätsstörung an der ulnaren Handkante zu nennen. Bei Schädigung der Wurzel C8 ist die sensible Neurografie des N. ulnaris normal, weil das Spinalganglion mit den sensiblen Nervenzellen und ihren nach distal laufenden Axonen intakt bleibt (supraganglionäre Läsion). Bei einer Ulnarisneuropathie, z. B. aufgrund einer Beengung im Sulcus N. ulnaris oder einer unteren Armplexusschädigung, kann die Amplitude der sensiblen Neurografie des N. ulnaris demgegenüber vermindert sein (infraganglionäre Läsion). Auch hier spielt wieder der Zeitpunkt der Untersuchung eine wichtige Rolle, denn die genannten Veränderungen sind frühestens 7 bis 10 Tage nach der akuten Schädigung zu finden.

3.4.3.4 Quantitative sensorische Testung (QST)

Während die sensible Neurografie die dicken myelinisierten Fasern evaluiert, lassen sich mit der quantitativen sensorischen Testung (QST) dünne myelinisierte oder unmyelinisierte Fasern messen. In speziellen Zentren gibt es die Möglichkeit, die quantitative Thermotestung durchzuführen. Dabei wird auf die Haut (z. B. am Fußrücken) eine Thermode aufgesetzt, die, beginnend bei 32°C, langsame Temperaturänderungen zulässt (wärmend bzw. kühlend). Der Patient muss angeben, wann er eine Temperaturänderung spürt (Abb. 3.19). Daraus werden dann die Wärme- und Kälteschwelle

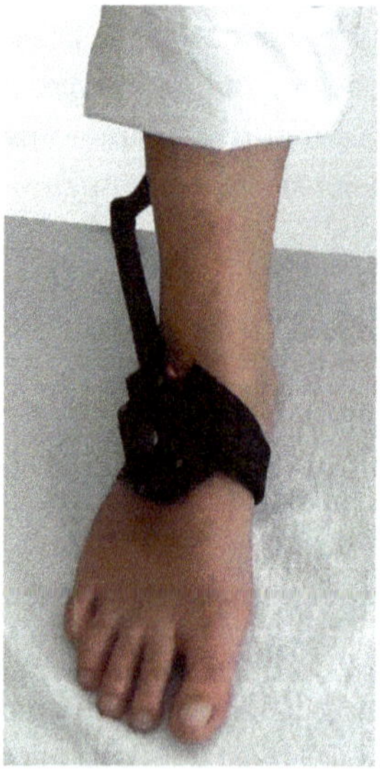

Abb. 3.19: Thermografie (quantitative Thermotestung am Fuß).

sowie die Hitze- und Kälteschmerzschwelle bestimmt. Mit der QST lassen sich somit ebenfalls sensorische Defizite quantifizieren. Dies besitzt insbesondere Bedeutung bei Verdacht auf eine Smallfiber-Neuropathie.

3.4.3.5 Dynamometrie

Eine Kraftminderung einzelner Muskelgruppen wird mittels Dynamometrie objektiviert. Neben den mobilen sogenannten „Handheld"-Dynamometern gibt es auch fixierte Dynamometer. Damit können an allen großen Gelenken Kraftmessungen durchgeführt werden: Hüftgelenk (Ab- und Adduktion, Flexion, Extension), Kniegelenk (Flexion, Extension), oberes Sprunggelenk (Plantar- und Dorsalflexion), Schultergelenk (Ab- und Adduktion), Ellenbogengelenk (Flexion, Extension). Die Kraft wird über beidseits der Gelenke fixierte Zubehörteile in das Innere eines Messkopfes weitergeleitet und in ein elektrisches Signal umgewandelt (Abb. 3.20 und 3.21). Als Belastungsform wählt man meist eine isometrische Anspannungsserie. Während einer drei Sekunden dauernden maximalen Kontraktion wird das Drehmoment in Nm er-

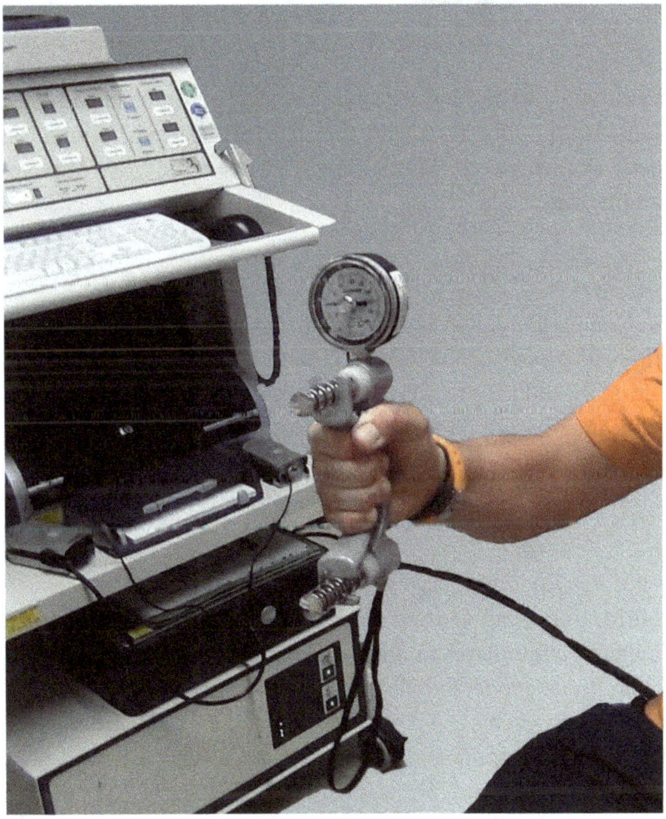

Abb. 3.20: Quantitative Kraftmessung der Hand (Dynamometrie).

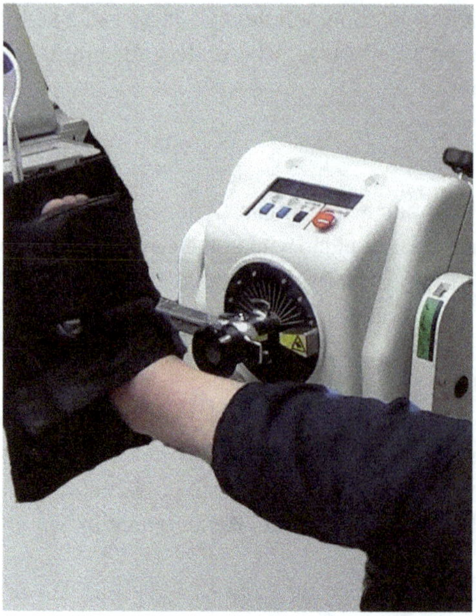

Abb. 3.21: Quantitative Kraftmessung des Fußes (Dynamometrie).

fasst [Keating und Matyas 1996]. Da die Messergebnisse von vielen unterschiedlichen Faktoren (sowohl Patienten- und Geräte-bezogen als auch Test-bezogen) beeinflusst werden, sind laboreigene Normwerte zur Beurteilung und Bewertung der Untersuchungsergebnisse unabdingbar.

3.4.3.6 Evozierte Potenziale

Bei den evozierten Potenzialen handelt es sich um nicht invasive unschädliche und überwiegend schmerzfreie diagnostische Verfahren (Tab. 3.3). Mittels EP sind Aussagen zu Störungen der Erregungsbildung und Erregungsleitung in akustischen, visuellen, somatosensiblen und motorischen Systemen möglich. Die evozierten Potenziale geben jedoch keine Auskunft zur Genese der zugrunde liegenden Störung.

3.4.3.6.1 Visuell evozierte Potenziale (VEP)

Das Verfahren beruht auf der Änderung der elektrischen Hirnaktivität nach visueller Reizung und geht auf Untersuchungen von Adrian und Matthews [1934] zurück [Altmüller 1996]. Die Reizung wird mittels Kontrastumkehr durch ein alternierendes schwarz-weißes Schachbrettmuster oder mittels transienter Lichtreize mit einer Blitzbrille durchgeführt. Die Reiz-getriggerte EEG-Ableitung erfolgt über der Sehrinde okzipital von der Kopfhaut gegen eine frontale Referenzelektrode (Abb. 3.22a und b). Man erhält nach ca. 100 ms ein nach unten gerichtetes (positives) Potenzial (P 100), dessen Latenz, Form und Amplitude beurteilt wird. VEP geben Informationen über die Sehbahn, können jedoch auch bei Augenerkrankungen (z. B. Makuladegeneration) ver-

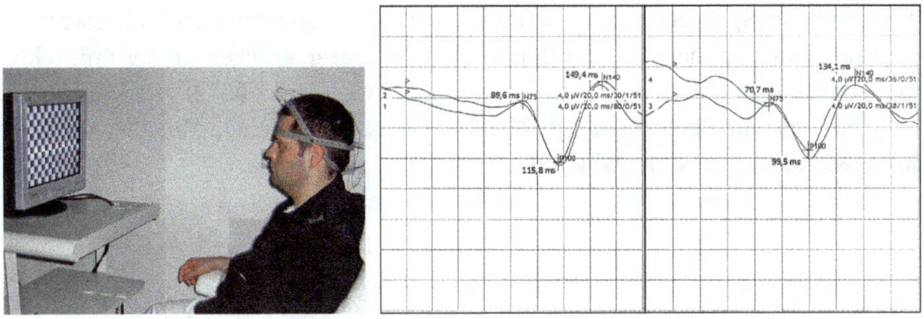

(a) (b)

Abb. 3.22: (a) VEP-Ableitung. (b) 45 Jahre, weiblich, Enzephalomyelitis disseminata, visuell evozierte Potenziale: rechts nach Optikusneuritis vor 2 Jahren, links Normalbefund (Beob. P. Kalischewski).

ändert sein. Von großer Bedeutung ist ihre Bestimmung bei Verdacht auf Optikusneuritis, multiple Sklerose, funikuläre Myelose und nicht zuletzt Simulation.

3.4.3.6.2 Somatosensibel evozierte Potenziale (SSEP)

Die Reizung nimmt man mittels elektrischer Rechteckimpulse an peripheren Nerven vor. An den oberen Extremitäten wird meist der N. medianus oder der N. ulnaris am Handgelenk stimuliert (Abb. 3.23a und b). Abgeleitet wird mit Oberflächenelektroden vom Erb'schen Punkt (Fossa supraclavicularis), zervikal jeweils über den Dornfortsätzen C7 und C2 und kontralateral kortikal über dem somatosensiblen Kortex (4-Kanal-Registrierung). Beurteilt werden Latenzen, Amplituden und Formen der Potenziale im Seitenvergleich. An den unteren Extremitäten wird gewöhnlich der N. tibialis oder der

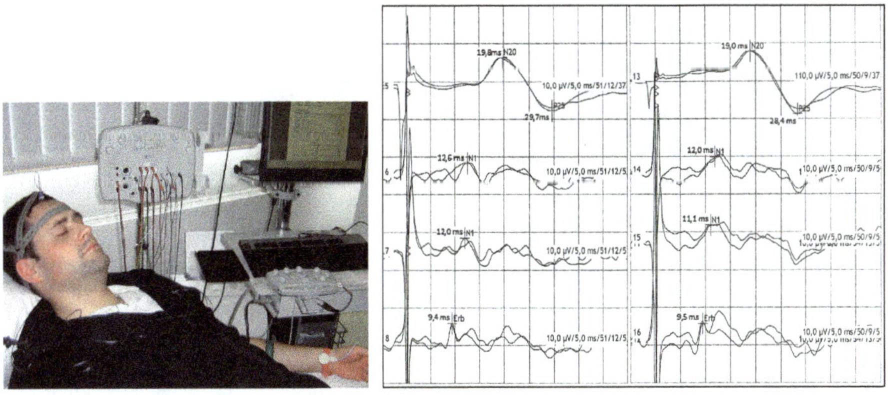

(a) (b)

Abb. 3.23: (a) SSEP-Ableitung an der oberen Extremität. (b) 61 Jahre, weiblich, pseudoradikuläre Beschwerden. Somatosensible Potenziale des N. medianus bds.: Normalbefunde (Beob. P. Kalischewski).

N. fibularis am Sprunggelenk gereizt. Die Ableitung erfolgt immer kortikal (über P 40) und kann auch auf dem Weg dorthin in weiteren Etagen erfolgen (in der Kniekehle, gluteal über dem N. ischiadicus und spinal über LWK 1 und HWK 2). Mit SSEP lassen sich Störungen im Bereich der sensiblen Bahnen objektivieren und lokalisieren (z. B. infraganglionär oder supraganglionär, spinal oder supraspinal).

3.4.3.6.3 Magnetisch evozierte motorische Potenziale (MEP)

Es handelt sich um eine weitgehend schmerzfreie nicht invasive Reizmethode des motorischen Kortex zur Beurteilung der Pyramidenbahn. Die technische Reife des Verfahrens geht auf Merton und Morton [1980] zurück [Hess 1996]. Gereizt wird durch transkranielle Magnetstimulation mit einer Magnetspule (Abb. 3.24a und b). Mit ihrer Hilfe wird senkrecht zur Ebene der Spule ein Magnetfeld induziert, welches den Schädel und oberflächliche Schichten des Kortex durchdringt und ein elektrisches Feld induziert (parallel, aber in entgegengesetzter Richtung des Spulenstroms), was zur Erregung tangentialer Axone führt, die auf kortikale Neurone projizieren. Im prämotorischen Kortex liegen die unteren Extremitäten medial, die oberen Extremitäten und die Gesichtsmuskeln mehr lateral. Die Erregung erfolgt dann nach distal über die spinalen Motoneurone und den motorischen peripheren Nerven bis zum Muskel. Die Kontraktion von Muskelfasern wird mit Oberflächenelektroden abgeleitet, an den oberen Extremitäten in der Regel vom M. abductor digiti minimi manus und an den unteren vom M. tibialis anterior oder M. abductor hallucis am Fußinnenrand. Beurteilt werden die

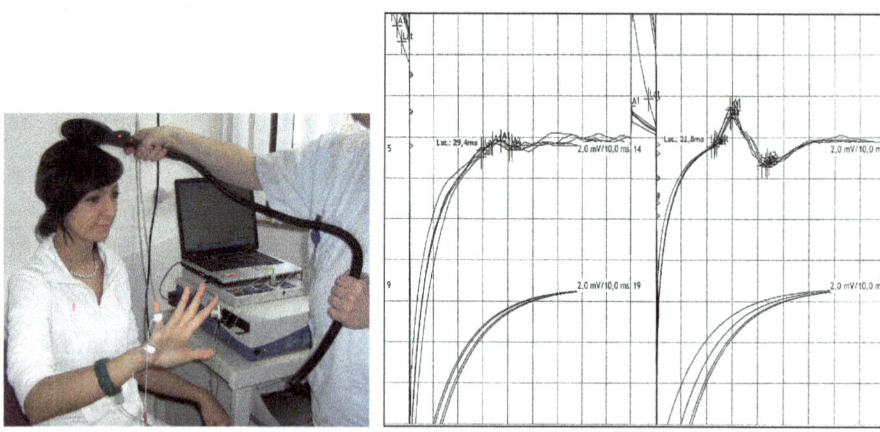

(a) (b)

Abb. 3.24: (a) Ableitung von magnetisch evozierten motorischen Potenzialen (Magnetstimulation an der oberen Extremität). (b) 60 Jahre, weiblich, proximale Femoralisparese bei Raumforderung im kleinen Becken. Magnetisch evozierte motorische Potenziale, Stimulation kortikal und Ableitung am M. quadriceps femoris bds.: links deutlich verzögertes (29 ms) und erniedrigtes, rechts regelrechtes (21 ms) Reizantwortpotenzial (Beob. P. Kalischewski).

zentralmotorische Leitungszeit und die Potenzialamplituden. Die zentralmotorische Leitungszeit wird berechnet als Differenz der gesamten Leitzeit abzüglich der peripheren Leitzeit (entweder bestimmt mittels F-Wellen-Methode oder mittels magnetischer Stimulation des proximalen Spinalnerven in der Nähe des Foramen intervertebrale). Sie entspricht der Reizleitung zwischen motorischem Motorkortex und dem 2. Motoneuron. Mit den MEP lassen sich Störungen im Bereich der Pyramidenbahn nachweisen. Die transkortikal evozierten Muskelpotenziale werden beeinflusst durch Fazilitierungsmechanismen wie die willentliche Vorinnervation durch den Patienten. Hierbei vergrößert sich zum einen die abgeleitete Amplitude des MEP, zum anderen wird die Latenz bis zum Beginn des Potenzials um 2 bis 4 ms kürzer. Bei Stimulation der motorischen Nervenwurzelaxone im Bereich des Neuroforamens (s. o.) spielt Fazilitierung keine Rolle, sodass eine willkürliche Muskelanspannung nicht sinnvoll ist. Normale MEP schließen eine schwere Störung der zentralen kortikospinalen Bahnen zum Zielmuskel aus. Pseudopathologische Befunde in Form von Leitungsverzögerungen können jedoch bei psychogenen Paresen gefunden werden, wenn der Patient nicht kooperiert und eine Vorinnervation nicht zustande kommt. In einer solchen Situation kann aufgrund der fehlenden Fazilitierung sogar ein kompletter Ausfall der MEP vorgetäuscht werden.

3.4.3.6.4 Akustisch-evozierte Potenziale (AEP)

Akustisch evozierte Potenziale werden erst seit Mitte der 80er-Jahre in der Diagnostik eingesetzt und gehören damit zu den „jungen" neurologischen Untersuchungstechniken. Möglich wurde das durch die Entdeckung der frühen AEP [Sohmer und Feinmesser 1967, Jewett und Williston 1971, nach Buettner 1996]. Die Reizung erfolgt mithilfe unterschiedlicher Schallreize in Form eines „Klicks" infolge von Sog oder Druck mit einer Reizstärke von 70 Dezibel über der individuellen Hörschwelle (max. 95 DB) und einer Frequenz von 10 bis 20 Hz. Der Reiz wird monaural gegeben, das nicht stimulierte Ohr mit weißem Rauschen in einer Reizstärke von 40 bis 50 DB unter der des „Klicks" vertäubt (Abb. 3.25). Die elektrischen Phänomene werden mit Elektroden

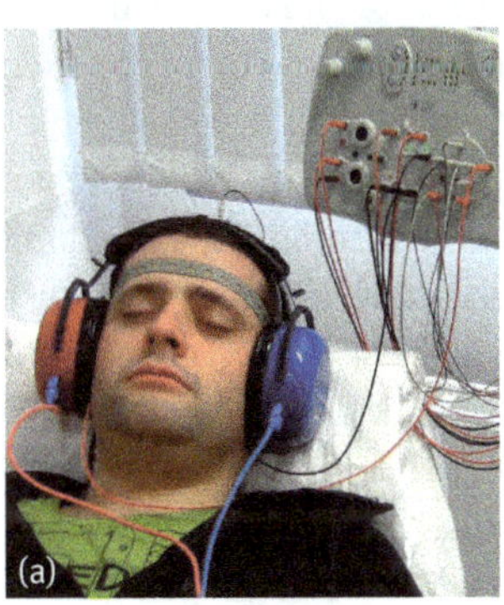

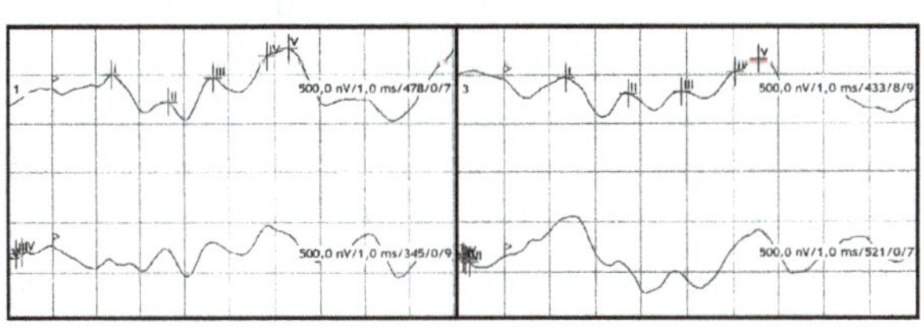

(b)

Hörschwelle	links	29	dB SPL		rechts		29	dB SPL	
Sequenz	I	II	III	IV	V	I-III	III-V	I-V	Reiz
	[ms]	[ms]	[ms]	[ms]	[ms]	[ms]	[ms]	[ms]	dB SL
Rechtes Ohr	1,4	2,6	3,6	4,8	5,3	2,2	1,7	3,9	70
Rechtes Ohr									70
Linkes Ohr	1,4	2,7	3,9	5	5,6	2,5	1,7	4,2	70
Linkes Ohr									70

Abb. 3.25: (a) AEP-Ableitung. (b) 35 Jahre, weiblich. Normalbefund (Beob. P. Kalischewski).

von der Kopfhaut (Mastoid), dem Ohrläppchen oder dem Gehörgang abgeleitet. Bei den frühen akustisch evozierten Potenzialen (fAEP, syn. *brainstem evoked response cochlearis audiometry*; BERA) lassen sich meist fünf Wellen abgrenzen, die ihrem Entstehungsort zugeordnet werden können. Welle I entsteht kochlear, Welle II vermutlich synaptisch bei Eintreffen der Information am Nucleus [Legatt et al. 1986], Welle III im Hirnstamm zwischen Nucleus cochlearis, Olive und Corpus trapezoideum, Welle IV und V kontralateral im Lemniscus lateralis bis zum Colliculus inferior. Mit den AEP sind Aussagen über den peripheren Teil der Reizleitung (Schall bis zum Nc. cochlearis) über den Hörnerven sowie den zentralen Abschnitt im Hirnstamm (Nc. cochlearis bis zum Colliculus superior) möglich. Die AEP dienen daher zur Beurteilung von peripheren Hörstörungen, von Störungen im Bereich des Nc. cochlearis (z. B. Kleinhirnbrückenwinkeltumoren) sowie von Leitungsstörungen im Hirnstamm (z. B. bei multipler Sklerose, Hirnstammischämie, raumfordernden Kleinhirnläsionen oder transtentorieller Einklemmung und Hirntod).

3.4.3.7 Vegetative Diagnostik

Das vegetative Nervensystem, bestehend aus Sympathikus und Parasympathikus, unterliegt nicht der willkürlichen Kontrolle, und seine Aktivität wird meist auch nicht bewusst wahrgenommen. Eine ganze Reihe von autonomen Funktionsuntersuchungen ist gut validiert, reproduzierbar und sensitiv. Damit lassen sich wichtige Komponenten des autonomen Nervensystems wie die Sudomotorik [Jörg u. Boucsein 1998], kardiale Innervationsstörungen [Ziegler 1994] und Störungen der Pupillenreaktion [Wilhelm u. Wilhelm 2003] erfassen. Als Untersuchungsmethoden sollen hier die Bestimmung der Herzfrequenzvariabilität, die sympathische Hautreaktion sowie die quantitative Pupillografie kurz erläutert werden.

3.4.3.7.1 Herzfrequenzvariabilität (HFV)

Bei Gesunden ist die Herzfrequenz nicht starr, sondern zeigt eine atemabhängige Sinusarrhythmie. Der ständige vagale Einfluss verlangsamt den Herzschlag, während der Sympathikuseinfluss die Schlagrate beschleunigt. Die antagonistisch wirkende sympathische und parasympathische Innervation des Herzens dient einer schnellen Anpassung an körperliche und mentale Aktivitätsänderungen. Unter Ruhebedingungen überwiegt der Vagotonus (Parasympathikus), und die HFV ist im Wesentlichen von der parasympathischen Modulation abhängig. Die Bestimmung der HFV dient dem Nachweis einer kardialen autonomen Innervationsstörung, die beispielsweise frühzeitig bei diabetischer Neuropathie zu finden ist [Ziegler 1994, Dütsch et al. 2001]. Eine verminderte HFV ist u. a. mit einem erhöhten Risiko verbunden, an Morbus Parkinson zu erkranken [Alonso et al. 2015]. Darüber hinaus sind bestimmte Langzeitparameter der HFV mit der Mortalität nach Hirninfarkt assoziiert [Mäkikallio et al. 2004]. Die HFV wird mit einer EKG-Ableitung unter verschiedenen Testbedingungen gemessen, die Normgrenzen sind altersabhängig.

3.4.3.7.2 Sympathische Hautreaktion (SSR)

Überraschende emotionale oder sensorische Reize führen zu einer Aktivierung des autonomen Nervensystems. Die damit verbundene Erregung der sympathisch-sudomotorischen Fasern führt durch die synchronisierte Aktivierung der Schweißdrüsen zu einer vorübergehenden Potenzialänderung der Hautoberfläche und zu einer Verminderung des Hautwiderstands [Jörg und Boucsein 1998]. Die SSR kann durch unterschiedliche sensorische Reize (elektrisch, akustisch) ausgelöst werden. Entscheidend ist, dass der Stimulus einen Überraschungseffekt besitzt. Die Ableitung erfolgt mit Oberflächenelektroden vom Handteller und von der Fußsohle mit einer Referenzelektrode jeweils auf dem Hand- bzw. Fußrücken und simultan bilateral von den oberen und unteren Extremitäten. Die SSR kann bei Polyneuropathien, bevorzugt bei Small-fiber-Neuropathien, verändert sein und bei zentral bedingten autonomen Störungen wie etwa der Multisystematrophie fehlen [Asahina et al. 2003].

3.4.3.7.3 Quantitative Pupillografie

Die Innervation der Pupille erfolgt sympathisch und parasympathisch. Die Pupillenreaktion beruht auf komplexen Interaktionen zwischen sympathischen und parasympathischen Nerven am Auge. Unter Verwendung von Infrarottechnologie wird die Pupille mit der Videokamera gescannt. Mit hoher Zeitauflösung und Messgenauigkeit werden die Pupillenränder automatisch erkannt. Daraus können der Pupillendurchmesser und die horizontale Augenposition bestimmt werden. Die Pupillografie gilt als sensitive Methode zur Messung sowohl sympathischer als auch parasympathischer autonomer Funktionen und wurde zur Erfassung von autonomen Störungen insbesondere beim Diabetes mellitus genutzt [Smith und Smith 1983, Piha und Halonen 1994].

3.4.4 Biopsien

3.4.4.1 Nervenbiopsie

Der rein sensible N. suralis besitzt nur ein kleines sensibles Versorgungsgebiet dorsal und distal des Malleolus lateralis, die aus der Entnahme resultierende sensible Störung hält sich oft in engen Grenzen. In mikrochirurgischer Technik wird in Lokalanästhesie ein Nervenstück oder ein Nervenfaszikel entnommen. Das Präparat wird anschließend fixiert und licht-, phasen- und elektronenmikroskopisch untersucht. Indikationen ergeben sich aus entzündlichen Erkrankungen des Nervensystems im Rahmen von Kollagenosen (z. B. Panarteriitis nodosa), Gammopathien, der Amyloidose oder dem Verdacht auf eine entzündliche Polyneuropathie (chronisch idiopathische demyelinisierende Polyneuropathie – CIDP). – Als Residuum verbleibt eine Anästhesie im Versorgungsgebiet des Nerven, selten entwickelt sich postoperativ eine Neuralgie.

3.4.4.2 Muskelbiopsie

Bei muskulären Symptomen kann eine Muskelbiopsie indiziert sein. Der Verdacht auf eine immunogen vermittelte Myositis lässt sich nur mittels Muskelbiopsie diagnostisch sichern. Eine hereditäre Myopathie kann häufig molekulargenetisch nachgewiesen oder ausgeschlossen werden. Eine Muskelbiopsie kommt nur dann in Betracht, wenn eine molekulargenetische Diagnostik nicht möglich oder nicht erfolgreich war. Insbesondere bei folgenden Myopathien strebt man primär eine Diagnostik über eine molekulargenetische Untersuchung an: Dystrophinopathie, myotone Dystrophie Typ 1 und 2, fazioskapulohumerale Muskeldystrophie, okulopharyngeale Muskeldystrophie, Hauptmann-Thannhauser-Muskeldystrophie und Ionenkanalmyopathien (AWMF-Leitlinie Diagnostik von Myopathien).

Am besten geeignet für die Entnahme ist ein eher leicht bis mäßig betroffener Muskel. In den Wochen vor der Biopsie sollte daran keine Elektromyografie durchgeführt worden sein, weil durch die Reizung das Ergebnis i. S. einer Myositis verfälscht werden kann. Da die Diagnostik ausreichend Material erfordert, ist eine offene Biopsie in der Regel zu bevorzugen. Das entnommene Gewebe wird in einer feuchten Kammer transportiert, bei länger dauerndem Transport auf Eis, wodurch jedoch biochemische Analysen verfälscht werden können. Es darf auf keinen Fall anfrieren. Entscheidend ist, dass die Probe in einem Labor, das über entsprechende Erfahrung mit der Untersuchung von Muskelbiopsien verfügt, aufbereitet und untersucht wird. Die histologische Untersuchung liefert Hinweise auf die Genese der Muskelveränderungen (myositisch, myopathisch, neurogen). Daran schließen sich unter anderem immunhistologische und elektronenmikroskopische Untersuchungen an. Im Western Blot können bei vielen Muskeldystrophien fehlende oder veränderte Proteine gezeigt werden. Bei Glykogenosen und Mitochondriopathien finden sich Enzymdefekte, die nur im Muskel bestehen und deshalb auch nur hier biochemisch nachweisbar sind.

3.5 Literatur

Adrian ED, Matthews BHC (1934) The Berger rhythm: potential changes inform the occipital lobes in man. Brain 57:355–385, zit nach Altenmüller et al. 1996.

Alonso A et al. (2015) Heart rate variability and the risk of Parkinson disease: The Atherosclerosis Risk in Communities study. Ann Neurol 77:877–883.

Altenmüller E et al. (1996) Visuell evozierte Potentiale (VEP) und Elektroretinogramm. In: Stöhr M et al. (Hrsg) Evozierte Potentiale. Springer-Verlag Berlin.

Asahina M et al. (2003) Cutaneous sympathetic function in patients with multiple system atrophy. Clin Auton Res 13:91–95.

Assmann B et al. (2003) Approach to the diagnosis of neurotransmitter diseases exemplified by the differential diagnosis of childhood-onset dystonia. Ann Neurol 54(Suppl 6):18–24.

AWMF-Leitlinie Diagnostische Liquorpunktion (2012) In: Dienter H-C, Weimar C (Hrsg) Leitlinien für Diagnostik und Therapie in der Neurologie. Georg-Thieme-Verlag Stuttgart.

Beasley WC (1961) Quantitative muscle testing: principles and applications to research and clinical services. Arch Phys Med Rehabil 42:398–425.

Buettner UW (1996) Akustisch evozierte Potentiale. In: Stöhr M et al. (Hrsg) Evozierte Potentiale. Springer-Verlag Berlin.

Carson D, Serpell M (1996) Choosing the best needle for diagnostic lumbar puncture. Neurology 47:33–37.

Dütsch M et al. (2001) Klinik und Diagnose der diabetischen autonomen Neuropathie. Fortschr Neurol Psychiatr 69:423–438. doi: 10.1055/s-2001-16907.

Ebinger F et al. (2004) Headache and backache after lumbar puncture in children and adolescents: a prospective study. Pediatrics 113:1588–1592.

Engelborghs S (2013) Clinical indications for analysis of Alzheimer's disease CSF biomarkers. Rev Neurol (Paris) 169:709–714.

Hess ChW (1996) Die mittels Kortexreizung motorisch evozierten Potentiale (MEP). In: Stöhr M et al. (Hrsg) Evozierte Potentiale. Springer-Verlag Berlin.

Hsich G et al. (1996) The 14-3-3 brain protein in cerebrospinal fluid as a marker for transmissible spongiform encephalopathies. N Engl Med J 355:924–930.

Jewett DC, Williston JS (1971) Auditory-evoked far fields averaged from the scalp of humans. Brain 94:681–696.

Jörg J, Boucsein W (1998) Die sympathische Hautreaktion. Eine elektrophysiologische Methode zur Erfassung von Sympathikusläsionen. Klin Neurophysiol 29:186–197.

Keating JL, Matyas TA (1996) The influence of subject and test design on dynamometric measurements of extremity muscles. Phys Ther 76:866889. Online verfügbar unter http://ptjournal.apta.org/content/76/8/866.full.pdf.

Klepper J (2012) GLUT1 deficiency syndrome in clinical practice. In: Epilepsy Res 100:272–277.

Lavi R et al. (2006) Standard vs atraumatic Whitacre needle for diagnostic lumbal puncture: a randomized trial. Neurology 67:1492–1494. doi: 10.1212/01.wnl.0000240054.40274.8a.

Legatt AD, Arezzo JC, Vaughan HG Jr (1986) Short-latency auditory evoked potentials in the monkey. II. Intracranial generators. Electroencephalogr Clin Neurophysiol 64:53–73.

Ludin H-P (1997) Praktische Elektromyographie. Enke-Verlag Stuttgart.

Matzen P (2002) Praktische Orthopädie. J. A. Barth Verlag im Georg-Thieme-Verlag Stuttgart.

Mäkikallio AM et al. (2004) Heart rate dynamics predict poststroke mortality. Neurology 62:1822–1826.

Merton PA, Morton HB (1980) Stimulation of the cerebral cortex in the intact human subject. Nature 285:227.

Pfeffer A (2007) Assessment Muskelfunktionsprüfung. Manuell Muskelkraft messen. physiopraxis 5:34–35.

Piha SJ, Halonen JP (1994) Infrared pupillometry in the assessment of autonomic function. Diabetes Res. Clin. Pract. 26:61–66.

Reiber H (1980). The discrimination between different blood-CSF barrier dysfunctions and inflammatory reactions of the CNS by a recent evaluation graph for the protein profile of cerebrospinal fluid. J Neurol 224:89–99.

Smith SA, Smith SE (1983): Reduced pupillary light reflexes in diabetic autonomic neuropathy. Diabetologia 24:330–332.

Sohmer H, Feinmesser M (1967) Cochlear action potentials recorder from the external ear in man. Ann Otol Rhinol Laryngol 76:427–435.

Wilhelm H, Wilhelm B (2003) Clinical applications of pupillography. J Neuroophthalmol 23:42–49.

Wöhrle JC (2013) Neurophysiologische Diagnostik. In: Berlit P (Hrsg) Klinische Neurologie. Springer-Verlag Berlin.

Ziegler D (1994) Diabetic cardiovascular autonomic neuropathy: prognosis, diagnosis and treatment. Diabetes Metab Rev 10:339–383.

4 Schädigungen des Gehirns

4.1 Zerebrovaskuläre Erkrankungen

Wolfgang Deppe, Karl-Titus Hoffmann

Zerebrovaskuläre Erkrankungen mit Schlaganfällen als schwerster Ausprägung stellen eine der häufigsten Ursachen von Morbidität und Mortalität im mittleren und höheren Erwachsenenalter dar. Die Schlaganfallinzidenz in Deutschland wird mit 200 bis 300 : 100.000 Einwohnern und Jahr angegeben [Heuschmann et al. 2010, Palm et al. 2010]. Schlaganfälle bilden in fast allen entwickelten Ländern mit 50 bis 100 Todesfällen (in Deutschland 90 bis 100) zu 100.000 Einwohnern und Jahr die dritthäufigste Todesursache und den häufigsten Grund für eine bleibende schwere Behinderung. Ein Teil der Patienten stirbt akut vor allem durch die raumfordernde Wirkung eines großen Schlaganfalls, ein anderer durch sekundäre Komplikationen wie Pneumonie, Lungenembolie, Blutung in das Infarktareal oder einen zweiten Schlaganfall. 20 bis 25 % aller Schlaganfälle treten unbemerkt im Schlaf auf (*Wake-up stroke*).

4.1.1 Risikofaktoren

Wie für andere Gefäßerkrankungen auch gibt es eine Fülle von Risikofaktoren, die für zerebrovaskuläre Erkrankungen prädisponieren. Dabei herrschen Faktoren vor, die stark durch Ernährung und Lebensführung bestimmt und damit potenziell beeinflussbar sind (Tab. 4.1 und Abb. 4.1). Von der Häufigkeit her dominieren die arterielle Hypertonie, das Rauchen, der Diabetes mellitus und der Bewegungsmangel, von der Risikostärke her Vorhofflimmern, Diabetes mellitus und arterielle Hypertonie. Dabei besteht jeweils eine klare Abhängigkeit von der Ausprägung des Risikofaktors und der Dauer seines Bestehens. Die gemeinsame Endstrecke für alle Risikofaktoren sind Gefäßwandveränderungen in Form einer Arteriosklerose. Wesentlich ist auch, dass häufig mehrere Risikofaktoren bei einer Person zusammenkommen und das relative Risiko vervielfachen.

4.1.2 Klassifikation von Schlaganfällen

Schlaganfall ist nicht gleich Schlaganfall. Vielmehr können ganz unterschiedliche Pathomechanismen zu dem gleichen Ergebnis einer plötzlich einsetzenden Störung der arteriellen Hirndurchblutung mit nachfolgendem neuronalem Funktionsausfall führen. Die wichtigste ätiologische Unterscheidung ist dabei die zwischen einer Blutung und einer Ischämie. Ischämien (Hirninfarkte) sind die weit überwiegende Ätiologie,

DOI 10.1515/9783110352474-004

Tab. 4.1: Risikofaktoren für einen Schlaganfall.

	Relatives Risiko	Prävalenz
beeinflussbare Risikofaktoren		
arterielle Hypertonie	2,0–5,0	30–40 %
Rauchen	1,5–4,0	25–40 %
Hypercholesterinämie	1,0–2,0	6–30 %
Diabetes mellitus	2,0–8,0	5–20 %
Vorhofflimmern	5,0–7,0	
Alkoholmissbrauch	1,0–3,0	5–20 %
Hyperhomocysteinämie	2,0	
Bewegungsmangel	2,0–3,0	30–40 %
Weitere Risikofaktoren		
Alter	Verdopplung mit jedem Lebensjahrzehnt	
vorausgegangener Schlaganfall oder TIA	2,0–10,0	2–5 %
arterielle Verschlusskrankheit	2,0–4,0	3–4 %
angeborene Störungen der Blutgerinnung		
angeborene Gefäßmalformationen (z. B. Aneurysma, Angiom)		
entzündliche Gefäßerkrankungen		

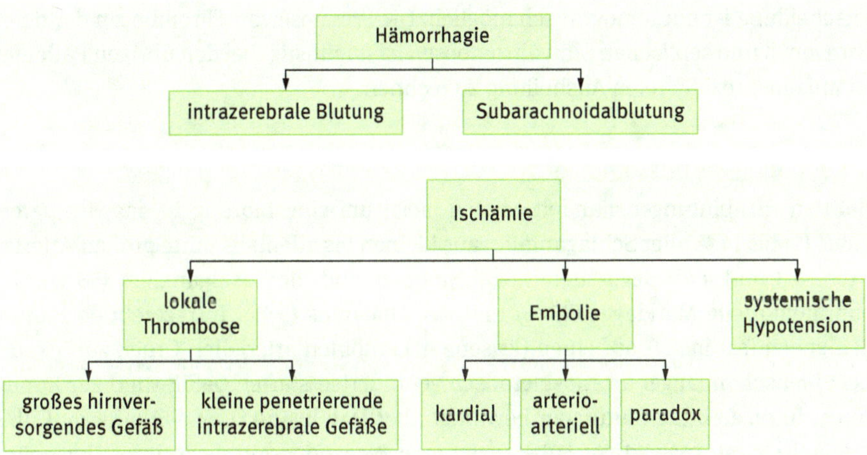

Abb. 4.1: Mögliche Ursachen und Formen eines Schlaganfalls.

Blutungen stellen die unmittelbare Ursache für etwa 15 bis 20 % aller Schlaganfälle dar [Weimar et al. 2012].

Hirnvenenthrombosen (Abb. 4.2) bevorzugen das weibliche Geschlecht, und zwar vor allem Schwangere, Wöchnerinnen, Neugeborene und Kleinkinder. Sie machen 1 % aller Durchblutungsstörungen des Gehirns aus. Es handelt sich meistens um die Fol-

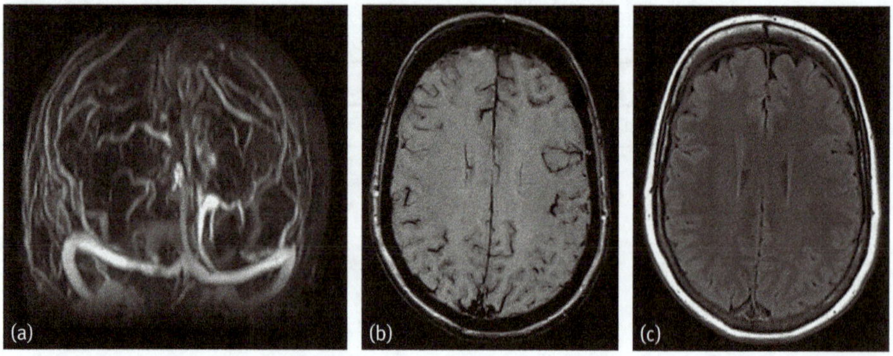

Abb. 4.2: Sinusvenenthrombose (SVT), (a) mit fehlender Kontrastierung in der venösen MR-Angiographie, (b) mit gestauten kortikalen Venen im suszeptibilitätsgewichteten (SWI-)Bild und (c) mit fehlendem Flusssignal im T2-FLAIR-Bild.

gen lokaler Thrombophlebitiden, seltener um septische Metastasen einer intrakraniellen bzw. einer Allgemeininfektion, um die Folgen von Infektions- oder Tumorkrankheiten. Außer asymptomatischen und protrahierten Verläufen beobachtet man akute Ausfallssyndrome. Das klinische Bild entspricht dann dem einer Ischämie oder einer Blutung bis hin zur sensiblen und motorischen Halbseitensymptomatik. Eine Unterscheidung ist nur tomografisch möglich. Die Prognose von Thrombosen der tiefen Hirnvenen und septischen Sinusthrombosen ist ungünstig, bei den übrigen Patienten ist mit einer rezidivfreien Ausheilung zu rechnen.

4.1.2.1 Intrazerebrale Blutungen

Bei den Hirnblutungen handelt es sich meist um eine Blutung in das Hirnparenchym (11 bis 14 % aller Schlaganfälle) aus kleinen bis allenfalls mittelgroßen Arterien (Abb. 4.3 und 4.4). Bevorzugte Lokalisationen sind die Basalganglien (58 %), das supratentorielle Marklager (27 %) und der Thalamus (9 %). Intrazerebrale Blutungen gehen fast immer auf einen (krisenhaft) erhöhten arteriellen Druck zurück, der bei einer schon länger arteriosklerotisch veränderten starren Gefäßwand zur Ruptur führt. Intrazerebrale Blutungen bewirken über ihre lokale Druckwirkung und über die Freisetzung vasoaktiver Substanzen eine Perfusionsstörung in ihrer Umgebung und damit eine Ischämie mit nachfolgendem neuronalem Funktionsverlust. Große Blutungen können auch ein vasogenes Hirnödem hervorrufen mit einem weit über die eigentliche Blutung hinausreichenden Anstieg des intrazerebralen Drucks und deletären Folgen für die Durchblutung großer Hirnareale. Andererseits trägt der lokale Druckanstieg zum selbstlimitierenden Charakter intrazerebraler Blutungen bei.

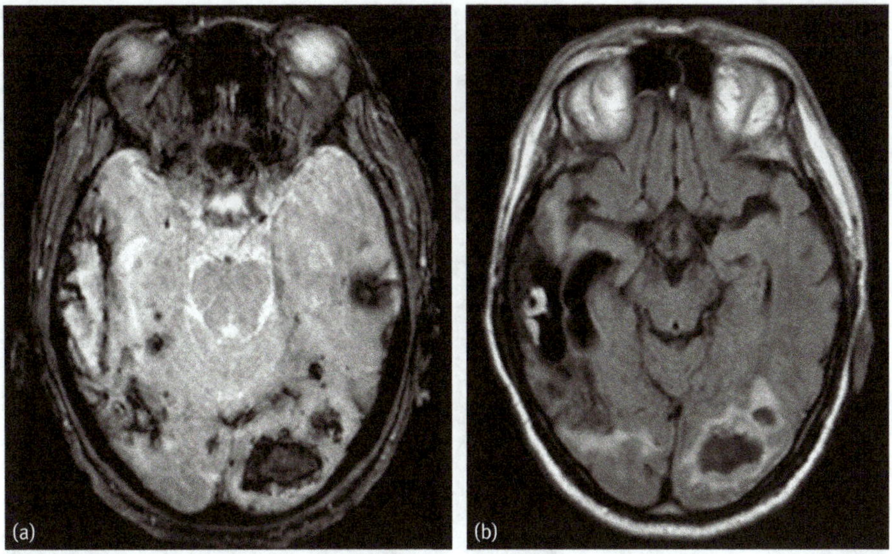

Abb. 4.3: Intrazerebrale Blutung bei Amyloid-Angiopathie (a) im T2*-Bild und (b) im T2*-FLAIR-Bild.

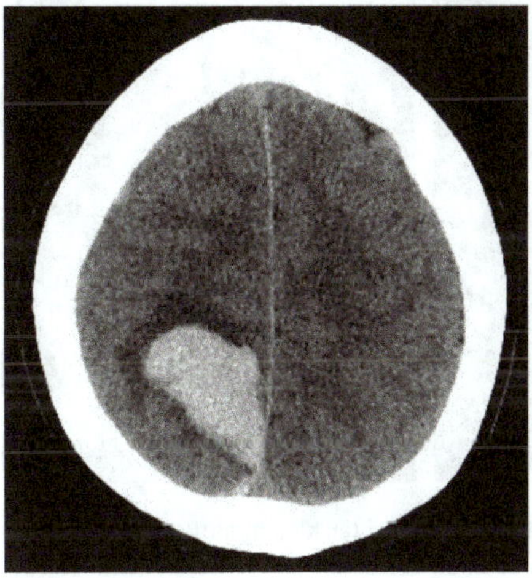

Abb. 4.4: Lobärblutung rechts parietal im cCT (Beob. E. Luft).

4.1.2.1.1 Subarachnoidalblutungen

Bei Subarachnoidalblutungen handelt es sich um Blutungen aus größeren hirnversorgenden Arterien in den liquorgefüllten Spalt zwischen den beiden Hirnhäuten Arachnoidea und Pia mater. Die Blutung erfolgt dabei nicht in das Hirnparenchym und kann sich weiträumig im Subarachnoidalraum verteilen und daher große Ausmaße einnehmen. Spontane Subarachnoidalblutungen, die 2 bis 5 % aller Schlaganfälle ausmachen, sind meist Blutungen aus einem Aneurysma, seltener auch aus einer arteriovenösen Malformation (Abb. 4.5). Sie sind meist an größeren Arterien im Bereich der

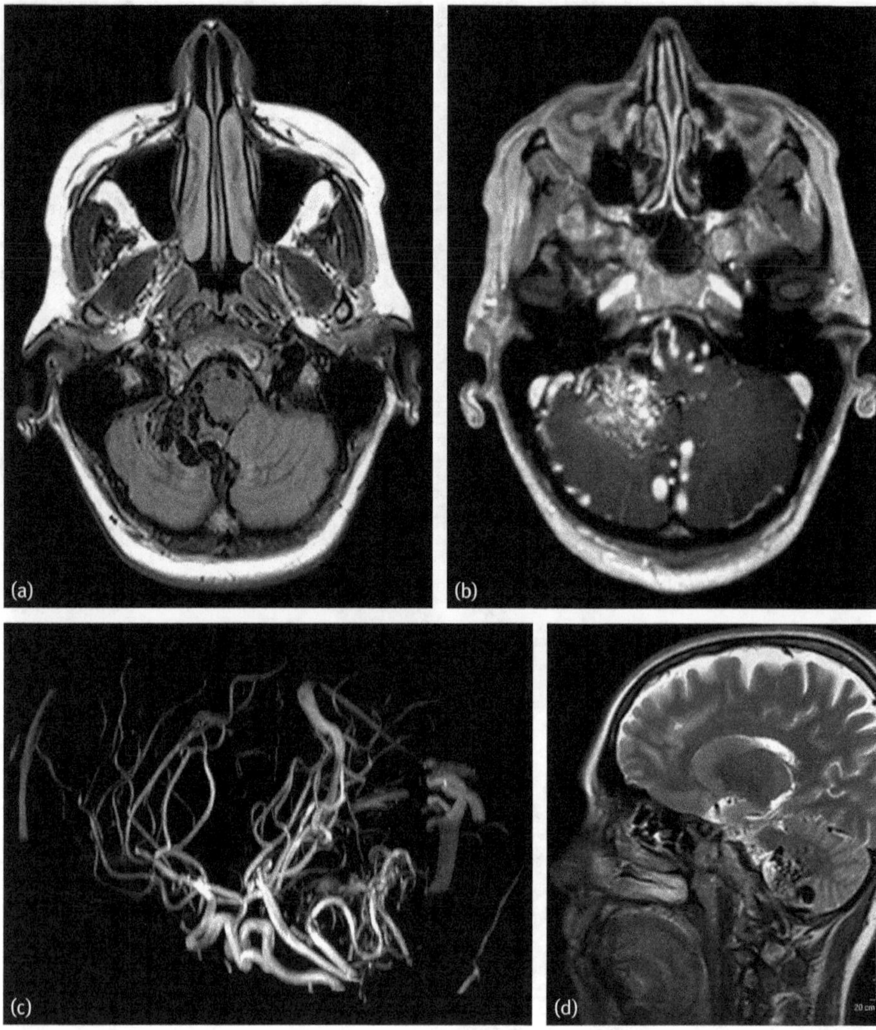

Abb. 4.5: Arteriovenöse Malformation rechts zerebellär und im rechten Kleinhirnbrückenwinkel. (a) FLAIR-Wichtung axial. Gefäßkonvolute als schwarze Girlanden erkennbar. (b) T1 mit Kontrastmittel axial. KM-Anreicherung in den Angiom-Gefäßen und in großen Venen der Mittellinie. (c) MR-Angiographie. 3D-Schrägaufnahme. basale Hirnarterien und große abführende Venen in einer Sequenz. (d) T2 sagittal. Gefäßanschnitte in der hinteren Schädelgrube schwarz.

Hirnbasis lokalisiert (40 % A. cerebri anterior, 25 % A. carotis interna, 20 % A. cerebri media) und gehen aus angeborenen Schwachstellen der Gefäßwände hervor, die im Verlauf des Lebens stetig an Größe zunehmen. Sie zeigen eine sehr hohe Mortalität (je nach Studie 32 bis 67 % im ersten Monat) und führen im Falle des Überlebens häufig zu schweren Mehrfachbehinderungen, da außer der Motorik meist auch kognitive Funktionen beeinträchtigt sind. Ausschlaggebend für die Schwere des Verlaufs sind neben der Druckwirkung auf das Hirnparenchym ganz wesentlich auch Vasospasmen, die durch die Flut konstriktiv wirkender vasoaktiver Substanzen auf große hirnversorgende Gefäße entstehen.

4.1.2.2 Hirninfarkte

Die Pathogenese von Hirninfarkten ist vielfältig. Etwa 20 bis 30 % aller Hirninfarkte stellen sich als Folge einer lokalen Thrombose ein, d. h. eines Gefäßverschlusses aufgrund einer sukzessiv vorangeschrittenen Arteriosklerose. Dabei sind meist kleinere Arterien im Bereich des subkortikalen Marklagers oder der Basalganglien betroffen. Zugrunde liegt dann eine ubiquitäre Mikroangiopathie. Aufgrund ihrer Begrenztheit führen diese Infarkte nur zu umschriebenen Gewebsdefekten (Lakunen) und bleiben häufig relativ symptomarm. Da *lakunäre Infarkte* aber meist rezidivierend auftreten, kommt es im Laufe der Zeit zu multiplen Lakunen („Schweizerkäse-Muster"). Bei sehr diffuser Mikroangiopathie mit Gefäßwandverdickungen, gelegentlichen Ödemen und Mikroinfarkten von chronisch fortschreitendem Charakter spricht man von einer *subkortikalen arteriosklerotischen Enzephalopathie*, die zusammen mit motorischen Defiziten häufig zu einer sogenannten vaskulären Demenz führt.

Seltene Ursachen lokal stenosierender Gefäßverschlüsse sind autoimmune Vaskulitiden, traumatische Gefäßwandverletzungen (Dissektionen) oder angeborene stenosierende Gefäßerkrankungen wie die fibromuskuläre Dysplasie oder das Moya-Moya-Syndrom. Häufigste Ursache großer sogenannter Territorialinfarkte sind jedoch nicht lokale Stenosen oder wandständige Thrombosen, sondern Embolien. Dabei wird der Gefäßverschluss durch einen an anderer Stelle entstandenen und mit dem Blutstrom fortgeleiteten Embolus verursacht. In etwa 20 bis 30 % der Hirninfarkte handelt es sich um einen vom Herzen ausgehenden Blutpfropf (*kardiale Embolie*),in etwa 30 bis 40 % geht er hingegen von einer arteriellen Gefäßwandveränderung aus (*arterio-arterielle Embolie*). Dabei sind vor allem extrakranielle atheromatöse Stenosen der A. carotis und seltener auch der A. vertebralis Ursprungsort. Beruht die Mangeldurchblutung hingegen auf einer arteriellen Hypotension, die lokal nicht mehr durch die Autoregulation kompensiert werden kann, kommt es zu einem *hämodynamischen Infarkt*. Prädilektionsstellen dafür sind die Endstromgebiete der großen hirnversorgenden Arterien („letzte Wiesen") mit schlechter Kollateralversorgung. Es entstehen sogenannte Grenzzoneninfarkte.

4.1.2.2.1 Pathophysiologie des Hirninfarkts

Das Gehirn ist ein enorm energiebedürftiges Organ. Obwohl es nur 2 % des Körpergewichts ausmacht, benötigt es etwa 15 % des Herzminutenvolumens und 20 % des gesamten Sauerstoffbedarfs des Körpers. Der hohe Energieaufwand ist zum einen für den Strukturerhalt und die Synthese von Neurotransmittern (*Strukturstoffwechsel*), zum anderen für die Aufrechterhaltung des Ruhemembranpotenzials der Neuronen (energieaufwändige Ionenpumpen) und für die Generierung von Aktionspotenzialen

(*Funktionsstoffwechsel*) erforderlich. Erschwerend kommt hinzu, dass Energie ausschließlich aus der Glukose des Blutes gewonnen werden kann und in Nervenzellen keinerlei Speicherstoffe wie in anderen Organen vorhanden sind.

Die Blutgefäße des Gehirns verfügen über eine außerordentlich hohe Fähigkeit zur Autoregulation, die den zerebralen Blutfluss über weite Bereiche unabhängig vom systemischen arteriellen Blutdruck macht. Im Bereich eines arteriellen Mitteldrucks von 50 bis 150 mm Hg wird der Blutfluss ziemlich konstant bei 50 bis 70 ml/100 g/min gehalten. Die Regulation erfolgt weitgehend myogen in den arteriellen Gefäßwänden über Relaxation bei niedrigen und Konstriktion bei hohen Blutdruckwerten (Bayliss-Effekt). Auch der CO_2-Gehalt des Blutes und Stickoxid (NO) wirken tonusregulierend. Überschreitet der arterielle Mitteldruck 150 mm Hg, folgt der zerebrale Perfusionsdruck passiv dem erhöhten systemischen Blutdruck, und es kommt zu einer verstärkten Durchlässigkeit der Blut-Hirn-Schranke mit Ödembildung und der Gefahr von Blutungen. Wird ein Mitteldruck von 50 mm Hg hingegen unterschritten, stellt sich rasch eine neuronale Funktionsstörung mit Bewusstseinsverlust ein (z. B. kurzzeitig auch bei einer Synkope). Eine lokale Reduktion des Blutflusses unter 50 ml/100 g/min führt zunächst zur Minderung der Proteinsynthese in den Neuronen. Wird der Blutfluss um etwas mehr als die Hälfte auf 20 bis 25 ml/100 g/min reduziert, lässt sich der Funktionsstoffwechsel nicht mehr aufrechterhalten mit neuronalem Funktionsverlust und klinisch erkennbaren Symptomen. Der Strukturstoffwechsel wird dabei aber auf niedrigem Niveau noch gesichert, solange der Blutfluss noch über etwa 8 ml/100 g/min liegt. Erst wenn diese Infarktschwelle unterschritten wird, tritt innerhalb weniger Minuten der neuronale Zelltod und der manifeste Infarkt mit Ausbildung von Nekrosen ein. Wird die Infarktschwelle hingegen nicht unterschritten und setzt bald eine Reperfusion des mangeldurchbluteten Areals ein, können sich im Verlauf von Minuten bis Stunden die neuronalen Funktionen vollständig erholen und die zuvor aufgetretenen Symptome verschwinden. Es handelt sich dann um eine *transitorisch-ischämische Attacke* (TIA), die analog einem Angina-pectoris-Anfall am Herzen ein ernstes Warnsignal für die Gefahr eines manifesten Infarkts darstellt.

Aufgrund der guten Mehrfach- und Kollateralversorgung vieler Hirnareale gibt es bei Hirninfarkten häufig eine Kernzone, in der es zum irreversiblen Zelluntergang kommt, und eine umgebende Penumbra (Halbschatten), in der der Strukturstoffwechsel aufrechterhalten bleibt und bei rascher Reperfusion eine vollständige Funktionserholung möglich ist. Darauf beruht die oft zu beobachtende teilweise Erholung von initial schweren Infarktsymptomen innerhalb von Stunden oder wenigen Tagen. Die therapeutischen Bemühungen in der Akutphase sind in erster Linie auf eine Reperfusion der Penumbra gerichtet. Sie muss allerdings schnell einsetzen, da der Infarkt auch im Bereich der Penumbra rasch Folgeschäden anrichtet. Freigesetzte Metaboliten wie Laktat, Glutamat und Kalzium-Ionen führen zu einer Periinfarktdepolarisation von Nervenzellen mit weiteren zellschädigenden Wirkungen sowie entzündlichen Reaktionen und Störungen der Mikrozirkulation, die eine Erholung weiter erschweren und einen verzögerten Zelltod (Apoptose) zur Folge haben.

4.1.2.2.2 Klinische Symptomatik

Ein Schlaganfall ist charakterisiert durch eine klar umschriebene (fokale) *neurologische Funktionsstörung* mit *schlagartigem Beginn* und *anhaltender Dauer*. Der Funktionsausfall ist abhängig von dem betroffenen Hirnareal und besteht in Ausfällen oder Störungen der Motorik, Sensibilitätsstörungen, Gesichtsfelddefekten und anderen Sehstörungen, aber auch Störungen der Sprache und anderer kognitiver Funktionen. Bei großen Hemisphären- oder Thalamusinfarkten können Bewusstseinsstörungen auftreten, ein kompletter Bewusstseinsverlust weist immer auf einen Infarkt oder eine Blutung im Bereich des Hirnstamms hin.

Die großen hirnversorgenden Arterien besitzen bestimmte Versorgungsgebiete (Abb. 4.6), die mit klar erkennbaren Funktionen verbunden sind, auch wenn die Gefäßterritorien nicht mit den makroanatomisch sichtbaren Grenzen von Hirnstrukturen

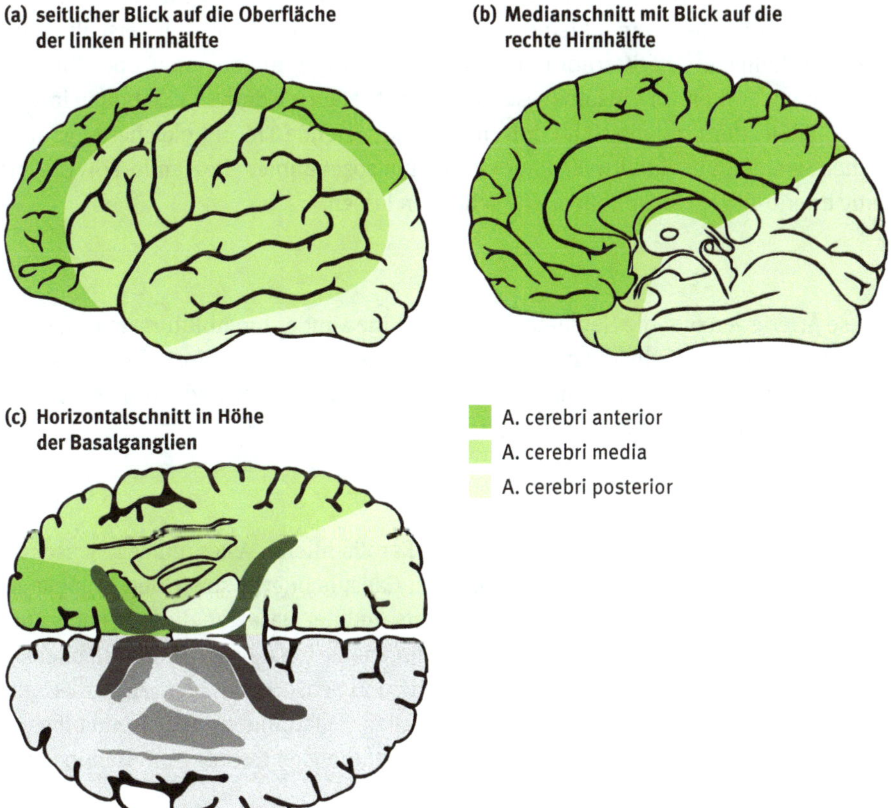

Abb. 4.6: Versorgungsgebiete der großen Hirnarterien im Großhirn (nach Trepel). (a) Linke Hirnhälfte von lateral. (b) Mediale Fläche der rechten Hirnhälfte. (c) Horizontalschnitt in Höhe der Basalganglien.

deckungsgleich sind. Daher lassen sich je nach dem Gefäß, in dessen Territorium es zu einem Verschluss gekommen ist, bestimmte Infarkttypen charakterisieren.

4.1.2.2.2.1 Karotis-Stromgebiet

Die A. carotis interna versorgt mit ihren Ästen A. ophthalmica, A. cerebri anterior und A. cerebri media die weit überwiegenden Teile der Großhirnrinde, der Basalganglien und des Thalamus. Verschlüsse der A. carotis selbst sind selten, ein großer Teil der Hirninfarkte geht aber von Stenosen der A. carotis interna (meist unmittelbar im Abgangsbereich) aus. Die die Stenose bildende Plaque stellt einen Prädilektionsort für Endothelläsionen dar, die mit einer Aktivierung der gewebsständigen Gerinnung verbunden sind. Zusätzlich spielen vermutlich lokale Turbulenzen des Blutstroms im Stenosebereich eine Rolle. Es können sich lokale Thromben bilden. Sie werden mit dem Blutstrom fortgeschwemmt, bleiben je nach ihrer Größe in einem der Karotis-Hauptäste oder weiter distal in einer kleineren Arterie stecken und führen zum Verschluss. Im nachgeschalteten Gefäßterritorium entsteht ein Mangel an Sauerstoff und Glukose. Aus diesem Pathomechanismus resultieren nicht selten wiederholte Embolien im selben Gefäßterritorium, die sich klinisch als rezidivierende TIA mit gleicher oder ähnlicher Symptomatik äußern. Es handelt sich um sogenanntes Crescendo-TIA, die auf eine arterio-arterielle Emboliequelle schließen lassen.

4.1.2.2.2.2 A. ophthalmica

Diese Arterie versorgt die Netzhaut des Auges. Eine Minderdurchblutung manifestiert sich als plötzlicher Sehverlust auf dem betroffenen Auge (Amaurosis fugax). Sie ist aufgrund guter Reperfusion meist nur von kurzer Dauer, entsteht jedoch ein Netzhautinfarkt, ist eine monokuläre Erblindung die Folge.

4.1.2.2.2.3 A. chorioidea anterior

Das relativ variable Versorgungsgebiet dieses Karotis-interna-Astes umfasst typischerweise den Tractus opticus, hintere Anteile der Capsula interna sowie den Hippokampus und weitere Teile des limbischen Systems und der Basalganglien. Je nach Ausmaß verlaufen Chorioidea-Infarkte fast asymptomatisch (lakunäre Infarkte), oder sie führen zu ausgeprägten Störungen der Motorik und Sensorik mit kontralateraler sensomotorischer Hemiparese, Gesichtsfeldausfällen (Quadranten- oder Hemianopsie) und neuropsychologischen Störungen wie Merkfähigkeitsstörungen, Hemineglect oder Apraxie.

4.1.2.2.2.4 A. cerebri anterior

Das Stromgebiet dieser Arterie umfasst mediale Teile des frontalen Kortex, die gesamte Mantelkante entlang des Hemisphärenspalts, den Gyrus cinguli und weitere Anteile des limbischen Systems, das Caput nuclei caudati der Basalganglien, die vordere Capsula interna und die vorderen Anteile des Balkens. Entsprechend kommt es bei Anterior-Infarkten [4 bis 5 % aller Hirninfarkte, Gerloff et al. 2012] meist zu kontralateralen *beinbetonten Hemiparesen* und variablen weiteren Symptomen häufig neuropsychologischer Natur. Typisch sind Apraxien (Störungen der Handlungsplanung und Handlungsabfolge), Dysgrafien, Antriebsstörungen, Apathie, Wortfindungsstörungen, Gedächtnisprobleme und Verwirrtheit (*Korsakow-Syndrom*).

4.1.2.2.2.5 A. cerebri media

Diese kaliberstärkste Hirnarterie speist als Fortsetzung der A. carotis interna mit ihren Ästen die größten Anteile des motorischen und sensorischen Kortex mit den Repräsentationsarealen von Hand, Arm und Gesicht, weite Teile der Basalganglien und der Capsula interna, den Temporallappen und große Teile des Parietallappens sowie das Marklager. Aufgrund der Strömungsverhältnisse werden die meisten Emboli in das Mediastromgebiet eingeschwemmt, in dem sich daher gut die Hälfte (55 %) aller Hirninfarkte manifestiert.

Mediastamminfarkte sind durch eine schwere neurologische Symptomatik mit zunächst schlaffer Hemiplegie von Arm und Bein, Blicklähmung zur Gegenseite, Vigilanzstörungen und gelegentlich epileptischen Anfällen gekennzeichnet. Bei Infarkten der sprachdominanten (also meist linken) Hemisphäre tritt eine schwere globale Aphasie mit Erliegen sowohl des Sprachverständnisses als auch der sprachlichen Ausdrucksfähigkeit auf. Ferner sind eine bukkofaziale Apraxie, Störungen der Aufmerksamkeit und bei rechtshemisphärischen Schlaganfällen ein linksseitiger multimodaler *Neglect* typisch. Aufgrund der Infarktausdehnung entsteht häufig ein Ödem im Infarktbereich, das sich bis zum Hemisphärenödem mit Hirndrucksteigerung und der Gefahr einer lebensbedrohlichen Hirnstammeinklemmung am Tentoriumschlitz oder Foramen magnum ausweiten kann (maligner Mediainfarkt).

Mediateilinfarkte zeigen je nach betroffenem Gefäß unterschiedliche Aspekte des kompletten Mediainfarkts (Abb. 4.7). Bei Verschluss im Bereich des Abgangs der lentikulostriatalen Arterien kommt es zum Basalganglieninfarkt mit kontralateraler Hemiparese. Die häufigen Verschlüsse der vorderen Mediaäste führen zum typischen Bild einer *armbetonten Hemiparese* mit halbseitigen Sensibilitätsstörungen, oft unter Einbeziehung des Gesichts (brachiofaziale Hemiparese). Erkrankt die sprachdominante Hemisphäre, entsteht meist das Bild einer nicht flüssigen oder *Broca-Aphasie* mit besonderen Problemen der Grammatik und des Ausdrucks (Telegrammstil). Bei rechtshemisphärischen Infarkten zeigt sich oft ein Hemineglect für die linke Seite. Für Verschlüsse hinterer Mediaäste sind hingegen Gesichtsfeldausfälle in Form einer Hemianopsie oder Quadrantenanopsie charakteristisch, begleitet von eher leichten motorischen oder sensiblen Störungen. Bei linkshemisphärischer Betroffenheit findet man nicht selten eine *Wernicke-Aphasie* mit ausgeprägten Störungen des Sprachverständnisses bei flüssigem, aber durch Paraphasien (Laut- und Wortersetzungen) verändertem sprachlichem Ausdruck.

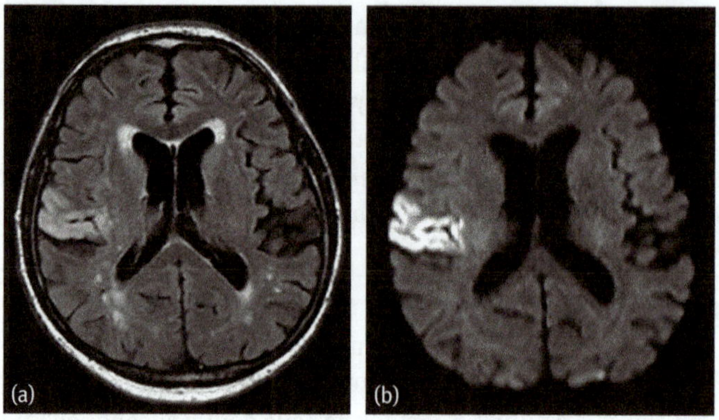

Abb. 4.7: Embolischer Teilinfarkt im Versorgungsgebiet der rechten A. cerebri media (a) T2-FLAIR und (b) diffusionsgewichtete Aufnahme.

Sind besonders temporale Äste betroffen, stellt sich eine amnestische Aphasie ein mit deutlichen Störungen der Wortfindung und semantischen Paraphasien. Weitere neuropsychologische Störungen wie eine mangelhafte Gesichtserkennung (Prosopagnosie) zeigen ebenfalls eine temporale Infarktlokalisation.

4.1.2.2.2.6 Vertebrobasiläres Stromgebiet

Über die beiden Vertebralarterien wird das sogenannte hintere Stromgebiet mit dem Hirnstamm, dem Kleinhirn, dem Okzipitallappen des Großhirns und Teilen des Thalamus versorgt. Infarkte in diesem Versorgungsgebiet sind bedeutend seltener als solche im Karotis-Stromgebiet (ca. 15 % aller Infarkte). Dies hat unter anderem zu tun mit den besonderen Strömungsverhältnissen durch den Zusammenfluss der beiden Vertebralarterien zur A. basilaris und ihrer Verzweigung zu den beiden Aa. cerebri posteriores, die wiederum über die linke und die rechte A. communicans posterior mit dem Karotis-Stromgebiet verbunden sind (Circulus arteriosus Willisii). Verschlüsse im Bereich der Vertebralarterien können daher durch retrograden Blutfluss von der Gegenseite oder aus dem vorderen Stromgebiet kompensiert werden, wobei anzumerken ist, dass die Kaliber der Aa. communicantes individuell oft so schwach sind, dass darüber kein ausreichender Blutfluss erfolgen kann. Lebensbedrohlich sind in jedem Fall Verschlüsse der unpaaren A. basilaris.

Aufgrund der Versorgung von Hirnstamm und Kleinhirn sind Ischämien (oder auch Blutungen) im vertebro-basilären Stromgebiet besonders gekennzeichnet durch:
- Schwindel mit Nystagmus
- Doppelbilder
- Stand-, Gang- oder Extremitätenataxie
- Hemiparesen

- halbseitige Sensibilitätsstörungen, oft dissoziiert (d. h. die Qualitäten unterschiedlich betreffend)
- halbseitige oder bilaterale Gesichtsfeldausfälle
- Vigilanzstörungen.

Verschlüssen der intrakraniellen A. vertebralis oder ihrer Abzweigung, der A. inferior posterior cerebelli (PICA), folgen typischerweise eine homolaterale Hypoglossusparese und eine kontralaterale sensomotorische Hemiparese sowie starker Schwindel und Gangunsicherheit. Infarkte im Bereich der aus der A. basilaris abzweigenden A. superior cerebelli (SUCA) äußern sich ähnlich, aufgrund der Versorgung des dorsolateralen Pons tritt aber noch eine homolaterale Fazialisparese dazu. Ein Verschluss führt neben einer Gangataxie zu einer ausgeprägten gleichseitigen Extremitätenataxie und einer Störung der Schmerz- und Temperaturempfindung auf der Gegenseite.

Verschlüsse der unpaaren A. basilaris selbst variieren in ihrer Symptomatik in Abhängigkeit von der Verschlusshöhe. Aus kaudalen Basilaristhrombosen resultieren wegen Mangelversorgung der Pyramidenbahn meist bilaterale Paresen, bilaterale Sensibilitätsstörungen und eine Ataxie. Das Bewusstsein kann erhalten oder vermindert sein. Verschlüsse im mittleren Basilarisabschnitt äußern sich mit einer ausgeprägten Hemiparese oder Tetraparese, entsprechenden sensiblen Ausfällen und Störungen der Blickbewegungen. Bei einem kompletten beidseitigen Ponsinfarkt entsteht das beängstigende *Locked-in-Syndrom*, bei dem der Betroffene bei erhaltenem Bewusstsein nicht mehr in der Lage ist, Arme oder Beine willkürlich zu bewegen und nur noch über vertikale Blickbewegungen als Ausdrucksmittel verfügt. Für Verschlüsse im Bereich der proximalen A. basilaris (*Top-of-the-basilar-Syndrom*) sind wegen der Lokalisation vigilanzsteuernder Systeme im oberen Hirnstamm und im Thalamus Bewusstseinsstörungen bis zur Bewusstlosigkeit charakteristisch, ferner Doppelbilder und Störungen der vertikalen Augenbewegungen. Außerdem können sich bilaterale Gesichtsfeldausfälle bis hin zur Erblindung einstellen (sogenannte *Rindenblindheit*). Erfolgt keine rasche Reperfusion, sind alle A.-basilaris-Verschlüsse lebensbedrohlich, da sich aufgrund der beschriebenen Pathophysiologie die Infarktzone ausbreitet und lebenswichtige Hirnstammkerne erreicht oder sich ein Hirnstamm- oder Kleinhirnödem ausbildet mit einem deletären Druckanstieg im Bereich der hinteren Schädelgrube.

4.1.2.2.2.7 A. cerebri posterior

Verschlüsse im Verlauf einer A. cerebri posterior (etwa 8 %) verursachen typischerweise eine kontralaterale homonyme Hemianopsie, anfangs häufig begleitet von visuellen Reizerscheinungen (Fotopsien, Phosphenen). Bei linkshemisphärischen Posteriorinfarkten können wegen der Einbeziehung des Gyrus angularis in den Infarkt eine Alexie oder Agrafie hinzukommen, bei rechtsseitigen Infarkten visuelle Orientierungsstörungen. Sind Posterior-Endäste (individuell unterschiedlich) stärker an der

Versorgung von Thalamus und Temporallappen beteiligt, treten auch Störungen der Merkfähigkeit und des Gedächtnisses, teils auch Psychosyndrome auf.

4.1.2.2.2.8 Lakunäre Infarkte

Lakunäre Infarkte(ungefähr 15 %) entstehen durch eine Mikroangiopathie meist im Bereich lentikulostriärer Äste der A. cerebri anterior oder der A. cerebri media, thalamo-perforierender Äste der A. cerebri posterior oder hirnstammversorgender Äste der A. basilaris. Sie messen 0,5 bis 1,5 mm im Durchmesser und stellen sich entsprechend der Lokalisation sehr unterschiedlich dar. Meistens sind motorische Symptome nachweisbar, während neuropsychologische Symptome aufgrund der fehlenden Hirnrindenbeteiligung selten auftreten. Relativ häufig sind:

- rein motorische Hemiparese (*Pure motor Stroke*) bei Läsionen der Capsula interna oder der Pyramidenbahn im Bereich von Brücke oder Medulla oblongata
- rein sensible Halbseitensymptomatik bei Thalamusläsionen
- ataktische Hemiparese, meist bei Läsionen im Bereich des Brückenfußes, auch der Corona radiata oder des Thalamus
- reine Dysarthrie
- Dysarthrie mit Handungeschicklichkeit (*Dysarthria-clumsy-hand-Syndrome*) und meist Fazialisparese bei Läsionen vorderer Anteile der Capsula interna
- Hemichorea oder Hemiballismus bei isolierter Basalganglienläsion.

Kleinere lakunäre Infarkte bleiben oft klinisch stumm und äußern sich klinisch erst, wenn mehrere Lakunen zusammenkommen: subakute arteriosklerotische Enzephalopathie (*Mb. Binswanger*). Der Verlauf ist charakterisiert durch eine chronische oder schubförmige Verschlechterung der Gehfähigkeit oder der Handgeschicklichkeit (häufig auch beidseitig) und nicht selten auch eine demenzielle Entwicklung.

4.1.2.3 Transitorisch-ischämische Attacken (TIA)

Eine TIA ist definiert als umschriebene zerebrale Ischämie mit einer vollständigen Rückbildung der Symptome innerhalb von 24 Stunden. Diese Zeitgrenze ist willkürlich, die meisten TIA sind flüchtiger und bilden sich innerhalb von 15 bis 30 Minuten vollständig zurück. Das Akutmanagement sollte wie das des manifesten Infarkts ablaufen, d. h. stationäre Aufnahme auf eine *Stroke Unit*, denn die Ursachen sind dieselben, und das Risiko für einen nachfolgenden Hirninfarkt ist ähnlich hoch wie das Rezidivrisiko nach vollendetem Schlaganfall [Gerloff et al. 2012].

4.1.3 Diagnostik

Ganz wesentlich für die Schlaganfalldiagnostik sind die bildgebenden Verfahren CT und MRT. Sie gestatten bezüglich der Ursache und des Ausmaßes eines akuten Schlaganfalls eine rasche Differenzierung insbesondere zwischen Blutung und Ischämie. Diese Differenzierung ist elementar, da sie die weitere Therapie leitet.

In der auch an kleineren Kliniken verfügbaren *Computertomografie* lässt sich eine Blutung unmittelbar als Hyperdensität erkennen. Kleinere Infarkte können hingegen in den ersten Stunden schwer im CT zu erkennen sein. Frühe CT-Zeichen des Hirninfarkts sind ein lokales Verwischen der Mark-Rinden-Grenze durch Nivellierung der Dichteunterschiede, eine Hypodensität als Ausdruck eines sich entwickelnden Hirnödems und bei großen Infarkten eine besonders im Seitenvergleich erkennbare Kompression von Ventrikelräumen und ein Verstreichen der Hirnfurchen als deutlicher Hinweis auf Ödem-bedingt erhöhten Hirndruck. Im Laufe von Tagen demarkiert sich der Infarkt immer stärker als deutliche umschriebene Dichteminderung. In diesem Stadium können besonders bei großen Infarkten auch sekundäre Einblutungen (hämorrhagische Transformation) erkennbar werden. Kleinhirn- und Hirnstamminfarkte sind allerdings aufgrund der Überlagerung durch Knochenartefakte im Bereich der hinteren Schädelgrube im CT nur schlecht oder gar nicht erkennbar. Mit der CT-Angiografie können zusätzlich nach Kontrastmittelgabe die großen zerebralen Arterien und ihre Stenosen, Verschlüsse, Aneurysmen und Dissektionen sehr gut auch in dreidimensionaler Rekonstruktion dargestellt werden.

Die *Magnetresonanztomografie* bietet bezüglich der Differenzierung von Ischämie und Blutung keine wesentlichen Vorteile. Mit der Technik der diffusionsgewichteten MRT (DWI) ist es jedoch möglich geworden, Infarkte bereits in einer sehr frühen Phase mit deutlich höherer Sensitivität als im CT zu erkennen, weil die verminderte Wasserdiffusion im Extrazellulärraum durch die Infarkt-bedingte Zellschwellung signalgebend wird. Zusammen mit MRT-basierten Perfusionsmessungen (PWI) ergibt sich daraus eine hohe Diagnosesicherheit und die Möglichkeit, Infarktzone und Penumbra zu unterscheiden.

Die Diagnostik mit CT und MRT wird unterstützt durch die extra- und transkranielle *Dopplersonografie*. Sie erlaubt vor allem die genaue Darstellung und Vermessung von extrakraniellen Stenosen (z. B. der A. carotis) und Verschlüssen und die Erfassung der intrakraniellen Flussgeschwindigkeiten in den großen hirnversorgenden Arterien und ihren Hauptästen.

Zur Diagnostik bei einem Schlaganfall gehört in jedem Fall auch eine Untersuchung des Herzens mittels EKG, Langzeit-EKG (Rhythmusstörungen?) und Echokardiografie, um die häufigen kardialen Ursachen abzuklären. Bei Verdacht auf eine kardiale Embolie ist ein transösophageales Echokardiogramm unverzichtbar, da nur so der linke Vorhof als häufigste Emboliequelle (z. B. bei Vorhofflimmern) ausreichend dargestellt werden kann.

Mit *Blutuntersuchungen* lassen sich besonders Gerinnungsstörungen und Vaskulitiden als seltene Infarktursachen abklären. Sie sind vor allem angezeigt, wenn durch die vorgenannten Untersuchungen keine eindeutige Infarktursache erkennbar wird, bei jungen Menschen oder wenn angiografische Untersuchungen Hinweise auf eine Vaskulitis geben (z. B. Kaliberschwankungen von Arterien). Bei den Gerinnungsuntersuchungen sind nicht nur die üblichen Parameter zu erfassen, sondern auch erblich bedingte Veränderungen wie Protein C, Protein S, Antithrombin III oder APC-Resistenz. Für die Vaskulitis-Diagnostik sind Untersuchungen auf antinukleäre Antikörper (ANA), antineutrophile zytoplasmatische Antikörper (c-ANCA und p-ANCA), Antiphospholipid-Antikörper und Lupus-Antikoagulans erforderlich.

4.1.4 Akuttherapie

4.1.4.1 Akuttherapie des Hirninfarkts

Verglichen mit dem therapeutischen Nihilismus früherer Zeiten hat es in der Therapie des akuten Schlaganfalls in den letzten Jahrzehnten eine Revolution gegeben. Der Hirninfarkt ist zu einer behandelbaren Krankheit geworden. Die Behandlungsmöglichkeiten ähneln denen des akuten Herzinfarkts und sind auf eine möglichst rasche Reperfusion ausgerichtet. Für den Erfolg der Behandlung ist ganz wesentlich, dass jeder frische Schlaganfall genauso wie ein Herzinfarkt als akuter Notfall angesehen wird, der dringend einer spezialisierten medizinischen Behandlung bedarf. Zum Standard ist die initiale Diagnostik und Behandlung auf einer *Stroke Unit* geworden, die über alle notwendigen Möglichkeiten der Diagnostik, Therapie und Überwachung verfügt.

Zu unterscheiden ist zwischen einer Basistherapie mit Basisversorgung, die vor allem auf die Vermeidung einer Verschlechterung gerichtet ist, und einer spezifischen rekanalisierenden Therapie. Die Basistherapie umfasst die Sicherung der Vitalfunktionen, die Behandlung von Herz-Kreislauf- und Stoffwechselstörungen und die sorgfältige Überwachung (Tab. 4.2).

Die spezifische Hirninfarkttherapie hat die Reperfusion des noch nicht komplett infarzierten Areals (Strukturstoffwechsel noch erhalten) bzw. der Penumbra durch

Tab. 4.2: Basistherapie des akuten Hirninfarkts.

- kontinuierliche Überwachung von Blutdruck, Herzfrequenz, EKG, Atmung und Sauerstoffsättigung
- alle sechs Stunden Erhebung eines Neurostatus
- Kontrolle von Körpertemperatur und Blutzucker alle sechs Stunden
- einmal täglich Kontrolle des Elektrolytstatus

entsprechend Untersuchungsbefunden:

- Sauerstoff-Supplementation
- Blutdruckabsenkung bei Werten von > 220 mm Hg systolisch oder > 120 mm Hg diastolisch (Cave: Bei mäßig erhöhtem Blutdruck sind keine Normalwerte anzustreben → Gefahr der zerebralen Minderperfusion!), Medikamente Urapidil oder Clonidin i.v.
- Blutzuckersenkung in den Bereich zwischen 80 und 120 mg/dl
- Fiebersenkung bei Körpertemperatur > 37,7°, physikalisch oder mit Paracetamol 1000 mg
- Behandlung von Herzrhythmusstörungen (besonders Vorhofflimmern) nach kardiologischen Kriterien.

Thrombolyse zum Ziel. Aufgrund des rasch voranschreitenden neuronalen Zelltods (siehe oben) kommt dafür nur ein eng begrenztes Zeitfenster in Betracht. Nach der derzeitigen Studienlage und den darauf basierenden Empfehlungen ist der Nutzen einer systemischen Thrombolyse mit rt-PA für einen Zeitraum von drei Stunden nach Beginn des Schlaganfalls größer als das damit verbundene Risiko [Hacke et al. 2008]. Im Einzelfall kann diese Grenze im *Offlabel*-Versuch auf 4,5 bzw. evtl. sogar auf 6 Stunden ausgedehnt werden, wenn im MRT ein deutliches *Mismatch* zwischen DWI und PWI (DWI ≫ PWI) erkennbar ist [Gerloff et al. 2012].

Die Behandlung erfolgt mit rt-PA intravenös in einer Dosierung von 0,9 mg/kg KG (maximal 90 mg), von denen 10 % als Bolus und die restlichen 90 % als Infusion über eine Stunde gegeben werden. Die Rekanalisationsraten (zwei Drittel oder mehr) lagen in verschiedenen größeren Studien zwischen 48 und 82 % [Gerloff et al. 2012]. Bei Verschlüssen der A. carotis interna oder des A.-cerebri-media-Hauptstamms kann auch eine kathetergestützte intraarterielle Lyse mit rt-PA durchgeführt werden mit möglicherweise noch größerer Aussicht auf Erfolg. Sie kommt auch in Betracht, wenn nach systemischer Lyse nach 30 Minuten keine Rekanalisierung erkennbar wird. Bei Verschlüssen der A. basilaris ist in jedem Fall eine intraarterielle Lyse in einem Zentrum mit interventioneller Neuroradiologie anzustreben. Das wesentliche Risiko der Thrombolyse liegt im Auftreten intrazerebraler Blutungen, insgesamt bei etwa 5 %.

Kontraindikationen für die Thrombolyse sind daher alle Zustände mit deutlich erhöhter Blutungsgefahr: medikamentös nicht beherrschbare arterielle Hypertonie (für die Lyse sollte der Blutdruck auf systolisch < 160 mm Hg und diastolisch < 100 mm Hg gesenkt werden), Thrombozytopenie, Behandlung mit Cumarinen oder neueren Faktor-IIa- oder Faktor-Xa-Antagonisten, Operationen innerer Organe innerhalb der letzten 14 Tage und Traumen mit inneren Verletzungen innerhalb der letzten vier Wochen, Gravidität. Hohes Alter stellt keine absolute Kontraindikation dar.

Nur an wenigen (neuroradiologischen) Einrichtungen verfügbar ist die Thrombektomie mittels eines über die A. femoralis eingeführten *Stent Retrievers*, der es ermöglicht, einen Thrombus unter Sicht aufzusuchen und zu entfernen. Der Abstand zwischen dem embolischen Ereignis und dem Eingriff darf bis zu sechs Stunden betragen und auch noch länger sein. Das Verfahren kommt vor allem ergänzend zur Lysetherapie in den großen proximalen Gefäßen und dann in Betracht, wenn der irreversibel ischämisch geschädigte Hirnbezirk relativ eng begrenzt ist [Deutsche Gesellschaft für Neuroradiologie, DGN 2015].

Bei großen raumfordernden Infarkten mit Hirnödem (maligner Mediainfarkt) hat sich die frühzeitige (12 bis 36 Stunden nach Symptombeginn) ausgedehnte (2 Drittel der halben Schädelkalotte) dekompressive Hemikraniektomie nicht nur als lebensverlängernde, sondern im statistischen Durchschnitt auch als eine das residuale neurologische Defizit und damit die Behinderung deutlich reduzierende Intervention erwiesen [Gerloff et al. 2012]. Die Ergebnisse der Hemikraniektomie waren bei Patienten bis zum Alter von 60 Jahren deutlich besser als bei älteren.

4.1.4.2 Akuttherapie intrazerebraler Blutungen

Die Mortalität von intrazerebralen Blutungen ist trotz bedeutender therapeutischer Fortschritte mit etwa 40 % innerhalb des ersten Monats [Abb. 4.7; van Asch et al. 2010] nach wie vor hoch. Infratentorielle Blutungen zeigen wegen der stärkeren Druckwirkung auf den Hirnstamm und der damit einhergehenden Beeinträchtigung von Atemzentrum und Kreislaufzentrum eine höhere Mortalität als supratentorielle Blutungen.

Wie beim ischämischen Schlaganfall steht in der Akutbehandlung die Sicherung der Vitalfunktionen im Vordergrund. Bei eingeschränkter Bewusstseinslage sollte frühzeitig intubiert und beatmet werden. Wenn eine Einklemmung des Hirnstamms droht, muss eine neurochirurgische Intervention erfolgen. Bei allen anderen Patienten ist in den ersten 48 bis 72 Stunden eine engmaschige Überwachung auf einer *Stroke Unit* erforderlich, um mögliche sekundäre Verschlechterungen durch ein sich entwickelndes Hirnödem, eine Liquorabflussstörung oder eine Nachblutung frühzeitig zu erfassen und darauf zu reagieren. Bei Patienten mit arterieller Hypertension wird eine rasche Blutdrucksenkung empfohlen. Liegt anamnestisch eine arterielle Hypertonie vor, sollte nach den Leitlinien der Deutschen Gesellschaft für Neurologie [DGN, Diener u. Putzki 2008] auf einen Zielwert von > 170/100 mm Hg reduziert werden, nach den Leitlinien der *American Heart Association* auf einen Zielwert von 160/90 mm Hg [Morgenstern et al. 2010]. Ohne Hypertonie-Anamnese ist ein Zielwert von > 150/90 mm Hg anzustreben. Bei erhöhtem intrazerebralem Druck muss sich die Blutdruckeinstellung am zerebralen Perfusionsdruck orientieren, der 60 bis 70 mm Hg übersteigen sollte. Die Blutdrucksenkung erfolgt intravenös mit Urapidil, Clonidin, Nifedipin oder Enalapril.

Eine operative Behandlung intrazerebraler Hämatome erfolgt nicht routinemäßig. In mehreren Studien zeigte sich kein genereller Vorteil der Operation, vielmehr sogar Nachteile bei kleinen (< 3 cm Durchmesser) oder großen (> 5 cm) Blutungen, vor allem wegen der Gefahr von Nachblutungen [Weimar et al. 2012]. Die Leitlinien der DGN empfehlen eine Hämatomausräumung nur bei Kleinhirnblutungen mit erkennbarer klinischer Verschlechterung.

Besondere Situationen entstehen bei Komplikationen der Blutung. Ein Hirnödem kann kurzfristig mit osmotisch wirksamen Substanzen wie Mannitol oder hypertoner NaCl-Lösung behandelt werden oder durch eine Alkalose-induzierte Vasokonstriktion mittels THAM-Puffer oder maschineller Hyperventilation. Bei weiterer Hirndrucksteigerung kommt als Ultima Ratio wie beim malignen Mediainfarkt eine ausgedehnte Hemikraniektomie infrage. Bei einer Liquorabflussstörung durch Hirndruck oder Ventrikeleinbruch einer Blutung erweist sich eine externe Ventrikeldrainage über eine Bohrlochtrepanation mit Einführung eines Ventrikelkatheters als sehr wirkungsvoll. Bei Persistenz der Abflussstörung kann die Ableitung in einen permanenten ventrikuloatrialen oder ventrikulo-peritonealen Shunt übergeführt werden.

4.1.4.3 Akuttherapie von Subarachnoidalblutungen

Eine Subarachnoidalblutung erfordert die sofortige operative oder endovaskuläre Intervention, wie sie nur in spezialisierten Zentren möglich ist. Die Prognose steht und fällt mit dem raschen Verschluss des rupturierten Aneurysmas. Operativ wird das Aneurysma nach Kraniotomie aufgesucht und an seinem Hals mit einem Metallclip verschlossen. Alternativ kommt der Verschluss durch Platinspiralen (Coils) in Betracht, die angiografisch mittels eines selektiven Katheters (die Ablösung erfolgt durch einen elektrischen Impuls) im Aneurysmalumen platziert werden und dort eine rasche Thrombosierung bewirken. Die unmittelbare prozedurale Mortalität und Morbidität ist bei endovaskulärem Vorgehen deutlich geringer als bei der Operation, allerdings ist eine Rekanalisierung wahrscheinlicher als bei der Operation. Insgesamt ergibt sich nach der ISAT-Multicenterstudie eine signifikante Überlegenheit der endovaskulären Therapie [Molyneux et al. 2002]. Diese erfordert zur Erfolgssicherung eine angiografische Kontrolle nach 6 und 24 Monaten. Indikation für eine Operation bleiben Aneurysmen mit bereits großem intrazerebralem Hämatom [Forsting et al. 2012].

Nach dem Verschluss des Aneurysmas ist der Patient noch nicht „über den Berg". Bei etwa 5 % aller Patienten treten innerhalb von 2 Wochen (vor allem nach 4 bis 14 Tagen) Vasospasmen im Bereich der Blutung auf, verursacht durch vasokonstriktorisch wirksame Blutabbauprodukte. Dadurch können ausgedehnte sekundäre Infarkte entstehen. Vasospasmen nach spontaner Subarachnoidalblutung wird obligatorisch durch eine i. v. Behandlung mit dem Kalziumantagonisten Nimodipin (Nimotop®) über 14 Tage vorgebeugt. Tritt dennoch ein Vasospasmus auf, wird eine hypertensive hypervolämische Hämodilution (Triple-H-Therapie) empfohlen, ggf. unterstützt durch inotrope Substanzen (Dobutamin, Dopamin).

4.1.5 Primäre und sekundäre Schlaganfallprävention

Ziel der *Primärprävention* ist die Vermeidung von Schlaganfällen bei Menschen ohne bisherige zerebrale Ischämien. Dabei geht es besonders um die Behandlung und Verminderung vaskulärer Risikofaktoren. Nach ansteigendem Schlaganfallrisiko lassen sich vier Personengruppen unterscheiden:

- keine vaskulären Risikofaktoren
- keine wesentlichen Vorerkrankungen, aber vaskuläre Risikofaktoren
- asymptomatische Stenosen der hirnversorgenden Arterien
- manifeste vaskuläre Erkrankungen in anderen Gefäßgebieten: Herzinfarkt, koronare Herzerkrankung (KHK), periphere arterielle Verschlusserkrankung (pAVK).

Wichtigster behandelbarer Risikofaktor ist die *arterielle Hypertonie*. Bereits eine geringe konstante Senkung des systolischen Blutdrucks um 5 bis 6 mm Hg bzw. des diastolischen Blutdrucks um 3 mm Hg führt zu einer etwa 40%igen Reduktion des relativen

Schlaganfallrisikos [Collins et al. 1990]. Bezüglich der Blutdrucksenkung gelten die Empfehlungen der WHO oder der Deutschen Hochdruckliga. Einen besonderen Vorteil für die Schlaganfallprophylaxe scheinen dabei Kalziumantagonisten zu bieten, während der Effekt von Betablockern geringer als der anderer Hypertensiva ist [Webb et al. 2010]. Wichtig sind auch diätetische Maßnahmen wie kochsalzarme Diät.

Diabetes mellitus stellt ebenfalls einen wesentlichen Risikofaktor dar. Eine strikte Blutzuckereinstellung und -kontrolle reduziert allerdings das Schlaganfallrisiko nicht in gleichem Maße wie das für andere vaskuläre Folgeerkrankungen. Wichtig ist bei Diabetikern vor allem die Blutdruckregulation, hier bevorzugt mit ACE- und Angiotensin-II-Hemmern [Diener et al. 2012]. Bei einer *Hypercholesterinämie* > 240 mg/dl ist das Schlaganfallrisiko klar erhöht. Diätetische Maßnahmen und Statine können bei konsequenter Anwendung das relative Schlaganfallrisiko um etwa 20 % vermindern [Amarenco u. Labreuche 2009]. Das erhöhte Schlaganfallrisiko durch *Rauchen* lässt sich eindrucksvoll reduzieren. Bereits ein Jahr nach Beendigung des Rauchens ist es um 50 % gesunken, nach fünf Jahren Abstinenz hat es sich normalisiert [Goldstein et al. 2011].

Ein *Vorhofflimmern* geht wegen der Gefahr der Bildung von kardialen Thromben mit dem höchsten isolierten relativen Schlaganfallrisiko einher. Bei Menschen mit einem unbehandelten Vorhofflimmern liegt das jährliche Risiko, einen Schlaganfall zu erleiden, bei 4,5 %. Die Behandlung mit oralen Antikoagulanzien mit einer Ziel-INR von 2,0 bis 3,0 kann es um 60 bis 70 % vermindern [Hart et al. 2007]. Aggregationshemmer wie Acetylsalicylsäure (ASS) sind für die Primärprophylaxe bei Vorhofflimmern hingegen nicht zu empfehlen. Patienten mit bisher *asymptomatischen Stenosen der A. carotis* mit einem Stenosegrad > 50 % weisen ein erhöhtes Risiko für einen ipsilateralen Schlaganfall auf. In 2 groß angelegten Studien wurde gezeigt, dass sich mit einer Karotisendarteriektomie das absolute Infarktrisiko um etwa 1 % pro Jahr vermindern lässt [Executive Committee for the ACAS 1995, Halliday et al. 2004]. Die Erfahrung des Operateurs ist dabei von entscheidender Bedeutung. In beiden Studien lag die Komplikationsrate bei 2 bis 3 %. Unselektiert sind jedoch deutlich höhere Komplikationsraten bekannt. Bereits bei einer Rate > 4 % besteht kein genereller Nutzen der Operation mehr, ab 6 % ist sie sogar schädlich. Daher wird eine Operation bei asymptomatischer Karotisstenose nach wie vor nicht allgemein empfohlen [Diener et al. 2012]. Aufgrund von Subgruppenanalysen kommt sie allerdings infrage für männliche Patienten unter 65 Jahren mit mäßigen Stenosen von 60 bis 80 %. Als Alternative gilt die medikamentöse Prophylaxe mit ASS bei guter Blutdruckeinstellung.

Für die *Sekundärprävention* nach Schlaganfall oder TIA ergeben sich andere Empfehlungen als für die Primärprophylaxe. Hier besitzt die Behandlung mit Thrombozyten-Aggregationshemmern einen hohen Stellenwert. Damit lässt sich das relative Risiko für einen erneuten Schlaganfall um 25 % vermindern, bei Hochrisikopatienten wohl noch stärker [Antithrombotic Trialists' Collaboration 2002]. In Betracht kommen verschiedene Substanzen: Für Patienten mit geringem Rezidivrisiko (≤ 4 % pro Jahr) wird die Behandlung mit Acetylsalicylsäure (ASS) 100 mg täglich empfohlen, bei höherem Rezidivrisiko (> 4 %) die fixe Kombination aus ASS 25 mg und Dipyridamol 200 mg zweimal täglich oder die Gabe von Clopidogrel 75 mg einmal täglich. Clopidogrel kommt auch bei gastrointestinaler Unverträglichkeit von ASS bzw. bei Therapieresistenz gegenüber ASS in Betracht. Patienten mit einer kardialen Emboliequelle sollten mit direkten Faktor-II- oder Faktor-X-Antagonisten (Dabigatran, Rivaroxaban oder Apixaban) behandelt werden, die genauso wirksam wie Cumarine sind, aber ein signifikant geringeres Blutungsrisiko zeigen [Diener et al. 2010]. Im Falle hochgradiger (> 70 %) Karotisstenosen hat sich die Endarteriektomie als sehr wirksam zur Sekundärprophylaxe erwiesen. Das Rezidivrisiko ließ sich in 2 großen Studien damit um 60 bis 80 % reduzieren [NASCET 1991, ECST 1991]. Die Operation sollte innerhalb von 4 Wochen nach dem Infarkt stattfinden, je früher desto größer ist der Nutzen. Bis zur Operation ist eine medikamentöse Prophylaxe mit ASS (ggf. plus Clopidogrel) indiziert. Die Endarteriektomie ist zumindest bei Patienten, die jünger als 70 Jahre sind, einer endovaskulären Therapie mit Stenteinlage überlegen.

4.1.6 Schlaganfall und Bewegungsstörung

Jede Parese nach einem Schlaganfall ist durch 3 Probleme gekennzeichnet:
- Verlust an Bewegungskontrolle
- Verlust an Kraft
- Veränderungen des Muskeltonus (hypoton oder hyperton).

Je nach Ausmaß und Lokalisation des Schlaganfalls können diese Probleme unterschiedlich ausgeprägt sein.

Der *Verlust an Bewegungskontrolle* macht sich besonders bei den nicht oder wenig automatisierten Willkürbewegungen bemerkbar. Vor allem Bewegungen des Arms und der Hand werden unsicher, grob, ungeschickt, das Ziel verfehlend. Bei Mediainfarkten ist die Parese meist distal betont, sodass in der ersten Zeit nach dem Schlaganfall auch einfache Handbewegungen wie Greifen und Handöffnung (Loslassen) gar nicht oder kaum möglich sind. Nach kompletten Mediainfarkten bleibt dieser Zustand oft auch im chronischen Stadium bestehen. Sogar bei weniger stark ausgeprägter Symptomatik oder bei Erholung zeigen sich besonders Pronation und Supination des Unterarms (Diadochokinese) und selektive Fingerbewegungen stark gestört. Dadurch sind feine Greifformen wie Spitzgriff und Pinzettengriff schwer beeinträchtigt (z. B. einen Stift zu halten). Manipulationen von Objekten auf der Unterlage oder in der Hand gelingen nicht oder kaum. Weiter erschwerend wirkt besonders bei großen Mediainfarkten, wenn auch die Sensorik beeinträchtigt ist. Durch einen Verlust an taktilem Gefühl und propriozeptivem Feedback ist die feine Bewegungsabstimmung zusätzlich erschwert und eine Kompensation durch visuelle Kontrolle wichtig.

Einschränkungen der Bewegungskontrolle machen sich an der unteren Extremität ebenfalls bemerkbar. So ist vor allem das Gehen (wenn überhaupt möglich) auf wechselnden Untergründen oder auf Treppen erschwert, da die Anpassung der eher automatisierten Bewegung an die wechselnden Anforderungen nicht schnell genug gelingt: Veränderung der Schrittlänge, stärkeres Anheben eines Fußes, Richtungswechsel. Die Patienten stolpern und stürzen häufig. Stürze gehören zu den häufigsten Komplikationen nach einem Schlaganfall. Auch hier verstärken Störungen des sensorischen Feedbacks die Probleme erheblich.

Der *Kraftverlust* behindert vor allem den Stand und das Gehen. Gerade in der ersten Zeit nach ausgedehnteren Schlaganfällen sind freies Stehen und Gehen unmöglich, da die Kraft zur Stabilisierung und zur Bewegung gegen die Schwerkraft nicht ausreicht (Kraftgrad < 3). Dann ist nur eine passive Mobilisation im Rollstuhl möglich. Im weiteren Verlauf nimmt die Kraft häufig wieder zu, sodass ein sicherer Stand erreicht wird. Das Laufen ist dann immer noch dadurch erschwert, dass die Muskelgruppen des Beins von der Schwäche unterschiedlich betroffen sind. Zusammen mit der sich meistens ausbildenden spastischen Tonuserhöhung entsteht ein Muster, das die Hüftadduktoren, den M. quadriceps femoris und den M. triceps surae (spastischer Spitzfuß!) stärker aktiviert, während die Hüftabduktoren, die ischiokrurale Muskulatur, der M. tibialis anterior und die Mm. fibulares schwach bleiben. Dadurch ist vor allem das Anheben des Oberschenkels und des Fußes sowie die Stabilisierung in der Schwungphase des Gangzyklus erschwert. Es entsteht das typische Wernicke-Mann-Gangbild (Abb. 4.8): Der Oberkörper wird zur Gegenseite geneigt, um das Bein vom Boden abzuheben. Es wird durch Zirkumduktion nach vorn gebracht. Der paretische Arm ist aufgrund des Lähmungsmusters adduziert, nach innen rotiert, das Ellenbogengelenk gebeugt, der Unterarm proniert, das Handgelenk und die Fingergrundgelenke gebeugt, der Daumen in die Hand eingeschlagen. Das Gehen über etwas längere Strecken ist nur mit einem Hilfsmittel möglich (Unterarm-Gehwagen, Rollator, Gehstock). Es setzt voraus, dass in allen proximalen Muskeln der unteren Extremität ein Kraftgrad von mindestens 3 erreicht worden ist.

An der oberen Extremität führt die Krafteinbuße anfangs vor allem dazu, dass Bewegungen gegen die Schwerkraft wie das Anheben des Arms im Schultergelenk oder das Abheben von der Unterlage nicht möglich oder stark beeinträchtigt sind. Trotz Verbesserung der Kraft in den proximalen Muskeln bleibt die Streckung im Handgelenk und in den Fingergelenken sowie das Fingerspreizen und die Daumenabduktion schwach.

Jede Hemiparese ist von *Veränderungen des Muskeltonus* begleitet. In der ersten Zeit nach dem Schlaganfall ist der Tonus meist generalisiert herabgesetzt, es besteht eine schlaffe Hemiparese. Je nach Lokalisation des Infarkts oder der Blutung kann sie auch länger bestehen, insbesondere nach reinen Hirnrindeninfarkten. Meist wandelt sich das Bild nach wenigen Wochen, und es entwickelt sich eine spastische Hemiparese. Davon sind nicht alle Muskeln gleichermaßen betroffen, es bildet sich vielmehr ein typisches Muster aus (s. o.).

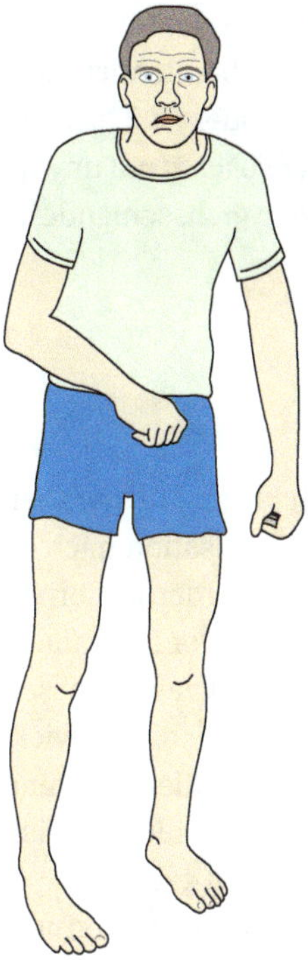

Abb. 4.8: Wernicke-Mann-Typ.

Die Spastik stellt oft ein sehr hartnäckiges Problem nach einem Schlaganfall dar. Selbst wenn sich spontan oder als Ergebnis der Rehabilitation Kraft und Bewegungskontrolle deutlich gebessert haben, kann die Spastik weitgehend unverändert fortbestehen. Im chronischen Stadium kommt es zu Umbauvorgängen der Sarkomere und zur bindegewebigen Umwandlung des Muskels, zur dauerhaften Verkürzung (Kontraktur). Der Hypertonus lässt sich mit Injektionen von Botulinumtoxin beeinflussen. Das passive Durchbewegen paretischer Gliedmaßen wirkt der Entstehung von Kontrakturen entgegen. Bereits eingetretene Kontrakturen vor allem der Beinmuskeln sind durch Redressionen, sicherer durch operative Eingriffe zu beseitigen.

Neben der Tonuszunahme im Bereich der paretischen Extremitäten kann sich am Rumpf eine *muskuläre Hypotonie* einstellen. Wegen ihres halbseitigen Charakters sind dann die posturale Kontrolle und Stabilisierung sowie die Stabilität im Schulter- und Beckenbereich beeinträchtigt. Haltungsstörungen können außerdem sensorisch durch mangelhafte Wahrnehmung der paretischen Körperseite bedingt sein. Ein besonderes Problem stellt das sogenannte *Pusher-Syndrom* dar, das vor allem nach rechtshemisphärischer Hirnschädigung auftritt. Die Patienten verlagern ihr Gewicht zur paretischen Körperseite und drücken beim Versuch einer passiven Korrektur aktiv gegen die korrigierende Hand (*to push*). Wahrscheinlich handelt es sich dabei um eine zerebrale Neglect-Symptomatik, bei der die subjektive Vertikale zur hemiparetischen Seite hin geneigt ist [Karnath et al. 2000].

Infolge isolierter Basalganglieninfarkte treten situativ wechselnde Tonuserhöhungen und unwillkürliche Bewegungen auf, die man als Dystonie bezeichnet. Charakteristisch sind der *Hemiballismus* mit unwillkürlichen ausfahrenden, z. T. schleudernden Bewegungen aus dem Schultergelenk heraus und die *Hemichorea* mit unwillkürlichen ruckartigen Bewegungen vor allem im Handgelenk (*ballo* grch. schleudern, *choreia* grch. Tanz).

4.1.7 Rehabilitation

Erholung und partieller Funktionsrückgewinn nach einem Schlaganfall beruhen größtenteils auf der Fähigkeit des Gehirns zur funktionellen Reorganisation nach einer Schädigung. Grundlage dafür ist die Neuroplastizität, d. h. die anforderungsorientierte Veränderbarkeit neuronaler Netzwerke durch Demaskierung zuvor „stummer" Synapsen, Aussprossung von Axonen und Bildung neuer Synapsen (Synaptogenese). Axonwachstum und Synaptogenese folgen dabei Prinzipien, die auch für die Entwicklung des Nervensystems und das Lernen im Kortex von Großhirn und Kleinhirn und in den Basalganglien nachgewiesen wurden. Gute neurologische Rehabilitation zielt darauf ab, diese Vorgänge zu unterstützen und ihnen eine Richtung zu geben.

Nach derzeitigem Wissensstand laufen Erholung und Reorganisation nach einem akuten Schlaganfall oder einer anders gearteten strukturellen Hirnverletzung in mehreren Phasen ab. Zunächst (Stunden bis wenige Tage) kann es zu einer Funktionserholung durch Reperfusion und Wiederaufnahme des Funktionsstoffwechsels von Neuronen in der Penumbra-Zone kommen. Bei der Motorik scheint auch das ersatzweise Anspringen einer präformierten ipsilateralen Kontrolle durch die nicht geschädigte Hemisphäre eine Rolle zu spielen. 10 bis 15 % (individuell unterschiedlich) der Fasern der Pyramidenbahn verlaufen ungekreuzt. Diese normalerweise eher stummen Verbindungen werden innerhalb von Tagen wirksam (demaskiert). Eine ipsilaterale Kontrolle wird allerdings vorwiegend über proximale Muskelgruppen ausgeübt, was erklärt, dass es bei einer ausgeprägten Hemiparese zunächst vor allem zu einer Wiederkehr von Willkürbewegungen in Schulter-, Ellenbogen- und Hüftgelenk kommt, während die Handfunktionen schwer beeinträchtigt bleiben.

Mit bildgebenden und elektrophysiologischen Methoden (funktionelle Magnetresonanztomografie, transkranielle Magnetstimulation) lässt sich erkennen, dass nach einem Infarkt in motorischen Hirnarealen eine ausgeprägte Aktivitätszunahme in nicht geschädigten Regionen des primär-motorischen und des prämotorischen Kortex der betroffenen Hemisphäre, aber auch der intakten Hemisphäre eintritt [Calautti u. Baron 2003, Grefkes u. Fink 2011]. Dabei scheint die Interaktion homologer Areale der beiden Hemisphären eine wichtige Rolle zu spielen [Murase et al. 2004]. Bei Patienten mit guter Erholung wird diese Überaktivität im Verlauf immer geringer und nähert sich wieder normalen Mustern an, bei Patienten mit wenig Erholung bleibt die Aktivierung der nicht geschädigten Hemisphäre auch noch bis ins chronische Stadium bestehen [Grefkes u. Fink 2011].

4.1.7.1 Methoden

In der motorischen Rehabilitation nach Schlaganfall gibt es eine große Methodenvielfalt. Neben traditionellen Therapien nach Bobath, Vojta oder Affolter oder der propriozeptiven neuromuskulären Fazilitation etablieren sich zunehmend neue Verfahren, die einen stärker ganzheitlichen repetitiv-übenden und aufgabenorientierten Charakter aufweisen und Erkenntnisse über die neuroplastischen Vorgänge nach einer Hirnschädigung einzubeziehen versuchen. In den letzten Jahren fanden auch maschinell unterstützte Therapien zunehmende Verbreitung. Für den Erfolg aller Methoden sind einige allgemeine Bedingungen und Wirkfaktoren wichtig, die wahrscheinlich eine größere Rolle spielen als die spezifischen Interventionen einer Therapie und die die Grundlage für den Erfolg von Lernen allgemein darstellen. Zu nennen sind vor allem:

Motivation: Lernen ist umso erfolgreicher, je höher die Eigenmotivation des Lernenden ist. Deshalb müssen Therapeuten ihre Therapie so gestalten, dass sie dem Patienten Freude bereitet und er ihren Sinn erkennen kann.

Alltagsbezug: Ziel jeder Therapie sollte es sein, den Alltag des Patienten zu erleichtern und seine Selbstständigkeit zu sichern oder zu erweitern. Deshalb gehören die *Activities of daily living* (ADL) wie Waschen, An- und Auskleiden, Essen, Trinken, Toilettenbenutzung, Fortbewegung und eine individuelle Analyse der spezifischen Herausforderungen zusammen mit dem Patienten in jede Therapie.

Wiederholung: Wie beim Lernen von Tennis oder Klavierspiel ist die häufige Wiederholung von neu erarbeiteten Bewegungen wichtig, um die Reorganisation neuronaler Netzwerke mit Ausbildung neuer Synapsen zu stabilisieren.

Intensität: Alltagsorientierung und Wiederholung erfordern viel Zeit. Daher ist es nicht verwunderlich, dass viele Studien die wesentliche Rolle der zeitlichen Intensität der Therapie herausgestellt haben. So hat sich für die *Constraint-induced-movement-Therapie* gezeigt, dass es eine Art Schwellenwert für die Nachhaltigkeit der Behandlung gibt. Hausübungsprogramme können gegebenenfalls die Therapiewirksamkeit verbessern.

Die traditionellen physiotherapeutischen Verfahren wie die von Bobath und Vojta oder die propriozeptive neuromuskuläre Fazilitation (PNF) versuchen durch gezielte Applikation von taktilen, propriozeptiven und thermischen Reizen sowie muskuläre Dehnungen den Input auf das ZNS (zerebral und besonders spinal) so zu verändern, dass ungünstige motorische Reaktionen und Muster (z. B. spastische Tonuserhöhung) gehemmt (Inhibition) und physiologische Bewegungen gebahnt werden (Fazilitation).

Im *klassischen Bobath-Verfahren* wird sehr auf die Körperhaltung und die posturale Kontrolle (Rumpfaufrichtung, Symmetrie) des hemiparetischen Patienten geachtet und durch propriozeptive Reize (z. B. Beklopfen) und Muskeldehnungen an der Regulation des meist spastisch erhöhten Muskeltonus gearbeitet (*Hands on*). Unphysiologische kompensatorische Bewegungen des Patienten sollen möglichst gehemmt bzw. unterbunden werden. An der damit verbundenen Behinderung aktiver (wenngleich unphysiologischer) Bewegungen setzte besonders die Kritik an der Bobath-Methode im Lichte der neueren Erkenntnisse zum aktiven Problemlösevermögen des Gehirns ein. In den letzten Jahren hat die Bobath-Schule diese Kritik aufgenommen und betont deutlich stärker die Förderung der eigenen Bewegungsaktivität des Patienten, auch wenn daraus zunächst unphysiologische Bewegungsmuster resultieren. Das *Hands on* wird zunehmend durch ein *Hands off* ersetzt, alltagspraktische Übungen werden in die Therapie einbezogen.

Bei der *PNF* werden ebenfalls Muskeldehnungen, Gelenkstimulationen und Traktionen eingesetzt. Zusätzlich wird mit dem steten Wechsel von Agonisten- und Antagonisten-Aktivierung gearbeitet (z. B. Greifen und Loslassen, Anspannen und Entspannen), und es werden komplexe Bewegungen und Bewegungsübergänge geübt.

Alle neueren Methoden der motorischen Rehabilitation nach Schlaganfall zeigen einen komplex-aufgabenorientierten, alltagsbezogenen oder repetitiven Charakter. Bei der *repetitiven Gangtherapie* [u. a. Hesse et al. 1995] wird das Gehen durch stete Repetition des Gangzyklus auf einem Laufband geübt und wieder neu „eingeschliffen". Durch eine Aufhängeeinrichtung (wie beim Fallschirmspringer) erfolgt eine partielle Gewichtsentlastung, sodass die Therapie schon zu einem sehr frühen Zeitpunkt beginnen kann und zunächst noch keine hohen Anforderungen an die Balancesicherung stellt. Das Band erzwingt die Lokomotion. Anfangs führt der Therapeut das paretische Bein wenn nötig passiv. Dieser Unterstützungsbedarf reduziert sich im Laufe der Zeit durch das motorische Lernen, sodass schließlich nach Vorbereitung durch eine zwanzigminütige Laufbandeinheit das Laufen am Hilfsmittel oder sogar das freie Laufen geübt werden darf. Das Gangtraining kann unterstützt werden durch Geräte, die über zyklisch bewegte Fußmulden eine annähernd physiologische Beinbewegung vorgeben (Gangtrainer® nach Hesse), oder über an Hüft- und Kniegelenken mit Orthesen fixierte kleine Elektromotoren, die die Gelenkbewegungen initiieren und unterstützen (Lokomat®).

In einer vergleichenden Untersuchung [Franceschini et al. 2009] erwies sich die Laufbandtherapie nur als gleichwertig mit einer intensiven Physiotherapie mit repetitiven Gangübungen am Hilfsmittel in der Ebene und auf der Treppe ohne apparative Unterstützung. Eine Überlegenheit der Laufbandtherapie ergab sich allein für bereits gehfähige Patienten bezüglich Ganggeschwindigkeit, Ausdauer und aerober Effizienz [Macko et al. 2005]. Der Gangtrainer nach Hesse war jedoch in der Ganganbahnung einem gleich intensiven rein physiotherapeutischen Gangtraining überlegen [Pohl et al. 2007].

Analog wurden auch Geräte ersonnen, die repetitiv die Übung elementarer Arm- und Handbewegungen (Beugung und Streckung im Ellenbogen- und im Handgelenk, Pro- und Supination des Unterarms, Greifen und Loslassen) gestatten. Durch spiegelartige Bewegungen des nicht paretischen Arms können mit bestimmten Geräten (z. B. Bi-Manu-Track® nach Hesse) auch bahnende zentralnervöse Effekte ausgelöst werden. Diese Behandlung war wirksamer als eine Elektrostimulation des paretischen Arms [Hesse et al. 2005]. Weitere roboterunterstützte Therapien befinden sich in Entwicklung. Ihre generelle Überlegenheit gegenüber anderen intensiv übenden Therapieverfahren ist jedoch noch nicht gesichert.

Forced use und Constraint-induced movement therapy
Schlaganfallpatienten mit teilweise wiedergewonnener, aber nach wie vor geschwächter Armfunktion neigen dazu, den paretischen Arm im Laufe der Zeit zu vernachlässigen, da viele Tätigkeiten mit dem nicht beeinträchtigten Arm schneller und geschickter ausgeführt werden. Darunter leiden aber langfristig auch typisch bilaterale Funktionen, und es kommt zu einem Verlernen an sich möglicher Bewegungen und Aktivitäten (*learned non-use*), der auch mit einem Abbau zerebraler Repräsentationen einhergeht. Um dem entgegenzuwirken und verloren gegangene arm- und handmotorische Fähigkeiten wieder lernen zu lassen, entwickelten Taub u. a. [1993] die *Forced-use*-Therapie (heute eher als *Constraint-induced-movement-therapy* = CIMT bezeichnet). Dabei wird der nicht paretische Arm mit einer Schlinge oder Schiene immobilisiert und der Patient „gezwungen", alltagspraktische Bewegungen und Aktivitäten mit dem paretischen Arm auszuführen. Die Aufgaben werden therapeutisch so gestaltet, dass ständig ein Arbeiten an den Grenzen der bereits vorhandenen motorischen Fähigkeiten des Patienten stattfindet. So werden die Bewegungen zunächst unsicher oder fehlerhaft ausgeführt. Durch Wiederholung, Versuch-Irrtum-Erfolg und aktive Korrekturen findet im Gehirn motorisches Lernen statt, und der Bewegungsablauf wird sukzessive sicherer und geschickter. Wenn ein Bewegungsablauf genügend stabilisiert ist, können die Grenzen neu gezogen werden. Dieser als *Shaping* bezeichnete Prozess wird durch Lob und Belohnung verhaltenstherapeutisch unterstützt und führt im Laufe der Zeit zu einer nachhaltigen Ausweitung der Bewegungsmöglichkeiten mit dem hemiparetischen Arm.

Wesentliche Bedingung der Therapie ist eine hohe zeitliche Behandlungsintensität. Es besteht eine Korrelation zwischen Therapiedauer und Therapieerfolg [Sterr et al. 2002]. Von den meisten Autoren wird eine Intensität von vier bis fünf Stunden täglich über 3 bis 6 Wochen gefordert, das bedeutet 60 bis 150 Stunden insgesamt. In dieser Weise kann die Behandlung nur stationär oder tagesklinisch stattfinden, es sei denn Patienten sind so motiviert und verständig, dass sie alltagspraktische Übungen auch selbstständig oder mithilfe von Angehörigen zu Hause durchführen. Die CIMT hat ihre Wirksamkeit in zahlreichen Studien sowohl in der postakuten Behandlung als auch im chronischen Stadium auch viele Jahre nach einem Schlaganfall eindrucksvoll bewiesen [u. a. Wolf et al. 2006 u. 2010].

4.1.7.2 Spastikbehandlung

Die Behandlung der Spastik nach einem Schlaganfall ist zunächst eine physiotherapeutische Aufgabe. Mit manuellen Techniken zur Dehnung und Mobilisierung spastischer Muskeln unter Verbesserung der posturalen Kontrolle des Oberkörpers und proximaler Stabilisierung ggf. durch Hilfsmittel (z. B. Bandagen am Schultergelenk oder Rumpf) lassen sich durchaus erhebliche Erfolge erzielen. Zur Bedeutung ruhigstellender und redressierender Verbände für die Kontrakturbehandlung und von Orthesen für die Mobilisierung s. Kap. 4.5 [vgl. Stoeckmann 2001]. Die Prinzipien der orthopädischen Behandlung sind nicht altersabhängig.

Medikamentös kommen zur Spastikreduktion mehrere orale Pharmaka in Betracht. Baclofen, Tizanidin, Diazepam, Tetrazepam und Tolperison greifen zentralnervös an, vor allem auf spinaler Ebene (Interneurone), während Dantrolen direkt relaxierend am Muskel wirkt. Mittel der ersten Wahl sind Baclofen und Tizanidin. Das Problem der oralen Spastiktherapie besteht darin, dass die Medikamente nicht nur die Spastik reduzieren, sondern auch die Kraft vermindern (besonders Dantrolen), also die Parese verstärken. Ferner bewirken die zentralnervös angreifenden Substanzen (Tolperison am wenigsten) auch eine psychomotorische Dämpfung bis hin zur Sedierung und können auch den Blutdruck vermindern (Tizanidin). Sie zeigen daher häufig ein kaum akzeptables Nutzen-Nebenwirkungs-Profil und sind für bewusstseinsklare und aktive Patienten eher nicht zu empfehlen. Sie kommen aber in Betracht bei schwerer Spastik mit weitgehender Funktionsunfähigkeit der Extremität, spastikinduzierten Schmerzen und bettlägerigen oder bewusstseinsgeminderten Patienten.

Wesentlich besser sieht das Nutzen-Risiko-Profil für die fokussierte Behandlung der Spastik durch Injektionen von Botulinumtoxin in besonders betroffene Muskeln aus. Das Toxin blockiert die neuromuskuläre Impulsübertragung an der motorischen Endplatte durch proteolytischen Abbau der an der Vesikelfusion mit der synaptischen Membran beteiligten Proteine und Hemmung der Transmitter-Ausschüttung an der synaptischen Membran. Mit der entstehenden chemischen Denervierung wird die dauerhaft erhöhte Erregung des Muskels reduziert. Wichtig ist die genaue Dosierung, die von der Größe des Muskels und der Stärke der Spastik abhängig ist (zu viel schwächt den Muskel zu sehr, zu wenig reduziert die Spastik nicht ausreichend). Bewährt hat sich die durch randomisiert-kontrollierte Studien belegte Methode vor allem bei folgenden Indikationen [Burbaud et al. 1996, Bakheit et al. 2000, van Kuijk et al. 2002]:

- *spastischer Spitzfuß*: Injektion in M. gastrocnemius und M. soleus, ggf. auch M. tibialis posterior
- *Adduktorenspastik*: Injektion in M. adductor longus et brevis, ggf. auch M. gracilis und mediale ischiokrurale Muskeln
- *Beugespastik im Ellenbogengelenk*: Injektion in M. biceps brachii, M. brachioradialis, ggf. auch M. brachialis

- *Beugespastik des Handgelenks und der Fingergrundgelenke*: Injektion in M. flexor carpi radialis und ulnaris, M. flexor digitorum superficialis und profundus, ggf. auch M. pronator teres, M. flexor pollicis longus und brevis, M. adductor pollicis

4.1.8 Literatur

Amarenco P, Labreuche J (2009) Lipid management in the prevention of stroke: review and updated meta-analysis of statins for stroke prevention. Lancet Neurol 8:4534–4563.

Antithrombotic Trialists' Collaboration (2002) Collaborative meta-analysis of randomized trials of antiplatelet therapy for prevention of death, myocardial infarction, and stroke in high risk patients. BMJ 524:71–86.

Bakheit AMO, Thilmann AF, Ward AB et al. (2000) Randomized, double-blind, placebo controlled, dose-ranging study to compare the efficacy and safety of three doses of botulinum toxin type A (dysport) with placebo in upper limb spasticity after stroke. Stroke 31:2402–2406.

Burbaud P, Wiart J, Dubos JL et al. (1996) A randomized, double-blind, placebo controlled trial of botulinum toxin in the treatment of spastic foot in hemiparetic patients. J Neurol Neurosurg Psychiatry 61:265–269.

Calautti C, Baron JC (2003) Functional neuroimaging studies of motor recovery after stroke in adults: a review. Stroke 34:1553–1566.

Collins R, Peto R, MacMahon S et al. (1990) Blood pressure, stroke and coronary heart disease. Part 2. Lancet 335:827–838.

Diener HC, Connolly SJ, Ezekowitz MD et al.; RELY study group (2010) Dabigatran compared with warfarin in patients with atrial fibrillation and previous transient ischaemic attack or stroke. A subgroup analysis of the RELY trial. Lancet Neurol 9:1157–1163.

Diener HC, Putzki NH (2008) Leitlinien für Diagnostik und Therapie in der Neurologie. Kommission „Leitlinien" der Deutschen Gesellschaft für Neurologie. Georg-Thieme-Verlag Stuttgart.

Diener HC, Weber R, Dichgans M (2012). Primäre und sekundäre Prävention der zerebralen Ischämie. In: Brandt T, Diener HC, Gerloff C (Hrsg). Therapie und Verlauf neurologischer Erkrankungen, 6. Aufl. Verlag W. Kohlhammer Stuttgart, 371–391.

European Carotid Surgery Trialists' Collaborative Group (ECST) (1991) MRC European Carotid Surgery Trial: interim results for symptomatic patients with severe (70–99 %) or with mild (0–29 %) carotid stenosis. Lancet 337:1235–1243.

Executive Committee for the Asymptomatic Carotid Atherosclerosis Study (ACAS) (1995) Endarterectomy for asymptomatic carotid artery stenosis. JAMA 273:1421–1428.

Forsting M, Tonn JC, Pfefferkorn T (2012) Subarachnoidalblutung. In: Brandt T, Diener HC, Gerloff C (Hrsg). Therapie und Verlauf neurologischer Erkrankungen, 6. Aufl. Verlag W. Kohlhammer Stuttgart, 447–456.

Franceschini M, Carda S, Agosti M et al. (2009) Walking after stroke: what does treadmill training with body weight support add to overground training in patients early after stroke?: a single-blind, randomized, controlled trial. Stroke 40:3079–3085.

Gerloff C, Diener HC, Weimar C, Hacke W (2012) Zerebrale Ischämie. In: Brandt T, Diener HC, Gerloff C (Hrsg). Therapie und Verlauf neurologischer Erkrankungen, 6. Aufl. Verlag W. Kohlhammer Stuttgart, 349–370.

Grefkes C, Fink GR (2011) Reorganization of cerebral networks after stroke: new insights from neuroimaging with connectivity approaches. Brain 134:1264–1276.

Hacke W, Kaste M, Bluhmki E et al. (2008) Thrombolysis with alteolase 3 to 4.5 hours after acute ischemic stroke. N Engl J Med 359:1317–1329.

Halliday A, Mansfield A, Marro J et al. (2004) MRC Asymptomatic Carotid Surgery Trial (ACST) Collaborative Group. Prevention of disabling and fatal strokes by successful carotid endarterectomy in patients without recent neurological symptoms: randomized controlled trial. Lancet 363:1491–1502.

Hesse S, Bertelt C, Jahnke MT et al. (1995) Treadmill training with partial body weight support compared with physiotherapy in nonambulatory hemiparetic patients. Stroke 26:976–981.

Hesse S, Werner C, Pohl M et al. (2005) Computerized arm training improves the motor control of the severely affected arm after stroke: a single-blinded randomized trial in two centers. Stroke 36:1960–1966.

Heuschmann PU, Busse O, Wagner M et al. (2010) Frequency and care of stroke in Germany. Akt Neurol 37:333–340.

Karnath HO, Ferber S, Dichgans J (2000) The origin of contraversive pushing: evidence for a second graviceptive system in humans. Neurology 55:1298–1304.

Kuijk AA van, Geurts AC, Bevaart BJ et al. (2002) Treatment of upper extremity spasticity in stroke patients by focal neuronal or neuromuscular blockade: a systematic review of the literature. J Rehabil Med 34:51–61.

Macko RF, Ivey FM, Forrester LW et al. (2005) Treadmill exercise rehabilitation improves ambulatory function and cardiovascular fitness in patients with chronic stroke: a randomized, controlled trial. Stroke 36:2206–2211.

Molyneux A, Kerr R, Stratton I et al. (2002) International Subarachnoid Aneurysma Trial (ISAT).of neurosurgical clipping versus endovascular coiling in 2143 patients with ruptured intracranial aneurysms: a randomised trial. Lancet 360:1267–1274.

Morgenstern LB, Hemphill JC, Anderson C et al. (2010) Guidelines for the management of spontaneous intracerebral hemorrhage. A guideline from the American Heart Association/American Stroke Association. Stroke 41:2108–2129.

Murase N, Duque J, Mazzocchio R, Cohen LG (2004) Influence of interhemispheric interactions on motor function in chronic stroke. Ann Neurol 55:400–409.

North American Symptomatic carotid Endarterectomy Trial Collaborators (NASCET) (1991) Beneficial effect of carotis endarterectomy in symptomatic patients with high-grade carotid stenosis. N Engl J Med 325:445–453.

Palm F, Urbanek C, Rose S et al. (2010) Stroke incidence and survival in Ludwigshafen am Rhein; Germany: the Ludwigshafen stroke study. Stroke 41:1865–1870.

Pohl M, Werner C, Holzgraefe M et al. (2007) Repetitive locomotor training and physiotherapy improve walking and basic activities of daily living after stroke: a single-blind, randomized, multicentre trial. Clin Rehabil 21:17–27.

Sterr A, Elbert T, Kölbl S et al. (2002) Longer versus shorter constraint-induced therapy of chronic hemiparesis: an exploratory study. Arch Phys Med Rehabil 83:1374–1377.

Stoeckmann T (2001) Casting for the person with spasticity. Top Stroke Rehabil 8:27–35.

Taub E, Miller NE, Novack TA et al. (1993) Technique to improve chronic motor deficit after stroke. Arch Phys Med Rehabil 74:347–354.

Trepel M (2015) Neuroanatomie. Verlag Elsevier Urban & Fischer München.

Webb AJ, Fisher U, Mehta Z, Rothwell PM (2010) Effects of anti-hypertensive drug class on interindividual variation in blood pressure and risk of stroke: a systematic review and meta-analysis. Lancet 375:906–915.

Weimar C, Sure U, Thomalla G (2012) Intrazerebrale Blutungen. In: Brandt T, Diener HC, Gerloff C (Hrsg). Therapie und Verlauf neurologischer Erkrankungen, 6. Aufl. Verlag W. Kohlhammer Stuttgart, 434–446.

Wolf SL, Thompson PA, Winstein CJ et al. (2010) The EXCITE stroke trial: comparing early and delayed constraint-induced movement therapy. Stroke 41:2309–2315.

Wolf SL, Winstein CJ, Miller JP et al. (2006) Effect of constraint-induced therapy on upper extremity function 3 to 9 months after stroke: the EXCITE randomized clinical trial. JAMA 296:2095–2104.

4.2 Verletzungen des Gehirns

Matthias Preuß

4.2.1 Epidemiologie

Das Schädel-Hirn-Trauma (SHT, TBI – *traumatic brain injury*) stellt die Folge einer äußerlichen Gewalteinwirkung auf den knöchernen Schädel und das Gehirn dar. Man unterscheidet offene und geschlossene Schädel-Hirn-Traumen, geschlossene sind weitaus häufiger. In Abhängigkeit von Art, Richtung und Schwere der Gewalteinwirkung tritt die primäre Schädigung ein. Die sekundären Schädigungen folgen verzögert binnen Stunden oder Tagen: vor allem das posttraumatische Hirnödem, sekundäre Blutungen, Liquorzirkulationsstörungen und Liquorfisteln, Epilepsie, Gefäßverletzungen und nach offenen Verletzungen Infektionen [Miller 1993, Brain Trauma Foundation 2000].

Kinder und Jugendliche unter 16 Jahren sind mit 28 % und Männer häufiger betroffen als Frauen (41,6 : 58,4 %), die Inzidenz ist bei den Frauen in den letzten Jahren allerdings deutlich gestiegen [Murray et al. 1999, Casper 2000, Bruns u. Hauser 2003, Steudel et al. 2005]. Die Inzidenz beträgt nach neuesten Studien etwa 332 : 100.000 Einwohner im Jahr [Casper 2000, Bruns u. Hauser 2003, Steudel et al. 2005], davon 90,9 % leichte (302/100.000), 3,9 % mittlere (13/100.000) und 5,2 % schwere (17/100.000) Verletzungen.

Viele Unfallopfer überleben mit einer permanenten Schädigung, aber 40 von 100.000 Einwohnern versterben jährlich an einem Schädel-Hirn-Trauma, sodass es mit Abstand die häufigste Todesursache bei Kindern, Jugendlichen und Erwachsenen bis zu 45 Jahren darstellt. Rund 4000 Menschen werden in Deutschland jährlich zu Langzeitpflegefällen [Steudel et al. 2005]. Ursächlich handelt es sich vor allem um Freizeitunfälle (35,7 %), häusliche Unfälle (30,0 %), Verkehrsunfälle (26,4 %) und nur bei 15,0 % um Arbeitsunfälle [Möllmann 2006]. Radfahrer erleiden trotz des Helms am häufigsten von allen Verunfallten ein mittelschweres Schädel-Hirn-Trauma.

Aufgrund der Häufigkeit des SHT und der weitreichenden Folgen auch im sozioökonomischen Sinne wurden Leitlinien der verschiedenen Fachgesellschaften veröffentlicht, um das präklinische und klinische Management der Patienten evidenzbasiert zu standardisieren. Entsprechend dem Evidenzgrad wurden durch die Arbeitsgemeinschaft der Wissenschaftlichen Medizinischen Fachgesellschaften S2k-Leitlinien bzw. S2e-Leitlinien erarbeitet [AWMF Registernummer 024/018 und 008/001 www.awmf.org]. Hier wird sowohl die präklinische Versorgung (am Unfallort bis zur Notaufnahme) als auch die akutmedizinische Versorgung von Kindern und Erwachsenen abgebildet.

4.2.2 Pathophysiologie des Schädel-Hirn-Traumas

4.2.2.1 Allgemeine Pathophysiologie

Aufgrund des Zeitverlaufs der intrakraniellen Schädigung unterscheidet man eine Primärschädigung von einer Sekundärschädigung. Die Primärschädigung entsteht durch die direkte Gewalteinwirkung auf den Schädel und das ZNS. Sie ist einer kausalen Therapie nicht zugänglich. Direkte Verletzungen des Hirngewebes von eminenter Bedeutung sind die intrazerebralen Kontusionen, mechanische Verletzungen von Nervenfasern (diffuser Axonschaden) und die Läsion intrakranieller Gefäße.

Sekundäre Hirnschädigungen entstehen posttraumatisch durch intrakranielle und extrakranielle Ursachen. Extrakranielle Ursachen sind hierbei vor allem Hypoxämie und Hypotension, seltener arterielle Dissektionen. Auch Hyperkapnie, Hyperthermie, Hypo- und Hyperglykämie sowie Elektrolytentgleisungen sind geeignet, sekundäre Schädigungskaskaden auszulösen und zu unterhalten. Sie sind vor allem durch optimale präklinische Versorgung und intensivmedizinische Maßnahmen vermeidbar und behandelbar. Ihre Inzidenz konnte auch aufgrund der Einführung nationaler und internationaler Leitlinien zur Akutversorgung des SHT deutlich gesenkt werden [Murray et al. 1999, Brain Trauma Foundation 2000, Steudel et al. 2005, Möllmann 2006]. Nach primären Läsionen sind sekundäre intrakranielle Hämatome und das posttraumatische Hirnödem mit nachfolgender intrakranieller Drucksteigerung von Bedeutung, weil sie ein sofortiges neurochirurgisches Eingreifen erfordern. Diese Komplikationen sind bereits bei der notärztlichen Versorgung, beim Transport und bei der Schockraumbehandlung zu beachten [Murray et al. 1999]. Außerdem können Vasospasmen, epileptische Anfälle und Infektionen des ZNS die Prognose des Patienten beeinflussen.

4.2.2.2 Pathophysiologie der intrakraniellen Drucksteigerung

4.2.2.2.1 Der intrakranielle Druck

Der intrakranielle Druck (ICP, *intracranial pressure*) ist als physikalische Größe definiert als der im Schädelinneren herrschende Flüssigkeitsdruck in mm Hg. Er wird bestimmt durch das Volumen der Kompartimente Hirngewebe (etwa 80 %), intrakranielles Blutvolumen (etwa 12 %) und Liquor (etwa 8 %) sowie möglicherweise durch Ansammlungen von Tumorzellen, durch Blutungen, Fremdkörper, Abszesse. Er wird auch beeinflusst durch den in den arteriellen Blutgefäßen herrschenden Druck. Aus der Differenz von mittlerem arteriellem Blutdruck und ICP berechnet man den zerebralen Perfusionsdruck [Preuss 2012, Czosnyka et al. 2007 u. 2010]. Aufgrund der Pulsation, die durch den arteriellen Blutfluss in das Schädelinnere übertragen wird, besitzt auch der intrakranielle Druck eine Pulswelle mit einem systolischen Maximum und einem diastolischen Minimum. Gewöhnlich wird der Mitteldruck des ICP als Referenzwert bei der Behandlung des intrakraniellen Drucks verwendet.

Der intrakranielle Druck des Menschen ist altersabhängig. Er steigt nach der Geburt mit zunehmendem arteriellem Blutdruck langsam an und erreicht nach Fontanellenschluss (normalerweise zwischen 9. und 18. Lebensmonat) die Werte des Erwachsenen [Murray et al. 1999, Brain Trauma Foundation 2000, Preuss 2012]. Darüber hinaus ist er auch abhängig von der Körperposition, die das intrakranielle Blutvolumen über den venösen Abfluss indirekt verändert (Monro-Kellie-Doktrin, Kap. 4.2.2.2.3). Im Liegen wird der physiologische intrakranielle Druck mit 5 bis 10 mm Hg angegeben. Im Stehen sind Werte zwischen 0 und 5 mm Hg normal.

4.2.2.2.2 Zerebraler Perfusionsdruck und Autoregulation

Der zerebrale Perfusionsdruck (CPP) ist definiert als Differenz zwischen arteriellem Mitteldruck und intrakraniellem Druck. Er ist damit auch abhängig vom systemischen arteriellen Druck und unterliegt beim Gesunden der sogenannten Autoregulation der hirnversorgenden Gefäße, welche die zerebrale Perfusion bei systolischen Blutdrücken zwischen 50 und 200 mm Hg weitgehend konstant hält [Murray et al. 1999, Brain Trauma Foundation 2000, Preuss 2012]. Sie dient der optimalen Blutversorgung der Neurone und damit der Homöostase im interstitiellen Raum. Dieser auch als neurometabolische Kopplung bezeichnete Regulationskreislauf steuert durch Lumenänderung zuführender Arterien und Arteriolen den lokalen und globalen Blutfluss in Abhängigkeit von der neuronalen Aktivität, also von der CO_2- und Laktat-Produktion der Neurone und damit vom interstitiellen pH-Wert sowie vom O_2-Verbrauch [Preuss 2012]. Lokale Aktivitätssteigerung steigert den Blutfluss im aktiven Hirnareal und umgekehrt.

4.2.2.2.3 Monro-Kellie-Doktrin

Die Monro-Kellie-Doktrin, nach dem schottischen Anatomen Alexander Monro II. und nach George Kellie benannt und 1824 postuliert, stellt noch heute einen Grundpfeiler der intrakraniellen Pathophysiologie dar: Die intrakraniellen Kompartimente in der *rigid box* des Schädelinnern lassen die Zunahme eines Kompartiments nur durch Druckerhöhung oder auf Kosten eines anderen Kompartiments zu.

Für die pathophysiologischen Abläufe beim Schädel-Hirn-Trauma von besonderer Bedeutung ist die Tatsache, dass nach Aufbrauchen sogenannter intrakranieller Reserveräume aus einer geringen Zunahme des intrakraniellen Volumens entsprechend den physikalischen Prinzipien des hydrostatischen Druckes in geschlossenen Räumen eine exponentielle Zunahme des intrakraniellen Drucks resultiert. Als intrakranielle Reserveräume dienen physiologischerweise der Liquorraum und das venöse Gefäßsystem (Niederdruckkompartimente).

4.2.3 Klassifikationen des Schädel-Hirn-Traumas

4.2.3.1 Klassifikation nach Schwere der Verletzung

Nach Teasdale [1974] teilt man die Schwere des Schädel-Hirn-Traumas in die Grade I bis III ein. Hierfür wird der *Glasgow-Coma-Score* (GCS) verwendet: Ein leichtes Schä-

Tab. 4.3: *Glasgow-Coma-Scale* (minimal 3, maximal 15 Punkte).

Punkte	Augen öffnen	Verbale Kommunikation	Motorische Reaktion
6	–	–	befolgt Aufforderungen
5	–	konversationsfähig, orientiert	gezielte Schmerzabwehr
4	spontan	konversationsfähig, desorientiert	ungezielte Schmerzabwehr
3	auf Aufforderung	unzusammenhängende Wörter	auf Schmerzreiz Beugesynergismen (abnormale Beugung)
2	auf Schmerz-reiz	unverständliche Laute	auf Schmerzreiz Strecksynergismen
1	keine Reaktion	keine verbale Reaktion	keine Reaktion auf Schmerzreiz.

Tab. 4.4: Pädiatrischer *Glasgow-Coma-Scale.*

Pkt.	Augen öffnen	Beste verbale Kommunikation	Beste motorische Reaktion
6	–	normal	spontan, auf Aufforderung
5	–	Lächeln, verfolgt Geräusche	auf Berührungsreiz Zurückziehen
4	spontan	Schreien, aber tröstbar	auf Schmerzreiz Zurückziehen
3	auf Ansprechen	Schreien, untröstbar, inkonsistenter Kontakt	auf Schmerzreiz Beugesynergismen
2	auf Schmerzreiz	agitiert, untröstbar	auf Schmerzreiz Strecksynergismen
1	keine Reaktion	keine verbale Reaktion	keine Reaktion auf Schmerzreiz.

del-Hirn-Trauma liegt bei einem GCS-Wert von 15 bis 13 vor, ein mittelschweres bei GCS-Werten zwischen 12 und 9. Ab einem GCS-Wert von 8 und darunter besteht ein schweres Schädel-Hirn-Trauma (Tab. 4.3 und 4.4). Außerdem werden im Nachhinein die Dauer der Bewusstlosigkeit des Patienten und die Dauer seiner Rekonvaleszenzphase zur Klassifikation herangezogen.

Beim GCS handelt es sich um ein einfaches Scoring-System zur Beurteilung der Bewusstseinsstörung nach einem SHT, es kann aber auch für Bewusstseinsstörungen aus anderer Ursache verwendet werden, z. B. nach einer Subarachnoidalblutung. Für Kinder unter 36 Monaten wurde aufgrund ihrer eingeschränkten Kommunikationsfähigkeit eine adaptierte Form als pGCS (pädiatrischer GCS) entwickelt. Ältere Einteilungen, u. a. die nach Tönnis, erfassen retrospektiv die Schwere des Traumas anhand der Länge und Schwere der Bewusstseinsstörung, sind aber für die prospektive Abschätzung der Prognose weniger geeignet und deshalb nicht mehr gebräuchlich. Auch die Termini Commotio cerebri, Contusio cerebri und Compressio cerebri besitzen nur historischen Wert, da hier weder eine international standardisierte und validierte Symptomatologie noch die Schwere der morphologisch fassbaren Traumafolgen berücksichtigt wird.

4.2.3.2 Pathologisch-anatomische Klassifikation

4.2.3.2.1 Offenes und gedecktes Schädel-Hirn-Trauma

Klinisch bedeutsam für die weitere neurochirurgische Versorgung ist die Einteilung entsprechend der Verletzung anatomischer Strukturen. Der Terminus „Schädel-Hirn-Trauma" impliziert bereits die mögliche Beteiligung mehrerer anatomischer Strukturen: des knöchernen Schädels, der Dura, der hirnversorgenden Gefäße sowie des Hirngewebes selbst. Die Unterscheidung eines direkt oder indirekt offenen von einem geschlossenen Schädel-Hirn-Trauma ist für die Behandlung von besonderem Interesse. Ein sicherer Hinweis auf ein direkt offenes Trauma ergibt sich aus der Verletzung der Kopfschwarte, des Schädelknochens und der Hirnhaut mit Austritt von Hirnmasse oder Liquor aus der Wunde. Als indirekt offene Traumen sind Frakturen z. B. der Rhinobasis oder des Os petrosum klassifiziert, bei denen es zu Liquoraustritt aus Ohr oder Nase bzw. in den Rachenraum kommen kann. Wenn äußere Verletzungen fehlen und kein Liquor austritt, weist das kraniale Computertomogramm (cCT) ggf. ein indirekt offenes Schädel-Hirn-Trauma anhand intrakranieller Luft nach. Als mögliche Eintrittspforten kommen meist kleine Frakturen der Frontobasis über den Ethmoidalzellen oder Felsenbeinfrakturen z. B. durch das pneumatisierte Mastoid infrage. Direkt offene Verletzungen sind umgehend behandlungspflichtig, um Infektionen des ZNS zu vermeiden. Indirekt offene Verletzungen können unter Antibiotikaprophylaxe konservativ behandelt werden, wenn der Liquorfluss spontan sistiert. Eine persistierende Liquorrhoe stellt jedoch wegen des latenten Meningitisrisikos und der mechanischen Problematik eines Liquorunterdrucksyndroms eine Indikation für eine sekundäre operative Versorgung dar.

4.2.3.2.2 Fokales und diffuses Schädel-Hirn-Trauma

Außer der Einteilung nach der Schwere des SHT (GCS) oder in offene und gedeckte Traumen kann ein diffuses von einem fokalen SHT entsprechend dem anatomisch-pathologischen Korrelat der Hirnverletzung unterschieden werden. Als fokale SHT bezeichnet man alle operativ behandelbaren intrakraniellen Läsionen (Kontusionen, intrazerebrale Hämatome, Subduralhämatome u. a.). Eine diffuse Hirnschädigung beteiligt das gesamte Gehirn. Die Schädigung ist operativ nicht behandelbar und hat je nach Schwere eine sofortige schwere Bewusstseinsstörung zur Folge [Teasdale u. Jennett 1974, Miller 1993, Brain Trauma Foundation 2000].

4.2.4 Diagnostik

4.2.4.1 Anamnese

Die Diagnose „Schädel-Hirn-Trauma“ wird vor allem klinisch gestellt. Sie ergibt sich aus der Symptomatik, aus der Anamnese bzw. aus dem Unfallhergang und aus dem Muster äußerer Verletzungen. Anamnestische Bedeutung besitzen Kopfschmerzen, Bewusstseinsstörungen (auch ante- oder retrograde Amnesie), Übelkeit und Erbrechen. Neurologische Ausfallserscheinungen wie Pupillenstörungen, epileptische Anfälle, Sprachstörungen oder Verhaltensänderungen sind in der Regel nur von Zeugen eruierbar. Ggf. liefert die Fremdanamnese (Augenzeugen, Eltern) wichtige Hinweise. Insbesondere muss der Hinweis auf einen initial bewusstseinsklaren und im weiteren Verlauf vigilanzgestörten Patienten als Ausdruck einer sich verschlechternden intrakraniellen Verletzung interpretiert werden. Daneben ist gerade bei älteren Patienten auch die Medikamentenanamnese wesentlich (z. B. Einnahme von Thrombozytenaggregationshemmern).

Wichtigster Indikator für ein Schädel-Hirn-Trauma ist der Unfallmechanismus, gefolgt von Bewusstseinsstörung und neurologischem Defizit [Teasdale u. Jennett 1974, Möllmann 2006].

4.2.4.2 Klinische Symptomatik

Die Prognose wird hauptsächlich durch die primäre Hirnschädigung bestimmt. Sekundäre Schädigungen als Kaskade pathophysiologischer Abläufe oder von Blutungen können jedoch zu schwersten Komplikationen und zum letalen Ausgang führen [Brain Trauma Foundation 2000]. Mithilfe des *Glasgow-Coma-Scale* kann bereits am Unfallort die primäre Schädigung abgeschätzt werden. Der GCS-Wert stellt neben dem Alter und der Kreislaufsituation des Verunfallten einen wichtigen Prognosefaktor dar (Tab. 4.1). Alter über 60 Jahre, hypotone präklinische Kreislaufsituation mit systolischem Blutdruck unter 100 mm Hg sowie Hypoxie mit arterieller Sauerstoffsättigung unter 95 % gelten als prognostisch ungünstig [Murray et al. 1999, Brain Trauma Foundation 2000, Casper 2000]. Über 80-jährige Patienten weisen nach schwerem SHT eine sehr schlechte Prognose mit einer 30-Tage-Mortalität von mehr als 95 % auf [Brain Trauma Foundation 2000].

4.2.4.3 Klinisch-neurologische Untersuchung

Neben der Anamnese und der Einstufung nach dem *Glasgow-Coma-Scale* ist die neurologische Untersuchung des Verletzten unverzichtbar. Hierbei werden erfasst:

- Bewusstseinsklarheit, Bewusstseinstrübung oder Bewusstlosigkeit
- Pupillenreaktion (direkte und indirekte Lichtreaktion)
- Hirnnervenfunktion
- motorische Funktion der Extremitäten

- Orientierung
- Sprachfunktion
- Koordination
- Sensibilität.

Je nach Ausprägung der Bewusstseinsstörung kann die neurologische Untersuchbarkeit mehr oder weniger stark eingeschränkt sein.

4.2.4.4 Bildgebende Diagnostik

Entsprechend den Leitlinien der Neurochirurgischen und anderer Fachgesellschaften (AWMF), der *Brain-Trauma-Foundation* und weiteren Studiendaten ist die Indikation zur bildgebenden Diagnostik sehr eindeutig geregelt [Murray et al. 1999, Brain Trauma Foundation 2000, Stiell et al. 2001].

4.2.4.4.1 Konventionelle Röntgendiagnostik

Konventionelle Aufnahmen des Schädels schließen weder eine Fraktur noch intrakranielle Verletzungen aus. Der eventuelle Nachweis einer Fraktur im Röntgenbild zieht zwingend ein Computertomogramm des Kopfes nach sich. Insofern sind konventionelle Röntgenaufnahmen des Schädels bei der Diagnostik des Schädel-Hirn-Traumas nicht indiziert.

> **Bei der Diagnostik des Schädel-Hirn-Traumas sind konventionelle Röntgenaufnahmen des Schädels nicht zielführend.**

4.2.4.4.2 Computertomografie

Die Computertomografie des Schädels gilt als Mittel der Wahl zur Akutdiagnostik eines SHT sowohl im Kindes- als auch im Erwachsenenalter [Murray et al. 1999, Brain Trauma Foundation 2000, Stiell et al. 2001]. Ein Computertomogramm (cCT) ist obligat indiziert beim SHT II. und III. Grades, weil mit der Schwere der Bewusstseinsstörung die Wahrscheinlichkeit behandlungsbedürftiger intrakranieller Veränderungen zunimmt [Stiell et al. 2001, Merkenschlager et al. 2013].

Darüber hinaus besteht eine zwingende Indikation zum cCT bei:

- Koma
- anhaltender Bewusstlosigkeit
- fokal-neurologischem Defizit oder epileptischem Anfall
- Verdacht auf eine Schädelbasisfraktur oder ein offenes Schädel-Hirn-Trauma.

Beim SHT I. Grades ergibt sich eine fakultative Indikation zum cCT, wenn Risikofaktoren vorliegen:

- Hinweise auf Gerinnungsstörungen (z. B. Thrombophilie)

- Einnahme von gerinnungshemmenden Substanzen (ASS, Marcumar o. ä.)
- Alter über 70 Jahre
- Hochrasanztrauma, schwerer Unfallmechanismus
- unklare Unfallanamnese
- Intoxikation mit Alkohol oder Drogen.

Wird bei fakultativer Indikation auf ein cCT verzichtet, ist die engmaschige klinisch-neurologische Überwachung von erwachsenen Patienten für 24 Stunden, von Kindern bis zu 72 Stunden angezeigt. Auch wenn sich der neurologische Befund verschlechtert oder eine neurologische Erholung im Kontrollzeitraum (GCS-Abfall um 2 Punkte) ausbleibt, ist ein cCT indiziert. Eine generelle Indikation für ein Kontroll-cCT besteht nicht. Es ist bei klinisch nicht beurteilbaren Patienten (z. B. langdauernde Intubation oder neuro-intensivmedizinische Analgosedierung im Rahmen der neuroprotektiven Therapie) jedoch nach 6 und nach 24 Stunden anzuraten.

4.2.4.4.3 Sonografie

Ein unauffälliger Befund einer transfontanellären Sonografie bei Kindern unter etwa 18 Monaten und ein unauffälliger Befund einer transkraniellen Sonografie schließen kalottennahe Hämatome und intrazerebrale Verletzungen nicht aus. Die hintere Schädelgrube ist damit nicht beurteilbar. Deshalb darf mit dem cCT nach einer Sonografie nicht gezögert werden, wenn es nach klinischen und anamnestischen Kriterien indiziert ist.

> Wenn ein cCT nach klinischen und anamnestischen Kriterien indiziert ist, darf kein Zeitverlust wegen einer Sonografie eintreten.

4.2.4.4.4 Magnetresonanztomografie

Die Magnetresonanztomografie (MRT) verfügt gegenüber dem cCT über eine höhere Sensitivität zum Nachweis umschriebener zerebraler Gewebsläsionen. Aufgrund des hohen apparativen und logistischen Aufwandes und der damit einhergehenden Zeitverzögerung ist beim Schädel-Hirn-Verletzten ein MRT in der Akutsituation derzeit nicht als Primärdiagnostik vorgesehen [Brain Trauma Foundation 2000]. Bei unauffälligem cCT-Befund und unklarer andauernder neurologischer Störung wird ein MRT empfohlen, um z. B. in der $T2^*$-Wichtung diffus verteilte multiple Mikroblutungen als Hinweis auf eine diffuse axonale Schädigung zu erfassen.

4.2.5 Therapie des Schädel-Hirn-Traumas

Die Behandlung der intrakraniellen Drucksteigerung infolge einer primären oder sekundären Hirnschädigung mit drohendem Abfall des zerebralen Perfusionsdrucks (CPP) stellt das Hauptziel der neurochirurgischen Therapie beim SHT dar.

4.2.5.1 Präklinische Versorgung des SHT

Hauptursachen einer sekundären Hirnschädigung aus extrakranieller Ursache sind arterielle Hypotonie und Hypoxämie. 15 bis 20 % der Patienten mit Schädel-Hirn-Traumen erleiden eine derartige Komplikation. Die Prävention bzw. die aggressive Behandlung von Hypotonie und Hypoxämie ist geeignet, die Prognose der Patienten deutlich zu verbessern.

Die Sicherung von Atmung und Kreislauf besitzt an der Unfallstelle und während des Transports die höchste Priorität. Faustregel: arteriellen pO_2 und systolischen Blutdruck über 100 mm Hg anstreben.

Das Ziel der Kreislaufbehandlung besteht in der Sicherung eines adäquaten zerebralen Perfusionsdruckes, der beim Erwachsenen 50 mm Hg nicht unterschreiten und 70 mm Hg nicht überschreiten soll. Für Kinder sind verlässliche Daten zu intrakraniellen Perfusionsdrücken nicht verfügbar. Gefordert wird ein arterieller systolischer Druck von 70 mm Hg + 2x Alter in Monaten [Murray et al. 1999]. Das aggressive Airway-Management bietet wegen seiner hohen Komplikationsrate keinen Vorteil, wenn der Primärbehandler nicht über eine spezielle Ausbildung verfügt. Effektiver ist der rasche Transport in ein spezialisiertes Zentrum. Bewusstlose Erwachsene (GCS-Score <9) müssen primär intubiert und beatmet werden. Dasselbe gilt für Patienten mit besserer Bewusstseinslage, aber mit Begleitverletzungen, die eine rasche Verschlechterung der Spontanatmung befürchten lassen (z. B. schwere Mittelgesichtsverletzungen, hohe Querschnittslähmung), oder die sich während des Transportes um 2 GCS-Punkte verschlechtern („Eintrübung“).

Vor Sedierung und Intubation sollte der *Glasgow-Coma-Score* erhoben und dokumentiert werden. Die Intubation erfolgt in leichter Reklination des Kopfes (cave begleitende HWS-Verletzungen, Inzidenz liegt bei 10 %), welcher durch einen Helfer manuell fixiert wird (Seitwärtsdrehung und Anteflexion sind zu vermeiden). Zielgrößen sind eine periphere Sauerstoffsättigung von mindestens 95 % und ein endexspiratorischer CO_2-Partialdruck (PET CO_2) von etwa 35 mm Hg.

Eine spezifische neuroprotektive Therapie im präklinischen Umfeld hat sich nicht als prognostisch vorteilhaft erwiesen. Sie kann sogar zu schweren Komplikationen im Rahmen einer kardiopulmonalen Reanimation oder Stabilisierung führen [Brain Trauma Foundation 2000]. Beispielsweise ist der Einsatz spezifischer hirndrucksenkender Medikamente nicht empfehlenswert, ein Therapieversuch mit Mannitol nur gerechtfertigt, wenn klinisch manifeste Zeichen einer transtentoriellen Einklemmung vorliegen [bilaterale Mydriasis, Murray et al. 1999]. Ähnliches gilt für die präklinische Behandlung des Blutdrucks. Er sollte systolisch nicht unter 100 mm Hg liegen, um den zerebralen Perfusionsdruck aufrechtzuerhalten, aber auch nicht höher als 120 bis 140 mm Hg, um ein eventuell vorhandenes intrakranielles Hämatom nicht zu vergrößern.

4.2.5.2 Grundsätze der Therapie

Weil die primäre Schädigung nicht zu beheben ist, richtet sich die Therapie des Schädel-Hirn-Traumas darauf, sekundäre Schädigungskaskaden nicht entstehen zu lassen. Die operative Behandlung potenziell lebensbedrohlicher raumfordernder intrakranieller Verletzungen besitzt bei jedem Verletzten höchste Dringlichkeit.

Operationspflichtige Schädigungen sind u. a.:

- raumfordernde Kontusionsblutungen, intrazerebrale Blutungen
- Subdural- und Epiduralhämatome
- raumfordernde Impressionsfrakturen
- akuter Hydrozephalus
- Hirnödem mit Mittellinienverlagerung
- direkt offenes Schädel-Hirn-Trauma.

Etwa 5 % aller Schädel-Hirn-Trauma-Patienten benötigen eine sofortige operative Therapie [Möllmann 2006]. Das Risiko, dass sich ein intrakranielles Hämatom entwickelt, nimmt mit der Schwere der Verletzung zu: Bis zu 30 % der Patienten bilden posttraumatische Hämatome aus. Nach der Operation erfolgt in Abhängigkeit von den Begleitverletzungen die intensivmedizinische und konservative Therapie. Bei Bewusstseinsgestörten stehen Neuroprotektion und Kontrolle des intrakraniellen Drucks im Vordergrund, um sekundäre Schädigungen aufgrund von Störungen der Oxigenierung und Glukoseutilisation des verletzten Gehirns nicht eintreten zu lassen. Oft ist eine längerdauernde Analgosedierung mit kontrollierter Beatmung unter Monitoring des intrakraniellen Drucks (ICP) und des Sauerstoffpartialdrucks im Gehirn ($ptiO_2$) sowie unter Umständen weiterer metabolischer Parameter notwendig. Die häufigen Liquorzirkulationsstörungen können die Anlage von externen Ventrikeldrainagen erfordern, um erhöhte ICP-Werte therapieren zu können. Bei Erwachsenen gelten Werte bis zu 20 mm Hg als normal, über 25 mm Hg besteht die Indikation zur hirndrucksenkenden medikamentösen Therapie. Längerfristige Erhöhungen über 30 mm Hg gehen mit einer schlechten Prognose einher, bei Werten über 50 mm Hg ist ein Überleben unwahrscheinlich.

Die *medikamentöse Therapie* des SHT wird vor allem anhand des zerebralen Perfusionsdrucks (*cerebral perfusion pressure*, CPP) gesteuert [Murray et al. 1999]. Er errechnet sich aus der Differenz zwischen dem arteriellen Mitteldruck (MAP, *mean arte-*

rial pressure) und dem ICP. Bei Erwachsenen werden Werte unter 55 mm Hg und über 75 mm Hg als prognostisch ungünstig angesehen [Catala-Temprano et al. 2007].

Neben der Sedierung mit dem Ziel, den neuronalen Sauerstoffbedarf und den zerebralen Blutfluss (CBF) zu reduzieren, stehen zur Senkung des Hirndrucks nur kurzfristig wirksame Medikamente wie Osmodiuretika (Mannitol), hyperosmolare Kochsalzlösung und die Barbiturate zur Verfügung. Hochlagerung des Oberkörpers um 30° und kurzfristige Hyperventilation kann zusätzlich eingesetzt werden. Eine Ultima Ratio stellt die dekompressive Kraniektomie dar. Die Gabe von Kortikoiden ist mit einer signifikant erhöhten 14-Tage-Letalität verbunden und wird deshalb beim SHT nicht empfohlen [Alderson u. Roberts 2005].

4.2.5.3 Operative Therapie

4.2.5.3.1 Intrakranielles Hämatom

Intrakranielle Hämatome stellen einen lebensbedrohlichen Notfall dar. Eine neurochirurgische Operationsindikation ist deshalb unverzüglich zu klären. Verzögerungen beeinflussen die Prognose negativ. Etwaige Begleitverletzungen müssen einer neurochirurgischen Akutversorgung nachgeordnet werden. Die Geschwindigkeit, mit der intrakranielle Hämatome klinisch symptomatisch werden, hängt von verschiedenen Faktoren ab: Gerinnungsstörungen, Schädelfrakturen, Schwere des primären Traumas sowie intrakranielles Reservevolumen entsprechend der Monroe-Kellie-Doktrin (Kap. 4.1.2.2).

4.2.5.3.1.1 Epiduralhämatom

Als Epiduralhämatom bezeichnet man eine Blutung zwischen Schädelknochen und Dura mater. Ursache ist meist eine Schädelfraktur im Bereich der Temporalschuppe oder der Temporobasis mit Zerreißung der A. meningea media. Darüber hinaus treten epidurale Hämatome auch an anderen Stellen der Konvexität als Bruchspalthämatome auf. Sie kommen selten im Bereich der hinteren Schädelgrube vor, vor allem nach Frakturen im Bereich der venösen Sinus.

Symptomatik und Diagnostik: Typisch ist das Auftreten epiduraler Hämatome nach einem freien Intervall, während dessen der Zustand des Patienten nach initialer kurzer Bewusstlosigkeit unauffällig ist, um sich dann erneut und manchmal rapide zu verschlechtern, wenn das Hämatom raumfordernden Charakter annimmt. Insbesondere nach Zerreißung arterieller duraler Gefäße rasch zunehmende Epiduralhämatome können zu dramatischen Einklemmungssymptomen führen, die sofortiges Handeln erfordern. Im cCT ist ein Epiduralhämatom wegen der Anheftung der Dura am Knochen vor allem im Bereich der Schädelnähte als linsenförmige (bikonvexe) Raumforderung unter der Schädelkalotte identifizierbar (Abb. 4.9), wo auch die Blutungsquelle zu suchen ist.

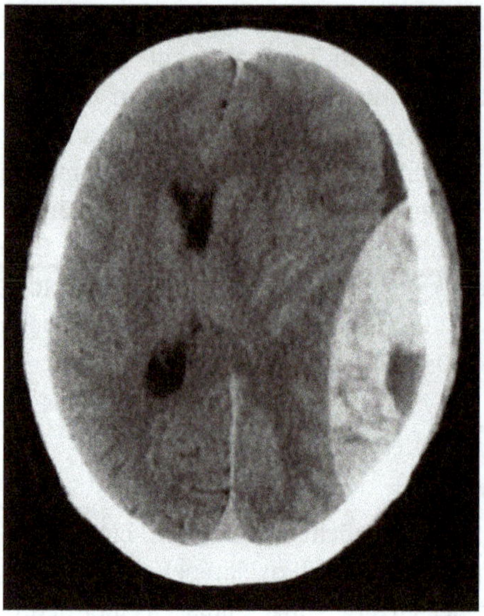

Abb. 4.9: Akutes Epiduralhämatom links mit Mittellinienverlagerung und drohender transtentorieller Einklemmung.

Die sofortige offene Kraniotomie ist unumgänglich und lebensrettend. Ist kein cCT verfügbar, wirkt bei rascher Abnahme der Vigilanz eine Verzögerung durch Verlegung in eine andere Einrichtung zwecks Diagnostik lebensgefährlich. Dann muss ggf. nach dem sogenannten Krönlein-Schema mit Bohrlochtrepanationen exploriert werden. Bei der Versorgung wird durch Kraniotomie und Abhebung des Knochenfragments die Blutungsquelle identifiziert und verschlossen. Multiple Hochnähte an den Kraniotomierändern und im Bereich der Kraniotomie verhindern Rezidive und verbinden die Dura wieder fest mit dem Fragment.

Das Epiduralhämatom besitzt eine gute neurologische *Prognose*, weil es sich in erster Linie um eine knöcherne Verletzung handelt. In der Regel ist das zerebrale Trauma gering, ebenso das Risiko, dass es zu einem sekundären Hirnödem oder zu postoperativen Hirndruckkrisen kommt. Meist können die Patienten postoperativ rasch mobilisiert und umfassend rehabilitiert werden.

4.2.5.3.1.2 Akutes Subduralhämatom

Das akute Subduralhämatom entsteht als sekundäre Blutung unter der Dura mater außerhalb des Gehirns. Als Blutungsquelle findet man oft rupturierte kortikale Arterien oder größere venöse Gefäße. Die Zerreißung von sogenannten Brückenvenen ist nur äußerst selten Ursache subduraler Blutungen. Subduralhämatome finden sich auch nach Schütteltraumen in den ersten Lebensjahren (sogenanntes *Battered-child*-Verletzungsmuster) und im Rahmen perinataler Verletzungen. Dann sind sie auch gelegentlich in der hinteren Schädelgrube anzutreffen, wo sie durch Kompression des Kleinhirns und des Hirnstamms symptomatisch werden oder einen Hydrozephalus auslösen können.

Symptomatik und Diagnostik: Subduralhämatome begleiten Hirntraumen und entstehen durch Verletzung der hirnversorgenden Gefäße an der kortikalen Oberfläche. Ausgeprägte Subduralhämatome können sich bei Einriss der Arachnoidea darüber hinaus nach intrazerebral ausbreiten. In der Regel bildet sich ein posttraumatisches Hirnödem, das zusätzlich zur Verschlechterung des neurologischen Befundes beiträgt. Meist besteht schon initial entsprechend der Schwere des Traumas eine neurologische Symptomatik ohne symptomfreies Intervall. Bei Fortbestehen der Blutung bzw. Zunahme des Begleitödems verschlechtert sich der Befund weiter bis hin zur Einklemmung. Im cCT stellt sich das subdurale Hämatom als hyperdense der Kalotte sichelförmig anliegende Raumforderung dar (Abb. 4.10). Das begleitende Hirnödem beansprucht oft mehr Platz als das Hämatom selbst, und die Mittellinienverlagerung kann zu einem konsekutiven Hydrozephalus führen.

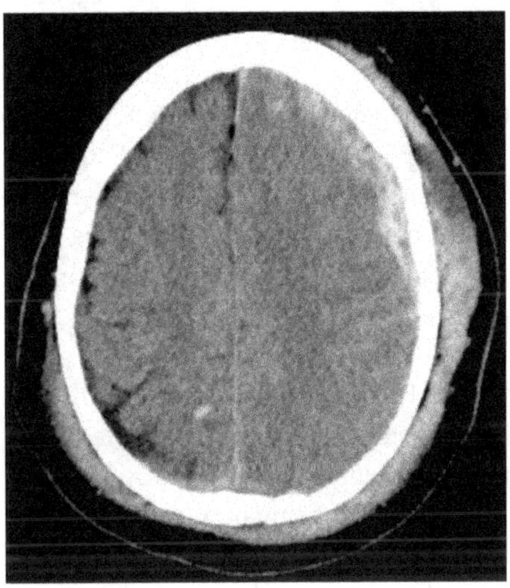

Abb. 4.10: Akutes Subduralhämatom links frontal mit Hirnödem darunter.

Wegen des posttraumatischen Hirnödems und der potenziell raschen Dekompensation der intrakraniellen Druckverhältnisse ist eine umgehende Entlastungsoperation angezeigt, sobald eine raumfordernde Blutung (in der Regel ab Kalottenbreite) oder eine beginnende Mittellinienverlagerung (mehr als 5 mm) vorliegt. Die Kraniotomie wird wegen des auch nach der Entlastung sekundär progredienten Hirnödems meist großzügig ausgeführt und die Indikation zur Kraniektomie, d. h. zur Explantation und Asservation des Knochenfragments, liberal gestellt. Hierbei hat sich der sogenannte *Trauma-Flap* nach Dandy bewährt, also eine Hemikraniotomie bzw. Hemikraniektomie, die es erlaubt, den Großteil der Konvexität zu überblicken, Blutungsquellen zu identifizieren und im Falle einer Kraniektomie eine ausreichende Dekompression zu erreichen. Je nach Schwere des initialen Traumas ist die Implantation einer Hirndruckmesssonde zu erwägen, weil der Patient aufgrund der primären Hirnverletzung intensivtherapeutisch mit protrahierter Analgosedierung, Beatmung und hirndruck-senkenden Maßnahmen betreut werden muss.

4.2.5.3.1.3 Intrazerebrales Hämatom

Es handelt sich um Blutungen in das Hirnparenchym, gewöhnlich als primäre Traumafolge durch direkte Gewebszerreißung oder Läsion intrazerebraler Gefäße. Sie können im Zeitverlauf weiter an Größe zunehmen und so therapiepflichtig werden. Sekundär entsteht perifokal ein Resorptionsödem, das auch noch nach 48 bis 72 Stunden zu einer deutlichen Zunahme der Raumforderung und zur Verschlechterung des Zustandes führen kann.

Kontusionen („Gehirn-Erschütterungen") entstehen am Ort des Anpralls des Kopfes gegen ein Hindernis (*coup* frz. Schlag), weil das Gehirn wegen der Trägheit seiner Masse von innen gegen die Tabula interna bewegt wird. Auf der gegenüberliegenden Seite des Schädels (*contre-coup* frz. Gegenschlag) wird es zunächst einer Scherkraft und dann bei der Rückpendel-Bewegung einer Kompression ausgesetzt. Aufgrund dieser doppelten mechanischen Belastung ist die Kontusion des *Contrecoup* oft ausgedehnter als der *Coup* am direkten Anprallort. Es entstehen Druck-bedingte Extravasate, in deren Bereich Gefäße bei den nachfolgenden Abräumprozessen arrodiert werden können, die Kontusion „blüht auf". Die entstehende intrazerebrale Blutung kann raumfordernd sein, sodass das cCT 6 Stunden und 24 Stunden nach Trauma kontrolliert werden muss.

Symptomatik und Diagnostik: Intrazerebrale Hämatome können je nach Lage asymptomatisch bleiben (z. B. frontale Kontusionsblutungen) oder schwere neurologische Defizite wie Halbseitenlähmungen oder Sprachstörungen hervorrufen. Traumatische Blutungen in den Hirnstamm sind selten und können zu persistierender massiver Bewusstseinsstörung oder zu Hirnnervenausfällen führen.

Im cCT stellen sich intrazerebrale Hämatome hyperdens, z. T. unregelmäßig konfiguriert und heterogen dar. Wegen der regelmäßigen Progredienz der Blutungen in den ersten Stunden nach dem Trauma ist für neurologisch nicht beurteilbare Patienten ein Kontroll-cCT nach 6 Stunden zu empfehlen. Gefährdet sind insbesondere Personen mit Gerinnungsstörungen, Einnahme von Antikoagulanzien und Polytraumatisierte mit hohem Volumenumsatz und kompromittierter Gerinnungssituation. Im Gegensatz zu frischen Einblutungen zeigen ältere Hämatome ein perifokales Ödem (Abb. 4.11), was zur Differenzialdiagnostik und zur Bestimmung des Traumazeitpunkts von Nutzen sein kann.

Die meisten intrazerebralen Kontusionsblutungen können konservativ behandelt werden, wenn sie nicht durch ihre Raumforderung selbst oder durch ein sekundäres Resorptionsödem zur Dekompensation des intrakraniellen Druckes und zur transtentoriellen Einklemmung führen. Die konservative Therapie und die Indikation zu invasiven Maßnahmen, beispielsweise zum erweiterten Hirndruckmonitoring, orientieren

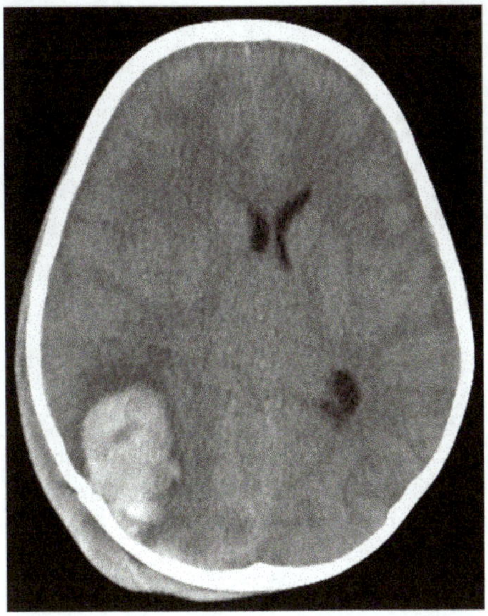

Abb. 4.11: Fraktur mit intrazerebraler Kontusionsblutung und Hirnödem rechts okzipital mit klinisch rapider Einklemmung 72 Stunden nach dem Trauma.

sich an den Leitlinien zum SHT [Brain Trauma Foundation 2000, Alderson u. Roberts 2005]. Progrediente Raumforderungen müssen über eine Kraniotomie oder ggf. dekompressive Hemikraniektomie versorgt werden.

4.2.5.3.1.4 Traumatische Subarachnoidalblutung

Die traumatische Subarachnoidalblutung (tSAB) entsteht durch eine Verletzung kleiner meist hoch-parietal gelegener kortikaler Gefäße im Subarachnoidalraum. Im Gegensatz zur spontanen Subarachnoidalblutung, die überwiegend schädelbasisnah im Bereich des Circulus Willisii liegt, findet sich weder eine Gefäßfehlbildung noch ein Aneurysma als Blutungsquelle.

Symptomatik und Diagnostik: Die isolierte tSAB entspricht in der Regel einer Gehirnerschütterung (früher Commotio cerebri). Sie kann eine Bewusstseinsstörung hervorrufen, wache Patienten klagen häufig über Kopfschmerzen, Übelkeit, Erbrechen und Fotophobie, manchmal über migräneartige Symptome und Nackenschmerzen von meningismusartigem Charakter. Bis zu 50 % der schweren SHT werden von einer tSAB begleitet, allerdings stehen hier die raumfordernde Blutung und das Hirnödem im Vordergrund.

Wegen der verbesserten diagnostischen Möglichkeiten – cCT – ist die Zahl der erkannten tSAB deutlich gestiegen (Abb. 4.12). Differenzialdiagnostisch sollte immer auch an eine spontane SAB als Ausdruck eines Hirnarterienaneurysmas gedacht werden. Da Aneurysmen gewöhnlich basal gelegen sind, ist die genaue Beurteilung der Blutverteilung im cCT von entscheidender Bedeutung, wenn eine Anamnese nicht erhebbar ist. Im Zweifelsfall muss eine zerebrale Panangiografie erfolgen, um ein

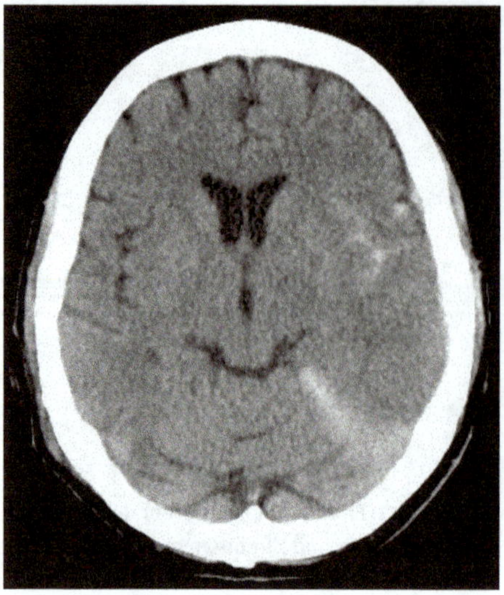

Abb. 4.12: Traumatische Subarachnoidalblutung (tSAB) links mit Blutauflagerung auf dem Tentorium und in Nachbarschaft zur linken Inselrinde.

Aneurysma als primäre Blutungsursache und als indirekte Ursache eines auf die Blutung folgenden Sturzes auszuschließen.

Die traumatische Subarachnoidalblutung stellt an sich keine Raumforderung dar, sie ist einer chirurgischen Therapie nicht zugänglich. Basale und ausgeprägte Subarachnoidalblutungen erfordern aufgrund des durch sie ausgelösten Hydrozephalus eine externe Liquorableitung. Bei schweren Schädel-Hirn-Traumen mit konsekutivem Hirnödem ist eine intensivmedizinische Behandlung, ggf. mit intrazerebraler Druckmessung, notwendig. Zur konservativen Therapie einer isolierten tSAB (Commotio cerebri) gehört die symptomatische Behandlung von Kopfschmerzen, Übelkeit und Erbrechen mit Analgetika und Antiemetika. Bettruhe und Oberkörperhochlagerung kommen als supportive Maßnahmen in Betracht.

4.2.5.3.1.5 Diffuses axonales Schertrauma

Der englische Begriff *diffuse axonal injury* (DAI) beschreibt über das gesamte Gehirn verteilte multiple Axone betreffende Mikroblutungen, also ein „polyaxonales Schädel-Hirn-Trauma“. Die Erschütterung des Gehirns führt während der primären Schädigung nicht zu einem umschriebenen lokalen Hämatom, das chirurgisch evakuierbar wäre, sondern zu kleinsten, im cCT oft nicht nachweisbaren Blutungen, die in ihrer Summe asymptomatisch bleiben können, ein Durchgangssyndrom (HOPS – hirnorganisches Psychosyndrom) mit allmählicher Erholung verursachen oder sogar eine schwere bleibende Hirnfunktionsstörung begründen können (Abb. 4.13). Therapeutisch wird meist eine langfristige intensivmedizinische Behandlung mit ICP-Monitoring notwendig, an die sich eine aufwendige Rehabilitation anschließt. Ein direkter kurativer Ansatz ist nicht möglich, das Ziel besteht in der Aufrechterhaltung der phy-

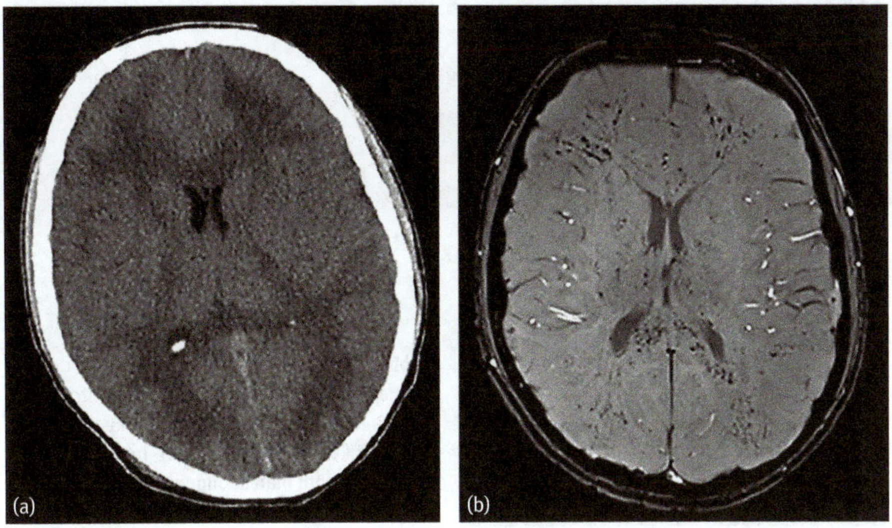

Abb. 4.13: Beifahrer eines PKW. SHT III°. Diffuser axonaler Schaden.(a) axiales cCT bei stationärer Aufnahme. (b) 48 Stunden später fehlende Aufwachreaktion und unauffällige ICP-Messwerte. SWI-MRT (*susceptibility weighted imaging*): multiple, diffus verteilte schwarze Flecken als Ausdruck von Mikroblutungen nach diffusem Schertrauma. 9 Monate nach Trauma Spontanatmung, keine verbale Kontaktaufnahme, ausgeprägte Tetraspastik.

siologischen Homöostase, um zusätzliche sekundäre Hirnschädigungen im Rahmen des oft sehr langwierigen Heilungsverlaufs zu vermeiden.

4.2.5.3.1.6 Chronisches Subduralhämatom

Infolge eines „Bagatell-Traumas“ (SHT I°) kann sich innerhalb von 6 bis 8 Wochen ein chronisches Subduralhämatom entwickeln. Durch das Trauma kommt es zu Blutungen aus Venen, die den Raum zwischen Dura und Hirnoberfläche überbrücken. Zunächst komprimieren die Blutungen sich selbst, während der Resorption bildet sich jedoch leicht verletzliches Granulationsgewebe, aus dem es insbesondere bei Patienten unter Antikoagulation nachbluten kann. Hierdurch kommt es im zeitlichen Verlauf zu einer Größenzunahme und Chronifizierung der Raumforderung. Oft schildert der Patient ein eigentümliches Kopfdruckgefühl, begleitet von Abgeschlagenheit und Schwindel, selten Schmerzen. Schließlich entwickeln sich neurologische Ausfallserscheinungen wie Sprachstörungen, Halbseitenschwäche oder Verwirrungsepisoden, die dann Anlass zur Bildgebung sein sollten, um die notwendige neurochirurgische Therapie einzuleiten (Abb. 4.14). Die Dringlichkeit der Operation richtet sich nach der Schwere der Ausfälle. Bei überwiegend verflüssigten Hämatomanteilen kann eine Bohrlochtrepanation mit Drainageneinlage ausreichen, stark ausgeprägte Membranbildungen im Subduralraum müssen über eine Kraniotomie (teil)reseziert werden. Eine Rezidivbildung wird nicht selten beobachtet.

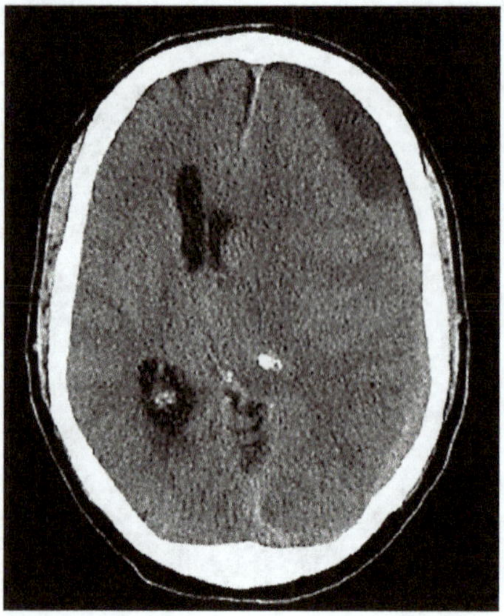

Abb. 4.14: Axiales cCT. Chronisches Subduralhämatom links. Der linke Seitenventrikel liegt rechts der Mittellinie, das linke Hinterhorn ist komplett komprimiert. Im Hämatom selbst erkennt man sedimentierte Blutanteile als Ausdruck der mehrzeitigen Entstehung.

4.2.5.3.1.7 Verletzungen der hirnversorgenden Gefäße

Verletzungen intrazerebraler Gefäße führen in der Regel zu intrazerebralen Blutungen (Kap. 4.2.5.3.1.3). Nach Verletzung basaler Hirngefäße können darüber hinaus auch Pseudoaneurysmen entstehen mit der Möglichkeit, dass es zu sekundären Rupturen und Infarkten kommt. Eine Wandruptur der extraduralen A. carotis im Sinus cavernosus kann zur Ausbildung einer direkten A.-carotis-Sinus-cavernosus-Fistel führen. Der Anteil traumatisch bedingter Fisteln liegt hier bei 70 bis 90 % [Karaman et al. 2009]. Wegen des Kurzschlusses zwischen Arterienwand und venösem Sinus handelt es sich um *Highflow-Fisteln.* Durale A.-carotis-Sinus-cavernosus-Fisteln besitzen Kurzschlussverbindungen zu meningealen Ästen der A. carotis interna bzw. zur A. carotis interna selbst mit geringem arteriellem Fluss. Sie entstehen spontan in Assoziation mit Atherosklerose, Diabetes mellitus oder Hypertension. Angeborene Malformationen wurden als Ursache ebenfalls beschrieben [Karaman et al. 2009].

Symptomatik und Diagnostik: Die A.-carotis-Sinus-cavernosus-Fistel wird in der Regel durch pulssynchrones Ohrgeräusch, Stauung der orbitalen Venen mit Exophthalmus und Sehstörungen, durch Rötung der Skleren und durch atypischen Gesichtsschmerz symptomatisch. Später gesellen sich nicht selten aufgrund der venösen Stauung ein sekundäres Glaukom oder ein Zentralvenenverschluss als schwerste okuläre Komplikation hinzu. Die Häufigkeit von Blutungen aus der Fistel wird mit 3 % angegeben [Keltner et al. 1987, Bing et al. 2009]. Extrakranielle Gefäßverletzungen wie z. B. die Dissektion der A. carotis oder der A. vertebralis treten im Rahmen von Halswirbelsäulenverletzungen auf und führen wegen der Perfusionsdefizite zu fokal-neurologischen Defiziten.

A.-carotis-Sinus-cavernosus-Fisteln entziehen sich der direkten chirurgischen Therapie. Sie werden angiografisch diagnostiziert und durch Embolisation, Coil-Verschluss oder Stent-Einlage (*Flow-Diverter*) behandelt.

4.2.5.3.2 Indirekt offenes Schädel-Hirn-Trauma

Indirekt offene Schädel-Hirn-Traumen werden nach dem Ort der Verletzung gegliedert in Verletzungen der Frontobasis und der Laterobasis des Schädels. Sie können ohne äußere Verletzungszeichen auftreten und sind dann nur im cCT mit hinreichender Sicherheit diagnostizierbar.

4.2.5.3.2.1 Anteriore Schädelbasisfraktur (Frontobasisfraktur)

Als anteriore Schädelbasisfrakturen bezeichnet man Verletzungen der vorderen knöchernen Schädelbasis am Os frontale, Os ethmoidale, Os sphenoidale und an der Lamina cribrosa mit Verbindung zu den frontobasalen subarachnoidalen Liquorräumen bzw. zum Frontalhirn. Mittelgesichtsfrakturen kommen je nach Schwere der Frontobasisverletzung bei bis zu einem Drittel der Patienten vor, meist Le-Fort-III-Frakturen [Manson et al. 2009].

Einteilung der frontobasalen Frakturen nach Manson et al. [2009]:
- Typ I: isolierte lineare frontobasale Schädelfraktur
- Typ II: lineare frontale Schädelfraktur mit Einstrahlung in die Schädelbasis
- Typ III: lineare frontale Schädelfraktur mit Fragmentierung plus Kombination aus Basisfraktur und Beteiligung des Orbitadachs.

Symptomatik und Diagnostik

Die Mortalität von Patienten mit Frontobasisfrakturen liegt bei 20 % [Manson et al. 2009]. Rhinoliquorrhoe, Brillen- oder Monokelhämatome weisen auf die Verletzung hin. Eine differenzierte neurologische Beurteilung ist meist nicht möglich. Falls sie jedoch möglich ist, sind Visusstörungen auf dem Boden von Bulbusverletzungen oder von Schädigungen des N. opticus durch Knochenfragmente augenärztlich auszuschließen, da sie eine operative Intervention innerhalb der ersten 24 Stunden erfordern.

Fehlstellungen des Bulbus und damit einhergehende permanente Doppelbilder entstehen durch operationspflichtige intraorbitale (retrobulbäre) Hämatome oder durch Frakturen der Orbitawände. Davon sind Schädigungen der Hirnnerven III, IV und VI anderer Ursache mit Augenmuskelparesen abzugrenzen.

Bildgebendes diagnostisches Verfahren der Wahl ist das cCT mit axialen, koronaren und sagittalen Dünnschichtrekonstruktionen im Knochenfenster (1 mm Dicke, Abb. 4.15 und 4.16). Schädelübersichtsaufnahmen sind obsolet.

Im Falle einer akuten Optikusschädigung muss die sofortige Entlastung des Nerven erfolgen. Je nach Lage der Fragmente ist hier meist eine bifrontale Kraniotomie mit

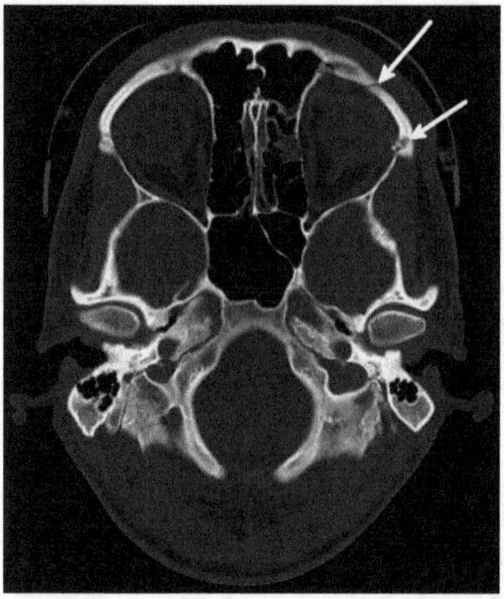

Abb. 4.15: 35 Jahre, männlich. Axiales CT des Gesichtsschädels. Fraktur der Orbitavorderwand links. Möglichkeit einer direkten Augenmuskel-Schädigung (Beob. E. Luft).

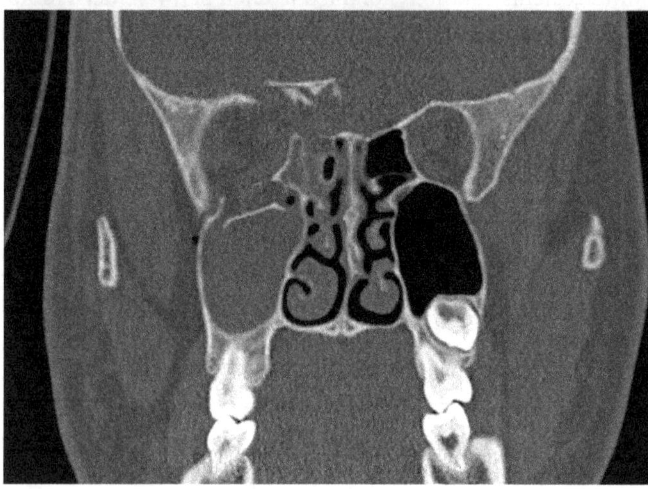

Abb. 4.16: 27 Jahre, weiblich. Koronares cCT im Knochenfenster. Blow-out-Fraktur des rechten Orbitatrichters mit Verlagerung von Knochenanteilen in den Sinus maxillaris und nach intrakraniell.

Rekonstruktion der Frontobasis erforderlich, wobei eine interdisziplinäre Absprache bzw. Zusammenarbeit mit den Mund-, Kiefer- und Gesichtschirurgen eine optimale Versorgung gewährleistet und ggf. Sekundäreingriffe vermeiden hilft. Ziel ist ggf. neben der Wiederherstellung der knöchernen Kontinuität der Frontobasis und der Dekompression des N. opticus vor allem die Schließung der Liquorfistel im Bereich der anterioren Schädelbasis. Hierzu können bei ausgeprägten Duraverletzungen neben gestielten Galeatransplantaten auch alloplastische Duraersatzstoffe und bei knöchernen Defekten Ti-Meshgrafts verwendet werden.

4.2.5.3.2.2 Frakturen der lateralen Schädelbasis

Verletzungen der lateralen Schädelbasis betreffen das Felsenbein (Os petrosum). Offene Frakturen der Temporalschuppe mit Bezug zum Gehirn mit intrakraniellen Hämatomen werden im Kapitel 4.2.5.3.1 besprochen.

Symptome und Diagnostik

Primäre und sekundäre Liquorfisteln sowie Läsionen des N. facialis stellen die wichtigsten Traumafolgen dar, die umgehend zu versorgen sind. Auf eine laterale Schädelbasisfraktur weisen außer dem Liquoraustritt auch das *Battle's Sign* (subkutanes Hämatom retroaurikulär über frakturierten Mastoidzellen) und eine Hörminderung hin.

Die meisten Frakturen werden konservativ behandelt. Die Hörminderung sollte HNO-ärztlich dokumentiert und nach sechs Wochen kontrolliert werden. Eine persistierende schwere Schallleitungsschwerhörigkeit deutet auf eine Mittelohrverletzung hin. Hier ist die Indikation für eine operative Rekonstruktion zu prüfen. Auch die Otoliquorrhoe wird initial konservativ, antibiotisch therapiert, supportiv ist die Anlage einer lumbalen Liquordrainage zu erwägen. Nur bei Otoliquorrhoe über 7 bis 10 Tage hinaus ist ein chirurgisches Eingreifen erforderlich. Therapeutische Maßnahmen angesichts von Schädigungen des N. facialis werden kontrovers diskutiert. Bei nach dem Trauma sofort einsetzender vollständiger Fazialisparese sollte die Operationsindikation durch einen Hals-Nasen-Ohren-Arzt geprüft werden, da die Erholungsraten je nach Ausmaß der Schädigung sehr schlecht sind. Sekundäre Fazialisparesen besitzen häufig eine bessere Prognose. Die Gabe von Steroiden kann hier hilfreich sein, muss aber im Gesamtkontext der Verletzungen betrachtet werden.

4.2.6 Behandlungsergebnisse nach Schädel-Hirn-Verletzungen

Das *Outcome* nach Schädel-Hirn-Trauma kann in der Frühphase nur sehr ungenau abgeschätzt werden. Der *Glasgow-Outcome-Score* (GOS) wird als eins von vielen Scoring-Systemen genutzt (Tab. 4.3 und 4.4). Wesentlich für die Beurteilung sind die initiale Bewusstseinsstörung und neurologische Störungen, die Dauer der Bewusstlosigkeit und das Alter des Verunfallten. Die Mortalität aller Schädel-Hirn-Traumen liegt bei 0,5 bis 0,9 %, nach schweren Schädel-Hirn-Traumen bei 14 % [Teasdale u. Jennett 1974, Möllmann 2006]. 13,5 % der verstorbenen Patienten Möllmanns [2006] erlagen ihren Verletzungen innerhalb der ersten 2 Stunden, weitere 47,5 % innerhalb des ersten Tages, und 30 % der Verstorbenen waren älter als 74 Jahre. Etwa ein Drittel (35 %) aller Patienten wird bereits innerhalb von 24 Stunden nach stationärer Aufnahme entlassen. Die Mehrzahl (65 %) erfordert einen stationären Aufenthalt von maximal 3 Tagen. Nur 18,4 % der Verletzten werden länger als eine Woche im Krankenhaus behandelt [Möllmann 2006, Harrison et al. 2013]. In Nachuntersuchungen waren 36,2 % aller Patienten nach 6 Monaten nicht arbeits- oder schulfähig. 3,8 % der Verunfallten mit mittlerem und schwerem SHT überleben die Rehabilitation nicht oder bleiben in einem vegetativen Status (GOS 1 bis 2). Mit schweren Behinderungen überleben 44 %, mit mittlerem Behinderungsgrad 30 % der Patienten (GOS 3 bis 4). 26 % der Verunfallten werden beschwerdefrei (GOS 5 [Harrison et al. 2013]).

4.2.6.1 Neurologische Folgen des Schädel-Hirn-Traumas

Konsequenzen aus einem Schädel-Hirn-Trauma ergeben sich aus dem SHT selbst, aus dem Zeitpunkt an dem die Behandlung einsetzt, aus der Qualität der Behandlung und aus eventuellen Begleitverletzungen. Bei Kindern ist der Anteil der Mitverletzungen vor allem im Bereich der Wirbelsäule besonders hoch. Darüber hinaus sind neurologische Schädigungen häufig mit orthopädischen Sekundärschäden vergesellschaftet (Kap. 4.2.6.4).

Erstgradige Verletzungen verursachen Schwindel, Kopfschmerzen, Übelkeit und manchmal vegetative Beschwerden. Sie verschwinden nach einiger Zeit folgenlos. Hirnödem und Hirndruck nach schweren Verletzungen äußern sich durch eine mehr oder weniger lange anhaltende Bewusstlosigkeit, das Koma, das sich völlig zurückbilden oder in ein Wachkoma, das apallische Syndrom, einmünden kann. Aussagen über die voraussichtliche Entwicklung sind nicht möglich.

4.2.6.2 Persistierende Bewusstseinsstörungen

Je nach Schwere der traumatischen Schädigung oder der Hirndrucksteigerung können bleibende Schäden wie ein apallisches Syndrom oder ein hirnorganisches Psychosyndrom resultieren [Brain Trauma Foundation 2000]: Konzentrationsschwierigkeiten, Stimmungsschwankungen, psychische Inkontinenz, Kopfschmerzen, retrograde und anterograde Amnesie, Aphasie, außerdem Dysarthrie, Dysphagie, Apraxie, Dyskalkulie, Einschränkungen des Gesichtsfeldes trotz gesunden optischen Systems, Störung der räumlichen Wahrnehmung und der Selbstwahrnehmung, inkretorische und exkretorische Störungen, zentrale Lähmungen und Epilepsie.

4.2.6.3 Verletzungen von Hirnnerven

Verletzungen von Hirnnerven werden verhältnismäßig oft beobachtet, entweder als Ausdruck von Schäden an den Hirnnerven selbst oder ihrer Kerne. So kommt es bei bis zu 50 % der Patienten mit einer Felsenbein-Pyramidenfraktur – je nach Frakturform – zu einer Fazialisparese, nicht selten nach einem freien Intervall von bis zu 3 Wochen. Die Prognose ist vor allem nach längerem freiem Intervall gut, eine operative Entlastung nur bei sofort eingetretenen Lähmungen und bei vollständigen Denervierungen erforderlich.

Posttraumatische Störungen des Geruchssinns beruhen auf einem Abriss der Fila olfactoria im Siebbein, der Nn. olfactorii oder auf Kontusionen des Bulbus olfactorius bzw. auf narbigen Veränderungen, auf die ein freies Intervall von oft mehreren

Wochen hinweist. Eine Rückbildung der Symptomatik ist nur bei einem Drittel der Betroffenen zu erwarten [Casper 2000].

Eine schlechte Prognose weisen auch posttraumatische Hörstörungen aufgrund einer Verletzung des N. vestibulocochlearis auf. Sie müssen von Schädigungen des Innenohrs abgegrenzt werden und sind nicht operativ behandelbar.

Schädelbasisfrakturen, die das Foramen jugulare einbeziehen, gefährden die Nn. glossopharyngeus, vagus et accessorius. Ihre Verletzung ist erkennbar an einem Schiefstand des Gaumensegels bzw. an einer Gaumensegellähmung, an fehlendem Würgereflex, Ausfall der Geschmacksempfindung im hinteren Drittel der Zunge, Lähmungsschiefhals, Herabsinken des krankseitigen Schultergürtels nach unten und innen und Schaukelstellung der Skapula (Kap. 7.3.1.2).

Frakturen der Orbita unter Mitbeteiligung des hinteren Orbitatrichters können durch direkte Kompression des N. opticus Sehstörungen bis hin zum vollständigen Visusverlust mit schlechter Prognose (Amaurosis) hervorrufen, während die Aussichten auf Rückbildung einer Augenmuskellähmung oder eines dekompensierten latenten Schielens sehr viel besser sind (Abb. 4.15 und 4.16). Doppelbilder entstehen, weil die Nn. abducens et trochlearis im Bereich des Sinus cavernosus und der Tentoriumkante oft mechanischem Stress ausgesetzt sind. Zur Unterscheidung zwischen einer Schädigung des visuellen Systems und einer Sehstörung aufgrund einer Augenmuskellähmung dient die Bestimmung der visuell evozierten Potenziale.

4.2.6.4 Zentrale Lähmungssyndrome

Zentrale Lähmungsbilder mit und ohne Spastik führen abhängig von ihrer Intensität und Ausdehnung zu Fehlfunktionen der Gelenke, zu Kontrakturen, Formfehlern und bei Kindern zu Wachstumsstörungen. Derartige Folgezustände von Schädel-Hirn-Verletzungen erfordern eine nicht selten lebenslange orthopädische Behandlung. Prognostische Aussagen sind schwierig und bei Kindern und Jugendlichen nur möglich unter Beachtung der neuronalen Plastizität ihres Gehirns. Ein neurologisches Defizit ist bei jungen Patienten in der Regel frühestens 6 Monate nach einem Trauma als irreversibel einzustufen. Nicht nur in der Frühphase der Rehabilitation steht die intensive physiotherapeutische Behandlung von Lähmungen und ggf. die medikamentöse (z. B. mittels Baclofen) und physikalische Therapie der manchmal nur passageren Spastik im Vordergrund, um die Funktionen des Haltungs- und Bewegungssystems zu erhalten, zu verbessern oder wiederherzustellen. Zur Verfügung stehen dieselben physiotherapeutischen, physikalischen, orthetischen und medikamentösen Verfahren und sozialmedizinischen Möglichkeiten, die auch zur Beeinflussung der Folgen von Hirnschäden nicht traumatischer Genese dienen (Kap. 4.1).

4.2.7 Kosten der Behandlung von Schädel-Hirn-Traumen

Schädel-Hirn-Traumen bilden einen der größten sozioökonomischen Faktoren in Deutschland, die Schadenssumme wird mit ungefähr 2,8 Mrd. € im Jahr beziffert [Möllmann 2006]. In Deutschland kostet eine 24-stündige SHT-Überwachung auf einer Normalstation ca. 500 €. Allein die Akutbehandlung schwer Schädel-Hirn-verletzter Patienten mit Intensivtherapie und Langzeitbeatmung kostet über 50.000 € bis 100.000 €. Die darüber hinaus durch den Ausfall der Patienten als Einzahler in das Sozialsystem entstehenden Kosten sind schwer zu beziffern.

4.2.8 Literatur

Alderson P, Roberts I (2005) Corticosteroids for acute traumatic brain injury. The Cochrane Database of Systematic Reviews 2005, Issue 1. Art. No.: CD000196.pub2. doi: 10.1002/14651858.CD000196.pub2 EG2a.

Bing F, Albrieux M, Vinh Moreau-Gaudry V et al. (2009) Cavernous sinus fistula treated through the transvenous approach. Report of four cases. J Neuroradiol 36(5):265–269.

Brain Trauma Foundation (2000) Management and Prognosis of Severe Traumatic Brain Injury.

Bruns J Jr, Hauser WA (2003) The epidemiology of traumatic brain injury: A review. Epilepsia 44(Suppl 10):2–10.

Casper W (2000) Verletzungen und Vergiftungen – Ergebnisse aus dem Bundesgesundheitssurvey 1998, Bundesgesundheitsblatt 6:407–414.

Catala-Temprano A, Claret Teruel G, Cambra Lasaosa FJ et al. (2007) Intracranial pressure and cerebral perfusion pressure as risk-factors in children with traumatic brain injuries. Neurosurg 106:463–466.

Czosnyka M, Smielewski P, Timofeev I et al. (2010) Intracranial pressure: more than a number. Neurosurg Focus 15(2):E10.

Czosnyka N, Czosnyka Z, Keong N et al. (2007) Pulse pressure waveform in hydrocephalus: what it is and what it isn't. Neurosurg Focus,22(4):E2.

Harrison D, Prabhu G, Grieve R et al. (2013) Risk adjustment in neurocritical care (RAIN)–prospective validation of risk prediction models for adult patients with acute traumatic brain injury to use to evaluate optimum location and comparative costs of neurocritical care: a cohort study. Health Technol Assess 17(23):1–350.

Hebb MO, Clarke DB, Tallon JM (2007) Development of a provincial guideline for the acute assessment and management of adult and pediatric patients with head injuries. Can J Surg 50:187–194.

Karaman E, Isildak H, Haciyev Y et al. (2009) Carotis-cavernous sinus fistula after functional endoscopic sinus surgery. J Craniofac Surg 20(2):556–558.

Keltner JL, Satterfield D, Dublin AB et al. (1987) Dural and carotid cavernous sinus fistulas. Diagnosis, management and complications. Ophthalmology 94(12):585–600.

Manson PN, Stanwix MG, Yaremchuk MJ et al. (2009) Frontobasal fractures: anatomical classification and clinical significance. Plast Reconstr Surg 124(6):2096–2106.

Meier U (undatiert) Auswirkungen und mögliche Folgeschäden bei Schädel-Hirn-Traumata. Berufsverbände und Fachgesellschaften für Psychiatrie, Kinder- und Jugendpsychiatrie, Psychotherapie, Psychosomatik, Nervenheilkunde und Neurologie aus Deutschland und der Schweiz (Hrsg) Neurologen und Psychiater im Netz.

Merkenschlager A, Härtel C, Preuß M (2013) Consciousness disturbances in children: An interdisciplinary challenge. Monatsschr Kinderheilk: 161:740–748.
Miller JD (1993) Head injury. J Neurol Neurosurg Psychiatr 56(5):440–447.
Möllmann FT (2006) Epidemiologie, Unfallursachen und akutklinische Initialversorgung beim Schädel-Hirn-Trauma. Dissertation. Med. Fak. Univ. Münster.
Murray GD, Teasdale GM, Braakman R et al. (1999) On behalf of the European Brain Injury Consortium. The European Brain Injury Consortium Survey of head injuries. Acta Neurochirurgica 141:223–226.
Preuss M (2012) A energy-failure based brain edema concept. Medical Hypotheses 79:259–260.
Schnellinger MG, Reid S, Louie J (2010) Are serial brain imaging scans required for children who have suffered acute intracranial injury secondary to blunt head trauma? Clin Pediatr 49:569–573.
Steudel WI, Cortbus F, Schwerdtfeger K (2005) Epidemiology and preventions of fatal head injuries in Germany – trends and the impact of the reunification. Acta Neurochirurgica 147:231.
Stiell IG, Wells GA, Vandemheen K et al. (2001) The Canadian CT Head Rule for patients with minor head injury. Lancet 357:1391–1396.
Teasdale GM, Jennett B (1974) Assessment of coma and impaired consciousness: practical scale. Lancet 2:81–84.

4.3 Tumoren des Gehirns (Neuroonkologie)

Matthias Preuß

4.3.1 Einführung

Hirntumoren gehen trotz aller Fortschritte in der Behandlung als zweithäufigste Krebserkrankung im Kindes- und Jugendalter noch immer mit einer hohen Mortalitätsrate einher. Im Erwachsenenalter treten neben primären Hirntumoren zunehmend auch Metastasen anderer Tumorerkrankungen auf, insbesondere der Lunge. Vor allem aufgrund der Vielzahl unterschiedlicher histopathologischer Entitäten an unterschiedlichen Lokalisationen sind Diagnostik, Therapie und Heilungschancen sehr heterogen. Obschon eine Vielzahl von Hirn- und Rückenmarkstumoren mittlerweile eine günstige Prognose aufweist, existiert eine erhebliche Zahl, für die erhebliche therapeutische Probleme bis heute fortbestehen. In den letzten Jahren konnten neue biologische Parameter etabliert werden, die für eine bessere Risikoabschätzung und zielgerichtete Therapie herangezogen werden können. Im Fokus steht mittlerweile auch die Vermeidung von Therapie-assoziierten Spätfolgen, beispielsweise von neurologischen Defiziten, und bei Kindern und Jugendlichen von Wachstumsstörungen nach Bestrahlungen vor allem der Wirbelsäule.

In Deutschland wird die Behandlung von kindlichen Hirntumoren durch das Behandlungsnetzwerk HIT (www.kinderkrebsinfo.de) frühzeitig interdisziplinär in sogenannten Therapieoptimierungsstudien durchgeführt. Universitäre Krebszentren etablieren zunehmend ebenfalls die interdisziplinäre und studienoptimierte Behandlung erwachsener Patienten mit primären oder sekundären Tumoren des ZNS. Dadurch erfolgt nicht nur eine Therapiestratifizierung, sondern auch die Qualitätssicherung für diagnostische Maßnahmen und Therapievorgaben, ergänzt durch wissenschaftliche Untersuchungen zur weiteren Therapieverbesserung und zur Nachsorge nach Hirntumorbehandlung.

4.3.2 Epidemiologie und Klassifikationen

Kindliche Hirntumoren stellen mit 20 bis 23 % aller Krebserkrankungen im Alter unter 15 Jahren die häufigsten soliden Tumoren dar. Nach der Leukämie weisen sie mit ca. 0,94 von 100.000 Todesfällen die zweithöchste Mortalität im Kindesalter auf [GCCR Daten 1991 bis 2000, Deutschland].

In der genannten Altersklasse treten jährlich 3,64 Neuerkrankungen pro 100.000 Einwohner auf [GCCR, Zeitraum 2001 bis 2010]. Jungen sind gering öfter betroffen als Mädchen (1,2 : 1). Anders als bei Erwachsenen sind kindliche Hirntumoren etwas häufiger im Kleinhirnbereich (infratentoriell) lokalisiert. Histologisch überwiegen neben den astrozytären Tumoren Medulloblastome, Ependymome und Kraniopharyngeome in absteigender Häufigkeit.

Im Erwachsenenalter dominiert mit einem Altersgipfel von 40 bis 65 Jahren das bösartige Glioblastom mit 50 % aller Hirntumoren. Jährlich treten etwa zehn Neuerkrankungen bei 100.000 Erwachsenen auf, mit 6 : 4 überwiegend bei Männern. Als begünstigend vermutet man unter anderem Keimbahnmutationen in Tumorsuppressorgenen (z. B. Neurofibromatose). Umweltgifte, Strahlentherapien oder eine Exposition des Vaters mit polyzyklischen aromatisierten Kohlenwasserstoffen können ebenfalls für ein erhöhtes Erkrankungsrisiko sorgen.

Hirntumoren werden nach der WHO-Klassifikation eingeteilt und gradiert [Louis et al. 2007]. Die Dignität wird mit Grad I bis IV beschrieben, wobei Grad I und II *lowgrade* (benigne) und Grad III und IV *highgrade* (maligne) bedeuten. Nach ihrem Ursprung aus den unterschiedlichen Zellen des Nervensystems unterscheidet man vier Hauptgruppen:

1. Neuroepitheliale Tumoren
   (a) gliale Tumoren (astrozytäre, oligodendrogliale Tumoren, Ependymome und Plexustumoren, Abb. 4.17 und 4.18)
   (b) neuronale Tumoren (z. B. Gangliogliome, Neurozytome)
   (c) Pinealistumoren
   (d) embryonale Tumoren von Vorläuferzellen (z. B. Medulloblastom, Abb. 4.19)
2. Tumoren der Schwann-Zellen der Hirnnerven
3. Tumoren des Meningothels (z. B. Meningeom, Abb. 4.20)
4. Tumoren der hämatopoetischen Zellen (z. B. ZNS-Lymphome)

Viele Entitäten sind sehr selten, einige Subgruppen und Entitäten wurden erst kürzlich in die WHO-Klassifikation aufgenommen [Louis et al. 2007]. Neuen molekularge-

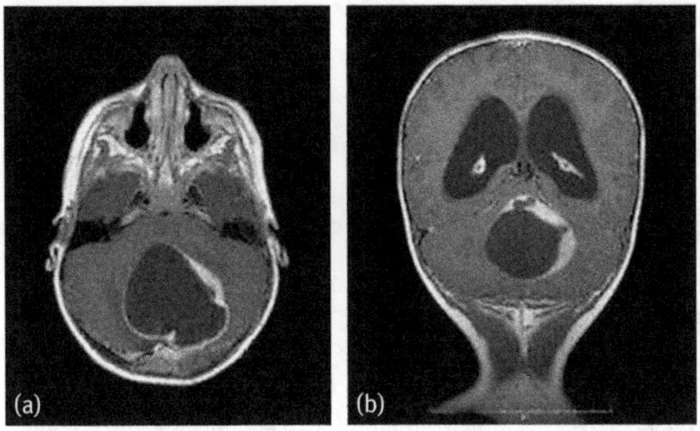

Abb. 4.17: Kindliche Tumoren. MRT, T1 mit Kontrastmittel, (a) axial, (b) koronar. Pilozytisches Astrozytom WHO° I mit großem zystischem Anteil und kompletter Verlegung des Liquorabflusses: Hydrozephalus.

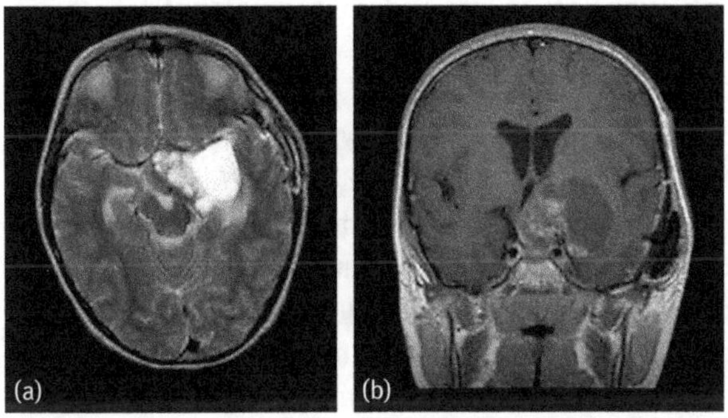

Abb. 4.18: Kindliche Tumoren. MRT, (a) T2 axial, (b) T1 mit Kontrastmittel, koronar. Optiko-hypothalamisches Astrozytom WHO° I mit multiplen Zysten. Lage im Bereich des Chiasma opticum, der Sehnerven, des Hypothalamus und der Hypophyse.

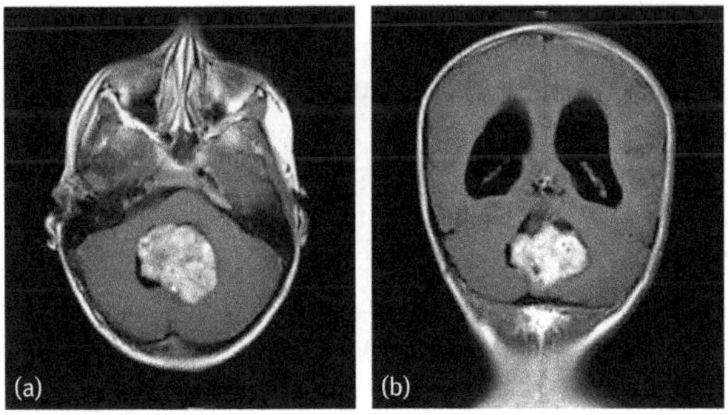

Abb. 4.19: Kindliche Tumoren. MRT mit Kontrastmittel, (a) axial, (b) koronar. Medulloblastom WHO° IV. Kräftige Kontrastmittelaufnahme. Hydrozephalus.

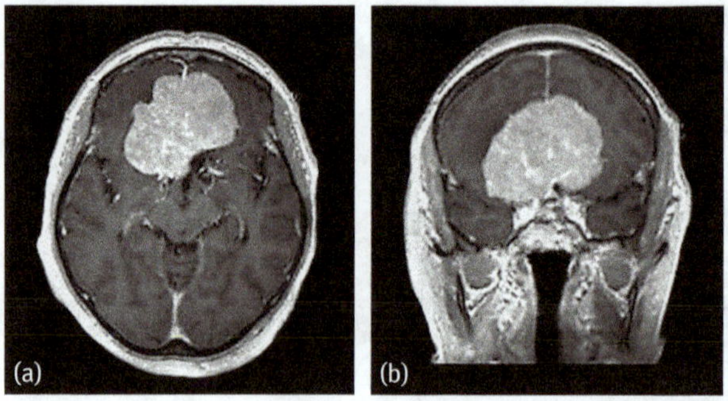

Abb. 4.20: MRT, T1 mit Kontrastmittel, (a) axial, (b) koronar. Frontobasales Meningeom WHO° I. Ausgeprägte Verdrängung der Umgebungsstrukturen, keine Ödembildung.

netischen Erkenntnissen folgend werden ständig Re-Klassifizierungen vorgenommen, sodass die Einteilung und Gradierung noch immer Änderungen unterworfen ist.

4.3.3 Klinische Präsentation

Die klinischen Symptome, mit denen Patienten mit einem Hirntumor auffällig werden, können sehr unterschiedlich sein und sind vor allem auch von der Topografie des Tumors abhängig. Ob z. B. eine relativ rasche und beeindruckende Hirndrucksymptomatik auftritt, ist meist stärker von der Lokalisation abhängig als von der Histologie des Tumors. Gerade Tumoren der hinteren Schädelgrube werden oft wegen ihrer subtilen neurologischen Auffälligkeiten nur sehr schleichend über einen längeren Zeitraum symptomatisch, sodass ein langes diagnostisches Intervall entsteht [Preuß et al. 2015].

4.3.3.1 Symptome des gesteigerten Hirndrucks

Lediglich 28 % der Kinder werden mit echten Hirndruckzeichen symptomatisch: Nüchternerbrechen, morgendliche Kopfschmerzen und Müdigkeit bis hin zur Vigilanzminderung [Preuß et al. 2015]. Häufig treten die Symptome nur intervallartig auf. Ein gesteigerter Hirndruck kann sich aber auch in Form eines (schulischen) Leistungsknicks und einer Persönlichkeitsalteration manifestieren. Bei kleineren Kindern wird nicht selten eine Zunahme des Kopfumfangs beobachtet. Stauungspapillen sind in jedem Lebensalter selten. Vor allem einseitige können auf einen Hirntumor hinweisen (Foster-Kennedy-Syndrom, mit ipsilateraler Optikusatrophie und kontralateraler Stauungspapille bei ca. 19 % aller Patienten mit Hirndrucksteigerung).

Pathophysiologisch beruht der gesteigerte Hirndruck auf der Raumforderung, häufig entsteht er aber auch durch die Abflussbehinderung des Liquors als Hydrozephalus. Bei vollständiger Blockade des Liquorabflusses kann es binnen weniger

Stunden oder Tage zu einer akuten Notfallsituation kommen. Die Patienten sind dann oft klinisch massiv auffällig mit Übelkeit und Erbrechen, Bradykardie und Ateminsuffizienz sowie bis zum Koma reichender Bewusstseinsstörung oder Streckkrämpfen.

4.3.3.2 Herdsymptome

Seltener ruft das Wachstum oder die Infiltration des Tumors in gesundes Nachbargewebe eine neurologische Symptomatik hervor. Sie ist gewöhnlich erst retrospektiv als Tumor-bedingt zu erkennen, da sie meist sehr diskret ausfällt. Patienten mit Kopfschmerzen und anderen zunächst unspezifisch anmutenden Symptomen sind daher wiederholt zu untersuchen, um zunehmende neurologische Auffälligkeiten im Verlauf erkennen zu können.

Koordinationsstörungen weisen auf Tumoren der hinteren Schädelgrube mit Kleinhirnaffektion hin. Supratentorielle Tumoren werden durch schleichend beginnende Lähmungen, epileptische Anfälle oder Sprachstörungen symptomatisch, Tumoren der Mittellinie (z. B. Kraniopharyngeom, Sehbahngliom) nicht selten durch Sehstörungen, Akustikusneurinome (Vestibularis-Schwannome) durch Hörstörungen, Tinnitus und Schwindel. Auf Tumoren der Wirbelsäule weisen Rückenschmerzen hin, während sich neurologische Ausfälle gewöhnlich erst im späteren Verlauf bei Kompressions-bedingter Dekompensation der Rückenmarksfunktion einstellen [Wilne et al. 2007].

4.3.4 Diagnostik

Goldstandard für die Diagnostik eines Hirn- oder Rückenmarkstumors ist das MRT, ersatzweise das CT, wenn kein MRT verfügbar ist. Bei noch offener Fontanelle kommt auch der Ultraschall für die Erstuntersuchung in Betracht. Röntgenaufnahmen besitzen mittlerweile keinen Stellenwert mehr.

Im Unterschied zu Hirntumoren des Erwachsenenalters weist die Kontrastmittelaufnahme eines Hirntumors beim Kind nicht auf seine Dignität hin. Beim Erwachsenen gelten Kontrastmittelaufnahme, perifokales Ödem und zentrale Nekrosen als Malignitätszeichen. Gerade gutartige langsam wachsende Befunde können beeindruckende Ausmaße erreichen, da sie die Hirnstrukturen über Jahre hinweg allmählich verdrängen und es nur zu geringen Funktionsstörungen des Gehirns kommt. Wegen der Häufigkeit einer spinalen und leptomeningealen Aussaat maligner kindlicher Hirntumoren bereits bei Diagnosestellung ist hier die MRT-Untersuchung der gesamten Neuroachse erforderlich. Bei Erwachsenen ist das deutlich seltener der Fall und eine routinemäßige MRT-Untersuchung der Wirbelsäule meist nicht erforderlich. Das MRT dient darüber hinaus zur Verlaufsbeurteilung während der weiteren Therapie und zur Kontrolle nach Operationen. Innerhalb von 72 Stunden nach einer Operation sollten das Resektionsausmaß bestimmt und eventuelle postoperative Folgeschäden ausgeschlossen werden. Nach diesem Intervall wird die genaue Differenzierung zwischen postoperativen Veränderungen und Resttumoranteilen deutlich unsicherer. Dies kann die Abschätzung der Prognose und sich daraus ableitende adäquate Therapieentscheidungen erschweren.

4.3.5 Behandlungskonzepte

Das wichtigste Therapieziel besteht in der dauerhaften Kontrolle des Tumors bzw. einer Remission, da sich insbesondere bei Malignomen die Prognose im Falle eines Rezidivs deutlich verschlechtert. Ein wichtiger Faktor bleibt die vollständige neurochirurgische Resektion. Da vor allem hochmaligne Tumoren invasiv wachsen und auch über Liquoraussaat im Zentralnervensystem verschleppt werden können, ist die vollständige Resektion meist nur bei niedriggradigen Tumoren kurativ möglich. Glioblastom-Patienten mit Langzeitüberleben beispielsweise sind selten, und die Glioblastom-Prognose ist immer als ernst einzuschätzen. Erst nach der Etablierung der adjuvanten Strahlentherapie maligner Hirntumoren konnten die Raten des progressionsfreien Überlebens bei hochgradigen Tumoren vor allem im Kindesalter verbessert werden (z. B. Medulloblastom). Viele Tumoren sprechen darüber hinaus sowohl auf Chemotherapie als auch auf Bestrahlung an, sodass sich in Abhängigkeit von Alter, Resektionsgrad, Metastasierungsstatus, histologischem Befund und z. T. auch molekularbiologischen Parametern individualisierte risikoadaptierte Therapiekonzepte aufstellen lassen (alleinige Radiatio, Chemotherapie oder kombinierte Radiochemotherapie). Bei sehr jungen Kindern bietet die Vermeidung oder ein Aufschub einer Bestrahlung wegen der neurokognitiven Spätfolgen einer Strahlentherapie Vorteile. Im Erwachsenenalter ist die Therapie sekundärer Hirntumoren immer im Kontext mit der Grunderkrankung zu sehen.

4.3.5.1 Neurochirurgische Therapie

Die operative Therapie dient der Reduktion der Tumormasse und der histologischen Diagnosesicherung. Dies macht in der Regel eine Kraniotomie notwendig. Das Vorgehen orientiert sich vor allem am Alter und am klinischen Zustand des Patienten, an der Lage des Tumors und damit seiner Resektabilität und an der Frage, ob ein Hydrozephalus vorliegt. Bei in eloquenten Arealen liegenden Prozessen (Sprachzentrum, motorische Rinde) können durch geeignete MRT-Techniken und intraoperatives neurophysiologisches Monitoring, aber auch durch Operationen am wachen Patienten die Resektionsergebnisse optimiert und neurologische Defizite minimiert werden. Trotz modernster Technik (Neuronavigation, intraoperatives MRT, Ultraschalltechnologie) ist bei diffus bzw. infiltrativ wachsenden Raumforderungen die vollständige Resektion nicht möglich [Giese et al. 2003].

Ein okklusiver Hydrozephalus kann trotz Resektion des Tumors postoperativ fortbestehen und die Implantation eines sogenannten ventrikuloperitonealen Shunts erfordern. Im Falle eines Hirnödems ist mit Kortikoiden (in der Regel Dexamethason) eine vorübergehende Stabilisierung des Zustandes erreichbar.

Die pädiatrischen benignen pilozytischen Astrozytome im Kleinhirnbereich werden kurativ operiert [Westphal et al. 2003]. Eine subtotale Resektion verschlechtert die Überlebensaussichten um etwa 10 % [Gnekow et al. 2003]. Im Erwachsenenalter können Meningeome und auch niedriggradige Tumoren vollständig entfernt werden. Gliome der Sehbahn sind hingegen häufig nur mit erhöhter Morbidität resezierbar. Zu erwarten sind nicht nur Sehstörungen, sondern vor allem auch hypothalamische Störungen.

Bei Glioblastomen lässt sich das rezidivfreie Überleben durch den intraoperativen Einsatz der 5-Ala-Fluoreszenztechnik verbessern, wenn dadurch eine vollständige Resektion erreicht werden kann. Hierbei führt die präoperative orale Gabe von 5-Aminolävulinsäure (5-Ala) zu einer Akkumulation von rosa fluoreszierenden Hämoglobin-Vorläufermolekülen, da den malignen neuroepithelialen Zellen das Enzym Ferrochelatase fehlt, das den Abschluss der Hämoglobinsynthese durch Einbau eines Eisen-Atoms bildet. Dennoch bleiben maligne Gliome auch heute noch ein therapeutisches Problem (Abb. 4.21). Manche Tumoren (z. B. die im Hirnstamm gelegenen intrinsischen Ponsgliome) entziehen sich einer sinnvollen neurochirurgischen Therapie. Hier bietet die stereotaktische Feinnadelbiopsie die Möglichkeit zumindest einer histologischen Diagnosesicherung und ggf. weiterer, molekularbiologischer Untersuchungen.

Das MRT innerhalb der ersten 72 Stunden nach einem Eingriff erlaubt die Bestimmung des Resektionsgrades [Forsting et al. 1993]. Die Vollständigkeit der Resektion stellt einen wichtigen Prognosefaktor dar und ist wegweisend für die weitere Therapie und das Schicksal der Patienten [Orina et al. 2013, Kramm et al. 2006].

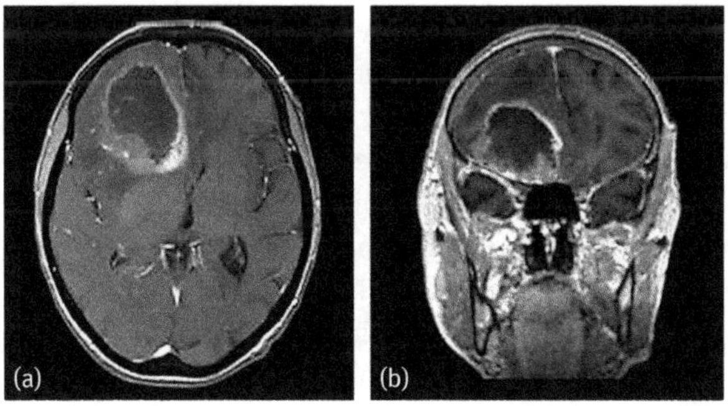

Abb. 4.21: MRT, T1 mit Kontrastmittel,(a) axial, (b) koronar. Glioblastom rechts frontal WHO° IV mit perifokalem Ödem und beginnender Mittellinienverlagerung.

4.3.5.2 Radiotherapie

Die Radiotherapie ist eine etablierte adjuvante Therapieform. Sie kann sowohl bei niedergradigen als auch bei malignen Hirntumoren im Kindes- und Erwachsenenalter angewendet werden. Angepasst an die Lage des Tumors, die zu erwartende radiogene Reaktion und Sensibilität des Umgebungsgewebes sowie potenzielle Spätfolgen stehen unterschiedliche Bestrahlungskonzepte im Kontext der interdisziplinären Behandlung zur Verfügung. Die Bestrahlung mit hochenergetischen Röntgenstrahlen erfolgt in vielen Einzeldosen auf ein definiertes Zielgebiet, nach einem Planungs-CT vorherberechnet. Diese 3D-konformale Radiotherapie erfordert zur exakten Planung und reproduzierbaren Applikation über viele Behandlungstage bis zu einer Dauer von 7 Wochen (fraktionierte Bestrahlung) die Lagerung in einer individuellen Maske. Bei kleineren Kindern ist ggf. auch eine tägliche Narkose notwendig. Je nach Zielgebiet und Tumorvolumen werden 1.6 bis 1.8 Gy je Einzeldosis appliziert, bei hyperfraktionierter Bestrahlung sogar zweimal täglich nur 1 Gy im Abstand von 6 Stunden. Besonders strahlenempfindliche Strukturen wie Augen einschließlich der Tränendrüsen, der Linse und der Hornhaut, Innenohr, Hypophyse, Sehbahn und gesunde Hirnareale müssen sorgfältig geschont werden. Neben der 3D-konformalen Radiotherapie werden stereotaktische Einzeitbestrahlungen (γ-Knife) oder Bestrahlungen kleinerer Prozesse in Form einer Hochpräzisionsbestrahlung vorgenommen. Eine Sonderform bildet die IMRT (*Intensity Modulated Radiation Therapy*), die im Rotationsverfahren in mehreren Bögen appliziert wird (Linearbeschleuniger).

Protonenbestrahlung ist in Deutschland nur in wenigen Zentren verfügbar. Sie bietet vor allem eine deutlich bessere Dosisverteilung und daher Schonung von Umgebungsgeweben. In zystische Raumforderungen werden als Brachytherapie Radiopharmaka (meist ^{125}J-Seeds) mithilfe stereotaktischer Verfahren operativ eingebracht.

Besonders bei Radiotherapie im Kindesalter sind sowohl akute, subakute als auch späte radiogene Reaktionen häufig. Als Akutreaktionen treten in der Regel Kopfschmerzen, Übelkeit und Schwindel auf, die nach Beendigung der Bestrahlung reversibel sind und symptomatisch behandelt werden. Zeitweise kann der Einsatz von Dexamethason die Beschwerden mildern. Subakut mit einer Verzögerung von bis zu sechs Monaten kann ein „Somnolenz-Syndrom" auftreten, währenddessen sich die Patienten abgeschlagen und müde fühlen. Es ist gewöhnlich vollständig reversibel. Als Spätfolge (20 bis 24 Monate nach Radiatio) schränkt vor allem nach Ganzhirnbestrahlungen die Verzögerung und Beeinträchtigung der neurokognitiven und psychosozialen Fähigkeiten dosis- und altersabhängig bei bis zu 20 % der Patienten die Lebensqualität ein. Die untere Altersgrenze für eine Radiotherapie des ZNS wurde aufgrund dieser teilweise gravierenden Schädigungen auf 18 Monate festgelegt. Generell besteht nach Radiotherapie ein lebenslang erhöhtes Risiko für die Entstehung von Zweitmalignomen. Von Erwachsenen wird die Radiotherapie deutlich besser toleriert. Bei Kindern kann es zu einer Schädigung der hypothalamisch-hypophysären Achse kommen, gefolgt von Wachstumsstörungen oder einer Pubertas tarda. Eine Radiotherapie der gesamten kraniospinalen Achse führt nach Applikation signifikanter Dosen zu Wachstumsstörungen der Wirbelsäule, zu Hypothyreose und Gonadeninsuffizienz.

4.3.5.3 Chemotherapie

Der Stellenwert der Chemotherapie liegt in erster Linie in der Behandlung von Resttumoranteilen, wenn eine radikale Resektion nicht möglich war. Auch bei metastasierten Tumoren ist ein systemischer Therapieansatz sinnvoll. Die Wirksamkeit der Chemotherapie ist für die meisten Hirntumoren wissenschaftlich gut belegt [Packer et al. 1991, Taylor et al. 2003]. Aufgrund unerwünschter Nebenwirkungen der Radiotherapie wurde sie besonders bei jungen Patienten mittlerweile zur Therapie der ersten Wahl, entsprechend molekulargenetischen Tumormarkern individuell an den Patienten angepasst. In der Regel ergeben sich je nach Protokoll und Tumorart Behandlungszeiträume von bis zu 18 Monaten, in denen die kleinen Patienten wiederholt stationär behandelt werden. Um das Ansprechen auf Zytostatika zu verbessern, setzt man gewöhnlich Kombinationen verschiedener Substanzen ein. Sind hohe Wirkspiegel vor allem im Liquorraum erforderlich, ist eine zusätzliche intrathekale Applikation in den Ventrikel über Reservoire möglich (z. B. Methotrexat). Teilweise werden bei malignen Tumoren auch Protokolle der Hochdosischemotherapie mit autogener Stammzelltransplantation durchgeführt, um die Heilungsraten bei Medulloblastom und stPNET (supratentorieller primitiver neuroektodermaler Tumor) zu verbessern.

4.3.6 Spätfolgen und orthopädische Konsequenzen

Kinder mit Hirntumoren benötigen eine langjährige interdisziplinäre Nachsorge. Als häufigste Spätfolgen beobachtet man Intelligenzminderungen, Gedächtnis- und Konzentrationsstörungen. Oft sind die mentale Verarbeitungsgeschwindigkeit und die motorische Geschicklichkeit beeinträchtigt. Zu erwarten sind außerdem Wachstumsverzögerungen und hormonelle Störungen, Seh- oder Hörstörungen, neurologische Defizite, kognitive und psychosoziale Schäden sowie Infertilität.

Nach Tumoreingriffen an der kindlichen Wirbelsäule entstehen Skoliosen aufgrund von Störungen des muskulären Gleichgewichts oder von lokalen Wachstumsstörungen. Sie sind gewöhnlich rasch progredient und erfordern ein frühzeitiges operatives Eingreifen. Die dabei verwendeten metallenen Implantate schränken die Beurteilbarkeit von MRT-Aufnahmen ein und erschweren ggf. die Tumornachsorge. Bei Erwachsenen werden Wirbelsäulendeformitäten deutlich seltener beobachtet. Sie entwickeln sich auf der Grundlage von knöchernen Destruktionen. Persistierende neurologische Defizite gleichen in ihrem Wesen und in ihren Konsequenzen denen anderer zerebraler Läsionen (z. B. Schlaganfall, Kap. 4.1, Schädel-Hirn-Trauma, Kap. 4.2).

4.3.7 Tumoren der Hypophyse

Bei den Hypophysentumoren handelt es sich nicht um Tumoren des Gehirns, sondern der Zellen des Hypophysenvorderlappens (Adenohypophyse, Hypophysenadenome). Sie machen 10 bis 15 % aller intrakraniellen Tumoren aus, ihre Inzidenz liegt zwischen 1 und 4 : 100.000 mit einem Altersgipfel um das 40. Lebensjahr [Stalla 2006 und Homepage der Deutschen Krebsgesellschaft www.krebsgesellschaft.de/hypophysentumoren,10963.html]. Die Tumoren sind meist gutartig und wachsen in der Regel langsam, 20 bis 30 % davon allerdings invasiv [Spaeth-Dierl]. Die Raumverdrängung führt vor allem zu Kopfschmerzen und zu einer bitemporalen Hemianopsie (Scheuklappensehen), gelegentlich zu Störungen der Nn. oculomotorius oder trigeminus. Etwa 75 % der Hypophysenadenome sind symptomatisch hormonaktiv, d. h., sie bilden vermehrt meist Prolaktin oder Wachstumshormon (Somatotropin, STH, Growth Hormone, GH), seltener Adrenokortikotropes Hormon (ACTH), manchmal Thyreotropin (TSH).

Die Diagnostik erfolgt radiologisch (MRT – Abb. 4.22, seltener cCT zur Operationsplanung oder auch röntgenologisch zur Beurteilung der Sella), ophthalmologisch

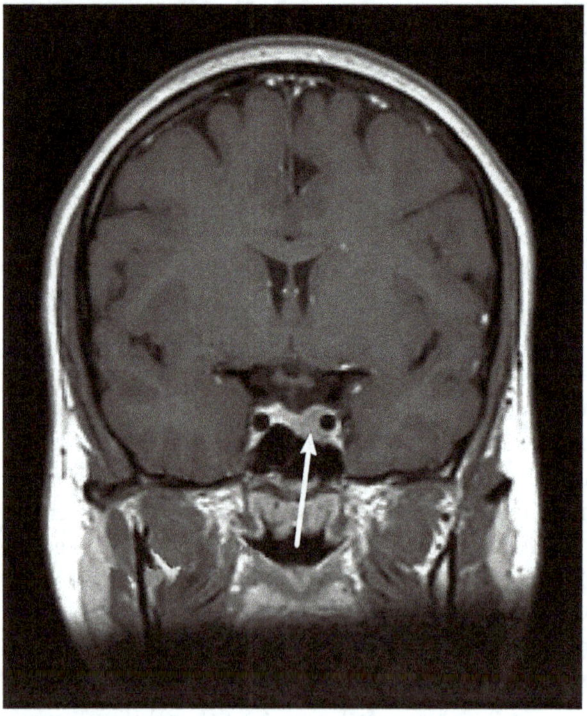

Abb. 4.22: MRT, T1 mit Kontrastmittel koronar. Linksbetontes Hypophysenadenom mit engem Bezug zum Sinus cavernosus und zur A. carotis (Beob. E. Luft).

und endokrinologisch. Differenzialdiagnostisch ist an entzündliche Prozesse, Metastasen, Lymphome, Meningeome zu denken. Nicht hormonaktive Tumoren können (meist transnasal) operativ entfernt und bei Bedarf nachbestrahlt werden, die meisten hormonaktiven sind einer medikamentösen Therapie zugänglich. Die Prognose ist gewöhnlich gut, allerdings müssen alle Patienten, unabhängig von der bereits durchgeführten oder noch geplanten Therapie, ein Leben lang regelmäßig mittels MRT-Bildgebung, augenärztlicher Untersuchung und endokrinologischer Untersuchung nachbetreut werden.

4.3.8 Literatur

Deutsche Krebsgesellschaft. http://www.krebsgesellschaft.de/hypophysentumoren,10963.html. Letzter Zugriff 2015.

Forsting M, Albert MK, Kunze S et al. (1993) Extirpation of glioblastomas: MR and CT follow-up of residual tumor and regrowth patterns. AJNR 14:77–87.

Giese A, Bjerkvig R, Berens ME et al. (2003) Cost of migration: invasion of malignant gliomas and implications for treatment. J Clin Oncol 21:1624–1636.

Gnekow A (2003) Therapie von Gliomen niedriger Malignität im Kindes- und Jugendalter, Medizin und Wissenschaft 2/2003.

Kramm CM, Wagner S, Van Gool S et al. (2006) Improved survival after gross total resection of malignant gliomas in pediatric patients from the HIT-GBM studies. Anticancer Res 26:3773–3780.

Loius DN, Ohgaki H, Wiestler OD et al. (Hrsg, 2007) WHO Classification of tumours of the central nervous system. Lyon: International Agency for Research on Cancer.

Orina JN, Fang S, Meyer FB, Parney IF (2013) Surgical outcomes in a modern series of low-grade gliomas undergoing surgical resection. Neurosurgery 60(Suppl 1):156–157.

Poeck K, Hacke W (2006) Neurologie. Springer-Verlag Heidelberg.

Preuß M, Preiss S, Syrbe S, Nestler U, Fischer L, Merkenschlager A, Bertsche A, Christiansen H, Bernhard MK (2015) Signs and symptoms of pediatric brain tumors and diagnostic value of preoperative EEG. Childs Nerv Syst 31(11):2051–2054.

Stalla G (2006) Therapieleitfaden Hypophysenerkrankungen. Verlag Uni-med Science.

Westphal M, Schlegel U, Weller M (2003) Primäre Tumore des Gehirns und seiner Häute. Neuroonkologie. Georg-Thieme-Verlag Stuttgart, 182–187.

Wilne S, Collier J, Kennedy C et al. (2007) Presentation of childhood CNS tumours: a systematic review and metaanalysis. Lancet Oncol 8:685–695.

4.4 Entzündliche Erkrankungen des Gehirns

Christos Trantakis

4.4.1 Bakteriell entzündliche Erkrankungen des Gehirns

4.4.1.1 Infektionsmechanismen

Bakterielle Infektionen des ZNS können hämatogen, fortgeleitet von fokalen entzündlichen Herden in der Nähe oder direkt beim offenen Schädel-Hirn-Trauma über die Bakterienflora der Haut bzw. der Schleimhaut der Nasennebenhöhlen bzw. des Mastoids erfolgen. Die nachfolgende Entzündungsreaktion führt meist zu Veränderungen im Liquor cerebrospinalis, die jedoch nicht obligat sind. Eine Schädigung des ZNS kann sowohl über eine Vermehrung der Mikroben als auch durch die ausgelöste Immunantwort erfolgen. Der Anteil beider Pathomechanismen an der Schädigung des ZNS variiert in Abhängigkeit vom jeweiligen Erreger, die klinischen Symptome hängen ab von der Geschwindigkeit, mit der sich die Erreger vermehren, von der Abwehrlage des Wirtsorganismus und von den befallenen Strukturen [Prange 1995]. In der Neurochirurgie und Orthopädie kommen nahezu ausschließlich fortgeleitete Infektionen, z. B. bei Sinusitiden, oder postoperative bzw. posttraumatische Meningitiden zur Behandlung, sodass der Schwerpunkt im Folgenden darauf liegt. Die hämatogene Meningitis stellt meist keine Indikation für operative Behandlungsmaßnahmen dar, im Einzelfall ist eine temporäre externe Liquorableitung indiziert. Sekundäre Resorptions- bzw. Abflussstörungen des Liquors können die dauerhafte Anlage eines Liquorshunts (in der Regel ventrikulo-peritoneal) erfordern.

4.4.1.2 Bakterielle (eitrige) Meningitis

Die bakterielle Meningitis ist nach wie vor eine gefährliche Erkrankung mit der Notwendigkeit einer sofortigen und in der Initialphase intensivmedizinischen Therapie. Kopfschmerzen, Nackensteife, Fieber, Benommenheit weisen darauf hin. Mit der Antibiotikagabe muss bei klinischem Verdacht innerhalb von 3 Stunden begonnen werden. Ein späterer Behandlungsbeginn geht mit einem signifikant erhöhten Langzeitmorbiditäts- und Letalitätsrisiko einher.

Je nach vermutetem Erreger, zum Beispiel bei Verdacht auf eine Meningokokken-Meningitis, müssen geeignete krankenhaushygienische Isolierungsmaßnahmen getroffen werden.

4.4.1.2.1 Epidemiologie

Die Inzidenz der hämatogenen bakteriellen Meningitis liegt unter 10 : 100.000. Bei 3 Vierteln der Erkrankten handelt es sich um (männliche) Kinder und Jugendliche unter 20 Jahren, bei den Erregern in den ersten 3 Lebensmonaten vor allem um Gruppe-B-Streptokokken, E. coli und Listerien (Listeria monozytogenes), bei älteren Kindern um Haemophilus influenzae, Meningokokken und Pneumokokken, bei Erwachsenen um Meningokokken und Pneumokokken. Ab dem 6. Lebensjahrzehnt steigt der prozentuale Anteil der Infektionen mit Listeria monozytogenes [Tunkel et al. 2004, van de Beek et al. 2006]. Die Erreger gelangen über eine Infektion des oberen Respirationstrakts in den Blutkreislauf und können über die Bakteriämie auch die weichen Hirnhäute erreichen.

Nach neurochirurgischen Eingriffen, beispielsweise im Zusammenhang mit externen Ventrikeldrainagen, findet man vor allem Staphylokokken, Pseudomonaden und gramnegative Erreger [Tunkel et al. 2004]. Als potenzielle Eintrittspforten für Erreger sind außerdem Mittelohrentzündungen, Mastoiditiden und Kochleaimplantationen anzusehen [Wei et al. 2008] und nicht zuletzt Frakturen der Schädelbasis, der Nebenhöhlen und des Os petrosum. Eine prädisponierende Rolle spielen auch Immundefekte [Sáez-Llorens u. McCracken 2003, Tebruegge u. Curtis 2008].

4.4.1.2.2 Klinik

Die bakterielle Meningitis setzt ein mit Fieber, mäßigen Kopfschmerzen, allgemeinem Krankheitsgefühl und Nackensteife. Das Vollbild ist charakterisiert durch stärkere Kopfschmerzen, Nackensteife bis hin zum Opisthotonus und Bewusstseinstrübung. In den ersten beiden Lebensjahren bleiben die Symptome häufig uncharakteristisch. Bei tief komatösen Patienten fehlt die Nackensteifigkeit oft. Abhängig vom Erreger variieren die klinischen Symptome. Bei 10 % der Patienten treten Hirnnervenstörungen auf, vor allem Okulomotorius- oder Abduzensparesen, bei bis zu 30 % Hörstörungen [Kastenbauer u. Pfister 2003]. Bei bis zu 50 % finden sich neben den meningitischen auch septische Zeichen. Bei mehr als 60 % sind Hautveränderungen zu beobachten [Leitlinien DGN 2012]. Sie weisen auf eine Meningokokkensepsis hin. Die Letalität der Erkrankung liegt noch immer bei 15–25 % [Klein u. Pfister 2010].

Meningokokkenmeningitis

Ausgangspunkt einer Meningokokkenmeningitis (*Neisseria meningitidis*, meldepflichtig!) ist häufig der Nasopharynx. Sowohl ein Eindringen per continuitatem durch die Lamina cribrosa als auch eine hämatogene Streuung in den Liquorraum ist möglich. Bei 40 % der Erkrankten handelt es sich um Säuglinge und Kleinkinder. Neben protrahierten Krankheitsbildern werden foudroyante Verläufe beobachtet, die innerhalb weniger Stunden und aus Wohlbefinden heraus zum septischen Schock mit Verbrauchskoagulopathie und zum Tode führen. Nur der rasche Einsatz von Antibiotika verhindert den fatalen Ausgang. Bei 50 bis 70 % der Patienten mit einer Meningokokkenmeningitis finden sich Petechien, eine Purpura oder konfluierende Blutungen. Sie sind jedoch nicht spezifisch. Perakute Formen mit Nebennierenrindennekrosen werden als *Waterhouse-Friderichsen-Syndrom* bezeichnet. Sie verlaufen ebenfalls häufig letal [Nau 2001]. Dexamethason besitzt im Unterschied zur Pneumokokkenmeningitis offenbar keinen Effekt auf die Letalität [Brouwer et al. 2010].

Pneumokokkenmeningitis

Pneumokokken (*Streptococcus pneumoniae*) finden sich an den Schleimhäuten des Nasen-Rachenraumes und können hier bei Infektionen der Nasennebenhöhlen, des Mittelohrs oder bei basalen Schädelfrakturen per continuitatem in den Liquorraum vordringen, nach Schädelbasisfrakturen sogar noch nach Jahren. Bekannt sind auch hämatogene Meningitiden bei Pneumonie, seltener treten sie im Rahmen einer Endokarditis auf. Typisch sind starke Eiteransammlungen in den subarachnoidalen Zisternen. Ist die Infektion vorwiegend im Bereich der basalen Zisternen lokalisiert, sammelt sich in den übrigen Liquorräumen relativ wenig Eiter an. Die Prognose ist in diesen Fällen ungünstig. Fokale Eiteransammlungen wie subdurale Empyeme, intrazerebrale Abszesse oder infektiöse Sinusvenenthrombosen treten oft komplizierend hinzu, außerdem manchmal epileptische Anfälle oder Herdsymptome [Nau 2001]. Brouwer et al. berichten in einer Metaanalyse zahlreicher Studien, dass Dexamethason die Letalität senken kann [2010].

Meningitis tuberculosa

Die tuberkulöse Meningitis entsteht als Folge einer von einem Primärkomplex oder einer Organtuberkulose (Lunge) ausgehenden Bakteriämie, häufig im Rahmen einer HIV-Erkrankung, bei Malignompatienten, bei Alkoholkranken und anderen Arten der Immunsuppression. Ihre Inzidenz liegt unter 1 : 100.000, der Altersgipfel zwischen dem 20. und dem 50. Lebensjahr. Erreger ist das Mykobakterium tuberculosis, das sich vor allem an der Hirnbasis, an der Leptomeninx, an den Hirnnerven sowie an den Meningen des Myelons ansiedelt und auch das Hirnparenchym befällt. Der meist subakute oder sogar von Anfang an chronische Krankheitsverlauf ist gekennzeichnet durch Fieber und meningitische Symptome, zu denen sich Hirndruckzeichen, Störungen der Hirnnerven und des Bewusstseins gesellen können. Im Liquor findet man eine meist deutliche Eiweißerhöhung (mit Spinngewebsgerinnseln), vermindert Glukose, vermehrt Laktat und ein „buntes“, gemischtes Zellbild aus Granulozyten und Lymphozyten, ein Erregernachweis ist mittels PCR möglich. Die Antituberkulotika-Therapie entspricht der der pulmonalen Tuberkulose. Die Gabe von Dexamethason ist nur bei der Behandlung der Neurotuberkulose indiziert.

4.4.1.2.3 Diagnostik

Der Verdacht auf eine bakterielle Meningitis erfordert die Untersuchung von Blut und Liquor sowie eine Fokussuche. In der *Blutuntersuchung* sprechen

- Leukozytose,
- Linksverschiebung,
- Erhöhung des C-reaktiven Proteins (CRP) und
- beschleunigte Blutsenkungsreaktion

für eine bakterielle Genese der Meningitis. Bei immungeschwächten Patienten kann eine wesentliche Pleozytose fehlen. Dann stehen Bakterien im Vordergrund, und auch Leukozytose und Linksverschiebung können fehlen oder nur gering ausgeprägt sein. Bei Beteiligung anderer Körperorgane an der Infektion sind erhöhte Leberwerte (γ-GT, ALAT, ASAT), Kreatinin oder CKMB richtungweisend. Eine Erniedrigung der Werte gerinnungsrelevanter Parameter wie partielle Thromboplastinzeit (pTT), Quick-Wert bzw. Thrombozytenzahl weist auf eine Verbrauchskoagulopathie hin, die rasche Behandlung erfordert. Bei der manifesten Verbrauchskoagulopathie kann unter anderem *Fresh-frozen*-Plasma (FFP) eingesetzt werden. Heparin ist allenfalls bei der inzipienten Verbrauchskoagulopathie in Erwägung zu ziehen.

Für eine gezielte Antibiotikatherapie sind unverzüglich Blutkulturen abzunehmen. Zur Fokussuche ist ein Rachenabstrich erforderlich. Bestehen erkennbare Infektionsherde, wie z. B. eitrige Ohrerkrankungen, offene bzw. infizierte Wunden (z. B. diabetische Ulzera), werden auch hier Abstriche entnommen.

Die *Liquordiagnostik* ermöglicht eine Differenzierung zwischen bakterieller und viraler Meningitis. Erhöhte Leukozytenzahl (> 1000/µl), überwiegende Granulozytose, erhöhter Laktatgehalt und erniedrigter Glukosewert sprechen für eine bakterielle Meningitis. Eine mikroskopische Untersuchung des Liquors ergänzt die bakterielle Diagnostik und hilft bei der Antibiotikaauswahl. Neben dem mikroskopischen Verfahren steht eine Reihe von immunologischen Methoden und die PCR für einen Erregernachweis ggf. zur Verfügung.

Das gesamte für die Erregerbestimmung erforderliche Material muss vor Beginn einer *kalkulierten Antibiotikatherapie* abgenommen worden sein, um Fehlbestimmungen zu vermeiden. Die kalkulierte Antibiose wird nach Erhalt des Resistogramms überprüft und durch den gezielten Einsatz von Antibiotika erweitert oder ersetzt. Zur Fokussuche gehören Untersuchung des Zahnstatus, kardiale Echografie und mikrobiologische Urinuntersuchung.

Auf eine tuberkulöse Meningitis weist eine lymphogranulozytäre Pleozytose hin („buntes Zellbild"). Ist der Eiweißgehalt des Liquors sehr hoch, der Laktatwert ebenfalls deutlich erhöht, ebenso die IgA-Synthese, wird auch dann bis zu ihrem Ausschluss (Resistogramm) mit Antituberkulotika behandelt, als ob eine tuberkulöse Meningitis nachgewiesen werden konnte, wenn ein mikroskopischer Nachweis von Mykobakterien nicht gelungen ist.

Der Wert des cCT ohne und mit Kontrastmittel besteht vor allem im Nachweis von Infektionsherden im Bereich der Schädelbasis (Sinusitis, Mastoiditis) oder intrakranieller Infektionsherde (Hirnabszess, subdurales und epidurales Empyem). Intrazerebrale Infektionsherde lassen in der Frühphase der Entwicklung die abszesstypische Kapselbildung (hyperdens) und zentrale Einschmelzung (hypodens) oft vermissen, im Nativbild findet sich eine unscharf begrenzte Hypodensität mit geringer Schrankenstörung (hyperdense Zeichnung nach Kontrastmittelgabe). Das native CT kann darüber hinaus in fortgeschrittenen Fällen ein Hirnödem nachweisen.

Das MRT ist dem CT beim Nachweis entzündlicher Herde überlegen, da die Aussagekraft des CTs bei Befunden in der Nähe der Schädelbasis (Hirnstamm, basale Hirnregionen) aufgrund der hier möglichen knöchern bedingten Artefakte deutlich eingeschränkt ist (Abb. 4.23). Zeigt das cCT keine Auffälligkeiten und besteht klinisch der Verdacht auf ein entzündliches intrakranielles Geschehen weiter, erfolgt eine kraniale MRT-Untersuchung mit Darstellung in unterschiedlichen Ebenen (axial, coronar, sagittal). Knochennahe flache Infektionsherde, z. B. subdurale Empyeme und basale Eiteransammlungen, sind besonders gut in den koronaren Schichten darzustellen.

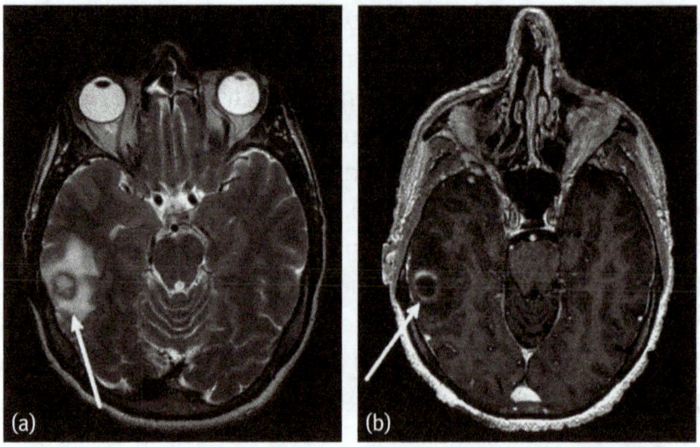

Abb. 4.23: (a) MRT T2 axial, nativ. Rechtstemporaler Abszess mit perifokalem Ödem. (b) T1 axial, mit Kontrastmittel. Die Abszesskapsel nimmt Kontrastmittel auf, während die zentrale putride Nekrose dunkel bleibt (Beob. E. Luft).

4.4.1.2.4 Therapie

Der frühestmögliche Beginn der antimikrobiellen Therapie schon bei Verdacht auf eine eitrige Meningitis innerhalb der ersten drei Stunden nach Krankenhausaufnahme entscheidet über die Prognose, das Krankheitsbild stellt eine Notfallsituation dar. Antibiotika, eingangs ergänzt durch Dexamethason, sind in ausreichend hoher Dosierung parenteral zu verabreichen – zunächst Ampicillin und ein Cephalosporin der 3. Generation sowie ggf. Metronidazol, anschließend entsprechend Erreger- und Resistenzbestimmung [Diener et al. 2012]. Dexamethason muss vor, spätestens mit der ersten Antibiotikagabe verabfolgt werden (4-mal 10 mg über Tage), die antibiotische Therapie ist ausreichend lange durchzuführen, d. h., bis Fieberfreiheit und Wohlbefinden eingekehrt sind und sich die Entzündungsparameter normalisiert haben. Ihr Effekt ist ggf. mit erneuten Liquoruntersuchungen zu überprüfen. Sehr wichtig ist die Sanierung eines möglichen Fokus. Sinusitis, Mastoiditis, dentale Infektionen erfordern ebenso wie intrazerebrale Abszesse oder Empyeme die Sanierung.

4.4.1.2.5 Komplikationen der bakteriellen Meningitis

Die Mortalität der Erkrankung liegt bei 20 %. Bei 20 % der Überlebenden sind epileptische Anfälle zu erwarten, gefolgt von Augenmuskelparesen, Fazialisparesen, Hydrozephalus und Störungen der geistigen Leistungsfähigkeit. Meningokokkenmeningitiden sind besonders häufig mit bleibenden Störungen verknüpft. Bei begleitender Otitis ist frühzeitig ein HNO-Arzt hinzuzuziehen. Im Falle einer Innenohrbeteiligung besteht nur ein relativ kurzes Zeitfenster für ein Kochlea-Implantat. Danach ist diese Möglichkeit wegen Narbenbildung nicht mehr gegeben.

4.4.1.3 Herdenzephalitis

Herdenzephalitiden entstehen entweder akut als septische Metastasen im Rahmen einer Bakteriämie, typisch als polytope Mikroabszesse, oder subakut embolisch [Prange 2006]. Bei der embolischen Form handelt es sich um infektiöse Hirninfarkte, die fast immer von einer bakteriellen Endokarditis ausgehen. Die metastatische Erkrankung verursacht außer allgemeinem Krankheitsgefühl Kopfschmerzen, Somnolenz und psychische Auffälligkeiten. Die Diagnostik erfolgt mittels Kontrastmittel-cCT bzw. MRT, Fokussuche und ggf. Echokardiografie. Der Erregernachweis gelingt im Blut, im Liquor und im Punktat. Die Therapie besteht – wenn möglich – aus der lokalen Sanierung, aus der Herdsanierung und der kalkulierten bzw. gezielten Antibiotikagabe: gegen Staphylokokken wirksames Antibiotikum + Cephalosporin der 3. Generation ggf. + Aminoglykosid [Prange 2006]. Sie erfordert eine intensivmedizinische Behandlung. Trotzdem ist die Letalität vor allem der embolischen Erkrankung hoch. Bei einer großen Zahl der Überlebenden sind neurologische Defizite und Epilepsien zu erwarten.

4.4.1.4 Hirnabszess

4.4.1.4.1 Epidemiologie

Die Inzidenz bakterieller Hirnabszesse hat in der Antibiotikaära abgenommen und liegt bei 0,3 bis 1,3/100.000/Jahr [Leitlinien DGN 7/2015], die Häufigkeitsgipfel zwischen dem 4. und dem 7. und zwischen dem 20. und dem 30. Lebensjahr [Graf von Westphalen et al., Internet]. Als Verursacher findet man Streptokokken, Staphylokokkus aureus, koagulasenegative Staphylokokken, Anaerobier oder gramnegative Bakterien, jedoch kommen auch Pilze und manchmal Protozoen vor. Ein bis 2 % aller Hirnabszesse gehen auf Nokardien zurück, grampositive Bakterien aus der Familie der Aktinomyzeten [Buelte et al. 2008]. Nicht selten sind Mischinfektionen aus anaeroben und aeroben Keimen [Leitlinien DGN]. Zum Nachweis sind Blutkultur und Probeentnahme aus dem Abszess erforderlich. Nicht in allen Fällen gelingt der Erregernachweis: Sharma et al. konnten bei 72,5 % der Erkrankten Erreger nachweisen, und zwar bei 59,5 % einen, bei 17 % mehrere, bei 27,5 % gelang ein Keimnachweis nicht.

4.4.1.4.2 Pathogenese

Hirnabszesse können in allen Hirnregionen auftreten, am häufigsten finden sie sich jedoch im Frontal- bzw. Temporallappen. Seltener ist der Parietallappen und noch seltener der Okzipitallappen betroffen. Besonders problematisch sind wegen der begrenzten Raumverhältnisse und der Ödembildung um den Infektionsherd infratentorielle Abszesse.

In der Hälfte aller Fälle entstehen Hirnabszesse auf der Grundlage rhinobasaler (Frontallappen) oder temporobasaler Infektionen wie Otitis media oder Mastoiditis (Temporallappen), bei einem Zehntel sind Zahninfektionen Ausgangspunkt, sodass die Fokussuche stets auch den Zahnstatus einschließen muss. Weitere Ursachen stellen penetrierende Traumen oder neurochirurgische Eingriffe dar. Eine rhinobasale Verletzung kann noch Jahre später zu einem Hirnabszess durch Keimaszension führen. Bei ca. 25 % der Patienten liegt eine hämatogene Streuung eines extrazerebralen Infektionsherdes vor [Nau 2015].

Die Entstehung eines Hirnabszesses lässt vier auch neuroradiologisch differenzierbare Entwicklungsstufen erkennen:

- frühe Zerebritis mit unscharfen Grenzen im CT/MRT und (fast) fehlender KM-Aufnahme, erhebliches Ödem
- späte Zerebritis mit beginnender randständiger, aber unscharf begrenzter Kontrastmittel-Aufnahme und erheblichem perifokalem Ödem
- beginnende Kapselbildung mit scharf begrenzter kapsulärer Kontrastmittel-Anreicherung, deutliches perifokales Ödem
- späte Kapselbildung mit teilweise geringem bis fehlendem perifokalem Ödem, scharf begrenzte Kapsel mit kräftiger KM-Anreicherung.

4.4.1.4.3 Klinik

Die Symptomatik hängt ab von der Lokalisation und der Größe der Raumforderung durch Abszess und perifokales Ödem sowie von der Zahl manifester Abszesse. Sie reicht von fokalen Störungen (Parese, Sprachstörungen u. ä.) über Vigilanzstörungen, Verwirrtheit, Kopfschmerz bis hin zu allgemeinen Entzündungszeichen wie Fieber. Die früher gefürchtete dramatische Verschlechterung aufgrund eines Einbruchs des Abszesses in das Ventrikelsystem wird heute dank moderner Bildgebung und Antibiotikatherapie nicht mehr erreicht, allerdings muss bei ventrikelnahen Abszessen möglichst rasch eine Aspiration des Inhalts erfolgen, um einem Einbruch in die Hirnkammern zuvorzukommen. Bei 30 % der Patienten entsteht eine symptomatische Epilepsie [Nau 2015].

4.4.1.4.4 Diagnostik

Die Blutuntersuchungen sind unspezifisch, häufig finden sich erhöhte Leukozytenzahlen und bei bis zu 90 % der Patienten eine Erhöhung des CRP-Wertes [Leitlinien der DGN 2015]. Diagnostikum der ersten Wahl ist das cCT, das mit hypodensen Strukturen ohne und mit Kontrastmittelaufnahme den Verdacht auf ein entzündliches Geschehen lenkt. Scharf begrenzte stark Kontrastmittel-aufnehmende Kapselstrukturen gelten als richtungweisend. Ein sicherer Nachweis gelingt mit dem MRT nativ und mit Kontrastmittel sowie speziellen Sequenzen (Abb. 4.23). Eine Abgrenzung von ringförmig Kontrastmittel-speichernden Gliomen ist häufig schwierig und erfordert Diffusions-gewichtete MRT-Sequenzen. Typischerweise findet sich in der Abszesskapsel eine Doppelmembran-Struktur, als Ursache wird die durch die Abszesskapsel eingeschränkte Brownsche Molekularbewegung angesehen [Leitlinien DGN 2015]. Die Spezifität der Diagnostik kann durch ergänzende Diffusion-Tensor-Bildgebung (DTI) und Protonen-MR-Spektroskopie erhöht werden.

Im Liquor finden sich häufig bis etwa 1 000 Leukozyten/μl, das Gesamteiweiß ist erhöht, gelegentlich ist ein Nachweis von IgA-Synthese möglich [Nau 2015]. Bei großer Raumforderung durch Abszess und Ödem besteht allerdings nach der Lumbalpunktion akute Einklemmungsgefahr. Wird trotzdem eine Liquorentnahme angestrebt, ist vorher durch Bildgebung zu klären, ob die kraniospinale Liquorkommunikation frei ist und kein Herniationsrisiko besteht.

4.4.1.4.5 Therapie

Fortgeschrittene, gut gekapselte und gut erreichbare Hirnabszesse werden durch Aspiration entleert, die Kapsel evtl. operativ entfernt. Abszesse in tiefen Hirnregionen mit hohem Risiko operativer Zugangsmorbidität werden stereotaktisch punktiert, evakuiert und antibiotisch gespült, in einem zweiten Eingriff entfernt man die Membran. Unmittelbar nach Abszessentfernung oder -evakuation setzt die kalkulierte Antibiotikagabe ein. Aus dem Abszessinhalt erfolgt der Keimnachweis, ggf. mit nachfolgender Umstellung der Antibiotikatherapie. Kontraindiziert ist die Operation im frühen Stadium der Zerebritis, hier bildet die (kalkulierte) Antibiotikatherapie die Behandlungsmethode der Wahl. Probleme bereiten gekammerte Hirnabszesse, bei denen der Abszessinhalt nicht ausreichend aspiriert werden kann. Hier ist die Indikation zur Abszessentfernung über eine Kraniotomie sinnvoll. Gelegentlich treten Abszesse multipel auf, und weder Aspiration noch Exzision erscheinen möglich. Größere Abszesse können in diesem Fall punktiert und der Inhalt aspiriert werden, die übrigen, kleineren behandelt man antibiotisch. Die Gabe von Kortikoiden sollte Patienten mit massivem perifokalem Ödem und kritischer Raumforderung vorbehalten bleiben. Wir applizieren einen Bolus von 40 bis 48 mg Dexamethason i. v., gefolgt von 3 × 8 mg Dexamethason über 3 bis 5 Tage. Danach sollte die Kortikoidgabe rasch reduziert und wenn möglich beendet werden.

Ein besonderes Problem für die Verlaufskontrolle stellen häufig die cCT- und MRT-Befunde dar, besonders während alleiniger Antibiotikatherapie bzw. nach Abszessevakuation ohne Kapselresektion: Kapselstrukturen sind nämlich noch wochen- bis monatelang nachweisbar. Sie stellen also nicht zwangsläufig einen Hinweis auf ein Therapieversagen dar, vielmehr müssen klinisches Bild, MRT-Befund und CRP-Verlauf im Kontext beurteilt werden.

Antibiotikatherapie

Nach Abnahme der Blutkulturen und Asservierung von Proben aus dem Abszess ist sofort mit einer ausreichend dosierten kalkulierten Antibiotikatherapie zu beginnen, die sich gegen Aerobier und Anaerobier richtet und fortgesetzt wird, bis der Erreger identifiziert ist und eine gezielte Antibiotikatherapie erfolgen kann:

– nicht nosokomial (außerhalb des Krankenhauses) erworbene und nicht traumatisch bedingte Hirnabszesse: Cefotaxim (oder Ceftriaxon) + Metronidazol + gegen Staphylokokken wirksames Antibiotikum

- posttraumatische und nosokomial erworbene Hirnabszesse: Vancomycin + Cefotaxim + Metronidazol oder Vancomycin + Meropenem. (Leitlinien der DGN 2015, Empfehlungen für normalgewichtige Erwachsene ohne Beeinträchtigung der Leber- und Nierenfunktion).

Die Antibiotikatherapie dauert mindestens 4 Wochen, je nach Verlauf und Kontrollbefunden auch bis zu 8 Wochen und länger. Wenn oral applizierbare Antibiotika nach der Resistenzbestimmung infrage kommen, kann nach 2 Wochen darauf umgestellt werden.

Hirnabszess und Epilepsie
Hirnabszesserkrankungen führen bei 50 % der Patienten zu einer Epilepsie. Eine antikonvulsive Prophylaxe ist nicht üblich, nach einem Anfall wird der Patient rasch auf ein geeignetes Antiepileptikum eingestellt.

4.4.1.4.6 Nosokomiale Infektionen des ZNS

Im Krankenhaus erworbene ZNS-Infektionen sind zumeist Folge operativer Eingriffe oder stehen im Zusammenhang mit Implantaten (Hirndruckmesssonden, externe Ventrikeldrainagen, epidurale und intrathekale Lumbalkatheter etc.). Das Erregerspektrum unterscheidet sich wesentlich von dem extranosokomial erworbener Infektionen, die Therapie ist aufgrund der Selektion der Keime und der nicht selten verringerten Antibiotikasensitivität schwierig.

Bakterielle ZNS-Infektionen werden nach neurochirurgischen Eingriffen in bis zu 10 % aller Fälle beobachtet [Blomstedt 1992]. Auch nach HNO-Operationen, beispielsweise am laterobasalen Schädel oder nach Orbitaeingriffen, kann es zu Infektionen des ZNS kommen. Besonders gefährdend wirken postoperative spinale oder kraniale Liquorfisteln und posttraumatische Rhino- oder Otoliquorrhoen, über die Keimaszensionen möglich sind. Sehr selten sind dagegen direkte Inokulationen im Verlauf des operativen Eingriffs. Während eine laterobasale (Oto-)Liquorrhoe meist spontan nach wenigen Tagen sistiert und eine Deckung des Liquorlecks nur äußerst selten erfordert, müssen manifeste Rhinoliquorrhoen rasch gedeckt werden. Hier ist abzuwägen, ob der Zustand des Patienten, insbesondere die eventuell ausgeprägte Hirnschwellung nach Hirnkontusion, eine transkranielle Versorgung des Liquorlecks erlaubt. In der Regel wird man die Rückbildung der Hirnschwellung und die Stabilisierung des klinischen Zustandes abwarten und eine frühe Sekundärversorgung nach 10 bis 14 Tagen vornehmen. Weniger problematisch sind Liquorlecks im Bereich der Sella turcica oder der Keilbeinhöhle. Hier ist ein Verschluss über einen transnasal-transsphenoidalen Zugang relativ früh möglich. Die Indikation zur Antibiotikaprophylaxe vom Auftreten der Liquorrhoe bis zur chirurgischen Versorgung des Lecks wurde lange Zeit kontrovers diskutiert.

4.4.2 Subdurales Empyem

Häufigste Ursachen eines subduralen Empyems sind ein vorausgegangener neurochirurgischer Eingriff und Schädel-Hirn-Verletzungen. Als Erreger kommen neben Streptokokken, Staphylokokken, Anaerobiern und gramnegativen Aerobiern [Sharma, Mohandas, Cooke 2009] auch Pilze infrage, z. B. Pseudallescheria Boydii [Obradovic, Hajdu, Prester 2007]. Klinisch sind allgemeine Abgeschlagenheit bis hin zur Halbseitensymptomatik auffällig. Im Blut finden sich Leukozytose und CRP-Erhöhung. Der Nachweis gelingt mittels cCT. Charakteristisch ist eine hypodense, häufig konvex-konkave Struktur, deren Densität aufgrund ihres Eiweißgehalts über der eines subduralen Hygroms liegt. Fast zwei Drittel aller subduralen Empyeme sind beidseitig lokalisiert. Die Therapie muss unverzüglich einsetzen und besteht in der operativen Spülung über ein oder mehrere Bohrlöcher. Besteht Verdacht auf eine Kammerung, ist eine ausreichend große Kraniotomie erforderlich. Im Falle einer vorangegangenen Kraniotomie und wenn der entzündliche Prozess auf die Kalotte übergegriffen hat, wird der Knochendeckel verworfen und der Defekt nach vollständiger Sanierung der Infektion im Intervall verschlossen. Die kalkulierte und gezielte Antibiotikagabe folgt den Regeln der Abszesstherapie. Eine alleinige antibiotische Behandlung ist nicht erfolgversprechend.

4.4.3 Epidurales Empyem

Die klinische Symptomatik gleicht der des subduralen Empyems, bei postoperativen Zuständen besteht häufig eine lokale Wundfistel. Systemische Entzündungszeichen können ebenso fehlen wie allgemeines Krankheitsgefühl. Diagnostikum der Wahl ist auch hier das cCT. Wegen der Fixierung der Dura im Bereich der Schädelnähte finden sich häufiger bikonvexe hypodense Strukturen. Die Therapie besteht auch beim epiduralen Hämatom in Kraniotomie, Entfernung des Eiters und Antibiotikazufuhr. Kalottendefekte werden mit allogenem Knochen (*calvarian split-bone*) oder mit CAD-CAM-generierten Implantaten aus verschiedenen Materialien gedeckt.

4.4.4 Spirochäteninfektionen

4.4.4.1 Neuroborreliose

Erreger der Neuroborreliose ist Borrelia burgdorferi, ein gramnegativer Keim aus der Gruppe der Spirochäten. Übertragen wird er in der Regel durch Zecken, seltener durch Stechfliegen oder Bremsen. Nach dem Stich kommt es zunächst zur lokalen Erregervermehrung, die Wirtsreaktion äußert sich in einer lokalen Rötung an der Stichstelle. Bei 10 bis 15 % der Betroffenen kommt es zur Generalisation der Borrelien mit Befall verschiedener Organsysteme – Haut, Herz, Gelenke, Nervensystem (Neuroborreliose) – und Allgemeinsymptomen. Erreichen die Borrelien das ZNS, entsteht eine humorale Immunreaktion mit deutlichem Anstieg des IgM.

4.4.4.1.1 Epidemiologie

Die Inzidenz liegt in Deutschland bei 100 bis 150 : 100.000 [Klein u. Pfister 2010]. In den Frühjahr- und Sommermonaten steigt der Anteil der infizierten Zecken auf bis zu 20 %. Da gleichzeitig der Aufenthalt der Menschen im Freien in den warmen Jahreszeiten zunimmt, kommt es in diesen Perioden gehäuft zu Infektionen. Allerdings werden nur bei maximal 5 % der Zeckenbisse Borrelien aus dem Darm übertragen, und nicht jeder infektiöse Zeckenbiss löst eine Erkrankung aus. Kinder sind stärker gefährdet als Erwachsene. Die Inkubationszeit liegt zwischen wenigen Tagen und 4 Wochen. „Zeckengebiete“ i. e. S. gibt es im Gegensatz zu den FSME-Gebieten nicht, die Parasiten kommen in allen mit Wald oder anderen Pflanzen bewachsenen Gebieten Europas und Nordamerikas vor.

4.4.4.1.2 Klinik

Der klinische Verlauf einer Borreliose lässt sich in drei Stufen unterteilen:

1. lokale Rötung mit wechselnder Form am Ort des Einstichs – Erythema migrans
2. nach 2 bis 6 Wochen klinische Zeichen in Abhängigkeit von der Organmanifestation. Eine Neuroborreliose äußert sich meist mit radikulitischen und neuritischen (Neuritis cranialis), seltener meningitischen Symptomen: Schmerzen, Sensibilitätsstörungen, Paresen [über 80 % ein- und doppelseitige Fazialisparesen! Klein u. Pfister 2010], die sich gewöhnlich innerhalb einiger Wochen zurückbilden, und nur bei höchstens 10 % der Erkrankten als Enzephalitis oder Myelitis. Manifestationen am Herzen, an den Gelenken oder den Augen machen sich durch organspezifische Symptome bemerkbar
3. Stadium der Organzerstörung und chronisch degenerativen Manifestation an Haut (ACA), Gelenken, Gefäßsystem [Keil et al. 1997], Gehirn und peripherem Nervensystem. Dauert die Erkrankung länger als 6 Monate, spricht man von einer chronischen Borreliose.

Die Mehrzahl der Infektionen verläuft unkompliziert, nur bei jedem Zehnten kommt es bis zum Stadium 2, der Anteil der Fälle, die das Stadium 3 erreichen, ist unbekannt.

Borreliose-bedingte radikuläre Beschwerden ähneln sehr den Beschwerden, die durch einen Bandscheibenvorfall oder eine knöcherne Wurzelkompression hervorgerufen werden können. Besonders schwierig ist die Unterscheidung, wenn bildgebende Untersuchungsverfahren scheinbar eine plausible Erklärung für die Genese der Beschwerden geliefert haben. Bei Bandscheibenvorfällen dient die Dauer der Beschwerden nicht als Unterscheidungsmerkmal, während durch Spinalkanal- oder Foramenstenosen ausgelöste Beschwerden häufig über mehrere Monate, nicht selten über Jahre verlaufen. Wenn vermeintlich Bandscheiben-bedingte Beschwerden nicht auf die übliche konservative Therapie ansprechen, muss eine Borrelieninfektion ausgeschlossen werden.

Die selteneren enzephalitischen (Abb. 4.24) und myelitischen Prozesse verlaufen schwerer mit Kopfschmerz, Meningismus, Polyradikulitis oder gar einer Symptomatik ähnlich einem Guillain-Barré-Syndrom, oft auch ohne Schmerzen, sie dauern meist länger als ein paar Monate, und sie hinterlassen nicht selten gravierende Schäden, beispielsweise spastische Symptome, Seh- und Hörstörungen, Sprachstörungen, Harn- bzw. Stuhlinkontinenz [Druschky et al. 1999], psychische Defekte, Epilepsien.

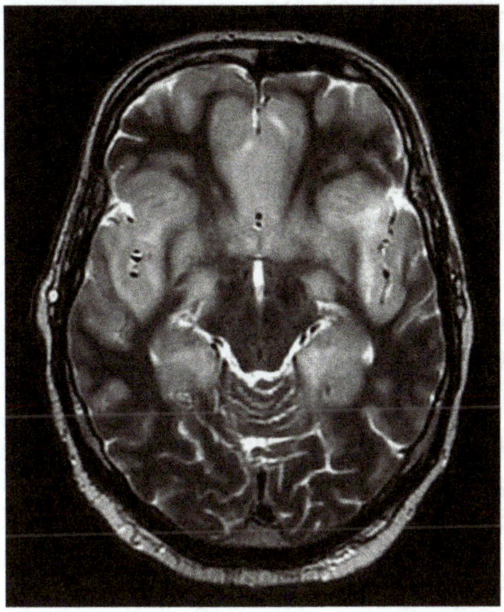

Abb. 4.24: MRT. T2 axial, nativ. Enzephalitis. Symmetrisch verteilte Hyperdensitäten in unmittelbarer Nähe zu inneren Hirnoberflächen (Sylvi'sche Fissur, Mittellinie) mit Aufhebung der Mark-Rinden-Grenze (Beob. E. Luft).

Diagnostik und Therapie der Borreliose – s. Kap. 8.5.13.2.1

4.4.4.2 Leptospirosen

Leptospiren leben anaerob und aerob. Sie kommen in Gewässern und im Boden und als Parasiten von Nagetieren, anderen Wildtieren und Haustieren (Rind, Schwein, Hund, Katze) vor, die sie mit ihrem Urin ausscheiden. Die Infektion des Menschen erfolgt über Haut- und Schleimhautwunden. Sie kann zu verschiedenen Krankheitsbildern führen: Feldfieber, Canicola-Fieber, Stuttgarter Hundeseuche u. a. Leptospira interrogans serovar. Icterohaemorrhagiae, der Erreger des Mb. Weil, wird für besonders schwere Krankheitsverläufe verantwortlich gemacht [Walter et al. 2010]. Die jährliche Inzidenz von Leptospirosen liegt in Deutschland weit unter 1 : 100.000. Sie verlaufen leicht, grippeähnlich, oder sie setzen nach einer Inkubationszeit von ein bis zwei Wochen schlagartig ein mit hohem Fieber, Schüttelfrost, Kopfschmerzen und anderen meningitischen, seltener enzephalitischen Symptomen, gastrointestinalen Beschwerden, Wadenschmerzen. Ikterus und erhöhte Transaminasenwerte – oft nach einem fieberfreien Intervall – weisen auf eine Mitbeteiligung der Leber hin, Proteinurie, Hämaturie und erhöhte Kreatininwerte auf eine Mitbeteiligung der Nieren, eine

Myoglobinurie auf die Mitbeteiligung des Muskelsystems. Nicht selten werden eine Thrombozytopenie, pulmonale und kardiale Funktionsstörungen beobachtet. Die Diagnose wird mittels IgM-Antikörper-Nachweises im Serum gesichert. Die Erreger finden sich zwar in Blut, Liquor, Tränenflüssigkeit (Uveitis) und Urin, sind aber kulturell und mikroskopisch nur schwer aufzuspüren. Für die Therapie stehen vor allem Penicillin, Amoxicillin und Doxycyclin zur Verfügung. Sie muss schon im Verdachtsfall eingeleitet werden. Die Prognose behandelter Patienten ist günstig, unbehandelt liegt die Letalität bei Organbeteiligung zwischen 5 und 10 % [Jansen et al. 2005, Walter et al. 2010].

Leptospirosen sind meldepflichtig. Die Erkrankung berufsbedingt exponierter Personen kann als BK 3102 anerkannt werden (von Tieren auf Menschen übertragbare Krankheiten).

4.4.4.3 Neurolues

Die Syphilis geht auf eine Infektion mit dem Bakterium Treponema pallidum zurück, dessen Nachweis meldepflichtig ist. Die Zahl der Neuerkrankungen liegt in Deutschland unter 5000 im Jahr, die der mit einer Lues connata geborenen Kinder im einstelligen Bereich. An der Eintrittsstelle der Erreger entsteht gewöhnlich nach 3 Wochen der Primäraffekt. Das Sekundärstadium der Lues ein bis 2 Monate nach der Infektion ist meist gekennzeichnet durch Fieber, Lymphadenitis, generalisiertes Exanthem und bei bis zu 2 % der Infizierten durch eine blande Meningitis. Diese ähnelt manchmal einer Infektion mit dem Herpes-simplex-Virus, sogar hinsichtlich der cMRT-Befunde [Otto et al. 2005 u. 2007]. Bei bis zu 10 % der Patienten mit einer nicht oder nicht erfolgreich behandelten Lues entsteht mit einer Latenzzeit von oft vielen Jahren eine Neurolues, die entweder stumm bleibt oder sich als Lues cerebrospinalis, als progressive Paralyse oder Tabes dorsalis manifestiert. Die Prävalenz dieses 4. Stadiums liegt in Deutschland bei 15 : 100.000 [Masuhr u. Neumann 1996].

Die Symptomatik der *meningovaskulären Neurolues cerebrospinalis* ergibt sich aus der Art der pathologisch anatomischen Veränderungen. Eine *obliterierende Endarteriitis* befällt in erster Linie die A. cerebri media, die A. basilaris und die A. spinalis anterior und führt zu Durchblutungsstörungen, zerebralen und spinalen Infarkten. Die *meningitische und meningoenzephalitische Form* verursacht Ausfälle im Bereich der Hirnnerven (vor allem II. – Doppelbilder, III., VI. bis VIII.) und spinale Affektionen in Form von motorischen und sensiblen Störungen. Die seltenen *meningealen Gummen* an den Hirn- und Rückenmarkshüllen erzeugen ähnliche Symptome wie Tumoren.

Die *progressive Paralyse* als Ausdruck der parenchymatösen Beteiligung setzt bei bis zu 5 % der unbehandelten Patienten schleichend ein mit Abfall der geistigen und körperlichen Leistungsfähigkeit, Affektlabilität, zunehmenden Artikulations- und Koordinationsstörungen (Schrift). Diesen Symptomen folgen bald mimische Unruhe, Tremor, epileptische Anfälle, Tetraspastik, Depressionen oder (Größen-)Wahn und bald die Demenz. Bei 3 Vierteln dieser Patienten ist das Argyll-Robertson-Phänomen zu beobachten: fehlende Pupillenreaktion auf Licht, aber erhaltene Akkommodationsfähigkeit.

Progressive Paralyse und Tabes dorsalis (Kap 5.3.12.13) treten regelmäßig gemeinsam auf. Die Tabes dorsalis, die syphilitische Erkrankung der Hinterstränge und der dorsalen Wurzeln, ist gekennzeichnet durch Hypotonie der Muskulatur und fehlende Eigenreflexe, durch Parästhesien, Hypästhesien, Anästhesien (Malum perforans), lanzinierende Schmerzen, tabische Organkrisen, Ataxie, Inkontinenz von Blase und Darm, Impotenz.

Für die Syphilis-Diagnostik stehen die Treponema-pallidum-Hämagglutinationsreaktion (TPHA) als Suchtest und die Fluoreszenz-Treponema-AK-Absorption für die Aktivitätsbestimmung zur Verfügung. Die Beteiligung des ZNS an der Erkrankung wird anhand der intrathekalen Produktion von Antikörpern bewiesen. Die Therapie erfolgt mit Penicillin G, ggf. mit Ceftriaxon, einem Cephalosporin der 3. Generation.

4.4.5 Tetanus (Wundstarrkrampf)

(Vgl. RKI Ratgeber 2010)

In Deutschland erkranken jährlich weniger als 20 Menschen an einem Wundstarrkrampf. Die weltweite Letalität schätzte die WHO 2006 mit 290.000, davon 250.000 neonatale Erkrankungen. Auslöser ist das Clostridium tetani, ein Anaerobier, dessen widerstandsfähige Sporen im Erdreich, in Fäkalien, in Tierkot (Pferde), an Gebrauchsgegenständen, an Holz jahrelang überleben. Besonders gefährdend sind Stichverletzungen mit spitzen Gegenständen. Die Inkubationszeit liegt zwischen wenigen Tagen und 3 Wochen, das Tetanospasmin, neben dem Tetanolysin eins der beiden Toxine, breitet sich von den Endplatten über die peripheren motorischen Nerven bis in das ZNS aus, wo es die reziproke Innervation ausschaltet. Die Erkrankung setzt ein mit Gliederschmerzen, Unruhe, Muskelkrämpfen, zuerst im Gesicht: Atembeschwerden, Schluckbeschwerden, Trismus, Risus sardonicus (frühe Beteiligung der relativ kurzen Hirnnerven), später am Rumpf, während die Extremitäten gewöhnlich krampffrei bleiben, aber gesteigerte MER zeigen: Opisthotonus, verstärkte Lendenlordose, erhöhte Bauchdeckenspannung bis „bretthart". Auslösend und verstärkend wirken akustische, optische und taktile Reize. Der gleichzeitige Hypertonus der ventralen und der dorsalen Rumpfmuskulatur verursacht Frakturen der Wirbelkörper, der Hypertonus der Schultermuskulatur Luxationsfrakturen der Schultergelenke. Die Letalität der Erkrankung liegt ohne Therapie bei 40 %. Der Tod tritt durch Atemlähmung und Herzstillstand ein.

Die Krankheit wird begünstigt durch gestörte Durchblutungsverhältnisse (z. B. Ulcus cruris) und mangelnde Sorgfalt bei Wundversorgungen. Prophylaktisch wirkt die aktive Immunisierung vom Säuglingsalter an. Die Diagnose ergibt sich aus dem klinischen Bild. Ein kultureller Erregernachweis ist nur selten möglich, im Ausnahmefall kommt ein aufwendiger Neutralisationstest zum Toxinnachweis in Betracht.

Die Therapie setzt sich zusammen aus: Intensivtherapie, Applikation von humanem Tetanus-Immunglobulin, Wundrevision (Nekrektomie) und Antibiose mit dem Ziel, weiter Toxin-produzierende Erreger zu vernichten (Metronidazol).

Wenn sich die Erkrankung auf die Umgebung einer (ehemaligen) Verletzungsstelle beschränkt, spricht man von einem *lokalisierten Tetanus*. Er gilt als Ausdruck einer unvollständigen Immunisierung (unterlassene Auffrischungsimpfung) und verläuft meist leichter als die generalisierte Erkrankung. Die Gefahr eines *Neugeborenentetanus* ergibt sich bei Kindern nicht oder unzureichend immunisierter Mütter und unsachgemäßem Umgang mit der Nabelwunde. Er tritt innerhalb der ersten beiden Lebenswochen generalisiert auf.

4.4.6 Viruserkrankungen

Virusinfektionen des ZNS verdanken ihre Entstehung meist einer Virämie, seltener breiten sich die Erreger auf neuronalem Weg aus. Die *akute lymphozytäre Meningitis* steht zahlenmäßig weitaus an erster Stelle aller Infektionskrankheiten des Nervensystems. Erreger sind vor allem Enteroviren und Arboviren. Die meisten Meningitiden treten vermehrt in den wärmeren Monaten des Jahres auf, die Mumpsmeningitis bevorzugt das Winterhalbjahr. Die Symptomatik beschränkt sich nicht selten auf subfebrile Temperaturen, meist klagen die Patienten aber über Kopfschmerzen und Nackensteife, die innerhalb von höchstens 14 Tagen abklingen. Ein längerer Verlauf erfordert die differenzialdiagnostische Abgrenzung vor allem von Infektionen anderer Art.

Störungen des Bewusstseins, ein auffälliges Verhalten, epileptische Anfälle und andere fokale und diffuse Zeichen lenken den Verdacht auf eine Miterkrankung des Hirnparenchyms. Die seltene *akute virale Meningoenzephalitis* geht meistens auf die Infektion mit Enteroviren, seltener mit Arboviren und anderen Erregern zurück, verläuft zuweilen sehr schwer oder sogar tödlich und hinterlässt, wenn sie überlebt wird, oft gravierende Schäden [Menon u. Meyding-Lamadé 2008].

4.4.6.1 Frühsommer-Meningoenzephalitis

Diese Arbovirose wird wie die Borreliose durch Zecken übertragen und durch das in ihren Speicheldrüsen vorkommende FSME-Virus verursacht. Der Genuss von roher Kuh-, Ziegen- oder Schafsmilch spielt für die Übertragung in Deutschland kaum eine Rolle. Die Zahl der nachgewiesenen Erkrankungen liegt hier bei einigen Hundert im Jahr (Epidemiologisches Bulletin des RKI 2015). Das diagnostizierende Labor ist meldepflichtig. Als Endemiegebiete gelten große Teile Bayerns und Baden-Württembergs.

Bei 3 Vierteln oder noch mehr der Infizierten entsteht keine Symptomatik. Bei bis zu 30 % entwickeln sich nach 2 Tagen bis 3 Wochen Fieber, Kopfschmerzen und Gliederschmerzen, die nach einigen Tagen wieder vergehen. Bei 3 Vierteln dieser Patienten steigt die Körpertemperatur nach kurzer Zeit wieder stark an, und es stellen sich meningitische und enzephalitische Reizsymptome ein, die nicht selten mehrere Monate bestehen bleiben und meist wieder verschwinden (Leitlinie Frühsommer-Meningoenzephalitis der DGN). Möglich sind auch schwere Verläufe mit Meningitiden, Meningoenzephalitiden, Einbeziehung des Hirnstamms, der Hirnnervenkerne und – seltener – der Vorderhornzellen: Störungen des Bewusstseins, Lähmungen, Atemlähmung. Ihnen folgt meist eine Defektheilung, die außer neurologischen nicht selten auch psychische und intellektuelle Schäden beinhaltet.

Zeckenstich-Anamnese, Beschwerden und klinischer Befund weisen auf die Erkrankung hin. Im Liquor findet man eine Eiweißvermehrung, eine Pleozytose und IgG- und IgM-Antikörper gegen das Virus, das in Serum und Liquor auch direkt nachweisbar ist.

Die Therapie muss sich auf ein symptomatisches Vorgehen beschränken. Das kann auch intensivmedizinische und rehabilitative Maßnahmen einschließen. Der Infektion folgt eine lebenslange Immunität. Die Impfung mit inaktivierten FSME-Viren vermindert das Erkrankungsrisiko erheblich. Eine Indikation besteht während Freizeitbeschäftigungen und für beruflich Gefährdete in den Risikogebieten und ggf. für Laborpersonal (Robert-Koch-Institut: Empfehlungen der Ständigen Impfkommission).

4.4.6.2 Herpes-simplex-Enzephalitis

Die Herpes-simplex-Enzephalitis beruht fast immer auf einer Infektion mit dem Herpes-simplex-Virus Typ 1, dem Erreger des Herpes labialis und der meisten tödlichen sporadischen Enzephalitiden [Horger et al. 2009]. Neugeboreneninfektionen gewöhnlich mit dem Typ 2 stammen aus dem Geburtskanal der Mutter. Das Virus befällt vor allem den Temporallappen und Teile des Frontallappens, wo eine oft hämorrhagische nekrotisierende Entzündung entsteht (Abb. 4.25). Die Inzidenz der Erkrankung geben Whitley [1990] mit 5 : 100.000 und Maihöfner et al. [2002] mit 1 : 250.000 an. Auf eine kurze Phase mit allgemeinem Krankheitsgefühl, Fieber und Kopfschmerzen folgen zerebrale Herdsymptome (Aphasie, Störungen des Geruchsempfindens, epileptische Anfälle), Einschränkungen der Vigilanz (erhöhter Hirndruck, Stauungspapille) und oft hohes Fieber. Der Liquor enthält vermehrt Zellen und Eiweiß, nach der ersten Krankheitswoche sind oligoklonale IgG-Banden nachweisbar. Im EEG zeigt sich typischerweise ein ausgeprägter temporaler Deltawellen-Herd. Die pathologisch-anatomischen Veränderungen des Gehirns sind bald nach Einsetzen der klinischen Symptomatik im MRT (nativ und mit Kontrastmittel) zu erkennen. MR-Spektroskopie und Perfusions-Bildgebung dienen zur Abgrenzung u. a. von Tumoren [Horger et al. 2009]. Ähnliche kernspintomografische Befallsmuster wie bei der Herpes-simplex-Enzephalitis resultieren auch aus der paraneoplastischen limbischen Enzephalitis, aus der luetischen Enzephalitis und aus dem höhergradigen Astrozytom [Kleffmann et al. 2012]. Zum frühen Nachweis der Erreger dient die PCR. Eine rechtzeitig und schon bei Verdacht auf eine Herpes-simplex-Enzephalitis einsetzende (Intensiv-)Therapie und die Gabe von Aciclovir senkt die Mortalitätsrate von 80 auf 20 % [Utley et al. 1997, Maihöfner et al. 2002]. Bei jedem 4. Überlebenden bleiben psychische und intellektuelle Defekte, kognitive Mängel und Paresen zurück [Masuhr u. Neumann 1996].

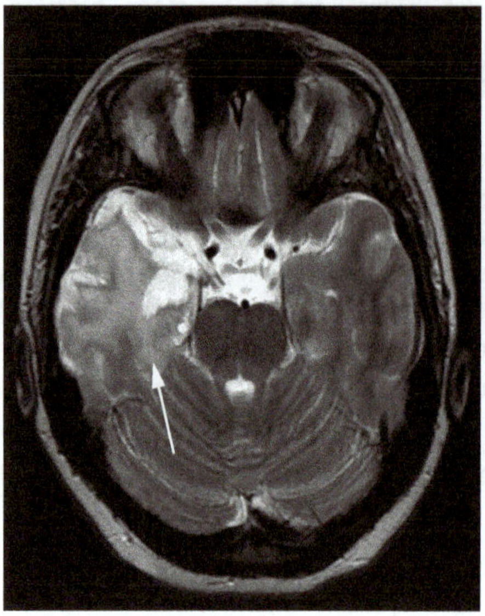

Abb. 4.25: MRT T2 axial, nativ. Herpes-simplex-Enzephalitis. Die Hyperdensität erstreckt sich auf den rechten Temporallappen mit z. T. zystischen Veränderungen (Beob. E. Luft).

4.4.6.3 Neuro-Aids

4.4.6.3.1 HIV und AIDS

Das RKI gibt die Zahl der Neuinfektionen mit dem HI-Virus 1 in Deutschland mit mehr als 3000 im Jahr an, davon 90 % Männer. Die Prävalenz der Erkrankung liegt bei 80.000, davon 65.000 Männer und 200 Kinder sowie 550 Sterbefälle. Die Inkubationszeit dauert 2 bis 6 Wochen. Das Virus befällt an erster Stelle die T-Helferzellen mit dem Oberflächenantigen CD-4. Die Abnahme ihrer Zahl schwächt die zelluläre Immunität und bildet den Grund für das *Acquired Immune Deficiency Syndrome* mit opportunistischen Infektionskrankheiten, Malignomen und Lymphomen.

Für die Diagnostik stehen wenig spezifische Immunassays der 4. Generation zur Verfügung, mit deren Hilfe das p-24-Antigen aus der Hülle des Virus nachgewiesen wird. Ein positives Untersuchungsergebnis muss durch Immunoblot bestätigt und dem Robert-Koch-Institut gemeldet werden. Anhand der Zahl von T-4-Lymphozyten (CD-4-Lymphozyten) ist die Aktivität der HIV-Erkrankung bestimmbar. Gebräuchlich ist dafür die Einteilung des US-amerikanischen *Centers for Disease Control and Prevention* in der Nähe von Atlanta von 1993 (CDC): 1 – über 500/μl, 2 – 200 bis 499/μl, 3 – unter 200/μl. Klinisch unterscheiden die CDC ebenfalls 3 Kategorien: A – asymptomatische HIV-Infektion oder generalisierte Lymphadenopathie oder akute Erkrankung mit Mononukleose-ähnlichem Bild. B – auf eine Minderung der zellulären Immunität hinweisende Erkrankungen wie bakterielle Meningitis, periphere Polyneuropathie, Herpes Zoster, Kandidosen, Lungentuberkulose. C – Aids-definierende Erkrankungen wie Toxoplasmen-Enzephalitis, HIV-Enzephalopathie, Kaposi-Sarkom, maligne Lymphome, Zytomegalie-Retinitis, Pneumocystis-carinii-Pneumonie, Histoplasmose, Kryptokokkose, atypische Mykobakteriose.

Die „hochaktive antiretrovirale Therapie" (HAART, Kombinationstherapie, cART – *combined Anti-Retroviral Therapy*) besteht aus der Gabe von 3 antiretroviral wirksamen Medikamenten, denen mindestens 2 Wirkstoffklassen angehören müssen, in der Regel aus 2 nukleosidischen Reverse-Transkriptase-Inhibitoren (NRTI) + ein nicht nukleosidischer Reverse-Transkriptase-Hemmer (NNRTI) oder ein Integrase-Inhibitor oder ein Proteasehemmer, der zusammen mit Ritonavir oder Cobicistat verabfolgt wird. Das Ziel besteht in der Immunrekonstitution, d. h. darin, die Virusreplikation möglichst so weit zurückzudrängen, dass das HI-Virus nicht mehr nachweisbar ist, das Fortschreiten der Erkrankung und das Auftreten von Folgekrankheiten zu verhindern und die Rückbildung ihrer Symptome zu fördern.

4.4.6.3.2 Neuro-Aids

Bei allen drei Krankheitskategorien – A bis C – sind neurologische Komplikationen zu erwarten, insgesamt bei bis zu 3 Vierteln der an AIDS Erkrankten: HIV-assoziierte Demenz, HIV-assoziierte Myelopathie, HIV-assoziierte Polyneuropathie und Myopathie, opportunistische Infektionen und das *Immune Reconstitution Inflammatory Syndrome* [IRIS, Arendt u. Nolting 2012]. Dazu kommen unerwünschte Nebenwirkungen der Therapie.

HIV-Enzephalopathien stellen sich nach einigen Jahren häufig ein, schwere Verläufe bis zur Demenz sind selten. Hinter einer „Altersdemenz" kann sich andererseits eine bisher unerkannte HIV-induzierte Demenz verbergen, die sich durch eine antiretrovirale Therapie bessern lässt [Helm 2001]. Die Prävalenz der HIV-Demenz liegt bei unbehandelten Patienten bei 30 % und trotz der gebräuchlichen Kombinationstherapie bei 10 % [Schielke 2004].

HIV-bedingte *Polyneuropathien* sind manchmal von medikamentös induzierten nur schwer abzugrenzen. Schmerzen lassen sich durch Antidepressiva und Antiepileptika beeinflussen.

Infektionen mit *Toxoplasma gondii* verlaufen bei Immunkompetenten meistens symptomlos, der Durchseuchungsgrad der Bevölkerung ist sehr hoch. Ein (HIV-bedingter) Immundefekt begünstigt die Aktivierung der Erreger und die Entstehung einer klinisch relevanten Toxoplasmose, gewöhnlich in Form einer Enzephalitis, manchmal als generalisierte Erkrankung. Das cMRT lässt eine Atrophie des Marklagers und zerebrale Pseudozysten erkennen.

Auch die Inhalation von *Cryptococcus-neoformans-Sporen* und ihre hämatogene Verbreitung bleibt beim Immungesunden in der Regel folgenlos. Prädisponierend für den Ausbruch einer *Kryptokokken-Meningitis bzw. Kryptokokken-Meningoenzephalitis* wirken wie bei den Toxoplasma-Infektionen T-Zell-Zahlen unter 200/µl.

Die *Progressive multifokale Leukenzephalopathie* (PML, subakute demyelinisierende Enzephalomyelitis) geht vermutlich auf eine Aktivierung von auch bei Gesunden latent vorkommenden Viren zurück (u. a. humane Polyoma-Viren, JC- und BK-Virus), führt sehr schnell zu Wesensveränderungen, Gesichtsfeldausfällen, Lähmungen, manchmal zu bulbären Störungen, Ataxie, Inkontinenz von Blase und Darm und endet unbehandelt nach wenigen Monaten tödlich.

Das *primäre Lymphom* des Zentralnervensystems stellt bei HIV-Infizierten den häufigsten Hirntumor dar, er findet sich aber auch ohne Schädigung des Immunsystems. Man vermutet eine pathogene Rolle des Epstein-Barr-Virus und des HHV 8 (humanes Herpes-Virus 8, verantwortlich auch für das Kaposi-Sarkom). Rasch entwickelt sich eine Enzephalopathie mit Wesensveränderungen, kognitiven Störungen und Lähmungen.

Unerwünschte Nebenwirkungen der Therapie

Zwei Fünftel der Patienten klagen über Schwindel, Schlafstörungen, Kopfschmerzen, Muskelschmerzen und Depressionen, es kommt zu Wesensveränderungen, vor allem anfangs. Ein Abbruch der Behandlung ist nur selten nötig, wird aber aus subjektiven Gründen von einem Viertel der Patienten vollzogen, von Frauen deutlich häufiger als von Männern [Husstedt et al. 2009]. Eine schwerwiegendere Komplikation der Kombinationstherapie stellt das *Immunrekonstruktionssyndrom* dar, das bei manchen Patienten „in zeitlichem Zusammenhang mit dem Behandlungsbeginn" einsetzt und über das Wieder-in-Gang-Kommen des Immunsystems entzündliche Prozesse nicht nur im Gehirn reaktiviert (*Immune Reconstitution Inflammatory Syndrome*, IRIS). In der Folge kann es zur Exazerbation von opportunistischen Infektionen und von Tumoren kommen. Hoffmann [2011] rechnet damit, dass 5 bis 10 % der Patienten mit weniger als 200 CD-4-Zellen/µl davon betroffen werden. Die Prognose sei generell gut, die Mortalität nicht höher als bei HIV-Patienten ohne IRIS [Park 2006].

4.4.6.4 Lyssa (Tollwut, Hundswut, Rabies)

(Vgl. RKI-Ratgeber für Ärzte 2013)

4.4.6.4.1 Epidemiologie

Die WHO schätzt die Zahl der jährlichen Tollwut-Todesopfer auf mehr als 50.000. Das neurotrope Virus wird durch Kontakt mit dem Speichel von Haus- oder Wildtieren (Fuchs!) übertragen. Dank konsequenter oraler Immunisierung vor allem der Fuchspopulationen und konsequenter Impfung von Haustieren (Hunde) gelten Mittel- und Westeuropa, also auch Deutschland, als frei von terrestrischer Tollwut. Als Endemiegebiete sind vor allem Indien und China bekannt. Eine Erkrankungsgefahr geht in Europa noch von insektenfressenden Fledermäusen aus, die mit einem mit dem klassischen Rabiesvirus (RABV) verwandten Virus infiziert sein können (Europäische Fledermaustollwutviren 1 und 2). Die Übertragung von Tollwut durch Organtransplantation stellt eine große Ausnahme dar [Wohlsein et al. 2011].

4.4.6.4.2 Klinik

Die Inkubationszeit liegt zwischen einer und 8 Wochen. Einem Prodromalstadium mit Wundschmerzen, Kopfschmerzen und Appetitlosigkeit folgt entweder eine enzephalitische Phase mit Fotophobie, Hydrophobie (Krämpfe der Schlundmuskulatur) und ausgeprägten Stimmungsschwankungen oder eine paralytische Phase, die einem Guillain-Barré-Syndrom ähnelt, mit Lähmungen besonders der Hirnnerven, Befall der Herznerven und des Myokards [Feiden 2013]. Nach sieben Tagen tritt unbehandelt nach Koma, Linksherzversagen und Atemlähmung der Tod ein.

4.4.6.4.3 Diagnostik

Sehr wichtig ist der anamnestische Hinweis auf eine Bissverletzung in einem Tollwutgebiet. Bei einem erkrankten Tier findet man den Erreger im Speichel und im ZNS, beim Menschen in Urin, Liquor, Speichel und Kornealflüssigkeit. Post mortem sind die Negri-Einschlusskörperchen in den Ganglienzellen des Zentralnervensystem nachweisbar.

4.4.6.4.4 Prophylaxe und Therapie

Für berufsbedingt gefährdete Personen (Tierärzte, Jäger, Forstmitarbeiter, Laborpersonal; Fledermauskontakt) und für Reisende in Tollwutgebiete ist die Impfung indiziert. Der Impfschutz hält bis zu 5 Jahre an, ggf. sind Titerkontrollen erforderlich. Bisswunden werden gereinigt und nicht verschlossen. Falls eine Tollwutinfektion nicht sicher ausgeschlossen werden kann, erfolgt eine aktive und passive Immunisierung. Patienten mit einer drittgradigen Symptomatik erhalten außerdem Tollwut-Immunglobulin.

> Nach Bissverletzung durch Fledermäuse ist grundsätzlich eine postexpositionelle Prophylaxe durchzuführen.

4.4.6.5 Subakute sklerosierende Panenzephalitis (SSPE)

Es handelt sich um eine Folgekrankheit einer Maserninfektion im Säuglings- oder frühen Kleinkindalter. Sie ist sehr viel seltener als die Masernenzephalitis [Lindlbauer-Eisenach 2005]. Ihre Inzidenz hat nach Einführung der aktiven Impfung erheblich abgenommen und liegt unter 0,1 : 100.000, man rechnet mit 10 : 100.000 an Masern

Erkrankten. Die Prävalenz wird von Flögel et al. [2002] mit 3,5 : 10^7 Unterzwanzigjährigen beziffert. Der Altersgipfel liegt am Übergang vom 1. zum 2. Lebensjahrzehnt. Betroffen sind vor allem Jungen. Zunächst fallen bei den Betroffenen psychische Störungen auf [Jähnel 2003], später auch neurologische Symptome: Krämpfe, Hyperkinesien, Myoklonien, Minderung des Sehvermögens [makuläre Chorioretinitis, Flögel et al. 2002], Opisthotonus und schließlich ein apallisches Syndrom. Im Liquor findet sich eine Pleozytose und lassen sich vermehrt Antikörper gegen das Masernvirus nachweisen. Auch die Therapie mit Interferon-α und Ribavirin verhindert den letalen Ausgang nicht, sodass die Impfung weiter die wichtigste prophylaktische Maßnahme bleibt [Hoppen et al. 2003].

4.4.7 Befall des ZNS mit Helminthen, Protozoen, Pilzen

Siehe Kap. 5.3.13.14

4.4.7.1 Helminthen

Die *Neurozystizerkose*, endemisch vor allem in Mexiko, China, Südafrika, geht auf die Aufnahme von Finnen (Larven) des Schweinebandwurms beim Verzehr von ungenügend gekochtem oder gebratenem oder vor dem Verzehr tiefgekühltem Schweinefleisch zurück. Sie entwickeln sich im Darm zu erwachsenen Würmern. Der Mensch dient ihnen als Hauptwirt. Aus einer Fremdinfektion, aber auch aus einer Selbstinfektion mit Bandwurmeiern entstehende Finnen siedeln sich unter anderem in der Muskulatur, in Lunge und Leber, im Auge und im Gehirn an, der Mensch wird in diesem Fall zum Zwischenwirt. Um die Finnen herum entsteht eine bindegewebige Hülle, die später verkalkt und röntgenologisch bzw. kernspintomografisch darstellbar wird. Der Befall des Gehirns führt zu einer Enzephalitis, die sich in Form von Kopfschmerzen und Schwindel, aber auch von ausgeprägten fokalen und generalisierten Symptomen äußern kann.

Zerebrale *Toxokarosen* (Hundespulwurm, Larva migrans) sind sehr selten und manifestieren sich durch Kopfschmerzen oder Krampfanfälle [Auer u. Aspöck 2006]. Häufiger ist die Toxokara-Ophthalmie zu beobachten.

Die *Bilharziose* (*Schistosomiasis*) ist auf Süßwasserschnecken als Zwischenwirte angewiesen und kommt nur in subtropischen und tropischen Gebieten vor. Der seltene Befall des Hirnparenchyms [Scharmann 2011] löst eine Enzephalitis aus.

Echinokokkose: Die Eier des Fuchs- oder des Hundebandwurms (Echinococcus multilocularis, Echinococcus granulosus) werden mit der Nahrung aufgenommen. Sie erreichen über das Gefäßsystem die Leber und von dort aus andere Organe. Die aus den Eiern entstehenden Larven des Hundebandwurms bilden solitäre Zysten, aus dem Befall mit dem Fuchsbandwurm resultiert eine von den Larven ausgehende malignomähnliche Infiltration des Gewebes [Rinder 2011]. Einem Befall des Gehirns folgen tumorähnliche Symptome.

4.4.7.2 Protozoen

Das Toxoplasma gondii, der Erreger der *Toxoplasmose*, ein Sporozoon, lebt und vermehrt sich im Darm von Katzen und Katzenartigen, seinen einzigen Endwirten, die die Oozysten mit dem Kot ausscheiden. Säugetiere, Vögel und Menschen infizieren sich entweder damit (unvorsichtiger Umgang mit Katzenkot!), sehr viel häufiger aber beim Verzehr von nicht wärme- oder kältebehandeltem Fleisch (Schwein, Ziege, Schaf, Geflügel, Wild), ausnahmsweise diaplazentar. Zum Infektionsbeweis dienen der Antikörper-Test, die Anzüchtung des Erregers in der Zellkultur oder die PCR.

Die Erkrankung verläuft gewöhnlich blande, manchmal wie eine Erkältungserkrankung mit Fieber, Lymphknotenschwellungen und Tonsillitis, selten mit meningitischen und meningoenzephalitischen Symptomen, psychischen Auffälligkeiten und entzündlichen Veränderungen an Leber, Milz, Augen. Sie hinterlässt eine lebenslange Immunität. Bei Immungeschwächten kann eine Reaktivierung der Erreger eintreten, meist in Form einer Enzephalitis, aber auch als generalisierte Erkrankung mit Beteiligung aller parenchymatösen Organe. Intrauterine Infektionen führen zur pränatalen Meningoenzephalitis, zu intrakraniellen Kalkeinlagerungen, zu Mikrozephalus und Hydrozephalus, zur Chorioretinitis und zur Hepatosplenomegalie. Säuglinge mit einer latenten konnatalen Toxoplasmose weisen zwar hohe Antikörpertiter auf, entwickeln aber erst nach einigen Wochen oder Monaten Krankheitssymptome, die denen einer infantilen Zerebralparese ähneln.

Erreger der *Malaria* sind Plasmodien, von denen viele Unterarten existieren. Fünf davon sind humanpathogen, alle werden durch Anopheles-Mücken von Mensch zu Mensch übertragen: Plasmodium falciparum – Malaria tropica mit unregelmäßigen Fieberschüben, Plasmodium vivax und Plasmodium ovale – Malaria tertiana, Fieberschübe an jedem 3. Tag, Plasmodium malariae – Malaria quartana, Fieberschübe an jedem 4. Tag. Meistens handelt es sich um Infektionen mit Plasmodium falciparum oder mit Plasmodium vivax. Die Inkubationszeit liegt zwischen einer und 3 Wochen, kann aber auch sehr viel länger dauern. Die Erreger werden mikroskopisch in Erythrozyten nachgewiesen. Schwere Verläufe der Malaria tertiana und quartana sind selten zu beobachten. Die Prognose der Malaria tropica ist nur bei frühem Beginn der Behandlung gut. Allerdings liegt ihre Mortalität auch dann noch bei 2 %. Sie verursacht vaskuläre Enzephalopathien und Optikusneuritiden.

Infektionen mit *Entamoeba histolytica* erfolgen fäkal-oral, bevorzugt bei mangelhafter Hygiene. Auch Fliegen und Schaben können die infektiösen Zysten verbreiten, die nach der Infektion zunächst den Dünndarm besiedeln und während ihrer Entwicklung zur (Minuta-)Form in den Dickdarm vordringen (kommensale Trophozoiten). Dort bilden sie erneut in großer Zahl Zysten, die mit dem Stuhl ausgeschieden werden und darin nachweisbar sind. Klinische Symptome erzeugt dieses Entwicklungsstadium kaum. Nach einer Inkubationszeit von 2 bis 4 Wochen, manchmal mehreren Jahren, kann, begünstigt durch eine (vorübergehende) Resistenzminderung, durch weitere Darminfektionen, Änderung der Ernährungsgewohnheiten u. a., aus der Minuta-Form die Magna-Form entstehen (hämatophager Trophozoid). Ihre histolytischen Enzyme verursachen blutende Ulzerationen der Darmwand, es entsteht die *Amöben-Ruhr* mit Tenesmen, geleeartigen Durchfällen und einer unspezifischen Beteiligung der Leber. Diese Erkrankung kommt vor allem, aber nicht ausschließlich in den Subtropen und den Tropen vor. Die Erreger sind in der Lage, invasiv oder durch die Ulzerationen das Peritoneum, die Pleura und das Perikard zu erreichen und sich auf dem Blutweg metastatisch in der Leber, in anderen Organen und in der Haut anzusiedeln. Der seltene Befall des Gehirns führt zur Meningoenzephalitis und zu Hirnabszessen mit Herdsymptomatik.

Die Erreger der *afrikanischen Trypanosomiasis* werden durch Tsetse-Fliegen übertragen. Infektionen mit Trypanosoma brucei gambiense sind verantwortlich für die westafrikanische Schlafkrankheit, Infektionen mit Trypanosoma brucei rhodesiense für die ostafrikanische Schlafkrankheit. Ein bis drei Wochen nach dem Einstich setzt bei der westafrikanischen Form die Parasitämie ein mit einem fieberhaften Krankheitsbild, Hepatosplenomegalie, Exanthem und Schwellung vor allem der nuchalen Lymphknoten. Die Erreger sind unter anderem im Blut und im Liquor mikroskopisch und immunologisch nachweisbar. Einige Monate oder erst mehrere Jahre später setzen allmählich meningitische, meningoenzephalitische oder meningomyelitische Symptome ein. Unbehandelte Patienten sterben vor Ablauf eines Jahres, manchmal auch nach einigen Jahren. Die ostafrikanische Trypanosomiasis verläuft rascher und schwerer und endet unbehandelt innerhalb weniger Monate aufgrund kardialer Insuffizienz letal. Für die Ausbildung gravierender zentralnervöser Symptome reicht die verbleibende Lebenszeit nicht aus.

4.4.7.3 Pilze

Candida albicans, ein eigentlich harmloser Hefepilz, der saprophytär Haut- und Schleimhäute besiedelt, verursacht manchmal Mykosen (*Kandidosen*) nicht nur der Haut und der Schleimhäute, sondern befällt die Atemwege, das Myokard, die Nieren, das Augeninnere, die Meningen und das Gehirn, wo Granulome und Abszesse entstehen. Seine Ausbreitung im Körperinneren wird begünstigt durch Diabetes mellitus, Abusus von Alkohol und Nikotin, Drogenkonsum, Immunschwäche, Schwangerschaft, schwere Krankheiten, Verletzungen, Operationen, Zytostatika- oder Antibiotikatherapie. Der Erregernachweis erfolgt kulturell.

Opportunistische Infektionen mit dem Schimmelpilz Aspergillus fumigatus (*Aspergillosen*) betreffen fast ausschließlich Menschen mit krankheitsbedingt oder medikamentös geschwächtem Immunsystem. Für Immunkompetente bleibt die Inhalation der Sporen meist folgenlos. Befallen werden die Lungen und die Nasennebenhöhlen, wo Aspergillome entstehen können, der Magen-Darm-Trakt, manchmal die Haut, das

Herz, die Leber, die Nieren. Aus zerebraler Beteiligung resultieren Meningitis und Enzephalitis, Hirnabszesse und Subarachnoidalblutungen. Die Erreger sind im Auswurf und in Bioptaten nachweisbar.

Auch eine Infektion mit Cryptococcus neoformans, ausgelöst durch die Inhalation von Sporen enthaltendem Staub, führt fast nur bei geschwächter Abwehr zum Eindringen der Erreger in das Gefäßsystem und zur hämatogenen Streuung, zur *Kryptokokkose* mit Meningitis, Meningoenzephalitis, gelegentlich intrazerebralen Granulomen (Kap. 4.4.6.3.2). Die Erreger sind im Liquor nachweisbar. Eine Beteiligung anderer Organe bleibt meist symptomfrei.

4.4.8 Literatur

Arendt G, Nolting T (2012) Neuro-Aids in der cART-Ära. Fortschr Neurol Psychiatr 80:450–457. doi: http://dx.doi.org/10.1055/s-0032-1313191.

Auer H, Aspöck H (2006) Die Diagnostik der Toxocara-Infestationen und der Toxokarose des Menschen. J Lab Med 30:1–12. doi: 10.1515/JLM.2006.0012.

Beek D van de, Gans J de, Tunke AR, Wijdicks EF (2006) Community-acquired bacterial meningitis in adults. New Engl J Med 354:44–53.

Blomstedt GC (1992) Craniotomie infections. Neurosurg Clin N Am 3:375–385.

Brockmeyer NH et al. (2000) HIV-Infekt, Epidemiologie, Prävention, Pathogenese, Diagnostik, Therapie, Psychosoziologie. Springer-Verlag Berlin 2000.

Brouwer MC, McIntyre P, Gans J de et al. (2010) Corticosteroids for acute bacterial meningitis. Cochrane Database Syst Rev 9:CD004405.

Buelte D et al. (2008) Unterschiedliche Manifestationsformen der zerebralen Nokardiose. Nervenarzt 79:1432–1435. doi: 10.1007/s00115-008-2601-4.

Diener H-C et al. (2012) Leitlinien für Diagnostik und Therapie in der Neurologie. Georg-Thieme-Verlag Stuttgart.

Druschky K et al. (1999) Sekundärer Normaldruckhydrozephalus. Komplikation der chronischen Neuroborreliose. Nervenarzt 70:556–559.

Feiden W (2013) Neuritis cordis und Myokarditis bei Tollwut. Pathologe 34:165–169.

Floegel I, Haas A, El-Shabrawi Y (2002) Einseitige Chorioretinitis unklarer Genese. Ophthalmologe 99:730–731. doi: 10.1007/s00347-002-0610-4.

Heckenberg et al. (2008) In Leitlinien DGN 2012.

Helm EB (2001) Altersdemenz? HIV-Infektion. MMW-Fortschr Med 58: ohne Seitenangabe.

Hoffmann Chr (2011) Immunrekonstitutionssyndrom. hivbuch.de. HIV 2014/15, das aktuelle Buch zur HIV-Medizin.

Hoppen T, Jacobi G, Rister M (2003) Subakute sklerosierende Panenzephalitis (SSPE). Klin Pädiatr 215:268–269.

Husstedt IW et al. (2009) Hochaktive antiretrovirale Therapie bei Neuro-Aids. Nervenarzt 80:1133–1142. doi: 10.1007/s00115-009-2684-6.

Husstedt IW et al. (2009) Epidemiologie und Therapie von Schmerzen und Depression bei HIV und AIDS. Schmerz 23:628–639.

Jähnel M (2003) Paranoid-halluzinatorische Psychose als Erstmanifestation einer subakuten sklerosierenden Panenzephalitis (SSEP) bei einem 19-jährigen Mann. Psychiat Prax 30 Suppl 2:570–572.

Jansen A, Schöneberg I, Frank C, Alpers K, Schneider T, Stark K (2005) Leptospirosis in Germany, 1962–2003. Emerg Infect Dis 11:1048–1054.
Jansen A, Stark K, Schneider T et al. (2009) Radiologische Diagnostik der Herpesvirus-1-(HSV-1)-Enzephalitis. Fortschr Röntgenstr 181:197–200.
Kastenbauer S, Pfister HW (2003) Pneumococcal meningitis in adults: spectrum of complications and prognostic factors in a series of 87 cases. http://www.ncbi.nlm.nih.gov/pubmed/12690042. Brain 126:1015–1025.
Keil R et al. (1997) Vaskulitische Verlaufsform einer Neuroborreliose mit Thalamusinfarkt. Nervenarzt 68:339–341.
Kleffmann J, Roth C, Hügens-Penzel M, Deinsberger W, Ferbert A (2012) Mimikry einer Herpes-Enzephalitis durch Glioblastoma multiforme. Fortschr Neurol Psychiat 80:162–166.
Klein M, Pfister H-W (2010) Bakterielle Infektionen des Zentralnervensystems. Nervenarzt 81:150–161. doi: 10.1007/s00115-009-2854-6.
Leitlinien DGN 2015.
Lindlbauer-Eisenach (2005) Masern sind keine harmlose Kinderkrankheit. Fortschr Med 16:13.
Maihöfner Chr, Neundorfer B, Tomandl B, Heckmann JG (2002) Herpes-simplex-Virus-Enzephalitis. Med Klin 97:493–494.
Matzik S. Malaria. NetDoctor.
Masuhr KF, Neumann M (1996) Neurologie. Hippokrates-Verlag Stuttgart.
Menon S, Meyding-Lamadé U (2008) Virale Enzephalitis/Meningitis. Intensivmedizin. up2date 4. doi: 10.1055/s-2007-995516.
Nau R (2001) Bakterielle ZNS-Erkrankungen. In: Bitsch A, Prange H (Hrsg) Infektionskrankheiten des ZNS, 196–197. Wissenschaftliche Verlagsgesellschaft Stuttgart.
Obradovic A, Hajdu St, Prester E (2007) Invasive Mykosen und Trauma. Wien Med Wochenschr 157:482–489.
Otto B, Hermans M, Seifried C, Buchkremer M, Lanfermann H, Sitzer M (2007) Neurosyphilis. Wichtige Differenzialdiagnose einer Herpesenzephalitis. Nervenarzt 78:944–947. doi: 10.1007/s00115-005-2004-8.
Park WB, Choe PG, Jo JH et al. (2006) Immune reconstitution inflammatory syndrome in the first year after HAART: influence on long-term clinical outcome. AIDS 20:2390–2392.
Petereit HF, Seifert K, Geiss HK, Wildemann B (2006) Liquoranalytik in der Diagnostik Erregerbedingter Erkrankungen des Zentralnervensystems. Nervenarzt 77:481–494.
Prange H (1995) Infektionskrankheiten des ZNS. Chapman & Hall, Weinheim, 195.
Prange HW (2006) Die septische Herdenzephalitis. Intensivmed 43:85–93.
Rinder H (undatiert) Bayerisches Landesamt für Gesundheit und Lebensmittelsicherheit: Echinokokkose (Hunde-/Fuchsbandwurm).
Robert-Koch-Institut (2015) Epidemiologisches Bulletin des RKI, 19. Januar 2015.
Robert-Koch-Institut (2013 u. 2015) Empfehlungen der Ständigen Impfkommission.
Rockstroh J, Spengler U (Hrsg, 2003) Opportunistische Infektionen und Tumore im Verlauf der HIV-Infektion. UNI-MED Science.
Sáez-Llorens X, McCracken GH (2003) Bacterial meningitis in children. Lancet 361:2139–2148.
Scharmann C (2011) Immundiagnostik der Schistosomiasis mit der mikrosomalen Antigenfraktion der Adultwürmer von Schistosoma mansoni. Diss Med Fak Ludwig-Maximilians-Universität München, 20 (Abschnitt 1.7.7 Schistosomiasis des zentralen Nervensystems).
Schlelke E (2004) Depression–Schmerzen–Enzephalopathie. MMW-Fortschr Med Sonderh 1:324–328.
Sharma R, Mohandas K, Cooke RP (2009) Intracranial abscesses: changes in epidemiology and management over five decades in Merseyside. Infection 37:39–43.

Tebruegge M, Curtis N (2008) Epidemiology, etiology, pathogenesis, and diagnosis of recurrent bacterial meningitis. Clin Microbiol Rev 21:519–537. doi: 10.1128/CMR.00009-08, PMID 18625686, PMC 2493086.

Tunkel AR, Hartman BJ, Kaplan SL et al. (2004) Practice guidelines for the management of bacterial meningitis. Clinical Infectious Diseases. 39:1267–1284. doi: 10.1086/425368, PMID 15494903.

Utley TF, Ogden JA, Gibb A, McGrath N, Anderson NE (1997) The long-term neuropsychological outcome of herpes simplex encephalitis in a series of unselected survivors. Neuropsychatr Neuropsychol Behav Neurol 10:180–189.

Walter B et al. (2010) Leptospirose (Morbus Weil) in Augsburg. Drei Fälle und ein Überblick. Dtsch Med Wochenschr 135:675–678.

Graf von Westphalen G, Antwerpes F, Melchers M: DocChek Flexikon.

Whitley RJ (1990) Viral encephalitis. N Engl J Med 323:242–250.

Wie BP et al. (2008) Can we prevent cochlear implant recipients from developing pneumococcal meningitis? Clin Infect Dis. 46:e1–e7. doi: 10.1086/524083, PMID 18171202..

Wildemann B, Oschmann P, Reiber HO (2006) Neurologische Labordiagnostik–Referenzreihe Neurologie. Georg-Thieme-Verlag Stuttgart.

Wohlsein P, Baumgärtner W, Kreipe HH, Haverich A, Hori A, Stan AC (2011) Übertragung von Tollwut durch Organtransplantation. Pathologe 32:406–410.

4.5 Frühkindliche Hirnschäden

Andreas Merkenschlager, Peter Matzen

4.5.1 Normale Entwicklung des Kindes

Als Entwicklung bezeichnet man die Fähigkeit eines Individuums, sich an die Anforderungen der vorgegebenen jeweiligen Lebenswelt anzupassen. Das moderne Entwicklungsmodell sieht Entwicklung in ihren neurobiologischen Grundlagen genetisch festgelegt und hierarchisch aufgebaut [Largo 1993 u. 2008, Baumann 2002, Swaiman 2011], jedoch auch individuell an die jeweiligen Umweltbedingungen adaptiert. Durch diese moderne Sichtweise wird die Variabilität der Entwicklungsverläufe erklärbar und werden einzelne Entwicklungsphasen nicht als unabdingbare Voraussetzungen für die nächst höhere postuliert.

Bei der Beurteilung des Entwicklungsstandes eines Kindes spielt daher immer auch die interindividuelle Variabilität eine Rolle, also die Verschiedenheit der einzelnen Kinder. Die Grenzen dieser Variabilität werden am Prinzip der essenziellen Grenzsteine deutlich [Michaelis u. Niemann 2004]. Sie sind festgelegt durch den Zeitpunkt, an dem 90 % bis 95 % der gesunden Kinder eine bestimmte Fähigkeit spätestens erworben haben. Unabhängig von der individuellen Entwicklung eines Kindes werden Knotenpunkte absolviert: der sichere und souveräne Erwerb einer bestimmten Fähigkeit. In die Beurteilung müssen auch Geschlechtsdifferenzen einfließen. Mädchen absolvieren eine Vielzahl von Entwicklungsschritten früher: Sie zeigen beispielsweise in der Sprachentwicklung einen „Spurt“ zwischen dem 18. und dem 24. Lebensmonat, Jungen erst mit zwei bis drei Lebensjahren. Diese laufen aber häufig früher und sind

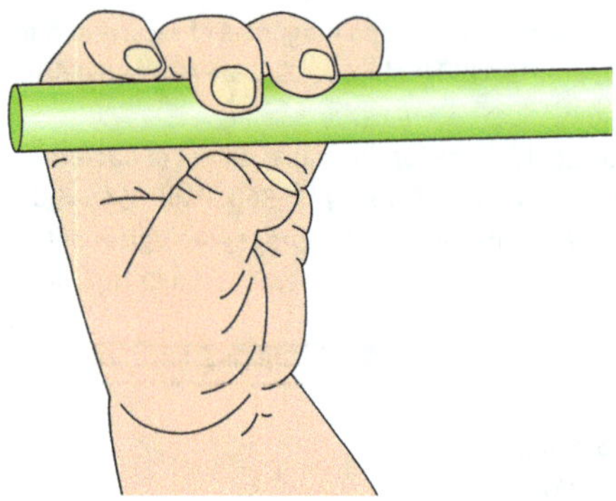

Abb. 4.26: Handgreifreaktion.

kompetenter beim Puzzeln. Es gibt also auch Ausnahmen von der „Faustregel", insbesondere bei der grobmotorischen und bei der visuell-räumlichen Entwicklung. Bei der Beurteilung sind demnach als unterschiedliche Dimensionen insgesamt die Motorik, die Sprache, die kognitive Entwicklung und die Entwicklung der sozialen Kompetenz näher zu beleuchten.

Dimensionen der kindlichen Entwicklung
- Motorik (Grob- und Feinmotorik)
- Wahrnehmung
- Sprache
- kognitive Entwicklung
- soziale Kompetenz.

4.5.1.1 Motorische Entwicklung – Sitzen, Stehen und Gehen/Feinmotorik

Die Fähigkeit, den Körper bedarfsgerecht koordiniert zu bewegen, bezeichnet man als Körpermotorik (*Grobmotorik*), die Fähigkeit, zu greifen und Hände und Finger zu bewegen, als *Feinmotorik*. Ein wichtiges Entwicklungsziel stellt das gezielte Greifen dar, das erst nach dem Erlöschen des Greifreflexes im 8. Lebensmonat erreicht werden kann [Largo 2008, Abb. 4.26]. Greifreaktion und bewusstes, gezieltes Greifen können einige Zeit lang nebeneinander bestehen. Schritte dorthin sind der Faustgriff, der radiale Faustgriff, der Scherengriff, der unvollständige Pinzettengriff und schließlich der vollständige Pinzettengriff.

Voraussetzung für die Erhebung in die Senkrechte sind außer einem schon ausreichend entwickelten Haltungs- und Bewegungssystem Halte- und Stellreaktionen sowie mono- und polysynaptische Reflexorganisationen und Lagereflexe, vor allem die Kontrolle über Kopf und Rumpf, aber auch das Vermögen, einen drohenden Fall mit dem reflektorisch ausgestreckten Arm abzufangen. Sie entstehen zwischen dem 3. und dem 6. Lebensmonat.

Vermittelt über die Labyrinthstellreaktion setzt im 3. Lebensmonat die Kontrolle der Kopfhaltung ein (Abb. 4.27 a bis d). Sie funktioniert spätestens vom 8. Lebensmo-

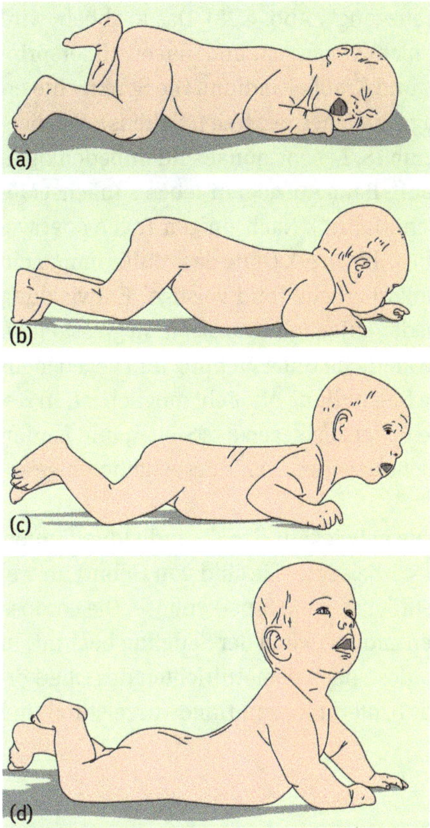

Abb. 4.27: Entwicklung der Labyrinthstellreaktion (n. Peiper). (a) Drei Wochen. Weil die Labyrinthstellreaktion noch fehlt, dreht das Neugeborene seinen Kopf zur Seite, um Nase und Mund freizuhalten. (b) 2½ Monate. Einsetzende Labyrinthstellreaktion auf den Kopf, beginnende Stützreaktionen. Hebt kurzfristig den Kopf und runzelt die Stirn, um aufblicken zu können. (c) 3½ Monate. Das Anheben des Kopfes hält schon länger an. Stützreaktion der Arme. (d) Acht Monate. Symmetrische Reflexkette. Der Säugling hebt den Kopf und richtet den Blick aufwärts, streckt Ellenbogen- und Hüftgelenke weitgehend und lordosiert Hals- und Lendenwirbelsäule.

nat an zuverlässig. Die Beugehaltung der Hüftgelenke drückt nicht mehr wie in den ersten Lebenswochen einfach ein Überwiegen der Beugemuskulatur aus, die Hüftgelenke werden jetzt aktiv gebeugt. Der Lagewechsel vom Rücken auf den Bauch und umgekehrt wird problemlos ausgeführt, das Abstützen mit einer oder mit beiden Händen funktioniert sicher.

Das Kind bleibt, hingesetzt, vom 8. Lebensmonat an einige Augenblicke sitzen. Im 9. bis 10. Monat ist das Gleichgewichtsorgan genügend entwickelt und die Muskulatur in der Lage, den Rumpf zu stabilisieren. Der Säugling beginnt nun zu sitzen (selbstständige Aufrichtung zum Sitzen), darf aber nicht aufgesetzt werden (d. h., passives Aufsetzen wird nicht empfohlen). Er hält den Rücken gerade, die Kniegelenke sind gestreckt, die Beine oft nach außen gedreht und die Kniegelenke leicht gebeugt. Die Fußsohlen werden einander zugewandt.

Noch im 7. bis 8. Lebensmonat ist eine Fortbewegung nur robbend möglich. Der Säugling zieht sich mit den Armen, auf dem Bauch liegend vorwärts. Im 10. beginnt er im Vierfüßerstand zu krabbeln. Dabei setzt er wechselweise aufgrund eines aus der menschlichen Entwicklungsgeschichte ererbten Reflexmechanismus' den Arm der einen und das Bein der Gegenseite voran („Kreuzgang“, Abb. 4.28). Das Krabbeln wird sogar noch nach dem Laufen lernen häufig nicht vergessen, andererseits überspringen mehr als 10 % der Kinder das Vierfüßer- und Krabbelstadium. Die Senkrechte erreichen die meisten um den ersten Geburtstag (Erreichen des freien Gehens). Verzögerungen des Stehen- und Laufenlernens bis zum 18. Lebensmonat sind unbedenklich, wenn die übrige Entwicklung ungestört verläuft. Beim Aufrichten geben zunächst Möbel und andere Gegenstände Halt („Küstenschifffahrt“). Nach einigen Tagen oder wenigen Wochen folgen die ersten freien Schritte (Abb. 4.29). Ohne dass dafür immer ein triftiger Grund erkennbar ist, kann sich die körperliche (und geistige) Entwicklung verzögern. Rückstände werden oft sogar wieder aufgeholt (*transiente Regressionen*). Retardierte Kinder benötigen unbedingt eine ärztliche Untersuchung und gegebenenfalls Förderung, auch wenn eine ursächliche Behandlung oft nicht möglich ist. In Bezug auf den Haltungsapparat bestehen keine Bedenken gegen das Stehen und Laufen vor dem Sitzen. Für die Haltungsentwicklung besitzt diese veränderte Reihenfolge sogar Vorteile.

Parallel zur Aufrichtung in die Senkrechte entwickeln sich die individuell unterschiedlich ausgeprägten Schwingungen der Wirbelsäule. Sie sind von Geburt an wenigstens andeutungsweise erkennbar, am deutlichsten die Brustkyphose. Die Lordose der Halswirbelsäule entsteht ab dem 2. Lebensmonat, wenn der Säugling beginnt, in Bauchlage den Kopf zu heben, die Lendenlordose nach dem Aufrichten des Oberkörpers in Bauchlage nach dem 3. Lebensmonat (Unterarm- und Handwurzelstütz) und

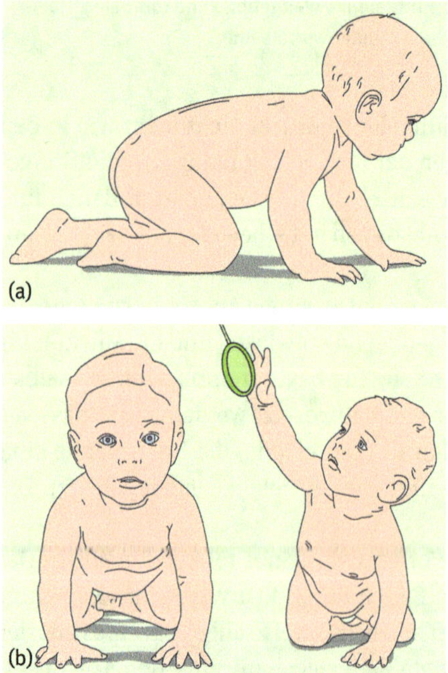

Abb. 4.28: 9 Monate. (a) „Kreuzgang“. (b) Greift beim Kriechen nach Gegenständen.

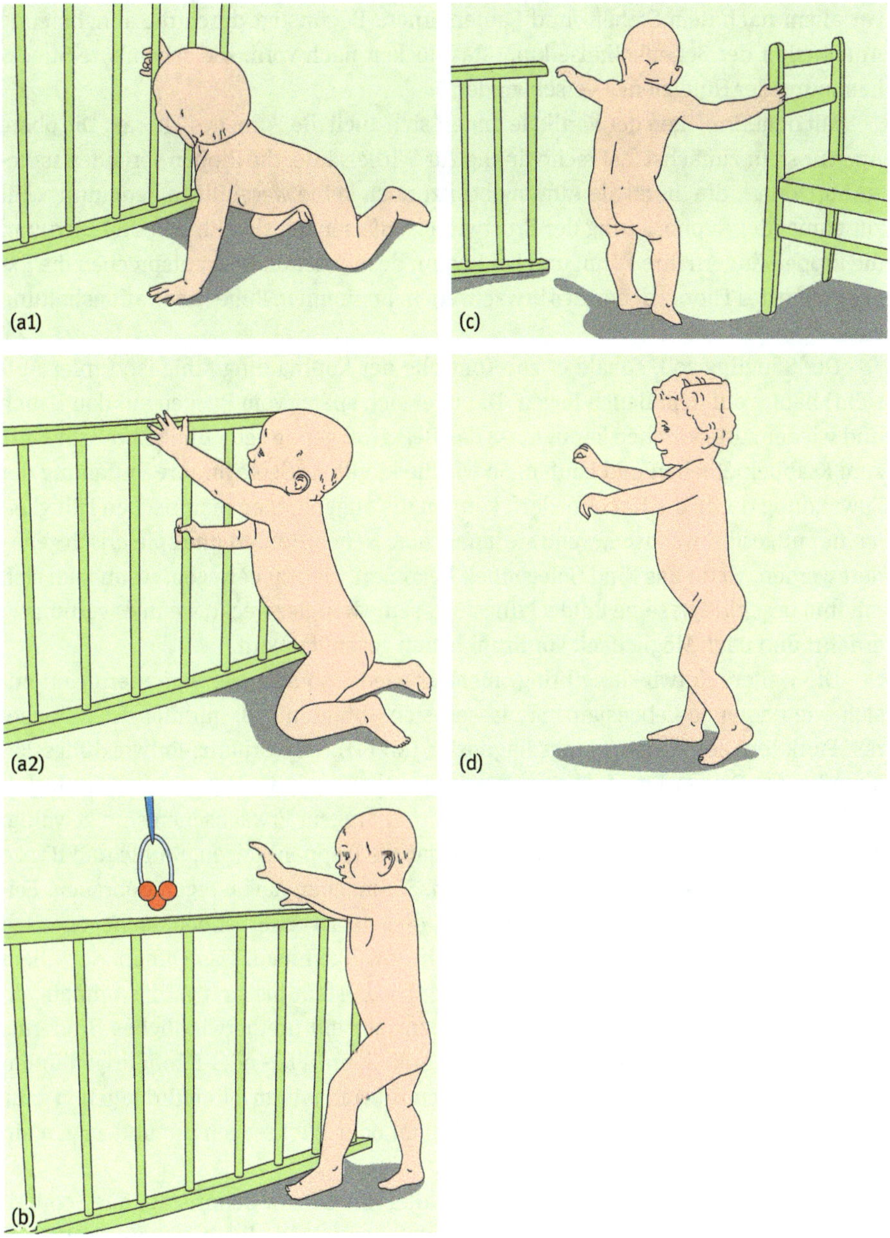

Abb. 4.29: 1 Jahr. (a) Richtet sich mithilfe der Arme auf. (b) Greift im Stand nach Gegenständen. (c) „Küstenschifffahrt". (d) Erste freie Schritte. Streckt die Arme dem Ziel entgegen.

vor allem nach dem Stehen- und Laufenlernen. Begünstigt durch die abnehmende Antetorsion der Schenkelhälse kippt das Becken nach vorn. Die scheinbare Streckhemmung der Hüftgelenke verschwindet.

Mit dem Erreichen der Vertikale ändert sich auch die Form des Thorax: Die obere Apertur steht zunächst fast rechtwinklig zur Wirbelsäule, die Rippen verlaufen nahezu horizontal, die thorakale Atmung besitzt noch keine wesentliche Bedeutung. Mit zunehmender Kyphosierung der Brustwirbelsäule senken sich Rippen und Sternum, die Rippen ändern ihre Form, und bei Beginn des Vorschulalters entsprechen die Exkursionen des Thorax denen des Erwachsenen. Er nimmt in Ruhe Exspirationshaltung ein.

Der Säugling soll, sobald er zur Kontrolle der Kopfhaltung fähig ist, (unter Aufsicht) häufig auf dem Bauch liegen. Damit er sich später vom Rücken auf den Bauch und wieder zurückdrehen kann, muss das Bett groß genug sein, und er braucht Platz zum Krabbeln, Stehen und Laufen. So wie die kindliche Seele für ihre Entfaltung der Zuwendung durch die Eltern bedarf, können die angeborenen motorischen Fähigkeiten nur ungestört wachsen, wenn sie immer aufs Neue gefordert und spielerisch gefördert werden, wenn das Kind Gelegenheit bekommt, sich zu bewegen, wenn man sich mit ihm beschäftigt, seine Entdeckungslust, seine Neugier weckt, wenn es vernünftig ernährt und nach Möglichkeit vor Krankheiten geschützt wird.

Die weitere Entwicklung bringt niemals wieder so schnelle Veränderungen mit sich wie das erste Lebensjahr. Sie lassen sich abbilden z. B. mithilfe der Münchener Funktionellen Entwicklungsdiagnostik (MFED), der Griffiths-Entwicklungsskalen oder des Denver Entwicklungsscreenings. Aber auch die Unterschiede in Gestalt und Bewegungsablauf zwischen Kleinkind und jungem Erwachsenen sind gewaltig. Kleinkinder können am Ende des 2. Lebensjahres Treppen steigen, Stühle und Bänke erklettern (Unfallgefahr!) und Türen öffnen. Sie machen davon regen Gebrauch. Feinere Bewegungen wirken noch unbeholfen, die jetzt zu erwerbenden, nicht genetisch festgelegten motorischen Fertigkeiten noch unvollkommen. Das Öffnen, vor allem das Schließen von Knöpfen und Reißverschlüssen stellt bis zum 3., das Binden von Schnürsenkeln mindestens bis zum 4. Lebensjahr ein unüberwindliches Hindernis dar. Dreijährige können sich selbstständig ankleiden, Vier- oder Fünfjährige hüpfen auf einem Bein, springen, tanzen und können Fahrrad fahren. Fünfjährige gehen ganz gewandt mit Essbestecken, Zahnbürste, Kamm oder Werkzeugen um und zeigen ein gewisses Geschick bei Ballspielen.

Definitionsgemäß endet das Kleinkindalter mit dem 6. Geburtstag, das Schulalter beginnt. In diese Zeit fällt der erste Gestaltwandel. Die Bewegungen erscheinen wieder ungeschickter, nicht selten unkoordiniert und fahrig, als ob das Kind mit den länger und kräftiger gewordenen Armen und Beinen nicht zurechtkäme. Die Umstellung ist meist in der Mitte des 7. Lebensjahres abgeschlossen. Kraft, Geschicklichkeit und Aktionsradius haben erheblich zugenommen. In den folgenden Jahren werden die Bewegungen geschmeidiger und abgerundeter. Sportliche Interessen und sportliche Leistungen sind unübersehbar. Tiefgreifende Änderungen der Körperform erfolgen erst wieder im zweiten Gestaltwandel während der Pubertät.

4.5.1.2 Entwicklung der Sinnesorgane

4.5.1.2.1 Haut

Die Rezeptoren der Haut für Temperatur-, Berührungs-, Druck- und Schmerzreize sind beim Neugeborenen von allen Sinnesorganen am weitesten entwickelt. Die relativ niedrigere Temperatur des Raums, die ja deutlich unter der im Mutterleib liegt, löst unmittelbar nach der Geburt einen starken Reiz aus, der die Atmung in Gang setzt (Kap. 4.5.1.3). Das Temperaturempfinden des Säuglings spielt weiter eine Rolle bei der Hinwendung zum Körper der Mutter. Am temperaturempfindlichsten ist die Haut im Gesicht und an der Fußsohle. Im Übrigen reagieren Säuglinge auf Temperaturreize weniger als ältere Kinder und Erwachsene. So können ernsthafte Verbrennungen z. B. durch zu heiße Wärmflaschen zustande kommen. Über die weitere Entwicklung des Temperaturempfindens liegen sichere Kenntnisse nicht vor. Vermutlich gleicht es im 5. oder 6. Lebensjahr weitgehend und ab dem 10. bis 12. völlig dem des Erwachsenen. Unklar ist auch, ob eine bestimmte Umgebungstemperatur vom Kind anders als vom Erwachsenen als angenehm oder unangenehm registriert wird.

Das Berührungsempfinden des Neugeborenen und des Säuglings ist im Gesicht sowie an Handflächen und Fußsohlen besonders hoch entwickelt. An den Wangen und in der Umgebung des Mundes bildet es die lebenswichtige Voraussetzung für das Brustsuchen und den Saugreflex. Der innige Hautkontakt der mütterlichen Umarmung löst ausgesprochene Behaglichkeitsreaktionen aus, für die das Temperatur- und das Geruchsempfinden eine wichtige zusätzliche Rolle spielen. Bedeutung besitzt auch der ebenfalls schon beim Neugeborenen vorliegende reflektorische Lidschluss, der bei Reizung der Lider, der Konjunktiva oder der Kornea durch einen Luftzug oder eine Berührung eintritt. Er schützt zusammen mit der bald nach der Neugeborenenperiode auslösbaren Tränenproduktion die Augen vor dem Eindringen von Fremdkörpern – Staub oder Insekten, welche die meisten Kinder erst im 4. Lebensquartal wirksam mit den Händen abwehren, manche sogar erst im 2. oder 3. Lebensjahr.

Auf unangenehme Reize reagieren Säuglinge in den ersten 4 Lebenswochen mit Unruhe, Ausweichbewegungen, Schreien und schließlich Weinen. Der Kratzreflex beispielsweise stellt sich erst später ein. Er setzt eine gewisse motorische Entwicklung und zielgerichtete und geschmeidige Bewegungen voraus und erreicht Augen und Ohren im 4. bis 6. Lebensmonat und bis zum 12. die Nase, den Rumpf, die Arme und Beine. Mit eineinhalb Jahren kratzt sich ein Kind wie ein Erwachsener mit Fingerspitzen und Nägeln [Wiesener 2013].

Ein versuchtes Kitzeln erzeugt in den ersten beiden Lebensmonaten Missbehagen und Abwehr. Vom 2. bis 3. Halbjahr an wird es zuerst in den Achselhöhlen, danach an den Fußsohlen und am Hals mit Lächeln, Lachen oder fröhlichen Strampelbewegungen beantwortet. Die Wahrnehmung von Druck ist vermutlich erst zu Beginn der zweiten Lebensdekade endgültig ausgereift: Erwachsene verfügen über ein viel feineres Tastempfinden an den Fingerkuppen als 6- bis 8-jährige Kinder. Allerdings spielen Intelligenz und Erfahrung bei vergleichenden Untersuchungen eine große Rolle.

Gegen Ende der Schwangerschaft wird die Fähigkeit erworben, zwischen einem Schmerzreiz und einem Berührungsreiz zu unterscheiden. Das Neugeborene und der Säugling empfinden bereits Schmerzen. Weil man lange fälschlich annahm, sie seien dazu nicht imstande, wurden beispielsweise Zirkumzisionen ohne Anästhesie vorgenommen. Die unverzügliche motorische Reaktion auf eine schmerzhafte Reizung der Haut nennt man Hautschutz- bzw. Fluchtreflex. Sie ist von einem Berührungsreiz kaum zuverlässig zu unterscheiden. Der Säugling wird unruhig, versucht dem Schmerz auszuweichen und beginnt nach einigen Sekunden zu schreien und zu weinen. Pulsfrequenz, Atemfrequenz und Blutdruck steigen. Am Ende des 2. Lebensjahres dürfte sich die Situation schon grundlegend von der des Neugeborenen unterscheiden, und wahrscheinlich erfolgt bis spätestens zum Schulalter eine weitgehende Angleichung an die endgültigen Verhältnisse.

4.5.1.2.2 Hören

Die Entwicklung des Hörorgans ist im 2. Trimenon der Schwangerschaft abgeschlossen. Im 3. reagiert der Fetus auf laute über das Fruchtwasser und die Schädelknochen fortgeleitete extrauterine Schallreize, weil Mittel- und Innenohr bereits funktionstüchtig sind. Der noch kurze und enge Gehörgang des Neugeborenen ist jedoch angefüllt mit Ohrenschmalz, Fruchtwasser und abgeschilferten Epithelien, die als Vermix caseosa auch die Haut bedecken. Er und zunächst auch die Paukenhöhle des Neugeborenen sind daher noch nicht zur Schallaufnahme fähig. Die Paukenhöhle füllt sich bei den ersten Atemzügen und Schluckbewegungen mit Luft und entspricht dann praktisch der des Erwachsenen, sogar in ihrer Größe. Auch Gehörknöchelchen und Trommelfell wachsen nach der Geburt kaum noch. Nach der Belüftung der Paukenhöhle, die über die Tube mit der Mundhöhle in Verbindung steht, und nach der spontanen bzw. mütterlichen Reinigung des Gehörganges ist das Ohr „hörbereit“. Auch stärkere Schallreize lösen allerdings höchstens Schreck- und Abwehrreaktionen aus.

Das Hören bildet die Voraussetzung für das Sprechen lernen. Hörprüfungen (otoakustische Emissionen) und gegebenenfalls eine ohrenärztliche Behandlung sind daher schon bei Neugeborenen zu fordern, auch wenn besondere Risikofaktoren nicht vorliegen, besonders aber nach Rötelninfektionen der Mutter während der Schwangerschaft und Sauerstoffmangel des Kindes vor, während oder nach der Geburt (frühkindlicher Hirnschaden). Die Lallmonologe des 2. Lebensvierteljahres bedeuten nämlich nicht, dass ein Kind ein normales Gehör besitzt. Es handelt sich um Automatismen. Wenn erst die ausbleibende Weiterentwicklung des Sprechvermögens auf eine Störung aufmerksam macht, ist wertvolle Zeit meist unwiederbringlich verloren. Darüber hinaus müssen alle Kinder, auch die anscheinend gesunden, spätestens im 6. bis 7. Lebensmonat und noch einmal abschließend am Ende des 4. Lebensjahres ohrenärztlich untersucht werden. Eine bis etwa zum Ende der ersten Lebensdekade feststellbare Bevorzugung meist des rechten Ohres beim „Hinhören" ist gewöhnlich bedeutungslos.

Hörprüfungen sind schon beim Neugeborenen indiziert.

Das akustische System ist elektrophysiologisch untersuchbar: Schon beim reifen Neugeborenen lassen sich otoakustische Emissionen (OAE) auslösen, nach akustischen Reizen u. a. vom Innenohr ausgesandte sehr schwache Schallwellen, die mit einer Sonde im Gehörgang oder über dem Scheitelbein messbar sind. Mittels der OAE können strukturelle und funktionelle Schäden an der Hörbahn ausgeschlossen oder nachgewiesen werden.

Bereits das Neugeborene horcht auf ein Glöckchen, das in einigen Zentimetern Entfernung und außerhalb seines Blickfeldes vor dem rechten oder linken Ohr geläutet wird. Man erkennt einen „lauschenden Gesichtsausdruck" oder eine Aktivitätsänderung. Ab dem 3. Monat richtet das Kind seine Augen zur Schallquelle und horcht auf Musik, etwa wenn ihm vorgesungen wird. Ab dem 4. Lebensmonat sucht es mit Kopfbewegungen nach einem Geräusch. Danach werden die Kopfbewegungen differenzierter, wird der Kopf sofort zu einer Geräuschquelle oder nach einer sprechenden Person gedreht. Die Stimmen der Eltern werden wahrgenommen und erkannt. Mit 5 Lebensmonaten horcht das Kind auf eine Stimmgabel mit einer Lautstärke von 45 bis 50 dB, wenn sie in 10 cm Abstand vom Ohr gehalten wird. Wenn es etwa 6 Lebensmonate alt ist, reagiert es auf Ansprache z. B. mit dem Kosenamen. Im 8. Monat verfolgt es eine Unterhaltung akustisch und lautiert dazu interaktiv, d. h., es versucht „mitzureden". Im 9. horcht es auf eine Stoppuhr mit einer Lautstärke von etwa 35 dB [Griffiths-Entwicklungsskalen, I. Brandt, 1982]. Mit einem Jahr ist die Reifung der zentralen Hörbahnen weitgehend abgeschlossen. Das Kind reagiert, wenn es aus einem Meter Entfernung leise angesprochen wird.

4.5.1.2.3 Sehen

Weil der Iris anfangs das Pigment noch fehlt, wirkt das Auge des Säuglings blau-grau (kaukasische Gruppe). Bis zum Ende des 2. Lebensjahres bekommt es seine endgültige erblich festgelegte Farbe, dunkle Augen eher als helle. Das Unterlid steht relativ hoch. Die Lidspalte – der Abstand zwischen Ober- und Unterlid – ist zunächst noch schmal. Ihre Breite erreicht bis zum 10. Lebensjahr die des Erwachsenenauges. Der Lidschlag erfolgt nur 2- bis 3-mal in der Minute. Seine Frequenz nähert sich erst allmählich der des Erwachsenen (10- bis 15-mal in der Minute). Das geöffnete Auge erscheint beim Säugling und beim Kleinkind rund, beim Erwachsenen queroval. Der innere Augenwinkel ist vom Schulalter an nach unten ausgezogen. Die Falten des Oberlides bilden sich erst im Jugendalter. Sie verstreichen beim Schließen des Auges. Am inneren Augenwinkel sieht man bei 30 % der Neugeborenen eine senkrechte Falte, häufig falsch als Mongolenfalte bezeichnet. Sie verschwindet meist bis zum 4. Lebensjahr. Im 10. Lebensjahr ist sie nur noch bei etwa 3 % der Kinder andeutungsweise zu erkennen. Im 13. bis 14. Jahr erreichen Auge und Augenhöhle ihre endgültige Form und Größe und ist das Erwachsenengesicht zum wesentlichen Teil bereits geprägt.

Bei Geburt ist die Myelinisierung des Sehnerven noch nicht abgeschlossen. Sie beginnt zentral und folgt dem Sehtrakt vom Corpus geniculatum zum Sehnerven. Erst ab etwa dem 4. Monat erhält die Makula ihre endgültige Form. Man nimmt deshalb an, dass der Seheindruck des Neugeborenen sich von dem älterer Kinder und Erwachsener unterscheidet. Erst mit 5 Jahren erreicht ein Kind seine volle Sehfähigkeit (20/20). Dreijährige verfügen über etwa 20/50, Vierjährige über 20/40. Umfang des Gesichtsfeldes und Farbwahrnehmung entsprechen jedoch von Anfang an den Fähigkeiten des Erwachsenen. Die neuronalen Verschaltungen für das Sehen bringt der Mensch auf die Welt mit. Für die Feinabstimmung, die Ausbildung der Synapsen ist der Austausch mit der Umwelt, der visuelle Reiz unbedingt erforderlich. Das „Begreifen" des Gesehenen entwickelt sich bis zum Schuleintritt [Friedrich u. Preiss 2002].

Der Fixationsreflex lenkt das von Linse und Hornhaut geformte Bild in die Fovea centralis. Er lässt sich normalerweise ab dem 2. Lebensmonat nachweisen. Die Entwicklung der normalen Sehfähigkeit erfordert bis etwa zum Schuleintritt aktive Stimulationen, das Sehen. In diesem Alter ist das visuelle System voll entwickelt. Wird der Fixationsreflex nicht stimuliert, entsteht eine gewöhnlich einseitige Amblyopie, eine Sehschwäche in der Regel ohne anatomische Anomalien. Als häufigste Ursachen der Amblyopie sind deutlich seitendifferente Refraktionsanomalien und ein unilateraler Strabismus mit Ausschaltung des schlechteren Auges zu nennen.

Bei der klinischen Untersuchung lassen sich einige Meilensteine der visuellen Wahrnehmungsentwicklung feststellen. Ab der 32. Schwangerschaftswoche ist ein konstanter Pupillenreflex nachweisbar [Michaelis u. Niemann 2004]. Zu etwa derselben Zeit entwickelt sich der Blinzelreflex auf Lichtreize. Den Blinzelreflex auf rasch vor den Augen auftauchende Objekte bezeichnet man als Bedrohreflex. Er fehlt bis zum 6. Lebensmonat. Im 1. bis 2. Lebensmonat entsteht die Fähigkeit zu fixieren: Bereits am Ende der Neugeborenenzeit folgt das Kind einem sich bewegenden Licht mit den Augen und fixiert einen Moment lang z. B. einen rasselnden Ring. Mit 2 Lebensmonaten wird er horizontal und vertikal, mit 3 Monaten in Kreisbewegungen verfolgt. Im selben Alter wird beispielsweise ein Gegenstand beobachtet, der an einer Schnur vorbeigezogen wird. Mit knapp 2 Monaten fixieren 90 % aller Säuglinge Gesichter in 30 cm Abstand. Bis zu dieser Zeit entwickelt sich auch das reziproke Lächeln auf ein Gesicht und das Verfolgen eines Gesichts mit den Augen. Ab dem 4. Lebensmonat sind visuell gesteuerte Arm- und Handbewegungen möglich.

4.5.1.2.4 Riechen und Schmecken

Das eigentliche Geruchsorgan des Menschen bilden 4 (auf jeder Seite 2) einander paarweise gegenüberliegende Schleimhautfelder der Regio olfactoria im oberen Teil der Nasenhöhle mit einer Gesamtfläche von etwa 5 cm^2. Nur flüchtige mit der Atemluft an das Geruchsorgan herantransportierte Stoffe sind als riechend wahrnehmbar. Sie müssen sich außerdem in dem von speziellen Zellen gebildeten Schleim der Riechschleimhäute lösen. Es gibt rund 30.000 natürliche und synthetische riechbare Substanzen, von denen der Mensch 1000 wahrnehmen, aber höchstens 200 sicher unterscheiden kann.

Als stammesgeschichtlich „alte" Sinne sind Geruch und Geschmack beim Neugeborenen verhältnismäßig gut entwickelt, vermutlich besser als das stammesgeschichtlich „junge" Sehen. Es gilt daher als sicher, dass bereits Neugeborene über ein Riechvermögen verfügen. Sie reagieren unterschiedlich auf angenehme und unangenehme Gerüche. Feinere Unterschiede können sie wahrscheinlich nicht wahrnehmen, aber reflektorische Hinwendungen zum Körper der Mutter werden sicherlich auch vom Geruchssinn gesteuert. Seine Empfindlichkeit nimmt bis zum 6. Lebensjahr rasch zu und soll dann wieder nachlassen. Allerdings wächst die Fähigkeit, Gerüche zu differenzieren, mit fortschreitender Entwicklung weiter an, und sie ist trainierbar.

Organ des Geschmackssinnes sind die 1500 bis 2000 Geschmacksknospen in den Papillen der Zunge. Bei Kindern ist das Geschmacksorgan viel größer als bei Erwachsenen. Geschmacksknospen findet man nämlich – beim Erwachsenen nur noch ganz vereinzelt – auch in der Schleimhaut der Wangen und des Rachens. Ein Gegenstand wird im Mund durch die Tast-, Temperatur- und Schmerzempfindlichkeit der Schleimhaut sowie durch den sogenannten Kraftsinn der Zunge erfasst, außerdem durch seinen Geschmack und seinen Geruch. Diese Sinnesleistungen fasst man unter dem Begriff „Oralsinn" zusammen. Geschmeckt werden nur gelöste Stoffe. Feste müssen durch den Speichel wenigstens teilweise aufgeschlossen werden. Der eigentliche Geschmackssinn unterscheidet 5 Grundqualitäten: neben salzig und sauer auch die über eigene Rezeptoren vermittelten Qualitäten umami, bitter und süß, auf die alle „zusammengesetzten" Geschmacksempfindungen zurückzuführen sind. An der Zungenspitze wird die Geschmacksqualität „süß" wahrgenommen, an den Rändern vorn „salzig" und hinten „sauer", am Zungengrund „bitter" und auf der gesamten vorderen Zungenhälfte „salzig". Die Geschmacksleistungen der Zungenmitte sind verhältnismäßig niedrig. Hier sind die Rezeptoren für „umami" lokalisiert.

So wie Neugeborene zwischen angenehmem und unangenehmem Geruch unterscheiden, differenzieren sie zwischen angenehmem und unangenehmem Geschmack. „Süß" wird im Allgemeinen bevorzugt. Die Geschmacksempfindlichkeit steigt in den ersten Lebensjahren schnell an, um spätestens nach dem 20. Lebensjahr wieder abzusinken. Zwar verringert sich die Zahl der Geschmacksknospen während des gesamten Lebens, trotzdem verfeinert sich das Geschmacksorgan zunächst, weil die kognitiven Fähigkeiten wachsen.

4.5.1.3 Sprachentwicklung

Für eine problemlose postnatale Adaptation muss die fetale Lungenflüssigkeit unter der Geburt entfernt werden. Entscheidend ist nicht das früher häufig propagierte

Auspressen der Lunge beim Durchtritt durch den engen Geburtskanal während einer Spontangeburt, sondern die rasche Resorption der fetalen Flüssigkeit durch das Lungenepithel unter dem Einfluss hoher Konzentrationen fetaler Stresshormone, z. B. Adrenalin, Kortisol, Trijodthyronin. Sie werden unter der Geburt als wichtige Voraussetzung für den problemlosen Übergang zum pulmonalen Gasaustausch ausgeschüttet. Eine sehr rasche Geburt und vor allem ein primärer „Kaiserschnitt" ohne vorherige Wehentätigkeit gehen häufiger mit der Entwicklung einer *wet lung* („nasse Lunge", Sektiolunge) beim Neugeborenen einher [Pilgrim, Stocker u. Berger 2009]. Das Einsetzen der Lungenatmung wird begleitet von der Umstellung des Blutkreislaufs. Einem oder mehreren schnappenden Atemzügen folgt nach einigen Sekunden der erste Schrei (Kap. 4.5.1.2). Das Neugeborene macht – reflektorisch ausgelöst – auf sich und seine Existenz aufmerksam. Das Schreien bleibt zunächst seine einzige Möglichkeit, sich mitzuteilen. Für die Ausbildung des Sprechvermögens, der höchsten neuralen Leistung des Menschen, ist das Schreien geradezu Voraussetzung, zumal es ebenso wie später das Sprechen dazu dient, Reaktionen der Umgebung auszulösen. Neugeborene schreien insgesamt ein bis 2 Stunden täglich, Säuglinge bis zum Ende des ersten Lebensvierteljahres etwa 3 Stunden. Die Gesamtdauer nimmt dann rasch wieder ab. Im ersten Lebensmonat vergeht kein Aufwachen ohne Schreien, bevorzugt in der 2. Tageshälfte. Gesunde Säuglinge schreien nach wenigen Lebenswochen differenziert bei Hunger, Schmerzen, wenn sie nass sind, nicht selten auch wenn sie sich wohlfühlen oder Kontakt verlangen. Spätestens im 2. Lebensmonat zeigen sich dabei Tränen. Tränen zur Abwehr von Hornhautreizen werden allerdings schon von Neugeborenen produziert.

Für Sprache und Sprechfähigkeit werden zentrale sprachgenerierende Basisstrukturen und periphere stimmerzeugende und resonanzbildende Organe benötigt. Neugeborene verfügen über die Fähigkeit, auf menschliche Sprache zu reagieren. Nach einigen Tagen sind sie auch in der Lage, die Stimme der Mutter von der anderer Personen zu unterscheiden. Die sensible Phase des Spracherwerbs wird zwischen dem 2. und dem 5. Lebensjahr durchlaufen und ist vermutlich mit der Lateralisation der Hirnhälften assoziiert. Danach ist ein vollständiger Transfer des Spracherwerbs von einer Hirnhälfte zur andern kaum noch ohne Weiteres möglich. Die Motorik des Sprechens, die Sprechfähigkeit, ist in beiden Hirnhälften lokalisiert.

Die frühe Sprachentwicklung teilt man in 2 Lallperioden ein. Die erste beginnt in der 6. Lebenswoche, die 2. im 6. Lebensmonat. In der ersten Periode versucht das Kind, jeweils Laute nachzuahmen. Sogenannte Lallmonologe drücken Wohlbefinden aus, Aneinanderreihungen von gleichen oder ähnlichen Lauten – beispielsweise „la-la-la", anfangs von Vokalen allein, später zusammen mit den relativ einfachen Lippenlauten (p, f, m), dann den schwierigeren Zahnlauten (l, n, t) und schließlich den Gaumenlauten (g, k, ch). Oft sind Lautverbindungen wie „ma-ma" oder „pa-pa" zu hören. Der Säugling bringt damit zunächst keineswegs Gegenstände oder womöglich Personen in Verbindung. Der Umfang dieser präverbalen Sprache ist für den späteren Sprachgebrauch unnötig groß. Ein Teil geht wieder verloren. Verfügbar ist aber das Material für jede erdenkliche Sprache, auch wenn sprachlich die Besonderheiten der Umgebung – Betonung, bestimmte Laute – frühzeitig nachgeahmt werden.

Ab dem 6. Monat folgen dialogische Interaktionen, wobei mit Blickkontakt eine Art „Rede-und-Antwort-Dialog" entsteht. In der Symbolsprache können beispielsweise Begriffe wie „Wauwau" zunächst alle Tiere, nach einer Begriffseingrenzung in einem weiteren Entwicklungsschritt später Hunde bezeichnen. Viele Kinder zeigen eine Phase der „Pseudosprache", die für den Erwachsenen wie eine unverständliche Fremdsprache mit perfekter Aussprache und Syntax erscheint. Sie wird häufig beim „Telefonieren" eingesetzt.

Ab dem 2. Lebenshalbjahr besitzt der Säugling ein noch sehr begrenztes Sprachverständnis, er kennt beispielsweise seinen Namen, kann ihn jedoch nicht nennen. Diesen Zustand nennt man „Sprachnot". Er dauert bis etwa zum 8. Monat an. Dann werden mit dem erwachenden Vorstellungsvermögen bestimmten Lauten – meist Doppellauten – Begriffe zugeordnet. Diese Einwortsätze unterscheiden sich von den Wörtern der Erwachsenensprache meist grundlegend. Sie bezeichnen Wünsche, Vorgänge u. ä. Im 9. Lebensmonat ahmt der Säugling Worte nach, zunächst ohne ihren Sinn zu erfassen. Er neigt zu monotonen Wiederholungen wie „backe-backe", „bitte-bitte". Im 10. Monat erscheint das Verständnis für „Ja" und „Nein" und werden die ersten zweisilbigen Wörter gesprochen. Der Wortschatz umfasst jetzt 2 bis 4 „Erwachsenenwörter" neben individuell geprägten Begriffen für Personen, Gegenstände und Vorgänge der Umgebung, nach deren Bezeichnung in knappster Form gefragt wird (erstes Fragealter). Zu Beginn des 2. Lebensjahres besteht der Wortschatz aus 4 bis 6 Wörtern, am Ende oft aus mehr als 50. Für seine Entwicklung ist neben der unterschiedlichen Intelligenz von entscheidender Bedeutung, welche Anforderungen an das Kind gestellt werden, wie sich die Personen seiner Umgebung mit ihm beschäftigen. Eltern sollten von Anfang an auf eine möglichst exakte Aussprache achten und die niedlichen Eigenarten der kleinkindlichen Sprache nicht unterstützen. Allerdings gelingt es oft nicht, die Sprache von mundartlichen Prägungen freizuhalten.

Fehlendes Sprechvermögen ist nicht gleichbedeutend mit mangelhafter Intelligenz oder Bildungsunfähigkeit.

Die ersten Zweiwortsätze ab Mitte des 2. Lebensjahres setzen sich aus Substantiv und Verb zusammen. Das wichtiger erscheinende Wort führt. Damit ist ein wichtiger Meilenstein der Sprachentwicklung erreicht. In den folgenden 3 Jahren wird das komplexe grammatikalische Gefüge der Muttersprache oder auch anderer, zusätzlicher Sprachen erlernt. Das Kind äußert jetzt Wünsche wie essen, trinken, schlafen und fragt im Rahmen seiner Möglichkeiten nach allem und jedem (Fragealter), es nennt den eigenen Namen und begreift zu Beginn des 3. Lebensjahres die Bedeutung von „ich", am Ende die von „wir". Es fragt nach Grund und Zusammenhang von Vorgängen und beschreibt sie mit einem Wortschatz von 200 bis 300 Wörtern sprachlich richtig. Die

Sätze werden länger, sie bekommen Nebensätze. Eine oft eigenwillige Wortfolge und ein gelegentliches Stottern und Lispeln erschwert das Verständnis häufig. Im 4. Lebensjahr umfasst der Wortschatz etwa 1000 Wörter, im 5. noch deutlich mehr. Die Sätze werden auf einfache, aber effektive Art durch Konjunktionen miteinander verbunden: „wie“, „und“, „oder“, „und dann“. Dadurch können zeitlich und logisch aufeinander abgestimmte Erzählungen gebildet werden. Sie sind bis zu 10 Silben lang und beschreiben Stimmungen und Gefühle. Vor der Einschulung kennen die meisten Kinder die unterschiedlichen Tageszeiten, die Wochentage, einige Farben und Zahlen. Mit dem Lesen lernen und vor allem bei verständnisvoller und liebevoller Anleitung und Kontrolle festigt und erweitert sich der Wortschatz, die Sprache wird grammatisch korrekt, und die Ausdrucksweise unterscheidet sich kaum noch von der des Erwachsenen. Selbstverständlich ist für Ausdrucksfähigkeit und Sprachverständnis das Vorbild der Umgebung, insbesondere das der Erwachsenen, wichtig. Eine ebenso große Rolle spielen persönliche Neigungen, Interessen und Begabungen, die durch geduldige Zuwendung gefördert werden müssen.

4.5.1.4 Kognitive Entwicklung

Einen Zugang zum Verständnis der kognitiven Fähigkeiten und ihrer Entwicklung bieten die Prinzipien von Piaget [Piaget 1975, s. auch Mietzel 2002]: Eine kognitive Entwicklung kann nur über eine adaptive Auseinandersetzung mit der Umwelt erfolgen. Dieser Prozess wird durch die angeborene Fähigkeit gefördert, sich mit Unbekanntem neugierig, spielerisch und mit Vergnügen auseinanderzusetzen. Piaget teilt die kognitive Entwicklung in verschiedene Stadien ein und beschreibt wichtige Elemente der kognitiven Entwicklung mit den Begriffen Objektpermanenz, Kausalität, Verwendbarkeit und Symbolfunktion. Objektpermanenz bedeutet, dass Objekte auch dann existieren, wenn sie weder greifbar noch sichtbar sind. Mit Kausalität wird das Verständnis beschrieben, dass Ereignissen Ursachen zugrunde liegen. Verwendbarkeit bedeutet die Einsicht, dass Objekte nützliche Bestimmungen besitzen. Ein Objekt kann ein anderes repräsentieren, dafür stellvertretend stehen. Dies wird als Symbolfunktion gewertet.

In der sogenannten *magischen Phase* zwischen dem 2. und dem 5. Lebensjahr geschehen Ereignisse scheinbar durch Zauberhand, etwa durch die Allmacht der Eltern oder anderer Erwachsener. Kinder können in dieser Phase Kausalzusammenhänge sehr häufig nicht verstehen. Ihr Erleben und auch ihr Handeln sind in diesem Alter egozentrisch und passen sich erst im Laufe der Jahre den sozialen Anforderungen an. Die weitere kognitive Entwicklung sieht dann den Schritt der sogenannten kategorialen Zuordnung vor, d. h., dass Objekte beispielsweise nach bestimmten Merkmalen geordnet werden, etwa der Größe nach oder nach der Farbe. Erst später sind Zuordnungen nach mehreren Kategorien gleichzeitig möglich.

4.5.1.5 Soziale Kompetenz

Soziale Kompetenz bedeutet die Fähigkeit zu Beziehungsaufnahme und kompetentem Verhalten in sozialen Gruppen. Beim Erwerb sozialer Kompetenz spielen Lernprozesse eine wichtige Rolle, in denen zunächst die Mutter bzw. der oder die Hauptbetreuer(in) die wichtigste Bezugsperson darstellt. Ab etwa dem 6. Lebensmonat werden auch andere Personen für den Sozialisationsprozess zunehmend wichtig. Andererseits wurde eine Reihe von biologischen Funktionen mit einem genetischen Fundament beschrieben. Hierzu gehören die entwicklungspsychologischen Begriffe, die im Folgenden erläutert werden:

Entwicklungspsychologische Begriffe
- Basisfunktionen sozialer Kompetenz
- geteilte Aufmerksamkeit (*shared attention*)
- soziale Referenz
- Blickrichtungsdetektor (*eye direction detector construct*)
- Theorie des Geistes/Vorstellungsvermögens (*Theory of Mind*)
- Empathie
- Mitleid und Sympathie.

Neugeborene können sehr flüchtig fixieren, Blickkontakt aufbauen und sogar angedeutet nachahmen (Spiegelneurone). Sie sind also „sozial ansprechbar“ und interaktionsfähig. Diese Fähigkeiten werden als *Basisfunktionen sozialer Kompetenz* bezeichnet. Sie bilden die Voraussetzung für die Entwicklung einer akzeptierten oberflächlichen sozialen Kompetenz, wie sie etwa im lockeren zwischenmenschlichen Kontakt zum Tragen kommt (z. B. Plauderei, „Smalltalk“). Säuglinge und Kleinkinder zwischen 9 und 14 Monaten wollen, dass andere Menschen ihre Aufmerksamkeit auf dieselben Dinge richten wie sie. Dazu machen sie diese auf bestimmte Objekte (etwa eine Lampe) aufmerksam und prüfen, ob sie auch darauf blicken. Dieser Antrieb, gemeinsam und interaktiv sich für etwas zu interessieren, die *geteilte Aufmerksamkeit* also, ist bei allen normalen Kindern zu beobachten. Verbunden damit ist das Konzept der *sozialen Referenz*: Das Kind nutzt die Interpretation von Objekten oder Ereignissen durch eine Bezugsperson für sein eigenes Verständnis, für seine eigene Einschätzung und Bewertung. Dafür muss es die Reaktionen der Bezugspersonen „lesen“ können. Um diese Lesefähigkeit zu entwickeln, sind einige Entwicklungsschritte notwendig.

Voraussetzungen für soziale Referenz
- Unterscheidung emotionaler mimischer und gestischer Ausdrücke (insbesondere Gesichtsausdrücke) der Bezugsperson
- Verständnis für die Bedeutung dieser Ausdrücke
- Entwicklung einer eigenen emotionalen Reaktion auf den emotionalen Ausdruck anderer Menschen.

Für diese Basisfunktionen und ihre störungsfreie Nutzung wird ein Erkennungsmechanismus benötigt, mit dem das Kind die Blickrichtung anderer Menschen richtig erfasst, der *Blickrichtungsdetektor*. Dieser biologische Basismechanismus ist ab dem 2. Lebensmonat nachweisbar. Für die gemeinsame Aufmerksamkeitszuwendung – insbesondere vor Erwerb komplexer kommunikativer sprachlicher Fähigkeiten – ist es für das Kind wichtig zu wissen, wohin die Bezugsperson blickt und was sie dabei aller Wahrscheinlichkeit nach fixiert. Gegen Ende des ersten Lebensjahres wird das Kind zunehmend fähig, bei anderen Menschen mentale Prozesse anzunehmen, d. h., es kann sich zunehmend vorstellen, dass ein anderer Mensch etwas wissen, glauben oder denken könnte. Dieses Vorstellungsvermögen wird von der „Theorie des Geistes und des Vorstellungsvermögens" (*Theory of Mind*) erfasst. Das Kind kann annehmen, dass Handlungen anderer Menschen Ausdruck einer bestimmten Intention sind, dass sich der andere etwas Konkretes dabei denkt. Dieses etwas theorielastige Konzept ist deshalb für das Verständnis der Sozialisationsentwicklung von großer Bedeutung, weil es als Voraussetzung für die Entwicklung der *Empathie* angenommen wird, d. h. der Fähigkeit, intuitiv die Gefühle und Gedanken anderer zu erfassen. Empathie bildet nun in der weiteren Entwicklung die Basis für die Ausbildung von *Sympathie und Mitleidsfähigkeit*. Am Verhalten von Kindern unter 2 Jahren lassen sich schon Zeichen von Sympathie und Mitleidsfähigkeit ablesen. Insbesondere die Kinder- und Jugendpsychiatrie nutzt die genannten Modellvorstellungen, um Störungen des Sozialverhaltens zu erklären, z. B. Autismus und Psychopathie. Alle besprochenen Basisfähigkeiten entwickeln sich in einem Bindungsgefüge, das den Rahmen bildet für soziale Lernprozesse auf dem Boden der biologischen Basisfähigkeiten.

Die Bindung an andere Personen wurzelt in einer ebenfalls angeborenen Fähigkeit. Sie ist in allen Kulturen nachweisbar. Bis zum 6. Lebensmonat hat sich eine Symbiose zwischen Mutter und Kind bzw. Bezugsperson und Kind entwickelt. Diese Symbiose wird später sukzessiv wieder gelöst werden müssen, um eine individuelle Entwicklung nicht zu behindern. Bis zum 9. Lebensmonat kann das Kind zwischen bekannten und fremden Personen unterscheiden (Fremdeln). Es muss dafür Gesichter wahrnehmen und unterscheiden können. Diese Fähigkeit entwickelt sich ebenfalls allmählich. Im menschlichen Zusammenleben nimmt die Wahrnehmung und Verarbeitung des Stimulus Gesicht eine zentrale Bedeutung ein. Einerseits informiert das Gesicht über die Identität des Gegenüber, andererseits gibt es Auskunft über affektive Bezüge. Beide Signalkomponenten können im sozialen Kontext handlungsrelevant sein. Nach der Zwei-Phasen-Theorie der Gesichtserkennung durch den Säugling ist es dem Neugeborenen möglich, eine Präferenz für gesichtsartige Muster zu zeigen. Ab einem Alter von etwa 2 Monaten wird dieses Basiswissen ergänzt durch Lernvorgänge bezüglich visueller Charakteristika optischer Einheiten. Nach Abschluss des 1. Lebensjahres entsteht ein Konflikt zwischen dem Drang zu Abgrenzung und Eigenständigkeit und dem Wunsch nach Schutz durch die Bezugsperson. In der 2. Hälfte des 2. Lebensjahres werden Verbote einfacher Art verstanden und befolgt.

Bis zum Ende des 2. Lebensjahres zeigt sich ein unabhängiges Parallelspiel ohne wirkliche Interaktion mit anderen Kindern. Ab diesem Zeitpunkt kann das Kind meist verstehen, dass die Mutter auch bei räumlicher Trennung (wenn sie nicht zu sehen ist) weiter existiert. Ab dem 3. Lebensjahr werden komplexere Interaktionsformen sichtbar, gegen Ende des 3. Lebensjahres zunehmend ein gemeinsames Spielen. Auffälligkeiten der Sozialentwicklung manifestieren sich demzufolge vor allem im Spiel, in der Gemeinsamkeit mit anderen Kindern und in der Fähigkeit, sich von Bezugspersonen zu trennen.

4.5.1.6 Methoden der Entwicklungsbeurteilung – die essenziellen Grenzsteine

Die *Körpermotorik* (Grobmotorik) kennt bis zum 6. Geburtstag folgende Meilensteine:

- 3 Monate: in Bauchlage sichere Kopfhebung, Aufstützen auf die Unterarme
- 6 Monate: beim langsamen Hochziehen aus der Rückenlage wird der Kopf in der Rumpfebene gehalten und werden die Ellenbogengelenke gebeugt
- 9 Monate: sicheres zeitlich nicht beschränktes Sitzen mit guter Kopfkontrolle und geradem Rücken, ausschließlicher Langsitz noch nicht erforderlich
- 12 Monate: sicheres Stehen mit Festhalten an Möbeln und Wänden
- 15 Monate: geht an der Hand
- 18 Monate: freies Gehen mit sicherer Gleichgewichtskontrolle – sehr wichtiger Meilenstein
- 2 Jahre: sicheres Rennen, Umgehen von Hindernissen
- 3 Jahre: beidbeiniges Abhüpfen von einer Treppenstufe
- 4 Jahre: Dreiradfahren
- 5 Jahre: treppauf und treppab mit Wechselschritt.

Das freie Gehen mit sicherer Kopfkontrolle im 18. Lebensmonat stellt einen wichtigen Meilenstein der normalen Körpermotorik dar.

4.5.1.6.1 Feinmotorik

- 3 Monate: Zusammenführen von Händen und Fingern über die Mittellinie des Körpers
- 6 Monate: gibt Gegenstände von einer Hand in die andere, palmar- bzw. radialbetontes Greifen mit der ganzen Hand
- 9 Monate: hält Gegenstände in einer oder in beiden Händen und untersucht sie
- 12 Monate: Pinzettengriff
- 15 Monate: setzt 2 Klötzchen nach Aufforderung oder Vorzeigen aufeinander
- 18 Monate: gibt in der Hand gehaltene Gegenstände auf Verlangen her, legt sie in ein Gefäß oder holt sie aus einem Gefäß heraus
- 2 Jahre: wendet Buchseiten um, wickelt Bonbons u. Ä. aus
- 3 Jahre: Spitzgriff

- 4 Jahre: hält und führt Malstifte mit den Fingern 1 bis 3
- 5 Jahre: hantiert mit einer Kinderschere, Kleben und einfaches Basteln, sauberes Ausmalen von Vorlagen

4.5.1.6.2 Sprache

- 3 Monate: Bei der expressiven Sprachentwicklung wird ein differenziertes, bewusstes Schreien beobachtet, das ein Heraushören der Schreiursache ermöglicht.
- 6 Monate: spontanes und variationsreiches Vokalisieren möglich
- 9 Monate: längere Silbenreihungen mit dem Vokal A
- 12 Monate: Silbenverdopplungen vorwiegend mit dem Vokal A, etwa „Mama" oder „Papa"
- 15 Monate: „Mama" und „Papa" in sinngemäßer Bedeutung
- 18 Monate: Symbolsprache möglich mit Überdehnungen oder Einengungen und auch eine Pseudosprache
- 2. Lebensjahr: Ein- bis Zwei-Wort-Sätze
- 3. Lebensjahr: Drei- bis Fünf-Wort-Sätze, Verwendung von „ich", „du" und des Plurals. Sprachbegleitung beim Spielen
- 4. Lebensjahr: Satzreihungen auf „mit", „und" bzw. „und dann". Erzählungen erhalten dadurch eine zeitliche und logisch korrekte Reihenfolge
- 5 Jahre: fehlerfreie Aussprache, Erlebtes wird logisch und zeitlich korrekt berichtet. Satzstrukturen sind grammatisch richtig, jedoch häufig noch einfach.

4.5.1.6.3 Kognitive Fähigkeiten

- 3 Monate: langsam hin und her bewegtes Objekt wird mit den Augen verfolgt
- 6 Monate: Verwendung beider Hände, Objekte werden mit Aufmerksamkeit von einer Hand in die andere gegeben und in den Mund gesteckt
- 9 Monate: intensive taktile, visuelle und orale Exploration von Objekten
- 12 Monate: vor den Augen des Kindes versteckte Objekte werden wieder aufgefunden
- 15 Monate: Objekte werden auf ihre Verwendbarkeit geprüft, gegeneinander geklopft, geschüttelt
- 18 Monate: Turmbau aus drei bis vier Klötzen. Rollenspiel, z. B. Trinken aus der Spielzeugtasse. Altersentsprechende Bilderbücher werden genau betrachtet, Bekanntes vorgezeigt
- 2. Jahr: Rollenspiel mit Puppen oder Spieltieren
- 3. Jahr: zeichnet Kopffüßler und kommentiert die Zeichnungen. Rollen- und Symbolspiele
- 4. Jahr: differenzierte Rollenspiele, Wie-Fragen
- 5. Jahr: detailliertes Rollenspiel, etwa mit Puppenstube, inzwischen auch mit anderen Kindern. Konstruktionen mit Bauelementen

4.5.1.6.4 Sozialisation

- 3 Monate: anhaltender Blickkontakt möglich. Versucht, durch Drehen des Kopfes oder Änderung der Körperlage den Blickkontakt zu halten, reagiert mit Lächeln auf bekannte und fremde Gesichter
- 6 Monate: Durch zugewandtes Ansprechen, taktile Kontaktaufnahme, spielerische und rasche Lagewechsel werden verbindliche Reaktionen ausgelöst. Freude an nonverbaler und verbaler, positiv emotional gefärbter Kommunikation ist erkennbar.
- 9 Monate: sicheres Unterscheiden bekannter und fremder Personen, dies äußert sich u. a. als „Fremdeln"
- 12 Monate: ist fähig, selbst soziale Interaktionen zu beginnen, sie aufrechtzuerhalten, abzuwandeln und schließlich zu beenden
- 15 Monate: mag Reime, Fingerspiele, Nachahmspiele, rhythmische Spiele. Eine intensive Beteiligung mit emotionalem Engagement und anhaltendem Interesse ist ab diesem Alter spätestens zu erwarten.
- 18 Monate: einfache Gebote, Verbote werden verstanden. Es besteht zumindest prinzipiell die Fähigkeit, derartige Gebote zu beachten.
- 2. Jahr: kann sich allein in einem Raum aufhalten und spielen, sofern es um die Anwesenheit der Mutter in der Nähe (in der Wohnung) weiß
- 3. Jahr: hilft gern den Bezugspersonen. Ahmt Tätigkeiten Erwachsener nach
- 4 Jahre: versteht, dass bei gemeinsamem Spiel auch andere Kinder an der Reihe sind, und zeigt Bereitschaft zu teilen
- 5 Jahre: kooperiert kurz vor dem gewöhnlichen Eintritt in die Schule im Spiel mit anderen Kindern und befolgt Regeln. Versteht emotionale Äußerungen anderer Kinder und Erwachsener. Kann darauf eingehen, z. B. durch Trösten oder durch Hilfestellungen

4.5.1.7 Entwicklungsscreening/Entwicklungstests

Zur Einschätzung des Entwicklungsalters oder des Entwicklungsquotienten stehen unterschiedliche Verfahren zur Verfügung [Brähler et al. 2002]. Das skizzierte Prinzip der essenziellen Grenzsteine ermöglicht es, Kinder mit abweichender Entwicklung zu erkennen, die einer weiteren Diagnostik bedürfen (Kap. 4.5.1.6), und erlaubt eine sinnvolle Abschätzung der Entwicklung eines Kindes [Michaelis u. Niemann 2004]. Darüber hinaus besteht die Möglichkeit, durch das Denver-Entwicklungsscreening oder auch den Entwicklungsfragebogen zunächst eine Übersicht über den Entwicklungsstand zu gewinnen. Dieses Verfahren ist in der täglichen Praxis relativ rasch durchführbar. Der Fragebogen kann beispielsweise den Eltern bereits im Wartezimmer ausgehändigt werden. Das Screening ersetzt nicht einen genaueren Entwicklungstest. Solche Tests haben sich beispielsweise in Form des Münchener funktionellen Entwicklungstests etabliert. Zu nennen sind außerdem die Griffiths-Entwicklungsskalen, die Kaufmann-Assessment-Battery und der Bayley-Entwicklungstest (Tab. 4.5). Von Vojta stammt die Beurteilung der Lagereaktionen für die kinesiologische Diagnostik.

Beurteilung der Lagereaktionen für die kinesiologische Diagnostik nach Vojta
- Traktionsreaktion
- Landau-Reaktion
- axilläre Hängereaktion
- Seitkippreaktion
- horizontale Seithängereaktion
- vertikale Hängereaktion und
- vertikale Hängereaktion Typ II.

Die *funktionelle Entwicklungsdiagnostik* der Münchener Arbeitsgruppe um Hellbrügge teilt in folgende Kategorien ein: Krabbelalter, Sitzalter, Laufalter, Greifalter, Perzeptionsalter und darüber hinaus: Sprechalter, Sozialalter und Sprachverständnisalter. Entlang dieser 8 Kategorien kann innerhalb der ersten 3 Lebensjahre ein Entwicklungsquotient bestimmt werden. Der Vorteil dieses Tests liegt in seiner quantitativen Aussage. Die neuropädiatrische klinische Untersuchung gibt darüber hinaus genaueren Aufschluss über qualitative Abläufe, beispielsweise über die Qualität bestimmter Bewegungen, des Greifens usw.

4.5.2 Krankheitsbilder

4.5.2.1 Zerebralparesen

Allgemeines

Als Zerebralparesen bezeichnet man eine Gruppe von Behinderungen bzw. zerebralen Bewegungsstörungen, die auf Störungen der Hirnentwicklung während der intrauterinen Entwicklung (pränatal), während der Geburt (perinatal) oder in den ersten 4 Lebenswochen (postnatal) beruhen. Die Ursache ist nicht immer eindeutig zu klären. Intrauterine Schädigungen resultieren vor allem aus Infektionen der Mutter (z. B. Röteln, Listeriose, Toxoplasmose), aus medikamentösen Einflüssen, Drogen- oder Alkoholabusus sowie aus Rhesusfaktor- und AB0-Unverträglichkeiten. Eine geringe Rolle spielen Fehlbildungen des Gehirns. Im Vordergrund stehen Schädigungen während der Geburt, vor allem durch Sauerstoffmangel.

Ein Wert unter 4 im Apgar-Score fünf Minuten nach der Geburt ist verdächtig auf eine schwere Hirnschädigung als Ausdruck einer peripartalen hypoxisch-ischämischen Schädigung [Report Am College Obstet Gynecol … 2014]. Die Korrelation zwischen Apgar und einer perinatalen Schädigung ist allerdings nicht streng [Paneth 2001]. Dagegen treten ausgeprägte Formen des Neugeborenen-Ikterus, Traumen, entzündliche Erkrankungen, Thrombosen und Embolien in der Neugeborenenperiode als Erkrankungsursache zahlenmäßig zurück. Schätzungen zufolge sind 2 von

Tab. 4.5: Testverfahren zur Beurteilung einer Spastizität.

Verfahren	Anwendungsbereich	Alter	ICF-Kurzbeschreibung	Domäne
Bayley Scales of Infant Development (BSID II und III)	kindliche motorische Entwicklung insgesamt, Erkennung von Entwicklungsverzögerungen	1 Monat bis 3,5 Jahre	A	bis zu 138 Aufgaben und Items (abhängig vom Alter) zur Grob- und Feinmotorik
Movement Assessment Battery for Children (M-ABC)	grob- und feinmotorische Entwicklung und Leistungsfähigkeit	3 Jahre bis 16 Jahre und 11 Monate	F, A	3 Testdimensionen – manuelle Geschicklichkeit – Umgang mit Ball – Balance
Gross Motor Function (GMFCS)	genaue Beurteilung der grobmotorischen Fähigkeiten bei IZP oder nach SHT	5 Monate bis 16 Jahre und 11 Monate	F, A	66 Testitems in 5 Dimensionen – Liegen und Drehen – Sitzen – Krabbeln – Stehen und Gehen – Rennen und Springen jeweils dreistufige Bewertung
Modified Ashworth Scale	Ausmaß einer Spastik	keine Altersbegrenzung	F	sechsstufige Skalierung der Spastizität an der Muskulatur großer Gelenke
Melbourne Assessment of unilateral Upper Limb Function	arm- und handmotorische Fähigkeiten bei Hemiparese	–	F, A	16 Testaufgaben zu – Ausstrecken – Greifen – Loslassen – Manipulieren jeweils drei- bis fünfstufige Bewertung
Assisting Hand Assessment (AHA)	Spontaneinsatz der paretischen Hand bei Hemiparese	–	A	Bei spielerischen Testaufgaben, die effektiv nur bimanuell ausgeführt werden können, wird in einer Videoaufzeichnung anhand von 22 Kriterien der Einsatz der paretischen Hand mit einer vierstufigen Skala beurteilt.
Pediatric Evaluation of Disability Inventory (PEDI)	alltagspraktische und soziale Fähigkeiten	–	ap	Beurteilung der Fähigkeiten eines Kindes mittels eines Elternfragebogens in den Dimensionen – Selbstversorgung – Mobilität – soziale Kompetenz.

ICF = Internationale Klassifikation der Funktionsfähigkeiten, Behinderung und Gesundheit

1000 Neugeborenen von einer Zerebralparese betroffen. Jungen mit ungefähr 60 % häufiger als Mädchen [Kunze u. Altkirch 1999]. Die Häufigkeit nimmt zu, weil die Zahl der Kinder, die trotz schwerer Hirnschäden überleben, ansteigt. Ein weiterer Grund ist die Zunahme der Frühgeburtenzahl. Die Inzidenz wird von Masuhr u. Neumann [2007] mit 9 : 100.000 beziffert. Die Prävalenz liegt international ziemlich einheitlich und ist umgekehrt proportional zum Geburtsgewicht. Bei einem Geburtsgewicht von weniger als 1500 g ist eine Prävalenz von 5 bis 8 % zu befürchten. Insgesamt ist diese in den letzten Jahrzehnten aufgrund der Zunahme des zahlenmäßigen Anteils sehr kleiner überlebender Frühgeborener weiter angestiegen.

Während als Entstehungszeitraum der infantilen Zerebralparese üblicherweise die Phase bis zum Ende der Neonatalperiode definiert wird, müssen danach entstandene Krankheitsbilder als postneonatale Zerebralparese abgegrenzt werden. Gemeinsam ist den Zerebralparesen, dass es sich um bleibende Störungen von Haltung und Bewegung handelt, die auf einer nicht progredienten Erkrankung des sich entwickelnden Gehirns beruhen [Krägeloh-Mann 2008].

Ursachen sogenannter Residualsyndrome
- Traumen des ZNS (z. B. Schädelhirntrauma, Wirbelsäulenverletzung)
- entzündliche Erkrankungen (z. B. Meningitis, Enzephalitis)
- zerebrovaskuläre Läsionen (z. B. Hirnblutung)
- Tumorerkrankungen des ZNS und ihre Folgezustände (z. B. nach Tumorexstirpation oder Bestrahlung des ZNS).

Auch die sogenannten Residualsyndrome schädigen das erste Motoneuron und führen damit zur Spastizität. Von den Residualsyndromen zu unterscheiden sind beispielsweise neurodegenerative und neurometabolische Erkrankungen, die typischerweise progredient verlaufen. Häufig sind die Betroffenen im Säuglings- und jungen Kleinkindalter unauffällig. Als typisches Beispiel hierfür sei die Friedreich-Ataxie genannt, bei der erst nach einigen Lebensjahren die ersten Symptome auftreten und die sich meist in der 2. Lebensdekade deutlicher manifestiert und sekundäre, auch orthopädisch relevante Folgeprobleme zeigt.

Symptomatik pränataler, perinataler und postnataler zerebraler Erkrankungen
Als wichtige Leitsymptome, an die als differenzialdiagnostische Schnittstelle zwischen Kinderorthopädie und Kinderneurologie immer gedacht werden muss, sind unter anderem zu nennen: Besonderheiten während der Schwangerschaft, während der Geburt und in der neonatalen Phase, verminderte Spontanbewegungen der Extremitäten, Schwierigkeiten beim Saugen und Schlucken, später überschießende Reaktionen auf optische und akustische Reize, Krampfneigung, Auffälligkeiten des Wach-Schlaf-Rhythmus, mangelnde Kontaktbereitschaft, Gangstörungen, Deformitäten und Kontrakturen, insbesondere Fuß- und Zehendeformitäten (beispielsweise neurogener Klumpfuß, Ballenhohlfuß etc.) und symptomatische Skoliosen. Außer-

dem können primär neurologische Störungen zu Veränderungen führen, die einer orthopädischen Therapie bedürfen. In der Regel ist die neurologische Grunderkrankung nicht kausal zu beeinflussen. Kinder werden wegen bestimmter Symptome vorgestellt, nicht wegen bestimmter Erkrankungsbilder.

Die Symptome sind oft vielfältig und lassen die schwierige Differenzialdiagnose, ob eine Erkrankung primär neurologisch bedingt oder im Bewegungsapparat zu suchen ist, nicht zu. Insbesondere im frühen Lebensalter ist die Zuordnung eines bestimmten Symptoms zu einer neurologischen oder orthopädischen Ursache nicht immer leicht zu treffen. Aus diesem Grund soll hier auf drei häufige Symptome hingewiesen werden, die dem Kinderorthopäden nicht selten als erstem vorgestellt werden, auf die Störungen der motorischen Entwicklung, auf die muskuläre Hypotonie und auf den Zehenspitzengang.

Kinderorthopädische Leitsymptome unterschiedlicher Genese
- Störungen der motorischen Entwicklung (Box. 4.1)
- muskuläre Hypotonie (Box. 4.2)
- Zehenspitzengang (Box. 4.3)

Box 4.1: Ursachen motorischer Entwicklungsstörungen.

- umschriebene Störung der motorischen Kontrolle
- globale Störung mit Intelligenzminderung (Down-Syndrom – Abb. 4.30, Neurofibromatose, tuberöse Hirnsklerose)
- infantile Zerebralparese
- spinale Muskelatrophie
- hereditäre Neuropathien
- Myopathien.

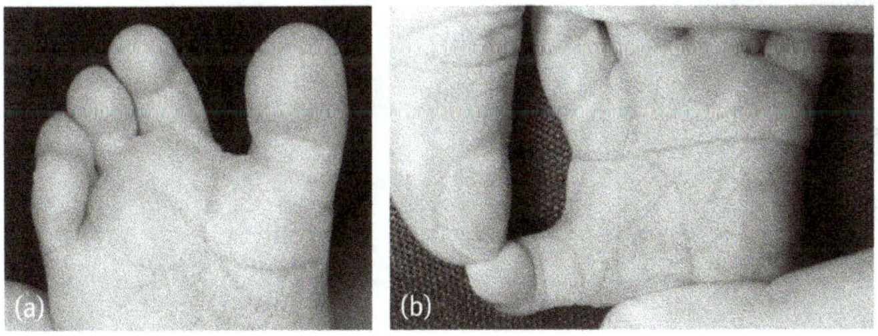

Abb. 4.30: Trisomie 21. (a) Sandalenlücke. (b) Vierfingerfurche.

Box 4.2: Ursachen muskulärer Hypotonie – *Floppy-infant*-Syndrom.

- zentrale Hypotonie (Prader-Willi-Syndrom, Abb. 4.31)
- Stoffwechseldefekte (peroxisomaler Defekt, Gangliosidose)
- spinale Muskelatrophie
- Neuropathie (kongenitale hypomyelinisierende Neuropathie, hereditäre motorisch-sensible Neuropathie – HMSN)
- Störung der neuromuskulären Übertragung: infantile Myasthenie, transitorische Myasthenia gravis, infantiler Botulismus
- Myopathien.

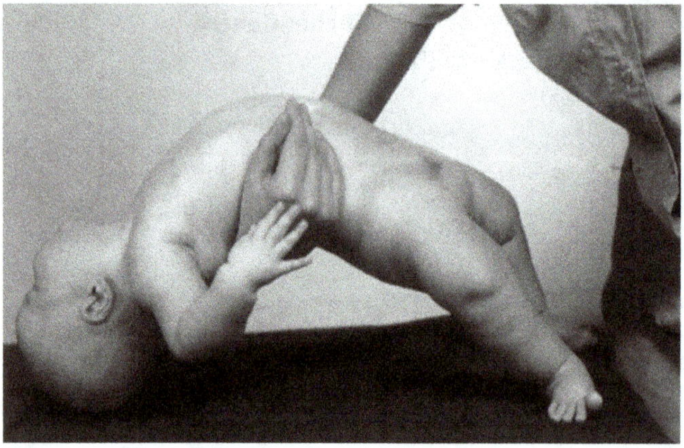

Abb. 4.31: Prader-Willi-Syndrom. Myatonie.

Box 4.3: Ursachen des Zehenspitzengangs.

- idiopathischer Zehenspitzengang, häufig im 2. Lebensjahr
- frühkindlicher Autismus
- Syndrom der kurzen Achillessehne
- infantile Zerebralparese
- Segawa-Syndrom
- spinale Dysraphie
- Neuropathien
- Myopathien.

Die infantile Zerebralparese (IZP) stellt hierbei die häufigste motorische Behinderung zerebraler Ursache dar. Es handelt sich nicht um ein einheitliches Krankheitsbild, sondern – wie oben dargelegt – um eine Gruppe ätiologisch unterschiedlicher Bilder. Diese Schädigung des sich entwickelnden Gehirns, die am Haltungs- und Bewegungssystem gekennzeichnet ist durch die Persistenz tonischer Reaktionen und von Stellreaktionen, wird dabei als Störung der motorischen Bewegungsabläufe, der Funktionen und der Haltung definiert. Die Symptomatik besteht in Spastik, Dyskinesie und Ataxie. Gewöhnlich überwiegt die Spastik, seltener die Dyskinesie und nur manchmal die Ataxie. Ausgeprägte Spastizitäten der Extremitätenmuskulatur gehen nicht selten mit einer Hypotonie der Rumpfmuskulatur einher [Fairhurst 2012]. Das ursächliche pathologisch-anatomische Substrat zeigt zwar keine Progredienz, Änderungen im klinischen Bild sind aber möglich. Zusätzlich finden sich häufig Lernbehinderungen, geistige Behinderungen, Hör- bzw. Sehstörungen, Sprech- und Sprachstörungen, Störungen der Sensibilität und der Perzeption sowie Epilepsien. Die Existenz vegetativer Störungen erscheint wahrscheinlich, lässt sich aber kaum nachweisen. Verwertbare Hinweise auf eine Störung zentralmotorischer Systeme erscheinen oft erst im 2. bis 3. Lebensjahr im Zuge der Reifung der Pyramidenbahn. Als Vorzeichen gelten eine Retardierung der Entwicklung, erst motorisch, dann kognitiv, und eine eingeschränkte Variabilität der Bewegungsmuster.

Die infantile Zerebralparese stellt die klinische Erscheinungsform einer abgelaufenen frühkindlichen Hirnschädigung dar. Die Grundkrankheit ist nicht heilbar.

Es ist zumindest teilweise möglich, anhand des Musters von Fehlbildungen oder Läsionen das Stadium der Gehirnentwicklung zu identifizieren, in dem die pathogenen Ereignisse aufgetreten sein müssen. Bis zur etwa 20. bis 24. Woche wird die Grobarchitektur des Gehirns entwickelt. Ab dem 3. Trimenon entstehen bei Störungen Defektbildungen: Bis zur 36. Schwangerschaftswoche periventrikuläre Läsionen, ab der 37. Woche ist die graue Substanz Hauptschauplatz einer Schädigung [Krägeloh-Mann 2008]. Das MRT kann insbesondere nach Ablauf der hauptsächlichen Myelinisierung, d. h. nach dem 18. Lebensmonat, sensitiv z. B. Gliose-Bereiche oder subkortikale Schädigungen abgrenzen. Vor dem 18. Lebensmonat ist eine Differenzierung von der noch gering myelinisierten Umgebung häufig schwer möglich. So findet man bei Frühgeborenen mit bilateraler spastischer Zerebralparese überwiegend Läsionsmuster des frühen 3. Trimenon: periventrikuläre Leukomalazie und Marklagerreduktion ohne Gliose nach Blutungen. Auch bei 2 Dritteln der Reifgeborenen mit einer unilateralen spastischen Zerebralparese lag die Läsion im 3. Trimenon: Infarkte im Stromgebiet der A. cerebri media und periventrikuläre häufig unilaterale Gliosen. Die Entstehungsmechanismen fallen also in das 3. Trimenon. Fehlbildungen des Gehirns als Ursache sind insgesamt sehr selten, d. h. Befunde, die auf genetische Ursachen oder frühe Entstehungsmechanismen etwa im 1. oder 2. Trimenon der Schwangerschaft hinweisen würden.

Eine Sonderform bezüglich der Ätiologie stellt die *ataktische Zerebralparese* dar, bei der offensichtlich genetisch bedingte Formen eine große Rolle spielen. Sie tritt vorwiegend bei Reifgeborenen auf. Bei etwa einem Drittel der Patienten wird eine familiäre Belastung beschrieben. Ihren Ausdruck findet die Schädigung außer in einer Störung der Motorik in einer geistigen Behinderung oder auch in epileptischen Anfällen sowie häufig in ophthalmologischen sowie oto- und rhinologischen Defektsyndromen, in Seh- und Hörstörungen, bei 60 bis 80 % der Betroffenen in Sprechstörungen [Hedderich 1991]. Die Symptome sind in den ersten 2 bis 3 Lebensjahren kaum differenziert und mitunter nur schwer zu erfassen, da die Funktionen des zentralen Nervensystems noch wenig ausgereift sind. Mit einer Progredienz der neurologischen Defektsyndrome ist bis zur Altersinvolution nicht zu rechnen, wohl aber mit Wachstumsstörungen und in Abhängigkeit von der Effektivität der Therapie mit Kontrakturen.

4.5.2.1.1 Klinik

Die IZP tritt auf in Form von
- Störungen der Pyramidenbahn mit spastischen Paresen – spastische Zerebralparese (bilateral spastische ZP, unilateral spastische ZP)
- dyskinetische Zerebralparese (meist durch Störungen der Stammganglien)
- ataktische Zerebralparese (z. T. Störungen des Kleinhirns).

Neben den drei genannten Formen existieren Mischformen. Ob wirklich eine hypotone Form der IZPexistiert, konnte nicht geklärt werden [Michaelis u. Niemann 2004]. Die Existenz einer zentralen Hypotonie ist klinisch unbestritten.

Spastische Zerebralparese

90 % der von einer frühkindlichen Hirnschädigung Betroffenen zeigen eine mehr oder weniger ausgeprägte Spastik. Vor einer entstehenden Spastik (*spasmos* grch. Krampf) warnen beim Säugling Irritabilität, Strecktendenzen, ein Opisthotonus und die Persistenz neonataler Reflexe, zum Beispiel des Moro-Reflexes und des asymmetrisch-tonischen Nackenreflexes. Nach der Manifestation der Erkrankung führen die Kinder Bewegungen mit verminderter Geschwindigkeit aus, der Muskeltonus ist erhöht, die Muskeleigenreflexe sind gesteigert, man findet Pyramidenbahnzeichen (unerschöpfliche Kloni und häufig ein Babinski-Phänomen) sowie abnorme Haltungs- und Bewegungsmuster. Die Muskelhypertonie zeigt sich an einem geschwindigkeitsabhängig erhöhten Widerstand gegen passive Bewegungen, die Hyperreflexie an gesteigerten Eigenreflexen. Der Grund für die Symptomatik ist in der mangelhaften oder fehlenden Steuerung durch supraspinale Systeme, in erster Linie die Pyramidenbahn, zu sehen. Die Bewertung gelingt am einfachsten, wenn eine Seitenasymmetrie vorliegt. Auch eine Verbreiterung der Reflexzonen gilt als wichtiger diagnostischer Hinweis. Mit einer

Hyperreflexie ist oft ein Klonus assoziiert. Entsprechend der Ausdehnung der Krankheit unterscheidet man die seltenen Monoparesen und Triparesen von Diparesen, Hemiparesen, Paraparesen und im schwersten Fall Tetraparesen mit der Einbeziehung von Kopf, Hals und Rumpf (Abb. 4.32–4.34). Für die häufige spastische Diparese ist auch der Begriff Little'sche Krankheit gebräuchlich: Die Beine sind stärker als die Arme einbezogen, die Intelligenz oft wenig gestört. Manchmal wird eine Körperhälfte bevorzugt befallen (zerebrale Kinderlähmung; Abb. 4.34), überwiegend bei Reifgeborenen und bei sehr untergewichtigen Frühgeborenen. Beeinträchtigt ist hier in erster Linie die obere Extremität.

Die Koordination ist mehr oder weniger stark gestört, Stand und Gang sind nur bei geringeren Beeinträchtigungen der Hirnfunktion möglich, dann liegt oft auch eine normale Intelligenz vor. Die Kinder lernen selten, frei zu gehen, die Handfunktion befriedigt höchstens bei 50 % von ihnen, ebenfalls etwa 50 % schielen, gewöhnlich divergent [Stotz 2004]. Bei 20 % liegen sehr schwere Krankheitsbilder und Epilepsien vor. Eine Einteilung der gesamten motorischen Fähigkeiten von Patienten mit einer Infantilen Zerebralparese stammt von Palisano et al. [1997, GMFCS, *Gross Motor Functional Classification System*, Tab. 4.5, S. 211, s. auch Fairhurst 2012].

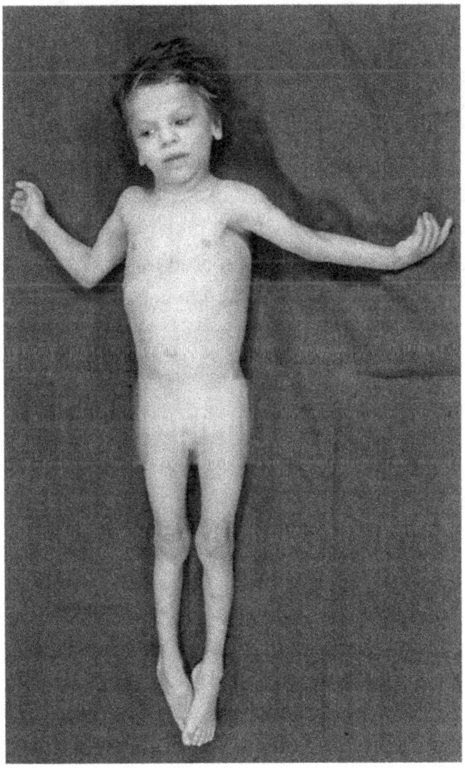

Abb. 4.32: Spastische Tetraparese. Adduktion der Hüftgelenke. Spitzfüße.

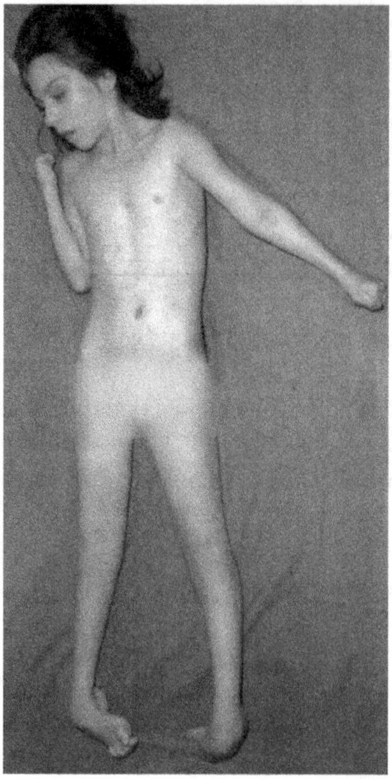

Abb. 4.33: Spastische Tetraparese. „Neurogene Klumpfüße".

Auf leichte Erkrankungen weisen beim Kleinkind ein hartnäckiger (nicht pathognomonischer) Zehenspitzengang oder im Vorschulalter ein Ungeschick bei Hantierungen und Spitzfüße hin. Die zerebrale Grunderkrankung lässt sich dann nur schwer nachweisen. Schwerer erkrankte Kinder lernen verzögert laufen, sie beugen die Hüft- und Kniegelenke beim Stehen und beim Gehen leicht, sie adduzieren die Beine in den Hüftgelenken, drehen sie einwärts und zeigen so den charakteristischen Scherengang. Oft werden nur die Spitzen oder die Außenränder der Füße aufgesetzt, die Füße also nicht von der Ferse her abgerollt. Manche Patienten beugen die Kniegelenke stärker und setzen hackenfüßig die ganzen Sohlen auf. Wird das Kniegelenk passiv gestreckt, zeigt sich ein Spitzfuß. Seltener zu beobachten sind Plattfüße und neurogene Klumpfüße. Bei Beteiligung der oberen Extremitäten sind die Arme in den Schultergelenken adduziert, Ellenbogen-, Hand- und Fingergrundgelenke gebeugt, die Interphalangealgelenke überstreckt, die Daumen in die Hände eingeschlagen. Patienten mit schweren und schwersten Hirnschäden sind nicht in der Lage, ihre Kopfhaltung zu kontrollieren, sie sind damit steh- und gehunfähig, sie sind greifunfähig, eingeschränkt in ihren sozialen Kontakten und unfähig zu intellektuellen Leistungen.

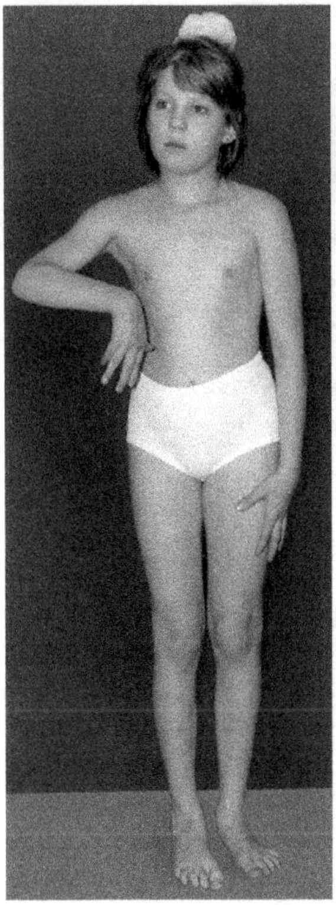

Abb. 4.34: Spastische Hemiparese rechts. Hirnorganisches Psychosyndrom.

Die anhaltende Spastizität führt zu Kontrakturen, insbesondere der Beuger und der Adduktoren, zu

- Beugeadduktionskontrakturen der Hüftgelenke
- Beugekontrakturen der Kniegelenke
- Spitzfüßen, Plattfüßen oder Klumpstellungen
- Adduktionskontrakturen der Schultergelenke
- Beugekontrakturen der Ellenbogen- und der Handgelenke
- Pronationskontrakturen der Unterarme
- Adduktions- und Oppositionskontrakturen der Daumen und zu
- Schwanenhalsdeformitäten der Langfinger.

Wegen des gestörten Muskelgleichgewichts – die valgisierende Wirkung der Hüftgelenks-Adduktoren überwiegt – richten sich die Schenkelhälse auf, entstehen Subluxationen und Luxationen (Abb. 4.35a und b). Auch bei nicht Sitz- bzw. Stehfähigen stellen sich Skoliosen und nicht nur als Folge der Minderbelastung eine Osteoporose ein.

Der Grad der Spastizität lässt sich mit der Ashworth-Einteilung des Muskeltonus und anderen Schemen nur annähernd beschreiben [Greenberg 2006].

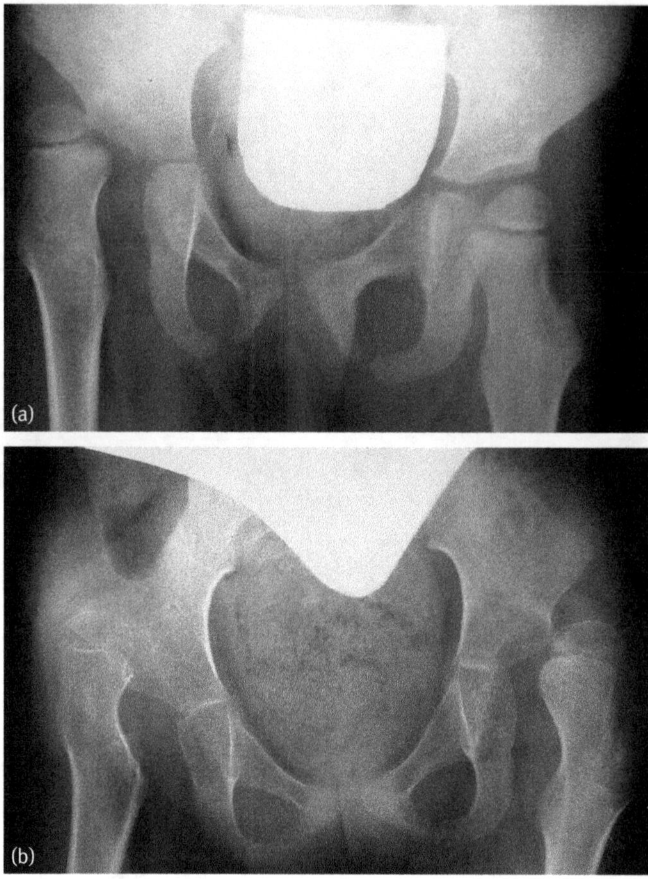

Abb. 4.35: Spastische Tetraparese. (a) Dreijähriges Mädchen. Coxa valga bds. mit nach lateral abfallenden Epiphysenfugen. Zu steiles Pfannendach und bereits eingetretene Luxation rechts. Ausreichender Gelenkschluss links. (b) Dieselbe Patientin sechs Jahre alt. Hochstehende Hüftluxationen. Keine genetischen Beziehungen zu den Reifungsverzögerungen des Hüftgelenks, zur Luxationshüfte!

Ashworth-Einteilung der Spastizität durch Beurteilung des Muskeltonus bei passiver Bewegung

0	keine Zunahme des Muskeltonus
1	leicht erhöhter Tonus, *Catch* (einschießender Widerstand)
1+	leicht erhöhter Tonus, Widerstand gegen passive Bewegungen für weniger als die Hälfte der Gelenkbeweglichkeit
2	ausgeprägte Zunahme des Muskeltonus über den größten Teil des Bewegungsumfangs
3	passive Bewegungen aufgrund des erhöhten Muskeltonus schwierig
4	Gelenk muskulär in Beugung oder Streckung fixiert, passive Bewegungen kaum möglich.

Die **dyskinetische Zerebralparese** (*dyskinaetos* grch. geistig und körperlich schwer beweglich) basiert auf Störungen der Stammganglien. Sie macht etwa 6 % der Fälle aus. Typisch sind unwillkürliche, unkontrollierte, sich wiederholende, teilweise stereotype Bewegungen. Primitivreflexe bleiben auslösbar, der Muskeltonus wechselt. Es handelt sich praktisch immer um eine generalisierte Erkrankung. Aktivierung und Erregung können Bewegungsstürme auslösen. Wegen ihrer motorischen Behinderung lernen nur wenige Kinder, frei zu gehen. Die kognitiven Fähigkeiten lassen sich nur schwer beurteilen. Sie können vergleichsweise durchaus gut sein. Abhängig von der Topografie der verursachenden Läsion findet sich häufiger auch eine spastische Komponente.

Man unterscheidet zwei Subtypen der dyskinetischen Zerebralparese:

1. Die dystone Zerebralparese ist gekennzeichnet durch Hypokinesie und Hypertonie der Muskulatur. Die Bewegungen wirken steif, langsam und wenig flüssig. Die Tonuserhöhung hängt im Gegensatz zur Spastik nicht von der Schnelligkeit der passiven Bewegung ab. Abnorme anhaltende Muskelkontraktionen führen zu unwillkürlichen Bewegungen, verzerrten willkürlichen Bewegungen und abnormen Haltungsmustern.
2. Die choreoathetoide Zerebralparese ist hingegen an Hyperkinesie und Hypotonie der Muskulatur erkennbar (*choreia* grch. Tanz, Reigen). Unter „Chorea“ versteht man rasche, unwillkürliche Zuckungen, die oft zu fragmentierten Bewegungsabläufen führen, unter „Athetose“ langsamere ständig wechselnde geschraubte Bewegungen (Athetose = verneinende Form, abgeleitet von *tithemi* grch. setzen, stellen, legen). Bei dem choreoathetoiden Subtyp zeigen die Patienten ständig irreguläre Zuckungen oder drehende Bewegungen der Hände, der Arme und sogar des Rumpfes. Bei den Zuckungen handelt es sich um irreguläre Myoklonien im Rahmen der Chorea, die drehenden Bewegungen sind typisch für die Athetose.

Als weiterer seltener Untertyp der IZP wird die **ataktische Zerebralparese**, z. T. infolge einer Kleinhirnläsion, angesehen: gestörte Balance, meist langsamer Intentionstremor, Dysmetrie (über- oder unterschießende Zielbewegungen) und Muskelhypotonie (*floppy infant*). Ataktische Zerebralparesen sind durch das Fehlen von geordneten Muskelkontraktionen sowie Stand- und Gangataxie mit gestörter Balance charakterisiert. Die Symptomatik wird oft ergänzt durch ein Begleitschielen, durch Seh- und Hörstörungen, Skelettanomalien und epileptische Anfälle. Sie lässt sich beschreiben als zerebelläre Ataxie in Kombination mit einer schweren, mehr geistigen als motorischen Entwicklungsstörung. 10 % der erkrankten Kinder lernen nicht, frei zu gehen.

Differenzialdiagnostisch ist u. a. an die Ataxia teleangiectatica (Louis-Bar-Syndrom) zu denken, eine autosomal-rezessiv vererbte Phakomatose mit Atrophie des Kleinhirns, Minderwuchs, Teleangiektasien im Gesicht und an den Konjunktiven sowie Immundefekten (Abb. 4.36).

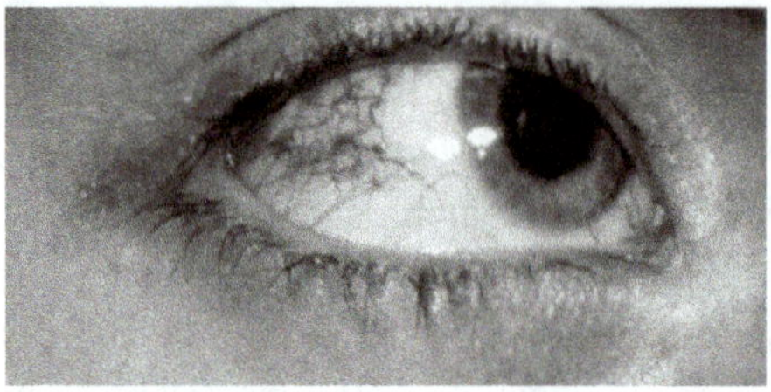

Abb. 4.36: Ataxia teleangiectatica. Teleangiektasien der Konjunktiva.

4.5.2.1.2 Diagnostik

Zerebralparesen werden klinisch diagnostiziert. Weil es transitorische neurologische Zeichen gibt und sich frühneurologische Zeichen verändern können, ist eine baldige postnatale sichere Diagnosestellung oft kaum möglich. Besonderheiten in der Schwangerschaft und während der Geburt können Hinweise geben: Schwangerschaftsgestosen, mütterliche Stoffwechselerkrankungen und Infektionen, Icterus gravis neonatorum, Probleme während der Entbindung und während der Neugeborenenperiode. Hirnschäden stellen sich aber nicht unbedingt als Folge solcher Besonderheiten ein und treten ohne sie ebenfalls manchmal auf.

An eine Hirnschädigung muss gedacht werden bei Säuglingen mit
- verlangsamter motorischer Entwicklung
- anhaltender Trinkschwäche
- auffällig unsymmetrischen Bewegungsabläufen
- epileptischen Anfällen
- Tremor
- Hypoaktivität oder Hyperaktivität
- Beuge-, Adduktoren- und Streckreflexsynergien
- vermindertem oder erhöhtem Muskeltonus (z. B. Opisthotonus).

Die Symptome stellen allerdings keine Beweise dar, und Schäden liegen nicht selten ohne sie vor.

Beim älteren Säugling und beim Kleinkind genügen Störungen der normalen motorischen Entwicklung wie zu spätes Sitzen- und Laufenlernen, die Persistenz frühkindlicher Reflexe, das Fehlen von Stell- und Gleichgewichtsreflexen und das Auftreten von pathologischen Reflexen, aber auch Verzögerungen der Sprech- und Sprachentwicklung, Seh- und Hörstörungen, einen frühkindlichen Hirnschaden nachzuweisen bzw. auszuschließen.

90 % der gesunden Säuglinge
- heben nach dem 3. Lebensmonat in Bauchlage den Kopf um 45 Grad
- können mit neun Monaten frei sitzen
- ziehen sich zum Stehen hoch und setzen sich mit elf Monaten auf
- gehen bis zum 16. Lebensmonat frei.

Später reicht schon der erste Eindruck, um an eine frühkindliche Hirnschädigung zu denken. Man erkundigt sich bei den Kindern nach ihren Erfahrungen in Kindergarten und Schule, nach ihren Neigungen und ihren schulischen Leistungen. Man beobachtet sie beim Hantieren, z. B. beim Öffnen einer Tür, beim Hinsetzen und Wiederaufstehen, beim Schreiben, beim Sprechen, beim Zuhören sowie beim Spielen und nicht zuletzt beim Stehen und Gehen.

Für die Sicherung der Diagnose können Röntgenaufnahmen des Schädels, das EEG, die Echoenzephalografie, das MRT und – nur noch selten – das CT je nach Art der Fragestellung herangezogen werden. Großen diagnostischen Wert besitzen dagegen die Beurteilung der frühkindlichen Reaktionen, die Prüfung der tonischen Reaktionen und der Stellreaktionen. Eine ernstzunehmende Störung liegt vor, wenn Reaktionen über den „üblichen" Zeitraum hinaus nachweisbar sind und andere Reaktionen gegenüber der Norm verspätet einsetzen oder ganz ausbleiben. Aussagefähig ist auch ihre Qualität.

Bei den frühkindlichen Reaktionen handelt es sich um physiologische primitive Reflexe, die von den Rezeptoren der Haut und vom Labyrinth ausgehen und über den Thalamus und den Globus pallidus, also ohne das noch unreife Großhirn, ablaufen. Mit der zunehmenden Reifung des Großhirns, der Pyramidenbahn, von Putamen und Nucleus caudatus werden sie physiologischerweise allmählich nicht mehr nachweisbar. Einige wie der Schluckreflex und der Niesreflex bleiben zeitlebens erhalten.

Lebenswichtige frühkindliche Reaktionen

Der Saugreflex wird beim Berühren der Lippen ausgelöst, der Suchreflex beim Berühren der Wange (Brustsuchen): Der Säugling wendet den Kopf nach der gereizten Seite und öffnet den Mund. Ohne das Funktionieren von Schluckreflex, Saugreflex und Suchreflex ist die Aufnahme der zunächst flüssigen Nahrung nicht möglich. Saugreflex und Suchreflex verschwinden gegen Ende des ersten Lebensvierteljahres. Persistenz oder Wiederauftreten des Saugreflexes deutet auf eine schwere Hirnschädigung hin.

Tonische Reaktionen

Die tonischen Reaktionen wurden z. T. während der Phylogenese erworben, z. T. stellen sie per se den Ausdruck einer schweren zerebralen Störung dar. Sie besitzen für die Entwicklung des Neugeborenen und des Säuglings keine Bedeutung (mehr). Ihre Kenntnis und die Kenntnis des Zeitpunkts, zu dem sie normalerweise verschwinden, ist aber diagnostisch wichtig. Rückschlüsse ergeben sich auch aus überschießenden Reaktionen. Die tonischen Reaktionen behindern das Greifen, Krabbeln, Stehen und Gehen, wenn sie persistieren oder womöglich noch deutlicher werden. Sie werden normalerweise durch Stellreaktionen abgelöst, die für die Aufrichtung zum Zweifüßerstand und zum Gang von großer Bedeutung sind.

Tonische Handgreifreaktion: Druck gegen die Handfläche löst weitgehenden Faustschluss aus. Der Daumen bleibt in die Hand eingeschlagen. (Abb. 4.26). Ein analoger Reflex lässt sich bis zum 8. Lebensmonat an der Fußsohle nachweisen. Persistenz oder erneutes Auftreten gilt als wichtiger Hinweis auf eine zerebrale Schädigung.

Asymmetrische tonische Nackenreaktion: Sie wird durch Drehung des Kopfes zur Seite über die Nackenrezeptoren ausgelöst: Das Kind streckt Arm und Bein der Seite, der das Gesicht zugewandt ist. Der Reflex zeigt sich vor allem bei Frühgeborenen und verschwindet normalerweise am Ende des 2. Lebensmonats (Abb. 4.37). Er findet sich regelmäßig bei Tetraparetikern und verhindert die Aufrichtung des Rumpfes und die Koordination von Hand und Mund.

Symmetrische tonische Nackenreaktion: Reklination des Kopfes führt zur Streckung der Arme und zur Beugung der Beine, eine Beugung des Kopfes hat die umgekehrte Reaktion zur Folge (Abb. 4.38). Der physiologische Reflex ist normalerweise nur schwach ausgeprägt und verschwindet im 3. Lebensmonat.

Gekreuzte Streckreaktion: Passive Beugung von Hüft- und Kniegelenk wird mit Streckung auf der Gegenseite beantwortet. Auslösbar bis zum 2. Lebensmonat.

Fluchtreaktion: Beim Berühren der Fußsohle zieht der Säugling ein gestrecktes Bein an, ein gebeugtes wird gestreckt.

Schreitreaktion: Wenn die Fußsohle des senkrecht gehaltenen Kindes eine Tischplatte berührt, zieht es das Bein an, das andere wird gestreckt. Dieser Reflex verschwindet im 3. Lebensmonat.

Aufsetzreaktion der Füße: Wenn man mit dem Fußrücken den Unterrand der Tischplatte berührt, hebt der Säugling das Beinchen und versucht, die Fußsohle auf die Tischplatte zu stellen. Hält man ihn waagerecht, streckt er seine Arme der Unterlage entgegen (Sprungbereitschaft der Arme, Abb. 4.39a und b). Physiologisch im 2. Lebensvierteljahr.

Tonische Streckreaktion: Ein senkrecht gehaltenes Kind, dessen Füße man einer Unterlage fast bis zur Berührung nähert, streckt bis zum 6. Lebensmonat die Beinchen reflektorisch (Abb. 4.40a und b).

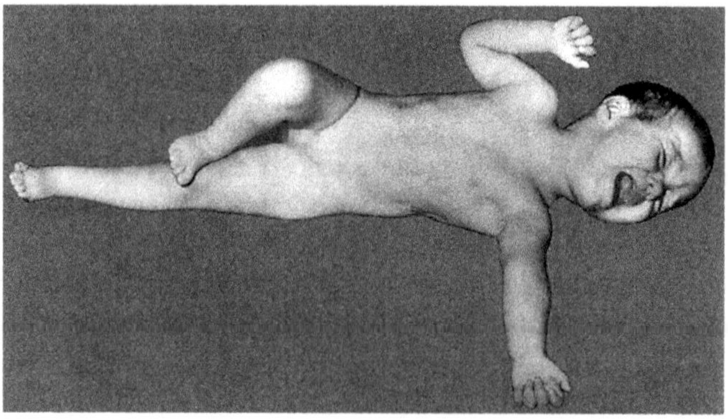

Abb. 4.37: Spastische Tetraparese. Blind. Spontane asymmetrische tonische Nackenreaktion.

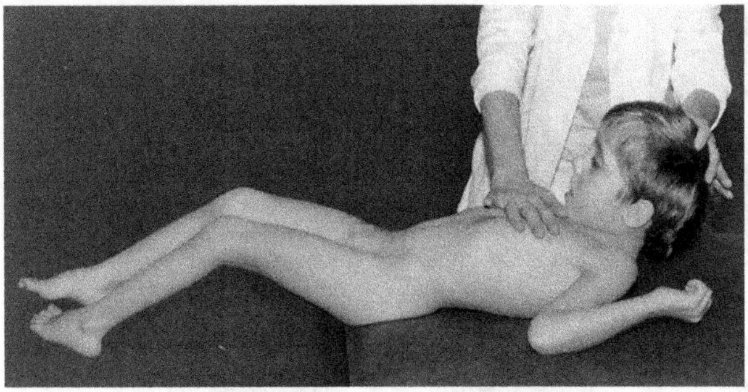

Abb. 4.38: Spastische Tetraparese. Symmetrische tonische Nackenreaktion.

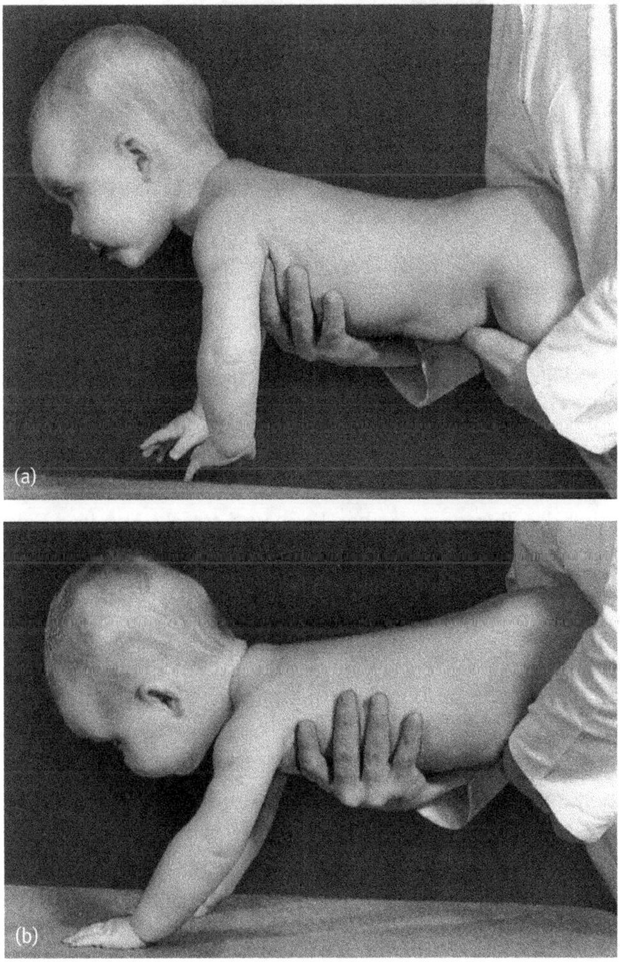

Abb. 4.39: Sprungbereitschaft der Arme.

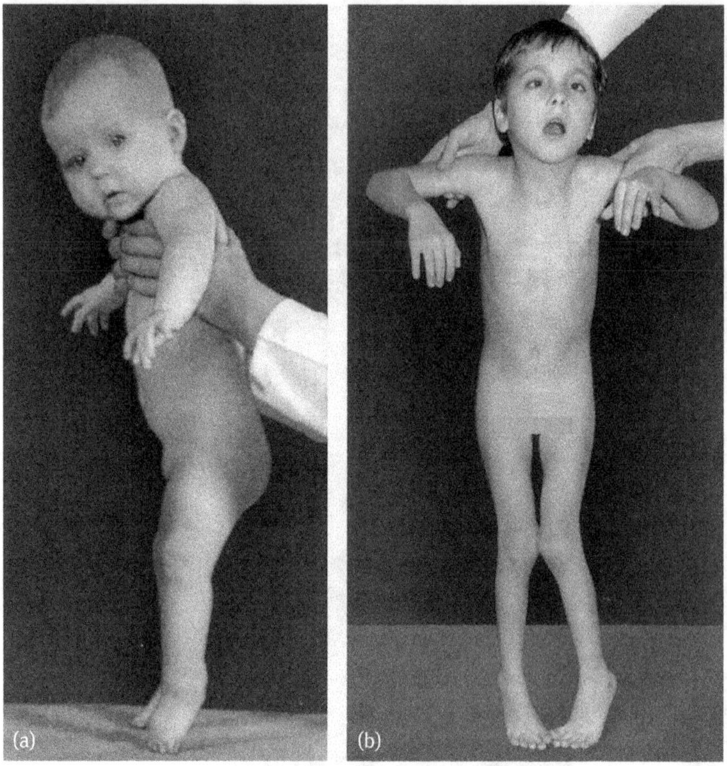

Abb. 4.40: Spastische Tetraparese, tonische Streckreaktion (a) bei einem gesunden Säugling (b) bei einem 6-Jährigen mit frühkindlichem Hirnschaden.

Galant-Reaktion: Prüfung in Bauchlage. Beim Berühren der Haut neben der Lendenwirbelsäule neigt der Säugling den Rumpf zur selben Seite und streckt Arm und Bein der berührten Seite. Der Reflex verschwindet spätestens im 6. Lebensmonat.

Tonische Labyrinthreaktion: Bis zum 5. Lebensmonat kann es bei Inklination der Halswirbelsäule in Bauchlage zu einem verstärkten Beugertonus mit Behinderung der Kopfhebung und der Atmung kommen. Extension der Halswirbelsäule in Rückenlage führt zu einem erhöhten Streckertonus am Rumpf und an den Beinen: Der Rumpf wird rekliniert (Opisthotonus), die Schultern werden retrovertiert, die Fäuste geschlossen, die Hüftgelenke adduziert und innenrotiert. Kraftvolle aktive Bewegungen einer Gliedmaße können zur Tonuserhöhung auch in den anderen Gliedmaßen fuhren (assoziierte Reaktionen). Überschießende Ausprägung und Persistenz des Reflexes lassen auf eine schwere zerebrale Schädigung schließen. Die betroffenen Kinder können ihre Kopfhaltung nicht kontrollieren, sich nicht aus der Rückenlage aufrichten, nicht frei sitzen.

Moro-Reaktion (Schreckreflex): Wenn man neben dem kindlichen Kopf auf das Kopfkissen klopft oder den Kopf des in Rückenlage gehaltenen Säuglings plötzlich ein

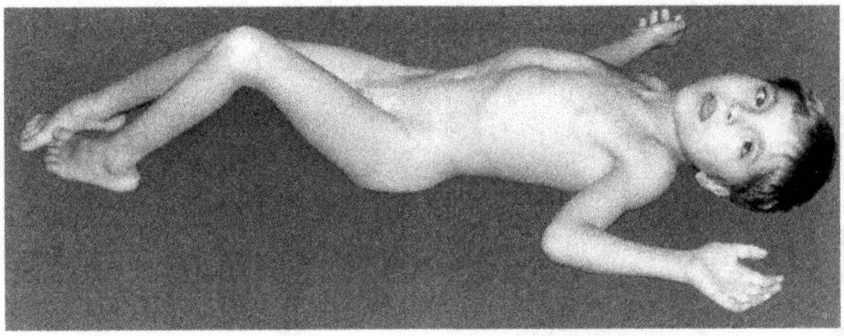

Abb. 4.41: Spastische Tetraparese. Sechs Jahre. Moro-Reaktion.

Stück nach hinten sinken lässt, wird der Mund geöffnet und der Rumpf rekliniert. Die halbgestreckten Arme fahren unter gleichzeitiger Spreizung der Finger auseinander. Anschließend werden die Arme gebeugt und die Fäuste geschlossen. Das Ausbleiben der Beugephase, ein Fortbestehen des Reflexes über den 3. Lebensmonat hinaus oder eine Seitenasymmetrie legen den Verdacht auf eine zerebrale Schädigung dringend nahe (Abb. 4.41).

Stellreaktionen

Die Stellreaktionen (Stellreflexe) werden vom Mesenzephalon gesteuert. Sie gehen von den sensiblen Rezeptoren der Haut, von den Augen und vom Vestibularorgan aus. Die Efferenzen verlaufen vor allem über das hintere Längsbündel (Fasciculus longitudinalis dorsalis). Die Stellreaktionen treten an die Stelle der tonischen Reaktionen, ermöglichen die unwillkürliche Kontrolle von Kopf, Rumpf und Extremitäten und bilden die Voraussetzung für das Sitzen, Stehen, Gehen. Im 2. Lebenshalbjahr bis spätestens zum 12. Lebensmonat entstehen die statokinetischen Reflexe als Voraussetzung für den freien Stand und Gang, beispielsweise die Stütz- und die Stemmreaktion.

Halsstellreaktion auf den Körper: Dreht man den Kopf des Kindes zur Seite, folgt nach kurzer Zeit auch der Rumpf dieser Drehung, dreht man den Rumpf zur Seite, folgt nach einigen Augenblicken der Kopf. Der Reflex wird von den Propriorezeptoren der Nackenmuskulatur ausgelöst. Er ist im ersten Lebensvierteljahr besonders ausgeprägt, nimmt später an Intensität ab und erlischt im 4. Lebensjahr.

Körperstellreaktion auf den Körper: Drehungen des Schultergürtels folgt der Beckengürtel und umgekehrt. Dieser Reflex spielt ab dem 2. Lebenshalbjahr eine wichtige Rolle und bildet eine Voraussetzung für das Sitzen und Stehen lernen.

Labyrinthstellreflex auf den Kopf: Bereits das Neugeborene versucht in jeder Körperlage, den Kopf im Raum so einzustellen, dass die Augen horizontal stehen und der Blick horizontal gerichtet ist. Dieser Reflex ist beim gesunden Säugling regelmäßig bis zum 10. Lebensmonat nachzuweisen (Abb. 4.27a–d). Ähnlich wirkt die optische Stellreaktion.

Landau-Reaktion: Legt man den Säugling mit dem Bauch auf die flache Hand, rekliniert er zunächst den Kopf, danach Rumpf und Beine zu einem nach dorsal offe-

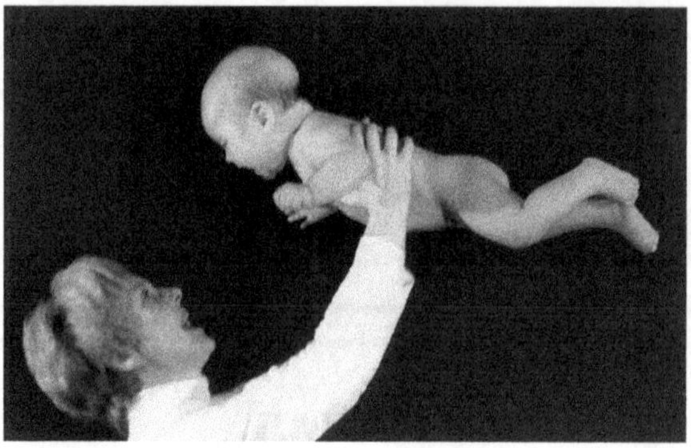

Abb. 4.42: Gesunder Säugling. Landau-Reaktion.

nen Bogen. Passive Beugung des Kopfes schaltet den Reflex aus, und das Kind hängt mit gebeugtem Körper wie ein Handtuch über der Hand. Der Reflex tritt im 2. Lebensvierteljahr auf und ist bis zum Erreichen der Gehfähigkeit auslösbar (Abb. 4.42). Beim Vorliegen zerebraler Schäden fehlt er häufig, auch ein Fortbestehen über das 3. Lebensjahr hinaus gilt als pathologisches Zeichen.

Aufziehreaktion: Wenn man die Unterarme des auf dem Rücken liegenden Säuglings mit den Händen umgreift und einen kurzen Zugimpuls gibt, werden ab dem Ende des ersten Lebenshalbjahrs Kopf und Rumpf angehoben.

Positive Stützreaktion der Beine, Stehbereitschaft: Ebenfalls ab Ende des ersten Lebenshalbjahrs wird das Kniegelenk in stabile Streckung gebracht, sobald der Vorfuß des senkrecht gehaltenen Säuglings die Unterlage berührt.

Die erste Phase der neurologischen Untersuchung bezieht also noch keine eigene Manipulation des Kindes ein, erst in der 2. Phase wird manuell untersucht. Hierzu gehört die Beurteilung der passiven Beweglichkeit der Hüft-, Knie- und Sprunggelenke, der Wirbelsäule, der Schulter- und Ellenbogengelenke, der Hände und der Finger. Insbesondere der Zustand und die Funktion der zweigelenkigen Muskeln an den unteren Extremitäten sind wichtig: M. rectus femoris, M. gastrocnemius. Ganganalysen beschäftigen sich bei Stehfähigen mit der Frage, welche der 6 Hauptkomponenten des normalen Ganges gestört sind: Stabilität des Standbeins, ausreichende Bodenfreiheit des Schwungbeins, korrekte Einstellung des Fußes zum Erstkontakt über die Ferse, ausreichende Schrittlänge, Minimierung des Energieaufwands beim Gehen, Adaptationsfähigkeit und Bewältigung unterschiedlicher Aufgaben wie etwa Variation der Schrittgeschwindigkeit und Überwinden von Hindernissen.

Manuelle Untersuchungsverfahren

Gelenkbeweglichkeit: langsame passive Bewegung und aktive Bewegung, Angaben in Neutral-Null.

Muskeltonus:
- herabgesetzt: neurogene oder myogene Parese, Kleinhirnerkrankung, hyperkinetisch-hypotone Erkrankung
- erhöht: Spastizität
- Taschenmesserphänomen: hoher Widerstand gegen die passive Bewegung zu Anfang, der schnell nachlässt. Weist auf Schädigung der Pyramidenbahn hin.
- Tardieu-Test: schnell ausgeführte Beugung eines Gelenks, *Catch* = plötzlich einsetzender Widerstand gegen passive Bewegung. Weist auf Schädigung der Pyramidenbahn hin.

Kontrakturen:
obere Extremitäten: s. Aspekt und aktive bzw. passive Beweglichkeit
untere Extremitäten:
Hüftgelenk
- Thomas-Test: Flexion von Hüft- und Kniegelenk z. B. auf der rechten Seite bis zum Ausgleich der Lendenlordose. Abheben des linken Oberschenkels von der Unterlage = Beugekontraktur im linken Hüftgelenk
- Duncan-Ely-Test: in Bauchlage passive Knieflexion auf der zu testenden Seite; bei Verkürzung des M. rectus femoris hebt sich das Becken von der Unterlage ab
- Knieabstand: Abstand zwischen den medialen Femurkondylen bei maximaler Abduktion in den Hüftgelenken (langsam und rasch ausgeführt: Differenz?), Verminderung bei Adduktorenspastik, aber auch beispielsweise bei Einschränkungen der Hüftgelenksfunktion
- Phelps-Grazilis-Test: in Bauchlage Abduktion im Hüftgelenk und Flexion des Kniegelenks um 90°, dann Extension des Kniegelenks: Adduktion im Hüftgelenk bedeutet Kontraktur oder Spastik im M. gracilis
- Grazilis-Test: in Rückenlage mit herabhängenden Unterschenkeln Abduktion im Hüftgelenk, zuerst mit gebeugtem und dann mit gestrecktem Kniegelenk: Differenzierung der Sehnen des M. adductor longus und (dorsomedial davon) des M. gracilis
- Pendelversuch: Kind wird hochgehoben und zwischen den Beinen des hinter dem Kind stehenden Untersuchers gependelt; bei Adduktorenspastik Adduktion bis zum Überkreuzen der Beine (Überkreuzungsphänomen).

Kniegelenk
- Langsitz-Test: Beurteilung der Aufrichtung des Oberkörpers aus Rückenlage mit gestreckten Hüft- und Kniegelenken: Innenrotation in den Hüftgelenken? Flexion der Kniegelenke? Rundrücken?
- Tardieu-Test: zur Bestimmung des Poplitealwinkels = Differenz zwischen aktiver und passiver Streckung im Kniegelenk

Fuß
- Bewegungsumfang im oberen Sprunggelenk, insbesondere passive Dorsalextension (bei Supination des Fußes zur Stabilisierung des Talonavikulargelenks)
- Tardieu-Test zur Bestimmung des Triceps-surae-Catch
- Silfverskjöld-Test: passive Dorsalextension im oberen Sprunggelenk bei Streckung und Beugung des Kniegelenks: große Differenz spricht für bedeutsame Beteiligung des M. gastrocnemius am Spitzfuß.

4.5.2.1.3 Differenzialdiagnostik

Differenzialdiagnostisch wichtig sind intrakranielle raumfordernde Prozesse, angeborene Stoffwechselstörungen bzw. endokrine Störungen, die akute infantile spinale Muskelatrophie (Werdnig-Hoffmann, SMA I), das *Floppy-infant*-Syndrom, die Trisomie 21 und das Katzenschrei-Syndrom. Eine wichtige Differenzialdiagnose der IZP stellen immer auch die langsam progredienten neurometabolischen und neurodegenerativen Erkrankungen dar. Die neurologische Symptomatik ähnelt der der IZP. Sie können wie ein Residualsyndrom der IZP wirken.

Angeborene Stoffwechselerkrankungen mit dem Leitsymptom Paraparese, Paraplegie
- Hyperargininämie bei Arginase-Defizienz (Orotsäure-Ausscheidung gesteigert)
- Tripel-H-Syndrom
- metachromatische Leukodystrophie
- Pyroglutamat-Azidurie
- Sjögren-Larsson-Syndrom
- L2-Hydroxyglutarazidurie
- Segawa-Syndrom
- neurometabolische und neurodegenerative Erkrankungen mit IZP-ähnlicher Symptomatik
- organische Azidurien
- Kreatin-Mangelsyndrom
- Homozystinurie
- Neurotransmitterstörung
- Glukosetransporter-Defekt
- peroxisomale Defekte
- Lesch-Nyhan-Syndrom.

4.5.2.1.4 Therapie

4.5.2.1.4.1 Behandlungsgrundsätze

Die Grundkrankheit Frühkindliche Hirnschädigung ist nicht beeinflussbar. Methoden und Umfang der Therapie einer Infantilen Zerebralparese richten sich nach Ausmaß und Schwere der Erkrankung. Im Vordergrund stehen physiotherapeutische Maßnahmen. Sie sollen nicht nur einen funktionellen Ausgleich und eine funktionelle Anpassung der gestörten Motorik, sondern sogar ein Nachholen im Bereich der gestörten Entwicklungskette der integrierenden Hirntätigkeit erreichen und die Manifestierung der typischen Symptome Spastizität und Kontraktur verhindern lassen. Neben allgemeinen physiotherapeutischen Behandlungsverfahren haben sich die weiterentwickelten Methoden von Bobath, Vojta und Petö sowie moderne Konzepte durchgesetzt (Kap. 4.1.7.1). Je früher die Behandlung einsetzt, desto besser sind die Ergebnisse. Die Physiotherapie kann bei Bedarf ergänzt werden durch die Gabe von Medikamenten, wenn sich die Spastik anders nicht beherrschen lässt, durch Redressionen, durch die Versorgung mit orthopädischen Apparaten und orthopädischen Schuhen sowie durch operative Eingriffe. Regelmäßige ärztliche Kontrollen dienen der Überwachung der körperlichen und der geistigen Entwicklung und des Effekts der Therapie sowie der rechtzeitigen Erkennung von Kontrakturen und von Fehlentwicklungen vor allem der Hüftgelenke, der Wirbelsäule und der Füße. Das Krankheitsbild erfordert die Zusammenarbeit von Orthopäden, Neurologen, Pädiatern, Ophthalmologen, Physiotherapeuten und Sprecherziehern. Die Überwachung der Behandlung erfolgt in einem Sozialpädiatrischen Zentrum (SPZ), um die verschiedenen Berufsgruppen zu koordinieren. Eine Reihe von Hilfen steht zur Auswahl, die sozialrechtlich definiert sind. Dazu gehören u. a. die Feststellung des Grades der Behinderung (GdB), der Pflegestufe (nach SGB XI), die Inanspruchnahme von familienentlastenden Maßnahmen durch den Familienentlastenden Dienst (FED) und die Maßnahmen der Sozialhilfe (Bundessozialhilfegesetz, BSHG, das den Anspruch auf Eingliederungshilfe regelt). Es muss entschieden werden, welche sonderpädagogische Unterstützung nötig ist (Schwerpunkt Lernen, Schwerpunkt geistige Entwicklung, Schwerpunkt körperliche Behinderung). Unterschiedlich unterstützte Ausbildungsgänge bzw. eine Tätigkeit in einer Werkstatt für behinderte Menschen (WfbM) können sich anschließen. Individuell ist zu entscheiden, ob eine Eingliederungshilfe in einer vollstationären Einrichtung der Behindertenhilfe im Sinne von § 43a SGB XI erbracht werden muss.

Das Prinzip der Behandlung besteht darin, alle therapeutischen Möglichkeiten folgerichtig und zeitgerecht in den Behandlungsplan einzubauen.

Über die Heimunterbringung (vollstationäre Einrichtung) zerebral schwer geschädigter Kinder ist individuell zu entscheiden. Wie bei Förderschulen z. B. der geistigen Entwicklung liegt ihr Vorteil darin, dass sich hier der Tagesablauf einschließlich der Nahrungsaufnahme, des An- und Auskleidens, des Schulunterrichts und der Körperschulung viel besser in den Dienst des aufbauenden Übungsprogramms stellen lässt, als dies im häuslichen Milieu im Allgemeinen erreicht werden kann. Ist Heimunterbringung nicht erwünscht oder nicht möglich, müssen Eltern oder Erzieher vom Arzt und vom Physiotherapeuten systematisch über die Möglichkeiten und Notwendigkeiten der Betreuung außerhalb des Schulunterrichts und der körperlichen Übungsstunde unterrichtet werden, zweckmäßigerweise also an Übungsstunden teilnehmen, um die Grundsätze der Behandlung zu erlernen.

Die Behandlungsfähigkeit eines zerebral geschädigten Kindes hängt davon ab, ob seine erhaltene Intelligenz ausreicht, ein systematisches Übungsprogramm zu verarbeiten, ob und inwieweit trotz einer spastischen Lähmung und trotz Koordinationsstörungen aktive Willensimpulse die Peripherie erreichen, inwieweit also die Bewegungsabläufe gestört sind, und schließlich von der Ausdehnung der Störung. Das Ziel physiotherapeutischer Maßnahmen besteht nicht im Erlernen einzelner Bewegungen, sondern komplexer Verrichtungen wie Greifen, Hantieren mit Essbestecken und Geräten verschiedenster Art, Stehen und Gehen und nicht zuletzt Schreiben und Sprechen [Crickmay 1994, Thiele 2007, Ritter u. Welling 2008]. Es kommt weniger darauf an, dieses oder jenes Übungssystem anzuwenden, als vielmehr systematisch aufbauend und mit großer Geduld für lange Zeit ein regelmäßiges Übungsprogramm durchzuführen.

4.5.2.1.4.2 Physiotherapie

Wolfgang Deppe

Trotz der grundsätzlichen Irreversibilität der Schädigung kann eine gut durchdachte Physiotherapie und Ergotherapie bei Zerebralparesen oder anderen im Kindesalter erworbenen schweren Hirnschädigungen (z. B. durch Schädel-Hirn-Trauma, Hypoxie oder Enzephalitis) wesentliche Verbesserungen der motorischen Funktionen erreichen, die die Lebensqualität des Kindes oder Jugendlichen deutlich verbessern.

Ziele der Physiotherapie und Ergotherapie

- Schmerzfreiheit, zumindest Schmerzreduktion
- Kontrakturprophylaxe
- Erweiterung der Selbstständigkeit in der Fortbewegung
- Verlängerung der Gehstrecke
- Benutzung altersangemessener Fortbewegungsmittel (z. B. Fahrrad, Therapiefahrrad)
- mehr Selbstständigkeit in der alltagspraktischen Versorgung (An- und Auskleiden, Körperpflege, Essen und Trinken, Toilettenbenutzung, Integration in eine Regelschule)
- erweiterte Möglichkeiten zum Spielen mit Gleichaltrigen
- Teilnahme an altersgemäßen Freizeitaktivitäten (z. B. Ausflüge, Kino, Diskothek)
- Ausübung sportlicher Aktivitäten
- Verbesserung von Atemausdauer und Stimmgebung
- Stärkung des Selbstvertrauens und der Selbstwirksamkeit.

Das oberste Gebot der Behandlung besteht darin, dass neben den schädigungsbedingten Einschränkungen der Bewegungsfähigkeit und anderer Funktionen die vorhandenen Fähigkeiten des Kindes oder Jugendlichen in allen Bereichen (nicht nur motorisch) genau erfasst, gewürdigt und in die Therapieplanung einbezogen werden. Der therapeutische Zugang zum Patienten auch in etablierten Therapieverfahren war für lange Zeit durch eine reine Defizitorientierung gekennzeichnet. Diese muss jedoch ausbalanciert werden durch eine gezielte Ressourcenaktivierung. Gerade im Kindes- und Jugendalter sind die Therapien und die Therapeuten am erfolgreichsten, die es verstehen, die (häufig auch verborgenen) Fähigkeiten des jungen Patienten aufzuspüren und im Sinne von Motivation, Kompensation und Nutzung von Synergieeffekten für die Therapie und Alltagsbewältigung nutzbar zu machen [Deppe 2010].

Befunderhebung und Assessments
Voraussetzung für eine gute Behandlung ist auch in der Physiotherapie eine sorgfältige Befunderhebung. Diese muss sich im Kindes- und Jugendalter immer an den altersspezifischen Entwicklungsschritten und an der Entwicklungsdynamik orientieren. Die normale motorische Entwicklung eines Kindes konzentriert sich besonders auf die ersten 7 Lebensjahre, danach gibt es vor allem noch Zuwächse an Kraft und Ausdauer. Zur validen Einschätzung der spezifischen Ressourcen und der Problemlagen eines Kindes sollte nicht nur die persönliche Erfahrung gehören. Es gibt vielmehr einige reliable Assessment-Verfahren, die die motorische Entwicklung insgesamt oder wichtige Teilaspekte davon erfassen, gute Einschätzungen von Entwicklungsniveau und Therapieschwerpunkten ermöglichen und die interdisziplinäre Kommunikation wesentlich erleichtern (Tab. 4.5). Neben der Testung der Motorik ist es auch immer sinnvoll, von Zeit zu Zeit einen umfassenden Entwicklungstest durchzuführen, der Auskunft über die kognitiven, sprachlichen und sozialen Fähigkeiten des Kindes gibt.

Klassische physiotherapeutische Verfahren
Die Physiotherapie von hirngeschädigten Kindern entwickelte sich nach dem Zweiten Weltkrieg in vielen Ländern unterschiedlich und war zunächst geprägt durch verschiedene Therapie-Schulen, die zum Teil in deutlicher Gegnerschaft zueinanderstanden. In den letzten beiden Jahrzehnten kamen zahlreiche neue therapeutische Ansätze und Konzepte hinzu, die grundlegende wissenschaftliche Erkenntnisse zur Plastizität des Gehirns und zum motorischen Lernen aufgriffen und die auch zunehmend durch kontrollierte randomisierte Studien evidenzbasiert sind. Im Folgenden sollen wesentliche Therapieverfahren in ihrer historisch orientierten Abfolge dargestellt werden.

Bobath-Therapie: Das besonders in Deutschland etablierte, in den angelsächsischen Ländern als *Neurodevelopmental Therapy* (NDT) bezeichnete Konzept wurde von Berta und Karel Bobath zwischen 1943 und 1970 entwickelt. Es fußt auf inzwischen teilweise überholten Annahmen zur Neurophysiologie und folgt einem hierarchisch-reflexorientierten Modell: „Die abnormale motorische Kontrolle ist unmittelbare Folge der Hirnläsion und führt zu einer Enthemmung von Reflexen und Reaktionsmustern der unteren Ebenen des ZNS. Die motorischen Entäußerungen des ZP-Kindes werden mehr oder weniger durch die Aktivität niederer Reflexe und Reaktionen sowie unreife Bewegungsmuster bestimmt" [„Ersatzmuster", „assoziierte Bewegungen", Bobath 1989].

Im Mittelpunkt der klassischen Bobath-Therapie stehen die Hemmung (Inhibition) pathologischer und die Bahnung (Fazilitation) reifer Bewegungsmuster durch manuelle und andere Interventionen des Therapeuten an Schlüsselpunkten (*Hands on*!). Weitere wichtige Prinzipien sind die Spastikhemmung durch spezielle Lagerungen und Positionen (basierend auf Labyrinth- und Stellreflexen), die Reduzierung komplexer Bewegungsabläufe zu Teilmustern und Teilsequenzen, die Schulung der sensorischen (v. a. der taktilen) Kontrolle und vom Therapeuten geführte Bewegungen (*Hands on*!) zur Bewegungsanbahnung und Vermeidung unphysiologischer Bewegungen.

Trotz ihrer weiten Verbreitung und Akzeptanz bei Physiotherapeuten konnte die Bobath-Therapie jedoch in mehreren kontrollierten Studien eine Überlegenheit im Vergleich mit anderen Therapieformen nicht beweisen [Law et al. 1997, Butler u. Darrah 2001, Franki et al. 2012, Novak et al. 2013].

In den letzten 15 bis 20 Jahren hat sich im Rahmen der Bobath-Schule auch als Reaktion auf die zahlreichen neuen Erkenntnisse zur Neuroplastizität und zum motorischen Lernen ein erheblicher Wandel vollzogen. Die neuere Bobath-Therapie ist ganzheitlich ausgerichtet und betrachtet das Kind in seinem spezifischen Kontext von Familie und weiterer sozialer Umwelt. Im Mittelpunkt sollen das Potenzial des Kindes zur Eigenregulation und individuelle Lösungsstrategien stehen. Entsprechend geschulte Therapeuten arbeiten nun stärker komplex-aufgabenorientiert und alltagsbezogen, hemmen die spontanen Bewegungsabläufe und Kompensationsmechanismen des Kindes weniger (*Hands off*! statt *Hands on*!), beziehen Elternanleitungen und Handling in die Therapie ein und stellen sich nicht mehr prinzipiell gegen andere Therapieverfahren wie Botulinumtoxin-Injektionen oder Redressionsgipse [Thümmler u. Fleischer 2011].

Vojta-Therapie: Ähnlich wie das Bobath-Konzept fußt auch die in der gleichen Zeit entwickelte Therapie nach Karel Vojta auf bestimmten Erkenntnissen und Annahmen über die Reflexorganisation sowie über bestimmte angeborene, unabhängig vom Alter vorwiegend durch Druckreize gezielt abrufbare Bewegungsmuster – Reflexdrehen und Reflexkriechen. Bei zerebralparetischen Kindern liegt nach Vojta eine Blockade der Entwicklung vor. Die Vojta-Therapie zielt ab auf eine Aktivierung von Stützen und Aufrichtung, auf das Öffnen der Hände zur Förderung von Greifen und Stützfunktionen, auf die Aktivierung der Rumpfmuskulatur zur Verbesserung von Körperhaltung, Atmung, Schlucken und Sprechen und die Anbahnung von Schrittbewegungen. Dies geschieht in erster Linie durch eine Aktivierung der Reflexlokomotion aus Bauch-, Rücken- oder Seitlage über therapeutisch ausgeübten Druck auf 9 definierte Knochenzonen und Gelenke. Bei hypotonen Patienten (z. B. mit neuromuskulären Erkrankungen) wird damit vor allem eine Muskeltonisierung hervorgerufen.

Zentrale Bedeutung für die Vojta-Methode besitzt die Anleitung und Mitarbeit der Eltern, da die Übungen 3 bis 4 mal täglich für 5 bis 20 Minuten ausgeführt werden sollen. Leider liegen für die Vojta-Therapie keine brauchbaren Studien zur Evidenzbasierung vor [Franki et al. 2012], sodass ihr therapeutischer Nutzen schwierig zu bewerten ist. Nach unserer Erfahrung ist die Vojta-Therapie vor allem für sehr schwer geschädigte Säuglinge und Kleinkinder und Kinder mit ausgeprägter Muskelhypotonie (z. B.

mit Myopathien oder spinalen Muskelatrophien) hilfreich, um die posturale Stabilität zu verbessern und das Sitzen oder eine basale Fortbewegung (z. B. Robben, Krabbeln) anzubahnen.

Konduktive Förderung (Petö-Therapie): Diese ganzheitliche Therapieform wurde von dem ungarischen Pädagogen Andras Petö nach dem Zweiten Weltkrieg entwickelt, um schwerbehinderten Kindern die Gehfähigkeit und damit den Zugang zu Schulbildung zu ermöglichen. Der Grundgedanke besteht darin, dass behinderte Kinder ein möglichst hohes Maß an Aktivität und Selbstständigkeit erreichen sollen – gleichgültig wie.

Aktivität und Partizipation haben Vorrang vor der Qualität von motorischen und anderen Funktionen. Die Bewegungsförderung geht einher mit der Förderung von Sprache, Kommunikation und Handlungskompetenz. Die Therapie findet über einen begrenzten Zeitraum ganztägig in der Gruppe statt. Die Therapeuten werden als Konduktoren bezeichnet und sind nach einer mehrjährigen Ausbildung praktisch Physiotherapeut und Ergotherapeut, Logopäde und Pädagoge in einer Person. Methodisch erfolgt eine ständige Animation und Aufforderung zu Bewegung und Kommunikation (sprachlich, mit Musik). Die Konduktoren stellen Aufgaben, geben aber keine Lösungen vor (Anregung des individuellen ressourcenorientierten Problemlösevermögens). Unterstützung ist möglich durch Hilfsmittel wie Orthesen, Gehstützen, Holzböckchen, Stühle, Holzleitern. Die konduktive Förderung stellt relativ hohe Anforderungen an die sprachlichen und kognitiven Fähigkeiten, sodass nicht alle zerebralparetischen Kinder für die Behandlung geeignet sind. Trotz ihres modern anmutenden ganzheitlichen Charakters ließ sich auch für die Petö-Therapie keine eindeutige Überlegenheit über andersartige Komplextherapien (z. B. Physiotherapie + Ergotherapie + Logopädie) nachweisen [Darrah et al. 2004, Franki et al. 2012, Novak et al. 2013].

Neuere Konzepte der Motorik-Therapie

Angesichts der enttäuschenden Ergebnisse klassischer Therapieverfahren und im Lichte der zahlreichen neuen Erkenntnisse über die erstaunliche Plastizität und Lernfähigkeit auch geschädigter Gehirne haben sich in der Behandlung von Kindern mit Zerebralparesen und anderen chronischen motorischen Störungen in den letzten 10 bis 20 Jahren einige neue therapeutische Konzepte herausgebildet, die nicht den klassischen Schulen-Charakter zeigen, sondern evidenzbasiert und entwicklungsoffen sind.

Wichtige Leitgedanken der modernen Motorik-Therapie:
- Das Gehirn ist lernfähig und auf *Problemlösung* ausgerichtet, es braucht aber *„Stoff“ zum Lernen.*
- Aktive Bewegung ist wichtiger als passives Bewegen (Massagen, geführte Bewegungen).
- Die Therapie zeichnet sich aus durch *komplexe Aufgabenorientierung* und *Alltagsbezug.*

- Der Therapieaufbau sollte stufenweise sein und immer an den aktuellen funktionellen Grenzen des Kindes erfolgen (*Shaping*).
- Die Stabilisierung des Therapiefortschritts erfolgt durch Repetition, kontinuierliche Motivation und Verstärkung.

Nachfolgend seien einige Beispiele für derartige neue Therapieformen beschrieben.

Repetitives Gangtraining: In der Annahme, dass zentralnervöse Generatoren das Gehen als repetitiven Bewegungsablauf umsetzen, wird es in unterschiedlicher Weise mit und ohne Hilfsmittel geübt. Dabei werden unterstützend Maschinen wie ein Laufband, der Gangtrainer GT1® nach Hesse, Lokomat® oder Lokohelp® eingesetzt, die (und mit teilweiser Entlastung des Körpergewichts) Gangrhythmus, Schrittlänge, Gehgeschwindigkeit und Symmetrie vorgeben und so zum „Einschleifen" eines physiologischen und ausdauernden Gangablaufs beitragen [Smania et al. 2011]. Auch Methoden der neurologischen Musiktherapie wie die rhythmisch-auditorische Stimulation (RAS) können in ähnlicher Weise zur Verbesserung des Gehens beitragen. Weiterhin unterstützend kann ein Galileo®-Training wirken, bei dem über eine Vibrationsplattform eine differenzielle Muskelfaserstimulation erfolgt, die spastikmindernd und muskelkräftigend wirken soll.

Ganganalyse – Gehen verstehen®: Auf einer Video- und EMG-gestützten Ganganalyse beruht das Gehen-verstehen-Konzept® von Götz-Neumann [2002]. Nach dem Ergebnis der Ganganalyse werden die therapeutischen Interventionen zum Gangtraining gezielt geplant und Orthesen und andere Hilfsmittel verordnet.

***Constraint-induced-movement*-Therapie (CIMT):** Diese von Taub et al. [2004] entwickelte Therapieform dient der Behandlung von Hemiparesen wie z. B. der unilateral-spastischen Zerebralparese. Sie wurde zuerst mit großem Erfolg bei erwachsenen Schlaganfall-Patienten eingesetzt. Das Konzept beruht darauf, dass die nicht betroffene Hand bzw. der Arm mittels Wickeln, einer Schlinge oder eines Handschuhs einer Restriktion unterzogen wird, sodass zur Ausführung therapeutisch vorgegebener alltagspraktischer Aufgaben nur die paretische Extremität zur Verfügung steht (*Forced use*). Dadurch werden im Gehirn (experimentell bestätigt) neuroplastische Reorganisations- und Lernvorgänge in Gang gesetzt, die sukzessive zu einer besseren Bewegungsausführung und zu einem Zugewinn an motorischen Funktionen führen. Wichtig für die Therapie sind eine über einen begrenzten Zeitraum hohe Therapieintensität (z. B. 20 Stunden pro Woche über 3 bis 4 Wochen) und ein klar strukturiertes Therapieprogramm mit differenzieller Verstärkung des jeweiligen Therapieerfolgs (*Shaping*). Mit entsprechenden kindgerechten Anpassungen ist die Therapie auch gut bei Kindern mit einer Hemiparese ab etwa 3 Jahren durchführbar. Nachhaltige Therapieerfolge wurden in mehreren randomisiert kontrollierten Studien überzeugend nachgewiesen [Taub et al. 2004, Charles et al. 2006, Aarts et al. 2010]. Inzwischen hat sich gezeigt, dass eine gleich intensive und ähnlich strukturierte bimanuelle Therapie (d. h. ohne Armrestriktion) mit dem Schwerpunkt auf bimanuell zu erledigenden Alltagshandlungen zu vergleichbar guten Therapieergebnissen führt, wobei schwer betroffene Kinder wohl stärker von der CIMT profitieren [Gordon et al. 2011, Sakzewski et al. 2011, Deppe et al. 2013].

Spastik-Management: Für viele Kinder mit einer Zerebralparese stellt die Muskel-Spastizität mit ihren Folgen nach wie vor das Hauptproblem dar, das die weitere motorische Entwicklung verzögert oder unmöglich macht. Zu nennen sind muskuläre Ungleichgewichte zwischen Flexoren und Extensoren, Kontrakturen, Fehlentwicklungen der Hüftgelenke bis zu neurogenen Luxationen, Schmerzen und pflegerische Probleme. So kann das Sitzen wegen einer Hüftbeugerspastik, das Stehen und Gehen wegen einer Adduktorenspastik oder die Schuhversorgung und das Laufen wegen eines spastischen Spitzfußes erschwert sein. Effektives Spastikmanagement bildet daher eine Voraussetzung für eine erfolgreiche Bewegungstherapie und eine zufriedenstellende motorische Entwicklung. Dafür ist eine enge Kooperation zwischen Ärzten verschiedener Fachdisziplinen, Physiotherapeuten und Orthopädietechnikern erforderlich. Physiotherapeutisch wird mit manueller Muskeldehnung und Mobilisation, Tapingtechniken und Bandagierungen gearbeitet. Wesentlich sind auch adäquate Positionierung, die Erarbeitung von posturaler Stabilität und Alignement und die aktive Muskelkräftigung (z. B. Motomed, Laufband). Diese Maßnahmen können je nach individueller Problemlage und individuellem Bedarf unterstützt, ergänzt und erweitert werden durch (ggf. serielle) Redressionsgipse (z. B. beim spastischen Spitzfuß), Botulinumtoxin-Injektionen oder orthopädische Operationen. Als neue Verfahren kommen auch eine selektive dorsale Rhizotomie (vor allem bei GMFCS II) oder eine intrathekale Baclofen-Applikation (bei GMFCS IV oder V) nach Implantation einer Medikamenten-Pumpe in Betracht (GMFCS = Gross Motor Function Classification System, Tab. 4.5). Alle genannten Interventionen haben in randomisierten kontrollierten Studien ihre Wirksamkeit bewiesen [Übersicht bei Novak et al. 2013]. Wesentlich aktivitätssteigernd und in die Physiotherapie integrierbar wirken sich auch moderne Orthesen aus. Durch die Verwendung von Kunststoffen und Karbonfasern sowie einstellbaren Gelenken lassen sich Orthesen herstellen, die leicht und stabil zugleich sind, einen guten Tragekomfort bieten und ggf. auch eine gute Dynamik und die Unterstützung vorhandener, wenngleich vielleicht abgeschwächter Muskelfunktionen ermöglichen.

Medikamentöse Therapie

Die medikamentöse Herabsetzung der Spastik, der primären Störung [Molenaers et al. 2004], wird im Allgemeinen mit einer Minderung der Antriebsfreude erkauft. Sie ist daher nur von begrenztem Wert, häufig aber unumgänglich. Verwendet werden neben Tolperison, Dantrolen und Diazepam vor allem Baclofen (Lioresal) und Tizanidin [Sirdalud, s. z. B. O'Brian 2004, Krach 2005, Köckeritz 2011]. Günstiger ist die lokale

Applikation von Botulinumtoxin in den hypertonen Muskelbauch (Botox) in dreimonatigen Abständen. Kontrakturen sind damit allerdings nicht zu beeinflussen.

Botulinumtoxin ist zur Kontrakturbehandlung nicht geeignet.

Die intrathekale Infusion von Baclofen über einen intraduralen Katheter mithilfe einer subkutan abdominal implantierten auffüllbaren Pumpe ist Patienten mit schwerer und schwerster Spastizität vorbehalten und weitgehend frei von zerebralen Nebenwirkungen. Sie vermindert die Spastizität und dämpft die Dystonie. Überdosierungen sind erkennbar an muskulärer Hypotonie, Antriebsminderung und Atemdepression, Unterdosierungen an wieder gesteigertem Muskeltonus, Hautjucken, Unruhe, Fieber, epileptischen Anfällen bis hin zur Rhabdomyolyse und zum Multiorganversagen [Fairhurst 2012].

Medikamentöse Therapie der IZP

Medikamentöse Ansätze – Spasmolytika, per os

- Baclofen: 1.–2. Lebensjahr: 10–20 mg/d, 3 ED; 3.–10. Lebensjahr: 30–60 mg/d, 3 ED
- Dantamacrin (> 5. Lebensjahr): ½ Tbl. zu 25 mg – Dantrolen
- (Akatinol-) Memantine (> 4. Lebensjahr): z. B. Axura – 10-mg-Tbl. – 0,5 mg/kg/d (nicht nach 14 h)
- Mydocalm (> 3. Lebensmonat): 50-mg-Tbl. – Tolperison
- Sirdalud 2 mg/d: Tizanidin.

Baclofen, intrathekal (intradural)

- Fassungsvolumen der Baclofen-Pumpe: 20 ml
- Konzentration des Medikaments: 2000 µg/ml (2 mg/ml)
- Nachfüllung: kann ambulant erfolgen – keine Lokalanästhesie – Auffüllset.

Gipsverbände und Apparateversorgung

Manchmal beobachtet man unter in mittlerer Gebrauchsstellung durchgeführter Ruhigstellung der spastischen Gliedmaße im gepolsterten Gipsverband für ein- oder zweimal 14 Tage ein mehr oder weniger lange anhaltendes Nachlassen des Tonus, die Spastizität „schläft ein“. Unterstützend wirkt die vorausgehende Injektion von Botulinumtoxin in den Muskelbauch. Auch Kontrakturen lassen sich durch Etappenredressement und anschließende Gipsruhigstellung für jeweils 2 Wochen bessern oder beseitigen. Das gilt besonders für die Beugekontraktur des Kniegelenks und für den spastischen Spitzfuß, aber auch für die Beugekontraktur des Ellenbogengelenks und die spastische Fallhand. Kaum erfolgversprechend sind redressierende Maßnahmen an den Finger- und an den Zehengelenken. Die Gebrauchsfähigkeit spastisch paretischer unterer Gliedmaßen kann häufig durch Stützung und Führung mit orthopädischen Apparaten und Schuhen gebessert werden. Besondere Bedeutung besitzen Lagerungsschienen zur Vermeidung von Kontrakturen und nach Redressionsbehandlungen. Sie werden nach Gipsabdruck möglichst in Neutralstellung und nach Gipsmodell angefertigt. Zum Einsatz kommen außerdem Sitzkissen, Sitzschalen, Greifhilfen, Gehhilfen, Rollstühle, Dreiräder („Therapieräder“) u a.

Operative Behandlung

Eingriffe am Nervensystem: Die bis in die 50er-Jahre üblichen schwer dosierbaren Teilresektionen peripherer motorischer Nerven zur Beeinflussung der Spastik und zur Kontrakturprophylaxe [Operation nach Stoffel, 1931] werden kaum noch ausgeführt. Über die partielle Resektion lumbaler Nervenwurzeln zwischen L2 und S2 unter EMG-Kontrolle bei ausgewählten Diparetikern bzw. Tetraparetikern berichteten van Schie et al. [2005] sowie Park u. Johnston [2008]. Der Eingriff unterbricht den Reflexbogen. Er kommt nur in Betracht bei Patienten, die über ein Mindestmaß an Mobilität verfügen und keine wesentlichen Deformierungen aufweisen. Sein detonisierender Effekt hält bis zu 5 Jahren an [Greenberg 2006]. Bei etwa einem Drittel der Patienten werden im Gefolge Skoliosen, Rückenschmerzen, sensible Störungen und Störungen der Blasen- oder der Darmfunktion beobachtet. Partielle longitudinale Myelotomien bei Th12 unterbrechen den Reflexbogen unter Erhalt des Tractus corticospinalis. In den Conus medullaris hinein verlängert, setzen sie den Tonus der Blasenmuskulatur herab mit der Folge, dass sich die Blasenkapazität erhöht [Greenberg 2006]. Der Eingriff ist mit dem Risiko verbunden, dass die Willkürmotorik nachhaltig geschädigt wird. In günstig gelagerten Fällen lässt sich eine einseitige Dystonie durch eine stereotaktische Operation am Thalamus oder am Nucleus dentatus beeinflussen [zit. nach Greenberg]. Intramuskuläre oder intrathekale Injektionen von Phenol, Neurektomien, beispielsweise des N. obturatorius bei hochgradiger Adduktorenspastik, vordere Rhizotomien (Durchtrennungen von Vorderwurzeln) und transversale Myelotomien hinterlassen statt der Spastik schlaffe Lähmungen und kommen nur noch ausnahmsweise infrage bei schwerstbehinderten Patienten mit einer mit den „üblichen“ Mitteln nicht beherrschbaren Spastizität.

Orthopädisch-operative Behandlungsmöglichkeiten: Die Indikation zur operativen Korrektur der sekundären Störungen hängt ab vom Ausmaß und von der Art der Schädigung sowie von dem Ziel, das erreicht werden soll. Es handelt sich immer um die Beseitigung von Kontrakturen und von Verformungen des Skeletts, also um eine Korrektur der Folgen, die die Grundkrankheit hinterlassen hat. Insofern ist auch die Effizienz neurochirurgischer und orthopädischer Eingriffe nicht vergleichbar [s. z. B. Buckon 2004]. Ein Eingriff kann der Stabilisierung des Rumpfes und der Herstellung bzw. dem Erhalt der (gewöhnlich begrenzten) Steh- und Gehfähigkeit dienen oder auch die Gebrauchsfähigkeit des Arms bzw. der Hand steigern. Er setzt dann die Fähigkeit des Patienten voraus, sich aktiv an der physiotherapeutischen Nachbehandlung zu beteiligen, obwohl es ihm seine mangelhafte Perzeptionsfähigkeit erschwert, sich der veränderten Situation im Raum anzupassen. Ein Eingriff kann andererseits auch bei Schwerstbehinderten ohne die Fähigkeit zu einer aktiven Beteiligung an der Behandlung erforderlich werden, um die Körperpflege zu erleichtern und beispielsweise das Anziehen der Schuhe oder die Anlage von Lagerungsschienen zu ermöglichen. Ein besonderes Problem stellt die Therapie der sekundären Hüftgelenkserkrankung dar: Sie soll die „spastische Luxation" verhindern, darf jedoch die Leistungsfähigkeit der pelvitrochanteren Muskulatur nicht mindern (Abb. 4.35).

Auch die relative „Überdosierung" einer intertrochanteren varisierenden Osteotomie kann zur Steh- und Gehunfähigkeit des IZP-Patienten führen.

Operative Eingriffe an Sehnen, Muskeln und am Skelett dienen dazu, die Folgen der Spastizität zu vermindern oder zu beseitigen, die Mobilität des Patienten zu verbessern, seine Unabhängigkeit zu steigern, aber auch bei Schwerstbehinderten pflegerische Maßnahmen und die Spastik dämpfende Lagerungen zu ermöglichen. In erster Linie stehen zur Verfügung: Z-förmige Verlängerungen von Sehnen, beispielsweise der Achillessehne beim spastischen Spitzfuß, Sehnentranspositionen, mit denen sich eine überschießende Muskelfunktion schwächen, ein zu schwacher Antagonist stärken lässt, und perkutane oder – seltener – offene Tenotomien beispielsweise der Adduktorensehnen. Sehnenverlängerungen stellt man zweckmäßig eine Redressionsbehandlung voraus, um den Umfang des Eingriffs möglichst zu begrenzen. Sehnentranspositionen lassen einen Erfolg nur erwarten, wenn Kontrakturen vorher beseitigt worden sind. Der Wert von Sehnenverlängerungen und Sehnenablösungen ist nicht nur in ihrer direkten Wirkung auf die Kontraktur des Muskels zu sehen, sondern die Entspannung der Sehne senkt seinen Tonus und beeinflusst positiv die reziproke Innervation von Agonisten und Antagonisten, die Kokontraktion. Postoperativ ist nach Eingriffen an den unteren Extremitäten in jedem Fall eine 4-wöchige Ruhigstellung am besten im gut gepolsterten Oberschenkel- bzw. Beckengipsverband erforderlich, mit einem Wechsel nach 14 Tagen zur Wundkontrolle, zur Hautpflege und für das vorbereitende Anpassen von Orthesen. Wenn erreichbar, wird der Fuß rechtwinklig zum Unterschenkel eingestellt, das Kniegelenk 10° gebeugt, das Hüftgelenk jeweils 10° gebeugt und abduziert. Nach Ablauf der 4. Woche und vorsichtigem Öffnen des Gipsverbandes, dem „Schalen", wird das Bein zur Hautpflege herausgenommen und anschließend wieder in der dorsalen Schale gelagert. Am nächsten oder übernächsten Tag schließt sich die Anlage von Lagerungsschienen in der erreichten Korrektur („Nachtschienen"), ggf. auch von Tagschienen und die Versorgung mit Einlagen oder orthopädischen Schuhen je nach Ausgangsbefund und Operationsziel an. Die physiotherapeutische Nachbehandlung, die bei Bedarf medikamentös unterstützt wird, besteht zunächst aus isometrischen Übungen „in der Schale" und einer vorsichtigen passiven Gelenkmobilisierung, gefolgt von Lagewechseln, isotonischen Übungen „aus der Schale", im Bett und auf der Liege, von Steh- und Gleichgewichtsübungen mit gleichmäßiger Belastung beider Beine, unter Einsatz von Gehhilfen, Rollator, Gehwagen. Ergänzt wird das Spektrum der operativen Behandlungsmöglichkeiten durch Osteotomien zur Beseitigung von Achsenfehlern und nach Wachstumsende durch Arthrodesen, z. B. der Fußwurzelgelenke bei Hackenfuß, Spitzfuß, Klumpfuß, sowie durch Resektionsarthroplastiken, z. B. an den Zehengelenken, aber auch an den Hüftgelenken nicht stehfähiger Patienten. Ein operativer Eingriff korrigiert nicht nur die Deformität, sondern er verändert die assoziierten Reaktionen, er beeinflusst den gesamten Haltungs- und Bewegungsapparat und führt, an den unteren Extremitäten vorgenommen, zu einer vorübergehenden Instabilität des Patienten [von Zawadzky 2000]. Der mögliche Einfluss von Korrekturoperationen an den unteren Extremitäten auf die Statik muss also präoperativ genau abgewogen werden. In der Regel beginnt man proximal, beseitigt also zunächst – wenn erforderlich – die Kontrakturen des Hüftgelenks und des Kniegelenks und schließlich den Spitzfuß oder andere Fußdeformitäten. Andererseits kann die Korrektur eines Spitzfußes die „Neigung" des Hüftgelenks zu Adduktion und Innenrotation günstig beeinflussen.

Auch bei den sehr viel selteneren Operationen an den oberen Extremitäten geht man in der Regel von proximal nach distal vor: Eine in ihrer Greiffähigkeit gebesserte Hand nützt nur, wenn vorher wenigstens die am meisten behindernden Kontrakturen von Schulter- und Ellenbogengelenk beseitigt worden sind. Die Gefahr, dass an einer oberen Extremität Kontrakturen entstehen, ist besonders groß bei Patienten mit asymmetrischer Erkrankung, weil der „kränkeren" Hand undifferenzierte Haltefunktionen zugewiesen werden. Das Ziel eines Eingriffs an der Hand besteht ebenfalls nicht nur darin, ihren Aspekt zu verbessern, sondern er soll wenigstens den Spitzgriff, im Idealfall natürlich die Greiffunktion der gesamten Hand herstellen. Eine wichtige Voraussetzung für den funktionellen Erfolg besteht in einer möglichst ungestörten Sensibilität. Das Operationsverfahren richtet sich nach den intellektuellen Fähigkeiten des Patienten und berücksichtigt seine gesamte körperliche Verfassung. Die Ruhigstellung nach Operationen am Schultergelenk erfolgt mittels einer Orthese, nach distaleren Eingriffen in einem Oberarmgipsverband mit bis zu rechtwinklig gebeugtem Ellenbogengelenk, 0°-Rotation des Unterarms und um jeweils 20° dorsalflektierter und nach ulnar abduzierter Hand. Er reicht dorsal bis an die Enden der Metakarpalien, palmar bis an die Verbindungslinie der beiden Beugefurchen. Modifikationen des Gipsverbandes sind nur dann erforderlich, wenn am Daumen oder an den Langfingern selbst operiert worden ist. Die besten funktionellen und kosmetischen Ergebnisse werden naturgemäß bei Patienten erreicht, die zumindest über eine eingeschränkte Handfunktion verfügen, die in der Lage sind, bei aktiver Beugung des Handgelenks die Finger zu strecken [Manolikakis u. Schörle 2010]. Eine Beurteilung der Handfunktion ist mit den Einteilungen von Goldner [1990] bzw. mit dem Manual Ability Classification System von Eliasson et al. [2006] möglich [s. z. B. Fairhurst 2012].

Goldner-Einteilung der Handfunktion [modifiz. nach Manolikakis u. Schörle 2010]
- kaum eingeschränkte Funktionen – keine Operationsindikation
- Adduktions- und Beugekontraktur des Daumens, mittelgradige Beugekontraktur des Handgelenks, Fingerstreckung nur bei maximaler Beugung des Handgelenks möglich
- wie 2., außerdem Fingerstreckung nicht möglich.

Operationsprinzipien

> Wichtig:
> - Schmerzen lösen Spastik aus – großzügige postoperative Schmerzbekämpfung
> - Volle Blase, voller Darm lösen Spastik aus – für Entleerung sorgen.
> - Psychische Beunruhigung löst Spastik aus – vermeiden, bei Bedarf medikamentös ausschalten
> - Brüske pflegerische Maßnahmen lösen Spastik aus – vorsichtiger Umgang mit dem Patienten.

Untere Extremitäten

Hüftgelenk

- Adduktionskontraktur: perkutane Tenotomie der Adduktorensehnen
- Beugekontraktur: perkutane Tenotomie der „Spinamuskeln" distal der Spina iliaca anterior superior + subkutane Adduktorentenotomie; wenn nicht ausreichend: offene Ablösung der Ursprünge der Mm. sartorius, gluteus medius und tensor fasciae latae von der Spina iliaca anterior superior, des M. rectus femoris von der Spina iliaca anterior inferior sowie der Iliopsoassehne vom Trochanter minor, ggf. horizontale Kapsulotomie des Hüftgelenks (Lig. iliofemorale); beachten: N. cutaneus femoris lateralis
- ausgeprägte Beuge-Adduktions-Kontraktur: wenn Tenotomie der Adduktorensehnen nicht ausreicht, vor allem bei nicht steh- und gehfähigen Patienten Osteotomie des proximalen Femurs oder Osteotomie in Höhe des Tuber ossis ischii (Schanz'sche Osteotomie, postoperatives Genu valgum!), ggf. Resektion des Caput femoris
- Innenrotationskontraktur: Verlagerung des ventralen Anteils des M. gluteus medius sowie des M. tensor fasciae latae nach dorsal, Verlagerung des Ursprungs des M. rectus femoris auf den M. vastus lateralis, Kapsulotomie des Hüftgelenks oder Drehosteotomie des proximalen Femurs

Kniegelenk

- Beugekontraktur: Ablösung der Mm. gracilis, semitendinosus und semimembranosus von der proximalen Tibia, des M. biceps femoris vom Caput fibulae (N. fibularis!), ggf. Reinsertion an der Dorsalfläche des distalen Femurs. Längsspalten der Retinacula patellae (medial: N. saphenus!); wenn Mitarbeit des Patienten an postoperativen krankengymnastischen Maßnahmen zu erwarten ist, Transposition abgelöster Sehnen auf den M. rectus femoris; wenn die Weichteiloperation nicht ausreicht, extendierende Osteotomie des distalen Femurs
- mäßig ausgeprägte Beugekontraktur + Spitzfuß: Ablösung der Ursprünge des M. gastrocnemius von der Dorsalseite des distalen Femurs.

Fuß
- Spitzfuß: wenn sich der Fuß bei gestrecktem Kniegelenk nicht rechtwinklig zum Unterschenkel einstellen lässt, frontale oder sagittale Z-förmige Tenotomie der Achillessehne, je nach Fußdeformität. Sehnennaht bei Rechtwinkelstellung des Fußes unter leichter Anspannung der Sehne
- Hackenfuß: als Folge der Spastizität selten, eher Resultat einer zu ausgedehnten Verlängerung der Achillessehne. Raffung der Achillessehne + Transposition der Sehne des M. fibularis brevis. Nach Wachstumsabschluss ist die Arthrodese des oberen und des unteren Sprunggelenks meist günstiger.
- Klumpfuß: Für die Behandlung dienen die auch sonst üblichen Verfahren.
- Plattfuß: meist in Verbindung mit Genu valgum. Vergrößert die Auftrittsfläche. Korrektur technisch schwierig und nicht immer empfehlenswert: Arthrolyse, Implantation eines aufrichtenden Knochenspans in den lateralen Sinus tarsi (Operation nach Grice) bzw. varisierende (= adduzierende) Osteotomie des Kalkaneus (Operation nach Evans, sogenannte Kalkaneusverlängerung)
- Hallux valgus, Hallux malleus: übliche Korrekturen des 1. Fußstrahls bzw. Verlängerung der Sehne des M. flexor hallucis longus.

Krallenzehen
- perkutane oder offene Tenotomie der Sehnen des M. flexor digitorum longus
- Dorsalluxation des MP-Gelenks: proximale Teilresektion der Grundphalanx
- Beugekontraktur des PIP-Gelenks: distale Teilresektion der Grundphalanx.

Obere Extremitäten

Schultergelenk
- Adduktions-Innenrotations-Kontraktur: Ablösung der Sehne des M. pectoralis major von der Crista tuberculi majoris und des M. subscapularis vom Tuberculum minus und von der Crista tuberculi minoris, ventrale und kaudale Kapsulotomie des Schultergelenks

oder
- Transposition der Mm. latissimus dorsi et teres major von der Crista tuberculi minoris humeri auf die Dorsallateralseite des proximalen Humerusschafts

oder
- Osteotomie des proximalen Humerus

Ellenbogengelenk
- Beugekontraktur: Durchtrennung der Aponeurosis musculi bicipitis brachii, Ablösen des M. biceps brachii von der Tuberositas radii und des M. brachialis von der Tuberositas ulnae

Unterarm
- Pronationskontraktur: Ablösen der Mm. pronator teres et pronator quadratus vom distalen Radius

oder
- Osteotomie des Radius in Schaftmitte (R. superficialis nervi radialis!), ggf. ergänzende Arthrodese der Articulatio radioulnaris proximalis

Hand
- spastische Fallhand: Ablösen der Muskelursprünge vom Epicondylus medialis humeri wie bei der ischämischen Kontraktur (s. unten)

oder
- Korrektur in der Technik der Radialisersatzplastik und palmare Kapsulotomie des Karporadialgelenks, nach Wachstumsabschluss gewöhnlich in Verbindung mit der Arthrodese des Handgelenks. Danach oft auch Besserung der Schwanenhalsdeformitäten
- Adduktionskontraktur des Daumens: Ablösung des M. adductor pollicis vom Os metatarsale III, Arthrodese der Articulatio carpometacarpalis pollicis (Daumensattelgelenk), wenn erforderlich auch vor Wachstumsabschluss
- Beugekontraktur des Daumens: Verlängerung der Sehne des M. flexor pollicis longus, ggf. Stärkung der Daumenextension durch den M. brachioradialis
- Schwanenhalsdeformität: Tenotomie der Sehnen der Mm. lumbricales et interossei
- Beugekontraktur der PIP- und DIP-Gelenke: Vorgehen wie bei der ischämischen Kontraktur: Ablösung der Beugemuskulatur vom Epicondylus medialis humeri, von der Kapsel des Ellenbogengelenks, von der Ulna, von der Membrana interossea und vom Radius, ggf. handgelenknahe Tenotomie der Sehnen des M. flexor digitorum superficialis.

Rumpf
- Skoliose, Hyperlordose, Hyperkyphose der Wirbelsäule
  Korsettbehandlung nicht immer möglich und nicht immer erfolgreich
  frühzeitige stabilisierende Operationen erforderlich, mit dem Ziel, den Kopf lotrecht über dem Becken einzustellen und Schäden vor allem am Lungenkreislauf zu verhindern
- Rippenbuckel: Resektion erst nach Stabilisierung der Wirbelsäule. Resektion eines dem Beckenkamm aufsitzenden unteren Rippenbogens provoziert ohne vorhergehende Spondylodese ein weiteres Zusammensinken des Rumpfes.

4.5.2.1.5 Prognose
Prognostisch bedeutsam ist die Antwort auf die Frage, ob der Patient laufen lernen wird oder nicht. Positiv kann sie in der Regel bei Patienten mit spastischer Hemiparese, normaler Sehfähigkeit und normalem Entwicklungsquotienten beantwortet wer-

den. Die Prognose ist ebenfalls bei Kindern als günstig zu bezeichnen, die sich mit den Händen in Bauchlage abstützen können, die sich spätestens mit 18 Monaten vom Rücken auf den Bauch drehen oder die spätestens mit 24 Monaten frei sitzen können. Einen sehr wichtigen positiven Prädiktor stellt die Fähigkeit zur Kopfkontrolle mit 9 Lebensmonaten dar. Eine negative Voraussage ergibt sich bei fehlender Kopfkontrolle nach dem 20. Lebensmonat. Auch ein alternierendes Krabbeln mit 30 Lebensmonaten gilt als positives Vorzeichen. Eine funktionelle Prognose im Alter von 3 Jahren beinhaltet Folgendes: Wenn eine adäquate Rumpfkontrolle fehlt, ist Rollstuhlabhängigkeit zu erwarten. Liegt eine adäquate Rumpfkontrolle vor, ist bei intensiver Physiotherapie, Orthesenversorgung und evtl. korrigierenden Operationen ein Laufen möglich. Besteht bei einer spastischen Tetraparese am Ende des 4. Lebensjahres keine freie Gehfähigkeit, ist sie auch nicht mit 7 Jahren oder später zu erwarten.

Morbidität und Mortalität sind von Art und Schwere der Zerebralparese bestimmt. Die Zerebralparese bedeutet häufig eine Einschränkung der Lebensqualität auch durch verminderte Möglichkeiten zur Partizipation am sozialen Leben und durch Einschränkung der sozialen Aktivitäten. Die Patienten benötigen in erster Linie Kommunikation, gefolgt von Selbstständigkeit im Alltag und schließlich Mobilität. Mobilität bedeutet dabei nicht unbedingt Gehfähigkeit.

Die Lebenserwartung ist abhängig von der Schwere der Zerebralparese, von Begleiterkrankungen, vom sozioökonomischen Status der Familie, von den Ressourcen des Gesundheitssystems und vom Ausmaß und von der Qualität der Pflege. Generell ist zu beobachten, dass die intensive im Kindesalter durchgeführte Therapie im Jugend- und Erwachsenenalter nicht zuletzt wegen der zunehmenden Größe und wegen des zunehmenden Körpergewichts der Patienten oft eingeschränkt wird mit der Folge, dass sich Zustand und Funktionen gewöhnlich rapide verschlechtern und eine dauerhafte Unterbringung zumindest der Schwer- und Schwerstbehinderten in einer Pflegeeinrichtung nicht zu umgehen ist. Die Lebensqualität des Erwachsenen hängt bei Fehlen einer nennenswerten geistigen Behinderung von den Aktivitäten des täglichen Lebens, von der Mobilität und von seinen Möglichkeiten zur Kommunikation ab. Sie wird eingeschränkt durch eine schlechte soziale Integration. Die Lebensqualität von Angehörigen, etwa von Müttern, ist signifikant erniedrigt. Dies bezieht sich auf körperliche Verfassung, Vitalität, Emotionalität und psychische Gesundheit.

4.5.2.2 Minimale frühkindliche Hirnschädigung

Es handelt sich um pränatal, perinatal oder postnatal entstandene geringfügige Hirnschädigungen. Sie machen sich bei den betroffenen Kindern „lediglich" durch Störungen der Koordination, „Fahrigkeit", manuelles Ungeschick, Lernschwäche und mangelnde Konzentrationsfähigkeit bemerkbar, obwohl die Intelligenz eigentlich normal ist. Die Schrift ist meist schlecht lesbar, das Sprechen oft undeutlich. Manchmal besteht eine Legasthenie.

Differenzialdiagnostisch ist an die hereditären motorisch-sensiblen Neuropathien, Muskeldystrophien und Myelodysplasien zu denken.

4.5.3 Literatur

Aarts PB, Jongerius PH, Geerdink YA, van Limbeek J, Geurts AC (2010) Effectiveness of modified constraint-induced movement therapy in children with unilateral spastic cerebral palsy: a randomized controlled trial. Neurorehabil Neural Repair 24:509–18.

Bobath B, Bobath K (1989) Die motorische Entwicklung bei Zerebralparesen. 3. Aufl. (Übersetzung aus dem Englischen). Georg-Thieme-Verlag Stuttgart New York.

Brähler E et al. (2002) Brickenkamp. Handbuch psychologischer und pädagogischer Tests. Hogrefe-Verlag Göttingen.

Brandt I (1982) Untersuchung der funktionellen kindlichen Entwicklung. Milupa GmbH.

Buckon CE et al. (2004) Selective dorsal rhizotomy versus orthopedic surgery: a multidimensional assessment of outcome efficacy. Arch Phys Med Rehabil 85:457–465.

Butler C, Darrah J (2001) Effects of neurodevelopmental treatment (NDT) for cerebral palsy: an AACPDM report. Dev Med Child Neurol 43(11):778–90.

Charles JR, Wolf SL, Schneider JA, Gordon AM (2006) Efficacy of a child – friendly form of constrain – induced movement therapy in hemiplegic cerebral palsy: a randomized control trial. Dev Med Child Neurol 48:635–42.

Crickmay MCC (1994) Sprachtherapie bei Kindern mit zerebralen Bewegungsstörungen auf der Grundlage der Behandlung nach Bobath. Edition Marhold im Wissenschaftsverlag Spiess Berlin.

Darrah J, Watkins B, Chen L, Bonin C, (2004) AACPDM. Conductive education intervention for children with cerebral palsy: an AACPDM evidence report. Dev Med Child Neurol 46(3):187–203.

Deppe W, Thümmler K, Fleischer J, Berger C, Meyer S, Wiedemann B (2013) Modified constraint-induced movement therapy versus intensive bimanual training for children with hemiplegia – a randomized controlled trial. Clin Rehabil 27:909–920.

Deppe W (2010) Neurorehabilitation im Kindes- und Jugendalter. In: Frommelt P, Lösslein H (Hrsg) NeuroRehabilitation. Springer-Verlag Berlin Heidelberg, 581–609.

Döderlein L (2007) Infantile Zerebralparese. Steinkopff-Verlag Darmstadt.

Dorn S (2012) Perinatale Asphyxie reifer Neugeborener–prognostische Faktoren für die psychomotorische Entwicklung und daraus folgende Handlungskonsequenzen. Diss. Univ. Ulm.

Fairhurst C (2012) Cerebral palsy: the whys and hows. Arch Dis Child Educ Pract Ed 97:122–131.

Franki I, Desloovere K, De Cat J, Feys H et al. (2012) The evidence-base for conceptual approaches and additional therapies targeting lower limb function in children with cerebral palsy: a systematic review using the ICF as a framework. J Rehabil Med 44(5): 396–405.

Friedrich G, Preiss G (2002) Leben mit Köpfchen. Gehirn und Geist 4:64–70.

Gordon AM, Hung YC, Brandao M, et al. (2011) Bimanual training and constraint-induced movement therapy in children with hemiplegic cerebral palsy: a randomized trial. Neurorehabil Neural Repair 25:692–702.

Götz-Neumann K (2011) Gehen verstehen–Ganganalyse in der Physiotherapie. 3. Aufl. Georg-Thieme-Verlag Stuttgart.

Greenberg MS (Hrsg, 2006) Handbook of Neurosurgery. Thieme Medical Publishers New York.

Hedderich I (1991) Schulische Situation und kommunikative Förderung Schwerstbehinderter. Edition Marhold im Wissenschaftsverlag Spiess Berlin.

Hoare B, Imms C, Carey L, Wasiak J (2007) Constraint-induced movement therapy in the treatment of the upper limb in children with hemiplegic cerebral palsy: a Cochrane systematic review. Clin Rehabil 21:675–685.

Köckeritz St (2011) Anwendung von Botulinumtoxin A in der Behandlung der spastischen infantilen Cerebralparese. Diss. Med. Fak. Friedrich-Alexander-Universität Erlangen-Nürnberg.

Krach LE et al. (2005) One year after continuous intrathecal baclofen infusion. Pädiatr Rehab 3:207–213.

Krägeloh-Mann I (2001) Klassifikation, Epidemiologie, Pathogenese, Klinik. In: Heinen, F, Bartens W (Hrsg) Das Kind und die Spastik. Verlag Hans Huber Bern, 37–48.

Kratz Th (2004) Zur Bedeutung der subpartalen Asphyxie für die Prognose späterer asphyxieassoziierter Erkrankungen und Behinderungen. Diss. Univ. Marburg.

Kunze K, Altkirch H. (1999) Praxis der Neurologie. Georg-Thieme-Verlag Stuttgart.

Largo RH (1993) Babyjahre. Die frühkindliche Entwicklung aus biologischer Sicht. Carlsen-Verlag Hamburg.

Law M, Russell D, Pollock N, Rosenbaum P, Walter S, King G (1997) A comparison of intensive neurodevelopmental treatment plus casting and a regular occupational therapy program for children with cerebral palsy. Dev Med Child Neurol 39(10):664–70.

Manolikakis G, Schörle CM (2004) Die obere Extremität bei der infantilen Zerebralparese. Orthopäde 33:1163–1172.

Manolikakis G, Schörle CM (2010) Neuroorthopädie der oberen Extremität. Orthopäde 39:53–61.

Masuhr KF, Neumann M (2007) Duale Reihe Neurologie. Georg-Thieme-Verlag Stuttgart.

Merkenschlager A, Matzen P, Gräfe G (2007) Neuroorthopädie und Neuropädiatrie. In: Matzen P (Hrsg) Kinderorthopädie. Verlag Urban & Fischer München.

Michaelis R, Niemann G (2004) Entwicklungsneurologie und Neuropädiatrie. Georg-Thieme-Verlag Stuttgart.

Mietzel G (2002) Wege in die Entwicklungspsychologie: Kindheit und Jugend. Beltz-Verlag Weinheim.

Molenaers G et al. (2004) Botulinumtoxin A bei der Behandlung der infantilen Zerebralparese. Orthopäde 33:1119–1128.

Novak I, McIntyre S, Morgan C, Campbell L et al. (2013) A systematic review of interventions for children with cerebral palsy: state of the evidence. Dev Med Child Neurol 55:885–910.

O'Brian DF et al. (2004) Effect of dorsal rhizotomy on need for orthopedic surgery for spastic quadriplegic cerebral palsy ... J Neurosurg 101:59–63.

Palisano R et al. (2011) Development and reliability of a system to classify gross motor function in children with cerebral palsy. Dev Med Child Neurol 53:214–223.

Paneth N (2001) Cerebral palsy in term infants–birth or before birth? J Pediatr 138:798–804, zit. nach Kratz 2004.

Piaget J (1975) Nachahmung, Spiel und Traum, die Entwicklung der Symbolfunktion beim Kinde. Klett-Verlag Stuttgart.

Ritter G, Welling A (2007) Die 10 Prinzipien des Bobath-Konzepts in der Kindertherapie. Georg-Thieme-Verlag Stuttgart.

Sakzewski L, Ziviani J, Abbott DF, Macdonnell RA, Jackson GD, Boyd RN (2011) Randomized trial of constraint-induced movement therapy and bimanual training on activity outcomes for children with congenital hemiplegia. Dev Med Child Neurol 53:313–320.

van Schie PEM et al. (2005) Selective dorsal rhizotomie in cerebral palsy to improve functional abilities: evaluation of criterias for selection. Childs Nerv Syst 21:451–457.

Senst S (2013) Ossäre und weichteilige Operationen zur Behandlung von Gelenkfehlstellungen bei infantiler Zerebralparese. Orthopäde 42:1038–1046.

Smania N, Bonetti P, Gandolfi M, Cosentino A et al. (2011) Improved gait after repetitive locomotor training in children with cerebral palsy. Am J Phys Med Rehabil 90(2):137–49.

Stotz S (2004) Infantile Zerebralparese. In: Bischoff H-P et al. (Hrsg) Praxis der konservativen Orthopädie. Georg-Thieme-Verlag Stuttgart.

Stotz S, von Zawadzky R-M (Hrsg, 2000) Therapie der infantilen Cerebralparese: das „Münchner Tageskonzept". Pflaum-Verlag München.

Taub E, Landesman Ramey S, DeLuca S, Echols K (2004) Efficacy of constraint-induced movement therapy for children with cerebral palsy with asymmetric motor impairment. Pediatrics 113:305–313.

Thiele A (2007) Schriftspracherwerb unterstützt kommunizierende Menschen mit infantiler Zerebralparese. Julius-Klinkhardt-Verlag Bad Heilbrunn.

Thümmler K, Fleischer J (2011) Neurologische und orthopädische Physiotherapie. In: Rick O, Stachow R (Hrsg) Klinikleitfaden Medizinische Rehabilitation. Elsevier Urban & Fischer München, 648–658.

Trepel M (2008) Neuroanatomie. Elsevier Urban & Fischer München.

Waizy H et al. (2013) Extraartikuläre Arthrorise nach Grice/Green vs. Kalkaneusverlängerungsosteotomie nach Evans. Orthopäde 42:409–417.

von Zawadzky R-M et al. (2000) Das physiotherapeutische Behandlungskonzept als Entwicklungstherapie auf neurophysiologischer Grundlage. In: Stotz S, von Zawadzky R-M (Hrsg) Therapie der infantilen Cerebralparese. Pflaum-Verlag München, 144.

4.6 Hereditäre Stoffwechselstörungen des Gehirns

Peter Matzen, Andreas Merkenschlager

Angeborene Enzymdefekte können unter anderem den Lipid-, den Aminosäure oder den Kohlenhydratstoffwechsel betreffen und sich bereits im Säuglings- oder Kleinkindalter durch schwerwiegende neurologische Symptome manifestieren: Zurückbleiben der psychischen und der motorischen Entwicklung, Sehstörungen bis zur Erblindung, Epilepsie, Störungen der Koordination, Spastik, Paraparese, Tetraparese. Die ebenfalls auf einen angeborenen Enzymdefekt zurückgehende Störung des Kupferstoffwechsels, der Mb. Wilson, tritt erst zwischen dem 5. und dem 40. Lebensjahr klinisch in Erscheinung (im früheren Lebensalter als Hepatopathie, ab dem 2. Lebensjahrzehnt als neurologische Störung).

Die angeborenen Störungen des Lipidstoffwechsels werden autosomal-rezessiv vererbt. Bei vielen ist der Genort bekannt und konnte das verantwortliche Gen identifiziert werden: Intermediärprodukte des Sphingolipidstoffwechsels werden außer in Gehirn und Retina im Knochenmark, in Leber und Milz gespeichert. Als *Leukodystrophie* bezeichnet man eine überwiegende Demyelinisierung der weißen Gehirnsubstanz. Man kann sie einteilen in lysosomale (z. B. metachromatische Leukodystrophie, Mb. Krabbe), peroxisomale (z. B. Adrenoleukodystrophie) bzw. genetisch determinierte Leukodystrophien (z. B. Mb. Alexander, Mb. Canavan). Daneben gibt es metabolisch oder genetisch noch nicht sicher entschlüsselte Leukodystrophien wie das Aicardi-Goutières-Syndrom. Die meist früh einsetzenden Krankheitsformen können sehr schwer verlaufen und nach einigen Monaten, spätestens nach wenigen Jahren zum Tode führen. Spätere Manifestationen sind seltener und prognostisch günstiger. Die Behandlung erfolgt symptomatisch, im Vordergrund steht die genetische Beratung der Eltern.

4.6.1 Störungen des Lipidstoffwechsels (Lipidosen, Sphingolipidosen)

Die meist autosomal-rezessiv vererbten Erkrankungen beruhen auf lysosomalen Enzymdefekten, die verantwortlich sind für die Speicherung von Intermediärprodukten des Sphingolipidstoffwechsels in unterschiedlicher Verteilung in Groß- und Kleinhirn, Rückenmark, peripherem Nervensystem, Retina, Knochenmark, Leber und Milz. Der Enzymdefekt ist pränatal in Amnion- und Chorionzellen, postnatal in Leukozyten und Fibroblasten nachweisbar. Die klinische Symptomatik von im Säuglingsalter auftretenden Erkrankungsformen setzt nach anfänglich ungestörter Entwicklung mit psychomotorischen Unruhezuständen oder mit Apathie ein. Sie lassen einen letalen Ausgang spätestens nach wenigen Jahren erwarten, bei späterem Beginn ist die Prognose besser. Eine kausale Behandlung gibt es nur bei bestimmten Formen des Gaucher-Syndroms. Genetische Untersuchungen und genetische Beratungen vor allem der Eltern stehen im Vordergrund [Masuhr u. Neumann 1996].

4.6.1.1 Gaucher-Syndrom (Morbus Gaucher, Glukozerebrosidose)

Die Glukozerebroside, unter anderem Bestandteil der Zellwand, werden wegen eines Mangels an β-Glukozerebrosidase nicht in ausreichendem Umfang hydrolysiert, ihre Bestandteile in Makrophagen und Monozyten gespeichert (Gaucher-Zellen). Über eine Freisetzung von Zytokinen kommt es zu entzündlichen Prozessen und Raumforderungen an inneren Organen und am Skelett.

Die *nicht neuronopathische (viszerale) Form* weist eine Inzidenz von 2 : 100.000 auf und kommt beispielsweise bei osteuropäischen Juden deutlich häufiger vor.

Sie ist nicht an ein bestimmtes Lebensalter gebunden und tritt bei Kindern in Form einer hochgradigen Hepatomegalie und Splenomegalie mit Thrombozytenmangel, Blutungsneigung und Anämie auf. Vor allem in spongiösen Skelettabschnitten bilden sich schmerzhafte Osteolysen, bevorzugt am proximalen (Nekrose der proximalen Epiphyse) und am distalen Femur sowie an den Wirbelkörpern, auch an den Phalangen, den Kiefern und am Sternum (Abb. 4.43). Es resultieren Skelettdeformierungen und Minderwuchs. Bei Erwachsenen stehen Hepatomegalie und Splenomegalie, wegen einer Lungenbeteiligung Husten und rezidivierende Pneumonien im Vordergrund. Die Tumordisposition ist deutlich erhöht.

Die Inzidenz der *akut neuronopathischen Form* liegt unter 1 : 100.000. Sie zeichnet sich durch eine besonders niedrige Enzymaktivität aus: Hepatomegalie, Splenomegalie, schwere Störungen des zentralen Nervensystems mit spastischen Paresen, Opis-

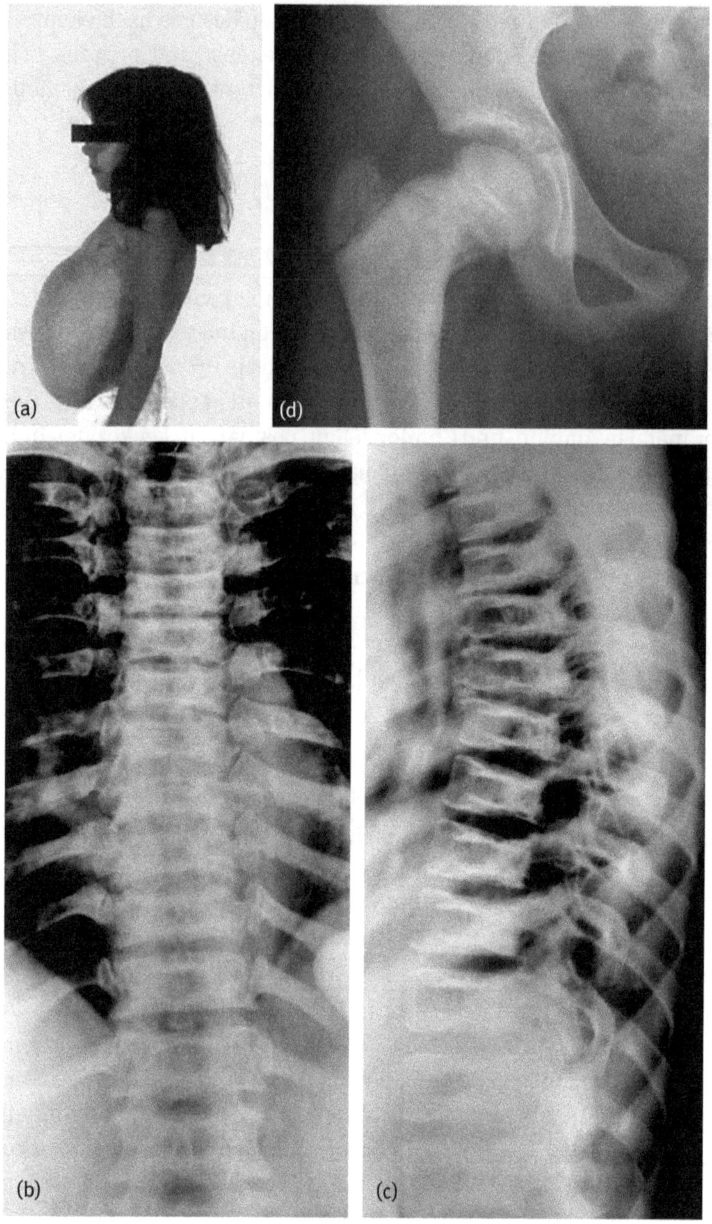

Abb. 4.43: Mb. Gaucher. (a) Hepatomegalie, Splenomegalie. (b) und (c) Neun Jahre, männlich. Brustwirbelsäule in zwei Ebenen: Platyspondylie, charakteristische Schichtung der Wirbelkörper. (d) Elf Jahre, weiblich. In Varusstellung verheilte Schenkelhalsfraktur.

thotonus, Strabismus, geistiger Behinderung. Sie wird auch dominant vererbt [Stallmach et al. 2008].

Beim *chronischen neuronopathischen (intermediären, juvenilen) Typ* liegt die Zerebrosidaseaktivität zwischen der der beiden anderen Formen. Seine Inzidenz liegt unter 1 : 100.000, z. B. in Nordschweden höher. Ab dem 2. Lebensjahr stellen sich myoklonische und klonisch-tonische Krämpfe, horizontale Blickparesen, eine zunehmende Spastizität und gering fortschreitende Demenz ein. Leber und Milz sind nur wenig vergrößert.

Die Diagnose kann verdachtsweise bei Leber- und Milzvergrößerung gestellt und durch den Nachweis einer verminderten Enzymaktivität in Leukozyten oder Fibroblasten gesichert werden. Die Aktivität von Chitotriosidase bzw. CCL 18 ist erheblich gesteigert. Im Knochenmark sind Gaucher-Zellen nachweisbar. Zur Behandlung dient die Zufuhr von gentechnisch hergestellter Glukozerebrosidase per infusionem [Imiglucerase, Dahl 2004] oder, weniger wirksam und reicher an unerwünschten Nebenwirkungen, per os von Miglustat in Form einer Substratreduktion. Die Therapie von Skelett- und insbesondere von Gelenkveränderungen erfolgt symptomatisch. Die Prognose der nicht neuronopathischen und der chronisch neuronopathischen Form ist bei regelmäßiger Enzymsubstitution gut, die des akut neuronopathischen Typs noch immer infaust.

4.6.1.2 Mb. Niemann-Pick (Sphingomyelinose)

Sphingomyelin wird in Gehirn, Leber und weißen Blutkörperchen gespeichert (Xanthomzellen). Es kommt zur Demyelinisierung der weißen Substanz. Die im ersten Lebensvierteljahr auftretende *akute infantile neuronopathische Krankheitsform* (Typ A) ist gekennzeichnet durch Dystrophie, braun-gelbliche Verfärbung der Haut, Hepatomegalie, Optikusatrophie, kirschroten Makulafleck und schlaffe Paresen. Die Kinder erreichen das 3. Lebensjahr gewöhnlich nicht. Ein *chronisch viszeraler Verlauf* (Typ B, Abb. 4.44) führt vor allem zur Hepatomegalie und beteiligt die Lungen, nicht aber das Nervensystem. Beide Formen unterscheiden sich durch die Restaktivität der sauren Sphingomyelinase. Als *Typ C* bezeichnet man eine intrazelluläre Störung des Cholesterintransports. Er ist nicht altersgebunden. Sehr früher Beginn ist gekennzeichnet durch Neugeborenenikterus, supranukleäre Blickparesen und zerebellare Ataxie. Nach späterem Ausbruch verläuft die Erkrankung sehr viel milder. Sie ist dann auch medikamentös beeinflussbar.

4.6.1.3 Gangliosidosen – Tay-Sachs-Syndrom

Wegen verringerter Aktivität der β-N-Azetyl-Hexosaminidase ist der Abbau des Gangliosids GM 2 im ZNS nicht möglich. Es wird im Gehirn und in der Retina gespeichert. Die seltene Krankheit kommt bemerkenswert häufig unter anderem bei osteuropäischen Juden, bei Iren und bei Frankokanadiern vor. Klinische Erscheinungen setzen im 3. Lebensmonat ein: progressives Schwinden der kognitiven und der motorischen

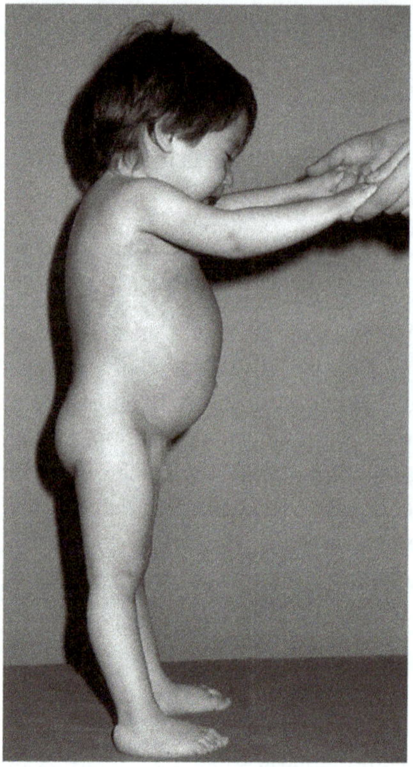

Abb. 4.44: Mb. Niemann-Pick. Chronisch viszeraler Verlauf. Nicht selbstständig stehfähig, Totalkyphose, Rekurvation der Kniegelenke, kontrakte Plattfüße.

Fähigkeiten, anfangs hypotone Muskulatur, später Tetraspastik, Seh- und Hörstörungen, Optikusatrophie, kirschroter Makulafleck. Die Behandlung muss sich auf die Beeinflussung der Symptome beschränken. Der Tod tritt spätestens im 3. Lebensjahr ein. Genetische Untersuchungen der bevorzugt erkrankenden Bevölkerungsgruppen dienen der Erfassung heterozygoter Träger der Anlage.

4.6.1.4 Metachromatische Leukodystrophie (Sulfatidose)

Diese autosomal vererbte Störung des Sulfatid-Abbaus beruht auf einem Mangel an lysosomaler Arylsulfatase A. In den Markscheiden des zentralen und des peripheren Nervensystems wird Sulfatid gespeichert. Die Inzidenz der Erkrankung liegt bei 2 (bis 3) : 100.000 Neugeborene [Kuhn et al. 2004]. Sie tritt bei fast der Hälfte der Patienten nach zunächst unauffälliger Entwicklung etwa im 3. Lebensjahr auf mit anfangs schlaffen, später spastischen Paresen, Optikusatrophie, kirschrotem Makulafleck, Epilepsie, Cholezystitis bzw. Cholelithiasis. Gleich häufig beobachtet man eine juvenile, seltener eine adulte Form [van der Knaap u. Valk 2005]. Alle verlaufen gewöhnlich innerhalb einiger Monate oder Jahre tödlich. Die Diagnose wird durch die Bestimmung der Enzymaktivität in Leukozyten und den Nachweis von verminderter Arylsulfatase-Aktivität im Urin oder gentechnisch gestellt. Im MRT sind krankheitstypische fortschreitende Demyelinisierungen des Marklagers zu erkennen [Fenchel et al. 2011]. Die Therapie erfolgt rein symptomatisch.

4.6.1.5 Mb. Krabbe

Durch einen Mangel an Galaktozerebrosidase wird der Stoffwechsel des Myelins gestört, sodass vor allem Galaktozerebrosid und Psychosin gespeichert werden. In der Folge tritt eine progrediente Demyelinisierung des zentralen und des peripheren Nervensystems ein (Leukodystrophie). Die Prävalenz der Krankheit liegt unter 1 : 100.000 Neugeborene. Sie beginnt gewöhnlich im 2. Lebensvierteljahr: Fieberattacken, Sistieren der motorischen und der intellektuellen Entwicklung, Spastik, Opisthotonus, Optikusatrophie, Taubheit, erhöhter Eiweißgehalt des Liquors, verminderte Nervenleitgeschwindigkeit. Die Therapie beschränkt sich auf die Linderung der Symptome. Der Tod tritt zu Beginn des 2. Lebensjahrs ein. Nach Stammzelltransplantationen, bei späterem Krankheitsbeginn und langsamerem Verlauf liegt die Lebenserwartung höher.

4.6.2 Störungen des Aminosäurestoffwechsels

Störungen des Aminosäurestoffwechsels werden wie die Lipidstoffwechselstörungen gewöhnlich autosomal-rezessiv vererbt. Betroffen sind die Transaminierung, die Dekarboxylierung bzw. die Desaminierung oder der Transport bestimmter Aminosäuren. Insgesamt sind mehr als 40 erbliche Erkrankungen bekannt. Sie gehen häufig mit neurologischen Störungen einher: Abnahme der Vigilanz, Verlangsamung der intellektuellen Entwicklung bis zum Schwachsinn, Epilepsie, Krämpfe, Spastik, Nystagmus. Das Haltungs- und Bewegungssystem wird gewöhnlich erst mittelbar einbezogen.

4.6.2.1 Phenylketonurie (PKU)

Bei der Phenylketonurie handelt es sich um die häufigste angeborene Störung des Aminosäurestoffwechsels [Rapps et al. 2015]. Ihre Inzidenz liegt bei 1 : 8000. Gewöhnlich verhindert eine Minderaktivität der Phenylalaninhydroxylase (PAH) die Hydroxylierung von Phenylalanin zu Tyrosin. Phenylalanin wird stattdessen als Phenylazetat, Phenyllaktat und Phenylpyruvat (namengebende Ketosäure) ausgeschieden, und es tritt ein Mangel an Tyrosin ein, das für die Bildung der Schilddrüsenhormone sowie von Melanin und Dopamin erforderlich ist. Den relativ seltenen *atypischen Phenylketonurien* (2 %) liegt ein Mangel an Tetrahydrobiopterin zugrunde, einem Koenzym der Phenylalaninhydroxylase, das für die Biosynthese von Dopamin und Serotonin große Bedeutung besitzt.

Die Entwicklung, auch das Wachstum des Gehirns ist von Geburt an gestört. Vom 4. Lebensmonat an fallen die betroffenen Kinder durch Übererregbarkeit, Hyperaktivität, epileptische Anfälle, choreatische Hyperkinesen, motorische Stereotypien und Spastik auf [Masuhr u. Neumann 1996, Rapps et al. 2015]. Sie sind meist hochgradig geistig behindert, mikrozephal, hellhäutig, hellblond, blau- oder rotäugig. Der Urin riecht charakteristisch „nach Maus".

Die Diagnose wird im Neugeborenen-Screening mittels Massenspektrometrie des Urins gestellt und säulenchromatografisch bestätigt. Eine pränatale Diagnostik ist mittels Amniozentese möglich. Die Therapie der klassischen PKU besteht in der Einhaltung einer lebenslangen Phenylalanin-freien Diät von der Neugeborenenperiode an und in der Substitution von Vitamin B12, Spurenelementen und Kalzium. Damit ist eine ungestörte körperliche und geistige Entwicklung und eine normale Lebenserwartung sicher zu erreichen [Muntau et al. 2000]. Verhaltensauffälligkeiten bleiben häufig bestehen [Rapps et al. 2015]. Darüber hinaus ist bei etwa 50 % der Patienten über eine Beeinflussung der Phenylalaninhydroxylase eine Senkung des Phenylalanin-Spiegels mit dem Medikament Kuvan zu erreichen (Sapropterin, ein synthetisches Tetrahydrobiopterin). Die Behandlung der atypischen PKU hängt von der Ursache ab und beschränkt sich nicht auf die Substitution von Tetrahydrobiopterin. Die Prognose ist nicht so gut wie bei der „klassischen" Erkrankung.

4.6.2.2 Homozystinurie

Als Ursache der Homozystinurie besteht gewöhnlich eine Funktionsstörung der Cystathionin-Synthetase. Im Plasma findet sich vermehrt Homozystein, das mit dem Urin als Homozystin ausgeschieden wird. Die Zahl der Neuerkrankungen liegt deutlich unter 1 : 100.000 mit Ausnahme von Irland und vor allem Qatar [Yap 2003, Zschocke et al. 2009]. Das klinische Bild differiert zwischen Symptomfreiheit und schwerster Symptomatik. Pathologische Laborwerte sind bereits beim Neugeborenen zu finden. Krankheitserscheinungen treten meist erst im 2. Lebensjahr auf: Zurückbleiben der psychischen und der motorischen Entwicklung, extrapyramidale Hyperkinesen [Masuhr u. Neumann 1996], Epilepsie, Linsenluxationen, Osteoporose, Arachnodaktylie, sodass ein dem Marfan-Syndrom ähnelndes Bild entsteht. Wegen einer generalisierten Schädigung der Gefäßinnenwände kommt es unbehandelt früh zu Hirn- und Herzinfarkten und oft tritt der Tod im 2. oder 3. Lebensjahrzehnt ein [Auer et al. 2001]. Die Diagnose basiert auf der Bestimmung von Homozystein im Blut bzw. Homozystin im Urin, der Enzymdefekt ist in Fibroblasten oder pränatal in Amnionzellen nachweisbar. Eine Diät in Form einer methioninarmen und zysteinreichen Nahrung verfolgt das Ziel, den Gehalt des Serums an Homozystein und Methionin zu senken [Reulecke u. Denecke 2009]. Bei selteneren Formen der Erkrankung sind auch Vit. B6, Folsäure, Vit. B12 und Betain wirksam. Unumgänglich ist eine sorgfältige Thromboseprophylaxe. Die Prognose ist nach frühzeitiger Diagnose und bei konsequent verfolgter Therapie günstig.

Obwohl man bei Patienten ohne Homozystinurie, die an einer koronaren Herzkrankheit leiden, höhere Homozysteinkonzentrationen gefunden hat als bei Herzgesunden, sind die pathophysiologischen Zusammenhänge ungeklärt. Der Wert einer prophylaktischen Zufuhr von Folsäure und von Vit. B12 als Kosubstrat bzw. als Kofaktor der Methioninsynthetase konnte bisher nicht gesichert werden [Auer et al. 2001].

4.6.2.3 Ahornsirupkrankheit (Leuzinose)

Infolge einer Insuffizienz des α-Ketosäure-Dehydrogenase-Komplexes wird der Abbau der verzweigtkettigen Aminosäuren Leuzin, Isoleuzin und Valin in der Leber, in den Leukozyten und in den Fibroblasten gestört. Sie und ihre Ketosäuren sind vermehrt im Blut und im Urin zu finden. Die Inzidenz der Erkrankung liegt unter 1 : 100.000. Sie kommt in Georgien und im US-Bundesstaat Pennsylvania häufiger vor.

Die Symptomatik der klassischen Form mit der niedrigsten Enzymaktivität setzt schon in der Neugeborenenperiode ein mit Nachlassen der Vigilanz, Krämpfen, Opisthotonus und Hypertonie der Muskulatur. Laboruntersuchungen zeigen eine Hypoglykämie, eine metabolische Azidose und eine verminderte Harnsäureausscheidung. Der Urin weist einen charakteristischen süßlichen Geruch nach verbranntem Zucker, Ahornsirup, Maggi o. ä. auf. In kurzer Zeit entstehen schwere Schädigungen des Gehirns, und es kommt zum Tod. Außerdem existieren Krankheitsformen mit einer höheren Enzymaktivität, die später oder in Abhängigkeit von der Vit.-B1-Zufuhr auftreten. Der Enzymdefekt ist pränatal nach Amniozentese, postnatal im Blut nachweisbar.

Wenn sich bei einem Neugeborenen der Verdacht auf eine Leuzinose ergibt, muss die Eiweißzufuhr mit der Nahrung sofort unterbrochen werden. Dazu kommen Peritonealdialyse, Plasmapherese, Hämofiltration und die Verabfolgung von Glukose bzw. einer eiweißfreien Diät, die lebenslang beibehalten werden muss [Strauss u. Morton 2003].

4.6.2.4 Hartnup-Krankheit (hereditäre Pellagra)

Die Prävalenz dieser Krankheit liegt bei 4 (bis 5) : 100.000. Der Transport von Aminosäuren durch die Zellmembranen ist gestört, weil in den proximalen Nierentubuli und im Jejunum ein bestimmtes Membranprotein fehlt. Bedeutung kommt der im Dünndarm lokalisierten Störung zu, weil vor allem hier die Aminosäure-Rückresorption lokalisiert ist. Besonders problematisch ist der Verlust der essenziellen Aminosäure Tryptophan, deren Abbauprodukte – verschiedene Indolverbindungen – vom Darm resorbiert werden. Ihn macht man für eine Reihe von zentralnervösen Symptomen verantwortlich. Erste Krankheitszeichen treten im Kindesalter, manchmal erst beim Erwachsenen auf, ausgelöst unter anderem durch Medikamente (Sulfonamide), Sonnenbrände, Infekte, psychische Alterationen: Lichtdermatitis, erythematöse Hautveränderungen, Durchfall, Eiweißmangel-Dystrophie [Kwashiorkor; Orzak 2010], anfallsweise zerebelläre Ataxie, Nystagmus, Strabismus, Paresen, Krämpfe. Beziehungen bestehen zum Porphyrinstoffwechsel. Hinzu kommen Schäden an Leber, Nebennieren und Immunsystem. Für die Diagnostik dient die Urinanalyse. Eine fehlende Aminoazidurie beweist nicht unbedingt, dass keine Hartnup-Krankheit vorliegt, weil die Aminoazidurie nicht obligat ist und weil der Aminosäuregehalt des Urins von der Ernährung abhängt [Borrie 1962, Freundlich et al. 1981, da Gloria 1990]. Behandelt wird mit einer eiweißreichen Diät mit hohem Tryptophangehalt, ggf. auch per infusionem verabfolgt. Der Tryptophan-Mangel lässt sich durch die Gabe von Niacin und Nicotinamid beherrschen. Die Prognose ist unter diesen Umständen günstig.

4.6.2.5 Lesch-Nyhan-Syndrom (Hyperurikose)

Die Erkrankung beruht auf einer Minderaktivität der Hypoxanthin-Guanin-Phosphoribosyltransferase. Im Blut und im Urin findet sich erheblich vermehrt Harnsäure aus dem Purinstoffwechsel. Die Vererbung erfolgt X-chromosomal-rezessiv. Die Prävalenz liegt bei 1 (bis 2) : 100.000 [Witkowski et al. 2003, Torres u. Puig 2007]. Erste Symptome zeigen sich gegen Ende des 3. Lebensmonats: Zurückbleiben der körperlichen und der geistigen Entwicklung, auffälliger Urinrückstand in den Windeln, choreo-athetotische Hyperkinesen, Spastik, Athetosen [Masuhr u. Neumann 1996], Fremdaggression und asymmetrische Autoaggression. Zur Diagnostik dient die Bestimmung des Harnsäurespiegels im Blut und im Urin und die Bestimmung der Enzymaktivität im Blut und im Gewebe. Der genetische Nachweis ist bereits pränatal durchführbar. Die medikamentöse Therapie mit Allopurinol und 5-Hydroxytryptophan ist nicht immer erfolgreich, die Prognose ungünstig.

4.6.3 Störungen des Kohlenhydratstoffwechsels

Auch die Störungen des Kohlenhydratstoffwechsels werden autosomal-rezessiv vererbt. Im Einzelnen unterscheidet man die Störungen des Monosaccharidstoffwechsels von den Glykogenosen und den Mukopolysaccharidosen.

4.6.3.1 Galaktosämie

Dieser Störung des Monosaccharidstoffwechsels liegt eine Minderfunktion der Galaktose-1-Phosphat-Uridyltransferase (Galaktosetransferase, GALT) zugrunde. Galaktose kann nicht oder nicht in ausreichender Menge umgesetzt werden. In den Zellen des Gehirns, der Leber, der Nieren und in den Linsen wird Galaktose-1-Phosphat und Galaktitol gespeichert. Im Blut findet sich ein erhöhter Galaktosespiegel, Galaktose wird mit dem Urin ausgeschieden. Man rechnet mit einer Prävalenz der Erkrankung von 2 (bis 3) : 100.000. 2 sehr viel seltenere Formen beruhen auf einem Mangel an Galaktokinase bzw. UDP-Galaktose-4-Epimerase. Sie werden nur bei völligem Ausfall klinisch relevant (Katarakt bei Galaktokinase-Mangel).

Nach dem ersten Stillen mit Muttermilch oder Säuglingsnahrung kommt es zu Erbrechen, Durchfall, Trinkschwäche, Gewichtsverlust, verlängertem Neugeborenen-Ikterus (hämolytische Anämie). Außerdem: Hypoglykämie, Vergrößerung der Leber, metabolische Azidose, erniedrigter Quick-Wert. Im Urin ist Galaktose nachweisbar und werden vermehrt Aminosäuren ausgeschieden. Unbehandelt tritt der Tod im

Leberkoma ein. Bei unbehandelt überlebenden Patienten kommt es regelmäßig zu sehr ausgeprägten Störungen der psychischen und der motorischen Entwicklung und immer zur Ausbildung einer Katarakt, bei Mädchen auch zu Dysmenorrhoe und Amenorrhoe.

Eine Galaktosämie wird im Rahmen des Neugeborenenscreenings am 2. Lebenstag nachgewiesen oder ausgeschlossen. Die Therapie besteht in lebenslanger laktose- und galaktosefreier Diät und somit auch im Verzicht auf Muttermilch. Weitere Formen der Galaktosämie: Die D2G-Galaktosämievariante kommt zwar häufiger vor als die klassische Form der Galaktosämie, verläuft aber sehr viel milder und erfordert gewöhnlich keine Diät. Der Galaktokinase-Mangel ist sehr selten und vor allem durch die Gefahr der kindlichen Katarakt beachtenswert, oft des einzigen Symptoms. Ihm muss durch diätetische Maßnahmen begegnet werden. Der UDP-Galaktose-4-Epimerase-Mangel existiert in 2 Formen. Eine ist so selten, dass sie praktisch keine Rolle spielt, die andere beschränkt sich auf den Befall der Erythrozyten. Sie erfordert keine therapeutischen Maßnahmen.

4.6.3.2 Mukopolysaccharidosen

Wegen einer Funktionsstörung der lysosomalen Hydrolasen ist der Abbau der sauren Glykosaminoglykane (Mukopolysaccharide) gestört, eines fundamentalen Bausteins der Bindegewebs-Grundsubstanz. Sie werden stattdessen in den Lysosomen von Milz, Leber (Hepatosplenomegalie), Zentralnervensystem, Gefäßwänden einschl. Endokard, Haut und Skelett gespeichert und mit dem Urin ausgeschieden.

Entsprechend dem Enzymdefekt und dem klinischen Bild unterscheidet man die Typen I bis IV sowie VI und VII, teilweise mit mehreren Untergruppen. Skelettveränderungen findet man besonders ausgeprägt bei den Typen I-H (Pfaundler-Hurler-Syndrom) und IV (Morquio-Syndrom), in geringerer Ausprägung auch bei allen anderen Typen. Die zu erwartenden intellektuellen Defizite unterscheiden sich z. T. erheblich, sie können sogar völlig fehlen, so bei den Typen I-S (Mb. Scheie) und VI (Maroteaux-Lamy-Syndrom). Regelmäßig findet sich eine Katarakt und bei den Typen II (Hunter-Syndrom) und III (Sanfilippo-Syndrom) eine Schwerhörigkeit (Abb. 4.45 und 4.46).

Die Erscheinungsbilder der Typen I und IV ähneln sich, allerdings sind bei Typ I die Veränderungen am Gesichts- und am Hirnschädel ausgeprägter (Gargoylismus – Wasserspeiergesicht) und der disproportionierte Zwergwuchs auffallender, weil die Miterkrankung des Achsenorgans zu einem Zurückbleiben der Rumpflänge und zu schweren Kyphosen führt. Die Patienten neigen zu Nabel- und Bauchwandhernien. Der Befall auch der Epiphysen an den langen Röhrenknochen ruft Gelenkdeformierungen und Wachstumsstörungen hervor. Bei Typ I besteht eine erhebliche zunehmende Störung der Intelligenz, während sie bei Typ IV praktisch fehlt. Hier ist auch die Lebenserwartung sehr viel günstiger als bei Typ I. Röntgenaufnahmen zeigen einen Makrozephalus mit kräftiger Kalotte und dysplastischer Schädelbasis, Platt- und Keilwirbel, plumpe Röhrenknochen. Die Diagnose wird anhand des erhöhten Nach-

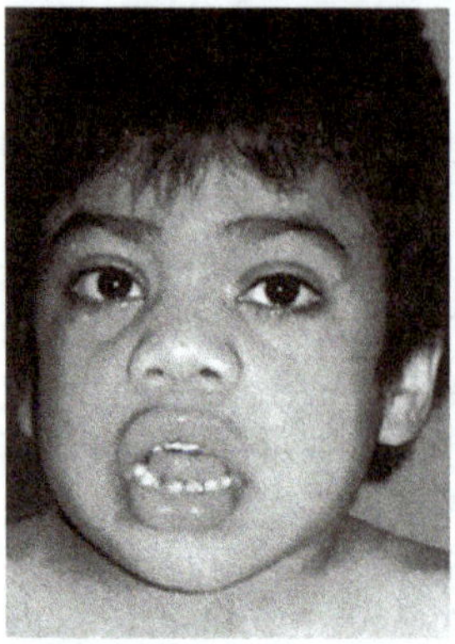

Abb. 4.45: Hunter-Syndrom.

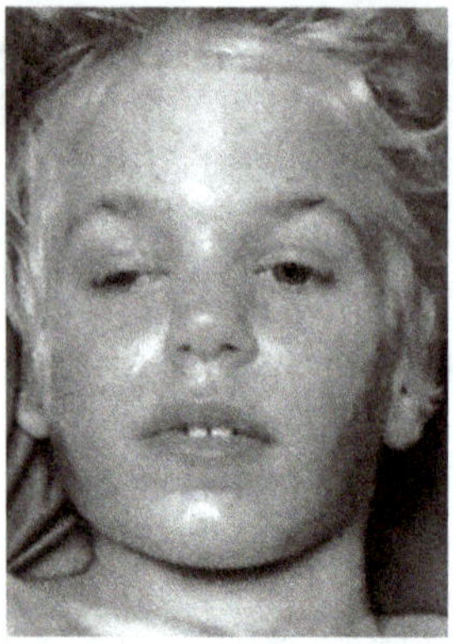

Abb. 4.46: Sanfilippo-Syndrom.

weises von Glykosaminoglykanen im Urin und der Bestimmung der Enzymaktivität in Leukozyten oder Fibroblasten gestellt. Für einige Typen der Erkrankung verfügt man über eine Enzym-Substitutionstherapie (Iduronidase), weitere sind durch Knochenmarktransplantationen zu beeinflussen. Skelettdeformitäten, vor allem Achsenfehler der unteren Extremitäten und Kyphosierungen der Wirbelsäule, sind unter Berücksichtigung der Lebenserwartung operativen Korrekturen zugänglich.

4.6.3.3 Glykogenose 1 (Mb. von Gierke)

Der Typ A dieser häufigsten Glykogenspeicherkrankheit beruht auf einem Mangel an Glukose-6-Phosphatase. Glykogen wird im Gehirn, in den Leberzellen und in den proximalen Tubuluszellen der Nieren abgelagert. Die Prävalenz liegt bei 1 : 100.000. Die Formen B, C und D beruhen auf einer Unterfunktion der Glukose-6-phosphat-Translokase. Dabei handelt es sich um ein Transportprotein, das für den Transport von Glukose-6-phosphat in das endoplasmatische Retikulum verantwortlich ist.

Aus der unzureichenden Freisetzung von Glukose resultieren schon im Säuglingsalter Hypoglykämie und Azidose, Hepatomegalie, Hyperlipidämie, Hyperurikämie. Es kommt zur körperlichen und geistigen Retardierung, zu epileptischen Anfällen, Hypotonie der Muskulatur und Adipositas. Die Diagnose wird anhand des Glukose-, Lipid- und Harnsäurespiegels gestellt und kann molekulargenetisch bestätigt werden. Die aufwendige Therapie besteht in der kontinuierlichen Aufnahme kleiner kohlenhydratreicher Nahrungsmengen, auch nachts.

4.6.3.4 Lafora-Krankheit (Progressive Myoklonus-Epilepsie)

Der Lafora-Krankheit liegt gewöhnlich ein genetisch bedingter Mangel an Laforin, einer Phosphatase, bzw. an Malin, einer Proteinligase, zugrunde. Sie zählt zu den Polyglukosankrankheiten und tritt im 2. Lebensjahrzehnt in Erscheinung in Form von tonisch-klonischen Krämpfen, arrhythmischen Myoklonien, Psychose und zunehmender Demenz. Die Inzidenz liegt in Europa unter 0,1 : 100.000. In Hautbiopsien sind sogenannte Lafora-Einschlusskörperchen – Anhäufungen von Polyglukosan – nachweisbar, die sich auch in der Hirnrinde, in der Substantia nigra, in der Leber und in der Muskulatur finden lassen [Masuhr u. Neumann 1996]. Eine molekulargenetische Untersuchung deckt den Gendefekt auf. Die Therapie beschränkt sich auf die Gabe von Antikonvulsiva und Antimyoklonika. Ein letaler Ausgang ist nach spätestens 10 Jahren zu erwarten.

4.6.4 Störung des Kupferstoffwechsels (Mb. Wilson)

Der Mb. Wilson ist zu definieren als autosomal-rezessiv vererbte Störung des Kupferstoffwechsels in der Leber. Es handelt sich um das Funktionsdefizit einer kationen-transportierenden ATPase. Das Kupfer wird nicht mit der Galle ausgeschieden, sondern in der Leber, später im Zentralnervensystem (Stammganglien, insbesondere Putamen), in der Kornea (Kayser-Fleischer'scher Kornealring), in den Erythrozyten, den Nieren und in anderen Organen in freier Form eingelagert (Abb. 4.47). Die Prävalenz liegt zwischen 0,3 und 3 : 100.000, die Inzidenz bei 1 : 100.000, der Krankheitsbeginn zwischen dem 5. und dem 40. Lebensjahr, bei der Hälfte der Patienten vor dem 15. Lebensjahr [Masuhr u. Neumann 1996, Beyersdorff u. Findeisen 2006, Renz-Polster u. Krautzig 2008]. Im Kindesalter setzt der Mb. Wilson mit einem Ikterus ein, dem bald eine Leberinsuffizienz folgen kann. Typisch sind aber chronische Hepatitiden, aus denen schließlich eine Leberzirrhose hervorgeht. Daneben existieren sehr blande Verläufe mit einer nicht symptomatischen Erhöhung der Transaminasen. Bei Jugendlichen und Erwachsenen zeigen sich als erstes ebenfalls hepatische Symptome, vielfach aber nervale und psychische Auffälligkeiten: Pseudobulbärparalyse, Intentionstremor, der bald in einen Flattertremor (Asterixis, flapping tremor) einmündet, Hypokinese, später Ataxie mit dystonen und choreatischen Hyperkinesen, epileptische Anfälle, Nachlassen der geistigen Leistungsfähigkeit, Depressionen, Psychosen. Die ophthalmologische Symptomatik kann außer dem nicht obligaten Kornealring eine Nyktalopie (Nachtblindheit), eine Katarakt, Augenmuskellähmungen und Optikus-

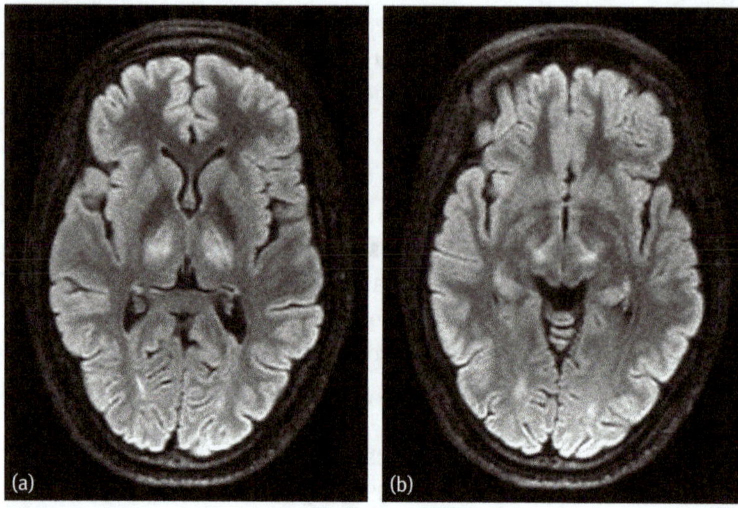

Abb. 4.47: MRT Flair axial. Mb. Wilson. Die eingelagerten Kupferverbindungen bewirken eine Kontrastmittel-ähnliche Signalverstärkung (a) mittelliniennah im posterioren Bereich der Stammganglien, (b) in Höhe des Mesenzephalon (Beob. E. Luft).

neuritiden beinhalten. Manchmal stellt sich eine hämolytische Anämie, eine Niereninsuffizienz oder eine Schädigung des Herzmuskels ein. Die ebenfalls seltene Beteiligung des Knochenstoffwechsels führt zur Osteoporose. Unbehandelt ist der Mb. Wilson bei Kindern und Jugendlichen nach wenigen Jahren wegen des Versagens von Leber und Nieren tödlich, Erwachsene erwartet eine Krankheitsdauer von mehreren Jahrzehnten und eine progrediente Demenz.

Der Kayser-Fleischer'sche Kornealring gilt als pathognomonisch. Er ist bei vorwiegend nervaler Symptomatik regelmäßig nachweisbar und kann fehlen, wenn hepatische Symptome im Vordergrund stehen. Im Serum sind der Kupfergehalt und der Gehalt an dem Transportprotein Coeruloplasmin, einem Akute-Phase-Protein, erniedrigt, und es finden sich Hinweise auf eine Leberschädigung. Mit dem Urin wird vermehrt Kupfer ausgeschieden. Die Laborwerte liefern allerdings nicht immer eindeutige Aussagen, sodass auch an eine Leberbiopsie gedacht werden muss, die eindeutige Ergebnisse liefert. Die Therapie erfordert die Einhaltung einer kupferarmen Diät und die Verabfolgung der Chelatbildner D-Penicillamin bzw. Triethylentetramin [Trientin; Renz-Polster u. Krautzig 2008].

4.6.5 Erworbene Stoffwechselstörungen des Gehirns

Vor allem Störungen des Glukosestoffwechsels, des Elektrolytstoffwechsels und Hypovitaminosen, der Diabetes mellitus und der Alkoholmissbrauch führen abhängig von ihrer Ausprägung zu mehr oder weniger schwerwiegenden Störungen des ZNS (vgl. Neuropathien, Kap. 8).

4.6.6 Literatur

Auer J et al. (2001) Homozystein und kardiovaskuläres Risiko. Wien Med Wochenschr 151:25–28.

AWMF Leitlinien Kinderheilkunde und Jugendmedizin: Glykogenspeicherkrankheiten der Leber Nr. 027/015 http://www.uni-duesseldorf.de/awmf/ll/027-015.htm. Letzter Zugriff 2016.

Beyersdorff A, Findeisen A (2006) Morbus Wilson: Case report of a two-year-old child as first manifestation. Scand J Gastroenterology. 41:496–497.

Borrie PF, Lewis CA (1962) Hartnup disease. Proc Royal Soc Med 55:231–233.

Dahl S (2004) Morbus Gaucher – Medikamentöse Therapie einer seltenen Stoffwechselerkrankung. Apothekenmagazin 7:168–175.

Fenchel M et al. (2011) Metachromatische Leukodystrophie (MLD): MRT-Befunde. Röfo 183:893–895.

Freundlich E et al. (1981) Familial pellagra-like skin rash with neurological manifestations. Arch Dis Childhood 56:146–148.

da Gloria ER et al. (1990) Clinical picture of Hartnup disease. Without urine amino acids or any other identified metabolic disorder (a new entity). Medicina cutánea ibero-latino-americana 18:227–231.

Herold G et al. (2009) Innere Medizin. Lehmanns Verlag Köln, 111.

Kircher SG et al. (2004) Mukopolysaccharidosen. Ein Leitfaden für Ärzte und Eltern. UNI-MEDVerlag Bremen.

van der Knaap M, Valk J (2005) Magnetic Resonance of Myelisation and Myelin Disorders. Springer-Verlag Berlin.

Kuhn JP et al. (Hrsg, 2004) Caffey's Pediatric Diagnostic Imaging. Mosby.

Koletzko B (2004) Kinderheilkunde und Jugendmedizin. Springer-Verlag Berlin.

Masuhr KF, Neumann M (1996) Neurologie. Hippokrates-Verlag Stuttgart 1996.

Muntau AC et al. (2000) Phenylketonurie und Hyperphenylalaninämie. Mschr Kinderheilk 148:179.

Orbak Z et al. (2010) Hartnup disease masked by kwashiorkor. J Health Pop Nutr 28:413–415.

Rapps N et al. (2015) Die Angst vor der Aminosäure: Atypische Essstörung bei angeborenem Enzymdefekt. Dtsch Med Wochenschr 140:1077. doi: 10.1055/s-0041-103315.

Renz-Polster H, Krautzig S (2008) Basislehrbuch Innere Medizin. Elsevier Urban & Fischer München.

Reulecke B, Denecke J (2009) Diagnostik und Therapie der Homocystinurie. Kinder- Jugendmed 5:289–293.

Shils ME et al. (1999) Modern nutrition in health and disease. Williams & Wilkins Baltimore.

Sitzmann FC (2006) Pädiatrie. Georg-Thieme-Verlag Stuttgart.

Spranger J et al. (1981) Skeletal changes in inborn errors of metabolism. Monatsschr Kinderheilkd 129:670–676.

Stallmach Th et al. (2008) Stoffwechselerkrankungen. In: Böcker W et al. (Hrsg) Pathologie. Elsevier Urban & Fischer München.

Stein J, Jauch KW (2003) Praxishandbuch klinische Ernährung und Infusionstherapie. Springer-Verlag Berlin.

Strauss KA, Morton DH (2003) Branched chain Ketoacyl Dehydrogenase Deficiency: Maple Syrup Disease. Curr Treat Options Neurol 5:329–341.

Torres RJ, Puig JG (2007) Hypoxanthine-guanine phosophoribosyltransferase (HPRT) deficiency: Lesch-Nyhan syndrome. Orphanet J of rare Dis 2:48.

Trojanowski J et al. (2008) The Nervous System. In: Rubin R et al. (Hrsg) Rubin's Pathology. Philadelphia.

Witkowski R, Prokop O et al. (2003) Lexikon der Syndrome und Fehlbildungen. Springer-Verlag Berlin.

Yap S (2003) Classical homocystinuria: vascular risk and its prevention. J Inherit Metab Dis 26:259–265.

Zschocke J et al. (2009) Molecular neonatal screening for homocystinuria in the Qatari population. Hum Mutat 30:1021–1022.

Malte Kornhuber

5 Erkrankungen des Rückenmarks und der Cauda equina

Das Rückenmark stellt die Verbindung zwischen Gehirn und Körperfunktionen her und greift selbst über Reflexschleifen regelnd ein. Nahezu jede Rückenmarkserkrankung kann schwerwiegende Einbußen an Lebensqualität nach sich ziehen. Ihre genaue Kenntnis liegt daher im Interesse nicht nur von Neurologen, Neurochirurgen und Orthopäden, sondern ebenso von allgemeinmedizinisch und notfallmedizinisch tätigen Kollegen, Urologen und Schmerztherapeuten.

5.1 Neurologische Syndromgestaltung

Das zentrale Nervensystem ist einschließlich des Rückenmarks von einer knöchernen Hülle umgeben. Das Rückenmark ist an den Ligamenta denticulata aufgehängt und schwimmt im Liquor cerebrospinalis, der das effektive Gewicht des zentralen Nervensystems durch Auftrieb auf weniger als ein Zehntel reduziert. Eine bessere Stoßdämpfung ist kaum denkbar. Die Blutversorgung erfolgt über die ventral medial gelegene A. spinalis anterior und über die bilateralen, dorsolateral gelegenen Aa. spinales posteriores. Im Rückenmark finden sich Nervenzellen für motorische, sensible und autonome Funktionen neben Fasertrakten der sogenannten langen Bahnen auf engem Raum nebeneinander. In der Mitte liegt die graue Substanz als Schmetterlingsfigur. Im Vorderhorn befindet sich unter anderem die Population der α- und γ-Motoneurone. Das Seitenhorn, z. T. auch das Vorderhorn enthalten unter anderem Neurone mit autonomen Funktionen, das Hinterhorn mehr Neurone, die Afferenzen nicht oder schwach myelinisierter Axone mit afferenten Schmerz-, Temperatur-, Juckreiz- und partiell Druckinformationen erhalten. Die Axone dieser Hinterhornneurone kreuzen auf Segmentebene vor dem Zentralkanal und bilden den Tractus spinothalamicus, der den äußeren vorderen und einen Teil des seitlichen Rückenmarks einnimmt. Mediodorsal zwischen den Hinterhörnern befindet sich der Hinterstrang. Dieser leitet afferente Berührungs-, Vibrations- und teilweise Druckinformationen ungekreuzt und ohne vorherige Umschaltung auf ein zweites Neuron nach kranial. Im hinteren Teil des Seitenstrangs verläuft die Pyramidenbahn, die efferente motorische Informationen unter anderem vom motorischen Kortex führt (Abb. 1.1).

Je nach Befallsmuster und Dynamik von Erkrankungen können *medulläre Syndrome* sehr vielgestaltig sein. Ist der ganze Rückenmarksquerschnitt betroffen (traumatische Myelopathie, Querschnittsmyelitis, extramedulläre Raumforderungen etc.), stehen je nach Höhe der Läsion sensomotorische Paraparesen oder Tetraparesen mit

DOI 10.1515/9783110352474-005

Störungen der Sphinkter- und der Sexualfunktionen im Vordergrund. Bei Läsionen im Zentrum des Rückenmarks (Syringomyelie, zentromedulläre Tumoren, zentrale Einblutung) macht sich der Ausfall der dort kreuzenden Fasern für Schmerz- und Temperaturempfindung als dissoziierte Sensibilitätsstörung bemerkbar. Nicht selten kommt es zu Deafferenzierungsschmerzen. Ist beidseits der vordere Anteil des Rückenmarks geschädigt, z. B. bei Ischämie im Stromgebiet der A. spinalis anterior, stellt sich je nach Höhe der Läsion eine Paraparese oder Tetraparese mit Sphinkterstörung und erhaltener Hinterstrangsensibilität ein. Außerdem kann eine dissoziierte Sensibilitätsstörung zu beobachten sein. Alternativ oder zusätzlich bestehen oft Deafferenzierungsschmerzen. Bei halbseitiger Rückenmarkschädigung (Brown-Séquard-Syndrom) kommt es auf der Seite der Läsion zu einer spastischen Hemiparese oder Tetraparese mit Hinterstranghypästhesie, auf der Gegenseite unterhalb der Läsion zu einer dissoziierten Sensibilitätsstörung, oft mit Deafferenzierungsschmerzen. Ist nur das Vorderhorn betroffen, entwickelt sich eine spinale Muskelatrophie. Diese kann fokal im Bereich der Hände und Unterarme vorliegen wie bei der juvenilen fokalen spinalen Muskelatrophie (Mb. Hirayama), eine distale Betonung aufweisen (Mb. Duchenne-Aran) oder sich auch – selten – im Erwachsenenalter mit einer typischen proximalen Betonung manifestieren. Manchmal treten im Rahmen einer Pyramidenbahnschädigung motorische Reizsymptome auf, beispielsweise die sogenannte tonische Spastik. Sie gehen vermutlich auf eine ephaptische Erregungsausbreitung im Rahmen eines Demyelinisierungsprozesses zurück und machen sich mit einer Sekunden bis maximal wenige Minuten dauernden tonischen Verkrampfung einer Extremität ohne begleitende Bewusstseinsstörung bemerkbar.

Die *klinisch-neurologischen Prinzipien* ergeben sich aus der beschriebenen Prozesslokalisation und der Prozessdynamik. Die Bildung einer apoplektiformen sensomotorischen Querschnittssymptomatik ist im Rahmen von traumatischen Läsionen, beim akuten Diskusprolaps oder bei vaskulären Prozessen oberhalb der Kauda zu beobachten. Subakute sensomotorische Querschnittssymptome bilden sich innerhalb von Stunden, Tagen oder wenigen Wochen bei entzündlichen und raumfordernden Prozessen aus, also bei Myelitiden verschiedener Ursache, bei epiduralen Blutungen, Abszessen oder malignen metastatischen Tumoren. Auch Vitaminmangelzustände wie die funikuläre Myelose entwickeln oft ein subakutes Bild. Demgegenüber schreitet die Symptomatik neurodegenerativer Prozesse wie der spinalen Muskelatrophien, der amyotrophischen Lateralsklerose, der spinozerebellären Atrophien oder auch extramedullärer Tumoren (Meningeome, Neurofibrome) meist langsam fort. Allerdings spielen nicht selten Bagatelltraumen gerade bei Raumforderungen oder degenerativen Wirbelsäulenerkrankungen mit aufgehobener Stoßdämpferfunktion des Liquor cerebrospinalis eine auslösende oder verstärkende Rolle bei der Symptombildung.

5.2 Allgemeine therapeutische Prinzipien

Es gelten die allgemeinen Grundsätze der Abwägung von Nutzen und Risiken. Die Akutbehandlung ist von der Langzeittherapie zu trennen. Bei akuten traumatischen Läsionen des Rückenmarks liegt die einzige geringe Chance, wenigstens eine begrenzte Remission zu erreichen, in der umgehenden Druckentlastung des Myelons, verbunden mit der Wiederherstellung der Wirbelsäulenform (Kap. 5.3.1.4). Der therapeutische Wert von Kortikoiden hält sich hier in sehr engen Grenzen [Wiss. Arbeitskreis Neuroanästhesie 1999]. Erreger-bedingte Myelitiden verlangen eine antivirale, antibiotische oder antiparasitäre Therapie. Bei vaskulären Läsionen muss zwischen arterieller Pathogenese (insbesondere Arteria-spinalis-anterior-Syndrom) und venöser Kongestion (spinale durale arteriovenöse Malformation) unterschieden werden. Bei akuten arteriellen Ischämien kommt analog zu den zerebralen Ischämien eine Lysetherapie infrage, auch wenn Studien dazu fehlen.

Die Sekundärprophylaxe richtet sich nach dem kardialen oder vaskulären Pathomechanismus. Spinale durale arteriovenöse Fehlbildungen werden entweder endovaskulär interventionell oder offen chirurgisch ausgeschaltet. Raumbeengungen des Rückenmarks durch Abszesse und ggf. durch Tumoren verlangen die operative Entlastung. Myelopathien aufgrund von Vitaminmangelzuständen erfordern eine Substitution. Wegen ihrer Immobilität weisen Patienten mit Rückenmarksläsionen immer ein erhöhtes Thromboserisiko auf. Nach akutem Trauma kann eine Phlebothrombose sonografisch bei etwa 10 % nachgewiesen werden [Masuda et al. 2015]. Generell wird eine Thromboseprophylaxe mit niedermolekularem Heparin für empfehlenswert gehalten [Teasell et al. 2009].

Für die Therapie neurodegenerativer Prozesse bemüht man sich, neuroprotektive Substanzen zu finden und therapeutisch zu nutzen. Für die Behandlung der amyotrophen Lateralsklerose ist mit Riluzol bereits seit 20 Jahren ein Medikament verfügbar, für die spinale Muskelatrophie wird vorläufig über positive Ergebnisse mit Olesoxime berichtet [Kaczmarek et al. 2015]. Es ist aber außerhalb von Studien nicht einsetzbar und bislang nicht zugelassen worden.

Darüber hinaus gelten allgemeine Prinzipien für die Behandlung der Symptome von Rückenmarksprozessen. Dazu gehören Physiotherapie ggf. einschließlich Atemtherapie [Tamplin u. Berlowitz 2014, Lu et al. 2015]. Pharmakotherapie verbessert die Ergebnisse der Physiotherapie bei dem Bemühen um Wiederherstellung der Gehfähigkeit nicht [Domingo et al. 2012]. Die Neuroprothetik, die sich zum Ziel gesetzt hat, paraplegischen und tetraplegischen Patienten möglichst physiologische Körperfunktionen wie den aufrechten freien Gang oder befriedigende Hand- und Fingerfunktionen wiederzugeben, steckt in den Kinderschuhen und ist nicht routinemäßig einsetzbar [Collinger et al. 2013]. Die Therapie von Spastik, autonomen Störungen und Deafferenzierungsschmerz wird nachfolgend erörtert.

5.2.1 Spastik

Als Spastik bezeichnet man eine Form des erhöhten Skelettmuskeltonus, die mit der Geschwindigkeit einer passiven Bewegung zunimmt (Tab. 1.3). Die Pathogenese der Spastik ist unzureichend verstanden und an Veränderungen sowohl im zentralen Nervensystem als auch im Muskel gebunden. Sie benötigt im Rahmen des abklingenden spinalen Schocks eine gewisse Zeit, um sich zu entwickeln. Meist sind es Wochen. Bei vielen Patienten entsteht sie mit Querschnittssymptomen, also nach traumatischen, entzündlichen, vaskulären und durch Raumforderungen bedingten Myelopathien. Zur Behandlung dienen physiotherapeutische Maßnahmen, auch wenn die Evidenzen dafür bislang gering sind [Amatya et al. 2013], und der Einsatz von Pharmakotherapeutika. Als wirksam hat sich der intrathekale Einsatz von Baclofen über ein implantiertes Pumpsystem erwiesen [Taricco et al. 2006], obwohl die Komplikationsrate mit etwa 1 % pro Monat nicht unerheblich ist. Die Komplikationen betreffen in 3 Vierteln der Fälle den intrathekalen Katheter [Draulans et al. 2013]. Ferner ist über eine Beeinträchtigung der Sexualfunktionen im Rahmen der intrathekalen Baclofentherapie berichtet worden [Calabrò et al. 2014]. Demgegenüber gibt es keine hinreichende Studienevidenz, dass die Wirksamkeit üblicher oral eingesetzter Antispastika (Baclofen, Tizanidin, Dantrolen) evtl. auftretende Nebenwirkungen rechtfertigt (Shakespeare et al. 2003, Montané et al. 2004, Taricco et al. 2006). Gerade der $GABA_B$-Rezeptor-Agonist Baclofen und der α-2-Adrenozeptor-Agonist Tizanidin werden häufig erfolgreich und leitlinienkonform eingesetzt. Als unerwünschte Nebenwirkungen sind eine Abnahme der Muskelkraft und sedierende Effekte zu nennen [Curt et al. 2012], nach der Einnahme von Tizanidin Trockenheit des Mundes, Blutdruckabfall und Bradykardie (oder auch Tachykardie). Zur Verfügung steht auch der Ryanodinrezeptor-Antagonist Dantrolen. Gabapentin besitzt ebenfalls einen antispastischen Effekt [Cutter et al. 2000], ist aber nicht zur antispastischen Therapie zugelassen. Mehrere kleine Studien belegen einen Effekt von Tetrahydrocannabinol (THC) bei Patienten mit Querschnittslähmungen [Hagenbach et al. 2007, Pooyania et al. 2010] oder multipler Sklerose [Collin et al. 2007]. THC ist in Deutschland seit 2011 als Spray zur Anwendung an der Mundschleimhaut (Sativex) für die mittelschwere bis schwere Spastik bei multipler Sklerose zugelassen, wenn andere Mittel nicht ausreichend wirksam waren. Es enthält Alkohol. In den ersten Tagen tritt unter THC oft vorübergehend Schwindel und Fatigue ein. Darüber hinaus gibt es Hinweise, dass Opiate eine eigene antispastische Wirkung entfalten [Rogano et al. 2004]. Der Opiatantagonist Naloxon kann eine Spastik erheblich verstärken [Brackett et al. 2007]. Von Catz et al. [2007] und von Xing et al. [2010] wurde bestätigt, dass Botulinumtoxin A die Spastik im Rahmen von Querschnittslähmungen wirksam reduziert. In Deutschland ist es für die Dämpfung der Armspastik sowie für spastische Fußfehlstellungen nach Schlaganfall zugelassen. Wir selbst sahen eine mäßige, wenige Tage anhaltende antispastische Wirkung regelmäßig nach hochdosierten Infusionen von Kortikoiden zur Intervallimmunsuppression bei Patienten mit multipler Sklerose. Ähnliche Effekte beobachteten Abu-Mugheisib et al. nach intrathekaler Injektion [2012]. Auch nach Rückenmarkstraumen wurde in Einzelfällen über antispastische Effekte von Kortikoiden berichtet [Bang et al. 2015]. Kontrollierte Studien liegen dazu bislang nicht vor.

5.2.2 Autonome Störungen

5.2.2.1 Kardiovaskuläres System

Das Rückenmark ist an der Steuerung von Herzfrequenz und Blutdruck beteiligt. Auswirkungen von Rückenmarkläsionen auf das autonome Nervensystem sind nur partiell untersucht und verstanden worden. Nach Halsmarkläsionen bleibt die parasympathische Reflexkontrolle erhalten, während der supraspinale Sympathikotonus verloren geht. Bei Läsionen unterhalb von Th 5 bleiben sowohl die sympathische als auch die parasympathische Kontrolle von Herz und bronchiopulmonaler Innervation erhalten [Phillips u. Krassioukov 2015]. In der Frühphase nach Querschnittsläsionen mit Unterbrechung der sympathischen Efferenzen im zervikalen und oberen thorakalen Bereich kann ein neurogener Schock auftreten, der auf den Verlust der sympathischen Gefäßefferenzen zurückgeht und auf einer Verminderung des Gefäßwiderstands, auf einer Verminderung der Gefäßcompliance, auf einer Kombination von beidem oder auf kardialen Einflüssen beruht [Summers et al. 2013]. Im weiteren Verlauf kann eine lang anhaltende Hypotonie folgen [Phillips u. Krassioukov 2015]. Wenn der spinale Schock abgeklungen ist, und nach Verlust der tonischen supraspinalen Inhibition der sympathischen präganglionären Rückenmarksneurone lösen z. B. schmerzhafte sensorische Afferenzen über einen lebhaften reflektorischen Vasospasmus einen arteriellen Hypertonus aus. Etwa 90 % der Patienten mit „hohem Querschnitt“ leiden unter einer solchen „autonomen Dysreflexie“ [Curt et al. 1997]. Neben dem krisenhaften Blutdruckanstieg kommt es in diesem Rahmen meist zu hämmernden Kopfschmerzen, zu Rötung und Schweißausbruch im Bereich von Kopf und Oberkörper sowie zu massiver Vasokonstriktion unterhalb des betroffenen Segments [Teasell et al. 2000]. Als Auslöser kommen die Dehnung von Blase und Darm durch Überfüllung sowie Schmerzreize infrage. Die regelmäßige Entleerung der Hohlorgane und der Schutz vor Schmerzreizen wirken prophylaktisch und therapeutisch. Wenn eine erhebliche hypertensive Dysregulation damit nicht zu beheben ist, kommt der Einsatz üblicher Pharmaka zur Blutdrucksenkung in Betracht.

5.2.2.2 Störung der Thermoregulation

Bei Querschnittslähmungen im zervikalen und oberen thorakalen Bereich werden auch Störungen der Thermoregulation beobachtet, die mindestens partiell auf den Verlust der sensiblen Afferenzen für die Wärme- und Kälte-Empfindung zurückgehen und einen Teilaspekt der autonomen Dysregulation darstellen. So wurde nach Vibrationsreizen am Penis von Patienten mit Rückenmarksläsionen zwischen C 3 und Th 6 neben einem teils erheblichen Blutdruckanstieg eine sofortige kutane Vasokonstriktion beobachtet [Brown et al. 2009]. Im Akutstadium nach dem Trauma treten auch schwer zu beherrschende Hyperthermien auf [Ulger et al. 2009] und bei manchen Patienten eine von äußeren Reizen abhängige Temperaturinstabilität, oft mit ausgeprägter Hypothermie (< 35°C oral bzw. < 35,6°C rektal) oder seltener mit Hyperthermie (> 38,4° [McLean et al. 1999]). Gerade bei Sportlern können sich die Temperaturregulationsstörungen erheblich auswirken [Griggs et al. 2015].

5.2.2.3 Sphinkterstörungen

Sphinkterstörungen und insbesondere neurogene Blasenstörungen sind bei allen Myelopathien, die den Rückenmarksquerschnitt betreffen, häufig. Bei Läsionen oberhalb des Lumbalmarks entwickelt sich binnen Wochen oder weniger Monate eine (spastische) Überaktivität sowohl des Sphincter urethrae als auch des Detrusor vesicae. Diese wird als Detrusor-Sphinkter-Dyssynergie bezeichnet. Zur Beurteilung bedarf es einer urologischen Diagnostik einschließlich urodynamischer Untersuchung. Die übliche Therapie besteht in der Anwendung steriler Einmalkatheter, ggf. in Kombination mit antimuskarinergen Substanzen wie z. B. Oxybutynin oder Tolterodin [Novara et al. 2008]. Aufgrund von nicht so seltenen Komplikationen wie etwa Harnwegsinfekten, Urethrastrikturen usw. ist die Adhärenz zur intermittierenden Einmalkatheterisierung allerdings eingeschränkt [Afsar et al. 2013]. Verwertbare Studien zu unterschiedlichen Verfahren der Katheterisierung bei neurogenen Blasenstörungen gibt es kaum [Jamison et al. 2013]. Als zusätzliche Option besteht die Möglichkeit der zystoskopischen Injektion von Botulinumtoxin A in den Detrusor [Mehta et. al. 2013]. Es ist allerdings noch nicht abschließend zu beurteilen, ob die positiven Effekte die Risiken aufwiegen [MacDonald et al. 2007]. Wir selbst haben beobachtet, dass bei einer Patientin mit Neuromyelitis optica in zeitlichem Zusammenhang mit Injektionen von Botulinumtoxin in den Detrusor wiederholt eine Allgemeininfektion auftrat. Über Blasenstörungen bei Myelopathien im Lumbal- oder Sakralmark ist wenig bekannt. Patienten mit Tumoren im Bereich von Epikonus bzw. Conus medullaris wiesen entweder einen verminderten Harndrang (50 %) oder eine Detrusor-Sphinkter-Dyssynergie (42 %) oder eine Detrusor-Areflexie (32 %) auf [Uchimura et al. 2004].

Nach Rückenmarkstraumen, bei Myelomeningozele und multipler Sklerose treten nicht selten Symptome im Bereich des Magen-Darmtrakts einschließlich Obstipation und Inkontinenz auf [Awad et al. 2011]. Die Entleerung des Darms ist in der Regel deutlich verlangsamt [Rasmussen et al. 2013]. Zur Behandlung stehen verschiedene Mittel zur Verfügung, unter anderem digitale Ausräumungen, Suppositorien aus Bisacodyl bzw. Glycerin, Bauchwandmassagen, elektrische Bauchwandstimulation sowie Klistiere [Krassioukov et al. 2010]. Die Studienlage lässt derzeit keine klaren Schlüsse darüber zu, welche dieser Verfahren besonders geeignet oder anderen überlegen sind [Coggrave et al. 2014]. Eine südkoreanische Befragung von 388 Patienten mit Rückenmarksverletzungen ergab, dass zur Stuhlentleerung Suppositorien vor digitaler rektaler Stimulation am häufigsten eingesetzt werden [Kim et al. 2012]. Mikroklistiere wurden von 19 % der Gelähmten angewendet. Faktoren, die die Lebensqualität besonders herabsetzten, waren Stuhlinkontinenz, Defäkationszeiten von mehr als 60 Minuten pro Sitzung, perianale dermale Symptome, Flatusinkontinenz und Hämorrhoiden [Kim et al. 2012].

5.2.2.4 Störungen der Sexualfunktion

Nach einer Querschnittsläsion des Rückenmarks besteht bei der Mehrzahl der Betroffenen eine teils erhebliche sexuelle Dysfunktion. Die meisten Frauen haben nach einem Rückenmarkstrauma weiterhin Geschlechtsverkehr. Probleme bereiten die Positionierung des Körpers, Spastik sowie unzureichende vaginale Lubrikation. Etwa die Hälfte erlebt weiterhin Orgasmen, insbesondere wenn eine genitale Sensation vorhanden ist. Gleitmittel sind in Betracht zu ziehen. Harn- bzw. Stuhlinkontinenz oder auch die autonome Dysreflexie stellen oft große Hindernisse bei der Rückkehr zum Sexualleben dar [Anderson et al. 2007]. Eine durch Studien gesicherte Therapie existiert nicht.

Betroffene Männer können meist nicht ohne Weiteres ejakulieren. Erektile Funktion und Ejakulation sind meist durch Einsatz von peniler Vibrationsstimulation in Kombination mit Phosphodiesterase-5-Inhibitoren wieder herstellbar, es sei denn, die Läsion betrifft den mutmaßlichen Ejakulationsgenerator in den Segmenten L 3 bis L 5 [Rizio et al. 2012, Chéhensse et al. 2013].

5.2.3 Neuropathischer Schmerz

Patienten mit einer Myelopathie leiden je nach Pathogenese und Dynamik ihrer Erkrankung häufig unter unterschiedlichen und meist schweren Formen von Schmerzen einschließlich zentraler Deafferenzierungsschmerzen, schmerzhafter Muskelspastik und viszeralen Schmerzen. In der Regel sind die therapeutischen Möglichkeiten unbefriedigend. In erster Linie kommen Pregabalin bzw. Gabapentin zur Therapie in Betracht [Levendoglu et al. 2004, Siddall et al. 2006, Cardenas et al. 2013]. Darüber hinaus sind Opiate wirksam [Barrera-Chacon et al. 2011]. Levetiracetam, Lamotrigin, Duloxetin und Trazodon erwiesen sich bei Querschnittsgelähmten als unwirksam [Davidoff et al. 1987, Silver et al. 2007, Finnerup et al. 2009, Vranken et al. 2011]. Amitriptylin zeigte unterschiedliche Ergebnisse. Cardenas et al. [2002] fanden keine relevante Schmerzunterdrückung, Rintala et al. [2007] denselben Effekt wie von Gabapentin. Nichtsdestoweniger können antidepressive Medikamente bei Patienten mit Myelopathien zur Stimmungsaufhellung beitragen und besitzen daher ihren Wert. Es gibt zwar eine ganze Reihe von Studien zur Schmerzunterdrückung mittels elektrischer oder magnetischer Stimulation des Nervensystems, insgesamt lässt sich daraus aber bislang kein klarer Schluss zu einer möglichen Wirksamkeit ableiten [Boldt et al. 2014].

5.2.4 Hypoventilation

Rückenmarksverletzte weisen ein beträchtlich erhöhtes Risiko auf, eine Schlaf-assoziierte Atemstörung (SAAS) zu entwickeln. Insbesondere in der Einschlafphase tritt eine Hypoventilation auf [Bascom et al. 2015]. Diese SAAS ist vermutlich multifaktoriell bedingt. Mögliche Einflussfaktoren stellen Adipositas, Lungenvolumen, Schlafposition, autonome Funktionen und respiratorische Neuroplastizität dar [Fuller et al. 2013]. Tatsächlich beeinflussen spinale Afferenzen durchaus das Atemzentrum im Hirnstamm [Golder et al. 2011, Le Gal et al. 2014]. Die Therapiebedürftigkeit einer SAAS ist im Einzelfall von pulmologischer Seite zu prüfen.

5.2.5 Dysphagie

In der Frühphase nach Halsmarkläsion zeigen 16 bis 74 % der Patienten eine Dysphagie [Ramczykowski et al. 2012]. Alter, das Vorliegen von Tracheostoma oder Magensonde stellen Risikofaktoren dar [Shem et al. 2011]. Seidl et al. [2010] erinnerten daran, dass auch die Höhe der Rückenmarksläsion und die Dauer der Ventilation einen signifikanten Einfluss besitzt. Eine Dysphagie geht mit einem erhöhten Pneumonierisiko einher [Chaw et al. 2012, Ramczykowski et al. 2012], insgesamt besteht jedoch unter Therapie und im Verlauf meist eine Rückbildungstendenz [Wolf u. Meiners 2003].

5.3 Krankheitsbilder

5.3.1 Traumatische Schädigungen

Hinsichtlich ihrer Häufigkeit an erster Stelle stehen Verletzungen der Wirbelsäule bei Verkehrs-, Arbeits- und Sportunfällen. Man rechnet mit 1 bis 3 akuten Trauma-bedingten Rückenmarksläsionen auf 100.000 Einwohner jährlich, fast 3 Viertel davon Männer, typischerweise um die 40 Jahre alt [Cavigelli u. Curt 2000]. In einer größeren Stichprobe spinaler Frakturen war die Halswirbelsäule in 29 % der Fälle betroffen, die Brustwirbelsäule in 24 %, die Lendenwirbelsäule in 37 % und das Sakrum in 10 % [Domeier et al. 1997]. Manchmal führen auch Bagatelltraumen zu einer Myelopathie (Kap. 5.3.2), gelegentlich treten sogar im Rahmen der ärztlichen Behandlung Rückenmarksläsionen auf, und nach einem Rückenmarkstrauma stellen sich oft Spätfolgen ein, unter anderem Syringomyelie und Arachnopathien [Schliep et al. 1984, Nidecker et al. 1991].

Frakturen und Luxationen der Wirbelsäule führen abhängig vom Ausmaß des Traumas zur Quetschung oder Durchtrennung vor allem der vorderen Anteile des Rückenmarks bzw. der Kauda, nur ausnahmsweise mit Zerreißung der Dura und fast immer mit sofort einsetzender neurologischer Symptomatik. Besondere diagnostische und therapeutische Sorgfalt erfordern nach einem Trauma zunehmende neurologische Ausfälle. Offene Verletzungen der Wirbelsäule und der nervalen Strukturen gewöhnlich durch Schuss oder Stich sind in Friedenszeiten sehr selten. Wenn in solchen Fällen auch die Dura eröffnet worden ist, spricht man von einem offenen Rückenmarkstrauma.

Die einfachste Verletzung des Rückenmarks stellt die *Commotio spinalis* dar, Folge von Stürzen auf den Rücken oder ähnlichen Kontusionen, häufig bei Sportarten wie American Football oder Rugby [Torg et al. 1997]. Sie betrifft bis zu 7 % der Patienten mit einem Rückenmarkstrauma [Kasimatis et al. 2008, Nesnídal et al. 2012, Stephan et al. 2015]. Typisch sind flüchtige Störungen der Sensibilität und der Reflexe an den unteren Extremitäten sowie der Blasenfunktion, die nach einigen Minuten oder Stunden, spätestens nach 2 Tagen folgenlos verschwinden. Motorische Ausfälle treten niemals auf. Morphologische Veränderungen sind weder röntgenologisch noch tomografisch nachweisbar, der Schaden liegt vermutlich auf zellulärer oder molekularer Ebene. Trotzdem ist zum Ausschluss gravierenderer Schäden eine subtile klinische und apparative Diagnostik erforderlich. Prädisponierend wirken (degenerative) Stenosen des Spinalkanals [Maroon et al. 2007]. Die Therapie besteht in Bettruhe einschließlich Thromboseprophylaxe bis zum Abklingen der Symptomatik. Eine Pharmakotherapie mit Kortikoiden ist nicht gerechtfertigt.

Eine Contusio spinalis bzw. Compressio spinalis analog zu den Hirnverletzungen lässt sich wegen der Unterschiede in den nervalen Strukturen nicht diagnostizieren. Die klinische Symptomatik der traumatischen Querschnittslähmung hängt ab von der transversalen und der longitudinalen Ausdehnung der Zerstörung des Myelons im Rahmen einer Fraktur, Luxationsfraktur, Luxation oder Zerreißung der Wirbelsäule. Die komplette Querschnittslähmung setzt sich zusammen aus einer zentralen schlaffen oder spastischen motorischen Lähmung und dem Ausfall aller sensiblen Qualitäten. Dazu kommen vegetative Störungen unterhalb der Läsion (funikuläre neurologische Symptome). Die Patienten geben manchmal dem verletzten Dermatom entsprechende gürtelförmige Hyperästhesien, Parästhesien oder Schmerzen, meist aber einen völligen Ausfall aller sensiblen Qualitäten an. Die entsprechenden segmentalen motorischen Ausfälle sind im Bereich der Rumpfmuskulatur nur schwer auszumachen, ihnen kommt vor allem an den Extremitäten für die Bestimmung der Läsionshöhe Bedeutung zu (segmentale neurologische Symptome).

5.3.1.1 Diagnostik

- Bei Polytraumatisierten an mögliche Verletzung der Wirbelsäule denken, Behandlungsprioritäten festlegen. Bewusstlose Unfallopfer so lange als querschnittsgelähmt ansehen und behandeln, bis eine Lähmung sicher ausgeschlossen werden kann. Stabilisierung des Kreislaufs. Transport auf Vakuummatratze, da hohe Gefährdung intraspinaler Strukturen durch instabile Frakturen und Luxationen [Todd et al. 2015]. Allerdings scheinen selbst Orthesen wie etwa die Philadelphia-Halskrawatte keinen hinreichenden Schutz vor unerwünschten Bewegungen im instabilen Bereich zu bieten [Horodski et al. 2011].
- Neurologische Untersuchung [vgl. Protokoll der *American Spinal Cord Injury Association* ASIA, s. Maynard et al. 1997]: Schmerzen im Bereich der Wirbelsäule? Gürtelförmige Schmerzen oder Missempfindungen? Schwindel? Zwerchfellatmung? Schlaffer Priapismus? Fieber? Motorik, Sensibilität, Muskeldehnungsreflexe. Befunde dokumentieren!
- Apparative Diagnostik: Spiral-CT nach Traumaprotokoll, nur ggf. Röntgenaufnahmen der Wirbelsäule wie Funktionsaufnahmen oder Dens-Zielaufnahme. Gegebenenfalls MRT. Bei Bewusstlosen Verlaufsbeobachtungen mithilfe somatosensorisch evozierter Potenziale.

Die Höhendiagnostik von Querschnittslähmungen erfolgt anhand der segmentalen sensiblen Ausfälle, der Funktionsprüfung bestimmter Muskelgruppen und der Reflexe (Abb. 5.1). Dabei ist die mehrsegmentale Innervation der meisten Muskeln zu beachten. Angegeben wird das am weitesten kaudal gelegene intakt gebliebene spinale Segment. Es liegt häufig weiter kranial oder kaudal, als nach der Lokalisation der Wirbelsäulenverletzung zu erwarten wäre. Man nimmt an, dass für dieses Phänomen Schädigungen auch der Gefäßversorgung verantwortlich sind. Bevorzugt betroffen sind die spinalen Segmente C 5, Th 4, Th 10 und L 1. Das Ausmaß einer Querschnittslähmung ist mit dem ASIA-Schema klassifizierbar (*American Spinal Injury Association*): A keine sensiblen und keine motorischen Funktionen, B Sensibilität erhalten, keine motorischen Funktionen, C Sensibilität erhalten, motorische Funktionen schwächer als Kraftgrad 3, D Sensibilität erhalten, motorische Funktionen mit mindestens Kraftgrad 3, E Sensibilität und Motorik intakt.

5.3.1.1.1 Differenzialdiagnosen

Der ursächliche Zusammenhang zwischen einem Wirbelsäulentrauma und einer Querschnittslähmung liegt gewöhnlich auf der Hand. Aber nicht jede Wirbelsäulenverletzung geht mit neurologischen Ausfällen einher. Unklarheiten über die Genese einer Querschnittslähmung sind nur zu erwarten bei Bewusstlosen mit unklarer Ana-

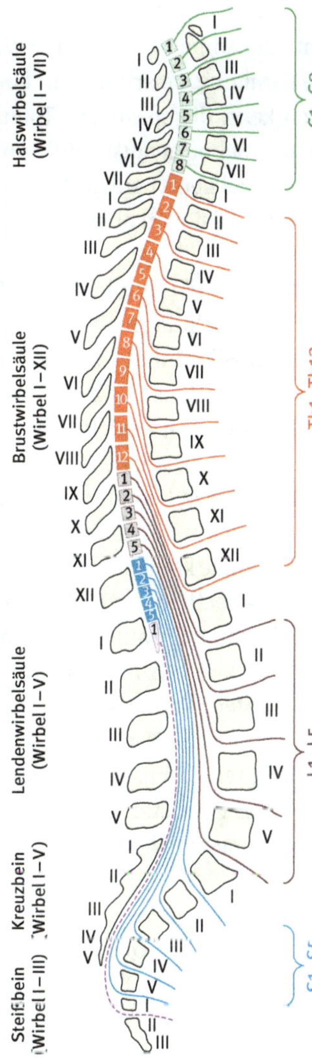

Läsionshöhe	Funktionsausfälle
oberhalb C4	Tetraplegie, Dauerbeatmung oder Zwerchfellstimulation
C4 (Zwerchfell)	Tetraplegie, Zwerchfellatmung
unterhalb C4	wie C4
C5 (M. biceps brachii)	wie C5
C6 (M. extensor carpi radialis)	wie C5
C7 (M. triceps brachii)	
C8 (Mm. interossei et lumbricales)	noch reine Zwerchfellatmung, außer Fingeran- und Fingerabspreizung Gebrauchsfähigkeit von Arm und Hand
Th1 bis 10 (Mm. intercostales)	rollstuhlabhängig, Sitzbalance beeinträchtigt, zunehmende Innervation der Interkostalmuskulatur, der Rücken- u. Bauchmuskulatur durch nach distal zunehmende Innervierung
Th11 bis L2 (Rumpfmuskulatur)	volle Sitzbalance durch intakte Rücken- und Bauchmuskulatur
L3 bis 4 (Mm. quadriceps femoris et tibialis anterior)	z. T. rollstuhlabhängig, Gehen mit Unterarmstützen, Treppensteigen, Steppergang
L5 bis S1 (Mm. triceps surae, fibularis longus et brevis)	besonders doppelseitige Fußheberschwäche
S2 bis 3 (M. gluteus maximus)	keine wesentlichen motorischen Ausfälle

Abb. 5.1: Topographische Beziehungen zwischen Wirbelkörpern, Rückenmarksegmenten, Nervenwurzeln und funktionellen Ausfällen [nach Lößner et al. 1999].

mnese. Bedeutung kommt Myelopathien aufgrund von Drogenkonsum, dem Neurolathyrismus (Saaterbsen-Toxin) und der Caisson-Krankheit (Dekompressions-Unfall) zu [Cavigelli 2000], während die Röntgenmyelopathie dank verbesserter Bestrahlungstechnik keine Rolle mehr spielt.

5.3.1.2 Lähmungsbilder

Motorische Ausfälle: Nach akuten Rückenmarksläsionen entsteht das *spinale Schockstadium* (Diaschisis), die zentrale Lähmung weist zunächst einen schlaffen Muskeltonus auf. Nach Tagen oder Wochen kehrt die spastische Tonuserhöhung ein. Besonders während der Phase des spinalen Schocks muss mit hypotonen Dysregulationen des Kreislaufs gerechnet werden, beispielweise beim Aufrichten. Ursache ist nicht nur der fehlende Muskeltonus, sondern bei Läsionen oberhalb von C 8 auch die Unterbrechung der sympathischen Bahnen.

Verletzungen des Halsmarks führen zur Tetraplegie. Die Ausfälle im Bereich der oberen Extremitäten einschließlich der Schultern sind umso ausgeprägter, je höher die Schädigung erfolgt ist. Zur Lähmung der Interkostalmuskulatur kommt bei Läsionen einschließlich C 4 auch die des N. phrenicus, die Zwerchfelllähmung. Eine Chance zu überleben, besteht nur, wenn sofort beatmet wird. Brustmarkverletzungen verursachen Paraplegien und, wenn die Läsion oberhalb des Segments Th 9 erfolgt ist, mehr oder weniger ausgedehnte klinisch relevante Lähmungen der Interkostalmuskulatur. Auch Ausfälle der übrigen Rumpfmuskulatur hängen von der Höhe der Verletzung ab. Als Folge von Verletzungen des Lumbalmarks stellen sich spastische Paraplegien mit nicht ohne Weiteres offensichtlichen Ausfällen der Rumpfmuskulatur ein. Reine Konusverletzungen werden selten beobachtet. Sie äußern sich in Form einer Reithosenanästhesie, in Störungen der Funktion von Harnblase (autonome Blase, denervierte Blase) und Rektum, von Libido und Potenz. Motorische Defekte fehlen. Verletzungen der Cauda equina betreffen das 2. motorische Neuron. Es handelt sich um periphere Lähmungen im Bereich der unteren Extremitäten, sie bleiben daher schlaff. Häufig treten Sensibilitätsausfälle im Bereich des Perineums und der Beine, Sphinkterparesen und kaum beeinflussbare (Wurzel-)Schmerzen hinzu.

Ausfälle der Sensibilität: In Höhe der spinalen Läsion und kaudal davon sind abhängig vom Ausmaß der Zerstörung alle sensiblen Qualitäten vermindert oder aufgehoben (segmentale und funikuläre Symptomatik). Die obere Grenze der sensiblen Ausfälle liegt oft weiter kaudal als die der motorischen Ausfälle.

Vegetative Störungen: Kompletten Läsionen oberhalb von C 8 folgt wegen des Ausfalls der sympathischen Innervation des Herzens und Überwiegens des Vagotonus eine Bradykardie. Außerdem fällt die zentrale Steuerung der Schweißsekretion und der Vasomotorik aus. Klinisch äußert sich dies in einer Hyperthermie („zentrales Fieber“) und in einem schlaffen Priapismus. Später wirkt die Haut kühl und blass, der Priapismus verschwindet. Vom Zeitpunkt der Verletzung an ist mit trophischen Störungen und der Entstehung von Dekubitalulzera zu rechnen. Aus totalen Zerstörungen des spinalen Sympathikuszentrums zwischen C 8 und L 3 resultiert kaudal der Läsion eine Anhidrose, kranial davon eine kompensatorische Hyperhidrose. Bei inkompletten

Zerstörungen des Zentrums bleibt die Schweißsekretion kaudal der Läsion reflektorisch auslösbar durch Berührungen, Schmerzreize und thermische Reize. Auch übermäßige Füllungen von Blase und Darm können krisenhafte Hypertonien mit Schweißausbrüchen und Kopfschmerzen auslösen.

Nach einem Ausfall der zentralen Innervation von Blase und Darm, die vom Margo superior cerebri (Mantelkante) und von den Stammganglien ausgeht, kommt es zur völligen Atonie der Blasenwand, zur Harnretention und zu einer exzessiv vergrößerten Kapazität der Blase. Eine Entleerung erfolgt zunächst allenfalls in Form eines fast gewaltsamen tropfenweisen Urinabgangs (Überlaufblase). Liegt die Läsion des Myelons oberhalb des sympathischen und des parasympathischen Blasenzentrums (Th 12 bis L 1 bzw. S 2 bis S 4), entwickelt sich nach einiger Zeit eine Reflexblase, deren Steuerung über den erhalten gebliebenen Reflexbogen und die beiden Blasenzentren erfolgt. Als Folge gehäufter Detrusoraktionen geht in zwei- bis dreistündigen Intervallen Urin ab. Paraplegiker lernen meist schnell, sich darauf einzustellen und ohne Urinal sauber zu halten. Als Folge von entzündlichen Prozessen entstehen manchmal hypertone Reflexblasen mit Hypertrophie der Blasenwand, einer Kapazität von weniger als 100 ml und sehr häufigen Entleerungen. Eine Läsion unterhalb von Th 12 unterbricht den Reflexbogen, parasympathische Ganglienzellen in der Blasenwand übernehmen dann die Funktion des ausgefallenen Reflexzentrums. Es entwickelt sich die autonome Blase: Unterbrechung des Detrusorreflexes, schlaffer Tonus, sehr hohe Kapazität, Überlaufblase. Manchmal schrumpft und hypertrophiert die Blasenwand und kontrahiert sich der M. detrusor vesicae wiederholt kurzzeitig, ebenfalls mit der Folge eines unkontrollierten Urinabgangs.

Die Ursachen für eine Störung der Darmentleerung sind unterschiedlich: Wenn die Läsion des Myelons oberhalb des sakralen Reflexzentrums erfolgt ist, entsteht der „spastische Darm“ mit erhöhtem Tonus der Darmmuskulatur, des Beckenbodens und des äußeren Schließmuskels. Eine Entleerung gelingt am besten über eine diätetische Beeinflussung der meist erhöhten Stuhlkonsistenz und digital. – Verletzungen des Zentrums im unteren Sakralmark bzw. im Conus medullaris sind Grund für den „schlaffen Darm“ mit fehlendem Tonus der Darmwand und des äußeren Sphinkters. Es kommt zum unkontrollierten Stuhlabgang. Eine feste, nicht harte Stuhlkonsistenz muss diätetisch eingestellt, die Ampulla recti bei Bedarf digital stimuliert und manuell ausgeräumt werden. In beiden Fällen stellt sich nach einiger Zeit ein Automatismus mit durchschnittlich 2 Darmentleerungen in der Woche ein.

Nahezu jede Rückenmarksverletzung geht mit Störungen der Sexualfunktion einher. Bei Männern fehlen während der ersten ein bis 2 Monate, abgesehen vom Pseudopriapismus der spinalen Schockphase, Erektionen und Ejakulationen völlig. Danach tritt bis zum Ende des ersten posttraumatischen Jahrs eine gewisse „Erholung“ ein, sind reflektorische Erektionen und häufig retrograde Ejakulationen meist auslösbar, vor allem wenn die Schädigung kranial des Rückenmarkssegments Th 11 erfolgt ist. Zahl und Qualität der Spermien sind allerdings herabgesetzt. Verletzungen des Sakralmarks schließen eine Rückkehr sexueller Funktionen aus (parasympathisches

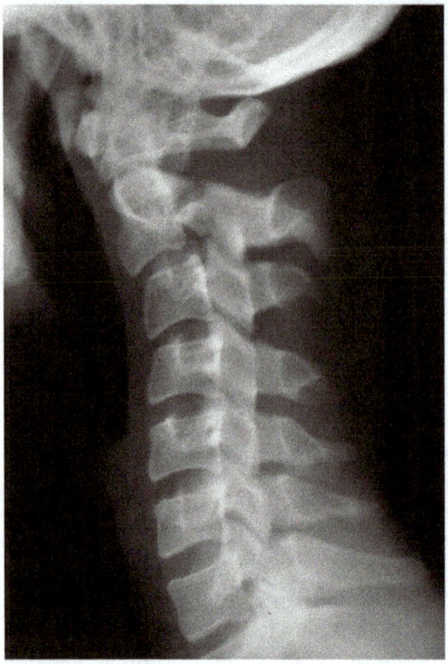

Abb. 5.2: 20 Jahre, männlich. Doppelseitiger Bogenbruch des 2. Halswirbels. Wegen Erweiterung des Spinalkanals keine Schädigung des Halsmarks.

Erektionszentrum S 2 bis S 5, Reflexbogen über N. pudendus, Nn. splanchnici und Ganglion pelvinum, sympathisches Ejakulationszentrum Th 12 bis L 2).

Dieselben Gesichtspunkte gelten prinzipiell für die sexuellen Funktionen querschnittsgelähmter Frauen, bei denen sich ebenfalls mit dem Einsetzen der spastischen Phase Lubrikationen sowie Kontraktionen der Vaginalmuskulatur und des Uterus einstellen. 3 bis 9 Monate nach der Verletzung beginnt der Menstruationszyklus wieder. Die Wahrnehmung eines Orgasmus setzt bei Frauen wie bei Männern allerdings die wenigstens partielle Unversehrtheit genitaler Afferenzen zum Gehirn voraus. Paraplegikerinnen können auf normalem Wege entbinden, bei Tetraplegikerinnen empfiehlt sich gewöhnlich die Schnittentbindung (Abb. 5.2 bis 5.7).

5.3.1.3 Klinik

Sofort nach der Verletzung stellt sich der spinale Schock ein: totale zentrale bzw. nach Verletzung der Kauda periphere schlaffe Lähmung, Ausfall der Muskeleigenreflexe, innerhalb von zwei bis drei Wochen einsetzende Muskelatrophien, Ausfall aller sensiblen Qualitäten, Überlaufblase, Obstipation, Störung der Hautdurchblutung, der Trophik, der Schweißsekretion, der Sexualfunktionen. Seine Pathogenese ist unklar: unter anderem weisen die Axone weit von der Läsion entfernter Vorderhornzellen während des spinalen Schocks charakteristische und nicht leicht zu interpretierende Veränderungen der elektrischen Membraneigenschaften auf [Boland et al. 2011]. Mit dem Abklingen des spinalen Schocks entwickeln sich innerhalb von Tagen und Wochen

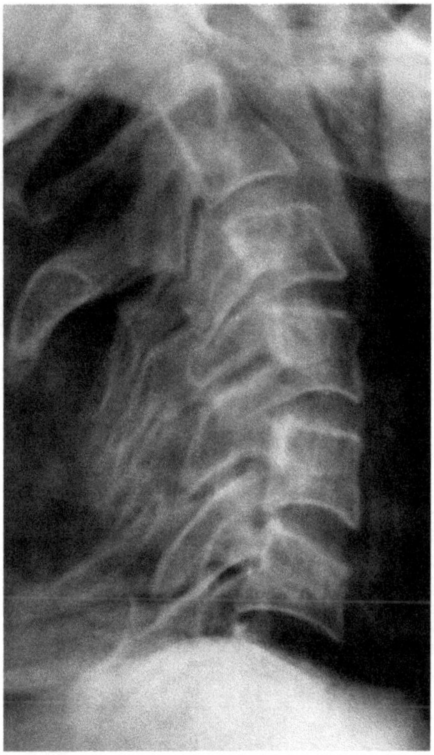

Abb. 5.3: 65 Jahre, männlich. Inkomplette Berstungsfraktur des 6. Halswirbels. Keine neurologischen Störungen.

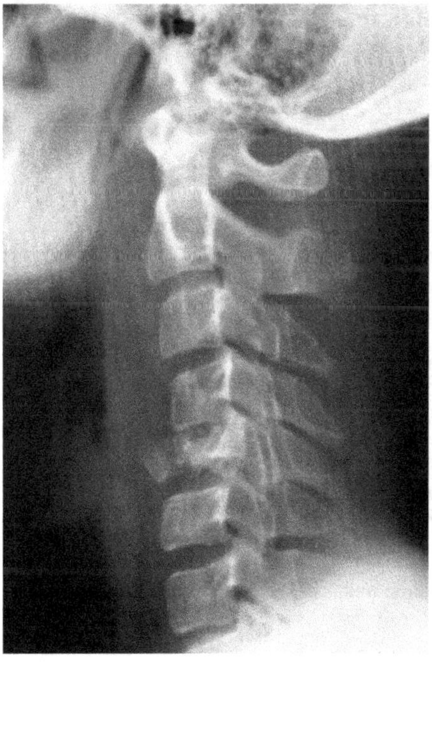

Abb. 5.4: 20 Jahre, männlich. Kompletter Berstungsbruch des 5. Halswirbelkörpers mit Einengung des Spinalkanals. Tetraplegie.

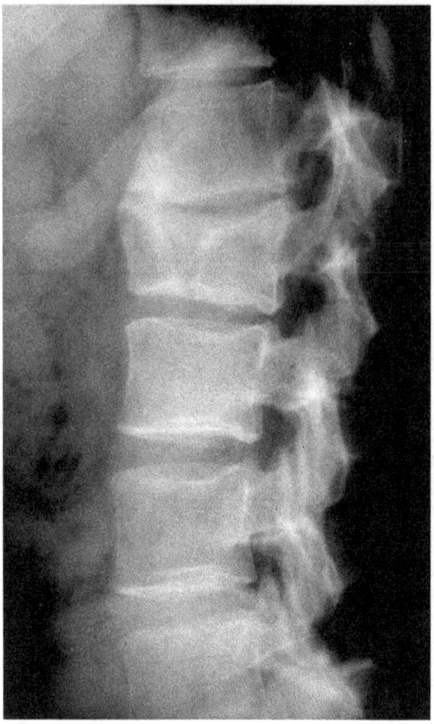

Abb. 5.5: 43 Jahre, weiblich. Knöchern konsolidierter Berstungsbruch des 2. Lendenwirbelkörpers. Partielle Synostose. Neurologisch unauffällig.

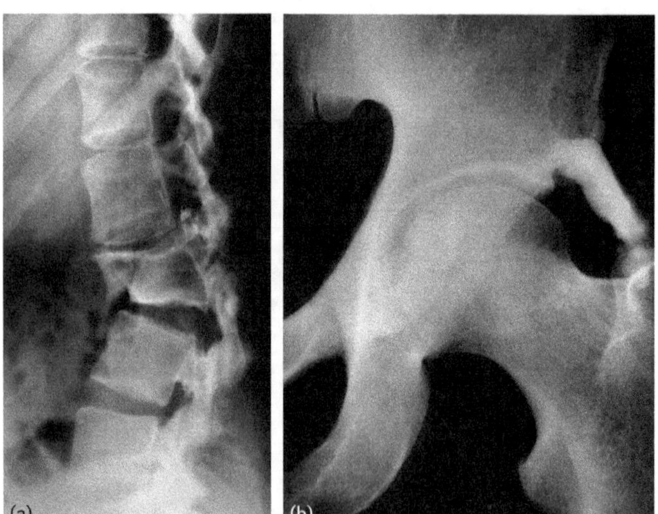

Abb. 5.6: (a) 26 Jahre, weiblich. Komplette Berstungsfrakturdes 1. Lendenwirbelkörpers. Hochgradige Einengung des Spinalkanals. Paraplegie. (b) 22 Jahre, weiblich. Myositis ossificans in den Abduktoren des Hüftgelenks.

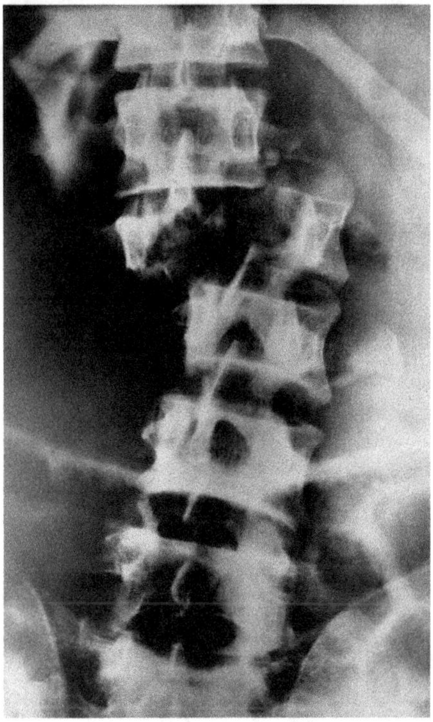

Abb. 5.7: 47 Jahre, männlich. Distraktionsrotationsverletzung zwischen dem 1. und dem 2. Lendenwirbel. Paraplegie.

ein- und doppelseitige spinale Automatismen vor allem an den unteren Extremitäten (Beuge- und Streckreflexsynergien), d. h. eine Spastik: Nach einer Berührung der Beine, vor allem der Fußsohlen, oder beim Katheterisieren der Blase werden die Beine angezogen und anschließend langsam wieder gestreckt.

Wegen des Überwiegens der Beugemuskulatur entwickeln sich rasch Beugekontrakturen der Hüft-, Knie- und ggf. Ellenbogengelenke, Adduktionskontrakturen der Hüftgelenke und auch der Schultergelenke, Spitz- und Klumpfüße, wenn die gelähmten Gliedmaßen nicht von Anfang an passiv durchbewegt werden. Begünstigend wirkt auch die Eigenschwere der Gliedmaßen und sogar das Gewicht der Bettdecke. Selbst wenn sich bereits hochgradige Fehlstellungen entwickelt haben, gehen die spinalen Automatismen wegen der Reizung vegetativer Fasern mit dumpfen bohrenden Schmerzen einher. Reine Strecksynergien stellen sich seltener ein. Sie machen sich beim Aufsetzen und Aufstellen des Gelähmten störend bemerkbar. Leichtere Schädigungen des Myelons zeigen Remissionen. Sie äußern sich in Form von Paresen und Massenbewegungen. Verletzungen der Cauda equina bleiben schlaff mit denervierter (autonomer) Blase, weil das zweite motorische Neuron betroffen ist.

Weil infolge des Sensibilitätsausfalls die unwillkürlichen Lagewechsel fehlen und wegen der gestörten Trophik der Haut kommt es dort, wo die Körperlast aufliegt, sehr schnell zu Ischämien und zu mehr oder weniger umfangreichen und tiefen Aufliegegeschwüren (Dekubitalulzera), die bis auf den Knochen reichen können. Besonders gefährdet sind die Weichteile über den Fersen, an den Außenrändern der Füße, über den Wadenbeinköpfen, den Tubera ossis ischii, dem Kreuzbein, den großen Trochanteren, den Darmbeinstacheln, den Dornfortsätzen vor allem im Thorakalbereich und den Schulterblättern. Der Entstehung solcher nicht selten lebensbedrohender Ulzera ist nur durch regelmäßiges, anfangs halbstündliches, später stündliches oder zweistündliches passives Umlagern zu begegnen.

Die Ursache von gelegentlich in der Muskulatur des Hüftgelenks, seltener des Kniegelenks zu beobachtenden ektopen Verknöcherungen ist nicht bekannt (Abb. 5.6b). Sie können die passive Beweglichkeit der Gelenke und die Mobilität des Patienten beträchtlich beeinträchtigen und umfangreiche operative Maßnahmen erfordern.

5.3.1.4 Therapie

Bei der frischen Querschnittslähmung handelt es sich um eine schwere, sogar lebensbedrohende Erkrankung, die durch das Wirbelsäulentrauma und oft durch eine Anzahl weiterer mehr oder weniger gravierender Verletzungen zusätzlich erschwert wird (Polytrauma). Auch durch eine umgehende Druckentlastung des Rückenmarks ist kaum eine wenigstens partielle Remission kompletter neurologischer Ausfälle herbeizuführen. Allerdings ergeben operative Eingriffe, die innerhalb der ersten 24 Stunden nach dem Trauma durchgeführt werden, bessere Ergebnisse als solche, die später durchgeführt werden [Fehlings u. Perrin 2006], und progrediente Lähmungen erfordern ein sofortiges notfallmäßiges operatives Eingreifen.

Progrediente Lähmungen müssen notfallmäßig operativ behandelt werden.

Wenn sich innerhalb der ersten 3 bis höchstens 6 Tage nach dem Unfallereignis keine Remission einstellt, ist mit Persistenz der Lähmung zu rechnen. Inkomplette Läsionen inkl. eines zentromedullären Musters oder ein Brown-Séquard-Syndrom weisen eine etwas bessere Prognose auf, vor allem bei jüngeren Patienten [Pollard u. Apple 2003]. Die obere Begrenzung der Ausfälle verschiebt sich dank der Resorption des verletzungsbedingten Ödems bzw. Hämatoms allerdings oft um ein paar Segmente nach kaudal. Bei jedem 5. Querschnittsgelähmten ist andererseits noch nach Jahren mit einem Anstieg des Lähmungsniveaus zu rechnen, weil ausgehend von der Verletzungsstelle eine Syringomyelie entsteht, die eine mikrochirurgische Wiederherstellung des Liquorflusses erfordern kann [Speyermann u. Michael 2013].

Die Versorgung der Wirbelsäulenverletzung erfolgt auch beim Querschnittsgelähmten mit dem Ziel der lokalen Stabilisierung und der Wiederherstellung der normalen Wirbelsäulenstatik. Unmittelbar danach, schon während der Intensivtherapie, müssen die erhalten gebliebenen Funktionen stabilisiert und ausgebaut und muss die Entstehung von Sekundärschäden verhindert werden. Dafür ist die Zusammenarbeit von Orthopäden bzw. Traumatologen, Pflegepersonal, Physiotherapeuten und ggf.

Vertretern anderer medizinischer Fachrichtungen unbedingt erforderlich, ergänzt durch eine psychiatrische oder seelsorgerische Betreuung. Es gilt, den Querschnittsgelähmten möglichst bald zu mobilisieren und ihn in sein soziales, möglichst sogar in sein berufliches Umfeld zu reintegrieren. Diese Ziele werden am ehesten erreicht, wenn die Therapie von Anfang an in einer dafür spezialisierten Einrichtung erfolgt.

Besonders wichtig ist der Schutz des Patienten vor aufsteigenden Harnwegsinfektionen, vor Dekubitalgeschwüren und vor Kontrakturen. Dekubitus können sehr schnell die Stadien III und IV erreichen und wegen der damit verbundenen Infektionen und wegen des Elektrolyt- und Eiweißverlusts das Leben gefährden. Dasselbe gilt für aufsteigende Harnwegsinfektionen, die gewöhnlich innerhalb der ersten Behandlungstage entstehen. Der oft „reflektorisch“ gelegte Dauerkatheter ist nur indiziert zur Überwachung der Nierenfunktion. Spätestens nach Stabilisierung des Kreislaufs versucht man zwei- bis dreimal täglich, durch taktile Reize am Bauch, an den Oberschenkeln und an den Genitalien den Detrusor zu aktivieren und die noch atone Blase manuell zu entleeren. Regelmäßiges Nachkatheterisieren gibt über die allmählich kleiner werdende Restharnmenge Auskunft. Der Umgang mit einer sich später einstellenden Reflexblase bereitet den meisten Patienten kaum Schwierigkeiten, die autonome Blase erfordert das Tragen eines Urinals.

Die Entleerung des Darms wird diätetisch sowie durch Abführmittel und Einläufe angeregt. Gewöhnlich kommt es zu 2 spontanen Entleerungen wöchentlich.

Um die Entstehung von Dekubitalgeschwüren zu vermeiden, wird der Querschnittsgelähmte anfangs stündlich, ggf. sogar halbstündlich, nach einiger Zeit zweistündlich von einer Seite auf den Rücken und dann auf die andere Körperseite „gedreht“, nach Stabilisierung von Kreislauf und Atmung auch auf den Bauch. Unterstützend und die schwere pflegerische Arbeit erleichternd, aber nicht ersetzend wirken Spezialbetten und Spezialmatratzen. Dem „Drehen“ folgen eine systematische Hautpflege und vorsichtige Handmassagen: Die Haut in der Umgebung Ischämie-gefährdeter Bezirke wird auf diese zu „ausgestrichen“, um die Blutzufuhr anzuregen. Sie bleibt über den gelähmten Körperabschnitten empfindlich und erfordert lebenslang große Sorgfalt. Die Therapie eventueller – immer auf Behandlungsfehlern beruhender – ausgedehnter und tiefer Aufliegegeschwüre erfordert langwierige und nicht selten umfangreiche operative Maßnahmen.

Der regelmäßige Lagewechsel dient außer der Prophylaxe und ggf. Therapie von (vermeidbaren) Aufliegegeschwüren der Stabilisierung von Kreislauf und Atmung und der Verhütung von Kontrakturen. Er wird dazu zweckmäßig mit dem vorsichtigen passiven Durchbewegen der gelähmten Extremitäten verbunden. Auch Kontrakturen können, manchmal noch viele Jahre nach dem Trauma, Redressionen, Tenotomien, Resektionsarthroplastiken, Arthrodesen und Umstellungsosteotomien indizieren. Eine hochgradige therapieresistente Beinspastik (mit Schmerzen) kann eine Durchtrennung der Vorderwurzeln oder eine longitudinale Myelotomie erfordern, um den Reflexbogen zu unterbrechen, die Beugereflexsynergien zu mindern und die Pflege zu erleichtern.

Die partiell oder völlig innerviert gebliebene Muskulatur insbesondere des Rumpfs, des Schultergürtels und der Arme wird bevorzugt nach der PNF-Methode und der Stemmführung nach Brunkow beübt. Der Paraplegiker muss sich zum Oberkörperathleten entwickeln, beim Tetraplegiker beschränkt man sich neben dem Training der spärlichen Restfunktionen darauf, Kontrakturen der Hand- und der Fingergelenke nicht entstehen zu lassen und Ersatzbewegungen zu trainieren. Bei ihnen ist der Erhalt einer aktiven Funktionshand geradezu lebenswichtig. Bei Lähmungen oberhalb von C 5/C 6 ist mithilfe einer Fallhandschiene wenigstens eine passive Funktionshand einstellbar, solange keine Kontrakturen entstanden sind.

Paraplegiker müssen lernen, sich selbständig aus- und anzukleiden, sich im Liegen umzudrehen, auch im Sitzen die Position zu wechseln, sich möglichst aus dem Liegen aufzusetzen oder sogar aufzustehen, Harnblase und Darm regelmäßig zu entleeren und ihre Haut zu pflegen. Sie müssen Orthesen selbständig an- und ablegen und mit einem (mechanischen!) Rollstuhl umgehen, evtl. mit orthopädischen Apparaten auch stehen und gehen können. Sie müssen bei Bedarf einen anderen, ihren intellektuellen Fähigkeiten und ihrem Ausbildungsstand entsprechenden Beruf lernen, und sie benötigen einen ihrer Behinderung entsprechenden Arbeitsplatz und eine mit einem Rollstuhl erreichbare und befahrbare Wohnung.

Die soziale Eingliederung von Tetraplegikern geht mit viel größeren Schwierigkeiten einher, die berufliche ist nur ausnahmsweise möglich. Sie sind auf einen elektrischen Rollstuhl und andere Hilfen angewiesen und bleiben zeitlebens pflegebedürftig. Die Unterbringung in einer Pflegeeinrichtung stellt daher oft den einzigen Ausweg dar. Während Paraplegiker über eine annähernd normale Lebenserwartung verfügen, ist die von Tetraplegikern durch Luftwegs- und Harnwegsinfektionen sowie durch Aufliegegeschwüre limitiert. Das gilt insbesondere für beatmungspflichtige Patienten mit hohen Halsmarkläsionen.

5.3.1.4.1 Medikamentöse Therapie

Die Gabe hochdosierter Kortikoide stellt laut Cochrane Review die bislang einzige durch Studien gesicherte effektive Pharmakotherapie akuter Rückenmarksverletzungen dar. Der Beginn einer Therapie mit Methylprednisolon i. v. spätestens acht Stunden nach dem Trauma verbessert das neurologische Langzeitergebnis signifikant [Bracken 2012]. Weil aber nicht in allen Studien und für alle Patienten-Subgruppen ein Vorteil der intravenösen Methylprednisolontherapie nachgewiesen wurde [Ito et al. 2009], wird in den Leitlinien keine allgemeine Empfehlung dafür ausgesprochen.

Casha et al. [2012] beobachteten in einer kontrollierten Phase-II-Studie mit Minocyclin positive motorische Effekte bei Patienten mit Halsmarkläsionen, wenn das Trauma nicht länger als 12 Stunden zurücklag. Minocyclin ist als nebenwirkungsarmes Tetracyclinantibiotikum mit anti-inflammatorischen und neuroprotektiven Effekten bekannt. Derzeit wird in einer Phase-III-Studie Riluzol eingesetzt [ClinicalTrials.gov: NCT01597518], weil sich in einer Phase-I-Studie bei vertretbarem Nebenwirkungsprofil

Hinweise auf eine Verbesserung motorischer Funktionen gezeigt hatten [Grossmann et al. 2014].

In *experimentellen Arbeiten* wurden positive Effekte unterschiedlicher Substanzen auf das Behandlungsergebnis nach Rückenmarkstrauma beschrieben. Bei Ratten zeigte sich ein wesentlicher Nutzen nach Infusion von Oxycyte, einem Perfluorokarbon-Sauerstofftransporter [Yacoub et al. 2014]. Eine solche experimentelle Therapie könnte im Rahmen von Studien bereits im Notarztwagen eingesetzt werden. Große Hoffnungen zur Wiedergewinnung motorischer Funktionen nach Rückenmarkstrauma werden im Augenblick in eine Beeinflussung der axonalen Aussprossung im zentralen Nervensystem gesetzt. Obwohl ihre Mechanismen nur unvollständig bekannt sind, gibt es Ansätze dazu. Eine Aktivierung des ρ-Faktors (rho-Faktor) und der davon abhängigen Effektorkinasen (ROCK) triggert den Zerfall des axonalen Sprosskegels und stellt ein Hindernis für die axonale Regeneration dar [Tönges et al. 2011]. Der ROCK-Inhibitor BA-210 (Cethrin) wurde im Rahmen einer Phase-I/II-Studie lokal im Bereich des traumatisierten Rückenmarks als Paste aufgetragen und zur Förderung der axonalen Aussprossung eingesetzt [Fehlings et al. 2011]. Dabei zeigten sich Hinweise auf einen tendenziellen Nutzen der Substanz. Ein anderes Protein, das die axonale Aussprossung hemmt, ist der *Neurite-outgrowth-inhibitor* Nogo (Reticulon-4), von dem drei Isoformen bekannt sind, Nogo A, B und C. Eine Inhibition von Nogo A z. B. durch blockierende Antikörper führt im Tierversuch zu einer verbesserten axonalen Aussprossung im lädierten Rückenmark [Schwab u. Strittmatter 2014]. Ergebnisse klinischer Studien liegen bislang nicht vor. – Wie beim ischämischen Hirninfarkt wird ein Nutzen der Hypothermie bei akuten Rückenmarksläsionen diskutiert [Dietrich 2009]. Die Effekte von Mannitol wurden bislang überwiegend tierexperimentell untersucht [Bayscfer et al. 2003]. Eine hyperbare Oxygenation bringt nur Vorteile, wenn sie unmittelbar nach dem Trauma einsetzt [Higgins et al. 1981, Yaman et al. 2014].

5.3.2 Rückenmarksverletzung nach Bagatelltrauma

Als wesentliche Voraussetzung für eine bagatelltraumatische Läsion des Rückenmarks gilt der Verlust der Stoßdämpferfunktion des Liquor cerebrospinalis bei Spinalkanalstenosen [Nakae et al. 2010, Yoo et al. 2010]. Eine zervikale Spinalkanalstenose mit einem Durchmesser von 8 mm oder weniger bezeichnen Aebli et al. [2013] als Risikofaktor. Auch eine Ossifikation des hinteren Längsbandes, die bei 2 % der Japaner vorkommt, prädisponiert zu Rückenmarksverletzungen durch Bagatelltraumen [Nakae et al. 2010, Onishi et al. 2012, Wu et al. 2012]. Eine begünstigende Rolle scheint auch die Verknöcherung des vorderen Längsbandes zu spielen [Onishi et al. 2012]: Bei Bechterew-Patienten wurden Rückenmarksverletzungen nach Bagatelltrauma relativ häufig beobachtet [Weinstein et al. 1982]. Es muss nicht einmal ein Trauma im üblichen Sinne vorliegen, um eine Rückenmarksläsion auszulösen. Eine (Hyper-)Extension der Halswirbelsäule, etwa im Rahmen der Vorbereitung auf einen operativen Eingriff, kann bereits zur Läsion führen [Xiong et al. 2015]. Viele Patienten (und Ärzte) bringen ein Bagatelltrauma nicht mit der Symptombildung in Verbindung. Bei akuter myelopathischer Symptomatik sollten daher mögliche Stürze, abrupte Bewegungen oder länger dauernde Fehlhaltungen anamnestisch eruiert werden. Andererseits treten Rückenmarksverletzungen infolge von Bagatelltraumen auch bei vorbestehender Spinalkanalstenose nicht gerade häufig auf [Bednařík et al. 2011, Chang et al. 2015].

5.3.3 Zervikale Myelopathien bei degenerativen Erkrankungen der Halswirbelsäule

Zervikale Spinalkanalstenosen als Ursache von Myelopathien finden sich bei einer Vielzahl unterschiedlicher nicht nur degenerativer Erkrankungen: Bandscheibenprotrusion und Bandscheibenprolaps, Spondylarthrose, ligamentäre Veränderungen (z. B. Ossifikationen, Mb. Bechterew), rheumatische Erkrankungen, Spondylolisthese und andere Fehlbildungen, Tumoren [Jiang et al. 2011]. Von den angeborenen Anomalien sind außerdem vor allem das Klippel-Feil-Syndrom [Lampropoulou-Adamidou et al. 2003] und die Chiari-Malformationen zu nennen, aber auch andere seltene Fehlbildungen [Chau et al. 2009] können mit einer Myelopathie einhergehen.

Diagnostisches Verfahren der Wahl ist das Kernspintomogramm, das ohne Röntgenstrahlenbelastung eine Beurteilung knöcherner und chondroider Strukturen erlaubt und Aussagen über das Rückenmark und nervale Strukturen zulässt [s. auch Leitlinie der DGN: Zervikale spondylotische Myelopathie]. Spondylogene oft auch mehrsegmentale Stenosen im Bereich des zervikalen Spinalkanals sind bei Älteren häufig zu finden, bei Jüngeren treten sie gewöhnlich als Symptom einer anderen Erkrankung auf: beispielsweise Rheuma, Mb. Bechterew. Bei einem durchschnittlichen Alter von 66 Jahren und einem Spinalkanaldurchmesser unter 13 mm fanden Nagata et al. [2014] in 38 % der untersuchten Stichprobe eine Rückenmarkskompression, klinische Zeichen einer zervikalen Myelopathie bei 10 % und eine T2-Signalanhebung in der MRT-Untersuchung bei 5,4 %. Die Weite des Spinalkanals stellt einen klaren Prädiktor dafür dar, ob klinische Zeichen einer zervikalen Myelopathie zu erwarten sind. Die Inzidenz der wegen einer spondylogenen zervikalen Myelopathie stationär behandelten Patienten geben Wu et al. [2013] mit 4 : 100.000 im Jahr an. Die Prävalenz der chirurgisch behandelten Patienten liegt bei 1,6 : 100.000 Einwohnern [Boogaarts u. Bartels 2015].

5.3.3.1 Klinik

Als häufiges, jedoch unspezifisches klinisches Zeichen einer zervikalen Myelopathie besteht eine Gangstörung in Verbindung mit einem Taubheitsgefühl der Hände und Einbußen an feinmotorischen Fähigkeiten [Mattei et al. 2011]. Nach unserer Erfahrung stellt ein bilateral symmetrisch oder auch asymmetrisch gesteigerter Trömner-

Reflex (in der englischen Literatur besser als Hoffmann-Reflex bekannt) im Vergleich zum Trizeps-brachii- oder Bizeps-brachii-Reflex bei gleichzeitiger Pallhypästhesie des Kleinfingernagels, verglichen mit dem Daumennagel, ein wichtiges und sensitives Symptom dar. Ein lebhafter Trömner-Reflex wurde von Houten und Noce [2008] bei der Mehrzahl der Patienten mit zervikaler Myelopathie gefunden. Unilaterale Symptome kommen weniger häufig vor, und zwar meist bei geringer Betroffenen. Vor allem bei kaudalen Halsmarkläsionen ist „der Trömner" nicht oder allenfalls schwach auslösbar. Zumindest bei schlanken Personen besteht eine Pallhypästhesie über den Dornfortsätzen des zervikothorakalen Übergangs, im Unterschied etwa zum Schlüsselbein-Areal. Regelmäßig treten Symptome der langen Bahnen im Bereich der Beine hinzu, fakultativ auch ein imperativer Harndrang oder eine manifeste Blasenstörung. Sie werden nicht selten durch lumbosakrale radikuläre Symptome überlagert. Vielleicht wird deshalb ein Babinski-Zeichen nur bei 33 % der Patienten mit zervikaler Myelopathie gefunden [Houten u. Noce 2008].

5.3.3.2 Diagnostik

Von den elektrophysiologischen Untersuchungsverfahren sind die *somatosensibel evozierten Potenziale (SSEP)* nach Stimulation des N. ulnaris am wertvollsten, ggf. in Kombination mit der sensiblen Neurografie dieses Nerven. Die Afferenzen des N. ulnaris treten im Bereich der Wurzeln C 8 und Th 1 in das Rückenmark ein und durchlaufen das gesamte Halsmark. Bei spondylogener zervikaler Myelopathie kommt es regelmäßig zu bilateralen Latenzverzögerungen. Die sensible Neurografie des N. ulnaris oder auch eine mehrkanalige fraktionierte Ulnaris-SEP-Untersuchung lässt abschätzen, ob eine Demyelinisierung im peripheren Abschnitt die Latenzverzögerung erklären kann. SSEP nach Stimulation des N. tibialis eignen sich kaum zur Diagnose einer zervikalen Myelopathie. Die kurzstreckige Stenose wirkt sich angesichts der langen Strecke nur gering aus. Zudem kommen auch Erkrankungen wie Polyneuropathien oder lumbale Spinalkanalstenosen als alternative Ursachen pathologischer Befunde in Betracht. Motorisch evozierte Potenziale (MEP) tragen kaum zur Abgrenzung von anderen Erkrankungen mit Beteiligung des oberen Motoneurons bei wie beispielsweise von der amyotrophischen Lateralsklerose. Jedoch besitzen sie wie die Ulnaris-SSEP einen Wert für die Verlaufsbeobachtung bei konservativ behandelten Patienten. Zeigen sich sowohl klinisch (doppelseitiger lebhafter Trömner-Reflex und Pallhypästhesie an beiden Kleinfingern) als auch mit Ulnaris-SSEP (seitengleiche Latenzverzögerung) Hinweise auf eine zervikale Myelopathie, ist die kernspintomografische Untersuchung der Halswirbelsäule indiziert. Das gilt auch dann, wenn sich an den Beinen Hinweise auf eine Myelopathie gefunden haben, deren Ursache nicht unterhalb des Halsmarks lokalisiert war. Das MRT dient nicht nur zur Sicherung der Diagnose, sondern auch der *Differenzialdiagnostik*, also zum Ausschluss oder Nachweis insbesondere der amyotrophischen Lateralsklerose, der spastischen Spinalparalyse, der multiplen Sklerose, der Neuromyelitis optica, der funikulären

Myelose, der Syringomyelie und von spinalen Tumoren. Gewöhnlich wird die Untersuchung in Neutralstellung der Wirbelsäule vorgenommen. Vielleicht bietet die kinetische MRT-Untersuchung Vorteile auch für die Detektion von Myelopathien [Lao et al. 2014]. Wenn das MRT auf eine spondylogene zervikale Myelopathie hinweisende Veränderungen zeigt und der klinische Befund damit gut korreliert, kann auf eine Liquordiagnostik verzichtet werden. Stets ist aber an die Bestimmung von Vitamin B 12 und Folsäure zu denken.

Röntgenologisch sind im Falle einer spondylogenen zervikalen Myelopathie vor allem dorsale spondylotische sowie spondylarthrotische Veränderungen zu erwarten. Im *MRT* findet man ebenfalls degenerative Veränderungen mit und ohne Protrusionen oder Prolapse von Bandscheibengewebe in einem oder in mehreren Segmenten, eine Kompression des Rückenmarks sowie eine umschriebene T2-Signalanhebung im betroffenen Segment („myelopathisches Signal“ [Ellingsen et al. 2015]). Die transversale Fläche im maximal komprimierten Abschnitt entspricht der klinischen Symptomatik [Karpova et al. 2014].

5.3.3.3 Therapie

Tetreault et al. [2013] weisen darauf hin, dass eine operative Dekompression wenig aussichtsreich ist, wenn die Symptome sehr ausgeprägt sind und bereits über längere Zeit bestanden haben, wenn eine ausgeprägte Gangstörung vorliegt, bei einem Alter über 65 Jahre und bei psychischer Komorbidität. Sie bezeichnen die Schwere der myelopathischen Symptomatik und die Dauer ihres Bestehens als die wichtigsten Einflussfaktoren auf den Erfolg des Eingriffs. Auch Diabetes mellitus und neuromuskuläre Komorbiditäten stellen ungünstige Einflussfaktoren dar. Im Falle einer milden und bereits länger bestehenden Symptomatik darf der weitere Verlauf beobachtet werden. Nicht selten tritt selbst innerhalb von 10 Jahren keine Symptomverstärkung ein [Fouyas et al. 2002, Oshima et al. 2012]. Die evozierten Potenziale werden als Verlaufsparameter ergänzend herangezogen. Bei Verschlechterung der Symptomatik und bei Zunahme der Latenzwerte der evozierten Potenziale ist eine Operation indiziert (Kap. 6.3.3). Mit postoperativen Komplikationen ist bei fast 40 % der Operierten zu rechnen. Ein erhöhtes Komplikationsrisiko besteht insbesondere bei älteren und alten Patienten, nach Voroperationen und während und nach länger dauernden Eingriffen [Tetreault et al. 2015].

5.3.3.4 Zervikale Myelopathie bei akutem zervikalem Bandscheibenvorfall

Ein Diskusprolaps nach dorsomedial ist im Bereich der Halswirbelsäule recht selten zu beobachten. Wenn das Rückenmark davon betroffen ist, kann unter anderem ein Brown-Séquard-Syndrom resultieren [Sayer et al. 2008]. Westwick et al. [2014] beschrieben auch eine rasch progrediente Querschnittsymptomatik in Kombination mit einem verknöcherten hinteren Längsband.

Frische Bandscheiben-bedingte Halsmarklähmungen sind unverzüglich, notfallmäßig operativ zu behandeln. Eine Operation ist auch bei schon länger bestehender Lähmung dringend indiziert, allerdings mit immer ungünstiger werdender Prognose.

5.3.4 Thorakale Myelopathie bei degenerativen Wirbelsäulenerkrankungen

Myelopathien auf Grundlage degenerativer Veränderungen der Brustwirbelsäule sind selten zu beobachten. In den USA wurden allerdings im Zeitraum von 2000 bis 2010 immerhin 13.837 Patienten mit Bandscheiben-bedingten thorakalen Myelopathien chirurgisch behandelt [Jain et al. 2014]. In einer fernöstlichen Stichprobe mit 427 Patienten zeigten 81 % eine Paraparese und 64 % Sensibilitätsstörungen der Beine [Hou et al. 2014]. Ossifikationen des Ligamentum flavum stellten mit 72 % die häufigste Ursache für die Myelopathie dar, gefolgt von thorakalen Bandscheibenvorfällen und Ossifikationen des hinteren Längsbandes. Akut einsetzende Symptome wurden meist durch Stürze ausgelöst (7 %). Ossifikationen des Ligamentum flavum wurden öfter zwischen BWK 9 und LWK 1 gefunden (56 %), ebenso Bandscheibenvorfälle, eine Verknöcherung des hinteren Längsbandes häufiger zwischen BWK 1 und BWK 8. Bei 11 % der Patienten wurden komorbide degenerative Veränderungen im Bereich der Lendenwirbelsäule beobachtet, bei 15 % im Bereich der Halswirbelsäule. Ligamentäre Ossifikationen kommen im fernen Osten häufiger vor als in Europa, gleichwohl werden ligamentäre Ossifikationen als Ursache für eine thorakale Myelopathie in den westlichen Ländern durchaus entdeckt [Stecken et al. 1996]. Die untere Brustwirbelsäule ist häufiger betroffen als die obere.

Die Patienten klagen über Schmerzen (Dugas et al. 2011) und typische myelopathische Symptome, oft auch über atypische extraspinale Symptome, und zwar über abdominelle oder thorakale Beschwerden, außerdem manchmal über Übelkeit, chronische Obstipation oder Brennschmerzen im Gesäß und in den Beinen [Shirzadi et al. 2013]. Der Mb. Scheuermann wurde mehrfach als prädisponierender Faktor bezeichnet [Gille et al. 2006, Kapetanos et al. 2006]. Bei akuter zentromedullärer Symptombildung ist auch an eine Ischämie der A. spinalis anterior zu denken [Reynolds et al. 2014]. Eine raumfordernde Liquorleckage eines Duralecks könnte ebenfalls eine auslösende Rolle spielen [Brus-Ramer u. Dillon 2012], außerdem natürlich akute Bandscheibenvorfälle, die gelegentlich sogar in das Rückenmark hinein sequestrieren [Teufack et al. 2012]. Ein Sequester kann wie ein Tumor wirken [Song et al. 2012] und – selten – das Rückenmark von lateral und dorsal komprimieren [Bose 2003].

5.3.4.1 Klinik und Diagnostik

Patienten mit thorakalen Myelopathien aufgrund von degenerativen Wirbelsäulenerkrankungen weisen oft eine inkomplette motorisch oder auch sensibel betonte Symptomatik auf, die über Monate und Jahre fortschreitet [Bazin et al. 1989] und sich als zunehmende Gangstörung und evtl. als Blasenstörung mindestens in Form eines imperativen Harndrangs manifestiert. Der Muskeltonus der Beine kann latent oder manifest erhöht sein. Eine latente Tonuserhöhung zeigt sich im Beinpendeltest und bei abruptem passivem Beugen des Kniegelenks des entspannten Patienten in Rückenlage. Nicht selten wird damit eine einschießende Beinspastik ausgelöst, sodass die Ferse von der Unterlage förmlich hochschleudert. Die Bauchhautreflexe können segmental ausfallen und das Beevor-Zeichen – die Verziehung des Nabels bei Anspannung der Bauchmuskulatur nach kranial – und Reflexe der Babinski-Gruppe auftreten. Da die Dermatome der Schmerzrezeptoren klein sind und nur wenig überlappen, lassen sich mit der Prüfung der Algesie sensible Niveaus gut herausarbeiten. Bei schlanken Personen ist dafür auch das Vibrationsempfinden (Pallästhesie) über den Dornfortsätzen hervorragend geeignet. Bei Monoparesen wird nach einer dissoziierten Sensibilitätsstörung gefahndet. Manchmal liegt die Läsion etwas oberhalb des klinisch betroffenen Niveaus. Die gewonnenen Informationen genügen in der Regel, eine gezielte MRT-Untersuchung zu veranlassen. Sinnvoll und nötig ist ferner eine Restharnbestimmung sowie ggf. eine urodynamische Diagnostik. Für die Untermauerung der Befunde und insbesondere für die Verlaufsbeobachtung spielen die somatosensibel evozierten Potenziale nach Stimulation des N. tibialis sowie die motorisch evozierten Potenziale mit Registrierung über dem M. tibialis anterior eine Rolle. Diese Untersuchungsmethoden sind der klinisch-neurologischen Untersuchung nicht ebenbürtig.

Zur *Therapie* der thorakalen Myelopathie bei Bandscheibendegeneration liegen keine Studien vor. Dieses Krankheitsbild wird insbesondere dann operativ behandelt, wenn sich eine frische oder eine progrediente Lähmung auf einen Bandscheibenvorfall zurückführen lässt.

5.3.5 Spinale Arachnoidalzysten und andere meningeale Malformationen

Arachnoidalzysten sind gutartige mit Flüssigkeit gefüllte Hohlräume, deren Hülle mit der Arachnoidea von Gehirn oder Rückenmark verbunden ist. Sie machen etwa 1 % der spinalen Raumforderungen aus und sind manchmal mit einer Syringomyelie vergesellschaftet [Holly u. Batzdorf 2006]. *Idiopathische (primäre) Arachnoidalzysten* entstehen früh in der Embryonalentwicklung und besitzen vermutlich eine heterogene und bislang unvollständig verstandene Pathogenese [Rabiei et al. 2014]. Einige der so bezeichneten Raumforderungen werden auch als Meningozelen aufgefasst [Bassiouni et al. 2004, Ball et al. 2012]. Sie entsprechen den intraspinal-extraspinalen Zysten. Solche *neuroepithelialen meningealen Zysten* liegen anders als Arachnoidalzysten im thorakalen Bereich eher ventral und gehen häufiger mit einer Myelopathie einher [Bassiouni et al. 2004, Ball et al. 2012]. Thorakolumbal findet man sie oft auch dorsal, ebenfalls als Verursacher einer Myelopathie [Oh et al. 2012]. Diese intraduralen-extraduralen Zysten können sogar retroperitoneal positioniert sein und dort raumfordernd wirken [Park et al. 2012]. Vereinzelt üben auch Wurzeltaschenzysten auf Nervenwurzeln bzw. Rückenmark symptomatischen Druck aus [Bassiouni et al. 2004]. McCormick berichtete über Einschnürungen des Rückenmarks durch arachnoidale Gewebsstränge [2008]. Sehr selten können spinale Arachnoidalzysten dazu führen, dass via Lumbalpunktion applizierte Arzneimittel nicht adäquat wirken [Yamaki et al. 2009].

Als Ursache *sekundärer Arachnoidalzysten* werden Blutungen, Entzündungen, Infektionen und Traumen einschließlich Punktionen und Operationen diskutiert [Qi et al. 2014]. Für die Genese von extraduralen spinalen Arachnoidalzysten spielen evtl. Mutationen im HOXD4-Gen eine Rolle [Ogura et al. 2015]. Im Spinalkanal kennt man extra- und intradurale Zysten und unterscheidet aufgrund der MRT-Morphologie subdural-extramedulläre, intraspinal-epidurale sowie intraspinal-extraspinale Arachnoidalzysten [s. o., Qi et al. 2014]. Am häufigsten sind intraspinale epidurale Arachnoidalzysten, meist lumbal oder lumbosakral, weniger oft thorakal oder thorakolumbal gelegen. Nach der Häufigkeit folgen subdurale extramedulläre Zysten, überwiegend thorakal oder thorakolumbal. Intraspinal-extraspinale Zysten sind eher selten. Bei 12 % der Patienten wurden spinale Arachnoidalzysten in mehr als einer Lokalisation gefunden (Qi et al., 2014).

Die *Symptome* sind meist unspezifisch, sodass Fehldiagnosen durchaus vorkommen [Hughes et al. 2008]. Schmerzen entsprechend dem Sitz der Zyste stehen meist im Vordergrund. Radikuläre oder myelopathische Symptome sind seltener [Qi et al. 2015]. Vielleicht trägt die pulsatile Ausdehnung der Arachnoidalzysten im Rahmen der durch Herzaktion bzw. Pulsation von Gehirn und Rückenmark angetriebenen Liquorzirkulation zur Entstehung einer Myelopathie bei [Baba et al. 2010]. Entsteht die Rückenmarkskompression sehr allmählich, kann eine extreme Ausdünnung des Rückenmarks entstehen, ohne dass schwerwiegende myelopathische Symptome bestehen [van Nuenen et al. 2008].

Zur *Diagnostik* ist neben neurologischen und elektrophysiologischen Untersuchungen mit motorisch und sensibel evozierten Potenzialen eine MRT-Untersuchung nötig. Differenzialdiagnostisch wichtig sind parasitäre Zysten, etwa Hydatidenzysten bei Echinokokkose, oder neurenterische Zysten.

Wenn keine Symptome vorliegen, sind *therapeutische Konsequenzen* nicht erforderlich, und zwar unabhängig von der Größe der Zyste. Liegt eine symptomatische Rückenmarkskompression oder Radikulopathie vor, ist ein neurochirurgischer Eingriff indiziert. Bei extradural gelegenen symptomatischen Arachnoidalzysten wird der (kongenitale) Duradefekt verschlossen. Lee et al. [2012] weisen darauf hin, dass es nicht immer nötig oder sinnvoll ist, die Zyste vollständig zu entfernen.

5.3.6 Syringomyelie, Hydromyelie

Bei den Syringomyelien handelt es sich um seltene Erkrankungen, gekennzeichnet durch eine Erweiterung des Zentralkanals bzw. durch vom Zentralkanal ausgehende flüssigkeitsgefüllte intramedulläre Hohlräume (*syrinx* grch. Flöte, Abb. 10.3, 10.10,

10.15). Der Zentralkanal erstreckt sich vom unteren Ende des 4. Ventrikels bis zum Filum terminale. Die oft anzutreffende Unterscheidung zwischen Kavitäten mit einer Ependymauskleidung (Hydromyelie) und solchen ohne (Syringomyelie) ist in vivo schwer zu treffen. Daher wird hier lediglich von Syringomyelien gesprochen. Syringomyelien können das ganze Rückenmark oder unterschiedlich lange Abschnitte betreffen. Seltener sind polyzystische Formen [Wester et al. 1989]. Zu unterscheiden sind symmetrische zentrale Kavitäten (24 %), zentrale Kavitäten mit einer oder mehreren parazentralen Erweiterungen (31 %) sowie exzentrische und oft irreguläre Kavitäten [44 %, Milhorat et al. 1995]. Letztere werden meist nach Traumen und entzündlichen Prozessen gesehen. Ein Prädilektionsort für die fokale zystische Auftreibung des Rückenmarks ist der Conus medullaris, insbesondere zusammen mit einem *Tethered cord* oder einem dysembryogenetischen Tumor [Ganau et al. 2012]. Die Inzidenz der idiopathischen Syringomyelie liegt in Deutschland unter 1 : 100.000 im Jahr, die Prävalenz beträgt 8 bis 9 : 100.000, in Japan etwa 2 : 100.000 Einwohner [Sakushima et al. 2012]. In Neuseeland wurde bei Personen überwiegend europäischer Abstammung eine Prävalenz von 5 : 100.000 gefunden, bei Maoris von 15 : 100.000 und bei der pazifischen Bevölkerung von 18 : 100.000 [Brickell et al. 2006]. Die idiopathische Form der Erkrankung tritt teilweise gemeinsam mit einer Syringobulbie auf und wird zwischen Kindheit und höherem Lebensalter, gewöhnlich im frühen Erwachsenenalter manifest. Syringomyelien können auch isoliert vorkommen. Manchmal spielen okkulte arachnoidale Gewebsstränge, Taschenbildungen und Zysten eine wichtige Rolle bei ihrer Entstehung [Mallucci et al. 1997]. Bedeutung kommt auch entzündlichen Arachnopathien im Bereich des Foramen magnum zu [Klekamp et al. 2002]. Syringomyelien findet man syndromal bei Hydrozephalus, Chiari-Malformationen, *Tethered cord*, Fehlbildungsskoliose, Klippel-Feil-Syndrom, Spina bifida, Diastematomyelie, Arachnoidalzysten unterschiedlicher Lokalisation, Myelomeningozele, Dandy-Walker-Malformation sowie vereinzelt in Assoziation mit spinalen Tumoren. In einer größeren Fallserie waren 45 von 100 intramedullären Tumoren mit einer Syringomyelie vergesellschaftet, häufiger oberhalb (49 %) als unterhalb (11 %) und bei 40 % sowohl oberhalb als auch unterhalb des Tumors gelegen. Ependymome waren deutlich häufiger mit einer Syringomyelie assoziiert als Astrozytome. Weiter kranial gelegene Tumoren gehen eher mit einer Syringomyelie einher als kaudal lokalisierte [Samii u. Klekamp 1994]. Extramedulläre Tumoren, bei denen Syringomyelien beschrieben wurden, sind unter anderem Lipome, Neurofibrome, Meningeome, Hämangioblastome und extramedulläre Malignome [Slasky et al. 1987]. Eine Syringomyelie wird nicht selten nach einer Meningitis beobachtet. Sie kommt auch vor nach Subarachnoidalblutungen [Nakanishi et al. 2012] und sogar bei autoimmunen entzündlichen Erkrankungen wie der multiplen Sklerose [Weier et al. 2008]. Nach Rückenmarkstraumen entwickeln 4 bis 7 % der Patienten innerhalb von 5 Jahren eine Syringomyelie [Ko et al. 2012]. Eine Assoziation mit der Schwere des Traumas, dem Läsionsort oder einem vorausgehenden operativen Eingriff besteht nicht (Ko et al. 2012).

Abgesehen von traumatischen und postentzündlichen Formen werden die Ursachen für die Erweiterung des Zentralkanals überwiegend im komplexen Zusammenspiel der durch die Herzaktion angetriebenen Liquorbewegungen und Liquordruckgradienten im Bereich des kraniozervikalen Übergangs gesehen [Heiss et al. 2012]. Eine Veränderung dieser Verhältnisse ist bei Fehlbildungen des kraniozervikalen Übergangs wie etwa den Chiari-Malformationen oder der Dandy-Walker-Malformation unmittelbar plausibel. Ähnliche Faktoren spielen wohl auch für die anderen Formen der Syringomyelie eine Rolle. Von neurochirurgischer Seite wird daher besondere Aufmerksamkeit auf die Verhältnisse am kraniozervikalen Übergang gerichtet, insbesondere auf das Vorhandensein struktureller Faktoren: arachnoidale Gewebsstrukturen, Zysten, Narbenstränge, Einengungen im Bereich der hinteren Schädelgrube [Roy et al. 2011].

5.3.6.1 Klinik

Je nach Ausmaß der Erweiterung des Zentralkanals werden benachbarte Fasertrakte und Nervenzellpopulationen geschädigt. Ist die Erweiterung gering ausgeprägt, können klinische Symptome fehlen. In Japan waren 23 % der Betroffenen symptomfrei [Sakushima et al. 2012]. In einer Fallserie von Singhal et al. [2011] waren Kinder klinisch meist weitgehend gesund und zeigten auch später kaum Hinweise auf eine Progression. Die Läsion der vor dem Zentralkanal kreuzenden spinothalamischen Fasern führt allerdings in der Mehrzahl der Fälle zu Deafferenzierungsschmerzen und ggf. zu einer dissoziierten Sensibilitätsstörung. Schmerzen und sensible Störungen stellen das häufigste Initialsymptom dar [Aghakhani et al. 2009]. Als Folge der Läsion der Vorderhornzellen kommt es häufig zur spinalen Muskelatrophie, meist an Händen und Armen und mit Verlust der Muskeleigenreflexe in diesem Bereich. Störungen der Schweißsekretion fand Mukai [1995] bei 48 % seiner Patienten. Störungen der Kreislaufregulation, teilweise mit Neigung zu orthostatischer Hypotension mit Synkopen oder zu einem posturalen Tachykardiesyndrom, beobachteten Nogués et al. in einzelnen Fällen [2001]. Schließlich macht sich eine Läsion der Pyramidenbahn durch eine spastische Paraparese bemerkbar, die bis zur Rollstuhlpflichtigkeit fortschreiten kann. Kopfschmerz ist kein charakteristisches Symptom einer Syringomyelie. Allerdings ist ein „Valsalva-Kopfschmerz" (beim Husten, Räuspern oder Niesen) typisch für Patienten mit Chiari-Malformation mit oder ohne Syringomyelie. Sphinkterstörungen sind bei der idiopathischen Syringomyelie selten und werden häufiger bei der traumatischen Form gesehen [Barbaro et al. 1984]. Bei ausgedehnten oder zystischen idiopathischen Syringomyelien treten auch sensible Hinterstrangsymptome auf [Barbaro et al. 1984]. Atalar et al. [2010] berichteten über meist einseitige neuropathische Arthropathien des Schultergelenks (Abb. 5.8). Nicht immer liegt eine enge Korrelation zwischen der Erweiterung des Zentralkanals und den klinischen Symptomen vor. Auch bei erheblicher Höhlenbildung bleibt die klinische Symptomatik nicht selten gering

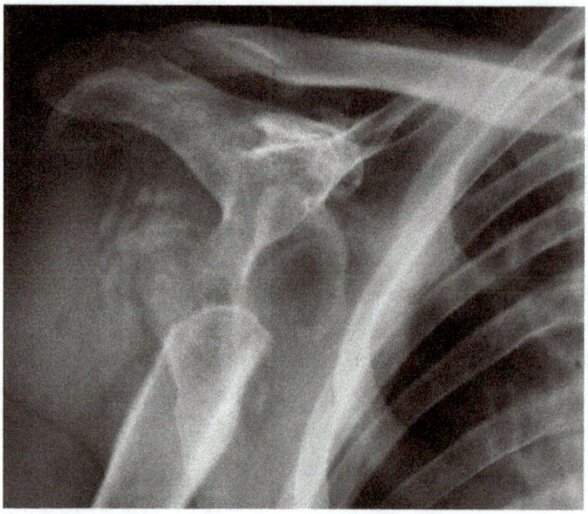

Abb. 5.8: 50 Jahre, männlich. Syringomyelie. Osteolyse des proximalen Humerus.

[Awai u. Curt 2015]. Bei anderen Patienten entwickeln sich die Symptome rasch progredient [Chen et al. 2004].

5.3.6.2 Diagnostik

Die klinische Verdachtsdiagnose einer Syringomyelie wird kernspintomografisch gesichert. Wenn ein neurochirurgischer Eingriff geplant ist, kommt zusätzlich ein Myelo-CT infrage, um Informationen über lokale Liquorzirkulationsstörungen beispielsweise durch arachnoidale Formationen zu bekommen. Elektromyografie und auch sensibel evozierte Potenziale bzw. motorisch evozierte Potenziale können zur Verlaufsbeobachtung ergänzend herangezogen werden [Hort-Legrand u. Emery 1999, Nogués u. Stalberg 1999].

Bei Patienten, die sowohl klinisch als auch radiologisch eine progrediente neurologische Symptomatik zeigen, kommen dekompressive Eingriffe am kraniozervikalen Übergang oder an anderen Stellen gestörter Liquorzirkulation in Betracht [Filizzolo et al. 1988, Lee et al. 2002, Roy et al. 2011]. Thakar et al. [2011] berichteten über die Rückbildung einer ausgedehnten symptomatischen Syringomyelie nach operativer Therapie einer offensichtlich nicht kommunizierenden sakral gelegenen Arachnoidalzyste. Neben der kraniozervikalen Dekompression steht die Drainage der Kavität in den Subarachnoidalraum, das Peritoneum oder die Pleura zur Verfügung. Dieser Eingriff kann zu einem zeitweisen Stillstand oder sogar Rückgang der Symptome führen. Langfristige Resultate wurden nur vereinzelt mitgeteilt. Bei manchen Patienten stellt sich später erneut eine Progression der Erkrankung ein [Isik et al. 2013]. Faktoren, die das Operationsergebnis ungünstig beeinflussen können, sind ein höheres Lebensalter, Arachnoiditis und eine ausgeprägte Schädigung langer Bahnen [Aghakhani et al. 2009]. Bei

Patienten mit posttraumatischer Syringomyelie erwies sich in einer Metaanalyse die Arachnolyse als der einzige chirurgische Eingriff mit einem nennenswerten positiven Einfluss auf den weiteren klinischen Verlauf [Ghobrial et al. 2015]. Die Operationsergebnisse hängen maßgeblich von der präoperativen Ausprägung der Symptome ab [Samii u. Klekamp 1994].

5.3.7 Syringobulbie

Die Syringobulbie ist deutlich seltener als die Syringomyelie. In einer landesweiten epidemiologischen Erhebung wurden in Japan lediglich 101 Fälle mit Syringobulbie erfasst bei gleichzeitig 1243 Fällen mit Syringomyelie [Morikawa et al. 1995]. Da sich der Zentralkanal bis zum 4. Ventrikel erstreckt, kann bei einer Erweiterung im kranialen Bereich eine Syringomyelie unmittelbar in eine Syringobulbie übergehen. Tatsächlich sind Syringobulbien in diesem kaudalen Hirnstammbereich weit häufiger anzutreffen als oberhalb des 4. Ventrikels. Neben idiopathischen Syringobulbien wurde eine syndromale Assoziation unter anderem mit den Chiari-Malformationen, mit Infektionen und Tumoren beschrieben [Kombos et al. 1996]. Die Symptomatik umfasste in einer Fallserie von Morgan u. Williams [1992] mit 54 Patienten (Valsalva-)Kopfschmerzen (65 %), Schwindel (50 %), Dysphonie oder Dysarthrie (39 %), trigeminale Parästhesien (50 %), Dysphagie (44 %), Diplopie (30 %), Tinnitus, Gaumensegel- und Hypoglossusparese (je 20 %). Ein orofazialer Schmerz stellt gelegentlich das einzige Symptom dar [Peñarrocha et al. 2001]. Im Rahmen der trigeminalen Neuropathie bilden sich neurotrophische Ulzera [Arasi et al. 1988]. Zusätzlich zur Läsion der Hirnnerven(kerne) V, VIII, IX, X, XII können faziale Paresen, teils mit Synkinesien bzw. Myokymien [Riaz et al. 1990] oder auch in Kombination mit einer fazialen Hemiatrophie, beobachtet werden [Teblev u. Kalashnikov 1979]. Selten führt eine Syringobulbie zu einer paradoxen (inversen) Aktivierung der Kaumuskulatur [Merello et al. 1993]. Chertkov [1978] beobachtete ein Horner-Syndrom [Alcala u. Dodson 1975] sowie Stridor [Haponik et al. 1983] und Schlafapnoesyndrome. Eine Syringobulbie trägt möglicherweise auch zu anderen autonomen Störungen wie orthostatischen Hypotensionen bei [Heidel et al. 2002]. Heidels Patienten wiesen jedoch auch eine zervikale Syringomyelie auf, sodass der Einfluss der Syringobulbie auf die autonomen Symptome nicht leicht zu beurteilen war.

Als pathophysiologisch wesentliche Faktoren werden Druckgradienten im Bereich von Kleinhirn und Hirnstamm vermutet sowie Hirnnerventraktionen und Druck durch Gefäßschlingen [Morgan u. Williams 1992]. Die Diagnose wird kernspintomografisch gesichert. Zusätzlich stehen elektrophysiologische Untersuchungen wie Blinkreflexregistrierung, frühe akustisch evozierte Potenziale, somatosensibel evozierte Potenziale nach Trigeminus-Stimulation, Masseterreflexregistrierung und nadelelektromyografische Untersuchungen zur Verfügung. Nach neurochirurgischen

Interventionen wurden in der überwiegenden Mehrzahl der Fälle gute Ergebnisse mitgeteilt [Morgan u. Williams 1992].

5.3.8 Andere nicht parasitäre intramedulläre Zysten

Zu den häufigeren umschriebenen intramedullären Zysten gehören außer Arachnoidalzysten neuroenterale bzw. bronchiogene Zysten, Teratome (inkl. Dermoid- bzw. Epidermoidzysten) sowie Ependymzysten. Eine definitive Diagnose basiert in der Regel auf der histopathologischen Untersuchung der Zystenwand. Bei 8 von 81 Patienten von Qi et al. [2014] waren die *Arachnoidalzysten* intramedullär lokalisiert, und zwar in der Mehrzahl im Bereich des zervikothorakalen Übergangs. *Neuroenterale Zysten* machen etwa 0,3 bis 1,3 % der Rückenmarkstumoren aus. Sie resultieren aus einer Teilungsstörung von Neuralplatte und Entoderm in der 3. Woche der Embryonalentwicklung [Savage et al. 2010] und manifestieren sich meist bis zum 30. Lebensjahr, überwiegend zervikothorakal mit fortschreitender myelopathischer Paraparese mit oder ohne Rückenschmerzen [Garg et al. 2008, Yang et al. 2015.] *Teratome* können in jedem Lebensalter und in jedem Rückenmarksabschnitt mit progredienter myelopathischer Symptomatik sowie mit Schmerzen auf sich aufmerksam machen. Dabei werden gehäuft dysraphische Störungen beobachtet. Das MRT zeigt heterogene Läsionen, in 30 % mit Fettsignal oder Kalzifikationen [Sharma et al. 2009], teils auch mit wässrigem Signal. Während sich neuroenterale Zysten in über der Hälfte der Fälle operativ vollständig entfernen lassen, ist dies bei Teratomen (inkl. Dermoid- und Epidermoidzysten) in der Regel nicht möglich, weil ihre Wand fest mit dem Nervengewebe verbunden ist [Suocheng u. Yazhou 2014]. Bei ihnen besteht daher eine größere Rezidivneigung. Myelopathien aufgrund von *Ependymzysten* sind in wenigen Fallberichten beschrieben worden, meist nach dem 40. Lebensjahr. Die Therapie besteht in der effektiven Drainage. Eine intramedulläre Zystenbildung auf der Grundlage von *ektopem Plexus-chorioideus-Gewebe* ist außergewöhnlich [Dwarakanath et al. 2005].

5.3.9 Herniation und Adhäsion des Rückenmarks

Durch einen anterioren Duradefekt kann das Rückenmark in den Epiduralraum *prolabieren* und eine progrediente Myelopathie entstehen, vermutlich durch Scher- und Zugkräfte sowie evtl. durch Beeinträchtigung der Blutversorgung [Groen et al. 2009]. Roger et al. [2013] machen eine venöse Blutstauung mit „Rückenmarkskongestion“ verantwortlich. Der Duradefekt resultiert unter anderem aus einem vorausgehenden Diskusprolaps, die Ventralverlagerung des Rückenmarks wird durch Raumforderungen wie Arachnoidalzysten begünstigt [Miyaguchi et al. 2001]. Allerdings können verschiedene extramedulläre Raumforderungen mit Ventralverlagerung des Rückenmarks auch eine Herniation des Rückenmarks vortäuschen [Haber et al. 2014]. *Thera-*

pie der Wahl ist die operative Rückverlagerung des Rückenmarks mit Verschluss des Duradefekts [Groen et al. 2009]. Patienten mit Brown-Séquard-Syndrom besitzen eine bessere Prognose als Patienten mit Querschnittssymptomen.

Adhäsionen des Rückenmarks imitieren zuweilen klinisch und radiologisch eine Herniation [Taylor et al. 2012]. Die Pathogenese ist unklar. Zur Therapie dient die chirurgische Adhäsiolyse. – Ähnlich wie das Rückenmark *prolabieren gelegentlich auch Nervenwurzeln in erweiterte Wurzeltaschen* mit der Folge, dass eine neurologische Symptomatik entsteht [Sangala et al. 2009].

5.3.10 Arachnopathien

Gesicherte Kenntnisse über Arachnopathien sind nur in geringer Menge vorhanden. Insbesondere liegen kaum Daten zur Prävalenz vor. Die häufigste Ursache stellen vermutlich Meningitiden (inkl. nach Tuberkulose und Parasitosen), spinale Traumen und operative Eingriffe im Bereich der Wirbelsäule dar. Die Häufigkeit postoperativer Arachnopathien beziffern Ribeiro u. Reis [1998] mit 6 bis 16 %. Abgesehen davon sind Arachnopathien eher selten. Die Häufigkeit steigt jedoch vermutlich mit wiederholter Einwirkung derselben Noxe. Histopathologisch zeigt sich eine vermehrte Fibrose des arachnoidalen Gewebes ohne oder auch mit entzündlicher Komponente [Pasoglou et al. 2014], teilweise auch mit Neigung zu Mineralisation [Quiles et al. 1978]. Dementsprechend gibt es eine Reihe von Berichten über *ossifizierende Arachnopathien*. Die Lokalisation entspricht dem auslösenden Pathomechanismus. Arachnopathien folgen manchmal subarachnoidalen Blutungen sowie intrathekalen Injektionen verschiedener Substanzen, beispielsweise von ölhaltigen Röntgenkontrastmitteln (heute obsolet), meist kristallinen Suspensionen von Kortikoiden oder Vasokonstriktoren wie Adrenalin (in Kombination mit Lokalanästhetika [Rice et al. 2004]). Bei Spinalanästhesien kann auch ohne den Einsatz von Vasokonstriktoren eine Arachnopathie ausgelöst werden [Killeen et al. 2012], und intrathekal liegende Katheter kommen als Verursacher ebenfalls infrage [Rice et al. 2004]. Rajpal et al. [2007] beschrieben die Entstehung bei einem Patienten durch eine benachbarte Osteomyelitis. Klinisch stehen belastungsabhängige Schmerzen und Parästhesien im Vordergrund, z. T. zusammen mit radikulären Symptomen, evtl. einschließlich Sphinkterstörungen [Rice et al. 2004]. Der Verlauf ist ganz überwiegend chronisch oder chronisch progredient. Das MRT zeigt im Bereich der Cauda equina zentral im Duralsack agglomerierte Nervenwurzeln, Adhäsionen und Verziehungen von Nervenwurzeln, leere Wurzeltaschen und evtl. eine Pachymeningitis [Rice et al. 2004]. Der lumbale Liquor kann unspezifisch erhöhte Proteinkonzentrationen aufweisen, die auf eine Blut-Liquor-Schranken-Störung hindeuten. Zur *Therapie* liegen keine gesicherten Erkenntnisse vor. Wenn Adhäsionen bzw. Arachnoidalzysten klinisch symptomatisch werden, kann ein chirurgisches Vorgehen in Betracht gezogen werden [Klekamp 2013].

5.3.11 Tumoren

Etwa ein Drittel der Malignome metastasiert in das Skelettsystem. Die Wirbelsäule ist dabei am häufigsten betroffen, und das Rückenmark wird im Verlauf oft komprimiert. In den USA gibt es jährlich 18.000 neue Fälle mit Metastasierung in die Wirbelsäule [Gokaslan et al. 1998], häufig Neoplasien der Mamma, des Bronchialsystems, der Prostata, der Nieren, des blutbildenden Systems (Lymphome, Myelome) und Sarkome. Unter den primären Malignomen des Achsenorgans steht das Plasmozytom zahlenmäßig an erster Stelle (Abb. 5.9–5.11). Tumoren der Meningen, der Nervenscheiden sowie des Rückenmarks sind selten. In einer großen US-amerikanischen Erhebung wurde eine altersangepasste Inzidenz nicht maligner primär spinaler Tumoren von 0,76 : 100.000 und von 0,22 : 100.000 für maligne primär spinale Tumoren gefunden [Duong et al. 2012]. Die nicht malignen Tumoren waren zu 62,4 % benigne und zu 15,6 % „Borderline-Neoplasien". Bei 62 % der Borderline-Tumoren handelte es sich um myxopapilläre Ependymome einschließlich anderweitig nicht klassifizier-

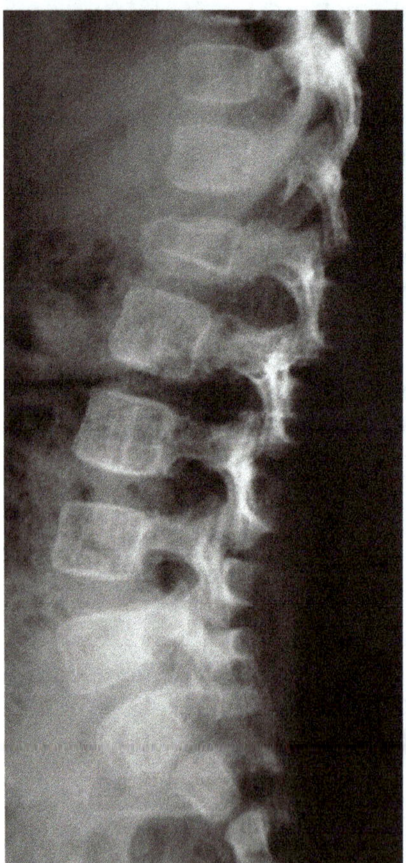

Abb. 5.9: 18 Monate, weiblich. Hochmalignes Non-Hodgkin-Lymphom. Der extraossäre Anteil des Tumors ist als flauer Schatten erkennbar. Paraplegie.

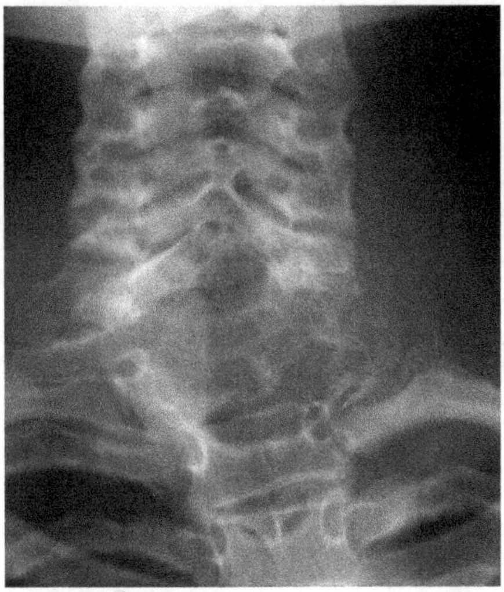

Abb. 5.10: 12 Jahre, weiblich. Osteoklastom am zervikothorakalen Übergang. Tetraparese.

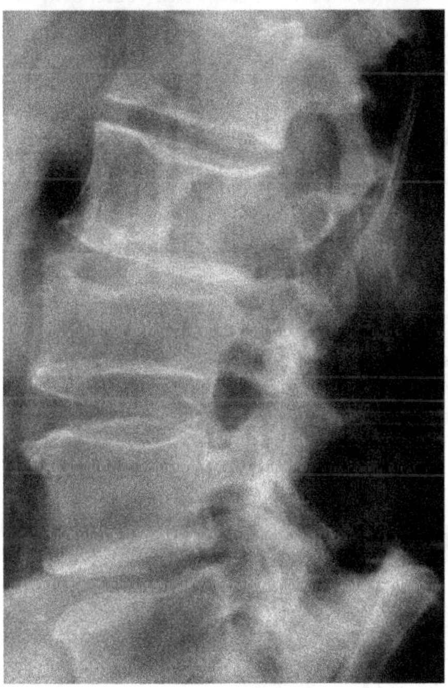

Abb. 5.11: 51 Jahre, männlich. Plasmozytom. Osteolyse in den dorsalen Anteilen des 2. Lendenwirbelkörpers.

ter Ependymome, 14 % waren Hämangioblastome und 5 % atypische chordoide und Klarzell-Meningeome. 6 % der Borderline-Tumoren blieben „unklassifiziert“. Die restlichen 13 % dieser Tumoren setzten sich zusammen aus einer Vielzahl histologischer Unterformen einschließlich „anderer astrozytischer Tumoren“, „Tumoren der Hirnnerven und Nervenwurzeln“, „anderer mesenchymaler Tumoren“ und „weiterer“. Nicht maligne und maligne spinale Tumoren nehmen mit dem Alter an Häufigkeit zu. Die Inzidenz aller primär spinalen Tumoren wurde im Alter von 0 bis 9 Jahren mit 0,2 : 100.000 und zwischen 70 und 79 Jahren mit 2,5 : 100.000 beziffert. Maligne Tumoren betreffen beide Geschlechter etwa gleich oft. Von den nicht malignen Tumoren entfallen 60 % auf Frauen, 40 % auf Männer. Das Rückenmark wird bei 60,5 % aller Patienten befallen, die spinalen Meningen bei 36,0 % und die Cauda equina bei 3,5 %, am häufigsten von Meningeomen (33 %), Nervenscheidentumoren (27 %) und Ependymomen (21 %). Seltener sind pilozytische Astrozytome (1,7 %), andere Astrozytome (2,9 %), Hämangioblastome (2,3 %), andere mesenchymale Tumoren (1,5 %), Lymphome (2,6 %), andere (4,0 %) und unklassifizierte Tumoren (4,6 % [Duong et al. 2012]).

5.3.11.1 Wirbelsäulenmetastasen

Wirbelsäulenmetastasen verursachen aufgrund einer Kompression von Nervenwurzeln bzw. Rückenmark gewöhnlich Schmerzen, die bei (Über-)Streckung des Rückens zunehmen. Im Median vergehen etwa drei Monate zwischen ihrem Auftreten und der Diagnose [Levack et al. 2002]. Diese onkologische Notfallsituation manifestiert sich initial mit einer nicht selten bereits fortgeschrittenen und rasch weiter fortschreitenden Gangstörung. Wenn ein Primärtumor bekannt ist (etwa 94 % der Fälle [Quraishi et al. 2014]), sollten daher neu auftretende Rückenschmerzen bzw. eine neu auftretende Gangstörung so lange als Hinweis auf einen metastatischen Befall der Wirbelsäule gewertet werden, bis er ausgeschlossen ist (Abb. 5.12). Bei Raumforderungen im Be-

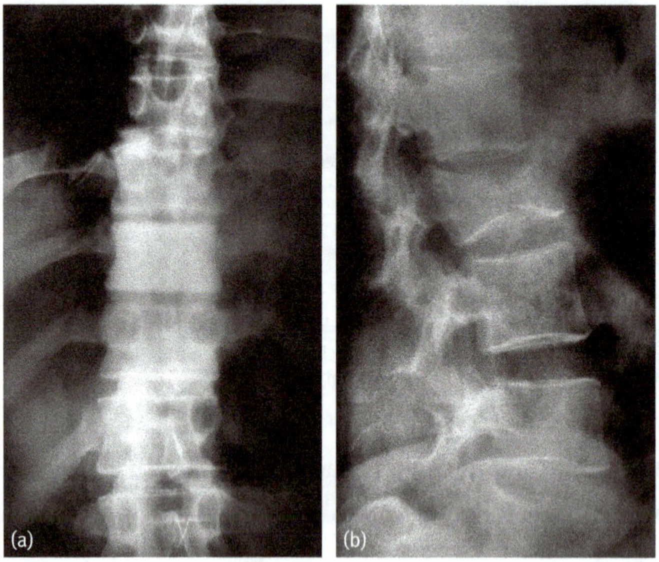

Abb. 5.12: (a) 67 Jahre, männlich. Malignom der Prostata. Osteoplastische Metastase im 10. Brustwirbel. (b) 59 Jahre, weiblich. Osteolytische Metastase im 2. Lendenwirbel.

reich des Spinalkanals findet sich je nach Läsionsort eine mehr oder weniger ausgeprägte Querschnittssymptomatik, in der Regel mit einem fassbaren sensiblen Niveau. Eine evtl. subklinische Störung der Blasenentleerung ist ggf. mittels Bestimmung der Restharnmenge abzuklären. Bei einer Kompression oberhalb des Lumbalmarks werden die Muskeleigenreflexe an den unteren Extremitäten lebhaft, und es können Pyramidenbahnreflexe und eine Spastik auftreten. Die MRT-Untersuchung muss die ganze Neuroachse umfassen, um einen multiplen metastatischen Befall zu erfassen oder auszuschließen.

5.3.11.1.1 Therapie

Metastasen im Bereich der Wirbelsäule werden nach einem interdisziplinären Konzept palliativ behandelt mit dem Ziel der Schmerzunterdrückung, der Wiederherstellung bzw. Aufrechterhaltung neurologischer Funktionen sowie von Form und Stabilität der Wirbelsäule [Timothy et al. 2006]. Eingesetzt werden vor allem Kortikoide, die Strahlentherapie und chirurgische Verfahren. Für individuelle Therapie-Entscheidungen spielen zahlreiche Faktoren eine Rolle: Alter, Zustand und Lebenserwartung des Patienten, bisherige Behandlungen, neurologischer Befund. Bis zum Ausschluss eines Lymphoms sollten keine Kortikoide eingesetzt werden, deren Nutzen auch hier ohnehin ungewiss ist [George et al. 2015]. Bei operativem Vorgehen wurde eine Mortalität von 5,6 % während des stationären Aufenthalts mitgeteilt. Komplikationen treten bei etwa 22 % der operativ Behandelten auf und betreffen insbesondere die Lunge (Pneumonie), postoperative Hämatome bzw. Blutungen sowie Thromboembolien. Neurologische Komplikationen werden lediglich in 0,6 % der Fälle beobachtet. Schon eine einzige Komplikation führt zu einer Verlängerung des stationären Aufenthaltes um durchschnittlich 7 Tage und zu einer Vervierfachung der Mortalität [Patil et al. 2007]. Akute Folgen der Bestrahlung sind leichtgradig oder fehlen ganz [Rades et al. 2006]. Myelopathien nach Bestrahlung spinaler Tumoren beobachteten Gibbs et al. [2009] bei 6 von 1075 Patienten (0,6 %), und zwar nach 2 bis 9 Monaten (im Mittel nach 6 Monaten). Selten sind progrediente schlaffe Lähmungen im Rahmen von teils schmerzhaften radiogenen Wurzel- oder Plexusneuropathien, die sich im Durchschnitt 9 Jahre nach der Bestrahlung einstellen (3 Monate bis zu 27 Jahre [Abraham u. Drory 2013]).

5.3.11.2 Intramedulläre Metastasen

Die seltenen *intramedullären Metastasen* siedeln sich in Halsmark, Brustmark und Lendenmark etwa gleich häufig ab und äußern sich mit Paresen, Schmerzen und sensiblen Symptomen. Die Lebenserwartung beträgt im Mittel 4 Monate nach der Diagnosestellung. Chirurgische Eingriffe verlängern das Überleben nur unwesentlich [Sung et al. 2013].

5.3.11.3 Riesenzelltumor

Riesenzelltumoren des Skelettsystems weisen eine Inzidenz von 0,9 : 100.000 auf (Dang et al. 2015) und befallen relativ selten die Wirbelsäule, vor allem das Kreuzbein, die Wirbelkörper, selten die Wirbelbögen (Abb. 5.10). Der Altersgipfel liegt im 3. und 4. Lebensjahrzehnt (18 bis 60 Jahre). Sie verursachen Schmerzen, Spontanfrakturen und bei Befall der Wirbelsäule neurologische Symptome. Die Halswirbelsäule ist häufiger betroffen als Brust- und Lendenwirbelsäule [Dang et al. 2015]. Der Tumor neigt zur lokalen Infiltration und metastasiert bei 2 % der Betroffenen in die Lungen. Die Therapie richtet sich nach dem histologischen Befund. Der Tumorgrad III erfordert die Resektion im Gesunden und oft aufwändige rekonstruktive Maßnahmen. Eine totale Spondylektomie mit nachfolgender Bestrahlung vermindert die Rezidivrate [Junming et al. 2008].

5.3.11.4 Spinales Meningeom

Spinale Meningeome manifestieren sich im mittleren und höheren Lebensalter überwiegend mit Schmerzen, z. T. auch mit radikulären oder myelopathischen Symptomen. Sie sind ganz überwiegend benigne und liegen zu 80 % thorakal, meist lateral des Rückenmarks [Iacoangeli et al. 2012]. MR-tomografisch weisen atypische bzw. anaplastische Meningeome gegenüber typischen Formen eine verminderte Diffusion auf sowie in der MR-Spektroskopie ein erhöhtes Verhältnis von Cholin zu Kreatin [Tan et al. 2014]. Spinale Meningeome sind meist vollständig resezierbar mit Besserung der Symptome und geringer Rezidivgefahr [Gottfried et al. 2003]. Über Ausnahmen berichten Klekamp und Samii [1999]. Meningeome, die histopathologisch als WHO-Grad II oder III befundet wurden, zeigen eine deutlich erhöhte Rezidivrate und sollten nach dem chirurgischen Eingriff strahlentherapiert werden [Walcott et al. 2013]. Eine besondere operative Herausforderung stellen Meningeome im Bereich des Foramen magnum dar: Bei 69 % der Operationen kommt es zu Läsionen der kaudalen Hirnnerven IX bis XII und einer Dysphagie. Die Symptome bilden sich bei 2 Dritteln der betroffenen Patienten wieder zurück [Talacchi et al. 2012]. Ein Teil der Patienten sprach auf das Radionuklid ^{111}In-Pentetreotid an [Minutoli et al. 2014]. Zur Pharmakotherapie wurden mit wenig Erfolg unter anderem Hydroxyharnstoff, Somatostatinanaloga und Interferon-α eingesetzt [Chamberlain 2012].

5.3.11.5 Nervenscheidentumoren

Nervenscheidentumoren gehen wahrscheinlich von den Markscheiden aus. Am häufigsten sind Schwannome (Synonyme: Neurinome, Neurilemmome). Außerdem werden Neurofibrome, Perineuriome, Myxome und maligne periphere Nervenscheidentumoren beobachtet. Sie treten sporadisch auf oder selten im Rahmen von angeborenen Systemerkrankungen, beispielsweise der Neurofibromatose [Louis et al. 2007]. Woehrer et al. [2014] fanden bei Patienten mit Nervenscheidentumoren 544 mit Schwannomen und nur 19 mit Neurofibromen. Etwa 3 % der Schwannom-Patienten weisen multiple Tumoren im Rahmen einer Neurofibromatose Typ 2 auf [Antinheimo et al. 2000]. Neurofibrome treten typischerweise multipel im Rahmen einer Neurofibromatose Typ 1 auf (Mb. von Recklinghausen).

Nervenscheidentumoren liegen im Bereich der oberen zervikalen Nervenwurzeln überwiegend extradural und im Bereich der Brustwirbelsäule mehrheitlich intradural [Jinnai u. Kojima 2005]. Bei extradural-intraduralem Sitz bildet sich nicht selten eine hantel- oder eieruhrförmige Gestalt. Sie wachsen langsam, verdrängen umgebende Strukturen, unter anderem Knochen oder Rückenmark, und weiten die Foramina intervertebralia oft erheblich aus. Meist fehlen viele Jahre lang nennenswerte Beschwerden. Später stellen sich radikuläre Schmerzen und andere Reiz- und Ausfallsymptome ein, z. B. eine gewöhnlich halbseitige Myelopathie i. S. eines Brown-Séquard-Syndroms. Patienten mit Neurofibromatose Typ 1 entwickeln neben fokalen Neuropathien manchmal auch eine Polyneuropathie [Drouet et al. 2004]. Bei Patienten mit einer Schwannomatose, also mit multiplen Schwannomen, stehen neben Depression und Angst chronische und oft therapierefraktäre Schmerzen im Vordergrund [Merker et al. 2012]. Das von einem Nervenscheidentumor komprimierte Rückenmark passt sich lange Zeit dem Tumorwachstum an, sodass zum Zeitpunkt der Diagnosestellung oft eine erhebliche Ausdünnung des Rückenmarks bei nicht selten nur geringer Symptomatik vorliegt. MR-tomografisch zeigen Schwannome anders als Meningeome eine deutliche heterogene T2-Signalanhebung und in der T1-Wichtung nach Kontrastmittelgabe eine starke und inhomogene Anreicherung, während Meningeome eher moderat und homogen anreichern [de Verdelhan et al. 2005]. Neurofibrome nehmen in der T1-Wichtung wenig oder kein Kontrastmittel auf [Drouet et al. 2004]. Maligne Nervenscheidentumoren sind signifikant größer als gutartige und wegen ihrer Invasion in umgebendes Gewebe schlechter abgrenzbar [Chhabra et al. 2011]. Maligne Neurofibrome treten früher auf und zeigen häufiger zystische Degenerationen und Nekrosen als maligne Schwannome [Chhabra et al. 2011].

Ein frühzeitiges operatives Vorgehen kommt in Betracht, wenn sich neurologische Symptome auf einen spinalen Nervenscheidentumor beziehen lassen. Das Ziel besteht in der Schmerzreduktion und im Erhalt der Rückenmarks- oder Nervenwurzelfunktion. Schwannome lassen sich anders als Neurofibrome operativ von den Nervenwurzeln trennen. Conti et al. [2004] konnten174 von 179 Schwannomen komplett resezieren. Die Opferung thorakaler Nervenwurzeln führt in 85 % der Fälle zu kompletter Schmerzfreiheit, und zwar in der Regel ohne dass eine relevante Parese auftritt [Levy et al. 1986]. Im Gegensatz dazu wurden bei zuvor weitgehend symptomfreien Patienten nach Resektion von Schwannomen im zervikalen und lumbalen Bereich schwere radikuläre Läsionen beobachtet [Celli et al. 2002]. Zu einem Rezidiv prädisponieren: Neurofibrom, Malignität, inkomplette Resektion, Vorliegen multipler Tumoren (Neurofibromatose, Schwannomatose) und höheres Lebensalter [Halvorsen et al. 2015].

5.3.11.6 Primäre Tumoren des Rückenmarks

Von den primären Rückenmarkstumoren machen Ependymome (55 %), Astrozytome (30 bis 35 %) und Hämangioblastome (2 bis 8 %) zusammen über 90 % aus [Samartzis et al. 2015]. Seltener sind Gangliogliome, Oligodendrogliome, Paragangliome, Melanozytome, Lipome und primäre Lymphome.

5.3.11.6.1 Spinales Ependymom

Spinale Ependymome können während des ganzen Lebens auftreten, etwas gehäuft im jungen und mittleren Erwachsenenalter [Yuh et al. 2009]. Sie gehen vom Ependym des Zentralkanals aus und finden sich daher anders als Astrozytome eher im Zentrum des Rückenmarks. Primär extramedulläre oder multiple intramedulläre Ependymome sind sehr selten. Spinale Ependymome weisen eine Prädilektion für das Zervikalmark (32 %) und für das Filum terminale auf (27 % [Oh et al. 2013]). Histopathologisch handelt es sich um myxopapilläre Ependymome (Grad I), Subependymome (Grad I), Ependymome (Grad II) sowie um anaplastische Ependymome Grad III [Reni et al. 2007]. Grad-I-Ependymome sind vor allem in der unteren Hälfte des Rückenmarks lokalisiert, Grad-II-Ependymome eher weiter kranial [Oh et al. 2013]. 84 % der Patienten klagen über Schmerzen [Lee et al. 1998]. Bei geringer Ausdehnung des Tumors stellen Schmerzen teils das einzige Symptom dar (12 % [Schebesch et al. 2015]). Bei größerer Ausdehnung kommen in der Regel myelopathische Symptome hinzu. Im MRT zeigen sich variable und unspezifische Befunde [Choi et al. 2002]: zystische Komponenten, eine reaktive Syringomyelie ober- oder unterhalb des Tumors, Blutungen, Ödeme. Die wichtigste Differenzialdiagnose ist im spinalen Astrozytom zu sehen, das meist eine größere Längenausdehnung im Sinne eines „Stiftglioms“ besitzt.

Die *Therapie* des Ependymoms ist primär chirurgisch. Bei kompletter Resektion von Grad-I- und Grad-II-Tumoren ist die Rezidivrate niedrig [Vera-Bolanos et al. 2015]. Rezidive werden begünstigt durch supratentorielle Lokalisation und sind bevorzugt zu erwarten bei Grad-III-Tumoren, nach inkompletter Resektion und fehlender Radiatio. Die Bestrahlung wird nach im postoperativen MRT nachgewiesener inkompletter Resektion und bei Grad-III-Ependymomen empfohlen [Vera-Bolanos et al. 2015]. Eventuell stellt eine Lokalisation des Tumors in der unteren Hälfte des Rückenmarks einen weiteren Risikofaktor dar [Oh et al. 2013]. Die Prognose spinaler Ependymome verschlechtert sich schließlich auch durch eine leptomeningeale Metastasierung [Gepp et al. 2013], sodass nach Sicherung der histologischen Diagnose eine MRT-Bildgebung der gesamten Neuroachse erfolgen soll.

5.3.11.6.2 Spinales Astrozytom

Spinale Astrozytome bevorzugen das Kindes- und Jugendalter. Sie treten im Halsmark und am zervikothorakalen Übergang etwas häufiger auf als thorakal und erstrecken sich meist über mehrere Wirbelsegmente [Kushel u. Belova 2014]. Eine Syringomyelie tritt bei etwa 20 % der Patienten hinzu [Samartzis et al. 2015]. Histologisch handelt es sich bei Kindern und Jugendlichen zu 61 % um pilozytische Astrozytome (Grad I), zu 24 % um fibrilläre Astrozytome (Grad II) und zu 15 % um Glioblastome (Grad IV [Kushel u. Belova 2014]). Bei Erwachsenen werden zu etwa 25 % höhergradige Astrozytome gefunden [Samartzis et al. 2015]. Ähnlich wie bei spinalen Ependymomen sind Schmerzen bei spinalen Astrozytomen ein häufiges Initialsymptom. Im weiteren Verlauf können Paresen, Sphinkterstörungen und schließlich sensible Störungen folgen (Grad IV [Kushel u. Belova 2014]). Abgesehen von einer erhöhten Rate an leptomeningealer Aussaat bei malignen Astrozytomen gibt es MR-tomografisch keine charakteristischen Unterscheidungsmerkmale, um höhergradige von niedriggradigen Tumoren zu unterscheiden [Kulkarni et al. 1999]. Daher basiert die Diagnose auf Biopsie und Histologie.

Zur *Therapie* spinaler Astrozytome existiert keine klare Richtschnur. Die operative Entfernung birgt ein erhöhtes Risiko der Zunahme neurologischer Symptome, insbesondere wenn sich der Tumor über mehr als 3 Wirbelsegmente erstreckt [Ardeshiri et al. 2013]. Die vollständige Entfernung gelingt nahezu ausschließlich bei niedriggradigen Astrozytomen, und zwar bei Grad-I-Tumoren häufiger als bei Grad-II-Tumoren [Raco et al. 2005, Babu et al. 2014]. Patienten mit höhergradigen Astrozytomen erliegen in aller Regel dem Tumorleiden, selbst nach kompletter Resektion [Raco et al. 2010] bzw. nach Bestrahlung [Tendulkar et al. 2010]. Babu et al. schlagen daher vor, nicht in jedem Fall eine komplette Resektion anzustreben [2014]. Bei niedriggradigen Tumoren ist die komplette Resektion anzustreben. Das gilt möglichst auch dann, wenn ein pilozytisches (Grad I) Astrozytom das Rückenmark in ganzer Länge befallen hat („Stiftgliom“ [Ebner et al. 2012]). Goyal et al. [2015] berichteten hingegen über einen Patienten, bei dem ein niedriggradiges Astrozytom des gesamten Rückenmarks nach alleiniger radikaler Bestrahlung und Chemotherapie über einen 5-Jahreszeitraum bei regelrechtem neurologischem Befund keine Progression zeigte. – Die adjuvante Strahlentherapie nach Resektion trägt vermutlich überhaupt zum Therapieerfolg insbesondere bei niedriggradigen Astrozytomen des Rückenmarks bei [Guss et al. 2013]. Zur Chemotherapie gibt es keine gesicherten Kenntnisse. Vereinzelt wurde über Erfolge berichtet [Henson et al. 2000, Mora et al. 2007]. Eine leptomeningeale Metastasierung ist selten und auch bei niedriggradigen Astrozytomen zu beobachten.

5.3.11.6.3 Spinales Hämangioblastom

2 Drittel der spinalen Hämangioblastome treten sporadisch auf, ein Drittel im Rahmen eines Von-Hippel-Lindau-Syndroms [Deng et al. 2014], und zwar in jedem, öfter aber im mittleren bis höheren Lebensalter [Westwick et al. 2015]. Der Tumor führt in der Regel zu einer progredienten kompressionsbedingten Myelopathie [Dwarakanath et al. 2008]. Patienten mit zystischen Tumoranteilen zeigten ausgeprägtere myelopathische Symptome als Patienten ohne [Shin et al. 2008]. Gelegentlich setzt die Symptomatik mit einer spinalen Subarachnoidalblutung oder auch mit einer akuten Para- oder Tetraparese aufgrund einer spinalen Hämorrhagie ein. Der Tumor zeigt eine

zervikale Prädilektion und ist intramedullär, intra-extramedullär, extramedullär und teils an verschiedenen Stellen lokalisiert [Deng et al. 2014]. Eine begleitende Syringomyelie findet sich bei 87 % der Patienten [Dwarakanath et al. 2008]. Intramedulläre Tumoren verursachen – anders als extramedulläre – MR-tomografisch im angrenzenden Rückenmarksgewebe T2-hyperintense Areale [Imagama et al. 2011] und weisen eine fokale, auf den intramedullären Anteil beschränkte Kontrastmittelaufnahme auf [Imagama et al. 2011]. Zur Darstellung der Feeder-Arterien werden die CT-Angiografie und die digitale Subtraktionsangiografie (DSA) als gleichwertig angesehen [Deng et al. 2014]. Die vollständige Resektion gelang Deng et al. bei 94 % der Tumoren, teils mit, teils ohne vorherige Embolisation. Der postoperative Neurostatus entspricht nach derartigen Eingriffen überwiegend dem präoperativen [Shin et al. 2008]. Alternativ zum operativen Vorgehen gibt es Hinweise darauf, dass die Radiotherapie ebenfalls effektiv eingesetzt werden kann [Moss et al. 2009, Selch et al. 2012]. Allerdings sind damit radiogene Nekrosen verbunden [Moss et al. 2009].

5.3.12 Vaskuläre Erkrankungen des Rückenmarks

Zu den vaskulären Rückenmarkserkrankungen zählen ischämische Insulte, Hämorrhagien und venöse Kongestionen, meist im Rahmen arteriovenöser Fehlbildungen. Ischämien werden im Territorium der unpaaren A. spinalis anterior deutlich häufiger beobachtet als im Bereich der beiden Aa. spinales posteriores [Kumral et al. 2011]. Alle arteriellen spinalen Ischämien können mit einer Wirbelkörperischämie einhergehen [Faig et al. 1998].

5.3.12.1 Anteriore spinale Ischämien

Ischämien im Territorium der A. spinalis anterior sind sehr selten. Wie im Gehirn gibt es auch transitorische Ischämien des Rückenmarks. Daten zur Prävalenz sind nicht vorhanden. Kenntnisse stützen sich auf Fallberichte und Fallserien. Das Arteria-spinalis-anterior-Syndrom manifestiert sich im höheren Lebensalter, meist nach dem 60. Lebensjahr [Kumral et al. 2011], typischerweise apoplektiform, seltener subakut mit bilateralen Parästhesien oder Schmerzen und einer nachfolgenden Para- oder Tetraparese mit Sphinkterstörung. Die Hinterstrangsensibilität bleibt in aller Regel vollständig intakt [Triggs u. Beric 1992]. Bei einer akuten Querschnittssymptomatik und erhaltener Hinterstrangsensibilität liegt daher stets der Verdacht auf ein Arteria-spinalis-anterior-Syndrom nahe. Im Akutstadium besteht gewöhnlich eine komplette Harnretention bei überwiegend erhaltener Sensibilität für die Blasenfüllung [Yasuda et al. 1993]. Manchmal ist die Detrusordysfunktion nur mittels Restharnmessung zu erfassen. Bei der Mehrzahl der Patienten findet sich eine komplette oder partielle dissoziierte Sensibilitätsstörung auf Höhe und teils auch unterhalb der Läsion [Foo u. Rossier 1983]. Viel seltener sind Monoparesen von Arm oder Bein bzw. halbseitige motorisch betonte

Syndrome i. S. eines Arteria-sulcocommissuralis-Syndroms [Baumgartner u. Waespe 1992, Waters et al. 2012, Fukunaga et al. 2014]. Von Antelo et al. wurden akute bilaterale Armparesen i. S. eines *Man-in-the-barrel-Syndroms* beschrieben [Antelo et al. 2013]. Außergewöhnlich ist eine bilaterale Stimmbandparese [Omori et al. 2002] oder das Auftreten von „Undines Fluch", einer zentral bedingten Hypoventilation beim Einschlafen wegen einer weit nach kranial reichenden Ischämie des Zervikalmarks [Manconi et al. 2003]. Wie bei ischämischen Infarkten des Gehirns kommt es im weiteren Verlauf zu einer meist partiellen Besserung der Symptome einschließlich der Blasenstörung [Foo u. Rossier 1983, Yasuda et al. 1993].

Im MRT des Rückenmarks finden sich meist stiftförmige T2-hyperintense Läsionen, teilweise mit fokaler Schwellung des Rückenmarks (40 %) und Kontrastmittelaufnahme (50 % [Weidauer et al. 2015]). Die diagnostische Sensitivität wird mit hochauflösenden MRT-Geräten und insbesondere Diffusionswichtung vermutlich noch besser [Beslow et al. 2008]. Allerdings sind nicht alle Rückenmarksinfarkte MR-tomografisch zu sichern [Kornhuber et al. 2002, Zaphiratos et al. 2015]. Daher spielt auch die neurophysiologische *Diagnostik* eine Rolle. Wenn sich der Infarkt im Zervikal- oder Lumbosakralmark befindet, können in der Elektroneurografie motorischer Nerven F-Wellen fehlen [Amoiridis et al. 1991]. Nach einem Zeitintervall von mindestens 2 Wochen seit Beginn der Symptome findet sich als Folge der Vorderhornläsion eine nadelelektromyografisch fassbare pathologische Spontanaktivität in der paravertebralen Muskulatur [Kornhuber et al. 2002]. Mit diesem Befund lassen sich Niveau und Ausdehnung der Läsion bestimmen. Aufgrund fehlender spinaler Hemmung können bei Registrierung somatosensibler Potenziale kortikale Riesenpotenziale zur Darstellung kommen [Triggs u. Beric 1993].

Die *Ursachen* des Arteria-spinalis-anterior-Syndroms sind vielfältig. Wie bei zerebralen Ischämien spielen neben vaskulären Risikofaktoren wie Nikotinabusus und Diabetes mellitus kardiale Ursachen wie Vorhofflimmern und paradoxe Embolien, Dissektionen und Aneurysmen der Aorta und der A. vertebralis sowie hereditäre und erworbene Störungen der Blutgerinnung eine besondere Rolle. Das Subclavian-Steal-Syndrom, Blutdrucksenkung, Kokainabusus und der Einsatz intraaortaler Ballonpumpen [Samadi et al. 2015] wurden als mögliche Auslöser beschrieben. Es gibt jedoch auch besondere Ursachen, die für das Auftreten eines Arteria-spinalis-anterior-Syndroms prädisponieren: Wirbelsäulentraumen [Fassett et al. 2008] und insbesondere Eingriffe im Bereich der Aorta (Verlegung der A. radicularis magna), des Oesophagus, die *Neck-Dissection* und Operationen an der Wirbelsäule wie Skoliosekorrekturen und Wirbelkörperersatz. Nach operativer Therapie thorakaler Aortenaneurysmen wurde es bei knapp 4 % der Patienten beobachtet [Wong et al. 2012]. Selten tritt eine spinale Ischämie im Rahmen von Abszessen oder Spondylodiszitiden auf und erfordert dann die Abgrenzung von einer Myelitis. Einen für das Arteria-spinalis-anterior-Syndrom spezifischen Pathomechanismus stellt die sogenannte fibrokartilaginäre Embolie dar. Diese spontane Embolisierung von Bandscheibengewebe in die Rückenmarksgefäße wurde bevorzugt bei Frauen zwischen 22 und 60 Jahren (und bei

Hunden) beobachtet und ist entweder rein arteriell oder arteriell und venös lokalisiert [Toro et al. 1994]. Wiederholt wurde schließlich ein Arteria-spinalis-anterior-Syndrom beschrieben nach Spinalanästhesien und nach wirbelsäulennahen Infiltrationen, sowohl bei Gebrauch von Lokalanästhetika in Kombination mit Adrenalin als auch bei alleiniger Anwendung von Lokalanästhetika oder unter Zusatz von Kortikoiden.

Differenzialdiagnostisch sind unter anderem sehr seltene bilaterale Hirninfarkte im Stromgebiet der A. cerebri anterior in Erwägung zu ziehen [Okamoto et al. 2004].

Zur *Therapie* können die Prinzipien herangezogen werden, die für ischämische Hirninfarkte gelten (Kap. 4.1.1). Innerhalb eines 3-Stunden-Zeitfensters oder auch eines erweiterten 4½-Stunden-Zeitfensters nach belegbarem Symptombeginn sollte eine Thrombolyse mittels rTPA in Erwägung gezogen werden, sofern nicht eine Hämorrhagie oder andere klare Kontraindikationen vorliegen [Koch et al. 2015]. Alternativ kommt auch eine Antikoagulation mit Heparin i. v. in Betracht oder eine Bolusinjektion von niedermolekularem Heparin [Bredow et al. 2014]. Im Fall einer postoperativen spinalen Ischämie ist eine solche Therapie aufgrund des Blutungsrisikos meist nicht sinnvoll. Alternativ wurde die intraspinale Drucksenkung mittels Liquordrainage durchgeführt [Wong et al. 2012]. Ein Vorteil dieser Maßnahme war bisher nicht zu erkennen. Von 36 Patienten mit akuten spinalen Ischämien verstarben nach einem Bericht von Salvador de la Barrera et al. 8 [2001]. Von den verbleibenden 28 waren schließlich 16 rollstuhlpflichtig, 7 mit und 5 ohne Hilfe gehfähig. Während der Nachbehandlung spielen chronische Deafferenzierungsschmerzen, Harnwegsinfekte, Spastik und Herzinsuffizienz eine bedeutende Rolle [New et al. 2012].

5.3.12.2 Posteriore spinale Ischämien

Ischämien im Stromgebiet der Aa. spinales posteriores sind ausgesprochen selten. Von 36 Patienten mit spinalen Ischämien wiesen 5 unilaterale Infarkte im Stromgebiet einer A. spinalis posterior und 5 weitere ein „posteriores Infarktmuster“ auf [Kumral et al. 2011]. Von 27 Patienten von Novy et al. mit akuten spinalen Ischämien zeigten 4 ein unilaterales anterior-posteriores Befallsmuster, 2 ein posteriores, 2 ein Querschnittssyndrom und weitere 2 ein unklassifizierbares Muster [Novy et al. 2006]. Klinisch wird der meist einseitige Verlust der Hinterstrangsensibilität als das wesentliche Unterscheidungsmerkmal vom A.-spinalis-anterior-Syndrom bzw. vom ebenfalls einseitigen A.-sulcocommissuralis-Syndrom angesehen. Allerdings können bei allen 3 Schmerzen, Paresen und Sphinkterstörungen vorliegen. Das MRT lässt in der Regel das Infarktareal mit Beteiligung des Hinterstrangs erkennen [Struhal et al. 2011]. Die teilweise erheblichen Unterschiede der klinischen Befallsmuster jenseits des klassischen Arteria-spinalis-anterior-Syndroms gehen vermutlich auf die große Variabilität der spinalen arteriellen Gefäßversorgung zurück. So wurde z. B. bei 6 % von 165 Sektionen eine prominente lediglich einseitig angelegte posteriore radikuläre Arterie gefunden, und zwar am häufigsten im Segment Th 11 [Shiraishi u. Matsumoto 2005]. Die oben aufgeführten Auslöser einer anterioren spinalen Ischämie kommen in gleicher

Weise auch für posteriore spinale Ischämien in Betracht. Unter anderem wurden sie wiederholt nach epiduralen Injektionen beschrieben. Von 16 derartigen Ereignissen verliefen 4 tödlich, 10 Patienten litten unter einer bleibenden neurologischen Symptomatik, und bei 2 Patienten waren die Symptome transient [Popescu et al. 2013].

5.3.12.3 Spinale Dekompressionskrankheit (spinale Caisson-Krankheit)

Die Caisson-Krankheit gehört zur größeren Gruppe der durch Druckänderung bedingten Krankheiten, den Barotraumen (*caisson* frz. Kiste). Senkkästen, *Caissons*, werden bei Arbeiten unter der Wasseroberfläche eingesetzt und durch Druckluft wasserfrei gehalten. Beim Verlassen der Senkkammer ohne allmählichen Druckausgleich in einer Schleuse kann der während des Tauchgangs im Blut und in Geweben (insbesondere in fetthaltigen Geweben wie Gehirn und Rückenmark) vermehrt gelöste Stickstoff dem Partialdruckgradienten folgend Gasform annehmen und ausperlen. Pathogenetisch werden arterielle Gasembolien und gewebsständige Ereignisse unterschieden. Die Pathogenese der gewebsständigen Ereignisse wird kontrovers diskutiert. Man hält arterielle, venöse und direkte toxische Effekte für möglich. Viele Patienten mit Caisson-Krankheit weisen ein offenes Foramen ovale auf. Das spricht dafür, dass paradoxe (Gas-)Embolien eine große Rolle für die Pathogenese spielen.

Beim Freizeittauchen tritt eine Caisson-Krankheit bei etwa 50 von 100.000 Tauchgängen auf [Quellen bei Xu et al. 2012]. Sie manifestierte sich bei 16 % von 5278 kommerziell tätigen Tauchern in China mit Tauchtiefen von 12 bis 45 m innerhalb von 60 Minuten nach dem Auftauchen, bei 49 % ein bis 2 Stunden danach und bei 35 % nach 2 bis zu 48 Stunden (Median 62 Minuten [Xu et al. 2012]). Die Symptomatik war umgekehrt proportional zum Zeitintervall ausgeprägt. Am häufigsten stellten sich dermale Symptome ein (65 %, Rötung, Marmorierung, Ödeme), über kardiopulmonale Sensationen klagten 13 % (thorakale Schmerzen, Dyspnoe, Husten, Hämoptysen u. a.), über kochleäre bzw. vestibuläre Beschwerden 5 % (Hörminderung, Schwindel, Übelkeit, Erbrechen). Das zentrale Nervensystem war bei 221 Tauchern betroffen, davon das Rückenmark bei 172 (3-mal letal) und das Gehirn bei 49 (12-mal letal). Leichtere Verläufe mit Gelenkschmerzen, Hautbeteiligung und Ödemen wurden als Typ 1 klassifiziert, schwere und oft lebensbedrohliche mit Beteiligung von Innenohr, Lunge oder zentralem Nervensystem als Typ 2. Das MRT kann bei Beteiligung des Rückenmarks unauffällig sein oder auch T2-hyperintense Signalveränderungen zeigen [Kamtchum et al. 2014]. Darüber hinaus wurde über Gasbläschen im Bereich des Subarachnoidalraums berichtet. Der ganze Rückenmarksquerschnitt kann in Mitleidenschaft gezogen sein, es wurden aber auch hemimedulläre Brown-Séquard-Syndrome, rein motorische zentromedulläre Syndrome und rein sensible posteriore Syndrome beobachtet [Togawa et al. 2006]. Bei 103 untersuchten Patienten fand sich nicht selten eine Dissoziation motorischer und sensibler Symptome bei multifokalem Rückenmarksbefall. 26 % von 279 Patienten mit Beteiligung des Rückenmarks, die mit hyperbarer Oxygenierung behandelt worden waren, erlebten nach einem Monat eine inkomplette Rückbildung neurologischer Symptome [Blatteau et al. 2011]. Ein ungünstiger Verlauf fand sich bei Patienten über 42 Jahre, Tauchtiefen über 39 m, Blasenstörungen, ausgeprägten neurologischen Symptomen sowie Persistenz bzw. Zunahme neurologischer Symptome vor Beginn der Rekompression. Das Zeitintervall bis zur Rekompression und der initiale Modus der Rekompression waren ohne wesentlichen Einfluss.

Außer der hyperbaren Oxygenierung wurden therapeutisch vereinzelt Kortikoide eingesetzt, obwohl es dafür keine rationale Grundlage gibt. In Frankreich werden unter anderem Thrombozytenaggregationshemmer verwendet. Auch dazu sind keine Studien verfügbar. In tierexperimentellen Studien an Schweinen zeigte der Perfluorokarbon-Sauerstofftransporter *Oxycyte* positive Effekte.

5.3.12.4 Spinale vaskuläre Malformationen

Man unterscheidet vor allem arteriovenöse Fisteln und kavernöse Angiome. Während kavernöse Angiome kaum diagnostische Schwierigkeiten bereiten, sind Fehldiagnosen und verzögerte Diagnosen bei spinalen arteriovenösen Fisteln häufig. Differenzialdiagnostisch ist z. B. an sensible Polyneuropathien, spinale Muskelatrophien und Rückenmarkstumoren zu denken.

5.3.12.4.1 Durale arteriovenöse Malformationen

Durale arteriovenöse Malformationen speisen sich aus radikulären Arterien oder Ästen der Vertebralarterien, weisen regelmäßig ein relativ großes Shuntvolumen und einen langsamen Fluss auf und sind sowohl der endovaskulären Intervention als auch dem chirurgischen Eingriff zugänglich. Spinale durale arteriovenöse Malformationen sind nur sehr ausnahmsweise multipel (6 von 1178 Patienten [Jellema et al. 2006]). Ihre Inzidenz wurde in Deutschland auf 0,5 bis 1 : 100.000 und Jahr geschätzt [Thron 2001]. Die Erkrankung manifestiert sich meist im Alter von 55 bis 60 Jahren, kann aber schon ab dem frühen Erwachsenenalter beobachtet werden [Jellema et al. 2006]. Der oder die arteriellen Feeder sind dural lokalisiert und drainieren in Venen, die dem Rückenmark entstammen. Durch die Druckerhöhung im venösen System kommt es zum Rückstau in das Rückenmark, also zu einer Myelonkongestion. In einer Erhebung von Tsaruta et al. [77 m, 21 w, 53 ± 13 Jahre, 2014] waren von 98 spinalen duralen arteriovenösen Malformationen 7 zervikal lokalisiert, 58 thorakal und 31 lumbal bzw. lumbosakral. 47 Feeder waren singulär und 51 multipel. Symptome resultierten überwiegend aus der Rückenmarkskongestion, bei 5,5 % der Betroffenen jedoch aus einer Subarachnoidalblutung [Tsaruta et al. 2014]. Von 326 Patienten (282 m, 44 w, 54 ± 12 Jahre) wiesen initial 72 % eine Schwäche der Beine auf, 70 % sensible Störungen und 27 % Sphinkterstörungen. Bis zur Stellung der Diagnose 20 ± 25 Monate nach Symptombeginn nahm der Anteil der Patienten mit den genannten Symptomen auf 86 %, 81 % bzw. 53 % zu [Donghai et al. 2013]. Bei manchen Patienten entwickeln sich die Symptome schrittweise. Sie können auch plötzlich einsetzen, beispielsweise nach einer

Belastung, etwa längerem Stehen, posturalen Veränderungen oder auch beim Singen, und sich in Ruhe zurückbilden [Jellema et al. 2006]. Das MRT leistet einen wesentlichen Beitrag zur Diagnose. In der T2-Wichtung stellten Donghai et al. [2013] bei 87 % der Patienten eine intramedulläre Signalanhebung und bei 77 % perimedullär erweiterte Gefäße fest. Dabei liegen die Fisteln oft außerhalb der intramedullären Signalveränderungen. Manchmal stellt die Diagnostik anhand von MRT-Aufnahmen eine Herausforderung dar. *Differenzialdiagnostisch* ist unter anderem an Rückenmarksinfarkte, Myelitis und Neoplasien zu denken. Die T2-Flussartefakte (*flow voids*) im Bereich der geschlängelten perimedullären Venen können mit turbulenten Liquorflussartefakten verwechselt werden. Vielleicht kann eine zeitaufgelöste MR-Angiografie (TRICKs, *time resolved imaging of contrast kinetics*) zur exakten Lokalisation der spinalen Gefäßmalformation beitragen [Amarouche et al. 2015]. Die definitive Diagnostik erfolgt durch eine spinale hochselektive segmentale Angiografie.

Histologisch kann sich das Bild einer nekrotisierenden Myelopathie bieten (s. u., *Foix-Alajouanine-Syndrom* [Ferrell et al. 2009]). Der Liquor zeigt nach unserer Erfahrung in einem Teil der Fälle Zeichen einer Sickerblutung, nämlich Makrophagen, die Erythrozyten und Hämosiderin enthalten.

In den USA ging die primär chirurgische *Therapie* von 50 % 2006 auf 30 % 2009 zurück [Lad et al. 2009]. Man geht jetzt gewöhnlich kombiniert interventionell und neurochirurgisch vor: Ein neurochirurgischer Eingriff erfolgt, wenn die endovaskuläre Intervention nicht möglich erscheint oder wenn die interventionelle Ausschaltung unvollständig ist [Sri et al. 2015]. Die spinale digitale Subtraktionsangiografie sollte möglichst an einem hochspezialisierten Zentrum durchgeführt werden, in dem in derselben Sitzung eine endovaskuläre Intervention mit hinreichender Expertise erfolgen kann. Eine komplette Embolisierung gelingt nicht in allen Fällen primär [Cho et al. 2013], und ein Teil der initial vollständig embolisiert erscheinenden Läsionen rekrutiert im Verlauf einen neuen Feeder [Westphal et al. 1999]. Die Embolisation ist zwar weniger invasiv und mit einer relativ kurzen Liegedauer verbunden, es wurde aber vereinzelt über schwerwiegende Komplikationen berichtet, so etwa über ischämische Rückenmarksinfarkte [Gokhale et al. 2014, Kannath u. Rajan Jayadevan 2015] und Gefäßrupturen mit Hämatomyelie und Subarachnoidalblutungen [Defreyne et al. 1999]. Demgegenüber führt die chirurgische Therapie in nahezu allen Fällen zu einer definitiven Ausschaltung der Malformation [Saladino et al. 2010]. Sowohl bei der primär chirurgischen Herangehensweise als auch beim primär interventionellen Ansatz wurden gute Langzeitergebnisse mitgeteilt, insbesondere bei präoperativ gering ausgeprägter neurologischer Symptomatik.

5.3.12.4.2 Spinale perimedulläre arteriovenöse Fisteln

Bei den *spinalen perimedullären arteriovenösen Fisteln* unterschieden Mourier et al. [1993] bei 35 Patienten je nach Größe der Feeder 3 verschiedene Typen, nämlich Typ I: 4 Patienten, kleine arteriovenöse Malformationen ohne Ektasien der beteiligten Gefäße; geringes Shuntvolumen, Typ II: 9 Patienten, mittelgroße Fisteln, die von einer oder 2 dilatierten Arterien versorgt werden, und Typ III: 22 Patienten, multiple, massiv erweiterte arterielle Feeder mit einem großen Shuntvolumen. Perimedulläre arteriovenöse Fisteln wurden von Tsaruta et al. [2014] in der o. g. japanischen Erhebung bei 43 Patienten (30 m, 13 w, 46 ± 23 Jahre) beobachtet, gleich häufig zervikal und thorakal, weniger oft lumbal gelegen. Ein Drittel besaß einen Feeder und 2 Drittel mehr als einen. Etwa die Hälfte der Patienten entwickelte eine Hämorrhagie. Bei Typ-I- und Typ-II-Fisteln wird interventionell oder chirurgisch vorgegangen, beim Typ III nur interventionell [Mourier et al. 1993]. Eine Ausschaltung der Fisteln gelingt nicht in jedem Fall, wenngleich in der Regel gute oder befriedigende klinische Ergebnisse erzielt werden [Cho et al. 2013].

5.3.12.4.3 Spinale piale intramedulläre arteriovenöse Malformationen

Spinale piale intramedulläre arteriovenöse Malformationen besitzen einen Nidus, der oft sowohl Fistel- als auch Glomus-Anteile enthält (Synonyme: glomeruläre AVM, plexiforme AVM), und in der Regel multiple Feeder [Jellema et al. 2006, Tsaruta et al. 2014]. Bei 23 Patienten (7 m, 14 w, 33 ± 15 Jahre) war die Läsion 11-mal zervikal, 9-mal thorakal und 3-mal lumbosakral lokalisiert. Zur klinischen Symptomatik trugen unter anderem venöse Kongestion, Hämorrhagien, Raumforderungen und Steal-Effekte bei. Blutungen traten bei der Mehrzahl dieser Gefäßmalformationen auf, entweder intramedullär oder als Subarachnoidalblutung [Tsaruta et al. 2014]. Die Therapie erfolgt überwiegend mit endovaskulärer Embolisation und zeigt befriedigende Ergebnisse [Cho et al. 2013].

5.3.12.4.4 Asymptomatische spinale Hämangiome

Asymptomatische *spinale Hämangiome* werden häufig auf Röntgen- oder MRT-Bildern meist im Bereich der Wirbelkörper gesehen (Abb. 5.13). Extraossäre Hämangiome sind demgegenüber selten. Sie können epidural, intradural extramedullär oder intramedullär lokalisiert sein. Spinale Hämangiome machen etwa 5 % der intramedullären Läsionen aus. Kavernöse Hämangiome bilden mit etwa 50 % die größte Gruppe, danach folgen kapilläre Hämangiome [Babu et al. 2013].

Extradurale spinale kavernöse Hämangiome finden sich zu 2 Dritteln in den dorsalen Abschnitten der thorakalen Wirbelkörper und manifestieren sich im Alter von durchschnittlich 44 Jahren (2 bis 74 Jahre) mit Rückenschmerzen (33 %), Myelopathie (56 %) bzw. Radikulopathie (39 %). Symptome entwickeln sich gewöhnlich allmählich, treten jedoch bei 30 % der Patienten akut auf, meist nach spontanen Blutungen. Im MRT ist das Signal in T2 hyperintens, in T1 hypointens oder isointens mit homogener Kontrastmittelaufnahme [Killeen et al. 2014]. Verwechslungen mit Meningeomen und Nervenscheidentumoren sind möglich (s. o.). Die mikrochirurgische Resektion erfolgt in der Regel komplett (95 %) mit exzellenten Ergebnissen [Killeen et al. 2014].

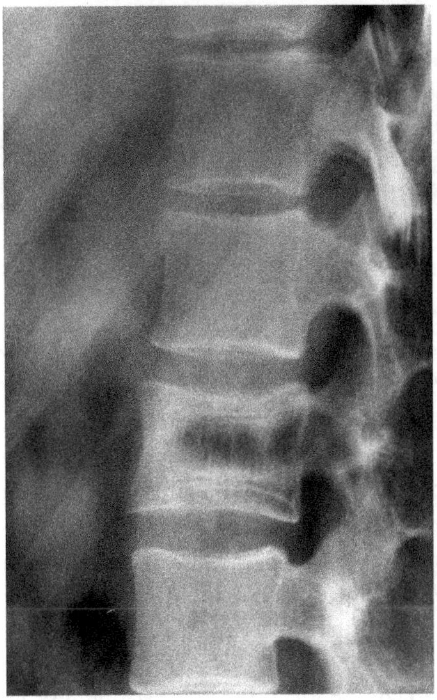

Abb. 5.13: 33 Jahre, männlich. Hämangiom im 3. Lendenwirbelkörper, bis in die Bogenwurzeln reichend. Wabige Strukturauflockerung, Schlussplatten leicht konkav.

Eine auf 632 Patienten basierende Metaanalyse *spinaler intramedullärer kavernöser Hämangiome* ergab folgendes Bild [Badhiwala et al. 2014]: Die Patienten waren zum Zeitpunkt der Diagnosestellung im Mittel 39 Jahre alt (2 bis 80 Jahre), Männer und Frauen gleich häufig betroffen. Die Läsionen waren bei 38 % der Patienten zervikal, bei 2,4 % zervikothorakal, bei 55 % thorakal, bei 0,6 % thorakolumbal, bei 2,1 % lumbal lokalisiert und betrafen in 1,7 % den Conus medullaris. Die Kavernome maßen im Durchschnitt 9 mm. Assoziierte zerebrale Kavernome wurden bei 16,5 % der Betroffenen gefunden, eine positive Familienanamnese bei 12 %. Eine schrittweise Symptomprogression wurde bei 45 % beobachtet und eine schleichende bei 55 %. Motorische Symptome fanden sich bei 60,5 % der Patienten, sensible Störungen bei 58 %, Schmerzen bei 34 %, Sphinkterstörungen bei 24 %, Atemstörungen bei 0,5 %. Asymptomatische Individuen waren mit 1 % selten. Die jährliche Blutungsrate betrug 2,1 %. 90 % der Patienten wurden operativ behandelt. Eine Besserung des neurologischen Befundes war zu erwarten, wenn der Eingriff spätestens 3 Monate nach Symptombeginn erfolgte. Weitere Prädiktoren für eine günstige Entwicklung der neurologischen Symptome waren der Zugang über eine Hemilaminektomie, die vollständige Resektion sowie das Fehlen motorischer Ausfälle. Eine schlechte Erholungstendenz zeigten sensible Störungen. In einer Fallserie von Parker et al. [2007] waren von 45 überwiegend operativ behandelten und 7 Jahre nachbeobachteten Patienten 26 selbstständig, 18 behindert und einer bettlägerig. Im MRT weisen intramedulläre Kavernome eine charakteristische „Popcorn"- oder „Maulbeer-Konfiguration" mit ausgeprägten hyperintensen Arealen auf, umgeben von einem hypointensen Randsaum, der bei kleinen Läsionen fehlen kann. In der T1-Wichtung stellen sich Kavernome hypointens, isointens oder hyperintens dar, evtl. mit heterogener Intensität und ohne Kontrastmittelaufnahme [Hedge et al. 2012]. In speziellen „Eisen-gewichteten" MRT-Sequenzen finden sich meist Hinweise auf zurückliegende Hämorrhagien.

5.3.12.5 Hämatomyelie

Eine Hämatomyelie tritt als Symptom sehr unterschiedlicher Erkrankungen auf. Zu den häufigeren Ursachen zählen Rückenmarksverletzungen, spinale arteriovenöse Gefäßmalformationen, Kavernome, Rückenmarkstumoren und die Therapie mit Antikoagulanzien, zu den selteneren hereditäre Koagulopathien bei Mangel an Faktor VIII (von-Willebrand-Jürgens-Syndrom) oder Faktor XI (Rosenthal-Syndrom), die Hypofibrinogenämie, paraneoplastische Koagulopathien, Gefäßmalformationen wie Aneurysmen der A. spinalis anterior oder entzündliche Vaskulopathien wie die Takayasu-Arteriitis, leichte zervikozephale Traumen [Wu 1978], Massagetherapien sowie Strahlentherapien [Agarwal et al. 2014]. Wiederholt wurden Hämatomyelien beschrieben, für die sich keine Ursache finden ließ. Vermutlich lag eine Gefäßanomalie oder Gerinnungsstörung vor, die mit den bis dahin verfügbaren Mitteln nicht fassbar war. Hämatomyelien manifestieren sich akut, subakut oder schrittweise progredient. Es wurde aber auch über chronische medulläre Hämorrhagien berichtet, die sich allmählich im Verlauf von Monaten entwickeln und eine relativ gute Prognose aufweisen [Matsumura et al. 1999]. Die Symptome hängen von der Lokalisation und vom Ausmaß der Blutung ab. Meistens entwickeln sich plötzlich schwere Rücken-, Nacken- oder auch radikuläre Schmerzen. Wenn der ganze Rückenmarksquerschnitt betroffen ist, entsteht eine akute Querschnittssymptomatik mit einem sensiblen Niveau. Nicht selten manifestiert sich die Blutung mit einem akuten Brown-Séquard-Syndrom [Karavelis et al. 1996]. Plötzliche thorakale Schmerzen können allerdings derartig im Vordergrund stehen, dass sie mit einem Herzinfarkt verwechselt werden, zumal auch elektrokardiografische Veränderungen beschrieben wurden [Corona-Vazquez et al. 1991]. Ein besonderer und ausgesprochen seltener Fall ist die Hämorrhagie innerhalb einer Syrinx-Kavität, z. B. im Rahmen einer Chiari-Malformation [Hamlat et al. 2005]. Daraus resultiert ein akutes teils schmerzhaftes zentromedulläres Syndrom mit im Vordergrund stehender Paraparese oder Tetraparese. Die Diagnose einer Hämatomyelie erfolgt mithilfe des MRT. Ihre *Therapie* verfolgt zwei Ziele. Zum einen ist die Ursache der Blutung zu suchen und ggf. zu beheben, beispielsweise eine Gerinnungsstörung oder Gefäßmalformation. Zum anderen sollte die Blutung möglichst schnell drainiert werden, um den Schaden für das Rückenmark gering zu halten. Nicht selten führt der Eingriff zu einer raschen und anhaltenden Besserung der Symptome.

5.3.13 Entzündliche Erkrankungen des Rückenmarks

5.3.13.1 Neurologische Syndromgestaltung

Entzündliche Erkrankungen im Bereich des Spinalkanals sind vielfältig und häufig. Es kann sich um bakteriell entzündliche Erkrankungen der Wirbelsäule handeln (Spondylodiszitis) oder um epidurale Abszesse. Die Meningen können auf bakterieller, viraler oder anderer Grundlage entzündet sein, und schließlich ist das Rückenmark zusammen mit den Meningen oder auch isoliert betroffen. Entweder wird der ganze Rückenmarksquerschnitt einbezogen oder nur Teile davon wie die graue oder die weiße Substanz. Die Erkrankung beschränkt sich auf das Rückenmark, oder sie befällt das zentrale Nervensystem disseminiert wie etwa bei der multiplen Sklerose.

Entzündliche Erkrankungen haben in der Regel einen akuten oder subakuten Beginn. Es gibt jedoch auch chronische oder rezidivierende Verläufe wie etwa die *Mollaret-Meningitis* oder die *Myelitis bei atopischer Diathese* [Murai et al. 2004]. Letztere ist bislang wenig bekannt, betrifft jüngere Individuen, zeigt einen relativ milden, eher chronischen Verlauf, geht mit Eosinphilie einher und erklärt evtl. einen größeren Teil sonst nicht zuordenbarer Fälle [Yoon et al. 2009]. MR-tomografisch zeigen sich exzentrische peripher Kontrastmittel aufnehmende wenig raumfordernde Läsionen, die sich längs über 3 bis 5 Wirbelsegmente erstrecken. Das zerebrale MRT ist regelrecht, und neben einer Hyper-IgE-ämie werden im Serum oft Milbenantigen-spezifische IgE-Antikörper nachgewiesen [Yoon et al. 2009].

5.3.13.2 Akute Myelitis transversa

Die *akute Myelitis transversa*, eine fokale entzündliche Erkrankung des Rückenmarks, tritt mit etwa 0,1 bis 0,4 Erkrankungen : 100.000 im Jahr auf, kann sich in jedem Lebensalter manifestieren und führt häufig zu körperlicher Behinderung [Transverse Myelitis Consortium Working Group 2002]. Frauen sind zweimal häufiger betroffen als Männer [Young et al. 2009, Bourre et al. 2012]. Ihr gehen zuweilen grippale Allgemeinsymptome voraus. Neurologische Symptome entwickeln sich akut bis subakut und betreffen mehr oder weniger den gesamten Rückenmarksquerschnitt. Anderenfalls wird auch von *akuter partieller transverser Myelitis* (APTM) gesprochen.

In einer größeren Stichprobe von 341 Patienten mit akuter Myelitis wiesen 52 initial rein sensible Symptome auf [Hyun et al. 2015]. Nervenwurzeln können in die Entzündung einbezogen sein [de Sena et al. 2014]. Der Nadir der Erkrankung wird innerhalb von 3 Wochen durchschritten. Der Liquor zeigt eine lymphozytäre Pleozytose sowie oft eine autochthone Immunglobulinsynthese bzw. oligoklonale Banden in der isoelektrischen Fokussierung. Häufig lässt sich die Entzündung kernspintomografisch darstellen und eine andere Ursache wie etwa extra- oder intramedulläre Raumforderungen, vaskuläre Ursachen wie eine Ischämie oder eine venöse Kongestion bei vaskulärer Malformation ausschließen. Die Abgrenzung von einem Neoplasma bereitet selten Schwierigkeiten. Dabei kann das unterschiedliche Ansprechen auf immunsuppressive Therapie hilfreich sein. Die Untersuchung auf anti-Aquaporin-4-Antikörper ist erforderlich, da etwa 80 % der Patienten mit Neuromyelitis optica seropositiv sind. Bei 53 von 85 Patienten mit einer initial isolierten Myelitis transversa wurde schließlich eine multiple Sklerose diagnostiziert, bei je einem Patienten eine postinfektiöse Myelitis, eine Neuromyelitis optica (NMO, Mb. Devic) sowie ein Sjögren-Syndrom. Bei 29 Patienten blieb die Ursache unklar [Bourre et al. 2012]. Nur ausnahmsweise wird eine Myelitis transversa durch Bakterien ausgelöst. Als weitere sehr seltene Ursache kommt unter anderem eine paraneoplastische Entstehung in Betracht, insbesondere in Form einer NMO. Sehr selten sind auch das idiopathische hypereosinophile Syndrom und die tuberkulöse Myelitis transversa [Sahu et al. 2014].

Oligoklonale Banden fanden sich bei 92 % der mit multipler Sklerose (MS) diagnostizierten Patienten und bei 38 % der Patienten mit unklarer Ätiologie [Bourre et al. 2012]. Da die multiple Sklerose neben dem Rückenmark vorrangig das Gehirn befällt, ist neben der MRT-Untersuchung des Rückenmarks die des Neurokraniums bei isolierter Myelitis transversa stets erforderlich. In einem Beobachtungszeitraum von 30 ± 17 Monaten nach der Rückenmarksmanifestation manifestierte sich bei 50 % der Patienten mit MS-typischen Herden auch klinisch ein weiterer Schub. Dies war bei keinem der Patienten ohne MS-typische zerebrale Läsionen der Fall [Young et al. 2009]. Patienten mit multipler Sklerose weisen öfter ein niedrigeres Manifestationsalter, eine kürzere kraniokaudale Ausdehnung der Läsion, einen multifokalen Befall, eine Beteiligung der Hinterstränge und eine Sphinkterstörung auf als Patienten mit anderen Ursachen der Erkrankung [Presas-Rodriguez et al. 2015]. Demgegenüber ist bei Patienten mit NMO die Schubrate oft höher. Bei einer Nachbeobachtungszeit von 105±30 Monaten bestand bei 62 % der Patienten von Bourre et al. [2012] eine klinisch sichere MS. Auffällige Ergebnisse im zerebralen MRT wurden bei 87 % der Patienten gefunden, die im Verlauf eine MS entwickelten, und bei 27 % der Patienten mit unbestimmter Ätiologie. 43 % der Patienten mit MS zeigten abnorme VEP-Befunde, aber nur 4 % der Patienten mit unklarer Ätiologie. Abnorme zerebrale MRT-Befunde und der Nachweis oligoklonaler Banden im Liquor sind unabhängige Prädiktoren für das Vorliegen einer MS [Bourre et al. 2012]. Im spinalen MRT tragen neben der längeren kraniokaudalen Ausbreitung der Läsion bei NMO auch kleine stark hyperintense Läsionen (*bright spotty lesions*) in der axialen T2-Wichtung zur Abgrenzung von einer MS bei. Solche Läsionen lagen bei 54 % der Patienten mit NMO vor und lediglich bei 3 % der Patienten mit einer MS [Yonezu et al. 2014]. Ein gewisser Anteil der Patienten mit einer partiellen Myelitis transversa entwickelt eine progrediente Myelopathie ausschließlich im Bereich der solitären Läsion am zervikothorakalen Übergang [Lattanzi et al. 2014].

Wenn nicht gerade eine tuberkulöse Form vorliegt, erfolgt die *Therapie* der Myelitis transversa initial mit i. v. zugeführten Kortikoiden zusammen mit einem H2-Blocker, Thromboseprophylaxe und ggf. Kaliumsubstitution: Morgens werden täglich über 3 bis 5 Tage 1000 mg Methylprednisolon innerhalb einer Stunde verabreicht. Wenn diese Therapie nicht ausreicht, wird sie durch i.v.-Immunglobuline oder mit Plasmapherese bzw. Immunadsorption ersetzt bzw. ergänzt. Die Behandlung der akuten Myelitis transversa beruht auf klinischen Erfahrungen, die anhand einzelner Fälle und kleiner Serien ohne Kontrollen gesammelt wurden. Es gibt keine Studiengrundlage, wenn man von allgemeinen Therapiestudien bei der Optikusneuritis bzw. zur Schubtherapie bei der MS absieht. Derzeit läuft eine Untersuchung zum Vergleich der Wirksamkeit von i.v.-Immunglobulinen und der „Standardtherapie" der Myelitis transversa bei Kindern [Absoud et al. 2015]. Patienten mit isolierter Myelitis transversa zeigten eine geringere Besserung, wenn die kraniokaudale Ausdehnung der Läsion länger war und eine Sphinkterstörung vorlag [Cobo Calvo et al. 2013]. Im weiteren Verlauf sind bei einem Drittel der Patienten keine oder nur geringe Folgesymptome zu finden, ein Drittel ist mäßig und ein weiteres Drittel bleibt schwer behindert [Krishnan et al. 2006].

Es ist bislang wenig bekannt, dass es auch hereditäre Erkrankungen gibt, die zu einer Myelitis transversa prädisponieren. Dazu gehört beispielsweise die autosomal dominant erbliche *akute nekrotisierende Enzephalopathie*, die offensichtlich auf Kortikoide anspricht [Wolf et al. 2013].

5.3.13.3 Akute hämorrhagische Enzephalomyelitis

Als Maximalvariante eines entzündlichen ZNS-Prozesses ist die akute hämorrhagische Enzephalomyelitis (Hurst) anzusehen. Wenige Fälle mit primär zerebraler oder primär spinaler Manifestation wurden bekannt. Vermutlich wird die Erkrankung primär autoimmun vermittelt oder auch viral getriggert. Allerdings kann auch eine virale Myelitis akut und hämorrhagisch verlaufen, beispielsweise bei VZV-Reaktivierung [Wang et al. 2015] oder nach Influenza-Infektion.

5.3.13.4 Parainfektiöse Myelitis transversa

Eine viral bedingte Myelitis kann sich in Form einer akuten schlaffen Lähmung manifestieren (Infektion mit Poliomyelitis-Virus, Enterovirus D 68, Enterovirus C105, Tollwut-Virus und Frühsommer-Meningoenzephalitis-Virus, FSME Virus), durch Befall der weißen Substanz oder vereinzelt als echte Myelitis transversa mit einer Beteiligung der grauen und der weißen Substanz. Die Pathogenese der Myelitis im Rahmen einer viralen Infektion lässt sich nicht in jedem Fall zweifelsfrei belegen. Neben der Entwicklung einer direkten viralen Myelitis (z. B. bei VZV-Myelitis) hält man eine Triggerung autoimmuner Phänomene, etwa über den Weg der molekularen Mimikry, für möglich. Bekannt ist auch, dass etliche Viren (insbesondere Herpesviren wie EBV) in der Lage sind, die Expression humaner endogener Retroviren (HERV) zu transaktivieren. Aus diesen Gründen wird meist von einer Assoziation bzw. einer *parainfektiösen Myelitis* gesprochen, auch wenn eine direkte Rolle der Viren in der Pathogenese nicht ausgeschlossen ist. Über das Auftreten einer akuten Myelitis transversa wurde im Rahmen der Infektion mit folgenden Viren berichtet: Coxsackie-Virus B 4, Coxsackie-Virus B 5, Cytomegalie-Virus (CMV), Dengue-Virus, ECHO-Virus Typ 18, ECHO-Virus Typ 25, ECHO-Virus Typ 30, Epstein-Barr-Virus (EBV), Hantaan-Virus (koreanisches hämorrhagisches Fieber), Hepatitis-A-Virus (HAV), Hepatitis-B-Virus (HBV), Hepatitis-C-Virus (HCV), Hepatitis-E-Virus (HEV), Herpes-simplex-Virus (HSV), H7N9-Influenza-A-Virus, humanes Immundefizienz-Virus (HIV 1), humanes Parvovirus B 19, japanisches Enzephalitis-Virus, Mumps-Virus, Röteln-Virus, Varizella-Zoster-Virus (VZV). Sogar für manche Impfviren wie für die orale Polio-Virus-Vakzine Typ 3 wurde plausibel dargelegt, dass sie sehr selten eine akute Myelitis transversa auslösen können [Thorley et al. 2009]. Bei akuten Exazerbationen der sonst chronisch verlaufenden HTLV-1-assoziierten Myelopathie (HAM/tropische spastische Paraparese, TSP) wurde gezeigt, dass die Zahl HTLV-1-infizierter Zellen im Liquor signifikant zunimmt. Daraus wurde geschlossen, dass HTLV 1 einen größeren direkten Anteil an der Pathogenese besitzt, als bislang vermutet wurde [Hayashi et al. 2008]. Von Oh et al. [2005] wurde auf der Grundlage einer kleinen Fallserie vorgeschlagen, die TSP/HAM mit β-Interferon zu behandeln. Die ermutigenden Beobachtungen bedürfen noch der Bestätigung durch kontrollierte Studien. Für das *HI-Virus* wurde belegt, dass es außer einer akuten Myelitis transversa eine chronische Myelitis auslösen kann [Feki et al. 2003]. Ferner kann das HI-Virus auch eine nekrotisierende Myelopathie verursachen [Corti et al. 2003] und über die Immuninsuffizienz das Auftreten einer Myelitis anderer Pathogenese begünstigen. Daher sollten bei Vorliegen einer Myelitis die serologischen Untersuchungen stets die HIV-Diagnostik einbeziehen. Vereinzelt wurde auch über die Auslösung einer rezidivierenden Myelitis transversa berichtet, so etwa für HCV [Grewal et al. 2004]. Bei Verdacht auf eine virale oder viral getriggerte Myelitis ist neben der Bestimmung spezifischer Antikörperindizes aus Liquor und Serum stets auch der PCR-Nachweis anzustreben.

Virale oder viral getriggerte Myelitiden werden wie andere Formen der Myelitis transversa behandelt, nämlich mit i.v.-Kortikoiden. Eine Myelitis auf der Basis einer Infektion mit den Herpes-Viren VZV und HSV erfordert zusätzlich Aciclovir 3-mal tgl. 10 mg/kg KG 14 Tage lang.

5.3.13.5 Neuromyelitis optica (NMO)

Die Neuromyelitis optica (NMO, Morbus Devic), eine autoimmune Erkrankung, befällt Rückenmark und Sehnerven und zieht oft in rascher Schubfolge eine schwere Behinderung nach sich. Anders als bei der multiplen Sklerose werden Autoantikörper gegen Aquaporin-4 (AQP-4) bei 80 % der Patienten nachgewiesen [Lennon et al. 2005]. In Dänemark wurde die Inzidenz der Erkrankung auf 0,4 : 100.000 im Jahr geschätzt [Asgari et al. 2013]. Unterschieden wird zwischen NMO und einer Erkrankung aus dem NMO-Formenkreis (engl. *NMO spectrum disorder*). Zum NMO-Formenkreis gehören einerseits anti-AQP-4-positive Erkrankungen mit begrenzter NMO-Symptomatik und spezifischem zerebralem Befall sowie andererseits ebenfalls seropositive Fälle mit mindestens einer weiteren Autoimmunerkrankung, nämlich: Lupus erythematodes, anti-Phospholipid-Antikörper-Syndrom, Sjögren-Syndrom, Sarkoidose, rheumatoide Arthritis, Psoriasis, Sklerodermie, Pemphigus foliaceus, Dermatitis herpetiformis,

Alopecia areata, Behçet-Syndrom, Autoimmunhypothyreose, chronische inflammatorische demyelinisierende Polyneuropathie, Myasthenia gravis, Polymyositis, Colitis ulcerosa, Zöliakie, sklerosierende Cholangitis, idiopathische thrombozytopenische Purpura, perniziöse Anämie, Typ-1 Diabetes mellitus, multiple Sklerose, Autoimmunenzephalitis, Narkolepsie sowie Paraneoplasie bei verschiedenen Malignomen [Iyer et al. 2014]. Neoplasien folgender Organe wurden als Auslöser aufgeführt: Mamma, Lunge, Thymus, Magen (Karzinoid), Niere, Schilddrüse, Prostata, Uterus (Zervix, Leiomyosarkom), B-Zellen (monoklonale Gammopathie, B-Zell-Lymphom), Hypophyse (Somatotropinom). In nahezu der Hälfte der paraneoplastischen Fälle ging die NMO-Manifestation der Tumormanifestation voraus, und zwar im Median 12 Monate (1 bis 180 Monate [Cai et al. 2015]). Etwa 9 von 10 Erkrankten waren Frauen, oft mit Mammakarzinom (32 %), und bei 2 Dritteln der Erkrankten war das Halsmark betroffen [Cai et al. 2015]. Histopathologisch findet sich entsprechend der Pathogenese mit hämatogenen Antikörpern gegen astrogliale Proteine eine perivaskuläre IgG- und IgM-Ablagerung mit Komplementaktivierung sowie Infiltration von eosinophilen und neutrophilen Granulozyten [Lucchinetti et al. 2014].

In den USA ließ sich die Erkrankung bei 126 von 187 Patienten als NMO identifizieren (86 seropositiv, 40 seronegativ), 61 wiesen ein anti-AQP-4-Antikörper-positives NMO-Overlap-Syndrom auf [Mealy et al. 2012]. Das mittlere Erkrankungsalter lag bei 41 Jahren, Frauen waren deutlich öfter betroffen als Männer. Bei 29 % der Fälle war initial eine multiple Sklerose diagnostiziert worden. Im Median folgt der zweite NMO-Schub innerhalb von 8 bis 12 Monaten (1 bis 216 Monate [Pandit et al. 2015]). Das Intervall zwischen 2 Schüben kann ausnahmsweise bis zu 25 Jahre betragen [Ogasawara et al. 2010].

Die klassische Form der NMO beginnt mit einer einseitigen Optikusneuritis oder mit einer Myelitis transversa. Eine simultane Optikusneuritis zusammen mit einer Myelitis transversa bzw. eine bilaterale Optikusneuritis werden häufiger bei seronegativen Patienten beobachtet [Pandit et al. 2015]. Bei jüngeren Patienten scheint sich die Erkrankung häufiger als Optikusneuritis zu manifestieren. In einer anderen großen Stichprobe von Jarius [2012] mit 175 Patienten waren Erkrankungen aus dem NMO-Formenkreis häufiger seropositiv und die Krankheitsschübe sowohl bei Sehnervenbeteiligung als auch bei Rückenmarksbeteiligung schwerer. Seronegative Patienten wiesen häufiger einen singulären Schub auf als seropositive, und bei Patienten mit Optikusneuritis wurde die Diagnose einer NMO später gestellt [Jarius et al. 2012]. Yanagawa et al. [2009] sowie Lai et al. [2011] berichteten über seropositive Patienten, bei denen ausschließlich oder ganz überwiegend der Sehnerv oder das Rückenmark wiederholt von der Erkrankung betroffen war.

Im MRT sieht man bei einer NMO-Myelitis typischerweise eine longitudinal ausgedehnte Myelitis transversa, während die für die multiple Sklerose charakteristischen zerebralen Läsionen fehlen [Tackley et al. 2014]. Zudem können kleine stark T2-hyperintense Rückenmarksläsionen (*bright spotty lesions* [Yonezu et al. 2014]) sowie ringförmig Kontrastmittel anreichernde Rückenmarksherde zur Abgrenzung von einer MS beitragen [Yokote et al. 2015]. Wenn im Rahmen einer NMO zerebrale Herde auftreten, betreffen sie Regionen mit relativ hoher Dichte an Aquaporin 4, nämlich Hypothalamus, periaquäduktales Grau und Area postrema [Tackley et al. 2014]. Oligoklonale Banden sind im Liquor von Patienten mit Neuromyelitis optica unabhängig von der AQP-4-Serologie nur bei etwa einem Drittel der Patienten nachweisbar [Jarius et al. 2012], während sie bei über 90 % der an multipler Sklerose Erkrankten vorhanden sind. Trotz all dieser typischen Unterscheidungsmerkmale gelingt die definitive Zuordnung einer Optikusneuritis oder einer Myelitis zu einer MS oder einer NMO oft erst im weiteren Verlauf. So gibt es bei NMO auch myelitische Läsionen mit relativ kurzer longitudinaler Ausdehnung [Flanagan et al. 2015]. Wenn es sich um seronegative Fälle handelt, spielen der weitere klinische und der MRT-Verlauf sowie ggf. syndromale Konstellationen hinsichtlich der Feststellung einer rheumatischen Erkrankung oder einer Neoplasie eine entscheidende Rolle.

NMO-Schübe verlaufen oft schwer, sind therapierefraktär und werden von bleibender Behinderung gefolgt. Kürzlich werteten Kleiter et al. [2015] 871 Schübe bei 185 Patienten (82 % Frauen) mit NMO (142) bzw. Erkrankungen aus dem NMO-Formenkreis (43) aus. Von den dabei eingesetzten 1153 Therapiezyklen bestanden 810 aus hochdosierten i.v.-Kortikoiden. Dazu kamen 192 Plasmapheresen, 38 Immunadsorptionen, 80 andere und 33 nicht näher spezifizierte Therapieverfahren. Der erste Therapiezyklus führte bei 19,1 % der Patienten zur Komplettremission, bei 64,5 % zur partiellen Remission und war bei 16,4 % erfolglos. 2 Zyklen erhielten 28,2 %, 7,1 % drei, 1,4 % vier und 0,5 % der Erkrankten 5 Therapiezyklen. Eine solche „Therapie-Eskalation" führte zu einem signifikant besseren Ergebnis. Die Remissionsraten waren bei Optikusneuritis besser als bei Myelitis und bei einseitiger Optikusneuritis besser als bei bilateraler. Eine isolierte Myelitis sprach eher auf eine Erstbehandlung mit Plasmapherese bzw. Immunadsorption an als auf hochdosierte i.v.-Kortikoide. Bei Myelitis und bilateraler Optikusneuritis wurde eine Remission nicht oft erzielt. Aufgrund der hohen Schubrate und der Schwere der Schübe ist bei nachgewiesener NMO eine Schubprophylaxe spätestens dann zu beginnen, wenn der zweite Schub rasch auf den ersten Schub folgt. Eine gute Schubunterdrückung wird mit Rituximab (B-Zelldepletion mit anti-CD-20-Antikörpern) erzielt, und zwar sowohl bei Patienten mit NMO als auch bei Patienten mit Erkrankungen aus dem NMO-Formenkreis [Collongues et al. 2015, Kim et al. 2015]. Diese Therapie ist oft schon bei niedrigeren Dosen wirksam, als für die Therapie des Neoplasmas eingesetzt werden. Sollte dennoch eine Agranulozytose induziert werden, kann Granulozyten-Kolonie-stimulierender Faktor (G-CSF) eingesetzt werden [Mealy u. Levy 2015].

5.3.13.6 Myelitis bei multipler Sklerose

Bei der multiplen Sklerose (MS) handelt es sich um eine häufige chronisch entzündliche und degenerative Erkrankung des ZNS mit einer Inzidenz in Zentraleuropa von etwa 6 : 100.000 im Jahr [Kingwell et al. 2013]. Frauen sind etwa 3-mal so häufig betroffen wie Männer. Fast alle MS-Patienten sind EBV-positiv. Schübe unterliegen einer saisonalen Häufung im Frühjahr und im Herbst mit Abhängigkeit vom Breitengrad [Spelmann et al. 2014]. Sie werden unter anderem durch virale Infekte, durch Stress sowie Mangel an Vitamin D getriggert. Auch eine immunmodulatorische Therapie z. B. mit Interferon-γ kann zur Schubauslösung beitragen [Panitch et al. 1987]. Eine Myelitis geht in den entwickelten Ländern in der Mehrzahl der Fälle auf eine MS zurück [Bourre et al. 2012]. Tatsächlich gehört die Myelitis mit entsprechenden MRT-Befunden neben Optikusneuritis und Hirnstamm-Läsionen zu den typischen (Erst-)Manifestationsformen einer MS. Das kann daran liegen, dass der Rückenmarksbefall in nahezu jedem Fall symptomatisch wird, während dies nur bei etwa 10 % der Marklagerherde der Fall ist. Halsmarkläsionen führen unabhängig von der allgemeinen Atrophie des zentralen Nervensystems immer zu einer Behinderung [Kearney et al. 2015].

Für die *Diagnose eines MS-Schubs* werden Symptome gefordert, die mindestens 24 Stunden anhalten. Der erste MS-Schub wird auch als klinisch isoliertes Syndrom (*clinically isolated syndrome*, CIS) bezeichnet. Bei einem zweiten Schub mit Symptomen, die auf einen anderen Läsionsort als beim ersten Schub schließen lassen, geht man von der Konversion zu einer klinisch sicheren MS aus. In einer repräsentativen Stichprobe von 1074 Patienten mit schubhaft-remittierender MS, die langfristig beobachtet wurden, wiesen in den ersten 5 Jahren nach einem CIS 399 Patienten (37 %) keinen weiteren Schub auf, 253 (24 %) erlitten einen weiteren und 422 (39 %) mehr als einen weiteren Schub [Confavreux et al. 2003]. Die Unterschiede in der Schubhäufigkeit spiegeln die große Bandbreite unterschiedlicher MS-Verläufe wider. Die relativ hohe Zahl an MS-Patienten, die über etliche Jahre keinen weiteren Schub aufweisen, führte dazu, die Diagnose bereits nach dem ersten Schub auf apparative Befunde zu stützen. Die erforderlichen Befund-Kriterien wurden in den letzten Jahren erheblich „aufgeweicht" [Polmann et al. 2011], unter anderem um auf diese Weise einer größeren Zahl an Patienten eine immunmodulatorische Therapie zukommen lassen zu können. Bei Patienten mit einem einzigen Schubereignis wird für die Diagnose kernspintomografisch das Nebeneinander von Kontrastmittel aufnehmenden und nicht Kontrastmittel aufnehmenden Läsionen an typischer Stelle gefordert oder das neue Auftreten solcher Läsionen nacheinander, also zu verschiedenen Zeitpunkten. Die Zahl der Herde und der Befund im Liquor cerebrospinalis spielen dabei eine untergeordnete Rolle [Polmann et al. 2011].

Schübe wie eine Myelitis gelten im Allgemeinen als *primär entzündlich* vermittelt. In Analogie zur experimentellen autoimmunen Enzephalomyelitis bei Nagetieren wird vermutet, dass Myelin-spezifische T-Zellen an der Entzündung beteiligt sind. Darüber hinaus bestehen Lokalisationen im ZNS-Gewebe, die später eine Kontrastaufnahme als Merkmal der Entzündung aufweisen und bereits mindestens 3 Monate zuvor subtile und statistisch signifikante Signalveränderungen zeigen [Filippi et al. 1998]. Das histopathologische Korrelat dieser MRT-Vorläufer zerebraler MS-Herde sind vermutlich nicht entzündliche präaktive Läsionen, in denen Cluster aktivierter Mikrogliazellen vorherrschen [van der Valk u. Amor 2009]. Demgegenüber machen sich entzündliche Veränderungen im Blut erst 2 Wochen vor einem MS-Schub bemerkbar [Beck et al. 1989]. Im Rahmen der Evolution von MS-Herden kann der frische Herd zu Beginn der klinischen Symptome noch ganz ohne Entzündungszeichen vorgefunden werden [Barnett u. Prineas 2004]. Im zeitlichen Verlauf zeigen aber nahezu alle Herde eine (sekundäre) entzündliche Transformation, jedenfalls wenn man die Kontrastaufnahme im MRT als Zeichen der Entzündung wertet [Guttmann et al. 2015]. Die wahrscheinlich nicht entzündliche Degeneration schreitet stetig im gesamten Nervensystem diffus voran, in ähnlicher Dynamik auch unter immunmodulierender Therapie [Cheriyan et al. 2012, Vollmer et al. 2015]. 5 bis 15 % der MS-Patienten zeigen von Anfang an eine schleichende Progredienz, und zwar die mit primär progredientem Verlauf [Confavreux et al. 2003]. Auch sie können später Schübe bekommen. Obwohl Schübe per se in der Akutphase in aller Regel eine Behinderung verursachen, befördern sie die zunehmende schleichende Behinderung nicht [Confavreux et al. 2000]. Daher ist es auch nicht verwunderlich, dass eine immunmodulatorische Therapie kaum Wirkung auf die sekundäre oder primäre Behinderungsprogression zeigt [Kornhuber et al. 2005]. Zusammenfassend darf grundsätzlich bezweifelt werden, dass die Behinderungsprogression bei der MS wesentlich durch entzündliche Vorgänge ausgelöst wird.

Der Vorstellung, dass es sich bei der MS um ein Spektrum verschiedener Erkrankungen handeln könnte, weil sich 4 unterschiedliche Plaquetypen nachweisen lassen, wurde sowohl von epidemiologischer Seite [Confavreux u. Vukusic 2006] als auch von radiologischer Seite eine Absage erteilt [van Walderveen et al. 1998]. Für die scheinbare Paradoxie einer entzündlichen Erkrankung, deren Entzündungsvorgänge parallel zur Neurodegeneration ablaufen und auf diese kaum Einfluss ausüben, ist kürzlich eine Erklärung vorgeschlagen worden: *Endogene Retroviren* (ERV) sollen eine zentrale Rolle spielen. Sie kodieren für Hüllproteine, die vermutlich superantigene Eigenschaften aufweisen. Der Dualismus aus Entzündung und schleichender Progression ist bei dieser Betrachtungsweise ebenso wie die ausbleibende Wirkung einer antientzündlichen Therapie auf die evtl. überwiegend viral vermittelte Degeneration leicht zu verstehen [Emmer et al. 2014]. Mindestens 3 ERV sind mit MS assoziiert [Perron et al. 1991, Nexö et al. 2015]. Das Phänomen der diagnostisch relevanten oligoklonalen Banden bei MS wird bei diesem pathogenetischen Konzept auf den Einfluss sogenannter B-Zell-Superantigene zurückgeführt [Emmer et al. 2014]. Tatsächlich machen gegen Myelinantigene gerichtete Auto-Antikörper lediglich maximal 1 % der in den oligoklonalen Banden vorhandenen Antikörper aus [Owens et al. 2009].

Die *klinische Symptomatik* lässt meist keine Unterscheidung der unterschiedlichen Formen von Myelitis zu. Im MRT weisen myelitische MS-Herde oft eine geringere Längsausdehnung auf und werden eher multifokal als die bei Neuromyelitis optica gefundenen [Presas-Rodriguez et al. 2015]. Andererseits wurde bei immerhin 18 von 74 Patienten mit longitudinal ausgedehnten Rückenmarksherden eine multiple Sklerose diagnostiziert [Cobo-Calvo et al. 2014]. Bei ihr finden sich in der Regel typische supratentorielle Herde im Marklager, periventrikulär und im Balken. Die Patienten sind nahezu ausnahmslos AQP-4-Antikörper-negativ und weisen häufiger oligoklonale Banden im Liquor auf als Patienten mit anderen Ätiologien. Der Liquor kann bei aktiver Myelitis im Rahmen einer MS eine lymphozytär dominierte Pleozytose mit bis zu etwa 50 Zellen/µl aufweisen sowie eine Blut-Liquor-Schrankenstörung [Liebsch et al. 1996]. Bei Nachweis von oligoklonalen Banden finden sich im Liquor in der Regel auch sogenannte *Nonsense*-Antikörper, also Antikörper mit Spezifität gegen zahlreiche Antigene einschließlich viraler bzw. bakterieller Antigene [Mattson et al. 1980]. Diese sind typisch für MS und weisen nicht auf eine andere Ätiologie hin. Ferner sollte serologisch nach Erkrankungen aus dem rheumatischen Formenkreis gesucht werden, die mit NMO assoziiert sein können, sowie nach einer Borreliose.

Bei allen *therapeutischen Interventionen* zur MS muss eine klare Abwägung von Nutzen und Risiko erfolgen. Eine nicht unerhebliche Zahl an MS-Patienten zeigt über oft etliche Jahre kein Schubereignis, und die Schubrate geht auch ohne Therapie mit dem Alter zurück. Die Lebenserwartung ist nur geringfügig verkürzt [Ragonese et al. 2008]. Das gilt in gleicher Weise für die Therapie des MS-Schubs. Die Entzündung macht nur einen Teil der Pathogenese des Schubs aus. Schwerer wiegt, dass der langfristige Nutzen einer immunsuppressiven Schubtherapie mit Kortikoiden gering zu sein scheint [Brochet 2001]. Werden Patienten zum Therapie-Erfolg befragt, ergeben sich keine großen Differenzen nach Therapie mit i.v.-Kortikoiden, oralen Kortikoiden oder Verlaufsbeobachtung ohne Therapie [Nickerson u. Marrie 2013]. In vergleichenden Studien wurde kaum ein Unterschied zwischen den Ergebnissen nach Therapie mit oralen bzw. i.v.-Kortikoiden gesehen [Burton et al. 2012]. Die Therapie des MS-Schubs erfolgt bei einer Myelitis mit 500 mg oder 1000 mg Methylprednisolon i. v. täglich 3 bis 5 Tage lang zusammen mit einem H2-Blocker, Thromboseprophylaxe mit niedermolekularem Heparin sowie ggf. Kaliumsubstitution. Die Infusion darf nicht zu schnell verabfolgt werden, weil sonst lebensbedrohliche Herzrhythmusstörungen auftreten können [Vasheghani et al. 2011]. Sie benötigt 30 bis 60 Minuten. Im Anschluss an die i.v.-Methylprednisolontherapie kann bei ausbleibender Besserung eine orale Ausschleichphase über 10 Tage oder 2 Wochen angeschlossen werden. Sie zeigt allerdings evtl. nur geringen Einfluss auf den Therapie-Erfolg [Perumal et al. 2008], anders als eine krankengymnastische Behandlung parallel oder ergänzend zur Kortikoid-Therapie [Craig et al. 2003]. Bei ausbleibender Wirkung der i.v.-Kortikoidtherapie wurde über eine Besserung nach Plasmapherese bzw. Immunadsorption oder Behandlung mit i.v.-Immunglobulinen berichtet. Allerdings wurde in diesen Studien meist nicht klar zwischen MS und Neuromyelitis optica unterschieden. Daher lässt sich noch nicht klar abschätzen, ob MS-Patienten tatsächlich von diesen therapeutischen Maßnahmen wesentlich profitieren.

Ob und wann bei Diagnose eines ersten MS-Schubs mit einer immunmodulierenden Schubprophylaxe begonnen werden soll, wird kontrovers diskutiert. Die Tatsache, dass eine Therapie Schübe unterdrücken kann und somit die Konversion zu einer klinisch sicheren MS verzögert, darf nicht mit einer Verzögerung von Behinderungsprogression gleichgesetzt werden. Schübe üben nach derzeitigem Kenntnisstand keinen wesentlichen dauerhaften Einfluss auf die Behinderungsprogression aus. Deshalb ist vorgeschlagen worden, den Beginn einer Schubprophylaxe von der Schubaktivität abhängig zu machen [Kornhuber et al. 2006] oder von der Zahl und der Dynamik, mit der sich neue Herde im zerebralen MRT darstellen. Allerdings ist dann, wenn sich Schübe unvollständig zurückbilden, eine Schubprophylaxe in der Regel indiziert. Dies ist nach einer Myelitis oft der Fall. Glatiramer (s. c.), Beta-Interferone (s. c., i. m.) und evtl. Azathioprin (oral) führen zu einer Schubratenreduktion um jeweils etwa ein Drittel [Kornhuber et al. 2006]. Ein ähnlicher Effekt lässt sich mit Teriflunomid erzielen [Miller 2015]. Für Cladribin und Dimethylfumarat wurde eine Schubratenreduktion um etwa 50 % mitgeteilt [Hartung et al. 2010, Kawalec et al. 2014]. Für Cladribin ist die Zulassung bei der Europäischen Arzneimittelagentur beantragt, jedoch noch nicht bewilligt worden. Alle diese Substanzen zeigen eigene und oft nicht unerhebliche Nebenwirkungen, und einige wirken teratogen (Azathioprin, Teriflunomid). Für Dimethylfumarat liegen zur Teratogenität keine ausreichenden Daten vor. Für Patienten, die unter einem der genannten Mittel eine anhaltend hohe Schubaktivität oder eine ausgeprägte Dynamik beim Auftreten neuer MRT-Herde aufweisen, kommt ggf. eine Therapie-Eskalation in Betracht. Dabei ist stets zu bedenken, ob das damit möglicherweise verbundene erhöhte Mortalitätsrisiko gerechtfertigt ist. Es resultiert z. B. aus einer Dosis-abhängigen Beeinträchtigung der Herzfunktion (Mitoxantron), aus lebensbedrohlichen Infektionen (Stammzelltransplantation), aus der Entwicklung einer progressiven multifokalen Leukenzephalopathie (PML: Natalizumab, Dimethylfumarat) oder von schwerwiegenden Autoimmunphänomenen (Alemtuzumab). Daher sollte eine Eskalationstherapie nur unter strenger Indikationsstellung und engmaschiger Beobachtung von damit Erfahrenen in Erwägung gezogen und eingesetzt werden. Für die Eskalation stehen unter anderem Fingolimod, Natalizumab, Mitoxantron und Alemtuzumab zur Verfügung [Tramacere et al. 2015]. Wegen der Einfachheit der oralen Medikation spielt der Sphingosin-1-Phosphatrezeptor-Agonist Fingolimod eine besondere Rolle. Im Rahmen der Neueinstellung kann es gelegentlich zu Bradykardien und selten zum atrioventrikulären Block kommen und im Verlauf der Therapie die linksventrikuläre Ejektionsfraktion abnehmen [Racca et al. 2015]. Bei fehlender Immunität für VZV traten unter Fingolimod schwer verlaufende VZV-Infektionen auf. Wiederholt wurde über Makulaödeme und lebensbedrohliche Asthma-Attacken berichtet. Einfach zu handhaben ist der α-4-Integrininhibitor Natalizumab, der alle 4 Wochen als Kurzinfusion über eine Stunde verabreicht wird. Etwa 4 von 1000 behandelten Patienten entwickeln eine möglicherweise tödliche PML [progressive multifokale Leukenzephalopathie, McGuigan et al. 2015]. Das PML-Risiko liegt für Patienten mit nachweisbaren anti-JC-Virus-Antikörpertitern im Serum 40-mal höher als für seronegative Patienten. Es nimmt darüber hinaus mit der Dauer der Therapie und mit einem erhöhten anti-JC-Virus-Antikörper-Index-Wert im Serum zu [McGuigan et al. 2015]. Da eine frühzeitige Diagnose der PML und das Absetzen von Natalizumab die Prognose verbessert, bedarf es unter der Therapie mit Natalizumab einer engmaschigen Kontrolle der serologischen Befunde und ggf. auch der MRT-Bildgebung. Für den Wechsel einer Immuntherapie ist eine Auswaschphase erforderlich, verbunden mit einem erhöhten Schubrisiko. Beim Absetzen und auch unter Therapie mit Natalizumab wurde über das Auftreten eines zerebralen Immun-Rekonstitutions-Inflammations-Syndroms (IRIS) berichtet, zuweilen in Kombination mit einer PML [Mulero et al. 2014]. Eine weitere Therapieoption im Rahmen der Eskalationstherapie stellt die B-Zelldepletion mit anti-CD-20-Antikörpern dar. Jüngst wurden Daten zur Unterdrückung neuer MRT-Herde nach i.v.-Therapie mit Ocrelizumab mitgeteilt. In der Verumgruppe mit 600 mg wurden nach 24 Wochen um 89 % weniger Kontrastmittel aufnehmende Herde beobachtet als in der mit Placebo behandelten Gruppe und in der mit 2000 mg Ocrelizumab behandelten Gruppe 96 % weniger [Kappos et al. 2011]. Die Zulassung zur Therapie der MS ist beantragt.

5.3.13.7 Stiff-Person-Syndrom, Stiff-Limb-Syndrom

Das Stiff-Person-Syndrom (SPS, Kap. 9.4.4.3), eine seltene mit progressiver rigider Dystonie verbundene Erkrankung des zentralen Nervensystems [Barker et al. 1998], befällt Frauen häufiger als Männer (Verhältnis 2 : 1). Sie bezieht oft die distale Rumpf- und die proximale Beinmuskulatur ein, kann sich aber auch auf die distale Muskulatur eines oder beider Beine oder selten auch der Arme beschränken (Stiff-Limb-Syndrom). Agonisten und Antagonisten sind gleichzeitig aktiv. Nicht selten lassen sich Muskelspasmen durch externe Reize triggern. Sie sind oft sehr schmerzhaft und können mit einem Anstieg von Blutdruck und Herzfrequenz sowie Schweißausbrüchen einhergehen. Eine autonome Beteiligung tritt nicht selten auch syndromal auf, nicht ganz selten unter anderem mit Drang-Inkontinenz. Externe Triggerbarkeit oder Fluktuationen der Symptomatik sind keineswegs in jedem Fall nachweisbar, sodass die Abgrenzung von idiopathischen dystonen Syndromen oft Schwierigkeiten bereitet. Bei der PERM-Variante (progressive Enzephalomyelitis mit Rigidität und Myoklonien) treten weitere neurologische Symptome hinzu (z. B. epileptische Anfälle, Störungen der Augenbewegungen, Ataxie, Pyramidenbahnzeichen). Bei etwa 80 % der Erkrankten finden sich Autoantikörper gegen Glutamat-Decarboxylase (GAD), bei 10 % gegen Glycinrezeptoren, seltener gegen Amphiphysin. Das SPS ist nicht selten mit anderen Autoimmunkrankheiten vergesellschaftet (Diabetes mellitus, Schilddrüsenerkrankungen), der Nachweis von Amphiphysin spricht für eine Paraneoplasie (unter anderem beim Bronchialkarzinom und bei „gynäkologischen“ Tumoren). Es wird wenig beachtet und nicht selten als psychogen (zumal häufig eine begleitende Angststörung besteht) oder als idiopathische Dystonie verkannt. Die Bildgebung zeigt in der Regel normale Befunde. Im Liquor können oligoklonale Banden nachweisbar sein. Für die Therapie kommen vor allem intravenöse Immunglobuline sowie Kortikoide in Betracht. Plasmapherese ist ebenfalls wirksam. Symptomatisch ist auch an Benzodiazepine zu denken. Injektionen von Botulinumtoxin (*Off-Label-Use*) entfalten meist keine ausreichende Wirksamkeit.

5.3.13.8 Paraneoplastische Enzephalomyelitis

Das Rückenmark kann auf unterschiedliche Weise paraneoplastisch betroffen sein. Außer der paraneoplastischen nekrotisierenden Myelopathie kennt man eine Miterkrankung des Rückenmarks bei Patienten mit limbischer Enzephalitis oder auch beim Opsoklonus-Myoklonus-Syndrom. Außerdem kann das Rückenmark isoliert erkranken. Bei 16 von 31 Patienten (Alter im Median 62 Jahre, 20 Frauen) manifestierte sich die Myelopathie subakut [Flanagan et al. 2011], bei 18 ging die Myelopathie der Tumormanifestation um 2 bis 44 Monate voraus (im Median um 12 Monate). Die Kernspintomografie zeigte bei 20 Betroffenen medulläre Signalveränderungen, die sich bei 14 über mehr als 3 Rückenmarksegmente erstreckten. Symmetrische Signalveränderungen der Fasertrakte oder der grauen Substanz wurden 15-mal, (13-mal mit Kontrastmittelaufnahme), eine Liquorpleozytose ebenfalls 15-mal und oligoklonale Liquorbanden 7-mal gefunden. An paraneoplastischen Autoantikörpern wurden nachgewiesen: Anti-Amphiphysin IgG (9), anti-Collapsin-response-mediator-Protein (9), anti-Purkinje-Zell-zytoplasmatische Antikörper (2), antineuronale nukleäre Antikörper (ANNA 1, ANNA 3). Neoplasien waren in folgenden Organen lokalisiert: Lunge (9), Mamma (7), Niere (2), Schilddrüse (2), Ovar/Endometrium (2), Haut (Melanom, 2) und andere (3). 8 von 26 Patienten profitierten von einer onkologischen bzw. immunsuppressiven Therapie, die mit einer Zeitverzögerung von im Median 9,5 Monaten nach Symptombeginn einsetzte. Bei einem Teil der Patienten ähnelten die Symptome denen einer Neuromyelitis optica (Kap. 5.3.12.4).

5.3.13.9 Nekrotisierende Myelopathie

Die sehr seltene Erkrankung kann sich bei einer HIV-Infektion manifestieren (Kap. 5.3.12.3). Die Mehrzahl der Fälle dürfte auf eine Myelonkongestion bei arteriovenöser Malformation zurückgehen (angiodysgenetisches *Foix-Alajouanine-Syndrom*, Kap. 5.3.12.4.1). In einer nationalen japanischen Studie wurden 22 Fälle einer Querschittsmyelopathie gesammelt, davon 9 mit paraneoplastischer Genese, 8 wurden als radiogen beurteilt. Bei weiteren 5 Patienten wurden unterschiedliche Diagnosen gestellt. Bei 2 Patienten wurde aufgrund immunhistochemischer Befunde eine HSV-2-Infektion für wahrscheinlich gehalten [Nakagawa et al. 1991], die ohne und mit Neoplasma vorkommen kann. Folgende Neoplasien gingen mit einer subakuten nekrotisierenden Myelopathie einher: Lymphom, maligne Histiozytose, Bronchialkarzinom, Nierenzellkarzinom, Mammakarzinom, malignes Melanom, hepatozelluläres Karzinom, Schilddrüsenkarzinom, Ovarialkarzinom, Prostatakarzinom und Sarkom. Von den vor der Entdeckung von anti-AQP-4-Antikörpern publizierten Fällen sind möglicherweise einige einer Neuromyelitis optica zuzurechnen. Folgende klinische Charakteristika wurden in einer Serie von 9 Patienten angegeben [Katz u. Ropper 2000, modifiziert nach eigener klinischer Beobachtung]: schlaffe Paresen mit Muskelatrophie und Reflexverlust, pathologische Spontanaktivität im EMG über mehrere Wirbelsegmente, z. T. mit erhaltenen somatosensibel evozierten Potenzialen, im MRT erkennbare Nekrosen ohne Anhalt für eine vaskuläre Malformation. Die Betroffenen klagten außerdem über brennende oder prickelnde Schmerzen in den Extremitäten, manchmal mit radikulärer Verteilung, oder auch über weniger gut definierbare Rumpf- und Nackenschmerzen. – Schlaffe Paresen sowie manchmal ein paretischer Tremor mit Reflexverlust treten bald nach Beginn der Schmerzen auf. Es besteht eine Blut-Liquor-Schrankenstörung mit Gesamtproteinwerten zwischen 500 und 1000 mg/ml ohne Nachweis oligoklonaler Banden, die Biopsie ergibt nekrotisches Gewebe. Die Erkrankung schreitet in der Regel rasch fort. Bei Stillstand oder Remission ist eher an eine Neuromyelitis optica zu denken. Soweit uns bekannt, war bei idiopathischer oder paraneoplastischer nekrotisierender Myelopathie bislang keine Therapie wirksam.

Nach einer Radiatio des Rückenmarks können innerhalb von 3 Monaten transitorische medulläre Reizerscheinungen auftreten, meist in Form eines positiven Lhermitte-Zeichens. Nach Bestrahlung von Tumoren im Nackenbereich beobachteten Esik et al. [2003] dieses Symptom bei 3,6 bis 13 % der Patienten. Die Reizerscheinungen sistierten binnen weiterer 6 Monate oder seltener innerhalb eines Jahres. Pathologische MRT-Veränderungen oder auffällige Befunde in den somatosensibel evozierten Potenzialen ließen sich nicht finden. Lediglich mittels PET war eine Anreicherung von ^{18}F-2-Fluor-2-desoxy-D-Glucose ohne wesentliche Aufnahme von L- [Methyl-11C-] Methionin in den betroffenen Rückenmarkssegmenten nachzuweisen.

Neben dieser gutartigen Strahlenfolge gibt es die gefürchtete *radiogene nekrotisierende Myelopathie*, die sich meist etwa ein Jahr nach der Bestrahlung manifestiert (3 Monate bis 6 Jahre), und zwar oft mit einer dissoziierten Sensibilitätsstörung und asymmetrischer Paraparese. Im MRT stellt sich parallel zu einem fettigen Umbau im Bereich der angrenzenden Wirbelkörper anfangs eine Schwellung des Rückenmarks mit einer longitudinalen T1-hypointensen, T2-hyperintensen und partiell Kontrastmittel aufnehmenden intramedullären Läsion dar. Der Kontrast aufnehmende Bereich kann über viele Monate relativ unverändert persistieren und bestimmt die klinische Symptomatik. Im weiteren Verlauf stellt sich im betroffenen Rückenmarksbereich eine Atrophie ein, deren Ausmaß nicht mit den klinischen Symptomen korreliert [Wang et al. 1995]. Histopathologisch finden sich demyelinisierende Nekrosen der weißen Substanz mit Schwerpunkt im Bereich der Seitenstränge (Pyramidenbahn) sowie hyalinisierende Verdickungen der venösen Gefäßwände [Okada u. Okeda 2001]. Die Veränderungen können sich auch als wachsende Strahlennekrose manifestieren [Phuphanich et al. 1996]. Bei Strahlendosen von 45 bis 50 Gy, die in Fraktionen von 1,8 bis 2 Gy verabreicht werden, bleibt die Häufigkeit der radiogenen nekrotisierenden Myelopathie unter 5 %. Das Risiko steigt mit der Gesamtstrahlendosis, mit der Dosis pro Fraktion und mit abnehmendem Alter an [Guillemin 1995]. Wenn allerdings vor oder nach der Radiatio eine systemische oder intrathekale Chemotherapie eingesetzt wird, kann sich eine radiogene nekrotisierende Myelopathie bereits bei deutlich niedrigeren kumulativen Gesamtdosen einstellen [Harrington et al. 2010]. Für solche Fälle sind die vom Rückenmark tolerierten maximalen kumulativen Strahlendosen noch nicht hinreichend bekannt.

Die klinische Symptomatik remittiert sehr selten, die Erkrankung kann zum Stillstand kommen oder, wahrscheinlich aufgrund sich ausdehnender Strahlennekrosen, fortschreiten. Gelegentlich wurden Besserungen mit Kortikoiden erzielt.

5.3.13.10 Bakterielle Myelitis

Bakterielle Myelitiden sind sehr selten. Sie treten unter anderem fortgeleitet bei bakteriellen Meningitiden mit unterschiedlichen Erregern auf [Kastenbauer et al. 2001]. Eine akute Para- oder Tetraparese mit Blasenstörung im Verlauf einer bakteriellen Meningitis lenkt den Verdacht auf eine bakterielle Myelitis oder auf eine Ischämie des Rückenmarks. MR-tomografisch wurden T2-Hyperintensitäten überwiegend im Bereich der grauen Substanz nachgewiesen, die sich über nahezu die ganze Länge des Rückenmarks erstreckten [Kastenbauer et al. 2001]. Ubogu et al. [2003] berichteten über eine Myelitis transversa aufgrund einer Infektion mit Acinetobacter baumanii, die von einem infizierten intrathekalen Katheter ausgegangen war. Bei der hämatogenen Streuung bakterieller Infekte ist das Rückenmark selten allein betroffen. Dies kann allerdings ausnahmsweise bei bakteriell entzündlichen Darmerkrankungen der Fall sein, etwa bei einer Campylobakter-jejuni-Enteritis [Baar et al. 2007]. Öfter betrifft eine hämatogene Streuung das Gehirn. Ist aber das Rückenmark involviert, entstehen eine Myelitis transversa oder singuläre oder multiple Abszesse. Gelegentlich spielt eine verminderte Abwehrlage eine Rolle, unter anderem bei HIV-Infektionen. Candon und Frèrebeau [1994] identifizierten bei fast der Hälfte von 73 Patienten mit bakterieller Myelitis primäre Infektionsherde überwiegend in der Lunge, an den Herzklappen, im Urogenitaltrakt und in der Haut. Gewöhnlich war das Thorakalmark betroffen. Die Krankheit verlief akut, subakut oder chronisch (Symptome über einen Zeitraum von mehr als 6 Wochen). Patienten mit einem akuten Verlauf hatten häufiger Fieber und eine Leukozytose und boten meist das Bild einer Myelitis transversa. Patienten mit chronischer Abszedierung zeigten seltener Fieber und eine Leukozytose und wiesen oft einen ähnlichen Befund auf wie bei einem intramedullären Tumor. Die BSR war fast immer beschleunigt, und die Liquorkulturen blieben steril. Als Erreger fanden sich Bartonella Henselae (Erreger der Katzenkratzkrankheit), Borrelia burgdorferi, Brucellen, Coxiella Burnetii (Q-Fieber-Erreger), Listerien, Mycoplasma pneumoniae, Salmonella paratyphi Typ B, Staphylokokken (unter anderem MRSA), Streptokokken, Treponema pallidum und Tropheryma Whipplei. Die beschriebene unterschiedliche Krankheitsdynamik dürfte wesentlich auf die unterschiedlichen Erreger zurückgehen. Auf subtile Diagnostik, wesentlich auch mittels MRT, und antibiotische Therapie ohne oder mit Abszess-Spaltung folgt in der Regel eine stationäre Rehabilitation, mehrheitlich mit guten bis befriedigenden Ergebnissen [New u. Astrakhanseva 2014].

Die *tuberkulöse Myelitis* ist Kortikoid-refraktär, spricht aber in einem Teil der Fälle auf Tuberkulostatika an [Feng et al. 2011]. Sie entsteht nicht selten auf dem Boden einer tuberkulösen Meningitis und kann mit einer spastischen Para- oder Tetraparese oder auch mit radikulären Symptomen einhergehen [Gupta et al. 2015]. Bei 9 von 60 Patienten von Gargs [2010] mit neurologischen Symptomen im Rahmen einer Miliartuberkulose war das Rückenmark betroffen. Tuberkulome und tuberkulöse Abszesse finden sich zuweilen auch solitär im Rückenmark [Bommakanti et al. 2013], und schließlich kann eine pulmonale oder extrapulmonale Tuberkulose auch eine Neuromyelitis optica auf allergischer Grundlage auslösen, teils mit Nachweis von ant-AQP-4-Antikörpern.

5.3.13.11 Poliomyelitis anterior acuta – spinale Kinderlähmung

Peter Matzen

Die spinale Kinderlähmung galt in Europa seit 2002 offiziell als eradiziert [Diedrich u. Schreier 2007], im Jahr 2015 traten allerdings in der Ukraine wieder Fälle auf. Eine ähnliche Situation fand sich im ebenfalls vom Bürgerkrieg erschütterten Syrien, was mit einer Verschlechterung der hygienischen Verhältnisse (fäkal-orale Infektion) und der allgemeinen gesundheitlichen Versorgung (Schutzimpfungsrate) einhergeht. In einigen Ländern (Zentralasien, Zentralafrika, Mittlerer Osten) tritt die Kinderlähmung immer noch endemisch auf, in andere bereits Polio-freie Länder wurden Wildviren „reimportiert" [Paukstadt 2008]. Zur endgültigen Eradikation formulierte die WHO eine Reihe von regelmäßig durchzuführenden Maßnahmen. Gefordert wird an erster Stelle eine Durchimpfung der Bevölkerung [Strauss et al. 2008].

Die Krankheit beruht auf einer Infektion mit Enteroviren aus der Familie der *Picornaviridae*. Die Inkubationszeit beträgt ein bis 2 (bis zu 5) Wochen. Man unterscheidet die Serotypen 1 bis 3 (Brunhilde, Lansing und Leon), zwischen denen keine Kreuzimmunität besteht. Infektionen mit Typ 1 lassen die ausgeprägtesten Krankheitsverläufe erwarten, Typ 2 gilt dank konsequenter Impfungen als ausgerottet, Typ 3 als weitgehend zurückgedrängt. Das neurotrope Virus wird gewöhnlich oral, seltener über den Nasen-Rachen-Raum aufgenommen, vermehrt sich im Darm und befällt die regionalen Lymphknoten. Über eine Virämie kann es die graue Substanz des Myelons erreichen. Der Befall auch der Medulla oblongata, von Pons, Mittelhirn, Zwischenhirn, Kleinhirn macht sich klinisch gewöhnlich nicht bemerkbar. Der Befall der Vorderhörner löst entzündliche Prozesse und Schädigungen der α-Motoneurone bis zum Zelluntergang, ein Mitbefall der Spinalganglien sensible Störungen aus [Nötzel u. Bücher 1963, Prokhorenko et al. 2008]. In späteren Krankheitsstadien verschwinden die Infiltrate wieder, und es entstehen gliöse Narben. Bedeutung besitzt außerdem die Beteiligung der Hirnnervenkerne IX und X (Nn. glossopharyngeus et vagus). Betroffen sein kann auch der N. accessorius (XI).

Die Infektion bleibt bei mehr als 90 % der Betroffenen klinisch stumm, sie heilt folgenlos aus, hinterlässt aber eine stille Feiung gegen den eingedrungenen Erregertyp, gewöhnlich also Typ 1. Bei anderen stellen sich Fieber, katarrhalische Symptome seitens des Nasen-Rachen-Raums, Erbrechen und Durchfälle ein. Hinweise auf eine

Infektion von nervalen Strukturen fehlen. Dieses präparalytische Stadium kann ebenfalls wie ein flüchtiger Infekt vorübergehen, bei ungefähr 5 % der Patienten stellt es jedoch das Prodromalstadium einer spinalen Kinderlähmung dar: Nach kurzer Entfieberung setzt ein erneuter Fieberanstieg ein. Der in beiden Stadien meist nur kurze Fieberschub, der 39 °C kaum überschreitet, lässt eine charakteristische zweigipflige Fieberkurve entstehen, den *Dromedartyp* des Fiebers. Die weitere Krankheit verläuft meist aparalytisch mit Kopfschmerzen und Nackensteife als Zeichen einer abakteriellen Meningitis. Im Liquor findet sich dann eine leichte Pleozytose mit bis zu 100 Zellen/µl. Der Eiweißgehalt ist anfangs leicht, später stärker erhöht, der Glukosegehalt normal oder ebenfalls erhöht. Bei etwa einem von 100 Infizierten stellt sich mit dem oder ohne das beschriebene meningitische Vorstadium die eigentliche spinalparalytische Kinderlähmung mit heftigen Schmerzen in der anschließend gelähmten Muskulatur ein. Die Lähmungen schreiten schnell fort und bevorzugen asymmetrisch die Muskulatur der unteren Extremitäten, können aber jeden von einem Spinalnerven versorgten Muskel, auch die quergestreifte Muskulatur von Blase und Darm einbeziehen. Zerebralparalytische Symptome werden sehr selten als ernste Komplikation der spinalparalytischen Form oder allein beobachtet. Schluck- und Atemstörungen sowie Störungen der Kreislaufregulation führen rasch zu einem lebensbedrohlichen Zustand. Die Letalität liegt bei schweren Verläufen bei etwa 20 %. Zusätzlich gefährdend wirken körperliche und psychische Belastungen.

Mit dem Nachlassen der entzündlichen Reaktionen setzt in der zweiten Woche nach Beginn der Lähmungen eine mehr oder weniger deutliche Besserung ein. Sie wird unterstützt und in Gang gehalten durch eine von gesunden oder wenig geschädigten Vorderhornzellen ausgehende Reinnervierung der gelähmten Muskulatur und durch eine Hypertrophie nicht gelähmter Areale. Dieser Prozess lässt im zweiten Jahr nach Krankheitsbeginn allmählich nach, das Endstadium wird erreicht. Etwa die Hälfte der Patienten behält mehr oder weniger ausgeprägte Restsymptome [Fujak et al. 2006]: Die gelähmten Gliedmaßen fühlen sich meist kühl an und sind häufig bläulich-rot verfärbt. Fast regelmäßig werden Störungen der Trophik und bei Eintritt der Lähmung im Kindesalter und abhängig von ihrem Ausmaß Beeinträchtigungen des Wachstums, Fehlstellungen (z. B. Skoliosen, Kyphoskoliosen, Achsfehler der Extremitäten, Abb. 5.14) und Instabilitäten der Gelenke sowie Kontrakturen beobachtet.

Diagnostik: Wichtige Hinweise auf die Erkrankung liefern der charakteristische Verlauf der Fieberkurve und das fast regelmäßige Fehlen von Sensibilitätsstörungen. Die Diagnose wird bewiesen durch die Züchtung des Erregers während der ersten Woche aus dem Rachenabstrich, dem Liquor oder aus einer Stuhlprobe. Im Stuhl ist er bis zu 4 Monate nach Krankheitsbeginn zu finden. Wenn der direkte Erregernachweis nicht gelingt, ist nach Antikörpern im Serum und nach Virus-RNA mittels PCR zu suchen. Differenzialdiagnostisch muss vor allem an andere Infektionen mit Enteroviren, die Diphtherie und das Guillain-Barré-Syndrom gedacht werden.

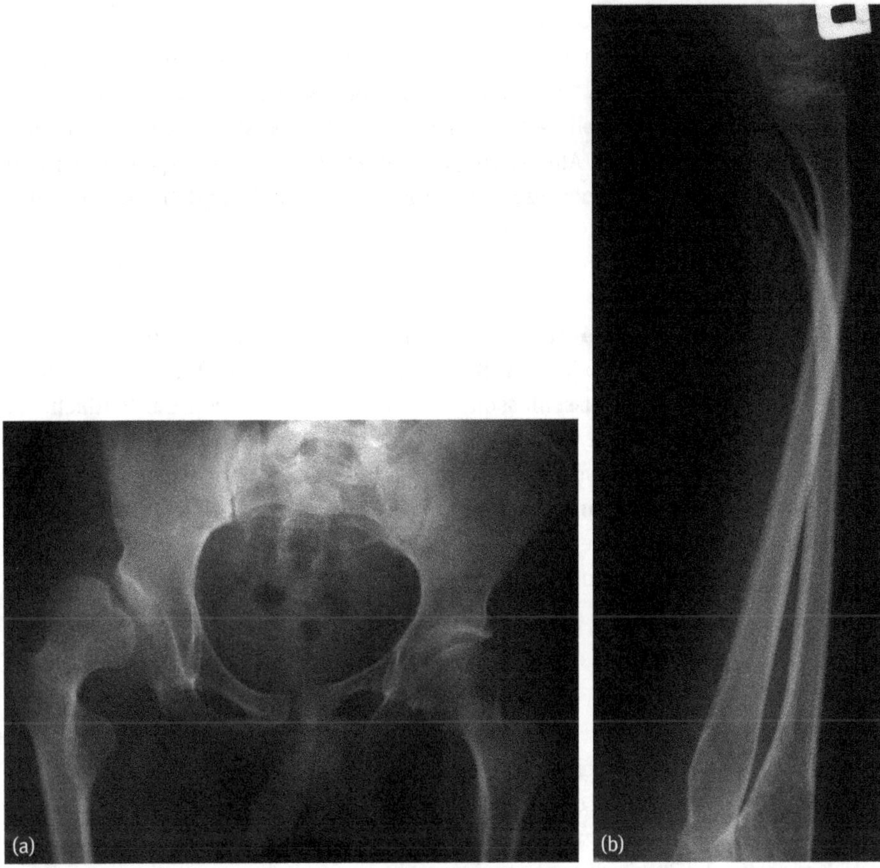

Abb. 5.14: (a) 31 Jahre, männlich. Folgen einer Poliomyelitis im Kleinkindalter. Störung des muskulären Gleichgewichts: Luxation des rechten Hüftgelenks, „dysplastisches" linkes Hüftgelenk. (b) 12 Jahre, männlich. Folgen einer Poliomyelitis im Kleinkindalter. Lähmung der Unterarmmuskulatur bis auf einen Teil der Handgelenk- und Fingerbeuger: Deviation des Unterarms nach palmar und ulnar. Osteoporose.

Therapie: Eine kausale Behandlung der spinalen Kinderlähmung ist nicht möglich. Die Therapie beschränkt sich anfangs auf strikte Bettruhe, die Gabe von Analgetika und ggf. Immunglobulinen. Nach dem Ende der akuten entzündlichen Phase, spätestens also nach einer Woche, beginnt man damit, gelähmte Extremitäten durchzubewegen und nicht oder nicht komplett gelähmte Abschnitte krankengymnastisch zu behandeln. Die möglichen Folgen der Erkrankung können außer physiotherapeutischen Maßnahmen die Versorgung mit orthopädischem Schuhwerk bzw. orthopädischen Schuhzurichtungen und Orthesen erfordern. Operativ stehen Sehnentranspositionen, Osteotomien, Arthrodesen und Spondylodesen zur Verfügung.

5.3.13.11.1 Postpoliomyelitis-Syndrom, Postpolio-Syndrom

20 bis 50 Jahre nach einer überstandenen Poliomyelitis stellt sich bei 2 Dritteln der Patienten [Windebank et al. 1991] eine zunehmende Schwäche sowohl erkrankt gewesener als auch gesund gebliebener Muskulatur ein mit Muskel- und Gelenkschmerzen, allgemeiner Schwäche, Atemstörungen, Infektionen der Luftwege und der Lungen, Schluckstörungen, Fieber und Obstipationen. Die Zahl der Betroffenen liegt in Deutschland bei einigen tausend. Als Grund der Spätkomplikation vermutet man eine andauernde Überbeanspruchung ursprünglich gesund gebliebener Vorderhornzellen.

Für die Diagnose ist ein Abstand von mindestens 15 Jahren von einer meist schweren Primärerkrankung unabdingbar. Beweisende apparative Befunde gibt es nicht, es handelt sich um eine Ausschlussdiagnose [Fujak et al. 2006]. Bei Verdacht auf ein Postpolio-Syndrom sind trotzdem Laboruntersuchungen (auf das Dreifache erhöhter CK-Wert), elektrophysiologische, röntgenologische und tomografische, ggf. auch Liquoruntersuchungen erforderlich, um andere Ursachen der Beschwerden auszuschließen: beispielsweise Diabetes mellitus, Erkrankungen der Schilddrüse, Anämien, Myopathien, Polyneuropathien, Myasthenien. Die Behandlung erfolgt symptomatisch.

5.3.13.12 Spondylitis, Spondylodiszitis und spinale Abszesse

Malte Kornhuber

Von hämatogenen Osteomyelitiden aufgrund von Bakteriämien wird die Wirbelsäule bevorzugt befallen, selten die langen Röhrenknochen (Kap. 6.3.3.4.5). Die klinische Symptomatik ist oft nicht allzu ausgeprägt, häufig entwickelt sich ein chronischer Verlauf. Unspezifische Entzündungen machen mehr als 90 % aller entzündlichen Erkrankungen der Wirbelsäule aus, die granulomatösen Erkrankungen treten dahinter weit zurück. Betroffen werden vor allem Männer im 6. Lebensjahrzehnt. Die Erreger stammen meist aus abdominalen oder intrapelvinen Infektionsherden. Exogene Infektionen entstehen manchmal nach Punktionen oder Operationen (Abb. 5.15). Die Keime siedeln sich in der schlussplattennahen Spongiosa meist eines Wirbels (Spondylitis), manchmal von 2 (10 %) und selten von noch mehr benachbarten Wirbeln ab, gewöhnlich in der unteren Brust- und in der Lendenwirbelsäule, gelegentlich in der Halswirbelsäule oder im Sakralbereich [Patel et al. 2014]. Man macht dafür anatomische Besonderheiten in den spinalen Venenplexus verantwortlich. Das infektiöse Geschehen greift nicht selten auf die benachbarte Bandscheibe über, die in den entstehenden osteolytischen Defekt hineingepresst wird. Es entsteht eine Spondylodiszitis. Eine hämatogene primäre Diszitis zunächst ohne knöcherne Beteiligung wird praktisch nur im ersten Lebensjahrzehnt beobachtet, solange die Bandscheibe eine nennenswerte Blutversorgung besitzt. Die viel selteneren exogenen Infektionen entwickeln sich am Ort der Keimeinschleppung. Sie gehen also entweder von der Wirbelspongiosa oder vom Bandscheibenraum aus. Nach offenen Bandscheibenoperationen liegt die

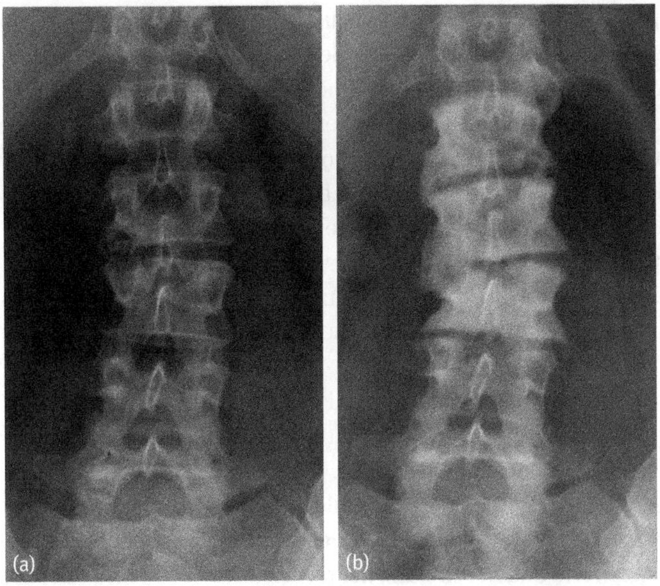

Abb. 5.15: (a) 33 Jahre, weiblich. Defekt an den Lendenwirbelkörpern 2 und 3 rechts nach Injektionsbehandlung. Lokale und radikuläre Symptomatik. (b) 3½ Jahre später Sklerosierungen und partielle Synostosen.

Spondylitisrate bei bis zu 3 % [Matzen 2002]. Meistens handelt es sich um Infektionen mit Staphylococcus aureus, ein Methizillin-resistenter Keim (MRSA) muss unbedingt ausgeschlossen werden. Weniger häufig lassen sich Streptokokken oder gramnegative Bakterien nachweisen. In einem Teil der Fälle gelingt ein Erregernachweis nicht. Als Risikofaktoren kommen vor allem Drogenabusus und der Diabetes mellitus in Betracht [Patel et al. 2014].

Die dorsalen Wirbelabschnitte – Bogen und Anhangsgebilde – bleiben von der Erkrankung verschont. Der mehr oder weniger zerstörte Wirbelkörper hält dem Körpergewicht auf die Dauer nicht stand, er bricht zusammen, es entwickelt sich eine Kyphose. Der oft reichlich gebildete Eiter bahnt sich in den Gewebssepten, der Schwerkraft folgend, in Form von Senkungsabszessen einen Weg nach kaudal.

Das *klinische Bild* ist uncharakteristisch und entwickelt sich selten akut: abhängig von der Lokalisation Rückenschmerzen, die auch im Liegen nicht nachlassen, ein schmerzhafter Schiefhals, eine klopfschmerzhafte Wirbelsäule, manchmal Dehnschmerz des N. ischiadicus oder des N. femoralis, Parästhesien und Hypästhesien bis zu Paraparesen bzw. Tetraparesen, meist subfebrile Temperaturen, Leukozytose, erhöhte CRP-Werte. Die alkalische Phosphatase ist als Zeichen der Knochenbeteiligung erhöht, bei Verdacht auf Spondylodiszitis sollen unbedingt Blutkulturen für einen Erregernachweis abgenommen werden.

Das Röntgenbild zeigt schlussplattennahe Arrosionen, unregelmäßig begrenzte verschmälerte Intervertebralräume, eine zunehmende Kyphosierung und schließlich nicht selten eine Synostose. Die Destruktionen sind computertomografisch, Senkungsabszesse kernspintomografisch besonders gut erkennbar. Die Szintigrafie dient zum Nachweis von Frühstadien und Zweitlokalisationen. Die *Diagnose* wird durch Blutkultur, Probepunktion oder Probeentnahme und bakteriologische bzw. histologische Untersuchung gesichert. Für die Nadelbiopsie geben Pupaibool et al. [2015] eine Sensitivität von 50 % und eine Spezifität von fast 100 % an.

Differenzialdiagnostisch kommen vor allem degenerative Veränderungen, Tumoren und Tumormetastasen, aber auch der Mb. Scheuermann und der Mb. Bechterew in Betracht.

Die *Therapie* akuter Erkrankungen ohne Wirbelkörpersinterung oder Kompression intraspinaler nervaler Strukturen besteht in Bettruhe, Infusionen, in der kalkulierten, anschließend gezielten Gabe von Antibiotika. Die Lagerung in einer individuell angefertigten Gipsschale stabilisiert die Wirbelsäule, wirkt Deformierungen entgegen und befreit von Schmerzen. Nach Entfieberung, wenigstens weitgehender Normalisierung der Entzündungswerte und Beruhigung der röntgenologischen Struktur darf der Patient, mit einem Korsett versorgt, das Bett verlassen. Die antibiotische Therapie dauert bei Staphylococcus aureus mindestens 8 Wochen, bei Nachweis von MRSA sollte Daptomycin ebenfalls mindestens 8 Wochen lang eingesetzt werden [Rutges et al. 2015]. Bei anderen Erregern sind meist 6 Wochen ausreichend.

Ein sofortiges operatives Vorgehen ist angezeigt, wenn frische neurologische Störungen bestehen oder wenn die beschriebenen konservativen Maßnahmen nicht rasch zu einer deutlichen, zunehmenden Besserung geführt haben. Selbst bei Paraparesen oder Tetraparesen ist bei raschem operativem Vorgehen eine völlige Remission zu erzielen [Turgut 2008]. Auch große Form und Stabilität der Wirbelsäule gefährdende Krankheitsherde werden ausgeräumt, mit autogener Spongiosa aufgefüllt und durch Spondylodese gesichert, Senkungsabszesse evakuiert, gespült und drainiert. Die Wiederaufrichtung bereits knöchern konsolidierter Kyphosen und Kyphoskoliosen ist möglich, sie geht aber mit einer hohen Rate neurologischer Komplikationen einher.

Spinale *epidurale Abszesse* gehen von einer Spondylitis oder von Infiltrationsbehandlungen und anderen Verletzungen aus, treten aber auch spontan auf. Die typische klinische Symptomtrias von spinalem Schmerz, Fieber und neurologischen Symptomen entspricht der der Spondylitis, ebenso das Erregerspektrum. Ausgedehnte Abszesse und insbesondere progrediente neurologische Symptome erfordern die zügige operative Entlastung. Bei geringer Ausprägung kann primär konservativ behandelt werden [Arko et al. 2014].

5.3.13.13 Tuberkulöse Spondylitis (Morbus Pott)

Die Inzidenz der Tuberkulose liegt in Deutschland bei 20 : 100.000 jährlich. Die Primärinfektion ist gewöhnlich in der Lunge, viel seltener (10 %) im Darmtrakt lokalisiert. Eine Absiedlung von Tuberkelbakterien (meistens Mycobacterium tuberculosis) auch in das Skelett betrifft hauptsächlich Wirbelkörper, Becken, Hüft- und Kniegelenke sowie Hand- und Fußwurzeln. Bei 50 % der klinisch Erkrankten ist die Wirbelsäule mitbefallen, bevorzugt der Thorakalbereich [Turgut et al. 2001]. Eine Spondylitis superficialis beschränkt sich auf die ventralen Abschnitte der Wirbelkörper. Meist siedeln sich die Erreger aber in der Spongiosa mehrerer Wirbelkörper an, die Anhangsgebilde bleiben frei. Es entstehen umfangreiche zentral verkäsende Osteolysen und die charakteristischen tuberkulösen Granulome. Diese entzündlichen Prozesse gefährden die nervalen Strukturen im Spinalkanal durch Raumbeengung und Begleitödem, bald auch durch Zerstörung der Knochenstruktur und des Bandscheibengewebes. Unter der Körperlast und durch den Tonus der ventralen Muskulatur entwickelt sich – oft rasch – eine kurzbogige, nicht selten spitzwinklige Kyphose, auf die – im Brustbereich lokalisiert – die Rippen zulaufen. Es entsteht der Rippenstern, die Rippenspinne (Abb. 5.16). Begleitende paravertebrale („kalte“) Abszesse erscheinen oft weit entfernt vom eigentlichen Krankheitsort als Senkungsabszesse, auch unter der Haut (Abb. 9.3). Nach einer Perforation kommt es fast regelmäßig zur Sekundärinfektion. Das Röntgenbild zeigt Osteolysen, Höhenminderungen der befallenen Wirbel und Intervertebralräume, im Brustbereich den erwähnten Rippenstern, Abszessschatten und schließlich eine Kyphose, nicht selten mit skoliotischer Komponente. Die röntgenologische (Abb. 5.17) und kernspintomografische Abgrenzung von anderen granulomatösen und purulenten Osteomyelitiden ist nicht immer möglich [Josepher u. Cooper 2005].

Die lokale *Symptomatik* besteht aus nicht allzu starken Schmerzen, einer mäßigen Erhöhung der Hauttemperatur und einer diffusen Schwellung der benachbarten Weichteile, dem Tumor albus. Die Erkrankung manifestierte sich bei 21 % der 694 Patienten von Turgut et al. [2001] durch lokale Schmerzen und bei 10 % durch eine tastbare Raumforderung, außerdem bei 69 % durch eine Beinschwäche und bei 46 % durch eine Gibbusbildung. Sie verursacht in afrikanischen Entwicklungsländern einen erheblichen Anteil kindlicher Paraplegien [Fatunde et al. 2006].

Zur *Therapie* müssen alle Abwehrkräfte des Körpers mit Bettruhe, diätetischen Maßnahmen, Bluttransfusionen und klimatischen Kuren mobilisiert werden. Die lokale Behandlung besteht in der Ruhigstellung der Wirbelsäule durch Korsett oder ggf. Liegeschale. Die Erfolgsaussichten von die nervalen Strukturen entlastenden Abszessausräumungen sind gut. Bei jedem purulenten Abszessinhalt, dessen Anzüchtung zunächst kein Ergebnis erbringt („steriler Abszess“), müssen mikroskopisch säurefeste Stäbchen ausgeschlossen und eine spezielle Kultur auf Mykobakterien angelegt werden. Eine befriedigende Wiederherstellung nervaler Funktionen ist jedoch kaum zu erwarten, wenn knöcherne Deformierungen die Einengung des Spinalkanals herbei-

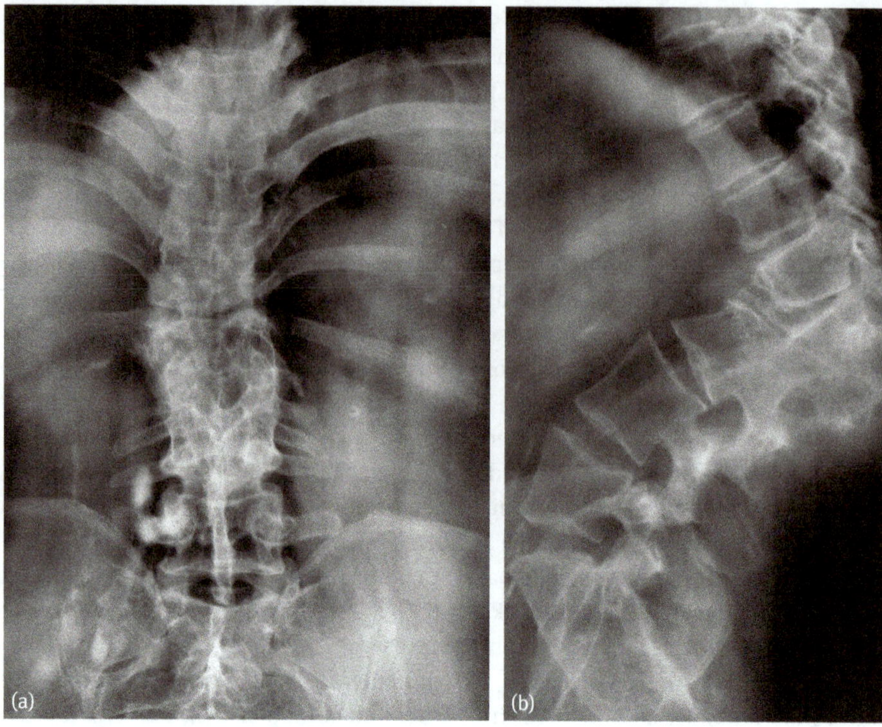

Abb. 5.16: 50 Jahre, männlich. Spondylitis tuberculosa. (a) „Rippenstern“, verkalkte Senkungsabszesse. (b) Rechtwinklige Kyphose mit fester Versteifungsmasse („Pott'scher Buckel“).

geführt haben. Die medikamentöse Behandlung entspricht der pulmonaler Tuberkulosen. Besonders hohe Ansprüche stellen Mischinfektionen. Vor Wiederaufnahme der Belastung müssen die klinischen Allgemeinsymptome und der örtliche Entzündungszustand verschwunden sein. Blutbild und Entzündungsparameter dürfen sich auch unter Belastung nicht wieder verschlechtern. Das Röntgenbild muss die Wiederkehr von Knochenkontur, Knochenstruktur und Kalksalzgehalt des erkrankt gewesenen Wirbelsäulenabschnitts erkennen lassen. Als ziemlich sicheres Zeichen der Heilung oder wenigstens der Abkapselung des Herdes ist die Synostose der betroffenen Wirbel anzusehen.

5.3.13.14 Tabes dorsalis

Die Neurosyphilis wird in den Niederlanden aktuell mit einer Inzidenz von 0,5 : 100.000 im Jahr beobachtet, die Tabes dorsalis stellt die häufigste klinische Manifestationsform dar. Männer im mittleren Alter machen 75 % der Fälle aus, bei den Frauen ist die Altersgruppe über 75 Jahren bevorzugt betroffen [Ouwens et al. 2014]. Bei der parenchymatösen Neurosyphilis handelt es sich um eine entzündlich-demyelinisierende

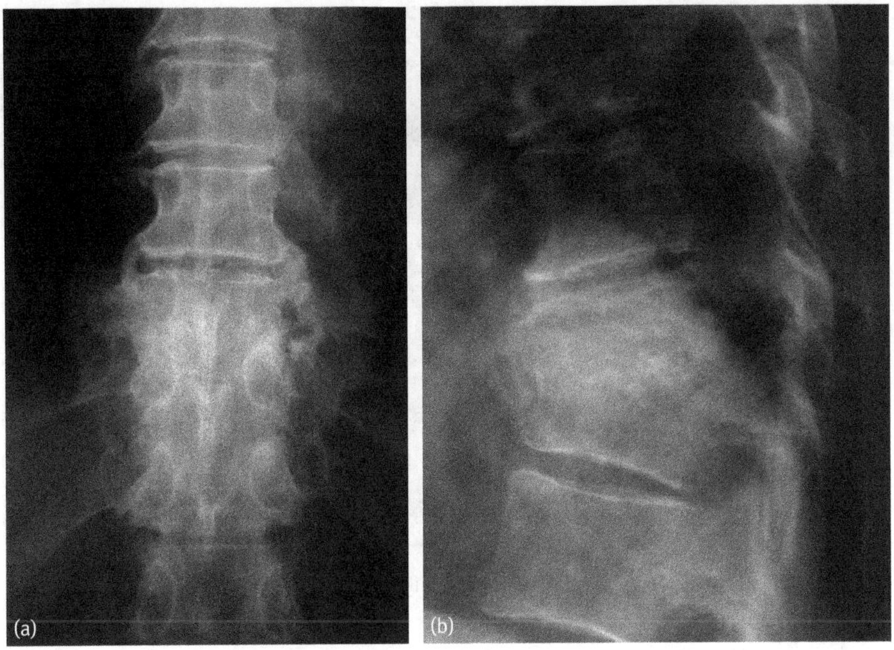

Abb. 5.17: 60 Jahre, weiblich. Typhusanamnese. (a) Brustwirbelkörper 9 und 10, Spondylitis typhosa. (b) Ausheilung in Form einer Synostose.

neurodegenerative Erkrankung als Spätfolge einer unbehandelten syphilitischen Infektion. Hinterstränge und Spinalganglien sind bevorzugt beteiligt. Klinisch resultieren aus der sensiblen Prädominanz sensible Ataxie, Pallhypästhesie und lanzinierende Schmerzen. Im weiteren Verlauf treten oft Störungen der Sphinkter- und Sexualfunktionen, schlaffe Paresen (Vorderhornbeteiligung) mit Reflexabschwächung und eine sich schmerzlos entwickelnde Gelenkdestruktion hinzu (tabische Arthropathie, Abb. 5.18).

Von 161 Patienten mit einer Neurosyphilis zeigten 82 eine Kombination aus Demenz und deliranten Symptomen oder andere neuropsychiatrische Symptome, 24 erlitten einen Schlaganfall, 15 entwickelten eine Myelopathie und 14 Krampfanfälle. Von den 15 Patienten mit einer Myelopathie wiesen nur zwei Symptome einer Tabes dorsalis bzw. einer möglichen Tabes dorsalis auf [Timmermans u. Carr 2004]. Das MRT zeigte bei 5 von 10 Neurosyphilis-Patienten mit Myelopathie langstreckige Signalveränderungen, bei 2 eine Kontrastaufnahme, bei weiteren 2 eine Beteiligung der Hinterstränge und bei 3 einen Normalbefund [Nagappa et al. 2013]. Demgegenüber ist bei typischer Tabes dorsalis MR-tomografisch eine T2-hyperintense Hinterstrangbeteiligung nachweisbar [Pandey 2011].

Der serologische Nachweis treponemaler Antikörper im Blut setzt sich aus einem Such- und einem quantitativen Bestätigungstest zusammen. In der Regel wird mit ei-

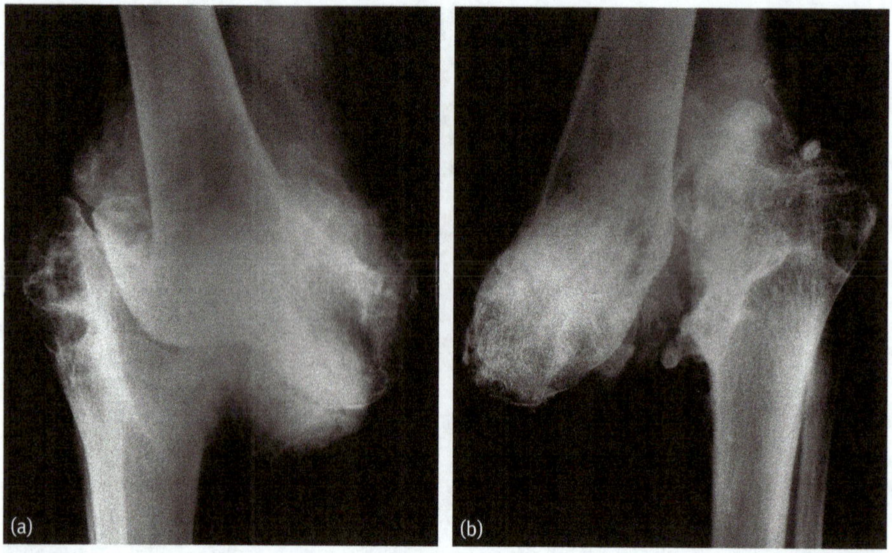

Abb. 5.18: (a) und (b) 65 Jahre, männlich. Tabes dorsalis. Neuropathische Arthropathie. Hochgradige Destruktion des Kniegelenks.

ner enzymatischen Immunadsorption gesucht und der Befund mit einem VDRL-Test (*venereal disease research laboratory*) bestätigt [Morshed u. Singh 2015]. Dieser gilt als diagnostischer Standard für die Diagnose einer Neurosyphilis. Er besitzt zwar eine hohe Spezifität (99,8 %), die Sensitivität ist mit 50 % jedoch relativ niedrig [Morshed u. Singh 2015]. In der deutschen Leitlinie zur Neurosyphilis wird daher der serologische Liquor/Serum-Antikörperindex favorisiert (ITpA-Test oder TPHA-Antikörperindex).

Als *Therapie* der Wahl verabfolgt man Penicillin G in kristalloider Lösung i. v., 18 bis 24 Mio. IE/d, 10 bis 14 Tage lang. Zur Therapiekontrolle dienen die Bestimmung der Liquorpleozytose, das Ausmaß der Blut-Liquor-Schrankenstörung und die Messung des Treponemen-spezifischen IgM-Antikörpertiters im Serum. Lanzinierende Schmerzen und abdominelle Schmerzkrisen sprechen evtl. auf Gabapentin an [Oshita et al. 2011].

5.3.13.15 Spinale Parasitosen

Parasitosen des Rückenmarks sind insgesamt sehr selten. In Europa wird ein Befall des Rückenmarks vor allem mit Toxocara canis, Echinokokken und Toxoplasmen beobachtet. Gelegentlich sind Migranten oder Reisende von Zystizerkose, Schistosomiasis oder Plasmodium falciparum (Malaria tropica) betroffen. Die Diagnose einer parasitären Rückenmarkserkrankung ist schwierig. Zu den am Beispiel der Zystizerkose aufgestellten diagnostischen Kriterien gehören: Der Patient muss exponiert gewesen, ein Befall also möglich sein. Der Parasit muss bioptisch, ophthalmoskopisch, anhand spezifischer Antikörper serologisch oder wenigstens verdachtsweise kernspintomografisch nachgewiesen worden sein, und die Symptomatik muss sich nach entsprechender Therapie zurückbilden [del Brutto et al. 2001].

Eine *Zystizerkose* des Rückenmarks manifestiert sich in der Regel als thorakale Querschnittsmyelopathie (Zystizerken = Larven des Schweinebandwurms, Taenia solium). Im MRT ließ sich der Parasit bei 37 % der Patienten von del Brutto et al. [2013] visualisieren. Alle Läsionen waren liquorisointens mit einem Kontrast aufnehmenden Randsaum und Umgebungsödem. Bei prompter Therapie mit zystiziden Substanzen und Kortikoiden oder auch operativ wurden oft Remissionen der neurologischen Symptome erzielt. Extramedulläre Zystizerkosen können leicht als Arachnoidalzysten verkannt werden [Yoo et al. 2014].

Eine *Toxokarose* des Rückenmarks ist sehr selten, wenngleich der Erreger eine relativ große Affinität zum zentralen Nervensystem besitzt und die Seroprävalenz in Deutschland etwa 5 % beträgt (Toxocara canis = Hundespulwurm, T. cati = Katzenspulwurm). Meist finden sich Symptome einer thorakalen Myelopathie mit Paraparese, sensiblen und autonomen Störungen. 6 von 17 Patienten von Jabbour et al. [2011] zeigten eine Eosinophilie im Blut, 2 im Liquor, und alle waren für Toxocara canis seropositiv. Im MRT war gewöhnlich eine solitäre meist noduläre (frische) Läsion mit homogener Kontrastmittelaufnahme zu erkennen. Zerebral werden auch (ältere) zystische Läsionen beobachtet, teils mit randständiger Kontrastaufnahme [Emmer et al. 2015]. Die Therapie mit Albendazol ohne oder mit Kortikoiden erbringt eine deutliche Besserung der klinischen Symptome und eine Normalisierung des MRT-Befundes [Jabbour et al. 2011].

Bilharziose (Schistosomiasis) ist in zahlreichen Ländern in Lateinamerika, Afrika und Asien endemisch und dort sehr häufig. Sie wird mit zunehmender Migration auch in Europa beobachtet. Nach Kontakt mit kontaminiertem Wasser dringen Larven (Zerkarien) des Pärchenegels (Schistosoma, gehört zu den Trematoden) durch die Haut in die Blutbahn, erreichen als Metazerkarien unter anderem den Darm, in dem sie sich bis zur Geschlechtsreife entwickeln und Eier legen. Diese können hämatogen nach Lungenpassage unter anderem auch einmal das Rückenmark embolisieren. Die Eier rufen dort unterschiedlich große granulomatöse Entzündungen hervor, die in der Regel mit dem klinischen Bild einer Myelitis transversa einhergehen, meist lumbosakral lokalisiert. Das MRT zeigt einen aufgetriebenen Conus medullaris mit fleckförmiger Kontrastmittelanreicherung. Nicht in jedem Fall findet man eine Eosinophilie, erhöhte Antikörpertiter oder Eier des Erregers in Stuhl und Urin [Ferrari et al. 2004]. Zur Therapie dient Praziquantel, bei Myelitis in Kombination mit Kortikoiden.

Die *Echinokokkose* ist in einigen Gebieten Westdeutschlands endemisch. Von etwa 100 Fällen in Deutschland im Jahr gehen 60 auf den Hundebandwurm Echinococcus granulosus zurück, 20 auf den Fuchsbandwurm Echinococcus alveolaris und 20 sind nicht spezifiziert [Frese et al. 2009]. Leber (70 %) und Lunge (20 %) sind am häufigsten betroffen. Extra- oder intramedullärer spinaler Befall macht weniger als 1 % der Echinokokkosefälle beim Menschen aus. Die mitgeteilten Fälle gingen auf den Hundebandwurm zurück. Ein extramedullärer Befall kann im MRT leicht mit Arachnoidalzysten verwechselt werden. Die spinale Erkrankung manifestiert sich mit ausgeprägten Rückenschmerzen, Paraparese und Sphinkterstörungen [Rumana et al. 2006]. Ein negativer serologischer Befund schließt sie nicht aus. Zysten werden in der Regel chirurgisch in Kombination mit einer Albendazoltherapie angegangen [Fiori et al. 2014].

Eine Myelitis im Rahmen einer *Toxoplasmose* betrifft nahezu ausnahmslos immunsupprimierte Patienten, insbesondere AIDS-Patienten mit weniger als 100 CD-4-positiven Lymphozyten/μl. Wenn sich bei einem Toxoplasma-gondii-seropositiven AIDS-Patienten eine fieberhafte akute oder subakute Myelopathie mit dem MRT-Bild einer fokalen Läsion mit Ödem entwickelt, wird die Diagnose einer Toxoplasmose-Myelopathie ex juvantibus gestützt: Pyrimethamin, Sulfadiazin (mit Folsäure) sowie Kortikoide.

In Thailand ist *Gnathostoma spinigerum* als häufiger Erreger einer eosinophilen Enzephalomyelitis identifiziert worden [Punyagupta et al. 1990]. Zur Therapie kann Albendazol eingesetzt werden.

5.3.14 Myeloneuropathien

Bei den seltenen Myeloneuropathien lassen sich metabolische, hereditäre, autoimmun-entzündliche, infektiös-entzündliche (z. B. VZV) und toxische Ursachen unterscheiden. Eine Myeloneuropathie kann als typisches Syndrom im Rahmen einer funikulären Myelose bei Mangel an Vitamin B12 beobachtet werden, der unter anderem durch Stickstoffmonoxid (NO) ausgelöst wird. Sie gehört auch typischerweise zur *X-chromosomal erblichen Adrenoleukodystrophie* (*X-ALD*, Adrenomyeloneuropathie).

X-ALD beruht auf zahlreichen Mutationen im ABCD-1-Gen (Lokus Xq28), das für ein peroxisomales Membrantransport-Protein kodiert. Vermutlich aus diesem Grund werden überlangkettige Fettsäuren in den Peroxisomen nicht abgebaut, häufen sich an und lagern sich in Zellmembranen ab, unter anderem im Myelin [Moser et al. 2007]. Die Erkrankung manifestiert sich bei bis zu 5 von 100.000 Knaben oder Männern mit einer rasch oder auch langsam progredienten Paraparese oder mit einer Nebennierenrindeninsuffizienz (Morbus Addison). Als Differenzialdiagnosen sind insbesondere die hereditären spastischen Spinalparalysen (HSP) zu beachten, außerdem die primär chronisch progrediente multiple Sklerose, das Aufmerksamkeits-Defizit-Hyperaktivitäts-Syndrom (ADHS) oder das primäre Addison-Syndrom [Moser et al. 2007]. Von den Konduktorinnen entwickeln 50 bis fast 100 % im Lauf des Lebens eine spastische Paraparese. Die zerebrale Form der Erkrankung kann subakut innerhalb weniger Wochen zu Demenz, Blindheit, Gang- und Standunfähigkeit führen, während sich die Myeloneuropathie schleichend mit spastischer Paraparese, sensibler Ataxie, Sphinkterstörungen und Inkontinenz entwickelt. Die axonale oder demyelinisierende Beteiligung peripherer Nerven tritt hinter der Myelopathie meist in den Hintergrund. Das MRT zeigt zerebral eine unterschiedlich ausgeprägte Leukodystrophie und eine meist diffuse Atrophie des Rückenmarks [Kumar et al. 2010]. Anders als bei der multiplen Sklerose oder bei der funikulären Myelose bleiben die visuell evozierten Potenziale meist normal, während somatosensibel evozierte Potenziale und motorisch evozierte Potenziale oft Latenzverlängerungen zeigen [Matsumoto et al. 2010]. Die Diagnose ist leicht durch den Nachweis überlangkettiger Fettsäuren im Blutserum zu stellen. Eine Progression der Erkrankung kann durch allogene Stammzelltransplantation verhindert werden [Engelen et al. 2012].

Eine *autosomal dominant erbliche Myeloneuropathie* wurde kürzlich bei Patienten mit Mutation in einem tRNA-Synthetase-Gen (AARS-Gen) nachgewiesen [Motley et al. 2015]. Als Ursache einer Myeloneuropathie wurde wiederholt ein *Mb. Wilson* identifiziert. Bei den *entzündlich autoimmunen Prozessen* bestehen folgende Assoziationen: Hashimoto-Thyreoiditis, Sjögren-Syndrom, Paraneoplasie bei Malignomen der Mamma oder der Cervix uteri. Ferner sind Myeloneuropathien nach Lösungsmittelintoxikationen bekannt sowie vereinzelt bei Mangel an Vitamin E. In Japan gab es in den 1960er-Jahren zahlreiche Fälle einer subakuten Myeloneuropathie mit Optikusatrophie (SMON), ausgelöst durch das Antidiarrhoikum Clioquinol.

5.3.15 Syndrome mit bevorzugtem Befall einzelner Systeme

5.3.15.1 Motorische Systemerkrankungen

5.3.15.1.1 Amyotrophische Lateralsklerose (ALS)

Die amyotrophische Lateralsklerose (ALS), eine klassische und häufige Erkrankung des zentralen Nervensystems, ist gekennzeichnet durch eine chronische kombinierte Degeneration der unteren und oberen Motoneuronenpopulationen. Sie tritt mehrheitlich sporadisch auf. Männer sind geringfügig häufiger betroffen als Frauen. Das Manifestationsalter liegt in der Regel bei 45 bis 75 Jahren. Ein Symptombeginn vor dem 30. Lebensjahr ist ungewöhnlich. Das Lebenszeitrisiko, an ALS zu erkranken, liegt in der gleichen Größenordnung wie das für die multiple Sklerose, nämlich bei 1 : 1000. Wegen der um 3 bis 5 Jahre verkürzten Lebenserwartung ist die Prävalenz wesentlich geringer, sie liegt bei 5 : 100.000 [Coughlin u. Sher 2013]. Die Erkrankung beginnt zu etwa je einem Drittel an einem Arm bzw. Bein und zu einem Viertel bulbär. Es gibt eine Reihe etwas seltenerer ALS-Formen: kombinierter Beginn an beiden Armen (*Flailarm-Syndrom*) oder an beiden Beinen (*Flailleg-Syndrom*), führender Befall der unteren Motoneuronenpopulation (*progressive Muskelatrophie, PMA*, nach Aran-Duchenne), führender Befall der oberen Motoneuronenpopulation (*primäre Lateralsklerose, PLS*) und *progressive Bulbärparalyse* (*PBP*). Nicht ganz selten tritt die ALS syndromal zusammen mit einer frontotemporalen Demenz (FTD) auf. Ferner sind die *juvenile ALS* sowie der *ALS-Parkinson-Demenz-Komplex* abzugrenzen.

Die Erkrankung verläuft schleichend progredient mit individuell unterschiedlicher Dynamik. Die Symptome breiten sich kraniokaudal bzw. segmental aus, kreuzen jedoch nicht zu einer entfernten Extremität. Patienten mit einem bulbären Symptombeginn weisen eine schlechtere Prognose auf als die mit asymmetrischem Beginn im Bereich einer Extremität. Bei einem Flailarm-Syndrom oder einer primären Lateralsklerose schreitet das Leiden in der Regel erheblich langsamer fort. Dennoch wird derzeit angenommen, dass die PLS keine eigene Entität darstellt, sondern dem Spektrum der ALS-Varianten zuzurechnen ist [le Forestier et al. 2001]. Neurone für Augenmuskeln und Sphinkter sind bei der ALS nicht oder kaum betroffen. Typischerweise finden sich im betroffenen Bereich Myatrophien und Faszikulationen (unteres Motoneuron) parallel zu gerade dort relativ zum übrigen Reflexniveau gesteigerten Muskeleigenreflexen (oberes Motoneuron). Spastik und Pyramidenbahnzeichen treten im Krankheitsverlauf oft relativ spät auf, können ausnahmsweise aber auch früh nachweisbar sein oder wie im Fall der PLS lange Zeit führen.

Es gibt keine klaren Biomarker, um die Diagnose zu stützen. Apparative *Diagnostik* dient daher mehr dem Ausschluss anderer und potenziell wesentlich besser behandelbarer Erkrankungen. Im Labor sollte mindestens die Phosphokreatinkinase bestimmt werden, die bei einer ALS bis etwa zum 5-fachen über dem oberen Grenzbereich der Norm liegt. Mittels MRT von Schädel und Halswirbelsäule sind Raumforderungen der hinteren Schädelgrube sowie eine zervikale Myelopathie auszuschließen. Nach Symptombeginn im Beinbereich ist auch die übrige Wirbelsäule kernspintomografisch zu untersuchen. Eine Pyramidenbahnläsion kann darüber hinaus mit Diffusions-Tensor-Bildgebung (Fasertraktbildgebung) dargestellt werden. Elektrophysiologische Untersuchungen dienen ganz wesentlich dazu, andere neuromuskuläre Erkrankungen zu berücksichtigen sowie eine ALS-Diagnose zu unterstützen. Die somatosensibel evozierten Potenziale z. B. nach Stimulation des N. ulnaris zeigen keine Auffälligkeiten, während die motorisch evozierten Potenziale oft pathologische Befunde ergeben und sich zum Monitoring des oberen Motoneuronenpools eignen [Floyd et al. 2009]. Die ubiquitäre Vorderhornbeteiligung wird in der Regel mittels Nadel-Elektromyografie (EMG) nachgewiesen. Möglichst an allen 4, mindestens aber an 3 Extremitäten gehören sowohl Faszikulationen als auch pathologische Spontanaktivität und ein chronisch neurogener Umbau in Form von höheramplitudigen Potenzialen motorischer Einheiten zum Krankheitsbild. Elektromyografisch kann man auch den Befall der unteren Motoneuronenpopulation im Verlauf beobachten. Nach unserer Meinung sollten sich Faszikulationen und pathologische Spontanaktivität insbesondere auch in der tief gelegenen autochthonen thorakalen Rückenmuskulatur nachweisen lassen, deren Nervenwurzeln selten von degenerativen Veränderungen betroffen sind. An Armen und Beinen besteht demgegenüber die Möglichkeit, dass aufgrund vertebragener Wurzelläsionen falsch pathologische Befunde erhoben werden. Bei bulbärer ALS findet sich allerdings oft eine ubiquitäre Vorderhornbeteiligung im Krankheitsverlauf.

Aufgrund der zahlreichen Differenzialdiagnosen und der ungünstigen Prognose der ALS sollte diese Diagnose keineswegs leichtfertig geäußert werden. Sie wird deshalb mit einer Zeitverzögerung von 10 Monaten bei bulbärer ALS und von 12 Monaten bei den anderen Formen gestellt [Cellura et al. 2012]. Zu den *Differenzialdiagno-*

sen gehören unter anderem: benignes Myalgie-Krampus-Faszikulationssyndrom, zervikale Myelopathie, Myasthenia gravis, multifokale motorische Neuropathie (MMN), Glykogenose Typ II (Mb. Pompe), Einschlusskörperchen-Myositis, bulbospinale Muskelatrophie (Kennedy-Syndrom), juvenile ALS, motorisch betonte Polyneuroradikulitis bei Neurosyphilis bzw. bei Lyme-Borreliose [Chraa et al. 2013, Burakgazi 2014]. In einem ALS-Register wurden immerhin etwa 7 % der Patienten irrtümlich als ALS diagnostiziert [Traynor et al. 2000]. Eine ALS-Fehldiagnose betraf dabei die MMN bei 22 % und das Kennedy-Syndrom bei 14 % davon. Bei beiden Erkrankungen ist die obere motorische Neuronenpopulation nicht beteiligt. Wenn klinische Zeichen einer Beteiligung des oberen motorischen Neurons fehlen, ist also besondere Zurückhaltung geboten, eine ALS zu diagnostizieren. Bei der MMN zeigen sich demyelinisierende Veränderungen (z. B. temporale Dispersion) und Leitungsblöcke an motorischen Nerven. Das Kennedy-Syndrom verläuft viel langsamer und somit gutartiger als die ALS. Erhebliche chronisch-neurogene Veränderungen kontrastieren in der EMG-Untersuchung mit nicht oder spärlich vorhandener pathologischer Spontanaktivität.

Um die ALS-Diagnose zu standardisieren, wurden diagnostische Kriterien vorgeschlagen, die El-Escorial-Kriterien von 1994, sowie revidierte El-Escorial-Kriterien [Airlie-House 1998, Awaji-shima 2008, Joyce u. Carter 2013]: Sie gehen von 4 befallbaren Körperregionen aus, nämlich bulbär, zervikal, thorakal und lumbosakral. In jeder dieser Regionen wird nach Hinweisen für die Beteiligung des oberen und unteren Motoneuronenpools gesucht. Die Sicherheit der ALS-Diagnose wird an der Zahl der beteiligten Regionen festgemacht und als klinisch sicher, klinisch wahrscheinlich, klinisch wahrscheinlich mit apparativer Unterstützung, klinisch möglich und klinisch verdächtig beschrieben. Beispielsweise liegen bei einer klinisch möglichen ALS Zeichen der Beteiligung des unteren und des oberen Motoneurons in nur einer Körperregion vor. Bei klinisch wahrscheinlicher ALS sind mindestens 2 Körperregionen betroffen, wobei Zeichen der Beteiligung des oberen Motoneurons auch oberhalb von denen des unteren Motoneurons evident sein müssen. Eine klinisch sichere ALS liegt vor, wenn in 3 Körperregionen Zeichen des unteren und des oberen Motoneurons zu finden sind [Brooks et al. 1994]. Die El-Escorial-Kriterien gestatten es, den Befallsnachweis mithilfe des EMG zu führen, wenn klinisch nur ein oder 2 Regionen betroffen sind. Dazu müssen sowohl chronische neurogene Veränderungen der Potenziale motorischer Einheiten vorliegen als auch eine pathologische Spontanaktivität als Hinweis auf eine akute Denervierung. Der Awaji-shima-Konsensus der El-Escorial-Kriterien betrachtet als Zeichen der akuten Denervierung im EMG Faszikulationspotenziale sowie Fibrillationen bzw. positive scharfe Wellen als gleichwertig [de Carvalho et al. 2008].

Die *Ursache der Erkrankung* ist unbekannt. Braak et al. [2010] zeigten, dass möglicherweise aggregierte phosphorylierte und schließlich ubiquitinierte Formen des Transactive-Response-DNA-Binding-Proteins 43 (TDP 43) eine bedeutende Rolle spielen. Auch wurde vermutet, dass Neurotoxine (s. u.) oder endogene Retroviren an der Pathogenese beteiligt sind [Li et al. 2015]. Zunehmend werden mit ALS assoziierte

Genmutationen gefunden, die zum Erkrankungsrisiko beitragen und das Manifestationsalter herabsetzen.

Die *Therapie* der ALS ist vorwiegend palliativ. Lediglich für den Glutamat-antagonistisch wirkenden Natriumkanalblocker Riluzol (2-mal 50 mg/d) ist ein geringer lebensverlängernder Effekt von 2 bis 3 Monaten belegt. Eine ähnlich lebensverlängernde Wirkung erzielt man bereits mit der Behandlung in einem spezialisierten Zentrum [Miller et al. 2012]. Zu den symptomatischen Maßnahmen zählen Physiotherapie inkl. Atemtherapie, Injektionen von Botulinumtoxin in die Glandulae parotis und submandibularis bei Sialorrhoe [Young et al. 2011], nicht invasive Heimbeatmung [Radunovic et al. 2013] sowie die Anlage einer Gastro- oder Jejunostomie. Eine Sialorrhoe kann auch mit Scopolamin-Membranpflastern, mit Amitriptylin sowie mit Röntgen-Bestrahlung der Speicheldrüsen behandelt werden [Miller et al. 2009]. Zur Therapie von Depression, Schlaflosigkeit, Spastik und Schmerzen, die im Krankheitsverlauf die Lebensqualität deutlich beeinträchtigen können, liegen keine durch Studien gesicherten Kenntnisse vor [Miller 2009, Bretschneider et al. 2013]. Für Patienten, die eine schwere Dysarthrophonie entwickeln, stehen Kommunikationsmittel zur Verfügung, die einen geschriebenen Text in gesprochenes Wort umwandeln. Im weiteren Krankheitsverlauf kann es nötig sein, zu Anxiolytika wie etwa Benzodiazepinen zu greifen. Faszikulationen resultieren aus einer Übererregbarkeit des motorischen Axons, die sich auch in neuromyotonen Symptomen und Krampi äußern kann. Es kommt zu quälenden Attacken mit Trismus bzw. Laryngospasmus und Dyspnoe. Eingesetzt wurde da gegen unter anderem Botulinumtoxin. Die Suizidrate ist bei ALS-Patienten etwa 6-fach erhöht [Coughlin u. Sher 2013]. Nicht selten ist eine Psychotherapie sowie medikamentöse antidepressive Therapie erforderlich.

5.3.15.1.2 Juvenile ALS

Eine ALS kann sich bereits vor dem 25. Lebensjahr manifestieren und wird dann juvenile ALS genannt. Die sehr seltene Erkrankung tritt häufiger hereditär als sporadisch auf und verläuft oft deutlich langsamer progredient als die ALS bei Erwachsenen. Bei den Betroffenen wurden Mutationen im Gen für Alsin, Senataxin und Spatacsin gefunden. Es gibt jedoch auch juvenile ALS-Patienten mit typischem rasch progredientem Verlauf. Bei ihnen wurden unter anderem Mutationen in den Genen für SOD 1 und FUS gefunden [Zou et al. 2015].

5.3.15.1.3 ALS-Parkinson-Demenz-Komplex (ALS-PDC)

Auf der zu Mikronesien gehörenden Insel Guam, in West-Neuguinea sowie auf der Kii-Halbinsel in Japan ist bei der einheimischen Bevölkerung der sogenannte ALS-Parkinson-Demenz-Komplex (ALS-PDC) endemisch. Die Patienten entwickeln ein akinetisches Parkinson-Syndrom mit prominenter Rigidität sowie eine ausgeprägte Demenz. Zusätzlich manifestiert sich oft eine Hyperreflexie mit distaler spinaler Muskelatrophie [Murakami 1999]. Borenstein et al. [2007] zeigten, dass das Risiko, an

ALS-PDC zu erkranken, bei den Chamorro in Guam wesentlich mit dem Verzehr von aus Palmfarnen gewonnenem Sago zusammenhängt. Für die Neurotoxizität ist dabei vermutlich der von wurzelsymbiontischen Cyanobakterien (Blaualgen) gebildete Stoff BMAA (α-Amino-β-Methylaminopropionsäure) verantwortlich. Möglicherweise spielt dabei die BMAA-Interaktion mit Glutamatrezeptoren eine Rolle [Chiu et al. 2011]. Neuropathologisch finden sich aggregierte Neurofibrillen, die aus hyperphosphoryliertem τ-Protein bestehen. Arif et al. [2014] wiesen nach, dass bei Patienten mit ALS-PDC-BMAA die Aktivität der Protein-Phosphatase 2A (PP 2A) herabgesetzt ist mit der Folge einer erhöhten Aktivität der τ-Kinase und einer Hyperphosphorylierung des τ-Proteins. Darüber hinaus gibt es Hinweise auf genetische Einflüsse bei der Manifestation der Erkrankung [Sieh et al. 2009]. Die Forschungsergebnisse bei der ALS-PDC sind auch unter dem Aspekt der weltweiten Verbreitung von Cyanobakterien von evtl. weitreichender Bedeutung für das Verständnis der Pathogenese neurodegenerativer Erkrankungen wie ALS, Mb. Parkinson oder Alzheimer-Demenz.

5.3.15.1.4 Lathyrismus und Konzo

Lathyrismus, eine irreversible nicht progrediente Form einer spastischen Paraparese, geht auf einseitige Ernährung aus Mehl der trockenheitsresistenten Saat-Platterbse (Lathyrus sativus) zurück. Fälle werden aus Bangladesch, China, Äthiopien und Indien berichtet. In Europa wurde die Erkrankung u. a. während des spanischen Bürgerkriegs beobachtet. Die Pathogenese ist unzureichend geklärt. Neben einer toxischen Wirkung des Glutamatanalogons β-(N)-Oxalylamino-L-Alaninsäure (BOAA) werden auch toxische Isocyanide ins Spiel gebracht [Llorens et al. 2011]. Dies rückt den Lathyrismus in die Nähe der ebenfalls durch Nahrung verursachten Erkrankung Konzo.

Wie beim Lathyrismus kommt es bei Konzo (endemische spastische Paraparese) zu einer irreversiblen Paraparese, die durch einseitige Ernährung mit Maniok (syn. Kassava, Yucca) verursacht wird, und zwar wenn die enthaltenen Cyanide und Thiocyanate nicht hinreichend durch Auswaschen inaktiviert worden sind. Fälle werden überwiegend aus Zentralafrika und selten aus Brasilien berichtet. Maniok stellt in diesen Ländern in Trockenzeiten ein Hauptnahrungsmittel dar. Abgesehen von Nahrungsprävention ist die Therapie bei Konzo und Lathyrismus symptomatisch.

5.3.15.1.5 Hereditäre spastische Paraparese (HSP)

Die HSP ist eine langsam chronisch progrediente distal-symmetrische motorische Axonopathie im Bereich der Pyramidenbahn. Sie kann sich in jedem Lebensalter manifestieren. Ihre Prävalenz wurde in Norwegen auf 7,4 : 100.000 geschätzt, und zwar 5,5 : 100.000 für autosomal dominant erbliche Fälle, 0,6 : 100.000 für autosomal rezessive und 1,3 : 100.000 für sporadische [Erichsen et al. 2009]. Aufgrund der Längenabhängigkeit der axonalen Degeneration manifestiert sich die Erkrankung bevorzugt an den Beinen mit Hyperreflexie, Spastik und positiven Pyramidenbahnzeichen. Geringe sensible Störungen im Bereich der Beine, Drang-Inkontinenz bei Detrusor-Hyperreflexie und eine leichtgradige distale Beteiligung der Arme unter anderem mit Hyperreflexie können ebenfalls vorliegen. Im Sinne von Plusvarianten (komplizierte HSP) können kognitive Störungen, Kleinhirnatrophie, Epilepsie, dünnes Corpus callosum, Optikusatrophie, Polyneuropathie, Amyotrophie und skelettale Abnormitäten hinzutreten [Giudice et al. 2014]. In einer größeren Stichprobe fanden Karle et al. [2013] über den Beinmuskeln normale zentralmotorische Latenzen bei immerhin 27 % der Patienten. Kortikale P40-Latenzen nach Stimulation des N. tibialis waren bei 7 % verzögert, und bei 29 % stellte sich keine Reizantwort ein. Bislang wurden 72 verschiedene Genorte identifiziert, die mit einer spastischen Gangstörung assoziiert sind [Giudice et al. 2014].

In Mittel- und Nordeuropa stellen autosomal dominant erbliche Fälle die größte Patientengruppe mit reiner HSP. Die meisten anderen weisen einen autosomal rezessiven Erbgang auf. X-gebundene und mitochondriale Erbgänge sind seltener. Bei den Fällen mit autosomal dominant erblicher isolierter (unkomplizierter) HSP sind 3 Gene für etwa 50 % der Fälle verantwortlich: SPAST (SPG 4) > Atlastin 1 (SPG 3A) > REEP1 (SPG 31). Bei autosomal rezessivem Erbgang machen Mutationen im Gen für CYP 7 B1 (SPG 5) 5 bis 10 % der Fälle aus. Bei HSP mit dünnem Corpus callosum sind die Gene für SPG 11 und SPG 15 in Betracht zu ziehen. Für alle anderen Fälle ist aus Gründen der Kosten und des Zeitbedarfs ein *next generation sequencing* zur Diagnostik zielführend. Über die verschiedenen Gene, die mit HSP assoziiert sind, gibt die Originalliteratur Auskunft [Giudice et al. 2014].

Zahlreiche Erkrankungen weisen eine *ähnliche klinische Symptomatik* auf wie HSP: unter anderem primäre Lateralsklerose, spondylogene Myelopathien, spinale durale AV-Malformation, primär chronische multiple Sklerose, Neurosarkoidose, tropische spastische Paraparese, HIV-Myelopathie, Tabes dorsalis, funikuläre Myelose, Dopa-sensitive Dystonie, Stiff-Person-Syndrom, Adrenoleukodystrophien, spinozerebelläre Systemerkrankungen, Mb. Wilson, Mb. Alexander, Rückenmarkstumoren, Strahlenmyelopathien, spinozerebelläre Ataxien. Zur Differenzierung kommen folgende Laboruntersuchungen infrage: Kreatinkinase, Vitamin B12 und Vitamin E, überlangkettige Fettsäuren, Coeruloplasmin, antinukleäre Antikörper, anti-GAD-Antikörper, HIV-, HTLVI- und Lues-Serologie, ferner Liquordiagnostik mit isoelektrischer Fokussierung zum Nachweis oligoklonaler Banden und MRT-Untersuchungen von Kopf und Rückenmark.

Ein kurzer Behandlungsversuch mit L-Dopa hilft, eine Dopa-sensitive Dystonie auszuschließen. Zur *Therapie* der Spastik kommen außer physiotherapeutischen Maßnahmen unter anderem Botulinum-Toxin, Baclofen, Tizanidin, Gabapentin und Pregabalin in Betracht, vor allem wenn keine Paresen vorliegen. Wenn bereits mäßige Paresen bestehen, ist der Vorteil der antispastischen Medikation gegen den Nachteil einer Zunahme der Paraparese abzuwägen. Bei sehr ausgeprägter Paraspastik kann auch eine intrathekale Baclofentherapie eingesetzt werden. Gegen die Dranginkontinenz hilft z. B. Oxybutinin.

5.3.15.1.6 Mb. Alexander

Der Mb. Alexander, eine seltene hereditäre neurodegenerative Krankheit mit kognitiven, bulbären und spinalen Symptomen einschließlich Dysarthrie, Dysphonie, Stimmbandlähmung, näselndem Sprechen, Dysphagie, para- oder tetraspastischer Parese und Ataxie [Pareyson et al. 2008], kann sich in jedem Lebensalter manifestieren und schreitet in der Regel rasch voran, bei den kongenitalen und infantilen Fällen rascher als bei den adulten. Bei den infantilen werden oft epileptische Anfälle beobachtet. Im MRT fällt vor allem eine Atrophie von Hirnstamm und Rückenmark auf. Daneben können sich periventrikuläre und an anderer Stelle T2-hyperintense Signalveränderungen finden. Die Erkrankung geht auf dominante heterozygote Mutationen im Gen für das *glial fibrillary acidic Protein* (GFAP) zurück. Die neuropathologisch nachweisbaren Rosenthal-Fasern entsprechen Akkumulationen dieses Proteins. Zu den Differenzialdiagnosen zählen multiple Sklerose, primäre Lateralsklerose, amyotrophische Lateralsklerose, Myasthenia gravis, Multisystematrophie, spinozerebelläre Ataxien und zervikale Myelopathien. Wegen der zahlreichen Differenzialdiagnosen ist es nicht immer einfach, ebenfalls betroffene Familienmitglieder zu identifizieren. Die Therapie erfolgt symptomatisch.

5.3.15.1.7 Spinale Muskelatrophien (SMA)

Bei den spinalen Muskelatrophien, einer heterogenen Erkrankungsgruppe, kommt es zur isolierten Degeneration der motorischen Vorderhornzellen. In etwa 90 % der Fälle (SMA-Typen I bis III) manifestiert sich eine proximale Myatrophie, die auf homozygoten Deletionen im *Survival-motor-neuron-Gen 1* (SMN 1) auf Chromosom 5 zurückgeht. Bei dieser SMN-1-assoziierten SMA handelt es sich um eine der häufigsten autosomal rezessiv vererbbaren Erkrankungen überhaupt mit einer Inzidenz von etwa 10 : 100.000 Geburten und einer Häufigkeit an heterozygoten Konduktoren von 1 : 50 Personen. Von in einer Sammelstatistik erfassten über 5000 SMA-Patienten in 25 Ländern wurden 615 beatmet (178 invasiv, 437 nicht invasiv), 439 über eine Sonde ernährt und 455 wegen einer Skoliose operativ behandelt [Bladen et al. 2014].

Nach dem Manifestationsalter werden verschiedene Formen der proximalen SMA unterschieden. Bei der *SMA Typ I* (*infantile SMA, Typ Werdnig-Hoffmann*) sind meist bereits die Kindsbewegungen im Mutterleib abgeschwächt. Die Säuglinge bewegen Rumpf und Extremitäten weniger als gesunde Kinder, Mimik und Augenbewegungen sind normal. Die motorische Entwicklung bleibt weiter zurück. Paradoxe Atmung, Dyspnoe und Gedeihstörung dominieren den Verlauf. Die meisten Patienten versterben binnen weniger Jahre. Bei der *SMA Typ II* (*intermediäre SMA*) manifestiert sich die Erkrankung meist im ersten Lebensjahr und verläuft wesentlich langsamer als bei Typ I. Die Kinder lernen anders als beim Typ I frei zu sitzen, nicht aber frei zu gehen. Aufgrund der Paresen der Rumpfmuskulatur entwickelt sich regelmäßig eine Kyphoskoliose. Die Lebenserwartung ist eingeschränkt. Mehr als 90 % der Kinder überleben aber das erste Lebensjahrzehnt. Beim *SMA-Typ III* (*juvenile SMA, Typ Kugelberg-*

Welander) beginnt die Erkrankung zwischen dem 2. und dem 30. Lebensjahr, sodass die Patienten freies Gehen lernen. Die Erkrankung wird ihrem unterschiedlichen Beginn und der unterschiedlichen Ausprägung der Behinderung entsprechend in die Typen IIIa (Manifestation vor dem 3. Lebensjahr) und IIIb (Manifestation nach dem 3. Lebensjahr) unterteilt. Beim selteneren *SMA-Typ IV* (*adulte SMA*) machen sich erste Symptome nach dem 30. Lebensjahr bemerkbar. Die Gehfähigkeit bleibt oft lange erhalten, und die Lebenserwartung ist kaum vermindert. Anders als bei den SMA Typen I bis III ist in der Regel keine Deletion im SMN-1-Gen nachweisbar.

Die seltenen *nicht SMN-1-assoziierten SMA-Varianten* des Kindesalters umfassen unter anderem folgende Entitäten: X-gebundene infantile SMA mit Arthrogryposis (XL-SMA), SMA bei mitochondrialer Dysfunktion, SMA bei pontozerebellärer Hypoplasie (SMA-PCH/PCH 1), SMA bei rezessiv erblichen Mutationen im Gen für PLEKHG 5 (DSMA 4) sowie SMA mit respiratorischem Distress (SMARD). SMARD 1 (oder HMN-Typ VI) stellt evtl. die zweithäufigste pädiatrische SMA-Form dar, und zwar bei Mutationen im Gen für IGHMBP 2 [Farrar u. Kiernan 2015]. Bei SMARD 1 stellt sich wegen einer Zwerchfellparese sehr früh eine respiratorische Insuffizienz ein.

Jenseits des Kindesalters finden sich folgende autosomal dominant erbliche SMN-1-assoziierte SMA-Varianten: beinbetonte SMA-Typen 1 und 2 bei Mutationen in den Genen für DYNC-1 H1 und BICD 2. Ferner können Mutationen im Vesikel-assoziierten Membran-Protein B (VAPB) eine spät manifeste proximale SMA auslösen (Überlappung mit ALS, s. o.). Auch Mutationen im LMNA-Gen, die mehrheitlich zu Myopathien vom *Typ Emery-Dreyfuss* bzw. *Hauptmann-Thannhauser* führen, sind oft mit einem SMA-Phänotyp mit Kardiomyopathie verbunden. Beobachtet wird auch eine proximale SMA mit respiratorischer Insuffizienz bei autosomal dominanten Mutationen im Gen für MAPT.

Die häufigste SMA des Erwachsenenalters mit 2 : 100.000 Männern ist die X-chromosomal rezessiv erbliche *bulbospinale Muskelatrophie* (*Kennedy-Syndrom*) auf der Grundlage einer erhöhten Zahl an CAG-Repeats im Androgenrezeptor-Gen. Die Erkrankung bricht vom Kindesalter an in jedem Alter aus, meist aber im 3. bis 5. Lebensjahrzehnt, insbesondere mit perioralen Faszikulationen, variablen bulbären Paresen (Dysarthrie, Dysphagie) sowie Myatrophien, Paresen, Faszikulationen, Krampi und Hyporeflexie der Extremitäten. Nicht selten ist ein paretischer Fingertremor. Die Kreatinkinase im Serum ist regelmäßig eher leicht erhöht. Bei etwa der Hälfte der Patienten entwickeln sich eine (Pseudo-)Gynäkomastie und sensible Symptome [Lee et al. 2005]. Mit zunehmender Krankheitsdauer ist die Gehfähigkeit teils erheblich beeinträchtigt, eine kausale Therapie ist nicht verfügbar.

Neben proximalen SMA-Phänotypen gibt es auch *distale SMA* (*dSMA*). Diese genetisch heterogenen Erkrankungen stellen eine wesentliche Differenzialdiagnose zu den hereditären Polyneuropathien dar und werden auch unter die hereditären motorischen Neuropathien (HMN) eingereiht. Autosomal dominant vererbte dHMN gehen auf Mutationen in folgenden Genen bzw. Genorten zurück [Farrar u. Kiernan 2015]: HSPB 1, HSPB 3, HSPB 8, GARS, FBXO 38, DYNC-1 H1, 11q13 (dSMA Typ 3), BSCL 2 (HMN

Typ V), REEP 1, SLC-5-A7 (HMN Typ VII mit Stimmbandparese). Autosomal rezessiven HMN liegen Mutationen im Gen für DNAJB 2 (DSMA Typ 5) zugrunde. Rezessiv erbliche X-chromosomal gebundene dSMA kann mit Mutationen im Gen für ATP 7A (X-gebundene dHMN) und LAS 1L (SMARD 2) assoziiert sein. Mutationen im Gen für TRPV 4 sind mit einer kongenitalen distalen SMA sowie mit skapuloperonealer SMA assoziiert. Klinische Befunde, die zur Unterscheidung der verschiedenen SMA-Typen herangezogen werden können, sind: Stimmbandparese, Skoliose, Kontrakturen, Beinbetonung oder proximale Armbetonung.

Die *Therapie* der SMA ist ganz überwiegend supportiv und umfasst neben der Physiotherapie die Verordnung von orthopädischen Hilfsmitteln wie speziellen Rollstühlen, Liftanlagen für den Transfer beispielsweise in die Badewanne, spezielle Pflegebetten u. ä. Trotz der Anstrengungen, medikamentöse Therapien zu entwickeln, sind bislang keine zugelassenen Arzneimittel verfügbar.

5.3.15.1.8 Juvenile asymmetrische segmentale spinale Muskelatrophie (Mb. Hirayama)

Bei der juvenilen asymmetrischen segmentalen spinalen Muskelatrophie handelt es sich um eine gutartige sporadische Erkrankung, die sich im Jugend- oder frühen Erwachsenenalter manifestiert, meist zwischen dem 13. und dem 28. Lebensjahr [Finsterer et al. 2013]. Über später manifeste Fälle wurde jedoch ebenfalls berichtet [Patel et al. 2008]. Männer sind häufiger betroffen als Frauen. Die Ursache der Erkrankung ist unbekannt. Bei den mitgeteilten europäischen Fällen spielt eine Rückenmarkskompression meist keine wesentliche Rolle.

Typischerweise entwickelt sich eine langsam progrediente einseitige oder asymmetrische Myatrophie der distalen Unterarm- und Handbinnenmuskulatur. Nach einer Reihe von Jahren kommt die Erkrankung meist zum Stillstand. Elektromyografisch zeigt sich ein gewöhnlich bilateraler teils erheblicher chronisch neurogener Umbau auch in klinisch nicht betroffenen Armmuskeln, bevorzugt in den Segmenten C 7 bis Th 1. Im Einzelfall können auch Schulter- und Oberarmmuskeln stärker betroffen sein als Unterarm- und Handmuskeln. Sensible Störungen liegen nicht vor. Das MRT kann ein liquorisointenses Signal im Vorderhornbereich des kaudalen Halsmarks zeigen. Differenzialdiagnostisch kommen unter anderem die multifokale motorische Neuropathie (MMN), die Einschlusskörperchen-Myositis sowie Halsmarkprozesse anderer Genese in Betracht. Eine kausale Therapie steht nicht zur Verfügung.

5.3.15.2 Spinozerebelläre Heredoataxien

Spinozerebelläre Heredoataxien (SCA) stellen eine große heterogene Gruppe von Erkrankungen dar, die sich im Manifestationsalter, hinsichtlich ihrer klinischen Symptomatik, ihrer Verlaufsdynamik und ihres Erbgangs unterscheiden. Die Prävalenz hereditärer Ataxien wurde in Norwegen auf 6,5 : 100.000 geschätzt, davon 4,2 : 100.000 für autosomal dominant erbliche Fälle, 2,3 : 100.000 für autosomal rezessive und 0,4 : 100.000 für die Ataxia teleangiectatica [Erichsen et al. 2009]. Das durchschnittliche Manifestationsalter liegt bei 24 Jahren. Die Prävalenz variiert in den verschiedenen Ländern unter anderem aufgrund von Founder-Effekten. Unter den autosomal dominant erblichen spinozerebellären Ataxien machen diejenigen mit CAG-Repeat-Expansionen die größte Gruppe aus (SCA 1, 2, 3, 6, 7, 17). 70 % der betroffenen Patienten stellen in Mitteleuropa SCA 1, SCA 2, SCA 3 und SCA 6 [Klockgether et al. 2012]. Die Hälfte der Patienten mit autosomal dominanter spinozerebellärer Ataxie leiden in Deutschland an SCA 3 (*Machado-Joseph-Erkrankung*) mit folgenden Symptomen: Dystonie, faziolinguale Myokymien, Bulbusprotrusion, Lidretraktion und Ophthalmoplegie. SCA 2 unterscheidet sich von den anderen Formen durch langsame Sakkaden und Hyporeflexie. Als Ursache autosomal dominanter spinozerebellärer Ataxien finden sich weniger häufig intronische Mutationen (SCA 8, 10, 12, 31, 36), Mutationen (SCA 5, 11, 13, 14, 19/22, 23, 26, 27, 28, 29, 35) sowie SCA mit Duplikationen oder Deletionen (SCA 15 und 20). Bei autosomal dominantem Erbgang und negativem genetischem Befund für die häufigsten Subtypen sind klinische Symptome häufig wegweisend [Klockgether et al. 2012], nämlich Visusverlust (SCA 7), kognitive und psychiatrische Störungen (SCA 17), Aktionstremor (SCA 12), Manifestation vor dem 25. Lebensjahr (SCA 13, 27, 28) und epileptische Anfälle (SCA 10). In Deutschland werden von den selteneren Formen vor allem SCA 5, 14, 15, 17 und 28 beobachtet. Physiotherapie gilt als Basistherapie, Ergotherapie kommt im Einzelfall ebenfalls in Betracht. Ein wesentlicher Einfluss der Logopädie auf eine Dysarthrie wurde bisher nicht nachgewiesen. Beim Downbeat-Nystagmus ist an Baclofen, Gabapentin oder 3,4-Diaminopyridin zu denken [Klockgether et al. 2012], bei Dystonie und Spastik an Botulinum-Toxin, bei Spastik auch an Baclofen und Tizanidin.

Unter den autosomal rezessiv erblichen spinozerebellären Ataxien spielt die *Friedreich-Ataxie* die Hauptrolle (Kap. 8.5.2.1). In Mitteleuropa liegt die Inzidenz bei 3 : 100.000. Die Erkrankung geht auf eine GAA-Repeatexpansion im ersten Intron des Frataxin-Gens zurück und manifestiert sich im Jugendalter mit progredienter Gang- und Extremitätenataxie, Areflexie, herabgesetztem Vibrationsempfinden, Paraparese und positiven Pyramidenbahnzeichen [Schulz et al. 2009]. Außerdem kommen Diabetes mellitus und Kardiomyopathien vor. Die spinale Ataxie befällt zunächst die unteren Extremitäten, später den Rumpf und die oberen. Der Gang wird stampfend, es kommt zu Koordinationsstörungen an Händen und Armen, später zu Atrophien an den Fuß- und Handmuskeln. Es entstehen (sekundäre) Skoliosen und Kyphoskoliosen. Als charakteristisch gilt ein progredienter Klauenhohlfuß. Die Krankheitsdauer bis zum Rollstuhlstadium liegt bei 15 Jahren. Der Tod tritt an interkurrenten Erkrankungen oder aufgrund der kardialen Mitbeteiligung ein [Matzen 2002, Abb. 8.2]. Die Anzahl der GAA-Repeats korreliert mit der Schwere der Erkrankung. Frataxin-Mutationen verursachen einen Mangel an den Eisen-Schwefel-haltigen Komplexen I, II und III der mitochondrialen Atmungskette sowie am Eisen-Schwefel-haltigen Enzym Aconitase.

Zur medikamentösen *Therapie* wurden unter anderem Radikalfänger eingesetzt (Idebenon, Resveratrol), Eisenchelatoren (Deferipron), Erythropoetin, Interferon-γ, Histon-Deacetylase-Inhibitoren. Für keins dieser Pharmaka wurde bislang eine wesentliche Wirkung auf die Krankheitsprogression nachgewiesen. Idebenon wurde in der Schweiz zur Therapie der Friedreich-Ataxie zugelassen. Die Therapie der Friedreich-Ataxie ist daher symptomorientiert wie bei den autosomal dominant erblichen spinozerebellären Ataxien. Bzgl. der krankhaften Veränderungen des Haltungs- und Bewegungssystems kommen außer krankengymnastischen und sozialmedizinischen Maßnahmen die Versorgung vor allem mit Orthesen und Rollstühlen sowie operative Korrekturen der Klauenhohlfüße und von Skoliosen infrage.

Neben der Friedreich-Ataxie existiert die seltene *autosomal rezessive spastische Ataxie Charlevoix-Saguenay* (ARSACS). Sie wurde in Kanada beschrieben, kommt jedoch auch in anderen Ländern vor. Im Kleinkindalter bis hin zum frühen Erwachsenenalter fällt eine Gangataxie mit Sturzneigung auf. Meist im frühen Erwachsenenalter treten Spastik, Dysarthrie, Nystagmus, sensomotorische Polyneuropathie der Hände, Füße und Unterschenkel, später Kontrakturen und Fußdeformitäten hinzu [Bouchard u. Langlois 1999]. Im mittleren Erwachsenenalter werden die Betroffenen Rollstuhl-abhängig. Die Erkrankung geht auf mehr als 90 verschiedene Mutationen im Gen für Sacsin zurück. Die Therapie ist symptomorientiert.

5.3.15.3 Metabolische und toxische Myelopathien

5.3.15.3.1 Funikuläre Spinalerkrankung

Die funikuläre Myelose (subakute kombinierte Degeneration) wird durch Mangel an Vitamin B12 (Cyanocobalamin) hervorgerufen. Es handelt sich um ein wasserlösliches Vitamin, das in tierischen Proteinen, Milch und Eigelb vorkommt. Cyanocobalamin wird im menschlichen Körper in Adenosylcobalamin umgewandelt, das Koenzym von Methylmalonyl-CoA-Mutase (Zitratzyklus) und 5-Methyltetrahydrofolat-Homocystein-Methyltransferase (synonym: Methionin-Synthase). Zur Resorption im terminalen Ileum ist der von den Belegzellen des Magens gebildete Intrinsic-Faktor nötig, ein 50-kD-Glykoprotein. Die Reserven an Vitamin B12 unter anderem in der Leber sind gewöhnlich so groß, dass eine fehlende Zufuhr mit der Nahrung jahrelang symptomlos bleiben kann. Mangel entsteht durch vegane Ernährung (gefährdet sind insbesondere Säuglinge von sich vegan ernährenden Müttern!), Fehlernährung z. B. bei Alkoholismus sowie vor allem durch eine chronisch-atrophische Gastritis, die für sich eine Präkanzerose darstellt. Mangel kann auch resultieren aus: vorausgegangener Gastrektomie, exokriner Pankreasinsuffizienz, Mb. Crohn, Pharmaka wie Metformin, H2-Blockern oder Colestyramin, die die B12-Resorption beeinträchtigen. Weniger bekannt ist, dass Lachgas-(N_2O)-Inhalation sowohl im Rahmen der Anästhesie als auch im Rahmen von Substanzabusus einen symptomatischen Mangel an Vitamin B12 triggern kann. N_2O inaktiviert Vitamin B12 als Folge einer irreversiblen Oxidierung des Cobalt-Ions. Dadurch wird die Methylierung von Myelinscheiden-Phospholipiden vermindert. Dies kann eine subakute Demyelinisierung auslösen.

Ein Mangel an Vitamin B12 ist häufig und betrifft etwa 4 % der Gesamtbevölkerung und 10 bis 15 % der über 65-Jährigen. Als Folge des Mangels können sich neben und unabhängig von einer megaloblastären Anämie bzw. einer Hunter-Glossitis folgende neuropsychiatrische Erkrankungen einstellen: funikuläre Myelose, Optikusneuropathie, Polyneuropathie, Demenz, organische Psychosyndrome und Psychosen, Krampfanfälle. Eine auf der Grundlage eines Mangels an Vitamin B12 entstandene Hyperhomocysteinämie stellt einen Risikofaktor für kardiovaskuläre und zerebrovaskuläre Ereignisse dar.

Die *funikuläre Myelose* äußert sich mit rasch zunehmenden meist schmerzhaften Missempfindungen (Dysästhesien), Störungen von Vibrationsempfinden und Lagesinn an den Beinen und oft an den Armen in Verbindung mit einer Gangstörung. Klinisch zeigen sich anders als bei einer Polyneuropathie eher lebhafte Muskeleigenreflexe. Im MRT sind meist langstreckige T2-hyperintense Signalveränderungen der Hinterstränge im unteren Halsmark und oberen Thorakalmark ohne Kontrastmittel-Aufnahme zu erkennen. Die somatosensibel evozierten Potenziale und die visuell evozierten Potenziale lassen gewöhnlich eine mäßige oder deutliche symmetrische Latenzverzögerung erkennen.

Eine funikuläre Myelose kann sich selten auch bei normalem Gesamt-Vitamin-B12-Serumspiegel manifestieren. Ein Mangel wird angenommen, wenn der Spiegel im Serum unter 150 pmol/l (200 pg/ml) sinkt. Die Bestimmung von Holotranscobalamin (Holo-TC) gibt besser Auskunft über das tatsächlich aktive Vitamin B12, das im Blut zu 10 bis 25 % an Proteine gebunden ist. Erniedrigte Werte (unter 35 pmol/l) gelten als frühester Marker eines Vitamin-B12-Mangels, insbesondere in Kombination mit Methylmalonsäurespiegeln über 300 nmol/l und Homocysteinspiegeln über 10 µmol/l. Dabei ist zu beachten, dass Methylmalonsäure auch bei einer Niereninsuffizienz erhöht sein kann und dass Hyperhomocysteinämie unter anderem bei Mangel an Folsäure bzw. Vitamin B6 vorkommt. Seit 2003 steht der nuklearmedizinische Schilling-Test zur Diagnose einer Vitamin-B12-Resorptionsstörung nicht mehr zur Verfügung. Alternativ kann die Resorptionsstörung mit einem CobaSorb-Test erfasst werden: An zwei aufeinanderfolgenden Tagen werden je 3-mal 9 µg Vitamin B12 oral verabreicht. Davor und danach wird der Holo-TC-Wert im Serum bestimmt [Hvas et al. 2011]. Eine regelrechte Resorption ist anzunehmen, wenn der Holo-TC-Spiegel nach zweitägiger Einnahme um 10 pmol bzw. mehr als 22 % ansteigt. Stellt man eine Resorptionsstörung fest, ist eine Gastroskopie indiziert, um eine chronisch-atrophische Gastritis auszuschließen.

Differenzialdiagnostisch ist vor allem zu denken an infektiöse, postinfektiöse, autoimmune oder paraneoplastische Myelitiden, immunvermittelte oder paraneoplastische Polyneuropathien, medulläre Neoplasien, spondylogene zervikale Myelopathien, die Strahlenmyelopathie, an arterielle oder venöse Ischämien, vaskuläre

Malformationen und andere metabolische Erkrankungen, beispielsweise beim Vitamin-E-Mangel.

Zur *Therapie* werden über 7 bis 14 Tage täglich 1000 µg Cyanocobalamin i. m. verabreicht. Danach wird diese Dosis einen Monat lang wöchentlich, danach einmal monatlich verabfolgt. Unter dieser Behandlung wird die Zunahme der Symptome verzögert, in der Hälfte der Fälle bilden sie sich komplett zurück, und zwar meist bei früh diagnostizierten Erkrankungen. Wenn eine Resorptionsstörung nicht vorliegt, kann die Substitutionstherapie oral fortgesetzt werden.

5.3.15.4 Kupfermangelmyelopathie

Kupfermangel ist als Ursache einer Myelopathie seltener als Vitamin-B12-Mangel. Klinisch sind beide Erkrankungen jedoch kaum zu unterscheiden. Kupfer dient als Kofaktor in verschiedenen Enzymen, die ein hohes Redoxpotenzial benötigen, z. B. Cytochrom-C-Oxidase (Komplex IX der Atmungskette), Superoxiddismutase, Monoaminooxidase. Kupfer und Zink verdrängen einander gegenseitig beim Transmembrantransport [Ettinger et al. 1986]. Daher kann Zinkbelastung zum Kupfermangel führen. Derzeit wird kontrovers diskutiert, ob Zink per se eine Myelopathie verursacht. Jaiser und Winston [2015] berichteten über 51 Patienten mit einer Kupfermangelmyelopathie. Bei 26 wurde im Vorfeld eine Magenoperation durchgeführt, bei 9 führte vermehrte Zinkbelastung (Zahncreme, Zinksupplementation, Hämodialyse) zum Kupfermangel, bei 8 lag eine Malabsorption vor (Zöliakie, Eisensubstitution), bei den anderen 8 war keine Ursache fassbar. Darüber hinaus wurde vereinzelt über Patienten mit Mb. Wilson berichtet, bei denen sich der Kupfermangel als Folge einer Therapie mit Chelatbildnern eingestellt hatte. – Die Therapie besteht in einer Kupfersubstitution, initial intravenös, später meist oral.

5.3.15.5 Syndrome der Cauda equina

Das Cauda-equina-Syndrom mit einer Inzidenz von etwa 2 : 100.000 im Jahr kann kaum sicher von einem Syndrom des Conus medullaris unterschieden werden, sodass auch von einem Konus-Kauda-Syndrom gesprochen wird. Zu den typischen Symptomen gehören Lumboischialgien, Reithosenhypästhesie einschließlich perianaler und perinealer Hypästhesie und Sphinkterstörungen mit vermehrtem Restharnvolumen, abgeschwächtem Analsphinktertonus und abgeschwächtem Analreflex. Letzterer ist klinisch bedeutsam zur Abgrenzung eines Epikonus-Syndroms. Je nach Höhe der Läsion kommen ggf. schlaffe Paresen der Beinmuskulatur sowie Reflexausfälle hinzu.

Ursache der Kauda-Symptomatik ist oft ein Massenprolaps. Mediane Bandscheibenvorfälle mit Kompression der Cauda equina sind selten. Bei Aufrichtung der Lendenwirbelsäule in der sagittalen Ebene treten erhebliche Scherbelastungen in posterolateralen Bandscheibenbereichen auf [Kong et al. 1998]. Hier finden sich auch gehäuft Zeichen der Degeneration [Wilder et al. 1988]. Daher fällt Bandscheibengewebe meist in Richtung des Neuroforamens vor und nicht in medial dorsaler Richtung.

Als Ursachen eines Kauda-Syndroms kommen weiter in Betracht: Synovialzysten, Traumen, iatrogene Läsionen, Ischämien, Hämorrhagien, entzündliche Prozesse, Neoplasien sowie funktionelle Störungen. Wenn das MRT keine Raumforderung zeigt, ist neben einem Epikonus-Syndrom unter anderem auch eine funktionelle Störung in Erwägung zu ziehen. Zur Differenzierung dient das Hoover-Zeichen (nach Charles Franklin Hoover, Kap. 1.1.2.2.1), um klinisch zwischen organisch bedingter und funktioneller Parese zu differenzieren. Da die autonomen Axone für die Sphinkteren nicht myelinisiert sind, fehlt ihnen nach einer Axonotmesis eine Leitstruktur beim Aussprossen. Sphinkterstörungen bleiben daher häufig irreversibel. Die einzige Chance einer Besserung besteht in der unverzüglichen Druckbefreiung der Cauda equina.

Ein mechanisch bedingtes Kauda-Syndrom erfordert die sofortige operative Behandlung.

Kennedy et al. [1999] berichteten über 19 Patienten, die im Mittel innerhalb von 14 Stunden (6 bis 24 Stunden) mit befriedigenden Ergebnissen operiert wurden, während schlechte Ergebnisse vorlagen, wenn im Mittel 30 Stunden nach Einsetzen der Symptome operiert wurde (20 bis 72 Stunden). Bei 26 von 28 Patienten von Oliveiro et al. [2009] mit Kauda-Syndrom und Blasenstörung im Rahmen lumbaler Bandscheibenvorfälle wurde postoperativ die Kontinenz wiedergewonnen. Selbst wenn der Eingriff mit erheblicher Verzögerung von im Mittel 12 Tagen durchgeführt wurde, trat bei einem Teil der Patienten eine Besserung der Sphinkterkontrolle ein [Dhatt et al. 2011].

Synovialzysten der Intervertebralgelenke sind deutlich seltener Ursache einer Kompression als Bandscheibenvorfälle. Sachdev et al. [1991] fanden jedoch bei 11 von 42 Patienten ein von einer lumbalen Synovialzyste ausgehendes Kauda-Syndrom. Ebenfalls außergewöhnlich sind Cauda-equina-Syndrome als Symptom der meist harmlosen *Wurzeltaschenzysten* (Tarlov-Zysten [Sen et al. 2012]).

Zu den Risiken elektiver lumbaler und lumbosakraler *operativer Eingriffe* gehört auch die Entstehung eines Kauda-Syndroms. Etwa 15 % der Kauda-Syndrome gehen darauf zurück. Die Wahrscheinlichkeit ihrer Entstehung wurde mit bis zu 6,6 : 10.000 Eingriffe geschätzt [Podnar 2010]. Hung-Kai Weng et al. [2013] beschrieben ein Kauda-Syndrom als Symptom einer nach einem operativen Eingriff an Größe zunehmenden Arachnoidalzyste.

Traumatische Kauda-Syndrome werden nach lumbalen und sakralen Wirbelfrakturen beobachtet sowie nach Schussverletzungen. Auch in solchen Fällen wurden nach operativer Behandlung bessere Ergebnisse erzielt als nach konservativer [Thongtrangan et al. 2004, Robles 2009, Six et al. 2009]. Über Kauda-Syndrome nach Bagatelltraumen wurde in der Literatur kaum berichtet, vermutlich weil *Bagatelltraumen* meist nicht als Ursache einer Kauda-Symptomatik in Betracht gezogen werden. Nach unserer Erfahrung treten sie nicht ganz selten bei vorbestehender höhergradiger lumbaler Stenose auf. Wenn die stoßdämpfende Funktion des Liquors aufgehoben ist, setzt sich der Impuls einer Gewalteinwirkung in die Nervenwurzeln fort. Der Verunfallte ist zunächst nicht in der Lage, sich etwa nach einem Sturz aus eigener Kraft aufzurichten. Die Symptome bessern sich regelmäßig innerhalb eines Tages. Seltener bestehen sie längere Zeit fort oder bessern sich nur partiell.

Ischämien der Cauda equina sind ungewöhnlich und kommen isoliert oder in Kombination mit einer Ischämie des Conus medullaris vor, beispielsweise bei Patienten mit aortalen Gefäßprozessen [He et al. 2015], nach operativen Eingriffen an der Lendenwirbelsäule oder nach Spinalanästhesien. Die Symptome können sich partiell zurückbilden oder auch komplett persistieren. Im MRT kann eine Kontrastmittelaufnahme der Cauda equina über längere Zeit zu erkennen sein.

Zur Kompression der Cauda equina durch *epidurale Hämatome* kommt es selten. Die Therapie erfolgt durch möglichst rasche operative Entlastung. Bei 741 spontan aufgetretenen Hämatomen verzeichneten Bakker et al. [2015] eine günstige Prognose, wenn keine Antikoagulantien eingesetzt wurden, sich das Hämatom über 3 bis 4 Wirbelsäulensegmente erstreckte und auch wenn die *Fränkel-Skala* Werte von C bis A aufwies (Fränkel-Score: A = komplette motorische und sensible Funktionsstörung, B = motorisch komplette, sensibel inkomplette Funktionsstörung, C = motorisch und sensibel inkomplette Funktionsstörung, D = motorische Funktionsstörung, die ohne Hilfsmittel kompensiert wird, E = keine motorische oder sensible Funktionsstörung).

Zu den *Entzündungen der Cauda equina* zählt das *Elsberg-Syndrom.* Es handelt sich um eine vorwiegend virale lumbosakrale Radikulomyelitis. Erreger sind vor allem Herpesviren wie HSV 2, HHV 6, VZV, EBV und CMV. Bei einem Patienten war die Erkrankung mit einer eosinophilen Meningitis verbunden und wurde durch den Ratten-Lungenwurm (Angiostrongylus cantonensis) verursacht [Furugen et al. 2006]. Die VZV-Manifestation des Elsberg-Syndroms kann mit und ohne Hauteffloreszenzen beobachtet werden und wird mit Aciclovir behandelt.

Weniger bekannt als das Elsberg-Syndrom ist die Kombination aus aseptischer Meningitis und Sphinkterstörung, das *Meningitis-Retentions-Syndrom* (*MRS*). In der Regel sind bisher gesunde junge Erwachsene betroffen. Die Symptome umfassen Kopfschmerzen, Schwindel, Müdigkeit, Fieber sowie Meningismus mit Nackensteifigkeit und Kernig- bzw. Brudzinski-Zeichen [Basoulis et al. 2015]. Die Harnretention tritt meist etwa eine Woche nach Symptombeginn auf. Der Liquor zeigt eine lymphozytäre Pleozytose, eine Blut-Liquor-Schrankenstörung und eine gering erniedrigte Glukosekonzentration. In der Regel lässt sich keine Ursache finden. Die Therapie ist symptomatisch.

Ein Befall der Cauda equina im Rahmen von *Erkrankungen aus dem rheumatischen Formenkreis* oder bei Vaskulitis ist sehr ungewöhnlich und wurde unter anderem beschrieben bei Sarkoidose, systemischem Lupus erythematodes, Melkersson-Rosenthal-Syndrom, Panarteriitis nodosa sowie bei primärer ZNS-Angiitis. Die Cauda equina ist auch nicht ganz selten bei akutem Guillain-Barré-Syndrom sowie bei chronisch-inflammatorischer demyelinisierender Polyradikuloneuritis (CIDP) beteiligt.

Sehr selten entwickelt sich ein Kauda-Syndrom sowohl bei Kindern als auch bei Erwachsenen als Folge lumbaler oder sakraler *Arachnoidalzysten* oder entzündlicher Arachnopathien. Die Therapie erfolgt operativ. Entzündliche Arachnopathien wurden in der Vergangenheit mit öligen Röntgen-Kontrastmitteln manchmal ausgelöst [Brodsky 1978]. Schließlich sind Kauda-Syndrome im Zusammenhang mit einer *Zystizerkose* der Cauda equina bekannt [Parker et al. 1988].

Etwa ein Drittel der Malignome *metastasiert* in das Skelettsystem. Die Wirbelsäule ist am stärksten betroffen, und nicht ganz selten wird die Cauda equina komprimiert. Primär leiden die Patienten häufig an Neoplasien der Mamma, des Bronchialsystems, der Prostata, der Niere, des blutbildenden Systems (Lymphome, Myelome) sowie an Sarkomen. Etwa 10 % der spinalen epiduralen Tumoren sind Lymphome, jeder vierte ist lumbal lokalisiert. Die drohende oder manifeste Kompression der Cauda equina stellt einen onkologischen Notfall dar. Die beteiligten Disziplinen sind umgehend in die Erstellung eines Therapiekonzeptes einzubeziehen.

Neoplasien der Cauda equina sind selten und können naturgemäß mit einem Kauda-Syndrom einhergehen. Bei 231 erwachsenen Patienten von Wagner et al. [2000] waren Schwannome am häufigsten, gefolgt von den Ependymomen. Während Schwannome meist kurativ behandelt werden konnten, neigten Ependymome und Paragangliome nach längerer Zeit zum Rezidiv. Hämangioblastome wiesen eine gute Prognose auf. Malignome, z. B. maligne Neurinome, waren selten. Sphinkterstörungen traten bereits nach der Erstoperation gelegentlich auf, häufiger aber nach Zweiteingriffen, mit schlechter Prognose. In einer Übersicht von Wostrack et al. [2014] über 68 Konus- und Kauda-Tumoren lagen 18 intramedullär und 50 extramedullär. Es handelte sich unter anderem um 27 Nervenscheidentumoren, 17 Ependymome und 9 Meningeome. Häufigstes präoperatives Symptom war der Schmerz. Daher sind hauptsächlich degenerative Erkrankungen der Wirbelsäule differenzialdiagnostisch in Erwägung zu ziehen. Neue transiente postoperative Symptome wurden bei 12 Patienten beobachtet und neue permanente bei 4. Eine Besserung der präoperativen Symptome wurde in 42 Fällen erzielt. Sie war bei kürzerem Abstand zwischen dem Einsetzen der Symptome und der Operation eher zu erzielen. Bei 15 von 25 chirurgisch und teils prä- bzw. postoperativ strahlentherapeutisch behandelten Patienten Nakamuras [2009] mit myxopapillären Ependymomen der Cauda equina (mittlere Nachbeobachtungszeit 10,4 Jahre) gelang eine komplette Resektion. Bei einem entwickelte sich ein lokales Rezidiv. 2 von 4 Patienten mit subtotaler Resektion und anschließender Bestrahlung erlitten ebenfalls Rezidive. Bei den restlichen 6 wurde nach lokaler Bestrahlung (40 bis 50 Gy) reseziert. Sie starben alle an einer disseminierten Meningeose. Gerade Ependymome und Karzinommetastasen gehen mit einer hohen Mortalität einher. Von 28 Patienten von Celli et al. [1993] mit Ependymomen am Filum terminale wiesen diejenigen eine bessere Prognose auf, bei denen Symptome weniger als ein Jahr bestanden, das Ependymom auf das Filum terminale beschränkt war (und nicht zusätzlich die Cauda befallen hatte) und komplett reseziert werden konnte. Eine postoperativ durchgeführte Röntgenbestrahlung verbesserte das Ergebnis nicht. Bei 7 Patienten von Morita et al. [2012] mit Epidermoiden der Cauda equina ließ sich der Tumor nur schwer total resezieren. 3 zeigten postoperativ ein Kauda-Syndrom, 2 entwickelten ein bzw. 13 Jahre nach dem Eingriff Rezidive. Bei beiden bestand nach dem Rezidiveingriff eine ausgeprägte Beinparese auf derselben Seite.

5.3.15.6 Epikonus-Syndrom

Zur Symptomatik s. auch Kap. 5.3.15.5.

Epikonus-Syndrome unterscheiden sich von Konus-Kauda-Syndromen vor allem im Reflexstatus. Während bei einer Läsion der Cauda equina oder des Conus medullaris betroffene Reflexe abgeschwächt oder erloschen sind (Analreflex, evtl. Trizeps-surae-Reflex), ist der Analreflex beim Epikonus-Syndrom enthemmt, sind Muskeltonus und Eigenreflexe an den unteren Extremitäten gesteigert und Pyramidenbahnreflexe nachweisbar. Allerdings kommt es vor, dass der obere Konus mitbeteiligt ist, woraus eine schlaffe Parese der Beinmuskulatur mit Reflexverlust resultiert, während der Analreflex lebhaft erhalten ist. Ikeda et al. [2011] beschrieben auch radikulär anmutende Symptomkonstellationen. Fallserien und Fallberichte über Epikonus-Syndrome sind rar, obwohl sie in der klinischen Praxis relevant sind. In der Regel handelt es sich um Folgen von Diskusprolapsen, Wirbelsäulenverletzungen, Spondylodisziti-den, extraduralen Metastasen bei Wirbelkörperbefall, Myelitis bei multipler Sklerose oder Neuromyelitis optica, intramedullären Tumoren sowie epiduralen Hämatomen und Abszessen. Zu denken ist auch an Tandemstenosen des Spinalkanals, die sowohl die Lendenwirbelsäule als auch die untere Brustwirbelsäule betreffen [Fushimi et al. 2013]. Selten wurden außerdem unter anderem folgende Ursachen genannt: intramedulläre Injektion von Lokalanästhetika zur Spinalanästhesie, Rückenmarksischämie, Hämatomyelie, intramedulläre Metastase, atopische Myelitis, parainfektiöse Myelitis, Sarkoidose, Zystizerkose, Endometriose, Bilharziose-Granulom.

5.3.15.7 Spinale Fehlbildungssyndrome

5.3.15.7.1 Tethered-cord-Syndrom

Beim Neugeborenen liegt der Conus medullaris in Höhe des 3. Lendenwirbelkörpers. Während des Längenwachstums der Wirbelsäule verschiebt sich seine Position in die Höhe des 2. oder sogar 1. Lendenwirbelkörpers, weil die Längenzunahme des Rückenmarks mit der der Wirbelsäule nicht Schritt hält. Störungen dieses als Aszensus (lat. Aufstieg) bezeichneten Vorgangs haben entweder einen Tiefstand des Conus medullaris oder, wenn das Filum terminale in der Wand des Spinalkanals verankert ist, ein *tethered cord* zur Folge. In der Regel handelt es sich um ein komplexes Fehlbildungssyndrom, das *Tethered-cord-Syndrom* (TCS), das mit Lipom, Myelomeningozele, Diastematomyelie, Dermoidsinus oder Syringomyelie assoziiert sein kann. Aufgrund der Kombination mit diesen Fehlbildungen ist die Mehrzahl der TCS-Fälle den Neuralrohrdefekten zuzuordnen. Nicht ganz selten tritt ein TCS nach operativer Korrektur einer Myelomeningozele oder einer Lipomyelomeningozele, sekundär, auf.

Die Symptomatik entwickelt sich in der Regel während des Längenwachstums, also während Kindheit und Jugend, tritt aber auch erst im Erwachsenenalter auf. Neben Rückenschmerzen und Sphinkterstörungen kommt es an den Beinen zu einem asymmetrischen Befallsmuster mit einem Nebeneinander von Symptomen des unteren und des oberen motorischen Neurons. Dazu gehören am selben Bein Myatrophien, trophische Störungen sowie ein lebhafter Trizeps-surae-Reflex mit Pyramidenbahnzeichen. Symptome eines TCS werden auch manchmal gefunden, wenn ein Tiefstand des adhärenten Filum terminale nicht vorliegt. Dann wird von einem okkulten TCS gesprochen. Im Zweifelsfall lässt sich die Adhäsion mit Funktions-MRT-Untersuchungen bei Reklination und insbesondere Inklination der Wirbelsäule nachweisen.

Zur klinischen Einteilung dient die Funktionsskala nach Hoffman et al. [1985]: Grad 0 – keine wesentlichen neurologischen, orthopädischen bzw. urologischen Symptome. Grad 1 – geringe einseitige Beinparesen, Myatrophien oder Fußdeformitäten ohne wesentliche Gangstörung. Sphinkterfunktionen ungestört. Grad 2 – neurogene Blasenstörung, isoliert oder in Kombination mit minimaler einseitiger Beinparese oder intakte Sphinkterfunktionen und minimale Parese beider Beine. Grad 3 – mäßige bis schwere einseitige Beinparese mit Gangstörung, mit oder ohne Blasenstörung bzw. mit geringer Parese des anderen Beins bzw. bds. geringe Beinparese, verbunden mit neurogener Blasenstörung. Grad 4 – schwere Paraparese, die Gehhilfen erfordert, mit oder ohne neurogene Blasenstörung. Grad 5 – Gehunfähigkeit.

Alle 15 Patienten von Tüz et al. [2008] im Alter von 20 bis 29 Jahren mit TCS klagten über Rückenschmerzen, bei 8 bestand eine Blasenstörung, bei 2 Stuhlinkontinenz, und 7 litten unter Beinschmerzen. Kang et al. [2009] berichteten über 24 Patienten im Alter von 7 bis 25 Jahren mit TCS und Lipomyelomeningozelen. Davon gaben 22 Schmerzen an, 18 klagten über sensomotorische Symptome, 15 über Blasenstörungen, 10 über „Darmstörungen“. Bei 3 bestanden trophische Ulzera, bei 14 Fußdeformitäten, bei 4 Skoliosen und bei 24 „Läsionen am Rücken“.

Im Kindes- und Jugendalter wird die Adhäsion des Filum terminale operativ gelöst. Ein Nutzen des Eingriffs nach Abschluss des Längenwachstums wird kontrovers diskutiert, auch wegen der mit einer Operation verbundenen Risiken. Nur wenn eine deutliche Progression neurologischer Symptome erkennbar ist, komme er in Betracht. Rajpal et al. [2007] vertreten sogar die Meinung, dass ein *Tethered-cord-Syndrom* auch im Erwachsenenalter in der Regel operativ zu behandeln ist.

Nach einer Operation im Kindesalter bessern sich in der Regel Schmerzen und sensomotorische Defizite. Sphinkterstörungen zeigen weit weniger Besserungstendenz. Daher muss operiert werden, solange die Symptome gering ausgeprägt sind. Auch Patienten mit okkultem TCS können davon profitieren [Steinbok et al. 2007]. Bei einem TCS in Kombination mit Lipomyelomeningozele oder mit Diastematomyelie besteht ein erhöhtes perioperatives Risiko und ist ein intraoperatives neurophysiologisches Monitoring mit Nervenwurzelstimulation und transkranieller Magnet- oder Elektrostimulation erforderlich [Hoving et al. 2011], um die sakralen Nervenwurzeln zu identifizieren.

5.3.15.7.2 Dysraphien der Wirbelsäule und des Rückenmarks

Dysraphien resultieren aus einem unvollständigen Verschluss des Neuralrohrs (grch. *Raphe* – Naht). Dazu gehören unter anderem die *Spina bifida* (Kap. 10.4) mit einer Prävalenz von 50 : 100.000 sowie die *Diastematomyelie* (Splitcord-Malformation, SCM) mit einer Prävalenz von etwa 10 : 100.000 (Kap. 10.4.1). Neuralrohrdefekte beruhen unter anderem auf einem vorgeburtlichen Mangel an Folsäure. Bei konsequenter Substitution geht die Prävalenz der Spina bifida auf etwa 35 : 100.000 zurück [Atta et al. 2016].

In der Regel finden sich die dysraphischen Störungen lumbal oder sakral, kommen jedoch in jedem Abschnitt der Wirbelsäule vor. In einer Übersicht von Tortori-Donati et al. [2000] über 986 Kinder mit Spina bifida lag 353-mal eine Spina bifida aperta vor und 633-mal eine mit Haut bedeckte Spina bifida. Bei allen Patienten mit Spina bifida aperta fand sich eine Chiari-II-Malformation. Geschlossene Formen mit subkutaner Raumforderung machten 19 % aus: Lipome mit Duradefekten und Meningozelen. Geschlossene Formen ohne subkutane Raumforderung waren einfach (Adhärenz des Filum terminale, intradurale Lipome) oder komplex (SCM, kaudales Regressionssyndrom mit Dysgenesie des Sakrums, verbunden mit multiplen weiteren Fehlbildungen).

Eine Spina bifida aperta kann mit einer Meningozele vergesellschaftet sein und trotzdem ohne wesentliche neurologische Symptome bestehen, sie kann mit einer Myelomeningozele und einer oft ausgeprägten Paraparese und Sphinkterstörungen verbunden sein, und sie kann mit einer Myeloschisis einhergehen, bei der das Nervengewebe völlig frei liegt. Nach frühzeitiger operativer Korrektur einer Myelomeningozele waren von 54 Patienten von Danzer et al. [2015] nach etwa 10 Jahren Verlaufsbeobachtung 33 frei gehfähig, 3 zu Hause gehfähig und 6 Rollstuhl-abhängig, nur 14 wiesen eine normale Blasenfunktion auf.

5.3.15.7.3 Chiari-Malformationen

Als Chiari-Malformationen bezeichnet man eine heterogene Gruppe von Erkrankungen mit Herniation von basalen infratentoriellen Gehirnanteilen durch das Foramen magnum (Kap. 10.1.2.4.1). Bei der Chiari-Malformation Typ I (CM I) beträgt der Vorfall der Kleinhirntonsillen durch das Foramen magnum mindestens 3–5 mm. Bei der Chiari-Malformation Typ II (CM II) sind Kleinhirnwurm, IV. Ventrikel und der untere Hirnstamm nach kaudal verlagert. Sie geht mit einem Hydrozephalus sowie nahezu immer mit einer Myelomeningozele einher, nicht selten auch mit einer Spina bifida und anderen zerebralen, spinalen und meningealen Fehlbildungen. Die Chiari-Malformation Typ III (CM III) ist durch Kaudalverlagerung der Medulla oblongata in Kombination mit einer Herniation von Kleinhirnanteilen in eine okzipitozervikale Menigozele charakterisiert. In 50 % der CM-III-Fälle liegt ein obstruktiver Hydrozephalus vor, entweder bei Aquäduktstenose oder bei Dandy-Walker-Malformation.

CM I geht oft auf eine zu kleine hintere Schädelgrube zurück. Die Prävalenz wurde kernspintomografisch mit 100 : 100.000 Personen geschätzt, davon 63 % mit klinischen Symptomen [Aitken et al. 2009]: Nacken- und Hinterkopfschmerzen, die nach Valsalva-Manöver zunehmen, Schwindel, Ataxie, sensomotorische Symptome, Paresen der kaudalen Hirnnerven einschließlich Heiserkeit und Dyspnoe. Ein Teil der Betroffenen ist asymptomatisch. In einer Fallserie waren folgende Störungen mit CM I assoziiert: Syringomyelie (58 %), Skoliose (18 %), Hydrozephalus (11 %), Neurofibromatose (5,5 %), idiopathischer Mangel an Wachstumshormon (5,5 %), Klippel-Feil-Syndrom (5 % [Aitken et al. 2009]).

Ätiologie und Pathogenese der *CM II* sind nicht vollständig geklärt. Man nimmt an, dass sowohl die Spina bifida aperta als auch der Hydrozephalus einen Einfluss auf die Herniation durch das Foramen magnum besitzen. Die klinischen Symptome entsprechen denen der CM I, sie sind aber häufiger und meist stärker ausgeprägt. Aufgrund der regelmäßig bestehenden zentralen Atemstörungen weisen Patienten mit CM II eine erhebliche Mortalität in den ersten Lebensmonaten und Lebensjahren auf. Messing-Jünger und Röhrig [2013] fanden bei 24 von 50 CM-II-Patienten mit Myelomeningozele eine Syringomyelie bzw. eine Skoliose, davon 12 mit einer Kombination aus beiden Fehlbildungen. Danzer et al. [2011] zeigten, dass fetale chirurgische Eingriffe vor der 26. Schwangerschaftswoche dazu beitragen können, neurologische Funktionen zu erhalten und die Herniation durch das Foramen magnum zu verhindern. Oft zeigt auch die operative Lösung eines im Rahmen eines syndromalen *Tethered-cord*-Syndroms adhärierten Filum terminale einen günstigen Einfluss auf eine CM II [Mehta et al. 2011].

Bei 8 von 57 in der Literatur beschriebenen *CM III* waren die Enzephalozelen im oberen Zervikalbereich lokalisiert, bei 23 am okzipitozervikalen Übergang, bei 17 Fällen tief okzipital, und für 9 Fälle fehlte eine exakte Angabe [Ivashuk et al. 2015]. Die Pathogenese ist unklar. In der Mehrzahl der Fälle liegt ein Hydrozephalus vor. Die Enzephalozele enthält folgende Hirnteile (in absteigender Häufigkeit): Zerebellum, Okzipitallappen, Parietallappen. Die Ausprägung der Symptome korreliert mit dem Volumen der in der Zele enthaltenen Hirnanteile. Neugeborene CM-III-Patienten zeigen eine respiratorische Insuffizienz, Schluckstörungen sowie eine Hypertonie oder Hypotonie der Muskulatur.

5.3.15.7.4 Klippel-Feil-Syndrom

Das Klippel-Feil-Syndrom (KFS, Kap. 10.1.2.3) ist klinisch durch die Trias aus Kurzhals, tiefsitzendem okzipitalem Haaransatz und eingeschränkter Halsbeweglichkeit gekennzeichnet. Ursache sind Synostosen von 2 oder mehr Halswirbeln, die während der 3. bis 8. Embryonalwoche entstehen. Heute wird die Synostosenbildung allein zur Diagnose herangezogen. Die Assoziation mit weiteren Fehlbildungen ist möglich, z. B. mit einem Os odontoideum. Nur etwa die Hälfte der Betroffenen weist klinische Zeichen auf. Die Prävalenz wurde auf 2,5 : 100.000 geschätzt [Quelle bei Nouri et al. 2015].

Von Samartzis et al. [2006] stammt eine radiologische Einteilung. Bei Typ I betrifft die Fusion ein Bandscheibensegment, bei Typ II sind mehrere nicht zusammenhängende Segmente betroffen und bei Typ III mehrere zusammenhängende Segmente. Bei 7 ihrer 28 Patienten lag ein Typ I vor, bei 14 ein Typ II und bei 7 ein Typ III. Symptomfrei waren 18 Patienten. Bei je 2 Patienten mit Typ II bzw. III entwickelte sich eine zervikale Myelopathie und bei 2 weiteren eine zervikale Radikulopathie. Bei 131 Patienten mit zervikaler Myelopathie von Nouri et al. [2015] lag 5-mal ein KFS vor, und zwar immer ein Typ I (Kap. 10).

5.4 Literatur

Abraham A, Drory VE (2013) Postradiation lower motor neuron syndrome: case series and literature review. J Neurol 260:1802–6.

Absoud M, Gadian J, Hellier J, Brex PA, Ciccarelli O et al. (2015) Protocol for a multicentre randomised controlled Trial of Intravenous immunoglobulin versus standard therapy for the treatment of transverse myelitis in adults and children (STRIVE). BMJ Open 5:e008312.

Abu-Mugheisib M, Benecke R, Zettl UK (2012) Management of spasticity in progressive multiple sclerosis: efficacy of repeated intrathecal triamcinolone acetonide administration. Curr Pharm Des 18:4564–9.

Adam D, Papacocea T, Hornea I, Croitoru R (2014) Postoperative spondylodiscitis. A review of 24 consecutive patients. Chirurgia (Bucur) 109:90–4.

Aebli N, Rüegg TB, Wicki AG, Petrou N, Krebs J (2013) Predicting the risk and severity of acute spinal cord injury after a minor trauma to the cervical spine. Spine J 13:597–604.

Afsar SI, Yemisci OU, Cosar SN, Cetin N (2013) Compliance with clean intermittent catheterization in spinal cord injury patients: a long-term follow-up study. Spinal Cord 51:645–9.

Agarwal A, Kanekar S, Thamburaj K, Vijay K (2014) Radiation-induced spinal cord hemorrhage (hematomyelia). Neurol Int 6:5553.

Aghakhani N, Parker F, David P, Morar S, Lacroix C, Benoudiba F, Tadie M (2009) Long-term follow-up of Chiari-related syringomyelia in adults: analysis of 157 surgically treated cases. Neurosurgery 64:308–15.

Aitken LA, Lindan CE, Sidney S, Gupta N, Barkovich AJ, Sorel M, Wu YW (2009) Chiari type I malformation in a pediatric population. Pediatr Neurol 40:449–54.

Alcala H, Dodson WE (1975) Syringobulbia as a cause of laryngeal stridor in childhood. Neurology 25:875–8.

Amarouche M, Hart JL, Siddiqui A, Hampton T, Walsh DC (2015) Time-resolved contrast-enhanced MR angiography of spinal vascular malformations. AJNR Am J Neuroradiol 36:417–22.

Amatya B, Khan F, La Mantia L, Demetrios M, Wade DT (2013) Non pharmacological interventions for spasticity in multiple sclerosis. Cochrane Database Syst Rev 2:CD009974.

Amoiridis G, Poehlau D, Przuntek H (1991) Neurophysiological findings and MRI in anterior spinal artery syndrome of the lower cervical cord: the value of F-waves. J Neurol Neurosurg Psychiatry 54:738–40.

Anderson KD, Borisoff JF, Johnson RD, Stiens SA, Elliott SL (2007) Spinal cord injury influences psychogenic as well as physical components of female sexual ability. Spinal Cord 45:349–59.

Anonymous (2006) American Spinal Injury Association. International Standards for Neurological Classification of Spinal Cord Injury (revised). Chicago: American Spinal Injury Association.

Antelo MJ, Facal TL, Sánchez TP, Facal MS, Nazabal ER (2013) Man-in-the-barrel. A case of cervical spinal cord infarction and review of the literature. Open Neurol J 7:7–10.
Antinheimo J, Sankila R, Carpén O, Pukkala E, Sainio M, Jääskeläinen J (2000) Population-based analysis of sporadic and type 2 neurofibromatosis-associated meningiomas and schwannomas. Neurology 54:71–6.
Arasi R, McKay M, Grist WJ (1988) Trigeminal trophic syndrome. Laryngoscope 98:1330–3.
Ardeshiri A, Chen B, Hütter BO, Oezkan N, Wanke I, Sure U, Sandalcioglu IE (2013) Intramedullary spinal cord astrocytomas: the influence of localization and tumor extension on resectability and functional outcome. Acta Neurochir (Wien) 155:1203–7.
Arif M, Kazim SF, Grundke-Iqbal I, Garruto RM, Iqbal K (2014) Tau pathology involves protein phosphatase 2A in parkinsonism-dementia of Guam. Proc Natl Acad Sci U S A 111(3):1144–9.
Arko L 4th, Quach E, Nguyen V, Chang D, Sukul V, Kim BS (2014) Medical and surgical management of spinal epidural abscess: a systematic review. Neurosurg Focus 37(2):E4.
Asgari N (2013) Epidemiological, clinical and immunological aspects of neuromyelitis optica (NMO). Dan Med J 60:B4730.
Atalar AC, Sungur M, Demirhan M, Ozger H (2010) Neuropathic arthropathy of the shoulder associated with syringomyelia: a report of six cases. Acta Orthop Traumatol Turc 44:328–36.
Atta CA, Fiest KM, Frolkis AD, Jette N, Pringsheim T, St Germaine-Smith C, Rajapakse T, Kaplan GG, Metcalfe A (2016) Global Birth Prevalence of Spina Bifida by Folic Acid Fortification Status: A Systematic Review and Meta-Analysis. Am J Public Health 106(1):159.
Awad RA (2011) Neurogenic bowel dysfunction in patients with spinal cord injury, myelomeningocele, multiple sclerosis and Parkinson's disease. World J Gastroenterol 17:5035–48.
Awad A, Stüve O (2011) Idiopathic transverse myelitis and neuromyelitis optica: clinical profiles, pathophysiology and therapeutic choices. Curr Neuropharmacol 9:417–28.
Awai L, Curt A (2015) Preserved sensory-motor function despite large-scale morphological alterations in a series of patients with holocord syringomyelia. J Neurotrauma 32:403–10.
Baba T, Koyanagi I, Yoshifuji K, Murakami T, Houkin K (2010) Pulsatile wall movement of spinal arachnoid cyst deteriorates spinal cord symptoms: report of three cases. Acta Neurochir (Wien) 152:1245–9.
Babu R, Karikari IO, Owens TR, Bagley CA (2014) Spinal cord astrocytomas: a modern 20-year experience at a single institution. Spine (Phila Pa 1976) 39:533–40.
Babu R, Owens TR, Karikari IO, Moreno J, Cummings TJ, Gottfried ON, Bagley CA (2013) Spinal cavernous and capillary hemangiomas in adults. Spine (Phila Pa 1976) 38:E423–30.
Bakker NA, Veeger NJ, Vergeer RA, Groen RJ (2015) Prognosis after spinal cord and cauda compression in spontaneous spinal epidural hematomas. Neurology 84:1894–903.
Badhiwala JH, Farrokhyar F, Alhazzani W, Yarascavitch B, Aref M, Algird A, Murty N, Kachur E, Cenic A, Reddy K, Almenawer SA (2014) Surgical outcomes and natural history of intramedullary spinal cord cavernous malformations: a single-center series and meta-analysis of individual patient data: Clinic article. J Neurosurg Spine 21:662–76.
Bains RS, Althausen PL, Gitlin GN, Gupta MC, Benson DR (2001) The role of acute decompression and restoration of spinal alignment in the prevention of post-traumatic syringomyelia: case report and review of recent literature. Spine (Phila Pa 1976) 26:E399–402.
Ball BG, Luetmer PH, Giannini C, Mokri B, Kumar N, Piepgras DG (2012) Ventral "spinal epidural meningeal cysts"–not epidural and not cysts? Case series and review of the literature. Neurosurgery 70:320–8.
Bang H, Chun SM, Park HW, Bang MS, Kim K (2015) Lumbar Epidural Steroid Injection for Painful Spasticity in Cervical Spinal Cord Injury: A Case Report. Ann Rehabil Med 39:649–53.

Barker RA, Revesz T, Thom M, Marsden CD, Brown P (1998) Review of 23 patients affected by the stiff man syndrome: clinical subdivision into stiff trunk (man) syndrome, stiff limb syndrome, and progressive encephalomyelitis with rigidity. J Neurol Neurosurg Psychiatry 65:633–40.

Barbaro NM, Wilson CB, Gutin PH, Edwards MS (1984) Surgical treatment of syringomyelia. Favorable results with syringoperitoneal shunting. J Neurosurg 61:531–8.

Barnett MH, Prineas JW (2004) Relapsing and remitting multiple sclerosis: pathology of the newly forming lesion. Ann Neurol 55:458–68.

Barrera-Chacon JM, Mendez-Suarez JL, Jáuregui-Abrisqueta ML, Palazon R, Barbara-Bataller E, García-Obrero I (2011) Oxycodone improves pain control and quality of life in anticonvulsant-pretreated spinal cord-injured patients with neuropathic pain. Spinal Cord 49:36–42.

Baar I, Jacobs BC, Govers N, Jorens PG, Parizel PM, Cras P (2007) Campylobacter jejuni-induced acute transverse myelitis. Spinal Cord 45:690–4.

Bascom AT, Sankari A, Goshgarian HG, Badr MS (2015) Sleep onset hypoventilation in chronic spinal cord injury. Physiol Rep 3(8). e12490.

Basoulis D, Mylona M, Toskas P, Tsilingiris D, Fytili C (2015) Meningitis-Retention Syndrome. Int Neurourol J 19:207–9.

Bassiouni H, Hunold A, Asgari S, Hübschen U, König HJ, Stolke D (2004) Spinal intradural juxtamedullary cysts in the adult: surgical management and outcome. Neurosurgery 55:1352–60.

Baysefer A, Erdogan E, Kahraman S, Izci Y, Korkmaz C, Solmaz I, Ulas UH, Ozogul C, Timurkaynak E (2003) Effect of mannitol in experimental spinal cord injury: an ultrastructural and electrophysiological study. Neurol India 51:350–4.

Bazin A, Rousseaux P, Bernard MH, Peruzzi P, Baudrillard JC, Scherpereel B (1989) [Myelopathies caused by dorsal spinal canal spondylotic stenosis. 3 cases and a review of the literature]. Neurochirurgie 35:229–35.

Beck J, Rondot P, Catinot L, Falcoff E, Kirchner H, Wietzerbin J (1988) Increased production of interferon gamma and tumor necrosis factor precedes clinical manifestation in multiple sclerosis: do cytokines trigger off exacerbations? Acta Neurol Scand 78:318–323.

Bednarík J, Kadanka Z, Vohánka S, Stejskal L, Vlach O, Schröder R (1999) The value of somatosensory- and motor-evoked potentials in predicting and monitoring the effect of therapy in spondylotic cervical myelopathy. Prospective randomized study. Spine (Phila Pa 1976) 24:1593–8.

Bednařík J, Sládková D, Kadaňka Z, Dušek L, Keřkovský M, Voháňka S, Novotný O, Urbánek I, Němec M (2011) Are subjects with spondylotic cervical cord encroachment at increased risk of cervical spinal cord injury after minor trauma? J Neurol Neurosurg Psychiatry 82:779–81.

Bicknell JM, Fielder K (1992) Unrecognized incomplete cervical spinal cord injury: review of nine new and 28 previously reported cases. Am J Emerg Med 10:336–43.

Bladen CL, Thompson R, Jackson JM, Garland C, Wegel C et al. (2014) Mapping the differences in care for 5,000 spinal muscular atrophy patients, a survey of 24 national registries in North America, Australasia and Europe. J Neurol 261:152–63.

Blatteau JE, Gempp E, Simon O, Coulange M, Delafosse B et al. (2011) Prognostic factors of spinal cord decompression sickness in recreational diving: retrospective and multicentric analysis of 279 cases. Neurocrit Care 15:120–7.

Boland RA, Lin CS, Engel S, Kiernan MC (2011) Adaptation of motor function after spinal cord injury: novel insights into spinal shock. Brain 134(Pt 2):495–505.

Boldt I, Eriks-Hoogland I, Brinkhof MW, de Bie R, Joggi D, von Elm E (2014) Non-pharmacological interventions for chronic pain in people with spinal cord injury. Cochrane Database Syst Rev 11:CD009177.

Bommakanti K, Alugolu R, Chittem LR, Patil M, Purohit AK (2013) Fulminant holocord intramedullary tubercular abscess with enigmatic presentation. Surg Neurol Int 4:32.

Boogaarts HD, Bartels RH (2015) Prevalence of cervical spondylotic myelopathy. Eur Spine J 24 Suppl 2:139–41.

Borenstein AR, Mortimer JA, Schofield E, Wu Y, Salmon DP et al. (2007) Cycad exposure and risk of dementia, MCI, and PDC in the Chamorro population of Guam. Neurology 68:1764–1771.

Borghero G, Pugliatti M, Marrosu F, Marrosu MG, Murru MR et al. (2014) Genetic architecture of ALS in Sardinia. Neurobiol Aging 35:2882.e7-e12.

Bortolotti M (1989) Laryngospasm and reflex central apnoea caused by aspiration of refluxed gastric content in adults. Gut 30:233–8.

Bose B (2003) Thoracic extruded disc mimicking spinal cord tumor. Spine J 3:82–6.

Bouchard M, Langlois G (1999) Orthopedic management in autosomal recessive spastic ataxia of Charlevoix-Saguenay. Can J Surg 42:440–4.

Bourre B, Zéphir H, Ongagna JC, Cordonnier C, Collongues N, Debette S, Fleury MC, Outteryck O, Hannequin D, Vermersch P, de Seze J (2012) Long-term follow-up of acute partial transverse myelitis. Arch Neurol 69:357–62.

Braak H, Ludolph A, Thal DR, Del Tredici K (2010) Amyotrophic lateral sclerosis: dash-like accumulation of phosphorylated TDP-43 in somatodendritic and axonal compartments of somatomotor neurons of the lower brainstem and spinal cord. Acta Neuropathol 120:67–74.

Bracken MB (2012) Steroids for acute spinal cord injury. Cochrane Database Syst Rev 1:CD001046.

Brackett NL, Ibrahim E, Krassioukov A, Lynne CM (2007) Systemic naloxone infusion may trigger spasticity in patients with spinal cord injury: case series. J Spinal Cord Med 30:272–5.

Bredow J, Oppermann J, Keller K, Beyer F, Boese CK, Zarghooni K, Sobottke R, Eysel P, Siewe J (2014) Anterior spinal artery syndrome: reversible paraplegia after minimally invasive spine surgery. Case Rep Orthop 2014:205732.

Brettschneider J, Kurent J, Ludolph A (2013) Drug therapy for pain in amyotrophic lateral sclerosis or motor neuron disease. Cochrane Database Syst Rev 6:CD005226.

Brickell KL, Anderson NE, Charleston AJ, Hope JK, Bok AP, Barber PA (2006) Ethnic differences in syringomyelia in New Zealand. J Neurol Neurosurg Psychiatry 77:989–91.

Brochet B (2001) Therapeutic indications for acute episodes of multiple sclerosis. Rev Neurol (Paris) 157(Pt 2):988–95.

Brodsky AE (1978) Cauda equina arachnoiditis. A correlative clinical and roentgenologic study. Spine (Phila Pa 1976) 3:51–60.

Brooks BR (1994) El Escorial World Federation of Neurology criteria for the diagnosis of amyotrophic lateral sclerosis. Subcommittee on Motor Neuron Diseases/Amyotrophic Lateral Sclerosis of the World Federation of Neurology Research Group on Neuromuscular Diseases and the El Escorial „Clinical limits of amyotrophic lateral sclerosis“ workshop contributors. J Neurol Sci 124(Suppl):96–107.

Brown R, Stolzenhein G, Engel S, Macefield VG (2009) Cutaneous vasoconstriction as a measure of incipient autonomic dysreflexia during penile vibratory stimulation in spinal cord injury. Spinal Cord 47:538–44.

Brus-Ramer M, Dillon WP (2012) Idiopathic thoracic spinal cord herniation: retrospective analysis supporting a mechanism of diskogenic dural injury and subsequent tamponade. AJNR Am J Neuroradiol 33:52–6.

Burakgazi AZ (2014) Lyme disease-induced polyradiculopathy mimicking amyotrophic lateral sclerosis. Int J Neurosci 124:859–62.

Burton JM, O'Connor PW, Hohol M, Beyene J (2012). Oral versus intravenous steroids for treatment of relapses in multiple sclerosis. Cochrane Database Syst Rev 12:CD006921.

Cai G, He D, Chu L, Dai Q, Xu Z, Zhang Y (2015) Paraneoplastic neuromyelitis optica spectrum disorders: three new cases and a review of the literature. Int J Neurosci 20:1–9.

Calabrò RS, D'Aleo G, Sessa E, Leo A, De Cola MC, Bramanti P (2014) Sexual dysfunction induced by intrathecal baclofen administration: is this the price to pay for severe spasticity management? J Sex Med 11:1807–15.

Cardenas DD, Nieshoff EC, Suda K, Goto S, Sanin L, Kaneko T, Sporn J, Parsons B, Soulsby M, Yang R, Whalen E, Scavone JM, Suzuki MM, Knapp LE (2013) A randomized trial of pregabalin in patients with neuropathic pain due to spinal cord injury. Neurology 80:533–9.

Cardenas DD, Warms CA, Turner JA, Marshall H, Brooke MM, Loeser JD (2002) Efficacy of amitriptyline for relief of pain in spinal cord injury: results of a randomized controlled trial. Pain 96:365–73.

Casha S, Zygun D, McGowan MD, Bains I, Yong VW, Hurlbert RJ (2012) Results of a phase II placebo-controlled randomized trial of minocycline in acute spinal cord injury. Brain 135(Pt 4):1224–36.

Catz A, Barkol H, Steinberg F, Ronen J, Bluvshtein V, Keren O (2007) Repeated botulinum toxin injections can improve mobility in patients with spinal cord lesions. Eura Medicophys 43:319–25.

Celli P (2002) Treatment of relevant nerve roots involved in nerve sheath tumors: removal or preservation? Neurosurgery 51:684–92.

Celli P, Cervoni L, Cantore G (1993) Ependymoma of the filum terminale: treatment and prognostic factors in a series of 28 cases. Acta Neurochir (Wien) 124(2–4):99–103.

Cellura E, Spataro R, Taiello AC, La Bella V (2012) Factors affecting the diagnostic delay in amyotrophic lateral sclerosis. Clin Neurol Neurosurg 114:550–4.

Chamberlain MC (2012) The role of chemotherapy and targeted therapy in the treatment of intracranial meningioma. Curr Opin Oncol 24:666–71.

Chang V, Ellingson BM, Salamon N, Holly LT (2015) The Risk of Acute Spinal Cord Injury After Minor Trauma in Patients With Preexisting Cervical Stenosis. Neurosurgery 77:561–5.

Chau AM, Wong JH, Mobbs RJ (2009) Cervical myelopathy associated with congenital C2/3 canal stenosis and deficiencies of the posterior arch of the atlas and laminae of the axis: case report and review of the literature. Spine (Phila Pa 1976) 34:E886–91.

Chaw E, Shem K, Castillo K, Wong SL, Chang J (2012) Dysphagia and associated respiratory considerations in cervical spinal cord injury. Top Spinal Cord Inj Rehabil 18:291–9.

Chéhensse C, Bahrami S, Denys P, Clément P, Bernabé J, Giuliano F (2013) The spinal control of ejaculation revisited: a systematic review and meta-analysis of anejaculation in spinal cord injured patients. Hum Reprod Update 19:507–26.

Chen JK, Chen CH, Lee CL, Chen TW, Weng MC, Huang MH (2004) Acute idiopathic syringomyelia: a case report. Kaohsiung J Med Sci 20:404–9.

Cheriyan J, Kim S, Wolansky LJ, Cook SD, Cadavid D (2012) Impact of inflammation on brain volume in multiple sclerosis. Arch Neurol 69:82–8.

Chertkov NN (1978) Clinico-physiologic characteristics of syringobulbia. Zh Nevropatol Psikhiatr Im S S Korsakova 78:818–22.

Chhabra A, Soldatos T, Durand DJ, Carrino JA, McCarthy EF, Belzberg AJ (2011) The role of magnetic resonance imaging in the diagnostic evaluation of malignant peripheral nerve sheath tumors. Indian J Cancer 48:328–34.

Chiu AS, Gehringer MM, Welch JH, Neilan BA (2011) Does α-amino-β-methylaminopropionic acid (BMAA) play a role in neurodegeneration? Int J Environ Res Public Health 8:3728–46.

Cho WS, Kim KJ, Kwon OK, Kim CH, Kim J, Han MH, Chung CK (2013) Clinical features and treatment outcomes of the spinal arteriovenous fistulas and malformation: clinical article. J Neurosurg Spine 19:207–16.

Choi JY, Chang KH, Yu IK, Kim KH, Kwon BJ, Han MH, Kim IO (2002) Intracranial and spinal ependymomas: review of MR images in 61 patients. Korean J Radiol 3:219–28.

Chraa M, Mebrouk Y, McCaughey C, Kissani N (2013) Amyotrophic lateral sclerosis mimic syndrome due to neurosyphilis. Amyotroph Lateral Scler Frontotemporal Degener 14:234.

Cobo-Calvo Á, Alentorn A, Mañé Martínez MA, Bau L, Matas E, Bruna J, Romero-Pinel L, Martínez-Yélamos S (2014) Etiologic spectrum and prognosis of longitudinally extensive transverse myelopathies. Eur Neurol 72(1–2):86–94.

Cobo Calvo A, Mañé Martínez MA, Alentorn-Palau A, Bruna Escuer J, Romero Pinel L, Martínez-Yélamos S (2013) Idiopathic acute transverse myelitis: outcome and conversion to multiple sclerosis in a large series. BMC Neurol 13:135.

Coggrave M, Norton C, Cody JD (2014) Management of faecal incontinence and constipation in adults with central neurological diseases. Cochrane Database Syst Rev 1:CD002115.

Coleman WP, Geisler FH (2004) Injury severity as primary predictor of outcome in acute spinal cord injury: retrospective results from a large multicenter clinical trial. Spine J 4:373–8.

Collin C, Davies P, Mutiboko IK, Ratcliffe S; Sativex Spasticity in MS Study Group (2007) Randomized controlled trial of cannabis-based medicine in spasticity caused by multiple sclerosis. Eur J Neurol 14:290–6.

Collinger JL, Foldes S, Bruns TM, Wodlinger B, Gaunt R, Weber DJ (2013) Neuroprosthetic technology for individuals with spinal cord injury. J Spinal Cord Med 36:258–72.

Collongues N, Brassat D, Maillart E, Labauge P, Ouallet JC et al. (2015) Efficacy of rituximab in refractory neuromyelitis optica. Mult Scler, pii: 1352458515602337 [Epub ahead of print].

Confavreux C, Vukusic S (2006) Natural history of multiple sclerosis: a unifying concept. Brain 129(Pt 3):606–16.

Confavreux C, Vukusic S, Moreau T, Adeleine P (2000) Relapses and progression of disability in multiple sclerosis. N Engl J Med 343:1430–8.

Confavreux C, Vukusic S, Adeleine P (2003) Early clinical predictors and progression of irreversible disability in multiple sclerosis: an amnesic process. Brain 126(Pt 4):770–82.

Conti P, Pansini G, Mouchaty H, Capuano C, Conti R (2004) Spinal neurinomas: retrospective analysis and long-term outcome of 179 consecutively operated cases and review of the literature. Surg Neurol 61:34–43.

Cooper DJ, Ackland HM (2005) Clearing the cervical spine in unconscious head injured patients – the evidence. Crit Care Resusc 7:181–4.

Cordeau D, Courtois F (2014) Sexual disorders in women with MS: assessment and management. Ann Phys Rehabil Med 57:337–47.

Corona-Vázquez T, Estañol-Vidal B, Abundes-Velasco A (1991) Changes in cardiac repolarization and ventricular conduction in a case of acute hematomyelia. Report of a case. Arch Invest Med (Mex) 22:41–4.

Corti M, Soto I, Villafañe MF, Bouzas B, Duarte JM, Yampolsky C, Schtirbu R (2003) [Acute necrotizing myelitis in an AIDS patient]. Medicina (B Aires) 63:143–6.

Costa J, Swash M, de Carvalho M (2012) Awaji criteria for the diagnosis of amyotrophic lateral sclerosis: a systematic review. Arch Neurol 69:1410–6.

Coughlin SS, Sher L (2013) Suicidal Behavior and Neurological Illnesses. J Depress Anxiety Suppl 9(1). pii:12443.

Craig J, Young CA, Ennis M, Baker G, Boggild M (2003) A randomised controlled trial comparing rehabilitation against standard therapy in multiple sclerosis patients receiving intravenous steroid treatment. J Neurol Neurosurg Psychiatry 74:1225–30.

Curt A, Nitsche B, Rodic B, Schurch B, Dietz V (1997) Assessment of autonomic dysreflexia in patients with spinal cord injury. J Neurol Neurosurg Psychiatry 62:473–477.

Curt A, Heise KF, Jöbges M, Liepert I, Schnider P, Wissel J (2012) Therapie des antispastischen Syndroms AWMF-Registernummer 030/078.

Cutter NC, Scott DD, Johnson JC, Whiteneck G (2000) Gabapentin effect on spasticity in multiple sclerosis: a placebo-controlled, randomized trial. Arch Phys Med Rehabil 81:164–9.

Daey Ouwens IM, Koedijk FD, Fiolet AT, van Veen MG, van den Wijngaard KC, Verhoeven WM, Egger JI, van der Sande MA (2014) Neurosyphilis in the mixed urban-rural community of the Netherlands. Acta Neuropsychiatr 26:186–92.

Dang L, Liu X, Dang G, Jiang L, Wei F, Yu M, Wu F, Liu Z (2015) Primary tumors of the spine: a review of clinical features in 438 patients. J Neurooncol 121:513–20.

Danzer E, Adzick NS (2011) Fetal surgery for myelomeningocele: patient selection, perioperative management and outcomes. Fetal Diagn Ther 30(3):163–73.

Danzer E, Thomas NH, Thomas A, Friedman KB, Gerdes M, Koh J, Adzick NS, Johnson MP (2015) Long-term neurofunctional outcome, executive functioning, and behavioral adaptive skills following fetal myelomeningocele surgery. Am J Obstet Gynecol, pii: S0002-9378(15)01208–9.

Davidoff G, Guarracini M, Roth E, Sliwa J, Yarkony G (1987) Trazodone hydrochloride in the treatment of dysesthetic pain in traumatic myelopathy: a randomized, double-blind, placebo-controlled study. Pain 29:151–61.

De Carvalho M, Dengler R, Eisen A, England JD, Kaji R, Kimura J, Mills K, Mitsumoto H, Nodera H, Shefner J, Swash M (2008) Electrodiagnostic criteria for diagnosis of ALS. Clin Neurophysiol 119:497–503.

Defreyne L, Achten E, Vandekerckhove T, Kunnen M (1999) Rupture of a cervical spinal cord arterio-venous malformation: a rare complication of endovascular embolization. Eur Radiol 9:734–7.

Del Brutto OH, Garcia HH (2013) Intramedullary cysticercosis of the spinal cord: a review of patients evaluated with MRI. J Neurol Sci 331:114–7.

Del Brutto OH, Rajshekhar V, White AC Jr, Tsang VC, Nash TE, Takayanagui OM, Schantz PM, Evans CA, Flisser A, Correa D, Botero D, Allan JC, Sarti E, Gonzalez AE, Gilman RH, García HH (2001) Proposed diagnostic criteria for neurocysticercosis. Neurology 57:177–83.

Deng X, Wang K, Wu L, Yang C, Yang T, Zhao L, Yang J, Wang G, Fang J, Xu Y (2014) Intraspinal hemangioblastomas: analysis of 92 cases in a single institution: clinical article. J Neurosurg Spine 21:260–9.

DeSena A, Graves D, Morriss MC, Greenberg BM (2014) Transverse myelitis plus syndrome and acute disseminated encephalomyelitis plus syndrome: a case series of 5 children. JAMA Neurol 71:624–9.

De Smet E, Vanhoenacker FM, Parizel PM (2014) Traumatic myelopathy: current concepts in imaging. Semin Musculoskelet Radiol 18:318–31.

De Verdelhan O, Haegelen C, Carsin-Nicol B, Riffaud L, Amlashi SF, Brassier G, Carsin M, Morandi X (2005) MR imaging features of spinal schwannomas and meningiomas. J Neuroradiol 32:42–9.

Dhatt S, Tahasildar N, Tripathy SK, Bahadur R, Dhillon M (2011) Outcome of spinal decompression in Cauda equina syndrome presenting late in developing countries: case series of 50 cases. Eur Spine J 20:2235–9.

Dietrich WD 3rd (2009) Therapeutic hypothermia for spinal cord injury. Crit Care Med 37(7 Suppl):S238–42.

Ditunno JF, Little JW, Tessler A, Burns AS (2004) Spinal shock revisited: a four-phase model. Spinal Cord 42:383–95.

Domeier RM, Evans RW, Swor RA, Rivera-Rivera EJ, Frederiksen SM (1997) Prehospital clinical findings associated with spinal injury. Prehosp Emerg Care 1:11–5.

Domingo A, Al-Yahya AA, Asiri Y, Eng JJ, Lam T; Spinal Cord Injury Rehabilitation Evidence Research Team (2012) A systematic review of the effects of pharmacological agents on walking function in people with spinal cord injury. J Neurotrauma 29:865–79.

Donghai W, Ning Y, Peng Z, Shuo X, Xueen L, Peng Z, Bin H, Xingang L (2013) The diagnosis of spinal dural arteriovenous fistulas. Spine (Phila Pa 1976) 38:E546–53.

Draulans N, Vermeersch K, Degraeuwe B, Meurrens T, Peers K, Nuttin B, Kiekens C (2013) Intrathecal baclofen in multiple sclerosis and spinal cord injury: complications and long-term dosage evolution. Clin Rehabil 27:1137–43.

Drouet A, Wolkenstein P, Lefaucheur JP, Pinson S, Combemale P, Gherardi RK, Brugières P, Salama J, Ehre P, Decq P, Créange A (2004) Neurofibromatosis 1-associated neuropathies: a reappraisal. Brain 127(Pt 9):1993–2009.

Düz B, Gocmen S, Secer HI, Basal S, Gönül E (2008) Tethered cord syndrome in adulthood. J Spinal Cord Med 31:272–8.

Dugas AF, Lucas JM, Edlow JA (2011) Diagnosis of spinal cord compression in nontrauma patients in the emergency department. Acad Emerg Med 18:719–25.

Dwarakanath S, Sharma BS, Mahapatra AK (2008) Intraspinal hemangioblastoma: analysis of 22 cases. J Clin Neurosci 15:1366–9.

Dwarakanath S, Suri A, Mahapatra AK, Mehta VS, Sharma MC (2005) Intramedullary ectopic choroid plexus: report of a rare case. Neurosurgery 56:E869.

Ebner FH, Schittenhelm J, Roser F, Scheel-Walter H, Tatagiba M, Schuhmann MU (2012) Management of holocord pilocytic astrocytomas in children and adolescents: an update. Pediatr Neurosurg 48:133–40.

Ellingson BM, Salamon N, Holly LT (2015) Advances in MR imaging for cervical spondylotic myelopathy. Eur Spine J 24 Suppl 2:197–208.

Emmer A, Staege MS, Kornhuber ME (2014) The retrovirus/superantigen hypothesis of multiple sclerosis. Cell Mol Neurobiol 34:1087–96.

Emmer A, Surov A, Kornhuber ME (2015) Incidental cerebral toxocarosis as confirmed by cerebrospinal fluid cytology. Am J Med 128:e35–6.

Engelen M, Kemp S, de Visser M, van Geel BM, Wanders RJ, Aubourg P, Poll-The BT (2012) X-linked adrenoleukodystrophy (X-ALD): clinical presentation and guidelines for diagnosis, follow-up and management. Orphanet J Rare Dis 7:51.

Erichsen AK, Koht J, Stray-Pedersen A, Abdelnoor M, Tallaksen CM (2009) Prevalence of hereditary ataxia and spastic paraplegia in southeast Norway: a population-based study. Brain 132(Pt 6):1577–88.

Esik O, Csere T, Stefanits K, Lengyel Z, Sáfrány G, Vönöczky K, Lengyel E, Nemeskéri C, Repa I, Trón L (2003) A review on radiogenic Lhermitte's sign. Pathol Oncol Res 9:115–20.

Ettinger MJ, Darwish HM, Schmitt RC (1986) Mechanism of copper transport from plasma to hepatocytes. Fed Proc 45:2800–4.

Faig J, Busse O, Salbeck R (1998) Vertebral body infarction as a confirmatory sign of spinal cord ischemic stroke: report of three cases and review of the literature. Stroke 29:239–43.

Farrar MA, Kiernan MC (2015) The Genetics of Spinal Muscular Atrophy: Progress and Challenges. Neurotherapeutics 12:290–302.

Fassett DR, Dailey AT, Vaccaro AR (2008) Vertebral artery injuries associated with cervical spine injuries: a review of the literature. J Spinal Disord Tech 21:252–8.

Fatunde OJ, Lagunju IA, Adeniyi OF, Orimadegun AE (2006) Non-traumatic paraplegia in Nigerian children presenting at the University College Hospital, Ibadan. Afr J Med Med Sci 35:37–41.

Fehlings MG, Perrin RG (2006) The timing of surgical intervention in the treatment of spinal cord injury: a systematic review of recent clinical evidence. Spine (Phila Pa 1976) 31(11 Suppl):S28–36.

Fehlings MG, Theodore N, Harrop J, Maurais G, Kuntz C, Shaffrey CI, Kwon BK, Chapman J, Yee A, Tighe A, McKerracher L (2011) A phase I/IIa clinical trial of a recombinant Rho protein antagonist in acute spinal cord injury. J Neurotrauma 28:787–96.

Feki I, Belahsen F, Ben Jemaa M, Mhiri C (2003) [Subacute myelitis revealed by human immunodeficiency virus infection]. Rev Neurol (Paris) 159(5 Pt 1):577–80.

Feng Y, Guo N, Liu J, Chen X, Sun Q, Lai R, Huang F (2011) Mycobacteria infection in incomplete transverse myelitis is refractory to steroids: a pilot study. Clin Dev Immunol 2011:501369.
Ferrari TC, Moreira PR, Cunha AS (2004) Spinal cord schistosomiasis: a prospective study of 63 cases emphasizing clinical and therapeutic aspects. J Clin Neurosci 11:246–53.
Ferrell AS, Tubbs RS, Acakpo-Satchivi L, Deveikis JP, Harrigan MR (2009) Legacy and current understanding of the often-misunderstood Foix-Alajouanine syndrome. Historical vignette. J Neurosurg 111:902–6.
Filippi M, Rocca MA, Martino G, Horsfield MA, Comi G (1998) Magnetization transfer changes in the normal appearing white matter precede the appearance of enhancing lesions in patients with multiple sclerosis. Ann Neurol 43:809–14.
Filizzolo F, Versari P, D'Aliberti G, Arena O, Scotti G, Mariani C (1988) Foramen magnum decompression versus terminal ventriculostomy for the treatment of syringomyelia. Acta Neurochir (Wien) 93:96–9.
Finnerup NB, Grydehøj J, Bing J, Johannesen IL, Biering-Sørensen F, Sindrup SH, Jensen TS (2009) Levetiracetam in spinal cord injury pain: a randomized controlled trial. Spinal Cord 47:861–7.
Finsterer J, Löscher W, Wanschitz J, Baumann M, Quasthoff S, Grisold W (2013) Hirayama disease in Austria. Joint Bone Spine 80:503–7.
Fiori R, Coco I, Nezzo M, Kabunda G, Umana GE, Fraioli MF, Simonetti G (2014) Spinal hydatidosis relapse: a case report. Case Rep Orthop 2014:207643.
Flanagan EP, McKeon A, Lennon VA, Kearns J, Weinshenker BG, Krecke KN, Matiello M, Keegan BM, Mokri B, Aksamit AJ, Pittock SJ (2011) Paraneoplastic isolated myelopathy: clinical course and neuroimaging clues. Neurology 76:2089–95.
Flanagan EP, Weinshenker BG, Krecke KN, Lennon VA, Lucchinetti CF et al. (2015) Short myelitis lesions in aquaporin-4-IgG-positive neuromyelitis optica spectrum disorders. JAMA Neurol 72:81–7.
Floyd AG, Yu QP, Piboolnurak P, Tang MX, Fang Y, Smith WA, Yim J, Rowland LP, Mitsumoto H, Pullman SL (2009) Transcranial magnetic stimulation in ALS: utility of central motor conduction tests. Neurology 72:498–504.
Foo D, Rossier AB (1983) Anterior spinal artery syndrome and its natural history. Paraplegia 21:1–10.
Fouyas IP, Statham PF, Sandercock PA (2002) Cochrane review on the role of surgery in cervical spondylotic radiculomyelopathy. Spine (Phila Pa 1976) 27:736–47.
Freischmidt A, Wieland T, Richter B et al. (2015) Haploinsufficiency of TBK1 causes familial ALS and fronto-temporal dementia. Nat Neurosci 18:631–636, zit. nach Hübers A et al. (2016).
Frese T, Jonas S, Sandholzer H (2009) A patient presenting with abdominal pain to the general practitioner: a case report. Cases J 2:9297.
Fuchs G, Schwarz G, Baumgartner A, Kaltenböck F, Voit-Augustin H, Planinz W (1999) Fiberoptic intubation in 327 neurosurgical patients with lesions of the cervical spine. J Neurosurg Anesthesiol 11:11–6.
Fukunaga N, Yuzaki M, Nasu M, Okada Y (2014) Reversal of acute monoparesis following thoracoabdominal aortic aneurysm repair. Gen Thorac Cardiovasc Surg 62:321–3.
Fuller DD, Lee KZ, Tester NJ (2013) The impact of spinal cord injury on breathing during sleep. Respir Physiol Neurobiol 188:344–54.
Furugen M, Yamashiro S, Tamayose M, Naha Y, Miyagi K et al. (2006) Elsberg syndrome with eosinophilic meningoencephalitis caused by Angiostrongylus cantonensis. Intern Med 45:1333–6.
Fushimi K, Miyamoto K, Hioki A, Hosoe H, Takeuchi A, Shimizu K (2013) Neurological deterioration due to missed thoracic spinal stenosis after decompressive lumbar surgery: A report of six cases of tandem thoracic and lumbar spinal stenosis. Bone Joint J 95-B:1388–91.
Ganau M, Talacchi A, Cecchi PC, Ghimenton C, Gerosa M, Faccioli F (2012) Cystic dilation of the ventriculus terminalis. J Neurosurg Spine 17:86–92.

Garg N, Sampath S, Yasha TC, Chandramouli BA, Devi BI, Kovoor JM (2008) Is total excision of spinal neurenteric cysts possible? Br J Neurosurg 22:241–51.

Garg RK, Sharma R, Kar AM, Kushwaha RA, Singh MK, Shukla R, Agarwal A, Verma R (2010) Neurological complications of miliary tuberculosis. Clin Neurol Neurosurg 112:188–92.

George R, Jeba J, Ramkumar G, Chacko AG, Tharyan P (2015) Interventions for the treatment of metastatic extradural spinal cord compression in adults. Cochrane Database Syst Rev 9:CD006716.

Gepp Rde A, Couto JM, Silva MD, Quiroga MR (2013) Mortality is higher in patients with leptomeningeal metastasis in spinal cord tumors. Arq Neuropsiquiatr 71:40–5.

Ghobrial GM, Dalyai RT, Maltenfort MG, Prasad SK, Harrop JS, Sharan AD (2015) Arachnolysis or cerebrospinal fluid diversion for adult-onset syringomyelia? A Systematic review of the literature. World Neurosurg 83:829–35.

Gibbs IC, Patil C, Gerszten PC, Adler JR Jr, Burton SA (2009) Delayed radiation-induced myelopathy after spinal radiosurgery. Neurosurgery 64(2 Suppl):A67–72.

Gille O, Soderlund C, Razafimahandri HJ, Mangione P, Vital JM (2006) Analysis of hard thoracic herniated discs: review of 18 cases operated by thoracoscopy. Eur Spine J 15:537–42.

Gokhale S, Khan SA, McDonagh DL, Britz G (2014) Comparison of surgical and endovascular approach in management of spinal dural arteriovenous fistulas: A single center experience of 27 patients. Surg Neurol Int 5:7.

Gokaslan ZL, York JE, Walsh GL, McCutcheon IE, Lang FF, Putnam JB Jr, Wildrick DM, Swisher SG, Abi-Said D, Sawaya R (1998) Transthoracic vertebrectomy for metastatic spinal tumors. J Neurosurg 89:599–609.

Golder FJ, Fuller DD, Lovett-Barr MR, Vinit S, Resnick DK, Mitchell GS (2011) Breathing patterns after mid-cervical spinal contusion in rats. Exp Neurol 231:97–103.

Gottfried ON, Gluf W, Quinones-Hinojosa A, Kan P, Schmidt MH (2003) Spinal meningiomas: surgical management and outcome. Neurosurg Focus 14:e2.

Goyal S, Puri T, Julka PK (2015) Holocord low grade astrocytoma – Role of radical irradiation and chemotherapy. J Egypt Natl Canc Inst 27:105–8.

Grewal AK, Lopes MB, Berg CL, Bennett AK, Alves VA, Trugman JM (2004) Recurrent demyelinating myelitis associated with hepatitis C viral infection. J Neurol Sci 224:101–6.

Griggs KE, Price MJ, Goosey-Tolfrey VL (2015) Cooling athletes with a spinal cord injury. Sports Med 45:9–21.

Groen RJ, Middel B, Meilof JF, de Vos-van de Biezenbos JB, Enting RH, Coppes MH, Journee LH (2009) Operative treatment of anterior thoracic spinal cord herniation: three new cases and an individual patient data meta-analysis of 126 case reports. Neurosurgery 64(3 Suppl):145–59.

Grossman RG, Fehlings MG, Frankowski RF, Burau KD, Chow DS, Tator C, Teng A, Toups EG, Harrop JS, Aarabi B, Shaffrey CI, Johnson MM, Harkema SJ, Boakye M, Guest JD, Wilson JR (2014) A prospective, multicenter, phase I matched-comparison group trial of safety, pharmacokinetics, and preliminary efficacy of riluzole in patients with traumatic spinal cord injury. J Neurotrauma 31:239–55.

Guillemin C (1995) Actinic myelitis: diagnosis and treatment. Schweiz Med Wochenschr 125:74–81.

Gupta R, Garg RK, Jain A, Malhotra HS, Verma R, Sharma PK (2015) Spinal cord and spinal nerve root involvement (myeloradiculopathy) in tuberculous meningitis. Medicine (Baltimore) 94:e404.

Guss ZD, Moningi S, Jallo GI, Cohen KJ, Wharam MD, Terezakis SA (2013) Management of pediatric spinal cord astrocytomas: outcomes with adjuvant radiation. Int J Radiat Oncol Biol Phys 85:1307–11.

Guttmann CR, Rousset M, Roch JA, Hannoun S, Durand-Dubief F, Belaroussi B, Cavallari M, Rabilloud M, Sappey-Marinier D, Vukusic S, Cotton E (2015) Multiple sclerosis lesion formation and early evolution revisited: A weekly high-resolution magnetic resonance imaging study. Mult Scler, pii: 1352458515600247 [Epub ahead of print].

Haber MD, Nguyen DD, Li S (2014) Differentiation of idiopathic spinal cord herniation from CSF-isointense intraspinal extramedullary lesions displacing the cord. Radiographics 34:313–29.

Hagenbach U, Luz S, Ghafoor N, Berger JM, Grotenhermen F, Brenneisen R, Mäder M (2007) The treatment of spasticity with Delta9-tetrahydrocannabinol in persons with spinal cord injury. Spinal Cord 45:551–62.

Halvorsen CM, Rønning P, Hald J, Johannesen TB, Kolstad F, Langmoen IA, Lied B, Skaar Holme S, Helseth E (2015) The Long-term Outcome After Resection of Intraspinal Nerve Sheath Tumors: Report of 131 Consecutive Cases. Neurosurgery 77:585–93.

Hamlat A, Adn M, Ben Yahia M, Morandi X, Brassier G, Guegan Y (2005) Gowers intrasyringal hemorrhage. Case report and review of the literature. J Neurosurg Spine 3:477–81.

Haponik EF, Givens D, Angelo J (1983) Syringobulbia-myelia with obstructive sleep apnea. Neurology 33:1046–9.

Harrington C, James M, Wynne C (2010) Radiation myelopathy after 36 Gy in 12 fractions palliative chest radiotherapy for squamous cell cancer of the lung: case report and review of published studies. Clin Oncol (R Coll Radiol) 22:561–3.

Hartung HP, Kieseier BC, Aktas O (2010) Entwicklung einer oralen Formulierung zur Behandlung der Multiplen Sklerose. Nervenarzt 81:194–202.

Hayashi D, Kubota R, Takenouchi N, Nakamura T, Umehara F, Arimura K, Izumo S, Osame M (2008) Accumulation of human T-lymphotropic virus type I (HTLV-I)-infected cells in the cerebrospinal fluid during the exacerbation of HTLV-I-associated myelopathy. J Neurovirol 14:459–63.

He F, Xing T, Yu F, Li H, Fang X, Song H (2015) Cauda equina syndrome: an uncommon symptom of aortic diseases. Int J Clin Exp Med 8:10760–6.

Hegde A, Mohan S, Tan KK, Lim CC (2012) Spinal cavernous malformations: magnetic resonance imaging and associated findings. Singapore Med J 53:582–6.

Heidel KM, Benarroch EE, Gené R, Klein F, Meli F, Saadia D, Nogués MA (2002) Cardiovascular and respiratory consequences of bilateral involvement of the medullary intermediate reticular formation in syringobulbia. Clin Auton Res 12:450–6.

Heiss JD, Snyder K, Peterson MM, Patronas NJ, Butman JA, Smith RK, Devroom HL, Sansur CA, Eskioglu E, Kammerer WA, Oldfield EH (2012) Pathophysiology of primary spinal syringomyelia. J Neurosurg Spine 17:367–80.

Henson JW, Thornton AF, Louis DN (2000) Spinal cord astrocytoma: response to PCV chemotherapy. Neurology 54:518–20.

Higgins AC, Pearlstein RD, Mullen JB, Nashold BS Jr (1981) Effects of hyperbaric oxygen therapy on long tract neuronal conduction in the acute phase of spinal cord injury. J Neurosurg 55:501–10.

Hoffman HJ, Taecholarn C, Hendrick EB, Humphreys RP (1985) Management of lipomyelomeningoceles. Experience at the Hospital for Sick Children, Toronto. J Neurosurg 62:1–8.

Holly LT, Batzdorf U (2006) Syringomyelia associated with intradural arachnoid cysts. J Neurosurg Spine 5:111–6.

Horodyski M, DiPaola CP, Conrad BP, Rechtine GR 2nd (2011) Cervical collars are insufficient for immobilizing an unstable cervical spine injury. J Emerg Med 41:513–9.

Hort-Legrand C, Emery E (1999) Evoked motor and sensory potentials in syringomyelia. Neurochirurgie 45 Suppl 1:95–104.

Houten JK, Noce LA (2008) Clinical correlations of cervical myelopathy and the Hoffmann sign. J Neurosurg Spine 9:237–42.

Hou X, Sun C, Liu X, Liu Z, Qi Q, Guo Z, Li W, Zeng Y, Chen Z (2014) Clinical Features of Thoracic Spinal Stenosis-associated Myelopathy: A Retrospective Analysis of 427 Cases. J Spinal Disord Tech [Epub ahead of print].

Hoving EW, Haitsma E, Oude Ophuis CM, Journée HL (2011) The value of intraoperative neurophysiological monitoring in tethered cord surgery. Childs Nerv Syst 27:1445–52.

Hübers A et al. (2016) Amyotrophe Lateralsklerose. Eine Multisystemdegeneration. Nervenarzt 87:179–188.

Hughes G, Ugokwe K, Benzel EC (2008) A review of spinal arachnoid cysts. Cleve Clin J Med 75:311–5.

Hung-Kai Weng R, Chang MC, Feng SW, Wang ST, Liu CL, Chen TH (2013) Progressive growth of arachnoid cysts with cauda equina syndrome after lumbar spine surgery. J Chin Med Assoc 76:527–31.

Hvas AM, Morkbak AL, Hardlei TF, Nexo E (2011) The vitamin B12 absorption test, CobaSorb, identifies patients not requiring vitamin B12 injection therapy. Scand J Clin Lab Invest 71:432–8.

Hyun JW, Kim JY, Choi KG, Kim HJ, Park KD (2015) The Etiological Spectrum of Acute Sensory Myelitis. J Clin Neurol 11:227–33.

Iacoangeli M, Gladi M, Di Rienzo A, Dobran M, Alvaro L, Nocchi N, Maria LG, Somma D, Colasanti R, Scerrati M (2012) Minimally invasive surgery for benign intradural extramedullary spinal meningiomas: experience of a single institution in a cohort of elderly patients and review of the literature. Clin Interv Aging 7:557–64.

Ikeda H, Hanakita J, Takahashi T, Kitahama Y, Kuraishi K, Watanabe M, Uesaka T, Takeshima Y, Kitagawa M, Murata D (2011) Investigation of pseudolocalizing signs in the lumbar region: analysis of L5 monoradiculopathy due to upper lumbar compressive lesions. No Shinkei Geka 39:743–53.

Imagama S, Ito Z, Wakao N, Sakai Y, Kato F, Yukawa Y, Sato K, Ando K, Hirano K, Tauchi R, Muramoto A, Hashizume Y, Matsuyama Y, Ishiguro N (2011) Differentiation of localization of spinal hemangioblastomas based on imaging and pathological findings. Eur Spine J 20:1377–84.

Isik N, Elmaci I, Isik N, Cerci SA, Basaran R, Gura M, Kalelioglu M (2013) Long-term results and complications of the syringopleural shunting for treatment of syringomyelia: a clinical study. Br J Neurosurg 27:91–9.

Ito Y, Sugimoto Y, Tomioka M, Kai N, Tanaka M (2009) Does high dose methylprednisolone sodium succinate really improve neurological status in patient with acute cervical cord injury?: a prospective study about neurological recovery and early complications. Spine (Phila Pa 1976) 34:2121–4.

Ivashchuk G, Loukas M, Blount JP, Tubbs RS, Oakes WJ (2015) Chiari III malformation: a comprehensive review of this enigmatic anomaly. Childs Nerv Syst 31:2035–40.

Iyer A, Elsone L, Appleton R, Jacob A (2014) A review of the current literature and a guide to the early diagnosis of autoimmune disorders associated with neuromyelitis optica. Autoimmunity 47:154–61.

Jabbour RA, Kanj SS, Sawaya RA, Awar GN, Hourani MH, Atweh SF (2011) Toxocara canis myelitis: clinical features, magnetic resonance imaging (MRI) findings, and treatment outcome in 17 patients. Medicine (Baltimore) 90:337–43.

Jain A, Menga EN, Hassanzadeh H, Jain P, Lemma MA, Mesfin A (2014) Thoracic disc disorders with myelopathy: treatment trends, patient characteristics, and complications. Spine (Phila Pa 1976) 39:E1233–8.

Jaiser SR, Winston GP (2010) Copper deficiency myelopathy. J Neurol 257:869–81.

Jameson R, Rech C, Garreau de Loubresse C (2010) Cervical myelopathy in athetoid and dystonic cerebral palsy: retrospective study and literature review. Eur Spine J 19:706–12.

Jamison J, Maguire S, McCann J (2013) Catheter policies for management of long term voiding problems in adults with neurogenic bladder disorders. Cochrane Database Syst Rev 11:CD004375.

Jarius S, Ruprecht K, Wildemann B, Kuempfel T, Ringelstein M et al. (2012) Contrasting disease patterns in seropositive and seronegative neuromyelitis optica: A multicentre study of 175 patients. J Neuroinflammation 9:14.

Jeffery DR, Mandler RN, Davis LE (1993) Transverse myelitis. Retrospective analysis of 33 cases, with differentiation of cases associated with multiple sclerosis and parainfectious events. Arch Neurol, 50:532–535.

Jellema K, Tijssen CC, van Gijn J (2006) Spinal dural arteriovenous fistulas: a congestive myelopathy that initially mimics a peripheral nerve disorder. Brain 129(Pt 12):3150–64.

Jiang SD, Jiang LS, Dai LY (2011) Degenerative cervical spondylolisthesis: a systematic review. Int Orthop 35:869–75.

Jinnai T, Koyama T (2005) Clinical characteristics of spinal nerve sheath tumors: analysis of 149 cases. Neurosurgery 56:510–5.

Joseffer SS, Cooper PR (2005) Modern imaging of spinal tuberculosis. J Neurosurg Spine 2:145–50.

Joyce NC, Carter GT (2013) Electrodiagnosis in persons with amyotrophic lateral sclerosis. PM R 5(5 Suppl):S89–95.

Junming M, Cheng Y, Dong C, Jianru X, Xinghai Y, Quan H, Wei Z, Mesong Y, Dapeng F, Wen Y, Bin N, Lianshun J, Huimin L (2008) Giant cell tumor of the cervical spine: a series of 22 cases and outcomes. Spine (Phila Pa 1976) 33:280–8.

Kaczmarek A, Schneider S, Wirth B, Riessland M (2015) Investigational therapies for the treatment of spinal muscular atrophy. Expert Opin Investig Drugs 24:867–81.

Kamtchum Tatuene J, Pignel R, Pollak P, Lovblad KO, Kleinschmidt A, Vargas MI (2014) Neuroimaging of diving-related decompression illness: current knowledge and perspectives. AJNR Am J Neuroradiol 35:2039–44.

Kang JK, Yoon KJ, Ha SS, Lee IW, Jeun SS, Kang SG (2009) Surgical management and outcome of tethered cord syndrome in school-aged children, adolescents, and young adults. J Korean Neurosurg Soc 46:468–71.

Kannath S, Rajan Jayadevan E (2015) The lurking catastrophic complication of an equally catastrophic disease: the lesson learned. Neurosurgery [Epub ahead of print].

Kapetanos GA, Hantzidis PT, Anagnostidis KS, Kirkos JM (2006) Thoracic cord compression caused by disk herniation in Scheuermann's disease: a case report and review of the literature. Eur Spine J 15 Suppl 5:553–8.

Kappos L, Li D, Calabresi PA, O'Connor P, Bar-Or A, Barkhof F, Yin M, Leppert D, Glanzman R, Tinbergen J, Hauser SL (2011) Ocrelizumab in relapsing-remitting multiple sclerosis: a phase 2, randomised, placebo-controlled, multicentre trial. Lancet 378:1779–87.

Karle KN, Schüle R, Klebe S, Otto S, Frischholz C, Liepelt-Scarfone I, Schöls L (2013) Electrophysiological characterisation of motor and sensory tracts in patients with hereditary spastic paraplegia (HSP) Orphanet J Rare Dis 8:158.

Karpova A, Arun R, Kalsi-Ryan S, Massicotte EM, Kopjar B, Fehlings MG (2014) Do quantitative magnetic resonance imaging parameters correlate with the clinical presentation and functional outcomes after surgery in cervical spondylotic myelopathy? A prospective multicenter study. Spine (Phila Pa 1976) 39:1488–97.

Kasimatis GB, Panagiotopoulos E, Megas P, Matzaroglou C, Gliatis J, Tyllianakis M, Lambiris E (2008) The adult spinal cord injury without radiographic abnormalities syndrome: magnetic resonance imaging and clinical findings in adults with spinal cord injuries having normal radiographs and computed tomography studies. J Trauma 65:86–93.

Katz JD, Ropper AH (2000) Progressive necrotic myelopathy: clinical course in 9 patients. Arch Neurol 57:355–61.

Kawalec P, Mikrut A, Wiśniewska N, Pilc A (2014) The effectiveness of dimethyl fumarate monotherapy in the treatment of relapsing-remitting multiple sclerosis: a systematic review and meta-analysis. Curr Neuropharmacol 12:256–68.

Kayal AK, Goswami M, Das M, Paul B (2011) Clinical spectrum of neurosyphilis in North East India. Neurol India 59:344–50.

Kearney H, Altmann DR, Samson RS, Yiannakas MC, Wheeler-Kingshott CA, Ciccarelli O, Miller DH (2015) Cervical cord lesion load is associated with disability independently from atrophy in MS. Neurology 84:367–73.

Kennedy JG, Soffe KE, McGrath A, Stephens MM, Walsh MG, McManus F (1999) Predictors of outcome in cauda equina syndrome. Eur Spine J 8:317–22.

Khan MU (2014) Endotracheal intubation in patients with unstable cervical spine using LMA-Fastrach and gum elastic bogie. J Coll Physicians Surg Pak 24:4–7.

Killeen T, Czaplinski A, Cesnulis E (2014) Extradural spinal cavernous malformation: a rare but important mimic. Br J Neurosurg 28:340–6.

Killeen T, Kamat A, Walsh D, Parker A, Aliashkevich A (2012) Severe adhesive arachnoiditis resulting in progressive paraplegia following obstetric spinal anaesthesia: a case report and review. Anaesthesia 67:1386–94.

Kim JY, Koh ES, Leigh J, Shin HI (2012) Management of bowel dysfunction in the community after spinal cord injury: a postal survey in the Republic of Korea. Spinal Cord 50:303–8.

Kim JM, Losina E, Bono CM, Schoenfeld AJ, Collins JE, Katz JN, Harris MB (2012) Clinical outcome of metastatic spinal cord compression treated with surgical excision ± radiation versus radiation therapy alone: a systematic review of literature. Spine (Phila Pa 1976) 37:78–84.

Kim SH, Jeong IH, Hyun JW, Joung A, Jo HJ, Hwang SH, Yun S, Joo J, Kim HJ (2015) Treatment Outcomes With Rituximab in 100 Patients With Neuromyelitis Optica: Influence of FCGR3A Polymorphisms on the Therapeutic Response to Rituximab. AMA Neurol 72:989–95.

Kingwell E, Marriott JJ, Jetté N, Pringsheim T, Makhani N et al. (2013) Incidence and prevalence of multiple sclerosis in Europe: a systematic review. BMC Neurol 13:128.

Kleiter I, Gahlen A, Borisow N, Fischer K, Wernecke KD et al. (2015) Neuromyelitis optica: Evaluation of 871 attacks and 1153 treatment courses. Ann Neurol, doi: 10.1002/ana.24554 [Epub ahead of print].

Klekamp J (2013) Treatment of syringomyelia related to nontraumatic arachnoid pathologies of the spinal canal. Neurosurgery 72:376–89.

Klekamp J (2014) Treatment of basilar invagination. Eur Spine J 23:1656–65.

Klekamp J, Iaconetta G, Batzdorf U, Samii M (2002) Syringomyelia associated with foramen magnum arachnoiditis. J Neurosurg 97(3 Suppl):317–22.

Klekamp J, Samii M (1999) Surgical results for spinal meningiomas. Surg Neurol 52:552–62.

Klockgether T, Schöls L, Schmitz-Hübsch T, Timmann-Braun D (2012) Leitlinie: Ataxien des Erwachsenenalters. AWMF-Registernummer: 030/031. Stand: September 2012.

Ko HY, Kim W, Kim SY, Shin MJ, Cha YS, Chang JH, Shin YB (2012) Factors associated with early onset post-traumatic syringomyelia. Spinal Cord 50:695–8.

Koch M, Sepp D, Prothmann S, Poppert H, Seifert CL (2015) Systemic thrombolysis in anterior spinal artery syndrome: what has to be considered? J Thromb Thrombolysis [Epub ahead of print].

Kombos T, Ramsbacher J, Brock M (1996) Isolierte idiopathische Syringobulbie: Fallbericht und Zusammenfassung der Literatur. Zentralbl Neurochir 57:103–7.

Kong WZ, Goel VK, Gilbertson LG (1998) Prediction of biomechanical parameters in the lumbar spine during static sagittal plane lifting. J Biomech Eng 120:273–80.

Kornblith LZ, Kutcher ME, Callcut RA, Redick BJ, Hu CK, Cogbill TH, Baker CC, Shapiro ML, Burlew CC, Kaups KL, DeMoya MA, Haan JM, Koontz CH, Zolin SJ, Gordy SD, Shatz DV, Paul DB, Cohen MJ; Western Trauma Association Study Group (2013) Mechanical ventilation weaning and extubation after spinal cord injury: a Western Trauma Association multicenter study. J Trauma Acute Care Surg 75:1060–70.

Kornhuber ME, Presek P, Zierz S (2005) Unterschiedliche Wirkung der Immuntherapie auf Schübe und schleichende Progression bei Multipler Sklerose: Deutung und Konsequenzen für die Therapie. Fortschr Neurol Psychiatr 73:143–9.

Kornhuber ME, Schlüter A, Zierz S (2002) Anterior spinal artery syndrome: the diagnostic value of electromyography (EMG). J Neurol 249:1744–5.

Krassioukov A, Eng JJ, Claxton G, Sakakibara BM, Shum S (2010) Neurogenic bowel management after spinal cord injury: a systematic review of the evidence. Spinal Cord 48:718–33.

Krishnan C, Kaplin AI, Pardo CA, Kerr DA, Keswani SC (2006) Demyelinating disorders: update on transverse myelitis. Curr Neurol Neurosci Rep 6:236–43.

Kulkarni AV, Armstrong DC, Drake JM (1999) MR characteristics of malignant spinal cord astrocytomas in children. Can J Neurol Sci 26:290–3.

Kumar AJ, Köhler W, Kruse B, Naidu S, Bergin A, Edwin D, Moser HW (1995) MR findings in adult-onset adrenoleukodystrophy. AJNR Am J Neuroradiol 16:1227–37.

Kumral E, Polat F, Güllüoglu H, Uzunköprü C, Tuncel R, Alpaydin S (2011) Spinal ischaemic stroke: clinical and radiological findings and short-term outcome. Eur J Neurol 18:232–9.

Kushel' I, Belova I (2014) Epidemiology of pediatric intramedullary spinal cord tumors. Zh Vopr Neirokhir Im N N Burdenko 78:37–42.

Lad SP, Santarelli JG, Patil CG, Steinberg GK, Boakye M (2009) National trends in spinal arteriovenous malformations. Neurosurg Focus 26:1–5.

Lai C, Tian G, Takahashi T, Liu W, Yang L, Zhang X (2011) Neuromyelitis optica antibodies in patients with severe optic neuritis in China. J Neuroophthalmol 31:16–9.

Lampropoulou-Adamidou K, Athanassacopoulos M, Karampinas PK, Vlamis J, Korres DS, Pneumaticos SG (2013) Congenital variations of the upper cervical spine and their importance in preoperative diagnosis. A case report and a review of the literature. Eur J Orthop Surg Traumatol 23 Suppl 1:S101–5.

Lao LF, Zhong GB, Li QY, Liu ZD (2014) Kinetic magnetic resonance imaging analysis of spinal degeneration: a systematic review. Orthop Surg 6:294–9.

Lattanzi S, Logullo F, Di Bella P, Silvestrini M, Provinciali L (2014) Multiple sclerosis, solitary sclerosis or something else? Mult Scler 20:1819–24.

Le Gal JP, Juvin L, Cardoit L, Thoby-Brisson M, Morin D (2014) Remote control of respiratory neural network by spinal locomotor generators. PLoS One 9:e89670.

Lee CH, Hyun SJ, Kim KJ, Jahng TA, Kim HJ (2012) What is a reasonable surgical procedure for spinal extradural arachnoid cysts: is cyst removal mandatory? Eight consecutive cases and a review of the literature. Acta Neurochir (Wien) 154:1219–27.

Lee JH, Chung CK, Kim HJ (2002) Decompression of the spinal subarachnoid space as a solution for syringomyelia without Chiari malformation. Spinal Cord 40:501–6.

Lee JH, Shin JH, Park KP, Kim IJ, Kim CM, Lim JG, Choi YC, Kim DS (2005) Phenotypic variability in Kennedy's disease: implication of the early diagnostic features. Acta Neurol Scand 112:57–63.

Lee TT, Gromelski EB, Green BA (1998) Surgical treatment of spinal ependymoma and post-operative radiotherapy. Acta Neurochir (Wien) 140:309–13.

Le Forestier N, Maisonobe T, Piquard A, Rivaud S, Crevier-Buchman L, Salachas F, Pradat PF, Lacomblez L, Meininger V (2001) Does primary lateral sclerosis exist? A study of 20 patients and a review of the literature. Brain 124(Pt 10):1989–99.

Lennon VA, Kryzer TJ, Pittock SJ, Verkman AS, Hinson SR (2005) IgG marker of optic-spinal multiple sclerosis binds to the aquaporin-4 water channel. J Exp Med 202:473–7.

Levack P, Graham J, Collie D, Grant R, Kidd J, Kunkler I, Gibson A, Hurman D, McMillan N, Rampling R, Slider L, Statham P, Summers D; Scottish Cord Compression Study Group (2002) Don't wait for a sensory level–listen to the symptoms: a prospective audit of the delays in diagnosis of malignant cord compression. Clin Oncol (R Coll Radiol) 14:472–80.

Levendoglu F, Ogün CO, Ozerbil O, Ogün TC, Ugurlu H (2004) Gabapentin is a first line drug for the treatment of neuropathic pain in spinal cord injury. Spine (Phila Pa 1976) 29:743–51.

Levy WJ, Latchaw J, Hahn JF, Sawhny B, Bay J, Dohn DF (1986) Spinal neurofibromas: a report of 66 cases and a comparison with meningiomas. Neurosurgery 18:331–4.

Li W, Lee MH, Henderson L, Tyagi R, Bachani M et al. (2015) Human endogenous retrovirus-K contributes to motor neuron disease. Sci Transl Med 7:307ra153.

Liebsch R, Kornhuber ME, Dietl D, Gräfin von Einsiedel H, Conrad B (1996) Blood-CSF barrier integrity in multiple sclerosis. Acta Neurol Scand 94:404–10.

Llorens J, Soler-Martín C, Saldaña-Ruíz S, Cutillas B, Ambrosio S, Boadas-Vaello P (2011) A new unifying hypothesis for lathyrism, konzo and tropical ataxic neuropathy: nitriles are the causative agents. Food Chem Toxicol 49:563–70.

Lu X, Battistuzzo CR, Zoghi M, Galea MP (2015) Effects of training on upper limb function after cervical spinal cord injury: a systematic review. Clin Rehabil 29:3–13.

Lucchinetti CF, Guo Y, Popescu BF, Fujihara K, Itoyama Y, Misu T (2014) The pathology of an autoimmune astrocytopathy: lessons learned from neuromyelitis optica. Brain Pathol 24:83–97.

MacDonald R, Fink HA, Huckabay C, Monga M, Wilt TJ (2007) Botulinum toxin for treatment of urinary incontinence due to detrusor overactivity: a systematic review of effectiveness and adverse effects. Spinal Cord 45:535–41.

Majdan M, Brazinova A, Mauritz W (2015) Epidemiology of traumatic spinal cord injuries in Austria 2002–2012. Eur Spine J [Epub ahead of print].

Mallucci CL, Stacey RJ, Miles JB, Williams B (1997) Idiopathic syringomyelia and the importance of occult arachnoid webs, pouches and cysts. Br J Neurosurg 11:306–9.

Manconi M, Mondini S, Fabiani A, Rossi P, Ambrosetto P, Cirignotta F (2003) Anterior spinal artery syndrome complicated by the ondine curse. Arch Neurol 60:1787–90.

Maroon JC, El-Kadi H, Abla AA, Wecht DA, Bost J, Norwig J, Bream T (2007) Cervical neurapraxia in elite athletes: evaluation and surgical treatment. Report of five cases. J Neurosurg Spine 6:356–63.

Masuda M, Ueta T, Shiba K, Iwamoto Y (2015) D-dimer screening for deep venous thrombosis in traumatic cervical spinal injuries. Spine J, pii: S1529-9430(15)00653-1.

Matsumoto H, Hanajima R, Terao Y, Hamada M, Yugeta A, Shirota Y, Yuasa K, Sato F, Matsukawa T, Takahashi Y, Goto J, Tsuji S, Ugawa Y (2010) Efferent and afferent evoked potentials in patients with adrenomyeloneuropathy. Clin Neurol Neurosurg 112:131–6.

Matsumura A, Ayuzawa S, Doi M, Enomoto T, Takeuchi S, Yoshii Y, Nose T (1999) Chronic progressive hematomyelia: case reports and review of the literature. Surg Neurol 51:559–63.

Mattei TA, Goulart CR, Milano JB, Dutra LPF, Fasset DR (2011) Cervical spondylotic myelopathy: pathophysiology, diagnosis, and surgical techniques. ISRN Neurology ID463729:1–5.

Mattson DH, Roos RP, Arnason BG (1980) Isoelectric focusing of IgG eluted from multiple sclerosis and subacute sclerosing panencephalitis brains. Nature 287:335–7.

McCarthy MJ, Aylott CE, Grevitt MP, Hegarty J (2007) Cauda equina syndrome: factors affecting long-term functional and sphincteric outcome. Spine (Phila Pa 1976) 32:207–16.

McCormick PC (2014) Dorsal arachnoid web. Neurosurg Focus 37 Suppl 2:Video 8.

McGuigan C, Craner M, Guadagno J, Kapoor R, Mazibrada G, Molyneux P, Nicholas R, Palace J, Pearson OR, Rog D, Young CA (2016) Stratification and monitoring of natalizumab-associated progressive multifocal leukoencephalopathy risk: recommendations from an expert group. J Neurol Neurosurg Psychiatry 87:117–25.

McLean DE, Kearney J, Cawley MF (1999) Environmentally responsive temperature instability in pediatric spinal cord injury. Spinal Cord 37:705–9.

Mealy MA, Levy M (2015) Favorable outcome of granulocyte colony-stimulating factor use in neuromyelitis optica patients presenting with agranulocytosis in the setting of rituximab. J Neuroimmunol 287:29–30.

Mealy MA, Wingerchuk DM, Greenberg BM, Levy M (2012) Epidemiology of neuromyelitis optica in the United States: a multicenter analysis. Arch Neurol 69:1176–80.

Mehta S, Hill D, McIntyre A, Foley N, Hsieh J, Ethans K, Teasell RW, Loh E, Welk B, Wolfe D (2013) Meta-analysis of botulinum toxin A detrusor injections in the treatment of neurogenic detrusor overactivity after spinal cord injury. Arch Phys Med Rehabil 94:1473–81.

Mehta VA, Bettegowda C, Amin A, El-Gassim M, Jallo G, Ahn ES (2011) Impact of tethered cord release on symptoms of Chiari II malformation in children born with a myelomeningocele. Childs Nerv Syst 27:975–8.

Merello M, Lees AJ, Leiguarda R, Guevara J, Nogués M (1993) Inverse masticatory muscle activity due to syringobulbia. Mov Disord 8:359–60.

Merker VL, Esparza S, Smith MJ, Stemmer-Rachamimov A, Plotkin SR (2012) Clinical features of schwannomatosis: a retrospective analysis of 87 patients. Oncologist 17:1317–22.

Messing-Jünger M, Röhrig A (2013) Primary and secondary management of the Chiari II malformation in children with myelomeningocele. Childs Nerv Syst 29:1553–62.

Milhorat TH, Johnson RW, Milhorat RH, Capocelli AL Jr, Pevsner PH (1995) Clinicopathological correlations in syringomyelia using axial magnetic resonance imaging. Neurosurgery 37:206–13.

Miller AE (2015) Teriflunomide: A Once-daily Oral Medication for the Treatment of Relapsing Forms of Multiple Sclerosis. Clin Ther 37:2366–80.

Miller RG, Jackson CE, Kasarskis EJ, England JD, Forshew D et al. (2009) Practice parameter update: the care of the patient with amyotrophic lateral sclerosis: multidisciplinary care, symptom management, and cognitive/behavioral impairment (an evidence-based review): report of the Quality Standards Subcommittee of the American Academy of Neurology. Neurology 73:1227–33.

Miller RG, Mitchell JD, Moore DH (2012) Riluzole for amyotrophic lateral sclerosis (ALS)/motor neuron disease (MND). Cochrane Database Syst Rev 3:CD001447.

Minutoli F, Amato E, Sindoni A, Cardile D, Conti A, Herberg A, Baldari S (2014) Peptide receptor radionuclide therapy in patients with inoperable meningiomas: our experience and review of the literature. Cancer Biother Radiopharm 29:193–9.

Mirovsky Y, Shalmon E, Blankstein A, Halperin N (2005) Complete paraplegia following gunshot injury without direct trauma to the cord. Spine (Phila Pa 1976) 30:2436–8.

Miyaguchi M, Nakamura H, Shakudo M, Inoue Y, Yamano Y (2001) Idiopathic spinal cord herniation associated with intervertebral disc extrusion: a case report and review of the literature. Spine (Phila Pa 1976) 26:1090–4.

Montané E, Vallano A, Laporte JR (2004) Oral antispastic drugs in nonprogressive neurologic diseases: a systematic review. Neurology 63:1357–63.

Mora J, Cruz O, Gala S, Navarro R (2007) Successful treatment of childhood intramedullary spinal cord astrocytomas with irinotecan and cisplatin. Neuro Oncol 9:39–46.

Morgan D, Williams B (1992) Syringobulbia: a surgical appraisal. J Neurol Neurosurg Psychiatry 55:1132–41.

Morita M, Miyauchi A, Okuda S, Oda T, Aono H, Iwasaki M (2012) Intraspinal epidermoid tumor of the cauda equina region: seven cases and a review of the literature. J Spinal Disord Tech 25:292–8.

Morshed MG, Singh AE (2015) Recent trends in the serologic diagnosis of syphilis. Clin Vaccine Immunol 22:137–47.

Moser HW, Mahmood A, Raymond GV (2007) X-linked adrenoleukodystrophy. Nat Clin Pract Neurol 3:140–51.

Moss JM, Choi CY, Adler JR Jr, Soltys SG, Gibbs IC, Chang SD (2009) Stereotactic radiosurgical treatment of cranial and spinal hemangioblastomas. Neurosurgery 65:79–85.

Motley WW, Griffin LB, Mademan I, Baets J, De Vriendt E, De Jonghe P, Antonellis A, Jordanova A, Scherer SS (2015) Neurology 84:2040–7.

Mourier KL, Gobin YP, George B, Lot G, Merland JJ (1993) Intradural perimedullary arteriovenous fistulae: results of surgical and endovascular treatment in a series of 35 cases. Neurosurgery 32:885–91.

Mukai E (1995) Neurological manifestations of syringomyelia. Rinsho Shinkeigakund 35:1403–5.

Mulero P, Neri MJ, Rodriguez M, Arenillas JF, Téllez N (2014) Immune reconstitution inflammatory syndrome and natalizumab-Is it possible before removing the drug? Mult Scler Relat Disord 3:659–61.

Murai H, Arahata H, Osoegawa M, Ochi H, Minohara M, Taniwaki T, Tobimatsu S, Mihara F, Tsuruta Y, Inaba S, Kira J (2004) Effect of immunotherapy in myelitis with atopic diathesis. J Neurol Sci 227:39–47.

Murakami N (1999) Parkinsonism-dementia complex on Guam – overview of clinical aspects. J Neurol 246 Suppl 2:II16–8.

Nagappa M, Sinha S, Taly AB, Rao SL, Nagarathna S, Bindu PS, Bharath RD, Murthy P (2013) Neurosyphilis: MRI features and their phenotypic correlation in a cohort of 35 patients from a tertiary care university hospital. Neuroradiology 55:379–88.

Nagata K, Yoshimura N, Hashizume H, Muraki S, Ishimoto Y, Yamada H, Takiguchi N, Nakagawa Y, Minamide A, Oka H, Kawaguchi H, Nakamura K, Akune T, Yoshida M (2014) The prevalence of cervical myelopathy among subjects with narrow cervical spinal canal in a population-based magnetic resonance imaging study: the Wakayama Spine Study. Spine J 14:2811–7.

Nakagawa M, Kubota R, Takenaga S, Nakamura A, Osame M (1991) Nationwide survey of necrotizing myelopathy associated with malignancy in Japan. Rinsho Shinkeigakund 31:512–5.

Nakae R, Onda H, Yokobori S, Araki T, Fuse A, Toda S, Kushimoto S, Yokota H, Teramoto A (2010) Clinical analysis of spinal cord injury with or without cervical ossification of the posterior longitudinal ligament, spondylosis, and canal stenosis in elderly head injury patients. Neurol Med Chir (Tokyo) 50:461–5.

Nakamura M, Ishii K, Watanabe K, Tsuji T, Matsumoto M, Toyama Y, Chiba K (2009) Long-term surgical outcomes for myxopapillary ependymomas of the cauda equina. Spine (Phila Pa 1976) 34:E756–60.

Nakanishi K, Uchiyama T, Nakano N, Fukawa N, Yamada K, Yabuuchi T, Kato A (2012) Spinal syringomyelia following subarachnoid hemorrhage. J Clin Neurosci 19:594–7.

Napier RJ, Nolan PC (2011) Diagnosis of vertebral fractures in post-ictal patients. Emerg Med J 28:169–70.

Nesnídal P, Stulík J, Barna M (2012) Spinal cord concussion: a retrospective study of twenty-four patients. Acta Chir Orthop Traumatol Cech 79:150–5.

New PW, Astrakhantseva I (2014) Rehabilitation outcomes following infections causing spinal cord myelopathy. Spinal Cord 52:444–8.

New PW, McFarlane CL (2012) Retrospective case series of outcomes following spinal cord infarction. Eur J Neurol 19:1207–12.

Nexø BA, Villesen P, Nissen KK, Lindegaard HM, Rossing P et al. (2015) Are human endogenous retroviruses triggers of autoimmune diseases? Unveiling associations of three diseases and viral loci. Immunol Res. [Epub ahead of print].

Nickerson M, Marrie RA (2013). The multiple sclerosis relapse experience: patient-reported outcomes from the North American Research Committee on Multiple Sclerosis (NARCOMS) Registry. BMC Neurol 13:119.

Nidecker A, Kocher M, Maeder M, Gratzl O, Zäch GA, Benz UF, Burckhardt B (1991) MR-imaging of chronic spinal cord injury. Association with neurologic function. Neurosurg Rev 14:169–79.

Nogués M, Delorme R, Saadia D, Heidel K, Benarroch E (2001) Postural tachycardia syndrome in syringomyelia: response to fludrocortisone and beta-blockers. Clin Auton Res 11:265–7.
Nogués MA, Stålberg E (1999) Electrodiagnostic findings in syringomyelia. Muscle Nerve 22:1653–9.
Nouri A, Tetreault L, Zamorano JJ, Mohanty CB, Fehlings MG (2015) Prevalence of Klippel-Feil Syndrome in a Surgical Series of Patients with Cervical Spondylotic Myelopathy: Analysis of the Prospective, Multicenter AOSpine North America Study. Global Spine J 5:294–9.
Novara G, Galfano A, Secco S, D'Elia C, Cavalleri S, Ficarra V, Artibani W (2008) A systematic review and meta-analysis of randomized controlled trials with antimuscarinic drugs for overactive bladder. Eur Urol 54:740–63.
Novy J, Carruzzo A, Maeder P, Bogousslavsky J (2006) Spinal cord ischemia: clinical and imaging patterns, pathogenesis, and outcomes in 27 patients. Arch Neurol 63:1113–20.
Ogasawara M, Shikishima K, Sakai T, Takagi M, Tanaka K (2010) A case of neuromyelitis optica developing into myelitis 25 years after optic neuritis. Jpn J Ophthalmol 54:372–3.
Ogura Y, Miyake N, Kou I, Iida A, Nakajima M, Takeda K, Fujibayashi S, Shiina M, Okada E, Toyama Y, Iwanami A, Ishii K, Ogata K, Asahara H, Matsumoto N, Nakamura M, Matsumoto M, Ikegawa S (2015) Identification of HOXD4 Mutations in Spinal Extradural Arachnoid Cyst. PLoS One 10:e0142126.
Oh JK, Lee DY, Kim TY, Yi S, Ha Y, Kim KN, Shin H, Kim DS, Yoon DH (2012) Thoracolumbar extradural arachnoid cysts: a study of 14 consecutive cases. Acta Neurochir (Wien) 154:341–8.
Oh MC, Kim JM, Kaur G, Safaee M, Sun MZ, Singh A, Aranda D, Molinaro AM, Parsa AT (2013) Prognosis by tumor location in adults with spinal ependymomas. J Neurosurg Spine 18:226–35.
Oh U, Yamano Y, Mora CA, Ohayon J, Bagnato F, Butman JA, Dambrosia J, Leist TP, McFarland H, Jacobson S (2005) Interferon-beta1a therapy in human T-lymphotropic virus type I-associated neurologic disease. Ann Neurol 57:526–34.
Okada S, Okeda R (2001) Pathology of radiation myelopathy. Neuropathology 21:247–65.
Okamoto K, Hamada E, Okuda B (2004) Anterior cerebral artery territory infarctions presenting with ascending tetraparesis. J Stroke Cerebrovasc Dis 13:92–4.
Olivero WC, Wang H, Hanigan WC, Henderson JP, Tracy PT, Elwood PW, Lister JR, Lyle L (2009) Cauda equina syndrome (CES) from lumbar disc herniations. J Spinal Disord Tech 22:202–6.
Omori K, Isshiki N, Tsuji T, Yamashita M (2002) Bilateral vocal fold paralysis and adhesion in anterior spinal artery syndrome. Ann Otol Rhinol Laryngol 111:680–3.
Onishi E, Sakamoto A, Murata S, Matsushita M (2012) Risk factors for acute cervical spinal cord injury associated with ossification of the posterior longitudinal ligament. Spine (Phila Pa 1976) 37:660–6.
Oshima Y, Seichi A, Takeshita K, Chikuda H, Ono T, Baba S, Morii J, Oka H, Kawaguchi H, Nakamura K, Tanaka S (2012) Natural course and prognostic factors in patients with mild cervical spondylotic myelopathy with increased signal intensity on T2-weighted magnetic resonance imaging. Spine (Phila Pa 1976) 37:1909–13.
Oshita K, Saeki N, Niinai H, Hamada H, Kawamoto M (2011) Successful treatment of tabetic lightning pain and visceral crisis with gabapentin. J Anesth 25:952.
Owens GP, Bennett JL, Lassmann H, O'Connor KC, Ritchie AM, Shearer A, Lam C, Yu X, Birlea M, DuPree C, Williamson RA, Hafler DA, Burgoon MP, Gilden D (2009) Antibodies produced by clonally expanded plasma cells in multiple sclerosis cerebrospinal fluid. Ann Neurol 65:639–49.
Ozkan N, Wrede K, Ardeshiri A, Hagel V, Dammann P, Ringelstein A, Sure U, Erol Sandalcioglu I (2014) Cervical spondylodiscitis–a clinical analysis of surgically treated patients and review of the literature. Clin Neurol Neurosurg 117:86–92.
Pandey S (2011) Magnetic resonance imaging of the spinal cord in a man with tabes dorsalis. J Spinal Cord Med 34:609–11.

Pandit L, Asgari N, Apiwattanakul M, Palace J, Paul F, Leite MI, Kleiter I, Chitnis T (2015) GJCF International Clinical Consortium & Biorepository for Neuromyelitis Optica. Demographic and clinical features of neuromyelitis optica: A review. Mult Scler 21:845–53.

Panitch HS, Hirsch RL, Haley AS, Johnson KP (1987) Exacerbations of multiple sclerosis in patients treated with gamma interferon. Lancet 1:893–5.

Pareyson D, Fancellu R, Mariotti C, Romano S, Salmaggi A et al. (2008) Adult-onset Alexander disease: a series of eleven unrelated cases with review of the literature. Brain 131(Pt 9):2321–31.

Park SH, Kuh SU, Lim BJ (2012) Retroperitoneal spinal extradural arachnoid cyst combined with congenital hemivertebrae. J Korean Neurosurg Soc 52:257–60.

Parker F, Hladky JP, Breton JO, Mignard C, Laporte JP, Bousquet C (1988) Racemous cysticercosis of the cauda equina and cystic arachnoiditis. Apropos of 2 cases. Neurochirurgie 34:280–5.

Parker F, Lejeune JP, Bouly S, Lonjon M, Emery E, Proust F, Auque J, Loiseau H, Gallas S, Boetto S, Labauge P (2007) Natural history of intramedullary cavernomas. Results of the French Multicentric Study. Neurochirurgie 53(2-3 Pt 2):208–16.

Pasoglou V, Janin N, Tebache M, Tegos TJ, Born JD, Collignon L (2014) Familial adhesive arachnoiditis associated with syringomyelia. AJNR Am J Neuroradiol 35:1232–6.

Patel AR, Alton TB, Bransford RJ, Lee MJ, Bellabarba CB, Chapman JR (2014) Spinal epidural abscesses: risk factors, medical versus surgical management, a retrospective review of 128 cases. Spine J 14:326–30.

Patel DR, Knepper L, Jones HR Jr. (2008) Late-onset monomelic amyotrophy in a Caucasian woman. Muscle Nerve 37:115–9.

Patil CG, Lad SP, Santarelli J, Boakye M (2007) National inpatient complications and outcomes after surgery for spinal metastasis from 1993–2002. Cancer 110:625–30.

Peñarrocha M, Okeson JP, Peñarrocha MS, Angeles Cervelló M (2001) Orofacial pain as the sole manifestation of syringobulbia-syringomyelia associated with Arnold-Chiari malformation. J Orofac Pain 15:170–3.

Perron H, Lalande B, Gratacap B, Laurent A, Genoulaz O, Geny C, Mallaret M, Schuller E, Stoebner P, Seigneurin JM (1991) Isolation of retrovirus from patients with multiple sclerosis. Lancet 337:862–3.

Perumal JS, Caon C, Hreha S, Zabad R, Tselis A, Lisak R, Khan O (2008) Oral prednisone taper following intravenous steroids fails to improve disability or recovery from relapses in multiple sclerosis. Eur J Neurol 15:677–80.

Phillips AA, Krassioukov AV (2015) Contemporary Cardiovascular Concerns after Spinal Cord Injury: Mechanisms, Maladaptations, and Management. J Neurotrauma [Epub ahead of print].

Phuphanich S, Jacobs M, Murtagh FR, Gonzalvo A (1996) MRI of spinal cord radiation necrosis simulating recurrent cervical cord astrocytoma and syringomyelia. Surg Neurol 45:362–5.

Podnar S (2010) Cauda equina lesions as a complication of spinal surgery. Eur Spine J 19:451–7.

Polman CH, Reingold SC, Banwell B, Clanet M, Cohen JA et al. (2011) Diagnostic criteria for multiple sclerosis: 2010 revisions to the McDonald criteria. Ann Neurol 69:292–302.

Pollard ME, Apple DF (2003) Factors associated with improved neurologic outcomes in patients with incomplete tetraplegia. Spine (Phila Pa 1976) 28:33–9.

Pooyania S, Ethans K, Szturm T, Casey A, Perry D (2010) A randomized, double-blinded, crossover pilot study assessing the effect of nabilone on spasticity in persons with spinal cord injury. Arch Phys Med Rehabil 91:703–7.

Popescu A, Lai D, Lu A, Gardner K (2013) Stroke following epidural injections–case report and review of literature. J Neuroimaging 23:118–21.

Prasarn ML, Conrad B, Del Rossi G, Horodyski M, Rechtine GR (2012) Motion generated in the unstable cervical spine during the application and removal of cervical immobilization collars. J Trauma Acute Care Surg 72:1609–13.

Presas-Rodríguez S, Grau-López L, Hervás-García JV, Massuet-Vilamajó A, Ramo-Tello C (2015) Myelitis: Differences between multiple sclerosis and other aetiologies. Neurologia, pii: S0213-4853(15)00181–4.

Punyagupta S, Bunnag T, Juttijudata P (1990) Eosinophilic meningitis in Thailand. Clinical and epidemiological characteristics of 162 patients with myeloencephalitis probably caused by Gnathostoma spinigerum. J Neurol Sci 96:241–56.

Pupaibool J, Vasoo S, Erwin PJ, Murad MH, Berbari EF (2015) The utility of image-guided percutaneous needle aspiration biopsy for the diagnosis of spontaneous vertebral osteomyelitis: a systematic review and meta-analysis. Spine J 15:122–31.

Qi J, Yang J, Wang G (2014) A novel five-category multimodal T1-weighted and T2-weighted magnetic resonance imaging-based stratification system for the selection of spinal arachnoid cyst treatment: a 15-year experience of 81 cases. Neuropsychiatr Dis Treat 10:499–506.

Quiles M, Marchisello PJ, Tsairis P (1978) Lumbar adhesive arachnoiditis. Spine 3:45–50.

Quraishi NA, Ramoutar D, Sureshkumar D, Manoharan SR, Spencer A, Arealis G, Edwards KL, Boszczyk BM (2014) Metastatic spinal cord compression as a result of the unknown primary tumour. Eur Spine J 23:1502–7.

Rabiei K, Tisell M, Wikkelsø C, Johansson BR (2014) Diverse arachnoid cyst morphology indicates different pathophysiological origins. Fluids Barriers CNS 11:5.

Racca V, Di Rienzo M, Cavarretta R, Toccafondi A, Vaini E, Ferratini M, Rovaris M (2015) Fingolimod effects on left ventricular function in multiple sclerosis. Mult Scler, pii: 1352458515587753.

Raco A, Esposito V, Lenzi J, Piccirilli M, Delfini R, Cantore G (2005) Long-term follow-up of intramedullary spinal cord tumors: a series of 202 cases. Neurosurgery 56:972–81.

Raco A, Piccirilli M, Landi A, Lenzi J, Delfini R, Cantore G (2010) High-grade intramedullary astrocytomas: 30 years' experience at the Neurosurgery Department of the University of Rome "Sapienza". J Neurosurg Spine 12:144–53.

Rades D, Fehlauer F, Schulte R, Veninga T, Stalpers LJ, Basic H, Bajrovic A, Hoskin PJ, Tribius S, Wildfang I, Rudat V, Engenhart-Cabilic R, Karstens JH, Alberti W, Dunst J, Schild SE (2006) Prognostic factors for local control and survival after radiotherapy of metastatic spinal cord compression. J Clin Oncol 24:3388–93.

Radunovic A, Annane D, Rafiq MK, Mustfa N (2013) Mechanical ventilation for amyotrophic lateral sclerosis/motor neuron disease. Cochrane Database Syst Rev 3:CD004427.

Ragonese P, Aridon P, Salemi G, D'Amelio M, Savettieri G (2008) Mortality in multiple sclerosis: a review. Eur J Neurol 15:123–7.

Rajpal S, Tubbs RS, George T, Oakes WJ, Fuchs HE, Hadley MN, Iskandar BJ (2007) Tethered cord due to spina bifida occulta presenting in adulthood: a tricenter review of 61 patients. J Neurosurg Spine 6:210–5.

Ramczykowski T, Grüning S, Gurr A, Muhr G, Horch C, Meindl R, Swol J (2012) Aspirationspneumonie nach HWS-Verletzung. Präventiver Effekt von PEG-Sonden. Unfallchirurg 115:427–32.

Rasmussen MM, Krogh K, Clemmensen D, Bluhme H, Rawashdeh Y, Christensen P (2013) Colorectal transport during defecation in subjects with supraconal spinal cord injury. Spinal Cord 51:683–7.

Rajpal S, Chanbusarakum K, Deshmukh PR (2007) Upper cervical myelopathy due to arachnoiditis and spinal cord tethering from adjacent C-2 osteomyelitis. Case report and review of the literature. J Neurosurg Spine 6:64–7.

Reni M, Gatta G, Mazza E, Vecht C (2007) Ependymoma. Crit Rev Oncol Hematol 63:81–9.

Reynolds JM, Belvadi YS, Kane AG, Poulopoulos M (2014) Thoracic disc herniation leads to anterior spinal artery syndrome demonstrated by diffusion-weighted magnetic resonance imaging (DWI): a case report and literature review. Spine J 14:e17–22.

Riaz G, Campbell WW, Carr J, Ghatak N (1990) Facial myokymia in syringobulbia. Arch Neurol 47:472–4.

Ribeiro C, Reis FC (1998) [Adhesive lumbar arachnoiditis]. Acta Med Port 11:59–65.

Rice I, Wee MY, Thomson K (2004) Obstetric epidurals and chronic adhesive arachnoiditis. Br J Anaesth 92:109–20.

Rintala DH, Holmes SA, Courtade D, Fiess RN, Tastard LV, Loubser PG (2007) Comparison of the effectiveness of amitriptyline and gabapentin on chronic neuropathic pain in persons with spinal cord injury. Arch Phys Med Rehabil 88:1547–60.

Rizio N, Tran C, Sorenson M (2012) Efficacy and satisfaction rates of oral PDE5is in the treatment of erectile dysfunction secondary to spinal cord injury: a review of literature. J Spinal Cord Med 35:219–28.

Robles LA (2009) Transverse sacral fractures. Spine J 9:60–9.

Rogano LA, Greve JM, Teixeira MJ (2004) Use of intrathecal morphine infusion for spasticity. Arq Neuropsiquiatr 62(2B):403–5.

Roger EP, Chamczuk AJ, Hagan MC (2013) Thoracic venous congestion caused by thoracic disc herniation. Brain Behav 3:207–10.

Roy AK, Slimack NP, Ganju A (2011) Idiopathic syringomyelia: retrospective case series, comprehensive review, and update on management. Neurosurg Focus 31:E15.

Rumana M, Mahadevan A, Nayil Khurshid M, Kovoor JM, Yasha TC, Santosh V, Indira B, Shankar SK (2006) Cestode parasitic infestation: intracranial and spinal hydatid disease – a clinicopathological study of 29 cases from South India. Clin Neuropathol 25:98–104.

Rutges JP, Kempen DH, van Dijk M, Oner FC (2015) Outcome of conservative and surgical treatment of pyogenic spondylodiscitis: a systematic literature review. Eur Spine J [Epub ahead of print].

Sachdev VP, Savitz MH, Hindi AI, Goldstein HB (1991) Synovial cysts of the lumbar facet joint. Mt Sinai J Med 58:125–8.

Sahu SK, Giri S, Gupta N (2014) Longitudinal extensive transverse myelitis due to tuberculosis: a report of four cases. J Postgrad Med 60:409–12.

Sakushima K, Tsuboi S, Yabe I, Hida K, Terae S, Uehara R, Nakano I, Sasaki H (2012) Nationwide survey on the epidemiology of syringomyelia in Japan. J Neurol Sci 313:147–52.

Saladino A, Atkinson JL, Rabinstein AA, Piepgras DG, Marsh WR, Krauss WE, Kaufmann TJ, Lanzino G (2010) Surgical treatment of spinal dural arteriovenous fistulae: a consecutive series of 154 patients. Neurosurgery 67:1350–7.

Samadi B, Nguyen D, Rudham S, Barnett Y (2015) Spinal Cord Infarct During Concomitant Circulatory Support With Intra-Aortic Balloon Pump and Veno-Arterial Extracorporeal Membrane Oxygenation. Crit Care Med [Epub ahead of print].

Samartzis D, Gillis CC, Shih P, O'Toole JE, Fessler RG (2015) Intramedullary Spinal Cord Tumors: Part I-Epidemiology, Pathophysiology, and Diagnosis. Global Spine J 5:425–35.

Samartzis DD, Herman J, Lubicky JP, Shen FH (2006) Classification of congenitally fused cervical patterns in Klippel-Feil patients: epidemiology and role in the development of cervical spine-related symptoms. Spine (Phila Pa 1976) 31:E798–804.

Samii M, Klekamp J (1994) Surgical results of 100 intramedullary tumors in relation to accompanying syringomyelia. Neurosurgery 35:865–73.

Sangala JR, Uribe JS, Park P, Martinez C, Vale FL (2009) Nerve root prolapse into a spinal arachnoid cyst–an unusual cause of radiculopathy. Clin Neurol Neurosurg 111:460–4.

Savage JJ, Casey JN, McNeill IT, Sherman JH (2010) Neurenteric cysts of the spine. J Craniovertebr Junction Spine 1:58–63.

Sayer FT, Vitali AM, Low HL, Paquette S, Honey CR (2008) Brown-Sèquard syndrome produced by C3-C4 cervical disc herniation: a case report and review of the literature. Spine (Phila Pa 1976) 33:E279–82.

Schebesch KM, Mueller S, Wendl C, Brawanski A, Riemenschneider MJ, Proescholdt M (2015) Recurrence rates and functional outcome after resection of intrinsic intramedullary tumors. Clin Neurol Neurosurg 134:60–6.

Schliep G, Haupt WF, Fasshauer K (1984) Posttraumatische Syringomyelie. Fortschr Neurol Psychiatr 52:62–6.

Schulz JB, Boesch S, Bürk K, Dürr A, Giunti P, Mariotti C, Pousset F, Schöls L, Vankan P, Pandolfo M (2009) Diagnosis and treatment of Friedreich ataxia: a European perspective. Nat Rev Neurol 5:222–34.

Schwab ME, Strittmatter SM (2014) Nogo limits neural plasticity and recovery from injury. Curr Opin Neurobiol 27:53–60.

Seidl RO, Nusser-Müller-Busch R, Kurzweil M, Niedeggen A (2010) Dysphagia in acute tetraplegics: a retrospective study. Spinal Cord 48(3):197–201.

Selch MT, Tenn S, Agazaryan N, Lee SP, Gorgulho A, De Salles AA (2012) Image-guided linear accelerator-based spinal radiosurgery for hemangioblastoma. Surg Neurol Int 3:73.

Sen RK, Goyal T, Tripathy SK, Chakraborty S (2012) Tarlov cysts: a report of two cases. J Orthop Surg (Hong Kong) 20:87–9.

Shakespeare DT, Boggild M, Young C (2003) Anti-spasticity agents for multiple sclerosis. Cochrane Database Syst Rev (4):CD001332.

Sharma MC, Jain D, Sarkar C, Suri V, Garg A, Singh M, Mahapatra AK, Sharma BS (2009) Spinal teratomas: a clinico-pathological study of 27 patients. Acta Neurochir (Wien) 151:245–52.

Shem K, Castillo K, Wong S, Chang J (2011) Dysphagia in individuals with tetraplegia: incidence and risk factors. J Spinal Cord Med 34:85–92.

Shin DA, Kim SH, Kim KN, Shin HC, Yoon DH (2008) Surgical management of spinal cord haemangioblastoma. Acta Neurochir (Wien) 150:215–20.

Shin DA, Kim SH, Kim KN, Shin HC, Yoon DH (2007) Spinal cord tumors of the thoracolumbar junction requiring surgery: a retrospective review of clinical features and surgical outcome. Yonsei Med J 48:988–93.

Shiraishi N, Matsumura G (2005) Prevention of vascular injury to the spinal cord incidence of a great posterior radicular artery. Okajimas Folia Anat Jpn 81:143–6.

Shirzadi A, Drazin D, Jeswani S, Lovely L, Liu J (2013) Atypical presentation of thoracic disc herniation: case series and review of the literature. Case Rep Orthop 2013:621476.

Siddall PJ, Cousins MJ, Otte A, Griesing T, Chambers R, Murphy TK (2006) Pregabalin in central neuropathic pain associated with spinal cord injury: a placebo-controlled trial. Neurology 67:1792–800.

Sieh W, Choi Y, Chapman NH, Craig UK, Steinbart EJ, Rothstein JH, Oyanagi K, Garruto RM, Bird TD, Galasko DR, Schellenberg GD, Wijsman EM (2009) Identification of novel susceptibility loci for Guam neurodegenerative disease: challenges of genome scans in genetic isolates. Hum Mol Genet 18:3725–38.

Silver M, Blum D, Grainger J, Hammer AE, Quessy S (2007) Double-blind, placebo-controlled trial of lamotrigine in combination with other medications for neuropathic pain. J Pain Symptom Manage 34:446–54.

Singh A, Tetreault L, Kalsi-Ryan S, Nouri A, Fehlings MG (2014) Global prevalence and incidence of traumatic spinal cord injury. Clin Epidemiol 6:309–31.

Singhal A, Bowen-Roberts T, Steinbok P, Cochrane D, Byrne AT, Kerr JM (2011) Natural history of untreated syringomyelia in pediatric patients. Neurosurg Focus 31:E13.

Six E, Alexander E Jr, Kelly DL Jr, Davis CH Jr, McWhorter JM (1979) Gunshot wounds to the spinal cord. South Med J 72:699–702.

Slasky BS, Bydder GM, Niendorf HP, Young IR (1987) MR imaging with gadolinium-DTPA in the differentiation of tumor, syrinx, and cyst of the spinal cord. J Comput Assist Tomogr 11:845–50.

Song KJ, Kim KB, Lee KB (2012) Sequestrated thoracic disc herniation mimicking a tumoral lesion in the spinal canal–a case report. Clin Imaging 36:416–9.

Spelman T, Gray O, Trojano M, Petersen T, Izquierdo G et al. (2014) Seasonal variation of relapse rate in multiple sclerosis is latitude dependent. Ann Neurol 76:880–90.

Sri D, Higgins N, Laing R (2015) Combined radiological and surgical management of spinal dural fistulas. Br J Neurosurg 29:505–7.

Stecken J, Manzo N, Cherki EH, Dorwling-Carter D, Muckensturm B (1996) Thoracic spondylotic myelopathies. Apropos of 4 new cases. Neurochirurgie 42:147–52.

Steinbok P, Kariyattil R, MacNeily AE (2007) Comparison of section of filum terminale and non-neurosurgical management for urinary incontinence in patients with normal conus position and possible occult tethered cord syndrome. Neurosurgery 61:550–6.

Stephan K, Huber S, Häberle S, Kanz KG, Bühren V, van Griensven M, Meyer B, Biberthaler P, Lefering R, Huber-Wagner S (2015) TraumaRegister DGU Spinal cord injury-incidence, prognosis, and outcome: an analysis of the TraumaRegister DGU Spine J 15:1994–2001.

Struhal W, Seifert-Held T, Lahrmann H, Fazekas F, Grisold W (2011) Clinical core symptoms of posterior spinal artery ischemia. Eur Neurol 65:183–6.

Summers RL, Baker SD, Sterling SA, Porter JM, Jones AE (2013) Characterization of the spectrum of hemodynamic profiles in trauma patients with acute neurogenic shock. J Crit Care 28:531.e1–5.

Sung WS, Sung MJ, Chan JH, Manion B, Song J, Dubey A, Erasmus A, Hunn A (2013) Intramedullary spinal cord metastases: a 20-year institutional experience with a comprehensive literature review. World Neurosurg 79:576–84.

Suocheng G, Yazhou X (2014) A review on five cases of intramedullary dermoid cyst. Childs Nerv Syst 30:659–64.

Surov A, Kunze C, Lieser U, Spielmann RP, Kornhuber M (2010) Is neck flexion during a cerebrospinal fluid puncture a potentially hazardous maneuver? Childs Nerv Syst 26:717–8.

Tackley G, Kuker W, Palace J (2014) Magnetic resonance imaging in neuromyelitis optica. Mult Scler, pii: 1352458514531087.

Talacchi A, Biroli A, Soda C, Masotto B, Bricolo A (2012) Surgical management of ventral and ventrolateral foramen magnum meningiomas: report on a 64-case series and review of the literature. Neurosurg Rev 35:359–67.

Tamplin J, Berlowitz DJ (2014) A systematic review and meta-analysis of the effects of respiratory muscle training on pulmonary function in tetraplegia. Spinal Cord 52:175–80.

Tan LA, Boco T, Johnson AK, Rivas FF, Ahmed S, Byrd SE, Byrne RW (2014) Magnetic resonance imaging characteristics of typical and atypical/anaplastic meningiomas – Case series and literature review. Br J Neurosurg 15:1–5.

Tanaka K, Sasayama T, Mizukawa K, Takata K, Sulaiman NS, Nishihara M, Kohta M, Sasaki R, Hirose T, Itoh T, Kohmura E (2015) Combined IDH1 mutation and MGMT methylation status on long-term survival of patients with cerebral low-grade glioma. Clin Neurol Neurosurg 138:37–44.

Taricco M, Pagliacci MC, Telaro E, Adone R (2006) Pharmacological interventions for spasticity following spinal cord injury: results of a Cochrane systematic review. Eura Medicophys 42:5–15.

Taylor TR, Dineen R, White B, Jaspan T (2012) The thoracic anterior spinal cord adhesion syndrome. Br J Radiol 85:e123–9.

Tebloev IK, Kalashnikov IuD (1979) Pathogenesis of symptomatic facial hemiatrophy. Zh Nevropatol Psikhiatr Im S S Korsakova 79:413–6.

Teasell RW, Arnold JM, Krassioukov A, Delaney GA (2000) Cardiovascular consequences of loss of supraspinal control of the sympathetic nervous system after spinal cord injury. Arch Phys Med Rehabil 81:506–16.

Teasell RW, Hsieh JT, Aubut JA, Eng JJ, Krassioukov A, Tu L; Spinal Cord Injury Rehabilitation Evidence Review Research Team (2009) Venous thromboembolism after spinal cord injury. Arch Phys Med Rehabil 90(2):232–45.

Tendulkar RD, Pai Panandiker AS, Wu S, Kun LE, Broniscer A, Sanford RA, Merchant TE (2010) Irradiation of pediatric high-grade spinal cord tumors. Int J Radiat Oncol Biol Phys 78:1451–6.

Tetreault LA, Kopjar B, Vaccaro A, Yoon ST, Arnold PM, Massicotte EM, Fehlings MG (2013) A clinical prediction model to determine outcomes in patients with cervical spondylotic myelopathy undergoing surgical treatment: data from the prospective, multi-center AOSpine North America study. J Bone Joint Surg Am 95:1659–66.

Tetreault LA, Nouri A, Singh A, Fawcett M, Fehlings MG (2014) Predictors of outcome in patients with cervical spondylotic myelopathy undergoing surgical treatment: a survey of members from AOSpine International. World Neurosurg 81:623–33.

Tetreault L, Ibrahim A, Côté P, Singh A, Fehlings MG (2016) A systematic review of clinical and surgical predictors of complications following surgery for degenerative cervical myelopathy. J Neurosurg Spine 24:1–23.

Teufack S, Campbell P, Sharma P, Lachman T, Kenyon L, Harrop J, Prasad S (2012) Thoracic myelopathy due to an intramedullary herniated nucleus pulposus: first case report and review of the literature. Neurosurgery 71:E199–202.

Thakar S, Kiran NA, Hegde AS (2011) A sacral arachnoid cyst causing holocord syringomyelia. J Neurosurg Pediatr 8:299–302.

Thongtrangan I, Le H, Park J, Kim DH (2004) Cauda equina syndrome in patients with low lumbar fractures. Neurosurg Focus 16:e6.

Thorley B, Kelly H, Nishimura Y, Yoon YK, Brussen KA, Roberts J, Shimizu H (2009) Oral poliovirus vaccine type 3 from a patient with transverse myelitis is neurovirulent in a transgenic mouse model. J Clin Virol 44:268–71.

Thron A (2001) Spinale durale arteriovenöse Fisteln. Radiologe 41:955–60.

Timmermans M, Carr J (2004) Neurosyphilis in the modern era. J Neurol Neurosurg Psychiatry 75:1727–30.

Witham TF, Khavkin YA, Gallia GL, Wolinsky J-P, Gokaslan ZL (2006) Surgery Insight: current management of epidural spinal cord compression from metastatic spine disease. Nat Clin Pract 2:87–94.

Todd NV, Skinner D, Wilson-MacDonald J (2015) Secondary neurological deterioration in traumatic spinal injury: data from medicolegal cases. Bone Joint J 97-B:527–31.

Tönges L, Koch JC, Bähr M, Lingor P (2011) ROCKing Regeneration: Rho Kinase Inhibition as Molecular Target for Neurorestoration. Front Mol Neurosci 4:39. eCollection 2011.

Togawa S, Maruyama M, Yamami N, Nakayama H, Shibayama M, Kawashima M, Shimada K, Mano Y (2006) Dissociation of neurological deficits in spinal decompression illness. Undersea Hyperb Med 33:265–70.

Torg JS, Corcoran TA, Thibault LE, Pavlov H, Sennett BJ, Naranja RJ Jr, Priano S (1997) Cervical cord neurapraxia: classification, pathomechanics, morbidity, and management guidelines. J Neurosurg 87:843–50.

Toro G, Roman GC, Navarro-Roman L, Cantillo J, Serrano B, Vergara I (1994) Natural history of spinal cord infarction caused by nucleus pulposus embolism. Spine (Phila Pa 1976) 19:360–6.

Tortori-Donati P, Rossi A, Cama A (2000) Spinal dysraphism: a review of neuroradiological features with embryological correlations and proposal for a new classification. Neuroradiology 42:471–91.

Tramacere I, Del Giovane C, Salanti G, D'Amico R, Filippini G (2015) Immunomodulators and immunosuppressants for relapsing-remitting multiple sclerosis: a network meta-analysis. Cochrane Database Syst Rev 9:CD011381.

Transverse Myelitis Consortium Working Group (2002) Proposed diagnostic criteria and nosology of acute transverse myelitis. Neurology 59:499–505.

Traynor BJ, Codd MB, Corr B, Forde C, Frost E, Hardiman O (2000) Amyotrophic lateral sclerosis mimic syndromes: a population-based study. Arch Neurol 57:109–13.

Triggs WJ, Berić A (1992) Sensory abnormalities and dysaesthesias in the anterior spinal artery syndrome. Brain 115 Pt 1:189–98.

Triggs WJ, Berić A (1993) Giant somatosensory evoked potentials in a patient with the anterior spinal artery syndrome. Muscle Nerve 16:492–7.

Tsuruta W, Matsumaru Y, Miyachi S, Sakai N (2014) Endovascular treatment of spinal vascular lesion in Japan: Japanese Registry of Neuroendovascular Therapy (JR-NET) and JR-NET2. Neurol Med Chir (Tokyo) 54:72–8.

Turgut M (2001) Spinal tuberculosis (Pott's disease): its clinical presentation, surgical management, and outcome. A survey study on 694 patients. Neurosurg Rev 24:8–13.

Turgut M (2008) Complete recovery of acute paraplegia due to pyogenic thoracic spondylodiscitis with an epidural abscess. Acta Neurochir (Wien) 150:381–6.

Ubogu EE, Lindenberg JR, Werz MA (2003) Transverse myelitis associated with Acinetobacter baumannii intrathecal pump catheter-related infection. Reg Anesth Pain Med 28:470–4.

Uchiyama T, Sakakibara R, Hattori T, Yamanishi T (2004) Lower urinary tract dysfunctions in patients with spinal cord tumors. Neurourol Urodyn 23:68–75.

Ulger F, Dilek A, Karakaya D, Senel A, Sarihasan B (2009) Fatal fever of unknown origin in acute cervical spinal cord injury: five cases. J Spinal Cord Med 32:343–8.

Utomo E, Groen J, Blok BF (2014) Surgical management of functional bladder outlet obstruction in adults with neurogenic bladder dysfunction. Cochrane Database Syst Rev 5:CD004927.

van der Valk P, Amor S (2009) Preactive lesions in multiple sclerosis. Curr Opin Neurol 22:207–13.

Van Nuenen B, Grotenhuis A, Vliet Tv, Gijtenbeek A (2008) Spinal cord compression by an arachnoid cyst: a case report and review of the literature. Zentralbl Neurochir 69:155–7.

Van Walderveen MA, Barkhof F, Tas MW, Polman C, Frequin ST, Hommes OR, Thompson AJ, Valk J (1998) Patterns of brain magnetic resonance abnormalities on T2-weighted spin echo images in clinical subgroups of multiple sclerosis: a large cross-sectional study. Eur Neurol 40:91–8.

Vasheghani-Farahani A, Sahraian MA, Darabi L, Aghsaie A, Minagar A (2011) Incidence of various cardiac arrhythmias and conduction disturbances due to high dose intravenous methylprednisolone in patients with multiple sclerosis. J Neurol Sci 309:75–8.

Vazquez D, Solano I, Pages E, Garcia L, Serra J (1994) Thoracic disc herniation, cord compression, and paraplegia caused by electrical injury: case report and review of the literature. J Trauma 37:328–32.

Vollmer T, Signorovitch J, Huynh L, Galebach P, Kelley C, DiBernardo A, Sasane R (2015) The natural history of brain volume loss among patients with multiple sclerosis: a systematic literature review and meta-analysis. J Neurol Sci 357:8–18.

Vranken JH, Hollmann MW, van der Vegt MH, Kruis MR, Heesen M, Vos K, Pijl AJ, Dijkgraaf MG (2011) Duloxetine in patients with central neuropathic pain caused by spinal cord injury or stroke: a randomized, double-blind, placebo-controlled trial. Pain 152:267–73.

Wager M, Lapierre F, Blanc JL, Listrat A, Bataille B (2000) Cauda equina tumors: a French multicenter retrospective review of 231 adult cases and review of the literature. Neurosurg Rev 23:119–31.

Walcott BP, Nahed BV, Brastianos PK, Loeffler JS (2013) Radiation Treatment for WHO Grade II and III Meningiomas. Front Oncol 3:227.

Wang PY, Shen WC, Jan JS (1995) Serial MRI changes in radiation myelopathy. Neuroradiology 37:374–7.

Wang Y, Yu CY, Huang L, Han YY, Liu YM, Zhu J (2015) Acute longitudinal and hemorrhagic myelitis caused by varicella-zoster virus in an immunocompetent adolescent. Neurologist 19:93–5.

Waters PS, Tawfick W, Hynes N, Sultan S (2012) Subacute anterior spinal cord ischemia with lower limb monoplegia: a clinical dilemma and challenging scenario. Vascular 20:329–33.

Weidauer S, Nichtweiß M, Hattingen E, Berkefeld J (2015) Spinal cord ischemia: aetiology, clinical syndromes and imaging features. Neuroradiology 57:241–57.

Weier K, Naegelin Y, Thoeni A, Hirsch JG, Kappos L, Steinbrich W, Radue EW, Gass A (2008) Non-communicating syringomyelia: a feature of spinal cord involvement in multiple sclerosis. Brain 131(Pt 7):1776–82.

Weinstein PR, Karpman RR, Gall EP, Pitt M (1982) Spinal cord injury, spinal fracture, and spinal stenosis in ankylosing spondylitis. J Neurosurg 57:609–16.

Wester K, Kjosavik IF, Midgard R (1989) Multicystic syringomyelia treated with a single, non-valved syringoperitoneal shunt: fast and near-complete MRI normalization. Acta Neurochir (Wien) 98:148–52.

Westphal M, Koch C (1999) Management of spinal dural arteriovenous fistulae using an interdisciplinary neuroradiological/neurosurgical approach: experience with 47 cases. Neurosurgery 45:451–7.

Westwick HJ, Goldstein CL, Shamji MF (2014) Acute spontaneous cervical disc herniation causing rapidly progressive myelopathy in a patient with comorbid ossified posterior longitudinal ligament: Case report and literature review. Surg Neurol Int 5(Suppl 7):S368–72.

Wilder DG, Pope MH, Frymoyer JW (1988) The biomechanics of lumbar disc herniation and the effect of overload and instability. J Spinal Disord 1:16–32.

Woehrer A, Hackl M, Waldhör T, Weis S, Pichler J et al. (2014) Relative survival of patients with non-malignant central nervous system tumours: a descriptive study by the Austrian Brain Tumour Registry. Br J Cancer 110:286–96.

Wolf C, Meiners TH (2003) Dysphagia in patients with acute cervical spinal cord injury. Spinal Cord 41:347–53.

Wolf K, Schmitt-Mechelke T, Kollias S, Curt A (2013) Acute necrotizing encephalopathy (ANE1): rare autosomal-dominant disorder presenting as acute transverse myelitis. J Neurol 260:1545–53.

Wong CS, Healy D, Canning C, Coffey JC, Boyle JR, Walsh SR (2012) A systematic review of spinal cord injury and cerebrospinal fluid drainage after thoracic aortic endografting. J Vasc Surg 56:1438–47.

Wostrack M, Shiban E, Obermueller T, Gempt J, Meyer B, Ringel F (2014) Conus medullaris and cauda equina tumors: clinical presentation, prognosis, and outcome after surgical treatment: clinical article. J Neurosurg Spine 20:335–43.

Wu JC, Ko CC, Yen YS, Huang WC, Chen YC, Liu L, Tu TH, Lo SS, Cheng H (2013) Epidemiology of cervical spondylotic myelopathy and its risk of causing spinal cord injury: a national cohort study. Neurosurg Focus 35:E10.

Wu JC, Chen YC, Liu L, Huang WC, Chen TJ, Lo SS, Thien PF, Cheng H (2012) Conservatively treated ossification of the posterior longitudinal ligament increases the risk of spinal cord injury: a nationwide cohort study. J Neurotrauma 29:462–8.

Wu L, Yang T, Deng X, Yang C, Zhao L, Yao N, Fang J, Wang G, Yang J, Xu Y (2014) Spinal extradural en plaque meningiomas: clinical features and long-term outcomes of 12 cases. Neurosurg Spine 21:892–8.

Wu WQ (1978) Cervical hematomyelia as cause of death after mild head injury. Surg Neurol 9:270–2.

Xiong W, Li F, Guan H (2015) Tetraplegia after thyroidectomy in a patient with cervical spondylosis: a case report and literature review. Medicine (Baltimore) 94:e524.

Yacoub A, Hajec MC, Stanger R, Wan W, Young H, Mathern BE (2014) Neuroprotective effects of perflurocarbon (oxycyte) after contusive spinal cord injury. J Neurotrauma 31:256–67.

Yamaki R, Yanase K, Inoue K, Komatsu H (2009) Case of failed spinal anesthesia for cesarean section caused by spinal arachnoid cyst. Masui 58:1521–3.

Yaman O, Yaman B, Aydın F, Var A, Temiz C (2014) Hyperbaric oxygen treatment in the experimental spinal cord injury model. Spine J 14:2184–94.

Yanagawa K, Kawachi I, Toyoshima Y, Yokoseki A, Arakawa M et al. (2009) Pathologic and immunologic profiles of a limited form of neuromyelitis optica with myelitis. Neurology 73:1628–37.

Yang T, Wu L, Fang J, Yang C, Deng X, Xu Y (2015) Clinical presentation and surgical outcomes of intramedullary neurenteric cysts. J Neurosurg Spine 23:99–110.

Yasuda K, Yamanishi T, Hattori T, Murayama N, Sakakibara R, Shimazaki J (1993) Lower urinary tract dysfunction in the anterior spinal artery syndrome. J Urol 150:1182–4.

Yokote H, Nose Y, Ishibashi S, Tanaka K, Takahashi T, Fujihara K, Yokota T, Mizusawa H (2015) Spinal cord ring enhancement in patients with neuromyelitis optica. Acta Neurol Scand 132:37–41.

Yoo DS, Lee SB, Huh PW, Kang SG, Cho KS (2010) Spinal cord injury in cervical spinal stenosis by minor trauma. World Neurosurg 73:50–2.

Yoo M, Lee CH, Kim KJ, Kim HJ (2014) A case of intradural-extramedullary form of primary spinal cysticercosis misdiagnosed as an arachnoid cyst. J Korean Neurosurg Soc 55:226–9.

Yoon JH, Joo IS, Li WY, Sohn SY (2009) Clinical and laboratory characteristics of atopic myelitis: Korean experience. J Neurol Sci 285:154–8.

Yonezu T, Ito S, Mori M, Ogawa Y, Makino T, Uzawa A, Kuwabara S (2014) "Bright spotty lesions" on spinal magnetic resonance imaging differentiate neuromyelitis optica from multiple sclerosis. Mult Scler 20:331–7.

Young CA, Ellis C, Johnson J, Sathasivam S, Pih N (2011) Treatment for sialorrhea (excessive saliva) in people with motor neuron disease/amyotrophic lateral sclerosis. Cochrane Database Syst Rev (5):CD006981. botulinum toxin B injected into parotid and submandibular glands.

Young J, Quinn S, Hurrell M, Taylor B (2009) Clinically isolated acute transverse myelitis: prognostic features and incidence. Mult Scler 15:1295–302.

Yuh EL, Barkovich AJ, Gupta N (2009) Imaging of ependymomas: MRI and CT. Childs Nerv Syst 25:1203–13.

Xing ST, Wang D, Wen XH, Wu ZQ, Sun Q, Zhang DW, Cheng Y, Yan D, Yu F (2010) Clinical research of electroacupuncture combined with acupoint-injection of botulinum toxin A in treating the muscle spasticity by spinal cord injury. Zhongguo Gu Shang 23:350–3.

Xu W, Liu W, Huang G, Zou Z, Cai Z, Xu W (2012) Decompression illness: clinical aspects of 5278 consecutive cases treated in a single hyperbaric unit. PLoS One 7:e50079.

Zaphiratos V, McKeen DM, Macaulay B, George RB (2015) Persistent paralysis after spinal anesthesia for cesarean delivery. J Clin Anesth 27:68–72.

Zou ZY, Liu MS, Li XG, Cui LY (2015) Mutations in SOD1 and FUS caused juvenile-onset sporadic amyotrophic lateral sclerosis with aggressive progression. Ann Transl Med 3:221.

Ulf Nestler, Peter Matzen, Karl-Titus Hoffmann

6 Spinale radikuläre Erkrankungen

6.1 Morphologie

6.1.1 Bau der Wirbelsäule

Als Bewegungssegmente der Wirbelsäule bezeichnet man zusammenfassend ventral die Synarthrosen der Zwischenwirbelräume mit den Bandscheiben und den Schlussplatten, dorsal die Diarthrosen der Intervertebralgelenke. Außerdem gehören der Bandapparat und die segmentale Muskulatur sowie der Inhalt des Spinalkanals und der Foramina intervertebralia dazu. Unter statischen Gesichtspunkten werden in vertikaler Richtung eine ventrale, eine mittlere und eine dorsale Säule unterschieden (Abb. 6.1 und 6.2).

6.1.1.1 Ventrale und mittlere Säule

Die Wirbelkörper, das vordere und das hintere Längsband sowie die Bandscheiben bilden zusammen die ventrale und die mittlere Säule. Der bindegewebige Anulus fibrosus der Bandscheiben umschließt den strukturlosen Nucleus pulposus. Sein straffes Bindegewebe besteht vorwiegend aus Typ-I- und Typ-II-Kollagen und nur zu

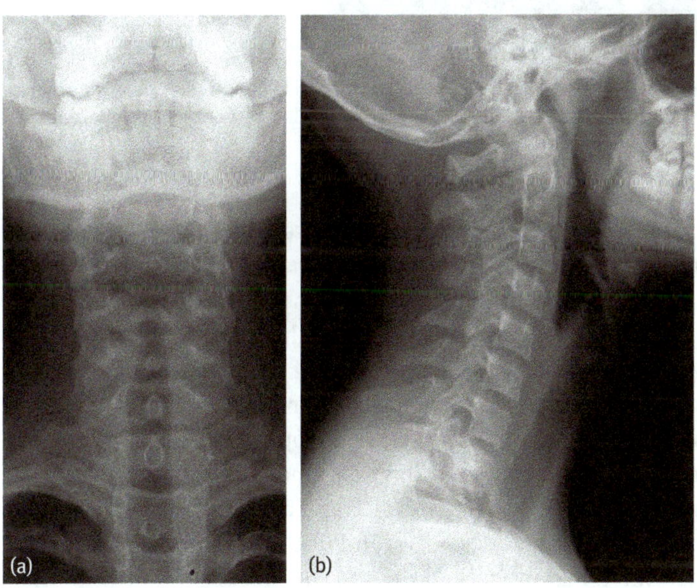

Abb. 6.1: 19 Jahre, weiblich. Halswirbelsäule in zwei Ebenen. Normalbefund.

DOI 10.1515/9783110352474-006

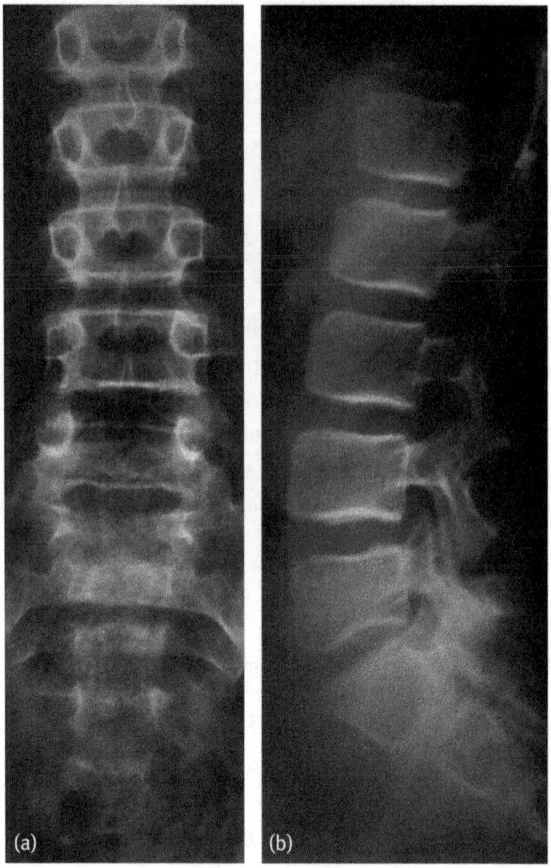

Abb. 6.2: (a) und (b) 16 Jahre, männlich. Lendenwirbelsäule in zwei Ebenen. Keine Seitabweichung, keine Rotation, gut erkennbare Anhangsgebilde, flache Lordose, glatt begrenzte Intervertebralräume, noch fehlende Apophysen der Wirbelkörper. Normalbefund.

10 % aus elastischen Fasern, die Grundsubstanz im Wesentlichen aus Keratansulfat. Die schraubenförmig angeordneten Fasern strahlen in das Periost der benachbarten Wirbelkörper ein. Der hyalinknorplige Nucleus pulposus besteht aus Kollagen-Typ-II-Fasern und grenzt an die kraniale und die kaudale Schlussplatte. Wegen seines hohen Gehalts an Mukopolysacchariden (Chondroitinsulfat, Keratansulfat) besitzt er ein hohes Wasserbindungsvermögen. Unsymmetrischen Belastungen weicht er zur Gegenseite aus. Das Wasserbindungsvermögen der Mukopolysaccharide in den Bandscheiben insgesamt (Glykosaminoglykane) sorgt für einen sehr hohen Innendruck. Unter Belastung verliert das Bandscheibengewebe an Flüssigkeit, erkennbar an der Abnahme der Körperhöhe während des Tages. In Ruhe erfolgt eine Rehydratation, die Bandscheibe gewinnt ihre Höhe zurück, die im Lendenbereich fast einem Drittel der Wirbelkörperhöhe entspricht. Mit dem belastungsabhängigen Wechsel zwischen

Dehydratation und Rehydratation geht der Abtransport von Stoffwechselprodukten und die Zufuhr von Nährstoffen einher. Dieser Mechanismus ersetzt die Versorgung auf dem Blutwege, da der Anulus fibrosus mit Ausnahme seiner äußersten Peripherie nur während der ersten 2 Lebensjahrzehnte über Blut- und Lymphgefäße verfügt. Der Nukleus ist sogar zeitlebens gefäßfrei. Im hyalinen Knorpel der Schlussplatten finden sich Gefäße kaum über das 5. Lebensjahr hinaus. Der Stoffwechsel der Bandscheibe wird gestört, wenn die physiologischen Belastungswechsel ausbleiben, insbesondere während einseitiger Belastungen in Form von Zwangshaltungen.

Das Ligamentum longitudinale anterius, das vordere Längsband zwischen Atlas und Kreuzbein, besitzt keine direkten Verbindungen zu den Bandscheiben, sondern es setzt kranial und kaudal in der Nähe des Anulus fibrosus an den Wirbelkörpern an. Das Ligamentum longitudinale posterius, das hintere Längsband der Wirbelsäule, stellt die ventrale Abgrenzung des Spinalkanals zu den Knochenstrukturen dar und erstreckt sich vom Okziput bis zum Os sacrum. Seine medialen Anteile inserieren an den Bandscheiben, seine lateralen am kranialen und am kaudalen Rand der Wirbelkörper.

6.1.1.2 Dorsale Säule

Die dorsale Stabilisierung der Wirbelsäule erfolgt über die Wirbelgelenke (Intervertebralgelenke, Articulationes zygapophyseales), die von den Gelenkfortsätzen an den Wirbelbögen gebildet werden, zusammen mit dem Bandapparat zwischen den Wirbelbögen und den Dornfortsätzen. Form, Stellung und Größe der Intervertebralgelenke sind in den jeweiligen Wirbelsäulenabschnitten unterschiedlich. Dazu kommen nicht selten Seitendifferenzen und individuelle Unterschiede. Die Gelenkkapseln sind im gut beweglichen Zervikalbereich verhältnismäßig weit, im Brust- und Lendenbereich straff. Falten der Synovialis reichen in die Gelenke hinein. Form und Stellung der Intervertebralgelenke bestimmen zusammen mit den Bandscheiben maßgeblich Richtung und Umfang der Beweglichkeit. Über die größte Beweglichkeit verfügt der kraniozervikale Übergang (Hinterhaupt/HWK 1 und HWK 1/HWK 2), der keine Bandscheiben besitzt, gefolgt von der unteren Lendenwirbelsäule mit ihren sehr kräftigen Bandscheiben. Die Beweglichkeit der Brustwirbelsäule wird vor allem durch den Thorax beschränkt. Zwischen den Wirbelbögen erstrecken sich die segmental angeordneten Ligamenta flava, die an der Brust- und an der Lendenwirbelsäule besonders eng mit den Kapseln der Intervertebralgelenke verbunden sind. Sie begrenzen den Spinalkanal mit Ausnahme der Foramina intervertebralia dorsal und lateral und besitzen große Bedeutung für die aufrechte Körperhaltung. Ebenfalls segmental angeordnet sind die Ligamenta intertransversaria, die Ligamenta interspinalia und die Ligamenta supraspinalia. Anstelle der beiden Letztgenannten findet sich im Halsbereich das kräftige Ligamentum nuchae.

6.1.2 Pathologische Anatomie degenerativer Wirbelsäulenerkrankungen

Degenerative Veränderungen der Wirbelsäule setzen ausnahmsweise bereits am Ende des ersten Lebensjahrzehnts, meist im jüngeren Erwachsenenalter ein. Sie gehören zu den häufigsten Erkrankungen und treten asymptomatisch bereits bei fast 20 % der Kinder und Jugendlichen auf [Ramadorai et al. 2014]. Häufigkeit und Ausmaß nehmen im Laufe des Lebens so stark zu, dass sich in orthopädischen Sprechstunden jeder zweite Patient wegen schmerzhafter degenerativer Veränderungen der Wirbelsäule vorstellt. Weil viele Menschen trotz ihrer Erkrankung zeitlebens weitgehend beschwerdefrei bleiben, liegt die Gesamtzahl der Betroffenen noch viel höher.

Die krankhaften Prozesse beginnen in der Regel in den Bandscheiben und beziehen bald das gesamte Bewegungssegment ein. Begünstigend wirken andauernde oder wiederholte schwere körperliche Belastungen – vor allem bei unphysiologischer Haltung von Kopf und Rumpf, Zwangshaltungen von Kopf und Rumpf, Ganzkörpervibrationen, bei exzessiven sportlichen Betätigungen, Stellungs- und Formfehlern der Wirbelsäule, entzündlichen Prozessen und nicht zuletzt einer individuellen Disposition. Welche Bedeutung einem zu hohen Körpergewicht zukommt, ist nicht ganz klar. Es wirkt insbesondere dann beschwerdeauslösend, wenn es die Leistungsfähigkeit der Rumpfmuskulatur überfordert.

Spätestens ab dem 20. Lebensjahr geht die Blutversorgung des Bandscheibengewebes zurück. Die Mukopolysaccharide des Nucleus pulposus ändern ihre Zusammensetzung, sie enthalten in zunehmender Menge Dermatansulfat, die Hydratationsfähigkeit des Nucleus pulposus und des Anulus fibrosus geht zurück, der Nukleus schrumpft und separiert sich mehr oder weniger deutlich vom Anulus fibrosus. Die Pufferfähigkeit der Bandscheibe lässt aufgrund dieser physiologischen Vorgänge nach, sie wird eher überfordert, bekommt radiäre Risse, und es entstehen sogar Sequester, die nekrotisch werden und Kalksalze einlagern können.

Der permanente Flüssigkeitsverlust des Bandscheibengewebes manifestiert sich auf seitlichen Röntgenaufnahmen der Wirbelsäule als Verschmälerung des Intervertebralraumes oder der Intervertebralräume und wird als Chondrosis intervertebralis (Chondrose)bezeichnet. Weil in einem erkrankten Segment Grund- und Deckplatte nur noch schlecht durch degenerativ verändertes Bandscheibengewebe vor der Belastung geschützt und weil der physiologische Bewegungsablauf beeinträchtigt ist, reagiert der angrenzende Knochen und bildet abstützende subchondrale Sklerosen, im seitlichen Röntgenbild am parallel zur Schlussplatte bandartig vermehrten Kalksalzgehalt erkennbar. Im Kernspintomogramm der Wirbelsäule erkennt man insbesondere in sagittalen T2-Wichtungen den Verlust des hyperintensen Flüssigkeitssignals der Bandscheibe (*Black-disk-Phänomen*, Abb. 6.3) und in den deckplattennahen Wirbelkörperbereichen Aufhellungen als Zeichen der osteochondrotischen Umbauvorgänge. Wenn die Schlussplatten sogar einbrechen, dringen Blutgefäße aus der Wirbelspongiosa in den Intervertebralraum vor und kann ein lockeres Bindegewebe entstehen.

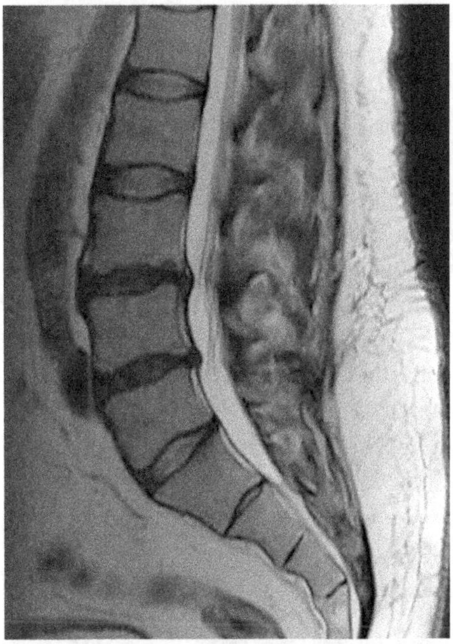

Abb. 6.3: MRT der Lendenwirbelsäule, T2, sagittal, mit *Black-disc-Phänomen* im Intervertebralraum LWK 3/4 und im Intervertebralraum LWK 4/5 sowie mit osteochondrotischer Aufhellung der dorsalen Bodenplatte von LWK 3.

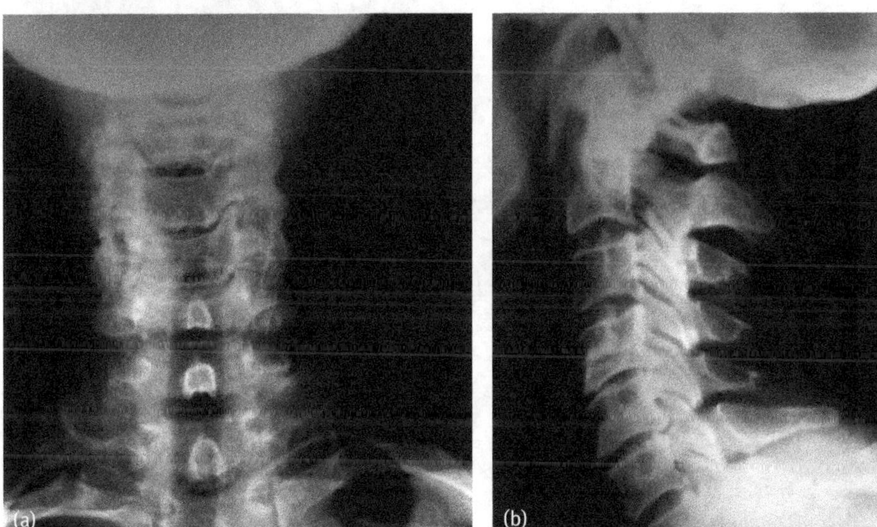

Abb. 6.4: (a) und (b) 64 Jahre, männlich. Halswirbelsäule in zwei Ebenen. (a) Große unkovertebrale Exostosen an den Wirbelkörpern 3 bis 5. (b) Chondrose, Osteochondrose, Spondylose und Spondylarthrose im Bewegungssegment C 4/C 5, geringer im Bewegungssegment C 5/C 6.

Degenerativen Veränderungen einer Bandscheibe folgen immer degenerative Veränderungen der Intervertebralgelenke (Spondylarthrose) und nicht selten eine Instabilität des Segments, die an der Ausbildung von seitlichen, ventralen und dorsalen Randzacken (Spondylophyten) sowie an der sagittalen Verschiebung des oberen Wirbels gewöhnlich nach ventral röntgenologisch erkennbar ist, die degenerative Olisthese. Bevorzugt betroffen sind davon Frauen ab dem 5. Lebensjahrzehnt und meist das Wirbelsäulensegment LWK 4/LWK 5. Eine Dislokation auch um die vertikale Achse heißt Drehgleiten (Abb. 6.5 und 6.24).

Spondylarthrosen stellen also meist die Folge eines unphysiologischen Bewegungsablaufs dar, der auf der Lockerung des Segments und der Verwerfung der Gelenkflächen beruht, können seltener aber auch primär nach Traumen oder Entzündungen entstehen. Sie manifestieren sich in Form von Verschmälerungen der Gelenkspalte und arthrotischen Osteophyten, welche die Foramina intervertebralia einengen. Die Entstehung spondylotischer Randzacken an den Wirbelkörpern vor allem ventral und lateral, aber auch dorsal, geht auf die unphysiologische Belastung der Bandansätze zurück, an denen reaktiv neuer Knochen gebildet wird. Die Randzacken

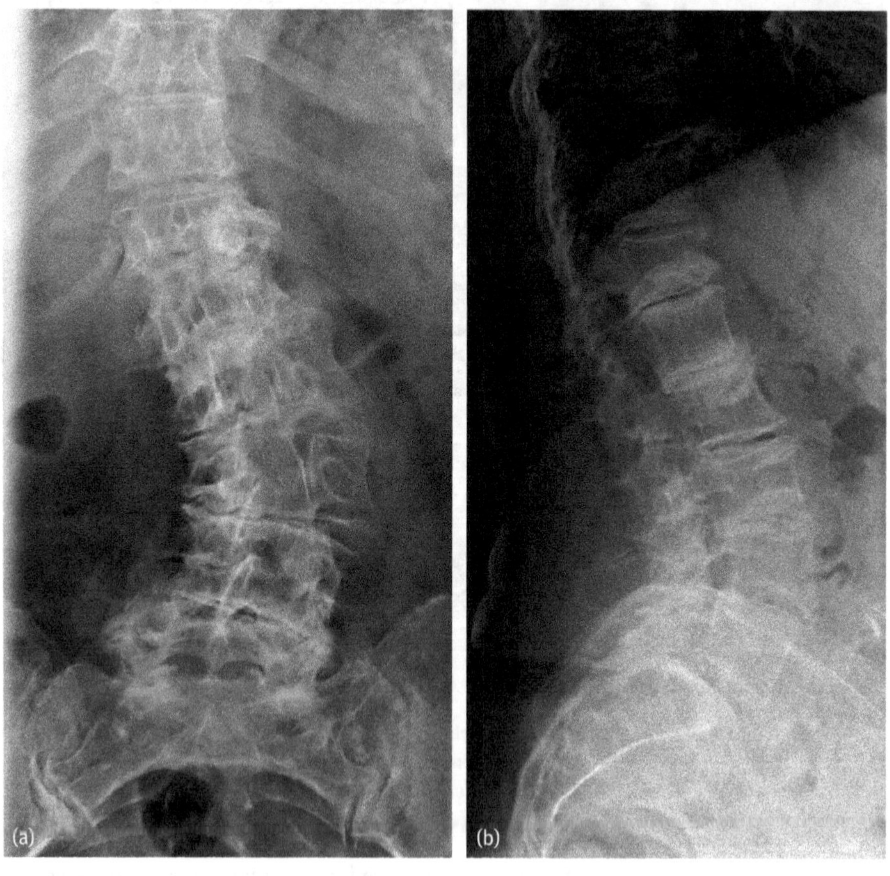

Abb. 6.5: (a) und (b) 73 Jahre, weiblich. Asymmetrische lumbale Bandscheibenerkrankung, ausgeprägtes Drehgleiten. Primär gesunde Wirbelsäule!

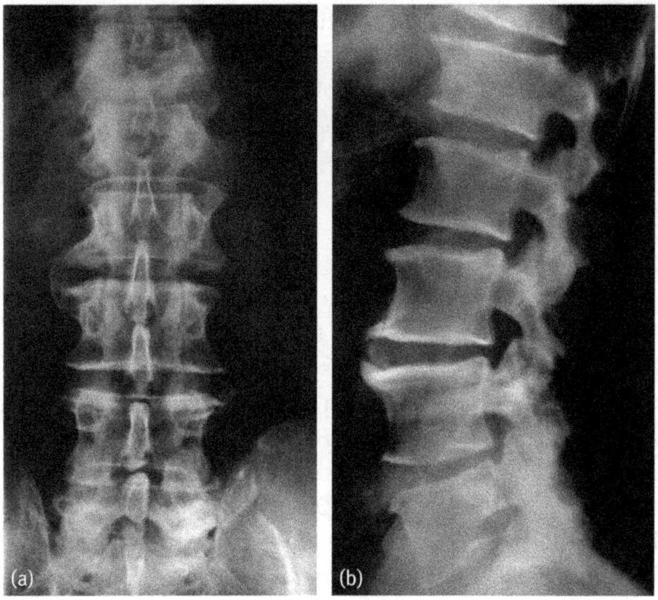

Abb. 6.6: (a) und (b) 64 Jahre, männlich. Lendenwirbelsäule in zwei Ebenen. (a) und (b) Große spondylotische Randzacken, teilweise mit Überbrückung der kaum verschmälerten Intervertebralräume.

können den Intervertebralraum im Laufe der Zeit überbrücken und das erkrankte Segment ruhigstellen. Sie tragen dorsal aber auch zur Einengung des Spinalkanals bei (Abb. 6.4 bis 6.6).

Degenerative Exophyten an den Processus uncinati, die *Unkovertebralarthrose*, gibt es nur an der Halswirbelsäule. Diese Appositionen verengen die Foramina intervertebralia und die Foramina transversaria (A. und V. vertebralis). Sehr große ventrale Randzacken können sogar die Ösophaguspassage behindern („vorderes Zervikalsyndrom"). Nur an der Lendenwirbelsäule wird das *Baastrup-Phänomen* beobachtet, die Berührung von zwei Dornfortsatzspitzen. Es beruht auf dem Höhenverlust im Bewegungssegment und kann heftige Beschwerden in dem zwischen den beiden Spitzen gebildeten arthrotisch veränderten Nearthros hervorrufen.

Die beiden untersten Lumbalsegmente unterliegen der höchsten Belastung und erleiden bevorzugt degenerative Veränderungen. Hier werden Protrusionen und Prolapse von degenerativ verändertem Bandscheibengewebe in den Spinalkanal am häufigsten beobachtet. In den gut beweglichen untersten Zervikalsegmenten machen sie noch 10 % der Gesamtzahl aus, während sie im relativ stabilen Thorakalbereich praktisch keine Rolle spielen, obwohl auch die Brustwirbelsäule degenerativen Veränderungen unterliegt. Meistens kommt es nur zur Protrusion, der Dislokation von Bandscheibengewebe nach dorsal oder dorsolateral mit Druck auf erhalten gebliebene Anteile des Anulus fibrosus oder das hintere Längsband. Seltener ist der Prolaps, die

Verlagerung von Bandscheibengewebe nach dorsal oder dorsolateral durch den Anulus hindurch bis in den Epiduralraum. Er hält entweder mit dem in situ verbliebenen Bandscheibengewebe Verbindung (gestielter Prolaps) oder kann als freier („sequestrierter") Prolaps manchmal langstreckig verlagert werden.

6.1.3 Neurologische Syndromgestaltung degenerativer Wirbelsäulenerkrankungen

Degenerative Wirbelsäulenerkrankungen machen sich ziemlich selten in Form radikulärer Symptome, viel häufiger, aber keineswegs immer, als lokale und pseudoradikuläre Schmerzsyndrome bemerkbar. Das *Lokalsyndrom* äußert sich in Wirbelsäulen-, Rücken- oder Nackenschmerzen, verbunden mit neuromuskulär bedingten Bewegungseinschränkungen. Bei *pseudoradikulären Beschwerden*handelt es sich um ein Lokalsyndrom mit Ausstrahlung in die Extremitäten, ohne dass eine segmentale Zuordnung zu einer Nervenwurzel möglich ist. Oft liegt ein sich selbst verstärkender Schmerzkreislauf, ein *Circulus vitiosus*, vor: Die Schmerzen bedingen eine Bewegungseinschränkung und Fehlhaltungen nicht nur des Rumpfes. Sie führen zu Muskelkontrakturen, die den Schmerz verstärken und gegebenenfalls sogar verselbstständigen. Auslöser können degenerative Veränderungen der knöchernen Wirbelsäulenstrukturen sein, aber auch Vorwölbungen des Bandscheiben-Gallertkerns gegen den Anulus fibrosus. Während der chondroide Bandscheibenkern keine nervale Versorgung besitzt, erfolgt eine sensible Versorgung der äußeren Anteile des Anulus über die Rami dorsales der Nervenwurzeln, deren Reizung als segmentale Rückenschmerzen wahrgenommen werden [Palmgren 1999]. Mit fortschreitender Degeneration der Bandscheibe kommt es auch zur Ausbildung von vaskulären und nervalen Strukturen in den tieferen Abschnitten des Anulus. Dies kann als morphologisches Korrelat des Schmerzkreislaufs gesehen werden [Johnson et al. 2001].

Das Beschwerdebild der *spinalen radikulären Erkrankungen* entsteht aus der Summe der lokalen reaktiven Veränderungen im betroffenen Wirbelsäulenabschnitt und der Nervenwurzel-bezogenen Beschwerden. Außer dem Lokalsyndrom und dem Pseudoradikulärsyndrom liegen nämlich manchmal radikuläre Symptome vor, das heißt Beschwerden, die dem Verlauf der segmentalen Nervenwurzel folgen. Meist sind die folgenden 4 Qualitäten bereits bei der Aufnahme der Anamnese einer Nervenwurzel zuzuordnen: Schmerzen (Zervikobrachialgie oder Lumboischialgie), Sensibilitätsstörungen, Kribbelparästhesien und Kraftminderung im zugehörigen Kennmuskel (Tab. 6.1). Die schmerzhafte einseitige Kennmuskel-Lähmung in einer Extremität bildet das führende Symptom.

Bei großen intraspinalen Raumforderungen oberhalb von BWK 12 können sich ataktische Symptome mit Gleichgewichtsstörungen einstellen, da die Läsionen das Rückenmark einengen, oberhalb von HWK 4 z. T. mit einem Babinski-Zeichen. Kaudal von BWK 12 befindet sich kein Rückenmark mehr im Spinalkanal, sodass hier bei großen Raumforderungen Blasen-Mastdarmstörungen (Konus-Kauda-Syndrom) im Vordergrund stehen.

Eine durch eine lumbale spinale Enge verursachte Gangstörung wird als *Claudicatio spinalis* bezeichnet: Nach einer gewissen Gehstrecke (nicht selten schon nach wenigen Metern) stellen sich lumboischialgiforme Beschwerden und ein Schwächegefühl in den Beinen ein. Diese Einschränkung der Gehstrecke unterscheidet sich von der vaskulär bedingten Claudicatio intermittens (Schaufensterkrankheit) dadurch, dass der Patient sich hinsetzen muss, um seine Beschwerden zu verringern.

6.2 Beschwerdeursachen und allgemeine therapeutische Prinzipien

Lokale und pseudoradikuläre Beschwerden beruhen auf der Irritation der Rr. dorsales der Nervenwurzeln im Rahmen degenerativer Wirbelsäulenveränderungen (Abb. 6.7). Die Ursache radikulärer Beschwerden liegt zumeist in einer mechanischen Raumbeengung, in der Kompression nervaler Strukturen. Eine entzündliche Genese, zum Beispiel im Rahmen einer Borreliose, muss ausgeschlossen werden, falls im Kernspintomogramm eine Kompression der mit den Symptomen korrespondierenden Nervenstrukturen nicht nachzuweisen ist. An seltenere neurologische Erkrankungen wie die multiple Sklerose oder die amyotrophe (amyotrophische) Lateralsklerose ist *differenzialdiagnostisch* ebenfalls zu denken.

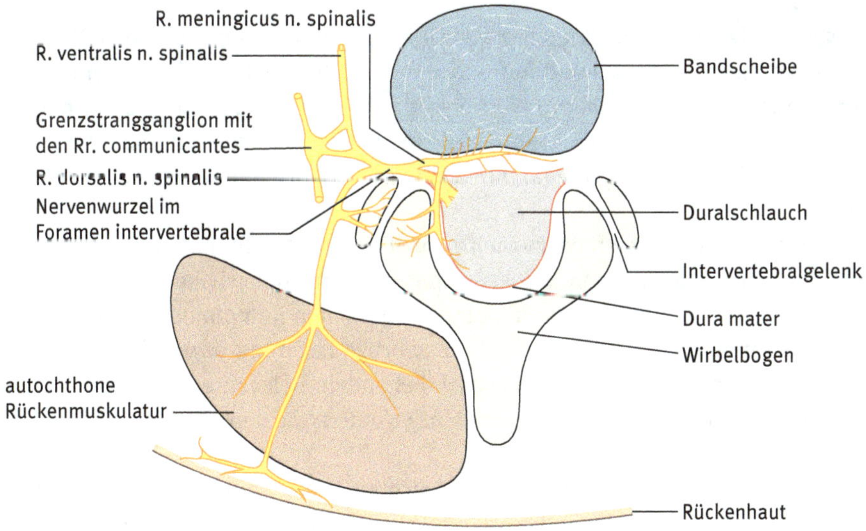

Abb. 6.7: Sensible Innervation des Spinalkanals durch den R. meningicus n. spinalis.

In vielen Fällen sind Bandscheibenvorwölbungen oder Bandscheibenvorfälle nachweisbar, außerdem chondrotische, osteochondrotische, spondylotische und spondylarthrotische Veränderungen mit Stenose des oder der Neuroforamina oder des Spinalkanals, aber auch degenerative Veränderungen mit Wirbelgleiten, das zu einer Verengung der durch die beteiligten Wirbelbögen umschlossenen Foramina intervertebralia führt. Intraspinale Tumoren wie Neurinome oder Meningeome können ebenfalls zu radikulären Symptomen führen, in den Plexusbereichen rufen auch extraspinale Raumforderungen wie z. B. Lymphome gelegentlich Beschwerden hervor [Wachter et al. 2009].

6.2.1 Konservative Therapie

Grundlagen einer konservativen Therapie degenerativer Wirbelsäulenleiden bestehen in der Schmerzbefreiung durch Wiederherstellung der neuromuskulären Balance im Bereich der autochthonen Rückenmuskulatur und in dem Vermeiden von Faktoren, die den chondrotischen degenerativen Veränderungen Vorschub leisten und Beschwerden auslösen können. Therapieempfehlungen insbesondere zu invasiven oder operativen Verfahren sollten zurückhaltend gegeben werden. Bandscheibenvorfälle zeigen eine hohe Tendenz zur spontanen Rückbildung, weil das hervorgetretene Bandscheibengewebe allmählich an Wassergehalt verliert und vernarbt. Selbst Olisthesen und Spinalkanalstenosen können mit einer Erfolgsrate von etwa 70 % ohne einen operativen Eingriff ausreichend behandelt werden [Chiu et al. 2014, Parker et al. 2014].

Neben allgemeinen Maßnahmen wie Gewichtsoptimierung (BMI unter 25), Einstellen des Nikotinkonsums und Aufnahme regelmäßiger gelenkschonender sportlicher Betätigung (2- bis 3-mal pro Woche, je eine Stunde, zum Beispiel Schwimmen, Fahrrad fahren, Nordic Walking) sind begleitende Medikationen mit Vitaminen oder Mineralien möglich und die Teilnahme an einem Rückenschulprogramm empfehlenswert.

Starke Schmerzen werden zunächst medikamentös gelindert. Diese Therapie muss von einer regelmäßigen krankengymnastischen Übungsbehandlung auf neurophysiologischer Grundlage zur Stärkung der gesamten Rumpfmuskulatur abgelöst werden. Periphere Paresen werden durch sofortige Lagerung bzw. Schienung elektrotherapeutisch und krankengymnastisch behandelt. Relevante frische motorische Ausfälle ohne merkliche Besserungstendenz erfordern die umgehende operative Revision.

Die *medikamentöse Therapie* orientiert sich am schmerztherapeutischen Stufenschema der WHO. Zu Beginn sind NSAR Erfolg versprechend, zumeist Diclofenac oder Ibuprofen (mit Magenschutz kombinieren), Metamizol in Tablettenform, aber auch Paracetamol und Cox2-Inhibitoren. Bei starken Muskelverspannungen kommen relaxierende Medikamente wie Tetrazepam (die europäische Zulassung ruhte bis 2015, die endgültige Suspendierung der Zulassung steht unmittelbar bevor) oder Tizanidin zusätzlich in Betracht. Sie erschweren allerdings die aktive Teilnahme an der krankengymnastischen Behandlung.

Für die nächste Stufe der Schmerztherapie stehen retardierte Tramadol-Präparate als Monotherapie, Tilidin oder die Addition eines Antidepressivums zur Kombination mit der ersten Stufe zur Verfügung. Für die Behandlung von chronifizierten Schmerzen mit klarer Beteiligung nervaler Strukturen hat sich Pregabalin etabliert. Die Gabe von Opiaten ist aufgrund ihrer starken Nebenwirkungen langfristig meist nicht zielführend, da gerade bei älteren Patienten Blutdruckdysregulationen, Atemdepression und Verwirrung die Behandlung erschweren.

Im Rahmen einer akuten Schmerzexazerbation kann die klinische Untersuchbarkeit des Patienten so stark eingeschränkt sein, dass aussagefähige Muskel- und Reflexprüfungen, aber auch die Lagerung des Patienten auf dem Rücken für die Kernspintomografie nicht mehr möglich sind. Hier haben sich Infusionen über mehrere Stunden hinweg bewährt, die eine Kombination aus NSAR, Sedativum und Kortisonpräparat enthalten (zum Beispiel Metamizol, Diazepam und Dexamethason). Dazu ist aufgrund der möglichen Nebenwirkungen eine stationäre Aufnahme erforderlich. Nach Rückgang der stärksten Beschwerden kann die weiterführende Diagnostik einsetzen.

Eine systemische Monotherapie mit Steroiden (Prednisolon, Methylprednisolon) mittels oraler oder intramuskulärer Gabe im Sinne einer hochdosierten Stoßtherapie über 3 bis 5 Tage wird regelmäßig eingesetzt, zum Beispiel auch um in der frühen postoperativen Phase eine Schmerzlinderung zu erreichen. In jüngsten klinischen Studien konnte allerdings ein nachhaltiger Effekt nicht bestätigt werden, sodass diese „Kortison-Kur“ nicht unumstritten ist [Eskin et al. 2014].

Erfolg versprechend sind hingegen intraforaminale, extradurale Steroid-Injektionen mittels Dexamethason, Triamcinolon oder Methylprednisolon [Cohen et al. 2013]. Im Bereich der Halswirbelsäule haben sich auch extradurale Injektionen mit einer Mischung aus einem Steroid und einem Lokalanästhetikum bewährt [Diwan et al. 2012]. Diese periradikuläre Therapie (PRT) wird mittels Röntgen-Durchleuchtung oder CT abgesichert. Sie kann mehrere Höhen umfassen, ein- oder beidseitig durchgeführt und mehrfach wiederholt werden. Alternativ stehen facettengelenknahe Injektionen zur Verfügung, mit zum Teil umstrittenen Resultaten, ähnlich der Kryodenervation oder der Radiohochfrequenz-Denervation der Intervertebralgelenke. Allen diesen invasiven Verfahren ist das Ziel gemeinsam, über eine temporäre lokale Schmerzausschaltung den Schmerzkreislauf zu unterbrechen.

6.2.2 Operative Therapie

Absolute Operationsindikation: Bei den meisten Patienten mit radikulärer Symptomatik führt eine konservative Therapie zum Erfolg. Eine absolute und dringliche Operationsindikation muss gestellt werden, wenn eine akute Halsmarkschädigung, eine frische hochgradige Parese vor allem an den unteren Extremitäten oder eine Blasen-Mastdarm-Störung (Konus-Kauda-Syndrom) vorliegt.

Auch bei Verschwinden der radikulären Schmerzsymptomatik, verbunden mit einer Akzentuierung der Lähmung, sollte umgehend operiert werden, weil der „Wurzeltod" eingetreten ist, d. h., die Schädigung der Radix ist so weit fortgeschritten, dass nicht einmal mehr die Schmerzpotenziale weitergeleitet werden. Dies ist dem Patienten, der sich von seinen Schmerzen befreit fühlt, oft schwierig zu vermitteln.

Relative Operationsindikation: Im Falle einer eindeutigen radikulären Symptomatik mit nur schwach ausgeprägter Parese und korrelierendem MRT-Befund besteht eine relative Operationsindikation. Je kürzer der Eintritt der Symptomatik zurückliegt, desto günstiger sind die Erfolgsaussichten. Bei persistierendem lokalem, pseudoradikulärem oder lumboischialgiformem Schmerzsyndrom ohne Paresen kann eine Operationsindikation gestellt werden, wenn der Patient mit guter Compliance eine mehrwöchige multimodale konservative Therapie ohne nachhaltige Besserung absolviert hat. Dies trifft auch zu für pseudoradikuläre Beschwerden aufgrund einer lumbalen Spinalkanalstenose oder gering ausgeprägte multisegmentale degenerative Veränderungen. Beim Rat zur Operation ist die „Tendenz von Bandscheibenvorfällen zur Spontanheilung" und die Sozial- und Berufsanamnese zu berücksichtigen, um gegebenenfalls begleitende gravierende Kontextfaktoren auszuschließen oder notwendige Veränderungen im Berufsfeld anzuregen.

6.2.2.1 Grundzüge der operativen Techniken

Der Mehrzahl der spinalen radikulären Erkrankungen liegen raumbeengende Prozesse zugrunde, sodass das Ziel der operativen Therapie in der Befreiung der nervalen Gewebe vom komprimierenden Druck der Umgebungsstrukturen besteht. Dies ist bei Bandscheibenvorfällen durch Resektion des Sequesters möglich, bei Stenosen durch Erweiterung der knöchernen Begrenzungen und bei Olisthesen durch Reposition und Fixierung der instabilen Wirbel in einer Position, in der keine Zug- oder Druckwirkung mehr auf die betroffenen Nervenwurzeln ausgeübt wird. Kombinationen der verschiedenen Techniken sind möglich. Wie immer ist auf ein gewebsschonendes Vorgehen zu achten, um die anatomischen Strukturen in möglichst physiologischem Zustand zu erhalten und das neuromuskuläre Zusammenspiel nicht zu gefährden.

6.2.2.1.1 Operationen an der Halswirbelsäule

Ventrale Fusion: Über einen ventralen Zugang zur Halswirbelsäule in der Faszienschicht zwischen Karotisloge und Ösophagus wird das Bandscheibenfach ausgeräumt und die Dura dargestellt. Unter Sicht des Operationsmikroskops befreit man die Foramina intervertebralia von Sequesteranteilen oder knöchernen Stenosen. Anstelle des Bandscheibengewebes muss ein Platzhalter eingesetzt werden, der die physiologische Lordosierung der Halswirbelsäule und die Höhe des Bandscheibenfachs wiederherstellt (Abb. 6.8). Die beiden angrenzenden Wirbelkörper werden durch Knochenzement, ein Cage-Interponat oder eine bewegliche Bandscheibenprothese fusioniert. Als häufigste Komplikationen sind eine vorübergehende Heiserkeit aufgrund der intraoperativen Verlagerung der Stimmbandstrukturen und eine spätere Implantatlockerung zu befürchten.

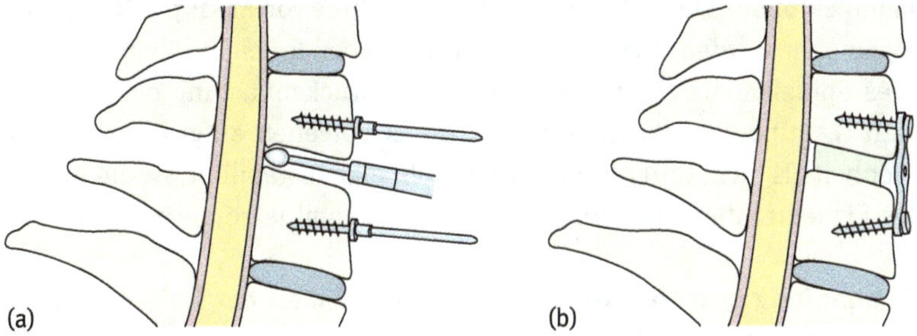

Abb. 6.8: (a) Abtragung dorsaler Exophyten an den Wirbelkörpern. (b) Spondylodese mittels Interposition eines autogenen Knochenspans und Platte.

Dorsale Foraminotomie: Im Falle einer auf eine Nervenwurzel beschränkten radikulären Symptomatik, verursacht durch die Stenose *eines* Foramen intervertebrale, kann eine gezielte Dekompression über einen dorsalen Zugang indiziert werden. Nach subperiostalem Abschieben der Nackenmuskulatur nach lateral, beginnend von den Dornfortsätzen über die Laminae bis hin zum Zwischenwirbelgelenk, wird dessen medialer Anteil unter Sicht des Mikroskops mittels Fräse reseziert. Der darunter gelegene laterale Anteil des Duralschlauchs und die davon ausgehende Nervenwurzel werden auf einer Strecke von ungefähr 15 mm nach lateral freigelegt (Abb. 6.9). Die betroffene Nervenwurzel ist jetzt dekomprimiert, und ein eventuell in der Axilla gelegener Bandscheibenvorfall kann entfernt werden. Im Vergleich zur ventralen Fusion bildet sich die Symptomatik meist langsamer zurück, und prinzipiell besteht bei dieser Technik die Möglichkeit eines Rezidivvorfalls.

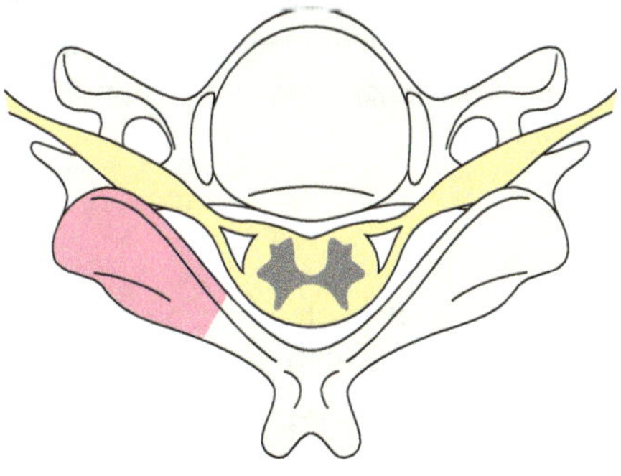

Abb. 6.9: Dorsale Foraminotomie zur Raumbefreiung einer Wurzel.

Ventrale Fusion, Laminektomie, Laminoplastie: Bei einer zervikalen Spinalkanalstenose über mehrere Etagen hinweg wie zum Beispiel bei der Ossifikation des Ligamentum longitudinale posterius (OPLL) ist die *ventrale Fusion* mehrerer Etagen zu erwägen, gegebenenfalls verbunden mit der ventralen Verplattung der fusionierten Wirbelkörper oder sogar zusammen mit ihrem Ersatz durch ein Interponat. Oft erweist es sich als weniger invasiv, über einen dorsalen Zugang die Wirbelbögen zu resezieren (Laminektomie). Diese können aber auch mithilfe von Mikroplatten wieder auf Abstand gebracht werden, um durch die so entstehende leichte Kyphosierung das Lumen des Spinalkanals zu erweitern und eine Druckentlastung des Myelons herbeizuführen (Laminoplastie). Erweist sich dieses Vorgehen aufgrund der Knochenbeschaffenheit als nicht durchführbar und droht eine Instabilität, ist die Anlage eines dorsalen Fixateur interne in Verbindung mit einer Laminektomie indiziert.

Operative Behandlung von Instabilitäten: Eine Instabilität der Halswirbelsäule kann beispielsweise posttraumatisch oder im Rahmen einer rheumatoiden Arthritis entstehen (Abb. 6.10), aber auch nach einer Halswirbelsäulenoperation bei Implantatversagen. Rein radikuläre Syndrome sind selten, es droht sogar eine Querschnittslähmung. Monosegmentale Bandscheibenschäden werden durch ventrale Fusion und Plattenosteosynthese behandelt. Cage-Interponate in mehreren Höhen zur Behandlung einer Instabilität sind ebenfalls durch eine ventrale „Verplattung“ zu sichern. Zusätzlich ist an eine dorsale Fixierung mittels Fixateur interne zu denken.

Arthroplastie: Der Ersatz einer zervikalen Bandscheibe von ventral kann auch im Sinne einer Arthroplastie mithilfe einer Bandscheiben-Endoprothese vorgenommen werden, um die Beweglichkeit des Segments zu erhalten (Abb. 6.11). Im Gegensatz zum Cage müssen hierbei die Grund- und Deckplatten der angrenzenden Wirbelkörper für die Aufnahme der Endoprothese osteoplastisch vorbereitet und teilreseziert werden. Die Risiken und Erfolgsaussichten der Endoprothesentechnik entsprechen für monosegmentale oder multisegmentale Implantationen ungefähr denen der Cage-Interponate. An der Halswirbelsäule entwickeln sich häufig in der Nachbarschaft heterotope Ossifikationen, sodass es im Laufe der Zeit zu einem allmählichen Verlust der Segmentbeweglichkeit kommt, ohne dass das Behandlungsergebnis gefährdet würde. Ein positiver prophylaktischer Einfluss der zervikalen Bandscheibenendoprothesen auf die Anschlussdegeneration in den benachbarten Bewegungssegmenten konnte bisher nicht bewiesen werden [Cepoiu-Martin et al. 2011].

6.2.2.1.2 Operationen an der Brustwirbelsäule

Spinal bedingte radikuläre Symptome sind im thorakalen Bereich selten, da aufgrund der anatomischen Situation hier nur wenige Bandscheibenvorfälle auftreten. Sie können über einen endoskopischen transthorakalen Zugang von ventrolateral reseziert werden. In den basalen thorakalen Abschnitten erreicht man den Wirbelkanal lateral

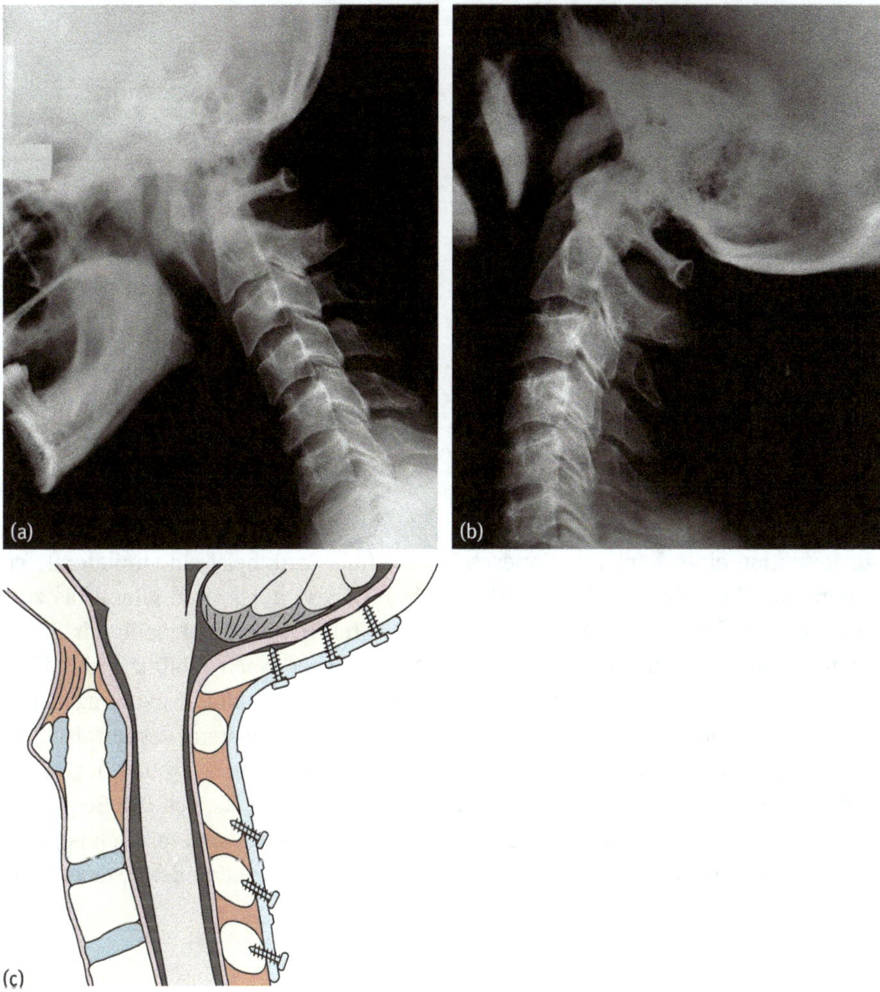

Abb. 6.10: 58 Jahre, männlich, chronische Polyarthritis. (a) und (b) Seitliche Funktionsaufnahmen der Halswirbelsäule. Instabilität zwischen Atlas und Dens axis: Bei Inklination nimmt der Abstand zwischen vorderem Atlasbogen und Dens axis zu, bei Reklination wird er kleiner. Als Faustregel gilt, dass der Abstand zwischen vorderem Atlasbogen und Dens nicht größer sein darf als der Bandscheibenraum zwischen dem 2. und dem 3. Halswirbelkörper (etwa 7 mm). Degenerative Veränderungen der Intervertebralgelenke zwischen dem 2. und dem 3. Halswirbel. (c) Prinzip der Fusion zwischen Hinterhaupt und oberer Halswirbelsäule.

von Rückenmark und Konus, ohne das Myelon verlagern zu müssen, auch über einen dorsolateralen Zugang mittels Hemilaminektomie, bei Bedarf durch die Resektion von Anteilen der mittelliniennahen Rippenstrukturen erweitert. Rückenmarknahe, insbesondere intradurale Tumoren können einen dorsalen Zugang über die Mittellinie in Form einer Laminektomie oder einer Laminoplastie erfordern. Ein Fixateur ist indi-

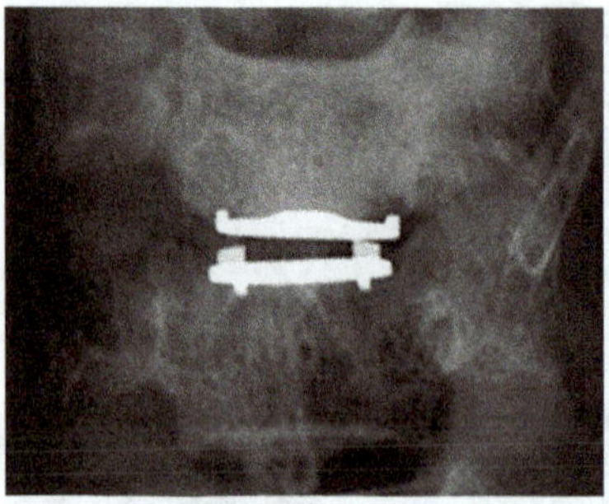

Abb. 6.11: Zervikale Bandscheibenendoprothese.

ziert, wenn der Tumor Knochenstrukturen arrodiert oder infiltriert hat und die Stabilität der Wirbelsäule gefährdet.

6.2.2.1.3 Operationen an der Lendenwirbelsäule – erweiterte interlaminäre Fensterung und Nukleotomie

Zur Resektion eines lumbalen Bandscheibenvorfalls wird meist eine unilaterale *erweiterte interlaminäre Fensterung* (EILF, Abb. 6.12) von dorsal und lateral bis zum Zwischenwirbelgelenk vorgenommen, also eine Teil-Hemilaminektomie der Bögen der nach oben und unten angrenzenden Wirbelkörper. Nach Eröffnung des Ligamentum flavum werden die von epiduralem Fett und epiduralen Venen umgebenen Nervenstrukturen sichtbar. Der Bandscheibensequester wird lateral des Duralschlauches aufgesucht, die bedrängte Nervenwurzel nach medial verlagert und der Vorfall reseziert. Wenn die Sondierung des Bandscheibenfachs im Bereich des Sequesterdurchtritts durch den Anulus fibrosus und das hintere Längsband möglich ist, wird zusätzlich nukleotomiert im Sinne einer weitgehenden Resektion der degenerierten Anteile des Nucleus pulposus.

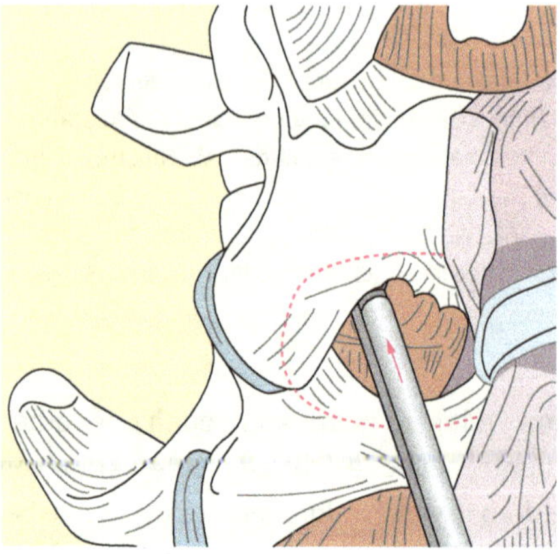

Abb. 6.12: Unilaterale erweiterte interlaminäre Fensterung.

Vorgehen bei spinaler Enge: Bei einer spinalen Enge können erweiterte Hemilaminektomien oder Laminektomien notwendig werden. Insbesondere bei einer degenerativ bedingten Spondylolisthese wird durch die Dekompression die Instabilität verstärkt, sodass in derselben Sitzung ein Fixateur interne angelegt werden muss. Dazu stehen transpedikulär anzubringende Schrauben-Stab-Systeme, aber auch Dornfortsatz-Arretierungsplatten für weniger ausgeprägte Olisthesen zur Verfügung. Für die Behandlung geringerer Stenosen dienen interspinale Spreizer zwischen zwei Dornfortsätzen ohne zusätzliche operative Erweiterung des Spinalkanals, die durch Kyphosierung des Bewegungssegments die dorsalen Bandstrukturen strecken und so die intraspinalen Nervenstrukturen vom Druck befreien, um die Claudicatio-spinalis-Symptomatik zu verringern.

Auch an der Lendenwirbelsäule stehen Bandscheiben-Endoprothesen zur Verfügung (TDR = *total disc replacement*), die im Gegensatz zur Fusion die Bewegung im Segment erhalten. Die erzielten Ergebnisse sind bezüglich Schmerzreduktion und Funktion mit denen der Fusionstechniken weitgehend identisch [van den Eerenbeemt et al. 2010].

Endoskopische Technik: Die offen-mikrochirurgische Operationstechnik unter Einsatz des Operationsmikroskops hat sich als Standardtechnik etabliert. Außerdem wurde eine Reihe perkutaner minimal-invasiver Operationsverfahren entwickelt, die eine Reduktion des Bandscheibenvolumens erlauben: Unter Bildwandlerkontrolle werden von weit lateral im unteren Bereich des Neuroforamens trokargestützte Systeme in die Bandscheibe eingeführt, die beispielsweise über Chymotrypsin-Instillation, Laser-Ablation, Elektro-Nukleoplastie oder halbautomatische Fräsen das prolabierte Gewebe verkleinern. Dadurch kann der Druck auf die nervalen Strukturen verringert und eine Verbesserung der Schmerzsymptomatik erreicht werden (Rasouli et al. 2014). Das Vorgehen ist für sequestrierte Vorfälle nicht geeignet.

Eine Weiterentwicklung dieser Technik stellt das endoskopische Operationsverfahren dar, das unter Lokalanästhesie ausgeführt wird und mit dessen Hilfe sogar Bandscheibenvorfälle und Spinalkanalstenosen routinemäßig operiert werden (Sairyo et al. 2014). Außer transforaminalen existieren auch interlaminäre Zugangswege (Abb. 6.13).

Operative Behandlung des *Failed-Back-Surgery-Syndroms*: Der Begriff *Post-Laminektomie-Syndrom* (Kap. 6.3.3.6) oder *Failed-Back-Surgery-Syndrom* (FBSS) beschreibt die ausgebliebene Besserung der Beschwerden nach einer Rückenoperation, insbesondere nach lumbalen Instrumentierungen. Neben den operationsbedingt möglichen Komplikationen wurden als besondere präoperative Risikofaktoren seitens des Patienten psychische (z. B. Depression, Angststörung) oder soziale Probleme (z. B. Rentenbegehren) festgestellt [Chan u. Peng 2011]. Meist handelt es sich um eine postoperative Chronifizierung von Lumbalgien mit nicht radikulärer Ausstrah-

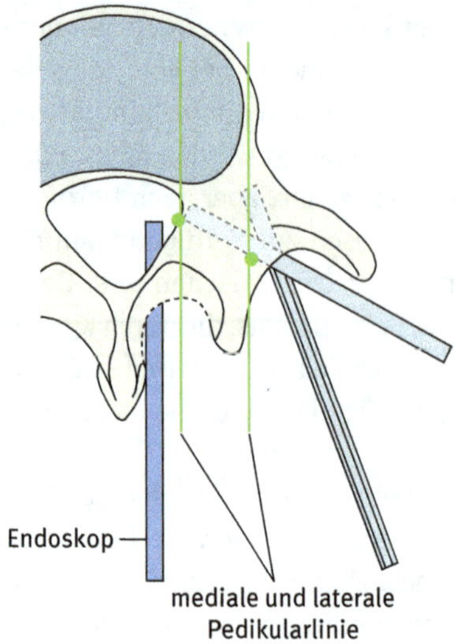

Abb. 6.13: Zugangsplanung für eine endoskopische Operation wegen eines lumbalen Bandscheibenvorfalls.

lung zusammen mit einem vergleichsweise milde ausgeprägten sensomotorischen Defizit.

Wenn die Dura während des Ersteingriffs nicht verletzt worden ist und überschießende postoperative Narben im Spinalkanal ausgeschlossen worden sind und weil auch operative Revisionen nicht unbedingt zu einem Therapieerfolg führen, ist eine mehrstufige Schmerztherapie einzuleiten. Führt sie nicht zum Erfolg, kommt oft die Implantation eines SCS-(*Spinal-Cord-Stimulation*-)Systems infrage: Eine Stimulationselektrode wird epidural in Höhe des Rückenmarks eingebracht und ein über Kabel damit verbundener Neurostimulations-Generator abdominell platziert. Über eine transkutane telemetrische Programmierung wählt man die Stimulation an der Elektrode so, dass das entstehende Taubheitsgefühl die Schmerzen im Bereich der betroffenen Areale „überdeckt". Alternativ ist an die Implantation einer abdominellen Morphinpumpe zu denken, die über einen subkutan getunnelten und in Höhe der unteren Brustwirbelsäule subdural platzierten Katheter das Medikament intrathekal zuführt. Unterstützend ist die Fortführung der multimodalen Schmerztherapie unter Einschluss krankengymnastischer Übungen und gegebenenfalls psychologischer Betreuung notwendig.

6.3 Krankheitsbilder

6.3.1 Zervikale Syndrome

6.3.1.1 Zervikales lokales Schmerzsyndrom und zervikales Pseudoradikulärsyndrom

Dieses häufigste zervikale Schmerzsyndrom beruht auf Störungen der funktionellen Beziehungen zwischen den Intervertebralgelenken und benachbarten Wurzeln. Zu einer eigentlichen Wurzelreizung kommt es aber nicht. Es setzt allmählich oder plötzlich ein mit Schmerzen in der Halswirbelsäule (*lokales zervikales Schmerzsyndrom*), die meist in den Nacken, in eine oder beide Schultern (zervikales *pseudoradikuläres Schmerzsyndrom*, Omago, Omalgie) und in das Hinterhaupt ausstrahlen. Die Schulter- und Nackenmuskulatur ist verspannt und oft druckschmerzhaft, besonders an den Oberrändern der Mm. trapezii und zwischen den Schulterblättern (Rr. dorsales der Spinalnerven). Die aktive und die passive Beweglichkeit von Kopf und Hals ist asymmetrisch eingeschränkt. Man findet segmentale Blockierungen oder Hypermobilitäten der Halswirbelsäule. Auf eine Mitbeteiligung der Kopfgelenke weisen Schmerzen im Hinterhaupt bzw. Kopfschmerzen hin (N. occipitalis major bzw. A. vertebralis). Die Beschwerden sind keinem Dermatom zuzuordnen und beruhen häufig auf begleitenden Myopathien und Tendopathien. Nicht selten lassen sich Zusammenhänge mit Allgemeininfektionen und mit psychischen Belastungen erkennen.

6.3.1.2 Zervikales Radikulärsyndrom (zervikaler Bandscheibenvorfall, zervikale Neuroforamenstenose)

Radikuläre Syndrome sind sehr viel seltener als lokale und pseudoradikuläre Schmerzen und Missempfindungen. Missempfindungen allein können manchmal radikulär zugeordnet werden. Schwerere Schädigungen der Wurzel(n) machen sich durch Störungen der Sensibilität, gelegentlich durch motorische Ausfälle und Atrophien bemerkbar, bevorzugt betroffen ist die Wurzel C6, seltener die Wurzeln C7 und C8 (Abb. 6.14 bis 6.16; Tab. 6.1). Läsionen der Wurzel C5 verursachen manchmal Schmerzen am medialen Schulterblattrand derselben Seite. Radikulärsyndrome oberhalb davon spielen praktisch keine Rolle. Aspekt und bimanuelle Untersuchung zeigen die Halswirbelsäule mit Blockierungen leicht kyphotisch eingestellt und ihre Beweglichkeit eingeschränkt, häufig asymmetrisch.

Als Grund der klinischen Symptomatik findet sich bei unter Fünfzigjährigen in der Regel ein Bandscheibenvorfall, bei älteren Patienten sind gewöhnlich knöcherne Veränderungen in unterschiedlicher Kombination festzustellen: Chondrosen, Osteochondrosen, unkovertebrale Exostosen, Spondylosen, Spondylarthrosen. Schrägaufnahmen der Halswirbelsäule zeigen Einengungen der Foramina intervertebralia (Abb. 6.17), Zielaufnahmen der Kopfgelenke oft degenerative Veränderungen auch zwischen Hinterhaupt und Axis. Seitliche Funktionsaufnahmen geben über Instabi-

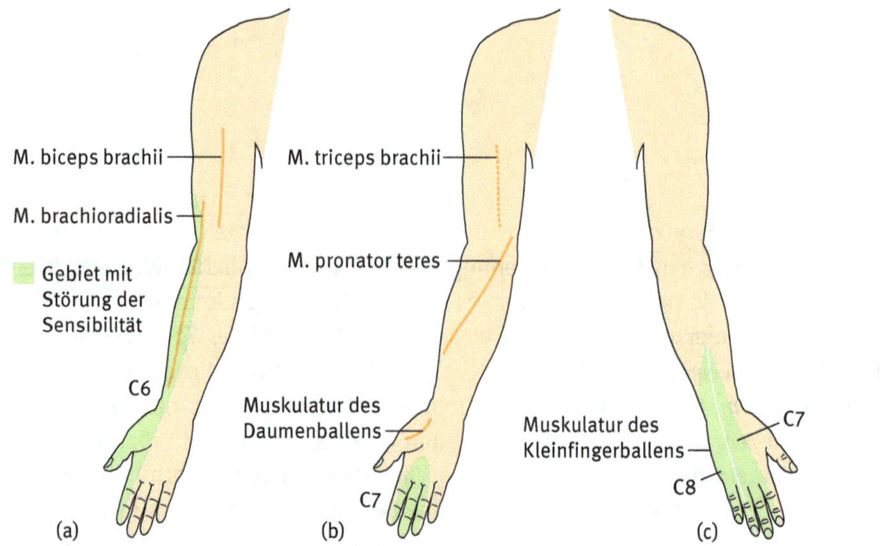

Abb. 6.14: (a) bis (c) Sensible Störungen und Kennmuskeln bei Schädigung der Wurzeln C 6, C 7, C 8.

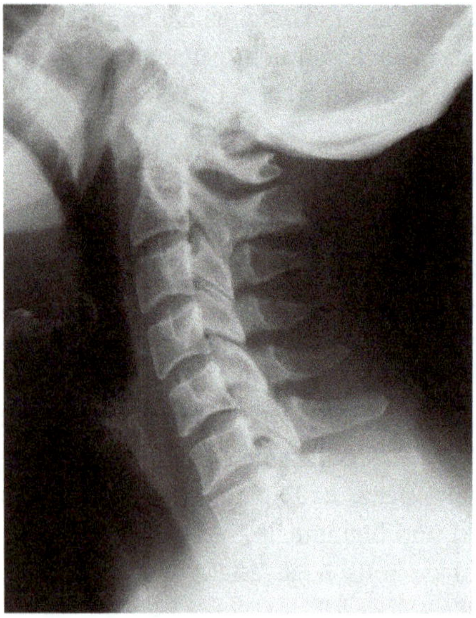

Abb. 6.15: 46 Jahre, weiblich. Seitaufnahme der Halswirbelsäule. Chondrosis intervertebralis zwischen HWK 6 und 7.

litäten Auskunft (Abb. 6.10a und b). Eine subtilere Darstellung ist mithilfe von CT- und besonders von MRT-Untersuchungen möglich, aber nur ausnahmsweise zur präoperativen Höhendiagnostik erforderlich. Die sichere Unterscheidung radikulärer von nervalen Läsionen erfordert die Ableitung von der autochthonen Nacken- und Rückenmuskulatur im EMG mit dem Ziel, mögliche Denervierungszeichen in der von

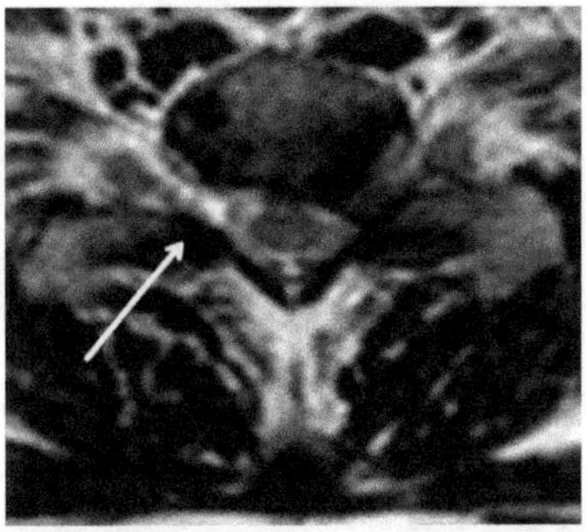

Abb. 6.16: MRT, T2, axial. Bandscheibenvorfall HWK 7/ BWK 1 links. Das rechte Intervertebralgelenk ist durch den Pfeil gekennzeichnet. Davor liegt das Foramen intervertebrale mit dem Spinalnerven, der lateral das Spinalganglion formt. Auf der Gegenseite Auslöschung des hellen T2-Signals im Foramen durch das Bandscheibengewebe.

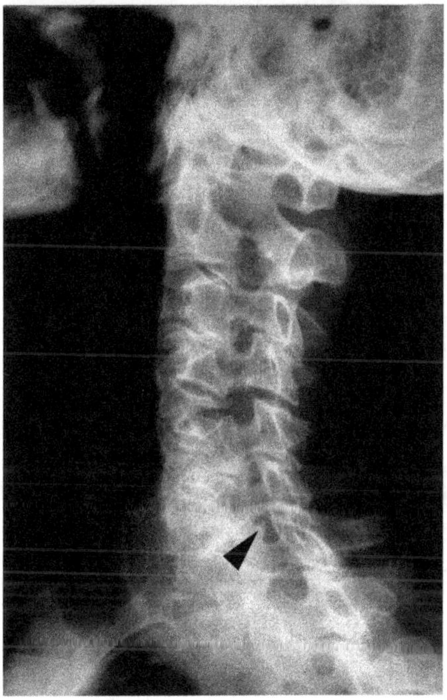

Abb. 6.17: Schrägaufnahme der Halswirbelsäule. Einengung der Foramina intervertebralia in den beiden untersten Etagen. Die Pfeilspitze kennzeichnet einen ventralen Spondylophyten im Neuroforamen C 6/C 7.

den Rr. dorsales der Spinalnerven versorgten Muskulatur nachzuweisen und Läsionen im Plexus- oder Nervengebiet auszuschließen.

Solange Paresen fehlen, entspricht die *Therapie* der des zervikalen Pseudoradikulärsyndroms. Manualtherapeutische Maßnahmen kommen bei akuter radikulärer Symptomatik nicht infrage. Paresen werden elektrotherapeutisch bzw. krankengymnastisch behandelt. Operatives Vorgehen ist indiziert, wenn sich Paresen oder ein radikuläres Schmerzsyndrom nicht rasch zurückbilden und im MRT ein Vorfall in der „passenden" Höhe nachgewiesen werden kann. In diesen Fällen wird meist das betroffene Segment ventral fusioniert. Insbesondere bei einem chronischen Schmerzsyndrom ohne motorische Ausfälle kommt als Alternative die dorsale Foraminotomie

Tab. 6.1: Zervikale Dermatome, Kennmuskeln, Kennreflexe.

Dermatom		Kennmuskel	Kennreflex
C 4	Kragen	Zwerchfell	./.
C 5	Gebiet über dem M. deltoideus	M. deltoideus	./.
C 6	Radialseite von Ober- und Unterarm, radiale 1½ Finger palmar- und dorsalseitig	M. biceps brachii, M. flexor carpi radialis	Bizepsreflex
C 7	Dorsalseite von Ober- und Unterarm, 3. Finger, 2. Finger ulnars., 4. Finger radial-, palmar- und dorsalseitig	M. triceps brachii	Trizepsreflex
C 8	Dorsalseite von Ober- und Unterarm, 1½ Finger ulnar-, palmar- und dorsalseitig	M. flexor carpi ulnaris	Trömnerreflex
Th1	Ellenbogen, Ulnarseite des Unterarms		

in Betracht. Die Nervenwurzel kann dekomprimiert werden, ohne die Integrität der vorderen Säule im Wirbelsäulenabschnitt zu gefährden. Der operative Zugangsweg zur Freilegung und Inspektion der Nervenwurzel ist zugleich Teil der dekomprimierenden Therapie, ein lateral liegender Bandscheibenvorfall kann mit entfernt werden.

6.3.1.3 Zervikale Myelopathie (zervikale Stenose)

Einengungen des Spinalkanals bzw. des Halsmarks durch mehrere Bandscheibenvorwölbungen oder durch dorsale Exophyten sind selten. Sie können sich zunächst in Form von Nackenschmerzen und radikulären Symptomen äußern. Später entwickelt sich mitunter eine spastische Paraparese, oder es treten strumpfförmige Empfindungsstörungen an den unteren Extremitäten, spinale Ataxien und Störungen der Blasenentleerung auf. Das *Lhermitte-Zeichen* wird positiv: Der Patient verspürt beim Vorbeugen des Kopfes Parästhesien oder Sensibilitätsstörungen in Nacken, Rücken oder Extremitäten, die in den Beinen als Taubheitsgefühl angegeben werden. Die Veränderungen lassen sich röntgenologisch, computertomografisch und kernspintomografisch darstellen. Sie müssen vor allem von tumorösen Raumforderungen abgegrenzt werden (Kap. 5.3.11). In den Spinalkanal reichende Bandscheibenvorwölbungen oder Osteophyten führen manchmal zusammen mit arthrotischen Randzacken an den Intervertebralgelenken zu einem Aufbrauchen des Liquorsaums um das Myelon herum. Im MRT wird durch Druckschädigung und Ödembildung ein T2-hyperintenses myelopathisches Signal sichtbar, das die Operationsindikation stellen lässt (Abb. 6.18). Findet sich noch kein myelopathisches Signal und fehlen eindeutige neurologische Defizite, kann die Indikationsstellung durch Ableitung somatosensibel evozierter Potenziale der Nn. mediani und der Nn. tibiales unterstützt werden. Dies erfolgt bei Null-Stellung sowie bei Inklination und Reklination des Kopfes, Abb. 6.10). Pathologische Nervenleitgeschwindigkeiten oder eine Verschlechterung der Potenziale in den Funktionsstellungen rechtfertigen einen operativen Eingriff. Je nach Ausmaß der Degeneration kommt ein ventraler oder ein dorsaler

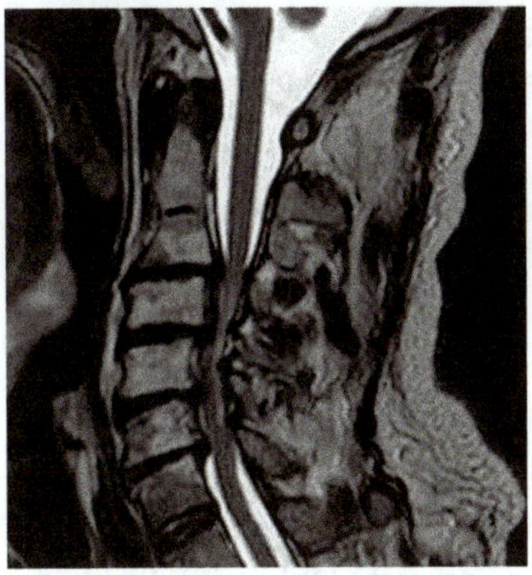

Abb. 6.18: MRT, T2, sagittal. Klippel-Feil-Fehlbildung und zervikale Spinalkanalstenose. Fusionsanomalie HWK 2 bis HWK 3. Der Spinalkanal wird auf den Höhen 3 bis 7 von ventral und dorsal eingeengt. Das Rückenmark weist in Höhe der HWK 4, 5 und 6 dorsale T2-Hyperintensitäten im Sinne eines myelopathischen Signals auf.

Zugang in Betracht. Von ventral müssen oft ein oder mehrere Wirbelkörper reseziert, durch Interponate ersetzt und durch „Verplattung" gesichert werden. Ist die Stenose eher durch die dorsal liegenden Veränderungen der Zwischenwirbelgelenke bedingt, ist eine Laminektomie oder eine Laminoplastie zu erwägen.

Eine Sonderform der zervikalen Spinalkanalstenose stellt die Ossifizierung des posterioren longitudinalen Ligaments (OPLL) dar, bei der über fast die gesamte Strecke der zervikalen dorsalen Wirbelkörperabschnitte das Ligament mit der Dura verwachsen und verknöchert ist. Diese Verwachsungen sind von ventral meist nicht ohne Schädigung der Dura zu resezieren, sodass eine Laminoplastie Therapie der Wahl ist.

6.3.1.4 Zervikoenzephale Syndrome

Mechanische Irritationen der A. vertebralis und ihres sympathischen Gefäßplexus im Zuge degenerativer Veränderungen des atlantookzipitalen Übergangs und der oberen Halswirbelsäule verursachen manchmal Nacken- und Hinterhauptschmerzen, oft einseitig und bis in Schläfen und Stirn ausstrahlend, Schwindelanfälle (synkopale Bewusstseinsstörungen, Migraine cervicale), Seh- und Hörstörungen. Bevorzugt befallen werden Patienten im 5. Lebensjahrzehnt mit pseudoradikulärer und radikulärer Symptomatik. Die Pathogenese der Beschwerden konnte noch nicht sicher geklärt werden.

Obwohl mit bildgebenden Verfahren degenerative Veränderungen nachweisbar sind, erfordert die Diagnostik die Zusammenarbeit von Orthopäden, Neurologen, Ophthalmologen, Otologen und ggf. Psychiatern, weil ähnliche Symptome auch durch destruierende Prozesse, durch Erkrankungen der Gefäßwände, von Augen und Innenohren sowie durch körperliche oder psychische Überbeanspruchung ausgelöst werden können.

Im Vordergrund der Therapie stehen konservative Verfahren: Schanz'scher Watteverband oder weiche leicht kyphosierende Zervikalorthese, manuelle Therapie, Massagen, Elektrotherapie, NSAR, Analgetika und ggf. Psychopharmaka. Die operative Dekompression der A. vertebralis ist nur ausnahmsweise nach langer vergeblicher konservativer Behandlung angezeigt.

6.3.2 Thorakale Syndrome

6.3.2.1 Thorakaler Bandscheibenvorfall

Aufgrund der knöchernen Stabilisierung des Thorax durch die Rippen und der eingeschränkten Beweglichkeit der Brustwirbelsäule machen thorakale Bandscheibenvorfälle weniger als 1 % aller Bandscheibenvorfälle aus [Nishimura et al. 2014]. Sie sind oft kalzifiziert und mit den umgebenden Strukturen vernarbt (Abb. 6.19). Beschwerdeauslösend wirken vor allem knöcherne Veränderungen (Abb. 6.20 und 6.21). Im Vordergrund stehen lokale und pseudoradikuläre Schmerzen. Radikuläre Symptome äußern sich in Form einer Interkostalneuralgie. Häufiger als auf degenerativen Veränderungen der Brustwirbelsäule beruhen Interkostalneuralgien allerdings auf Blockierungen und Arthrosen der Kostotransversalgelenke. Ursächlich infrage kommen auch der Herpes zoster, Frakturfolgen, Tumoren u. a.

Die Patienten leiden sehr unter den radikulären gürtelförmigen Schmerzen der Interkostalneuralgie. In seltenen Fällen kann ein einseitiger Tonusverlust der Bauchwandmuskeln bei lateral tief thorakal gelegenen Bandscheibenvorfällen beobachtet werden, da diese über die Nn. intercostales und den N. subcostalis (Th12) mit innerviert werden (Kap. 5.3.4.1). – Auch die Gefahr einer Einengung des Myelons durch knöcherne Anbauten ist gering. Neurologische Defizite bestehen dann eher in Form von ataktischen Gangstörungen oder von Miktionsstörungen.

Akute Beschwerden werden analgetisch und neuraltherapeutisch, Rippenblockierungen und Blockierungen der Kostotransversalgelenke manualtherapeutisch behandelt. Chronische Beschwerden verlangen physiotherapeutische Maßnahmen

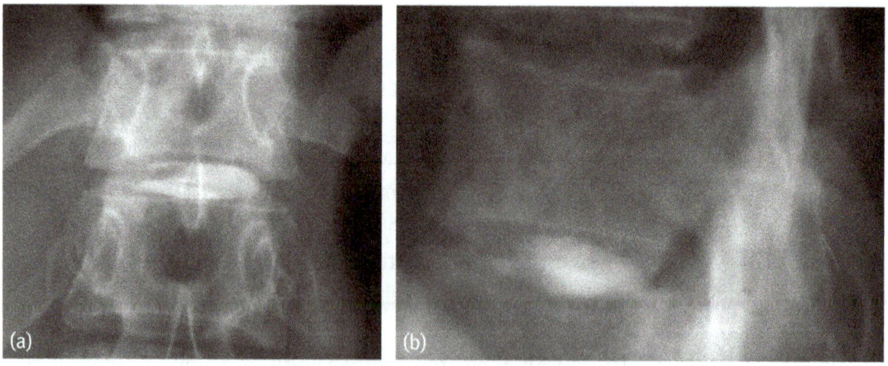

Abb. 6.19: (a) und (b) Bandscheibenverkalkung am dorsolumbalen Übergang.

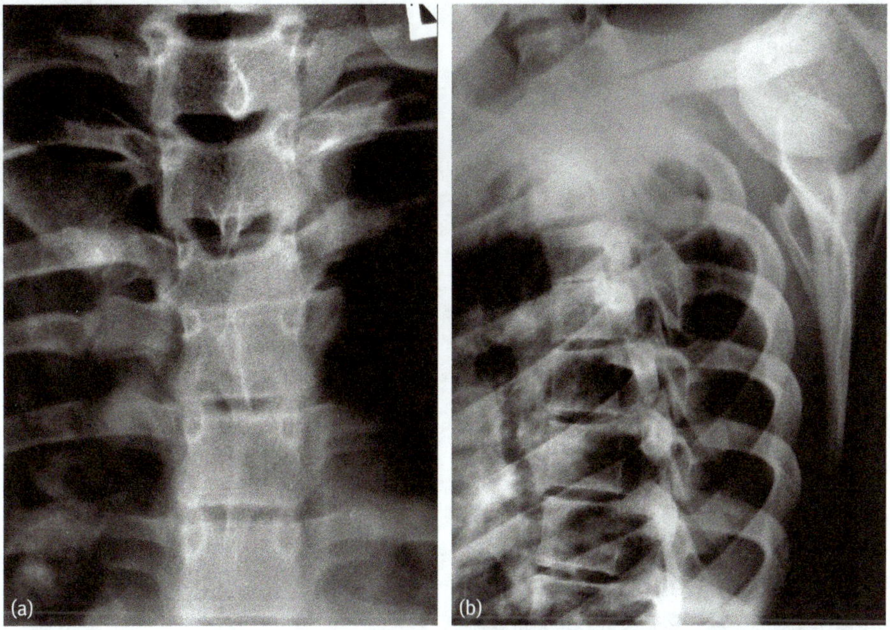

Abb. 6.20: (a) und (b) Erwachsener. Vermutlich angeborene Synostose zwischen den Brustwirbelkörpern 3 und 4. Beschwerden und neurologische Symptomatik nicht zu erwarten.

und bei Bedarf die Gabe von NSAR. Eine Operationsindikation besteht nach erfolgloser konservativer Therapie oder hoch akut bei einem drohenden Querschnittsyndrom. Lage und Größe bestimmen den operativen Zugangsweg und das Ausmaß der knöchernen Dekompression, die von ventraler thorakoskopischer Resektion über eine Thorakotomie bis zur Kostotransversektomie von dorsal mit Wirbelkörperersatz reichen kann. Hier ist manchmal eine ventrale oder dorsale Stabilisierung zusätzlich notwendig.

6.3.3 Lumbale Wurzelreiz- und Wurzelausfallsyndrome

Degenerative Veränderungen finden sich an der Lendenwirbelsäule vor allem, aber nicht ausschließlich an den Bewegungssegmenten LWK 4/LWK 5 und LWK 5/SWK 1. Nicht selten erkrankt sogar die gesamte (Lenden-)Wirbelsäule. Protrusionen und Prolapse von Bandscheibengewebe spielen hier für die Auslösung von Beschwerden und für neurologische Ausfälle zahlenmäßig eine viel größere Rolle als an der Hals- und Brustwirbelsäule. Nach dem klinischen Bild unterscheidet man das lokale lumbale Schmerzsyndrom, das lumbale Pseudoradikulärsyndrom, das lumbale Radikulärsyndrom und die neurogene Caudicatio intermittens.

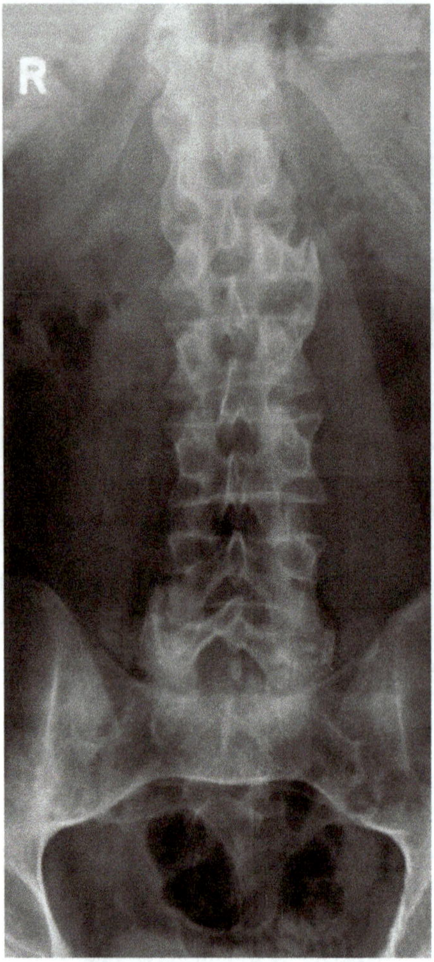

Abb. 6.21: 50 Jahre, männlich. Psoriatische Spondarthropathie. Lokale Schmerzsymptomatik. Spondylarthritis zwischen dem 11. und dem 12. Brustwirbel rechts, zwischen dem 2. und dem 3. Lendenwirbel links sowie zwischen dem 5. und dem 6. Lendenwirbel rechts. Paravertebrale Knochenbildung in Höhe des ersten Lendenwirbels rechts. Iliitis rechts.

Die auf degenerativen Veränderungen der Wirbelsäule beruhenden Beschwerden müssen abgegrenzt werden von Myopathien und Tendopathien als Folge einer absoluten oder relativen Überlastung der Muskulatur.

6.3.3.1 Lokales lumbales Schmerzsyndrom

Das lokale lumbale Schmerzsyndrom kommt durch die Irritation sensibel innervierter Strukturen im Spinalkanal und in seiner unmittelbaren Umgebung zustande. Diese werden durch den R. meningicus n. spinalis versorgt, den ersten Ast des R. ventralis n. spinalis, der gemeinsam mit sympathischen Fasern aus dem Grenzstrang durch das Foramen intervertebrale rückwärts zum Spinalkanal zieht (Abb. 6.7). Schmerzempfindlich sind die am weitesten dorsal gelegenen Anteile der Bandscheibe, das

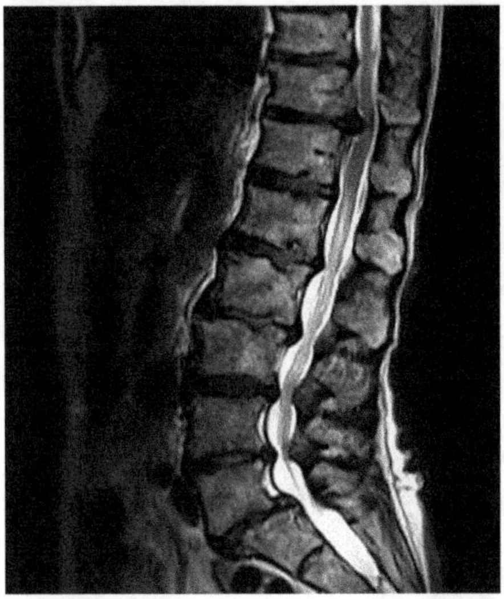

Abb. 6.22: 77 Jahre, weiblich. MRT der Lendenwirbelsäule, T2, sagittal. Multiple degenerative Veränderungen: unter anderem thorakaler Bandscheibenvorfall BWK 11/BWK 12, spinale Stenosen bei LWK 3/LWK 4 und LWK 4/LWK 5 durch Bandscheibenprotrusionen und Hypertrophien der Facettengelenke sowie degenerative Olisthese LWK 5/SWK 1.

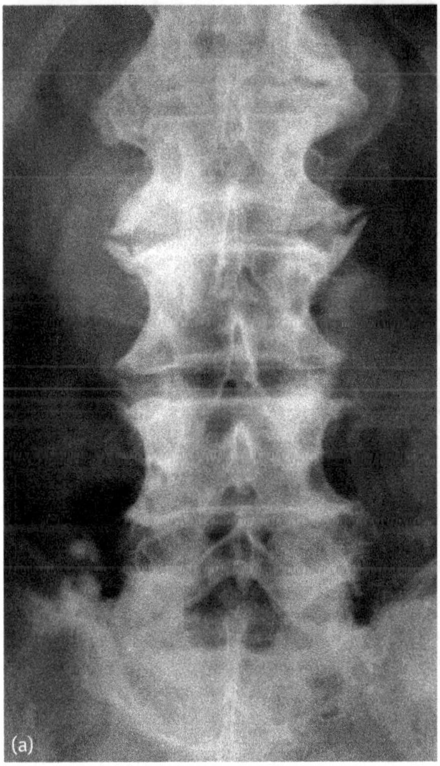

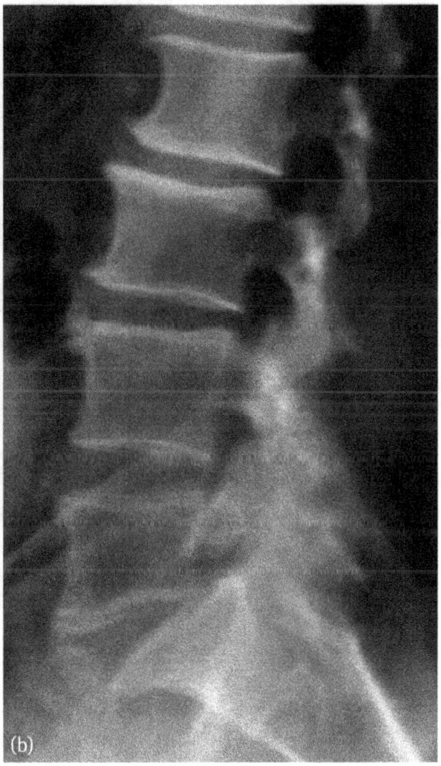

Abb. 6.23: (a) und (b) Lendenwirbelsäule in zwei Ebenen. Große überbrückende seitliche Randzacken. Chondrose und Osteochondrose zwischen dem 1. und dem 4. LWK. Verschiebung des 5. Lendenwirbels nach ventral, dorsale Einengung des Intervertebralraums, ventrale knöcherne Abstützreaktion: Degenerativ bedingte Olisthese.

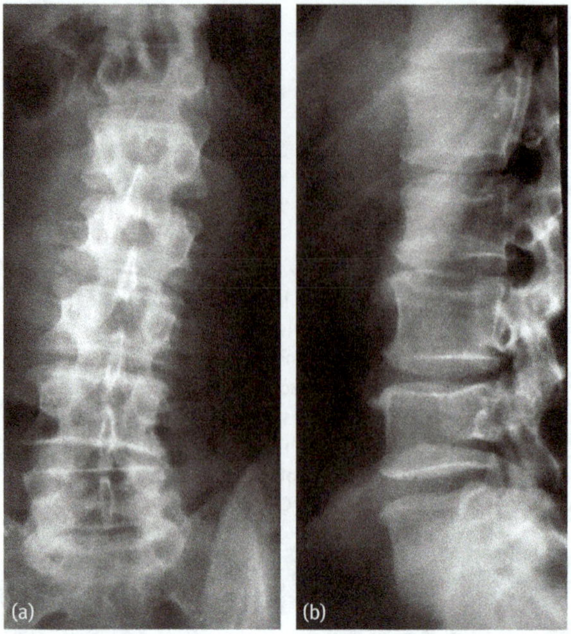

Abb. 6.24: (a) und (b) Lendenwirbelsäule in zwei Ebenen. Asymmetrische Verschmälerung des Intervertebralraums zwischen den LWK 4 und 5. Linksüberhang, rechtskonvexe Biegung, Linksrotation. Aufhebung der Lordose, Randzacken. Drehgleiten, vgl. Abb. 6.5.

hintere Längsband, die Kapseln der Intervertebralgelenke, das Periost und die Rückenmarkshäute. Die Intervertebralgelenke erhalten zusätzlich Fasern aus dem R. dorsalis n. spinalis. Schmerzen werden vor allem ausgelöst durch den Druck chondrotisch veränderten Bandscheibengewebes oder spondylotischer Randzacken auf das hintere Längsband oder durch eine segmentale Instabilität, die degenerativ bedingte Olisthese (Abb. 6.22 und 6.24). Charakteristisch sind schwer lokalisierbare, allmählich zunehmende Rückenschmerzen oder plötzlich einsetzende Schmerzanfälle (Lumbago, Lumbalgie, Hexenschuss), gewöhnlich nach dem Aufrichten aus einer Rumpfbeuge mit und ohne Last.

6.3.3.2 Lumbales Pseudoradikulärsyndrom

Pseudoradikuläre Beschwerden beruhen vor allem auf Arthrosen der Intervertebralgelenke, insbesondere auf der damit einhergehenden Synovialitis. Die im Vergleich zu den radikulären Kompressionssyndromen schwer abgrenzbaren brennenden oder stechenden und bohrenden Schmerzempfindungen werden über den R. dorsalis n. spinalis in den Rücken, die Dorsalseiten der Oberschenkel, die Iliosakralfugen – hier häufig fehlgedeutet – den Unterbauch und die Leistengegenden projiziert. Sie nehmen bei Lordosierung der Lendenwirbelsäule sowie im Verlauf des Tages vor allem bei statischer Belastung zu und im Liegen ab. Die degenerativ verursachte Instabilität des erkrankten Bewegungssegments stellt erhöhte Anforderungen an den M. erector spinae, der die Lendenwirbelsäule reflektorisch fixiert. Als Folge stellen sich ein schmerzhafter Hypertonus der Rückenmuskulatur, der Hartspann, Insertionstendopathien, besonders am Ansatz des M. erector spinae am Becken, und umschriebene Druckschmerzen (Triggerpunkte) ein.

Das lokale lumbale Schmerzsyndrom und das lumbale Pseudoradikulärsyndrom treten einzeln oder gemeinsam auf. Die ihnen zugrunde liegenden pathologisch-anatomischen Veränderungen bilden das morphologische Substrat des chronischen Rückenschmerzes. Mit der Entstehung einer Ischialgie ist bei ein bis zwei Prozent der Betroffenen zu rechnen.

6.3.3.3 Therapie des lokalen lumbalen Schmerzsyndroms und des lumbalen Pseudoradikulärsyndroms

Akuter Schmerzzustand

- Analgetika, gegen sehr heftige Schmerzen auch Betäubungsmittel. Pyrazolone, Diclofenac, Indometacin, Sedativa, Muskelrelaxanzien
- Bettruhe, dabei feste Unterlage, individuell mehr oder weniger „angezogene" Beine. Stufenbett. Wärme in Form von Bädern und Packungen (Fango). Externe Anwendung von Salicylaten und ätherischen Ölen sowie Pflaster (ausgenommen: Opiatpflaster u. ä.) ohne Tiefenwirkung, trotzdem oft schmerzlindernd
- Segmentmassage, Unterwasserdruckstrahlmassage, Tretmassage. Extension an den rechtwinklig gebeugten Beinen im Perlschen Gerät oder im Stufenbett, dabei leichte Kyphosierung der Lendenwirbelsäule
- Interferenzstromtherapie. Reizstromtherapie nach Träbert, unbedingt an fünf aufeinanderfolgenden Tagen. Kurzwellentherapie, besonders gut für schlanke Patienten geeignet (Wirbelstromelektrode)
- Infiltration von Schmerzpunkten, der Muskulatur, der Intervertebralgelenke mit einem Lokalanästhetikum (therapeutische Lokalanästhesie). Epidurale oder intrathekale Applikation von Kortikoiden gegen mechanisch ausgelöste entzündliche Veränderungen.

Nach Abklingen der heftigsten Beschwerden wird die medikamentöse Behandlung und ggf. eine Injektionstherapie allmählich beendet und die Belastung gesteigert.

Beschwerdearmes oder beschwerdefreies Intervall

- Beratung des Patienten: Es handelt sich um eine zwar lästige, in aller Regel aber harmlose Erkrankung, und körperliche Belastung in individuell abgestimmtem Rahmen wirkt konditionierend
- krankheitsgerechte berufliche Belastung
- krankengymnastische Behandlung, um die *gesamte* Rumpfmuskulatur zu kräftigen und den Patienten dazu zu erziehen, „den Rücken steifzuhalten" (Rücken-

schule). Wie bei degenerativen Erkrankungen der Extremitätengelenke wirkt eine kräftige, die Wirbelsäule führende und stabilisierende Muskulatur beschwerdehemmend. Die Rückenmuskulatur findet ihre funktionelle Ergänzung in der Bauchmuskulatur, welche die Wirbelsäule ventral und lateral „verspannt" und dem Bauchraum Halt verleiht
- entlastendes Hinsetzen und Aufstehen – Abfangen des Körpergewichts mit den Händen an den Armlehnen, Verlagerung des Körperschwerpunkts nach vorn beim Aufstehen
- keine Rumpfbeuge, sondern Hocke, um beispielsweise einen Gegenstand vom Boden aufzuheben
- Vermeiden von äußeren Einflüssen, die erfahrungsgemäß Beschwerden auslösen (feuchte Kälte, Zugluft, Ganzkörperschwingungen)
- kein Heben und Tragen in Armvorhalte. Lasten gehören an den Körper
- keine Rumpfbeugen und keine axialen Belastungen (Sprünge)
- mittägliche Liegepause – wenn möglich
- sportliche Betätigung: (Rücken-)Schwimmen, leichte (Hand-)Ballspiele (beim Rückenschwimmen wird die Lendenwirbelsäule nicht lordosiert). Weitere sportliche Aktivitäten hängen davon ab, ob sie Beschwerden auslösen oder steigern.

6.3.3.4 Lumbales Radikulärsyndrom

Es handelt sich fast immer um das Syndrom der Ischiadikuswurzeln mit den Reizsymptomen:
- Ischialgie
- Dehnungsschmerz des N. ischiadicus und seiner Wurzeln (Lasègue'sches Zeichen)
- Druckschmerz des N. ischiadicus und des N. tibialis (Valleix'sche Druckpunkte, besonders in der Wadenmitte)
- segmentale Ausfälle der Sensibilität
- Zwangshaltung der Wirbelsäule (bis hin zur Scoliosis ischiadica)
- manchmal segmentale motorische Ausfälle.

Die Symptomatik entsteht vor etwa dem 50. Lebensjahr durch den Druck von prolabierendem oder prolabiertem Bandscheibengewebe auf eine oder mehrere Wurzeln des N. ischiadicus, seltener und bevorzugt bei älteren Menschen durch knöcherne Einengungen des Spinalkanals oder der Foramina intervertebralia.

Ein Bandscheibenvorfall läuft meist in folgender Form ab: Teile des degenerativ veränderten Bandscheibengewebes werden in Richtung Spinalkanal verlagert. Dies geschieht aufgrund der Faserinsertion des hinteren Längsbandes am Anulus fibrosus zumeist etwas lateral der Mittellinie („medialer" Bandscheibenvorfall).Die zum Wirbelkörper gehörende Nervenwurzel liegt auf Höhe des Bandscheibenfachs schon weit lateral und kaudal der Bogenwurzel im Foramen, sodass sie nicht komprimiert wird.

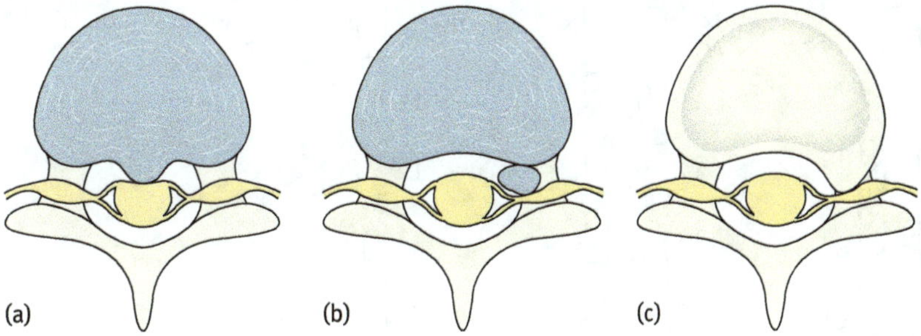

Abb. 6.25: (a) Dorsomediale Protrusion. (b) Dorsolateraler freier Prolaps. (c) Knöcherne Einengung des Foramen intervertebrale.

Die Wurzel des nächsttieferen Wirbelkörpers hingegen formiert sich in dieser Höhe bereits im Duralschlauch für ihren lateralen Verlauf, sodass sie durch den Vorfall bedrängt wird und ein radikuläres Syndrom mit sensiblem bzw. motorischem Defizit entsteht (Abb. 6.25; Tab. 6.2).

Bei ca. 5 % der Patienten tritt Bandscheibengewebe nach lateral in Richtung des Foramen intervertebrale oder sogar jenseits davon aus, *„lateraler"* oder *„foraminaler" Bandscheibenvorfall*. Hierbei wird die dem Wirbelkörper zugehörende Nervenwurzel bedrängt. Die Patienten leiden häufig unter sehr starken Schmerzen, ein motorisches Defizit fehlt jedoch.

Im Bereich der Lendenwirbelsäule liegen bei etwa 10 % der Bevölkerung Übergangsanomalien vor: 6 freie Lendenwirbel bei Fehlen der 12. Rippe oder bei Lumbalisation des ersten Sakralwirbels, 4 freie Lendenwirbel bei Sakralisation des 5. Lendenwirbels. Für die Operationsplanung hat es sich hier bewährt, die Höhe des Bandscheibenvorfalls von kaudal her anzugeben, also beispielsweise: „L5-Syndrom rechts bei medianem Bandscheibenvorfall in der drittletzten Etage rechts bei 6 LWK" im Falle eines lumbalisierten 1. Kreuzbeinwirbels (Abb. 6.26 und 6.27).

Im Vordergrund stehen mehr oder weniger ausgeprägte Schmerzen, die entweder dem Verlauf des N. ischiadicus folgen (Ischialgie, Ischias) oder sich in dem der betroffenen Wurzel zugehörigen Dermatom ausbreiten. Gelegentlich strahlen sie in die Dorsalseiten beider Oberschenkel oder beider Beine aus. Oft – nicht immer – geben die Patienten gleichzeitig lokale und pseudoradikuläre Symptome an. Die Beschwerden setzen allmählich oder wie beim Hexenschuss plötzlich ein, typisch nach einem Verheben o. ä. Sie lassen gewöhnlich in Seitlage mit mittelgradig angezogenen Beinen nach und nehmen beim Niesen, Husten, Pressen zu. Zu den Schmerzen können sich Dermatom-bezogene sensible Störungen, Abschwächungen oder Ausfälle des Quadrizeps- oder des Trizeps-surae-Reflexes und manchmal motorische Ausfälle im Ischiadikusgebiet gesellen. Der Umfang der Defizite entspricht dem Ausmaß der Wurzelschädigung, ihre Lokalisation der betroffenen Wurzel. Ein Nachlassen der Schmerzen

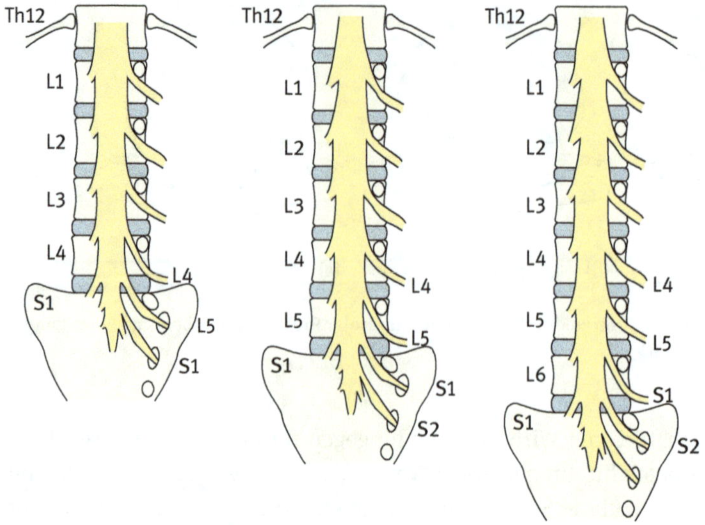

Abb. 6.26: Numerische Varianten der Lendenwirbelsäule.

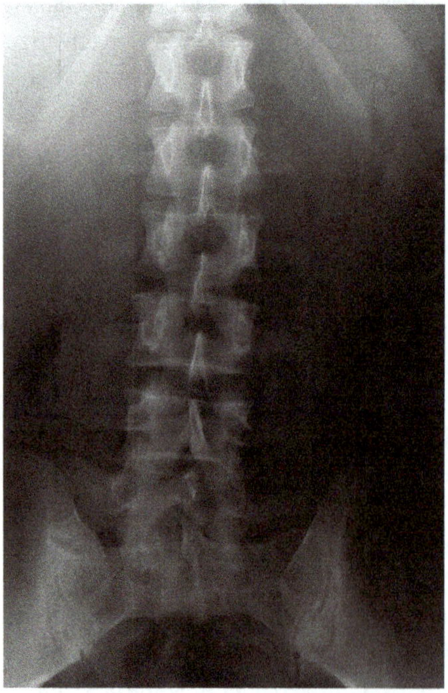

Abb. 6.27: 29 Jahre, männlich. Sechs freie Lendenwirbel. Angedeutete linkskonvexe Biegung und Rotation nach links weisen auf eine Bandscheibenerkrankung hin.

parallel zum Auftreten motorischer Ausfälle deutet auf eine sehr schwere Druckschädigung der Wurzel hin (Wurzeltod). Irritationen der Femoraliswurzeln oder noch höhere Schädigungen werden selten beobachtet.

6.3.3.4.1 Klinische Untersuchung

Die klinische Untersuchung besteht aus folgenden Komponenten:

- Inspektion. Fehlhaltung des Rumpfes? Prüfung der Rumpfbeweglichkeit
- Ischiadikus-Dehnschmerz (Lasègue'sches Zeichen, Bragard'sches Zeichen), Femoralis-Dehnschmerz (Wurzeln L3 bzw. L4)?
- Druckschmerz des N. ischiadicus bzw. des N. tibialis?
- Störung der Hautsensibilität? Parästhesien?
- motorische Defizite?
- Abschwächung oder Ausfall von AddR, QR, TibPostR bzw. TSR?
- ggf. bei Verdacht auf Kauda-Syndrom Prüfung des Analreflexes und des Sphinktertonus beidseits, sonografische Restharnbestimmung

Die Patienten fixieren die Lendenwirbelsäule häufig in leichter Kyphose oder in Seitbiegung. Sie ziehen das Bein der betroffenen Seite an, weil das die Vorspannung der Nervenwurzel über das Hypomochlion des Bandscheibenvorfalls verringert. Die Kyphosierung erweitert die Foramina intervertebralia vor allem dorsal. Seitbiegungen mit manchmal erheblichem Rumpfüberhang zur „gesunden“ Seite entlasten ebenfalls die Intervertebralräume und die Foramina intervertebralia auf der „Schmerzseite“. Seitbiegungen werden aber auch aufgrund einer reflektorischen Muskelanspannung auf die schmerzhafte Seite beobachtet (Scoliosis ischiadica, Ischiasskoliose, Abb. 6.28).

Die Beweglichkeit der Lendenwirbelsäule ist schmerzbedingt und reflektorisch eingeschränkt, das Schobersche Zeichen auf bis zu 10/10 cm verkürzt, der Minimalabstand zwischen Fingerspitzen und Fußboden auf 50 cm und mehr vergrößert (Abb. 3.6 und 3.7).

Rumpfbeweglichkeit des rückengesunden Erwachsenen

- Reklination 25
- Inklination 90
- Seitneigen 20/0/20 bis 45/0/45
- Drehen 20/0/20 bis 40/0/40
- Schober'sches Zeichen 10/15 cm
- Ott'sches Zeichen 30/36 cm

geringster Abstand zwischen Fingerspitzen und Fußboden 0 bis 10 cm bei Vorwärtsbeuge mit gestreckten Beinen. Manchmal wird die Handfläche auf den Fußboden aufgelegt.

Ischiadikus-Dehnschmerz (Lasègue'sches Zeichen): Anheben des gestreckten Beins in Rückenlage um höchstens 80 bis 90°. In den Ischiadikusverlauf bis zum Fuß einstrahlender Schmerz, der dem Dermatomverlauf der betroffenen Wurzel folgt. Regelmäßig beim S1- und beim L5-Syndrom, inkonstant beim L4-Syndrom.

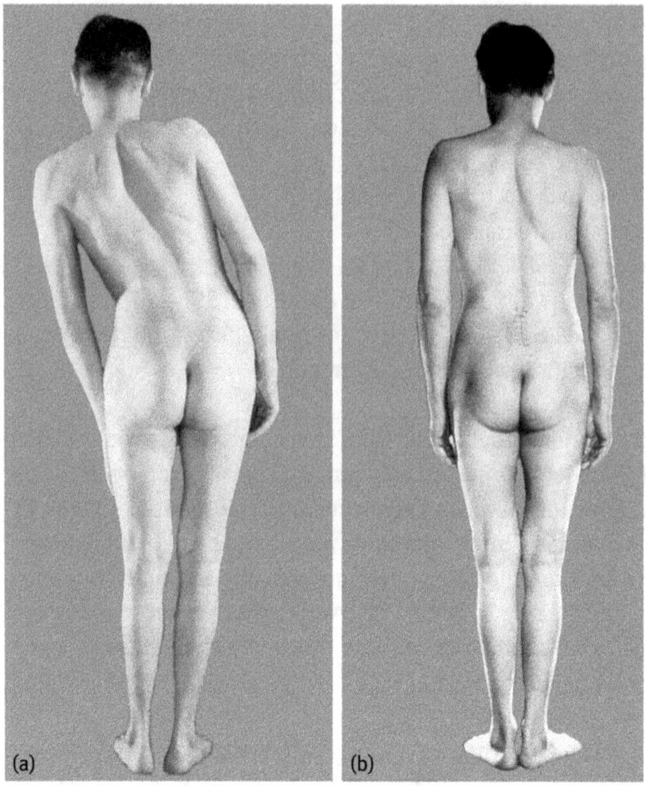

Abb. 6.28: Scoliosis ischiadica (a) vor und (b) nach Bandscheibenrevision.

Wenn sich ein Lasègue'sches Zeichen auslösen lässt, ist der Langsitz wegen Schmerzen im Ischiadikusverlauf behindert oder unmöglich. Wichtig für den Ausschluss oder Nachweis von Aggravationen!

Bragard'sches Zeichen: Prüfung wie beim Lasègue'schen Zeichen, aber Anheben des Beins nur bis unmittelbar vor Erreichen der Schmerzschwelle. Passive Dorsalflexion des Fußes löst ein ähnliches Schmerzphänomen aus wie die Prüfung des Lasègue'schen Zeichens.

Gekreuztes Lasègue'sches Zeichen: Das Anheben des gesundseitigen Beins führt zu Schmerzen im Ischiadikusverlauf auf der „kranken Seite". Das Phänomen gilt als Ausdruck besonders enger Lagebeziehungen zwischen einer Protrusion bzw. einem Prolaps und einer Wurzel im unteren Lumbalbereich.

Hüftlendenstrecksteife: Das Anheben des gestreckten Beins löst eine reflektorische Beugehemmung des Hüftgelenks aus, auf derselben Seite oder beidseits, sodass der Patient „wie ein Brett" angehoben werden kann (Brettsyndrom, Abb. 6.29). Die Hüftlendenstrecksteife wird auf eine verminderte Verschiebbarkeit der Ischiadikus-

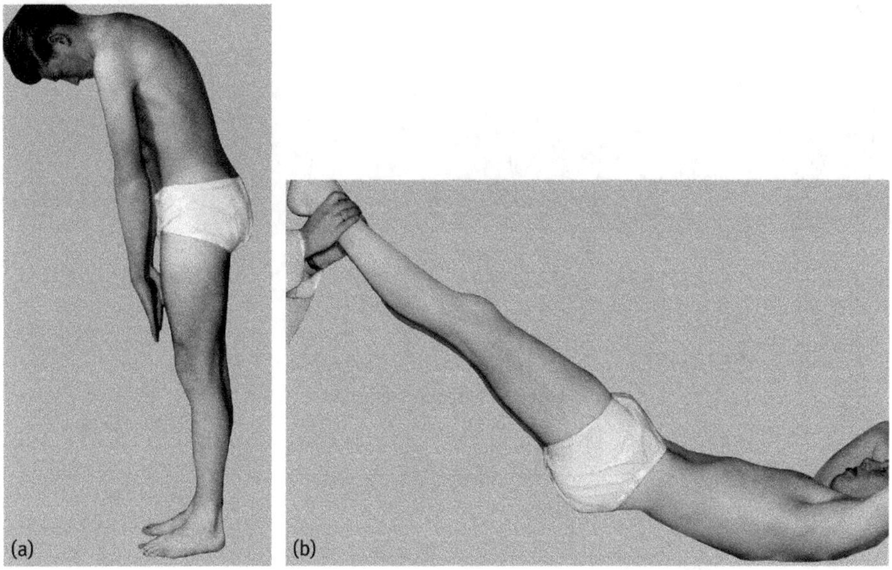

Abb. 6.29: Hüftlendenstrecksteife. (a) Rumpfbeuge nicht möglich. (b) Der Patient kann „wie ein Brett“ angehoben werden.

wurzeln zurückgeführt. Sie geht mit einer typischen als Schiebegang bezeichneten Gehstörung einher und bildet bei Kindern und Jugendlichen oft das einzige Symptom einer lumbalen Bandscheibenerkrankung. Differenzialdiagnose: Kaudatumoren, meist Neurinome – selten.

Umgekehrtes Lasègue'sches Zeichen, Femoralis-Dehnschmerz: Passive Überstreckung des Hüftgelenks in Bauch- oder besser in Seitlage dehnt den N. femoralis bzw. seine Wurzeln (L2 bis L4) und löst Schmerzen an der Vorderseite des Oberschenkels aus.

Druckschmerzhaftigkeit des N. ischiadicus bzw. des N. tibialis: Valleix'sche Druckpunkte in der queren Gesäßfalte, in der Kniekehle und besonders in der Mitte der Wade deuten auf Irritation des Nerven bzw. seiner Wurzel(n) hin. Auslösbar auch bei entzündlichen und tumorösen Prozessen.

Sensibilitätsstörungen: Geprüft wird die Hautsensibilität vom Leistenband an nach distal (Abb. 6.30). Man findet mit segmentaler Verteilung Hyperästhesien, Hypästhesien, Anästhesien, insbesondere auch Störungen der Schmerzempfindung (Spitzempfindung). Die Grenzen sind durch Überschneidung der Dermatome oft verwischt. Eine „Reithosenanästhesie“ in der Perinealregion und an den Innenseiten der Oberschenkel muss den Ausschluss eines akuten Kauda-Syndroms nach sich ziehen (Restharnbestimmung, rektale Untersuchung).

Störungen der Motorik: Ausfälle betreffen vorwiegend die Fuß- und Zehenextensoren, die Pronatoren des Fußes und die Wadenmuskulatur. An motorische Störungen

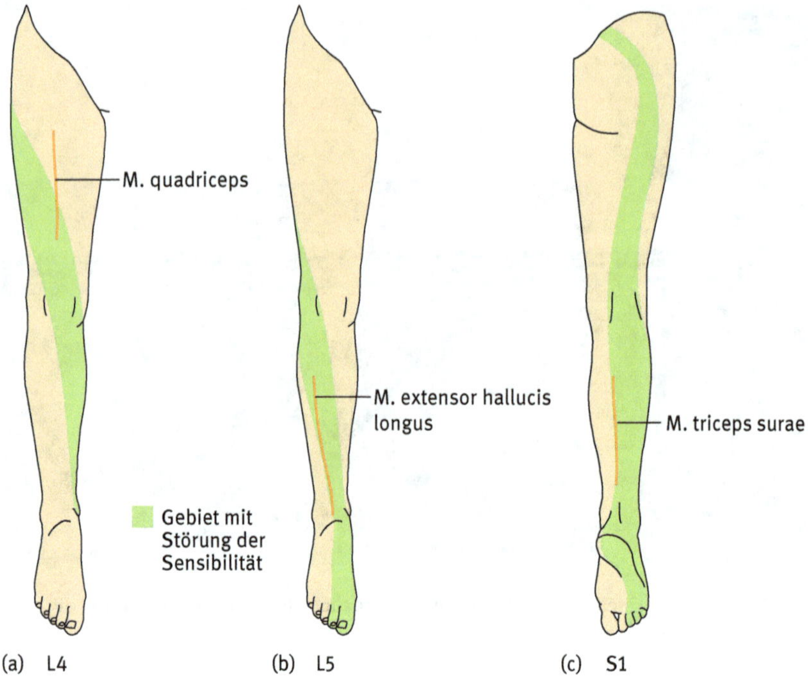

Abb. 6.30: Segmentale Störungen der Sensibilität und charakteristische motorische Defizite bei Schädigung der Wurzeln L4, L5 und S1.

ist zu denken bei Umknicken mit dem Fuß in Richtung Supination, Hängenbleiben mit der Fußspitze „an der Teppichkante", Steppergang, Kraftminderung beim Abrollen des Fußes, Mühe beim Treppensteigen, (Trendelenburg-)Hinken oder Schwierigkeiten, beim Auto fahren die Pedale zu treten. Eine Abschwächung der Wadenmuskulatur erschwert den Zehenstand (S1), eine Kraftminderung der Fußheber den Fersenstand (L5). Die Hüftmuskulatur sowie die Beuger und die Strecker des Kniegelenks sind wegen ihrer mehrsegmentalen Innervation selten deutlich in ihrer Funktion eingeschränkt.

6.3.3.4.2 Klinische Höhendiagnostik

Protrusionen und Prolapse von Bandscheibengewebe dringen gewöhnlich in dorsolateraler Richtung vor und beengen daher meist die nächsttiefere Wurzel (vgl. Kap. 6.3.3.4). Eine Ausnahme bildet weit nach lateral disloziertes Bandscheibengewebe, das die gleichnamige Wurzel tangiert. Dorsomediale Vorfälle kommen kaum vor. Sie schädigen mehrere Wurzeln auf beiden Seiten und verursachen doppelseitige Ischialgien, asymmetrische schlaffe Lähmungen der unteren Extremitäten, Sensibilitätsstörungen im Perinealbereich und an den Innenseiten der proximalen Oberschenkel („Reithosenanästhesie“) bzw. an den Beinen und Entleerungsstörungen von Blase und Darm (Kauda-Syndrom).

Die „gewöhnlichen“ dorsolateralen Bandscheibenvorfälle betreffen bei mehr als 50 % der Patienten mit einem lumbalen Bandscheibensyndrom das Wirbelsäulensegment LWK 5/SWK 1, gefolgt vom Wirbelsäulensegment LWK 4/LWK 5 mit mehr als 40 %. Erkrankungen der oberen Lumbalsegmente machen nur etwa 2 % aus. Ungefähr die Hälfte aller Patienten erkrankt monoradikulär, bei den übrigen sind mehrere Segmente befallen oder ist das Bild so vielgestaltig, dass eine Höhendiagnostik allein mit klinischen Mitteln nicht möglich ist. Hier ist die Bildgebung mittels MRT indiziert. Zusätzliche klinische Hinweise ergibt die elektroneurografische Untersuchung, die beispielsweise eine Differenzierung zwischen einem Karpaltunnel-Syndrom und einer C 7-Symptomatik oder einer Fibularisparese und einer distalen L5-Schwäche erlaubt.

Spezielle Höhendiagnostik

6.3.3.4.2.1 S1-Syndrom (Abb. 6.31)

- meist Schädigung der Bandscheibe LWK 5/SWK 1
- regelmäßig Lasègue’sches Zeichen, häufig Druckschmerz des N. ischiadicus
- Dermatom an der Rückseite von Ober- und Unterschenkel sowie am Fußaußenrand
- mögliche motorische Störungen: M. flexor digitorum longus et brevis, M. triceps surae oder Mm. fibulares, M. gluteus maximus und ischiokrurale Muskulatur in unterschiedlichen Kombinationen (klinischer bzw. elektromyografischer Nachweis)
- Reflexausfälle: Abschwächung oder Ausfall des TSR

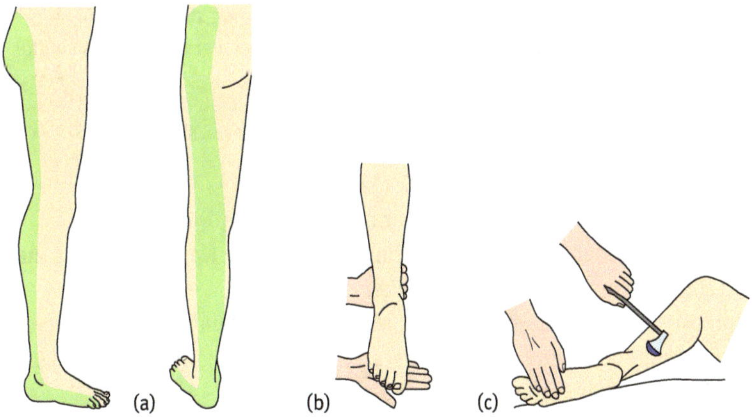

Abb. 6.31: Leitsymptome beim S1-Syndrom. (a) Dermatom. (b) Mögliche motorische Ausfälle der Waden- und Wadenbeinmuskulatur, des M. gluteus maximus bzw. der ischiokruralen Muskulatur. (c) Trizeps-Surae-Reflex.

6.3.3.4.2.2 L5-Syndrom (Abb. 6.32)

- in der Regel Erkrankung der Bandscheibe LWK 4/LWK 5, manchmal lateraler Vorfall im Wirbelsäulensegment LWK 5/SWK 1, dann eventuell zusammen mit S1-Syndrom
- regelmäßig Lasègue'sches Zeichen, seltener Druckschmerz des N. ischiadicus
- Dermatom an der Außenseite von Ober- und Unterschenkel („Generalstreifen") bis zum Fußrücken und zur Großzehe
- mögliche motorische Störungen: M. extensor hallucis longus (Kennmuskel), Mm. extensor digitorum longus et brevis, Mm. glutei medius et minimus (Trendelenburg-Zeichen), manchmal M. tibialis anterior (Steppergang; Erkrankung auch der Wurzel L4?), in unterschiedlicher Kombination
- Reflexausfälle: Abschwächung oder Ausfall des (inkonstanten) Tibialis-posterior-Reflexes (Seitenvergleich)

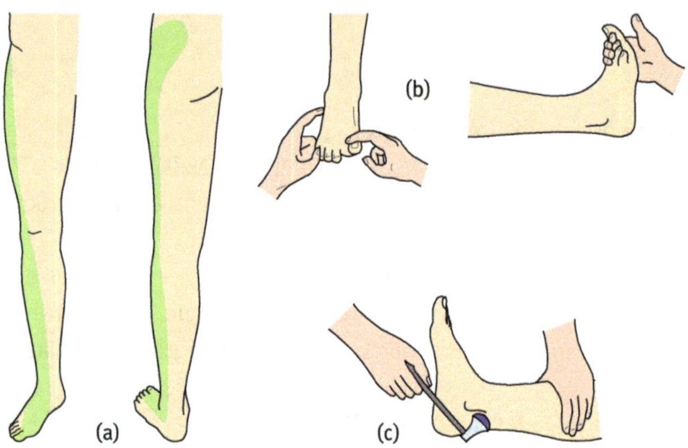

Abb. 6.32: Leitsymptome beim L5-Syndrom. (a) „Generalstreifen"-Dermatom. (b) Mögliche motorische Ausfälle des M. extensor hallucis longus, der anderen Zehenstrecker, der Mm. gluteus medius et minimus, seltener des M. tibialis anterior. (c) Tibialis-posterior-Reflex.

6.3.3.4.2.3 L4-Syndrom (Abb. 6.33)

- meist Schädigung der Bandscheibe LWK 3/LWK 4
- kein regelmäßiger Ischiadikus-Dehnschmerz, oft Femoralis-Dehnschmerz
- Dermatom an der Vorderseite des Oberschenkels und des Kniegelenks bis zum ventralen, teils auch medialen Unterschenkel
- mögliche motorische Störungen: Teile des M. quadriceps femoris, Streckung des Kniegelenks (Treppensteigen und Einbeinstand behindert, Patient kann mit dem betroffenen Bein nicht auf einen Stuhl steigen)
- Reflexausfälle: Abschwächung oder Ausfall des QR

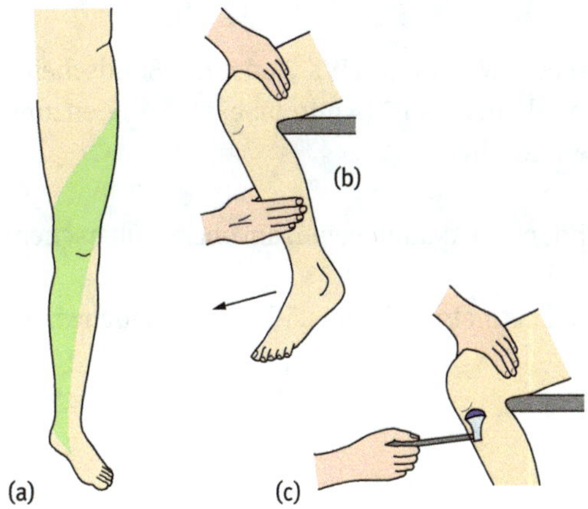

Abb. 6.33: Leitsymptome beim L4-Syndrom. (a) Dermatom. (b) Mögliche motorische Ausfälle des M. tibialis anterior und partiell des M. quadriceps femoris. (c) Quadrizepsreflex.

6.3.3.4.2.4 L3-Syndrom (Abb. 6.34)

- meist Schädigung der Bandscheibe LWK 2/LWK 3
- Femoralis-Dehnschmerz
- Dermatom schräg über die Ventralseite des Oberschenkels von proximal mittig nach distal medial bis zum Knie. Differenzialdiagnose gegen Lähmung des N. femoralis: Gebiet des N. saphenus intakt
- mögliche motorische Störungen: Paresen des M. iliopsoas und der Adduktoren
- Reflexausfälle: Abschwächung oder Ausfall des Adduktorenreflexes

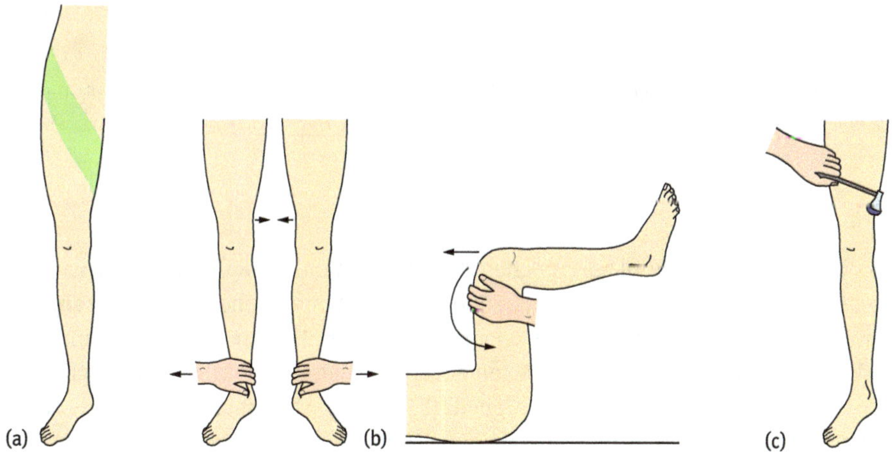

Abb. 6.34: Leitsymptome beim L3-Syndrom. (a) Dermatom. (b) Mögliche motorische Ausfälle des M. iliopsoas und der Adduktoren. (c) Adduktorenreflex.

6.3.3.4.2.5 L1- und L2-Syndrom (Abb. 6.35)

- Schädigung der Bandscheibe zwischen LWK 1 und LWK 2 oder der Bandscheibe zwischen BWK 12 und LWK 1, noch seltener als L3-Syndrom, exakte Abgrenzung von anderen Schmerzsyndromen erforderlich
- gelegentlich Femoralis-Dehnschmerz
- Dermatom parallel zum Leistenband, meist kaudal davon, am oberen Oberschenkel medial zur Genitalregion ziehend
- in der Regel eher unsicheres Gangbild als motorische Ausfälle, selten Bauchwandprolabierung
- evtl. Ausfall des Kremasterreflexes

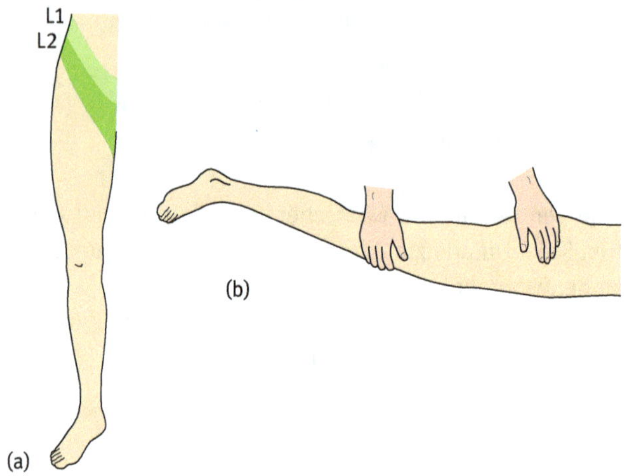

Abb. 6.35: Leitsymptome bei L1- und L2-Syndrom. (a) Dermatome. (b) Gelegentlich Femoralis-Dehnschmerz.

6.3.3.4.2.6 Zwei- oder mehrwurzelige Syndrome

Es liegt entweder ein Prolaps zwischen zwei Wurzeln mit Schädigung beider Wurzeln vor (häufig Wurzeln L4 und L5 bzw. L5 und S1 bei präsakraler Chondrose) oder ein sehr großer Prolaps mit Druck auf zwei oder mehr Wurzeln. Hier ist die Verwechslung des klinischen Befundes beispielsweise mit einer peripheren Fibularisparese möglich.

Bis auf den M. extensor hallucis longus (L5) sind alle Kennmuskeln multiradikulär versorgt, sodass die klinische Untersuchung Dermatom-überlappende Paresen zeigen kann. Dies ist aus biologischer Sicht sinnvoll, da in einem Reflexbogen zur Verhinderung überschießender Bewegungen Agonist und Antagonist gleichermaßen aktiviert werden müssen und darüber hinaus der Ausfall einer Radix nicht gleich den Ausfall der gesamten Muskelfunktion nach sich ziehen darf. Es erschwert aber die Diagnostik, da bei einer Wurzelschädigung eventuell keine Schwächen vorliegen oder sogar zwei

Muskelgruppen abgeschwächt gefunden werden können. Der Kennmuskelbegriff ist also nur insofern verwendbar, als bei einer Schwäche eines Muskels eine Schädigung der zugehörigen Wurzel mit großer Wahrscheinlichkeit vorliegt und ausgeschlossen werden muss (Tab. 6.3).

L4-plus-L5-Syndrom: Breitere Ausfälle der Sensibilität mit zentraler Anästhesie, Parese der Mm. tibialis anterior et extensor hallucis longus, geringer der Mm. quadriceps femoris et extensor digitorum brevis. Abschwächung des QR und des TibpostR.

L5-plus-S1-Syndrom (Abb. 6.36): Ausfall aller Zehenstrecker und der fibularen Muskulatur, gelegentlich von Teilen des M. triceps surae. Abschwächung oder Ausfall des TibpostR und des TSR.

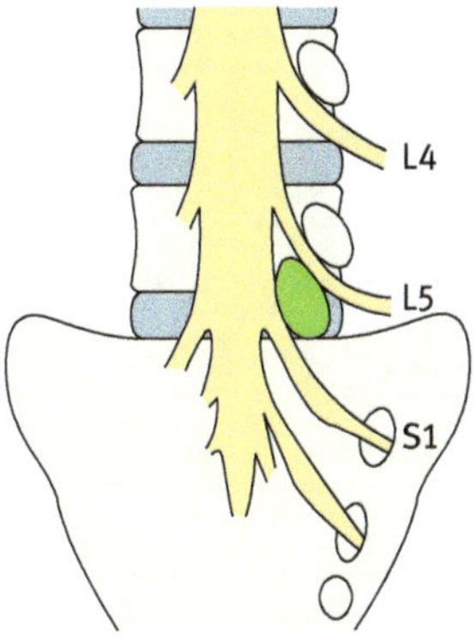

Abb. 6.36: Lateraler Bandscheibenvorfall. L5- und S1-Syndrom.

Konus-Syndrom, Cauda-equina-Syndrom (Kap. 5.3.15.5): Konus-Syndrom: z. B. bei großem medialem Prolaps zwischen BWK 12 und LWK 1. Manchmal doppelseitige Ischialgien, meist seitendifferent ausgeprägt. Reithosenanästhesie (Taubheitsgefühl im Genitalbereich und an den Innenseiten der Oberschenkel). Herabsetzung des Analsphinktertonus, Ausfall des Analreflexes. Zunächst Harnverhalt, der bald in eine „Überlaufblase" mündet. Sexuelle Funktionsstörungen.

Konus-Kauda-Syndrom: Zusätzliche weitere Ausfälle in Abhängigkeit von der Lage des Sequesters

- Schädigung der Radizes kaudal von SWK 1 – Symptomatik wie beim Konus-Syndrom: Reithosenanästhesie, Störung der Funktionen von Blase und Darm, von Libido und Potenz
- Schädigung in Höhe des lumbosakralen Übergangs: Ausfall des M. triceps surae, der Zehenbeuger, des M. gluteus maximus auf beiden Seiten. Inkontinenz von Blase und Darm, verminderter Tonus des M. sphincter ani externus, Ausfall des Anal-

reflexes und des TSR beidseits. Reithosenanästhesie, d. h. Sensibilitätsstörungen und evtl. Schmerzen in den sakralen Segmenten
- Schädigung auch der Wurzeln L5: Ausfall der Extensoren der Füße und der Zehen
- Schädigung auch der Wurzeln L4: Schwäche der Mm. quadriceps femoris, QR beidseits nicht auslösbar
- Schädigung auch der Wurzeln L3 und L2: Beteiligung der Hüftgelenksbeuger und der Adduktoren. Sensibilitätsstörungen entsprechend den beteiligten lumbalen Dermatomen.

Differenzialdiagnose: Tumoröse Einengungen des lumbalen Spinalkanals – meist allmählicher Beginn mit hartnäckigen Lumboischialgien, langsam zunehmende Störungen der Blasen- und der Mastdarmfunktion.

6.3.3.4.3 Untersuchungsgang

Untersuchung soweit möglich – Schmerzen. Seitenvergleich.

* Prüfung im Stehen/Wurzel
- Zehenstand, ein- und beidseitig S1
- Fersenstand, ein- und beidseitig L5
- Trendelenburg-Zeichen L5
- Einbein-Kniebeuge L4/L3
- Stuhlsteigen
  Fußheben auf die Sitzfläche, Spielbein L3
  Hochsteigen mit dem Spielbein L4
  Herabsteigen (Kniegelenk fixieren) L4

* Prüfung im Sitzen, mit herabhängenden Unterschenkeln
- Beugen des Hüftgelenks L1 bis L3
- QR L4
- TibpostR L5
  nur Seitendifferenz aussagekräftig
- TSR S1.

* Prüfung in Rückenlage (Tab. 6.2)
- Lasègue'sches Zeichen, Bragard'sches Zeichen, soll Dermatom-bezogen sein
- Beugen des Hüftgelenks, M. iliopsoas L1 bis L3
- Adduktion des Hüftgelenks, Mm. adductores L3
- Strecken des Kniegelenks L4
- Abduktion des Hüftgelenks L5
- Extension des Fußgelenks L5
- Extension der Großzehe L5
- Flexion des Fußgelenks S1
- Flexion der Zehen S1.

Tab. 6.2: Lumbale Dermatome, Kennmuskeln, Kennreflexe.

Dermatom		Kennmuskel	Kennreflex
L2	Leiste	M. iliopsoas (L1 bis L3)	Kremasterreflex
L3	Ventrals. des Oberschenkels bis Medialseite des Kniegelenks	Mm. adductores	Adduktorenreflex
L4	Ventralseite des Kniegelenks, Medialseite des Untersch. bis zum Fußinnenrand	M. quadriceps femoris	QR
L5	Außenseite von Ober- und Unterschenkel, Fußrücken einschl. der Zehen 1 u. 2, tibialer Rand der Sohle einschl. der Zehen 1 u. 2	Extensoren des Fußes und der Zehen	TibpostR
S1	Dorsalseite von Ober- und Unterschenkel, Ferse, Fußrücken einschl. der Zehen 3 bis 5, Fußsohle einschl. der Zehen 3 bis 5	Plantarflektoren d. Fußes u. d. Zehen	TSR

Sensibilitätsstörungen (Tab. 6.2)

Von großer Bedeutung ist die Unterscheidung zwischen Dermatom-begrenzten Störungen und Ausfällen im Versorgungsgebiet peripherer Nerven.

- Bei Verdacht auf Kauda-Syndrom: Prüfung der Sensibilität im „Reithosenbereich", Analreflex, Sphinktertonus.

* Reflexe
- Adduktorenreflex L3
- QR L4
- Tibialis-posterior-Reflex L5, nur Seitendifferenz aussagekräftig
- TSR S1

* Nicht vertebragene Symptome
- Babinski-Zeichen, Ausschluss einer zentralnervösen Störung
- Pulse der Aa. tibialis anterior et A. dorsalis pedis, Ausschluss einer angiogenen Claudicatio intermittens
- Spontanschmerzen, Schmerzen bei Funktionsprüfung des Hüftgelenks, Ruckschmerz über dem Leistenband und am Trochanter major, Ausschluss einer Koxarthrose.

* Prüfung in Bauchlage
- Femoralis-Dehnschmerz L3, manchmal L4
- Beugen des Kniegelenks L5, S1
- Strecken des Hüftgelenks S1.

Tab. 6.3: Kennmuskeln der unteren Extremitäten.

Kennmuskeln (über eine monosegmentale Innervation verfügt nur der M. extensor hallucis longus)	
Kniehebung (M. iliopsoas, aus 90° Hüftbeugung)	L1–L3
Adduktion des Hüftgelenks (Mm. adductores)	L3
Strecken des Kniegelenks (M. quadriceps femoris)	L4
Abduktion des Hüftgelenks (Mm. gluteus medius et minimus, M. tensor fasciae latae)	L5
Beugen des Kniegelenks	L5–S1
Extension der Großzehe (M. extensor hallucis longus)	L5
Plantarflexion des Fußgelenks (M. triceps surae); außerdem:	S1
Dorsalextension des Fußgelenks (M. tibialis anterior)	L4, L5
Pronation des Fußes (Mm. fibulares)	S1, S2
Supination des Fußes (M. tibialis posterior)	L5

6.3.3.4.4 Apparative Diagnostik

Auf Röntgenaufnahmen der Lendenwirbelsäule in 2 Ebenen und eine Aufnahme des lumbosakralen Übergangs im seitlichen Strahlengang darf auch bei scheinbar eindeutiger Symptomatik nicht verzichtet werden. Sie dienen der Diagnostik von Achsen- und Rotationsfehlern, von Skoliosen, von numerischen Varianten (4 oder 6 freie Lendenwirbel) und Übergangswirbeln, von Bogenschlussstörungen und anderen angeborenen Anomalien, von Veränderungen infolge einer Scheuermann'schen Krankheit, einer chronischen Polyarthritis, einer Spondylarthritis ankylosans und einer Osteoporose und erlauben den raschen Nachweis oder Ausschluss von entzündlichen Prozessen, Tumoren und Systemerkrankungen. Ein röntgenologisch leerer Wirbelkörper ohne Strukturzeichnung und ohne die Schatten der Anhangsgebilde ist dringend tumorverdächtig.

Im a. p. Bild (Abb. 6.37) lassen sich Stellung und Form der Lendenwirbelsäule beurteilen, das Verhältnis von Grund- und Deckplatten, Lage, Form und Abstand der Bogenwurzeln und der Dornfortsatzschatten sowie etwaige spondylotische Zacken. An den Intervertebralgelenken sind häufig Arthrose-typische Veränderungen erkennbar, oft ist der Einblick in ihren Gelenkspalt jedoch positionsbedingt nicht möglich. Auch im Seitbild sind krankhafte Prozesse des Bandscheibengewebes nicht ohne Weiteres erkennbar. Auf sie lassen ein verminderter Abstand der benachbarten Wirbel und nach einiger Dauer der Erkrankung reaktive Veränderungen des Knochens schließen: unregelmäßige Konturzeichnung und vermehrte subchondrale Kalkdichte in den angrenzenden Schlussplatten, Verschiebung des kranialen Wirbels nach ventral oder nach dorsal mit Einengung der Foramina intervertebralia (degenerative Olisthese, degenerative Retrolisthese, Abb. 6.38), ventrale, laterale oder dorsale spondylotische Randzacken. Die Annäherung zweier benachbarter Dornfortsatzspitzen aneinander beruht auf der Höhenminderung des Bewegungssegments. Zwischen den Spitzen bildet sich gelegentlich ein Nearthros mit schmerzhaften degenerativen Veränderungen

(Baastrup-Phänomen, Abb. 6.39). Die röntgenologische Darstellung gelingt am besten mit Zielaufnahmen der Dornfortsätze.

Schräg-, Ziel- und Funktionsaufnahmen ergänzen bei Bedarf die Standardaufnahmen der Lendenwirbelsäule: Schrägaufnahmen erlauben die Darstellung der Bogenbereiche und der Intervertebralgelenke (Abb. 6.40). Darauf sind auch echte Olisthesen erkennbar (Abb. 10.20). Zielaufnahmen dienen der Darstellung umschriebener Veränderungen und Funktionsaufnahmen der Diagnostik segmentaler Instabilitäten. Der röntgenologische Befund entspricht nicht immer dem Beschwerdebild und der klinischen Symptomatik. Gerade am Beginn einer degenerativen Wirbelsäulenerkrankung können heftige Schmerzen bestehen, während das Röntgenbild nur diskrete Veränderungen zeigt. Verdächtig sind in solchen Fällen eine Steilstellung oder eine leichte nach der kranken oder nach der beschwerdefreien Seite konvexe Seitneigung der Lendenwirbelsäule und eine angedeutete Rotation, gewöhnlich nach der Konkavseite der Biegung. Diese röntgenologischen Auffälligkeiten bleiben nach dem Rückgang der Symptomatik nicht selten als Restbefund zurück (Abb. 6.27).

MRT-Untersuchungen sind für die Diagnostik von lokalen und pseudoradikulären Schmerzsyndromen hilfreich, wenn der Verdacht auf multisegmentale Veränderungen im Sinne einer Spinalkanalstenose besteht. Ein MRT (ohne und mit Kontrastmittelgabe) ist unerlässlich, wenn in der Vorgeschichte ein Tumorleiden bestand oder bereits ein Wirbelsäuleneingriff erfolgte, um Metastasen oder spondylodiszitische Veränderungen auszuschließen. Hauptindikation zum MRT ist die Feststellung von Lage

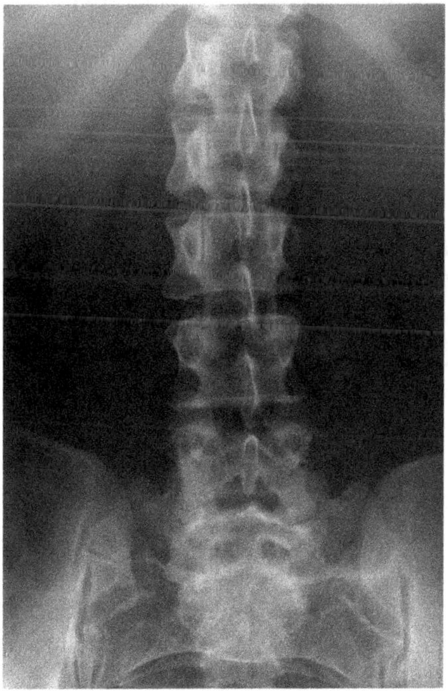

Abb. 6.37: Lendenwirbelsäule a. p. Lumbale Bandscheibenerkrankung. Charakteristische flache Biegung und Rotation nach der Gegenseite.

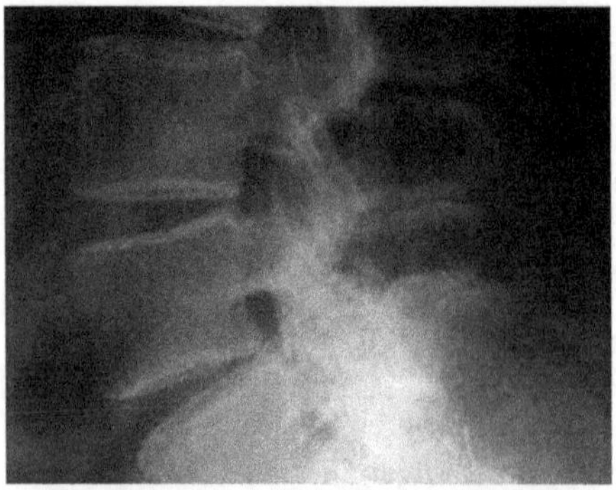

Abb. 6.38: 71 Jahre, weiblich. Baastrup-Phänomen. Schmerzhafter Kontakt der Dornfortsatzspitzen des 4. und 5. Lendenwirbels. Dazwischen ist ein Nearthros mit degenerativen Veränderungen entstanden.

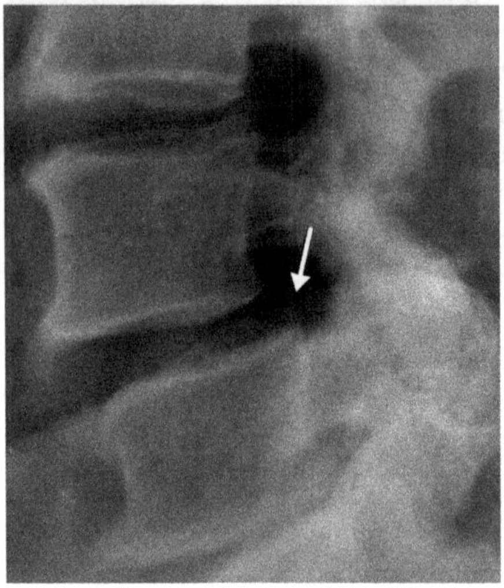

Abb. 6.39: Seitaufnahme des hochgradig verschmälerten lumbosakralen Übergangs. Degenerative Olisthese LWK 4/LWK 5, ausgeprägte degenerative Veränderungen an LWK 5 und SWK 1, Spondylarthrose. Der Pfeil markiert das Neuroforamen LWK 4/LWK 5.

und Größe einer Protrusion oder eines Prolapses insbesondere im Rahmen der Operationsplanung (Abb. 6.41–6.43).

Das CT erlaubt eine zusätzliche Beurteilung von die Foramina intervertebralia einengenden knöchernen Appositionen und die Messung der knöchernen Umgebungsstrukturen des Spinalkanals, beispielsweise zur Planung der Anlage eines Fixateur interne. Ist eine ausreichende Beurteilung der Strukturen im Spinalkanal mittels MRT oder Nativ-CT nicht möglich, kann das Computertomogramm ergänzt werden durch die intrathekale Instillation eines Kontrastmittels (Myelo-CT).

Die klassische Myelografie (mit anschließendem post-Myelo-CT), bei der über eine Lumbalpunktion Kontrastmittel in den Duralschlauch injiziert wird, dient der Beurteilung der Nervenwurzelkonfiguration im jeweiligen Neuroforamen (Abb. 6.42). Darüber hinaus kann bei einem Wirbelgleiten mit Instabilität in den Funktionsstellungen durch die Kontrastierung des Duralschlauchs die Kompression der nervalen Strukturen bestätigt werden, um so die Indikation zur osteosynthetischen Versorgung zu stellen.

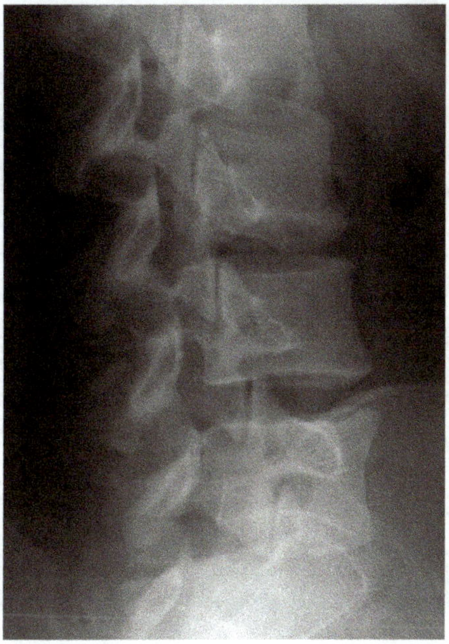

Abb. 6.40: Schrägaufnahme der unteren Lendenwirbelsäule. Gut einsehbare Intervertebralgelenke, normal weite glatt begrenzte Foramina intervertebralia.

Für die Objektivierung länger bestehender neurologischer Defizite stehen das Elektromyogramm bei paravertebraler Ableitung (segmentale pathologische Spontanaktivität) und weitere elektrophysiologische Verfahren zur Verfügung (sensible und motorische Elektroneurographie einschl. T-Wellen-Untersuchungen, sensibel evozierte Potenziale).

Die serologische CRP-Bestimmung, das Differenzialblutbild und weitere Routine-Laborparameter sowie der Liquorbefund sind bei degenerativen Erkrankungen der Wirbelsäule unauffällig. Eine Erhöhung von alkalischer Phosphatase und CRP im Serum weisen auf einen spondylodiszitischen Prozess hin.

Bei meningealen Reizzuständen ist der Eiweißgehalt des Liquors mehr oder weniger stark erhöht, Zellzahl und Druck bleiben aber im Normbereich. Pathologische Liquorbefunde oder eine Punctio sicca erfordern also eine sorgfältige weitere Diagnostik zum Ausschluss von Tumoren oder entzündlichen Prozessen.

6.3.3.4.5 Differenzialdiagnostik

Als Grund von lokalen und pseudoradikulären Beschwerden kommen auch infrage: Myalgien, Blockierungen der Intervertebralgelenke, traumatische, osteoporotische und tumoröse Wirbeldestruktionen, die echte Spondylolyse und die Spondylolisthese. Für die Entstehung multisegmentaler entzündlicher Wurzelaffektionen spielen besonders die immunpathogen (Guillain-Barré-Syndrom), durch Borrelien, das Zostervirus oder diabetisch ausgelösten Poly(neuro)radikulitiden eine Rolle. Abhängig von ihrer Lokalisation können die genannten morphologischen Veränderungen eben-

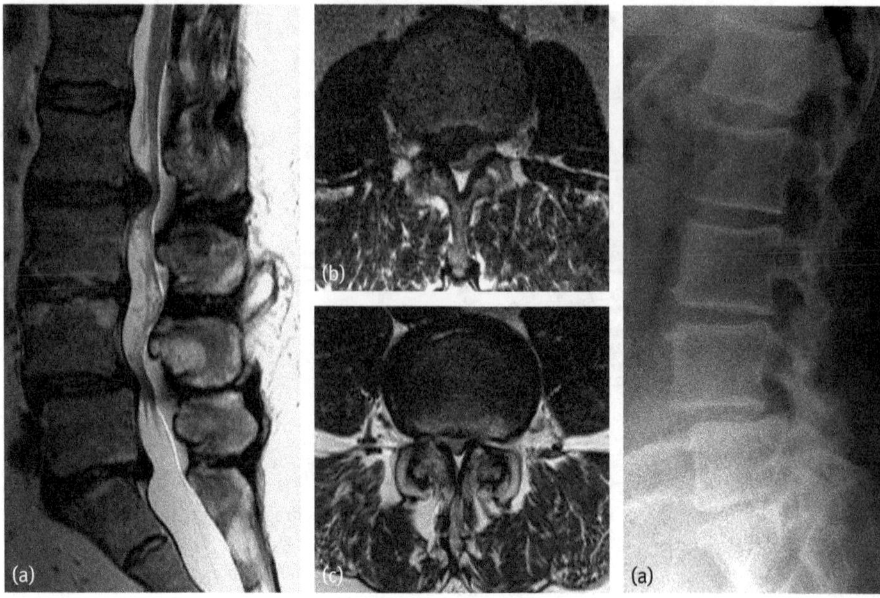

Abb. 6.41: (a) Sagittales T2-gewichtetes MRT-Bild: subligamentärer Prolaps bei LWK 2/LWK 3 mit erheblicher Duralsackkompression und Bedrängung der Cauda equina. Spinalkanalstenose auch bei LWK 4/LWK 5 infolge einer Olisthese. Konsekutiv wegen Stauung erweiterte intradurale Venen zwischen diesen Segmenten. Zusätzliche Retrolisthesis LWK 5/SWK 1.
(b) und (c) Die transversalen MRT-Aufnahmen dieser beiden Segmente zeigen den rechtsbetonten Prolaps mit Verlegung des duralen Rezessus der L2-Wurzel und die ausgeprägte Spinalkanalstenose LWK 4/LWK 5 infolge Intervertebralgelenkarthrose.
(d) Seitliche Röntgenaufnahme: sehr geringe Höhenminderung im Fach des großen Bandscheibenvorfalls und Olisthese Grad 1–2 bei LWK 4/LWK 5 ohne Instabilität in zusätzlich angefertigten Funktionsaufnahmen.

Abb. 6.42: (a) Lumbale Myelographie bei vermuteter Spinalkanalstenose. Seitenlage der Patientin: mehrsegmentale Pelottierungen des Duralsackes von ventral, Bandscheibenprotrusionen mit Punctum maximum bei LWK 4/LWK 5, daneben eine geringe Retrolisthesis LWK 2/LWK 3.
(b) und (c) Funktionsaufnahmen im Stehen und in Retroflexion: Jeweils eine weitere Zunahme der Enge bei LWK 4/5 und eine stabile Situation bei LWK 2/LWK 3.
(d) und (e) Schrägaufnahmen: Nervenwurzeltaschen L2–S1, abgesehen von einer geringen Verkürzung und Abwinklung der rechten S1-Wurzeltasche weitestgehend unauffällig.
(f) und (g) Im postmyelografischen CT ist in der Rekonstruktion äquivalent zu einer Spinalkanalstenose eine minimale Weite des Duralsackes bei LWK 4/LWK 5 von ca. 6 mm erkennbar. Die transversale CT-Aufnahme in Höhe von LWK 4 stellt die Messung der Weite des knöchernen Spinalkanales dar. Sie ist jedoch häufig von eingeschränkter Aussagekraft für die klinische Beurteilung des bildgebenden Befundes und entspricht auch hier noch einem normalen Wert.
(h) und (i) Die MRT-Bildgebung bestätigt die Stenose.

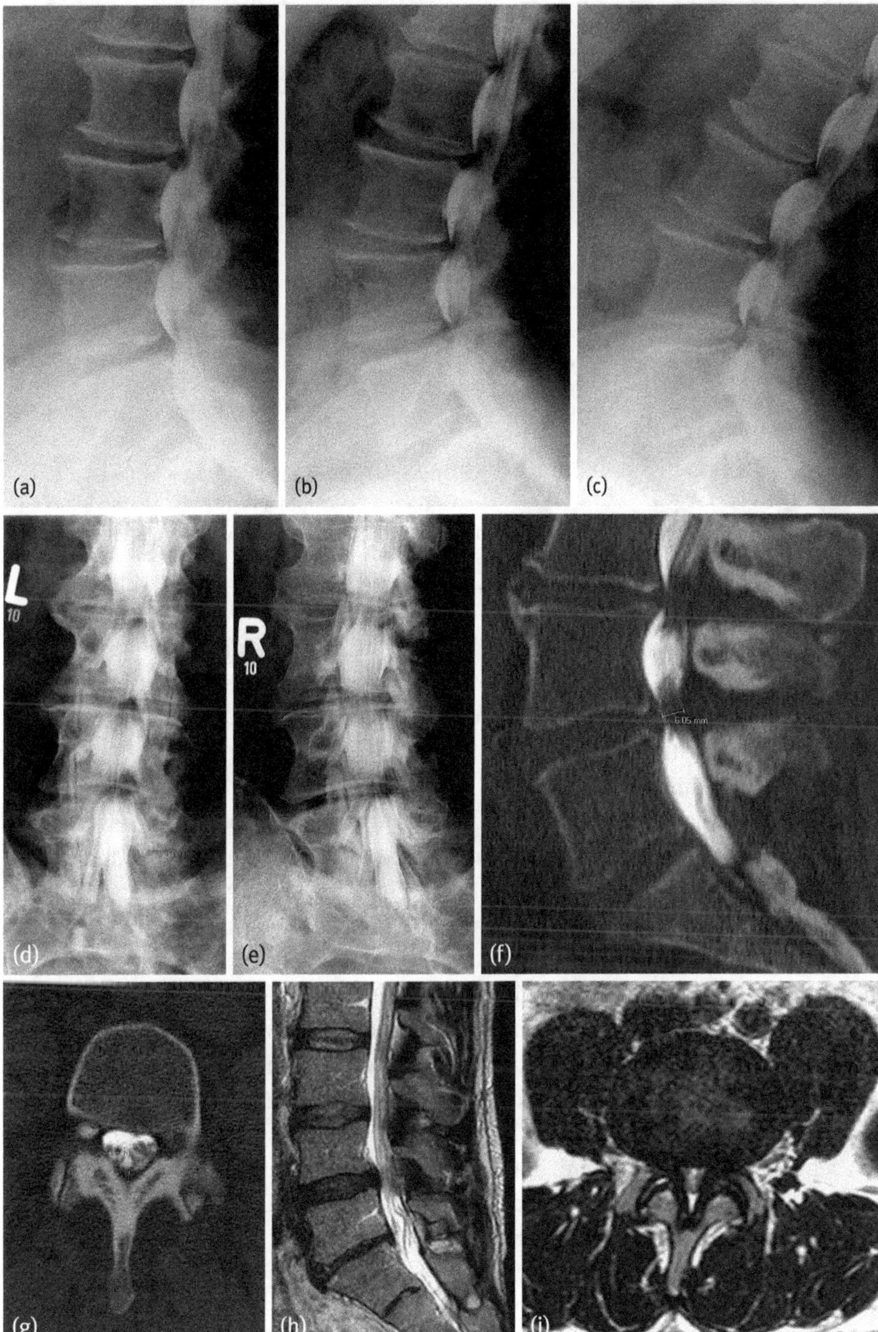
(a)
(b)
(c)
L
10
(d)
R
10
(e)
6.05 mm
(f)
(g)
(h)
(i)

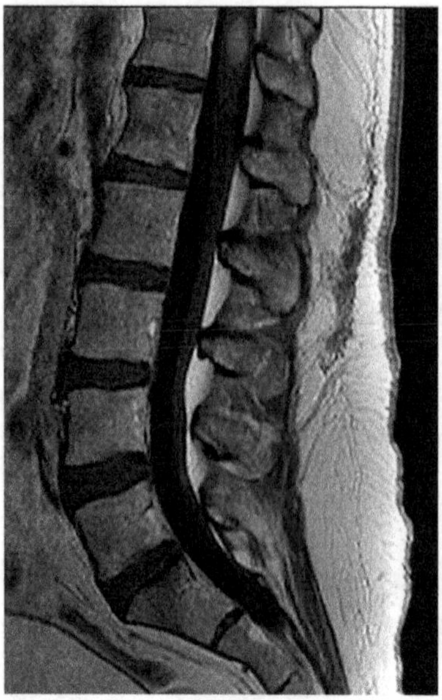

Abb. 6.43: MRT T1 sagittal der Lendenwirbelsäule. Patientin mit L4-Syndrom rechts. Am oberen Bildrand dorsal von BWK 12 findet sich ein Konustumor, histologisch ein Melanom.

so wie die seltenen Tumoren der Wurzeln auch radikuläre Beschwerden und Befunde auslösen. Zu denken ist nicht zuletzt an Schädigungen des N. ischiadicus durch Neuritiden, Injektionen, Bestrahlungen und den Diabetes mellitus.

Weitere Differenzialdiagnosen:

Spondylodiszitis (Kap. 5.3.13.12): Im Rahmen von Bakteriämien werden Keimabsiedlungen – septische Metastasen – auch im Skelett beobachtet, bevorzugt in der unteren Brustwirbelsäule und in der Lendenwirbelsäule, manchmal in der Halswirbelsäule. Verantwortlich für diese Vorzugslokalisationen sollen Besonderheiten in den spinalen Venenplexus sein (Matzen 2002). Die Erreger, gewöhnlich Staphylokokken, manchmal Streptokokken und andere Keime, stammen meist aus abdominalen oder intarapelvinen Herden, exogene Infektionen entstehen gelegentlich bei Punktionen und bei operativen Eingriffen. Granulomatöse Entzündungen sind selten (Kap. 5.3.13.13). Bei den Erkrankten handelt es sich meistens um Männer im 6. Lebensjahrzehnt. Die Keimabsiedlung erfolgt in der schlussplattennahen Spongiosa gewöhnlich eines Wirbels, manchmal auch von 2 oder noch mehr benachbarten Wirbeln (Spondylitis). Der entzündliche Prozess greift auf die benachbarte Bandscheibe über, es entsteht eine Spondylodiszitis. Eine primäre hämatogene Diszitis wird praktisch nur im ersten Lebensjahrzehnt beobachtet, solange die Bandscheibe noch eine Gefäßversorgung besitzt. Exogene Infektionen sind sehr viel seltener und gehen dem Ort der Keimeinschleppung entsprechend entweder ebenfalls von der Wirbelspongiosa oder vom Bandscheibenraum aus (Diszitis). Aus dem Zusammenbruch der Wirbelspongiosa unter der Körperlast resultieren heftige Rückenschmerzen. Mit einer radikulären Symptomatik ist kaum zu rechnen, weil die dorsalen Wirbelanteile von der Erkrankung frei bleiben. Epidurale Empyeme äußern sich durch Blasen- und Mastdarmstörungen und symmetrische Lähmungen. Die Entzündung wird im MRT ohne und mit Kontrastmittelgabe nachgewiesen. Im akuten Fall muss das Empyem entlastet und nach Fensterung des Spinalkanals in einer oder in mehreren Höhen eine Drainage für mehrere Tage eingelegt werden. Im weiteren Verlauf kann eine stabilisierende Instrumentierung notwendig sein. Die mikrobiologische Aufarbeitung umfasst das Punktat, den intraoperativen Abstrich, die Suche nach Leukozyten im Bioptat, die Anlage von Blutkulturen und die Fokussuche. Häufig findet sich ein bakterieller Herd in Form eines Harnweginfekts, einer Infektion des Nasen-Rachen-Raums oder der Mundhöhle oder von Herzklappenvegetationen.

Juxtafacettzyste: Die Degeneration des Zwischenwirbelgelenks verursacht eine Erweiterung der Gelenkkapsel, die von dorsal Druck auf die Nervenwurzel im Foramen intervertebrale ausübt. Reparationsvorgänge können zu Einblutungen in die Kapsel führen, die sich ebenfalls als radikuläre Lumboischialgie mit sensiblem bzw. motorischem Defizit äußern. Dann besteht die Indikation zur erweiterten interlaminären Fensterung mit Dekompression der betroffenen Nervenwurzel. Der operative Zugangsweg zur Darstellung des Duralschlauchs und der Nervenwurzel beinhaltet bereits die Zystenresektion. Je nach Symptomdauer und Ausprägung der reparativen Vorgänge kann die Zystenwand sehr stark mit der Dura vernarbt sein, sodass nach Entfernung der Weichteilkompression Kapselreste auf der Dura verbleiben müssen, um nicht ein Liquorleck entstehen zu lassen.

Gutartige Tumoren der WurzelncO wie Meningeome, Ependymome und Neurinome können radikuläre Symptome hervorrufen (Kap. 5.3.11.5). Ihre Darstellung erfordert ein MRT der LWS und des Conus medullaris ohne und mit Kontrastmittelgabe. Insbesondere Schwannome begleiten die Spinalnerven durch das Foramen intervertebrale. Im langfristigen Krankheitsverlauf führen sie eine Usurierung, eine langsame Aufweitung des Nervenaustrittslochs herbei. Die Anteile des Schwannoms im Spinalkanal und außerhalb der Wirbelsäule können hingegen weitgehend uneingeschränkt wachsen, sodass der Tumor eine sanduhr- oder hantelförmige Form erreicht, es entsteht das sogenannte Sanduhrneurinom.

Bei Vorliegen neurologischer Defizite oder in den MRT-Kontrollaufnahmen nachgewiesener Größenzunahme der Tumoren ist Operationsindikation gegeben. Operative Strategie und Zugangsweg richten sich nach Lage und Größe des Tumors. Im Falle von Ependymomen oder Metastasen müssen postoperativ mittels MRT (weitere) Metastasen in der Wirbelsäule oder zerebral ausgeschlossen werden.

Tumoren des Conus medullaris, wie zum Beispiel Ependymome, Hämangioblastome oder Lipome, lösen pseudoradikuläre Symptome aus, die denen lumbaler Bandscheibenvorfälle ähneln. Hier stehen oft Schmerzen im Vordergrund ohne manifeste Parese oder Reflexausfall. Diese Entitäten sind zwar selten, müssen aber in differenzialdiagnostische Überlegungen einfließen und erfordern, dass die kernspintomografische Untersuchung der Lendenwirbelsäule prinzipiell den kaudalen Abschnitt der Brustwirbelsäule („Konusbereich“) mit erfasst (Abb. 6.41).

6.3.3.4.6 Therapie des lumbalen Radikulärsyndroms

Die konservative Therapie des lumbalen radikulären Schmerzsyndroms entspricht der des lokalen und des pseudoradikulären Schmerzsyndroms (Kap. 6.3.3.3). Monoradikuläre Beschwerden sind gut mit paravertebralen Injektionen von Kortikoiden zusammen mit einem Lokalanästhetikum zu bessern (Reischauer-Blockaden), vor allem mehrwurzelige Beschwerden mit epiduralen und intrathekalen Injektionen, auch vom Hiatus sacralis aus. Eine röntgenologische Führung ist dabei nicht unbedingt erforderlich (Abb. 6.44, 6.45).

Eine mehrwöchige konservative Behandlung ist auch erlaubt bei der Scoliosis ischiadica, am besten stationär. Wenn die Fehlstellung der Wirbelsäule nicht verschwindet, muss revidiert werden, um die Entstehung einer echten, auch progredienten Skoliose, den Übergang in einen Formfehler, nicht zuzulassen. Eine Operationsindikation ist innerhalb von 2 bis höchstens 3 Tagen bei Vorliegen einer frischen, nicht rasch regredienten Parese und mit höchster Dringlichkeit – notfallmäßig – bei einer Blasen-Mastdarmstörung gegeben. Sie kann auch nach mehrwöchiger konservativer Therapie ohne nachhaltige Besserung einer Schmerzsymptomatik gestellt werden. Sensible Ausfälle bilden nur ausnahmsweise einen Operationsgrund: Die Aussichten, eine Remission zu erreichen, sind schlecht, nicht zuletzt weil das Defizit in der Regel

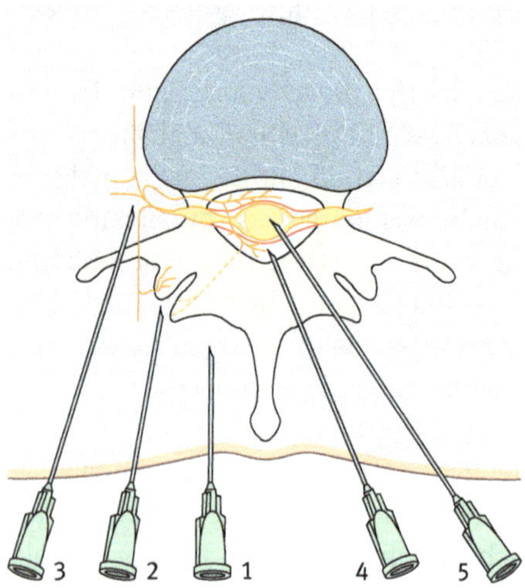

Abb. 6.44: Injektionstechniken bei Erkrankungen der unteren Lendenwirbelsäule. 1 Infiltration der Rückenmuskulatur, 2 des Intervertebralgelenks, 3 paravertebrale Injektion (Reischauer-Blockade), 4 epidurale Injektion, 5 intrathekale Injektion.

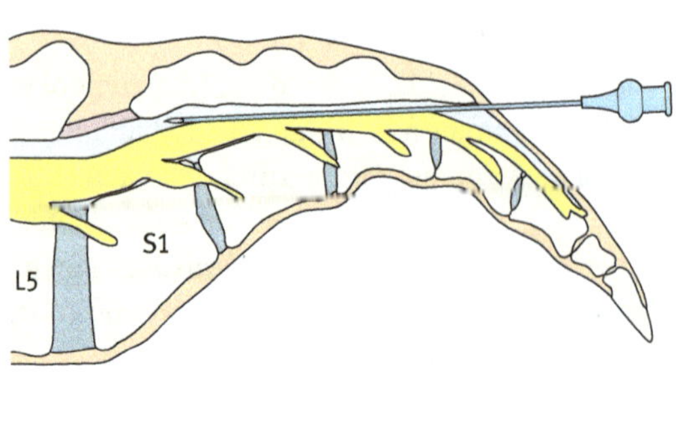

Abb. 6.45: Epidurale Injektion durch den Hiatus sacralis.

schon länger besteht. Für mediane Bandscheibenvorfälle bietet sich die erweiterte interlaminäre Fensterung an, für intra- oder extraforaminale Vorfälle kann ein lateraler Zugang zum Foramen intervertebrale gewählt werden. Hierbei wird lateral des Zwischenwirbelgelenks die Nervenwurzel aufgesucht. Nach Darstellung des Nerven wird nach medial die knöcherne Begrenzung des Neuroforamens erweitert. Ist die Nervenwurzel zweifelsfrei identifiziert, kann sie verlagert werden, um darunter den Sequester mit dem Zugang zum Bandscheibenfach freizugeben. Der durch die Sequestrierung und den Eingriff entstandene Defekt kann mithilfe einer Bandscheibenendoprothese überbrückt werden, sofern die Intervertebralgelenke arthrosefrei sind [Büttner-Janz et al. 2002, Hopf et al. 2004]. Eine besonders geringe postoperative Narbenbildung und ein selteneres Auftreten des Postdiskektomiesyndroms erwartet man von der endoskopisch durchgeführten transforaminalen Nukleotomie [Schubert u. Hoogland 2005]. Auch perkutane Abtragungen von Bandscheibengewebe mittels Laser, durch Chemonukleolyse oder mithilfe kombinierter Verfahren sind möglich [Siebert 1999]. – Zur Konsolidierung von Instabilitäten, beispielsweise eines progredienten Drehgleitens, dient die Spondylodese. Ein Baastrup-Phänomen wird durch Resektion der Dornfortsatzspitzen behandelt, wenn die Schmerzen nach Injektion eines Lokalanästhetikums in den Nearthros verschwinden (diagnostische Lokalanästhesie).

Operative Behandlung der lumbalen Spinalkanalstenose – Kap. 6.3.3.5.

Operationsindikationen beim mechanisch ausgelösten lumbalen Radikulärsyndrom
- Kauda-Syndrom – sofort, notfallmäßig
- motorische Ausfälle im Versorgungsgebiet der Nn. fibularis, tibialis, glutei – nach 2 bis höchstens 3 Tagen, falls Remission ausbleibt
- Scoliosis ischiadica – vierwöchiger konservativer Behandlungsversuch erlaubt
- chronische Schmerzen – relative Indikation
- sensible Ausfälle – ausnahmsweise.

Die postoperative krankengymnastische Behandlung dient der Kräftigung der Rumpfmuskulatur, der Haltungsschulung und der Erziehung des Patienten dazu, „den Rücken steifzuhalten". Sie folgt den Prinzipien, die auch für den Umgang mit dem lokalen Schmerzsyndrom und dem lumbalen Pseudoradikulärsyndrom gelten (Kap. 6.3.3.3). Gegen eine sportliche Betätigung gibt es nach muskulärer Stabilisierung keine Einwände, Hochleistungssport sollte allerdings vermieden werden. Eine dauerhafte Einnahme von Medikamenten ist nicht erforderlich.

6.3.3.5 Neurogene Claudicatio intermittens, Claudicatio spinalis

Die neurogene Claudicatio intermittens beruht auf einer nicht selten langstreckigen Einengung des lumbalen Spinalkanals und der Foramina intervertebralia durch spondylotische oder spondylarthrotische Randzacken, durch degenerative (oder anlagebedingte) Spondylolisthesen und (multiple) dorsale Bandscheibenprotrusionen. Sie wird bei 3 % der Patienten mit pseudoradikulären und radikulären lumbalen Beschwerden als Ursache angetroffen, meist im 6. und 7. Lebensjahrzehnt [Vitzthum 2005]. Bevorzugt, aber nicht allein involviert sind die Bewegungssegmente LWK 3/LWK 4 und LWK 4/LWK 5 bzw. die Wurzeln L4 und L5. Der lumbosakrale Übergang ist selten beteiligt. Eine anlagebedingte Enge des lumbalen Spinalkanals, eine Hypertrophie des Lig. flavum und segmentale Instabilitäten begünstigen die Entstehung der Symptomatik, die durchaus nicht jede spinale Enge begleitet [Krämer u. Ludwig 2004].

Charakteristisches, aber inkonstantes Symptom des engen lumbalen Spinalkanals ist die Claudicatio intermittens spinalis, bei der die beschwerdefreie Gehstrecke auf wenige Meter verringert ist: Beim Stehen oder nach kürzerem oder längerem Laufen treten im Rücken und in einem oder in beiden Beinen Schmerzen auf, in den Beinen manchmal auch sensible und motorische Störungen, oder Ruheschmerzen verstärken sich unter Belastung, bei Aufrichtung und Lordosierung der Lendenwirbelsäule: ein- und beidseitige Beinschmerzen, insbesondere an den Außenseiten der Oberschenkel oder in den Waden, monoradikuläre bzw. polyradikuläre Schmerzsyndrome, evtl. Paresen besonders der Fußheber und der Kniestrecker. Die Beschwerden lassen nach bei Inklination des Rumpfes im Stand, im Sitzen oder im Liegen mit angezogenen Beinen, weil sich der Spinalkanal dann erweitert und die „positionsbezogene intermittierende Ischämie der Nervenwurzeln“, neben einem venösen Stau der Grund für die Claudicatio intermittens spinalis, aufgehoben wird [Krämer u. Ludwig 2004]. Einige Patienten berichten über problemloses Fahrradfahren über weite Strecken, während die Gehstrecke auf wenige Meter begrenzt ist. Die exakte Pathogenese der Claudicatio spinalis ist jedoch nicht unumstritten und die genaue Rolle der Spinalkanalstenose nicht abschließend geklärt [Kuittinen].

Symptome einer spinalen Enge werden manchmal auch im Zervikalbereich beobachtet (Kap. 6.3.1.3).

Da der neurologische Untersuchungsbefund im Intervall oft wenig Auffälliges zeigt, kommt einer subtilen Anamnese für die Diagnostik große Bedeutung zu. Standard-Röntgenaufnahmen der Lendenwirbelsäule in 2 Ebenen und eine Seitaufnahme des lumbosakralen Übergangs zeigen chondrotische, osteochondrotische, spondylotische und spondylarthrotische Veränderungen. Im MRT ist die Einengung der nervalen Strukturen im Spinalkanal und in den Rezessus erkennbar, eine dynamische Untersuchung erlaubt das offene MRT, und mithilfe von CT-Untersuchungen lässt sich der sagittale Durchmesser des Spinalkanals bestimmen.

Sagittaler Durchmesser des lumbalen Spinalkanals
- unter 12 mm: absolute Enge
- 12 bis 14 mm: relative Enge [Verbiest 1976, 1977]

Im MRT T2 axial liegt eine operationswürdige spinale Enge vor, wenn im Duralschlauch das helle Liquorsignal zwischen den Radizes der Cauda equina nicht mehr darstellbar ist.

Differenzialdiagnostische Bedeutung besitzt in erster Linie die vaskuläre Claudicatio intermittens, die auch gemeinsam mit der neurogenen Form auftreten kann. Entscheidender Unterschied: Bei der vaskulären Claudicatio bleibt der Patient zur Schmerzlinderung stehen („Schaufensterkrankheit"), während er sich bei der spinalen Claudicatio hinsetzen muss (Fahrradfahren möglich).

In Betracht kommen außerdem Polyneuropathien, die chronische Polyarthritis und einige seltene neurologische Krankheitsbilder: Angiome oder Stenosen der versorgenden Gefäße, Tumoren im Spinalkanal. Die Enge des Spinalkanals, die langstreckig bei der Achondroplasie sowie beim Fairbank-Syndrom und bei einigen anderen Dysostosen beobachtet wird, führt kaum zu differenzialdiagnostischen Problemen.

Die konservative *Therapie* des engen lumbalen Spinalkanals folgt den Regeln zur Behandlung des lumbalen lokalen und des lumbalen pseudoradikulären Schmerzsyndroms (Kap. 6.3.3.3). Die Therapie des akuten Schmerzzustands besteht in der kyphosierenden Lagerung des Patienten im Stufenbett, in der Gabe von NSAR, in der epiduralen Applikation von Kortikoiden von dorsal und vom Hiatus sacralis aus und in Maßnahmen, welche die Durchblutung des lumbalen Spinalkanals fördern. Das beschwerdearme oder beschwerdefreie Intervall wird für eine krankengymnastische Behandlung benutzt, die vor allem die Bauchmuskulatur trainiert und den Patienten zur Entlordosierung seiner Lendenwirbelsäule erzieht. Zu denken ist auch an die Versorgung mit einer Stabgitterbandage oder einem starren Korsett, ebenfalls mit dem Ziel der Entlordosierung neben der Stabilisierung. Hartnäckige therapieresistente Schmerzen, neurologische, insbesondere motorische Ausfälle und der weitgehende Ausfall der Gehfähigkeit lassen die Indikation zum operativen Vorgehen stellen, wenn im MRT der LWS eine Stenose nachgewiesen worden ist. Bei einseitigen radikulären Beschwerden reicht oft eine Hemilaminektomie mit Dekompression der nervalen Strukturen in der betroffenen Höhe aus, bei beidseitigen Beschwerden wird eine Laminektomie durchgeführt. Liegen Stenosen über mehrere Höhen vor, kann eine Laminoplastie erforderlich sein. Eine Instrumentierung muss nach mehrtagiger Laminektomie erwogen werden. Sie kommt auch infrage, wenn bereits präoperativ eine Instabilität bestanden hat.

6.3.3.6 Postdiskotomiesyndrom

Bei jedem fünften bis zehnten Patienten treten einige Wochen oder Monate nach Bandscheibenoperationen erneut Reiz- und Ausfallsyndrome auf, die hohe Anforderungen an Diagnostik und Therapie stellen. Als beschwerdeauslösend gilt der Zug periduraler und perineuraler Narben infolge segmentaler Instabilitäten [Wittenberg u. Rubenthaler 2001]. Sie können am besten nach i. v. Applikation von Gd-DTPA kernspintomografisch nachgewiesen werden. Die Kernspintomografie erlaubt auch die Abgrenzung von bakteriell und abakteriell entzündlichen Prozessen und knöchernen Engen sowie von Rezidivprotrusionen und Rezidivprolapsen im selben oder in einem benachbarten Segment, die allerdings nur bei 30 % der Patienten als Beschwerdeursache infrage kommen [Hedtmann 1992].

Die Therapie besteht aus der Gabe von NSAR und ggf. Analgetika, einer Übungsbehandlung zur Stabilisierung des Wirbelsäulengefüges und der lokalen Applikation von Kortikoiden. Die Erfolgsaussichten einer operativen Behandlung, einer Spondylodese, sind besonders dann gut, wenn eine Instabilität nachgewiesen werden konnte. Ungenügend voroperierte Bandscheibenvorwölbungen und Bandscheibenvorfälle, echte Rezidive, entzündliche Prozesse und knöcherne Engen erfordern ein dem jeweiligen Befund angepasstes operatives Handeln. Der Wert des endoprothetischen Bandscheibenersatzes ist beim Postdiskotomiesyndrom umstritten [Hopf et al. 2004].

6.3.3.7 Sozialmedizinische Aspekte degenerativer Wirbelsäulenerkrankungen

Häufigkeit und Ausmaß von akuten und chronischen Rückenschmerzen aufgrund degenerativer Wirbelsäulenerkrankungen nehmen im Laufe des Lebens so stark zu, dass sich in orthopädischen Sprechstunden deswegen jeder zweite Patient vorstellt. Weil viele Menschen trotz ihrer Erkrankung zeitlebens weitgehend beschwerdefrei bleiben, liegt die Gesamtzahl der Betroffenen noch viel höher. Die Jahresprävalenz geben Wottke [2004] und Krämer [2006] mit etwa 70 % an. Die meisten beruflichen Ausfalltage gehen auf Rückenbeschwerden zurück, und auf ihnen beruht ein großer Teil der Frühinvalidisierungen [Schwarze et al. 2002, Wottke 2004]. Welche volkswirtschaftliche Bedeutung diesen Erkrankungen zukommt, geht aus der Tatsache hervor, dass 2 Drittel der den Betriebskrankenkassen durch die Behandlung von Erkrankungen des Muskel- und Skelettsystems entstehenden Kosten auf sie entfallen, jährlich etwa 20 Milliarden Euro.

Fast 2 Drittel aller Begutachtungen des Haltungs- und Bewegungssystems gelten degenerativen Veränderungen der Lendenwirbelsäule. Im Vordergrund kann dabei die Frage nach ihrer Ätiologie stehen, d. h., es kann zu klären sein, ob eine berufliche Tätigkeit oder ein Unfall für die Entstehung der Erkrankung ursächlich infrage kommt. Isolierte Bandscheibenverletzungen im Rahmen eines Wirbelsäulentraumas sind allerdings selten zu beobachten. Ihre Entstehung setzt die Beuge-Kompressionsbelastung eines Wirbelsäulensegments mit Beteiligung des Bandscheibengewebes voraus. Für die Anerkennung eines Unfallzusammenhangs wird der kernspintomografische Ausschluss von vorbestehenden degenerativen Veränderungen und eine sofort oder unmittelbar nach dem Unfallereignis einsetzende Symptomatik gefordert [Arand u. Kinze 1999]. Auch die Ausbildung einer Spondylose innerhalb der ersten 3 Monate nach einer Wirbelsäulenverletzung lässt auf eine traumatische Genese schließen [Mehrtens et al. 2003]. Eine indirekte Traumafolge liegt vor, wenn aufgrund einer fehlverheilten Wirbelfraktur degenerative Veränderungen der Wirbelsäule entstehen.

Häufiger geht es um den möglicherweise einschränkenden Einfluss einer degenerativen Wirbelsäulenerkrankung auf die Leistungsfähigkeit im Beruf oder beim Sport.

Die Feststellung eines Grades der Behinderung (GdB) hängt vor allem ab von den Beschwerden und dem klinischen Befund und in zweiter Linie von Röntgen-, CT-, MRT- und anderen apparativen Befunden. Die Beschwerdeangaben dürfen jedoch kritisch hinterfragt werden, und das klinische Bild muss durch die apparativen Befunde erklärbar sein. Die Beurteilung wird erschwert durch die Tatsache, dass sich die Beschwerden häufig im Laufe des Lebens bessern, weil eine Konsolidierung des Wirbelsäulengefüges eintritt, sodass sie sich tageweise ändern und wetterabhängig und jahreszeitlich zu- oder abnehmen können. Eine Rolle für die Beurteilung der beruflichen Einsatzfähigkeit spielt auch die Konstitution des zu Beurteilenden. Nicht jeder gesunde Mensch ist für die Ausführung schwerer oder auch nur mittelschwerer Arbeiten geeignet, sodass die Frage nach der Einsatzfähigkeit für Arbeiten in Zwangshaltungen in den Vordergrund treten kann.

6.3.3.7.1 Grad der Behinderung

Es handelt sich um Richtwerte. Beschwerden und Befunde sind individuell unterschiedlich ausgeprägt und erfordern immer eine sorgfältige Erhebung der Anamnese, eine subtile Untersuchung und eine Einzelfall-Beurteilung [Krämer 2006].

„Einfache" Rückenschmerzen
- Myalgien und Tendopathien beispielsweise nach ungewohnten Belastungen, nach dem Heben und Tragen von Lasten, nach längerem Stehen oder Gehen
- unauffällige apparative Befunde
- im akuten Stadium symptomatische Behandlung, anschließend ggf. Rückenschule
- keine dauerhafte (>6 Monate) Einschränkung der körperlichen Leistungsfähigkeit

lokales Lumbalsyndrom
- rezidivierende „Kreuzschmerzen", Hartspann des M. erector spinae, schmerzhaft eingeschränkte Rumpfbeweglichkeit
- apparativ: Chondrose, Osteochondrose, Spondylarthrose
- ungeeignet für andauernde schwere Arbeiten und andauernde Arbeiten in Zwangshaltungen
- GdB 10 bis 20

lumbales Pseudoradikulärsyndrom
- gewöhnlich mit dem lokalen Lumbalsyndrom kombiniert, ausstrahlende Schmerzen ohne Wurzelbezug
- apparativ: Chondrose, Osteochondrose, Spondylarthrose, Bandscheibenprotrusion, Postdiskotomiesyndrom
- ungeeignet für andauernde mittelschwere und für schwere Arbeiten und Arbeiten in Zwangshaltungen
- GdB 20 bis 30

lumbales Radikulärsyndrom
- anhaltende Dermatom-bezogene Schmerzen, Ischialgie, sensible bzw. motorische Ausfälle, Scoliosis ischiadica
- apparativ: Protrusion, Prolaps, Postdiskotomiesyndrom
- Bei Ischialgie besteht Arbeitsunfähigkeit. Sensible Ausfälle wirken sich kaum auf den GdB aus, motorische Ausfälle werden wie die Läsionen peripherer Nerven bewertet, eine Ischiasskoliose von 20° ergibt einen GdB 20
- ungeeignet für mittelschwere und schwere Arbeiten und Arbeiten in Zwangshaltungen
- GdB insgesamt mindestens 40

Kauda-Syndrom
- GdB mindestens 50.

6.3.3.7.2 Berufskrankheiten der Wirbelsäule

Bei den Berufskrankheiten handelt es sich um Erkrankungen, die durch besondere Einwirkungen verursacht werden, denen genau definierte Berufsgruppen in höherem Ausmaß als die übrige Bevölkerung ausgesetzt sind [Schwarze et al. 2002]. Sie werden von den Trägern der gesetzlichen Unfallversicherung entschädigt und sind sorgfältig von den arbeitsbedingten Erkrankungen abzugrenzen.

Berufskrankheit 2108

Bandscheibenbedingte, d. h. degenerative Erkrankungen der unteren Lendenwirbelsäule werden unter bestimmten Bedingungen als entschädigungspflichtig anerkannt, wenn sie offensichtlich auf ein langjähriges berufsbedingtes Heben und Tragen von Lasten oder auf eine langjährige Tätigkeit in Fehlhaltung des Rumpfes zurückgeführt werden können und den Betroffenen zur Aufgabe der schädigenden Tätigkeit gezwungen haben. Gefordert wird bevorzugt eine mindestens 10-jährige Tätigkeit in der Krankenpflege, im Hochbau, im Tiefbau, in der Landwirtschaft, in der Forstwirtschaft, eine mit dem Bewegen von Lasten verbundene Beschäftigung im Transportgewerbe oder eine Arbeit in gebückter Haltung unter Tage [Hofmann et al. 2002]. Klinisch dürfen nicht nur „einfache" Rückenschmerzen, sondern müssen vertebragene Beschwerden vorliegen. Asymptomatische apparative Befunde schließen die Anerkennung als Berufskrankheit aus [Becker et al. 2003]. Mithilfe von Röntgenaufnahmen, CT- und MRT-Untersuchungen sollen nachweisbar sein: Chondrosen und Osteochondrosen, Protrusionen oder Prolapse, Spondylarthrosen und Spondylosen, miteinander kombiniert und stärker ausgeprägt als beim Durchschnitt der gleichaltrigen Bevölkerung. Ein für eine lumbale Berufskrankheit charakteristischer klinischer oder apparativer Befund existiert nicht. Für die Anerkennung als Berufskrankheit kommen bzgl. der Lokalisation infrage: die Erkrankung lediglich des Wirbelsäulensegments LWK 5/SWK 1, die Erkrankung der Wirbelsäulensegmente LWK 4/LWK 5 und LWK 5/SWK 1 sowie mehrsegmentale degenerative Veränderungen, welche die untere Lendenwirbelsäule bevorzugen. Die parallele Erkrankung von Hals- und Lendenwirbelsäule lässt eine „körpereigene Verschleißkrankheit“ annehmen, weil sich die Häufigkeit, die segmentale Verteilung und die Schwere degenerativer Veränderungen an der Hals- und an der Lendenwirbelsäule nicht unterscheiden [Krämer et al. 2002, Becker et al. 2003]. Dasselbe gilt für die Aussparung des lumbosakralen Übergangs [Hofmann 2002]. Oft nur schwer zu beurteilen ist die Rolle, die vorbestehende, konkurrierende Wirbelsäulenleiden bei der Entwicklung degenerativer Erkrankungen gespielt haben [Bolm-Audorff et al. 2005]: Skoliosen und ab welchem Ausprägungsgrad, der Morbus Scheuermann, die Spondylolyse und die Olisthese, numerische Varianten der Wirbelsäule, über den Normbereich hinausgehende Lordosen und Kyphosen, aber auch beispielsweise Beinlängendifferenzen, Fehlstellungen und Fehlformen sowie Versteifungen an den unteren Extremitäten.

Berufskrankheit 2110

Eine BK 2110 kann nach jahrelanger Belastung durch mechanische Schwingungen (Vibrationen) anerkannt werden. In Betracht kommen vor allem die Fahrer schlecht gefederter Baustellenfahrzeuge älterer Baujahre, die an ein-, zwei- oder mehrsegmentalen degenerativen Erkrankungen der Lendenwirbelsäule leiden. Die pathologisch-anatomischen und die röntgen-morphologischen Veränderungen sowie das klinische Bild unterscheiden sich nicht von den Befunden bei der BK 2108 [Hofmann et al. 2002].

Berufskrankheit 2109

Das Tragen von Lasten über 50 kg auf der Schulter, verbunden mit anhaltender unphysiologischer Kopfhaltung, kann degenerative Veränderungen zwischen dem zweiten und dem sechsten Halswirbel auslösen, die den berufsbedingten Erkrankungen der Lendenwirbelsäule entsprechen. Für die Anerkennung als Berufskrankheit wird eine wenigstens 10-jährige berufliche Exposition gefordert. Klinisch muss eine lokale, pseudoradikuläre oder radikuläre Symptomatik bestehen, ggf. sogar eine zervikale Myelopathie oder ein zervikoenzephales Syndrom, und apparativ werden Chondrosen, Osteochondrosen, Spondylosen, Unkovertebralarthrosen und Intervertebralarthrosen gefordert. Weil das Berufsbild des Fleischträgers in Schlachthöfen und ähnlichen Einrichtungen, für das die BK 2109 vorgesehen war, nicht mehr existiert, spielen Anträge auf Anerkennung kaum noch eine Rolle, zumal moderne mit Zwangshaltungen der Halswirbelsäule einhergehende berufliche Tätigkeiten von der Verordnung nicht berücksichtigt werden.

6.4 Literatur

Arand W, Kinze L (1999) Verletzungen der Wirbelsäule: Konservative und operative Therapie. In: Mutschler W, Haas N (Hrsg) Praxis der Unfallchirurgie. S. 580–634. Georg-Thieme-Verlag Stuttgart.

Bauknecht M et al. (2009) GEK-Bandscheiben-Report. Ursachen, Diagnose, Behandlung, Vorbeugung, Begutachtung. Asgard-Verlag St. Augustin.

Becker E et al. (2003) Leitlinien zur sozialmedizinischen Leistungsbeurteilung bei Bandscheiben- und bandscheibenassoziierten Erkrankungen. Gesundheitswesen 65:19–39.

Bolm-Audorff U et al. (2005) Medizinische Beurteilungskriterien zu bandscheibenbedingten Berufskrankheiten der Lendenwirbelsäule. Trauma Berufskrankh 7:211–252.

Büttner-Janz K et al. (2002) Grundlagen einer erfolgreichen Anwendung der Link Zwischenwirbel-Endoprothese Modell SB Charité. Orthopäde 31:441–453.

Cepoiu-Martin M et al. (2011) Artificial cervical disc arthroplasty: a systematic review. Spine 36(25):E1623–1633.

Chan CW, Peng P (2011) Failed Back Surgery Syndrome. Pain Medicine 12:577–606.

Chiu CC, Chuang TY, Chang KH, Wu CH, Lin PW, Hsu WY (2014) The probability of spontaneous regression of lumbar herniated disc: a systematic review. Clin Rehabil pii: 0269215514540919.

Cohen SP, Bicket MC, Jamison D, Wilkinson I, Rathmell JP (2013) Epidural steroids: a comprehensive, evidence-based review. Reg Anesth Pain Med 38(3):175–200, doi: 10.1097/AAP.0b013e31828ea086.

Diwan S, Manchikanti L, Benyamin RM, Bryce DA, Geffert S, Hameed H, Sharma ML, Abdi S, Falco FJ (2012) Effectiveness of cervical epidural injections in the management of chronic neck and upper extremity pain. Pain Physician 15(4):E405–434.

van den Eerenbeemt KD et al. (2010) Total disc replacement surgery for symptomatic degenerative lumbar disc disease: a systematic review of the literature. Eur Spine 19(8):1262–1280.

Eskin B, Shih RD, Fiesseler FW, Walsh BW, Allegra JR, Silverman ME, Cochrane DG, Stuhlmiller DF, Hung OL, Troncoso A, Calello DP (2014) Prednisone for emergency department low back pain: a randomized controlled trial. J Emerg Med 47(1):65–70, doi: 10.1016/j.jemermed.2014.02.010.

Hedtmann A (1992) Das sogenannte Postdiskotomiesyndrom – PDS. Z Orthop 125:622–625.

Hofmann F et al. (2002) Berufsbedingte Wirbelsäulenerkrankungen – Biomechanik, Epidemiologie, Exposition, Klinik und Begutachtung. Zbl Arbeitsmed 52:78–103.

Hopf C et al. (2004) Indikation, Biomechanik und Frühergebnisse des künstlichen Bandscheibenersatzes. Z Orthop 142:153–158.

Johnson WE, Evans H, Menage J, Eisenstein SM, El Haj A, Roberts S (2001) Immunohistochemical detection of Schwann cells in innervated and vascularized human intervertebral discs. Spine (Phila Pa 1976) 26(23):2550–2557.

Krämer J et al. (2002) Zur Begutachtung von Berufskrankheiten der Wirbelsäule. Z Orthop 140:518–522.

Krämer J, Ludwig J (2004) Spinalkanalstenose. In: Krämer J (Hrsg) Orthopädie und orthopädische Chirurgie. Band Wirbelsäule, Thorax. Georg-Thieme-Verlag Stuttgart.

Krämer J (2006) MdE-Bewertung bei bandscheibenbedingten Erkrankungen der Lendenwirbelsäule. Z Orthop 144:552–557.

Krämer J et al. (2013) Bandscheibenbedingte Erkrankungen … Georg-Thieme-Verlag Stuttgart.

Kuittinen P, Sipola P, Saari T, Aalto TJ, Sinikallio S, Savolainen S, Kröger H, Turunen V, Leinonen V, Airaksinen O (2014) Visually assessed severity of lumbar spinal canal stenosis is paradoxically associated with leg pain and objective walking ability. BMC Musculoskelet Disord 15:348, doi: 10.1186/1471-2474-15-348.

Matzen P (2002) Praktische Orthopädie. Barth-Verlag im Georg-Thieme-Verlag Stuttgart.

Mehrtens G et al. (2003) Arbeitsunfall und Berufskrankheit. Erich-Schmidt-Verlag Berlin.

Nishimura Y, Thani NB, Tochigi S, Ahn H, Ginsberg HJ (2014) Thoracic discectomy by posterior pedicle-sparing, transfacet approach with real-time intraoperative ultrasonography: clinical article. J Neurosurg Spine 21(4):568–576.

Palmgren T, Grönblad M, Virri J, Kääpä E, Karaharju E (1999) An immunohistochemical study of nerve structures in the anulus fibrosus of human normal lumbar intervertebral discs. Spine (Phila Pa 1976) 24(20):2075–2079.

Parker SL, Godil SS, Mendenhall SK, Zuckerman SL, Shau DN, McGirt MJ (2014) Two-year comprehensive medical management of degenerative lumbar spine disease (lumbar spondylolisthesis, stenosis, or disc herniation): a value analysis of cost, pain, disability, and quality of life: clinical article. J Neurosurg Spine 21(2):143–149, doi: 10.3171/2014.3.SPINE1320.

Ramadorai U, Hire J, DeVine JG, Brodt ED, Dettori JR (2014) Incidental findings on magnetic resonance imaging of the spine in the asymptomatic pediatric population: a systematic review. Evid Based Spine Care J 5(2):95–100, doi: 10.1055/s-0034-1386753.

Rasouli MR, Rahimi-Movaghar V, Shokraneh F, Moradi-Lakeh M, Chou R (2014) Minimally invasive discectomy versus microdiscectomy/open discectomy for symptomatic lumbar disc herniation. Cochrane Database Syst Rev 9:CD010328, doi: 10.1002/14651858.CD010328.pub2.

Sairyo K, Egawa H, Matsuura T, Takahashi M, Higashino K, Sakai T, Suzue N, Hamada D, Goto T, Takata Y, Nishisho T, Goda Y, Sato R, Tsutsui T, Tonogai I, Kondo K, Tezuka F, Mineta K, Sugiura K, Takeuchi M, Dezawa A (2014) State of the art: Transforaminal approach for percutaneous endoscopic lumbar discectomy under local anesthesia. J Med Invest 61(3–4):217–225.

Schubert M, Hoogland Th (2005) Die transforaminale endoskopische Nukleotomie mit Foraminoplastik bei lumbalen Bandscheibenvorfällen. Oper Orthop Traumatol 17:641–661.

Schulitz K-P et al. (1999) Der Bandscheibenvorfall: Wie zeitgemäß ist die sogenannte minimal invasive Therapie? Deutsches Ärztebl 96:A548–A552.

Schwarze S et al. (2002) Das Spannungsfeld zwischen klinischer Diagnose und anerkannter Berufskrankheit. Orthopäde 31:957–972.

Sears WR, Sergides IG, Kazemi N, Smith M, White GJ, Osburg B (2011) Incidence and prevalence of surgery at segments adjacent to a previous posterior lumbar arthrodesis. Spine J 11(1):11–20, doi: 10.1016/j.spinee.2010.09.026.

Siebert W (1999) Perkutane Nukleotomieverfahren beim lumbalen Bandscheibenvorfall. Orthopäde 28:598–608.

Verbiest H (1976) Neurogenic intermittent claudication. Elsevier Amsterdam.

Verbiest H (1977) Results of surgical treatment of idiopathic developmental stenosis of the vertebral canal ... J Bone Jt Surg 59-B:181–188.

Vitzthum H-E (2005) Stenosen des Spinalkanals. In: Moskopp D, Wassmann H (Hrsg) Neurochirurgie. Schattauer-Verlag Stuttgart.

Wachter D, Tschischka S, Huegens-Penzel M, Kuchelmeister K, Bohle RM, Böker DK, Nestler U (2009) T-cell lymphoma mimicking schwannoma of a cervical nerve root. Neurosurg Rev 32(1):117–121.

Wittenberg RH, Rubenthaler F (2001) Entzündliche und degenerative Wirbelsäulenerkrankungen. In: Wirth CJ, Bischoff H-P (Hrsg) Praxis der Orthopädie. Georg-Thieme-Verlag Stuttgart.

Wottke D (2004) Die große orthopädische Rückenschule. Theorie, Praxis, Didaktik. Springer-Verlag Berlin.

Peter Matzen, Ulf Nestler

7 Läsionen peripherer Nerven

7.1 Neurologische Syndromgestaltung

Nerven können durch stumpfe Gewalt bzw. bei gedeckten Verletzungen – Druck, Zerrung, Zerreißung – geschädigt werden: beispielsweise Engpass- und Kompartment-Syndrome, Drucklähmung vor allem des N. fibularis durch Verbände, Schienen, Operationstisch, Ausriss oder Zerreißung des Plexus brachialis bei Anfahrunfällen mit dem Motorrad, Dehnung des N. fibularis bei Außenbandrupturen am Kniegelenk. Der Schaden kann aber auch im Zuge offener Verletzungen entstehen, durch Schnitt-, Stich-, Schussverletzungen: Schnittverletzung der Nn. medianus und ulnaris an der Palmarseite des Handgelenks beim Sturz in eine Fensterscheibe oder bei Suizidversuchen, des Plexus brachialis und des N. tibialis beim Fechten. Schädigend können außerdem wirken: vermeidbare und nicht vermeidbare Fehler bei Operationen, Punktionen und Injektionen einschließlich der Leitungsanästhesie, Fehler beim Gebrauch von Blutleeremanschetten, Ischämien, Wärme und Kälte, Starkstrom, Röntgenstrahlen, Erreger und sehr selten fehlerhafte Immunreaktionen.

Nach Art und Umfang der Schädigung unterscheidet man vereinfacht zwischen Neurapraxie, Axonotmesis und Neurotmesis [Seddon 1942].

Neurapraxie (*Apraxie* grch. Handlungsunfähigkeit): Funktionsstörung infolge einer Überdehnung oder Druckbelastung. Gestört ist lediglich die Fortleitung des Aktionspotenzials, meist ohne fassbares strukturelles Korrelat im traumatisierten Abschnitt. Keine Unterbrechung, nur geringe Schädigung der axonalen Strukturen, begrenzter Markscheidenzerfall im traumatisierten Abschnitt. Bei supramaximaler Nervenstimulation bekommt man proximal der Läsion eine um mehr als 50 % verringerte Reizantwort im Vergleich zu distal davon (Amplitude, Fläche). Die Nervenleitgeschwindigkeit kann über der Verletzung vermindert sein und ist proximal und distal davon normal. Die Neurapraxie bildet sich meist innerhalb einiger Minuten bis mehrerer Wochen komplett zurück. Nervenleitgeschwindigkeit im Verletzungsgebiet vermindert, proximal und distal davon normal. Nach dem Einsetzen der Remyelinisierung nach etwa 3 Wochen bilden sich die Symptome innerhalb von 6 bis 8 Wochen vollständig zurück.

Axonotmesis (*temno* grch. ich zerschneide): Unterbrechung der axonalen Strukturen, beispielsweise infolge anhaltenden Drucks (intraoperativer Hakendruck, Lagerungsfehler). Pathologisch-anatomisch vermutlich Störungen der Durchblutung bzw. der perineuralen Diffusion. Sensibilitätsausfälle, Paresen, Atrophien.

DOI 10.1515/9783110352474-007

Nach ein bis 2 Tagen einsetzende nach der Peripherie fortschreitende degenerative Veränderungen des Axons. Geschwindigkeit etwa 4 cm am Tag bei stärkeren Fasern und bis zu 25 cm bei schwächeren. Diese anterograde axonale Degeneration wird begleitet von einer Proliferation der Schwann'schen Zellen und einer Degeneration auch der bindegewebigen Hüllen. Parallel dazu kurzstreckige gleichartige retrograde Degenerationsvorgänge proximal von der Läsionsstelle und bei ausbleibender Reinnervation nach proximal fortschreitende Atrophie der Axone. Regeneration geht vom proximalen Stumpf des Axons aus. Geschwindigkeit unter günstigen Bedingungen mehrere Millimeter am Tag: Beseitigung der Schadensursache, sichere Durchblutung, regelrechte Stoffwechselparameter, niedriges Lebensalter.

Neurotmesis: Durchtrennung eines Nerven. Elektrodiagnostisch nicht von der Axonotmesis zu unterscheiden. Motorische, sensible und vegetative Ausfälle kleiner als das Versorgungsgebiet. Befriedigende Regeneration nur, wenn die aus dem proximalen Stumpf aussprossenden Axone das distale Nervenfragment erreichen. Ihre Suche wird begünstigt durch die Proliferation von Schwann'schen Zellen im distalen Stumpf, die ihnen entgegenwachsen, und durch eine Nahtversorgung innerhalb der ersten ein bis 2 Tage. Ungerichtetes Auswachsen von Axonen führt zu Fehlinnervationen.

Eine subtilere Einteilung der Nervenläsionen stammt von Sunderland (1951):
- Grad 1 und 2 wie oben
- Grad 3: Stumpfe Verletzung der axonalen und der endoneuralen Strukturen, Perineurium und Epineurium unverletzt. Spontane Remission möglich, aber Tendenz zur Narbenbildung, die den gesamten Querschnitt des Nerven betreffen kann: Versuch der Neurolyse, ggf. Resektion des geschädigten Abschnitts und Überbrückung durch ein autogenes Transplantat
- Grad 4: Stumpfe Verletzung der axonalen Strukturen und des Perineuriums. Von den erhalten gebliebenen epineuralen Strukturen ausgehende Narbenbildung, die eine spontane Wiederherstellung nicht erlaubt
- Grad 5: Unterbrechung der gesamten Nervenstruktur durch Schnitt oder Zug.

Rekonstruktive Maßnahmen bei den länger- und langstreckigen Traktionsverletzungen sind besonders aufwendig.

Millesi [2004] unterteilt die Folgen von Nerventraumatisierungen in die Fibrosetypen A, B, C und S. N steht für ein vom zentralen Stumpf ausgehendes Fibrom.

Die Verletzung eines peripheren gemischten Nerven ist erkennbar an motorischen, sensiblen und vegetativen Ausfällen. Die *motorischen Ausfälle* unterscheiden sich von denen, die bei Schädigungen des Vorderhorns oder der Vorderwurzel zu beobachten sind, durch ihr Verteilungsmuster. Zerebrale Unterbrechungen der Pyramidenbahn führen dagegen zu einer sogenannten zentralen spastischen Lähmung mit unterschiedlich ausgeprägter Spastik bzw. spastischer Tonuserhöhung, Steigerung der Muskeldehnungsreflexe und Ausfall der Fremdreflexe. Bei 2 Drittel der Betroffenen lässt sich der (pathologische) Babinski-Reflex nachweisen. Die transkranielle Magnetstimulation (motorisch evozierte Potenziale, MEP) kann Veränderungen zeigen, die elektrische Erregbarkeit (EMG, NLG) bleibt normal. Defekte in der vorderen Zentralwindung, dem Ausgangspunkt eines Teils der pyramidalen Fasern, führen allerdings zu zentralen schlaffen Lähmungen.

Das *sensible Ausfallsyndrom*, das auf die Verletzung eines peripheren sensiblen Nerven folgt, unterscheidet sich von dem bei einer zentralen Schädigung – Wurzeln oder Plexus – zu erwartenden lediglich durch sein Verteilungsmuster, nicht durch seine Qualität. Es manifestiert sich in Form von Reizsymptomen, d. h. von Schmerzen oder Missempfindungen, oder von Ausfällen. Reizsymptome beruhen auf einer Irritation des afferenten Systems und sind naturgemäß nicht objektivierbar, wenn nicht abnorme elektrophysiologische Befunde nachzuweisen sind. Hierher gehören neben den Parästhesien unter anderem die Neuralgien, die Kausalgien und der Phantomschmerz. Bei Unterbrechung aller sensiblen Fasern eines peripheren Nerven besteht eine taktile Anästhesie, eine Thermanästhesie und eine Analgesie. Bei zunehmender zunächst unvollständiger Schädigung sind zuerst die höchstentwickelten Leistungen betroffen: die Unterscheidung von Berührungsreizen, das Empfinden für Lage, Druck und Bewegung, später das für Schmerz und Temperatur. Eine etwaige Rückbildung dieses Syndroms erfolgt in umgekehrter Reihenfolge. Die betroffenen Hautareale sind im Allgemeinen kleiner als die Versorgungsgebiete einzelner Nerven, da sich diese mit denen benachbarter Nerven teilweise decken.

Zu den *vegetativen Ausfällen* nach Verletzung peripherer Nerven zählen vor allem Störungen von Hauttemperatur, Durchblutung und Schweißsekretion. Diese können in ein komplexes regionales Schmerzsyndrom münden (CRPS Typ II engl. *complex regional pain syndrome*, Kausalgie). Das CRPS Typ I (ohne sicher nachgewiesene Nervenverletzung) wird als Mb. Sudeck bezeichnet.

Differenzialdiagnosen:
myogene Lähmungen – ungestörtes Reflexverhalten
- Störungen an den motorischen Endplatten – Myasthenie-Syndrome

oder
- Störungen im Bereich der kontraktilen Fasern oder des umgebenden Bindegewebes – Myopathie-Syndrome

klinisch: Muskelschwäche oder -lähmung, myogene Atrophien, manchmal Hypertrophien oder Pseudohypertrophien, Myalgien, Krämpfe (Krampi).

Erkrankungen der Stammganglien – Störungen der unwillkürlichen Motorik in Form eines hyperkinetischen, z. T. hypotonen oder hypokinetisch-hypertonen Syndroms

klinisch: unwillkürliche Bewegungsabläufe, entweder Bewegungsüberschuss (choreatisches, athetotisches, dystones Syndrom, Tremor) oder Bewegungsverarmung

(Parkinson-Syndrom). Verschwinden im Schlaf und in Narkose, wird bei psychischer Alteration deutlicher.

Kleinhirnaffektionen: keine Lähmungen, Herabsetzung des Muskeltonus, Störungen der Koordination und des Gleichgewichts (zerebelläre Ataxie).

7.2 Therapeutische Prinzipien

Frische offene Verletzungen sollten möglichst durch *Primärnaht*, also innerhalb der ersten 48 Stunden nach der Schädigung, in einer spezialisierten Einrichtung versorgt werden. Wenn Begleitverletzungen im Vordergrund stehen oder Wundinfektionen drohen, werden die Nervenenden durch Naht fixiert und ihre Positionen markiert, die Wunde wird verschlossen und möglichst ab der 3. Woche die frühe Sekundärversorgung vorgenommen. Wegen der fortschreitenden irreversiblen fettigen Degeneration der Muskulatur ist nach Ablauf von 6 Monaten mit der Rückkehr motorischer Funktionen kaum noch zu rechnen, sensible Restitutionen können aber immer noch eintreten. Wenn sich eine spannungsfreie Vereinigung der Nervenenden als nicht möglich erweist, kommt die Überbrückung des Defekts durch ein *autogenes Transplantat* praktisch beliebiger Länge [Frey 1990] infrage. Als Spendernerv ist der N. suralis besonders gut geeignet. Ein mikrochirurgischer Wiederanschluss des Perineuriums an das Gefäßsystem ist nur in schlecht durchbluteter narbiger Umgebung erforderlich. Die Axone im Transplantat gehen zugrunde, die des zentralen Nervenstumpfes wachsen an ihrer Stelle in die Endoneurium-Hüllen des Transplantats als Leitschienen ein und schließlich bis zum distalen Nervenstumpf. Die durchschnittliche Geschwindigkeit liegt bei 1 mm pro Tag. Besonders gute funktionelle Ergebnisse sind bei Kindern und Jugendlichen zu erwarten, v. a. wenn innerhalb der ersten 6 Wochen operiert wird. Allerdings tritt eine völlige Wiederherstellung aller motorischen Einheiten im Versorgungsgebiet nicht ein [Lenz-Scharf et al. 2004].

Auch stumpfe Läsionen ohne Kontinuitätsdefekt werden frühzeitig versorgt, wenn spontane Remissionen ausbleiben. Der Verlust der Nervenleitfähigkeit kann 3 bis 4 Tage nach der Schädigung elektrophysiologisch gesichert werden. Frühestens etwa 14 Tage nach der Schädigung entwickelt der nicht mehr innervierte Muskel Fibrillationen und spontane Aktionspotenziale, die elektromyografisch nachgewiesen werden. Bilden sich diese in Verlaufskontrollen nicht zurück, ist die Operationsindikation innerhalb von 6 Monaten nach der Schädigung zu stellen.

Der geschädigte Abschnitt kann präoperativ sonografisch dargestellt und intraoperativ durch elektrische Stimulation proximal und durch Ableitung distal lokalisiert werden. Er wird reseziert und durch Transplantat überbrückt. Wenn ein Wiederanschluss des peripheren Stumpfes an den zentralen nicht möglich ist, kommt die *End-zu-Seit-Vereinigung* des distalen Stumpfes mit einem benachbarten Nerven ähnlicher Funktion infrage. Wenn der periphere Stumpf nicht auffindbar ist, ist die *Neuro-*

tisation indiziert, d. h. die Implantation von Axonen des proximalen Stumpfes in den denervierten Muskel, entweder direkt oder über zwischengeschaltete Transplantate.

(Äußere) *Neurolysen* dienen der Befreiung eines Nerven aus der Umklammerung durch Narben- oder auch Knochengewebe. Die Resektion des Perineuriums und des Epineuriums (innere Neurolyse) geht mit der Gefahr einher, die Blutversorgung des Nerven zu schädigen, sodass als Ausweg nur Resektion und Defektüberbrückung durch ein autogenes Transplantat übrig bleiben. Über Erfolge auch mit einem „Nervenbypass" berichtet Frey [in Mumenthaler 2007]: Ein traumatisierter Abschnitt wird über ein proximal und distal „End-zu-Seit" angelagertes Transplantat umgeleitet.

Neben der jeweiligen spezifischen Behandlung, die sich nach der Genese der Lähmung richtet, gelten für alle frischen schlaffen Lähmungen gewisse Behandlungsgrundsätze. Die wichtigste Sofortmaßnahme besteht darin, dafür zu sorgen, dass die gelähmte Muskulatur weder kontrakt werden kann noch überdehnt wird. Dies geschieht durch entsprechende Lagerung der gelähmten Gliedmaßen. Die spätere Beseitigung der ansonsten rasch entstehenden Kontrakturen ist schwierig oder unmöglich. Sie versperren oder erschweren den Weg für sonst nützliche Ersatzoperationen. Orthopädische Hilfsmittel für die Lagerung und Führung gelähmter Extremitäten oder Extremitätenabschnitte sind bei den einzelnen Lähmungsbildern beschrieben. Daneben spielen so früh wie möglich einsetzende physiotherapeutische Maßnahmen eine wichtige Rolle: passives Durchbewegen führungsloser Gelenke, Elektrogymnastik paretischer Muskulatur, später isometrische, isotonische und ab Kraftstufe III isokinetische Übungen, Übungen in PNF-Technik und Funktionsschulung. Nach Ablauf eines Jahres kommen an teilweise gelähmten Extremitäten Ersatzoperationen in Betracht. Hier spielen Sehnenverpflanzungen und Muskeltransplantationen mit mikroneurovaskulärer Anastomosierung eine wichtige Rolle. Ihr Prinzip besteht darin, dass eine erhalten gebliebene motorische Funktion zugunsten einer ausgefallenen geschwächt oder sogar aufgehoben wird. So lassen sich beispielsweise die Handgelenkbeuger zu Fingerstreckern umfunktionieren.

Vor allem, aber nicht nur an den unteren Extremitäten stellen Arthrodesen eine weitere wesentliche therapeutische Möglichkeit dar. Der Ausfall der Fußheber oder der Pronatoren beispielsweise kann durch eine Sprunggelenksarthrodese kompensiert werden. Nicht selten schließlich sind Arthrodesen an den oberen und den unteren Extremitäten durch Sehnenverpflanzungen zu ergänzen, vor allem an der Hand und den Fingern.

Eine zumindest begrenzte Wiederherstellung der Sensibilität besitzt an der Hand besonders große Bedeutung. Eine Möglichkeit besteht beispielsweise bei einem Ausfall der Sensibilität im Medianusbereich in der Transposition des in der Hohlhand gestielten Fingernerven 8 zusammen mit den dazu gehörenden Gefäßen aus der Kuppe des Ringfingers auf den Daumen oder den Zeigefinger. Frei u. Giovanoli [2003] empfehlen für sensible Defekte an der Hand auch die End-zu-Seit-Naht, die Vereinigung des peripheren Stumpfes mit einem benachbarten sensiblen Nerven. Infrage kommt natürlich auch die Armierung eines peripheren sensiblen Stumpfes mit einem sensiblen Nerven, der damit sein angestammtes Versorgungsgebiet verliert. Die Wiederkehr der Schweißsekretion und des Piloarrektorenreflexes beweisen eine Resensibilisierung zuverlässig.

Für das CRPS Typ II steht vor allem eine konservative Therapie mit Schonung der betroffenen Gliedmaße und Vermeidung weiterer, insbesondere operativer Traumatisierungen im Vordergrund. Die medikamentöse Therapie wird mit Kortison und Acetylsalicylsäure eingeleitet, unterstützt durch ein nicht steroidales Antirheumatikum, um einer Chronifizierung frühzeitig vorzubeugen.

7.3 Krankheitsbilder

7.3.1 Obere Extremitäten

7.3.1.1 Plexus brachialis

Der Plexus brachialis versorgt den gesamten Arm motorisch und bis auf die Innenseite des Oberarms sensibel. Er entspringt hauptsächlich aus den Rr. ventrales C 5 bis C 8 und Thl, beteiligt sind auch die Rr. ventrales C 4 und Th 2. Verschiebungen der gesamten Ursprünge um ein Segment nach kranial (C 4 bis C 8) oder nach kaudal (C 6 bis Th 2) sind möglich, in der Regel zusammen mit Rippenanomalien. Die 5 Rr. ventrales passieren auf ihrem Weg von der Halswirbelsäule zum Oberarm zunächst eine Engstelle, die Skalenuslücke zwischen den Mm. scalenus anterior und scalenus medius, bevor aus C 5 und C 6 der Truncus superior und aus C 8 und Th l der Truncus inferior entsteht. C 7 bleibt als Truncus medius zunächst allein (Abb. 7.1). Die 3 supraklavikulären Trunci (Primärstränge) durchqueren dicht beieinander das seitliche Halsdreieck

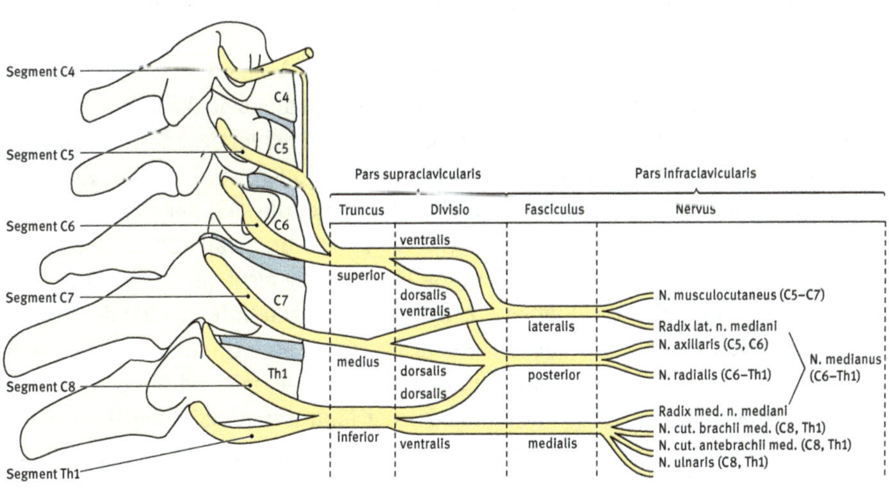

Abb. 7.1: Schemazeichnung des Plexus brachialis.

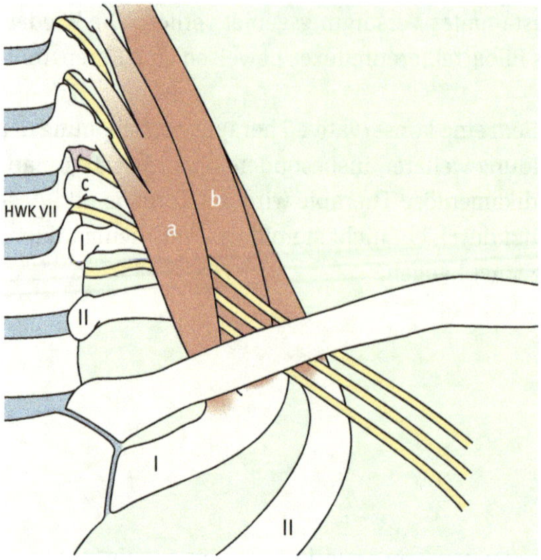

Abb. 7.2: Mögliche Raumbeengungen des Plexus brachialis: (a) M. scalenus anterior. (b) M. scalenus medius. (c) Halsrippe.

lateral und anschließend zwischen Schlüsselbein und 1. Rippe eine weitere Engstelle (Abb. 7.2). Hinter dem Schlüsselbein bildet jeder Truncus einen ventralen und einen dorsalen Teilstrang, aus denen in der Achselhöhle 3 Faszikel hervorgehen (Fasciculus medialis, Fasciculus lateralis und Fasciculus posterior). Aus den Faszikeln wiederum entspringen die Nerven für Schultergürtel und Arm: N. dorsalis scapulae, N. musculocutaneus, N. axillaris, N. radialis, N. medianus, Nn. pectorales, N. ulnaris, N. cutaneus brachii medialis, N. cutaneus antebrachii medialis, N. intercostobrachialis, N. thoracicus longus.

Mechanische Schädigungen des Plexus brachialis können sich verhältnismäßig selten als Folge einer Profileinschränkung in der Skalenuslücke sowie zwischen Schlüsselbein und 1. Rippe einstellen. Ursächlich kommen hier degenerative und entzündliche Veränderungen sowie Frakturen und Luxationen vor allem der Klavikula in Betracht, in der Skalenuslücke auch eine Halsrippe, die sich bei weniger als 1 % der Menschen findet (Abb. 7.3). Die Inzidenz von Plexus-brachialis-Traumen wird mit etwa 0,7 bis 3,6 : 100.000 angegeben [Midha 1997], häufig als Begleitverletzung einer direkten oder indirekten Schulterverletzung. Besonders gefährdend wirkt der Anprall mit der Schulter gegen ein Hindernis, vorzugsweise bei Motorradunfällen. Beobachtet werden Dehnungen, Zerreißungen und Wurzelausrisse, mit und ohne Verletzung der A. subclavia, nicht selten im Rahmen einer Multitraumatisierung [Hausner et al. 2008]. Ähnlich wirkt ein überstarker Zug am Arm, beispielsweise bei Unfällen an Maschinen. Schließlich kommen Plexusläsionen auch im Rahmen von Schulterluxationen, als Folge von Druckschädigungen (Schulterstützen für die Trendelen-

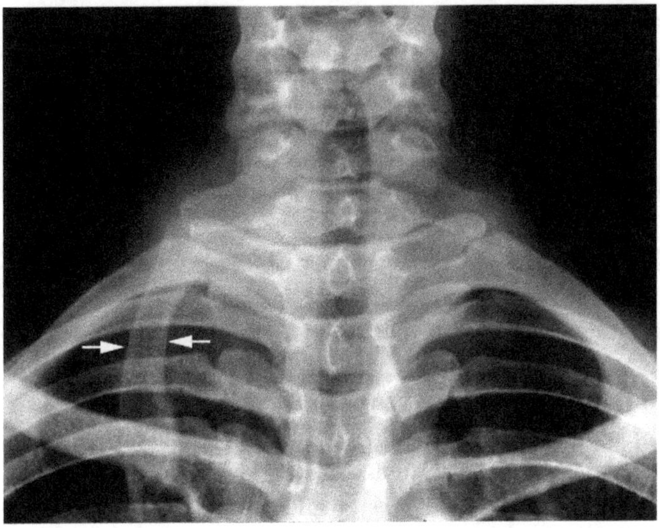

Abb. 7.3: 42 Jahre, weiblich. Halsrippe rechts.

burg-Lagerung während gynäkologischer Operationen, „Tornisterlähmung") und von Geburtstraumen vor. Offene Verletzungen sind in Friedenszeiten nur ganz ausnahmsweise zu beobachten. Außer den Plexusläsionen werden faszikuläre Schädigungen beobachtet, meist des Fasciculus lateralis und des Fasciculus posterior gemeinsam, ausnahmsweise des Fasciculus medialis, in erster Linie auf aktinischer Grundlage oder im Rahmen eines Kostoklavikular-Syndroms. Von den Plexusläsionen unterschieden werden müssen auch Verletzungen der Endäste, distal vom Plexus und von den Faszikeln, die sich von den proximalen Läsionen oft nur durch die Ausdehnung der sensiblen Ausfälle unterscheiden.

Die *Höhendiagnostik einer Plexusläsion* ist gewöhnlich anhand der klinischen Symptomatik und der elektrophysiologischen Untersuchung möglich (EMG, motorische und sensible Neurografie, SEP). Unterschieden werden können Schädigungen der Wurzeln bzw. Primärstränge, der Primärstränge und des dorsalen Faszikels. Ausrisse und Verletzungen der Wurzeln und Affektionen der Primärstränge zeigen segmentale, Läsionen der Faszikel periphere Ausfallsmuster. Auf Wurzelausrisse deuten ein anfangs blutiger Liquor, eine Halsmarksymptomatik, ein bald einsetzendes Phantomgefühl und eine in den analgetischen Hautarealen erhaltene Schweißsekretion hin – und bei Ausrissen der Wurzeln C 8 bzw. Th 1 ein Horner-Syndrom. Beweisend sind die Befunde von MRT und Myelo-CT.

Auch Kombinationsverletzungen sind am besten kernspintomografisch differenzierbar. Akute posttraumatische Zustände erweisen sich durch den Rückgang von Ödemen und durch Funktionswiederkehr nach Neurapraxien und Axonotmesen oft als teilweise regredient. Häufiger verbleibt eine untere, seltener eine obere (Rest-)Lähmung. Bei Persistenz des Schadens bestehen eine komplette Anästhesie des Arms, welche die Innenseite des Oberarms ausspart, Störungen der Schweißsekretion und trophische Störungen.

Differenzialdiagnostisch müssen auch die entzündliche obere Plexus-brachialis-Lähmung („neuralgische Schulteramyotrophie"), ein- und doppelseitige Immunreaktionen nach Serumgaben (serogenetische Polyneuritis), postinfektiöse Affektionen, Kollagenosen und der Abusus von Alkohol, Nikotin und Medikamenten berücksichtigt werden. Betroffen sind in erster Linie die oberen Anteile des Plexus. Die klinische Symptomatik besteht aus heftigen Schmerzen und einer rasch einsetzenden Lähmung, die sich innerhalb von 2 Jahren zurückbildet. Der Neigung des Schultergelenks zur Adduktionskontraktur muss von Anfang an physiotherapeutisch und durch Lagerungsmaßnahmen begegnet werden. Subakut oder schleichend machen sich Plexus(teil-)ausfälle durch Tumorinfiltrationen, die vor allem von der Lungenspitze ausgehen, bemerkbar. Aktinische Plexusläsionen können sich bis zu 10 Jahre nach einer Bestrahlung einstellen. Sie zeigen häufig eine Progredienz und sind therapieresistent. Erreichbar ist – auch durch operative Maßnahmen – allenfalls eine nicht immer anhaltende Verringerung der Schmerzen [Tairych et al. 1998].

Die Symptomatik einer Plexusläsion richtet sich nach Zahl und Lage der betroffenen Segmente sowie nach der Intensität der Schädigung:

Obere Plexuslähmung. C 5 und C 6

Erb'sche Lähmung, häufiger. Ausgefallen sind vor allem die Nn. dorsalis scapulae, musculocutaneus, axillaris, also die Abduktoren und die Außenrotatoren des Schultergelenks und die Beuger des Ellenbogengelenks sowie der M. supinator. Betroffen sind manchmal auch die dorsale Schulterblattmuskulatur und teilweise der M. triceps brachii sowie die Extensoren des Handgelenks und der Fingergrundgelenke (N. radialis). Der Arm hängt, durch die weitgehend erhaltenen Mm. pectoralis major und subscapularis nach innen rotiert, schlaff herunter. Abduktion und Außenrotation im Schultergelenk sind unmöglich. Meist leichte sensible Ausfälle finden sich am Oberarm über dem M. deltoideus und lateral sowie am Unterarm radial dorsal (Abb. 7.4). Sie können auch fehlen. Bei Mitbeteiligung der Wurzel C 7 finden sich die Paresen des M. triceps brachii, der Handgelenks- und der Fingerstrecker stärker ausgeprägt, und dann sind auch die Mm. pronator teres, flexor carpi ulnaris und flexores digitorum für den Daumen und den Zeigefinger beteiligt. Sensibilitätsstörungen betreffen jetzt auch die radiale Handhälfte. Eine abortive Form tritt gelegentlich nach sportlichen Überbeanspruchungen des Schultergürtels in Form von rasch progredienten Schmerzen und Paresen im Versorgungsgebiet auf.

Untere Plexuslähmung. C 8 und Th 1

Klumpke'sche Lähmung, selten.

Ausgefallen sind der N. medianus und der N. ulnaris, d. h. die Pronatoren des Unterarms, die Mm. lumbricales und die Mm. interossei, die Mm. flexor digitorum superficialis und profundus, gelegentlich die Handgelenksbeuger. Der Unterarm wird su-

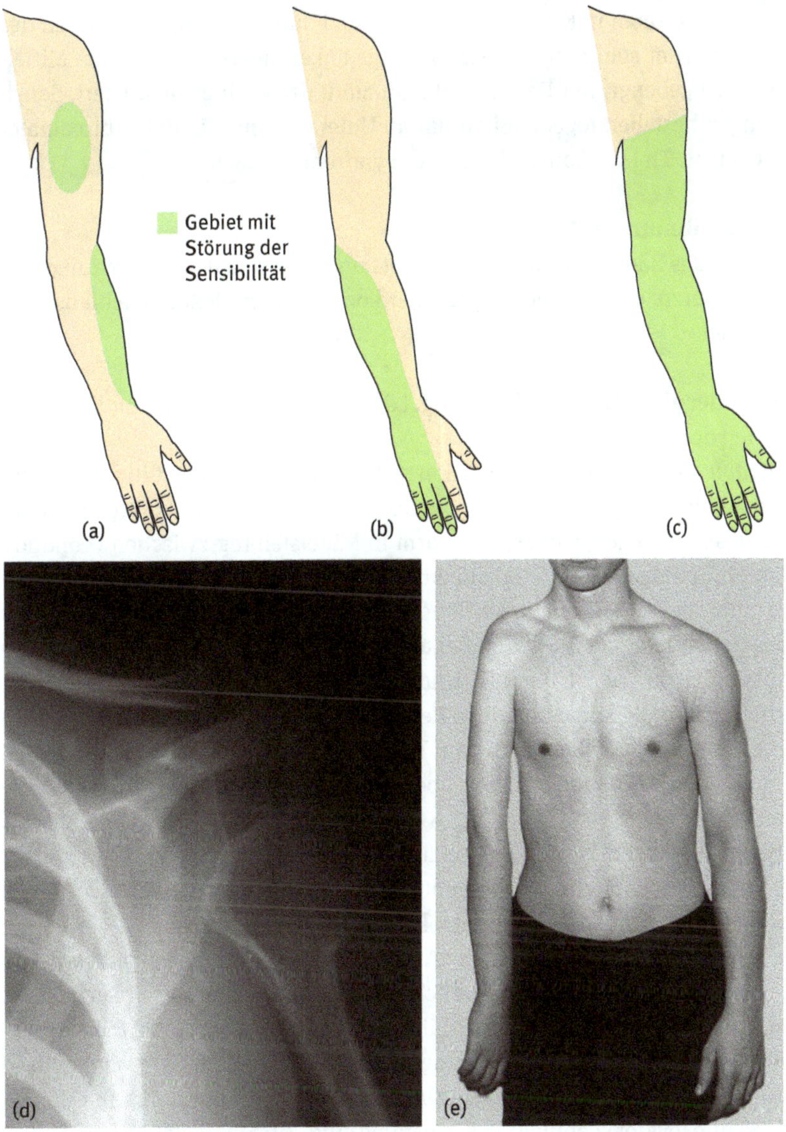

Abb. 7.4: Läsionen des Plexus brachialis. Sensibilitätsausfälle. (a) Obere Lähmung. (b) Untere Lähmung. (c) Kombinierte (komplette) Lähmung. (d) 29 Jahre, weiblich. Obere Plexuslähmung. Hypotrophie der lateralen Klavikulahälfte, der Skapula und des Humerus. Axilläre Luxation des Schultergelenks. (e) 17 Jahre, männlich. Obere Plexuslähmung rechts. Kontrakte Adduktion und Einwärtsrotation des Schultergelenks.

piniert, die Finger geraten in Krallenstellung, sie sind durch den Zug der Sehnen des M. extensor digitorum communis in den Grundgelenken überstreckt, in den Mittel- und Endgelenken gebeugt. Der Daumen ist adduziert, der V. Finger abduziert. Sensibilitätsstörungen bestehen regelmäßig ulnar an Unterarm und Hand. Bei proximaler Läsion von C 8 bzw. Th 1 wird auch ein Horner-Syndrom beobachtet.

Mittlere Plexuslähmung. C 7
Sie umfasst Teile des Radialis-Versorgungsgebiets und wird selten isoliert, häufiger im Rahmen einer oberen, einer unteren oder einer kombinierten Plexus-brachialis-Lähmung beobachtet.

Kombinierte oder globale Plexuslähmung. Lähmung des gesamten Arms und eventuell von Teilen der Schulter.

Die *Therapie* von frischen Plexusläsionen folgt den allgemeingültigen Regeln: Lagerungsmaßnahmen: mittlere Abduktion des Schultergelenks, 70° bis rechtwinklige Beugung des Ellenbogengelenks, Unterarm in Mittelstellung zwischen Pronation und Supination, Handgelenk 20° dorsalflektiert, Fingergelenke in mittlerer Beugung, Daumen in mittlerer Opposition. In der Hand am besten eine Bindenrolle. Außerdem: Durchbewegen der gelähmten Gliedmaßenabschnitte, Elektrogymnastik oder aktive Übungsbehandlung je nach Lähmungsgrad unter elektrodiagnostischer Kontrolle. Stagniert die Besserung, ist die operative Revision angezeigt. Sie ist auch dann indiziert, wenn spätestens 3 Monate nach dem Trauma keine Besserung zu erkennen ist [Hausner et al. 2008]. Die Prognose von oberen Plexuslähmungen ist besser als die von unteren.

In Abhängigkeit von der Art der Verletzung kommen spätestens im 2. Vierteljahr nach dem Unfall Nervennähte und Nerventransplantationen in Betracht, vor allem nach oberen Läsionen. Ausrisse der Wurzeln und halsmarknahe Abrisse sind einer operativen Therapie nicht zugänglich. Die Aussichten, eine grundlegende Besserung zu erreichen, sind bei Kindern und Jugendlichen sehr viel besser als bei Erwachsenen.

Die im Rahmen einer oberen Plexuslähmung verloren gegangene Führung im Schultergelenk ist mithilfe einer Versteifung in 30° Abduktion, 30° Anteversion und mittlerer Rotation wiederherstellbar, insbesondere wenn die Mm. serratus anterior, latissimus dorsi und levator scapulae funktionsfähig sind. Zur Stabilisierung des Schultergürtels empfiehlt Millesi, falls erforderlich [2004], die End-zu-Seit-Vereinigung des N. thoracicus longus mit dem N. dorsalis scapulae und die End-zu-End-Vereinigung des N. thoracodorsalis mit dem N. intercostalis III, um den M. latissimus dorsi zu reinnervieren. Mit einem Transfer von Interkostalnerven sei auch der M. triceps brachii zu motorisieren und später als Beuger des Ellenbogengelenks zu verwenden. Sicherer erscheint die Transposition des M. pectoralis major auf den M. biceps brachii nach Arthrodese des Schultergelenks und Verkürzung des Humerus. Der C-7-Transfer von der gesunden Gegenseite auf den N. medianus – allein oder zusammen mit dem N. ulnaris – dient Millesi bei der unteren Lähmung in Verbindung mit der Transposition des wieder funktionsfähigen M. flexor carpi radialis sowie mit der Arthrodese des Handgelenks und des Interphalangealgelenks I dazu, „einen guten Schlüsselgriff zu erreichen". Berger u. Hierner [2009] verwenden ein freies Grazilistransplantat, um die aktive Beugung des Ellenbogengelenks wiederherzustellen. Auf die aktive Streckung des Ellenbogengelenks wird gewöhnlich verzichtet.

Kompressions-Syndrome des Plexus brachialis in den anatomischen Engen, *Thoracic-outlet-Syndrom*, TOS

Einengungen des Plexus brachialis in der Skalenuslücke oder zwischen Schlüsselbein und I. Rippe durch anatomische Anomalien, Traumen, Raumforderungen oder ohne ersichtlichen Grund machen sich bemerkbar durch hartnäckige Brachialgien, besonders an der Ulnarseite von Unterarm und Hand, sensible und motorische Ausfälle, später durch neurogene Muskelatrophien: Skalenus-Syndrom, Halsrippen-Syndrom, Kostoklavikular-Syndrom. Das klinische Bild entspricht dem einer unteren Plexusschädigung. Gleichzeitige Einengungen der A. subclavia sind durch das *Adson-Manöver* nachzuweisen: Der Arm des Patienten wird auf den Rücken geführt, sodass die Hand lumbal auf der Gegenseite liegt und der Untersucher den Radialispuls tasten kann. Bei Reklination des Kopfs und Drehung nach der zu untersuchenden Seite sowie maximaler Einatmung werden die Mm. scaleni angespannt und der Raum in der Skalenuslücke verengt sich weiter, der Puls der A. radialis verschwindet. Für den Roos-Test hebt der Patient die Arme in die Höhe: Ein Faustschluss provoziert oder verstärkt Schmerzen.

Die Nervenleitgeschwindigkeit kann sich über dem betroffenen Nervenabschnitt verringern. Dieser kann mithilfe verschiedener Ableitepunkte im Nervenverlauf durch somatosensibel bzw. motorisch evozierte Potenziale eingegrenzt werden. Im Nadel-EMG zeigt sich oft ein chronisch neurogener Umbau in der betroffenen Muskulatur, also z. B. Amplituden der Potenziale motorischer Einheiten. Wegen der bei allen Passagebehinderungen gleichen Symptomatik hat der zusammenfassende Begriff Syndrom der oberen Thoraxapertur, *Thoracic-outlet-Syndrom*, Verbreitung gefunden. Es wird selten schon bei Kindern und Jugendlichen beobachtet [Lindinger et al. 1984]. Häufig zählt man auch das Hyperabduktions-Syndrom dazu: Eine Einengung des Gefäßnervenstrangs zwischen vorderer Thoraxwand und M. pectoralis minor. Es tritt nach längerer Hyperabduktion des Arms im Schultergelenk (Überkopfarbeiten) gelegentlich auf, manchmal von arteriellen oder venösen Durchblutungsstörungen der Hand begleitet.

Zur Behandlung der Kompressions-Syndrome genügt in leichteren Fällen die Lagerung des Arms in mäßiger Abduktion (Dudelsack) in Verbindung mit der Zentrifugalmassage oder der klassischen Handmassage. In schweren Fällen wird die Engstelle entsprechend der anatomischen Anomalie operativ erweitert.

Geburtstraumatische Plexus-brachialis-Läsionen. Sie entstehen während der Geburt sowohl aus Schädellagen als auch aus Beckenendlagen durch direkten Druck auf den Plexus brachialis oder durch Zug am Kopf bzw. am Arm des Kindes, nicht selten zusammen mit Klavikulafrakturen. Betroffen sind meistens die oberen Plexusanteile (80 %). Geburtstraumatische Plexusläsionen behandelt man durch Lagerung des Arms in Adduktion und durch spielerische Übungen. Die Prognose ist verhältnismäßig gut. Falls sich die neurologischen Ausfälle nicht (völlig) zurückbilden, ist mit einem Zurückbleiben des Arms im Wachstum zu rechnen (Abb. 7.4d). Korrekturmaßnahmen richten sich nach Art und Umfang des Restschadens. In Betracht kommen Sehnen- und Muskeltranspositionen sowie Osteotomien, vor allem um die Innenrotationskontraktur im Schultergelenk und die Pronationskontraktur im Unterarm zu beseitigen. Die Behandlung ist besonders dann erfolgreich, wenn darüber hinaus keine Kontrakturen bestehen und Funktion und Sensibilität der Hand erhalten geblieben sind.

7.3.1.2 N. accessorius (XI. Hirnnerv)

Bei ärztlichen Maßnahmen entstehen 94 % der Läsionen des N. accessorius [Antoniadis 2014]. Sie werden gelegentlich bei Lymphknotenexstirpation im lateralen Halsdreieck oder bei Ablösung des M sternocleidomastoideus vom Processus mastoideus zur Korrektur eines muskulären Schiefhalses beobachtet, außerdem bei Frakturen und Tumoren der Schädelbasis und infolge von Dehnungen beim Sport oder bei Unfällen. Sie führen zum Ausfall des oberen und mittleren M. trapezius, bei höherer Schädigung auch zu dem des M. sternocleidomastoideus. Im M. trapezius können motorische Reste erhalten bleiben, weil die Innervation auch aus zervikalen Wurzeln erfolgt. Das Schulterblatt sinkt nach lateral und kaudal herab und dreht sich um die sagittale Achse nach außen (Schaukelstellung). Dies kann durch kräftige Außenrotation der Schultergelenke deutlich gemacht werden (Scapular-flip-Zeichen). Der Zug des Schultergürtels am Plexus brachialis verursacht Schmerzen, die Schulter kann nicht hochgezogen, das Schultergelenk nicht abduziert werden. Bei proximaler Lähmung entwickelt sich zusätzlich ein Lähmungsschiefhals.

Nach Schnittverletzungen ist die sofortige Nervennaht sehr aussichtsreich. Das gilt insbesondere für intraoperative Schädigungen, die häufigsten derartigen Nervenverletzungen [Kretschmer et al. 2009, Antoniadis et al. 2014]. Die sekundäre Therapie mittels Naht oder Transplantat sollte spätestens nach 6 Wochen vorgenommen werden. Die Versorgung älterer Verletzungen kann mit einer Bandage erfolgen, die das Schulterblatt fixiert. Als Ersatzplastik dient die Fesselung des Schulterblatts in mittlerer Korrekturstellung an der Wirbelsäule mit Faszien- oder Kutisstreifen und die Verpflanzung der Mm. rhomboideus und levator scapulae nach lateral und kranial auf die Spina scapulae.

7.3.1.3 N. thoracicus longus (C 5 bis C 7)

Eine Schädigung des rein motorischen Nerven für den M. serratus anterior wird häufig im Rahmen einer idiopathischen Armplexusneuritis (Parsonage-Turner-Syndrom) so-

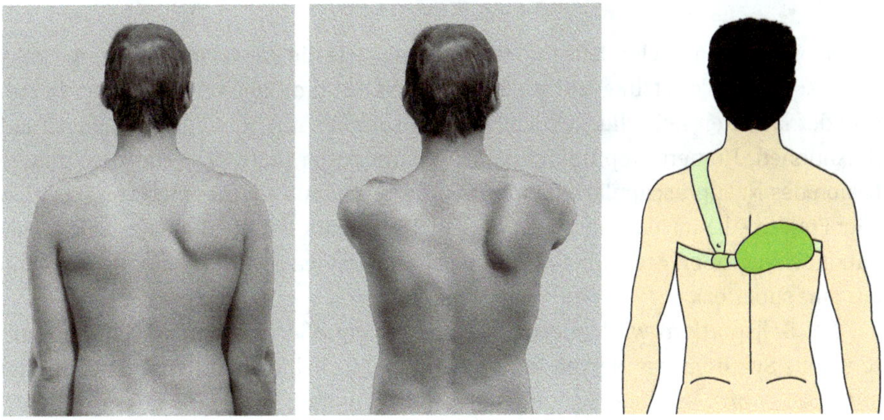

(a) (b) (c)

Abb. 7.5: Lähmung des N. thoracicus longus. (a) Abstehendes rechtes Schulterblatt – Scapula alata. (b) Der Befund wird noch deutlicher bei Armvorhalte und Druck mit der Hand gegen ein Hindernis. (c) Orthopädietechnische Versorgung: Die Pelotte fixiert den unteren Schulterblattwinkel am Thorax.

wie gelegentlich nach Radikaloperationen von Mammatumoren oder nach Thorakotomien beobachtet. Ursächlich kommen für gedeckte Traumatisierungen mit meist passagerer Symptomatik das Tragen von Lasten auf der Schulter (Rucksacklähmung) und sportliche Betätigungen in Betracht [Tennis, Kraftsport; Zander et al. 2000]. Bei Armvorhalte und insbesondere bei Druck mit der ausgestreckten Hand gegen eine Wand steht das Schulterblatt flügelartig vom Thorax ab und nähert sich der Wirbelsäule. Die Elevation des Arms über die Horizontale ist eingeschränkt (Abb. 7.5).

War die Primärversorgung durch Naht bzw. Transplantat nicht erfolgreich, ist eine Versorgung mittels Bandage oder durch Fesselung des unteren Schulterblattwinkels an den Thorax und Verpflanzung der vom Humerus abgelösten Endsehne des M. pectoralis major auf den unteren Schulterblattwinkel möglich. Auch die Mm. teres major und latissimus dorsi wurden als Kraftspender, z. T. in Verbindung mit der Fesselung des Schulterblatts an den Thorax, empfohlen.

7.3.1.4 N. thoracodorsalis (C 6 bis C 8)

Der N. thoracodorsalis zieht in der mittleren Axillarlinie zum M. latissimus dorsi, nicht selten auch zum M. teres major. Verletzungen sind am ehesten im Rahmen von Operationen in der Achselhöhle zu erwarten (Ausräumung von Lymphknoten). Der Ausfall des M. latissimus dorsi als Adduktor des Schultergelenks wird durch den M. pectoralis major, ggf. zusammen mit dem M. teres major (N. subscapularis), kompensiert, sodass eine Nahtversorgung lediglich nach frischen scharfen (meist iatrogenen) Verletzungen erfolgt.

7.3.1.5 N. axillaris (C 4 bis C 6)

Er versorgt die Mm. deltoideus und teres minor sowie die Kapsel des Schultergelenks (Abb. 7.6). Eine Verletzung tritt wegen seiner Nähe zum Collum chirurgicum humeri in der lateralen Achsellücke nicht selten zusammen mit Schulterverletzungen auf (Luxationen, Humeruskopffrakturen, Skapulafrakturen, Abb. 7.7). Eine gleichzeitige Läsion des N. suprascapularis ist möglich. Der Arm kann – abgesehen von Luxation oder Fraktur – kaum aktiv abduziert werden. Die Sensibilität ist erhalten oder in einem handflächengroßen Areal über der Tuberositas deltoidea gestört (N. cutaneus brachii lateralis superior).

Bei Ballsportlern wird gelegentlich nach übergroßen Anstrengungen ein Kompressions-Syndrom des Nerven in der lateralen Muskellücke mit charakteristischer motorischer und sensibler Symptomatik beobachtet. Nach Lagerung des Arms in Abduktion bildet sie sich rasch zurück. Davon abzugrenzen ist der thrombotische Verschluss der A. circumflexa humeri posterior ebenfalls in der lateralen Muskellücke mit Schmerzen und Parästhesien nicht nur im Schulterbereich, sondern im ganzen Arm.

Die Axillaris-Naht gilt als wenig aussichtsreich. Besser ist die Prognose der autogenen Transposition. Über gute Ergebnisse nach Neurolysen berichten Hug et al. [2011]. Sie erwähnen als Therapieoption auch die Transposition des Radialisastes für den langen Trizepskopf auf den N. axillaris distal der Verletzung. Die Ersatzplastik mithilfe des M. pectoralis major, des M. levator scapulae oder des M. trapezius bringt

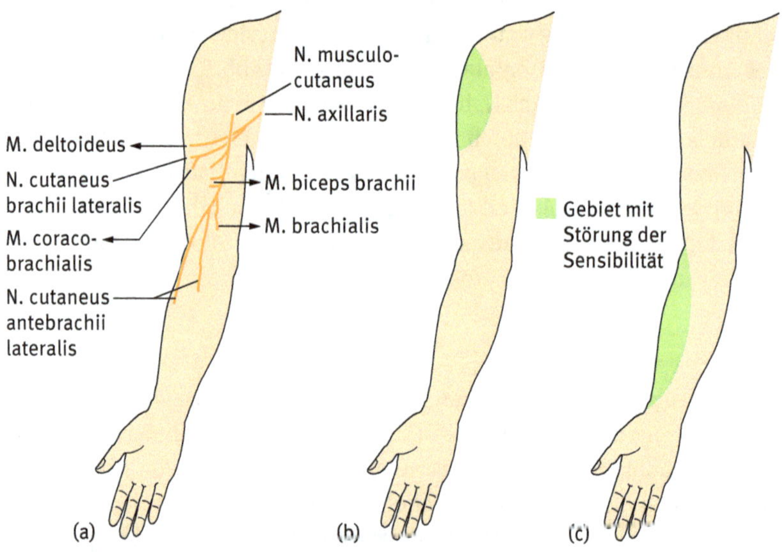

Abb. 7.6: N. axillaris und N. musculocutaneus. (a) Motorische Innervationen. (b) Sensibles Versorgungsgebiet des N. axillaris (N. cutaneus brachii lateralis). (c) Sensibles Versorgungsgebiet des N. musculocutaneus (N. cutaneus antebrachii lateralis; nach Lößner et al. 1999).

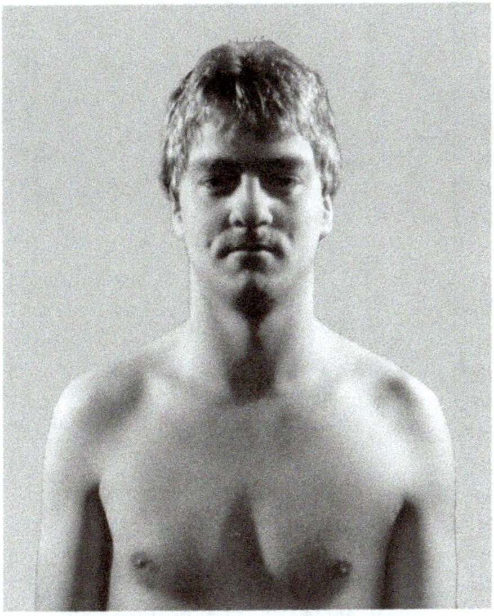

Abb. 7.7: Atrophie des M. deltoideus nach Luxation des linken Schultergelenks. Partieller Ausfall des N. axillaris.

nur bei Teillähmung des Muskels gute Ergebnisse. Ein sicheres Verfahren stellt die Arthrodese des Schultergelenks in 30° Abspreizung, 30° Anteversion und mittlerer Drehstellung dar.

7.3.1.6 N. suprascapularis (C 4 bis C 6)

Der N. suprascapularis innerviert die Mm. supraspinatus und infraspinatus. Läsionen kommen im Rahmen von Schulterluxationen gelegentlich vor, Engpass-Syndrome können in der Incisura scapulae und am Eintritt des Nerven in die Fossa infraspinata entstehen, beispielsweise nach sportlicher Betätigung, aber auch nach Frakturen des Schulterblatts, durch Ossifikation des Lig. transversum scapulae oder Ganglien. Bei Verletzung des gesamten Nerven fallen beide Muskeln aus, bei Verletzung des Nerven an der lateralen Basis der Spina scapulae nur der M. infraspinatus. Die komplette Lähmung behindert Abduktion und Außenrotation im Schultergelenk und führt zur Instabilität des Gelenks. Der Ausfall nur des M. infraspinatus wird durch den M. supraspinatus gut kompensiert. Sensible Störungen fehlen. Bei Operationen an der dorsalen Begrenzung des Schultergelenks sollte allerdings der für die Innervation der Gelenkkapsel zuständige R. articularis geschont werden. Überlastungs-Syndrome bilden sich in der Regel rasch spontan zurück, mechanische Schadensursachen werden umgehend beseitigt [Fansa u. Schneider 2003]. Die Wiederherstellung der Außenrotationsfähigkeit im Schultergelenk durch Nervennaht oder Nerventransplantation gilt vor allem bei Schädigungen des Plexus brachialis als wichtig.

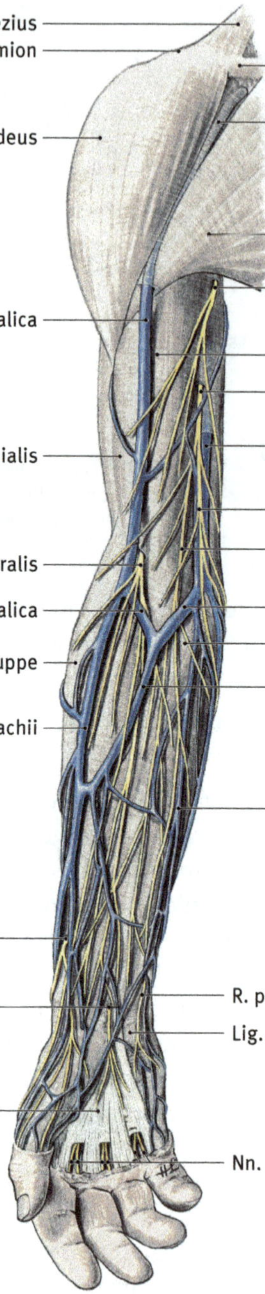

Abb. 7.8: Oberflächliche Venen und Nerven des Arms von ventral.

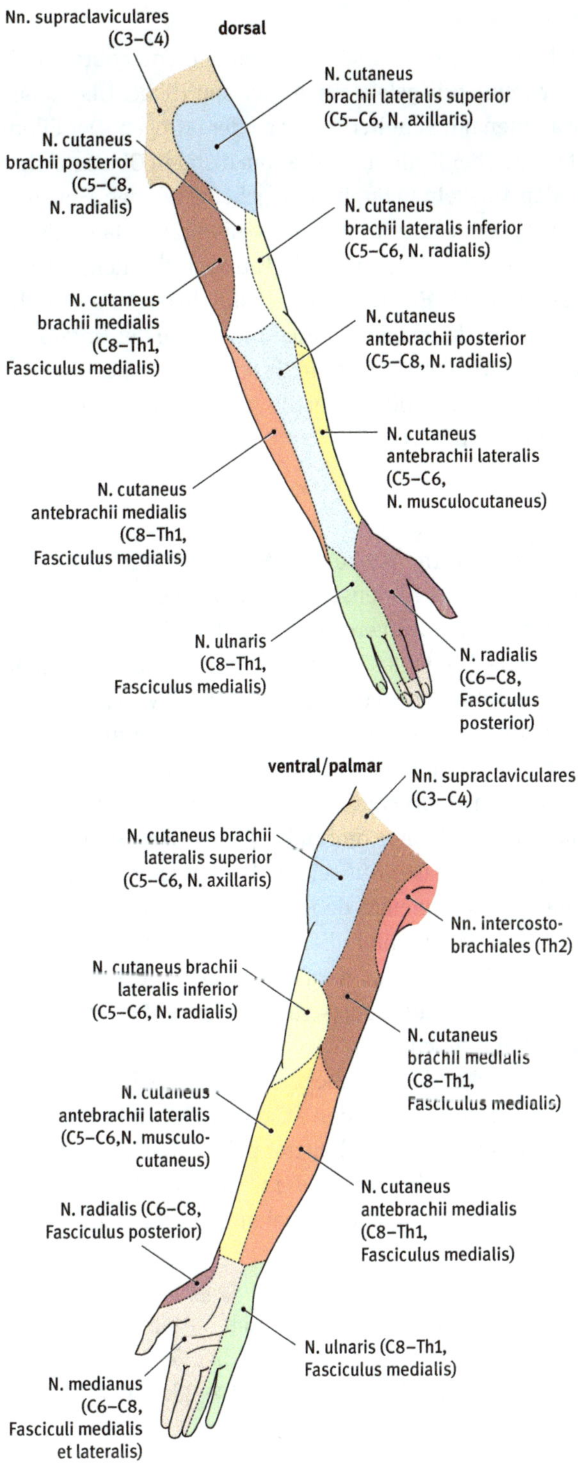

Abb. 7.9: Hautnerven des Arms, Versorgungsgebiete.

7.3.1.7 N. musculocutaneus (C 5 bis C 7)

Nach Schädigungen fallen die Mm. biceps brachii, brachialis und coracobrachialis aus. Sie kommen mit flüchtiger Symptomatik gelegentlich nach sportlicher Überbelastung vor, im Übrigen selten zusammen mit Schultertraumen oder iatrogen. Der Ellenbogen kann nicht oder nur mit schwacher Kraft durch die vom distalen Oberarm zum Unterarm und zur Hand ziehenden Muskeln in Supination gebeugt werden. Sensible Ausfälle finden sich im Versorgungsgebiet des N. cutaneus antebrachii lateralis an der Palmarseite des Unterarms radial (Abb. 7.6, 7.8 und 7.9). Die operative Rekonstruktion des Nerven gilt als sehr aussichtsreich. Ersatz ist möglich durch den M. pectoralis major bzw. Proximalverlagerung der radialen oder ulnaren Ursprünge der Unterarmmuskulatur, um deren Hubkraft zu verbessern. Über die „bipolare Transposition des M. latissimus dorsi" berichten Gohritz et al. [2009], über die „freie funktionelle Transplantation des M. gracilis" Berger u. Hiener [2009].

7.3.1.8 N. radialis (C 5 bis C 8)

Aus dem N. radialis entspringen am Oberarm Äste für den M. triceps brachii und der sensible N. cutaneus brachii posterior für die Außenseite des Oberarms. Der Nerv zieht anschließend im Sulcus n. radialis um den Humerus herum, gibt dabei den N. cutaneus antebrachii posterior für die Streckseite des Unterarms bis zum Handgelenk ab und zieht weiter durch das Septum intermusculare brachii laterale zwischen Caput longum und Caput mediale m. tricipitis brachii zur Dorsalseite des Unterarms. In Ellenbogennähe versorgt er den M. brachioradialis, den M. extensor carpi radialis longus und zu einem sehr kleinen Teil den M. brachialis, nach der Teilung in den sensiblen R. superficialis und den motorischen Ramus profundus die anderen Strecker des Handgelenks und die der Fingergrundgelenke. Auf seinem Weg passiert der R. profundus auf einer Strecke von einigen Zentimetern den M. supinator. Der R. superficialis verläuft oberflächlich längs dem M. brachioradialis zur Tabatière und versorgt die Haut der radialen Hälfte des Handrückens und der radialen 2½ Finger bis zu den proximalen Interphalangealgelenken. Ein autonomes Versorgungsgebiet findet sich zwischen den beiden ersten Mittelhandknochen.

Der N. radialis innerviert die Strecker des Ellenbogengelenks, des Handgelenks und der Fingergrundgelenke, außerdem teilweise den M. brachialis und allein den M. supinator, den M. extensor pollicis und den M. abductor pollicis longus sowie die dorsale Kapsel des Handgelenks, sensibel die Haut an der Streckseite des Oberarms sowie an der Streckseite des Unterarms bis zu den proximalen Interphalangealgelenken der radialen 2½ Finger (Abb. 7.10).

Häufigste Schadensursache ist Druck auf den Nerven, beispielsweise fehlerhafte Lagerung eines narkotisierten Patienten, Schlaflähmung durch Liegen auf dem Arm im tiefen Erschöpfungsschlaf, Hämatom oder Fragmentdruck bei der Humerusfraktur, Einmauerung des Nerven in Narbengewebe oder Kallus. Das klinische Bild der Radialislähmung hängt von der Höhe der Verletzung ab.

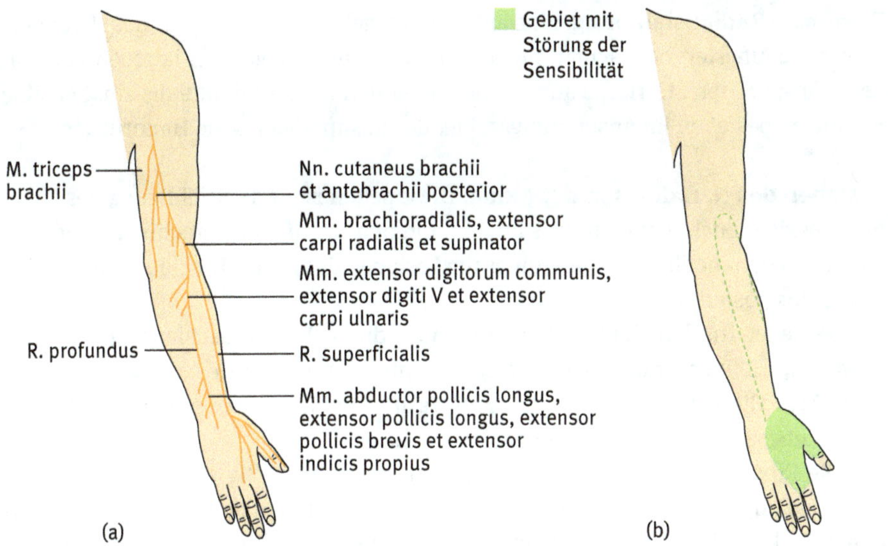

Abb. 7.10: N. radialis. (a) Motorische Innervationen. (b) Sensibles Versorgungsgebiet (nach Lößner et al. 1999).

Man unterscheidet eine distale von der häufigen mittleren und der seltenen proximalen Lähmung.

Distale Radialislähmung. Bei Schädigung des N. radialis unterhalb seines Durchtritts durch den M. supinator können die Finger II–V bei Streckung des Handgelenks in den Grundgelenken nicht gestreckt und der Daumen nicht abduziert werden. Hinzu kommen eine Schwächung der Fingerspreizung, die durch die mangelnde aktive Streckfähigkeit in den Grundgelenken bedingt ist, und durch die Behinderung der Handgelenksstreckung (Ausfall des M. extensor carpi ulnaris) eine Schwächung des Faustschlusses. Liegt der Schaden proximal des M. supinator, fallen auch dieser und die Mm. extensores carpi radiales aus, es entsteht jetzt eine komplette Fallhand. Reste der aktiven Supination bleiben aber erhalten (M. brachioradialis). Sensible Störungen liegen nicht vor.

Drucklähmungen des R. superficialis n. radialis werden hervorgerufen durch Druck von zu engen Armbändern o. ä. und sind gekennzeichnet durch Sensibilitätsausfälle im Spatium interosseum 1 oder an der Radialseite der Daumenendphalanx. Sie bedürfen keiner Behandlung und bilden sich rasch zurück.

Mittlere Radialislähmung. Eine Schädigung des Nerven in Ellenbogenhöhe führt zum Ausfall auch des M. brachioradialis und damit zum völligen Verlust der aktiven Supination.

Proximale Radialislähmung. Eine am Oberarm gelegene Schädigung des N. radialis wird am häufigsten beobachtet, nicht selten als Frakturfolge oder iatrogen entstanden. Sie spart den M. triceps aus, schließt aber den M. brachioradialis ein. Sensible Störungen bestehen im Ausbreitungsgebiet des R. superficialis am Handrücken.

Läsionen des N. radialis in der Axilla. Diese selten isolierte Schädigung des N. radialis bezieht auch den M. triceps brachii und den N. cutaneus brachii posterior mit ein. Häufiger handelt es sich allerdings um Läsionen des Plexus brachialis oder seines Fasciculus posterior.

Bei jeder frischen Radialislähmung muss durch Fallhandschiene und passive Bewegungsübungen der Entstehung von Kontrakturen entgegengearbeitet werden (Abb. 7.11). Die Beugekontraktur der Fingergrundgelenke ist bei operativen Wiederherstellungsmaßnahmen besonders hinderlich.

Die Prognose von Radialislähmungen ist verhältnismäßig gut, besonders nach Druckschädigungen darf mit einer vollständigen Wiederherstellung gerechnet werden. Bei akuter Radialislähmung infolge einer Humerusfraktur wird im Rahmen der operativen Versorgung der Nerv inspiziert und eine Verletzung ggf. mittels Naht oder Defektüberbrückung versorgt (exakte Dokumentation des präoperativen Befunds!). Wenn nach konservativer Therapie einer Humerusfraktur eine Reinnervation ausbleibt, sollte eine operative Revision und die Befreiung des Nerven aus Kallus- oder Narbengewebe erfolgen. Auch hier sind die Erfolgsaussichten gut. Für irreversible Radialislähmungen wurde bei intakter Ulnaris- und Medianusfunktion eine Reihe von Ersatzplastiken angegeben. Das Prinzip besteht darin, die von den beiden Nerven versorgten Muskeln zu Streckern des Handgelenks, des Daumens und der Langfin-

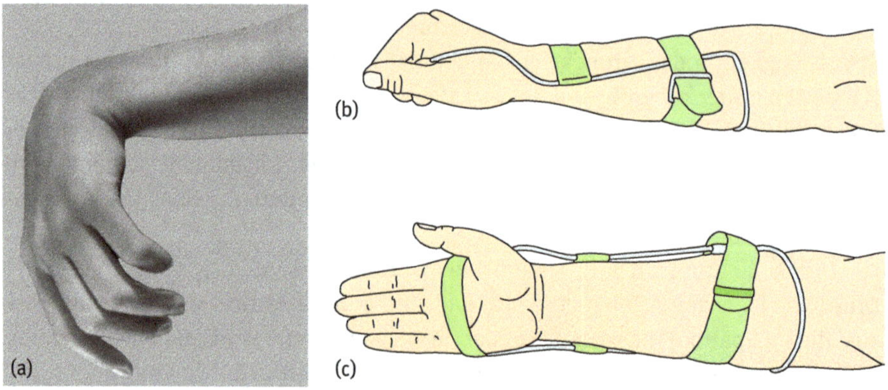

Abb. 7.11: (a) Radialisparese, Fallhand. Extension des Handgelenks und der Fingergrundgelenke nicht möglich. (b) und (c) Orthetische Versorgung, Fallhandschiene. Die Fixierung des Handgelenks in mittlerer Extension ermöglicht den aktiven Faustschluss wieder. Weil die proximalen und die distalen Interphalangealgelenke gestreckt werden können (Nn. medianus et ulnaris), lässt sich die Hohlhand öffnen.

ger umzufunktionieren. Als muskelsparend erweist sich bei diesem Verfahren die Arthrodese von Hand- und Daumensattelgelenk.

Engpass-Syndrome des N. radialis sind in erster Linie am Durchtritt des Nerven durch das Septum intermusculare brachii laterale, am Durchtritt durch den M. supinator und am Durchtritt des R. superficialis durch die Brachioradialissehne denkbar. Kompressionen des N. radialis im *Bereich des Oberarmseptums* durch exzessive sportliche Belastung werden gelegentlich beobachtet, ihre Symptomatik ist gewöhnlich flüchtig. Anhaltende Schmerzen und Paresen deuten auf anatomische Varianten des Septums hin [Wasmeier et al. 2004] und sind nur operativ zu beherrschen.

Das ebenfalls seltene *Supinatorlogen-Syndrom* kann verursacht werden durch Traumen des Caput radii, Überbeanspruchungen beim Sport oder bei beruflicher Tätigkeit, Dauertraumatisierungen, außerdem durch Tumoren, Narben und entzündliche Veränderungen. Oft lässt sich eine eindeutige Ursache nicht finden. Es handelt sich um ein rein motorisches Ausfallssyndrom der Handgelenks- und der Fingerstrecker mit Ausnahme der Mm. extensores carpi radialis longus et brevis und oft des M. supinator. Kalb et al. [2000] grenzen davon ein häufigeres reines Schmerzsyndrom ab. Wenn die Behandlung mit lokalen und systemischen antientzündlichen Maßnahmen nicht zum Ziel führt, kommt die operative Dekompression des R. profundus n. radialis in Betracht. Auch sie ist nicht immer erfolgreich.

Irritationen des Endastes des R. superficialis n. radialis zum Handgelenk (*N. interosseus posterior*) kommen gelegentlich durch Traumen, Dauertraumatisierungen, Schwellungen des Handgelenks oder durch Tumoren zustande. Sie äußern sich durch dumpfe Schmerzen. Die Behandlung richtet sich nach der Ursache.

Druck zu enger Armbänder, aber auch von Handschellen und Fesseln verursacht sensible Ausfälle am Handrücken, manchmal außerdem am Daumenballen und an der radialen Hälfte der Hohlhand (R. palmaris n. mediani, *Armbandlähmung, Handschellenlähmung*). Für Läsionen des R. superficialis n. radialis kommen auch Ganglien des Handgelenks, Neurome des Nerven, Traumen, insbesondere Operationen, und manchmal übermäßige Belastungen infrage. Druckschädigungen bilden sich in der Regel spontan zurück. Im Übrigen richtet sich die Behandlung nach der Ursache. Eine operative Rekonstruktion des Nerven nach einer Verletzung ist kaum jemals erforderlich und nicht sehr aussichtsreich.

7.3.1.9 N. medianus (C 5 bis Th 1)

Am Oberarm verläuft der N. medianus zusammen mit dem N. ulnaris und der A. brachialis im Sulcus m. bicipitis medialis. In der Ellenbeuge, unter dem Lacertus fibrosus, gibt er Äste ab für das Ellenbogengelenk und die Mm. pronator teres, flexor carpi radialis, palmaris longus et flexor digitorum superficialis. An der Palmarseite des proximalen Unterarms passiert er den M. pronator teres, und es entspringen Äste für die Mm. flexor pollicis longus, pronator quadratus und flexor digitorum profundus der Finger II und III. Vor dem Eintritt in den Canalis carpi geht der R. palmaris für die

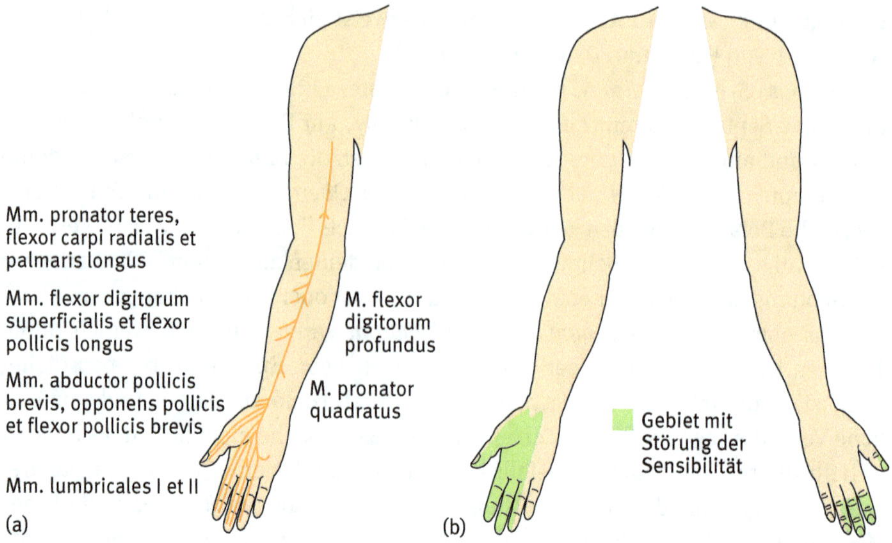

Abb. 7.12: N. medianus. (a) Motorische Innervationen. (b) Sensibles Versorgungsgebiet (nach Lößner et al. 1999).

Haut des Daumenballens und die radiale Hälfte der Handfläche ab. Am Handgelenk, das er mitinnerviert, liegt er zusammen mit den Sehnen der oberflächlichen und der tiefen Fingerbeuger im Canalis carpi.

Der N. medianus versorgt an der Hand die Mm. abductor pollicis brevis et opponens pollicis, das Caput superficiale des M. flexor pollicis brevis, die Mm. lumbricales I und II und sensibel die radiale Hälfte der Hohlhand, die Palmarseite der radialen 3½ Finger sowie die Dorsalseite der Mittel- und Endphalangen der Finger II, III sowie radialseitig IV. Klinische Bedeutung kann einer inkonstanten Anastomose des N. medianus mit dem R. profundus n. ulnaris zukommen (Abb. 7.12).

Die neurologische Symptomatik von Verletzungen des Nerven hängt von der Lokalisation der Schädigungen ab. In Zusammenhang mit Humerusfrakturen werden sie selten beobachtet, häufiger kommt es zu Läsionen im Rahmen von suprakondylären Frakturen im Kindesalter. Allerdings bietet der M. brachialis einen gewissen Schutz gegen Fragmente, sodass nach exakter Reposition in der Regel ein Rückgang neurologischer Symptome erwarten werden kann. Am häufigsten wird der N. medianus – oft gemeinsam mit dem N. ulnaris – an der Palmarseite des Handgelenks in Mitleidenschaft gezogen. Verletzungen in der Hohlhand treten demgegenüber zahlenmäßig zurück.

Für *Verletzungen an der Hand und am Handgelenk* kommen ursächlich neben Schnittverletzungen vor allem handgelenknahe Radiusfrakturen, Frakturen und Luxationen der Handwurzelknochen und ärztliche Behandlungsmaßnahmen in Betracht. Therapie-begleitende Verletzungen des N. medianus liegen bzgl. ihrer Häu-

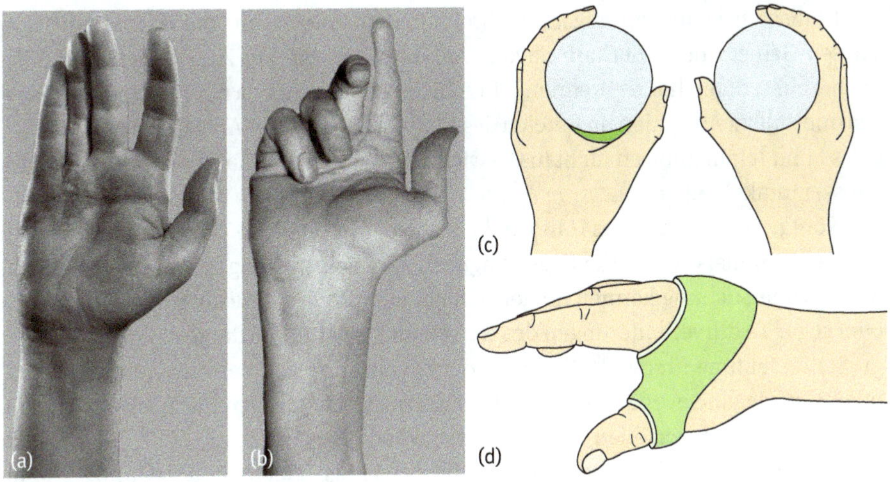

Abb. 7.13: Medianuslähmungen. (a) Distale Lähmung: Atrophie des Daumenballens, Adduktion und Außenrotation des Daumens. (b) Proximale Lähmung: „Schwurhand" beim Versuch, die Faust zu schließen. (c) „Flaschenzeichen". (d) Orthetische Versorgung, „Medianusspange" zur Vermeidung einer Adduktions- und Außenrotationskontraktur des Daumens.

figkeit an 2. Stelle aller iatrogenen Nervenschäden [Kretschmer et al. 2004]. Gelähmt sind die Muskulatur des Daumenballens – mit Ausnahme des M. adductor pollicis (N. ulnaris) und des M. abductor pollicis longus (N. radialis) – und die Mm. lumbricales I und II. Der Daumenballen atrophiert, der Daumen kann nicht abduziert und nicht opponiert werden (Affenhand). Der Spitzgriff ist unmöglich, der Schlüsselgriff (Seitgriff) bleibt erhalten. Die fehlende Abduktionsfähigkeit des Daumens kann durch das Flaschenzeichen kenntlich gemacht werden: Beim Ergreifen eines runden Gegenstands, beispielsweise einer Flasche, liegt die Hautfalte zwischen den ersten beiden Metakarpalien dem Gegenstand nicht an (Abb. 7.13).

Eine Sonderform der distalen Medianusläsion stellt das *Karpaltunnel-Syndrom* dar. Diese häufigste Nervenläsion an den oberen Extremitäten betrifft meist Frauen jenseits des Klimakteriums, findet sich aber manchmal sogar bei Kindern. Die Inzidenz liegt bei mehr als 100 : 100.000 Einwohnern [Stevens 1988]. Es handelt sich um eine Raumbeengung des N. medianus im Canalis carpi, d. h. unter dem Retinaculum flexorum. Die Raumbeengung kann Folge von handgelenknahen Verletzungen sowie von entzündlichen und anderen krankhaften Prozessen sein. Sie kann als (erstes) Symptom einer chronischen Polyarthritis, bei Stoffwechselstörungen, als Folge von Druck auf die Handfläche (*Radfahrerlähmung* – zusammen mit dem N. ulnaris), von anatomischen Anomalien und lokalen Geschwülsten beobachtet werden, tritt oft jedoch auch ohne ersichtliche Ursache auf, manchmal in der Schwangerschaft und im Wochenbett. Auch berufliche Expositionen – wiederholte maximale Extensionen des Handgelenks – dürfen nicht außer Acht gelassen werden.

Klinisch bestehen anfangs, oft jahrelang, Parästhesien im vom N. medianus versorgten Gebiet und außerhalb davon (von der Hand bis hin zum Oberarm), häufig nachts ein schmerzhaftes Brennen – Brachialgia paraesthetica nocturna, später Paresen und zuletzt Atrophien im Bereich des Daumenballens. Der Ausfall der Mm. lumbricales I und II fällt klinisch nicht ins Gewicht, da die vom N. ulnaris versorgten Mm. interossei intakt bleiben.

Röntgenaufnahmen des Handgelenks und der Hand sowie Tangentialaufnahmen des Karpaltunnels sind in der Regel diagnostisch wenig ergiebig. Mittels ultrasonografischer Untersuchung können hingegen häufig Engstellen, eine aberrante A. mediana oder sogar Texturveränderungen des Nerven im Karpaltunnel dargestellt werden. Von großer Bedeutung für die Bestimmung der Lokalisation und des Ausmaßes der Schädigung sowie eine eventuelle Operationsindikation ist dagegen die Messung der motorischen und der sensiblen Nervenleitgeschwindigkeit.

Für leichtere Beschwerden genügen die ganztägige oder nächtliche Ruhigstellung des Handgelenks mithilfe einer Walkledermanschette mit Daumenschlaufe oder mit einer palmaren Schiene, um mechanische Irritationen des Nerven auszuschließen, ggf. ergänzt durch NSAR oder Analgetika. Injektionen in den Karpaltunnel sind nicht Erfolg versprechend. Die AWMF-Leitlinie empfiehlt allerdings Kortikoidinjektionen.

Wegen der Gefahr irreversibler sensibler und motorischer Ausfälle im Handbereich empfiehlt sich bei stärkeren Beschwerden die frühzeitige operative Befreiung des Nerven aus seiner Zwangslage durch Spaltung des Retinaculum musculorum flexorum. In der Schwangerschaft und im Wochenbett ist ein konservatives Vorgehen angezeigt. Die Spaltung kann endoskopisch erfolgen, wenn die personelle und die technische Ausrüstung die notwendigen Voraussetzungen bieten [Eder 2003], anderenfalls ist die Verletzungsgefahr so groß, dass der Eingriff offen vorgenommen werden sollte [Piza-Katzer et al. 1996; Kernt u. Neu 2011].

Ein Karpaltunnel-Syndrom muss vor dem Eintritt neurologischer Defizite operativ behandelt werden.

Pronator-teres-Syndrom. Einengungen des N. medianus zwischen den beiden Köpfen des M. pronator teres an der Palmarseite des proximalen Unterarms werden selten beobachtet. Eine plausible Erklärung ist gewöhnlich nicht zu finden. Bestimmte berufliche Expositionen spielen eine Rolle. Neben sensiblen und motorischen Störungen, die denen des Karpaltunnel-Syndroms entsprechen, fallen die Rr. musculares für die Mm. flexor pollicis longus et pronator quadratus sowie für den radialen Teil des M. flexor digitorum profundus aus. Durch Druck auf den M. pronator teres sind Sensibilitätsstörungen und Parästhesien provozierbar. Auch hier empfiehlt sich die frühzeitige operative Druckentlastung des Nerven.

Ebenfalls selten sind Störungen des *N. interosseus anterior*, eines rein motorischen Medianusastes für die Mm. pronator quadratus, flexor pollicis longus und flexor digitorum longus II und III. Typisch ist die Unfähigkeit, das Interphalangealgelenk des Daumens und die Finger II und III zu beugen, und damit der Ausfall des Spitzgriffs zwischen Daumen und Zeigefinger. Die spontan entstandenen Ausfälle bilden sich meist rasch von selbst zurück, posttraumatische Störungen erfordern die exakte Reposition von Frakturen und Luxationen.

Verletzungen in Höhe des Ellenbogengelenks begleiten vor allem die suprakondyläre Extensionsfraktur, die häufigste Skelettverletzung im Kindesalter. Gewöhnlich, aber nicht immer, bildet sich die neurologische Symptomatik nach der Reposition der Fragmente rasch zurück, sodass einer exakten Befundbeschreibung vor und nach der Behandlung besondere Bedeutung zukommt und ggf. unverzüglich operativ revidiert werden muss. Daneben werden sehr selten Medianusverletzungen durch transfasziale Punktionen und Injektionen beobachtet. Direkte Schädigungen durch eine Kanüle sollten umgehend revidiert, Druckschädigungen durch Flüssigkeiten dürfen zunächst durch Hochlagerung und andere abschwellende Maßnahmen behandelt werden.

Verletzungen des N. medianus im Rahmen von Frakturen des *Oberarmschafts* oder als Folge operativer Eingriffe sind selten. Zum übrigen Befund gesellt sich die Schwurhand, die beim Faustschluss sichtbar wird: Die Finger I, II und III können wegen des Ausfalls auch aller oberflächlichen Fingerbeuger und der tiefen Beuger nicht gebeugt werden, wegen der Mitbeteiligung des M. flexor carpi radialis ist auch die Beugung des Handgelenks beeinträchtigt.

Noch seltener kommt es zu Irritationen des Nerven bzw. zur vollständigen Medianuslähmung mit Schwurhand durch einen *Processus supracondylaris* einige Zentimeter oberhalb des Epicondylus ulnaris humeri. Die Therapie besteht in der Abtragung des Knochenvorsprungs und ggf. einer fibrösen Verbindung zum Epikondylus.

Bei allen Medianusverletzungen ist die Sensibilität an der Palamarseite der radialen 3½ Finger, am Daumenballen und am radialen Teil der Hohlhand sowie an den Mittel- und Endgliedern der Finger II und III dorsal sowie IV radial dorsal gestört. Auch wenn es gelingt, die Greiffähigkeit der Hand operativ einigermaßen wiederherzustellen, bedeutet dieser Verlust eine schwerwiegende Beeinträchtigung ihrer Brauchbarkeit. Verletzungen des N. medianus werden außerdem nicht selten durch Kausalgien belastet: Anfallsartig auftretende heftige brennende Schmerzen, die durch Berührung, evtl. auch durch akustische oder optische Reize ausgelöst werden. Dazu kommen trophische Störungen der Haut. Kausalgien sind auch am N. tibialis und an anderen Nerven mit einem großen vegetativen Faseranteil zu beobachten.

Sofort nach einer Medianusverletzung muss der drohenden Fehlstellung des Daumens in Adduktion und Außenrotation durch passives Durchbewegen und mittels einer Orthese begegnet werden (Abb. 7.13). Die Nahtversorgung frischer und glatter Schnittverletzungen ist aussichtsreich, weil sich motorische und sensible Anteile der Nervenstümpfe einander zuordnen lassen. Besteht nach älterer Verletzung ein Defekt und liegen nach einer Schnittverletzung am Unterarm auch Verletzungen der Beugesehnen vor, versorgt man zunächst diese und überbrückt einige Wochen später den Nervendefekt durch ein Transplantat. Liegt eine irreversible Schädigung des Nerven vor, verwendet man zur Wiederherstellung der Beugefähigkeit der Finger I, II und III die aufsteigende Transposition ihrer Sehnen auf die vom N. ulnaris innervierten tiefen Beuger IV und V. Zur Wiederherstellung der Oppositionsfähigkeit des Daumens existiert eine große Zahl von Verfahren: beispielsweise bei proximaler Medianuslähmung die Arthrodese des Karpometakarpalgelenks I in mittlerer Oppositionsstellung, bei mittlerer Schädigung die Verpflanzung des Flexor digitorum superficialis IV auf die Basis der Daumengrundphalanx (Abb. 7.14) oder die Sehnenplastik mithilfe des M. flexor carpi ulnaris, der durch ein freies Transplantat aus dem M. palmaris longus verlängert werden muss. Die verloren gegangene Sensibilität lässt sich in begrenztem Umfang durch die Transposition von Hautarealen aus dem Radialis- oder dem Ulnarisgebiet zusammen mit einem Gefäß-Nerven-Stiel wiederherstellen.

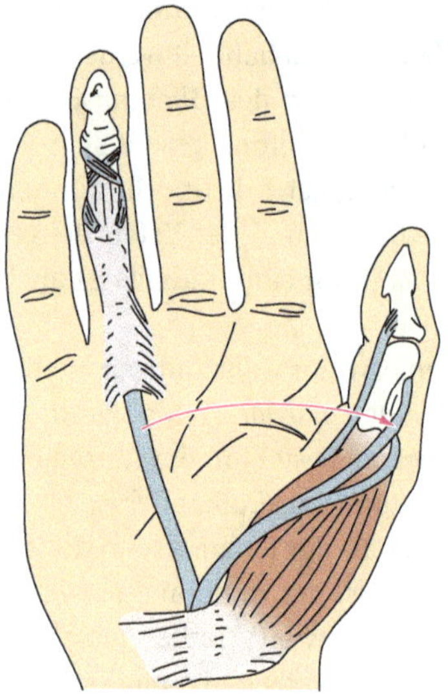

Abb. 7.14: Medianuslähmung. Wiederherstellung der Oppositionsfähigkeit des Daumens: Transposition der Sehne des M. flexor digitorum superficialis IV auf die Radialseite des Daumengrundglieds.

7.3.1.10 N. ulnaris (C 8 und Th 1)

Der N. ulnaris verläuft nach dem Verlassen der Achselhöhle parallel zum N. medianus und zur A. brachialis im Sulcus m. bicipitis ulnaris und weiter im Sulcus n. ulnaris am ulnaren Humeruskondylus. Unmittelbar distal des Ellenbogens entspringen Äste zum Ellenbogengelenk und zu den Mm. flexor carpi ulnaris und flexor digitorum profundus für die Finger IV und V. Der vom N. ulnaris innervierte Teil des tiefen Flexors beugt als einziger das distale Interphalangealgelenk V.

Am Unterarm lehnt sich der N. ulnaris auf dem M. flexor digitorum profundus zusammen mit der A. ulnaris dem M. flexor carpi ulnaris an. Hier verlässt ihn der R. dorsalis manus, der die ulnaren Bezirke des Handrückens und die Dorsalseite des V. Fingers ganz, die Ulnarseite des IV. Fingers bis zur Spitze, die Radialseite des IV. und

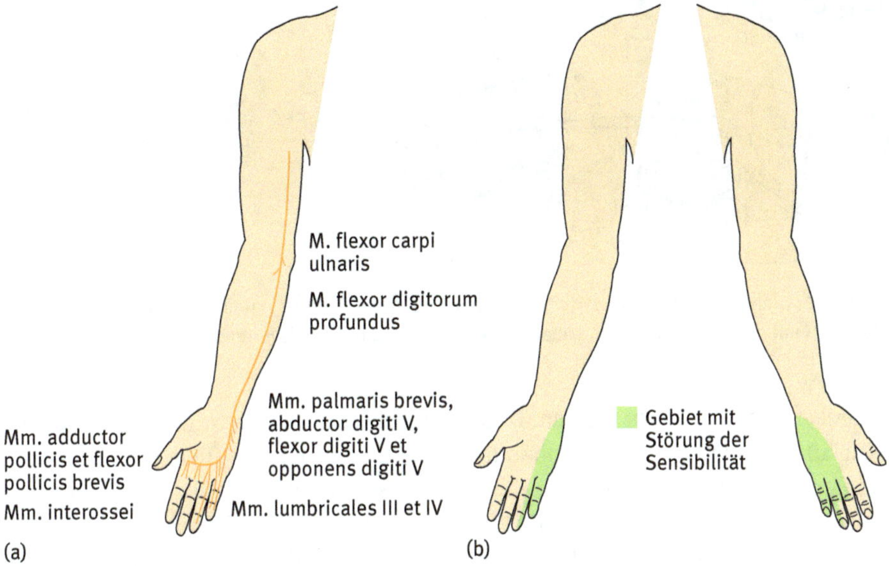

Abb. 7.15: N. ulnaris. (a) Motorische Innervationen. (b) Sensibles Versorgungsgebiet (nach Lößner et al. 1999).

die Ulnarseite des III. bis zur Mittelphalanx sensibel versorgt. Die übrigen Bezirke der Finger III und IV und das Endglied des II. werden vom N. medianus, die Dorsalseite des Daumens vom N. radialis sensibel versorgt. – Den Canalis carpi passiert der N. ulnaris nicht, sondern die Guyon'sche Loge radial des Os pisiforme. Er verzweigt sich an der Handwurzel in einen überwiegend sensiblen R. superficialis für die Palmarseite der Hohlhand und der 1½ ulnarseitigen Finger sowie für den M. palmaris brevis, den er allein innerviert, und einen motorischen R. profundus für alle Mm. interossei, die Mm. lumbricales III und IV, den tiefen Kopf des M. flexor pollicis brevis, den M. adductor pollicis sowie die Muskulatur des Hypothenar (Abb. 7.15).

Schäden des N. ulnaris sind seltener in Höhe des Handgelenks, meist in Höhe des Ellenbogengelenks lokalisiert. Am Handgelenk kommen ursächlich Schnittverletzungen, am Ellenbogen vor allem Frakturen des distalen Humerus, speziell des ulnaren Kondylus, und Luxationen in Betracht: distale und proximale Ulnarislähmungen.

Distale Ulnarislähmung: Schädigungen des R. profundus n. ulnaris im Hohlhandbereich (Druck von Werkzeugen, Radfahrerlähmung, Schnitt, Stich) führen zum Ausfall aller Mm. interossei und der Mm. lumbricales III und IV, des tiefen Kopfes des M. flexor pollicis brevis sowie des M. adductor pollicis. Eine Adduktion des Daumens erfolgt jetzt noch durch den M. flexor pollicis longus, allerdings bei gleichzeitiger Beugung des Endgelenks (Froment'sches Zeichen, Abb. 7.16). Die Spatia interossea sinken ein, die Langfinger können in den Grundgelenken nicht gebeugt, in den Mittel- und End-

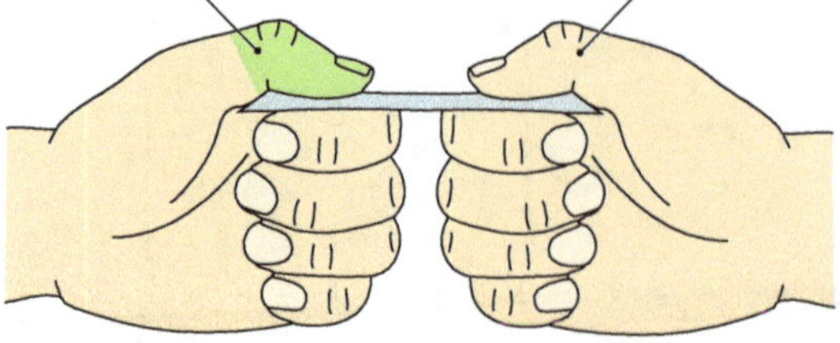

Abb. 7.16: Ulnarisparese, Froment'sches Zeichen. Weil der M. adductor pollicis ausgefallen ist, muss das Blatt mit gebeugtem Daumen gehalten werden (M. flexor pollicis longus, N. medianus).

gelenken nicht gestreckt werden. Durch Überwiegen der vom N. radialis versorgten Muskulatur entsteht die Krallenhand, die Hyperextension vor allem der Metakarpophalangealgelenke IV und V und die Flexion der Interphalangealgelenke. Auch das Zusammenführen und Spreizen der Finger ist unmöglich, allerdings bleibt die Funktion des M. abductor digiti quinti zunächst erhalten, er wird erst bei *Schädigung des Nerven in Höhe des Os pisiforme* zusammen mit dem M. flexor digiti quinti brevis und dem M. opponens digiti quinti betroffen. Nach *Schädigung auch des R. superficialis* durch Schnittverletzungen an der Palmarseite des Handgelenks, Frakturen, Geschwülste, Aneurysmen [Sauerbier et al. 1998] oder im Rahmen von *Kompressions-Syndromen in der Loge de Guyon* treten Sensibilitätsstörungen im Bereich der ulnaren Anteile der Hohlhand, der ulnaren 1½ Finger palmar sowie der vom N. ulnaris versorgten dorsalen Areale der Finger III, IV und V hinzu. Jetzt fällt auch der M. palmaris brevis aus.

Proximale Ulnarislähmung. Schädigungen im Sulcus n. ulnaris vor allem durch die chronische Polyarthritis und durch Traumen gehen zusätzlich zu der beschriebenen Symptomatik mit einer Abschwächung der Handgelenksbeugung (M. flexor carpi ulnaris) und dem Ausfall des M. flexor digitorum profundus für die Finger IV und V einher (Abb. 7.17). Es handelt sich um das zweithäufigste Kompressions-Syndrom eines peripheren Nerven [Asmuss et al. 2009]. Ausfälle sind meist nur langsam progredient und treten mit oder ohne Schmerzen ein. Differenzialdiagnostisch ist an das C-8-Syndrom, das auch gleichzeitig bestehen kann, und an Druckschädigungen am Oberarm zu denken.

Traumatische und nicht traumatische Schädigungen des N. ulnaris stellen die häufigsten Läsionen peripherer Nerven dar. Auch danach ist die Verhinderung von Kontrakturen außerordentlich wichtig. Streckkontrakturen der Fingergrundgelenke (Krallenhand) besitzen eine ganz besonders schlechte Prognose und lassen sich in vielen Fällen weder mit konservativen Maßnahmen (Quengeln) noch mit operativen Methoden wirklich befriedigend beseitigen. Eine Schienenspange und passive Bewegungen können die Entstehung solcher Kontrakturen mit großer Sicherheit verhindern und schaffen gute Voraussetzungen für eine spontane Wiederkehr der Funktion sowie für das funktionelle Ergebnis von Druckentlastung, Naht oder Transplantation

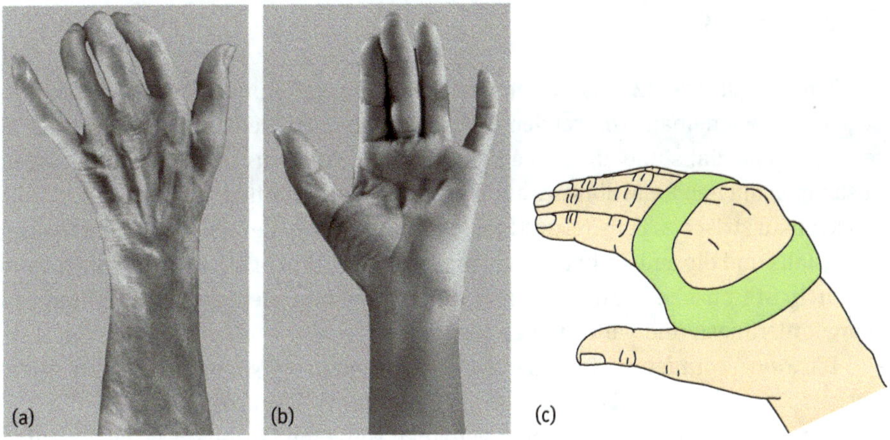

Abb. 7.17: Proximale Ulnarislähmung. (a) und (b) Eingesunkene Spatia interossea, Hyperextension der Grundgelenke, Abduktion des Kleinfingers, Atrophie des Hypothenar und des M. adductor pollicis. (c) Orthetische Versorgung, „Ulnarisspange" zur Verhinderung einer Streckkontraktur der Fingergrundgelenke.

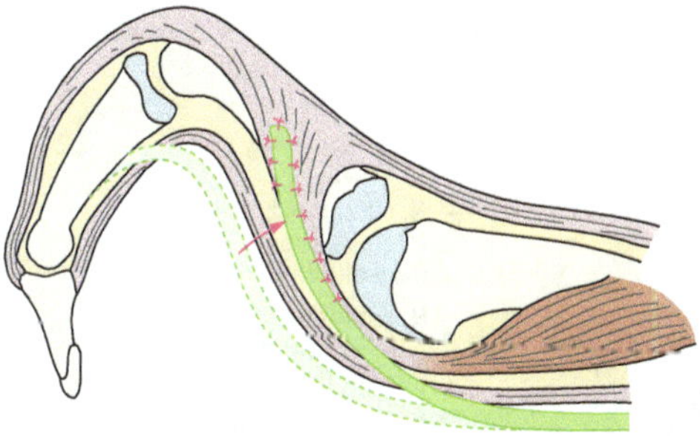

Abb. 7.18: Ulnarisparese. Wiederherstellung der Beugefähigkeit in den Fingergrundgelenken: Transposition der oberflächlichen Beugesehnen auf die Lumbrikalis-Interosseus-Sehnen.

bzw. nach plastischen Eingriffen (Abb. 7.17c). Die Engpass-Syndrome am Ellenbogen und am Handgelenk werden konservativ behandelt, wenn äußere Ursachen zu eruieren sind. Anderenfalls erfolgt eine operative Druckentlastung, bevor kaum zu beseitigende sensible bzw. motorische Schäden eingetreten sind, am besten also schon während der „Schmerzphase". Als Ersatzoperation hat sich bei der peripheren Verletzung des Nerven die Rückverpflanzung der Sehnen der oberflächlichen Fingerbeuger auf die Lumbrikalis-Interosseus-Sehnen bewährt (Abb. 7.18). Der Daumen kann durch Arthrodese des Karpometakarpalgelenks I stabilisiert, eine bei hoher Ulnarisläsion verloren gegangene Beugefähigkeit der Finger IV und V durch aufsteigende Transposition der Sehnen auf die erhaltene Muskulatur erreicht werden. Sensible Störungen im Ulnarisbereich wirken sich längst nicht so störend aus wie die im Medianusgebiet, sodass sensible Ersatzoperationen keine Rolle spielen.

7.3.2 Brustnerven

Die *Rami dorsales* der 12 Brustnerven erreichen ihre Verbreitungsgebiete nach der Passage von 2 nebeneinanderliegenden Querfortsätzen und teilen sich in einen gemischten Ramus medialis und einen ebenfalls gemischten Ramus lateralis. Sie versorgen zusammen mit den Rami dorsales aus den anderen Abschnitten des Rückenmarks die Rückenhaut zwischen Scheitel und Steißbeinspitze sowie die Mm. longissimus colli et iliocostalis und die autochthone Rückenmuskulatur (Abb. 7.19a). Zu Irritationen kann es durch arthrotische Randzacken an den Intervertebralgelenken und aufgrund von Raumforderungen und Verletzungen kommen.

Die *Rami ventrales* der Brustnerven 1 bis 11 werden als Nn. intercostales bezeichnet, der 12. wegen seiner Lage kaudal der 12. Rippe als N. subcostalis.

Nur die Interkostalnerven 1 bis 6 verlaufen völlig interkostal, der 7. bis 12. unterqueren den aufsteigenden Rippenknorpel und enden ebenso wie die anderen in der

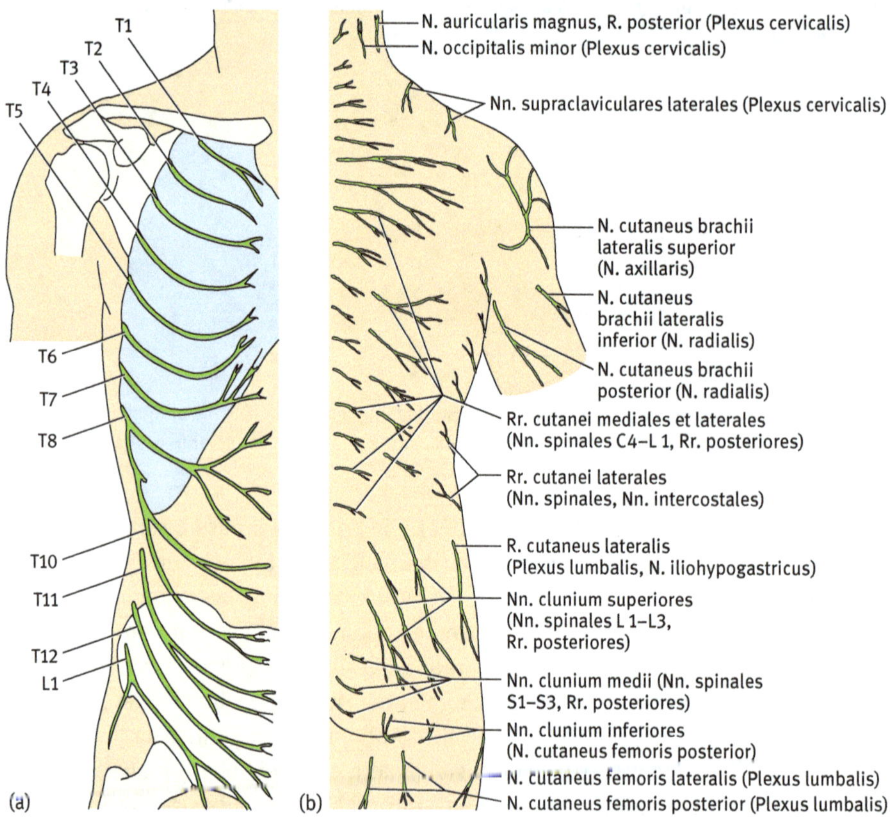

Abb. 7.19: (a) Hautnerven von Brust und Bauch. (b) Hautnerven des Rückens (nach Putz u. Pabst 2000).

vorderen Mittellinie. Weil dorsal die Mm. intercostales interni fehlen, werden sie hier nur durch die Pars costotransversalis der Pleura und die Fascia endothoracica eingehüllt. Von den Rippenwinkeln an verlaufen sie zunächst am Oberrand, dann in der Mitte des Interkostalraums zwischen den Mm. intercostales externi et interni, kaudal des Sulcus costae für die gleichnamigen Gefäße. Die Interkostalnerven 7 bis 12 enden zwischen den Mm. transversus abdominis und obliquus abdominis internus. Die Rami musculares 1 bis 7 innervieren die äußeren und die inneren Mm. intercostales und die Mm. subcostales, die Mm. transversocostales, serratus dorsalis cranialis, transversus abdominis sowie den kranialen Teil des M. rectus abdominis. Die Rami musculares 8 bis 12 versorgen ebenfalls die zugehörigen Mm. intercostales, die Mm. subcostales et transversocostales, den M. serratus dorsalis caudalis und die großen Muskeln der Bauchwand sowie den M. pyramidalis. Das sensible Versorgungsgebiet der Rami cutanei laterales und der Rami cutanei ventrales der Interkostalnerven reicht von dem des Plexus cervicalis an der kranialen Brustwand (Nn. supraclaviculares) bis zu einem Hautstreifen kranial des Leistenbandes und zum Mons pubis, die von den Lendennerven innerviert werden, und seitlich ungefähr bis zur hinteren Axillarlinie (Abb. 7.19b).

Der Ramus cutaneus lateralis des 2. Interkostalnervens verbindet sich als N. intercostobrachialis mit dem N. cutaneus brachii medialis, mit dem zusammen er einen Teil der Axilla und die Medialseite des Oberarms bis zum Olekranon und zum Condylus ulnaris humeri sensibel versorgt. Schädigungen entstehen bei Operationen in der Achselhöhle und durch die Invasion von Tumorgewebe.

Motorische Defizite sind bei Ausfall von Interkostalnerven im Thorakalbereich kaum auffällig, an der Bauchwand entsteht erst bei Läsion von mindestens 2 Nerven eine Bauchwandhernie, die den Rektusbereich wegen seiner bindegewebigen Hüllen nicht einbezieht. Wenn die Interkostalnerven 10 und 11 betroffen sind, verschiebt sich der Nabel etwas zur gesunden Seite (Kap. 9.4.1.3). Auch sensible Störungen fallen wegen der Überlagerung der Versorgungsgebiete kaum auf.

Ursächlich kommen vor allem Traumen, auch Operationstraumen, und nur selten thorakale Bandscheibenvorfälle in Betracht. Auf Raumbeengungen sowie tumoröse und entzündliche Infiltrationen weisen neben lokalen Schmerzen fortgeleitete (halb-)gürtelförmige Beschwerden hin. Borrelieninfektionen betreffen vor allem die unteren Interkostalnerven, häufig beidseits. Ein Herpes zoster ist an den charakteristischen Dermatom-bezogenen Hautbläschen erkennbar, die einem mehr oder weniger schmerzhaften Prodromalstadium folgen. Schmerzen und Krankheitsgefühl können sehr heftig sein, aber auch fehlen. Besonders unangenehm sind schmerzintensive und therapieresistente Zosterneuralgien im Anschluss an die akute Erkrankung. Die seltene diabetische Neuropathie führt zu ausgeprägten asymmetrischen Schmerzen und Missempfindungen, manchmal auch zu motorischen Ausfällen in der Bauchwand. Die Raumbeengung eines Ramus cutaneus medialis ist vergleichbar mit dem Pronator-teres-Syndrom des N. medianus (Rektussyndrom). Sie macht sich durch einen ausgeprägten umschriebenen Spontan- und Druckschmerz bemerkbar, der sich mittels Lokalanästhesie beseitigen lässt. Bei Therapieresistenz ist die Resektion des Ramus cutaneus medialis indiziert.

7.3.3 Untere Extremitäten

7.3.3.1 Plexus lumbosacralis (L 1 bis S 3)

Der Plexus lumbosacralis setzt sich aus dem Plexus lumbalis und dem Plexus sacralis zusammen (Abb. 7.20). Der Plexus lumbalis entsteht aus den durch Ansae verbundenen Rami ventrales aus L 1 bis L 4, ergänzt durch den N. subcostalis aus Th 12, der mit einem Teil der Wurzel L 1 den N. iliohypogastricus bildet. Aus dem Plexus lumbalis gehen u. a. die Nn. iliohypogastricus, ilioinguinalis und vor allem die Nn. obturatorius et femoralis für die Adduktoren und die Beuger des Hüftgelenks sowie die Strecker des Kniegelenks hervor. Ein kleinerer Teil der Wurzel L 4 bildet mit der Wurzel

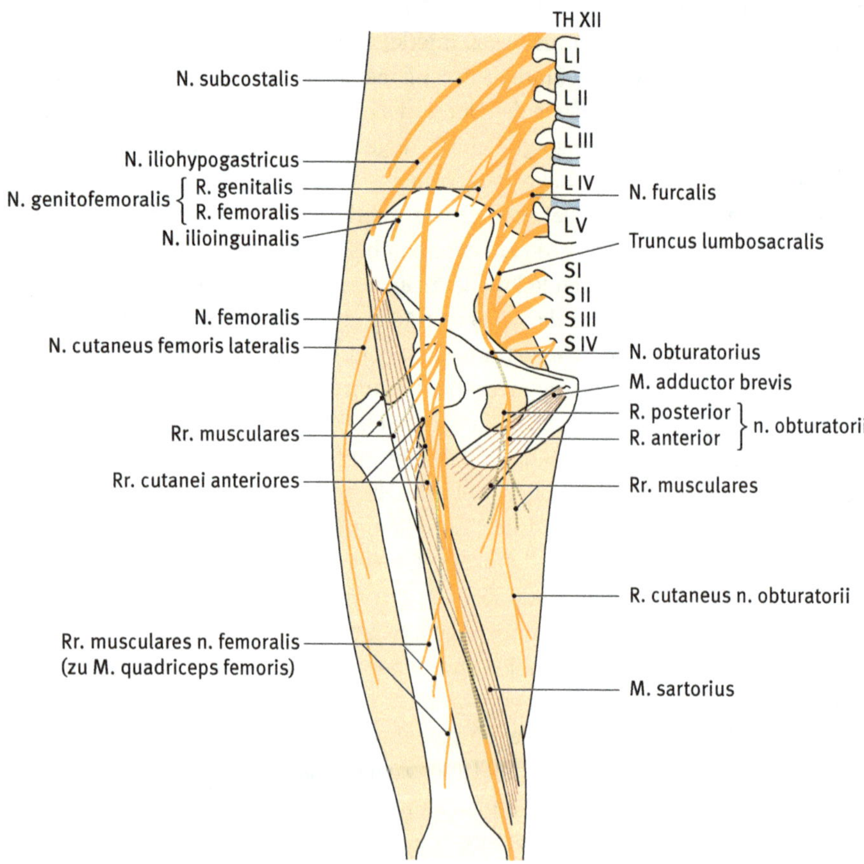

Abb. 7.20: Plexus lumbosacralis (nach Putz u. Pabst 2000).

L 5 den Truncus lumbosacralis, der nach kaudal zieht und im kleinen Becken ventral vom M. piriformis die Vereinigung mit den Sakralnerven S 1 bis S 3 zum Plexus sacralis herstellt. Aus einem Teil des Plexus sacralis, dem Plexus ischiadicus (L 4 bis S 3), entspringen u. a. die Nn. glutei und der N. ischiadicus für die Strecker des Hüftgelenks, die Beuger des Kniegelenks und für die Unterschenkel- und Fußmuskulatur. Aus den kaudalen Wurzeln des Plexus sacralis, dem Plexus pudendus (S 2 bis S 4, ergänzt durch den N. coccygeus aus S 4), stammen die Nerven für die Muskulatur des Beckenbodens, die Haut der Genitalien und des Perineums. Der Plexus lumbalis liegt retroperitoneal vor den Querfortsätzen der Lendenwirbel im M. psoas, der Plexus sacralis zu einem bedeutenden Teil auf der Ventralfläche des M. piriformis.

Meist unvollständige *Läsionen des Plexus lumbalis* werden vor allem als Begleitverletzungen von Beckenfrakturen mit und ohne Verletzung des Azetabulums beobachtet [Siegmeth et al. 2000, Mumenthaler et al. 2007], aber auch zusammen mit Frakturen der Lendenwirbelsäule, des Kreuzbeins und des Steißbeins. Besonders deletär wirken sich Unfall-bedingte Extrembewegungen des Beins im Hüftgelenk aus, insbesondere Extensionen. Eine große Rolle spielen außerdem Hämatome sowie bakteriell entzündliche und tumoröse retroperitoneale Raumforderungen. Vor allem Infiltrationen machen sich durch heftige Schmerzen bemerkbar (Gefahr der Verwechslung mit radikulärer Symptomatik). Im Vordergrund stehen Ausfälle der Beuger, der Außenrotatoren und der Adduktoren des Hüftgelenks sowie der Kniegelenksstrecker.

Verletzungen des Plexus sacralis können sich bei präsakral oder im kleinen Becken lokalisierten raumfordernden und entzündlichen Erkrankungen sowie bei Frakturen und Tumoren der unteren Lendenwirbelsäule und des Kreuzbeins einstellen. Gelähmt sind die Extensoren und die Abduktoren des Hüftgelenks, die Beugemuskulatur des Kniegelenks sowie der gesamte Unterschenkel einschließlich des Fußes. An Fuß, Unterschenkel und Oberschenkelrückseite fehlt auch die Sensibilität.

Schädigungen des Plexus pudendus rühren von ähnlichen Ursachen her wie die des Plexus sacralis. Unilaterale Ausfälle machen sich durch sensible Störungen im Bereich des Perineums und der äußeren Genitalien bemerkbar, beidseitige außerdem durch Inkontinenz von Blase und Darm und Erektionsstörungen (N. pudendus, S 3). Die Therapie erfolgt wegen der eingeschränkten Zugänglichkeit vorwiegend mit konservativen Mitteln, zumal Wurzelausrisse und Kontinuitätsunterbrechungen kaum zu erwarten sind.

Extensionen, insbesondere brüske Manöver und Beinverlängerungen um mehr als 2,5 bis 3 cm, spielen auch bei der *Endoprothetik des Hüftgelenks* die wichtigste schädigende Rolle. Während *Schwangerschaft und Entbindung* kann dagegen der Druck des kindlichen Kopfes bzw. bei Beckenendlagen des kindlichen Gesäßes ischialgiforme Beschwerden hervorrufen, oft in Verbindung mit einer Abschwächung der Extensoren von Fuß und Zehen, auch der Plantarflektoren, selten der Beuger, der Abduktoren und der Adduktoren des Hüftgelenks und der Strecker des Kniegelenks. Die Beschwerden bessern sich gewöhnlich bald nach der Entbindung, die Rückbildung der neurologischen Symptomatik dauert meist einige Monate. Die Therapie beschränkt sich während der Schwangerschaft auf physikalische Maßnahmen und die Gabe von Acetylsalicylsäure.

An *entzündlichen Ursachen* für eine Schädigung des Plexus lumbosacralis kommen eine Neuroborreliose mit lumbosakraler Radikuloplexopathie, eine Infektion mit dem Epstein-Barr-Virus und immunologisch verursachte Perivaskulitiden infrage. Analog zur neuralgischen Schulteramyotrophie erkranken in erster Linie im fortgeschrittenen Lebensalter Stehende. Die Symptomatik beginnt mit starken Schmerzen, später treten Paresen vor allem im Oberschenkel hinzu, die auch die bisher gesunde Gegenseite einbeziehen können. Schmerzen bilden sich innerhalb von Wochen, Paresen innerhalb von Monaten bis 2 Jahren zurück.

Ischämische Beinplexusläsionen werden hervorgerufen durch Stenosen der A. iliaca interna und ihrer Äste. Davon abzugrenzen ist eine funktionelle Form der Erkrankung, die auf einer „nur" relativen Gefäßenge beruht und sich durch Beinschmerzen lediglich unter Belastung manifestiert. Eine anhaltende neurologische Symptomatik fehlt. Im Vordergrund der Behandlung steht die Gefäßerkrankung.

7.3.3.2 N. iliohypogastricus (L 1, manchmal Th 12 und L 1; Abb. 7.21)

Er stammt wie der N. ilioinguinalis, der ihn zunächst kaudal begleitet, hauptsächlich aus L1, passiert den M. psoas und zieht schräg über den M. quadratus lumborum zum Beckenkamm, perforiert auch den M. transversus abdominis und gibt zwischen diesem und dem M. obliquus abdominis internus Äste zu den beiden Muskeln ab (versorgt auch von den beiden untersten Thorakalnerven und vom N. ilioinguinalis). Sensible Äste versorgen die Haut an der Außenseite von Becken und Hüfte, in der Leistengegend und über der Symphyse. Für die seltenen Verletzungen des Nerven kommen vor allem retroperitoneale Raumforderungen und operative Eingriffe und auch der Druck beengender Kleidungsstücke infrage. Mit der Entstehung einer kaudalen Bauchwandhernie ist höchstens bei Ausfall auch des N. ilioinguinalis zu rechnen. Neurolysen und Neurotomien sind nur bei hartnäckigen Schmerzsyndromen indiziert.

7.3.3.3 N. ilioinguinalis (L1, manchmal L 1 und L 2)

Dicht kaudal des N. iliohypogastricus und parallel dazu verlaufend erreicht der N. ilioinguinalis ebenfalls die Mm. transversus abdominis und obliquus abdominis internus. Sensibel versorgt er die Haut über der Symphyse, der proximalen Anteile von Penis und Skrotum bzw. der Labia majora und einen kleinen Bezirk an der Innenseite des proximalen Oberschenkels (Abb. 7.22). Die ebenfalls seltenen Schadensursachen sind dieselben wie beim N. iliohypogastricus.

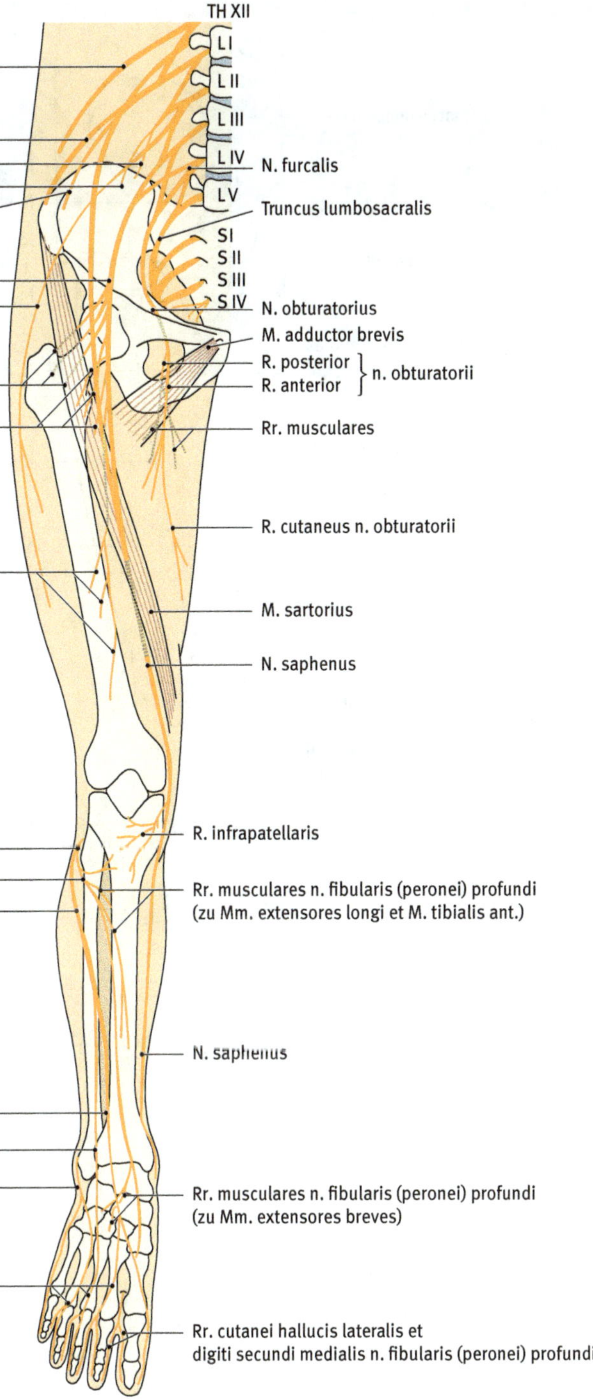

Abb. 7.21: (a) Nerven des Beins, Vorderseite (nach Putz u. Pabst 2000).

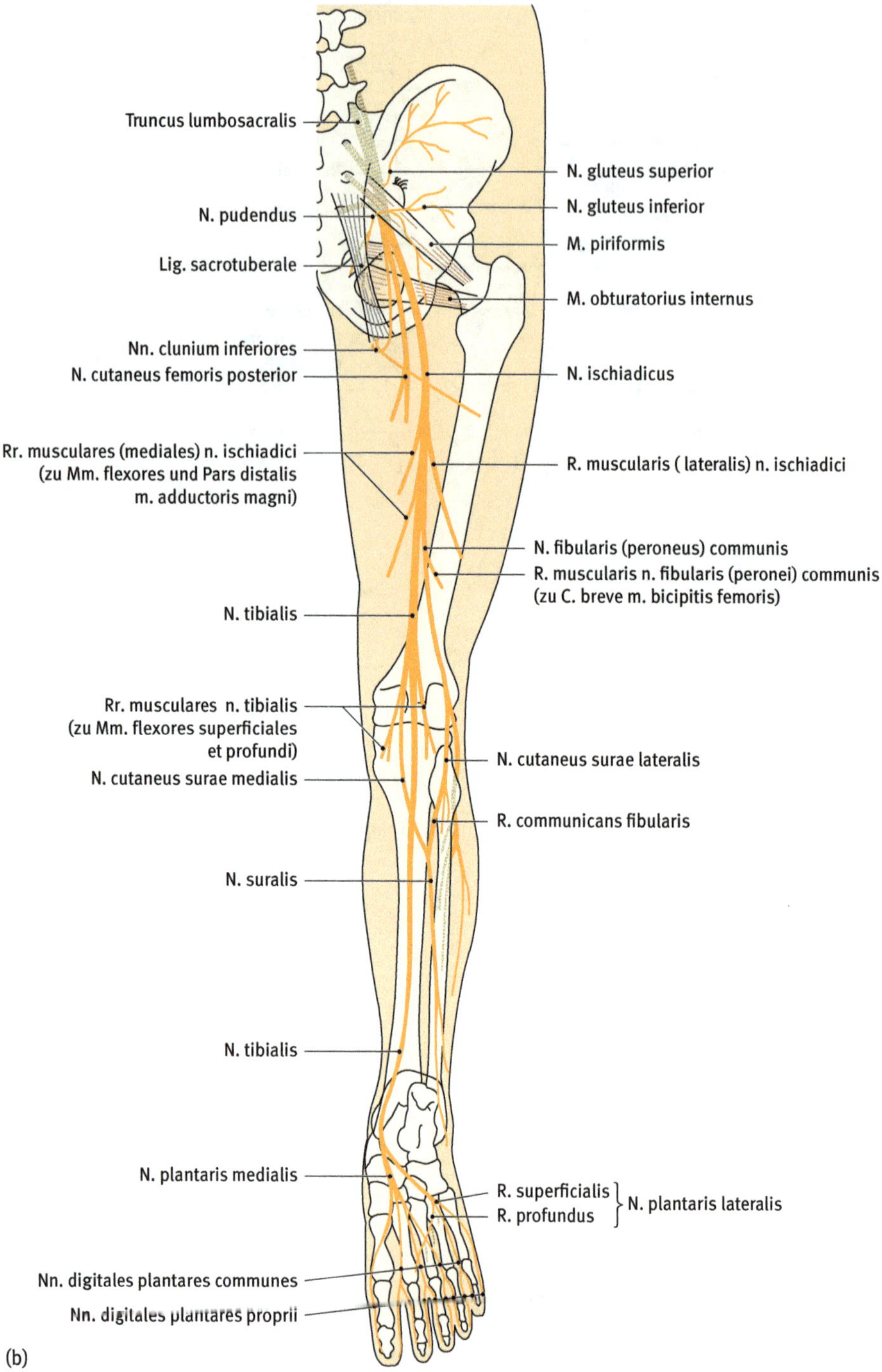

Abb. 7.21: (b) Nerven des Beins, Rückseite (nach Putz u. Pabst 2000).

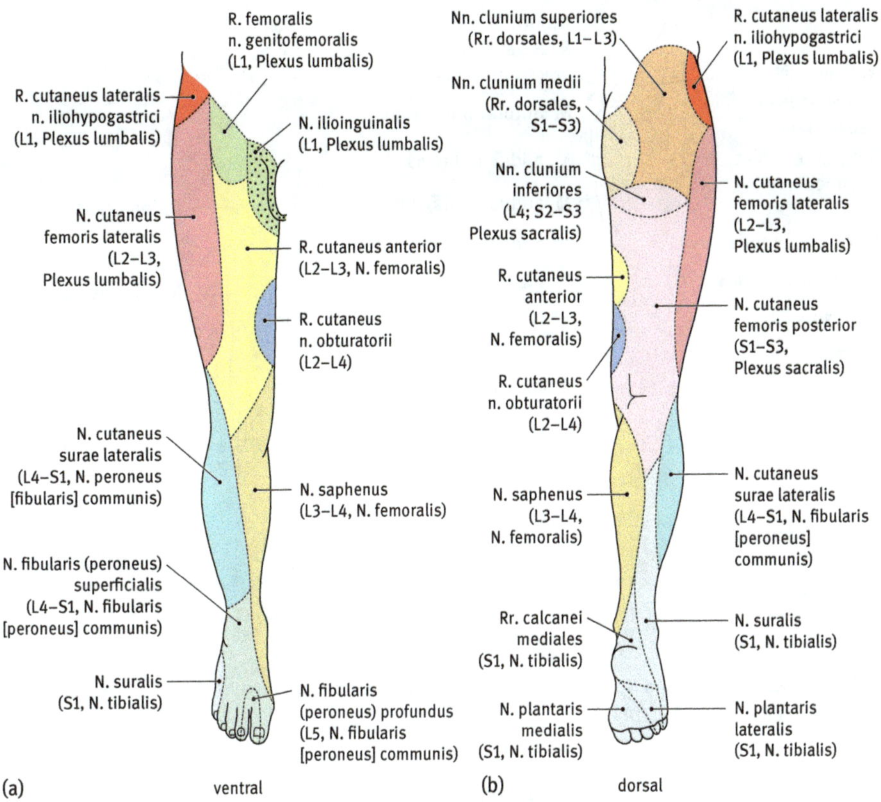

Abb. 7.22: (a) und (b) Hautnerven des Beins (nach Bertolini u. Leutert 1978).

7.3.3.4 N. genitofemoralis (L 1 und L 2)

Der N. genitofemoralis teilt sich an der Ventralseite des M. psoas major in den R. femoralis, der die Lacuna vasorum durchquert und die Haut distal des mittleren Leistenbanddrittels innerviert, und den R. genitalis, der durch den Leistenkanal die Haut des Skrotums bzw. der Labia majora und der benachbarten Oberschenkelinnenseite sowie beim Mann die Hodenhüllen erreicht und den M. cremaster innerviert (Abb. 7.22). Schmerzen und Missempfindungen im Versorgungsgebiet lassen in erster Linie an ein L-1- bzw. L-2-Syndrom denken. Der R. femoralis wird nicht ganz selten im Rahmen einer Leistenbruchoperation lädiert, oder er gerät postoperativ unter Narbenzug.

7.3.3.5 N. femoralis (L 1 bis L 4)

Der N. femoralis zieht nach dem Verlassen des Plexus lumbalis zwischen den Mm. iliacus und psoas major nach kaudal und durchquert unter dem Lig. inguinale lateral von V. und A. femoralis, von diesen durch den Arcus pectineus getrennt, die Lacuna musculorum. Am proximalen Oberschenkel erreicht er die mediale Fläche des M. ilio-

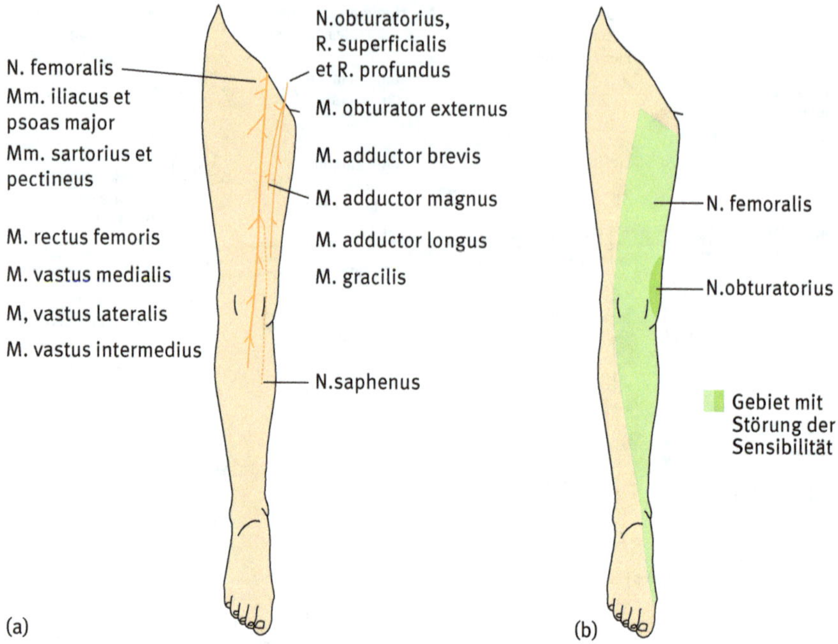

Abb. 7.23: N. femoralis und N. obturatorius. (a) Motorische Innervationen. (b) Sensible Versorgungsgebiete (nach Lößner et al. 1999).

psoas. Er versorgt die Kapsel des Hüftgelenks, die Mm. psoas und sartorius, teilweise den M. pectineus, außerdem den M. quadriceps femoris und sensibel die Oberschenkelvorderseite. Der längste Ast des N. femoralis, der sensible N. saphenus, betritt mit den Vasa femoralia zunächst den Adduktorenkanal, verlässt ihn nach ventral und erreicht zwischen M. vastus medialis und M. adductor magnus die Medialseite des Knies, perforiert nahe der Sartoriussehne die Faszie und zieht längs der V. saphena magna vor dem Innenknöchel zum medialen Fußrand. Er innerviert die Haut an der Innenseite des Knies und des Unterschenkels (Abb. 7.23). Entsprechend der Lokalisation von Schädigungen sind distale und proximale Femoralislähmungen zu unterscheiden.

Distale Femoralislähmungen entstehen meist durch Schädigungen in Höhe der Lacuna vasorum, z. B. durch Frakturen des horizontalen Schambeinastes, durch Hernien, schlecht sitzende Bruchbänder bzw. Oberschenkelprothesen, Erkrankungen der A. femoralis (Aneurysmen), aber auch im Rahmen einer asymmetrischen proximalen diabetischen Neuropathie und nicht selten im Rahmen von Operationen am Hüftgelenk, insbesondere bei der endoprothetischen Versorgung. Es kommt zum Ausfall der Mm. quadriceps femoris et sartorius sowie zu sensiblen Störungen an der Vorderseite des Oberschenkels und an der Innenseite des Unterschenkels. Bei der diabetischen Neuropathie bestehen lediglich Schmerzen ohne sensible Ausfälle.

Der Verlust der Sartoriusfunktion ist ziemlich belanglos, der des Quadrizeps behindert das Treppensteigen, auch das Herabsteigen, das Aufrichten aus der Hocke und aus dem Sitzen sowie das Gehen auf unebenem Boden, weil der Unterschenkel nicht aktiv nach vorn gebracht werden kann. Um Stand- und Gangsicherheit zu erreichen, überstrecken die Patienten unwillkürlich das Kniegelenk, es entsteht ein Genu recurvatum (Abb. 7.24).

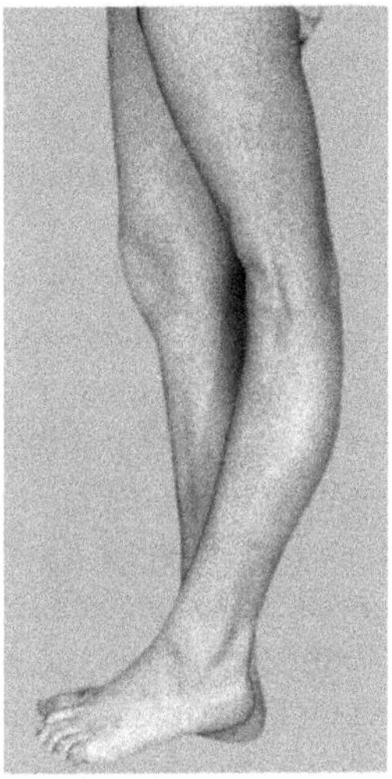

Abb. 7.24: Spitzfuß und Genu recurvatum.

Intrapelvine (proximale) Schädigungen des Nerven sind selten. Sie können bei operativen Maßnahmen und aufgrund raumfordernder Prozesse, Hämatome und Abszesse im Retroperitonealraum, während einer fortgeschrittenen Gravidität und während der Entbindung entstehen und sind nur ausnahmsweise Folge äußerer Verletzungen. Es kommt zum Ausfall auch des M. iliopsoas und zu einer noch deutlicheren Einschränkung der aktiven Hüftgelenksbeugung.

Therapie: Wenn sich unmittelbar nach einem operativen Eingriff oder einem Trauma nicht deutliche Remissionen erkennen lassen, ist abhängig von der Art der Schädigung die umgehende äußere Neurolyse, die Nervennaht oder die Nerventransplantation indiziert. Im Falle einer irreversiblen Schädigung können als Ersatz für die Streckmuskulatur des Kniegelenks die Semimuskeln, die Mm. gracilis, biceps femoris und tensor fasciae latae verwendet werden. Im Allgemeinen reicht es aus, 2 dieser Kniebeuger oder den M. tensor fasciae latae absteigend auf die Rektussehne zu verpflanzen. Zu bevorzugen ist der M. biceps femoris zusammen mit dem M. semitendinosus [Fansa u. Meric 2010]. Die freie Transplantation des M. rectus femoris der Gegenseite geht mit dem Nacht der dann beidseits geschwächten Kniegelenksstreckung einher.

Der Ausfall auch des M. iliopsoas (Beugung und Außenrotation des Hüftgelenks) ist mithilfe der Transposition des M. obliquus abdominis externus zu kompensieren.

Differenzialdiagnosen: Bandscheibenvorfälle (L 2 bis L 4) verursachen auch Ausfälle der Adduktoren (L 2 bis L 4) und des M. tibialis anterior (L 4). Plexus-lumbalis-Paresen weisen eine viel ausgedehntere Symptomatik auf als Schädigungen des N. femoralis. Atonie und Atrophie des M. vastus medialis entstehen reflektorisch bei Schädigungen des Kniegelenks (Verletzungen des medialen Meniskus, Meniskopathie). Abrisse der Rektussehne werden bevorzugt bei Sportlern und nach Kortikoid-Therapie beobachtet (Pseudoparalyse des M. quadriceps femoris). Streckkontrakturen des Kniegelenks stellen sich nicht selten nach intramuskulären Injektionen an der Ventralseite des Oberschenkels ein.

Der N. saphenus, der sensible Endast des N. femoralis, gibt in Höhe des Kniegelenks einen Ast für die Vorderinnenfläche des Knies ab (R. infrapatellaris n. sapheni). Seine Aufzweigungen werden beim ventromedialen, geringer beim ventralen Zugang zum Kniegelenk durchtrennt, sodass viele Patienten postoperativ über Sensibilitätsstörungen klagen. Sie bilden sich gewöhnlich innerhalb einiger Wochen oder Monate zurück. Die gelegentlich nach arthroskopischen und nach offenen Eingriffen am Kniegelenk auftretende schmerzhafte Induration des Hoffa'schen Fettkörpers bezeichnet man als „Hoffitis". Sie ist ebenfalls durch eine Irritation des R. infrapatellaris zu erklären und selbst durch die Entfernung des Fettkörpers oder seiner Reste nicht immer erfolgreich zu behandeln. Am Unterschenkel sind Schädigungen des N. saphenus im Rahmen von Verletzungen, aber auch nach Operationen (Varizen) zu beobachten. Die sensiblen Ausfälle sind nicht gravierend.

7.3.3.6 N. cutaneus femoris lateralis (L 2 und L 3)

Der rein sensible Nerv zieht von der Lateralseite des M. psoas schräg über den M. iliacus und dicht medial der Spina iliaca anterior superior unter dem Leistenband hindurch. Er versorgt, distal des Leistenbandes intrafaszial und bald subkutan verlaufend, die Vorderaußenseite des mittleren und distalen Oberschenkels bis etwa zum Patellaoberrand sensibel (Abb. 7.22). Zu stumpfen und scharfen Verletzungen des Nerven kann es bei Operationen am Hüftgelenk (Osteotomien, Endoprothetik) und am vorderen Beckenkamm kommen (Entnahme von Knochenmaterial). Häufiger sind habituelle oder durch den Druck enger Gürtel und anderer Kleidungsstücke bzw. von Lasten ausgelöste Kompressions-Syndrome, die sich durch brennende Schmerzen, Parästhesien, Hypästhesien und Anästhesien bemerkbar machen (*Meralgia paraesthetica*). Sie nehmen bei passiver Überstreckung des Hüftgelenks zu, bei Beugung ab. Männer sind viel häufiger betroffen als Frauen, manchmal doppelseitig. Während einer Schwangerschaft entstandene Beschwerden bilden sich nach der Entbindung gewöhnlich rasch zurück [Lindner et al. 1997]. Auch sonst wird ein eher abwartendes Verhalten empfohlen [Patijn et al. 2011]. In hartnäckigen Fällen besteht die Therapie in der operativen Erweiterung der Durchtrittsstelle des Nerven und des intrafaszialen Kanals.

7.3.3.7 N. obturatorius (L 2 bis L 4)

Der N. obturatorius zieht am Medialrand des M. psoas nach kaudal und gelangt dorsal der Vasa iliaca communia in das kleine Becken, das er durch den Canalis obturatorius am Oberrand des Foramen obturatum wieder verlässt. Er versorgt motorisch die Adduktoren einschließlich des M. gracilis und den M. obturator externus, sensibel zusammen mit dem N. femoralis die Innenseite des distalen Oberschenkels. Außerdem gibt er Äste an die Kapsel des Hüftgelenks und das dorsale Kniegelenk sowie für das mediale Seitenband und die Kreuzbänder ab (Abb. 7.23). Läsionen erfolgen entweder intrapelvin – vor allem durch Traumen und Raumforderungen, im Adduktorenkanal gewöhnlich durch Traumen – oder nach Passieren des Adduktorenkanals gelegentlich im Rahmen von Operationen am Hüftgelenk. Ausfälle machen sich bemerkbar durch den einseitig fehlenden „Schenkelschluss", eine Einschränkung der aktiven Adduktion im Hüftgelenk und sensible Ausfälle im Versorgungsgebiet. Weil die vom N. gluteus superior versorgten Abduktoren funktionstüchtig bleiben, wird das Bein beim Gehen zirkumduziert.

7.3.3.8 N. gluteus superior (L 4 bis S 1)

Die rein motorischen Nn. glutei stammen aus dem Plexus sacralis. Der N. gluteus superior verlässt das Becken durch das Foramen suprapiriforme und zieht in zwei Ästen zwischen den Mm. glutei medius und minimus nach ventral. Er versorgt beide Muskeln und den M. tensor fasciae latae.

Wichtigster Grund für einen teilweisen oder kompletten Ausfall sind Druckschädigungen der Wurzeln durch prolabiertes Bandscheibengewebe, spondylarthrotische Randzacken und degenerativ bedingte oder echte Spondylolysen. Zu Läsionen des Nerven kommt es verhältnismäßig oft bei der Endoprothetik des Hüftgelenks, gelegentlich nach Entbindungen oder fehlplatzierten intraglutealen Injektionen. Sie können auch auf intrapelvinen Raumforderungen und auf Beckenverletzungen beruhen.

Die Lähmung der 3 Muskeln führt genauso wie ein Hochstand des Trochanter major oder eine Luxation des Hüftgelenks zum Trendelenburg-Hinken, d. h., das Becken sinkt in der Standbeinphase nach der Spielbeinseite ab (Abb. 7.25). Differenzialdiagnostisch ist auch an proximale Myopathien zu denken. Bei der Endoprothetik des Hüftgelenks zeigen die Mm. gluteus medius et minimus manchmal ausgedehnte fibröse Veränderungen, die nicht mit einer nervalen Schädigung, sondern mit der Koxarthrose zusammenhängen. Ein funktionelles Defizit resultiert daraus nicht, weil der M. tensor fasiae latae erhalten bleibt.

In besonders günstig gelagerten Fällen kann ein teilweiser Ersatz der gelähmten Abduktoren des Hüftgelenks mithilfe des M. obliquus abdominis externus, des M. erector spinae oder des M. iliopsoas erreicht werden. Durch eine hüftgelenkna-

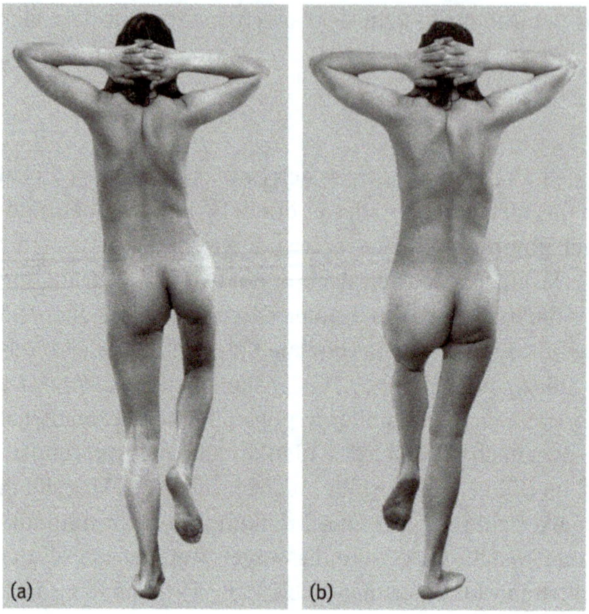

Abb. 7.25: Parese des N. gluteus superior rechts, Atrophie der Hüftmuskulatur rechts. (a) Beim Stand auf dem linken Bein hebt die Patientin die rechte Beckenhälfte an. (b) Beim Stand auf dem rechten Bein sinkt die linke Beckenhälfte herab: Insuffizienz der Mm. glutei medius et minimus sowie des M. tensor fasciae latae rechts, Trendelenburg-Zeichen.

he valgisierende Osteotomie lässt sich ein nicht allzu ausgeprägtes Hinken beseitigen und das Gangbild bessern.

7.3.3.9 N. gluteus inferior (L 5 bis S 2)

Der N. gluteus inferior tritt durch das Foramen infrapiriforme in den M. gluteus maximus ein, den er innerviert. Er versorgt auch Teile der Hüftgelenkskapsel. Eine Schädigung beruht auf ähnlichen Gründen wie die des N. gluteus superior. Der Ausfall des M. gluteus maximus behindert die aktive Streckung des Hüftgelenks, die sich besonders störend beim Treppensteigen, beim Besteigen von Leitern u. ä. bemerkbar macht. Ein befriedigender plastischer Ersatz ist nicht möglich und, weil die aktive Streckung des Hüftgelenks nicht völlig verloren geht, gewöhnlich nicht nötig (Mm. gluteus medius et minimus).

7.3.3.10 N. ischiadicus (L 4 bis S 3)

Der wichtigste Nerv des Plexus sacralis und längste und stärkste Nerv des Menschen geht aus allen ventralen Wurzeln des Lumbosakralplexus hervor. Er verlässt das Becken durch das Foramen infrapiriforme und zieht dorsal der Außenrotatoren des Hüft-

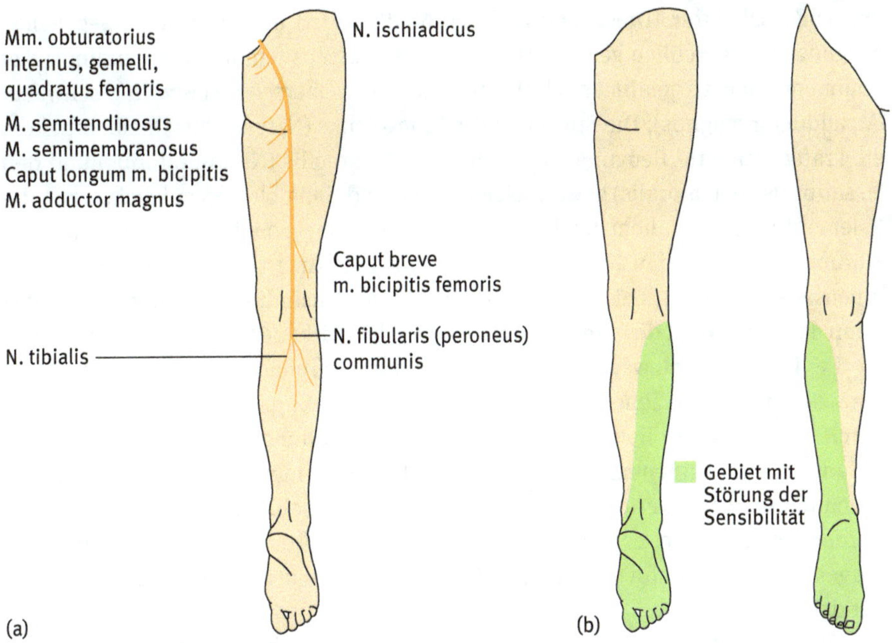

Abb. 7.26: N. ischiadicus. (a) Motorische Innervationen. (b) Sensibles Versorgungsgebiet (nach Lößner at al. 1999).

gelenks, bedeckt vom M. gluteus maximus, nach distal. Am Oberschenkel liegt er dorsal des M. adductor magnus, ventral der ischiokrualen Muskulatur. Am Oberrand der Fossa poplitea, oft aber höher, evtl. schon nach Verlassen des Foramen infrapiriforme, teilt er sich in seine beiden Hauptäste, die Nn. tibialis und fibularis, die sich nicht selten schon im gemeinsamen Stamm als eigene Bündel erkennen lassen. Die tibialen Anteile des Nerven versorgen die Mm. obturator internus, gemelli, quadratus femoris sowie am Oberschenkel die Mm. semitendinosus und semimembranosus, den langen Bizepskopf und zum Teil den M. adductor magnus, die fibularen Anteile innervieren den kurzen Bizepskopf. Gelenkäste für das Hüftgelenk stammen aus dem tibialen, für das Kniegelenk aus dem fibularen Anteil (Abb. 7.26).

Eine Läsion des N. ischiadicus wird gelegentlich nach traumatischen Hüftverrenkungen, nach Oberschenkelfrakturen und bevorzugt nach Operationen am Hüftgelenk (Endoprothetik) beobachtet, aber auch raumfordernde Prozesse im Becken, Beckenfrakturen, Strahlenschädigungen, Durchblutungsstörungen sowie Kompressions-Syndrome wie das Piriformis-Syndrom kommen als Ursache infrage. Schließlich kann der Nerv bei unsachgemäßen intraglutealen Injektionen getroffen und in Mitleidenschaft gezogen werden (Spritzenlähmung). Ein sehr seltenes Ereignis stellt der thrombotische Verschluss der A. comitans n. ischiadici dar (Dippold 2014). Bei Ausfall des gesamten Nerven kommt es zur Lähmung der gesamten Unterschenkel-

und Fußmuskulatur (Dreschflegelfuß). Außerdem wird die Kraft der Kniegelenksbeugung ganz erheblich gemindert, weil die Mm. biceps femoris, semitendinosus et semimembranosus gelähmt sind. Die Adduktion des Oberschenkels wird geschwächt (M. adductor magnus). Die Streckung des Kniegelenks (N. femoralis) bleibt erhalten, die kraftgeminderte Beugung wird durch den M. gracilis (N. obturatorius) und den M. sartorius (N. femoralis) gewährleistet. Stand und Gang bleiben möglich, wenn der N. femoralis und vor allem die Nn. glutei funktionsfähig geblieben sind. Die sensiblen Störungen betreffen den gesamten Unterschenkel mit Ausnahme der Vorder- und der Innenseite. Verloren geht also auch die wichtige Sensibilität der Fußsohle. Selbst wenn der Auftritt mit der ganzen Sohle möglich ist, wirkt der Gang stampfend.

Der Fuß stellt sich wegen der trotz der Lähmung verbleibenden elastischen Spannung der kräftigeren Zehen- und Fußbeuger sowie der Supinatoren, begünstigt auch durch den Druck der Bettdecke, mehr und mehr in Klumpstellung ein, sodass von Anfang an eine Schienenlagerung rechtwinklig zum Unterschenkel und in leichter Pronation unbedingt erforderlich ist. Alle Gelenke einschließlich der Zehengelenke werden regelmäßig, d. h. täglich, durchbewegt, um Kontrakturen zu vermeiden, und die gelähmte Muskulatur wird mittels direkter oder indirekter elektrischer Reizung behandelt.

Die Naht des N. ischiadicus, die Defektüberbrückung durch Transplantat und die Neurolyse gelten als aussichtsreich. Selbst wenn sich nur die Sensibilität ganz oder teilweise wiederherstellen lässt, ist dies für die Verhinderung der Ausbildung von trophischen Ulzera sehr wichtig. Sie entstehen nach Ischiadikuslähmung vor allem an der Ferse und im Ballenbereich rasch und können zur Amputation im Unterschenkel zwingen. Eine Wiederherstellung der Beweglichkeit im Fuß- oder Zehenbereich durch Sehnenverpflanzung ist nicht möglich. Der funktionelle Wert freier Muskeltransplantate, beispielsweise des M. rectus femoris der Gegenseite, ist wegen der großflächigen sensiblen Defizite sehr begrenzt. Eine orthopädie-technische Versorgung kann mithilfe einer Orthese und eines orthopädischen Schuhs erfolgen. Eleganter und besser ist zumindest bei jüngeren Menschen die Arthrodese des gesamten Fußgelenks, die Triple-Arthrodese, verbunden mit der Tenodese der langen Zehenstrecker, um der Beugekontraktur in den Zehengrundgelenken entgegenzuwirken.

7.3.3.11 N. tibialis (L 4 bis S 3)

Der weitaus kräftigere der beiden Ischiadikusäste durchquert die Kniekehle dorsal und etwas lateral der Vasa poplitea, gibt gewöhnlich 2 Rami articulares genus zum Kniegelenk ab, gelangt zwischen die Gastroknemiusköpfe, verläuft zwischen den oberflächlichen und den tiefen Wadenmuskeln mit der A. tibialis posterior nach distal und teilt sich hinter dem Malleolus medialis in die beiden Nn. plantares. Im proximalen Abschnitt der Fossa poplitea geht aus dem N. tibialis der N. suralis hervor, der in der von den Gastroknemiusköpfen gebildeten Rinne nach distal zieht, wo er sich mehrfach mit dem Ramus communicans fibularis des N. cutaneus surae fibularis (aus dem N. fibularis communis) verbindet. Er verläuft weiter am lateralen Fußrand, vereinigt sich mehrfach mit Endästen des N. fibularis superficialis und endet an der Dorsalseite der kleinen Zehe. Der Nerv versorgt die Haut an der lateralen Seite des Fußgelenks und an der Ferse sowie die lateralen Kapselanteile des oberen und des unteren Sprunggelenks (Abb. 7.27).

Der Hauptstamm des N. tibialis innerviert die gesamte Wadenmuskulatur und die Muskulatur an der Plantarseite des Fußes einschließlich der kurzen Fußmuskeln, die Tibia und ihr Periost, die Membrana interossea, das Tibiofibulargelenk, das Fußgelenk sowie die Aa. tibiales. Er verfügt über einen hohen Anteil vegetativer Fasern, sodass bei (partiellen) Verletzungen Kausalgien zu erwarten sind.

Lähmungen des N. tibialis kommen gelegentlich und seltener als die des N. fibularis in Zusammenhang mit Luxationen des Kniegelenks oder Unterschenkelfrakturen, Tumoren und Ischämien, ausnahmsweise beim Stripping der Vena saphena parva [Prandl et al. 2006] vor und führen zum Ausfall der Wadenmuskulatur und der Fußsohlenmuskulatur. Die Zehen stellen sich in Krallenstellung, der Fuß in Valgusstellung ein, die für den fördernden Gang kräftige Plantarflexion fehlt. Der Fuß wird vorangeschoben („Bügeleisengang“). Die Schweißsekretion an der Fußsohle ist gestört. Sensible Ausfälle sind nur bei Läsion des Nerven proximal des Suralisabgangs zu erwarten. Tritt der Ausfall der Wadenmuskulatur bereits in der Kindheit ein, stellt sich der Kalkaneus steil, das Tuber calcanei gerät im Extremfall in die Verlängerung der Tibiaachse (Lähmungshackenfuß, Abb. 7.28).

Eine orthopädietechnische Versorgung ist in günstigen Fällen mithilfe eines nach hinten verlängerten Absatzes, eines Schleppabsatzes, möglich, der den dorsalen Hebelarm ersetzt. Ausgeprägtere Befunde verlangen die Versorgung mit orthopädischem Schuhwerk oder mit Orthesen, die den Fuß nach Möglichkeit in leichter Plantarflexion und in Mittelstellung zwischen Supination und Pronation fixieren. Vor Wachstumsabschluss und solange keine wesentliche Fehlstellung eingetreten ist, kommt die Transposition der Fibularis-brevis-Sehne auf das Tuber calcanei zum Ersatz des M. triceps surae oder die freie Muskeltransplantation (M. rectus femoris) infrage. Bei älteren Jugendlichen und bei Erwachsenen mit Steilstellung des Kalkaneus bewährt sich die Arthrodese des unteren Sprunggelenks unter Wegnahme eines Knochenkeils mit dorsaler Basis.

Tarsaltunnel-Syndrom. Nach Verletzungen, Druck von außen und oft ohne erkennbaren Grund kann es zu einer Schädigung des N. tibialis oder seiner beiden Endäste (Nn. plantares medialis et lateralis) an der Rückseite des Innenknöchels zwischen diesem und dem Retinaculum musculorum flexorum kommen (hinteres Tarsaltunnel-Syndrom). Das Syndrom äußert sich durch Schmerzen, sensible Störungen, Störungen der Schweißabsonderung im sensiblen Versorgungsgebiet des Nerven und manchmal Paresen der kurzen Fußmuskeln. Die Beschwerden treten während der Belastung oder gerade während der Ruhezeiten, also vorwiegend nachts, auf.

Die Diagnose kann nicht immer elektroneurografisch objektiviert werden.

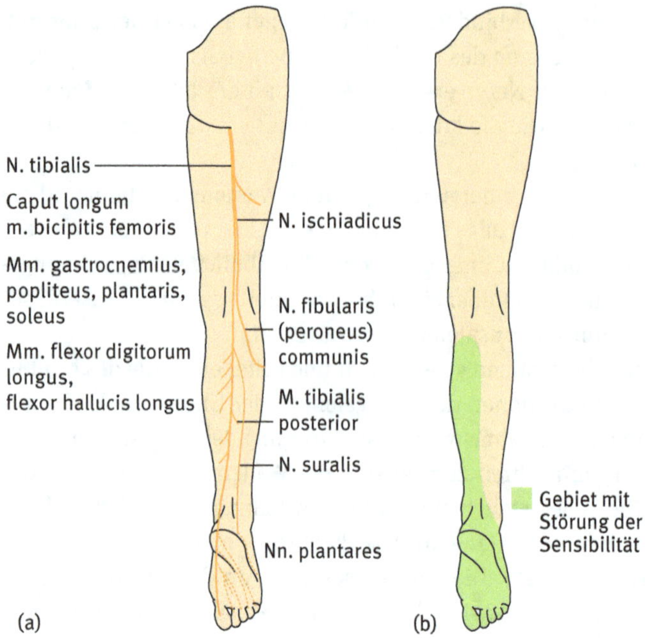

Abb. 7.27: N. tibialis. (a) Motorische Innervationen. (b) Sensibles Versorgungsgebiet (nach Lößner et al. 1999).

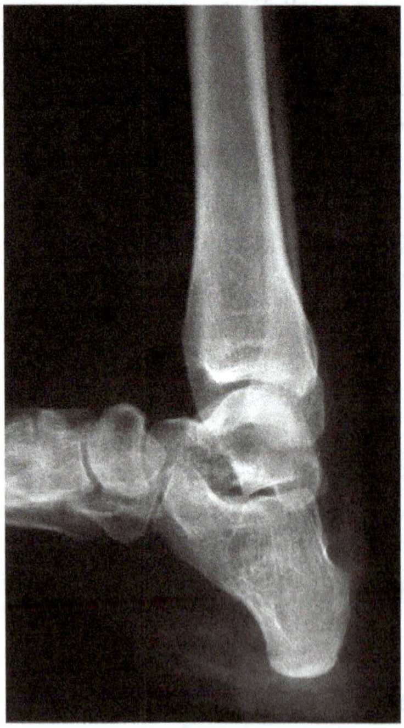

Abb. 7.28: 16 Jahre, weiblich. Myelomeningozele: Lähmung der Wadenmuskulatur (N. tibialis), Lähmungshackenfuß.

Wenn sich die Entlastung durch Einlagen oder Absatzerhöhung als nicht ausreichend erweist, ist die operative Spaltung des Retinakulums und die Neurolyse indiziert, möglichst bevor motorische Defizite auftreten.

Morton-Neuralgie. Nicht selten finden sich im Bereich des distalen Metatarsus und im Interdigitalraum zwischen III. und IV., manchmal zwischen IV. und V. Zehe brennende Kribbelparästhesien oder „Nervenschmerzen", die auf eine mechanische Irritation der zwischen den Metatarsalköpfen verlaufenden Nn. digitales plantares communes, Äste der aus dem N. tibialis stammenden Nn. plantares, zurückzuführen sind (Morton-Neuralgie oder Metatarsalgie). Wenn man den Fuß bei der Untersuchung mit der linken Hand im Wechsel von den Rändern her zusammenpresst und mit dem Daumen der rechten Hand von der Sohle her die Metatarsalköpfe auseinanderdrängt, kann man bei diesen Schmerzzuständen gelegentlich das Vor- und Zurückschlüpfen eines erbsgroßen Neuroms zwischen den Metatarsalköpfen tasten. Der Befund lässt sich elektrophysiologisch bestätigen. Die Infiltration mit einem Lokalanästhetikum kupiert den Schmerz für einige Zeit. Zur Behandlung genügen manchmal Einlagen oder eine Schmetterlingsrolle. In hartnäckigen Fällen ist die Resektion des Neuroms angezeigt. Die Abgrenzung von Spreizfußbeschwerden gelingt am einfachsten mithilfe eines Heftpflasterstreifens, den man proximal der Metatarsalköpfe fest, aber nicht straff um den Vorfuß führt. Er kupiert ggf. die Spreizfußbeschwerden.

Ähnliche Schmerzen und sensible Störungen beobachtet man gelegentlich an der Medialseite der Großzehe als Folge von Schuhdruck oder Exophyten am Großzehengrundgelenk.

7.3.3.12 N. fibularis communis (N. peroneus communis, L 4 bis S 2)

Der schwächere Ischiadikusast zieht am Medialrand der Bizepssehne nach distal und unterhalb des Caput fibulae nach lateral. Unmittelbar vor seinem Eindringen in den M. fibularis longus teilt er sich in den vorwiegend sensiblen N. fibularis superficialis, der zwischen den beiden Mm. fibulares weiter nach distal bis zum Fußrücken zieht, und den vorwiegend motorischen N. fibularis profundus, der zusammen mit A. und V. tibialis anterior lateral des M. tibialis anterior nach distal verläuft. Der N. fibularis profundus (L 5 und S 1) versorgt Teile des Fußgelenks, die Extensoren des Fußes und der Zehen, also die Mm. tibialis anterior, extensor hallucis longus, extensor digitorum longus, extensor hallucis brevis und extensor digitorum brevis, sensibel einen kleinen Hautbezirk am Fußrücken über den Metatarsalköpfen I und II und im dazugehörigen Interdigitalraum. Der N. fibularis superficialis (L5 bis S2) gibt motorische Zweige ab für die Mm. fibularis longus und brevis und versorgt den größten Teil des Fußrückens sensibel (Abb. 7.29). Die sensible Innervation der Haut über dem Malleolus medialis und am medialen Fußrand stammt aus dem N. saphenus.

Lähmungen des N. fibularis communis sind häufig auf Raumbeengungen der Wurzeln im Rahmen degenerativer lumbaler Wirbelsäulenerkrankungen sowie Druckschädigungen am Caput fibulae durch Gips- oder Schienenverbände, Lagerungs-

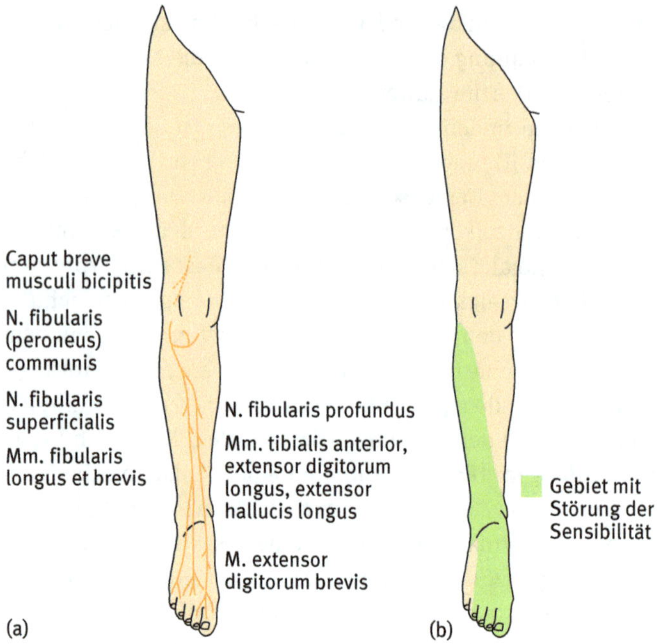

Abb. 7.29: N. fibularis. (a) Motorische Innervationen. (b) Sensibles Versorgungsgebiet (nach Lößner et al. 1999).

schienen, seltener auf Luxationen des Kniegelenks, Unterschenkelfrakturen und Frakturen des Caput fibulae zurückzuführen. Ursächlich infrage kommen auch kniegelenknahe Osteotomien, insbesondere X-Bein-Korrekturen, Varizenoperationen, arthroskopische und offene Operationen am Kniegelenk, der endoprothetische Ersatz des Kniegelenks und natürlich Tumoren (Ekchondrome!). Manchmal handelt es sich um Restbefunde einer anfangs kompletten oder partiellen Ischiadikuslähmung. Die gesamten Fuß- und Zehenstrecker sowie die Mm. tibialis anterior et fibulares fallen aus. Anders als bei Läsion der Wurzel L5 bleibt die Supinationsfähigkeit erhalten. Es entsteht ein Hängefuß (Abb. 7.30). Sensible Ausfälle bestehen an der Vorderseite des distalen Unterschenkels und am Fußrücken mit Ausnahme des Fußaußenrandes und der 5. Zehe. Der Patient hebt beim Gehen das Knie an, um nicht mit der Fußspitze am Boden hängen zu bleiben (Steppergang, Hahnentritt).

Die Behandlung der frischen Lähmung besteht in der Schienenlagerung von Fuß und Unterschenkel (Abb. 7.31a) und in der unverzüglichen operativen Druckbefreiung der Wurzel(n) oder des Nerven am Fibulakopf bzw. bei allmählich eintretender traumatisch bedingter Lähmung in der Neurolyse, wenn elektromyografisch und durch Messung der fraktionierten Nervenleitgeschwindigkeit eine Einengung nachweisbar und lokalisierbar ist. Nervennähte – im Falle einer Durchtrennung – führen nur ausnahmsweise zu befriedigenden Ergebnissen, sollten aber vorgenommen werden. Fort-

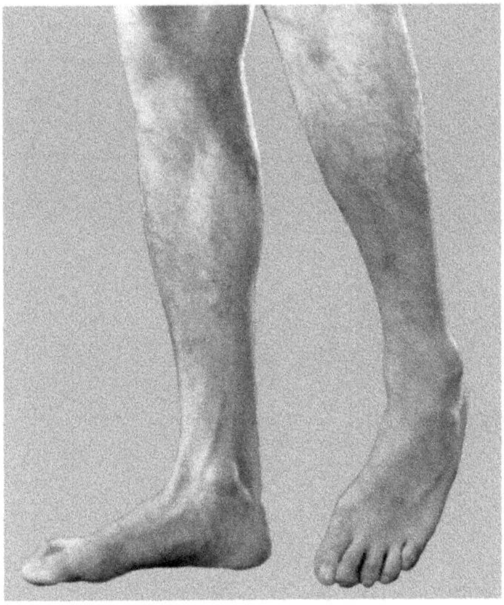

Abb. 7.30: Lähmung des N. fibularis communis. Die Fußspitze bleibt beim Gehen am Boden hängen.

bestehende Lähmungen erfordern die Versorgung mit einer Orthese, die das Herabfallen des Fußes verhindert (Heidelberger Winkel, Hängefußschiene), oder mit einem Lähmungsinnenschuh. Eine dauerhafte Fixierung kann mittels Arthrodese des oberen und des unteren Sprunggelenks sowie des Chopart'schen Gelenks erfolgen (Triple-Arthrodese), ergänzt durch die Tenodese der langen Zehenextensoren. Die Motorisierung der Fußheber mittels M. tibialis posterior befriedigt oft nicht.

Kompressions-Syndrome des N. fibularis communis

Sie können am Durchtritt des Nerven durch den M. fibularis longus kurz vor der Aufteilung in seine beiden Haupttäste auftreten, gelegentlich einen von beiden bevorzugen oder ausschließlich betreffen. Ursachen solcher Raumbeengungen sind anhaltender Druck von außen, in erster Linie Lagerungsfehler bei operativen Maßnahmen und bei der Lagerung von Hilflosen bzw. Bewusstlosen, Verletzungen, entzündliche und degenerative Erkrankungen (Insertionstendopathien), Tumoren und anderes. Kompressions-Syndrome treten auch auf im Rahmen von Kompartment-Syndromen der Logen für die Extensoren bzw. für die Pronatoren. Über eine Fibularislähmung in Zusammenhang mit einer Varizensklerosierung berichtet Zipper [2000]. Es kommt zu Parästhesien, Hypästhesien und Anästhesien sowie zu motorischen Ausfällen im Bereich der Fuß- und Zehenheber bzw. der Pronatoren. Kompartment-Syndrome sind darüber hinaus sehr schmerzhaft.

Wenn die Beseitigung einer schädigenden äußerlichen Einwirkung nicht ausreicht, sollte die frühzeitige operative Revision erfolgen.

Die mechanischen Ursachen für eine Lähmung des N. fibularis superficialis liegen wie beim N. fibularis communis vor allem in einer Raumnot der Wurzeln oder des Nerven am Fibulakopf und erfordern entsprechende Konsequenzen. Die Superfizia-

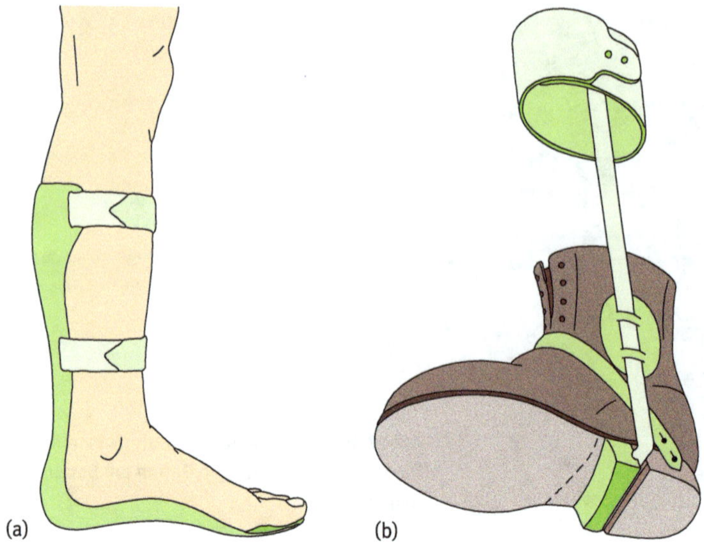

Abb. 7.31: (a) Spitzfußschiene. (b) Gocht'sche Hebelschiene.

lislähmung führt zum Ausfall der Pronatoren des Fußes und damit des für die Gewölbespannung wichtigen M. fibularis longus, zum Lähmungsklumpfuß, sowie zu sensiblen Störungen an der Vorderseite des distalen Unterschenkels und am Fußrücken mit Ausnahme des Fußaußenrandes und der 5. Zehe (N. suralis).

Bei weniger ausgeprägten Befunden genügt die Verbreiterung von Absatz und Schuhsohle nach außen, um das Umknicken des Fußes zu verhindern (Schuhaußenrand-Verbreiterung). Stärker ausgeprägte Befunde erfordern die Versorgung mit einer Orthese (Gocht'sche Hebelschiene, Abb. 7.31b). Sie fixiert den Fuß in Mittelstellung zwischen Supination und Pronation, lässt aber für die Anpassung an die Unebenheiten des Bodens geringe passive Bewegungen des Fußes zu. Als operativer Ersatz für die verlorene Funktion des M. fibularis brevis kann der M. tibialis anterior oder – meist weniger günstig – posterior verwendet werden. Häufig ist es ratsam, die Sehnenverpflanzung mit der Arthrodese des unteren Sprunggelenks zu verbinden.

Auch für die *Lähmung des N. fibularis profundus* kommen dieselben Ursachen in Betracht wie für Schädigungen des N. fibularis communis. Der Ausfall sämtlicher Zehenstrecker sowie des M. tibialis anterior führt zum Lähmungspitzfuß und wie bei der kompletten Fibularislähmung zum Steppergang. Die Sensibilität ist in einem kleinen Gebiet zwischen den Metatarsalköpfen I und II gestört. Frische Lähmungen erfordern die Versorgung mit einer Spitzfußlagerungsschiene. Der Gang wird mit einem Heidelberger Winkel o. a. bzw. mit einem Lähmungsinnenschuh wieder flüssig. Die Möglichkeiten des operativen Ersatzes richten sich nach dem Lähmungsbild, d. h. danach, welche von den genannten Muskeln ausgefallen sind. Bei komplettem Ausfall sämtlicher vom N. fibularis profundus versorgten Muskeln bewährt sich die Verpflanzung des M. fibularis brevis auf den Ansatz des M. tibialis anterior in Verbindung mit der Arthrodese des unteren Sprunggelenks. Besteht dagegen ein isolierter Ausfall des M. tibialis anterior, können als Ersatz dafür sowohl der kräftige lange Großzehenstrecker als auch der M. fibularis brevis herangezogen werden. Eine zusätzliche Arthrodese des unteren Sprunggelenks ist dann nur ausnahmsweise erforderlich.

Vorderes Tarsal-Syndrom

Zwischen dem Retinaculum musculorum extensorum inferius und der Vorderfläche der Tibia kann es nach Verletzungen, durch Druck von außen (Schuhe) oder durch häufige Dehnung (Balletttanz) zur Kompression des N. fibularis profundus kommen. Je nach Höhe der Schädigung treten Ausfälle der Mm. extensor digitorum brevis sowie der Mm. interosseii I und II bzw. Sensibilitätsstörungen in dem Gebiet zwischen den Metatarsalköpfen I und II auf. Auch hier lässt sich oft Beschwerdefreiheit durch Beseitigung eines Drucks von außen erzielen (Schuhwechsel), anderenfalls ist die operative Erweiterung (nicht Durchtrennung) des Retinakulums zu erwägen.

7.3.3.13 N. pudendus (S 3, auch S 2 und S 3 oder S 3 und S 4)

Der Nerv verlässt das Becken kaudal des M. piriformis, wendet sich um die Spina ossis ischii und zieht durch das Foramen ischiadicum minus zum Canalis pudendalis in der Fossa ischiorectalis. Er innerviert die Muskulatur des Beckenbodens, des Perineums, den M. sphincter ani externus sowie den M. sphincter vesicae externus, sensibel die Analregion, das Perineum, die Schleimhaut der Urethra, den Penis bzw. die Klitoris. Äste zum Rektum, zur Blase und zur Vagina verbinden sich mit dem N. sympathicus. Zu Läsionen führt – außer Beckenfrakturen, Tumoren und Blutungen – anhaltender Druck gegen die Perinealregion (Extensionstisch, harter Fahrradsattel). Sie machen sich durch Inkontinenz von Blase und Darm und durch Erektionsstörungen bemerkbar. Nach Schädigungen durch Druck von außen sind die Aussichten auf eine Remission recht gut.

7.3.3.14 N. cutaneus femoris posterior (S 1 bis S 3)

Der sensible Nerv verlässt gemeinsam mit dem N. gluteus inferior am Unterrand des M. piriformis die Beckenhöhle, begleitet anfänglich den N. ischiadicus und erreicht zwischen dem Tuber ossis ischii und dem Trochanter major subfaszial die Dorsalseite des Oberschenkels. Seine proximalen Äste, Nn. clunium caudales, ziehen um den Unterrand des M. gluteus maximus herum nach kranial und versorgen die Haut des Gesäßes. Seine distalen Äste, Rami perineales, innervieren die Haut zwischen Perineum und Oberschenkel, die Rückseite des Oberschenkels bis zur Kniekehle und zusammen mit dem N. pudendus das Skrotum bzw. die Labia majora. Das autonome Gebiet beschränkt sich auf eine Zone am proximalen Rand der Fossa poplitea. Die Nervi clunium craniales für die Haut um die Trochantergegend stammen aus den Rami dorsales der Lendennerven 1 bis 3, die Nn. clunium medii für die Haut über dem Kreuzbein aus den Rami dorsales der Sakralnerven 1 bis 3. Läsionen treten als Begleitverletzungen von Beckenfrakturen, von (intraoperativen) Ischiadikusverletzungen und Tumorbedingt auf.

7.3.4 Nervenläsionen im Rahmen der Hüftgelenksendoprothetik

Bei Nerven- (und Gefäß-)läsionen im Rahmen der endoprothetischen Versorgung des Hüftgelenks handelt es sich nicht um seltene Vorkommnisse. Eine präoperative Aufklärung des Patienten über diese Gefahr und eine exakte postoperative Dokumentation ist im Interesse des Patienten und des Operateurs unbedingt erforderlich. Iatrogene Nervenschädigungen sollten immer auch durch einen Neurologen beurteilt werden.

Nach Mumenthaler, Stöhr u. Müller-Vahl [2003] stellt die Totalendoprothetik des Hüftgelenks die häufigste Ursache von „Beinplexuslähmungen" dar. Besonders empfindlich gegenüber Dehnungen seien die motorischen Anteile, betroffen hauptsächlich die Beuger und die Abduktoren des Hüftgelenks. Bei bis zu 3,5 % der Primäreingriffe müsse man mit klinisch relevanten Störungen rechnen, bei Revisionsoperationen mit 2,9 bis 7,6 %. Bei 3 Vierteln der Betroffenen seien mehr oder weniger vollständige Remissionen zu erwarten. Goetz et al. [2010] beziffern ähnlich wie Holzapfel et al. [2012] die Inzidenz von motorischen Nervenschädigungen bei der primären Endoprothetik in einer Sammelstudie mit bis zu 2,1 %, durchschnittlich 0,5 %. Bei Revisionsoperationen erreichte sie maximal 10,7 %, im Mittel 3,5 %, bei der endoprothetischen Versorgung von Dysplasiearthrosen lag sie zwischen 1 und 5,2 %, im Mittel bei 2,3 %. 25 % der Ischiadikusläsionen und 60 % der Femoralisläsionen entstehen iatrogen [Antoniadis 2014]. Meistens, aber nicht immer handelt es sich um stumpfe Verletzungen. Der Grund für die Verletzbarkeit des N. ischiadicus ist in seiner Topographie zu suchen, nämlich in der Fixation des gesamten Nerven im Foramen infrapiriforme. Nach einer hohen Teilung durchquert der N. fibularis gewöhnlich den M. piriformis. Er wird begleitet von der A. comitans nervi ischiadici, einem Ast der A. glutea inferior, der wiederum Anastomosen mit den Gefäßen des proximalen Oberschenkels bildet. Die besondere Fixation des weit proximal abgehenden N. fibularis und die kritische Gefäßversorgung führen zu einer besonders hohen Vulnerabilität dieses Ischiadikusastes [s. z. B. Knahr et al. 1999].

Die Gefahr von dauerhaften Nervenschädigungen aufgrund von einzeitigen Beinverlängerungen bei der Hüftgelenksendoprothetik bezeichnen Götz et al. [2010] als gering, wenn höchstens um 3 cm verlängert wird. Der Zugangsweg zum Hüftgelenk – dorsaler oder lateraler Zugang – scheine die Häufigkeit von Nervenläsionen nicht zu beeinflussen, eine Rolle spiele in diesem Zusammenhang eher die Erfahrenheit und Perfektion des Operationsteams. Rössler u. Rüther [2005] machen dagegen unter anderem den dorsalen Zugang zum Hüftgelenk für Ischiadikusverletzungen verantwortlich. Signifikante Bedeutung besitzt das Geschlecht des Patienten: Die Schädigungsra-

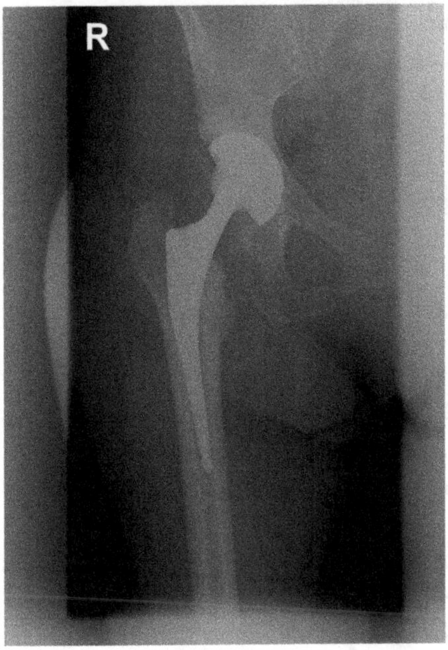

Abb. 7.32: 54 Jahre, weiblich. Dysplasiekoxarthrose. Versorgt mit zementfreier Totalendoprothese (Beob. R. Herrschelmann).

te liegt bei Frauen fast doppelt so hoch wie bei Männern, vermutlich wegen des nachgiebigeren Bindegewebes und der gewöhnlich geringeren Muskelmasse, die Traktionen weniger Widerstand entgegensetzen.

Der unsachgemäße Einsatz von Knochenhebeln gefährdet ventral den N. femoralis und die externen Iliakalgefäße, dorsal den N. ischiadicus und kranial die Nn. glutei. Der Gebrauch von Langenbeck-Haken bringt eher den weniger durch Weichteile geschützten N. ischiadicus als den N. femoralis in Bedrängnis. Außerhalb einer perforierten Pfanne aushärtender Knochenzement könne die Ursache für Hitzeschäden, aber auch für mechanische Schäden des N. femoralis bzw. des N. obturatorius bilden [C. u. D. Schoellner 2003]. Eine Rolle spielen außerdem fehlerhaft platzierte Schrauben, die Operationsdauer, die vorgefundene anatomische Situation sowie eine unangemessen lange intraoperative Lagerung des Beins in Adduktion, Beugung und Außenrotation, die zu einer „zunehmenden Kompression durch die Sehne des M. gluteus maximus“ führt [Dietze et al. 2014]. Dietze et al. nennen auch eine Reihe von „unspezifischen Risikofaktoren“: endokrine und Stoffwechselerkrankungen, Unterernährung, Stenosen des lumbalen Spinalkanals, Neuropathien, Abusus von Alkohol bzw. Nikotin, Bluthochdruck, Anämie und nicht zuletzt bestimmte Malignome und ihre Chemotherapien. Eine Gefährdung geht schließlich auch von geschlossenen Repositionen luxierter Kunstgelenke aus [Haque u. Sundararajan 2013].

Scharfe Läsionen kleinerer Nerven bezeichnen Schoellner und Schoellner [2003] als „sehr häufig“. Sie sind bei nicht anatomiegerechtem Vorgehen und bei sehr unübersichtlichen anatomischen Verhältnissen zu erwarten. Als Schadensursache ist auch zu denken an Blutungskomplikationen, „blinde“ Unterbindungen und Umstechungen von Gefäßen und an einen allzu großzügigen Einsatz der Elektrokoagulation. Khan u. Knowles [2007] sehen im „direkten lateralen Zugang“ zum Hüftgelenk eine besondere Gefahr für den N. gluteus superior. Nicht nur scharfen, sondern auch stumpfen Verletzungen der Nn. glutei kommt eine große funktionelle Bedeutung zu, während sich Verletzungen des N. cutaneus femoris lateralis nach vorderem Zugang zum Hüftgelenk und zum Beckenkamm nicht nur durch sensible Störungen, sondern auch durch eine Meralgia paraesthetica bemerkbar machen können.

Die klinische Diagnostik von intraoperativ entstandenen Nervenverletzungen ist einfach. Die Prüfung der aktiven Fußbeweglichkeit und die Frage, ob „Gefühl“ vorhanden ist, reicht allerdings nicht aus. Zur Beurteilung gehört zumindest im Verlauf die Einbeziehung aller Bewegungsrichtungen von Hüft-, Knie- und Fußgelenk und die Feststellung des Kraftgrades, mit dem die Bewegungen ausgeführt werden, der Sensibilität und des Reflexverhaltens. Eine genauere Diagnostik ist bei Bedarf durch elektromyographische und elektroneurographische Untersuchungen möglich. Wolf et al. weisen auf den Wert der MR-Neurographie hin [2014]. „Auch bei der Beurteilung des EMG-Befundes ist wegen der häufig bei älteren Patienten bestehenden blanden Polyneuropathien Vorsicht geboten, nur beim Nachweis florider Denervierungsvorgänge, die auf der nicht operierten Seite fehlen, darf auf eine frische neurogene Störung geschlossen werden“ [Stöhr 1996].

Postoperative Schädigungen durch unsachgemäße Lagerung betreffen in erster Linie den N. fibularis (peroneus), der vor allem durch seinen Verlauf nahe dem Caput fibulae gefährdet ist, während an Lagerungsschäden der anderen Nerven normalerweise kaum zu denken ist. (Distale) Femoralisschäden verdanken ihre postoperative Entstehung vor allem Hämatomen.

Die Prognose von Läsionen durch Traktion oder Kompression ist verhältnismäßig gut, insbesondere wenn die Erholung innerhalb der ersten postoperativen Tage einsetzt. Die Chancen für eine spontane Erholung der Motorik sind besser als die der Sensibilität, Voraussagen darüber hinaus aber auch mit Hilfe von EMG und NLG-Messungen nicht möglich [Knahr et al. 1999].

Eine besondere Lagerung des Beins ist nach Eintritt einer intraoperativen Nervenläsion nicht erforderlich und wegen der Gefahr der Entstehung von Dekubitalgeschwüren nicht durchführbar. Die übliche Lagerung in leichter Abduktion genügt. Wichtig ist, wenn Unterschenkel und Fuß betroffen sind, die umgehende Einstellung des Fußes rechtwinklig zum Unterschenkel und in leichter Pronation mit Hilfe eines Spitzfußzügels, eines Heidelberger Winkels oder am sichersten einer Schiene, befundabhängig ergänzt durch passive Mobilisierungen, Elektrotherapie und ggf. aktive Übungen.

7.3.5 Muskellogen-Syndrome – Kompartment-Syndrome

Anhaltende Drucksteigerungen in Muskellogen führen rasch zur Nekrose der Muskulatur, zu Störungen der nervalen Funktionen und zu Kontrakturen. Als Ursachen kommen stumpfe Verletzungen, Frakturen, Verbrennungen, Operationen, Behinderungen des venösen Abflusses und entzündliche Prozesse infrage. Gefahr geht außerdem aus von „wasserdicht“ verschlossenen Faszien, nicht spannungsfreien Hautnähten, der Distraktion von Fragmenten und beengenden zirkulären Verbänden. Im Gewebe läuft die Akute-Phase-Reaktion und nach erfolgreicher Schocktherapie das Reperfusions-Syndrom ab. Betroffen ist vorrangig die gemeinsame Loge der Mm. tibialis anterior, extensor hallucis longus et extensor digitorum longus am Unterschenkel, seltener die Logen der Unterarmmuskulatur und nur manchmal die der Muskulatur an der Dorsalseite der Skapula, des M. iliopsoas bzw. der Glutealmuskulatur. Kompartment-Syndrome der Fibularisloge, der oberflächlichen und der tiefen Muskelloge am dorsalen Unterschenkel werden relativ selten beobachtet, ebenso Kompartment-Syndrome am Fuß nach Kalkaneusfrakturen und Luxationen des Chopart'schen und des Lisfranc'schen Gelenks [Mittlmeier 2011]. Kompartment-Syndrome der tiefen Beugerloge des Unterschenkels können sich unter dem Flexorenretinakulum hindurch auf den medialen Fußrand ausbreiten. Der Oberschenkel kann zwar beispielsweise nach Femurfrakturen mehrere Liter Blut aufnehmen, zur Ausbildung eines Kompartment-Syndroms kommt es aber in der Regel nicht.

Als *abdominales Kompartment-Syndrom* bezeichnet man eine anhaltende intraabdominale Druckerhöhung über 20 mm Hg (normal 5–7 mm Hg) mit häufig letalen Funktionsstörungen von Niere und Lunge. Die Prävalenz wird bei Intensivtherapie-Patienten mit bis zu 60 % angegeben [Utzolino et al. 2011]. Als ausschlaggebend wurde ein zu niedriger abdominaler Perfusionsdruck erkannt (= arterieller Mitteldruck – intraabdominaler Druck). Werte unter 60 mm Hg gelten als kritisch.

Muskellogen-Syndrome machen sich durch sehr heftige Spontanschmerzen über der betroffenen prall oder hart tastbaren Loge bemerkbar, die auf Druck und Dehnung zunehmen und mit Analgetika kaum zu beherrschen sind. In der Peripherie finden sich Hypästhesien, die peripheren Pulse sind aber gewöhnlich tastbar. Wichtige Hinweise auf die Diagnose geben die Anamnese (Fraktur, Operation) und der Aspekt (Verband). Den Beweis liefert die Messung des innerhalb der Loge herrschenden Drucks. Bei intaktem Kreislauf ist bei Drücken ab 30 bis 40 mm Hg mit irreversiblen Schäden zu rechnen, im Schock schon sehr viel früher. Der Druck in der Muskelloge sollte um nicht mehr als etwa 30 mm Hg über dem arteriellen Blutdruck liegen [Jäger u. Zeichen 2011].

Zur Prophylaxe dient die Hochlagerung des Arms oder Beins nach Operationen und stumpfen Traumen. Die Hand bzw. die Zehenspitzen bilden den höchsten Punkt der Extremität. Wundverbände werden nicht zirkulär angelegt, ruhigstellende Verbände in ganzer Länge bis auf die Haut aufgeschnitten. Bei Beginn einer Symptomatik beseitigt man alle möglicherweise vorhandenen Abflussbehinderungen und kühlt.

Wenn nicht umgehend ein Erfolg eintritt, wird die Faszie unverzüglich und in ganzer Länge eröffnet, ggf. ohne anschließenden Hautverschluss, die Extremität hochgelagert und gekühlt. Nur bei rechtzeitigem Einsatz dieser Mittel lassen sich kontrakte Klumpstellungen des Fußes und Krallenzehen, am Arm die Volkmann'sche Kontraktur vermeiden.

Beim *Tibialis-anterior-Syndrom* (*Marschgangrän*) handelt es sich um eine Sonderform des Kompartment-Syndroms hinsichtlich seiner Entstehung und seiner Prognose. Es stellt sich meistens nach außergewöhnlichen sportlichen Belastungen und oft beidseits ein. Man führt es auf eine Gewebsazidose bei vorübergehend negativer Energiebilanz und auf Mikrotraumen der Muskulatur in der Extensorenloge des Unterschenkels zurück. Hochlagerung der Beine, vorsichtige Massagen, Dunstumschläge und Analgetika sind meist rasch hilfreich, Faszienspaltungen nur ausnahmsweise nötig.

Eine *Volkmann'sche Kontraktur* (Abb. 7.33) tritt gelegentlich in Zusammenhang mit der Extensionsfraktur des distalen Humerus im Kindesalter auf. Betroffen ist die palmare oder die dorsale Unterarm- und Handmuskulatur in Kombination oder einzeln. Begünstigend wirken außer den genannten Faktoren verzögerte Frakturrepositionen und verbleibende Fehlstellungen. Die Symptomatik setzt ein mit Kältegefühl und Schmerzen, später verschwindet der Puls der A. radialis, es folgen Sensibilitätsstörungen und schließlich motorische Ausfälle.

Im Endzustand ist die Hand in Beugung und Pronation kontrakt fixiert, die Metakarpophalangealgelenke sind überstreckt, die Interphalangealgelenke befinden sich in mittlerer Beugung, der Daumen in Opposition. Wegen der begleitenden neurologischen Defekte ist die Abgrenzung von Schädigungen der Unterarmnerven oft schwierig.

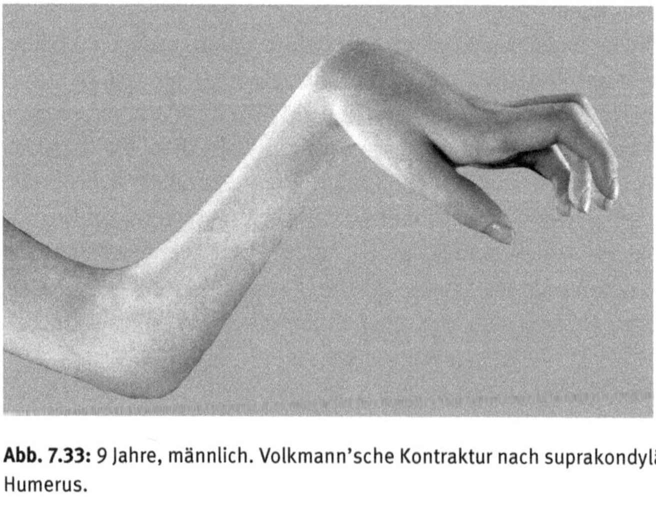

Abb. 7.33: 9 Jahre, männlich. Volkmann'sche Kontraktur nach suprakondylärer Extensionsfraktur des Humerus.

Die beste Prophylaxe besteht in der Frakturreposition möglichst bald nach dem Unfall unter ständiger Kontrolle des Radialispulses und sofortiger Kontrolle der Nervenfunktion nach dem Abklingen der Anästhesie, gefolgt von engmaschiger Überwachung während des weiteren Verlaufs. Wenn eine Störung eintritt, werden alle möglicherweise beengenden Verbände entfernt und, wenn das nicht ausreicht, die Fraktur operativ reponiert und die Fascia antebrachii geöffnet. Geringer ausgeprägte Endzustände sind Redressionsbehandlungen zugänglich. Ausgeprägtere Kontrakturen verlangen die Ablösung der Beugemuskel-Ursprünge von Radius, Membrana interossea und Ulna (Operation nach Scaglietti). Mit einer uneingeschränkten Wiederkehr der Funktion ist bei solchen Patienten nicht zu rechnen.

7.4 Literatur

Antoniadis G et al. (2014) Iatrogenic nerve injuries. Dtsch Ärztebl Int 16:273–279.

Asmuss H et al. (2009) Aktueller Stand der Diagnostik und Therapie des Kubitaltunnelsyndroms. Handchir Mikrochir Plast Chir 41:2–12.

Berger A, Hiener R (2009) Freie funktionelle Transplantation des M. gracilis zur Wiederherstellung der Ellbogenbeugung … Oper Orthop Traumatol 2:141–156.

Bertolini R, Leutert G (1978) Anatomie des Menschen. VEB Georg-Thieme-Verlag Leipzig.

Dietze S, Perka C, Bäcker H (2014) Gefäß- und Nervenverletzungen in der Hüftendoprothetik. Orthopäde 43:64–69.

Dippold A (2014) Pers. Mitt.

Eder G (2003) Endoskopische Karpaldachspaltung ohne iatrogene Läsion – ein Erfahrungsbericht über 1000 Operationen. Handchir Mikrochir Plast Chir 35:57–62.

Fansa H, Schneider W(2003) Die isolierte Kompression des N. suprascapularis. Handchir Mikrochir Plast Chir 35:122–126.

Fansa H, Meric C (2010) Rekonstruktion der M.-quadriceps-femoris-Funktion durch Muskeltransfer. Handchir Mikrochir Plast Chir 42:233–238.

Frey M et al. (1982) An experimental comparison of the different kinds of muscle reinnervation: Nerve suture, nerve implantation, and muscular neurotisation. Plast Reconstr Surg 69:656–667.

Frey M et al. (1990) Ipsilateral and crossover elongation of the motor nerve by nerve grafting: an experimental study in sheep. Plast Reconstr Surg 85:77–89.

Frey M, Giovanoli P (2003) End-to-side-neurorrhaphy of sensory nerves. Eur. J. Plast. Surg. 26:85–88.

Goetz MB et al. (2010) Das Risiko der Nervenläsion in der Hüftendoprothetik. Z Orthop Unfall 148:163–167.

Gohritz A et al. (2009) Rekonstruktion der aktiven Ellbogenbeugung … Oper Orthop Traumatol 2:115–125.

Haque S, Sundararajan S (2013) Entwinement of sciatic nerve around a total hip prosthesis following closed reduction … Polish Orthopedics and Traumatology 78:273–275.

Hausner TH et al. (2008) Kritische Evaluierung und Behandlung von Verletzungen des Plexus brachialis in Österreich: … Handchir Mikrochir Plast Chir 40:407–407.

Holzapfel BM et al. (2012) Nervenläsionen nach minimal-invasiver Hüftendoprothetik. Orthopäde 41:354–364.

Hug U et al. (2011) Rekonstruktion isolierter Läsionen des N. axiallaris: klinische und elektrophysiologische Langzeitresultate. Handchir Mikrochir Plast Chir 43:351–355.

Jäger C, Zeichen J (2011) Das akute Kompartmentsyndrom des Unterschenkels. Orthop Traumatol 23:5–14.

Khan T, Knowles D (2007) Damage of the superior gluteal nerve during the direct lateral approach to the hip … J Arthroplasty 22:1198–1200.

Kalb K et al. (2000) Die nicht traumatisch bedingte Parese des Ramus profundus nervi radialis. … Handchir Mikrochir Plast Chir 32:26–32.

Kernt B, Neu J (2011) Verletzungen des N. medianus nach minimal-invasiver Dekompression. Unfallchir 114:538–540.

Knahr L et al. (1999) Periphere Nervenläsionen nach Hüft-Totalendoprothese. Z Orthop 137:140–144.

Kretschmer T et al. (2004) Iatrogene Nervenverletzungen. Chirurg 11:1104–1112.

Lenz-Scharf OL et al. (2004) Sekundäre Nervenrekonstruktionen. Handchir Mikrochir Plast Chir 36:19–24.

Lindinger A et al. (1984) Kompressionssyndrom der oberen Thoraxapertur–Bericht über ein 13-jähriges Mädchen. Klin Pädiatr 196:315–318.

Lindner A et al. (1997) Postpartales Nervus-obturatorius-Syndrom … Zentralbl Gynäkol 119:93–99.

Lößner J et al. (1999) Neurologie. In: Wilda-Kiesel A (Hrsg) Neurologie/Psychiatrie, Psychotherapeutische Medizin. Ullstein-Medical Wiesbaden.

Matzen P (2002) Praktische Orthopädie. Johann-Ambrosius-Barth-Verlag im Georg-Thieme-Verlag Stuttgart.

Merkenschlager A, Matzen P, Gräfe G. (2007) Neuroorthopädie und Neuropädiatrie. In: Matzen P (Hrsg) Kinderorthopädie. Elsevier Urban & Fischer München und Jena 2007.

Midha R (1997) Epidemiology of brachial plexus injuries in a multitrauma population. Neurosurg 40:1182–1188.

Millesi H (2004) Die Chirurgie traumatischer Plexus-brachialis-Läsionen. Handchir Mikrochir Plast Chir 36:29–36.

Mittlmeier T (2011) Akutes Kompartmentsyndrom und Komplextrauma des Fußes. Unfallchirurg 10:893–900.

Mumenthaler M et al. (2007) Läsionen peripherer Nerven und radikuläre Syndrome. Georg-Thieme-Verlag Stuttgart.

Patijn J et al. (2011) Meralgia paresthetica. Pain Practice 11:302–308.

Piza-Katzer H et al. (1996) Komplikationen bei endoskopischen Karpaltunneloperationen. Handchir Mikrochir Plast Chir 28:156–159.

Prandl E-C et al. (2006) Durchtrennung des Nervus tibialis beim Stripping der Vena saphena parva. Chirurg 77:856–857.

Putz R, Pabst R (Hrsg, 2000) Sobotta. Atlas der Anatomie des Menschen. Elsevier Urban & Fischer München und Jena.

Rössler H, Rüther W (2005) Orthopädie und Unfallchirurgie. Elsevier Urban & Fischer München und Jena.

Sauerbier M et al. (1998) Kompression des N. ulnaris in der Loge de Guyon durch ein traumatisches Aneurysma. Handchir Mikrochir Plast Chir 30:303–305.

Schmalzried TP, Amstutz HC, Dorey TJ (1991) Nerve palsy associated with total hip replacement. Risk factors and prognosis. J Bone Jt Surg A 73:1074–1080.

Schoellner C, Schoellner D (2003) Nervenläsionen bei der Hüft-TEP-Implantation–Strategien zur Lähmungsprophylaxe. Z Orthop Unfall 141:289–295.

Siegmeth A et al. (2000) Begleitverletzungen beim schweren Beckentrauma. Unfallchirurg 103:572–581.

Stevens JC et al. (1988) Carpal tunnel syndrome in Rochester Minnesota, 1961–1980. Neurology 38:134–138.

Stöhr M (1996) Iatrogene Nervenläsionen. Georg-Thieme-Verlag Stuttgart.

Sunderland S (1951) A classification of peripheral nerve injuries producing loss of function. Brain 74:491–516.
Tairych G et al. (1998) Aktinische Plexus-brachialis-Läsion. Handchir Mikrochir Plast Chir 30:254–257.
Utzolino S et al. (2011) Das abdominale Kompartmentsyndrom–Relevanz und therapeutische Konsequenzen. Zentralbl Chir 136:129–134.
Wasmeier C et al. (2004) Subkutanes proximales Engpasssyndrom des N. radialis im Hiatus radialis. Nervenarzt 75:780–784.
Weber ER et al. (1976) Peripheral neuropathies associated with total hip arthroplastie. J Bone Jt Surg A 58:66–69.
Wolf M et al. (2014) Sciatic nerve injury related to hip replacement surgery … PLoS One 9e89154.
Zander D et al. (2000) Die N.-thoracicus-longus-Läsion als seltene Verletzung beim Kraftsport. Sportverl Sportschad 14:151–154.
Zipper StG (2000) Nervus-peroneus-Schaden nach Varizensklerosierung mit Aethoxysklerol. Versicherungsmedizin 52:185–187.

Malte Kornhuber

8 Polyneuropathien

8.1 Neurologische Syndromgestaltung

An Erkrankungen der peripheren Nerven einschließlich der Polyneuropathien leiden etwa 10 % der Bevölkerung [Kuwabara 2013]. Polyneuropathien treten sowohl als eigenständige Krankheitsentitäten auf als auch als Symptom anderer Krankheiten. Vereinzelt handelt es sich um Arzneimittel-Nebenwirkungen. Polyneuropathien können akut, subakut und chronisch verlaufen. Entzündliche, vaskuläre und toxische Prozesse sind in der Regel mit rascher Prozessdynamik verbunden. Hereditär, metabolisch und mikroangiopathisch bedingte Formen verlaufen eher chronisch. Bei Letzteren und bei toxischer Pathogenese summiert sich der Schaden über die Strecke, und es resultieren distal symmetrische Symptome mit Beginn an den Füßen. Demgegenüber manifestieren sich z. B. entzündlich-vaskuläre Prozesse an einzelnen Nerven unabhängig von ihrer Länge als Multiplex-Phänotyp. Dieser ist allerdings selten, während distal-symmetrische Verteilungsmuster häufig gesehen werden.

Nerven können als Ganze vom Krankheitsprozess betroffen sein, etwa bei Ischämien (Steal-Syndrom bei arteriovenösen Fisteln, arterielle Verschlusskrankheit) und bei vielen toxischen und entzündlichen Vorgängen. Allerdings sind vor allem bei humoral entzündlichen Erkrankungen, aber auch bei einigen toxischen und hereditären Erkrankungen bestimmte Nervenfaserpopulationen allein oder stärker betroffen als andere. Daraus resultieren Polyneuropathien mit rein oder ganz überwiegend motorischen, sensiblen, autonomen oder nozizeptiven Symptomen und ergeben sich sehr unterschiedliche Phänotypen von Polyneuropathien. Häufig werden distal symmetrische Formen mit vorwiegender Beteiligung dickkalibriger (myelinisierter) Nervenfasern beobachtet. Initial stehen Myatrophien im Fußbereich im Vordergrund, die zu Deformitäten führen, sowie sockenförmige Sensibilitätsstörungen. Betroffene sensible Nervenfasern verlieren zunächst die Fähigkeit, Aktionspotenziale in rascher Folge zu generieren. Als Konsequenz vermindert sich das Empfinden für Vibrationen (Pallästhesie). Im Verlauf ergibt sich aus dem Verlust an Nervenfasern eine verminderte Wahrnehmung sensibler Informationen. Das macht sich z. B. in Form einer sensiblen Stand- und Gangataxie bemerkbar. Aus Reizerscheinungen, etwa aufgrund von ektop generierten Aktionspotenzialen, resultieren Faszikulationen und evtl. Krampi sowie Parästhesien. Prototypisch wird dieser Phänotyp bei der hereditären Charcot-Marie-Tooth (CMT-)Polyneuropathie angetroffen. Bei stärkerer Ausprägung (Fallfuß, Hängefuß, später oft kontrakter Spitzfuß) entwickeln sich Myatrophien im Bereich der Waden- sowie der Hand- und der distalen Unterarmmuskulatur. Meist tritt die Fußheberparese zuerst auf, eine Stolperneigung und die typischen „Storchenbeine“ weisen darauf hin. Das Knie wird beim Gehen angehoben

DOI 10.1515/9783110352474-008

(„Hahnentritt“, „Steppergang“, Abb. 7.30). Wenn das Gewicht der Wadenweichteile fehlt, kann der TSR recht lebhaft erscheinen, ohne dass das zentrale Nervensystem einbezogen ist. Demgegenüber sind im klinisch betroffenen Bereich die Muskeleigenreflexe eher abgeschwächt oder erloschen. Bei distal symmetrischem Befall ist der TSR zuerst vermindert auslösbar, an den Armen meist zunächst das Trömner-Zeichen. Bei diabetischer und alkoholischer Polyneuropathie sind in der Mehrzahl der Fälle neben den dickkalibrigen Fasern auch die schwach oder nicht myelinisierten dünnkalibrigen Nervenfasern betroffen. Der Verlust autonomer Nervenfasern führt zum Ausfall der Schweißsekretion, also zu trockenen Füßen und Händen. Das Schwinden von Nozizeptoren macht sich durch abgeschwächte Schmerzempfindung bemerkbar. Neben Ausfallsymptomen kommt es im Rahmen der Smallfiber-Beteiligung oft auch zu Reizsymptomen, die sich in Form spontaner und auch Reiz-induzierter Schmerzen äußern, z. B. bei Gehbelastung. Derartige Symptome können aufgrund ihrer Chronizität zu Depressionen Anlass geben.

8.2 Differenzialdiagnostik

Sensible und motorische Neuronopathien (Befall der Spinalganglien, Vorderhornprozesse) gehen oft mit ähnlichen Phänotypen einher wie Polyneuropathien. Bei den sensiblen Ganglionopathien, z. B. beim Denny-Brown-Syndrom, einer sich subakut manifestierenden Paraneoplasie, ist der Befall ubiquitär oder auch distal betont. Ein chronischer Befall ist für mitochondrial bedingte Erkrankungen belegt wie etwa wegen multipler Deletionen der mitochondrialen DNA [Lax et al. 2012] für die chronisch progrediente externe Ophthalmoplegie (CPEO). Ferner gibt es fokale Formen der spinalen Muskelatrophien wie die vom Typ Hirayama oder die distalen hereditären motorischen Neuropathien (HMN), bei denen es zu einer Myatrophie mit distalem Verteilungsmuster wie bei den Polyneuropathien kommt. Dabei sind motorisch axonale Formen der Polyneuropathie, z. B. die multifokale motorische Neuropathie (MMN) sowie fokale motorische Befallsmuster bei Intoxikationen (Blei!), differenzialdiagnostisch in Erwägung zu ziehen.

Eine distal symmetrische Polyneuropathie ist vor allem abzugrenzen von einer höhergradigen *lumbalen Spinalkanalstenose* (Kap. 6.3.3.5). Die Neurografie ist oft hilfreich: Bei einer sensomotorischen Polyneuropathie sind die motorischen und die sensiblen Reizantworten im Fußbereich gleichermaßen betroffen. Bei einer Kaudaläsion bleiben die sensiblen Reizantworten im Unterschied zu den motorischen erhalten. Dies liegt an der Position des Spinalganglions distal des Neuroforamens. Die sensiblen Neurone im Spinalganglion sind ebenfalls intakt und somit auch ihre nach distal reichenden Axone. Auch wenn die Sensibilität des Fußes gestört ist, erhält man normale Reizantworten z. B. des N. suralis. Ein MRT der Lendenwirbelsäule dient zur Klärung.

Eine weitere Differenzialdiagnose zu den Polyneuropathien stellt die *zervikale Myelopathie* dar (Kap. 6.3.1.3). Bei dieser Erkrankung werden Hände und Füße hypästhetisch. Selten kann ein *numb clumsy hand syndrome* sogar einziges oder führendes Symptom einer zervikalen Myelopathie sein [Romano et al. 1996]. Die Hypästhesie ist am Kleinfinger meist ausgeprägter als am Daumen. Dieser Gradient lässt sich auch für das Vibrationsempfinden mit der Stimmgabel nachweisen. Oft wirkt das Trömner-Zeichen, verglichen mit den anderen Eigenreflexen an den Armen, lebhaft (Kap. 5.3.3). Dies steht im Gegensatz zu radikulären Syndromen der Wurzeln C 8 und Th 1 und zur Ulnarisparese, bei der das Trömner-Zeichen kaum auslösbar gefunden wird. Gewöhnlich finden sich QR und TSR lebhafter als die Reflexe der oberen Extremitäten, und es können sich sogar pathologische Reflexe der Babinski-Gruppe und eine spastische Tonuserhöhung der Beine entwickeln.

8.3 Diagnostik

Myelinisierte periphere Nerven sind im distalen Verlauf bei oberflächlicher Lage leicht mit elektroneurografischen Techniken untersuchbar. Die Nervenstimulation erfolgt so, dass alle Fasern eines Nerven Aktionspotenziale generieren (sog. supramaximale Stimulation). Als Reizantwort erhält man sensible oder motorische Summenaktionspotenziale. Bei sensiblen Nerven spricht eine Amplitudenreduktion für einen Verlust an Nervenfasern unterhalb des Spinalganglions. Bei motorischen Nerven kann eine verminderte Amplitude ebenfalls auf den Verlust von Nervenfasern hindeuten. Differenzialdiagnostisch kommen hier allerdings außerdem neuromuskuläre Übertragungsstörungen (z. B. Lambert-Eaton-Syndrom) und Myopathien in Betracht. Eine Demyelinisierung macht sich in Form einer Herabsetzung der Nervenleitgeschwindigkeit bemerkbar. Sie kann relativ gleichmäßig alle Nervenfasern betreffen, beispielsweise bei hereditären Störungen der Myelinisierung. Bei ungleichförmiger Demyelinisierung leiten Nervenfasern unterschiedlich schnell. Die Summenpotenziale zeigen eine Aufsplitterung bzw. temporäre Dispersion der Reizantworten. Wenn ein Nerv eine fokale Fehlfunktion aufweist, etwa eine Neurapraxie, stellt sich ein Leitungsblock ein: Bei Stimulation distal der Läsion erhält man normale Amplituden, bei Stimulation proximal sind Amplitude und Fläche der Reizantwort um mindestens 50 % reduziert. Der Nachweis von Leitungsblöcken spielt unter anderem für die Diagnose inflammatorischer Polyneuropathien eine wichtige Rolle.

Im proximalen Verlauf sind Nerven oft nicht supramaximal stimulierbar. Mittels Ableitung der *F-Wellen* lässt sich die Nervenfunktion im gesamten Verlauf beurteilen. F-Wellen-Befunde geben daher zusätzlich zur Elektroneurografie über distalen Nervensegmenten Auskunft über die Nervenfunktion. Für die F-Wellen-Untersuchung wird der Nerv möglichst weit distal supramaximal stimuliert. Man erhält über dem Muskel zunächst das Summenaktionspotenzial als Folge der nach distal propagierenden Information. Die durch die elektrische Stimulation ausgelösten Aktionspotenziale setzen sich im Nerven auch nach proximal fort. Einige α-Motoneurone im Vorderhorn des Rückenmarks generieren erneut ein Aktionspotenzial, das am selben Axon zurückläuft. Diese zurücklaufende Information löst am Muskel eine verzögerte Zweitantwort aus, die F-Welle. Die Wiedererregung von Vorderhornzellen ist ein Zufallsprozess. Daher werden meist 10 oder 20 Spuren pro Nerv untersucht. F-Wellen-Latenzen ermöglichen Aussagen über die Myelinisierung eines Nerven. Die Persistenz, also die Zahl der Spuren mit F-Wellen, dividiert durch die Gesamtzahl der erzeugten Spuren, hängt von der Zahl der Axone im Nerven ab.

Jenseits der Elektroneurografie stehen zur elektrophysiologischen Diagnostik myelinisierter Nerven somatosensorisch evozierte Potenziale (SSEP), motorisch evozierte Potenziale (MEP), die Blinkreflexuntersuchung und die Nadelelektromyografie zur Verfügung. Für schwach oder nicht myelinisierte Nervenfasern ist das Repertoire an Techniken beschränkt. Einfach und rasch verfügbar sind die sympathische Hautantwort (Erfassung der Hautwiderstandsänderung nach sudomotorischen Signalen) und die Herzratenvarianz in Ruhe und bei tiefer In- und Exspiration. Wenn nicht myelinisierte Fasern quantitativ erfasst werden sollen, ist an eine Hautbiopsie und die Auszählung an entsprechend gefärbten Gewebsschnitten zu denken (Kap. 3).

8.4 Ursachen und allgemeine therapeutische Prinzipien

Polyneuropathien gehören zu den häufigen und vielgestaltigen neurologischen und neuro-orthopädischen Krankheitsbildern mit einer Prävalenz von etwa 1,7 % insgesamt bzw. einer Prävalenz von 6,6 % bei den mehr als 60-Jährigen [Hoffman et al. 2015]. Der Diabetes mellitus steht in den entwickelten Ländern als Ursache mit Abstand an erster Stelle [Hoffman et al. 2015]. Bei 520 Patienten mit Polyneuropathie in Taiwan wurde folgende Häufigkeitsverteilung der Einflussfaktoren bzw. Ursachen gefunden [Lin et al. 1993]: Diabetes mellitus (49 %), Alkoholkrankheit (8,5 %), autoimmune entzündliche Ursachen (6,5 %; etwa zu gleichen Teilen akutes und chronisches Guillain-Barré-Syndrom), paraneoplastisch (2,3 %), Dysproteinämie (1,7 %), Niereninsuffizienz (4,2 %), hereditäre motorische und sensible Neuropathie (4,2 %), toxische Polyneuropathie (2,7 %), Ischämie (2,3 %), Hypothyreose (1,9 %), Vitaminmangel (1,2 %), chronische Lebererkrankungen (0,8 %), andere Erkrankungen (2,1 %) und unklassifizierte (12 %). Eine solche Einteilung stellt eine Simplifizierung dar, weil kaum je ein Einflussfaktor für sich allein vorliegt und sich die verschiedenen Faktoren gegenseitig beeinflussen können. Andererseits sehen wir z. B. keine Lebererkrankung, die per se eine Polyneuropathie hervorruft. Bei bis zu einem Viertel der Patienten mit einer Polyneuropathie wird zunächst keine Ursache gefunden. Ziegler et al. berichten, dass bei 25 % bis 62 % davon ein Prädiabetes besteht [2014]. Bei Weiteren findet sich später eine entzündliche Ursache der Polyneuropathie.

Leichtere motorische oder sensible Ausfälle wie Myatrophien im Fußbereich oder Taubheitsgefühle von Zehen und Füßen benötigen meist keine Therapie. Fußheberparesen erfordern eine ihrer Ausprägung entsprechende orthetische Versorgung, ggf. eine Arthodese des Fußgelenks und Tenodesen der Zehengelenke. Überhaupt entspricht die physiotherapeutische, apparative und operative Behandlung von motorischen Defiziten dem Vorgehen bei Läsionen peripherer Nerven (Kap. 7). Krampi können belastende Ausmaße annehmen [Maxwell et al. 2014]. Magnesium, das viele Patienten von sich aus einsetzen, besaß in Studien bei älteren Menschen keinen wesentlichen Einfluss [Garrison et al. 2012]. Dreimal täglich durchgeführte Wadenmuskeldehnungen für jeweils 10 s waren ebenfalls ohne therapeutischen Effekt [Blyton et al. 2012], sie wirken aber der Entstehung von Kontrakturen entgegen. Ein moderater Nutzen gegen nächtliche Krampi ist gut belegt für Chinin in Dosierungen zwischen 200 und 500 mg täglich [El Tawil et al. 2010]. Bei Einnahme bis zu 60 Tagen wurden ernsthafte Nebenwirkungen nicht häufiger beobachtet als unter Placebo. Allerdings wurde bei Patienten mit Herzinsuffizienz nach Einnahme von Chinin eine erhöhte Mortalität festgestellt, insbesondere bei gleichzeitiger Einnahme von β-Blockern und kurz nach Behandlungsbeginn [Gjesing et al. 2015]. Da Chinin die QT-Zeit verlängert, sollte vor Beginn und während der Therapie ein EKG veranlasst werden.

Schmerzen, etwa bei Smallfiber-Beteiligung oder bei der seltenen idiopathischen Smallfiber-Polyneuropathie, stellen eine therapeutische Herausforderung dar. Oft wird das Gehen schmerzbedingt zur Qual. Topisch werden Lokalanästhetika eingesetzt, ohne dass ihr Nutzen bislang durch Studien abgesichert wäre. Sie können subkutan infiltriert oder in Form von Membranpflastern aufgebracht werden. Außerdem kann der Einsatz von Capsaicin in Erwägung gezogen werden. Zur systemischen Therapie werden Gabapentin und Tramadol neben Antikonvulsiva und Opiaten verwendet.

Bei autonomer Neuropathie setzen sowohl die gestörte Kreislaufregulation als auch gastroenterale Symptome die Lebensqualität erheblich herab. Zur symptomatischen Therapie der *orthostatischen Hypotension* werden in der Regel Sympathomimetika wie z. B. der α-1-Adrenozeptor-Agonist Midodrin eingesetzt (*off label use*). Zur Anpassung der Herzfrequenz an die Erfordernisse kommt die Implantation eines Herzschrittmachers in Betracht. Bei einer Gastroparese ist Domperidon ein gebräuchliches Mittel, um die Magenentleerung zu beschleunigen.

8.5 Krankheitsbilder

8.5.1 Metabolische Polyneuropathien

8.5.1.1 Diabetische Polyneuropathie

Etwa 13 bis 26 % der Patienten mit manifestem Diabetes mellitus leiden unter einer chronischen distal symmetrischen Polyneuropathie mit Schmerzen aufgrund einer Smallfiber-Beteiligung [Ziegler et al. 2014]. Viele ältere Diabetiker sind sich jedoch der Tatsache nicht bewusst, dass bei ihnen bereits eine Polyneuropathie vorliegt [Bongaerts et al. 2013]. In Untersuchungen der Nervenleitung zeigt sich das Befallsmuster axonal und demyelinisierend. Im Rahmen der Erkrankung kommen gehäuft Mononeuropathien wie etwa die des N. facialis vor, und Engpass-Syndrome – Karpaltunnel-Syndrom oder Meralgia paraesthetica (Engpass-Syndrom des N. cutaneus femoris lateralis unter dem Leistenband) – im Sinne einer Schwerpunkt-Neuropathie sind häufiger anzutreffen als bei Stoffwechselgesunden.

An der *Pathogenese* der diabetischen Polyneuropathie sind vermutlich zahlreiche Faktoren beteiligt. Dazu zählen unter anderem durch Hyperglykämie und vermehrte freie Fettsäuren induzierte Vorgänge: oxidativer Stress mit mitochondrialer Bildung von Sauerstoffradikalen, Lipidoxidation und Lipotoxizität, Bildung von *Advanced Glycation Endproducts* (AGEs), Induktion von Apoptose sowie Entzündungsvorgänge [Zhang et al. 2012, Albers u. Pop-Busui 2014]. Bei Patienten mit einer Polyneuropathie zunächst ungeklärter Ursache findet sich recht häufig eine gestörte Glukosetoleranz, sodass die Annahme eines kausalen Zusammenhangs naheliegt [Papanas et al. 2011]. Allerdings wurden in einer sorgfältigen epidemiologischen Studie keine Beweise für den Einfluss einer gestörten Glukosetoleranz auf die Manifestation einer Polyneuropathie gefunden [Dyck et al. 2012]. Trotzdem kann als sicher gelten, dass eine gute Blutzucker-Einstellung am besten vor der Entwicklung einer diabetischen Polyneuropathie schützt [Callaghan et al. 2012].

α-Liponsäure gilt bei diabetischer Pathogenese als therapeutisch wirksam [McIlduff u. Rudkove 2011, Boulton et al. 2013]. Bei einer manifesten Polyneuropathie können Statine vielleicht zu einer Besserung der Nervenfaserfunktion beitragen [Zangiabadi et al. 2012, Hernández-Ojeda et al. 2014]. Sie induzieren allerdings selten selbst einmal eine Polyneuropathie. Ferner wurde über einen therapeutischen Effekt von γ-Linolensäure berichtet [Horrobin et al. 1997]. Diese *Therapie* bedarf der weiteren Validierung. Für Aldose-Reduktase-Inhibitoren wurde kein Effekt auf eine manifeste diabetische Polyneuropathie nachgewiesen [Chalk et al. 2007].

Neben einer Optimierung der Blutglukosewerte muss die Klärung von Komorbiditäten und Risikoprofil im Zentrum der diagnostischen Bemühungen stehen. Auf sorgfältige Fußpflege ist zu achten. Sensibilitätsstörungen und Fußdeformitäten (Abb. 8.1) indizieren eine Schuhanpassung oder sogar die Versorgung mit orthopädischen Schuhen („Diabetiker-Schuhe“: weicher Schaft ohne Vorderkappe, weiches Futter ohne Nähte, weiche Bettung, feste Sohle mit Absatz- und Mittelfußrolle). Die Einnahme von alkoholischen Getränken kommt allenfalls in geringen Mengen infrage. Ein wesentliches therapeutisches Problem stellt die Smallfiber-Beteiligung mit chronischen Schmerzen dar, vor allem im Bereich der Zehen und Füße. Zur Therapie wurden Trizyklika (z. B. Amitriptylin, Imipramin) und Duloxetin empfohlen, natürlich unter Beachtung der Komorbiditäten und der Wechselwirkungen mit anderen Pharmaka. Wenn keine ausreichende Wirkung erzielt wird, können Gabapentin oder Pregabalin eingesetzt werden, ggf. auch Tramadol und Opiate [Abholz et al. 2015, Javed et al. 2015]. Von Javed et al. [2015] wurde der topische Einsatz von Capsaicin empfohlen, die AWMF-Leitlinie empfiehlt ihn jedoch nicht, weil Capsaicin zu bleibenden Sensibilitätsstö-

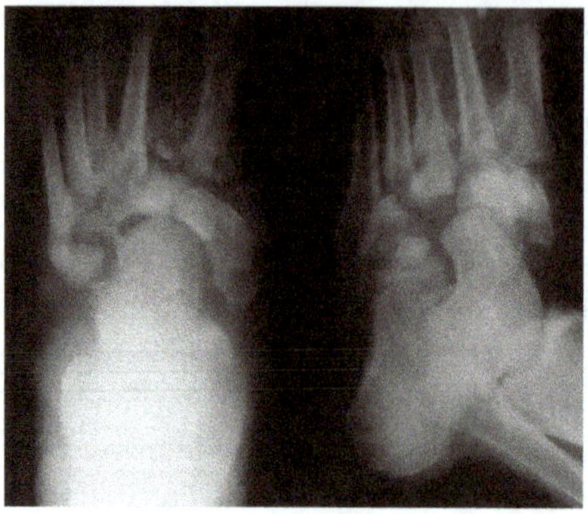

Abb. 8.1: Charcot-Fuß. Hochgradige Destruktion von Fußwurzel und Mittelfuß.

rungen führen kann [Abholz et al. 2015]. Sie rät wegen des fehlenden Wirksamkeitsnachweises auch nicht zum topischen Einsatz von Lidocain.
Die seltene *proximale diabetische Amyotrophie* bzw. Radikuloplexusneuropathie der diabetischen Neuropathie manifestiert sich in der Mehrzahl akut oder subakut mit Schmerzen und mehr motorischen als sensiblen Symptomen, nicht selten bilateral. Die elektrophysiologischen Befunde entsprechen denen einer axonalen Neuropathie. Mittels MRT des Plexus brachialis lassen sich oft T2-hyperdense und auch verdickte Nervenstrukturen darstellen. Nervenbiopsien zeigen eine Mikrovaskulitis mit ischämischer Neuropathie [Massie et al. 2012]. Bei den seltenen thorakalen und thorakoabdominalen Formen der diabetischen Neuropathie [Longstreth 2005] dürfte es sich um Spielarten der diabetischen Amyotrophie handeln. Die ebenfalls ziemlich seltene diabetische *Gastroparese* gehört zur autonomen Beteiligung bei der Erkrankung. Die Pathogenese ist nur partiell verstanden und die Therapie schwierig [Horváth et al. 2014].

8.5.1.2 Hypothyreote Polyneuropathie

Es ist bekannt, dass die Hypothyreose zu Engpass-Syndromen wie dem Karpaltunnel-Syndrom prädisponiert. Weniger Aufmerksamkeit wird dem Umstand gewidmet, dass Patienten mit Hypothyreose vermehrt über Schmerzen und schmerzhafte Missempfindungen berichten. Ursache ist vermutlich eine Beteiligung dünnkalibriger Nervenfasern im Rahmen einer sensibel betonten Polyneuropathie [Kececi u. Degirmenci 2006, Nebuchennykh et al. 2010]. Über schmerzhafte Neuropathien wurde auch bei subklinischer Hypothyreose berichtet [Penza et al. 2009]. Sogar unter Arzneimitteltherapie einer Hypothyreose kann eine schmerzhafte Polyneuropathie jahrelang persistieren, wie ein selbst betroffener Kollege berichtet [Ivkovic 2012]. Vermutlich spielt eine Smallfiber-Polyneuropathie auch für die Manifestation des Fibromyalgie-Syndroms bei Patienten mit Hypothyreose eine wesentliche Rolle [Ahmad u. Tagoe 2014].

8.5.1.3 Metabolische Polyneuropathien bei hereditären Erkrankungen

8.5.1.3.1 Polyneuropathien bei Porphyrien

Die hereditären Porphyrien beruhen auf Defekten der an der Hämbiosynthese beteiligten Enzyme in den Mitochondrien oder im Zytosol. In der Folge reichern sich Hämvorstufen im Blut an und werden mit Urin und Stuhl ausgeschieden. Der Stoffwechseldefekt kann bei einigen Porphyrien durch Dekompensation symptomatisch werden, z. B. getriggert durch Infekte, Pharmaka oder Toxine wie Alkohol, orale Kontrazeptiva, Sulfonamide, Diclofenac, Antikonvulsiva (Carbamazepin, Valproinsäure, Phenytoin, Barbiturate) und Rifampizin [Petrides 1997]. Die Symptome umfassen Bauchschmerzen, Erbrechen, Tachykardie, manchmal eine Polyneuropathie und evtl. zentralnervöse Auffälligkeiten wie delirante Syndrome oder epileptische Anfälle. Bauchschmerzen können z. B. bei der *akuten intermittierenden Porphyrie (AIP)* das einzige Symptom darstellen und mit einer Appendizitis verwechselt werden. Wegen der akuten oder subakuten Manifestation und der motorischen Betonung der neuropathischen Symptome stellt die Porphyrie-assoziierte Polyneuropathie eine wichtige Differenzialdiagnose des akuten und des chronischen Guillain-Barré-Syndroms (GBS) dar. Allerdings wird anders als bei der überwiegenden Zahl der GBS-Fälle im Tiermodell der AIP über eine vorwiegend axonale Neuropathie berichtet [Petrides 1997]. Das Befallsmuster der Paresen kann mehr proximal liegen, bei langsamerer Dynamik aber auch distal [Wu et al. 2015]. Außerdem werden autonome Symptome und Hirnnervenparesen beobachtet. Mit Abstand am häufigsten findet man eine Polyneuropathie bei der *autosomal dominant vererbten AIP* [Elder u. Sandberg 2008, Wu et al. 2015]. Eine Rotverfärbung des Urins zeigt sich bei etwa 50 % der Patienten, und mit dem Urin werden vermehrt 5-Aminolävulinsäure und Porphobilinogen (PBG) ausgeschieden. Die Aktivität der betroffenen PBG-Desaminase (= Hydroxymethylbilan-Synthase, HMBS) ist in Erythrozyten bestimmbar [Petrides 1997]. Weil Mutationen an mehr als 60 Positionen im großen Gen für die PBG-Desaminase gefunden wurden, ist die genetische Diagnostik noch aufwändig.

Das die Attacke auslösende Mittel ist sofort abzusetzen. Zusätzlich wird zur *Therapie* der AIP Glukose eingesetzt, die den vorausgehenden Schritt der PBG-Synthese hemmt [Petrides 1997]. Reicht der Glukose-Effekt nicht aus, kann Hämarginat gegeben werden, da Häm den ersten Schritt der PBG-Synthese hemmt. Schmerzen, Erbrechen und Tachykardie werden symptomatisch behandelt, also mit Opiaten, 5-HAT-3-Rezeptorantagonisten (Setronen) und Betablockern.

Polyneuropathie wurde in einzelnen Fällen auch bei der Porphyria variegata, der hereditären Koproporphyrie und bei der erythropoetischen Protoporphyrie beschrieben [Hengstman et al. 2009].

8.5.1.3.2 Polyneuropathie bei lysosomalen Speicherkrankheiten

Bei der *Fabry-Anderson-Krankheit* (Angiokeratoma corporis diffusum) handelt es sich um eine durch Mutation der X-chromosomal kodierten α-Galaktosidase A bedingte

Multisystemerkrankung. Als Folge des Enzymmangels reichert sich das Substrat Ceramidtrihexosid (Globotriaosylceramid, GB 3) in den Lysosomen an, unter anderem in den Endothel- bzw. Epithelzellen von Gefäßen, Herz und Nieren. Die Symptome sind sehr variabel. Als charakteristisch gelten bereits in der Kindheit meist attackenartig auftretende Parästhesien bzw. Schmerzen und dauerhafte Störungen der Schweißsekretion an Händen und Füßen im Rahmen der Smallfiber-Neuropathie [Biegstraaten et al. 2012]. Ferner werden alternierende gastrointestinale Symptome (krampfartige Bauchschmerzen, Diarrhö), Dyspnoe, Innenohrschwerhörigkeit, kardiale Reizleitungsstörungen, Kardiomyopathien, gruppierte stammnahe kutane Angiokeratome, Hornhautveränderungen (Cornea verticillata), Nephropathien und Schlaganfälle (nicht selten unter 50 Jahren) beobachtet. Vedder et al. geben die Lebenserwartung betroffener Männer mit 57 Jahren an, von Konduktorinnen mit 72 Jahren [2007]. Die Lebensqualität ist dabei oft erheblich beeinträchtigt.

Die Diagnose stellt man bei Männern über die Aktivitätsbestimmung der α-Galaktosidase A in Leukozyten aus Trockenblut oder aus EDTA-Blut. Bei symptomatischen Konduktorinnen kann diese im Normbereich liegen, sodass eine oft aufwändige genetische Untersuchung nötig ist, weil zahlreiche Mutationen beschrieben wurden. Eine *Enzymersatztherapie* hilft, unter anderem die Schmerzen im Rahmen der Smallfiber-Neuropathie zu vermindern [Mehta et al. 2010].

Mutationen im Gen für die α-N-Azetylglukosaminidase (NAGLU) sind verantwortlich für die rezessiv erbliche *lysosomale Mukopolysaccharidose III B*. Heterozygote Merkmalsträger können im Erwachsenenalter eine schmerzhafte Smallfiber-Polyneuropathie entwickeln [Tétrault et al. 2015]. Patienten mit spät beginnender Tay-Sachs-Krankheit (mit herabgesetzter Aktivität der *β*-Hexosaminidase A) weisen eine axonal betonte längenabhängige Polyneuropathie auf [Shapiro et al. 2008]. Die Polyneuropathie tritt allerdings angesichts der zahlreichen anderen Symptome dieser Patienten in den Hintergrund (Kap. 4.1.4).

8.5.1.3.3 Refsum-Syndrom

Das Refsum-Syndrom, die Heredopathia atactica polyneuritiformis oder hereditäre motorische und sensible Neuropathie (HMSN) Typ IV, ist eine sehr seltene rezessiv erbliche Lipidspeicherkrankheit, bei der die verzweigtkettige Phytansäure nicht in die *β*-Oxidation eingeschleust werden kann und daher akkumuliert wird. Phytansäure, ein Abbauprodukt von Chlorophyll, wird mit der Nahrung aufgenommen. Ursachen sind entweder Mutationen im Gen für die Phytanoyl-CoA-Hydroxylase oder im Gen des Transporters Peroxin 7 [Horn et al. 2007], der das Enzym in die Peroxysomen schleust. Die Erkrankung manifestiert sich im Jugend- oder frühen Erwachsenenalter oft mit Nachtblindheit. Neben der Pigmentdegeneration in der Netzhaut gehören Polyneuropathie, zerebelläre Symptome (Ataxie, Nystagmus), Innenohrschwerhörigkeit und Anosmie zur Symptomatik. Ferner können Katarakt, Ichthyose, Nieren-, Herz- und Leberfunktionsstörungen sowie Skelettdeformitäten vorliegen. Exazerbationen treten auf, wenn Phytansäure aus den Speichern (Leber, Fettgewebe) freigesetzt wird, also bei Operationen, Schwangerschaft, Hungerzuständen, konsumierenden Erkrankungen. Im Anschluss können sich die Erscheinungen partiell zurückbilden. Zur Diagnostik wird Phytansäure in Blutserum und Urin nachgewiesen. Eine diätetische Therapie der Erkrankung ist oft erfolgreich.

8.5.2 Polyneuropathien bei Mitochondriopathien

Die seltenen Mitochondriopathien prädisponieren zur Neurodegeneration. Sie sind durch Mutationen der mitochondrialen DNS oder auch der nukleären DNS bedingt. Je nach klinischem Befallsmuster wurden verschiedene Akronyme geprägt. Eines der häufigen Symptome stellt die *chronisch progrediente externe Ophthalmoplegie* (CPEO) dar, die auch isoliert als Syndrom vorliegen kann. Oft treten außerdem eine Innenohrschwerhörigkeit [Deschauer et al. 2001] und meist noch weitere Symptome auf, unter anderem eine Polyneuropathie, z. B. beim *SANDO-Syndrom* (sensible ataktische Neuropathie, Dysarthrophonie, Ophthalmoplegie), beim *NARP-Syndrom* (Neuropathie, Ataxie, Retinopathia pigmentosa) und bei dem sehr seltenen *MNGIE-Syndrom* (mitochondriale neurogastrointestinale Enzephalopathie). Eine Polyneuropathie wird bei einem Teil der Patienten mit *MELAS-Syndrom* (mitochondriale Enzephalomyopathie, Laktatazidose und Stroke-ähnliche Episoden), mit *MERRF-Syndrom* [myoklonische Epilepsie mit *Ragged-red*-Fasern; Mancuso et al. 2013] und mit *LHON-Syndrom* (Lebersche hereditäre Optikusneuropathie) beobachtet. CPEO-Patienten mit multiplen Deletionen der mt-DNS weisen bei gleicher Ausprägung der CPEO signifikant häufiger polyneuropathische Symptome auf als CPEO-Patienten mit singulären Deletionen [Clajus 2011].

Gewöhnlich handelt es sich mehr um eine sensibel betonte Ganglionopathie mit entsprechender sensibler Ataxie und axonalem Befallsmuster in der Neurografie. In einzelnen Fällen wurden aber auch demyelinisierende Veränderungen beschrieben. Die Polyneuropathie lässt sich bislang nicht beeinflussen. Die Therapie ist symptomorientiert.

8.5.2.1 Polyneuropathie bei Friedreich-Ataxie

Die Friedreich-Ataxie beruht auf einer GAA-Trinukleotid-Repeat-Expansion im Intron des Gens für Frataxin (Kap. 5.3.15.2). Frataxin spielt unter anderem beim mitochondrialen Eisentransport eine Rolle. Mangel führt zu einer mitochondrialen Eisenakkumulation und zur Störung des mitochondrialen Energiestoffwechsels [Abrahão et al. 2015]. Die Erkrankung beginnt meist im Kindesalter und manifestiert sich mit progressiver sensibler Ataxie, aufsteigender Pallanästhesie, Reflexverlust, Krallenhohlfüßen, aufsteigenden Paresen, Skoliose, Kardiomyopathie und Herzrhythmusstörun-

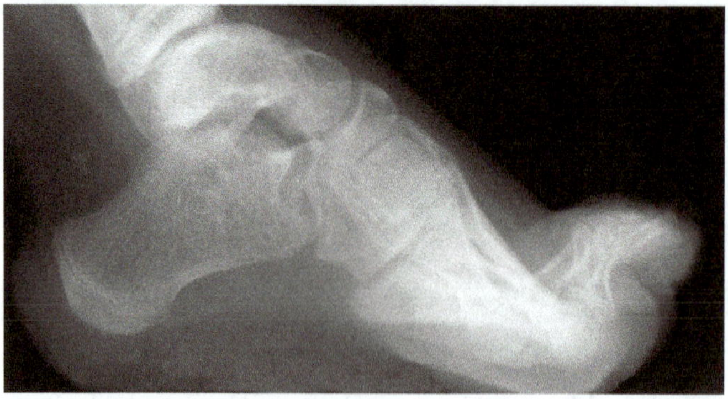

Abb. 8.2: 14 Jahre, männlich. „Friedreich-Fuß“: Krallenhohlfuß und Spitzfuß.

gen (Abb. 8.2). Eine kausale Therapie ist bislang nur ansatzweise verfügbar [Rufini et al. 2015].

8.5.3 Polyneuropathien bei Lipoproteinstoffwechselstörungen

Bei der An-α-Lipoproteinämie (Mb. Tangier) und bei der A-β-Lipoproteinämie (Mb. Bassen-Kornzweig, Akanthozytose) handelt es sich um hereditäre Krankheiten, die auf einem Mangel an Serumlipoproteinen beruhen. Beim *Mb. Tangier* führen Mutationen im Gen für das ATP-bindende Kassetten-Transportprotein A 1 (ABCA 1) zu einem Mangel an *Highdensity*-Lipoprotein (HDL), das unter anderem am Transport von Cholesterin und Phospholipiden beteiligt ist. Als Folge lagert sich ubiquitär Cholesterin ab. Die frühzeitige Arteriosklerose prädisponiert zu Myokardinfarkt, Schlaganfall und Polyneuropathie. Sowohl eine vaskulär bedingte Multiplex-Polyneuropathie als auch eine distal symmetrische Smallfiber-Neuropathie kommen vor.

Bei der autosomal-rezessiv erblichen *A-β-Lipoproteinämie* sind aufgrund von Mutationen im Gen für das mikrosomale Triglycerid-Transfer-Protein (MTP) auf Chromosom 4 (q 22–24) Chylomikronen, VLDL und LDL im Blutplasma stark reduziert. Als Folge der mangelnden Transportkapazität für die fettlöslichen Vitamine A und E kommt es zur retinalen Pigmentdegeneration und zu einer fortschreitenden ataktischen Neuropathie mit Hinterstrangbeteiligung. Im zentralen Nervensystem stehen demyelinisierende Veränderungen und in der Peripherie eine sensorische Ganglionopathie im Vordergrund [Brin et al. 1986].

8.5.4 Vitaminmangelpolyneuropathien

Stoffwechselstörungen können zu Vitaminmangel führen, und Vitaminmangel führt zu Stoffwechselstörungen. Der Niederländer Christiaan Eijkman entdeckte bei Forschungsarbeiten zur Beriberi-Polyneuropathie das Thiamin und erhielt dafür 1929 den Nobelpreis für Medizin und Physiologie. Vitaminmangel ist weltweit ein nicht zu unterschätzendes gesundheitliches Problem, das auch in entwickelten Ländern eine Rolle spielt. Polyneuropathien werden regelmäßig bei Mangel an Vitamin B1 und Vitamin B12 sowie vereinzelt bei Mangel an Folsäure und an Vitamin E gesehen. Der Zusammenhang zwischen einem Mangel an Vitamin B6 (Pyridoxin) und Polyneuropathie ist weniger gut belegt und geht überwiegend auf Fälle zurück, bei denen unter Therapie mit Isoniazid, Hydralazin oder Phenelzin Polyneuropathien beobachtet wurden. Isoniazid hemmt die Pyridoxin-Phosphokinase, die Pyridoxin zum aktiven Koenzym phosphoryliert. Häufiger als eine Polyneuropathie durch Mangel an Vitamin B6 dürfte eine sensible und ataktische Polyneuropathie sein, die durch Überdosierung bei langfristiger Einnahme von Pyridoxin in Multivitaminpräparaten ausgelöst wird [Scott et al. 2008].

8.5.4.1 Polyneuropathie bei Mangel an Vitamin B1 (Thiamin-Mangel, Beriberi)

Die sogenannte „trockene“ Beriberi-Form geht mit Polyneuropathie und Apathie einher, die „feuchte“ Form mit Ödemen bei Kardiomyopathie. Die Thiaminmangel-Polyneuropathie verläuft nicht selten subakut mit beinbetonter distal-symmetrischer sensomotorischer demyelinisierender Polyneuropathie („GBS-Mimic“ – Guillain-Barré-Syndrom ausschließen!). Auslöser sind z. B. Adipositas-chirurgische Eingriffe [Stroh et al. 2014] sowie Gastrektomien. Thiaminmangel wegen Fehlernährung ist in entwickelten Ländern selten zu beobachten. Aufgrund von Alkoholismus führt er eher zum Wernicke-Korsakow-Syndrom als zu Beriberi. In einigen Entwicklungsländern Asiens und im Amazonasgebiet ist Beriberi verbreitet und führt mancherorts zu deutlich erhöhter Kindersterblichkeit [Barennes et al. 2015]. Es wurde diskutiert, ob auch die in Afrika endemische tropische ataktische Neuropathie (TAN) mit subakuter sensibler Polyneuropathie, sensibler Ataxie, bilateraler Optikusatrophie und bilateraler Innenohrschwerhörigkeit auf einen Mangel an Thiamin zurückgeht.

8.5.4.2 Polyneuropathie bei Mangel an Vitamin B12 (Kobalamin-Mangel)

Mangel an Vitamin B12 ist häufig und betrifft bis zu 4 % der Bevölkerung. Er wird durch einen erhöhten Wert von Methylmalonsäure im Serum bestätigt und führt nicht nur zu einer megaloblastären Anämie bzw. einer Hunter-Glossitis, sondern unabhängig davon zu verschiedenen neurologischen und neuropsychiatrischen Krankheiten: funikuläre Myelose, Polyneuropathie, Demenz, organische Psychosyndrome und Psychosen, Krampfanfälle. Eine Polyneuropathie kann neben einer dann im Vordergrund stehenden funikulären Myelose vorliegen oder weniger oft auch unabhängig davon. Etwa 70 % der Patienten mit neurologischen Symptomen auf der Basis eines Vitamin-B12-Mangels zeigen Symptome einer sensibel und axonal betonten Polyneuropathie (evtl. Ganglionopathie), die insbesondere unter Vitaminsubstitutionstherapie im Rahmen der Remyelinisierung den Charakter einer gemischten axonalen und „demyelinisierenden“ Neuropathie annehmen kann [Kalita et al. 2014]. Die Amplitude des sensiblen Summenaktionspotenzials nach Suralisstimulation weist eine signifikante Korrelation mit dem Kobalaminspiegel im Serum auf [Puri et al. 2005]. Bei rascher Diagnose und *Therapie* ist die Erkrankung komplett reversibel, bei verzögerter Therapie nur partiell. Vitamin B12 kommt vorwiegend in tierischen Geweben und Produkten vor, in Leber, Muscheln, Makrelen, Lachs, Milch und Eigelb. Bei veganer Ernährung bzw. bei Säuglingen, die von vegan ernährten Müttern gestillt werden, ist daher mit Mangelsymptomen zu rechnen. Zur Resorption wird der im Magen gebildete Intrinsic-Faktor benötigt. Mangel entsteht beispielsweise bei Autoimmunität gegen die Intrinsic-Faktor produzierenden Parietalzellen (Typ-A-Gastritis, chronisch-atrophische Gastritis) oder nach Magen-(teil-)resektion, unter anderem im Rahmen der Adipositas-Chirurgie (Kap. 8.5.4.1). Er wird auch beobachtet bei entzündlichen Darmerkrankungen, Pankreasinsuffizienz oder als Folge der Therapie mit Antikonvulsiva (Phenobarbital, Pregabalin, Primidone, Topiramate), Metformin oder Protonenpumpenhemmern, zur Therapie siehe Kap. 5.3.15.3.

8.5.4.3 Polyneuropathie bei Mangel an Folsäure

Über Polyneuropathien bei Folsäuremangel ist im Vergleich zu denen bei Mangel an Vitamin B1 bzw. B12 relativ wenig berichtet worden [Koike et al. 2015]. Vitamin B12 ist als Koenzym erforderlich, um aus Folsäure den aktiven Metaboliten Tetrahydrofolsäure zu synthetisieren. Daher kann ein Mangel an Vitamin B12 auch zu den Symptomen eines Folsäuremangels führen. Tetrahydrofolsäure spielt eine große Rolle als Methylgruppendonator in der Synthese von Nukleotiden für die DNS-Synthese. Daraus resultiert ein hoher täglicher Bedarf. Er steigt in der Schwangerschaft noch deutlich an und kann z. B. aus Hefeprodukten, Hülsenfrüchten, Vollkornprodukten, Spinat, Spargel, Orangen und Leber gedeckt werden. Ein Mangel ist in den Industrieländern relativ häufig und entsteht durch verminderte Zufuhr (Fasten, Alkoholismus, entzündliche Darmerkrankungen), erhöhten Verbrauch (Schwangerschaft, konsumierende Erkrankungen) oder Therapie mit Folsäureantagonisten, Folsäureinhibitoren oder Substanzen, die mit der Folsäureabsorption interferieren (Methotrexat, Trimethoprim, Primidon, Phenytoin, Carbamazepin, Oxcarbazepin, Gabapentin, Valproinsäure, orale Kontrazeptiva [Linnebank et al. 2011]). Die Polyneuropathie als Folge eines Mangels äußert sich in Form einer langsam fortschreitenden überwiegend axonalen sensiblen Neuropathie [Koike et al. 2015]. Eine megaloblastäre Anämie ist nur bei einem Teil der Patienten nachweisbar. Damit stellt die Folsäurepolyneuropathie eine Differenzialdiagnose der langsam fortschreitenden Polyneuropathien dar wie bei Diabetes oder Alkoholabusus. Die Diagnose stützt sich außer auf das klinische Erscheinungsbild mit symmetrischem beinbetontem axonalem sensiblem Defallsmuster auf reduzierte Folsäurewerte in Blutserum und Erythrozyten sowie erhöhte Homozysteinwerte im Serum. Zur *Therapie* dient eine vermehrte Vitaminsubstitution. In einigen Ländern wird Mehl mit Folsäure angereichert, um angeborenen Neuralrohrdefekten und anderen Mangelzuständen entgegenzuwirken. Dieser Maßnahme steht der Verdacht entgegen, dass erhöhte Einnahme von Folsäure das Tumorrisiko erhöhen könnte.

8.5.4.4 Polyneuropathie bei Mangel an Vitamin E

Neurologische Syndrome als Folge eines Mangels an Vitamin E sind sehr selten. Sie können Folge von Gastrektomien sein [Ueda et al. 2009] oder auf Mutationen im Gen des α-Tocopherol-Transportproteins zurückgehen [Hentati et al. 1996]. Es handelt sich um eine autosomal rezessive Erkrankung, die sich im Kindesalter manifestiert und große Ähnlichkeit mit der Friedreich-Ataxie aufweisen kann. Fusco et al. weisen auf ihre Ähnlichkeit mit einer hereditären motorischen Neuropathie hin [2008]. Nach Gastrektomie (Kap. 8.5.4.1) wird nur bei einem Teil der Patienten ein erniedrigter Vitamin-E-Spiegel gemessen. Neurologische Symptome (Ataxie, sensible Polyneuropathie) sind selten nachweisbar und sprechen auf Vitamin-E-Substitution an [Ueda et al. 2009].

8.5.5 Toxische Polyneuropathien

Toxische Polyneuropathien stellen eine relativ große Gruppe dar, bei der exogene Toxine (Alkohol, Chemotherapie, Intoxikationen mit Organophosphaten und Nahrungsmittelvergiftungen) und endogene Toxine (bakterielle Endo- und Exotoxine) eine Rolle spielen können.

8.5.5.1 Alkoholische Polyneuropathie

Eine Polyneuropathie tritt bei 10 bis 30 % der Patienten mit Alkoholkrankheit auf [Neundörfer 2001]. Die Häufigkeit liegt evtl. noch höher, weil ein Teil der Fälle asymptomatisch verläuft [Vittadini et al. 2001] und Alkoholiker oft nicht aus eigener Motivation einen Arzt aufsuchen. In der Regel liegt ein distal-symmetrisches Befallsmuster mit chronischem Verlauf vor. Neben myelinisierten Nervenfasern sind insbesondere dünnkalibrige Fasern einschließlich autonomer Axone betroffen [Duncan et al. 1980, Koike et al. 2003, Mellion et al. 2014]. Viele symptomatische Patienten klagen über drückende Wadenschmerzen [Neundörfer 2001]. Elektroneurografisch zeigt sich ein axonales Befallsmuster. Äthanol und Äthanolderivate spielen vermutlich die Hauptrolle in der Pathogenese [Claus et al. 1985, Neundörfer 2001, Koike et al. 2003]. Auch tierexperimentell ist durch Alkohol ohne Mangelernährung eine axonale Polyneuropathie induzierbar [Mellion et al. 2013]. Hinweise auf einen Vitaminmangel waren bei betroffenen Patienten nicht zu finden [Claus et al. 1985, Koike et al. 2001, Neundörfer 2001]. Vergleichende histologische Untersuchungen zeigten bei Thiaminmangel-Neuropathien (Kap. 8.5.4.1) anders als bei alkoholbedingten Polyneuropathien vor allem einen Verlust dickkalibriger myelinisierter Axone [Koike et al. 2003]. Allerdings ist zu beachten, dass Alkoholismus zu Mangelernährung prädisponiert. Zudem wurden bei Alkoholkranken erniedrigte Konzentrationen von Thiaminmonophosphat bei normaler Konzentration an freiem Thiamin gefunden [Thallaksen et al. 1992]. Wenn tatsächlich ein Vitaminmangel hinzutritt, manifestieren sich akute oder subakute typische Vitaminmangelpolyneuropathien [Vandenbulcke u. Janssens 1999]. Alkoholismus spielt vermutlich auch eine Rolle bei der Polyneuropathie der meisten Patienten mit multipler symmetrischer Lipomatose [Naumann et al. 1995].

Zur *Therapie* ist die Noxe zu eliminieren. Dann kann die alkoholbedingte Polyneuropathie zurückgehen [Wetzel et al. 1988]. Vitaminsubstitution ist oft nützlich [Woelk et al. 1998, Peters et al. 2006]. Darüber hinaus steht die symptomatische Therapie der sensiblen Reizerscheinungen, der Schmerzen und ggf. der Symptome im Bereich des autonomen Nervensystems im Vordergrund (vgl. diabetische Polyneuropathie, Kap. 8.5.1).

8.5.5.2 Polyneuropathie bei Arzneimitteltherapie

Eine Polyneuropathie ist als Nebenwirkung einer Vielzahl von Arzneimitteltherapien bekannt: Chemotherapie von Malignomen, Immunsuppression nach Organtransplantation, antirheumatische Therapie, HIV-Therapie, Therapie von Tuberkulose und Lepra, antiepileptische Therapie sowie Einsatz von Statinen. Arzneimittel auf Proteinbasis, beispielsweise Antikörpertherapeutika, können Polyneuroradikulopathien im Sinne einer allergischen Pathogenese auslösen (Guillain-Barré-Syndrom, Kap. 8.5.7). Viele Chemotherapeutika entfalten ihre Wirkung über Interaktionen mit dem Zellmetabolismus der Nukleinsäuren, z. B. Bildung von mRNA und Proteinbiosynthese. In diesem Rahmen kommt es auch zu toxischen Wirkungen auf den Erhaltungsstoffwechsel der Neurone und der Nervenfasern. Mit einer Polyneuropathie ist auch bei der immunsuppressiven Therapie rheumatischer und anderer autoimmuner Erkrankungen sowie bei der antiretroviralen Therapie von HIV-Patienten zu rechnen. Colchicin, Vinblastin und Nocodazol hemmen den Aufbau der für den axonalen Transport und die Zellteilung wichtigen Mikrotubuli, während Paclitaxel ihren Abbau hemmt. Nicht immer ist aber der genaue Pathomechanismus bei der Induktion einer Polyneuropathie bekannt. Abgesehen vom Absetzen des verursachenden Arzneimittels gibt es bislang keine Therapie.

8.5.5.3 Polyneuropathie bei Chemotherapie

Etwa ein Drittel der Malignompatienten, die chemotherapiert werden, entwickelt als Nebenwirkung eine Polyneuropathie. Die Symptomatik entsteht distal symmetrisch in zeitlichem Zusammenhang mit der Chemotherapie z. B. in Form von Kribbeln, Schmerzen, Taubheitsgefühl, Kälteempfindlichkeit und sensibler Ataxie. Auch eine autonome bzw. motorische Beteiligung wird beobachtet. Substanzen, die bevorzugt Neuropathien hervorrufen, sind z. B. Cisplatin, Oxaliplatin, Carboplatin, Vincristin, Vinblastin, Paclitaxel, Docetaxel, Bortezomib, Thalidomid. In der Regel bessern sich die Symptome allmählich nach Beendigung der Therapie. Nach Einsatz platinhaltiger Substanzen können sie aber auch einige Monate nach Absetzen der Therapie noch zunehmen.

8.5.5.4 Polyneuropathie bei anderen Arzneimitteln

Die Gefahr, dass sich eine Polyneuropathie einstellt, besteht nach der Gabe von vielen Arzneimitteln, die hier kaum vollständig aufgeführt werden können: Antibiotika, antimikrobielle, fungizide bzw. antiretrovirale Substanzen, beispielsweise Chloramphenicol, Isoniazid, Ethambutol, Dapson, Metronidazol, Streptomycin, Gentamycin, Linezolid, Nitrofurantoin, Amphotericin-B, Sulphonamide, Penicillin, Itraconazol, Voriconazol, Stavudin, Didanosin. Antirheumatische bzw. immunsuppressive Substanzen, die Polyneuropathien verursachen können, sind Gold, Colchizin, Chloroquin, Indomethacin, Phenylbutazon, Ciclosporin A, Metothrexat (via Folsäuremangel, Kap. 8.5.4.3), Tacrolimus, Leflunomid, Lenalidomid. Antikonvulsiva, Antidepressiva oder andere auf das zentrale Nervensystem wirkende Pharmaka, bei denen vereinzelt über eine Polyneuropathie berichtet wurde, sind Phenytoin, Disulfiram, Amitriptylin, Imipramin, Chlorprothixen, Methaqualon, L-Dopa und Lithium. Von den Arzneimitteln mit kardiovaskulären, lipidsenkenden oder antihistaminischen Wirkungen wurde bei Folgenden über eine Polyneuropathie berichtet: Ergotamin, Hydralazin, Amiodaron, Clofibrat, verschiedene Statine und Cimetidin.

8.5.5.5 Polyneuropathie bei Intoxikation mit organischen Substanzen

Fortgesetzte Exposition mit bleihaltigem oder unverbleitem Benzin oder mit Klebstoffen, die n-Hexan oder Toluol enthalten, führt bei „Schnüfflern" oder bei verschiedenen beruflichen Tätigkeiten (unter anderem Lederverarbeitung), abgesehen von zentralnervösen Auswirkungen, zu einer von der Expositionsdauer abhängigen sensomotorischen Polyneuropathie. Bei akuten Intoxikationen liegen nicht selten Multiplex-Polyneuropathien mit Leitungsblöcken vor. Auch nach dauerhafter Exposition unterhalb von Schwellenwerten, den *Threshold-limit-Values* (TLV), fand man Hinweise auf periphere Neuropathien [Neghab et al. 2012]. Sie wurden außerdem häufig nach Exposition mit Organophosphaten (z. B. in Pestiziden) beschrieben sowie nach Einwirkung von Acrylamid und Kohlenstoffdisulfid. Besonders gefährdet sind wegen des langfristigen Einsatzes von Pestiziden Landwirte [Boostani et al. 2014].

8.5.5.6 Polyneuropathie bei Intoxikation mit Schwermetallen

Zahlreiche Schwermetalle können Polyneuropathien auslösen. Nicht selten handelt es sich um akute schwere Verläufe mit ähnlichen Symptomen wie das Guillain-Barré-Syndrom. Zahlreiche Fälle wurden der Einwirkung folgender Schwermetalle zugeschrieben: Cobalt, Zink, Arsen, Cadmium, Barium, Platin, Gold, Quecksilber, Thallium, Blei. Platin und Gold sind Bestandteile von Arzneimitteln für die Chemotherapie bzw. die antirheumatische Therapie. Arsen und Thallium werden unter anderem in Rattengift eingesetzt und verursachen sensomotorische Polyneuropathien, teils mit Smallfiber-Beteiligung. Blei weist eine Affinität zu motorischen Nervenfasern auf, sodass eine multifokale motorische Neuropathie differenzialdiagnostisch in Erwägung zu ziehen ist. Die Bleipolyneuropathie geht bevorzugt mit folgenden Symptomen einher: Fallhand, Armheberparese, Faustschlussparese, Fußheberparese und Hypophonie, Aphonie. Zur Therapie von Schwermetallintoxikationen werden Radikalfänger bzw. Chelatbildner eingesetzt: z. B. N-Acetylcystein, α-Liponsäure, Captopril, Catechine, Glutathion, Melatonin Quercetin, Taurin, Vitamin C, Vitamin E [Flora et al. 2013].

8.5.6 Critical-Illness-Polyneuropathie (CIP, Schwerkranken-Polyneuropathie)

Polyneuropathien, evtl. in Kombination mit Myopathie, werden bei 25 bis 85 % der ITS-Patienten beobachtet. Zum Krankheitsbild gehören schlaffe Tetraparesen bis hin zur Tetraplegie mit Areflexie, Hirnnervenparesen sowie Schwierigkeiten bei der Entwöhnung von der künstlichen Beatmung [Pati et al. 2008, Latronico et al. 2011]. Es handelt sich um eine axonal betonte Polyneuropathie, die zuverlässig mit elektroneurografischen Techniken erfasst werden kann. Die gelegentlich festzustellende axonale Degeneration von proximal nach distal (Dying-forward-Polyneuropathie) kann in der Elektroneurografie zu leitungsblockartigen Konstellationen Anlass geben und spricht möglicherweise für die Beteiligung fokaler (z. B. vaskulärer) Faktoren. Mit Elektromyografie und ggf. Muskelbiopsie kann im Einzelfall eine myopathische Beteiligung untermauert werden. Die Pathogenese ist nicht völlig klar, steht aber evtl. mit dem sogenannten systemischen inflammatorischen Immun-Response-Syndrom (SIRS) in Verbindung. Für den Ausbruch spielen unter anderem schockauslösende bakterielle Endotoxine wie Lipopolysaccharide und evtl. Exotoxine mit superantigenen Eigenschaften eine wesentliche Rolle. Im Zentrum der Betrachtungen stehen derzeit reaktive entzündliche und mikrovaskuläre Veränderungen sowie nachgeschaltete zelluläre Reaktionen [Pati et al. 2008, Latronico et al. 2011]. Die Therapie ist polypragmatisch und nur durch wenige Studien abgesichert. An vorderster Stelle steht die Behandlung der Grunderkrankung, von SIRS und Sepsis, ergänzt durch aktive und passive physiotherapeutische Maßnahmen [Novak et al. 2011]. Evtl. bringt eine Insulintherapie einen gewissen zusätzlichen Nutzen [Hermans et al. 2009].

8.5.7 Polyneuropathien bei entzündlichen Prozessen

8.5.7.1 Guillain-Barré-Syndrom

Das Guillain-Barré-Syndrom (GBS), eine in der Regel monophasische akute autoimmun-entzündliche Polyneuropathie mit einer Inzidenz zwischen 0,8 und 1,9 : 100.000

im Jahr [McGrogan et al. 2009], ist klinisch durch rasch aufsteigende Paresen, Parästhesien und Schmerzen ohne wesentlichen Sensibilitätsverlust sowie durch Areflexie charakterisiert. Der Kulminationspunkt wird binnen 4 Wochen überschritten. Meist handelt es sich um ein demyelinisierendes Befallsmuster im Sinne einer *akuten inflammatorischen demyelinisierenden Polyneuropathie* (AIDP). Es kommen aber auch axonale motorische (AMAN) bzw. sensomotorische Formen (AMSAN) und unterschiedliche klinische Befallsmuster vor. Faziale Beteiligung tritt bei bis zu 70 % der Patienten auf, Dysphagie bei bis zu 40 % und Dyspnoe bis hin zur respiratorischen Insuffizienz bei bis zu 30 %. 5 % der Betroffenen zeigen eine externe Ophthalmoplegie. Tritt die Ophthalmoparese zusammen mit Ataxie und Areflexie auf, spricht man von einem *Miller-Fisher-Syndrom* (MFS [Wakerley et al. 2014]). Klinisch lassen sich GBS und MFS nicht sicher trennen. Das MFS kann mit einer sogenannten *Bickerstaff-Enzephalitis* einhergehen. Das Spektrum von GBS und MFS reicht von milden Symptomen mit erhaltener Gehfähigkeit bis zur kompletten schlaffen Tetraplegie mit schwerer Hirnnervenbeteiligung sowie Schluck- und Atemlähmung. Autonome Symptome sind häufig: meist eine Sinustachykardie, alternativ eine Bradykardie oder ein labiler Blutdruck mit Hyper- und Hypotension, außerdem kardiale Arrhythmien, orthostatische Hypotension, neurogenes Lungenödem, Störungen der Schweißsekretion, Obstipation, Diarrhö und Sphinkterstörungen.

Neben der klinischen Symptomatik spielt die Elektroneurografie eine große Rolle für den Nachweis eines axonalen oder demyelinisierenden Nervenbefallmusters. Dies ist von Bedeutung für die Untermauerung der Diagnose sowie für die Einordnung in die Unterformen, also z. B. AIDP, AMAN, AMSAN [Uncini u. Kuwabara 2012]. Beim GBS, nicht aber beim MFS wurde über ein gehäuftes Auftreten von Pseudoreflexen (sogenannte A-Wellen) insbesondere beim N. tibialis berichtet [Kornhuber et al. 1999, Kornhuber et al. 2006].

Eine Blut-Liquor-Schrankenstörung ohne bzw. mit nur geringer Pleozytose, also eine zytoalbuminäre Dissoziation, ist ein wichtiger Befund für die Diagnose eines GBS. In den ersten Tagen nach Symptombeginn kann diese Konstellation noch fehlen. Eine Pleozytose bis etwa 20 Zellen/µl (Gpt/l) wird bei etwa 5 % der Menschen gemessen und spricht also nicht gegen die Diagnose GBS. Meist handelt es sich um aktivierte Monozyten, die Myelin phagozytiert haben können. Mindestens teilweise dürfte diese Pleozytose auf eine Abräumreaktion zurückgehen.

Für die Annahme, dass es sich beim GBS bzw. MFS um allergische Neuritiden handelt, liegen zahlreiche Hinweise vor. Viele Auslöser wurden genannt: Bei 70 % der Betroffenen entwickeln sich GBS bzw. MFS 2 bis 4 Wochen nach einem Darminfekt [McGrogan et al. 2009], bei gut 30 % nach einem Darminfekt mit Campylobacter jejuni [Poropatich et al. 2010], seltener nach viralen Infekten mit dem Epstein-Barr-Virus (EBV) oder dem Zytomegalievirus (CMV). Neben der Infekt-allergischen Pathogenese gibt es zahlreiche Berichte über GBS als Folge eines Kontaktes mit Peptiden oder Proteinen. Dazu zählen verschiedene Impfungen und z. B. Antikörper- oder Interferon-basierte Therapien bei Autoimmun- oder Tumorerkrankungen. Vereinzelt wurde auch über GBS als Folge eines Bienenstichs berichtet oder nach Lyse-Therapie mit rTPA bzw. mit Streptokinase [Bersano et al. 2010, Eshraghian et al. 2010, Saini et al. 2014]. Nach operativen Eingriffen in Allgemeinanästhesie ist das GBS-Risiko erhöht. So lag bei 6 von 63 GBS-Patienten von Gensicke et al. [2012] ein operativer Eingriff nicht länger als 6 Wochen zurück. Dies stellt eine Gemeinsamkeit mit der idiopathischen Armplexusneuritis dar, die ebenfalls durch eine vorausgehende Operation getriggert werden kann [Malamut et al. 1994].

Bei Patienten mit MFS und Bickerstaff-Enzephalitis lassen sich nahezu stets anti-GQ1b-Antikörper nachweisen. Aus diesem Grund ist vorgeschlagen worden, von einem anti-GQ-1b-Antikörper-Syndrom zu sprechen [Shahrizaila u. Yuki 2013]. Auch beim GBS spielen unterschiedliche Anti-Gangliosid-Antikörper eine große Rolle für das klinische Befallsmuster und die Ausprägung der Symptome. Anti-GM1-Antikörper zeigten z. B. eine starke Korrelation mit einer vorausgehenden gastrointestinalen Infektion, mit dem Fehlen sensibler Symptome und fehlender Hirnnervenbeteiligung [Kim et al. 2014]. Patienten mit anti-GD-1a-Antikörpern waren jünger, eher männlich und zeigten mehr faziale Beteiligung als Patienten ohne diesen Antikörper. Anti-GT-1a-Antikörper waren mit bulbären Symptomen assoziiert.

Differenzialdiagnostisch ist beim GBS an schlaffe Lähmungen anderer Genese zu denken, unter anderem an akute Myelopathien, Intoxikationen mit Schwermetallen, Organophosphaten, Alkanen sowie an akute Polyneuropathien bei Vitaminmangel, Vaskulitis, Porphyrien oder kritisch kranken Patienten. Beim MFS sind unter anderem Botulismus, Myasthenia gravis und Hirnstammprozesse unterschiedlicher Genese in Erwägung zu ziehen.

Wegen der Dynamik der Erkrankung bis hin zu gestörten Vitalfunktionen und aufgrund des Risikos akuter Herzrhythmusstörungen oder Blutdruckdysregulationen im Rahmen der autonomen Beteiligung sollte die *Therapie* in den meisten Fällen zunächst auf einer Intensivstation erfolgen. Monitoring der kardialen, vaskulären und autonomen Funktionen gehört zur Routine.

> Wegen des Risikos akuter Herzrhythmusstörungen oder Blutdruckdysregulationen muss die *Therapie* des GBS in den meisten Fällen zunächst auf einer Intensivstation erfolgen.

Immobile Patienten erhalten eine Thromboseprophylaxe, z. B. mit niedermolekularem Heparin. Eine anxiolytische Medikation ist angesichts der Situation auf einer Intensivstation sowie aufgrund der nicht selten langen Dauer der Hospitalisierung nötig. Le Guennec et al. berichten über posttraumatische Belastungsstörungen nach GBS-bedingten Langzeitaufenthalten auf Intensivstationen [2014]. Daher ist bei schwer Betroffenen nicht selten auch eine begleitende *psychologische Behandlung neben der Schmerztherapie* unter Berücksichtigung von Trizyklika, Gabapentin, Pregabalin, Carbamazepin, Tramadol bzw. stärker wirksamen Opiaten in Erwägung zu ziehen. In Studien ist allerdings lediglich ein gewisser Nutzen für Gabapentin und Carbamazepin bei Patienten mit GBS belegt [Liu et al. 2013]. Schließlich bildet eine regelmäßige Physiotherapie einen wichtigen Teil der supportiven Behandlung.

GBS und MFS sind selbstlimitierend. Dauer und Schwere der Erkrankung lassen sich bei GBS-Patienten mit Immunglobulinen und Plasmapherese-Therapie wirksam vermindern [Hughes et al. 2012, Raphael et al. 2012]. Die *Therapie* mit Kortikoiden ist wirkungslos [Hughes u. van Doorn 2012]. Für Patienten mit MFS liegen keine entsprechenden Studien vor [Overell et al. 2007]. Dennoch wird meist die gleiche Therapie eingesetzt wie beim GBS. Aufgrund der Einfachheit der Anwendung und der etwa gleichwertigen Wirkung bei ähnlichen Kosten werden Immunglobuline der Plasmapherese meist vorgezogen. Vor Beginn dieser Therapie sollte ein IgA-Mangel ausgeschlossen werden. Sie erfolgt mit 0,4 g pro kg Körpergewicht täglich an 5 aufeinanderfolgenden Tagen und wird in der Regel gut vertragen. An ernsthaften Nebenwirkungen sind vor allem allergische Reaktionen, ischämische Infarkte sowie Nierenversagen bei vorbestehender Niereninsuffizienz zu nennen [Wajanaponsan u. Cheng 2004].

Von den GBS-Patienten, die auf einer Intensivstation behandelt werden, benötigen etwa 80 % eine künstliche Beatmung [Dhar et al. 2008], mehr als die Hälfte leiden an einer Pneumonie. Die Mortalität der beatmeten Patienten liegt während des Krankenhausaufenthalts bei 5 bis 7 % [Chiò et al. 2003, Dhar et al. 2008, Witsch et al. 2013]. Nach einer medianen Nachbeobachtungszeit von 53 Monaten berichteten Witsch et al. bei 110 Patienten über eine Gesamtmortalität von 13,6 % [2013]. Etwa 3 Viertel der Patienten werden (wieder) gehfähig und weisen keine oder nur geringe Behinderungen auf. Allerdings klagen viele über chronische Schmerzen und rasche Ermüdbarkeit mit verkürzter Gehstrecke [Dhar et al. 2008, Witsch et al. 2013]. Von 29 von Forsberg et al. [2012] über 10 Jahre nachbeobachteten GBS-Patienten gaben 11 persistierende Parästhesien und 15 Einschränkungen beim Gehen an. Mehr als 5 % der Patienten mit akutem GBS bzw. MFS erleiden einen oder mehrere Rückfälle, jüngere eher mit kürzeren Schüben und milderen Symptomen ähnlich dem MFS [Kuitwaard et al. 2009, Mossberg et al. 2012]. An eine *chronische inflammatorische demyelinisierende Polyradikuloneuropathie* (CIDP, Kap. 8.5.7.2) ist vor allem dann differenzialdiagnostisch zu denken, wenn der Rückfall mehr als 8 Wochen nach dem Beginn der Erstsymptomatik einsetzt oder wenn Schübe 3 oder noch mehr Male auftreten [Ruts et al. 2010].

8.5.7.2 Chronische inflammatorische demyelinisierende Polyneuropathie (CIDP)

Die CIDP weist eine weniger rasche Dynamik auf als das GBS. Symmetrische beinbetonte Paresen mit Hypo- oder Areflexie entwickeln sich über einen Zeitraum von mindestens 2 Monaten progredient [Vanasse et al. 2013]. Der Liquor zeigt meist leicht oder allenfalls mäßig erhöhte Proteinwerte im Sinne einer Schrankenstörung. Elektroneurografisch finden sich Zeichen der Demyelinisierung, also verbreiterte Summenaktionspotenzialkomplexe, verlängerte distale Latenzen, verlangsamte Nervenleitgeschwindigkeiten, Leitungsblöcke, F-Wellen-Verlust oder verzögerte F-Wellen-Latenzen mit temporaler Dispersion der F-Wellen. Die Prävalenz der CIDP (ohne multifokale motorische Neuropathie und ohne Polyneuropathien bei monoklonaler Gammopathie) wurde mit 2,84 : 100.000 angegeben [Mahdi-Rogers u. Hughes 2014]. Kinder sind etwa zehnmal seltener betroffen als Erwachsene. Neben schleichend fortschreitenden Verläufen kommen schubhaft remittierende Formen vor. Die CIDP wird von paraproteinämischen Neuropathien, also insbesondere bei monoklonaler Gammopathie unklarer Signifikanz (MGUS), abgegrenzt [Vanasse et al. 2013]. Dem breiten Spektrum der Symptome und Krankheitsverläufe entsprechend sind unterschiedliche Kriterien zur Diagnose einer CIDP vorgeschlagen worden [Sander u. Latov 2003]. Im Allgemeinen geht man davon aus, dass die CIDP nicht mit anderen systemischen Erkrankungen wie Neoplasien oder Diabetes mellitus assoziiert ist [Vanasse et al. 2013]. Es wurde allerdings wiederholt berichtet, dass sie bei Diabetes mellitus gehäuft auftritt [Fatehi et al. 2013].

Neben der typischen symmetrischen motorisch betonten Symptomatik sind bislang *mindestens 5 CIDP-Varianten* bekannt:multifokale motorische Neuropathie (MMN), multifokale akquirierte demyelinisierende sensible und motorische Neuropathie (MADSAM, Lewis-Sumner-Syndrom), distale akquirierte demyelinisierende sensible Neuropathie (DADS), multifokale akquirierte sensible und motorische Neuropathie (MASAM) und das Syndrom aus chronisch ataktischer Polyneuropathie, Ophthalmoplegie, monoklonalem IgM-Protein, Kälteagglutinin, Disialosyl-Antikörpern und GQ-1b-Antikörpern (CANOMAD, CIDP-Analogon des Miller-Fisher-Syndroms). Von diesen ist die MMN die häufigste CIDP-Variante. Die Prävalenz der MMN wurde mit 0,53 : 100.000 beziffert [Mahdi-Rogers u. Hughes 2014]. Bei der nahezu rein motorischen MMN treten in der Regel initial Paresen im Bereich der Hände und Arme auf. Meist finden sich Demyelinisierung und Leitungsblöcke an mindestens 2 motorischen Nerven. Auch im Verlauf sind die Arme stärker vom Krankheitsprozess betroffen als die Beine. Hirnnervenbeteiligung ist selten. Beim Lewis-Sumner-Syndrom stehen meist asymmetrische sensible Symptome an Händen und Füßen im Vordergrund mit Hypästhesie, Pallhypästhesie und sensibler Ataxie, daneben Paresen im Versorgungsgebiet einzelner Nerven, unter anderem auch im Hirnnervenbereich. Typischerweise zeigt sich elektroneurografisch eine axonale sensible Neuropathie mit verminderten Amplituden der Summenaktionspotenziale an sensiblen Arm- und Beinnerven und finden sich zusätzlich an motorischen Nerven demyelinisierende Veränderungen, unter anderem mit Leitungsblock. Bei MMN und Lewis-Sumner-Syndrom wurden im Liquor normale oder leicht erhöhte Proteinwerte gemessen [Verschueren et al. 2005].

Wie beim GBS werden bei einem Teil der Patienten mit CIDP gehäuft Infekte vor Symptombeginn beobachtet [Notermans et al. 2000]. Weitere Hinweise auf eine allergische Pathogenese sind rar. Auch Autoantikörper gegen Nervenfaserantigene spielen bei der CIDP anders als beim GBS wahrscheinlich eine untergeordnete Rolle [Lim et al. 2014], ausgenommen die CANOMAD-Variante der CIDP sowie die MMN, bei der in etwa der Hälfte der Fälle IgM-Autoantikörper gegen das Gangliosidantigen GM1 und IgG-Autoantikörper gegen Gliomedin nachgewiesen werden können [Harschnitz et al. 2014, Notturno et al. 2014]. Sowohl für das GBS als auch für die CIDP wurde bisher keine klare HLA-Assoziation gefunden [Blum u. McCombe 2014]. Auch hier stellt die MMN eine Ausnahme dar: Bei MMN-Patienten wiesen Sutedja et al. [2010] eine Assoziation mit HLA-DRB1*15 nach.

Es ist bekannt, dass die CIDP mit Ausnahme der MMN-Variante auf die *Therapie* mit Kortikoiden ansprechen kann. Allerdings gibt es für ihre Wirksamkeit kaum stichhaltige Belege. In 2 kleinen kontrollierten Studien zeigte sich ein signifikanter Effekt der Plasmapherese auf klinische und elektrophysiologische Parameter bei CIDP-Patienten [Hughes u. Mehndiratta 2012]. Eine ähnliche Überlegenheit gegenüber Placebo wurde mit Immunglobulinen erzielt. Die Wirkung war mit der einer oralen bzw. intravenösen Behandlung mit Methylprednisolon vergleichbar [Eftimov et al. 2013]. In der größten verfügbaren Studie wurde nach einer Initialdosis von 2 g/kg (Präparat Gamunex) über 2 bis 4 Tage eine Erhaltungsdosis von 1 g pro kg Körpergewicht alle 3 Wochen eingesetzt [Hughes et al. 2008]. In einer nordamerikanischen Stichprobe erhielten 26 % der CIDP-Patienten Immunglobuline und 16 % Prednison [Guptill et al. 2014]. Die Kosten der Pharmakotherapie machten dabei 57 % der gesamten Therapiekosten aus, und die Therapie mit Immunglobulinen war für 90 % der Arzneimittelkosten verantwortlich [Guptill et al. 2014]. Wenn die übliche Therapie der CIDP und ihrer Varianten versagt, stellt die B-Zell-Depletion mit Rituximab eine weitere Therapieoption dar [Benedetti et al. 2011, d'Amico et al. 2012]. Sie ist allerdings nicht durch prospektive kontrollierte Studien gesichert. Nur die MMN spricht weder auf Kortikoide noch auf Plasmapherese noch auf Mycofenolat-Mofetil an [van Asseldonk et al. 2005, Umpathi et al. 2015]. Für die MMN stellen Immunglobuline bislang die einzige wirksame Therapieoption dar [van Asseldonk et al. 2005]. Trotz dieser Therapie schreitet die Symptomatik bei den meisten Patienten schleichend fort.

8.5.8 Paraproteinämische Polyneuropathien

Bei Patienten mit Paraproteinämien werden gehäuft Polyneuropathien gefunden, also bei monoklonaler Gammopathie unklarer Signifikanz (MGUS) bzw. multiplem Myelom, Kryoglobulinämie und beim POEMS-Syndrom (Polyneuropathie, Organomegalie, Endokrinopathie, M-Protein, *skin changes*/Hautveränderungen [Chacko u. Spinner 2006]). Darüber hinaus kann es bei MGUS und beim Myelom zur Amyloidose-Polyneuropathie kommen. Die PNP-MGUS zeigt eine ähnliche Verlaufsdynamik wie die CIDP ohne MGUS und wird daher oft als CIDP-MGUS bezeichnet. Anders als bei der CIDP stehen symmetrische sensible Symptome mehr im Vordergrund, und Hirnnerven sind seltener betroffen [Notermans et al. 2000]. Daher ist hinsichtlich der „Schwere" der Erkrankung nicht ganz zwanglos zwischen CIDP- und PNP-MGUS zu vergleichen. Die Prävalenz der PNP-MGUS wurde mit 1,04 : 100.000 angegeben [Mahdi-Rogers u. Hughes 2014]. Bei etwa 40 % der Patienten mit PNP-MGUS werden Autoantikörper gegen unterschiedliche neurale Antigene nachgewiesen, und zwar einschließlich GM 1. Derartige Autoantikörper finden sich allerdings in einem ähnlichen Prozentsatz auch bei MGUS-Patienten ohne Polyneuropathie [di Troja et al. 1999]. Patienten mit PNP-MGUS sollten hämatologisch-onkologisch beobachtet werden, um ggf. den Übergang in ein Plasmozytom oder in verwandte lymphoproliferative Erkrankungen zu erfassen.

Therapieoptionen, die sich bei der CIDP als wirksam erwiesen haben, kommen auch für die PNP-MGUS bei monoklonaler Synthese von IgG, IgA und IgM in Betracht, also z. B. Plasmapherese, Immunglobuline und Prednisolon. Die Patienten reagieren darauf möglicherweise ähnlich gut wie CIDP-Patienten [Gorson et al. 1997]. Es gibt aber auch Berichte, dass PNP-MGUS weniger gut auf eine immunmodulatorische oder immunsuppressive Therapie anspricht [Alkhawajah et al. 2014]. Wir behandelten einen Patienten mit sehr schwer verlaufender PNP-MGUS und Tetraplegie, bei dem weder Plasmapherese noch mehrere Zyklen mit Immunglobulinen Wirkung gezeigt hatten. Erst mit Rituximab-Intervalltherapie setzte eine zunehmende Besserung ein und kehrte die Gehfähigkeit zurück.

Als POEMS-Syndrom (Synonym: Crow-Fukase-Syndrom) bezeichnet man eine seltene paraneoplastische Erkrankung bei Plasmazellneoplasie mit einer CIDP-ähnlichen Polyneuropathie als führendem Symptom. Die diagnostischen Hauptkriterien sind Polyneuropathie, klonale Plasmazellneoplasie, erhöhter vaskulärer endothelialer Growth-Faktor (VEGF), sklerotische Knochenläsionen und ein Castleman-Syndrom. Nebenkriterien umfassen Organomegalie, Endokrinopathie, charakteristische Hautveränderungen (einschließlich Hyperpigmentierung und Hypertrichose), Papillenödem, Ödeme und Thrombozytose. Zur Diagnose müssen 3 Hauptkriterien erfüllt sein (darunter obligat Polyneuropathie und klonale Plasmazellneoplasie) sowie ein Nebenkriterium [Dispenzieri 2014]. Der vermehrten Bildung von VEGF und evtl. anderen Zytokinen als Folge der Plasmazellproliferation wird eine führende Rolle bei der Pathogenese der Erkrankung zugeschrieben. In einem Teil der Fälle kann sich die Polyneuropathie im Rahmen eines POEMS-Syndroms ähnlich rasch manifestieren wie bei einem GBS [Isose et al. 2011]. Im Vergleich zu CIDP-Patienten weisen Patienten mit POEMS-Syndrom elektroneurografisch weniger ausgeprägte demyelinisierende und mehr axonale Veränderungen auf [Guo et al. 2014], die sensible und motorische Nervenfasern gleichermaßen betreffen. Autonome Funktionstests wie die sympathische Hautantwort bringen beim POEMS-Syndrom seltener pathologische Ergebnisse. Zeigt die Elektroneurografie bei einer mutmaßlichen „CIDP“ also unerwartet wenige Hinweise auf eine Demyelinisierung und eine gleiche Beteiligung sensibler Parameter, ist ein POEMS-Syndrom differenzialdiagnostisch in Erwägung zu ziehen.

Zur *Therapie* kommen unter anderem Radiatio, Kortikoide, Alkylanzien und Stammzelltransplantation in Betracht [Dispenzieri 2014]. Anti-VEGF-Antikörper allein besitzen vermutlich keinen Effekt [Sekiguchi et al. 2013]. Das Thalidomidanalogon Lenalidomid war in Einzelfällen und Fallserien gut wirksam [Royer et al. 2013, Dispenzieri 2014]. Bei Thalidomid und Bortezumib, die ebenfalls effektiv sind, muss das Risiko einer Zunahme der Polyneuropathie in die Abwägung einbezogen werden.

8.5.9 Polyneuropathien bei Amyloidosen

Amyloidosen sind durch unspezifische Ablagerungen abnorm gefalteter Proteine im Interstitium gekennzeichnet. Amyloidose-assoziierte Polyneuropathien werden vorwiegend bei Ablagerung von Leichtketten bei monoklonaler Gammopathie (AL-Amyloidose) beobachtet sowie bei der hereditären Transthyretin-Amyloidose. Für den histologischen Nachweis spielt die Kongorot-Färbung eine besondere Rolle.

8.5.9.1 Polyneuropathie bei AL-Amyloidose

Polyneuropathien bei erworbener Amyloidose gehen mit Ausnahme der alternsbedingten Transthyretin-Amyloidose nahezu ausschließlich auf Leichtkettenablagerungen im Rahmen von monoklonalen Gammopathien bzw. des Plasmozytoms zurück. Meist handelt es sich um eine progrediente distal symmetrische axonal betonte Smallfiber-Polyneuropathie mit Schmerzen und autonomer Beteiligung (Störung der Schweißsekretion und der Kreislaufregulation, gastrointestinale Symptome). Die sympathische Hautantwort kann ausfallen und die Herzratenvarianz abnehmen. Im weiteren Verlauf werden auch myelinisierte sensible und motorische Fasern betroffen, sodass elektroneurografisch Amplituden sensibler und motorischer Summenaktionspotenziale abnehmen. Zur Diagnose bedarf es vor allem der Serumprotein-Elektrophorese. Eine CIDP-MGUS auf der Grundlage spezifisch an Nervenfaser-assoziierte Epitope bindender Antikörper ist differenzialdiagnostisch in Erwägung zu ziehen. Neben der symptomatischen Behandlung der Smallfiber-Neuropathie und der autonomen Beteiligung liegt der Schwerpunkt auf der *Therapie* der ursächlichen unkontrollierten B-Zell-Funktion.

8.5.9.2 Polyneuropathie bei hereditärer Transthyretin-Amyloidose

Beim Transthyretin (Thyroxin-bindendes Präalbumin) handelt es sich um ein in der Leber gebildetes Protein, das Schilddrüsenhormone transportiert. Familiäre Amyloidose-Polyneuropathien (FAP) gehen nahezu ausschließlich auf Mutationen im Gen für Transthyretin zurück, die eine Fehlfaltung des Proteins verursachen, das bereits in der Wildtypform zur Ablagerung unter anderem in Muskeln und Nerven neigt. Im höheren Lebensalter stellen sich abhängig von der Dauer Kardiomyopathie und Polyneuropathie ein, oft in Form von Schwerpunktneuropathien, beispielsweise eines Karpaltunnel-Syndroms [Sekijima et al. 2011], und es entsteht eine rasch fortschreitende axonal betonte autonome und sensomotorische Polyneuropathie [Hund 2014]. Daneben sind oft Herzmuskel und Augen betroffen. Auch eine isolierte Kardiomyopathie wird beobachtet. *Standardtherapie* ist die *Lebertransplantation*. Bei leichteren Formen der FAP steht seit 2013 das von der *European Medicines Agency* (EMA) zugelassene Tafamidis als Transthyretin-stabilisierendes Arzneimittel zur Verfügung [Hund 2014].

8.5.10 Vaskulitis-Polyneuropathie

Vaskulitis-bedingte Neuropathien manifestieren sich meist akut oder subakut, oft als schmerzhafte Monoplex- oder Multiplex-Neuropathien oder in Form asymmetrischer oder symmetrischer Polyneuropathien [Burns et al. 2007]. Dem Pathomechanismus folgend sind gewöhnlich alle Nervenfasertypen gleichermaßen betroffen. Es gibt aber auch z. B. sensibel betonte Befallsmuster [Seo et al. 2004]. Eine Polyneuropathie bildet nicht selten das erste Symptom der Gefäßerkrankung [Wolf et al. 2013]. Die Diagnose wird in der Regel durch kombinierte Nerven- und Muskelbiopsie gesichert, also z. B. Suralis-Biopsie plus Biopsie aus dem M. tibialis anterior. Das Läsionsmuster ist axonal betont. Von den primären systemischen Vaskulitiden verursachen vor allem die Panarteriitis nodosa und das Churg-Strauss-Syndrom in mehr als der Hälfte der Fälle eine Polyneuropathie, meist als Multiplex-Neuropathie [Bouche et al. 1986, Hawke et al. 1991, Cattaneo et al. 2007]. Im Rahmen des Mb. Wegener wurde eine Polyneuropathie bei 23 bis 44 % der Patienten beobachtet (bei 13 % als Initialsymptom), und zwar etwa zur Hälfte als distal-symmetrische Polyneuropathie oder mit Multiplex-Verteilungsmuster [de Groot et al. 2001, Cattaneo et al. 2007, Wolf et al. 2013]. Die Erkrankung verläuft meist weniger schwer und auch häufiger schmerzlos als die Panarteriitis nodosa oder das Churg-Strauss-Syndrom. Bei der Hälfte von wenigen Patienten mit einer mikroskopisch bestätigten Polyangiitis trat eine Polyneuropathie auf, bei etwa 6 % als Initialsymptom [Cattaneo et al. 2007, Wolf et al. 2013]. Bei Patienten mit Riesenzellarteriitis (Arteriitis temporalis, Polymyalgia rheumatica) kommt eine Polyneuropathie weniger oft vor [Berlit 1992, Liozon et al. 2004]. Beim Kawasaki-Syndrom, einer meist selbstlimitierenden Vaskulitis des Kleinkindalters, wurde über eine Polyneuropathie nicht berichtet. Auch das Takayasu-Syndrom ist, abgesehen von einer Sehnervenbeteiligung oder der seltenen Kompression von Hirnnerven, nicht mit einer Polyneuropathie assoziiert. Bei der Purpura Schönlein-Henoch, einer primären Immunkomplex-Vaskulitis der kleinen Gefäße, wurde außer über wenige Patienten mit Guillain-Barré-Syndrom nicht über eine Assoziation mit Polyneuropathie berichtet. Die ebenfalls kleine Gefäße betreffende seltene kryoglobulinämische Vaskulitis ist demgegenüber häufig mit einer Polyneuropathie kombiniert [Cacoub et al. 2015]. Der Typ I der Erkrankung geht auf monoklonale Immunglobuline als Folge einer B-Zell-Lymphoproliferation zurück, Typ II und III (gemischte Kryoglobulinämie) auf polyklonale IgG-Kryoglobuline, die Folge einer Hepatitis-C-Infektion sein können [Cacoub et al. 2015]. Bei den Typen II und III kann sich eine axonale Polyneuropathie zeigen, die sich in der Hälfte der Fälle als Mononeuropathia multiplex manifestiert [Taieb et al. 2010]. Bei anderen sekundären systemischen Vaskulitiden wie dem systemischen Lupus erythematodes, dem Sjögren-Syndrom und der systemischen Sklerodermie wurde eine Polyneuropathie in 2 bis 15 % der Fälle gefunden [Florica et al. 2011, Pavlakis et al. 2011, Amaral et al. 2013, Hsu et al. 2014]. Im Rahmen der rheumatoiden Arthritis stellt sich über eine vaskulitische Gefäßbeteiligung bei etwa 10 % der Patienten eine

Polyneuropathie ein. Allerdings spielen beim Rheumatiker Nervenengpass-Syndrome eine größere Rolle als die Polyneuropathie [Sim et al. 2014].

Beim Mb. Behçet, einer unklassifizierten Vaskulitis, entdeckt man bei manchen Patienten Hinweise auf eine subklinische Polyneuropathie [Akbulut et al. 2007]. Die Thrombangiitis obliterans (Winiwarter-Buerger-Syndrom) weist Symptome ähnlich denen einer peripheren arteriellen Verschlusskrankheit auf. Aufgrund bioptischer Befunde berichteten Vincent et al. [1985] sowie Subhashree et al. [2006] über eine Nervenbeteiligung.

Vaskulitis-assoziierte Polyneuropathien können prinzipiell auch pharmakogen induziert werden. Ein möglicher Pathomechanismus ist die *druginduced autoimmunity* (DIA), die insbesondere für SLE-artige Syndrome belegt ist. Procain und Hydralazin lösen relativ häufig SLE-artige Syndrome aus, Chinidin etwas seltener [Xiao u. Chang 2014]. Für Antikörper-basierte TNF-α-Antagonisten, die auch ein GBS provozieren können, wurde ebenfalls eine Assoziation mit der Auslösung von SLE angegeben [Xiao u. Chang 2014]. Längerfristige Anwendung von Minocyclin induziert häufig systemische Vaskulitiden, die mit antinukleären Antikörpern bzw. mit antineutrophilen zytoplasmatischen Antikörpern (ANCA) assoziiert sind [Lenert et al. 2013]. Sen et al. [2010] berichteten über eine ANCA-assoziierte Vaskulitis unter der *Therapie* mit Simvastatin/Ezetimib. Über die Häufigkeit derartiger Nebenwirkungen ist wenig bekannt. Einige wurden im Rahmen des Guillain-Barré-Syndroms bekannt. Richette et al. [2004] beschrieben auch eine sensible Vaskulitis-bedingte Polyneuropathie als Nebenwirkung des TNF-α-Inhibitors Infliximab.

Wenn eine Polyneuropathie als Symptom einer Vaskulitis auftritt, richtet sich die *Therapie* nach Pathomechanismus und Schwere des Krankheitsbildes. Primäre und sekundäre Vaskulitiden werden meist mit Kortikoiden in Kombination mit einem Zytostatikum behandelt. Für therapierefraktäre Fälle stehen zur Eskalation z. B. TNF-α-Antagonisten und die B-Zell-Depletion mit Anti-CD-20-Antikörpern zur Verfügung [Yamada 2013]. Nutzen und Risiken sind gegeneinander abzuwägen, und ggf. ist der Kostenträger in die Therapieentscheidung einzubinden. Handelt es sich um eine pharmakogene Vaskulitis, genügt es manchmal, das auslösende Präparat abzusetzen.

8.5.11 Paraneoplastische Polyneuropathie

Ein typisches Beispiel für eine paraneoplastische Polyneuropathie ist das Denny-Brown-Syndrom, eine mit der Bildung von Anti-Hu-Antikörpern oder Anti-CV-2-Antikörpern einhergehende subakute sensorische Ganglionopathie. Die Patienten entwickeln über Wochen zunehmende und persistierende Schmerzen, Missempfindungen und Taubheitsgefühle. Es besteht eine ausgeprägte sensible Ataxie bis hin zur Gehunfähigkeit. Die sensiblen Summenaktionspotenziale sind stark reduziert oder aufgehoben. Zu der sensiblen Ganglionopathie können autonome und motorische Symptome oder eine Beteiligung des zentralen Nervensystems hinzutreten [Koike et al. 2011]. Müller [2005] beschrieb die Assoziation von sensibler Ganglionopathie mit einem Adie-Syndrom, das auch per se paraneoplastisch bedingt sein kann [Campellone u. Hageboutros 2006].

Die sensible Neuronopathie geht der Manifestation eines soliden malignen Tumors (typischerweise eines kleinzelligen Bronchialkarzinoms) bis zu einem Jahr voraus. Andererseits kann sich die Neuropathie nicht nur vor, sondern auch während oder nach Manifestation bzw. Behandlung des Tumors bemerkbar machen. Paraneoplastische Polyneuropathien wurden beispielsweise bei Neoplasien von Mamma, Kolon und Nieren beschrieben. Neben dem Denny-Brown-Syndrom können auch das akute oder chronische Guillain-Barré-Syndrom, die Armplexusneuropathie und die vaskulitische Neuropathie als Paraneoplasie in Erscheinung treten [Koike 2011]. Entscheidend ist die Diagnose des zugrunde liegenden Malignoms und seine Therapie. Zur *Immuntherapie* der paraneoplastischen Neuropathie liegen keine gesicherten Erkenntnisse vor [Giometto et al. 2012]. Meist werden Immunglobuline, Kortikoide und ggf. Immunsuppressiva möglichst frühzeitig eingesetzt.

Neben soliden Tumoren verursachen Non-Hodgkin-Lymphome bzw. ihre Vorstufen relativ häufig paraneoplastische Polyneuropathien, die vom direkten Nervenbefall durch das Lymphom abgegrenzt werden müssen [Tomita et al. 2013].

8.5.12 Ganglionopathien mit autoimmuner Pathogenese

Neben den paraneoplastisch immunvermittelten sensiblen Ganglionopathien kennt man Ganglionopathien ohne Neoplasma [Lauria et al. 2003]. Auch idiopathische autonome Ganglionopathien gehen evtl. auf eine autoimmune Grundlage zurück. Vermutlich sind dazu unter anderem das *Adie-Syndrom* (Pupillotonie mit Hyporeflexie) sowie diverse Varianten wie das *Ross-Syndrom* (Adie-Syndrom mit unilateraler Hyperhidrose) oder das idiopathische *Harlequin-Syndrom* zu rechnen. In Einzelfällen einer rasch auftretenden autonomen Ganglionopathie mit orthostatischer Hypotension, gastrointestinaler Motilitätsstörung, Anhidrose, Blasenstörung, Sicca-Syndrom und Pupillenstörung ließen sich Antikörper gegen den ganglionären (α-3-Typ-)Azetylcholinrezeptor nachweisen [Winston u. Vernino 2010].

8.5.13 Erregerbedingte Polyneuropathien

Bestimmte Viren und Bakterien können das periphere Nervensystem befallen und dort Mono- und Polyneuropathien hervorrufen. Dazu gehören unter anderem Retroviren (Humanes Immundefizienz-Virus, HIV) und Herpesviren (Herpes-Simplex-Virus Typ 2, HSV 2; humanes Herpes-Virus Typ 6, HHV 6; Varizella-Zoster-Virus, VZV; Zytomegalie-Virus, CMV; Epstein-Barr-Virus, EBV). Von den Bakterien, die eine Polyneuropathie auslösen können, sind vor allem Spirochäten (Borrelien, Treponemen, Leptospiren) und Mykobakterien (Mycobacterium leprae, Mycobacterium tuberculosis) zu nennen. Bakterien lösen nicht nur unmittelbar eine Neuropathie aus, sondern auch mittelbar, z. B. über Exotoxine und Endotoxine. Zu den Exotoxinen gehören unter anderem das Botulinumtoxin und das Diphtherietoxin.

8.5.13.1 Virus-assoziierte Neuropathien

8.5.13.1.1 HIV-Polyneuropathie

In einer großen Studie zur HIV-Therapie wiesen 13 % der Patienten bereits vor Therapiebeginn Symptome einer Polyneuropathie auf [Kiwuwa-Muyingo et al. 2014]. Im weiteren Krankheitsverlauf entwickeln mehr als 50 % der Betroffenen unabhängig von der Therapie Symptome einer distal symmetrischen sensibel betonten Polyneuropathie, die hauptsächlich Füße und Unterschenkel betrifft [Kranick u. Nath 2012]. Der TSR kann abgeschwächt sein oder fehlen, die Elektroneurografie unter anderem axonale und demyelinisierende Veränderungen zeigen [Lange 1994]. Zur Bestätigung der häufigen Smallfiber-Beteiligung bedarf es der Darstellung dünnkalibriger Nervenfasern in einer Hautprobe [Zhou et al. 2007]. Die Pathogenese ist komplex, und zahlreiche Faktoren dürften eine Rolle spielen, selbst wenn Einflüsse unberücksichtigt bleiben, die mit der Therapie bzw. mit opportunistischen Infektionen verknüpft sind. Studien am HIV-Tiermodell des simianen Immundefizienz-Virus bei Makaken legen nahe, dass ein Befall des Spinalganglions durch das Virus wesentlich zur Pathogenese der sensiblen Neuropathie beiträgt [Mangus et al. 2014]. Außer der häufigen distal symmetrischen Polyneuropathie wurden bei HIV-Patienten GBS, CIDP, autonome Neuropathien, Mono- und Multiplex-Neuropathien, kraniale Neuropathien sowie motorische Neuropathien ähnlich wie bei amyotrophischer Lateralsklerose beschrieben [Kaku u. Simpson 2014].

Die *Therapie* entspricht im Wesentlichen der der Smallfiber-Polyneuropathie. Die antiretrovirale Therapie beeinflusst die HIV-assoziierte Polyneuropathie nicht wesentlich.

8.5.13.1.2 Weitere Virus-assoziierte Neuropathien

Herpesviren wie etwa EBV, CMV, VZV können unter anderem ein GBS, HCV kann sekundär über eine Kryoglobulinämie eine Vaskulitis-assoziierte Polyneuropathie auslösen. Darüber hinaus werden Herpesviren wie etwa EBV, VZV, HSV 1, HSV 2 sowie das Hepatitis-E-Virus mit Manifestationen von Mononeuropathien, Monoradikulopathien, Elsberg-Syndrom und Plexusneuropathien in Verbindung gebracht [Gilden et al. 1994, Tsao et al. 2004, Eberhardt et al. 2004, Kennedy 2010, van Eijk et al. 2014]. Hier ist mit weiteren Assoziationen zu rechnen. Die Rolle, die diese Viren bei der Pathogenese der umschriebenen Neuropathien spielen, ist unklar, ebenso, ob eine antivirale Therapie einen therapeutischen Effekt besitzt.

8.5.13.2 Bakterielle Neuropathien

Zu den Bakterien, die eine Polyneuropathie auslösen können, gehören vor allem Spirochäten (Borrelien) und Mykobakterien (Mycobacterium leprae).

8.5.13.2.1 Borreliose-Polyneuropathie

Die Borrelien-Seroprävalenz beträgt in Mitteleuropa etwa 10 % [Nohlmans et al. 1991, Chmielewski u. Tylewska-Wierzbanowska 2002, Bazovska et al. 2005]. Bei exponierten Personen wie Waldarbeitern oder Jägern werden höhere Seroprävalenzraten gefunden. Die meisten Betroffenen sind symptomfrei. Nur etwa 5 % der von einer Erreger tragenden Zecke Gebissenen entwickeln ein Erythema migrans, weil nicht alle Zecken infektiös sind [Huegli et al. 2011]. Allerdings kann die Infektion auch ohne Erythem verlaufen. Borrelia burgdorferi sensu stricto, Borrelia afzelii und Borrelia garinii sind pathogen. Im Stadium I (*Erythema migrans*, Lymphozytom) wird die Infektion bei 20 bis 50 % der Betroffenen serologisch erfassbar, im Stadium II (oft Neuropathie) bei 70 bis 90 % und im Stadium III (Spätstadium, unter anderem *Akrodermatitis chronica atrophicans*, chronische Arthritis) bei nahezu 100 % [Wilske 2005]. Die serologische Diagnostik erfolgt zunächst mit ELISA und wird bei erhöhtem Titer mit Immunoblot bestätigt (Banden: p100, p58, p41i, VlsE, OspC, DbpA). Der Nachweis mithilfe der Polymerasekettenreaktion (PCR) ist möglich, jedoch nicht sensitiv und spielt für die Routinediagnostik keine wesentliche Rolle. Demgegenüber werden unter anderem Lymphozytentransformationstests ausdrücklich nicht zur Diagnostik empfohlen [Wilske 2005].

Unilaterale oder auch bilaterale Mononeuropathien (häufig Fazialisparese), Monoradikulopathien und Polyradikulopathien sind charakteristisch für das Stadium II. Paresen im Rahmen der Neuropathie entwickeln sich über Tage progredient und gehen oft mit starken abendlich bzw. nächtlich betonten Schmerzen einher. Die Diagnose erfordert wegen der unzureichenden Sensitivität der serologischen Diagnostik aus Blut den Nachweis eines erhöhten Antikörperindexes im Liquor relativ zum Blut. Im Akutstadium findet sich eine lymphozytäre Meningitis mit z. T. stark aktivierten Lymphozyten sowie meist eine mäßige oder deutliche Blut-Liquor-Schrankenstörung. Die Kombination aus Neuropathie und lymphozytärer Meningitis wird als *Bannwarth-Syndrom* bezeichnet. Die *Therapie* kann entsprechend der Leitlinie Neuroborreliose mit 3-mal 100 mg Doxicyclin täglich oral über 14 bis 21 Tage erfolgen [Rauer et al. 2012]. Alternativ werden Ceftriaxon 1-mal 2 g/d, Cefotaxim 3-mal 2 g/d oder Penicillin G 18 bis 24 Mio E/d intravenös über 2 Wochen vorgeschlagen [Rauer et al. 2012]. Die Symptome bessern sich darunter im akuten Stadium rasch, und meist heilt die Erkrankung vollständig aus.

Bei etwa 2 Dritteln der Patienten mit einer Akrodermatitis chronica atrophicans (ACA), einer Spätmanifestation (Stadium III) der Borreliose, wird eine Borreliose-assoziierte distal symmetrische sensibel betonte Polyneuropathie mit sensiblen Reizerscheinungen einschließlich Schmerzen beobachtet [Kindstrand et al. 2002, Wilske

2005]. Ohne ACA kommt eine solche Polyneuropathie praktisch nicht vor. ACA wird fast ausschließlich durch Borrelia afzelii verursacht. Bei der ACA-assoziierten Polyneuropathie wird zwar ein erhöhter Borrelien-Antikörperindex im Liquor gefunden, jedoch meist keine lymphozytäre Pleozytose [Wilske 2005]. Die Hautmanifestation der ACA spricht auf eine antibiotische Therapie an, nicht aber die Polyneuropathie [Kindstrand et al. 2002, Wilske 2005]. Dies wird nicht als Ausdruck einer Borrelienpersistenz im peripheren Nervensystem interpretiert, sondern als Beleg für den eingetretenen Verlust an Nervenfasern gewertet [Kindstrand et al. 2002]. Die ACA-assoziierte Neuropathie kann zur Entstehung eines Post-Borreliose-Symptomkomplexes beitragen. Die *antibiotische Therapie* bei ACA-assoziierter Neuropathie erfolgt prinzipiell in gleicher Weise wie die Therapie im Stadium II. Allerdings ist die nötige Therapiedauer weniger gut bekannt. Aus diesem Grunde sollte sie sich eher im oberen Bereich der Empfehlungen bewegen, also in der Regel für Ceftriaxon, Cefotaxim bzw. Doxicyclin 21 Tage betragen.

8.5.13.2.2 Lepra-Polyneuropathie

Weltweit bildet Lepra eine der häufigsten Ursachen einer Neuropathie. In Europa ist die Erkrankung zwar selten, kann aber aufgrund von Migration prinzipiell jederzeit gesehen werden. Der Erreger der Lepra ist das Mycobacterium leprae. Der unterschiedlichen Abwehrlage entsprechend sind 3 Hauptformen bekannt: *lepromatöse Lepra* mit geringer Abwehr und hoher Bakterienlast, tuberkuloide Lepra mit ausgeprägter Immunabwehr und nur wenigen Bakterien sowie eine intermediäre *Borderline-Lepra* mit variabler Bakterienlast und einer *Symptomatik, die zwischen den beiden anderen Verlaufsformen* der Erkrankung angesiedelt ist. Der Erreger bevorzugt Körperpartien mit niedriger Temperatur. Im Frühstadium, der indeterminierten Lepra, entwickeln sich fleckförmige hypästhetische und evtl. hypopigmentierte Hautrötungen. Bei der lepromatösen Form kommt es im Verlauf zur ubiquitären Dissemination der Bakterien und entsprechend konfluierenden teils fleckförmigen, teils knotigen Hautveränderungen (unter anderem Facies leontina) mit der Neigung zur Ulzeration. Die tuberkuloide Form der Erkrankung verläuft wesentlich langsamer und gutartiger. Bei ihr zeigt sich ein klarer Zusammenhang zwischen einer einzelnen Makula oder allenfalls wenigen Hautläsionen und Sensibilitätsstörungen im jeweils betroffenen Hautareal. Dünnkalibrige Nervenfasern sind stärker betroffen als myelinisierte. Die Makula ist anästhetisch oder hypästhetisch und anhidrotisch. Von der granulomatösen Entzündung können einzelne oder auch mehrere Nerven im Sinne einer Multiplex-Mononeuropathie mit jeweils verdickten Nerven betroffen sein, die sich ultrasonografisch darstellen lassen. Bei der lepromatösen Form ist die neuropathische Beteiligung der betroffenen Hautareale vermutlich aufgrund der geringeren Entzündungsreaktion in den frühen Krankheitsstadien weniger stark ausgeprägt und der räumliche Zusammenhang zwischen Hautläsionen und Sensibilitätsstörungen weniger eng als bei der tuberkuloiden Form. Die Mehrzahl der Patienten mit lepromatöser Lepra entwickelt im Verlauf eine symmetrische Polyneuropathie und etwa 10 % der Erkrankten eine Multiplex-Neuropathie ohne Hautbeteiligung, manchmal mit Hirnnervenbeteiligung [de Freitas u. Said 2013, Nascimiento 2013]. Hier kann die Diagnose nur mittels Nervenbiopsie gestellt werden.

Die *Prognose* der Neuropathie hängt von einer frühen Diagnosestellung mit Hautbiopsie und von einer unverzüglich einsetzenden Therapie ab. Histologisch zeigen sich Granulome mit allenfalls wenigen säurefesten Bakterien. Die PCR kann die diagnostische Sensitivität erhöhen [Job 2007]. Üblich ist eine *Tripeltherapie* aus Rifampicin, Clofazimin und Dapson über 12 Monate [Ramos-e-Silva u. Rebello 2001]. Darunter kann es zu einer Zunahme der Neuropathie kommen, und etwa 30 % der Patienten mit Borderline-Lepra zeigen eine solche Zunahme neuropathischer Symptome. Diese sogenannte Typ-1-Reaktion geht vermutlich auf eine Verstärkung der granulomatösen (tuberkuloiden) Immunreaktion unter der Therapie zurück und wird durch Komedikation mit Prednisolon über 3 oder 5 Monate unterdrückt [Walker u. Lockwood 2008]. Neben der Typ-1-Reaktion gibt es unterschiedliche Manifestationsformen einer Typ-2-Reaktion, von denen das Erythema nodosum leprosum am häufigsten vorkommt [Cuevas et al. 2007]. Es wird unter anderem mit Thalidomid, Clofazimin oder einem Kortikoid behandelt [van Veen et al. 2009]. Bei der tuberkuloiden Form der Erkrankung mit maximal 5 Hautläsionen kommt alternativ zur Tripeltherapie ein Jahr lang eine Einmaltherapie mit Rifampicin, Ofloxacin und Minocycin in Betracht. Dabei wird eine höhere Rückfallquote beobachtet als unter Standardtherapie, sodass eine längere Nachbeobachtung nötig ist [Manickam et al. 2012].

Bereits einen Tag nach Beginn der antibiotischen Therapie sind Lepra-Patienten nicht mehr infektiös. Personen, die Kontakt zu unbehandelten Lepra-Patienten hatten, sollten eine der Exposition angemessene Chemoprophylaxe erhalten, z. B. eine Einzeldosis Rifampizin [Reveiz et al. 2009].

8.5.13.2.3 Diphtherie-Polyneuropathie

Diphtherie, eine vorwiegend durch Tröpfcheninfektion übertragene teils schwer verlaufende Infektionskrankheit (Corynebacterium diphtheriae), manifestiert sich mit allgemeinem ausgeprägtem Krankheitsgefühl, Gliederschmerzen und festen gelblichweißen Belägen auf den Tonsillen und im Pharynx. Häufig folgt eine rasche Ausbreitung auf den Larynx mit Heiserkeit bzw. Aphonie (echter Krupp). Bei ungefähr 15 % der Erkrankten tritt 2 bis 50 Tage nach Symptombeginn als Zweiterkrankung eine durch das Diphtherietoxin ausgelöste bulbäre Neuropathie auf, z. T. mit intubationspflichtiger Dyspnoe, und bei einem Drittel der Neuropathie-Patienten eine „absteigende", demyelinisierende und nicht selten ausgeprägte Polyneuropathie [Logina u. Donaghy 1999]. Dazu kommt es sogar bei 2 Dritteln der schwer Erkrankten. Eine Antitoxintherapie ist nur effektiv, wenn sie innerhalb von 2 Tagen nach Symptombeginn einsetzt [Logina u. Donaghy 1999].

8.5.14 Primäre hereditäre Polyneuropathien

Primäre hereditäre Neuropathien gehören mit einer Prävalenz von etwa 40 : 100.000 [Li 2012] zu den häufigeren Krankheiten des Nervensystems. Darunter zählt man hereditäre motorische und sensible Neuropathien (HMSN bzw. Charcot-Marie-Tooth-[CMT-]Erkrankungen), hereditäre motorische Neuropathien (HMN) sowie hereditäre sensible und autonome Neuropathien (HSAN).

8.5.14.1 Hereditäre motorische und sensible Neuropathien (HMSN)

Es handelt sich um langsam progrediente prototypische polyneuropathische Syndrome mit distal symmetrischem Befallsmuster. Aufgrund der Myatrophie entstehen Hohlfüße und oft ausgeprägte Wadenatrophien („Storchenbeine"). Der TSR fällt früh aus. Gewöhnlich macht sich als erstes Symptom eine Fußheberparese bemerkbar. Später kommt es zur Atrophie der Hand- und Unterarmmuskulatur, zu Hypästhesie und Pallhypästhesie, zu manchmal schmerzhaften Dysästhesien und vasomotorischen Dysfunktionen in strumpfförmiger Verteilung. Als HMSN I (Charcot-Marie-Tooth) bezeichnet man die moderate Demyelinisierungsform, als HMSN II ihre axonale Form, als HMSN III die schwere Demyelinisierungsform (Déjerine-Sottas), die HMSN IV gehört zum Refsum-Syndrom (Kap. 8.5.1.3.3). Darüber hinaus gibt es eine hereditäre Neuropathie mit Neigung zu Druckparesen (HNPP). Extrem selten sind konnatal symptomatische Fälle, bei denen die peripheren Nerven überhaupt nicht myelinisiert sind [Parthey et al. 2012]. Die HMSN werden autosomal-dominant, autosomal-rezessiv oder auch X-chromosomal vererbt. Die genetische Diagnostik zeigt, dass abgesehen vom Refsum-Syndrom die Grenzen zwischen den verschiedenen Formen der HMSN und auch zu den verwandten Syndromen (HMN, HSN, HSAN) nicht immer ganz strikt zu ziehen sind [Echaniz-Laguna 2015].

Die HMSN I manifestiert sich vor dem 30. Lebensjahr (Abb. 8.3a und b). Weniger als 5 % der Patienten werden im späten Verlauf rollstuhlpflichtig. Die Lebenserwartung ist normal. Untersuchungen der Nervenleitung tragen wesentlich zur Diagnose und zur Differenzierung des Schweregrades der Myelinisierungsstörung bei. Die HMSN I geht mit etwa auf die Hälfte reduzierten Nervenleitgeschwindigkeiten einher, an den Armen meist um 25 m/s (mindestens < 38 m/s), an den Beinen um 20 m/s. Bei 95 % der Patienten mit genetisch bestätigter Diagnose fanden sich Veränderungen an einem der folgenden vier Gene: PMP22 (78,6 %; davon 56,7 % Duplikationen, 21,9 % Deletionen – bei hereditärer Neuropathie mit Neigung zu Drucklähmungen), GJB1 (6,7 %), MPZ (5,3 %) und MFN2 (4,3 % [di Vincenzo et al. 2014]). Man geht davon aus, dass etwa 70 % der Patienten mit autosomal-dominanter CMT I eine Duplikation des PMP-22-Gens aufweisen [Rautenstrauss u. Nelis 2009].

Die HMSN II (CMT) mit axonal betonter Polyneuropathie ist genetisch heterogen. Mindestens 11 verschiedene Gene wurden identifiziert. Symptombeginn, Ausprägung der Symptome und Erbgang können bereits beim selben Gen erheblich variieren [Bom-

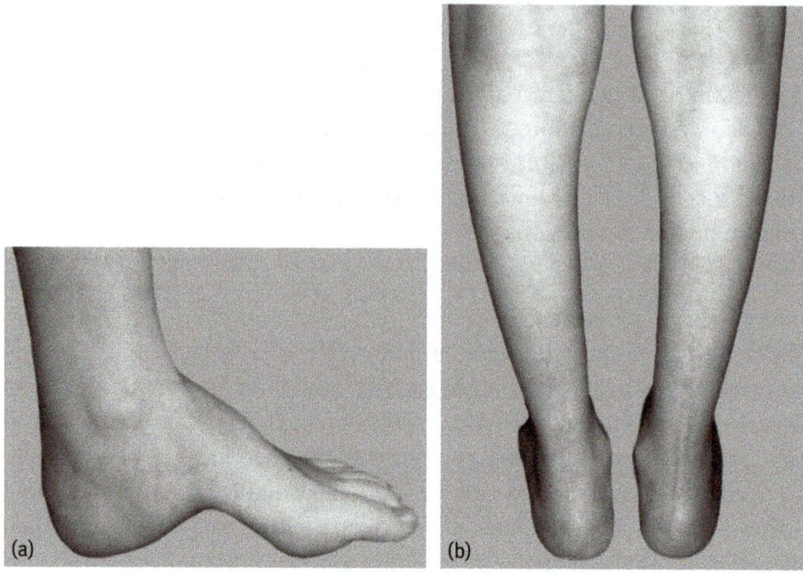

Abb. 8.3: 12 Jahre, männlich. Hereditäre motorisch-sensible Neuropathie Typ I. (a) Hohlfuß. (b) Atrophie der Wadenmuskulatur, Narben nach Achillotenotomien (Beob. A. Merkenschlager).

belli et al. 2014]. In einer Studie von Gess et al. [2013] waren die folgenden 3 Gene am häufigsten betroffen: GJB1, MFN2, MPZ. 34 % der Fälle blieben ungeklärt.

Die HMSN III setzt in den ersten 10 Lebensjahren mit einem rascheren Verlauf als HMSN I und II und einer ausgeprägteren Symptomatik ein: unter anderem Kyphoskoliosen, allgemeine Areflexie, Pupillenstarre und ausgeprägtere sensible Störungen mit Ataxie und oft schmerzhaften Missempfindungen. Im Liquor findet sich meist eine Schrankenstörung. Die Nervenleitgeschwindigkeiten liegen an den Armen gewöhnlich unter 20 m/s, an den Beinen unter 15 m/s. Die Amplituden der motorischen und sensiblen Summenaktionspotenziale sind reduziert. Bei vielen Patienten stellen sich im Verlauf Gehunfähigkeit und Rollstuhlpflichtigkeit ein. Mindestens 7 Gene wurden identifiziert, unter anderem P0, PMP22 und das des Transkriptionsfaktors EGR2 [Plante-Bordeneuve u. Said 2002]. Im Einzelfall bereitet die Abgrenzung von der chronischen inflammatorischen demyelinisierenden Polyneuropathie (CIDP, Kap. 8.5.7.2) Schwierigkeiten. Wenn eine genetische Ursache nicht gesichert werden kann, ist ausnahmsweise eine Nervenbiopsie zur Differenzierung nötig.

8.5.14.2 Hereditäre motorische Neuropathien (HMN)

Hereditäre motorische Neuropathien (HMN) mit distalem Befallsmuster stellen eine Gruppe klinisch und genetisch heterogener Erkrankungen dar. Formal sind sie aufgrund des Befalls des α-Motoneurons im Vorderhorn des Rückenmarks den spinalen Muskelatrophien zuzuordnen. Abgesehen von der fehlenden sensiblen Beteiligung ähnelt das klinische Bild aber dem der HMSN-Erkrankungen. Bislang sind bei autosomal-dominantem Erbgang Mutationen in folgenden Genen identifiziert worden: Glycyl-tRNA-Synthase (GARS), Dynactin 1 (DCTN1), Heat-shock-27-kDa-Protein 1 (HSPB1), Heat-shock-22-kDa-Protein 8 (HSPB8), kongenitale Lipodystrophie Berardinelli-Seip (BSCL2), Senataxin (SETX), VAMP-assoziiertes Protein B und C (VAPB [Dierick et al. 2008]). Einige Patienten zeigen neben der Beteiligung des unteren Motoneurons auch eine des oberen Motoneuronenpools, z. B. beim *Silver-Syndrom* [Rohkamm et al. 2007].

8.5.14.3 Hereditäre sensible (und autonome) Neuropathie (HSN, HSAN)

Es handelt sich um eine Gruppe seltener, teils sensibel betonter, teils gemischt sensibel-autonomer oder mehr autonomer Neuropathien. Allen ist die Beteiligung von Neuronen im Sinne einer sensiblen bzw. autonomen Ganglionopathie gemeinsam. Aufgrund des Verlustes der Schmerzempfindung werden Noxen nicht adäquat wahrgenommen, und es entwickeln sich zunächst unbemerkt Läsionen von Haut, Knochen und Gelenken.

Die häufigste Form, HSN Typ I (HSAN Typ I), ist sensibel betont, weist einen autosomal-dominanten Erbgang auf und manifestiert sich distal symmetrisch in der Adoleszenz oder im jungen Erwachsenenalter, selten auch später [Houlden et al. 2004]. Als Ursache wurden unter anderem Mutationen im SPTLC-1-Gen gefunden [Auer-Grumbach et al. 2013]. Typisch sind Hautulzerationen (*mal perforant du pied*). Eine trockene Haut weist auf eine autonome Beteiligung hin. Meist berichten die Patienten über Parästhesien, zuweilen stehen auch einschießende Schmerzen im Vordergrund. Im Verlauf können sich distal betonte Myatrophien, selten eine Innenohrschwerhörigkeit einstellen.

Bei der HSN Typ II (HSAN Typ II) handelt es sich um eine Ganglionopathie, die sich von Geburt an und im Kindesalter manifestiert. Ursache sind Mutationen im Gen für WNK1 und FAM134B [Kurth 2010]. Sie führen zu distal symmetrischem Verlust von Schmerz-, Temperatur- und Tastempfinden. Wegen der Sensibilitätsstörung an Händen und Füßen kommt es oft zu schlecht heilenden Hautulzerationen und zu schmerzlos bleibenden Verletzungen des Hand- und des Fußskeletts. Autonome Beteiligungen sind variabel und umfassen im Krankheitsverlauf unter anderem Störungen der Schweißsekretion, der Pupillenmotilität, des Geschmacksinns, der Kreislaufregulation, der Atmung, gastrointestinale Symptome und Blaseninkontinenz [Kurth 2010].

Die HSAN Typ III (hereditäre Dysautonomie, Riley-Day-Syndrom) setzt meist im Säuglings- und Kleinkindalter ein mit Muskelhypotonie, Gedeihstörungen, motorischer Retardierung, vermehrtem Speichelfluss, vermindertem Tränenfluss, herabgesetztem Kornealreflex, Schluckstörungen (Pneumonien) sowie Störungen der Temperatur- und der Kreislaufregulation [Palma et al. 2014]. Atemverhalt, oft affektiv (Lachen, Weinen) getriggert, kann Zyanose oder auch Synkopen auslösen. Wegen der Störung von Schmerz- und Temperaturwahrnehmung entstehen Hautulzerationen und neurotrophische Arthropathien. Die Muskeleigenreflexe sind herabgesetzt, und meist besteht eine sensible Ataxie. Weitere Symptome sind: Skoliose, Neigung zu vermehrtem Erbrechen, verminderte Aufmerksamkeit. Wiederkehrenden Pneumonien folgt meist eine restriktive Ventilationsstörung. Im Erwachsenenalter stellt sich oft eine Niereninsuffizienz ein. Optikusneuropathie und Katarakt sind Gründe für einen Visusverlust. Ursache ist eine Punktmutation im IKBKAP-Gen. Zur *Behandlung* der orthostatischen Hypotension werden β-Sympathomimetika eingesetzt. Zu beachten sind mögliche hypertensive Entgleisungen, sodass die Störung der Kreislaufregulation eine besondere therapeutische Herausforderung darstellt. Sedativa werden wegen der Gefahr einer Atemdepression möglichst nicht eingesetzt. Zur Behandlung der Sialorrhoe dient unter anderem Botulinumtoxin. Eine nächtliche Heimbeatmung ist bei vielen Patienten in Erwägung zu ziehen.

Als HSAN-Typ IV bezeichnet man eine seltene autosomal-rezessive kongenitale Erkrankung mit ubiquitärem Verlust der Algesie, mit Anhidrose und mentaler Retardierung [Ashwin et al. 2015]. Myelinisierte Nervenfasern sind nicht betroffen, sodass die üblichen Untersuchungen der Nervenleitung normale Ergebnisse zeigen. Typisch sind Selbstmutilationen (Bissverletzungen an Lippen, Zunge, Fingern), multiple oft schlecht heilende Frakturen sowie neurogene Gelenkveränderungen. Präventive Maßnahmen zur Verhinderung von Selbstbeschädigungen stehen im Vordergrund.

Die HSAN-Typ V ist der HSAN IV einschließlich der Neigung zur Selbstmutilation sehr ähnlich, allerdings ohne mentale Retardierung. Ursache ist eine Mutation im Gen für den Neurotrophic-Tyrosinkinase-Rezeptor Typ 1 [Capsoni 2014]. Es besteht ein kongenitaler Verlust an Schmerz- und Temperaturempfindung und eine partielle Anhidrose. Klein et al. [2011] beschrieben eine weitere hereditäre sensible Neuropathie mit Demenz und Hörverlust, und möglicherweise existieren noch weitere HSAN-Entitäten.

8.6 Literatur

Abholz HH et al. (2011) Nationale Versorgungsleitlinie Neuropathie bei Diabetes im Erwachsenenalter – Langfassung Bundesärztekammer (BÄK), Kassenärztliche Bundesvereinigung (KBV), Arbeitsgemeinschaft der Wissenschaftlichen Medizinischen Fachgesellschaften (AWMF). 1. Auflage. Version 4, zuletzt verändert: Januar 2015.

Ahmad J, Tagoe CE (2014) Fibromyalgia and chronic widespread pain in autoimmune thyroid disease. Clin Rheumatol 33(7):885–91.

Akbulut L, Gur G, Bodur H, Alli N, Borman P (2007) Peripheral neuropathy in Behçet disease: an electroneurophysiological study. Clin Rheumatol 26:1240–4.

Albers JW, Pop-Busui R (2014) Diabetic neuropathy: mechanisms, emerging treatments, and subtypes. Curr Neurol Neurosci Rep 14(8):473.

Abrahão A, Pedroso JL, Braga-Neto P, Bor-Seng-Shu E, de Carvalho Aguiar P, Barsottini OG (2015) Milestones in Friedreich ataxia: more than a century and still learning. Neurogenetics 15:151–60.

Alkhawajah NM, Dunnigan SK, Bril V (2014) Comparison of monoclonal gammopathy of undetermined significance-associated neuropathy and chronic inflammatory demyelinating polyneuropathy patients. J Neurol 261:1485–91.

Allen D, Lunn MP, Niermeijer J, Nobile-Orazio E (2007) Treatment for IgG and IgA paraproteinaemic neuropathy. Cochrane Database Syst Rev (1):CD005376.

Amaral TN, Peres FA, Lapa AT, Marques-Neto JF, Appenzeller S (2013) Neurologic involvement in scleroderma: a systematic review. Semin Arthritis Rheum 43:335–47.

Anonym: Joint Task Force of the EFNS and the PNS (2010) European Federation of Neurological Societies/Peripheral Nerve Society Guideline on management of paraproteinemic demyelinating neuropathies. Report of a Joint Task Force of the European Federation of Neurological Societies and the Peripheral Nerve Society-first revision. J Peripher Nerv Syst 15:185–95.

Ashwin DP, Chandan GD, Jasleen HK, Rajkumar GC, Rudresh KB, Prashanth R (2015) Hereditary sensory and autosomal peripheral neuropathy-type IV: case series and review of literature. Oral Maxillofac Surg 19:117–23.

Auer-Grumbach M, Bodec H, Piebera TR, Schabhüttl A, Fischer D, Seidl R, Graf E, Wieland T, Schuh R, Vacariu G, Grill F, Timmerman V, Strom TM, Hornemann T (2013) Mutations at Ser331 in the HSN type I gene SPTLC1 are associated with a distinct syndromic phenotype. Eur J Med Gen 56:266–269.

Barennes H, Sengkhamyong K, René JP, Phimmasane M (2015) Beriberi (thiamine deficiency) and high infant mortality in northern Laos. PLoS Negl Trop Dis 9:e0003581.

Bazovska S, Machacova E, Spalekova M, Kontrosova S (2005) Reported incidence of Lyme disease in Slovakia and antibodies to B. burgdorferi antigens detected in healthy population. Bratisl Lek Listy 106(8–9):270–3.

Benedetti L, Briani C, Franciotta D, Fazio R, Paolasso I, Comi C, Luigetti M, Sabatelli M, Giannini F, Mancardi GL, Schenone A, Nobile-Orazio E, Cocito D (2011) Rituximab in patients with chronic inflammatory demyelinating polyradiculoneuropathy: a report of 13 cases and review of the literature. J Neurol Neurosurg Psychiatry 82:306–8.

Berlit P (1992) Clinical and laboratory findings with giant cell arteritis. J Neurol Sci 111:1–12.

Bersano A, Santoro D, Prelle A, Lanfranconi S, Ranieri M, Tadeo CS, Bresolin N, Baron PL (2010) Guillain-Barré syndrome after rtPA therapy for acute stroke. Neurol Sci 31:867–9.

Biegstraaten M, Hollak CE, Bakkers M, Faber CG, Aerts JM, van Schaik IN (2012) Small fiber neuropathy in Fabry disease. Mol Genet Metab 106:135–41.

Blum S, McCombe PA (2014) Genetics of Guillain-Barré syndrome (GBS) and chronic inflammatory demyelinating polyradiculoneuropathy (CIDP): current knowledge and future directions. J Peripher Nerv Syst 19:88–103.

Bongaerts BW, Rathmann W, Heier M, Kowall B, Herder C, Stöckl D, Meisinger C, Ziegler D (2013) Older subjects with diabetes and prediabetes are frequently unaware of having distal sensorimotor polyneuropathy: the KORA F4 study. Diabetes Care 36:1141–6.

Boostani R, Mellat A, Afshari R, Derakhshan S, Saeedi M, Rafeemanesh E, Mellat M (2014) Delayed polyneuropathy in farm sprayers due to chronic low dose pesticide exposure. Iran Red Crescent Med J 16:e5072.

Blyton F, Chuter V, Walter KE, Burns J (2012) Non-drug therapies for lower limb muscle cramps. Cochrane Database Syst Rev 1:CD008496.

Bombelli F, Stojkovic T, Dubourg O, Echaniz-Laguna A, Tardieu S, Larcher K, Amati-Bonneau P, Latour P, Vignal O, Cazeneuve C, Brice A, Leguern E (2014) Charcot-Marie-Tooth disease type 2A: from typical to rare phenotypic and genotypic features. JAMA Neurol 71:1036–42.

Bouche P, Léger JM, Travers MA, Cathala HP, Castaigne P (1986) Peripheral neuropathy in systemic vasculitis: clinical and electrophysiologic study of 22 patients. Neurology 36:1598–602.

Boulton AJ, Kempler P, Ametov A, Ziegler D (2013) Whither pathogenetic treatments for diabetic polyneuropathy? Diabetes Metab Res Rev 29(5):327–33.

Brin MF, Pedley TA, Lovelace RE, Emerson RG, Gouras P, MacKay C, Kayden HJ, Levy J, Baker H (1986) Electrophysiologic features of abetalipoproteinemia: functional consequences of vitamin E deficiency. Neurology 36:669–73.

Cacoub P, Comarmond C, Domont F, Savey L, Saadoun D (2015) Cryoglobulinemia Vasculitis. Am J Med 128:950–5.

Callaghan BC, Little AA, Feldman EL, Hughes RA (2012) Enhanced glucose control for preventing and treating diabetic neuropathy. Cochrane Database Syst Rev 6:CD007543.

Campellone JV, Hageboutros A (2006) Adie's pupils in paraneoplastic ganglionopathy with ANNA-1. Clin Neurol Neurosurg 108:712–4.

Capsoni S (2014) From genes to pain: nerve growth factor and hereditary sensory and autonomic neuropathy type V. Eur J Neurosci 39:392–400.

Cattaneo L, Chierici E, Pavone L, Grasselli C, Manganelli P, Buzio C, Pavesi G (2007) Peripheral neuropathy in Wegener's granulomatosis, Churg-Strauss syndrome and microscopic polyangiitis. J Neurol Neurosurg Psychiatry 78:1119–23.

Chacko JM, Spinner WD (2006) Paraproteinemic neuropathies. J Clin Neuromuscul Dis 7:185–97.

Chalk C, Benstead TJ, Moore F (2007) Aldose reductase inhibitors for the treatment of diabetic polyneuropathy. Cochrane Database Syst Rev (4):CD004572.

Chiò A, Cocito D, Leone M, Giordana MT, Mora G, Mutani R (2003) Piemonte and Valle d'Aosta Register for Guillain-Barré Syndrome. Guillain-Barré syndrome: a prospective, population-based incidence and outcome survey. Neurology 60:1146–50.

Chmielewski T, Tylewska-Wierzbanowska S (2002) Prevalence of Borrelia burgdorferi antibodies in healthy population in Poland. Przegl Epidemiol 56:33–8.

Clajus A-SMC (2011) Phänotypischer Unterschied zwischen singulären und multiplen Deletionen der mitochondrialen Desoxyribonukleinsäure. Dissertation, Med. Fak. Universität Halle (Saale).

Claus D, Eggers R, Engelhardt A, Neundörfer B, Warecka K (1985) Ethanol and polyneuropathy. Acta Neurol Scand 72:312–6.

Cuevas J, Rodríguez-Peralto JL, Carrillo R, Contreras F (2007) Erythema nodosum leprosum: reactional leprosy. Semin Cutan Med Surg 26:126–30.

D'Amico A, Catteruccia M, De Benedetti F, Vivarelli M, Colucci M, Cascioli S, Bertini E (2012) Rituximab in a childhood-onset idiopathic refractory chronic inflammatory demyelinating polyneuropathy. Eur J Paediatr Neurol 16:301–3.

De Freitas MR, Said G (2013) Leprous neuropathy. Handb Clin Neurol 115:499–514.

De Groot K, Schmidt DK, Arlt AC, Gross WL, Reinhold-Keller E (2001) Standardized neurologic evaluations of 128 patients with Wegener granulomatosis. Thirty-one patients showed a distal symmetrical polyneuropathy, 25 a mononeuritis multiplex. Arch Neurol 58:1215–21.

Deschauer M, Müller T, Wieser T, Schulte-Mattler W, Kornhuber M, Zierz S (2001) Hearing impairment is common in various phenotypes of the mitochondrial DNA A3243G mutation. Arch Neurol 58:1885–8.

Dhar R, Stitt L, Hahn AF (2008) The morbidity and outcome of patients with Guillain-Barré syndrome admitted to the intensive care unit. J Neurol Sci 264:121–8.

Dierick I, Baets J, Irobi J, Jacobs A, De Vriendt E, Deconinck T, Merlini L, Van den Bergh P, Rasic VM, Robberecht W, Fischer D, Morales RJ, Mitrovic Z, Seeman P, Mazanec R, Kochanski A, Jordanova A, Auer-Grumbach M, Helderman-van den Enden AT, Wokke JH, Nelis E, De Jonghe P, Timmerman V (2008) Relative contribution of mutations in genes for autosomal dominant distal hereditary motor neuropathies: a genotype-phenotype correlation study. Brain 131(Pt 5):1217–27.

Dispenzieri A (2014) POEMS syndrome: 2014 update on diagnosis, risk-stratification, and management. Am J Hematol 89:214–23.

Di Troia A, Carpo M, Meucci N, Pellegrino C, Allaria S, Gemignani F, Marbini A, Mantegazza R, Sciolla R, Manfredini E, Scarlato G, Nobile-Orazio E (1999) Clinical features and anti-neural reactivity in neuropathy associated with IgG monoclonal gammopathy of undetermined significance. J Neurol Sci 164:64–71.

DiVincenzo C, Elzinga CD, Medeiros AC, Karbassi I, Jones JR, Evans MC, Braastad CD, Bishop CM, Jaremko M, Wang Z, Liaquat K, Hoffman CA, York MD, Batish SD, Lupski JR, Higgins JJ (2014) The allelic spectrum of Charcot-Marie-Tooth disease in over 17,000 individuals with neuropathy. Mol Genet Genomic Med 2:522–9.

Duncan G, Johnson RH, Lambie DG, Whiteside EA (1980) Evidence of vagal neuropathy in chronic alcoholics. Lancet 2(8203):1053–7.

Dyck PJ, Clark VM, Overland CJ, Davies JL, Pach JM, Dyck PJ, Klein CJ, Rizza RA, Melton LJ 3rd, Carter RE, Klein R, Litchy WJ (2012) Impaired glycemia and diabetic polyneuropathy: the OC IG Survey. Diabetes Care 35(3):584–91.

Eberhardt O, Küker W, Dichgans J, Weller M (2004) HSV-2 sacral radiculitis (Elsberg syndrome). Neurology 63:758–9.

Echaniz-Laguna A (2015). The shifting paradigm of Charcot-Marie-Tooth disease. Rev Neurol (Paris) , pii: S0035-3787(15)00692-X.

Eftimov F, Winer JB, Vermeulen M, de Haan R, van Schaik IN (2013) Intravenous immunoglobulin for chronic inflammatory demyelinating polyradiculoneuropathy. Cochrane Database Syst Rev 12:CD001797.

Elder GH, Sandberg S (2008) Identifying acute porphyria in patients with acute polyneuropathy or encephalopathy. Nat Clin Pract Neurol 4:648–9.

El-Tawil S, Al Musa T, Valli H, Lunn MP, El-Tawil T, Weber M (2010) Quinine for muscle cramps. Cochrane Database Syst Rev (12):CD005044.

Eshraghian A, Eshraghian H, Aghasadeghi K (2010) Guillain-Barré syndrome after streptokinase therapy for acute myocardial infarction. Intern Med 49:2445–6.

Fatehi F, Nafissi S, Basiri K, Amiri M, Soltanzadeh A (2013) Chronic inflammatory demyelinating polyneuropathy associated with diabetes mellitus. J Res Med Sci 18(5):438–41.

Flora SJ, Shrivastava R, Mittal M (2013) Chemistry and pharmacological properties of some natural and synthetic antioxidants for heavy metal toxicity. Curr Med Chem 20:4540–74.

Florica B, Aghdassi E, Su J, Gladman DD, Urowitz MB, Fortin PR (2011) Peripheral neuropathy in patients with systemic lupus erythematosus. Semin Arthritis Rheum 41:203–11.

Forsberg A, Press R, Holmqvist LW (2012) Residual disability 10 years after falling ill in Guillain-Barré syndrome: a prospective follow-up study. J Neurol Sci 317:74–9.

Fujimura H (2013) The Guillain-Barré syndrome. Handb Clin Neurol 115:383–402.

Fusco C, Frattini D, Pisani F, Gellera C, Della Giustina F (2008) Isolated vitamin E deficiency mimicking distal hereditary motor neuropathy in a 13-year-old boy. J Child Neurol 23:1328–30.

Garrison SR, Allan GM, Sekhon RK, Musini VM, Khan KM (2012) Magnesium for skeletal muscle cramps. Cochrane Database Syst Rev 9:CD009402.

Gensicke H, Datta AN, Dill P, Schindler C, Fischer D (2012) Increased incidence of Guillain-Barré syndrome after surgery. Eur J Neurol 19:1239–44.

Gess B, Schirmacher A, Boentert M, Young P (2013) Charcot-Marie-Tooth disease: frequency of genetic subtypes in a German neuromuscular center population. Neuromuscul Disord 23:647–51.

Gilden DH, Wright RR, Schneck SA, Gwaltney JM Jr, Mahalingam R (1994) Zoster sine herpete, a clinical variant. Ann Neurol 35:530–3.

Giometto B, Vitaliani R, Lindeck-Pozza E, Grisold W, Vedeler C (2012) Treatment for paraneoplastic neuropathies. Cochrane Database Syst Rev 12:CD007625.

Gjesing A, Gislason GH, Christensen SB, Jørgensen ME, Mérie C, Norgaard ML, Poulsen HE, Gustafsson F, Køber L, Torp-Pedersen C, Andersson C (2015) Use of quinine and mortality-risk in patients with heart failure – a Danish nationwide observational study. Pharmacoepidemiol Drug Saf 24:310–8.

Gorson KC, Allam G, Ropper AH (1997) Chronic inflammatory demyelinating polyneuropathy: clinical features and response to treatment in 67 consecutive patients with and without a monoclonal gammopathy. Neurology 48:321–8.

Guo X, Qin X, Zhang Y, Huang C, Yu G (2014) Electrophysiological features of POEMS syndrome and chronic inflammatory demyelinating polyneuropathy. J Clin Neurosci 21:587–90.

Guptill JT, Bromberg MB, Zhu L, Sharma BK, Thompson AR, Krueger A, Sanders DB (2014) Patient demographics and health plan paid costs in chronic inflammatory demyelinating polyneuropathy. Muscle Nerve 50:47–51.

Harschnitz O, Jongbloed BA, Franssen H, Straver DC, van der Pol WL, van den Berg LH (2014) MMN: from immunological cross-talk to conduction block. J Clin Immunol 34 Suppl 1:S112–9.

Hawke SH, Davies L, Pamphlett R, Guo YP, Pollard JD, McLeod JG (1991) Vasculitic neuropathy. A clinical and pathological study. Brain 114:2175–90.

Hengstman GJ, de Laat KF, Jacobs B, van Engelen BG (2009) Sensorimotor axonal polyneuropathy without hepatic failure in erythropoietic protoporphyria. J Clin Neuromuscul Dis 11:72–6.

Hentati A, Deng HX, Hung WY, Nayer M, Ahmed MS, He X, Tim R, Stumpf DA, Siddique T (1996) Human alpha-tocopherol transfer protein: gene structure and mutations in familial vitamin E deficiency. Ann Neurol 39:295–300.

Hermans G, De Jonghe B, Bruyninckx F, Van den Berghe G (2009) Interventions for preventing critical illness polyneuropathy and critical illness myopathy. Cochrane Database Syst Rev (1):CD006832.

Hernández-Ojeda J, Román-Pintos LM, Rodríguez-Carrízalez AD, Troyo-Sanromán R, Cardona-Muñoz EG, Alatorre-Carranza Mdel P, Miranda-Díaz AG (2014) Effect of rosuvastatin on diabetic polyneuropathy: a randomized, double-blind, placebo-controlled Phase IIa study. Diabetes Metab Syndr Obes 7:401–7.

Hoffman EM, Staff NP, Robb JM, St Sauver JL, Dyck PJ, Klein CJ (2015) Impairments and comorbidities of polyneuropathy revealed by population-based analyses. Neurology 84:1644–51.

Horn MA, van den Brink DM, Wanders RJ, Duran M, Poll-The BT, Tallaksen CM, Stokke OH, Moser H, Skjeldal OH (2007) Phenotype of adult Refsum disease due to a defect in peroxin 7. Neurology 68:698–700.

Horrobin DF (1997) Essential fatty acids in the management of impaired nerve function in diabetes. Diabetes 46(S2):S90–3.

Horváth VJ, Izbéki F, Lengyel C, Kempler P, Várkonyi T (2014) Diabetic gastroparesis: functional/morphologic background, diagnosis, and treatment options. Curr Diab Rep 14:527.

Houlden H, Blake J, Reilly MM (2004) Hereditary sensory neuropathies. Curr Opin Neurol 17:569–77.

Huegli D, Moret J, Rais O, Moosmann Y, Erard P, Malinverni R, Gern L (2011) Prospective study on the incidence of infection by Borrelia burgdorferi sensu lato after a tick bite in a highly endemic area of Switzerland. Ticks Tick Borne Dis 2:129–36.

Hughes RA, Donofrio P, Bril V, Dalakas MC, Deng C, Hanna K, Hartung HP, Latov N, Merkies IS, van Doorn PA; ICE Study Group (2008) Intravenous immune globulin (10 % caprylate-chromatography purified) for the treatment of chronic inflammatory demyelinating polyradiculoneuropathy (ICE study): a randomised placebo-controlled trial. Lancet Neurol 7:136–44.

Hughes RA, Mehndiratta MM (2012) Corticosteroids for chronic inflammatory demyelinating polyradiculoneuropathy. Cochrane Database Syst Rev 8:CD002062.

Hughes RA, Swan AV, van Doorn PA (2012) Intravenous immunoglobulin for Guillain-Barré syndrome. Cochrane Database Syst Rev 7:CD002063.

Hughes RA, van Doorn PA (2012) Corticosteroids for Guillain-Barré syndrome. Cochrane Database Syst Rev 8:CD001446.

Isose S, Misawa S, Kanai K, Shibuya K, Sekiguchi Y, Nasu S, Fujimaki Y, Noto Y, Nakaseko C, Kuwabara S (2011) POEMS syndrome with Guillain-Barré syndrome-like acute onset: a case report and review of neurological progression in 30 cases. J Neurol Neurosurg Psychiatry 82:678–80.

Hund E (2014) Hereditäre Transthyretin Amyloidosen. Nervenarzt 85:1291–7.

Ivkovic S (2012) Polyneuropathy after radioactive iodine treatment of hyperthyroidism and beneficial effect of combined t4/t3 therapy of hypothyroidism. Eur Thyroid J 1:129–31.

Javed S, Petropoulos IN, Alam U, Malik RA (2015) Treatment of painful diabetic neuropathy. Ther Adv Chronic Dis 6:15–28.

Job CK (2007) Recent histopathological studies in leprosy, with particular reference to early diagnosis and leprous neuropathy. Indian J Lepr 79(2–3):75–83.

Kaku M, Simpson DM (2014) HIV neuropathy. Curr Opin HIV AIDS 9:521–6.

Kalita J, Chandra S, Bhoi SK, Agarwal R, Misra UK, Shankar SK, Mahadevan A (2014) Clinical, nerve conduction and nerve biopsy study in vitamin B12 deficiency neurological syndrome with a short-term follow-up. Nutr Neurosci 17:156–63.

Kececi H, Degirmenci Y (2006) Hormone replacement therapy in hypothyroidism and nerve conduction study. Neurophysiol Clin 36:79–83.

Kennedy PG (2010) Herpes simplex virus type 1 and Bell's palsy-a current assessment of the controversy. J Neurovirol 16:1–5.

Kim JK, Bae JS, Kim DS, Kusunoki S, Kim JE, Kim JS, Park YE, Park KJ, Song HS, Kim SY, Lim JG, Kim NH, Suh BC, Nam TS, Park MS, Choi YC, Sohn EH, Na SJ, Huh SY, Kwon O, Lee SY, Lee SH, Oh SY, Jeong SH, Lee TK, Kim DU (2014) Prevalence of anti-ganglioside antibodies and their clinical correlates with guillain-barré syndrome in Korea: a nationwide multicenter study. J Clin Neurol 10:94–100.

Kindstrand E, Nilsson BY, Hovmark A, Pirskanen R, Asbrink E (2002) Peripheral neuropathy in acrodermatitis chronica atrophicans – effect of treatment. Acta Neurol Scand 106:253–7.

Kiwuwa-Muyingo S, Kikaire B, Mambule I, Musana H, Musoro G, Gilks CF, Levin JB, Walker AS (2014) Prevalence, incidence and predictors of peripheral neuropathy in African adults with HIV infection within the DART trial. AIDS 28:2579–88.

Klein CJ, Botuyan MV, Wu Y, Ward CJ, Nicholson GA, Hammans S, Hojo K, Yamanishi H, Karpf AR, Wallace DC, Simon M, Lander C, Boardman LA, Cunningham JM, Smith GE, Litchy WJ, Boes B, Atkinson EJ, Middha SB, Dyck PJ, Parisi JE, Mer G, Smith DI, Dyck PJ (2011) Mutations in DNMT1 cause hereditary sensory neuropathy with dementia and hearing loss. Nat Genet 43:595–600.

Koike H, Mori K, Misu K, Hattori N, Ito H, Hirayama M, Sobue G (2001) Painful alcoholic polyneuropathy with predominant small fiber loss and normal thiamine status. Neurology 56:1727–32.

Koike H, Iijima M, Sugiura M, Mori K, Hattori N, Ito H, Hirayama M, Sobue G (2003) Alcoholic neuropathy is clinicopathologically distinct from thiamine-deficiency neuropathy. Ann Neurol 54(1):19–29.

Koike H, Tanaka F, Sobue G (2011) Paraneoplastic neuropathy: wide-ranging clinicopathological manifestations. Curr Opin Neurol 24:504–10.

Kornhuber ME, Bischoff C, Mentrup H, Conrad B (1999) Multiple A waves in Guillain-Barré syndrome. Muscle Nerve 22:394–9.

Kornhuber ME, Schmitt A, Zierz S (2006) A-Wellen des N. tibialis bei Polyneuropathien. Klin Neurophysiol 37:6–12.

Kranick SM, Nath A (2012) Neurologic complications of HIV-1 infection and its treatment in the era of antiretroviral therapy. Contin Lifelong Learn Neurol 18:1319–1337.

Kuitwaard K, van Koningsveld R, Ruts L, Jacobs BC, van Doorn PA (2009) Recurrent Guillain-Barré syndrome. J Neurol Neurosurg Psychiatry 80:56–9.

Kurth I (2010) Hereditary Sensory and Autonomic Neuropathy Type II. In: Pagon RA, Adam MP, Ardinger HH, Wallace SE, Amemiya A, Bean LJH, Bird TD, Dolan CR, Fong CT, Smith RJH, Stephens K (Hrsg) GeneReviews. Seattle (WA): University of Washington, Seattle.

Kuwabara S (2013) Peripheral nerve disorders as common diseases. Brain Nerve 65:1071–5.

Lange DJ (1994) AAEM minimonograph #41: neuromuscular diseases associated with HIV-1 infection. Muscle Nerve 17:16–30.

Latronico N, Bolton CF (2011) Critical illness polyneuropathy and myopathy: a major cause of muscle weakness and paralysis. Lancet Neurol 10:931–41.

Lauria G, Pareyson D, Sghirlanzoni A (2003) Neurophysiological diagnosis of acquired sensory ganglionopathies. Eur Neurol 50:146–52.

Lax NZ, Whittaker RG, Hepplewhite PD, Reeve AK, Blakely EL, Jaros E, Ince PG, Taylor RW, Fawcett PR, Turnbull DM (2012) Sensory neuronopathy in patients harbouring recessive polymerase γ mutations. Brain 135(Pt 1):62–71.

Le Guennec L, Brisset M, Viala K, Essardy F, Maisonobe T, Rohaut B, Demeret S, Bolgert F, Weiss N (2014) Post-traumatic stress symptoms in Guillain-Barré syndrome patients after prolonged mechanical ventilation in ICU: a preliminary report. J Peripher Nerv Syst 19:218–23.

Lenert P, Icardi M, Dahmoush L (2013) ANA (+) ANCA (+) systemic vasculitis associated with the use of minocycline: case-based review. Clin Rheumatol 32:1099–106.

Li J (2012) Inherited neuropathies. Semin Neurol 32:204–14.

Lim JP, Devaux J, Yuki N (2014) Peripheral nerve proteins as potential autoantigens in acute and chronic inflammatory demyelinating polyneuropathies. Autoimmun Rev 13:1070–8.

Lin KP, Kwan SY, Chen SY, Chen SS, Yeung KB, Chia LG, Wu ZA (1993) Generalized neuropathy in Taiwan: an etiologic survey. Neuroepidemiology 12(5):257–61.

Linnebank M, Moskau S, Semmler A, Widman G, Stoffel-Wagner B, Weller M, Elger CE (2011) Antiepileptic drugs interact with folate and vitamin B12 serum levels. Ann Neurol 69:352–9.

Liozon E, Loustaud-Ratti V, Soria P, Bezanahary H, Fauchais AL, Nadalon S, Rhaiem K, Ly K, Vidal E (2004) Maladie de Horton: associations morbides chez 250 malades. Presse Med 33(19 Pt 1):1304–12.

Liu J, Wang LN, McNicol ED (2013) Pharmacological treatment for pain in Guillain-Barré syndrome. Cochrane Database Syst Rev 10:CD009950.

Longstreth GF (2005) Diabetic thoracic polyradiculopathy. Best Pract Res Clin Gastroenterol 19:275–81.

Mahdi-Rogers M, Hughes RA (2014) Epidemiology of chronic inflammatory neuropathies in southeast England. Eur J Neurol 21:28–33.

Malamut RI, Marques W, England JD, Sumner AJ (1994) Postsurgical idiopathic brachial neuritis. Muscle Nerve 17:320–4.

Mancuso M, Orsucci D, Angelini C, Bertini E, Carelli V, Comi GP, Minetti C, Moggio M, Mongini T, Servidei S, Tonin P, Toscano A, Uziel G, Bruno C, Caldarazzo Ienco E, Filosto M, Lamperti C, Martinelli D, Moroni I, Musumeci O, Pegoraro E, Ronchi D, Santorelli FM, Sauchelli D, Scarpelli M, Sciacco M, Spinazzi M, Valentino ML, Vercelli L, Zeviani M, Siciliano G (2013) Phenotypic heterogeneity of the 8344A>G mtDNA "MERRF" mutation. Neurology 80:2049–54.

Mangus LM, Dorsey JL, Laast VA, Ringkamp M, Ebenezer GJ, Hauer P, Mankowski JL (2014) Unraveling the pathogenesis of HIV peripheral neuropathy: insights from a simian immunodeficiency virus macaque model. ILAR J 54:296–303.

Manickam P, Nagaraju B, Selvaraj V, Balasubramanyam S, Mahalingam VN, Mehendale SM, Pannikar VK, Gupte MD (2012) Team of Study Investigators. Efficacy of single-dose chemotherapy (rifampicin, ofloxacin and minocycline-ROM) in PB leprosy patients with 2 to 5 skin lesions, India: randomised double-blind trial. Indian J Lepr 84:195–207.

Massie R, Mauermann ML, Staff NP, Amrami KK, Mandrekar JN, Dyck PJ, Klein CJ, Dyck PJ (2012) Diabetic cervical radiculoplexus neuropathy: a distinct syndrome expanding the spectrum of diabetic radiculoplexus neuropathies. Brain 135(Pt 10):3074–88.

McGrogan A, Madle GC, Seaman HE, de Vries CS (2009) The epidemiology of Guillain-Barré syndrome worldwide. A systematic literature review. Neuroepidemiology 32(2):150–63.

McIlduff CE, Rutkove SB (2011) Critical appraisal of the use of alpha lipoic acid (thioctic acid) in the treatment of symptomatic diabetic polyneuropathy. Ther Clin Risk Manag 7:377–85.

Mehndiratta MM1, Hughes RA (2012) Plasma exchange for chronic inflammatory demyelinating polyradiculoneuropathy. Cochrane Database Syst Rev 9:CD003906.

Mehta A, Beck M, Eyskens F, Feliciani C, Kantola I, Ramaswami U, Rolfs A, Rivera A, Waldek S, Germain DP (2010) Fabry disease: a review of current management strategies. QJM 103:641–59.

Mellion ML, Nguyen V, Tong M, Gilchrist J, De La Monte S (2013) Experimental model of alcohol-related peripheral neuropathy. Muscle Nerve 48:204–11.

Mellion ML, Silbermann E, Gilchrist JM, Machan JT, Leggio L, de la Monte S (2014) Small-fiber degeneration in alcohol-related peripheral neuropathy. Alcohol Clin Exp Res 38:1965–72.

Mossberg N, Nordin M, Movitz C, Nilsson S, Hellstrand K, Bergström T, Andersson B, Andersen O (2012) The recurrent Guillain-Barré syndrome: a long-term population-based study. Acta Neurol Scand 126:154–61.

Müller NG, Prass K, Zschenderlein R (2005) Anti-Hu antibodies, sensory neuropathy, and Holmes-Adie syndrome in a patient with seminoma. Neurology 64:164–5.

Nascimento OJ (2013) Leprosy neuropathy: clinical presentations. Arq Neuropsiquiatr 71:661–6.

Naumann M, Schalke B, Klopstock T, Reichmann H, Lange KW, Wiesbeck G, Toyka KV, Reiners K (1995) Neurological multisystem manifestation in multiple symmetric lipomatosis: a clinical and electrophysiological study. Muscle Nerve 18:693–8.

Nebuchennykh M, Løseth S, Mellgren SI (2010) Aspects of peripheral nerve involvement in patients with treated hypothyroidism. Eur J Neurol 17:67–72.

Neghab M, Soleimani E, Khamoushian K (2012) Electrophysiological studies of shoemakers exposed to sub-TLV levels of n-hexane. J Occup Health 54:376–82.

Neundörfer B (2001) Alkoholpolyneuropathie. Fortschr Neurol Psychiatr 69:341–5.

Nohlmans MK, van den Bogaard AE, Blaauw AA, van Boven CP (1991) Prevalence of Lyme borreliosis in The Netherlands. Ned Tijdschr Geneeskd 135:2288–92.

Notermans NC, Franssen H, Eurelings M, Van der Graaf Y, Wokke JH (2000) Diagnostic criteria for demyelinating polyneuropathy associated with monoclonal gammopathy. Muscle Nerve 23:73–9.

Notturno F, Di Febo T, Yuki N, Fernandez Rodriguez BM, Corti D, Nobile-Orazio E, Carpo M, De Lauretis A, Uncini A (2014) Autoantibodies to neurofascin-186 and gliomedin in multifocal motor neuropathy. J Neuroimmunol 276:207–12.

Novak P, Vidmar G, Kuret Z, Bizovičar N (2011) Rehabilitation of critical illness polyneuropathy and myopathy patients: an observational study. Int J Rehabil Res 34:336–42.

Overell JR, Hsieh ST, Odaka M, Yuki N, Willison HJ (2007) Treatment for Fisher syndrome, Bickerstaff's brainstem encephalitis and related disorders. Cochrane Database Syst Rev (1):CD004761.

Palma JA, Norcliffe-Kaufmann L, Fuente-Mora C, Percival L, Mendoza-Santiesteban C, Kaufmann H (2014) Current treatments in familial dysautonomia. Expert Opin Pharmacother 15:2653–71.

Papanas N, Vinik AI, Ziegler D (2011) Neuropathy in prediabetes: does the clock start ticking early? Nat Rev Endocrinol 7(11):682–90.

Parthey K, Kornhuber M, Kunze C, Wand D, Nolte KW, Nikolin S, Weis J, Schröder JM (2012) SOX10 mutation with peripheral amyelination and developmental disturbance of axons. Muscle Nerve 45:284–90.

Pati S, Goodfellow JA, Iyadurai S, Hilton-Jones D (2008) Approach to critical illness polyneuropathy and myopathy. Postgrad Med J 84:354–60.

Pavlakis PP, Alexopoulos H, Kosmidis ML, Stamboulis E, Routsias JG, Tzartos SJ, Tzioufas AG, Moutsopoulos HM, Dalakas MC (2011) Peripheral neuropathies in Sjogren syndrome: a new reappraisal. J Neurol Neurosurg Psychiatry 82:798–802.

Penza P, Lombardi R, Camozzi F, Ciano C, Lauria G (2009) Painful neuropathy in subclinical hypothyroidism: clinical and neuropathological recovery after hormone replacement therapy. Neurol Sci 30:149–51.

Peters TJ, Kotowicz J, Nyka W, Kozubski W, Kuznetsov V, Vanderbist F, de Niet S, Marcereuil D, Coffiner M (2006) Treatment of alcoholic polyneuropathy with vitamin B complex: a randomised controlled trial. Alcohol Alcohol 41:636–42.

Petrides PE (1994) Die akute intermittierende Porphyrie. Dtsch Ärztebl 94:A3407–12.

Plante-Bordeneuve V, Said G (2002) Dejerine-Sottas disease and hereditary demyelinating polyneuropathy of infancy. Muscle Nerve 26:608–21.

Poropatich KO, Walker CL, Black RE (2010) Quantifying the association between Campylobacter infection and Guillain-Barré syndrome: a systematic review. J Health Popul Nutr 28:545–52.

Puri V, Chaudhry N, Goel S, Gulati P, Nehru R, Chowdhury D (2005) Vitamin B12 deficiency: a clinical and electrophysiological profile. Electromyogr Clin Neurophysiol 45:273–84.

Ramos-e-Silva M, Rebello PF (2001) Leprosy. Recognition and treatment. Am J Clin Dermatol 2:203–11.

Raphaël JC, Chevret S, Hughes RA, Annane D (2012) Plasma exchange for Guillain-Barré syndrome. Cochrane Database Syst Rev 7:CD001798.

Rauer S, Kaiser R, Kölmel HW, Pfister HW, Schmutzhard E, Sturzenegger M, Wilske B (2012) Neuroborreliose. In: Diener H-D, Weimar C (Hrsg) Leitlinien für Diagnostik und Therapie in der Neurologie. Georg-Thieme-Verlag, Stuttgart. AWMF-Registriernummer 030/071.

Rautenstrauss B, Nelis E (2009) Europäische Leitlinien zur molekulargenetischen Diagnostik der Charkot-Marie-Tooth Neuropathien. medgen 21:543–554.

Reveiz L, Buendía JA, Téllez D (2009) Chemoprophylaxis in contacts of patients with leprosy: systematic review and meta-analysis. Rev Panam Salud Publica 26:341–9.

Richette P, Dieudé P, Damiano J, Lioté F, Orcel P, Bardin T (2004) Sensory neuropathy revealing necrotizing vasculitis during infliximab therapy for rheumatoid arthritis. J Rheumatol 31:2079–81.

Rohkamm B, Reilly MM, Lochmüller H, Schlotter-Weigel B, Barisic N, Schöls L, Nicholson G, Pareyson D, Laurà M, Janecke AR, Miltenberger-Miltenyi G, John E, Fischer C, Grill F, Wakeling W, Davis M, Pieber TR, Auer-Grumbach M (2007) Further evidence for genetic heterogeneity of distal HMN type V, CMT2 with predominant hand involvement and Silver syndrome. J Neurol Sci 263:100–6.

Romano JG, Bradley WG, Green B (1996) High cervical myelopathy presenting with the numb clumsy hand syndrome. J Neurol Sci 140(1–2):137–40.

Royer B, Merlusca L, Abraham J, Musset L, Haroche J, Choquet S, Leleu X, Sebban C, Decaux O, Galicier L, Roussel M, Recher C, Banos A, Guichard I, Brisseau JM, Godmer P, Hermine O, Deplanque G, Facon T, Asli B, Leblond V, Fermand JP, Marolleau JP, Jaccard A (2013) Efficacy of lenalidomide in POEMS syndrome: a retrospective study of 20 patients. Am J Hematol 88:207–12.

Rufini A, Cavallo F, Condò I, Fortuni S, De Martino G, Incani O, Di Venere A, Benini M, Massaro DS, Arcuri G, Serio D, Malisan F, Testi R (2015) Highly specific ubiquitin-competing molecules effectively promote frataxin accumulation and partially rescue the aconitase defect in Friedreich ataxia cells. Neurobiol Dis 75:91–9.

Ruts L, Drenthen J, Jacobs BC, van Doorn PA; Dutch GBS Study Group (2010) Distinguishing acute-onset CIDP from fluctuating Guillain-Barre syndrome: a prospective study. Neurology 74:1680–6.

Saini AG, Sankhyan N, Suthar R, Singhi P (2014) Acute axonal polyneuropathy following honey-bee sting: a case report. J Child Neurol 29(5):674–6.

Scott K, Zeris S, Kothari MJ (2008) Elevated B6 levels and peripheral neuropathies. Electromyogr Clin Neurophysiol 48:219–23.

Sekiguchi Y, Misawa S, Shibuya K, Nasu S, Mitsuma S, Iwai Y, Beppu M, Sawai S, Ito S, Hirano S, Nakaseko C, Kuwabara S (2013) Ambiguous effects of anti-VEGF monoclonal antibody (bevacizumab) for POEMS syndrome. J Neurol Neurosurg Psychiatry 84:1346–8.

Sekijima Y, Uchiyama S, Tojo K, Sano K, Shimizu Y, Imaeda T, Hoshii Y, Kato H, Ikeda S (2011) High prevalence of wild-type transthyretin deposition in patients with idiopathic carpal tunnel syndrome: a common cause of carpal tunnel syndrome in the elderly. Hum Pathol 42:1785–91.

Sen D, Rosenstein ED, Kramer N (2010) ANCA-positive vasculitis associated with simvastatin/ezetimibe: expanding the spectrum of statin-induced autoimmunity? Int J Rheum Dis 13:e29–31.

Seo JH, Ryan HF, Claussen GC, Thomas TD, Oh SJ (2004) Sensory neuropathy in vasculitis: a clinical, pathologic, and electrophysiologic study. Neurology 63(5):874–8.

Shahrizaila N, Yuki N (2013) Bickerstaff brainstem encephalitis and Fisher syndrome: anti-GQ1b antibody syndrome. J Neurol Neurosurg Psychiatry 84:576–83.

Shapiro BE, Logigian EL, Kolodny EH, Pastores GM (2008) Late-onset Tay-Sachs disease: the spectrum of peripheral neuropathy in 30 affected patients. Muscle Nerve 38:1012–5.

Sim MK, Kim DY, Yoon J, Park DH, Kim YG (2014) Assessment of peripheral neuropathy in patients with rheumatoid arthritis who complain of neurologic symptoms. Ann Rehabil Med 38:249–55.

Stroh C, Meyer F, Manger T (2014) Beriberi, a severe complication after metabolic surgery – review of the literature. Obes Facts 7:246–52.

Subhashree AR, Gopalan R, Krishnan KB, Shekar N (2006) Buerger's disease: clinical and histomorphological study. Indian J Pathol Microbiol 49:540–2.

Sutedja NA, Otten HG, Cats EA, Piepers S, Veldink JH, van der Pol WL, van den Berg LH (2010) Increased frequency of HLA-DRB1*15 in patients with multifocal motor neuropathy. Neurology 74:828–32.

Taieb G, Maisonobe T, Musset L, Cacoub P, Léger JM, Bouche P (2010) Corrélations anatomocliniques des neuropathies périphériques cryoglobulinémiques secondaires à l'hépatite C. Série consécutive de 22 cas. Rev Neurol (Paris) 166:509–14.

Tétreault M, Gonzalez M, Dicaire MJ, Allard P, Gehring K, Leblanc D, Leclerc N, Schondorf R, Mathieu J, Zuchner S, Brais B (2015) Adult-onset painful axonal polyneuropathy caused by a dominant NAGLU mutation. Brain, pii: awv074 [Epub ahead of print].

Tomita M, Koike H, Kawagashira Y, Iijima M, Adachi H, Taguchi J, Abe T, Sako K, Tsuji Y, Nakagawa M, Kanda F, Takeda F, Sugawara M, Toyoshima I, Asano N, Sobue G (2013) Clinicopathological features of neuropathy associated with lymphoma. Brain 136:2563–78.

Tsao BE, Avery R, Shields RW (2004) Neuralgic amyotrophy precipitated by Epstein-Barr virus. Neurology 62:1234–5.

Ueda N, Suzuki Y, Rino Y, Takahashi T, Imada T, Takanashi Y, Kuroiwa Y (2009) Correlation between neurological dysfunction with vitamin E deficiency and gastrectomy. J Neurol Sci 287:216–20.

Umapathi T, Hughes RA, Nobile-Orazio E, Léger JM (2015) Immunosuppressant and immunomodulatory treatments for multifocal motor neuropathy. Cochrane Database Syst Rev 3:CD003217.

Van Asseldonk JT, Franssen H, Van den Berg-Vos RM, Wokke JH, Van den Berg LH (2005) Multifocal motor neuropathy. Lancet Neurol 4:309–19.

Vanasse M, Rossignol E, Hadad E (2013) Chronic inflammatory demyelinating polyneuropathy. Handb Clin Neurol 112:1163–9.

Vandenbulcke M, Janssens J (1999) Acute axonal polyneuropathy in chronic alcoholism and malnutrition. Acta Neurol Belg 99:198–201.

van Eijk JJ, Madden RG, van der Eijk AA, Hunter JG, Reimerink JH, Bendall RP, Pas SD, Ellis V, van Alfen N, Beynon L, Southwell L, McLean B, Jacobs BC, van Engelen BG, Dalton HR (2014) Neuralgic amyotrophy and hepatitis E virus infection. Neurology 82:498–503.

Van Veen NH, Lockwood DN, Van Brakel WH, Ramirez J Jr, Richardus JH (2009) Interventions for erythema nodosum leprosum. A Cochrane review. Lepr Rev 80:355–72.

Vedder AC, Linthorst GE, van Breemen MJ, Groener JE, Bemelman FJ, Strijland A, Mannens MM, Aerts JM, Hollak CE (2007) The Dutch Fabry cohort: diversity of clinical manifestations and Gb3 levels. J Inherit Metab Dis 30:68–78.

Verschueren A, Azulay JP, Attarian S, Boucraut J, Pellissier JF, Pouget J (2005) Lewis-Sumner syndrome and multifocal motor neuropathy. Muscle Nerve 31:88–94.

Vincent D, Dubas F, Hauw JJ, Escourolle R, Godeau P, Buge A, Lhermitte F, Castaigne P (1985) Nerve and muscle microvasculitis: 50 cases. Rev Neurol (Paris) 141:440–6.

Wajanaponsan N, Cheng SF (2004) Acute renal failure resulting from intravenous immunoglobulin therapy. Hawaii Med J 63:266–7.

Wakerley BR, Uncini A, Yuki N; GBS Classification Group; GBS Classification Group Collaborators (19) (2014) Guillain-Barré and Miller Fisher syndromes–new diagnostic classification. Nat Rev Neurol 10:537–44.

Walker SL, Lockwood DN (2008) Leprosy type 1 (reversal) reactions and their management. Lepr Rev 79:372–86.

Wetzel W, Müller D, Koch RD (1988) Sind alkoholische Polyneuropathien reversible? Psychiatr Neurol Med Psychol (Leipz) 40:551–4.

Winston N, Vernino S (2010) Recent advances in autoimmune autonomic ganglionopathy. Curr Opin Neurol 23:514–8.

Witsch J, Galldiks N, Bender A, Kollmar R, Bösel J, Hobohm C, Günther A, Schirotzek I, Fuchs K, Jüttler E (2013) Long-term outcome in patients with Guillain-Barré syndrome requiring mechanical ventilation. J Neurol 260:1367–74.

Woelk H, Lehrl S, Bitsch R, Köpcke W (1998) Benfotiamine in treatment of alcoholic polyneuropathy: an 8-week randomized controlled study (BAP I Study). Alcohol Alcohol 33:631–8.

Wu CL, Ro LS, Jung SM, Tsai TC, Chu CC, Lyu RK, Huang CC, Kuo HC (2015) Clinical presentation and electrophysiological findings of porphyric neuropathies: a follow-up study. Muscle Nerve 51:363–9.

Yamada H (2013) Novel strategy for the treatment of refractory vasculitis syndrome. Ann Vasc Dis 6:22–6.

Zangiabadi N, Shafiee K, Alavi KH, Assadi AR, Damavandi M (2012) Atorvastatin treatment improves diabetic polyneuropathy electrophysiological changes in non-insulin dependent diabetic patients: a double blind, randomized clinical trial. Minerva Endocrinol 37(2):195–200.

Zhang H, Dellsperger KC, Zhang C (2012) The link between metabolic abnormalities and endothelial dysfunction in type 2 diabetes: an update. Basic Res Cardiol 107:237.

Zhao H, Race V, Matthijs G, De Jonghe P, Robberecht W, Lambrechts D, Van Damme P (2014) Exome sequencing reveals HINT1 mutations as a cause of distal hereditary motor neuropathy. Eur J Hum Genet 22:847–50.

Zhou L, Kitch DW, Evans SR, Hauer P, Raman S, Ebenezer GJ, Gerschenson M, Marra CM, Valcour V, Diaz-Arrastia R, Goodkin K, Millar L, Shriver S, Asmuth DM, Clifford DB, Simpson DM, McArthur JC; NARC and ACTG A5117 Study Group (2007) Correlates of epidermal nerve fiber densities in HIV-associated distal sensory polyneuropathy. Neurology 68:2113–9.

Marcus Deschauer

9 Myopathien

9.1 Syndromale und ätiologische Unterteilung

Muskelerkrankungen können einerseits aufgrund des klinischen Bildes, andererseits anhand ihres Pathomechanismus klassifiziert werden. Bei vielen Myopathien sind bestimmte Muskeln bevorzugt betroffen, sodass sich ein charakteristisches klinisches Bild zeigt. Dadurch ergeben sich typische Syndrome, die zu unterscheiden sind: Am häufigsten findet sich ein Gliedergürtelsyndrom, bei dem die proximalen Muskeln des Schulter- und des Beckengürtels betroffen sind. Auf der anderen Seite gibt es auch Patienten mit Myopathien und einer distalen Muskelschwäche (distale Myopathie), die auf den ersten Blick wie motorische Neuropathien wirken. Die Kombination einer Schwäche der Gesichtsmuskulatur (Facies myopathica, Sphinxgesicht, fehlende Mimik) und der Schulter- und Oberarmmuskulatur wird als fazioskapulohumerales Syndrom zusammengefasst. Sind die äußeren Augenmuskeln betroffen, besteht eine externe Ophthalmoplegie mit Ptosis. Wenn zusätzlich auch die Schlundmuskeln erkrankt sind (mit Dysphagie und Dysarthrie), spricht man von einem okulobulbären Syndrom. Manchmal steht die Schwäche der Rumpfmuskulatur im Vordergrund, dann handelt es sich um eine axiale Myopathie. Multiple bereits bei Geburt bestehende Kontrakturen mit vermutlich sekundären Gelenkdeformitäten finden sich bei der Arthrogryposis multiplex congenita. Andere Manifestationen einer Myopathie können sein: Rhabdomyolyse-Attacken mit Myoglobinurie (brauner Urin), alleinige Muskelschmerzen (Myalgie-Syndrom), eine Myotonie oder periodische Paralysen. Manchmal fällt auch nur eine asymptomatische Erhöhung der Kreatinkinase im Serum auf.

Bezüglich der *Ätiologie* unterscheidet man hereditäre von erworbenen Erkrankungen. Die Erhebung der Familienanamnese ist daher wichtig, um Hinweise auf eine hereditäre Myopathie zu bekommen. Da Muskelerkrankungen ein sehr variantenreiches Erscheinungsbild zeigen können, sollte man nach subtilen Symptomen fragen und ggf. Familienangehörige selbst untersuchen. Allerdings handelt es sich häufig um autosomal-rezessive Erkrankungen, sodass dann die Familienanamnese leer ist. Man kennt derzeit Defekte in etwa 100 nukleären Genen, die für autosomal-rezessiv oder autosomal-dominant vererbte Myopathien verantwortlich sind. Schließlich können Defekte der mitochondrialen DNA zu Myopathien führen, die typischerweise maternal vererbt werden.

Bei den erworbenen Formen spielen die entzündlichen Myopathien (Myositiden) eine wichtige Rolle. Auch durch endokrine Störungen (insbesondere Schilddrüsenerkrankungen und die Gabe von Steroiden) sowie die Wirkung von Toxinen (insbesondere Medikamente wie z. B. Statine) kann es zu Myopathien kommen.

DOI 10.1515/9783110352474-009

Erkrankungen, die durch eine Störung der Übertragung vom Nerven auf den Muskel bedingt sind (neuromuskuläre Transmission), werden als myasthene Syndrome bezeichnet. Sie zählen nicht zu den eigentlichen Myopathien. Am häufigsten besteht eine immunologische Ursache (Myasthenia gravis). Seltener sind genetisch bedingte Defekte verantwortlich. Man spricht von kongenitalen Myasthenien, auch wenn die Symptomatik nicht immer von Geburt an besteht.

9.2 Diagnostische Möglichkeiten

Die Diagnosestellung von Myopathien ist aufgrund der klinischen und genetischen Heterogenität manchmal schwierig. Die klinische Untersuchung allein kann zwar vielfach eine Verdachtsdiagnose ermöglichen und die Richtung des weiteren diagnostischen Prozederes vorgeben, in erster Linie bei einigen hereditären Myopathien mit charakteristischem Phänotyp. Eine definitive diagnostische Einordnung gelingt meist aber erst nach Einsatz verschiedener spezieller Untersuchungsmethoden. Diese werden zum Teil nur in Speziallabors vorgenommen. Dabei spielen molekulargenetische Tests mit Hochdurchsatzverfahren eine große Rolle. Besonders wichtig ist es, Patienten mit behandelbaren Myopathien zu identifizieren. Eine klare Diagnosestellung ist auch hilfreich, um diagnostische Unsicherheiten zu beseitigen und unwirksame nebenwirkungsreiche Therapien abzusetzen (z. B. Immunsuppression bei sekundär entzündlichen Veränderungen im Rahmen von Muskeldystrophien) und eine genetische Beratung zu ermöglichen. Allerdings können derzeit bei den erblichen Myopathien auch nach Ausschöpfung aller diagnostischen Möglichkeiten nur etwa 3 Viertel der Patienten exakt zugeordnet werden. Aufgrund der stetigen Verbesserung der Diagnostik ist bei unklarer Diagnose eine Re-Evaluation im Abstand von einigen Jahren sinnvoll. Gerade solche diagnostisch schwierigen Patienten sollten in einem der neuromuskulären Zentren untersucht werden, die in Deutschland von der Deutschen Gesellschaft für Muskelkranke (DGM) zertifiziert werden.

Als initiale Labordiagnostik ist die Bestimmung der Kreatinkinase (CK) sinnvoll. Ein erhöhter CK-Wert weist darauf hin, dass die Membran der Muskelzellen leck ist. Allerdings sind bei vielen Myopathien auch normale CK-Werte zu beobachten, und es finden sich auch bei neurogenen Prozessen leicht erhöhte CK-Werte, die normalerweise nicht das Zehnfache des Normalwerts überschreiten. Bei der CK-Bestimmung ist zu bedenken, dass es auch andere Ursachen als eine Myopathie für Erhöhungen gibt. Insbesondere körperliche Aktivität vor der Blutentnahme erhöht den CK-Wert. Der Patient sollte daher 3 Tage vor der Blutentnahme auf besondere körperliche Beanspruchungen verzichten. Ein erhöhter Wert ist nach einigen Tagen zu kontrollieren, um zu prüfen, ob es sich um eine persistierende Erhöhung der Kreatinkinase im Serum handelt. Eine andere wichtige Ursache einer CK-Erhöhung ist eine Makro-CK, die keinen Krankheitswert besitzt. Dabei sind Immunglobuline an die CK gebunden, die den im Labor gemessenen Enzymwert steigern. Bei einer Makro-CK ist nicht nur der Gesamt-CK-Wert, sondern auch der CK-MB-Wert erhöht. Zum Ausschluss einer Schilddrüsenerkrankung, die myopathische Beschwerden auslösen kann, muss der TSH-Wert bestimmt werden. Um eine entzündliche Myopathie auszuschließen, ist die Bestimmung von CRP bzw. BSG sinnvoll, die allerdings nur bei etwa der Hälfte der Myositis-Patienten auffällig sind. Auch für die Diagnose einer Polymyalgia rheumatica sind diese Laboruntersuchungen unumgänglich. Wenige Enzyme, die im Muskelstoffwechsel eine Rolle spielen, können auch im Blut analysiert werden. Besondere Bedeutung besitzt die Messung der α-Glukosidase bei Verdacht auf Mb. Pompe, die am Trockenblut vorgenommen werden kann.

Bei jedem Patienten mit Verdacht auf eine Myopathie sollte eine EMG-Untersuchung erfolgen, um myopathische von neurogenen Prozessen zu unterscheiden und um eine Myotonie zu identifizieren. Sinnvoll ist außerdem eine Neurografie motorischer Nerven, um motorische Neuropathien zu erkennen oder auszuschließen. Zur Bildgebung des Muskels ist das MRT gut geeignet. Ein Muskelödem kann am besten in der fettunterdrückten STIR-Sequenz erkannt werden: Es findet sich nicht nur bei Myositiden, sondern auch bei Muskeldystrophien. Bei chronischen Muskelerkrankungen lässt sich in der T1-Wichtung der fettig-bindegewebige Umbau erkennen. Besonders hilfreich ist das MRT schließlich auch für die Auswahl des richtigen Biopsieortes. Eine Muskelbiopsie ist indiziert, wenn eine immunogen vermittelte Myositis infrage kommt, sie liefert aber auch bei vielen hereditären Myopathien wichtige Hinweise [Diener u. Putzki 2012].

9.3 Allgemeine therapeutische Prinzipien

Eine immunsuppressive Therapie kommt bei den nicht infektiösen entzündlichen Myopathien in Betracht. Bei den hereditären Myopathien ist eine kausale Therapie bisher nur für den Mb. Pompe in Form einer Enzymersatztherapie verfügbar. Die symptomatische Behandlung besitzt deshalb eine besondere Bedeutung. Physiotherapeutische Maßnahmen stehen im Vordergrund. Da es sich meistens um chronische Erkrankungen handelt, sollte die Verordnung außerhalb des Regelfalls erfolgen. Klassische Krankengymnastik zu Wasser und zu Lande beugt Kontrakturen vor und kräftigt noch funktionsfähige Muskulatur. Gehfähige Patienten müssen lernen, täglich am besten mehrmals die Wadenmuskulatur, die Beugemuskulatur der Hüft- und Kniegelenke und evtl. weitere kontrakturbedrohte Muskelgruppen passiv zu dehnen. Nicht mehr funktionsfähige Muskulatur erfordert große Sorgfalt bei der Lagerung des Patienten und muss täglich passiv durchbewegt werden – eine sehr schwere und anstrengende Arbeit – um Kontrakturen möglichst nicht entstehen zu lassen. Das gilt auch für bettlägerige Patienten. Schon vor Befall der Atemmuskulatur ist eine Atemgymnastik erforderlich, bei eingetretener Beteiligung der Atemmuskulatur eine intensive Atemtherapie mit dem Einsatz von Hilfsmitteln (z. B. *Cough-Assist* oder Vibrationswesten). Massagen lindern Muskelschmerzen und lösen Verspannungen.

Regelmäßiges Ausdauertraining wirkt der häufig vorliegenden Belastungsintoleranz entgegen. Ein Training mit 60 bis 70 % der Maximalkraft lässt keine zusätzlichen Schädigungen der Muskulatur erwarten. Langsam fortschreitende und noch wenig ausgeprägte Erkrankungen erlauben ein isometrisches oder ein isokinetisches Training, ein exzentrisches Training (wie z. B. bergab gehen oder Bankdrücken) sollte aber nicht erfolgen. Eine Ergotherapie dient bei distalen Myopathien dem Erhalt der Handfunktion. Bei Befall der pharyngealen Muskulatur mit Dysphagie und Dysarthrie kann eine logopädische Behandlung das Schlucken und Sprechen bessern.

Nicht nur schwer betroffene Patienten profitieren von orthopädietechnischen Hilfsmitteln. So erleichtern beispielsweise Nordic-Walking-Stöcke Patienten mit Paresen in den Beinen besonders das Laufen bergauf, vor allem wenn in den Armen keine oder nur geringe Paresen bestehen. Patienten mit Fußheberparesen werden in Abhängigkeit vom Grad der Funktionsstörung mit Spitzfußzügeln, Heidelberger Winkeln oder sogar mit Lähmungsinnenschuhen versorgt. Auch sonst entspricht die orthopädietechnische Versorgung der von Patienten mit nervalen Schädigungen. Patienten mit proximalen Beinparesen benutzen gern Sitzerhöhungen (nicht nur auf dem WC) und Aufstehhilfen. Höhergradige Paresen der unteren Extremitäten erfordern einen Rollator bzw., sobald keine ausreichende Gehfähigkeit mehr besteht, einen Rollstuhl. Wenn die Arme mitbetroffen sind, ist die Versorgung mit einem elektrisch angetriebenen Gefährt unumgänglich. Es sollte mit einer Sitzschale ausgestattet sein, um die Wirbelsäule zu entlasten und in begrenztem Umfang zu schienen.

Eine Wachstumslenkung der Wirbelsäule mithilfe von Sitzschalen oder Korsetts ist nicht möglich. Wenn angesichts der Grundkrankheit eine weitere Progredienz zu erwarten ist, wenn eine Gefährdung der Sitz- und Stehfähigkeit abzusehen und die Vitalkapazität zunehmend eingeschränkt ist, stellt die frühzeitige langstreckige Spondylodese die Behandlungsmethode der Wahl für die myopathische Skoliose dar.

Kontrakturen vor allem der unteren Extremitäten werden bei Patienten mit sehr eingeschränkter Lebenserwartung frühzeitig operativ behandelt, weil nur dann ein „kleiner“ Eingriff ausreicht und auf eine postoperative Ruhigstellung weitgehend verzichtet werden kann. Eine kaum eingeschränkte Lebenserwartung erlaubt dagegen das „klassische“ Etappenredressement, bei Bedarf durch operative Eingriffe ergänzt.

Weichteileingriffe führen an den oberen Extremitäten kaum zum Erfolg. Eine Scapula alata lässt sich zwar am Thorax fesseln, die Aussichten, einen anhaltenden Behandlungserfolg zu erzielen, sind wegen der Komplexität des Lähmungsbildes aber gering. Angesichts moderner Osteosyntheseverfahren kommen gerade an den statisch nicht belasteten oberen Extremitäten Osteotomien infrage: Die Innenrotationsfehlstellung des Schultergelenks ist einer subkapitalen Osteotomie des Humerus zugänglich. Die extendierende Osteotomie des distalen Humerus ist der Tenotomie und damit der weiteren Schwächung der Beugemuskulatur bei der Therapie der Beugekontraktur des Ellenbogengelenks vorzuziehen, und für die Pronationskontraktur des Unterarms steht neben der Ablösung der Pronatoren die Drehosteotomie der Ulna zur Verfügung. – Ulnardeviation und Beugekontraktur des Handgelenks und die daraus resultierende Behinderung des Faustschlusses sind durch mehr oder weniger ausgiebige Ablösung der Handgelenks- und Fingerbeuger von der Palmarseite des Unterarms zu beeinflussen. Es ist jedoch zu überlegen, ob durch die Distalverlagerung der Muskelursprünge wirklich eine Verbesserung der Greiffunktion erreicht werden kann.

Kontrakturen an den unteren Extremitäten sind, wenn genügend Zeit zur Verfügung steht, mithilfe des Etappenredressements, anderenfalls mithilfe von Weichteileingriffen therapierbar. Man geht operativ von proximal nach distal vor, möglichst in einer operativen „Sitzung" auf beiden Seiten und möglichst frühzeitig, um postoperativ ohne Ruhigstellung auszukommen. Wenn sich wegen des Umfangs der Operationen einseitige Eingriffe verbieten, folgen die Einzelmaßnahmen rasch aufeinander. Eine Sehnentransposition ist nur sinnvoll, wenn eine (noch) funktionsfähige Spendersehne zur Verfügung steht und wenn sich die zu behandelnde Fehlstellung passiv korrigieren lässt. Das gilt insbesondere für die Beugekontraktur des Kniegelenks und für die Fehlstellungen des Fußes. Bei älteren Patienten mit langsam verlaufenden Erkrankungen ist auch an Arthrodesen, Osteotomien und Resektionsarthroplastiken insbesondere im Fußbereich zu denken.

Operative Kontrakturbehandlung an den unteren Extremitäten
- Abduktionskontraktur des Hüftgelenks: Tenotomie des M. tensor fasciae latae und des Tractus iliotibialis
- Beugekontraktur des Hüftgelenks: Tenotomie der Spinamuskeln und des Tractus iliotibialis, ggf. auch der Iliopsoassehne
- Beugekontraktur des Kniegelenks: Tenotomie der Mm. semitendinosus, semimembranosus et gracilis
- Spitzfuß: Z-förmige, ggf. quere Tenotomie der Achillessehne
- Supinationsfehlstellung des Fußes: Transposition der Sehne des M. tibialis anterior auf den Fußaußenrand

Mit den genannten Eingriffen ist vielfach eine Befundbesserung, aber keine Normalisierung zu erreichen, weil sich an einer Kontraktur stets auch die Gelenkkapsel und der Bandapparat beteiligen. Über eine eventuelle Erweiterung des Eingriffs ist präoperativ unter Berücksichtigung aller Aspekte des Krankheitsbildes zu entscheiden.

Medikamentös kann eine Myotonie mit Natriumkanalblockern behandelt werden. Dabei kam bisher am häufigsten Mexiletin zum Einsatz, das jedoch in Deutschland nicht mehr vertrieben wird. Als Alternativen bieten sich Flecainid oder Carbamazepin an.

Gegen Muskelschmerzen sind feuchte Wärme (Moorpackungen u. ä.), vorsichtige Massagen oder bei Bedarf Medikamente hilfreich, falls nötig auch Opioide. Manchmal helfen auch schmerzdistanzierende Medikamente wie Duloxetin, Amitriptylin oder Pregabalin. Bei Myopathien auf der Grundlage endokriner Erkrankungen muss die Stoffwechselstörung behandelt werden. Selten treten Myopathien paraneoplastisch auf, dann gehört die Behandlung der Tumorerkrankung auch zur Therapie der Myopathie.

Bei manchen Myopathien ist der Herzmuskel in Form einer Kardiomyopathie beteiligt, die medikamentös z. B. mit ACE-Hemmern behandelt wird. Bei Reizleitungsstörungen ist die rechtzeitige Implantation eines Herzschrittmachers lebensrettend. Nicht nur aufgrund der geringen Mobilität vieler Patienten mit Myopathien besteht ein erhöhtes Osteoporose-Risiko mit gesteigerter Frakturgefahr. Damit ist besonders zu rechnen, wenn die Gabe von Kortikoiden erforderlich war oder ist. Dann ist die Substitution von Kalzium und Vitamin D, in ausgewählten Fällen auch von Bisphosphonaten, unumgänglich. Der Bewegungsmangel von Patienten mit Myopathien führt häufig zu Übergewicht. Eine diätetische Beratung ist daher wichtig.

9.4 Krankheitsbilder

9.4.1 Muskeldystrophien

Muskeldystrophien bilden eine genetisch und klinisch einheitliche Gruppe primär degenerativer Muskelerkrankungen. Als Hauptsymptom gelten weitgehend symmetrische progressive Paresen am Beckengürtel und an den Oberschenkeln sowie am Schultergürtel und an den Oberarmen. Rumpf und Gesicht können beteiligt sein. In die paretische Muskulatur wird Fett eingelagert, noch erhaltene Muskelanteile hypertrophieren. Dies zeigt sich besonders auffällig an den Waden („Gnomenwaden“, Abb. 9.1).

9.4.1.1 Dystrophinopathien

Dystrophin, ein Protein der Zellmembran, wird von einem X-chromosomal lokalisierten Gen kodiert. Defekte im Dystrophin führen zur schweren Muskeldystrophie Typ Duchenne und zur milderen Muskeldystrophie Typ Becker. Im Fall einer Duchenne-Erkrankung ist kein Dystrophin vorhanden, bei der Becker-Form führt der Gendefekt zu einem verkürzten Protein. Dies erklärt sich dadurch, dass Deletionen im Dystrophin-Gen nicht zu einer Leserasterverschiebung führen müssen, sodass bei der Becker-Form nur der Teil des Proteins nicht exprimiert wird, für den der Abschnitt mit der Deletion kodiert wird. Dadurch entsteht ein leicht verkürztes, teilweise funktionsfähiges Protein. Bei Deletionen mit Leserasterverschiebung hingegen entsteht ein stark verkürztes, nicht funktionstüchtiges Protein, das in der Zelle abgebaut wird.

9.4.1.1.1 Muskeldystrophie Typ Duchenne (infantiler maligner Beckengürteltyp)

Die Muskeldystrophie Duchenne gilt als häufigste Form einer Muskeldystrophie und betrifft eins von 3500 männlichen Neugeborenen. Mädchen können auch, meist weniger schwer, erkranken. Die Vererbung erfolgt X-chromosomal-rezessiv. Bei etwa einem Drittel der Patienten liegen Neumutationen vor.

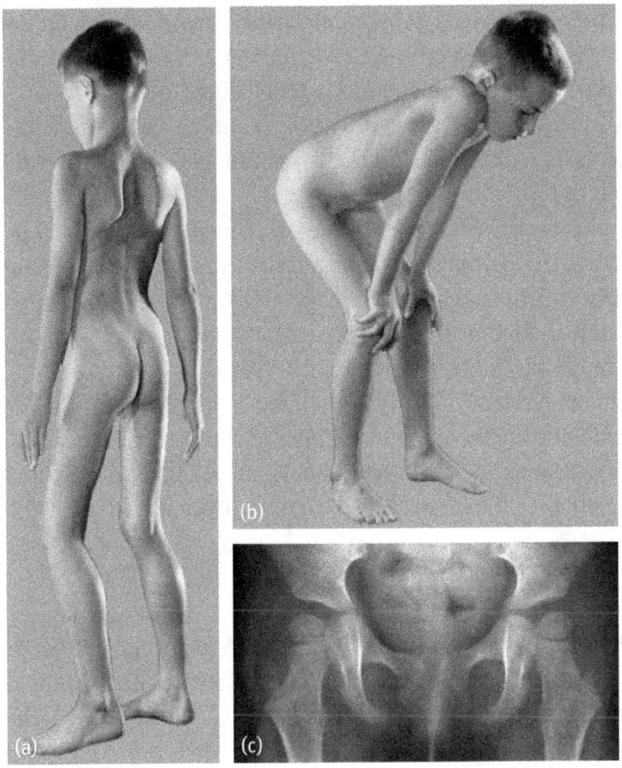

Abb. 9.1: 8 Jahre, männlich. Duchenne-Muskeldystrophie. (a) Tiefe Lendenlordose, Pseudohypertrophie der Waden. (b) Gowers-Zeichen: Aufrichten mithilfe der Hände („hochklettern“). (c) 3 Jahre, weiblich. Bds. medial abgeflachte proximale Femurepiphysen, nach lateral abfallende Epiphysenfugen, Coxa valga, Subluxation als Folge des gestörten muskulären Gleichgewichts. Vgl. Abb. 4.35.

Klinik: Erste Symptome zeigen sich bei den im Säuglingsalter meist unauffälligen Jungen während des Stehen und Gehen lernens am Ende des ersten Lebensjahrs. Sie bleiben in ihrer motorischen Entwicklung zurück, ihre Bewegungen werden plump und unsicher. Im weiteren Verlauf wird wegen der zunehmenden Insuffizienz der pelvitrochanteren Muskulatur der Gang „watschelnd“ (Duchenne- und Trendelenburg-Phänomen), und es entsteht eine lumbale Hyperlordose mit stark vorgewölbtem Bauch. Rennen und Treppensteigen bereiten zunehmend Schwierigkeiten. Wenn die Jungen aus dem Liegen aufstehen wollen, ziehen sie sich an Gegenständen hoch, beim Aufrichten aus der Rumpfbeuge stützen sie sich mit den Händen an den Oberschenkeln ab (Gowers-Manöver, Abb. 9.1). Die Beteiligung der Schultergürtel-Muskulatur äußert sich früh in abstehenden Schulterblättern (Scapulae alatae, Schwäche der Mm. serratus anterior, rhomboideus, trapezius). Später treten Paresen der Rumpfmuskulatur (Ateminsuffizienz) und an den distalen Extremitäten hinzu. Die Beteiligung der Rumpfmuskulatur lässt oft ausgeprägte Kyphoskoliosen entstehen, die die Atmung ebenfalls behindern, sodass die Vitalkapazität bedrohlich sinkt. Kontraktur-gefährdet sind vor allem die Wadenmuskulatur (Spitzfüße) sowie die Beugemuskeln der Knie- und Hüftgelenke. Bei allen Patienten ist eine kardiale Beteiligung feststellbar, auch wenn nicht immer klinische Symptome auftreten. Hinweise finden sich regelmäßig im EKG und im Echokardiogramm (dilatative Kardiomyopathie). Bei einem Drittel der Erkrankten liegt der IQ-Wert unter 75.

Die Erkrankung verläuft progredient. Zwischen dem 10. und dem 12. Lebensjahr geht die Gehfähigkeit verloren, die Betroffenen werden rollstuhlpflichtig, ohne Beatmung versterben sie mit etwa 20 Jahren an pulmonalen Komplikationen in Form einer Ateminsuffizienz mit oder ohne Infektionen. Eine invasive Beatmung nach Tracheotomie kann die Lebenszeit um rund 10 Jahre verlängern.

Trotz des X-chromosomalen Erbgangs können selten auch Mädchen oder Frauen an der Duchenne-Dystrophie erkranken (manifeste Konduktorinnen), wenn das gesunde X-Chromosom in der Zelle inaktiviert ist. Der Phänotyp ist milder. Myalgien und Wadenhypertrophien, aber auch ein Gliedergürtelsyndrom und eine kardiale Beteiligung sind möglich.

Diagnostik: Der CK-Wert ist meist bereits vor Auftreten der ersten Symptome stark erhöht (um das 20- bis 100-Fache) und sinkt im Krankheitsverlauf, wenn ein großer Teil der Muskulatur bereits degenerativ verändert ist. Das gilt fast immer auch für Konduktorinnen. Im EMG finden sich myopathische Zeichen, gelegentlich eine pathologische Spontanaktivität. Im Sonogramm ist eine gesteigerte Echointensität der erkrankten Muskulatur erkennbar. Muskelhistologisch erkennt man die typischen Veränderungen einer Dystrophie: ausgeprägte Kalibervariabilität der Muskelfasern mit hypertrophischen und atrophischen rundlichen Fasern, Fasernekrosen, intrafaszikuläre und endomysiale Bindegewebs- und Fetteinlagerung, vermehrt zentralständige Kerne. Immunhistochemisch fehlt Dystrophin, oder es ist stark vermindert. Im Western Blot ist das Dystrophin meist nicht darstellbar. Eine molekulargenetische Untersuchung zum Nachweis einer Mutation im Dystrophin-Gen sollte zur Diagnosesicherung erfolgen, ergänzt durch eine familiäre Beratung.

Spezielle Therapie: Mehrere Studien zeigten, dass Kortikoide zur Kraftverbesserung führen können, wobei die Beobachtungszeiten meist 2 Jahre nicht überschritten. Ob bei einer langfristigen Gabe von Steroiden der Nutzen wirklich größer ist als die Nebenwirkungen, kann derzeit nicht klar beantwortet werden [Manzur et al. 2008]. Pilotstudien zum *Exon-Skipping* sind vielversprechend [Goemans et al. 2011]. Dadurch wird das Leseraster wiederhergestellt, und es entsteht ein verkürztes Protein, das bedingt funktionstüchtig ist und eine Duchenne-Erkrankung in die mildere Becker-Form verwandeln könnte.

9.4.1.1.2 Muskeldystrophie Typ Becker

Diese Dystrophinopathie unterscheidet sich von der Duchenne-Muskeldystrophie durch einen späteren Beginn (typischerweise im Schulalter) und eine langsamere Progredienz, sodass die Patienten lange gehfähig bleiben und die Lebenserwartung geringer vermindert ist. Im Übrigen ist die Becker-Muskeldystrophie mit ihrem Einsetzen im Beckengürtel und dem sehr ähnlichen Verteilungsmuster der Paresen sowie manchmal Intelligenzminderungen dem Duchenne-Typ sehr ähnlich. Das gilt auch für die kardiale Mitbeteiligung mit Reizleitungsstörungen und Kardiomyopathie. Gehunfähigkeit tritt im Mittel im 4. Lebensjahrzehnt, der Tod nach dem 5. Lebensjahrzent ein. Die Erkrankung ist mit einer Prävalenz von 7 : 100.000 häufig.

Die CK ist bereits vor dem Auftreten erster Symptome deutlich erhöht. Myohistologisch zeigen sich typische dystrophische Veränderungen und immunhistochemisch eine Verminderung der Dystrophin-Expression, jedoch kein Fehlen wie bei der Duchenne-Form. Im Western Blot findet sich häufig ein verkürztes Protein mit verminderter Intensität. Die Diagnose wird molekulargenetisch gesichert.

Die Therapie erfolgt hier ebenfalls in erster Linie mit physiotherapeutischen Mitteln, bei schweren Verläufen auch mit Kortikoiden.

9.4.1.2 Muskeldystrophie Typ Emery-Dreifuss

Diese seltene X-chromosomal vererbte Muskeldystrophie beruht auf Mutationen im Emerin-Gen. Typischerweise betreffen erste Schwächen im Vorschulalter die Muskulatur der Schultergelenke und der Unterschenkel. Im weiteren Verlauf sind auch distale Extremitätenmuskeln beteiligt. Eine Facies myopathica wird oft beobachtet. Charakteristisch ist die frühzeitige Entwicklung von Beugekontrakturen der Ellenbogengelenke und von Spitzfüßen. Alle Patienten entwickeln eine dilatative Kardiomyopathie und Reizleitungsstörungen, nicht selten auch Konduktorinnen. Die CK ist im Frühstadium deutlich, später gering erhöht. Myohistologisch sind dystrophische Veränderungen nachweisbar, und immunhistochemisch fehlt Emerin. Die molekulargenetische Untersuchung sichert die Diagnose.

An die Versorgung mit einem Herzschrittmacher muss rechtzeitig gedacht werden. Im Übrigen erfolgt die Therapie krankengymnastisch. Dazu kommen Redressionen und, wenn nötig, operative Eingriffe zur Beseitigung von Kontrakturen. Die Gehfähigkeit bleibt bis in das jüngere Erwachsenenalter, manchmal lebenslang erhalten. Die Lebenserwartung liegt nur nach frühem Krankheitsbeginn unter dem Durchschnitt.

9.4.1.3 Fazioskapulohumerale Muskeldystrophie (FSHD)

Die autosomal-dominant vererbte fazioskapulohumerale Muskeldystrophie (FSHD) gehört zu den häufigen Muskeldystrophien (Prävalenz 5 : 100.000) und manifestiert sich typischerweise nach der Pubertät, zuerst in der Gesichts- und Schultergürtelmuskulatur. So findet sich eine Facies myopathica: Die Gesichtsmuskulatur ist schlaff, der

Augenschluss unvollständig (Zilienzeichen) und das Pfeifvermögen mangelhaft. Eine (Pseudo-)Hypertrophie des M. orbicularis oris ist Ursache des „Schmollmunds" (des „Tapirmunds"). Die Schultergürtelschwäche mit Scapula alata führt wegen einer relativen Aussparung des M. levator scapulae zum typischen Höhertreten des Schulterblatts bei Armabduktion. Schmerzen in der Schulterregion legen auch den Verdacht auf eine paralytische Luxation des Gelenks nahe.

Der dystrophische Prozess manifestiert sich zwar immer beidseitig, setzt aber oft asymmetrisch ein. Bei asymmetrischer Atrophie der pektoralen Muskulatur sind daher nicht selten seitendifferente Achsel-Brust-Falten zu erkennen. Im Krankheitsverlauf sind auch die Fußheber und die Rumpfmuskulatur betroffen. Die Mitbeteiligung der Rumpfmuskulatur äußert sich in einer Atrophie der paravertebralen Muskulatur. Die Patienten stehen und gehen vornübergebeugt, um ihr Gleichgewicht zu wahren (Kamptokormie, *kampto* grch. biegen, *kormos* grch. Stamm), es entstehen Kyphosen und Kyphoskoliosen. Beim Aufrichten aus dem Liegen ohne Zuhilfenahme der Hände wandert der Nabel nach der (zunächst) weniger betroffenen Seite aus, bei symmetrischem Befall verschiebt er sich nach kranial (Beevors-Zeichen).

Eine FSHD muss nicht unbedingt das „klassische" fazioskapulohumerale Verteilungsmuster der Paresen aufweisen. Eine faziale Beteiligung kann fehlen; proximal beinbetonte Symptome können vorkommen. Der Verlauf ist meist langsam und die Lebenserwartung normal. 10 bis 20 % der Patienten verlieren ihre Gehfähigkeit, und nur schwere infantile Fälle weisen retinale Gefäßveränderungen und Innenohrschwerhörigkeiten auf.

Die CK ist auch im frühen Krankheitsstadium nicht oder nur leicht erhöht. Die Muskelbiopsie zeigt keine charakteristischen histologischen Auffälligkeiten, häufig bestehen sekundäre entzündliche Veränderungen. Die sichere Diagnose einer FSHD erfolgt molekulargenetisch. Die meisten Fälle weisen eine Verkürzung auf Chromosom 4q im Bereich des D4Z4-Repeats auf. Sie werden als FSHD 1 bezeichnet. Seltener sind Mutationen im SMCHD-1-Gen auf Chromosom 18 (FSHD 2). Bei beiden Formen findet man eine Hypomethylierung des D4Z4-Repeats, die dazu führt, dass das Genprodukt von D4Z4, der Transkriptionsfaktor DUX4, vermehrt exprimiert wird, allerdings nur wenn auf Chromosom 4 ein bestimmter Haplotyp vorliegt (4A161), der unter anderem ein Polyadenylierungs-Signal enthält, um die DUX4-mRNA zu stabilisieren. Klinisch unterscheiden sich Patienten mit einer FSHD 2 nicht von denen mit einer FSHD 1.

Spezielle Therapie: Die Skapula kann operativ am Thorax fixiert werden. Die Erfolge befriedigen oft nicht.

9.4.1.4 Muskeldystrophien vom Gliedergürteltyp (LGMDs)

Als Muskeldystrophien vom Gliedergürteltyp (*limb-girdle muscular dystrophy* = LGMD) bezeichnet man autosomal-dominant oder autosomal-rezessiv vererbte Muskeldystrophien mit Schwäche vor allem der Schulter- und der Beckengürtelmuskulatur. Aktuell kennt man 25 verschiedene genetisch definierte Formen, davon werden 8 auto-

Tab. 9.1: Klassifikation der Muskeldystrophien vom Gliedergürteltyp (*limb-girdle muscular dystrophies* = LGMD).

LGMD, autosomal-dominant	Gendefekt	LGMD, autosomal-rezessiv	Gendefekt
1A	Myotilin	2A	Calpain 3
1B	Lamin A/C	2B	Dysferlin
1C	Caveolin 3	2C	γ-Sarkoglykan
1D	DNAJB6	2D	α-Sarkoglykan (Adhalin)
1E	Desmin	2E	β-Sarkoglykan
1F	Transportin 3	2F	δ-Sarkoglykan
1G	HNRPDL	2G	Telethonin
1H	Genort 3p23-25	2H	E3 Ubiquitin-Ligase (TRIM 32)
		2I	Fukutin-related Protein (FKRP)
		2J	Titin
		2K	POMT1
		2L	Anoctamin 5
		2M	Fukutin
		2N	POMT2
		2O	POMGnT1
		2P	Dystroglykan
		2Q	Plektin
		2R	Desmin
		2S	TRAPPC11
		2T	GMPPB
		2U	ISPD

somal-dominant (1A bis 1H) und 21 autosomal-rezessiv (2A bis 2U) vererbt. Bei einer dominanten Form kennt man aufgrund von Kopplungsanalysen bisher nur den Genort, aber noch nicht das defekte Gen. Tab. 9.1 gibt eine Übersicht. Die X-chromosomal vererbten Dystrophinopathien zählen nicht zu den LGMDs, auch wenn das klinische Bild einer Dystrophinopathie nicht von dem einer LGMD zu unterscheiden ist. Einige der bei den LGMDs defekten Proteine sind mit dem Dystrophin assoziiert, unter anderem die verschiedenen Sarkoglykane, die den Dystroglykan-Komplex bilden. Darüber hinaus sind Membran-assoziierte Proteine, Strukturproteine der Myofilamente und Proteine des Golgi-Apparats und der Zellkernmembran betroffen. Manche Gendefekte sind allelisch mit anderen Myopathien. So können z. B. Mutationen im Dysferlin- oder Anoctamin-5-Gen auch zu einer distalen Myopathie führen. Die rezessiven Formen sind deutlich häufiger als die dominanten, wobei die 3 rezessiven Formen 2A, 2I und 2L besonders häufig auftreten und deshalb näher vorgestellt werden.

Trotz ihrer ätiologischen Unterschiede weisen die verschiedenen Formen der LGMDs eine sehr ähnliche klinische Symptomatik auf. Die Charakteristika des Gliedergürtelsyndroms sind bei der Duchenne-Dystrophinopathie ausführlich beschrieben (Kap. 9.4.1.1.1). Eine Mitbeteiligung der Atemmuskeln ist möglich, ebenso bei einigen Formen eine Kardiomyopathie. Manchmal findet man oligosymptomatische Patienten ohne manifeste Paresen, nur mit Myalgien oder einer Erhöhung der Kreatinkinase im Serum. In der Muskelbiopsie sind myopathische bis dystrophische Veränderungen festzustellen. In immunhistochemischen Untersuchungen nachgewiesene Antikörper gegen das jeweils defekte Protein geben Aufschluss über die Form der LGMD. Der Proteindefekt kann aber auch mittels Western Blot analysiert werden. Eine weitere molekulargenetische Diagnosesicherung ist anzustreben [Nigro u. Savarese 2014, Deschauer u. Zierz 2014a].

9.4.1.4.1 LGMD 2A (Calpainopathie)

Die Form 2A entsteht durch Mutationen im Calpain-3-Gen, einer Protease. Das Manifestationsalter liegt meist in der Jugend. Typisch sind ausgeprägte Spitzfüße. Eine Kardiomyopathie kommt nicht vor. Die CK ist typischerweise mehr als 10-fach erhöht. Im Western Blot lässt sich nicht immer eine fehlende oder verminderte Proteinexpression nachweisen. Daher ist eine molekulargenetische Diagnostik erforderlich.

9.4.1.4.2 LGMD 2I (FKR-Proteinopathie)

Die LGMD 2I wird durch Mutationen im *Fukutin-related-Protein* (FKRP) bedingt. FKRP ist im Golgi-Apparat lokalisiert und wichtig für die Glykosilierung von α-Dystroglykan. FKRP-Mutationen können auch zu einer kongenitalen Myopathie führen. Die LGMD 2I zeigt einen sehr variablen Beginn (frühe Kindheit bis Erwachsenenalter). Eine Wadenhypertrophie und eine kardiale Mitbeteiligung, insbesondere eine dilatative Kardiomyopathie, sowie Myalgien sind relativ häufig zu beobachten, eine respiratorische Symptomatik ist nicht ungewöhnlich. Die CK ist meist deutlich erhöht. Muskelbioptisch kann eine Reduktion des α-Dystroglykans beobachtet werden.

9.4.1.4.3 LGMD 2L (Anoctamin-5-Myopathie)

Bei der LGMD 2L liegt der Defekt im Anoctamin-5-Gen, das für einen Chloridionen-Kanal kodiert. Mutationen im Anoctamin-5-Gen können zu einer LGMD 2L und zu einer distalen Myopathie Typ Miyoshi führen. Manifestationsalter eines Anoctamin-5-Defekts ist das Erwachsenenalter. Die Muskelschwäche ist vielfach asymmetrisch, die Beine sind viel stärker betroffen als die Arme. Die CK ist häufig deutlich erhöht. Auf Proteinebene kann die Erkrankung nicht diagnostiziert werden. Der molekulargenetischen Untersuchung kommt daher eine besondere Bedeutung zu.

9.4.1.5 Okulopharyngeale Muskeldystrophie (OPMD)

Diese meist autosomal-dominant vererbte Muskeldystrophie manifestiert sich typischerweise jenseits des 40. Lebensjahrs in Form einer progredienten beidseitigen Ptose und einer Dysphagie. Eine externe Ophthalmoplegie tritt meist nur in fortgeschrittenen Stadien auf. Dann findet sich auch ein Gliedergürtelsyndrom. Die CK ist meist normal oder leicht erhöht. Beim Gendefekt handelt es sich um eine Trinukleotid-

Repeat-Expansion im Poly-A-bindenden Protein nukleär 1 (PABPN 1), die Diagnose wird anhand einer molekulargenetischen Untersuchung gestellt.

9.4.2 Distale Myopathien

Für diese heterogene Gruppe von Erkrankungen ist klinisch der initiale Befall der distalen Extremitätenmuskeln typisch (Tab. 9.2). Erst im Krankheitsverlauf kann eine proximale Muskelschwäche hinzutreten. Die verschiedenen Formen der distalen Myopathien unterscheiden sich hinsichtlich des Vererbungsmodus, des Manifestationsalters, des Verteilungsmusters der initialen Paresen und des myopathologischen Befundes. Histologisch findet man bei manchen Formen eine vakuoläre, bei anderen eine myofibrilläre Myopathie. Die CK ist normal oder nur leicht erhöht. Lediglich für die Miyoshi-Myopathie ist eine ausgeprägte Erhöhung charakteristisch. Das EMG hilft sehr, eine distale Myopathie von einer motorischen Neuropathie zu unterscheiden [Udd 2012].

9.4.3 Axiale Myopathien

Bei manchen Myopathien steht eine Beteiligung der Muskulatur des Stammes im Vordergrund. Auch wenn es sich dabei nicht um eigene Krankheitsentitäten handelt, wird vielfach der Begriff „axiale Myopathie" gebraucht. Die Patienten klagen über Rückenschmerzen, man findet Skoliosen oder Kamptokormien. Sind besonders die Halsmuskeln betroffen, kann ein *Dropped-Head-Syndrom* auftreten, bei dem der Kopf nach vorn fällt. Als *Rigid-Spine-Syndrom* bezeichnet man eine Schwäche der stammnahen Muskulatur, zu der sich später Kontrakturen gesellen. Die Inklination von Hals und Rumpf ist behindert oder sogar unmöglich. Es entwickeln sich Skoliosen, das Myokard ist nicht selten mitbeteiligt.

Bei folgenden genetisch definierten Myopathien findet man relativ häufig eine axiale Myopathie: fazioskapulohumerale Muskeldystrophie, Myopathie mit Mutation im Ryanodin-1-Rezeptor, Myopathie mit Mutation im Fourandahalf-LIM-domain-1-(FHL-1-)Gen. Selten können sich auch ein Late-onset-Morbus-Pompe, eine Dysferlinopathie oder eine Myositis als axiale Myopathie manifestieren.

9.4.4 Myotonien und Ionenkanal-Erkrankungen

Eine verzögerte Muskelrelaxation nach dem Ende einer willkürlichen Muskelanspannung, die elektromyografisch in Form von Serienentladungen in Erscheinung tritt, nennt man Myotonie. Die Muskelkontraktion dauert also länger als die Innervation. Myotone Symptome finden sich bei verschiedenen Krankheitsbildern. Neben den mul-

Tab. 9.2: Klassifikation der distalen Myopathien.

Typ	Erbgang	Gendefekt	initiale Muskelschwäche	Manifestationsalter
Typ Welander	AD	TIA1	Finger- und Handstrecker	spätes Erwachsenenalter
Typ Udd	AD	Titin	Unterschenkel ventral	spätes Erwachsenenalter
Typ Miyoshi	AR	Dysferlin	Unterschenkel dorsal	Erwachsenenalter
Typ Miyoshi	AR	Anoctamin 5	Unterschenkel dorsal	Erwachsenenalter
Typ Nonaka (hereditäre Einschlusskörpermyopathie)	AR	GNE	Unterschenkel ventral	Erwachsenenalter
Typ Laing	AD	Myosin MYH7	Unterschenkel ventral	Kindheit
Typ Marksbery-Griggs	AD	ZASP	Unterschenkel ventral	spätes Erwachsenenalter
distale Desminopathie	AD	Desmin	Unterschenkel ventral	Erwachsenenalter
distale αB-Kristallinopathie	AD	αB-Cristallin	Unterschenkel ventral	spätes Erwachsenenalter
distale Myopathie mit Stimmbandlähmung und pharyngealer Schwäche	AD	Matrin 3	Unterschenkel ventral	spätes Erwachsenenalter
distale Myotilinopathie	AD	Myotilin	Unterschenkel ventral	spätes Erwachsenenalter
distale Myopathie mit VCP-Defekt	AD	VCP	Unterschenkel ventral	spätes Erwachsenenalter
distale Filaminopathie	AD	Filamin C	Unterschenkel dorsal	Erwachsenenalter
distale Myopathie mit KLHL9-Defekt	AD	KLHL9	Unterschenkel ventral	Kindheit
distale Nebulin-Myopathie	AR	Nebulin	Unterschenkel ventral	Kindheit

AD = autosomal-dominant, AR = autosomal-rezessiv.

tisystemischen und progredienten Formen der myotonen Dystrophien Typ 1 und 2 werden die nicht dystrophen und nicht progredienten Formen wie die Myotonia congenita und die Paramyotonia congenita mit den periodischen Lähmungen als muskuläre Ionenkanalerkrankungen zusammengefasst. In dieser Krankheitsgruppe klassifiziert man die verschiedenen Phänotypen entsprechend dem betroffenen Ionenkanal. Allerdings finden sich gerade im EMG myotone Phänomene auch bei anderen Myopathien, die nicht den Myotonien zugeordnet werden.

Von den Patienten wird eine Myotonie häufig als „Steifigkeit" der betroffenen Muskeln beschrieben, die in der Regel schmerzlos ist. Sie tritt bei einer kräftigen Muskelkontraktion vorzugsweise nach Ruhe auf und geht nach weiteren Muskelkontraktionen zurück. So sind besonders die ersten Schritte nach ruhigem Sitzen erschwert, danach ist oft ein normales Gehen möglich, weil die Myotonie nach mehrfacher Muskelkontraktion abnimmt. Dieses Warm-up-Phänomen ist für manche Myotonien charakteristisch. Auch durch Beklopfen eines Muskels (z. B. Thenarmuskulatur) kann eine Myotonie ausgelöst werden (Perkussionsmyotonie). Bei der weiteren diagnostischen Zuordnung der muskulären Ionenkanalerkrankungen ist darauf zu achten, ob die Myotonie durch die Muskeltemperatur oder den Serum-Kaliumspiegel beeinflusst wird. Während Erkrankungen der Chloridkanäle nicht von der Temperatur und nicht vom Kaliumspiegel abhängen, ist dies bei Patienten mit Störungen der Natrium- oder Kaliumkanäle häufig der Fall. Da Temperatur und Kaliumspiegel eine muskuläre Hypertonie oder Paresen bis hin zur Tetraplegie provozieren oder verstärken können, sollten bei Operationen unkontrollierte Hypothermien und Schwankungen des Kaliumspiegels vermieden werden. Die histologischen Befunde einer Muskelbiopsie sind bei den Ionenkanalerkrankungen oft unspezifisch und tragen zur Diagnosefindung wenig bei. Die Diagnose wird durch eine molekulargenetische Untersuchung gestellt.

Bei Operationen müssen unkontrollierte Hypothermien und Schwankungen des Kaliumspiegels vermieden werden.

9.4.4.1 Myotone Dystrophien

Die myotonen Dystrophien sind häufige Erkrankungen mit einer Prävalenz von ca. 10 : 100.000, wobei die beiden Typen 1 und 2 in Deutschland etwa gleich häufig vorkommen [Schoser u. Grimm 2009].

9.4.4.1.1 Myotone Dystrophie Typ 1, myotone Dystrophie Curschmann-Steinert

Die myotone Dystrophie Typ 1 ist durch eine progrediente distal betonte Muskelschwäche und die Beteiligung weiterer Organe gekennzeichnet. Es handelt sich um eine autosomal-dominant vererbte Trinukleotid-Repeat-Erkrankung im nicht kodierenden Bereich des Myotonins. Beginn und Schweregrad der Erkrankung sind dem Ausmaß der Trinukleotidvermehrung proportional. In den meisten Familien steigt die Anzahl der Trinukleotide in der jeweils nachfolgenden Generation, und die Erkrankung beginnt immer früher und ist schwerer ausgeprägt (Antizipation).

Klinisch zeigen die Patienten atrophische distal betonte Paresen, die mehr im Vordergrund stehen als die Myotonie. Auch die Kopfbeuger, die Muskulatur von Hals und Schlund, des Gesichts und die Kaumuskulatur sind betroffen. Hinzu kommen extramuskuläre Symptome: Katarakt, Reizleitungsstörungen am Herzen, kognitive und psychische Störungen, endokrine Erkrankungen wie Diabetes mellitus und Fehlfunktionen der Keimdrüsen (bedingt Stirnglatze). Im Serum sind CK und γ-Glutamyltransferase (γ-GT) oft erhöht.

Die schwerste Erkrankungsform stellt die kongenitale myotone Dystrophie dar, die bei Säuglingen durch muskuläre Hypotonie, eine Facies myopathica, neonatale Atem- und Trinkschwäche sowie verzögerte motorische und geistige Entwicklung gekennzeichnet ist.

9.4.4.1.2 Myotone Dystrophie Typ 2, proximale myotone Myopathie (PROMM)

Die PROMM wird wie die myotone Dystrophie Typ 1 autosomal-dominant vererbt. Es besteht eine Tetranukleotidexpansion im Zinkfinger-Gen 9. Die Erkrankung weist klinisch Ähnlichkeiten mit der myotonen Dystrophie Typ 1 auf. Allerdings ist die Muskelschwäche proximal betont, und Myalgien sind ein häufiges Symptom. Die Myotonie hält sich meistens in Grenzen oder ist nicht nachweisbar, auch im EMG muss man manchmal nach myotonen Entladungen suchen. Die multisystemischen Symptome sind ebenfalls weniger ausgeprägt als bei der myotonen Dystrophie Typ 1.

9.4.4.2 Ionenkanal-Erkrankungen

Als Ionenkanäle bezeichnet man bestimmte Proteine in der Zellmembran. Sie bilden wegen ihrer selektiven Durchlassfähigkeit für bestimmte Ionen – Na^+, K^+, Ca^{2+}, Cl^- – die Voraussetzung für die elektrische Erregbarkeit von Nerven- und Muskelzellen, an der Muskelzelle für die Umsetzung des Aktionspotenzials in eine Kontraktion. Die vorübergehende enzymatische Kompensierung von Störungen ist möglich, beispielsweise gleicht die Na^+/K^+-ATPase einen zu hohen Na·-Einstrom aus, solange das K^+-Angebot (Membrandepolarisation) nicht zu hoch wird, wie beispielsweise nach intensiver muskulärer Betätigung. Die Störung wird dann klinisch manifest.

> Erkrankungen der Ionenkanäle sind gekennzeichnet durch einen zu niedrigen oder zu hohen Durchlass der Kanäle für „ihre spezifischen“ Ionen mit der Folge, dass sich die elektrische Erregbarkeit ändert.

9.4.4.2.1 Erkrankungen der Chloridionen-Kanäle

9.4.4.2.1.1 Myotonia congenita Typ Thomsen

Die autosomal-dominant vererbte Erkrankung wird oft bereits im Kleinkindalter entdeckt. Infolge der Myotonie stürzen die Kinder häufiger und sind beim Greifen ungeschickt. Bereits in diesem Alter kann eine (Pseudo-)Muskelhypertrophie sichtbar werden, die den Patienten ein athletisches Aussehen verleiht. Typisch ist ein deutliches Warm-up-Phänomen (Verbesserung der Beweglichkeit nach mehrmaligem Hin- und Herbewegen).

9.4.4.2.1.2 Myotonia congenita Typ Becker

Diese Krankheit unterscheidet sich von der Thomsen-Myotonie durch den autosomal-rezessiven Erbgang. Der Beginn der meist erheblichen Beschwerden liegt im 2. Lebensjahrzehnt. An den sehr muskulösen Beinen dominiert die myotone Steife, an den vergleichsweise schmächtigen Armen herrscht eine transitorische Schwäche vor.

9.4.4.2.2 Erkrankungen der Natriumionen-Kanäle

9.4.4.2.2.1 Paramyotonia congenita

Die Krankheit wird oft schon beim Säugling sichtbar, z. B. wenn mit einem kühlen Waschlappen über sein Gesicht gewischt wird. Bei Zimmertemperatur zeigen die Patienten in der Regel keine Symptome, sie treten vielmehr bei Abkühlung auf, zunächst eine myotone Steife, die rasch in eine Schwäche übergeht.

9.4.4.2.3 Erkrankung der Kaliumionen-Kanäle

9.4.4.2.3.1 Hyperkaliämische episodische Paralyse

Die Lähmungsattacken treten vorzugsweise in Ruhe nach körperlicher Anstrengung auf. Andere Auslöser sind Hunger, Stress, Kälte und die Einnahme von Kalium. Die ersten Attacken fallen im Kleinkindalter auf. Sie können leicht sein und innerhalb von wenigen Minuten vorübergehen. Es gibt aber auch schwere generalisierte Attacken, besonders morgens vor dem Aufstehen. Die Patienten liegen einige Stunden wie paralysiert im Bett. Diagnostisch ist die Kaliummessung in der Attacke wichtig.

Spezielle Therapie: Patienten mit hyperkaliämischer episodischer Paralyse ist die häufige Einnahme kleinerer kohlenhydratreicher Mahlzeiten zur Vorbeugung von Attacken anzuraten. Beginnende Attacken können durch Muskelarbeit gemildert werden. Medikamentös sind kaliumsenkende Diuretika (z. B. Hydrochlorothiazid oder Azetazolamid) meist gut wirksam.

9.4.4.2.3.2 Hypokaliämische episodische Paralyse

Die ersten Symptome treten meist im Schulalter auf. Weniger ausgeprägte Attacken machen sich als eine leichte Schwäche einzelner Muskelgruppen bemerkbar, starke als Tetraplegie. Die Atmung ist in mitunter lebensbedrohlichem Ausmaß mitbetroffen. Vorangehen kann eine starke körperliche Anstrengung oder eine kohlenhydratreiche Mahlzeit am Vorabend. Die Dauer liegt zwischen wenigen Stunden und einigen Tagen. Eine Kaliumerniedrigung während der Attacke ist diagnostisch wegweisend.

Spezielle Therapie: Eine Lähmungsattacke wird so früh wie möglich oral mit Kalium behandelt. Zur vorbeugenden Behandlung kann es genügen, kohlenhydratreiche Mahlzeiten und körperliche Anstrengungen zu meiden. Reichen diese Maßnahmen nicht aus, ist Azetazolamid das Mittel der Wahl [Lehmann-Horn et al. 2008].

9.4.4.3 Differenzialdiagnosen der Myotonien

Das Stiff-Person-Syndrom (früher Stiff-Man-Syndrom) und die Neuromyotonie stellen wichtige Differenzialdiagnosen einer Myotonie dar. Als Stiff-Person-Syndrom bezeichnet man eine immunologisch bedingte ZNS-Erkrankung mit erhöhtem Muskeltonus und Spastizität an Hals, Rumpf und proximalen Extremitätenabschnitten, die charakteristischerweise durch äußere Reize, Erschrecken und passive Bewegungen provoziert werden und einem Tetanus ähneln kann. Einem mehrmonatigen oder mehrjährigen Verlauf folgt eine Konsolidierung. Häufig finden sich Antikörper gegen die Glutamatdecarboxylase (GAD) und bei paraneoplastischen Fällen gegen Amphiphysin. Therapeutisch kommen Benzodiazepine und eine Immunsuppression zum Einsatz.

Auch die Neuromyotonie (Isaacs) ist eine meist immunologisch bedingte Erkrankung, die paraneoplastisch auftreten kann (Thymom). Häufig lassen sich Antikörper gegen spannungsabhängige Kalium-Kanäle nachweisen, die an der neuromuskulären Endplatte zu einer Übererregbarkeit führen. Klinisch sind Myokymien (*kyma* grch. Welle, also Muskelwogen) charakteristisch. Die Erkrankung beginnt in den peripheren Abschnitten der Extremitäten und schreitet in Schüben bis zur Generalisierung fort. Der Muskeltonus ist gesteigert, die Feinmotorik beeinträchtigt. Die Härte der Muskulatur erzeugt ein Spannungsgefühl, die Muskulatur neigt zu Kontrakturen. Im EMG lassen sich Spontanentladungen von motorischen Einheiten ableiten. Die Therapie erfolgt mit Antiepileptika (z. B. Carbamazepin) und mit Immunsuppressiva.

9.4.5 Kongenitale Myopathien und kongenitale Muskeldystrophien

Kongenitale Myopathien nennt man eine Gruppe von Erkrankungen, die typischerweise bereits bei Geburt manifest sind, jedoch im Unterschied zu den kongenitalen Muskeldystrophien keine oder nur eine geringe Progredienz aufweisen. Die Kinder präsentieren sich als *floppy infant* mit typischer Froschstellung, manchmal auch Ptosis und Atemmuskelschwäche. Histopathologisch sind zu beobachten: so genannte Cores (Aufhellungen), Rods (Stäbchen), zentrale Zellkerne oder eine Hypotrophie der Typ-1-Fasern. Eine ganze Reihe von Gendefekten wurde identifiziert, die für diese Myopathien verantwortlich sind. Am häufigsten finden sich Mutationen im Ryanodin-Rezeptor-1-Gen. Dann besteht auch das Risiko einer erhöhten Suszeptibilität für eine maligne Hyperthermie.

Die kongenitalen Muskeldystrophien bilden eine Gruppe heterogener meist autosomal-dominant oder X-chromosomal-rezessiv vererbter Erkrankungen mit dystrophischen Veränderungen in der Muskelbiopsie. Die Unterteilung erfolgt nach den genetischen Defekten. Diese liegen häufig in den Untereinheiten der Kollagen-6-Gene, im Lamin-α2-Gen oder in Genen, die zu einem defekten α-Dystroglykan führen. Klinisch gemeinsam ist allen eine meist bei Geburt bestehende generalisierte muskuläre Hypotonie und Schwäche. Die Kinder heben verspätet den Kopf, beginnen später als normal, sich umzudrehen, zu greifen, zu sitzen, zu stehen und zu laufen. Bald zeigt sich eine proximal betonte Schwäche der Beine (Gowers-Zeichen, Abb. 9.1b). Als typisch gelten Skelettanomalien: Skoliose, Trichterbrust, schmaler Schädel, hoher Gaumen, Fußdeformitäten, Luxationen der Hüftgelenke, deren Behandlung sich wegen der Grundkrankheit als sehr problematisch erweisen kann. Zusätzliche Symptome wie geistige Retardierung, kernspintomografisch nachweisbare Gehirnveränderungen und Veränderungen an den Augen kommen insbesondere bei α-Dystroglykan-Defekten vor (*muscle-eye-brain-disease*). Auch bei Kollagen-6-Defekten finden sich typischerweise überstreckbare Gelenke und Hüftgelenksluxationen.

9.4.5.1 Arthrogryposis multiplex congenita (Arthrogryposis-multiplex-congenita-Syndrome)

Die Unterteilung der Arthrogrypose (*gryposis* grch. Krümmung) erfolgt in 3 Formen: Arthrogryposis bei Amyoplasie, Arthrogryposis bei ZNS-Erkrankungen und distale Arthrogryposis. Bei der Amyoplasie besteht ein Mangel an Muskelmasse unbekannter Genese. Muskelgewebe ist zu Binde- und Fettgewebe umgebaut. Die Arthrogryposis bei ZNS-Erkrankung kann Symptom zerebraler genetisch bedingter Erkrankungen oder intrauteriner (Virus-)Infektionen sein, aber auch im Rahmen einer spinalen Muskelatrophie auftreten. Die distale Arthrogrypose (DA) ist durch Mutationen in den Sarkomer-Proteinen bedingt, den kontraktionsfähigen Anteilen der Myofibrillen. Mutationen wurden bisher im Myosin, Troponin und Tropomyosin gefunden. Man unterteilt klinisch in 10 Unterformen (DA 1 bis DA 10). DA 1 weist keine weiteren Symptome auf, während die anderen Formen durch Dysmorphiezeichen und andere zusätzliche Symptome charakterisiert sind, sodass die Arthrogrypose zu einem komplexen Syndrom gehört. Eine der häufigsten Formen ist DA 2 mit einem typischen kleinen Mund und schräg nach unten verlaufenden Lidspalten, auch Sheldon-Hall-Syndrom genannt. Schließlich vermutet man noch eine primäre Erkrankung des Bindegewebes in den Gelenkkapseln und den Einfluss eines Mangels an Amnionflüssigkeit. Die klinischen Bilder sind identisch.

Das puppenähnliche Aussehen der Kinder lässt schon unmittelbar nach der Geburt eine Blickdiagnose stellen (Abb. 9.2), der klinische Zustand ist bereits völlig ausgebildet, eine Verschlimmerung nicht zu erwarten. Oft sind alle Extremitäten betroffen, manchmal nur die oberen oder die unteren, gewöhnlich symmetrisch. Der Befall nur einer Gliedmaße ist selten. Schulter- und Hüftgelenke erkranken meist weniger schwer als die distalen Gelenke. Finger- und Zehengelenke sind selten völlig unbeweglich, oft aber der Daumen, der entweder in die Hand eingeschlagen ist oder gestreckt in mittlerer Opposition steht. Die großen Gelenke sind manchmal nur gering in ihrer Beweglichkeit eingeschränkt, bei anderen Patienten fast völlig starr. Die Fältelung fehlt. Schwerere Erkrankungen werden regelmäßig von Subluxationen und Luxationen vor allem der Hüftgelenke, von Klump- oder Wiegenfüßen und von Hyper-

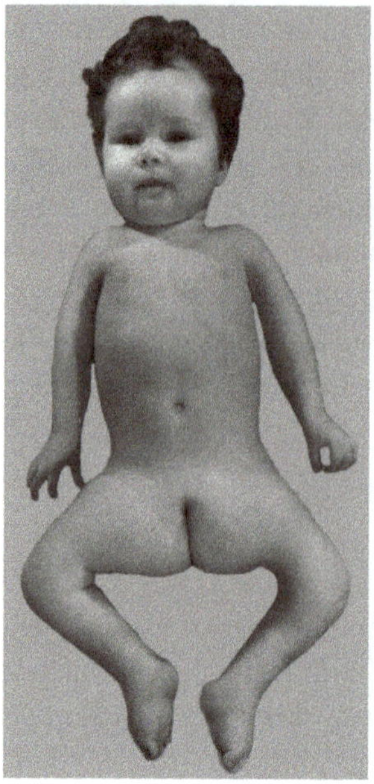

Abb. 9.2: 2 Jahre, weiblich. Arthrogryposis multiplex congenita. Befall aller vier Extremitäten.

extensionen der Kniegelenke begleitet, manchmal auch von Pterygien, besonders an den Schultern und Ellenbogen, von Gaumenspalten und anderen Anomalien. Für die Krankheit typische Röntgenmerkmale existieren nicht.

Therapie: Krankengymnastische Maßnahmen verfolgen das Ziel, Restfunktionen auszubauen, bei Bedarf unterstützt von Redressionen und operativen Eingriffen.

Der Behandlungserfolg hängt von der Ausprägung der muskulären Grundkrankheit ab. So leisten der arthrogrypotische Klump- und der Wiegenfuß redressierenden Maßnahmen und operativen Eingriffen besonders hartnäckigen Widerstand. Im Allgemeinen ist aber wenigstens der Auftritt mit ganzer Sohle erreichbar. Subluxationen und Luxationen der Hüftgelenke lassen sich in der Regel nur mit operativen Mitteln behandeln. Auch in diesen Fällen hängt die Funktion von der Schwere der Arthrogrypose ab [Matzen 2002].

9.4.6 Maligne Hyperthermie

Die maligne Hyperthermie (MH), eine gefürchtete Narkosekomplikation, wird durch Inhalationsanästhetika oder depolarisierende Relaxanzien ausgelöst. Pathogenetisch liegt der Erkrankung eine vermehrte Ausschüttung von Kalzium aus dem sarkoplasmatischen Retikulum durch Triggersubstanzen zugrunde. In der Folge steigt das intrazelluläre Kalzium an und löst eine Kontraktion aus. Der dabei auftretende Hypermetabolimus der Muskulatur führt zur verstärkten Wärmeproduktion. Die Veranlagung zur MH folgt einem autosomal-dominanten Erbgang. Bei Familien mit MH-Anlage wurden Mutationen im Gen des muskulären Ryanodin-Rezeptors, einem Kalziumkanal des sarkoplasmatischen Retikulums, identifiziert. Selten findet sich ein Defekt im Dihydropyridin-Rezeptor-Gen. Allerdings zeigt nur gut die Hälfte der Patienten mit MH Mutationen in diesen beiden Genen, sodass noch unbekannte Gendefekte existieren müssen. Eine MH ist charakterisiert durch Tachypnoe, Tachykardie, Dysrhythmie, raschen Anstieg der Körpertemperatur, Hyperhidrose und Muskelsteifigkeit. Die Auswirkungen auf den Organismus sind Azidose, Hypoxie, Hyperkaliämie, CK-Erhöhung und Myoglobinurie.

Die Diagnose der MH-Disposition wird mithilfe des Halothan-Koffein-Kontraktions-Tests gestellt, der an frischem Muskelgewebe durchgeführt werden muss. Der Muskel von Anlageträgern reagiert bereits bei niedrigen Konzentrationen von Halothan und Koffein mit einer Kontraktion.

Bei verschiedenen anderen Muskelerkrankungen können Narkosekomplikationen auftreten, die als MH-ähnlich bezeichnet werden. Dazu gehören unter anderem die myotonen Dystrophien, Ionenkanalerkrankungen, Dystrophinopathien sowie einige metabolische Myopathien. Diesen MH-ähnlichen Attacken liegt auch eine Kalziumdysregulation zugrunde, die sich pathogenetisch jedoch von der bei MH unterscheidet.

Spezielle Therapie: Wenn Zeichen einer MH einsetzen, muss die Zufuhr von Triggersubstanzen sofort beendet werden. Hyperventilation mit 100 % Sauerstoff und die Gabe von Dantrolen sind die entscheidenden Sofortmaßnahmen.

Sofortmaßnahmen bei MH: Hyperventilation, Dantrolen, $NaHCO_3$, Kühlen.

Die Azidose wird mit Natriumbikarbonat ausgeglichen. Die Kühlung der Körperoberfläche muss schnell eingeleitet werden; bei Risikopatienten empfiehlt sich daher bereits präoperativ die Lagerung auf einer zunächst nicht eingeschalteten Kühlmatte.

9.4.7 Metabolische Myopathien

Metabolische Myopathien resultieren aus unterschiedlichen Störungen der Stoffwechselwege. Zu Beginn von Muskelarbeit wird Glukose bzw. Glykogen verbraucht, bei längerer Belastung die Fette. Daher tritt die Symptomatik von Glykogenosen nach kurzer Belastung und von Störungen der Fettsäureoxidation nach längerer Belastung auf. Ihr Spektrum reicht von einer transienten Belastungsintoleranz über Rhabdomyolyse-Attacken bis zu permanenten oder progredienten Paresen. Metabolische Myopathien mit Belastungsintoleranz stellen eine wichtige Differenzialdiagnose zum *Chronic-fatigue*-Syndrom dar. Die Sicherung der Diagnose einer metabolischen Myopathie erfordert neben der histologischen Untersuchung den biochemischen Nachweis des Enzymdefekts. In vielen Fällen gelingt es auch, den zugrunde liegenden Gendefekt nachzuweisen [Deschauer u. Zierz 2014b].

9.4.7.1 Glykogenosen

Die Glykogenspeicherkrankheiten bilden eine Gruppe überwiegend autosomal-rezessiv vererbter Erkrankungen, die auf einer Störung des Glykogen- oder Glukosemetabolismus beruhen. Je nach zugrunde liegendem Enzymdefekt lassen sich verschiedene Typen unterscheiden. Bei den meisten Formen ist die Skelettmuskulatur betroffen, nur bei den Typen I und VI ist dies nicht der Fall (Leber-Formen). Die beiden häufigsten den Muskel betreffenden Typen II und V werden näher beschrieben.

9.4.7.1.1 Glykogenose Typ II (α-Glukosidase-Mangel, Mb. Pompe)

Die Glykogenose Typ II führt aufgrund des Fehlens der in den Lysosomen lokalisierten α-Glukosidase zu einer intralysosomalen Glykogenspeicherung. Bei fehlender Enzymaktivität kommt es zum infantilen Mb. Pompe. Die Säuglinge zeigen eine rasch progrediente Muskelschwäche und Hypotonie (*floppy infant*) sowie eine Vergrößerung von Herz, Leber und Zunge. Ohne Behandlung sterben sie im ersten Lebensjahr aufgrund kardialer oder respiratorischer Insuffizienz.

Der sich nicht neonatal manifestierende α-Glukosidase-Mangel (Late-onset-Morbus-Pompe) weist eine Enzymrestaktivität auf. Er kann sich sowohl im Kindesalter als auch im Erwachsenenalter manifestieren. Klinisch besteht ein Gliedergürtelsyndrom. Eine Beteiligung der Atemmuskulatur kommt vor, die besonders das Zwerchfell betrifft. Auch die Rückenmuskulatur kann geschwächt sein.

Myohistologisch finden sich häufig Fasern mit Vakuolen, die eine vermehrte Glykogenspeicherung aufweisen. Die Diagnose wird durch biochemische Bestimmung der Enzymaktivität bzw. durch molekulargenetische Testung gesichert. Der Enzymdefekt kann nicht nur im Muskelgewebe, sondern auch im Blut, besonders einfach im Trockenblut nachgewiesen werden. Das EMG zeigt typischerweise Spontanaktivität und myotone Serien.

Spezielle Therapie: Zur Verfügung steht eine intravenöse Enzymersatztherapie mit rekombinant hergestelltem Enzym, das alle 2 Wochen infundiert wird. Sie beruht darauf, dass das Enzym mithilfe des physiologischen Mechanismus eines Mannose-6-Phosphat-Rezeptors über Endozytose in die Zelle aufgenommen und in die Lysosomen transportiert wird, und erwies sich bei der neonatalen Form als hochwirksam. Die Letalität konnte deutlich gesenkt werden, jedoch erfahren nicht alle Kinder eine gute motorische Entwicklung. Bei der späten Form der Pompe-Erkrankung kann aber wenigstens eine geringe Zunahme der Gehstrecke und eine Stabilisierung der Lungenfunktion erreicht werden [Schüller et al. 2013].

9.4.7.1.2 Glykogenose Typ V (Muskelphosphorylase-Mangel, McArdle-Erkrankung)

Die Erkrankung beruht auf einem Mangel an muskelspezifischer Phosphorylase, die von den Außenketten des Glykogens Glukosemoleküle abspaltet. Charakteristisch sind durch kurzzeitige Belastung induzierte Muskelschmerzen, Krampi und eine Schwäche, die sich meist während der Kindheit oder Adoleszenz erstmals manifestieren. In der Hälfte der Fälle treten Myoglobinurien sowie ein „Second-wind-Phänomen" auf. Die Betroffenen erfahren eine Linderung ihrer Beschwerden, wenn sie die initiale Belastung, die zum Auftreten der Symptome geführt hat, auf einem geringeren Niveau fortsetzen: Dieses Phänomen beruht auf der Mobilisierung von Fettsäuren, die im Muskel zur weiteren Energiegewinnung uneingeschränkt genutzt werden können. Im Ischämietest zeigt sich ein fehlender Laktatanstieg. Myohistologisch sind eine subsarkolemmale Glykogenspeicherung und eine verminderte Phosphorylase-Reaktion zu erkennen. Die Diagnose wird durch die Bestimmung der Enzymaktivität im Muskel (Muskel-spezifisches Enzym) oder durch eine molekulargenetische Untersuchung gesichert [Vorgerd u. Deschauer 2013].

Spezielle Therapie: Hinsichtlich der Ernährung scheint eine kohlenhydratreiche Kost am günstigsten zu sein, weil sie die maximale Leistung verbessern kann. Die Zufuhr von Rohrzucker 5 Minuten vor einer erwarteten Belastung kann die Belastbarkeit verbessern, birgt aber das Risiko einer Gewichtszunahme, wenn doch keine ausreichende Belastung erfolgt.

9.4.7.2 Defekte des Fettstoffwechsels

Störungen im Fettstoffwechsel können im Transportsystem der langkettigen Fettsäuren (Carnitin-Shuttle), in der β-Oxidation (Acyl-CoA-Dehydrogenase-Defekte) oder im Neutralfett-Metabolismus liegen. Der Erbgang ist autosomal-rezessiv. Nicht bei allen Erkrankungen findet sich histologisch eine Lipidspeicherung. Indirekte Hinweise auf den Enzymdefekt gibt die Bestimmung des Acyl-Carnitin-Spektrums im Blut. Zur Diagnosesicherung sind eine biochemische Messung des Enzyms oder molekulargenetische Untersuchungen notwendig [Vorgerd u. Deschauer 2013]. Einzelne Defekte werden nachfolgend beschrieben (Tab. 9.2).

9.4.7.2.1 Carnitin-Mangel-Myopathie

Man unterscheidet einen rein muskulären Carnitin-Mangel, der mit normalen Serum-Carnitin-Werten einhergeht, von einem systemischen Carnitin-Mangel (Mutationen im Carnitin-Transporter OCTN 2 = organischer Kationen-Transporter). Der muskuläre Carnitin-Mangel kann die Folge eines anderen Stoffwechseldefekts sein. Sowohl beim systemischen als auch beim muskulären Carnitin-Mangel äußert sich die klinische Symptomatik in Form eines Gliedergürtelsyndroms. Beim systemischen Carnitin-Mangel gehen die Symptome der Myopathie gelegentlich denen einer Enzephalopathie voraus.

Spezielle Therapie: Eine kohlenhydratreiche, fettarme Diät sowie die Substitution von Carnitin sind zu empfehlen.

9.4.7.2.2 CoA-Dehydrogenase-Mangel

Die Symptomatik dieser Myopathie äußert sich durch rezidivierende Attacken mit Muskelschmerzen, Schwäche und Myoglobinurie, die in schweren Fällen zum Nierenversagen führt. Die Episoden werden typischerweise durch lang anhaltende körperliche Belastung, Fasten und Infekte ausgelöst. Zwischen den Attacken, die Stunden bis Tage andauern, sind die Patienten beschwerdefrei.

Spezielle Therapie: Patienten mit belastungsinduzierten Myopathien lernen oft selbst, die beschwerdefrei tolerierten Belastungsgrenzen nicht zu überschreiten. Sie sollten bei längerer Belastung ausreichend Kohlenhydrate zu sich nehmen.

9.4.7.2.3 Multiple-Acyl-CoA-Dehydrogenase-Mangel

Die Betroffenen weisen in der Regel eine permanente Muskelschwäche auf. Mutationen in den beiden Untereinheiten des Elektronen-Transfer-Flavoproteins und der Elektronen-Transfer-Flavoprotein-Dehydrogenase sind die Ursache.

Spezielle Therapie: Therapeutisch ist daher die Gabe von Riboflavin (Vit. B2 als Kofaktor dieser Enzyme) wirksam. Zusätzlich besteht ein Koenzym-Q-Mangel, der ebenfalls substituiert werden sollte.

9.4.7.3 Mitochondriale Myopathien

Mitochondriale Myopathien beruhen auf Störungen in der Atmungskette. Klinisch zeigt sich häufig eine Multisystemerkrankung. Neben der Muskulatur ist besonders das Nervensystem betroffen. Die muskuläre Symptomatik zeigt sich charakteristischerweise an den äußeren Augenmuskeln (externe Ophthalmoplegie), aber auch als Belastungsintoleranz und proximale permanente Muskelschwäche. Der Erkrankungsbeginn liegt meist im Kindes- und im frühen Erwachsenenalter. Histologisch lassen sich abnorme Mitochondrienakkumulationen nachweisen (*Ragged-red*-Fasern), histochemisch ein Enzym-Mangel der Atmungskette, z. B. Komplex IV als COX-negative Fasern. Auch im Muskelhomogenat kann die Aktivität der Atmungskettenkomplexe gemessen werden. Einen wichtigen diagnostischen Marker bildet die Laktat-Bestimmung im Serum, weil bei defekter Atmungskette durch vermehrte anaerobe Glykolyse Laktat gebildet wird. Hilfreich ist nicht nur die Ruhelaktatmessung, sondern auch eine Messung unter Ergometerbelastung (Fahrradbelastungstest).

Die häufigste mitochondriale Myopathie ist die chronisch progressive externe Ophthalmoplegie (CPEO), charakterisiert durch Ptosis und Einschränkung der Augenbeweglichkeit in alle Richtungen. Meist bieten die Patienten akzessorische Symptome: retinale Degeneration, Optikusatrophie, Reizleitungsstörungen des Herzens, Störungen des zentralen oder des peripheren Nervensystems, endokrine Störungen sowie Belastungs-induzierte oder permanente Schwäche der Skelettmuskulatur.

Molekulargenetisch lassen sich bei der Mehrzahl der CPEO-Patienten aus Muskel-DNA Deletionen der mitochondrialen DNA nachweisen. Man unterscheidet zwischen singulären Deletionen, die fast immer sporadisch auftreten, und multiplen

Deletionen, die man bei Patienten mit autosomal-dominantem und autosomal-rezessivem Erbgang findet, am häufigsten nukleäre Mutationen im Polymerase-Gamma-(POLG-)Gen. Seltener werden maternal vererbte Punktmutationen der mtDNA nachgewiesen. Bei anderen mitochondrialen Syndromen wie z. B. dem MELAS-Syndrom (mitochondriale Enzephalomyopathie mit Laktatazidose und Schlaganfall-ähnlichen Episoden) findet sich zwar häufig eine Myopathie, die zerebrale Symptomatik steht jedoch im Vordergrund. Selten sind mitochondriale Myopathien durch Gendefekte im Koenzym-Q-Stoffwechsel bedingt, die autosomal-rezessiv vererbt werden. Sie sprechen therapeutisch auf eine Koenzym-Q-Gabe vielfach gut an.

Kinder mit Mitochondriopathien weisen häufig ein Leigh-Syndrom auf, das durch charakteristische pathologische Veränderungen mit zystischen Kavitationen und spongiösen Entmarkungen in Mittelhirn, Basalganglien und Kleinhirn gekennzeichnet ist. Klinisch zeigt sich ein Komplex unterschiedlich stark ausgeprägter Symptome bestehend aus Muskelhypotonie, psychomotorischer Retardierung, Ophthalmoplegie, Ptosis, Nystagmus, Dystonie, Trinkschwierigkeiten, epileptischen Anfällen, pyramidalen und extrapyramidalen sowie zerebellären Störungen. Verschiedene meist autosomal-rezessiv vererbte Gendefekte in mitochondrialen Proteinen wurden beschrieben.

Spezielle Therapie: Es wurde versucht, mitochondriale Erkrankungen durch die Gabe von Vitaminen und Kofaktoren der Atmungskette positiv zu beeinflussen. Bei den meisten Erkrankungen konnte allerdings keine klare Wirksamkeit festgestellt werden, bei einigen besteht jedoch ein Effekt, so z. B. beim seltenen hereditären Koenzym-Q-Mangel. Wichtig ist die symptomatische Therapie der multisystemischen Symptome. Eine Ptosis ist operativ behandelbar. Bei der antiepileptischen Therapie sollte auf Valproat und Barbiturate verzichtet werden. Körperliches Ausdauertraining kann die Belastungsintoleranz vermindern [Deschauer 2012, Deschauer u. Zierz 2014c].

9.4.7.4 Myoadenylatdesaminase-Mangel

Die Myoadenylatdesaminase (MAD) katalysiert den Abbau von Adenosinmonophosphat zu Inosinmonophosphat und Ammoniak. Bei einem autosomal-rezessiv vererbten Enzymmangel fehlt im Ischämietest der Ammoniak-Anstieg. 2 bis 3 % der Bevölkerung weisen einen MAD-Mangel auf. Phänotypisch wurden dem MAD-Mangel Belastungs-induzierte Myalgien, Krampi und Muskelschwäche zugeschrieben. Andererseits sind viele Personen mit nachgewiesenem MAD-Mangel asymptomatisch, sodass seine klinische Relevanz umstritten ist. In der Muskelbiopsie kann er histochemisch oder biochemisch festgestellt und molekulargenetisch bestätigt werden.

9.4.8 Myositiden – entzündliche Syndrome der Muskulatur

Man unterscheidet die viel häufigeren erregerbedingten Erkrankungen von den immunvermittelten wie Dermatomyositis, Polymyositis, Einschlusskörpermyositis sowie Myositis bei Overlap-Syndrom und immunvermittelte nekrotisierende Myopathie.

9.4.8.1 Erregerbedingte Myositiden

Als Ursache von erregerbedingten Myositiden kommen Bakterien, Viren, Pilze und Parasiten infrage. Eitrige (lokalisierte) Entzündungen – Myositis acuta purulenta – verdanken ihre Entstehung besonders häufig Injektionen, außerdem Verletzungen, Punktionen und Operationen, oder es handelt sich um septische Metastasen einer Allgemeininfektion. Als Erreger sind hauptsächlich Staphylokokken, Streptokokken, Tuberkelbakterien und manchmal Anaerobier (Clostridien) nachweisbar. Bei periprothetischen Infektionen werden nach paralleler aerober und anaerober Bebrütung am häufigsten koagulasenegative Staphylkkoken, Staphylococcus aureus, seltener Streptokokken, Enterokokken, gramnegative Stäbchen oder Anaerobier nachgewiesen [Zimmerli et al. 2004, Zimmerli u. Sendi 2005, Schäfer et al. 2008, Roch 2010]. Nicht selten finden sich mehrere Keime oder „Problemkeime“ wie MRSA und MRSE. Die Verimpfung von Punktat in Blutkulturflaschen zusätzlich zu einem Abstrich kann sinnvoll sein und die diagnostische Ausbeute erhöhen [von Essen u. Holta 1986].

Akute bakteriell induzierte Verläufe sind lokal gekennzeichnet durch Rötung, Schwellung, Schmerzen und Hyperthermie sowie durch Funktionsstörungen der benachbarten Gelenke (*rubor, tumor, dolor, calor* – nach Celsus, dazu *Functio laesa*), durch ein oft schweres Krankheitsgefühl, einen Anstieg der Körpertemperatur, eine mehr oder weniger ausgeprägte Linksverschiebung des weißen Blutbildes und einen CRP-Anstieg auf manchmal beeindruckende Höhen. Subakute und chronische Verläufe erscheinen weniger dramatisch, sind aber nicht weniger gefährlich. Morphologischen Besonderheiten entsprechend unterscheidet man zwischen Abszess, Empyem und Phlegmone. Abszesse entstehen häufig nach Infektionen mit Staphylokokken, aber auch mit anderen Keimen. Die eitrig einschmelzende Entzündungsreaktion wird durch einen Wall aus Granulationsgewebe von der Umgebung abgegrenzt. Als Empyem bezeichnet man die Eiteransammlung in präformierten Hohlräumen, beispielsweise im Kniegelenk, und als Phlegmone die Ausbreitung von Eiter in lockeren Gewebszwischenräumen. In Phlegmonen lassen sich häufig, keineswegs immer, Streptokokken nachweisen. Aus einer lokalen (Wund-)Infektion kann vor allem bei abwehrgeschwächten Patienten eine lebensgefährliche Bakteriämie mit septischen Metastasen hervorgehen.

Nach dem Eindringen der Erreger entsteht aus dem anfangs serösen Exsudat am zweiten Tag der Eiter, der sich aus neutrophilen polymorphkernigen Granulozyten und Gewebstrümmern zusammensetzt, als Resultat der Auseinandersetzung von Leukozyten mittels proteolytischer Enzyme mit den Bakterien. Farbe und Geruch des

Eiters lassen häufig Rückschlüsse auf die verursachenden Erreger zu. Die manchmal zu beobachtende Gasbildung (Gasabszess, Gasphlegmone) darf nicht verwechselt werden mit einem Gasödem, einer lebensgefährlichen Infektion mit Clostridium perfringens, einem Anaerobier, der in zerfetztem, schlecht oder gar nicht durchblutetem Muskelgewebe besonders günstige Lebensbedingungen findet („Gasbrand").

Nur nach breiter Eröffnung und Drainage eines Herdes gehen die entzündlichen Allgemeinreaktionen rasch zurück, und das Allgemeinbefinden des Patienten bessert sich zusehends. Vor jeder Antibiotika-Therapie hat die Bestimmung von Erregern und Resistenz zu stehen. Die Indikation richtet sich nach dem Lokalbefund und nach dem Befinden des Erkrankten. Die medikamentöse Therapie erfolgt bis zum Befundein-

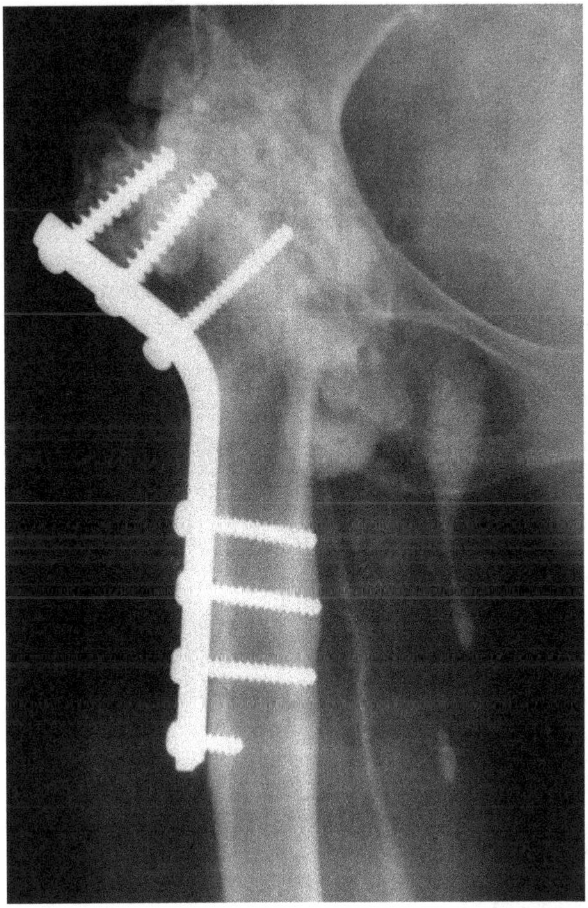

Abb. 9.3: 60 Jahre, weiblich. „Ausgeheilte" Coxitis tuberculosa. Verkalkte tuberkulöse Senkungsabszesse. Eine Beuge-Adduktions-Stellung des Oberschenkels wurde mittels valgisierender und extendierender Osteotomie korrigiert.

gang der Erregerbestimmung ungezielt, „empirisch“, danach entsprechend der Resistenzbestimmung gezielt.

Vor jeder Antibiotika-Therapie muss die Materialentnahme für die Bestimmung von Erregern und Resistenz stehen.

Tuberkulöse Herde finden sich in der Muskulatur sehr selten, bevorzugt bei Jugendlichen und so gut wie immer nach hämatogener Absiedelung, abgesehen vom Einbruch eines tuberkulösen Gelenk- oder Knochenherdes in die Umgebung (Abb. 9.3). Bevorzugt befallen wird die Muskulatur von Oberarm und Oberschenkel sowie der M. sternocleidomastoideus. Eine syphilitische Erkrankung der Muskulatur meist des Unterarms und des Unterschenkels sowie des M. sphincter ani externus tritt gewöhnlich in Form von Gummen, manchmal als diffuse Myositis mit umschriebenen Myalgien, Atrophien und Schwellungen auf [Mortier 1994]. Unklare Muskelbeschwerden müssen auch an einen Befall mit Parasiten denken lassen: Trichinellen, Zystizerken, Protozoen u. a. [Matzen 2002]. Sie lassen sich sonografisch oder auf „weichen“ Röntgenaufnahmen erkennen (Abb. 9.4), verursachen eine Eosinophilie und sind oft serologisch, am besten aber muskelbioptisch nachweisbar. Besondere therapeutische Probleme ergeben sich aus mykotischen Infektionen, vor allem aus der Aktinomykose, seltener aus einer Blastomykose oder einer Streptotrichose. Die Herde entstehen hämatogen oder durch einen Einbruch aus benachbartem Gewebe.

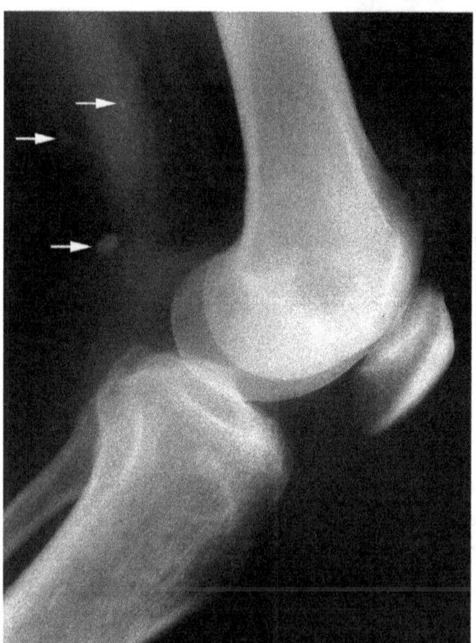

Abb. 9.4: 62 Jahre, männlich. Trichinose. Verkalkte Parasiten in der Beugemuskulatur des Kniegelenks.

Generalisierte bakterielle Myositiden kommen vor allem in tropischen Gebieten vor und beruhen gewöhnlich auf Infektionen mit Staphylokokken, manchmal Streptokokken, Tuberkelbakterien oder Clostridien [Mortier 1994].

Eine Myositis-Sonderform beschrieben Mackay et al. [1999], die bei Kindern ein bis 2 Tage nach dem Abklingen einer Infektion mit Haemophilus influenzae A oder B auftritt und sich vor allem in Form von Wadenschmerzen äußert (*benign acute childhood myositis* – akute kindliche Myositis, s. auch Koliou et al. 2010). Die Beschwerden bessern sich, wenn die Füße plantarflektiert und die Kniegelenke gebeugt werden, und nehmen bei passiver Dorsalflexion zu. Manchmal kommt es zu ausgeprägten Pseudoparalysen, die nach wenigen Tagen wieder verschwinden.

Als virale Myositiden bezeichnet man flüchtige Myalgien als Begleiter von viralen Allgemeininfektionen, die nach Tagen, Wochen oder Monaten in der Regel folgenlos ausheilen. Ein Erregernachweis ist vor allem bei Befall mit Adeno-, Coxsackie-, Echo-, Influenza-, Parainfluenza- oder Herpesviren möglich [Bischoff u. Schönle 1990]. Die Symptomatik beruht wahrscheinlich eher auf der Wirkung Virus-induzierter Zytokine als auf einem Virusbefall der Muskulatur [Miller et al. 2014]. Einbezogen werden entweder die bindegewebigen Strukturen der Muskulatur oder die Muskelfasern oder beide [Müller-Felber 2005]. Bei Befall der Muskelfasern findet man diese im histologischen Bild nekrotisch, umgeben von einem verbreiterten Perimysium sowie von Lymphozyten- und Makrophageninfiltraten [Bischoff u. Schönle 1990]. Bei Befall der kontraktilen Strukturen zeigt sich die Muskelkraft vermindert, eine Rhabdomyolyse ist erkennbar an einer Myoglobinurie und deutlichen Erhöhung des CK-Wertes.

Erwachsene klagen bei Virusinfektionen regelmäßig über tiefe Muskelschmerzen, hauptsächlich im Rücken und in den proximalen Extremitätenabschnitten [Miller 2014]. Nacken- und Wadenschmerzen geben häufig Grippepatienten an. Wadenschmerzen treten auch auf nach anderen Virus-Infektionen des Respirationstrakts und nach Befall durch das Herpes-simplex-Virus, Schmerzen an der unteren Thoraxapertur nach Infektionen mit Coxsackie-B- oder A-Viren (Bornholmer Krankheit) und mit Echo-Viren [Müller-Felber 2005]. Die *Behandlung* der viralen Myositiden erfolgt symptomatisch mit feucht-warmen Umschlägen, Moorpackungen u. ä., bei Bedarf auch medikamentös.

9.4.8.2 Immunvermittelte (nichtinfektiöse) Myositiden

9.4.8.2.1 Dermatomyositis

Als Dermatomyositis bezeichnet man eine Vaskulitis, die sich typischerweise auch mit einem fliederfarbenen Erythem an der Haut des Gesichts und des Dekolletés manifestiert. Hautveränderungen finden sich ebenfalls an den Nagelfalzen und an den Streckseiten der Fingergelenke. Auch Jugendliche können betroffen sein (juvenile Dermatomyositis), dann lassen sich manchmal subkutane Kalzifikationen erkennen. Die muskuläre Symptomatik ist durch relativ akut auftretende proximale Paresen an oberen und unteren Extremitäten charakterisiert, die sich auf die Nackenmuskulatur, die bulbäre Muskulatur und auf distale Muskeln ausbreiten können. Die erkrankte Muskulatur zeigt sich spontan- und druckschmerzhaft.

Da die Dermatomyositis auch als paraneoplastische Erkrankung auftritt, ist bei den Betroffenen eine exakte Tumorsuche notwendig. In der Muskelbiopsie zeigen sich perivaskuläre entzündliche Infiltrate und eine perifaszikuläre Atrophie. Die CK ist meist deutlich erhöht, CRP und BSG nicht immer. Der Nachweis von Mi-2-Antikörpern kann die Diagnose stützen. Zur Therapie dient bei der akut beginnenden Erkrankung Kortison. Zur längerfristigen Kortison-sparenden Therapie werden als Mittel der ersten Wahl Azathioprin oder Methotrexat eingesetzt. Bei unzureichender Wirksamkeit dieses Therapieregimes kommen intravenös verabreichte Immunglobuline in Betracht.

9.4.8.2.2 Polymyositis

Bei der Polymyositis findet sich eine subakute proximale Muskelschwäche ohne weitere Zusatzsymptome. Die Diagnose wird durch den Nachweis entzündlicher lymphozytärer Infiltrate in der Muskelbiopsie gestellt. Da auch bei manchen Muskeldystrophien entzündliche Infiltrate auftreten, ist die Diagnosestellung schwierig, zumal bei der Polymyositis auch kein Antikörper nachweisbar ist. Der CK-Wert ist in der Regel deutlich, CRP und BSG sind nicht immer erhöht.

Malignom-assoziierte Fälle werden selten beobachtet. Die Therapie entspricht der der Dermatomyositis.

9.4.8.2.3 Einschlusskörpermyositis

Diese Myositis ist durch elektronenmikroskopisch nachweisbare charakteristische Einschlüsse im Muskelbioptat gekennzeichnet. Die Muskelschwäche ist langsam progredient und kann auch distale Muskeln betreffen (insbesondere die langen Fingerbeuger). Typischerweise manifestiert sich die Erkrankung im fortgeschrittenen Erwachsenenalter. Die CK ist normal oder nur leicht erhöht, eine immunsuppressive Therapie nicht sicher wirksam.

9.4.8.2.4 Myositis bei Overlap-Syndromen

Bei einigen Kollagenosen kann es zu einer Myositis kommen. Dazu gehören insbesondere der systemische Lupus erythematodes (Doppelstrang-DNS-Antikörper), das Jo-1-Syndrom (Jo-1-Antikörper), die systemische Sklerose (Ku-Antikörper) und das Polymyositis-Sklerodermie-Overlap-Syndrom (PM-Scl-Antikörper).

9.4.8.2.5 Nekrotisierende Myositis (Myopathie)

Unter einer nekrotisierenden Myositis versteht man eine akut bis subakut auftretende Myopathie, die durch Myonekrosen charakterisiert ist. Lymphozytäre Infiltrate zeigen sich dabei kaum. Klinisch findet sich ein Gliedergürtelsyndrom, bei der Hälfte der Patienten zusammen mit Myalgien. Der CK-Wert ist deutlich erhöht. Häufig lassen sich Antikörper gegen Signal-Recognition-Peptide (SRP-Antikörper) nachweisen. In seltenen Fällen entwickelt sich nach Statin-Einnahme eine progrediente autoimmun-vermittelte nekrotisierende Myopathie. Pathogenetisch spielen dabei Antikörper gegen die HMG-CoA-Reduktase eine Rolle. Eine immunsuppressive Therapie (wie bei der Dermatomyositis) ist meist wirksam.

9.4.8.2.6 Myositis ossificans

9.4.8.2.6.1 Myositis ossificans localisata (circumscripta)

Lokale Verkalkungen und Verknöcherungen von Muskelgewebe stellen sich manchmal nach einmaligen stumpfen Verletzungen, nach Dauertraumen oder nach Verletzungen und Anoxien des Zentralnervensystems ein (Abb. 5.6b). Die Ursache dieser Gewebsmetaplasie ist nicht bekannt. Zu nennen ist die Verknöcherung im Abduktorengebiet nach Endoprothetik des Hüftgelenks, in den Adduktoren des Hüftgelenks bei Reitern, der „Reitknochen", und, heute selten, des M. deltoideus nach Exerzierübungen mit dem Gewehr. Oft sehr schwere funktionelle Defizite ergeben sich aus Verknöcherungen im M. brachialis nach Verletzungen des Ellenbogengelenks, wobei passive Bewegungen und Massagen eine verhängnisvolle Rolle spielen, insbesondere nach kindlichen suprakondylären Humerusfrakturen (Abb. 9.5). Verknöcherungen in der Muskulatur finden sich auch bei Querschnittsgelähmten oder nach Vergiftungen mit Leuchtgas. Typisch ist die Lokalisation in der Hüftmuskulatur (s. oben). Schließlich kennt man auch meist traumatische Verknöcherungen von Sehnen (Abb. 9.6).

Differenzialdiagnostisch kommen in Betracht: Kalkeinlagerungen im Rahmen von Tendopathien (Abb. 9.7 und 9.8), verkalkte und verknöcherte Hämatome, die Calcinosis interstitialis, selten Malignome, vor allem parossale Sarkome.

Eine prophylaktische Wirkung schreibt man der Zufuhr von NSAR, insbesondere im Rahmen der Endoprothetik des Hüftgelenks, und Röntgenbestrahlungen zu. Wichtig ist das Vermeiden von anhaltenden Irritationen des Gewebes. Die weitere Entwicklung lässt sich manchmal durch feuchte Wärme und die Gabe von Kortikoiden aufhalten. Wenn es zum Gewebsumbau gekommen ist, die Patienten stärkere Beschwerden angeben und relevante Funktionseinschränkungen bestehen, kommt die Exstirpation des Muskelknochens infrage, vorausgesetzt, dass der Prozess mindestens ein Jahr lang zur Ruhe gekommen ist, erkennbar an der ruhigen, „knöchernen" Strukturzeichnung im Röntgenbild, an einem „stummen" Szintigramm und an einer Normalisierung der alkalischen Phosphatase im Serum. Selbstverständlich muss sich die Nachbehandlung auf vorsichtige aktive und vor allem schmerzfreie Bewegungsübungen beschränken.

9.4.8.2.6.2 Myositis ossificans progressiva (Münchmeyer-Syndrom)

Die Erkrankung ist genetisch bedingt durch autosomal-dominante Mutationen im Activin-Rezeptor-IA-/Activin-Like-Kinase-2-Gen (Münchmeyer-Syndrom, progressive

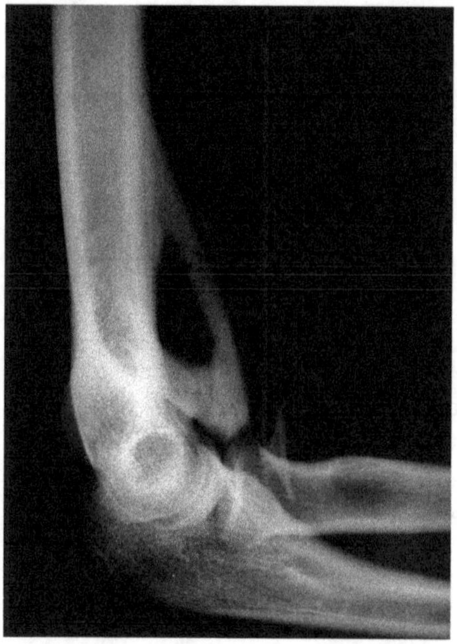

Abb. 9.5: 18 Jahre, weiblich. Myositis ossificans localisata im M. brachialis nach Kontusion des Ellenbogens und Massagebehandlung.

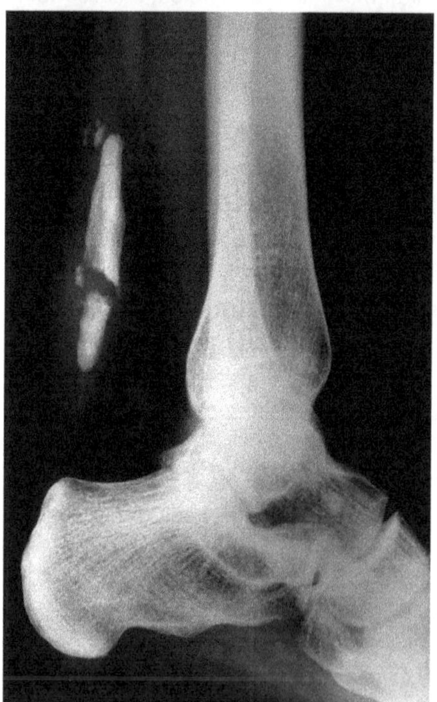

Abb. 9.6: 41 Jahre, männlich. Partielle Verknöcherung der Achillessehne nach stumpfem Trauma.

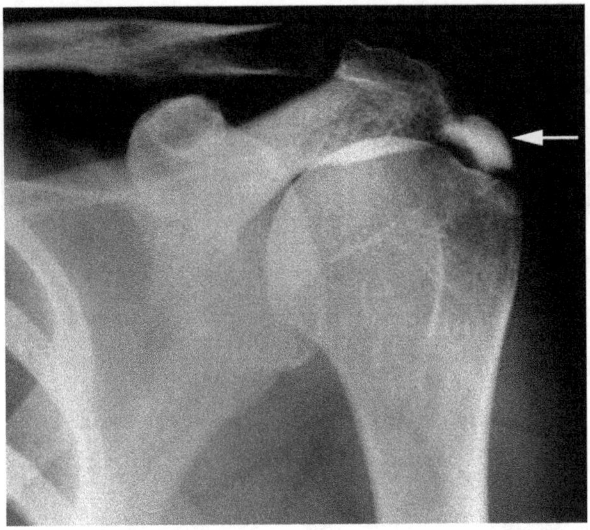

Abb. 9.7: 37 Jahre, weiblich. Impingementsyndrom. Kalkeinlagerung in die Sehne des M. supraspinatus.

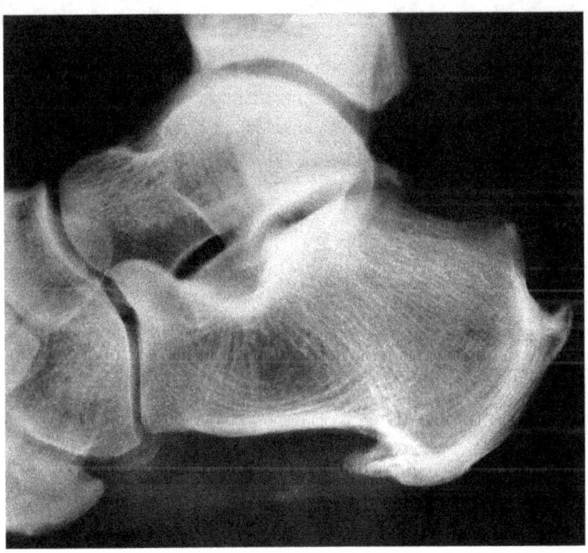

Abb. 9.8: Knocheneinlagerung in den Ursprung des M. quadratus plantae (plantarer Fersensporn). Meist ohne Krankheitswert. Spornartige knöcherne Ausziehung auch am Ansatz der Achillessehne.

Myositis ossificans, Fibrodysplasia ossificans progressiva). Klinisch handelt es sich um eine generalisierte allmählich progrediente Verknöcherung der quergestreiften Muskulatur, die Jungen bevorzugt, in der Kindheit gewöhnlich in der Rückenmuskulatur beginnt und sich über den gesamten Körper ausbreitet (Abb. 9.9). Manchmal

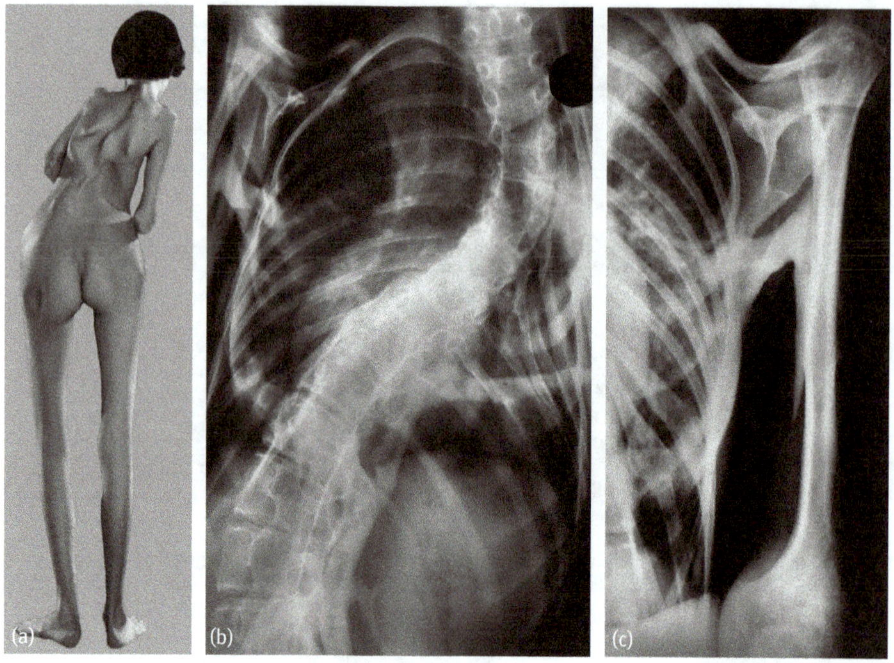

Abb. 9.9: 18 Jahre, weiblich. Myositis ossificans progressiva (Münchmeyer-Syndrom). (a) Klinischer Befund: Rechtsüberhang des Rumpfes, weitgehender Schwund der Weichteile, sichtbare Dornfortsatzreihe, prominente knöcherne Akren. (b) Verknöcherung der paravertebralen Muskulatur und der Muskulatur in der rechten Axilla. (c) Verknöcherung auch der Adduktoren und der Rotatoren des linken Schultergelenks.

sistiert die Erkrankung nach der Pubertät, oft führt sie aber nach dem Befall der Atemmuskulatur frühzeitig zum Tode. Begleitende Fehlbildungen der Daumen und der Großzehen sind häufig. Der Kalziumgehalt des Serums kann erhöht sein, im Übrigen sind die Laborwerte unauffällig. Eine sicher wirksame Therapie steht nicht zur Verfügung, Kortison und Bisphosphonate können versuchsweise eingesetzt werden.

9.4.9 Polymyalgia rheumatica

Eine wichtige Differenzialdiagnose zu den Myositiden stellt die Polymyalgia rheumatica dar. Bei dieser entzündlichen Erkrankung bilden proximale Muskelschmerzen das Leitsymptom. In der Muskelbiopsie finden sich jedoch keine entzündlichen Infiltrate, die Entzündung spielt sich an den Gefäßwänden ab (Vaskulitis). Der CK-Wert ist normal, der CRP-Wert erhöht, Antikörper lassen sich nicht nachweisen. Die Erkrankung beginnt relativ akut, meist im Rentenalter. Die Therapie mit Steroiden führt zu einer schlagartigen Remission.

9.4.10 Toxische und endokrine Myopathien

Lipidsenker können dosisabhängig eine Myopathie herbeiführen, die bis zur Rhabdomyolyse reichen kann. In milden Fällen kommt es nur zu einer asymptomatischen Erhöhung der Kreatinkinase im Serum, oder es treten Myalgien auf. In schweren Fällen kommt es zur Rhabdomyolyse. Auch nach Absetzen eines Statins kann sich eine immunvermittelte nekrotisierende Myopathie mit HMGCoA-Reduktase-Antikörpern entwickeln. Bei Kombination mit anderen Medikamenten steigt das Risiko, insbesondere zusammen mit einem Fibrat ist das einer toxischen Myopathie besonders hoch. Auch weibliches Geschlecht und hohes Alter erhöhen das Risiko. Bei asymptomatischer bis zu 5-facher Erhöhung der Kreatinkinase kann das Statin weitergegeben werden. Anderenfalls ist eine Dosisreduktion, ein Statinwechsel bzw. das Absetzen notwendig.

Die Alkohol-Krankheit bildet eine der häufigsten Ursachen für eine toxische Myopathie. Nach Zufuhr von größeren Mengen Alkohol kann es zu einer nekrotisierenden Myopathie mit deutlichem CK-Anstieg, Muskelschmerzen und Muskelschwellung kommen. Typisch ist eine Hypokaliämie. Diese akute alkoholische Myopathie betrifft ungefähr 1 % der Alkoholkranken. Etwa die Hälfte von ihnen entwickelt eine chronische Myopathie, die durch Myatrophien und eine proximale Muskelschwäche charakterisiert ist. Bei Alkoholkarenz sind die Myopathien reversibel.

Das HIV-Medikament Zidovudin kann besonders in hoher Dosierung zu Myalgien mit CK-Erhöhung führen. Da Zidovudin die mitochondriale DNA-Polymerase hemmt, ist eine mitochondriale Myopathie mit Ragged-red-Fasern, verminderten Atmungskettenkomplexen und Depletion der mitochondrialen DNA die Folge.

Auch die Critical-Illness-Myopathie kann im weitesten Sinne als toxische Myopathie eingestuft werden, da man myotoxische Mechanismen im Rahmen einer Sepsis annimmt. Die Critical-Illness-Myopathie tritt zusammen mit einer Critical-Illness-Polyneuropathie auf (Kap. 8.5.6). Sie führt zu einer Tetraparese und zu Problemen bei der Entwöhnung von einer Beatmung.

Besonders bei höheren Steroiddosen über längere Zeit (mehrere Monate) besteht das Risiko einer Steroidmyopathie (Dosen bis 10 mg/d Prednisolon gelten als unbedenklich). Besonders hoch ist das Risiko bei Dexamethason. Nicht nur iatrogen, sondern auch beim Cushing Syndrom kann eine Steroidmyopathie auftreten. Entwickeln Patienten mit Myositiden unter Steroidbehandlung eine Muskelschwäche, ist es manchmal notwendig, einen Auslassversuch vorzunehmen. Die CK ist bei der Steroidmyopathie in der Regel normal.

Bei der hyperthyreotischen Myopathie finden sich proximale Paresen, teilweise mit Atrophien und Myalgien. Die CK ist meist normal. Episodische Lähmungen, die phänomenologisch denen der hypokaliämischen Lähmungen ähneln, stellen eine weitere Manifestation im Rahmen einer Hyperthyreose dar.

Bei der hypothyreotischen Myopathie finden sich ebenfalls vorwiegend proximale Paresen, vielfach mit Myalgien und Krampi. Die CK ist häufig leicht erhöht. Charakteristische myopathologische Veränderungen zeigen sich bei den endokrinen Myopathien nicht [Eger u. Zierz 2014a, b].

9.4.11 Myasthenie

Bei den Myasthenien+ unterscheidet man zwischen immunologisch vermittelten Erkrankungen (Myasthenia gravis und Lambert-Eaton-Syndrom) und den viel selteneren genetisch bedingten kongenitalen Myasthenien. Durch eine Störung der neuromuskulären Übertragung an der motorischen Endplatte kommt es zur belastungsabhängigen Schwäche der quergestreiften Muskulatur, die häufig die äußeren Augenmuskeln mit Ptosis und Doppelbildern betrifft. Charakteristischerweise nehmen die Beschwerden im Laufe des Tages zu. Aber auch eine Sprechstörung nach längerem Sprechen und eine Schluckstörung nach längerem Kauen sind typisch [Abicht et al. 2011].

9.4.11.1 Myasthenia gravis

Die Myasthenia gravis ist durch eine postsynaptische autoimmune Störung bedingt. Selten tritt sie paraneoplastisch zusammen mit einem Thymom auf.

Die Diagnostik umfasst eine pharmakologische Testung mit Edrophoniumchlorid. Mit diesem intravenös verabreichten sehr kurz wirksamen Cholinesterase-Hemmer prüft man, ob die Muskelschwäche verschwindet. Mit einer repetitiven elektrischen Stimulation kann bei Myasthenie-Patienten häufig ein Dekrement nachgewiesen werden. In der Mehrzahl der Fälle lassen sich Antikörper gegen den postsynaptischen Acetylcholinrezeptor finden. Seltener sind Antikörper gegen den muskulären Tyrosinkinase-Rezeptor (MuSK), gegen das Rezeptor-assoziierte Protein 4 (LRP 4) und gegen Agrin. Zum Nachweis oder Ausschluss eines Thymoms ist eine Schnittbild-gestützte Thorax-Bildgebung erforderlich.

Die medikamentöse *Therapie* der Myasthenia gravis basiert primär auf der Gabe des Cholinesterasehemmers Pyridostigmin, der initialen Gabe von Kortison und einer langfristigen Immunsuppression z. B. mit Azathioprin. Eine weitere Therapiemöglichkeit bildet bei jüngeren Patienten die Thymektomie, die auch endoskopisch erfolgen kann.

Patienten mit Myasthenia gravis können lebensbedrohliche myasthene Krisen erleiden, z. B. wenn die Medikation mit Pyridostigmin unterbrochen wird. Gerade bei operativen Eingriffen, wenn die orale Medikation nicht eingenommen werden kann, ist ein engmaschiges Monitoring wichtig. Ggf. muss Neostigmin oder Prostigmin intravenös verabreicht werden bzw. eine Plasmapherese erfolgen.

> Bei operativen Eingriffen an Patienten mit einer Myasthenie gravis muss ggf. Neostigmin oder Prostigmin intravenös zugeführt werden.

Bei zu hoher Dosis eines Cholinesterasehemmers kann es zu einer sogenannten „cholinergen Krise“ kommen [AWMF-Leitlinie: Myasthenia gravis].

9.4.11.2 Lambert-Eaton-Syndrom

Antikörper gegen präsynaptische spannungsabhängige Kalzium-Kanäle führen zum Lambert-Eaton-Syndrom, das klinisch der Myasthenia gravis ähnelt. Die Erkrankung tritt auch paraneoplastisch auf (insbesondere beim kleinzelligen Bronchialkarzinom). Nach willkürlicher Muskelanspannung ist elektrophysiologisch in der Neurografie eine Zunahme der zuvor kleinen Summenaktionspotenziale messbar (Inkrement). Eine sorgfältige Tumorsuche ist wichtig. Die Muskelschwäche ist durch eine erhöhte Acetylcholinausschüttung mittels 3,4-Diaminopyridin zu vermindern. Eine immunsuppressive Medikation mit Azathioprin kann erfolgen, wenn kein Tumorleiden besteht.

9.4.11.3 Kongenitale myasthene Syndrome

Mutationen in verschiedenen prä- und postsynaptischen Proteinen führen zu einer kongenialen Myasthenie. Derzeit sind 18 Defekte bekannt. Typischerweise fällt die Symptomatik bereits im Säuglingsalter auf, es sind aber auch spätere Erstmanifestationen möglich.

9.4.12 Fibromyalgie-Syndrom (FMS)

Beim Fibromyalgie-Syndrom handelt es sich um ein generalisiertes Schmerzsyndrom, verbunden mit Ein- und Durchschlafstörungen, körperlicher und geistiger Müdigkeit, mangelndem Antrieb und wechselnden depressiven Stimmungslagen. Es tritt vorwiegend bei Frauen im 3. bis 6. Lebensjahrzehnt auf und ist gekennzeichnet durch Insertionstendopathien, Tendopathien und Myopathien, die durch Kälte, körperliche Belastung und Stress verstärkt und durch Wärme, mäßigen Alkoholverzehr und moderate körperliche Belastung gebessert werden. Die Ursache der Erkrankung ist ungeklärt. Galek et al. beispielsweise [2013] fanden bei 2 Dritteln der Betroffenen Symptome von depressiven und Angststörungen und bei etwa der Hälfte Hinweise auf eine posttraumatische Belastungsstörung. Sie fordern daher, alle FMS-Patienten „auf das Vorliegen einer psychischen Störung“ zu untersuchen. Gefunden wurden aber auch Defekte im Neurotransmittersystem des ZNS, z. B. eine Herabsetzung des GABA-Spiegels (GABA = γ-Aminobuttersäure), und genetisch bedingte Einschränkungen der Wahrnehmung und Verarbeitung von Schmerzen [Krasselt u. Baerwald 2013]. Die somatische Diagnose eines Fibromyalgie-Syndroms verlangt durch Druck von höchstens 4 kg/cm^2

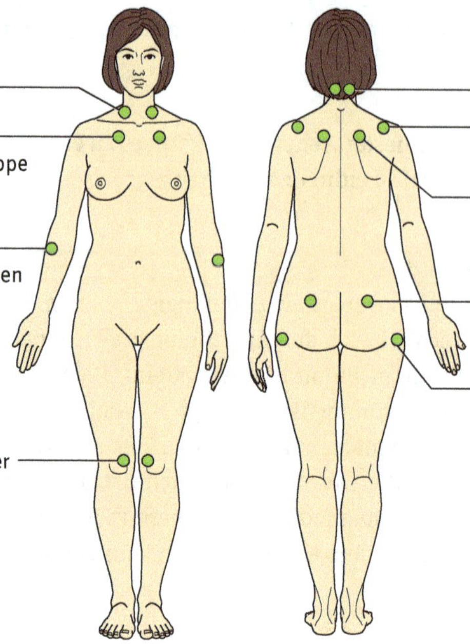

Abb. 9.10: Diagnostik des Fibromyalgie-Syndroms [nach Baerwald 2012].

auf mindestens 11 von 18 definierten Punkten (*Tenderpoints*) auslösbare Schmerzen (Abb. 9.10). Neuere Diagnostikkriterien verzichten auf die Druckmessung an den *Tenderpoints* und fragen entsprechend dem Widespread-Pain-Index nach Schmerzen in 19 Körperregionen, die in mindestens 7 bejaht werden müssen [Wolfe et al. 2010, Arnold et al. 2011]. Außerdem müssen Zusatzsymptome wie z. B. Müdigkeit oder Schlafstörungen vorliegen. Die Diagnose darf nur gestellt werden, wenn andere Erkrankungen ausgeschlossen worden sind, die das typische Symptommuster ausreichend erklären.

Im Vordergrund der *Therapie* insbesondere weniger ausgeprägter Erkrankungen stehen physiotherapeutische Maßnahmen: Ein leichtes Ausdauertraining in Form von Gehen, Nordic Walking, Joggen, außerdem ggf. meditative Bewegungstherapien [Langhorst et al. 2012, Lauche et al. 2012]. Dazu können physikalische Anwendungen kommen, beispielsweise trockene und feuchte Wärme. Die Physiotherapie wird – falls indiziert – vor allem durch eine „kognitive Verhaltenstherapie in Kombination mit aerobem Training“ erweitert [multimodale Therapie, Köllner et al. 2012]. Medikamente werden nach Möglichkeit nicht eingesetzt. Bei Bedarf ist an die zeitlich befristete Gabe von Schmerzmodulatoren wie Amitriptylin und Duloxetin zu denken [AWMF-Leitlinie]. Beide Medikamente besitzen allerdings für die Behandlung des Fibromyalgie-Syndroms in Deutschland keine Zulassung.

9.5 Literatur

Abicht A, Kröger S, Schoser B (2011) Neuromuskuläre Signalübertragung im Erwachsenenalter. Nervenarzt 82:707–711.

Arnold LM et al. (2011) Improving the recognition and diagnosis of fibromyalgia. May Clin Proc 86:457–464, zit. nach Baerwald 2012.

Baerwald C et al. (2012) Diagnostik der Fibromyalgie. Z. Rheumatol 71:730–731.

Bischoff C, Schönle PW (1990) Postinfektiöse Myopathie. Dtsch Med Wschr 115:98–101.

Deschauer M (2012) Mitochondriale Erkrankungen im Erwachsenenalter Med Genetik 24:169–175.

Deschauer M, Zierz S (2014a) Muskeldystrophien vom Gliedergürteltyp. In: Zierz S (Hrsg. unter Mitarbeit von Deschauer M, Eger K, Jordan B, Kornhuber M, Kraya T, Müller T J) Muskelerkrankungen. Georg-Thieme-Verlag Stuttgart, 122–133.

Deschauer M, Zierz S (2014b) Metabolische Myopathien. In: Zierz S (Hrsg. unter Mitarbeit von Deschauer M, Eger K, Jordan B, Kornhuber M, Kraya T, Müller T J) Muskelerkrankungen. Georg-Thieme-Verlag Stuttgart, 238–273.

Deschauer M, Zierz S (2014c) Mitochondriopathien. In: Zierz S (Hrsg. unter Mitarbeit von Deschauer M, Eger K, Jordan B, Kornhuber M, Kraya T, Müller T J) Muskelerkrankungen. Georg-Thieme-Verlag Stuttgart, 274–293.

Diener HC, Putzki N (Hrsg, 2012) Leitlinien für Diagnostik und Therapie in der Neurologie. Diagnostik von Myopathien, federführender Autor M. Deschauer. Georg-Thieme-Verlag Stuttgart 2012.

Eger K, Zierz S (2014a) Muskelerkrankungen bei Endokrinopathien. In: Zierz S (Hrsg, unter Mitarbeit von Deschauer M, Eger K, Jordan B, Kornhuber M, Kraya T, Müller TJ) Muskelerkrankungen. Georg-Thieme-Verlag Stuttgart, 294–302.

Eger K, Zierz S (2014b) Exogen-toxische Myopathien. In: Zierz S (Hrsg, unter Mitarbeit von Deschauer M, Eger K, Jordan B, Kornhuber M, Kraya T, Müller T J) Muskelerkrankungen. Georg-Thieme-Verlag Stuttgart, 303–310.

von Essen R, Holtta A (1986) Improved method of isolating bacteria from joint fluids by the use of blood culture vessels. Ann Rheum Dis 45:454–457.

Galek A et al. (2013) Psychische Störungen beim Fibromyalgiesyndrom. Screening in Einrichtungen verschiedener Fachrichtungen. Schmerz 27:296–304.

Goemans NM et al. (2011) Systemic administration of PRO051 in Duchenne's muscular dystrophy. N Engl J Med 364:1513–1522.

Köllner V et al. (2012) Psychotherapie von Patienten mit Fibromyalgiesyndrom. Schmerz 26:291–296.

Koliou M et al. (2010) A case of benign acute childhood myositis associated with influenza A (H1N1) virus infection. Clin Microbiol Infect 16:193, zit. nach Miller 2014.

Langhorst J et al. (2012) Komplementäre und alternative Verfahren beim Fibromyalgiesyndrom. Schmerz 26:311–317.

Lauche R et al. (2012) Komplementäre Therapien in den Leitlinien für die Behandlung des Fibromyalgiesyndroms – Update 2012. Forsch Komplementmed 19:280–283.

Lehmann-Horn F, Jurkat-Rott K, Rüdel R (2008) Diagnostics and therapy of muscle channelopathies – Guidelines of the Ulm Muscle Centre. Acta Myol 27:98–113.

Mackay MT et al. (1999) Benign acute childhood myositis. Neurology 53:2127.

Manzur AY, Kuntzer T, Pike M, Swan A (2008) Glucocorticoid corticosteroids for Duchenne muscular dystrophy. Cochrane Database Syst Rev online 23. 1. 2008.

Matzen P (2002) Kinderorthopädie. Elsevier Urban & Fischer, München.

Miller ML et al. (2014) Viral Myositis. http://www.uptodate.com/contents/viral-myositis.

Mortier W (1994) Muskel- und Nervenerkrankungen im Kindesalter. Georg-Thieme-Verlag Stuttgart.

Müller-Felber W (2005) Wenn der „Muskelkater" ein Infekt ist. Fortschr Med 40:836–837.

Nigro V, Savarese M (2014) Genetic basis of limb-girdle muscular dystrophies: the 2014 update. Acta Myol 33:1–12.

Roch M (2010) persönliche Mitteilung; E-Mail: m.roch@skc.de.

Schäfer P et al. (2008) Prolonged bacterial culture to identify late periprosthetic joint infection: A promising strategy. Clin Infect Dis 47:1403–1409.

Schoser B (2009) Inflammatorische Myopathien. Z Rheumatol 68(8):665–675.

Schoser B, Grimm T (2009) Myotone Dystrophien und ihre Differenzialdiagnosen. Med Genetik 21:381–392.

Schüller A, Kornblum C, Deschauer M, Vorgerd M, Schrank B, Mengel E, Lukacs Z, Gläser D, Young P, Plöckinger U, Schoser B (2013) Diagnose und Therapie des Late-onset-Morbus Pompe, Nervenarzt 84:1467–1472.

Udd B (2012) Distal myopathies – new genetic entities expand diagnostic challenge. Neuromuscul Disord 22:5–12.

Vorgerd M, Deschauer M (2013) Metabolische (Glykogenosen, Lipidspeicherkrankheiten) und mitochondriale Myopathien. Zeitschr Rheumatol 72:242–254.

Windisch A et al. (1999) Morphology and Histochemistry of Myogelosis. Clin Anat 12:266–271.

Wolfe F et al. (2010) The American College of Rheumatology. Preliminary diagnostic criteria for fibromyalgia and measurement of symptom severity. Arthritis Care Res (Hoboken) 62:600–610, zit. nach Baerwald 2013.

Zimmerli W, Trampuz A, Ochsner PE (2004) Prosthetic joint infections. N Engl Med 351:1645–1654.

Zimmerli W, Sendi P (2005) Antibiotikatherapie bei orthopädischen Implantatinfektionen. Posterpräsentation. Jahreskongress Schweizerische Gesellschaft für Orthopädie und Traumatologie.

AWMF-Leitlinie: Definition, Pathophysiologie, Diagnostik und Therapie des Fibromyalgiesyndroms, S3, Stand 17.03.2017.

AWMF-Leitlinie: Myasthenia gravis und Lambert-Eaton-Syndrom, Diagnostik und Therapie, S2k, Stand 01.09.2014.

AWMF-Leitlinie: Myositissyndrome, S2k, Stand 01.09.2014.

Ulf Nestler, Peter Matzen, Karl-Titus Hoffmann

10 Physiologische Varianten und Fehlbildungen der Wirbelsäule

10.1 Dysostosen des kraniozervikalen Übergangs und der Halswirbelsäule

Die Beweglichkeit der Halswirbelsäule von Kindern übertrifft die von Erwachsenen deutlich. Seitliche Funktionsaufnahmen in Ruhestellung und bei Inklination zeigen eine individuell ausgeprägte Ventralverschiebung des zweiten, weniger des dritten Halwirbels, die sogenannte physiologische Subluxation. Außerdem sind physiologische atlantoaxiale, auch isolierte Dislokationen bekannt. Neben sagittalen existieren transversale Instabilitäten zwischen Atlas und Axis. Besonders ausgeprägte Röntgenbefunde sind bei habituellen Bindegewebsschwächen und Kollagenkrankheiten (Marfan-Syndrom, Ehlers-Danlos-Syndrom) zu erwarten. Die Instabilitäten können sich, wenn sie das physiologische Maß überschreiten, wegen der vermehrten Haltefunktion der Muskulatur durch Kopf- und Nackenschmerzen bemerkbar machen [von Torklus u. Gehre 1987]. Neurologische Ausfälle sind selbst bei ausgeprägten atlantoaxialen Instabilitäten kaum zu erwarten, weil sich der Atlas nicht nur nach ventral verschiebt, sondern auch nach ventral kaudal kippt. Mit zunehmender körperlicher Reifung tritt in der Regel eine Stabilisierung ein.

10.1.1 Symptomatik

Asymptomatische Fehlbildungen des kraniozervikalen Übergangs treten mit einer Prävalenz von 30 : 100.000 auf, klinisch auffällige Formen viermal häufiger [Scharf et al. 1989]. Sie betreffen das Os occipitale, Atlas und Axis allein oder in unterschiedlichen Kombinationen und ein- oder beidseitig. Kombinationen mit einer Chiari-Fehlbildung sind nicht selten. Klinische Zeichen können lebenslang fehlen, oder – in Abhängigkeit vom Umfang und von einer eventuellen Asymmetrie der Fehlbildung – die Drehfähigkeit des Kopfes ist von Geburt an eingeschränkt und der Aspekt des Betroffenen auffällig: kurzer Hals und tiefer Haaransatz, auch Schiefstellung des Kopfes und asymmetrisches Gesicht. Neurologische Symptome sind erst im mittleren Erwachsenenalter zu erwarten, oft vermeintlich oder tatsächlich ausgelöst durch Traumen. Als Grund für das verzögerte Einsetzen der Symptomatik vermutet man die allmähliche Ausbildung von Knochenappositionen, ein Nachlassen der Bandstabilität und degenerative Veränderungen an den Gefäßen [Herrmann u. Kittel 1987]. Eine Zuordnung einzelner Symptome zu bestimmten Fehlbildungen ist nicht möglich.

DOI 10.1515/9783110352474-010

In unterschiedlichen Kombinationen klagen die Patienten über episodenartige Nacken- und Kopfschmerzen, anfallsweise auftretenden Schwindel, (dissoziierte) Sensibilitätsstörungen, eine beidseitige spastische Gangstörung, Hirnstammsymptome (Doppelbilder, Nystagmus) und Ausfälle kaudaler Hirnnerven (Zunge, Gaumensegel, N. accessorius). Eine ursächliche Rolle spielen neben der Raumbeengung des Hirnstamms, des Kleinhirns und der kaudalen Hirnnerven Anomalien der A. vertebralis und der A. cerebelli inferior posterior [PICA; Klaus u. Urbánek 1972]. Roje-Bedekovic' et al. [2011] vermuten sogar eine vermehrte Gefährdung von Patienten mit basilärer Impression und kraniozervikalen Anomalien ganz allgemein durch zerebelläre Durchblutungsstörungen, die in Kleinhirninfarkte münden können.

Die klinischen Zeichen des Meningismus, wie z. B. Nackensteife, Zeichen nach Kernig oder Lasègue, sind in diesen Fällen nur selten anzutreffen. Sie spiegeln eher ein akutes infektiöses Geschehen mit Reizung der Hirnhäute wider. Das Babinski-Zeichen wird bei hochzervikal gelegenen Raumforderungen oder zerebralen raumfordernden Prozessen mit Hirndruckerhöhung positiv.

Differenzialdiagnosen: Tumoröse und vaskuläre Erkrankungen in der hinteren Schädelgrube, Bulbärparalyse, amyotrophische Lateralsklerose, Enzephalomyelitis disseminata, spinozerebellare Ataxie.

10.1.2 Krankheitsbilder

10.1.2.1 Angeborene basiläre Impression

Bei der angeborenen basilären Impression handelt es sich um eine Kranialverschiebung der Halswirbelsäule mit oder ohne Irritation der Medulla oblongata durch den Dens axis. Ihre Gesamthäufigkeit geben v. Keyserlingk u. Prescher [1993] mit bis zu 1 % der Gesamtbevölkerung an.

Im seitlichen Röntgenbild und im Computertomogramm zeigt sich der Abstand zwischen vorderem Atlasbogen und Dens vergrößert. Die Dens-Spitze überragt die Chamberlain-Linie (zwischen der dorsalen oberen Begrenzung des Palatum durum und dem dorsalen Rand des Foramen magnum) um wenigstens 5 mm. Normalerweise liegt sie knapp kaudal davon (Abb. 10.1 und 10.2). Als Grund für den Hochstand finden sich eine Hypoplasie der Condyli occipitales, die Platybasie, und andere Anomalien des Os occipitale, vor allem eine Okzipitalisation des Atlas. Eine *Kondylenhypoplasie* ist im axialen CT messbar am Winkel zwischen den Kondylen, der sich einer Geraden nähert (normal 125°). Sie kann auch isoliert auftreten. Die Axialaufnahme der Schädelbasis und das Computertomogramm zeigen darüber hinaus Deformierungen und Einengungen des Foramen magnum. Eine Kompression des Hirnstamms durch den Dens axis ist kernspintomografisch darstellbar.

Die Fehlbildung tritt häufig im Rahmen eines Klippel-Feil-Syndroms, mit Synostosen zwischen Hinterhaupt und Atlas, Anomalien des Dens axis, Dysraphiesyndromen

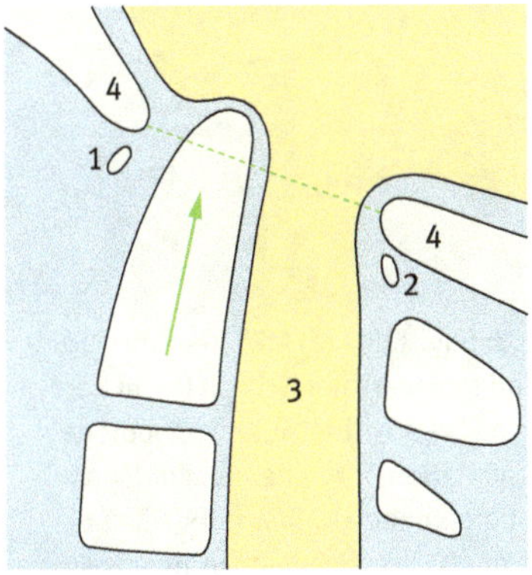

Abb. 10.1: Basiläre Impression. Die Spitze des Dens axis überragt die Chamberlain-Linie zwischen Palatum durum und Os occipitale. 1 ventraler und 2 dorsaler Atlasbogen, 3 Myelon, 4 Clivus in Höhe des Palatum durum und des Os occipitale.

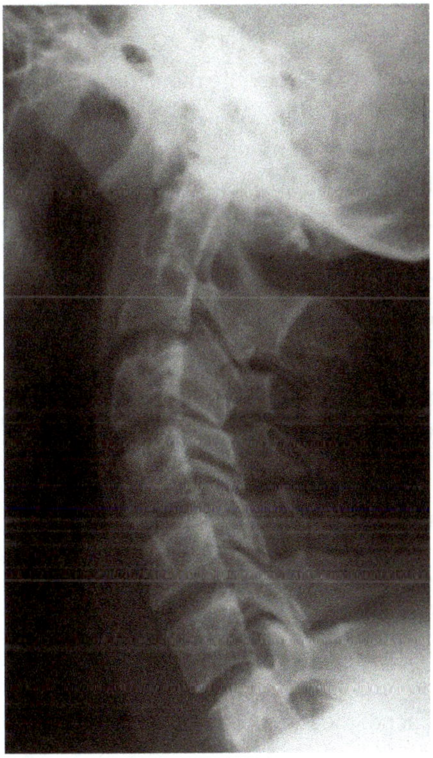

Abb. 10.2: 19 Jahre, männlich. Seitaufnahme der oberen Halswirbelsäule. Angeborene basiläre Impression, Atlasassimilation und Synostose zwischen Atlas und Axis.

und der Chiari-Fehlbildung auf (Abb. 10.3a und b). Sie wird auch beobachtet bei der Trisomie 21, bei der Achondroplasie und bei anderen Fehlbildungssyndromen.

Therapie: Für eine reine Schmerzsymptomatik reichen physikalische Behandlungsmaßnahmen aus, bei hartnäckigen Beschwerden ergänzt durch eine weiche kyphosierende Orthese. Operative Maßnahmen sind vor allem dazu geeignet, die Progredienz einer neurologischen Symptomatik aufzuhalten.

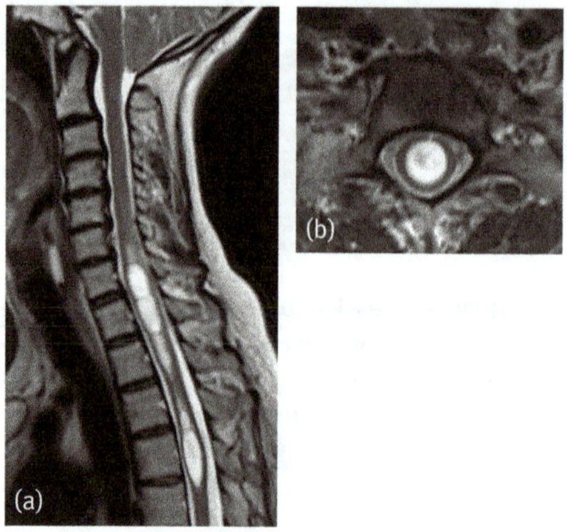

Abb. 10.3: Sagittales (a) MRT der Halswirbelsäule und transversaler Schnitt (b) im Bereich der oberen Brustwirbelsäule. Angeborene Atlasassimilation mit fehlendem dorsalem Bogen, tiefstehende Kleinhirntonsillen bis in Höhe der Densspitze und Syringomyelie („Chiari Typ I").

Wenn es gelingt, durch Extension am Kopf eine Druckentlastung der neuralen Strukturen zu erreichen, genügt die dorsale Fusionsoperation (Abb. 6.10), wenn nicht, kommt die transorale oder transnasale Resektion der Densspitze, ergänzt durch die dorsale Fusion, in Betracht. Über die dekomprimierende Osteotomie im Okzipitalbereich mit Resektion der Kleinhirntonsillen bei der Kombination aus basilärer Impression und Chiari-Fehlbildung bzw. Syringomyelie berichten da Silva et al. [2011].

Erworbene, *sekundäre basiläre Impressionen* werden relativ häufig beobachtet bei Patienten mit chronischer Polyarthritis, selten aufgrund von Osteoporose und Osteomalazie, beim Mb. Paget, bei der fibrösen Dysplasie oder als Folge einer tumorösen Destruktion.

10.1.2.2 Fehlbildungen von Atlas und Epistropheus

Die meist partielle, seltener totale fibröse oder knöcherne Vereinigung des Atlas mit dem Hinterhauptbein bezeichnet man als *Assimilation des Atlas*. Sie findet sich bei 0,3 % der Menschen. Partielle, häufig asymmetrische Synostosen bestehen in der Regel zwischen dem Os occipitale und dem vorderen Atlasbogen oder zwischen den Kondylen des Os occipitale mit den Massae laterales des Atlas. Alle Synostosen erreichen ihre volle Ausprägung erst mit dem Abschluss des Körperwachstums. Der röntgenologische Nachweis gelingt häufig nicht ausreichend, die Diagnose ist dann nur computertomografisch zu sichern (Abb. 10.4).

Eine Atlasassimilation tritt häufig zusammen mit einer basilären Impression bzw. einer Chiari-Fehlbildung auf, aber auch im Rahmen der spondyloepiphysären Dysplasie, der Achondroplasie und anderer Fehlbildungssyndrome. Bei den gewöhnlich ventralen Fusionen zeigen sich die dorsalen Anteile des Atlas hypoplastisch und das Lig. transversum atlantis insuffizient. Die daraus folgende atlantoaxiale Instabilität und (sekundäre) basiläre Impression lassen neurologische Störungen erwarten [Iwata et al. 1998]. Asymmetrische Fehlbildungen manifestieren sich klinisch außerdem als während des Wachstums progredienter ossärer Schiefhals.

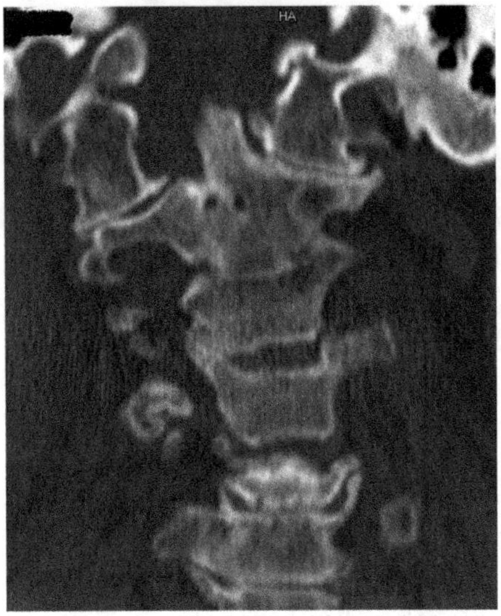

Abb. 10.4: Koronares CT des kraniozervikalen Überganges mit Atlasassimilation.

Therapie: Konservative Behandlungsmaßnahmen besitzen wenig Aussicht auf Erfolg, neurologische Störungen erfordern die umgehende operative Entlastung. Liegt keine Instabilität vor, reicht die dorsale Laminektomie des Atlas aus. Instabilitäten verlangen, wenn möglich, die Reposition durch Extension am Kopf, die ventrale oder dorsale Druckbefreiung des Myelons und die Fusion. Auch ein ossärer Schiefhals lässt sich nur operativ behandeln, Gesichtsasymmetrien sind allerdings kaum befriedigend korrigierbar.

Die sehr seltene Bildung eines zusätzlichen Wirbels aus dem Hinterhauptbein heißt *Zervikalisation* (Okzipitalwirbel). Über eine damit verbundene Einengung des Foramen magnum bei einer 11-Jährigen und ein „neurologisches Mischbild" berichtet Hadley [1948, zit. nach Exner 1990].

Der hintere Atlasbogen schließt sich knöchern am Ende des 4. Lebensjahrs, der vordere am Ende des 10. [Bliemel et al. 2009]. Eine sagittale dorsale *Atlasbogenspalte* fand sich im Sektionsgut von Geipel [1935, zit. nach Bliemel et al. 2009, vgl. auch Geipel 1955] bei 3 % der Untersuchten. Sie liegt gewöhnlich in der Medianlinie und stellt mit 97 % aller Atlasfehlbildungen die häufigste Fehlbildung dieses Wirbels dar. Klinische Bedeutung kommt ihr meist erst zu, wenn sie von einer Bogenfraktur abgegrenzt werden muss. Sie kann aber auch Ursache für eine dysraphische Symptomatik sein, Spaltbildungen nahe den Bogenwurzeln können Instabilitäten mit ausgeprägter Symptomatik verursachen. Kombinierte ventrale und dorsale Bogenspalten werden sehr viel seltener und isolierte, ebenfalls meistens mediane Spaltbildungen im vorderen Atlasbogen nur ausnahmsweise beobachtet [Kocks et al. 1986, Frick et al. 2007]. Sie besitzen vor allem differenzialdiagnostische Relevanz beim Frakturausschluss. Zur Hypoplasie des hinteren Atlasbogens gehört oft auch eine Einengung des Spinalkanals. Neurologische Symptome treten manchmal erst im Erwachsenenalter auf [May et al. 2001]. Größere Bogendefekte lassen auch an entzündliche Prozesse, an benigne oder maligne Tumoren denken.

Angeborene isolierte *Atlasringstenosen* sind selten zu beobachten, manchmal zusammen mit Stenosen des Foramen magnum. Das Auftreten klinischer Symptome erfordert die unverzügliche operative Erweiterung des Bogens. Bedeutung bekommt die Fehlbildung zuweilen auch erst nach traumatischen Dislokationen des Dens axis.

Bei der Chiari-Malformation wird diskutiert, ob aus der Einengung im Bereich des kraniozervikalen Übergangs eine Verengung der Liquorabflusswege resultiert, die zu einem Offenbleiben des Canalis centralis des Rückenmarks im Sinne einer Syringomyelie führt. In diesem Fall sollte mittels sagittaler T2-MRT-Darstellung die Durchgängigkeit des Liquorflusses im Bereich von Aquaeductus mesencephali und IV. Ventrikel überprüft werden, um einen Hydrozephalus auszuschließen.

Die Feststellung von *Bogendefekten des Axis* geschieht meist zufällig. Sie liegen median, paramedian, interartikulär und im Wurzelbereich. Aplasien des Epistropheusbogens stellen eine „außerordentlich seltene Anomalie" dar (Exner 1990]. Wenn auch die Gelenkfortsätze fehlen, ist mit habituellen Luxationen im Segment HWK 2/HWK 3 bei Inklination der Halswirbelsäule und einer Tetraspastik zu rechnen. Neurologische Symptome können aber auch fehlen.

Bis etwa zum Schuleintritt zeigt das Röntgenbild zwischen Dens axis und dem Körper des 2. Halswirbels eine horizontale Spalte. Wenn die knöcherne Überbrückung ausbleibt, entsteht an Stelle der Densspitze ein *Os odontoideum*, das ganz unterschiedliche Gestalt sowie Dystopien aufweisen kann. *Hypoplasien des Dens axis* mit und ohne Os odontoideum sind dadurch gekennzeichnet, dass die Spitze des Dens den kranialen Rand des ventralen Atlasbogens nicht erreicht, Densaplasien durch das Fehlen des Dens. Wenn die Vereinigung des Ossiculum terminale an der Densspitze, die normalerweise um das 12. Lebensjahr abgeschlossen ist, nicht zustande kommt, entsteht ein *Ossiculum terminale persistens*. Die klinische Bedeutung dieser Fehlbildungen ist nicht einheitlich, sie beeinträchtigen die atlantoaxiale Stabilität per se nicht unbedingt, weisen aber auf mögliche begleitende Bandinsuffizienzen hin, die sich auch im Erwachsenenalter noch einstellen können und durch Funktionsaufnahmen des Kopfhalsübergangs nachgewiesen oder ausgeschlossen werden müssen. Neurologische Symptome sind spätestens dann zu erwarten, wenn der Spinalkanal um die Hälfte seines ursprünglichen sagittalen Durchmessers eingeengt wird. Dies kann z. B. bei forcierter Kopfbewegung eintreten [Subokzipitalpunktion; Surov et al. 2010]. Manchmal findet sich als einzige Anomalie ein angeboren übermäßig hoher Dens, der nicht nur den vorderen Atlasbogen überragt, sondern in das Foramen magnum raumfordernd hineinragt (*basiläre Invagination*).

Partielle und (sub-)totale angeborene *Fusionen zwischen Atlas und Epistropheus* werden sehr selten isoliert, sondern gewöhnlich im Rahmen eines Klippel-Feil-Syndroms beobachtet (Kap. 10.1.2.3, Abb. 10.5a u. b). Isolierte Synostosen des Epistropheus beziehen vor allem den 3. Halswirbel ein. Zu einer neurologischen Symptomatik führen sie nicht.

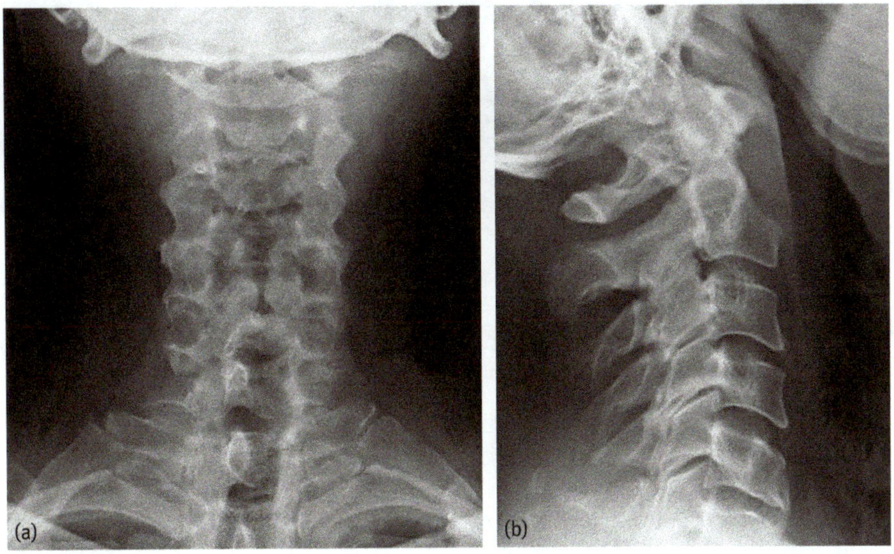

Abb. 10.5: 54 Jahre, männlich. Röntgenaufnahmen der Halswirbelsäule in zwei Ebenen. (a) A. p.: unvollständiger Bogenschluss an der unteren Halswirbelsäule. (b) Seitaufnahme: Synostose zwischen Hinterhaupt und Atlas, zwischen Atlas und Axis sowie im Bogenbereich zwischen Axis und drittem Halswirbel.

10.1.2.3 Klippel-Feil-Syndrom

Syn. Angeborener Kurzhals

Es handelt sich um meist sporadisch auftretende Segmentationsfehler der Halswirbelsäule, die in die Brustwirbelsäule hineinreichen können: monosegmentale oder mehrsegmentale partielle und totale Synostosen, Halbwirbel. Daneben existieren Familien mit autosomal-dominantem und mit autosomal-rezessivem Erbgang. Ein syndromatisches Vorkommen mit Müller-Gang-Aplasie (Fehlbildungen des Uterus) und unilateraler Nierenagenesie kennt man bei der MURCS-Assoziation [Froster u. Matzen 2007].

Der Aspekt entspricht dem der Fehlbildungen des Kopf-Hals-Übergangs. Die Beweglichkeit der Hals- und der Brustwirbelsäule zeigt sich dem Ausmaß der Erkrankung entsprechend vermindert. Gesunde Abschnitte der Wirbelsäule sind kompensatorisch hypermobil (Abb. 10.6 bis 10.8). Die Erkrankung tritt bei mehr als jedem zweiten Patienten gemeinsam mit einer (Fehlbildungs-)Skoliose und oft zusammen auf mit: basilärer Impression, spinaler Dysraphie, Syringomyelie, angeborenem Schulterblatthochstand (Sprengel'sche Deformität), Pterygium colli. Sie wird häufig begleitet von Synostosen der Gehörknöchelchen und Atresien der Gehörgänge [Klimo et al. 2007], von kardialen Fehlbildungen und von Fehlbildungen der Nieren, manchmal auch der oberen Extremitäten. Neurologische Symptome können fehlen, oft findet man aber radikuläre Sensibilitätsstörungen an den oberen Extremitäten, zuweilen so-

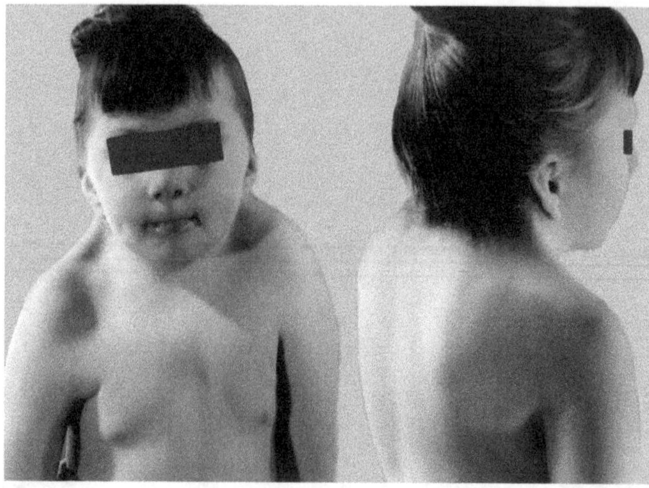

Abb. 10.6: Klippel-Feil-Syndrom: Fehlbildung der Halswirbelsäule, Hochstand beider Schultern.

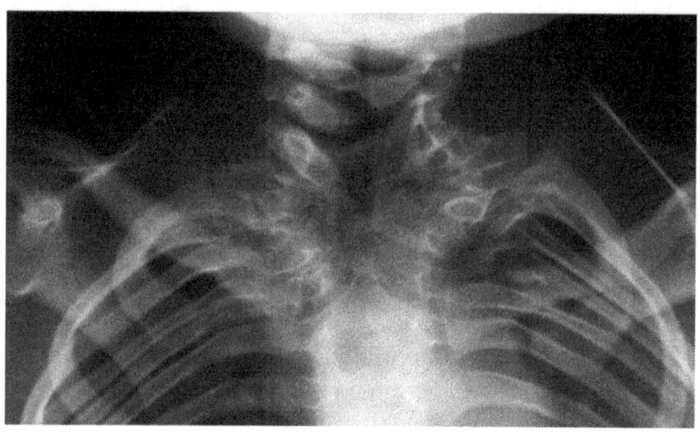

Abb. 10.7: 4 Jahre, weiblich. A. p.-Aufnahme des Halsbrustübergangs. Hochstand der Schulterblätter und spinale Dysraphie bei Klippel-Feil-Syndrom.

gar pyramidale Störungen (spastische Tetraparesen), ggf. ergänzt durch die mit Fehlbildungen des kraniozervikalen Übergangs einhergehenden Defizite. Bei 20 % der Patienten zeigen sich Synkinesien, vielleicht als Folge von Fehlern bei der Ausbildung der Pyramidenbahnkreuzung [Klimo et al. 2007].

Therapie: Die Therapie der Klippel-Feil-Fehlbildung erfolgt in der Regel mit konservativen Mitteln. Instabilitäten des Kopfhalsübergangs und atlantoaxiale Instabilitäten werden allerdings auch dann stabilisiert, wenn Beschwerden bzw. neurologische Symptome fehlen. Ogihara et al. [2013] berichten über die erfolgreiche Behandlung einer begleitenden basilären Impression durch Dekompression des Foramen ma-

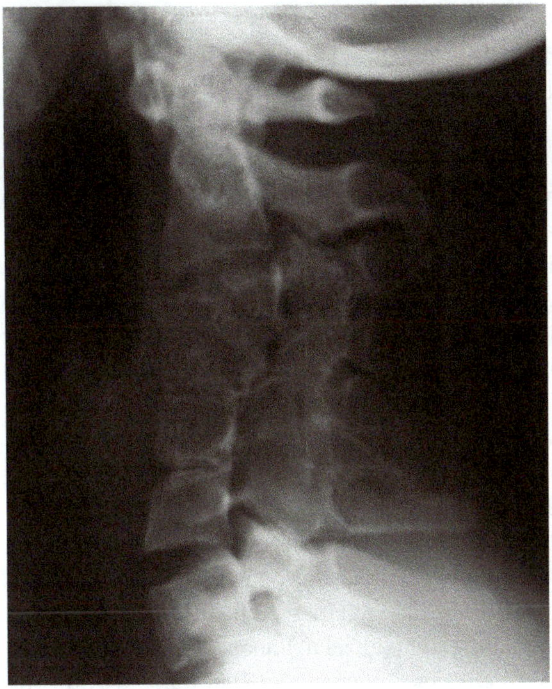

Abb. 10.8: 27 Jahre, weiblich. Seitaufnahme der Halswirbelsäule. Klippel-Feil-Syndrom. Synostosen des 3., 4. und 5. Halswirbels.

gnum, dorsale Laminektomie des Atlas und Spondylodese des Kopfhalsübergangs unter Längsextension. Eine sehr dringende Operationsindikation ergibt sich aus einer zunächst asymptomatischen Enge des zervikalen Spinalkanals spätestens, wenn sie durch degenerative Veränderungen oder durch ein Trauma klinisch manifest wird. Behandlungsbedarf ergibt sich auch aus radikulären Symptomen sowie aus Pterygien und ggf. aus einer Halsrippe.

10.1.2.4 Zervikale spinale Dysraphien

Zervikale Meningozelen und Myelomeningozelen sind verhältnismäßig selten und machen allerhöchstens 5 % aller angeborenen Neuralrohrdefekte aus [Meyer-Heim et al. 2003]. In diesem Bereich treten dann auch anteriore bzw. anterolaterale Neuralrohrdefekte auf. Die Angaben über die Häufigkeit einer begleitenden Chiari-Fehlbildung, eines Hydrozephalus, eines Klippel-Feil-Syndroms (Abb. 10.7) und anderer spinaler Fehlbildungen schwanken, sie liegen im Durchschnitt bei 40 % [Kiymaz et al. 2010]. Bei fast jedem fünften Patienten fanden Hall et al. [1988] weitere, nicht mit der spinalen Dysraphie zusammenhängende angeborene Anomalien. Die Wahrscheinlichkeit eines parallelen Vorkommens bei Geschwistern gibt Gräfe [2007] mit „erheblich erhöht" an. Sie liegt mit 7,8 % [Hall et al. 1988] etwa 10-mal höher als bei den thorakalen und lumbalen Spaltbildungen. Die Ätiologie konnte bisher nicht geklärt werden, eine entscheidende Rolle spielt offensichtlich auch bei den zervikalen Dysraphien ein intrauteriner Folsäuremangel.

Pathologisch-anatomisch handelt es sich um Bogendefekte mit Meningozelen und meist geschlossenen Myelomeningozelen, da die offenen Formen selten mit einer fetalen Ausreifung bis zur Geburt vereinbar sind. Sie überragen die Hautoberfläche tumorartig und werden an ihrer Peripherie von normaler Haut bedeckt. Die dunkelrote Kuppel trägt ein dysplastisches Epithel. Ein Liquorabgang findet sich meist nicht. Betroffen sind 2 oder 3 Etagen, längere Defekte reichen bis in die obere Brustwirbelsäule hinein. Neurologische Symptome zeigen weniger als 20 % der Betroffenen [Kiymaz et al. 2010], sodass sekundäre Funktionsstörungen von Blase und Darm, Skoliosen, eine Aufrichtung der Schenkelhälse oder Fußdeformitäten im Allgemeinen ausbleiben. Spastische Hemiparesen, Horner-Syndrom, Parästhesien und sensible Störungen, Spitz- und Klumpfüße sowie Inkontinenzerscheinungen von Blase und Darm sind aber gelegentlich zu beobachten. Okkulte subkutane Zelen werden zuweilen zufällig anlässlich einer Röntgen- oder MRT-Untersuchung der Halswirbelsäule entdeckt (Abb. 10.5 und 10.9). Als hinweisend gilt der Dermalsinus, eine „Hautunregelmäßigkeit“ mit Hypertrichose in der Medianlinie, die mit einer strangartigen meningealen Ausziehung des Halsmarks in Verbindung steht [Ritzel u. Bonacker 2010]. Im Erwachsenenalter kann sich daraus ein „zervikales Tethered-cord-Syndrom“ in Form von Kopf- und Nackenschmerzen, Kribbelparästhesien und sogar spastischen Zeichen entwickeln.

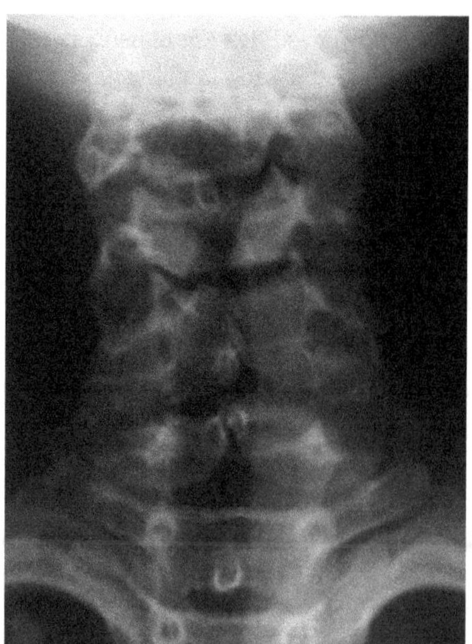

Abb. 10.9: 16 Jahre, weiblich. A. p. Aufnahme der Halswirbelsäule. Fehlender Bogenschluss an der unteren Halswirbelsäule.

Die subkutane Resektion der Zele und der alleinige Verschluss der Dura reichen nicht aus, die Therapie beinhaltet unbedingt auch die mehretagige Laminotomie und die „Entfesselung" (*Untethering*) des Zervikalmarks mit Resektion seiner strangartigen Verbindungen zur Hautoberfläche [Pang u. Dias 1993]. Der Eingriff wird im ersten Lebensjahr, zuweilen auch schon in der Neugeborenenperiode vorgenommen, wenn neurologische Defizite bzw. eine progrediente Skoliose bestehen. Dazu kommen, wenn nötig, sekundäre urologische und orthopädische therapeutische Maßnahmen, z. B. korrigierende Spondylodesen.

10.1.2.4.1 Chiari-Fehlbildung

Als Chiari-Fehlbildung (Typ I bis IV) bezeichnet man die Verlagerung von Teilen des Kleinhirns und des Hirnstamms aus der zu kleinen und zu flachen hinteren Schädelgrube durch das Foramen magnum in den oberen zervikalen Spinalkanal (Kap. 5.3.15.7.3). Im eigentlichen Sinne stellen die Chiari-Fehlbildungen I und II keine Malformation dar, sondern eher eine Deformation (Abb. 10.10a u. b). Chiari Typ I betrifft meist erwachsene Patienten, die Inzidenz der „kindlichen" Deformation Chiari Typ II liegt bei 1 : 25.000 Lebendgeborenen. Die Assoziation des Typs II mit einem

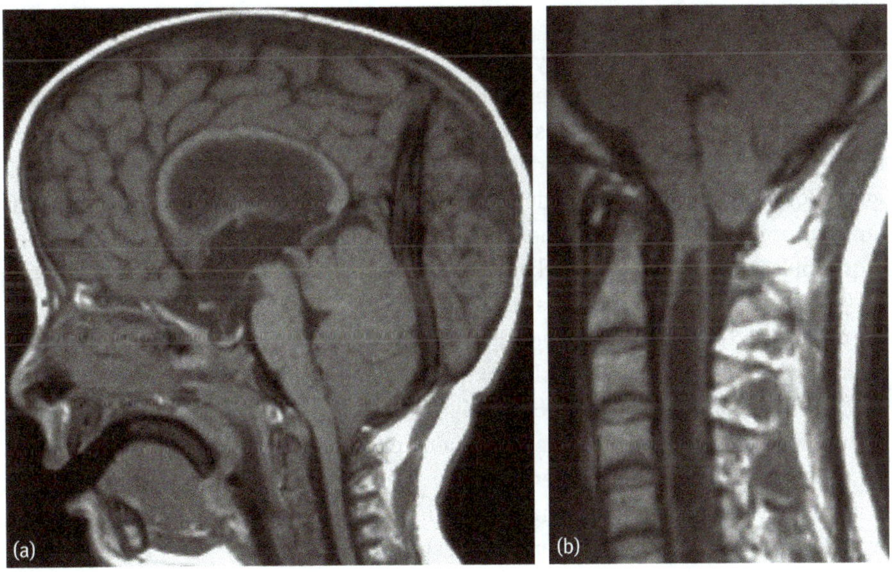

Abb. 10.10: (a) Komplexe Entwicklungsstörung des Gehirns mit Chiari-Fehlbildung (Tiefstand der Kleinhirn-Tonsillen bis C2 bei zu kleiner hinterer Schädelgrube). Nb.: Hypoplasie des Balkens, Hochstand des Kleinhirn-Oberwurmes über das Niveau der Vierhügelplatte und Persistenz eines Sinus falcinus in Verlängerung des steil stehenden Sinus rectus. (b) Chiari-Fehlbildung mit Verlagerung der Kleinhirntonsillen bis auf Höhe des Foramen magnum und begleitender Syringomyelie des Halsmarks von C2 nach kaudal reichend.

hydrozephalen Aufstau und einer lumbalen Myelomeningozele ist so häufig, dass aus pathophysiologischer Sicht die Theorie geäußert wurde, dass der hohe intrauterine Liquorverlust über die Zele ursächlich an der Entstehung der Deformation beteiligt ist. Der mangelnde zerebrale Binnendruck unterhalb des Aquaeductus mesencephali verhindert die regelrechte knöcherne Entfaltung der hinteren Schädelgrube und ihrer Liquorwege. Die knöcherne Beengung des Kleinhirns führt dann zur Ventral- und Kaudalverlagerung seiner Strukturen mit nachfolgendem Druck auf Medulla oblongata und Obliteration des Liquorabflusses. In Mitleidenschaft gezogen werden auch die kaudalen Hirnnerven und die kranialen Halsnerven. Die Symptomatik des Typs II besteht beim Säugling daher in Störungen der Schlundmuskulatur und der Kehlkopfmuskulatur, also in Schluck- und stridorösen Atemstörungen, Bradykardien und Apnoen sowie in einem Opisthotonus und einem zunehmenden Hydrozephalus.

Jugendliche und Erwachsene (Chiari Typ I) klagen über Kopfschmerzen, Nackenschmerzen, die bei Reklination des Kopfes und beim Pressen zunehmen, gelegentlich beobachtet man auch einen Schiefhals. Seltener findet man Ataxien, pseudoradikuläre und radikuläre zervikale Beschwerden oder sensomotorische Symptome.

Die Diagnostik erfolgt kernspintomografisch. *Differenzialdiagnostisch* kommen Tumoren der hinteren Schädelgrube oder der oberen Halswirbelsäule sowie die Enzephalomyelitis disseminata in Betracht.

Therapie: Beim adulten Chiari Typ I sollte zunächst eine tieferliegende dysraphische Störung mit Tethering des Rückenmarks als Ursache der Kaudalverlagerung ausgeschlossen und ggf. operativ gelöst werden. Die direkte operative Dekompression am kraniozervikalen Übergang mit Erweiterungsplastik der hinteren Schädelgrube ist mit guten Erfolgsaussichten verbunden. Symptomfreie Patienten werden operiert, falls ein Hydrozephalus, eine zunehmende Syringomyelie als Zeichen einer ausgeprägten Liquorpulsationsstörung im Rückenmark oder eine progrediente Skoliose vorliegen [Schijmann u. Steinbock, nach Cabraja et al. 2008].

Beim Typ II ist häufig die Shuntimplantation ausreichend, darüber hinaus birgt beim Neugeborenen eine direkte Dekompression ein deutlich höheres perioperatives Risiko (*Top-to-bottom*-Konzept). Eine möglicherweise vorliegende Myelomeningozele sollte bereits primär, in den ersten 48 Stunden nach der Geburt, versorgt worden sein.

Bei Typ III ist eine weitergehende spinale Dekompression und Shuntimplantation nötig, ggf. Defektdeckung der Enzephalozele. Bei Typ IV ist aufgrund der Kleinhirnhypoplasie eine chirurgische Therapie meist nicht notwendig.

10.2 Fehlbildungsskoliosen

Fehlbildungsskoliosen beruhen auf Segmentations- und Formationsfehlern der Wirbelsäule während der ersten 6 Embryonalwochen. Dabei entstehen ein- und beidseitige Halb- und Keilwirbel sowie Blockwirbel (Abb. 10.11 bis 10.15). Häufig findet man

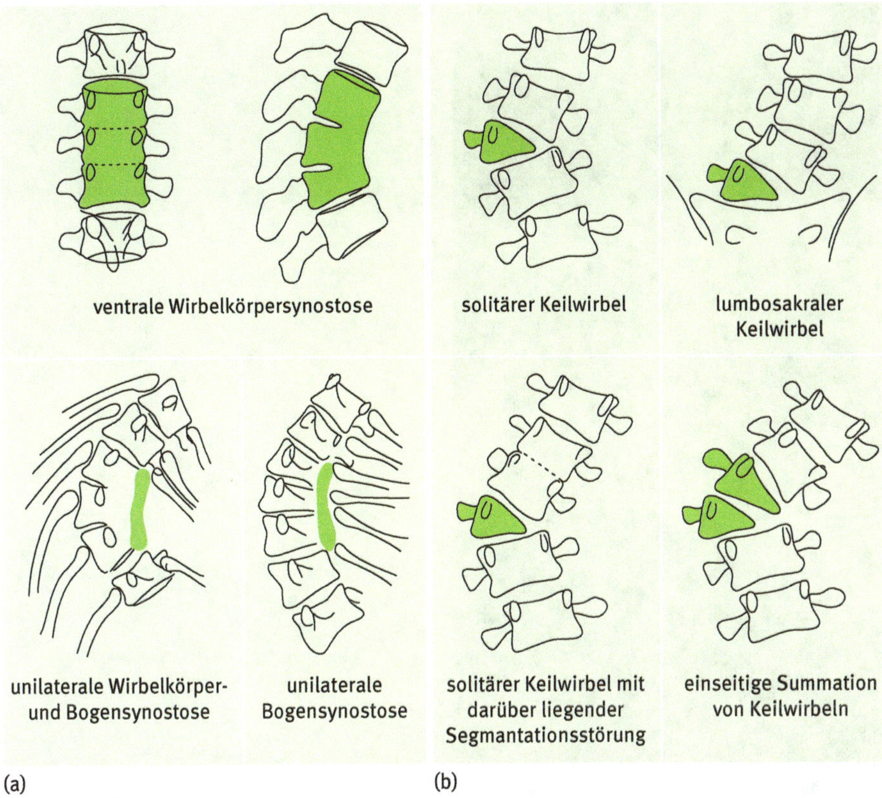

Abb. 10.11: (a) Formationsstörungen der Wirbelsäule. (b) Segmentationsstörungen der Wirbelsäule (nach K. A. Matzen).

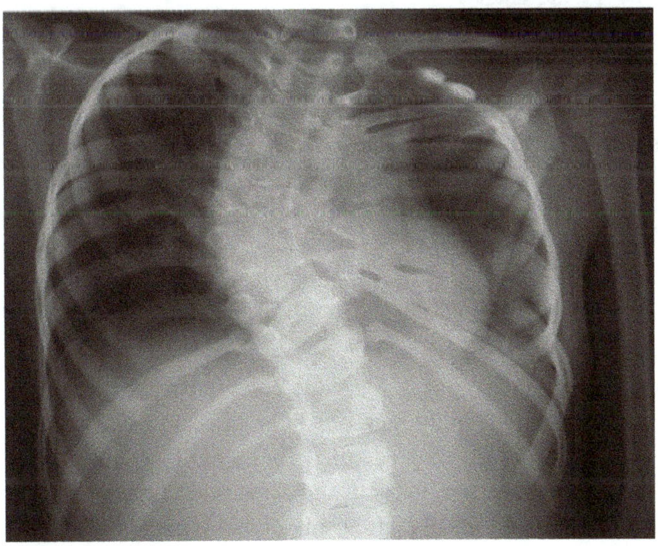

Abb. 10.12: 5 Jahre, weiblich. Halbwirbel, Wirbelsynostosen, Rippengabelungen, Rippensynostosen, Fehlbildungsskoliose.

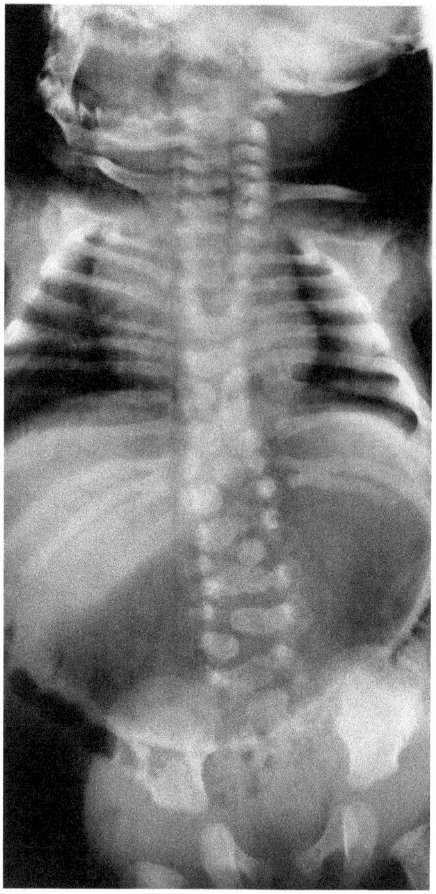

Abb. 10.13: Säugling, weiblich. Segmentationsstörungen der Wirbelsäule. Keine neurologische Symptomatik, keine Progredienz zu erwarten.

außerdem Rippendefekte, Rippensynostosen, überzählige Rippen, eine Kielbrust, manchmal eine Lippen-Kiefer-Gaumenspalte, einen Strabismus, Fehlbildungen von Herz und Trachea, des Urogenitalsystems und der Extremitäten.

Doppelseitige mehretagige Fehlbildungen kompensieren sich häufig, die Wirbelsäule weist dann keine Seitbiegung auf. Einseitige Störungen führen während des Wachstums zu meist kurzbogigen und rigiden Skoliosen mit ausgeprägter Progression, die bei 50 % der Betroffenen schnell einen Cobb-Winkel von über 30° erreichen lässt.

Therapie: Patienten mit Fehlbildungen der Wirbelsäule ohne Beeinträchtigung der Statik werden konservativ behandelt: Kräftigung der Rumpfmuskulatur, Berufsberatung. Eine konservative Therapie von progredienten Fehlbildungsskoliosen führt nicht zum Erfolg. Mit einer Korsettversorgung kann höchstens kurzfristig versucht werden, die Zunahme der Deformierung zu begrenzen, zu verhindern ist sie damit

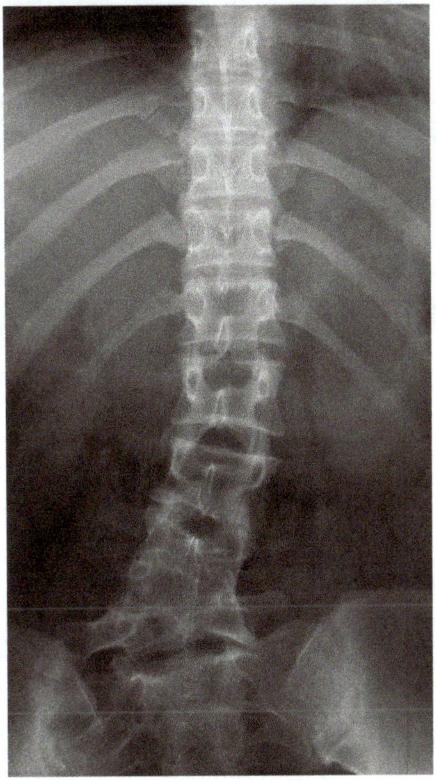

Abb. 10.14: Erwachsener, männlich. Formationsstörungen der Wirbelsäule. Keine neurologische Symptomatik, keine Progredienz.

nicht. Die operative Korrektur von fortgeschrittenen Fehlbildungsskoliosen ist mit einem hohen Risiko neurologischer Komplikationen verbunden. Daher werden schon geringfügige Krümmungen mit zu erwartender Progredienz frühzeitig chirurgisch behandelt [Ruf et al. 2006]: Resektion von einseitigen Halb- oder Keilwirbeln und von wirbelsäulennahen Rippensynostosen bereits im Säuglingsalter, Komplettierung von einseitigen Segmentationsstörungen, ventrale und dorsale Instrumentierungen, zunächst ohne knöcherne Fusion, um das Wachstum der Wirbelsäule möglichst wenig zu behindern.

10.3 Neuromuskuläre Skoliosen

Die Skoliose stellt hier das Symptom einer neurogenen oder myogenen Schädigung dar. Pathologisch-anatomisch unterscheidet sie sich fast nicht von der idiopathischen Skoliose. Sie setzt sich ebenso zusammen aus Seitbiegung, Rotation und Torsion, es handelt sich aber nicht immer um Lordoskoliosen, sondern oft um Kyphoskoliosen. Anders als bei den idiopathischen Skoliosen verlieren die Patienten Wirbelsäulenba-

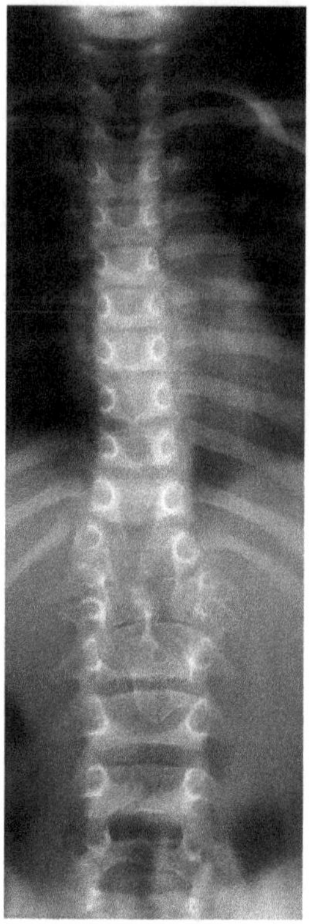

Abb. 10.15: 7 Jahre, weiblich. A. p. Aufnahme des dorsolumbalen Übergangs. Spaltbildungen und Synostosen. Der große Abstand der Bogenwurzeln lässt auf eine Syringomyelie schließen.

lance und Wirbelsäulenstabilität und deswegen häufig ihre Sitzfähigkeit (Abb. 10.16a u. b).

Neuromuskuläre Skoliosen sind zu erwarten bei
- Schädigungen des zentralen oder des peripheren motorischen Neurons
- neurometabolischen und neurodegenerativen Erkrankungen
- neuromuskulären Erkrankungen
- Erkrankungen des peripheren Nervensystems
- Erkrankungen der Muskulatur.

Therapie: Die Behandlung erfolgt zunächst mit physiotherapeutischen Mitteln, die durch Sitz- und Liegeschalen sowie eine Korsettversorgung ergänzt werden können. Bei Fortschreiten der Erkrankung und zunehmender Imbalance ist die meist langstreckige Spondylodese indiziert. Nach kranial zu kurzer Fusionierung entsteht eine progrediente Kyphose der oberen Wirbelsäulenabschnitte. Die Einbeziehung des lumbosakralen Übergangs in die Versteifung ist bei gehunfähigen Patienten angezeigt, bei gehfähigen mit geringem Schiefstand des Beckens bleibt er nach Möglichkeit frei.

Dieselben Gesichtspunkte gelten für die Therapie der Skoliose bei der *Neurofibromatosis von Recklinghausen*, einer meist sehr ausgeprägten rasch fortschreitenden

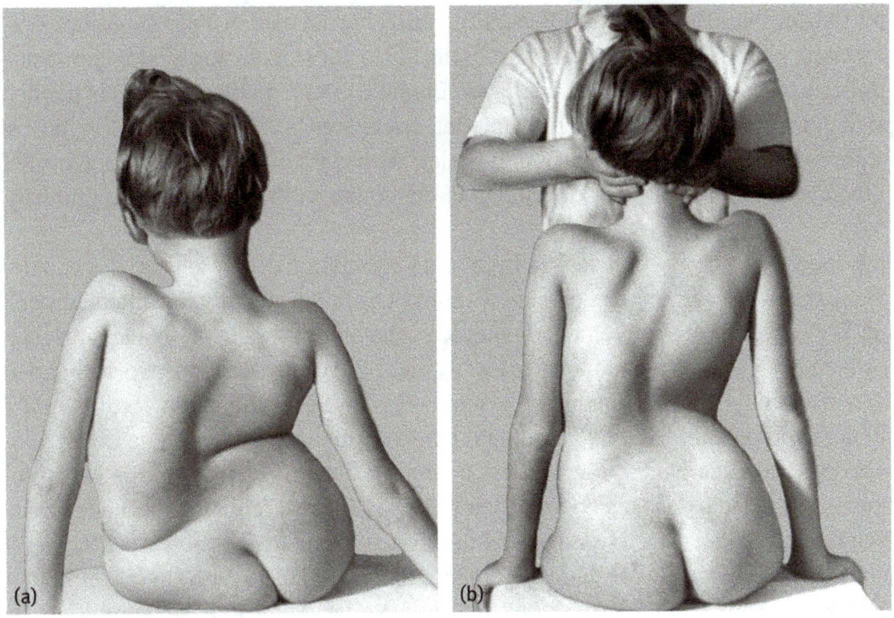

Abb. 10.16: Lähmungsskoliose (a) in Ruhe, (b) unter Extension.

Deformierung, die die häufigste Begleiterscheinung der Neurofibromatose am Haltungs- und Bewegungssystem darstellt und eine frühzeitige Korrektur und Stabilisierung erfordert [Syrbe et al. 2007]. Das Auftreten intraspinaler Fibrome muss vor dem Eingriff mittels MRT ausgeschlossen werden. Symptomatische Tumoren werden zunächst neurochirurgisch entfernt, um gegebenenfalls die neuromuskuläre Dysbalance zu verringern und die instrumentierende Operation vermeiden zu können.

10.4 Meningozele und Myelomeningozele im Rumpfbereich

Die angeborene Spaltbildung von Wirbelbögen (Spina bifida) gehört zu den Dysraphien, Folgen eines unvollkommenen Schlusses des Neuralrohrs am Ende des ersten Embryonalmonats. Die Fehlbildung ist in der Regel lumbosakral, gelegentlich thorakal und selten zervikal lokalisiert (Kap. 10.1.2.4). Man nimmt eine multifaktorielle Genese an: Neben einer familiären Disposition mit uneinheitlichem Vererbungsmodus spielen auch exogene Faktoren eine Rolle, vor allem ein Folsäuremangel.

Die *Spina bifida occulta*, die „harmloseste" Spaltbildung, lässt sich nur röntgenologisch oder computertomografisch – oft zufällig – feststellen, bei mehr als einem Drittel der unter 10-Jährigen und bei 10 bis 20 % der Erwachsenen [Gräfe 2007]. Eine neurologische Symptomatik fehlt meist. Als auf die Spaltbildung hinweisend gilt ein (inkonstanter) dermaler Sinus, der von einer kleinen Einsenkung der Haut mit auffälliger Pigmentierung und Behaarung ausgeht und als mit Epithel ausgekleideter Gang oder in Form von Bindegewebszügen bis zur Dura bzw. bis zum Conus medullaris reichen kann, wo sich häufig ein Dermoid oder ein Lipom findet. Es handelt sich um die abortive Form der inkompletten Trennung von Ektoderm und Neuroderm während der Embryonalzeit, während es sich beim lumbosakralen Lipom und bei der Lipomyelomeningozele um Adhäsionen mesodermalen Gewebes am Neuralrohr handelt.

Wenn Verbindungen zwischen Dura und Rückenmark den Aszensus während des Wachstums verhindern, stellen sich während der Entwicklung, teils aber auch erst im Erwachsenenalter, zunehmend neurologische Störungen ein (Tethered-cord-Syndrom, Kap. 5.3.15.7). Infektionen des Fistelgangs bilden einen leicht zu übersehenden Ausgangspunkt von Meningitiden. Zusammen mit einer Spina bifida occulta, unabhängig von einem Sinus, ist manchmal eine subkutane Meningozele, eine Myelozystozele, eine Lipomyelomeningozele oder sogar eine Diastematomyelie kernspintomografisch zu entdecken oder nachzuweisen. Als kernspintomografische Hinweiszeichen gelten eine Dorsalverlagerung des Conus medullaris, ein mehr als 2 mm dickes oder nach dorsal verlagertes Filum terminale, ein Lipom oder ein epidermoider Tumor mit Kontakt zum Myelon und ein verlängertes dünnes Rückenmark [Cabraja et al. 2008]. An ein Tethered-cord-Syndrom ist zu denken, wenn in der Kindheit oder Adoleszenz nach der Ursache einer scheinbar unerklärlichen neurologischen Symptomatik mit Rückenschmerzen und Gangstörungen gesucht wird. Hierzu gehören eine Enuresis nocturna, ein Konus- bzw. Konus-Kauda-Syndrom, aber auch zunehmende Klumpstellungen der Füße und fortschreitende Plattfüße sowie untypische Skoliosen. Aufmerksam machen müssen auch anorektale Fehlbildungen [Warder 2001]. Im Erwachsenenalter kann sich hinter einer Lumbalgie oder Ischialgie auch einmal ein bis dahin stummes Tethered-cord-Syndrom verstecken, insbesondere nach Operationen und Traumen im Bereich der unteren Lendenwirbelsäule oder nach perinataler Deckung einer Myelomeningozele (sekundäres Tethered-cord-Syndrom).

Die *Spina bifida aperta* tritt als Meningozele und in den unterschiedlichen Ausprägungen der Myelomeningozele in Erscheinung. Bei der *Meningozele* handelt es sich um eine bruchsackartige Vorwölbung der Hüllen des Rückenmarks, das selbst an der Fehlbildung weitgehend oder völlig unbeteiligt bleibt (Abb. 10.17a bis c). Die *offene Myelomeningozele* stellt sich als rundlicher oder ovaler dunkelroter Defekt dar, die Medullarplatte, die dem fehlgebildeten Rückenmark entspricht. Sie wird ringförmig umschlossen von einer schmalen grauen Zone, der Arachnoidea, und von der gesunden Haut des Rückens. Die *geschlossene Myelomeningozele* zeigt sich vollständig von Epithel bedeckt und weist unterschiedliche Fehlbildungen des Rückenmarks auf, die schlimmstenfalls denen der offenen Form entsprechen. Die Prävalenz der Myelomeningozele liegt bei knapp 0,4 : 1000 Lebendgeborene. Sie wird bei etwa 2 Dritteln der Betroffenen von einer Chiari-Fehlbildung und einem Okklusivhydrozephalus begleitet. Die Wahrscheinlichkeit, dass bei einer Mutter eines Kindes mit lumbosakraler Dysraphie im Rahmen einer weiteren Schwangerschaft wieder eine kindliche Dysra-

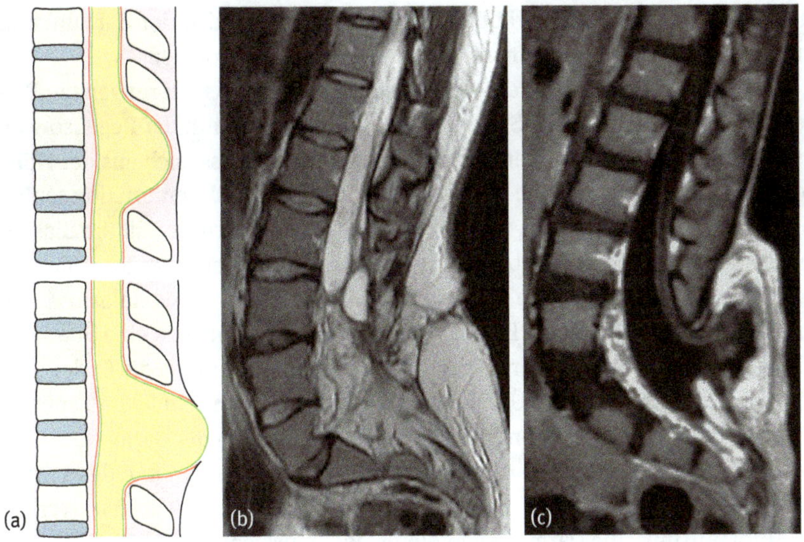

Abb. 10.17: (a) Oben gedeckte Meningozele und unten offene Myelomeningozele schematisch. (b) MRT sagittal, Spina bifida mit intraspinalem Lipom. (c) MRT sagittal, Myelomeningozele.

phie auftritt, geben Hall et al. [1988] mit 0,7 % an. Eine familiäre Häufung besteht bei 5 % [Masuhr u. Neumann 1996]. Zelen sind ab Beginn des 2. Schwangerschaftsdrittels sonografisch erkennbar, im Fruchtwasser ist das von den neuralen Strukturen gebildete α-Fetoprotein erhöht. Eine Schnittentbindung soll das Risiko der intrapartalen Öffnung der Zele mit nachfolgend erhöhtem Infektionsrisiko reduzieren und eventuelle Schädigungen des freiliegenden Nervengewebes vermeiden. Der zu planende Entbindungstermin muss auch einen begleitenden, zunehmenden Hydrozephalus berücksichtigen und eine sich unmittelbar anschließende neurochirurgische Versorgung der Zele ermöglichen. In spezialisierten Zentren ist sogar ein intrauteriner Zelenverschluss vor der Entbindung möglich [Mayer 2010, Diemert et al. 2012].

Eine „reine" Meningozele weist keine neurologischen Symptome auf. Zur Ausbildung eines Hydrozephalus kommt es nicht. Mit einer Myelomeningozele gehen abhängig von der Höhe und vom Ausmaß der Schädigung regelhaft unterschiedlich ausgeprägte, auch asymmetrische sensible Störungen und schlaffe motorische Paraparesen bzw. Paraplegien sowie meist Störungen der Blase, des Rektums und der Sexualfunktion einher. Bei Läsionen oberhalb des 2. Lendenwirbelkörpers besteht ein sehr hohes Risiko für eine Beeinträchtigung der Steh- und Gehfähigkeit. Bei Läsionen unterhalb davon muss versucht werden, Steh- und Gehfähigkeit mithilfe von Orthesen zu erreichen, viele Patienten sind jedoch auf einen Rollstuhl angewiesen. Bei Sitz der Erkrankung kaudal des Rückenmarksegments S 1 ist lediglich die Funktion der Fuß- und Unterschenkelmuskulatur gestört, manchmal nur auf einer Seite. Solche Patienten zeigen oft, wenn erforderlich nach operativen Korrekturen (Abb. 7.28) und mit orthopädischen Hilfsmitteln, ein fast unauffälliges Gangbild. Eine Klassifikation der Funktion kann analog zur Zerebralparese anhand des GMFCS (Tab. 4.5) erfolgen.

Bei fast allen Patienten mit einer Myelomeningozele bestehen Störungen der Blasenentleerung. Weil sich aber die Symptomatik der Dysraphien in der Regel sowohl aus zentralen als auch aus peripheren Schädigungen ergibt, lässt sich aus der Höhe einer spinalen Läsion nicht auf eine zu erwartende Störung der Blasenfunktion schließen [Körner et al. 2006, Stein et al. 2007]. Ein hyperaktiver Detrusor hält die Blasenwand in einer Art Dauerspannung, behindert aber auch (M. sphincter vesicae) die vollständige Entleerung der Blase. Die Blase schrumpft, es kommt zur Pollakisurie. Ein verringert aktiver Detrusor lässt die Blasenkapazität steigen, es entsteht eine Überlaufblase. Ein hyperaktiver M. sphincter urethrae (N. pudendus) behindert die Entleerung der Blase, auch daraus kann eine Überlaufblase resultieren. Ein schlaffer M. sphincter urethrae ist Grund für eine Incontinentia urinae. Die Störung der Darmentleerung beruht auf dem Ausfall des quergestreiften M. sphincter ani externus und des glatten M. sphincter ani internus und der Darmwandmuskulatur. Es entwickelt sich zwar ein gewisser Automatismus, die Darmträgheit bleibt jedoch bestehen (Kap. 5.3.1).

Therapie: Ein offener Defekt des Neuralrohrs wird möglichst unmittelbar nach der Geburt operativ verschlossen, um eine bakterielle Kontaminierung zu verhindern. Im selben Eingriff werden Adhäsionen gelöst, ein verdicktes Filum terminale durchtrennt und weitere intraspinale Fehlbildungen (Lipom) beseitigt. In ca. 80 % der Fälle besteht ein Hydrozephalus, der durch eine ventrikuloperitoneale Ableitung entlastet werden muss.

Eine Verbesserung des peripher-neurologischen Status ist nur ausnahmsweise und nur sehr begrenzt zu erreichen, während die kognitive Entwicklung der Kinder meist nicht eingeschränkt ist. Die Qualität der präoperativen Behandlung, der Operation und der Nachbehandlung trägt aber wesentlich dazu bei, den Schaden auf sein einmal eingetretenes Ausmaß zu begrenzen. Die Ergebnisse der pränatalen fetalchirurgischen Versorgung sind nach der aktuellen MOMS Studie erfolgversprechend für eine verbesserte neurologische Funktion, die Versorgung ist allerdings ethisch wie medizinisch nicht unumstritten und bleibt spezialisierten Zentren vorbehalten [Diemert 2012].

Die weitere Betreuung muss lebenslang erfolgen und sowohl den Patienten als auch die Eltern eng einbeziehen. Sie erfolgt zusammen mit Kinder- bzw. Hausärzten, Neurologen, Neurochirurgen, Orthopäden, Urologen, Psychologen und Physiotherapeuten: Ein Shunt muss regelmäßig überwacht, eine Chiari-Fehlbildung evtl. operativ behandelt werden. Als Folge des Wachstums kann sich bei Patienten mit inkompletten Lähmungen eine sekundäre Tethered-cord-Symptomatik entwickeln, die ein umgehendes operatives Eingreifen verlangt. Aus der Störung der Blasenentleerung ergibt sich die Gefahr aufsteigender Harnwegsinfektionen, von Konkrementbildungen und Niereninsuffizienzen und die Notwendigkeit des intermittierenden Katheterisierens. Patienten mit einer kompletten Paraplegie sind steh- und gehunfähig, die Versorgung mit orthopädischen Apparaten führt nur selten zu einem wirklich befriedigenden Ergebnis. Als Folge der (Teil-)Lähmung der Rumpfmuskulatur stellen sich Lordosen oder Kyphosen und anders als bei den idiopathischen Skoliosen *Kyphos*koliosen ein. Aus dem Ungleichgewicht der Hüftmuskulatur resultiert eine Aufrichtung der Schenkelhälse (vgl. Abb. 4.35 u. 9.1). Abhängig von erhalten gebliebenen Restfunktionen kommt es zu Adduktions- und Beugekontrakturen der Hüftgelenke, zu Beugekontrakturen der Kniegelenke, zu Lähmungsklumpfüßen, Lähmungsplattfüßen, Lähmungshackenfüßen, Krallenzehen.

Für Teillähmungen reichen orthopädietechnische Versorgungen aus. Ganzkörperorthesen, die den Rumpf und beide Beine einbeziehen, werden erfahrungsgemäß nur ausnahmsweise getragen. Eine vorübergehende Vertikalisierung des Patienten ist einfacher mit einem Stehbrett zu erreichen.

Um die Patienten wenigstens zum Sitzen zu bringen, verwendet man Korsetts, Sitzschalen und Sitzkissen. Kontrakturen werden mit Redressions-Gipsverbänden gebessert oder beseitigt. An Redressionen und Tenotomien ist auch bei nicht Stehfähigen zu denken, um die Pflege zu erleichtern oder das Aus- und Ankleiden zu ermöglichen, beispielsweise das Anziehen von Schuhen.

Schon im Kindesalter kommen langstreckige Spondylodesen in Betracht, zur Korrektur von das Liegen und das Sitzen, die Atmung, die Herzkreislauffunktionen und die Funktion der Intestinalorgane behindernden Skoliosen und Kyphosen, bei Erwachsenen auch Arthrodesen, zum Beispiel bei durch Weichteileingriffe nicht ausgleichbaren Fußdeformitäten. Die operative Behandlung von neurogenen Luxationen des Hüftgelenks ist meist nicht von Erfolg gekrönt, weil das muskuläre Ungleichgewicht und die muskuläre Minderfunktion weiterbestehen.

Spastiken können mit Baclofen gelindert werden. Ist eine ausreichende orale Gabe nicht möglich, besteht die Möglichkeit, eine programmierbare abdominelle Baclofen-Pumpe zu implantieren, die über einen subkutanen Katheter zum Liquorraum das Baclofen intrathekal abgibt. Die schulische Ausbildung wird durch eine der eingeschränkten körperlichen und ggf. geistigen Leistungsfähigkeit angepasste berufliche Ausbildung und Tätigkeit ergänzt, beispielsweise in Werkstätten für Behinderte. Trotz der beschriebenen interdisziplinären Bemühungen wird die Lebenserwartung von Patienten mit einer Myelomeningozele vor allem durch aufsteigende Harnwegsinfektionen, aber auch durch Erkrankungen des Herz-Kreislauf-Systems immer noch eingeschränkt.

10.4.1 Diastematomyelie

Unter Diastematomyelie versteht man die Spaltung des Myelons in sagittaler Richtung, meist gedeckt, aber auch in Verbindung mit einer Zele, bevorzugt im Brust- und Lendenbereich. Die Hälften besitzen eine gemeinsame oder jeweils eine eigene Dura und werden dann durch eine bindegewebige, knorplige oder knöcherne Scheide-

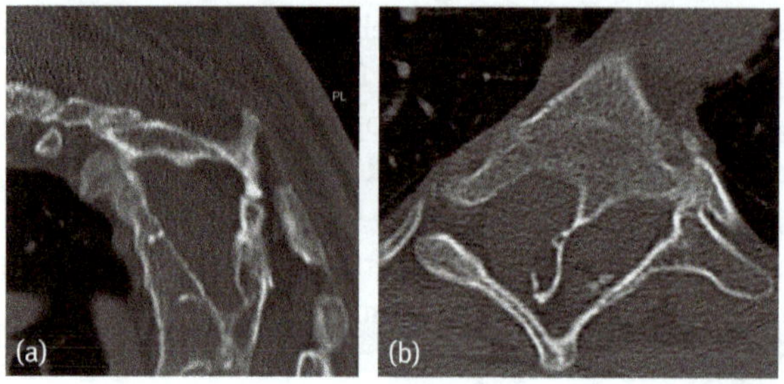

Abb. 10.18: Diastematomyelie in Höhe des 4. Brustwirbels. CT, (a) sagittal, (b) transversal.

wand voneinander getrennt. Begleitend kommen Fehlbildungen der Wirbelsäule, der Rippen, des Brustbeins und des Schultergürtels vor. Die anfangs meist blande klinische Symptomatik kann sich im Laufe des Wachstums oder erst im Erwachsenenalter erheblich verstärken, nicht zuletzt als Tethered-cord-Syndrom: Schmerzen, aufsteigende Spastik mit neurogenen Klumpfüßen und neurogenen Skoliosen, Funktionsstörungen von Blase und Darm, Lähmung der Atemmuskulatur. Die Fehlbildung ist röntgenologisch kaum auffällig, als hinweisend gilt eine langstreckige Erweiterung des Spinalkanals. Klärung bringen CT und MRT (Abb. 10.18a und b). Operativ muss neben der Entfernung des Diastema und der Durafusion auch eine eventuelle Fixierung des Conus medullaris (Tethered cord) beseitigt werden.

Im Unterschied zur Diastematomyelie bezeichnet man eine Verdopplung des Myelons als *Diplomyelie*. Auch hier können neurologische Symptome entsprechend Lokalisation und Umfang der Fehlbildung auftreten. Die Therapie erfolgt orthopädisch-symptomatisch.

10.4.2 Kaudales Regressions-Syndrom – sakrale Agenesie

Der Begriff „kaudales Regressions-Syndrom" umfasst eine Reihe von Fehlbildungen, die von der sakralen Agenesie, dem alleinigen totalen, teilweisen oder einseitigen Fehlen der kaudalen 2 oder 3 Kreuzbeinwirbel und des Steißbeins (Abb. 10.19a und b) bis zu ausgeprägten Fehlbildungen auch des Urogenitalsystems, von Rektum und Anus und der Extremitäten reicht [Sirenomelie; Towfighi u. Housman 1991, van Baalen 2008]. Die Kombination aus sakraler Agenesie, anorektalen und urogenitalen Fehlbildungen sowie ventraler Meningozele heißt *Currarino-Syndrom* [Lynch 2000].

Die sakrale Agenesie ist bei 15 bis 25 % der betroffenen Kinder mit einem maternalen insulinpflichtigen Diabetes mellitus assoziiert, und bei 1 % der Kinder von Müttern mit einem insulinpflichtigen Diabetes mellitus ist mit einer kaudalen Agenesie zu rechnen [Lynch et al. 2000]. Ein Teil dieser Fehlbildungen wird autosomal-dominant vererbt. Diese Fetopathie tritt regelmäßig, aber keineswegs immer in Gesellschaft von schwerwiegenden Fehlbildungen der Lendenwirbelsäule, des Myelons, der Kau-

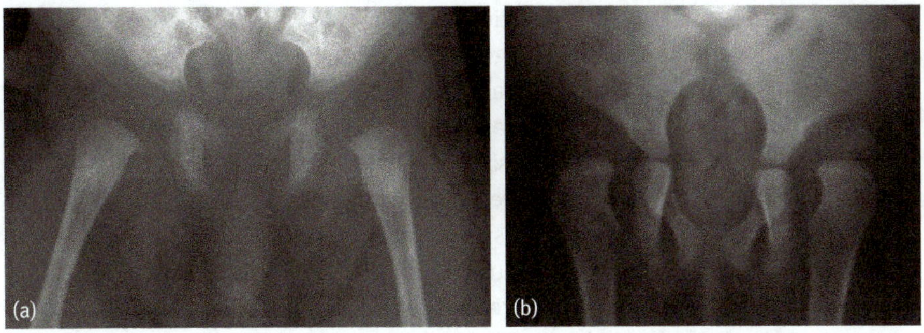

Abb. 10.19: Kaudales Regressions-Syndrom. (a) Säugling, Beckenübersichtsaufnahme. Subtotales Fehlen des Kreuzbeins, Aplasie des Steißbeins, neurogene Subluxation der Hüftgelenke. (b) Säugling, Beckenübersichtsaufnahme. Komplettes Fehlen des Kreuzbeins und des Steißbeins, neurogene Luxation der Hüftgelenke.

da und häufig auch der intestinalen Organe auf, die zumindest in ihrer Gesamtheit mit dem Leben unvereinbar sind. Etwas häufiger als die sehr seltene totale Agenesie wird das Fehlen lediglich des Steißbeins beobachtet. Bei den überlebenden Patienten mit totaler Agenesie fallen das schmächtige Gesäß und die kurze Rima ani auf. Grund für die Erstvorstellung beim Haus- oder Kinderarzt ist gewöhnlich ein verzögertes „Sauberwerden", hinter dem sich eine neurogene Inkontinenz von Blase und Darm verbirgt.

Selten sind die unteren Extremitäten fast komplett schlaff gelähmt. Als Folge stellen sich neurogene Fußdeformitäten ein, außerdem Beugekontrakturen der Kniegelenke und Adduktionskontrakturen der Hüftgelenke sowie Fehlstellungen der proximalen Femora bis hin zu paralytischen Luxationen der Hüftgelenke. Die Betroffenen sind mit orthopädischen Apparaten allenfalls begrenzt steh- und gehfähig.

10.5 Spondylolyse, Spondylolisthese

Doppelseitige, selten einseitige Dysplasien der Interartikularportionen (zwischen dem oberen und dem unteren Gelenkfortsatz) bezeichnet man als *isthmische Spondylolyse*, die seltenen Dysplasien im Bereich der Bogenwurzeln als *pedunkuläre Spondylolyse*. Isthmische Spondylolysen findet man bei 5 % der deutschen Bevölkerung, auf beide Geschlechter gleichmäßig verteilt und autosomal-dominant mit unvollständiger Penetranz vererbt. Bei der Hälfte der Betroffenen entsteht daraus entweder eine Elongation oder eine Unterbrechung des Wirbelbogens im Sinne einer Ermüdungsfraktur. Eine ausschlaggebende Rolle spielen wiederholte forcierte Reklinationen des Rumpfes. Als besonders gefährdend gelten Turmspringen, Speerwerfen, Turnen, Gewichtheben und Balletttanz. Sitz der Erkrankung ist bei 80 % der Patienten der 5. Lendenwirbel, bei 15 % der 4. Noch höhere Abschnitte der Lendenwirbelsäule erkranken sehr selten, die Brustwirbelsäule nie, die Halswirbelsäule ausnahmsweise. Auch ein Befall mehrerer Etagen wird gelegentlich beobachtet.

Als *Spondylolisthese* bezeichnet man die aus den pathologischen Veränderungen des Wirbelbogens herrührende Dislokation des ventralen Teils des veränderten Wirbels einschl. der kranialen Gelenkfortsätze und der Querfortsätze zusammen mit der gesamten Wirbelsäule darüber nach ventral. Die dorsalen Abschnitte des Wirbelbogens und der Dornfortsatz bleiben *in situ*. Aus dem Gleitvorgang resultieren Verformungen der beiden beteiligten Wirbel und eine siphonartige Deformierung, bei ausgeprägteren Dislokationen auch eine Verengung des Spinalkanals. Aus einseitigen und asymmetrischen Lysen kann sich ein Drehgleiten ergeben.

Eine Auffälligkeit der Interartikularportionen, eine Spondylolyse, wird gewöhnlich erst nach dem 5. Lebensjahr bei einer Röntgenuntersuchung aus anderer Ursache zufällig entdeckt. Ein Gleitprozess, eine *Olisthese*, setzt, wenn überhaupt, erst um das 10. Lebensjahr ein und ist um das 16. abgeschlossen. Ab dem Ende des zweiten Lebensjahrzehnts ist eine Befundverschlechterung nicht mehr zu erwarten, die Situation konsolidiert sich. Wenn eine Olisthese einsetzt und fortschreitet, stellt sich eine Hyperkyphose des erkrankten Segments, eine kompensatorische Hyperlordose der gesamten übrigen Lendenwirbelsäule und eine ebenfalls kompensatorische Aufrichtung des Beckens ein. Der Rumpf verkürzt sich, die Taillendreiecke werden tiefer. Bei ausgeprägten Olisthesen tastet und sieht man eine Stufe in der unteren Lendenwirbelsäule, vor allem im Sitzen und bei Rumpfbeuge (Abb. 10.20a bis c).

Kindliche und jugendliche Spondylolysen bleiben meist stumm, sie können aber auch – in diesem Alter ungewöhnlich – durch „unklare“ tiefe Rückenschmerzen auf sich aufmerksam machen. Auch beim Erwachsenen sind Beschwerden nicht unbedingt zu erwarten. Sie können sich jedoch aus einer Elongation des Wirbelbogens und

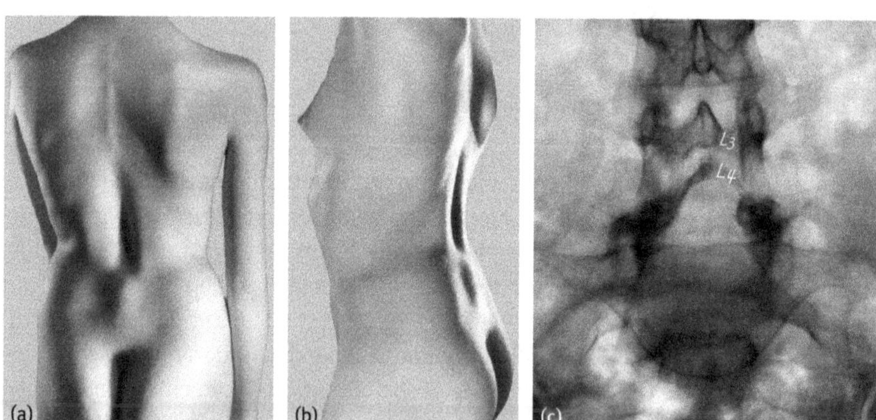

Abb. 10.20: 19 Jahre, weiblich. Spondylolisthese. (a) und (b) klinisches Bild, (c) a. p. Röntgenaufnahme des lumbosakralen Übergangs. „Umgekehrter Napoleonshut“, Spondyloptose.

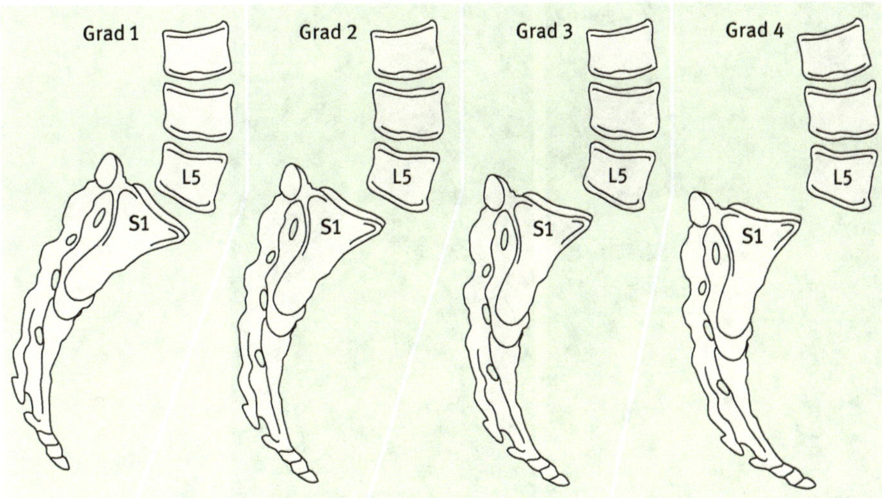

Abb. 10.21: Spondylolisthese. Meyerding-Einteilung.

der daraus folgenden Gefügestörung ergeben: Es kommt zu degenerativen Veränderungen der Bandscheibe (Chondrosis intervertebralis) und der Intervertebralgelenke (Spondylarthrose). Auch bei Olisthesen stellen sich regelmäßig degenerative Veränderungen im Gleitsegment ein, oft schon im jüngeren Erwachsenenalter. Sie äußern sich in lokalen oder pseudoradikulären, bei Einengung des bzw. der Foramina intervertebralia in radikulären Beschwerden und Ausfallsyndromen, also meistens als ein- oder doppelseitiges L5-Syndrom. Manchmal äußert sich die Erkrankung auch als hartnäckige Hüftlendenstrecksteife. Vor allem größere Dislokationen verursachen gelegentlich sensible Störungen und schlaffe Lähmungen in den unteren Lumbal- und in den Sakralsegmenten sowie Funktionsstörungen von Blase und Rektum.

Der röntgenologischen Diagnostik dienen außer Übersichtsaufnahmen der Lendenwirbelsäule seitliche Zielaufnahmen gewöhnlich des lumbosakralen Übergangs. Die Verschiebung des kranialen der beiden Wirbel, meist die des 5. Lendenwirbels über dem Kreuzbein, wird mit dem Meyerding-Schema beschrieben, der völlige „Absturz“ des kranialen Wirbels heißt *Spondyloptose*. Lysespalte sind meist auf Schrägaufnahmen des Segments zu erkennen, eine tomografische Untersuchung ist selten erforderlich. Seitliche Funktionsaufnahmen geben über die Stabilität bzw. Instabilität des Wirbelsäulenabschnitts Auskunft (Abb. 10.21 bis 10.24).

Therapie: Asymptomatische, bei Jugendlichen zufällig entdeckte Spondylolysen bedürfen außer einer Kräftigung der Rumpfmuskulatur keiner Behandlung. Eine Olisthese begünstigende Sportarten sind zu vermeiden. Wenn Beschwerden bestehen, ist die Versorgung mit einem entlordosierenden Korsett indiziert, mit dem sich vielleicht sogar die isthmische Lyse ausheilen lässt. Eine floride Olisthese ist damit höchstens

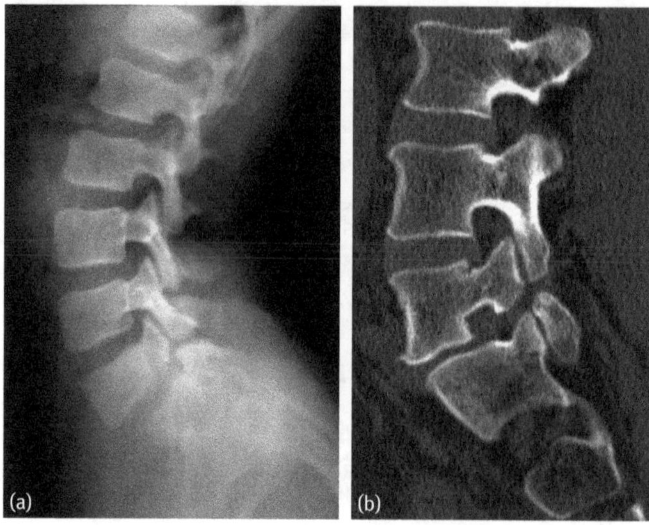

Abb. 10.22: Jüngeres Erwachsenenalter, weiblich. Spondylolisthese. (a) Seitaufnahme der Lendenwirbelsäule. Hyperlordose, Lysespalt in der Interartikularportion des 5. Lendenwirbels, Verschiebung des 5. Lendenwirbels nach ventral, Meyerding-Stadium 2. (b) CT LWS sagittal, Lysespalt, Chondrose und Osteochondrose zwischen dem 4. und dem 5. Lendenwirbelkörper.

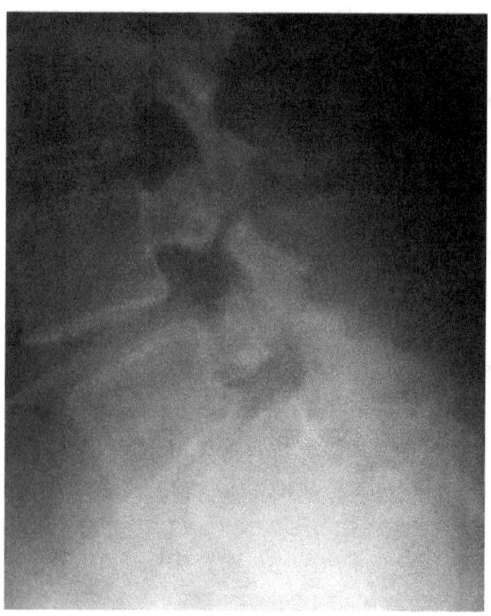

Abb. 10.23: 61 Jahre, weiblich, Seitaufnahme der unteren Lendenwirbelsäule. Deutlich erkennbarer Lysespalt im Bogen des 4. Lendenwirbels, Olisthese Meyerding 1, weniger deutlicher Lysespalt im Bogen des 5. Lendenwirbels und Olisthese Meyerding 2.

zu verlangsamen, eine Ausheilung nicht erreichbar. Spätestens ab dem Meyerding-Stadium 2 ist unter diesen Umständen die operative ventrale Reposition und dorsale Spondylodese des Gleitsegments angezeigt. Eine weitere Dislokation würde die operative Versorgung erschweren und die Gefahr intraoperativer und postoperativer Komplikationen erhöhen. Eine Indikation für den Eingriff ergibt sich in jedem Lebensalter

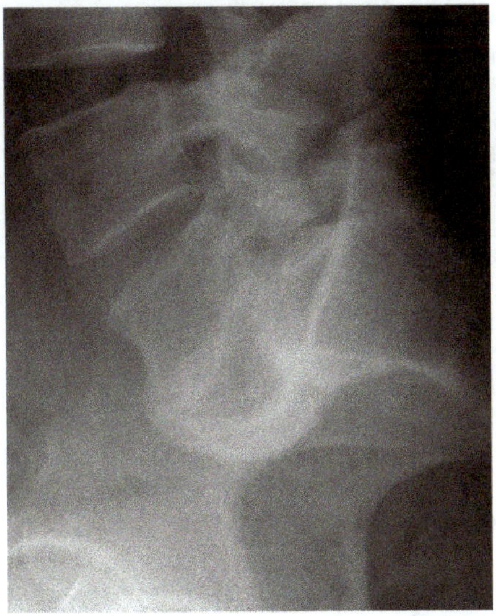

Abb. 10.24: 54 Jahre, männlich. Seitaufnahme der unteren Lendenwirbelsäule. Spondyloptose. Spontane ventrale knöcherne Überbrückung des Intervertebralraums am lumbosakralen Übergang. Eine derartige „Selbstheilung" ist nur ausnahmsweise zu erwarten.

auch aus anhaltenden unbeeinflussbaren Schmerzen und unverzüglich aus neurologischen Störungen. Die alleinige dorsale Entlastung genügt nicht.

Differenzialdiagnosen:
- dysplastische Spondylolyse bei Dysplasie der Intervertebralgelenke im Rahmen von Systemerkrankungen: Morbus von Recklinghausen, Marfan-Syndrom, Osteochondrodysplasien, Arthrogryposis multiplex congenita
- traumatische Spondylolyse nach Frakturen und Operationen (Laminektomien)
- degenerative Spondylolyse auf dem Boden von degenerativen Bandscheibenerkrankungen

Die Inzidenz und Primärdiagnostik der sich pränatal manifestierenden Malformationen ist im Wandel: Durch das pränatale Sonografie-Screening, ergänzt durch pränatale MRT-Untersuchungen, werden viele der genannten Krankheitsbilder pränatal diagnostiziert und im Rahmen des Schwangerschaftskonfliktgesetzes entsprechende Konsequenzen gezogen.

10.6 Literatur

van Baalen A et al. (2008) Kaudales Regressionssyndrom – kaudale Agenesie. Klin Pädiatr 220:86–87.

Bliemel C et al. (2009) Partielle Aplasie des Atlasbogens beim Kind. Unfallchirurg 112:513–516.

Cabraja M, Thomale U-W, Vajkoczy P (2008) Wirbelsäulenerkrankungen und assoziierte ZNS-Fehlbildungen – Tethered-Cord und Arnold-Chiari-Fehlbildung. Orthopäde 37:347–355.

Diemert A et al. (2012) Möglichkeiten und Grenzen der intrauterinen Chirurgie. Dtsch Ärztebl Int 109:603–608.

Exner G (1990) Variationen und Fehlbildungen der Wirbelsäule. In: Witt AN et al. (Hrsg) Orthopädie in Praxis und Klinik. Band V, Teil 1, Spezielle Orthopädie, Wirbelsäule – Thorax – Becken. Georg-Thieme-Verlag Stuttgart.

Frick BS et al. (2007) „Split atlas“ – eine seltene angeborene Fehlbildung des anterioren und posterioren Arcus atlantis. Fortschr Röntgenstr 179:855–864.

Froster UG, Matzen P (2007) Angeborene Anomalien. In: Matzen P (Hrsg) Kinderorthopädie. Elsevier Urban & Fischer München.

Gräfe G (2007) Entwicklungsstörungen des Spinalkanals und des Rückenmarks. In: Matzen, P. (Hrsg) Kinderorthopädie. Elsevier Urban & Fischer, München.

Hall JG et al. (1988) Clinical, genetic and epidemiological factors in neural tube defects. Am J Hum Genet 43:827–837.

Herrmann D, Kittel J (1987) Die basiläre Impression im Kindesalter. Korrelation radiologischer und klinischer Befunde. Pädiatr Grenzgeb 26:265–270.

Iwata A et al. (1998) Foramen magnum assimilation caused by atlanto-occipital assimilation. J Neurol Sciences 154:229–231.

Graf von Keyserlingk D, Prescher A (1993) Die basiläre Impression. Europ Arch Oto-Rhino-Laryngology Suppl 1993/I.

Kiymaz N et al. (2010) Cervical Spinal dysraphism. Pediatr Neurosurg 46:351–356.

Klaus E, Urbánek K (1972) Zur Frage der angiographischen Vertebralisbefunde bei der basilären Impression. Fortschr Röntgenstr 116:378–385.

Klimo P, Ganesh R, Brockmeyer D (2007) Congenital anomalies of the cervical spine. Neurosurg Clin N Am 18:463–478.

Kocks W et al. (1986) Spina bifida anterior atlantis – Fehlinterpretation einer angeborenen Missbildung als Dens-Fraktur. Unfallchirurg 89:142–144.

Körner I et al. (2006) Myelomeningozele – „die nächsten Jahre …“ Urologe, Sonderheft 45:209–213.

Lynch SA et al. (2000) Autosomal dominant sacral agenesis: Currarino syndrome. J Med Genet 37:561–566.

Masuhr KF, Neumann M (1996) Neurologie. Hippokrates-Verlag Stuttgart.

Matzen KA (2007) Pers. Mitt.

May D, Jenny B, Faundez A (2001) Cervical cord compression due to a hypoplastic atlas. Case report. J Neurosurg 94(1 Suppl):133–136.

Mayer S et al. (2010) Congenital myelomeningocele – do we have to change our management? Cerebrospinal fluid research 7:7–17.

Meyer-Heim AD et al. (2003) Cervical myelomeningocele – follow-up of five patients. Eur J Paediatr Neurol 7:407–412.

Ogihara N, Takahashi J, Hirabayashi H (2013) Surgical treatment of Klippel-Feil-Syndrome with basilar invagination. Eur Spine J 22(Suppl 3):380–387.

Pang D, Dias MS (1993) Cervical myelomeningoceles. Neurosurgery 33:363–373.

Ritzel RM, Bonacker M (2010) Okkulte zervikale Dysrhaphie mit tethered-cord-Syndrom. Fortschr Röntgenstr 182:277–279.

Roje-Bedekovic’ M et al. (2011) Basilar impression as a possible cause of cerebellar stroke: case report. Acta Clin Croat 50:577–580.

Ruf M et al. (2006) Halbwirbel-Resektion bei kongenitaler Skoliose … Z Orthop 144:74–79.

Schart J et al. (1989) Klinisches Bild und Verlauf bei basilärer Impression. Nervenarzt 60:540–544.

da Silva JAG et al. (2011) Posterior fossa decompression with tonsillectomy in 104 cases of basilar impression, Chiari malformation and/or syringomyelia. Arq Neuropsiquiatr 69:817–823.

Stein R et al. (2007) Urologische Erkrankungen bei Patienten mit Meningomyelozele. Urologe 46:1620–1642.

Surov A, Kunze C, Lieser U, Spielmann RP, Kornhuber M (2010) Is neck flexion during a cerebrospinal fluid puncture a potentially hazardous maneuver? Childs Nerv Syst 26:717–8.

Syrbe S et al. (2007) Neurofibromatose Typ 1 und assoziierte Krankheiten ... Klin Pädiatr 219:326–332.

Torklus D von, Gehre G (1987) Die obere Halswirbelsäule. Georg-Thieme-Verlag Stuttgart.

Towfighi J, Housman C (1991) Spinal cord abnormalities in caudal regression syndrome. Acta Neuropathol 81:458–466.

Warder DE (2001) Tethered cord syndrome and occult spinal dysraphism. Neurosurg Focus 10(1):Art 1.

Stichwortverzeichnis

Q

R

www.ingramcontent.com/pod-product-compliance
Lightning Source LLC
LaVergne TN
LVHW060619300926
849162LV00008B/1656
* 9 7 8 3 1 1 0 3 5 2 4 2 9 *